U0879253

环境监测人员持证上岗
考核试题集

（下册）

（第五版）

中国环境监测总站
《环境监测人员持证上岗考核试题集》编写组　编

中国环境出版集团·北京

图书在版编目(CIP)数据

环境监测人员持证上岗考核试题集．下册 / 中国环境监测总站《环境监测人员持证上岗考核试题集》编写组编．—5版．—北京：中国环境出版集团，2021.12

ISBN 978-7-5111-4998-5

Ⅰ．①环…　Ⅱ．①中…　Ⅲ．①环境监测—资格考试—习题集　Ⅳ．① X83-44

中国版本图书馆 CIP 数据核字（2021）第 265934 号

出 版 人　武德凯
责任编辑　田　怡
责任校对　任　丽
装帧设计　彭　杉

出版发行　中国环境出版集团
（100062 北京市东城区广渠门内大街 16 号）
网　　址：http：//www.cesp.com.cn
电子邮箱：bjgl@cesp.com.cn
联系电话：010-67112765（编辑管理部）
发行热线：010-67125803，010-67113405（传真）

印　　刷　玖龙（天津）印刷有限公司
经　　销　各地新华书店
版　　次　2021 年 12 月第 5 版
印　　次　2022 年 12 月第 2 次印刷
开　　本　787 × 1092　1/16
印　　张　68.75
字　　数　1595 千字
定　　价　220.00 元

《环境监测人员持证上岗考核试题集》
编委会

《环境监测人员持证上岗考核试题集》（下册）
编委会

参加编写人员

第一篇　环境空气和废气

负 责 人：夏　新　梁富生　米方卓　杨　楠　姜晓旭　周笑白　史　箴
彭刚华

第一章　环境空气采样

主要编写人：梁富生　杨　楠　武桂桃　沙雪梅　党瑞华　夏　新

第二章　废气采样

主要编写人：张　宁　杨　楠　梁富生　张　颖

第三章　现场监测

主要编写人：梁富生　李名升　李宗超　武桂桃　夏　新
参加编写人：（以姓氏笔画为序）
马　芳　王爱一　张佟佟　段再明　魏　敏

第四章　重量法

主要编写人：邹家素　王　强　杨　楠　梁富生　蔡素婷　夏　新
参加编写人：（以姓氏笔画为序）
马　芳　刘　伟　刘国平　米方卓　孙　鹏　李斗果　李玲玲
张　宁　张佟佟　陈新军　周笑白　秦　玮　郭　平　彭刚华

第五章　电化学法

主要编写人：杨　楠　乔支卫　任学蓉　夏　新
参加编写人：（以姓氏笔画为序）
丁润梅　华　蕾　米方卓　李国刚　李玲玲　李朝辉　封　雪

第六章　容量法

主要编写人：彭刚华　乔支卫　梁富生　康长安　杨　楠　夏　新

参加编写人：（以姓氏笔画为序）

冯　丹　米方卓　池　靖　李国刚　李桂玲　张玉惠　张荣辉

陈　谊　武云霞　赵佳文　段再明　崔桂贤

第七章　可见光光度法

主要编写人：王　琳　梁富生　杨　楠　米方卓　冯建霞　刘金冠　夏　新

参加编写人：（以姓氏笔画为序）

马　芳　王　迎　牛　毓　史　箴　刘　伟　刘端阳　张　丽

张玉惠　韩　毓

第八章　紫外分光光度法

主要编写人：居　力　吕晓洁　杨　楠　王向明　夏　新

第九章　离子色谱法

主要编写人：周笑白　王　伟　彭　华　夏　新

参加编写人：（以姓氏笔画为序）

马海花　米方卓　张　宁　赵长民　赵新娜

第十章　火焰原子吸收分光光度法

主要编写人：邹本东　姜晓旭　王　允　张丽华　夏　新

参加编写人：（以姓氏笔画为序）

马海花　王　伟　王　静　刘　冰　刘　京　汪　霄　赵长民

袁　静

第十一章　石墨炉原子吸收分光光度法

主要编写人：邹本东　王　静　米方卓　张丽华　姜晓旭

参加编写人：（以姓氏笔画为序）

王　允　王　伟　王　洋　王玉平　刘　冰　汪　霄　袁　静

夏　新　高燕啸

第十二章　原子荧光分光光度法

主要编写人：王　宣　周笑白　刘　蓉　米方卓

参加编写人：（以姓氏笔画为序）

王　琪　王玉平　华　蕾　邹本东　张玉惠　夏　新　鹿海峰

第十三章　荧光分光光度法

主要编写人：华　蕾　李新中　夏　新

第十四章　电感耦合等离子发射光谱法

主要编写人：姜晓旭　林海兰　赵小学　毕军平　夏　新

参加编写人：（以姓氏笔画为序）

丁冬梅　刘　沛　刘　蓉　关玉春　杜　维　邹本东　张榆霞
范俊楠　郭　丽

第十五章　电感耦合等离子体质谱法

主要编写人：姜晓旭　张霖琳　赵小学　刘　蓉　袁　静　陈素兰　马海斌
夏　新

第十六章　液相色谱法

主要编写人：周笑白　谢　争　赵淑莉　冯　丹　夏　新

参加编写人：（以姓氏笔画为序）

王向明　刘　鸣　赵新娜　姜　燕　彭　华　彭　涛

第十七章　气相色谱法

主要编写人：史　箴　时庭锐　周笑白　米方卓　吴宇峰　彭　华　夏　新

参加编写人：（以姓氏笔画为序）

尹彦勋　申　剑　李冰清　李利荣　李国刚　杨　华　陈　晨
陈　蓓　赵志强　袁　静

第十八章　气相色谱 - 质谱法

主要编写人：姜晓旭　何书海　张鸣珊　张　颖　夏　新

参加编写人：（以姓氏笔画为序）

王玲玲　冯　丹　米方卓　张　烃　张景明　袁　静

第十九章　红外分光光度法

主要编写人：梁富生　段再明　夏　新

第二十章　非分散红外吸收法

主要编写人：田志仁　李红亮　夏　新

参加编写人：（以姓氏笔画为序）

张　宁　张　军　袁　悦　彭　华

第二十一章　X 射线荧光光谱法

主要编写人：田志仁　吴宇峰　刘　跃　王记鲁　夏　新

第二十二章　镜检法测定石棉尘

主要编写人：居　力　张　宁　夏　新

第二十三章　嗅辨法测定臭气浓度

主要编写人：党秀芳　陈圆圆　夏　新

第二十四章　嗅辨员

主要编写人：陈圆圆　党秀芳　夏　新

第二篇　室内空气

负　责　人：夏　新　袁　懋　吕天峰　米方卓　华岚英　池　靖

第一章　布点与采样

主要编写人：池　靖　王　迎　刘　伟　华　蕾　夏　新

第二章　物理性参数

主要编写人：华岚英　吕天峰　袁　懋　夏　新

参加编写人：（以姓氏笔画为序）

华　蕾　池　靖　袁之伦　顾洪坤　梁云平

第三章　重量法

主要编写人：杨　楠　邹家素　王　强　夏　新

参加编写人：（以姓氏笔画为序）

刘国平　李玲玲　张　宁　张佟佟　陈新军　周笑白　彭刚华

蔡素婷

第四章　电化学法

主要编写人：任学蓉　丁润梅　杨　楠　李玲玲　夏　新　米方卓　李国刚

第五章　容量法

主要编写人：康长安　陈　谊　彭刚华　夏　新

参加编写人：（以姓氏笔画为序）

李桂铃　张荣辉　武云霞　段再明　梁富生

第六章　分光光度法

主要编写人：梁富生　杨　楠　王　迎　韩　毓　夏　新

参加编写人：（以姓氏笔画为序）

王向明　牛　毓　史　箴　冯建霞　吕晓洁　刘　伟　刘端阳

米方卓　吴宇峰　张　丽　居　力

第七章　液相色谱法

主要编写人：谢　争　王向明　彭　华　田志仁

参加编写人：（以姓氏笔画为序）

刘　鸣　周笑白　赵淑莉　赵新娜　夏　新

第八章　气相色谱法

主要编写人：吴宇峰　张肇元　米方卓　夏　新

参加编写人：（以姓氏笔画为序）

史　箴　李冰清　李国刚　时庭锐　张　烃　陈　蓓

第九章　非分散红外吸收法

主要编写人：袁　懋　吕天峰　夏　新　张　宁　袁　悦

第十章　菌落总数

主要编写人：居　力　吕晓洁　朱　刚　夏　新　池　靖

第三篇　生物

负　责　人：史　箴　厉以强　许人骥　袁　懋　夏　新　洪正昉　嵇晓燕

第一章　细菌学监测

主要编写人：洪正昉　许人骥　厉以强　袁　懋　史　箴　夏　新

参加编写人：（以姓氏笔画为序）

丁振军　李中宇　陈　桥　范玲南　贾世琪　黄鹤飞　彭刚华

第二章　水生生物群落监测

主要编写人：彭刚华　黄鹤飞　汪　琴　李备军　厉以强　夏　新

第三章　初级生产力

主要编写人：史　箴　许人骥　李　楠　厉以强　范玲南

第四章　急性毒性试验

主要编写人：汤　琳　厉以强　朱梦杰　李备军　汪　琴

第五章　致突变性试验

主要编写人：厉以强　范玲南　史　箴

第六章　液相色谱法

主要编写人：史　箴　范玲南　王向明　刘　鸣　赵淑莉　谢　争　彭　华
田志仁

第七章　酶底物法

主要编写人：嵇晓燕　李　波　夏　新

第四篇　土壤和沉积物

负　责　人：夏　新　杨　楠　姜晓旭　田志仁　李名升　陆泗进　王　静
王　琳　乔支卫　刀　谞　邹家素　史　箴

第一章　采样与制样

主要编写人：陆泗进　李宗超　倪鹏程　史　箴
参加编写人：（以姓氏笔画为序）
刘国平　张　颖　陈蓓蓓　胡正生　夏　新　董广霞

第二章　重量法

主要编写人：杨　楠　姜晓旭　李名升　董广霞　王　琳　夏　新
参加编写人：（以姓氏笔画为序）
王晓斐　刘国平　李　静　李旭冉　李玲玲　张佟佟　陆泗进
陈新军　林　冬　周笑白　赵晓军　彭刚华

第三章　电化学法

主要编写人：杨　楠　王　琳　于晓青　王晓斐　夏　新
参加编写人：（以姓氏笔画为序）
丁润梅　李　静　李玲玲　张亚尼　张榆霞　郭晶晶

第四章　容量法

主要编写人：姜晓旭　李旭冉　王　静　王　琳　夏　新

参加编写人：（以姓氏笔画为序）

王晓斐　史　箴　刘金冠　李桂铃　张荣辉　陈　谊　武云霞
彭刚华

第五章　分光光度法

主要编写人：王　琳　杨　楠　郭晶晶　李　静　夏　新

参加编写人：（以姓氏笔画为序）

王　欣　牛　毓　田志仁　史　箴　刘端阳　李旭冉　张　丽
彭刚华

第六章　火焰原子吸收分光光度法

主要编写人：刀　谞　任　兰　姜晓旭　田志仁　李　欣　张　显　夏　新

参加编写人：（以姓氏笔画为序）

马海花　王　伟　加那尔别克·西里甫汗　刘　京　米方卓
杨丽莉　赵　一　赵长民　胡恩宇　徐　荣

第七章　石墨炉原子吸收分光光度法

主要编写人：刘　蓉　田志仁　刀　谞　杨懂艳　刘保献　姜晓旭　夏　新

参加编写人：（以姓氏笔画为序）

王　伟　王　洋　王晓斐　任　兰　张　显　陈　维　胡恩宇
高燕哺　鹿海峰

第八章　电感耦合等离子体发射光谱法

主要编写人：姜晓旭　赵小学　邹本东　张榆霞　夏　新

第九章　电感耦合等离子体质谱法

主要编写人：姜晓旭　周笑白　张榆霞　夏　新

参加编写人：（以姓氏笔画为序）

马海斌　张霖琳　陈素兰　袁　静　黄　云

第十章　气相色谱法

主要编写人：乔支卫　邹家素　胡正生　邹文虎　徐文灏　夏　新

参加编写人：（以姓氏笔画为序）

史　箴　米方卓　李冰清　时庭锐　张玉惠　张振欣　陈蓓蓓

崔连喜　彭刚华　樊孝俊

第十一章　气相色谱-质谱法

主要编写人：乔支卫　王　静　米方卓　王效国　夏　新

参加编写人：（以姓氏笔画为序）

王玲玲　李利荣　时庭锐　何敏鑫　邹家素　张　阳　张　烃

张　颖　张景明　陈小军　韩静磊　谢国华　黎玉清

第十二章　液相色谱法

主要编写人：田志仁　乔支卫　余晓玲　张慧敏　夏　新

参加编写人：（以姓氏笔画为序）

王向明　刘　鸣　时庭锐　张肇元　罗　鹏　赵淑莉　高　明

彭　华　谢　争

第十三章　液相色谱-质谱法

主要编写人：田志仁　乔支卫　严静娴　陈　婷　夏　新

第十四章　原子荧光分光光度法

主要编写人：王　琳　时庭锐　崔连喜　王　鑫　夏　新

参加编写人：（以姓氏笔画为序）

田志仁　华　蕾　刘　蓉　李　欣　邹本东　邹家素　张玉惠

姜晓旭　鹿海峰

第十五章　冷原子吸收分光光度法测定汞

主要编写人：李旭冉　曹　阳　王　琳　杨　楠　史　箴　夏　新

第十六章　红外分光光度法

主要编写人：王　琳　李旭冉　史　箴　封　雪　夏　新

第十七章　波长色散 X 射线荧光光谱法

主要编写人：田志仁　刘兆莹　杨懂艳　刘保献　鹿海峰

第五篇　固体废物

负　责　人：彭刚华　夏　新　康长安　米方卓　姜晓旭　杨　楠　胡正生
史　箴

第一章　采样与制样

主要编写人：史　箴　彭刚华　刘国平　胡正生　陈蓓蓓　夏　新

第二章　电化学法

主要编写人：张榆霞　杨　楠　李玲玲　丁润梅　夏　新

第三章　容量法

主要编写人：彭刚华　史　箴　李桂铃　张荣辉　陈　谊　武云霞　夏　新

第四章　分光光度法

主要编写人：康长安　史　箴　彭刚华　杨　楠　牛　毓　刘端阳　肖满成
夏　新

第五章　离子色谱法

主要编写人：彭刚华　封　雪　胡正生　陈蓓蓓　王　伟　赵长民　夏　新

第六章　原子荧光法

主要编写人：康长安　肖满成　彭刚华　夏　新
参加编写人：（以姓氏笔画为序）
华　蕾　刘　蓉　邹本东　张玉惠　鹿海峰

第七章　火焰原子吸收分光光度法

主要编写人：康长安　彭刚华　夏　新

参加编写人：（以姓氏笔画为序）

马海花　王　伟　刘　京　肖满成　赵长民

第八章　石墨炉原子吸收分光光度法

主要编写人：姜晓旭　康长安　彭刚华　夏　新

参加编写人：（以姓氏笔画为序）

王　伟　王　洋　肖满成　高燕哺

第九章　电感耦合等离子体发射光谱法

主要编写人：康长安　彭刚华　胡正生　夏　新

参加编写人：（以姓氏笔画为序）

刘国平　肖满成　邹本东　张榆霞　陈蓓蓓

第十章　电感耦合等离子体质谱法

主要编写人：康长安　胡正生　彭刚华　夏　新

参加编写人：（以姓氏笔画为序）

马海斌　肖满成　张霖琳　陈素兰　陈蓓蓓　袁　静

第十一章　气相色谱法

主要编写人：彭刚华　米方卓　康长安　胡正生

参加编写人：（以姓氏笔画为序）

史　箴　李冰清　陈蓓蓓　赵佳文　夏　新

第十二章　气相色谱－质谱法

主要编写人：康长安　米方卓　赵佳文　夏　新

参加编写人：（以姓氏笔画为序）

王玲玲　张景明　陈蓓蓓　胡正生　彭刚华

第十三章　液相色谱法

主要编写人： 彭刚华　胡正生　康长安　夏　新

参加编写人：（以姓氏笔画为序）

王向明　田志仁　刘　鸣　张慧敏　陈蓓蓓　赵淑莉　彭　华　谢　争

第十四章　液相色谱－质谱法

主要编写人： 彭刚华　康长安　张慧敏　夏　新

第十五章　荧光分光光度法

主要编写人： 彭刚华　胡正生　陈蓓蓓　夏　新

第十六章　冷原子吸收分光光度法测定汞

主要编写人： 史　箴　曹　阳　夏　新

第十七章　浸出毒性

主要编写人： 彭刚华　胡正生　陈蓓蓓　夏　新

第六篇　煤　质

负　责　人： 冯　丹　王　琳　杨　楠　夏　新　张玉惠

第一章　采样和制样

主要编写人： 冯　丹　王　琳　张海波　郭鸿博　张玉惠　夏　新

第二章　组分和性质

主要编写人： 王　琳　冯　丹　杨　楠　赵　莉　王记鲁　夏　新

参加编写人：（以姓氏笔画为序）

马先锋　王　鑫　王岚云　刘　跃　李　静　杨　虹　张　宁　郭晶晶　崔连喜

第七篇　质量管理

负　责　人：夏　新　张榆霞　王　伟　史　箴　米方卓　曹　阳　刘　丹
池　靖

第八篇　生态环境遥感监测与评价

负　责　人：罗海江　刘海江　于　洋　董贵华　陈表娟　张翠萍　史健康

第九篇　加油站和储油库油气回收

负　责　人：田秀华　夏　新　冯　丹　武桂桃

第一章　液　阻

主要编写人：田秀华　路佳良　武桂桃　冯　丹　夏　新

第二章　密闭性

主要编写人：田秀华　路佳良　冯　丹　夏　新

第三章　气液比

主要编写人：田秀华　冯　丹　武桂桃　路佳良

第四章　油气排放浓度
（非甲烷总烃、油气回收系统油气泄露浓度、边界油气浓度）

主要编写人：田秀华　路佳良　李利荣　夏　新

第十篇　环境空气自动监测

负　责　人：郑皓皓　郑乃源　袁　鸾　魏　强　米方卓　冯　丹　夏　新

第一章　环境空气自动监测系统

主要编写人：郑皓皓　元　洁　秦　玮　孟晓艳　解淑艳　郑乃源　袁　鸾

魏　强　吴宇峰　米方卓

参加编写人：（以姓氏笔画为序）

马腾飞　冯　丹　闫　贺　池　靖　孙　鹏　李　钢　吴迓名
周国强　居　力　姚雅伟　夏　新　唐　邈　黄　强　崔虎雄

第二章　长光程连续监测系统

主要编写人：郑乃源　袁　鸾　冯　丹　米方卓

第十一篇　便携式仪器

负　责　人：梁富生　于　凯　关玉春　张榆霞　陈　蓓　李宪同　张守斌
夏　新

第一章　水质监测

主要编写人：梁富生　于　凯　杨晓红　关玉春　张榆霞　夏　新

参加编写人：（以姓氏笔画为序）

马桂萍　王立前　王建兴　王晋生　孔令冬　兰　杰　成　群
池　靖　杜晓玮　李广柱　吴宇峰　沙雪梅　张　园　张竹青
武中波　铁　程

第二章　气体监测

主要编写人：梁富生　陈　蓓　张榆霞　关玉春　邓敏军　谢海涛

参加编写人：（以姓氏笔画为序）

马桂萍　王建兴　王晋生　孔令冬　田　艳　白海强　兰　杰
池　靖　杜晓玮　李丽和　杨晓红　徐　彬　黄　田　黄小佳
蒋建宏

第三章　固体样品和物理监测

主要编写人：李宪同　梁富生　张守斌　张榆霞

参加编写人：（以姓氏笔画为序）

马桂萍　王立前　成　群　刘砚华　沙雪梅　谢海涛

第十二篇　环境监测仪器技术要求

负　责　人：梁　宵　左　航　王　强　夏　新

第一章　水质分析仪器

主要编写人：左　航　梁　宵　贺　鹏　张　扬　邹家素　夏　新

第二章　环境空气分析仪器

主要编写人：梁　宵　李铭煊　钟　琪　邹家素　迟　郢　夏　新

第三章　污染源监测仪器

主要编写人：王　强　梁　宵　周　刚　邹家素　夏　新

第五版说明

《环境监测人员持证上岗考核试题集》自出版以来，在全国环境监测人员的学习、培训和人员能力考核等工作中发挥了重要作用，特别是在环境监测社会化发展时期，将应用范围从环境监测系统扩展到愿意为环境监测提供服务的所有人员和监测 / 检测机构，深化了编者规范、提高环境监测技术和质量管理水平的初心。

及时跟进最新监测技术发展，提高本书的适用性，更好地服务社会，是本书多次再版的宗旨。为此，编者又一次组织技术人员，补充了新发布的标准方法，并对废止和替代方法进行了更新。据不完全统计，对第四版下册中近百个监测方法进行了补充和完善。

愿本书的再版能给读者以更新的环境监测知识和灵活、便捷掌握知识的途径及其由此产生的进步和快乐。希望读者继续对本书予以关注，及时给予批评指正，以便本书不断完善、满足广大环境监测者的学习需求。

编　者

2021 年 12 月

第四版说明

自从《环境监测人员持证上岗考核试题集（上册）》于2008年出版至今，对全国环境监测人员的学习、培训和持证上岗考核工作等都起到了辅助和推动作用，实现了编者规范环境监测质量管理工作、提高环境监测质量管理水平的初衷。

为及时追踪最新监测技术，提高本书的适用性，特组织相关人员进行补充和完善。修订了原书中被替代和废止的方法，同时对书中的错漏、不足之处进行了修改。

本次重点修订内容包括：

1. 截至2015年6月颁布或更新的环境保护标准。

2. 常用的生活饮用水标准检验方法。

3. 废止的国家标准。

希望读者继续对本书予以关注，及时给予批评指正，以便本书不断完善、满足大家的需求。

编　者

2015年8月

第三版说明

为配合环境监测知识学习、培训和持证上岗考核工作，编者于2010年修订出版了《环境监测人员持证上岗考核试题集（上册）（第二版）》，实现了编者规范环境监测质量管理工作和提高环境监测质量管理水平的初衷。

编者根据环境监测方法的发展进程，及时追踪最新监测技术，再次组织相关人员对第二版进行了补充，对原书中被替代和废止的方法进行了修订，也修改了书中的错漏和不足之处。

主要修改内容有：

1.《水质　游离氯和总氯的测定　*N,N*-二乙基-1,4-苯二胺滴定法》（HJ 585—2010），替代《水质　游离氯和总氯的测定　*N,N*-二乙基-1,4-苯二胺滴定法》（GB/T 11897—1989）。

2.《水质　氰化物的测定　容量法和分光光度法》（HJ 484—2009），替代《氰化物的测定　硝酸银滴定法》（水和废水监测分析方法）。

3.《水质　游离氯和总氯的测定　*N,N*-二乙基-1,4-苯二胺分光光度法》（HJ 586—2010），替代《水质　游离氯和总氯的测定　*N,N*-二乙基-1,4-苯二胺分光光度法》（GB/T 11898—1989）。

4.《水质　阿特拉津的测定　高效液相色谱法》（HJ 587—2010），替代《阿拉特津的测定　液相色谱法》（水和废水监测分析方法）（第四版）。

5.《水质　五氯酚的测定　气相色谱法》（HJ 591—2010），替代《水质　五氯酚的测定　气相色谱法》（GB/T 8972—1988）。

6.《水质　硝基苯类化合物的测定　气相色谱法》（HJ 592—2010），替代《工业废水　总硝基化合物的测定　气相色谱法》（GB/T 4919—1989）。

7.《水质　总汞的测定　冷原子吸收分光光度法》（HJ 597—2011），替代《水质　总汞的测定　冷原子吸收分光光度法》（GB/T 7468—1987）。

8.《水质　甲醛的测定　乙酰丙酮分光光度法》（HJ 601—2011），替代《水质　甲醛的测定　乙酰丙酮分光光度法》（GB/T 13197—1991）。

9.《水质　钡的测定　火焰原子吸收分光光度法》（HJ 603—2011），替代《水质　钡的测定　原子吸收分光光度法》（GB/T 15506—1995）。

10.《水质　挥发性卤代烃的测定　顶空气相色谱法》（HJ 620—2011），替代《水质　挥发性卤代烃的测定　顶空气相色谱法》（GB/T 17130—1997）。

11.《水质　氯苯类化合物的测定　气相色谱法》（HJ 621—2011），替代《水质　1,2- 二氯苯、1,4- 二氯苯、1,2,4- 三氯苯的测定　气相色谱法》（GB/T 17131—1997）。

望读者继续对本书予以关注，及时给予批评指正，以便促使本书不断完善、满足大家的需求。

编　者

2011 年 12 月

第二版说明

自《环境监测人员持证上岗考核试题集（上册）》（以下简称上册）于2008年出版至今，对全国环境监测人员的学习、培训和持证上岗考核工作等都起到了辅助和推动作用，实现了编者规范环境监测质量管理工作、提高环境监测质量管理水平的初衷。

在上册出版后的近两年时间里，环境保护部颁布了一些新的监测方法并对一些标准进行了更新。为使《环境监测人员持证上岗考核试题集》一书能及时追踪最新监测技术，特组织相关人员对上册进行了修订。但是，由于时间关系，此次修订没有对现有监测方法进行全面补充，仅补充了《近岸海域环境监测规范》（HJ 442—2008），对原书中被替代和废止的方法进行了修订，同时对书中的错漏、不足之处进行了修改。

主要修改内容包括：

1. 水质　多环芳烃的测定　液液萃取和固相萃取高效液相色谱法（HJ 478—2009），替代 GB/T 13198—1991。

2. 水质　氰化物的测定　容量法和分光光度法（HJ 484—2009），替代 GB/T 7486—1987 和 GB/T 7487—1987。

3. 水质　氟化物的测定　氟试剂分光光度法（HJ 488—2009），替代 GB/T 7483—1987。

4. 水质　银的测定　3,5-Br_2-PADAP分光光度法（HJ 489—2009），替代 GB/T 11909—1989。

5. 水质　银的测定　镉试剂 2B 分光光度法（HJ 490—2009），替代 GB/T 11908—1989。

6. 水质采样样品的保存和管理技术规定（HJ 493—2009），替代 GB/T 12999—1991。

7. 水质采样技术指导（HJ 494—2009），替代 GB/T 12998—1991。

8. 水质采样方案设计技术指导（HJ 495—2009），替代 GB/T 12997—1991。

9. 水质　总有机碳的测定　燃烧氧化－非分散红外吸收法（HJ 501—2009），替代 GB/T 13193—1991 和 HJ/T 71—2001。

10. 水质　挥发酚的测定　溴化容量法（HJ 502—2009），替代 GB/T 7491—1987。

11. 水质　挥发酚的测定　4-氨基安替比林分光光度法（HJ 503—2009），替代 GB/T 7490—1987。

12. 水质　五日生化需氧量（BOD_5）的测定　稀释与接种法（HJ 505—2009），替代 GB/T 7488—1987。

13. 水质　溶解氧的测定　电化学探头法（HJ 506—2009），替代 GB/T 11913—1989。

14. 水质　氨氮的测定　纳氏试剂分光光度法（HJ 535—2009），替代 GB/T

7479—1987。

15. 水质　氨氮的测定　水杨酸分光光度法（HJ 536—2009），替代 GB/T 7481—1987。

16. 水质　氨氮的测定　蒸馏－中和滴定法（HJ 537—2009），替代 GB/T 7478—1987。

17. 工业企业厂界环境噪声排放标准（GB 12348—2008），替代 GB 12348—1990 和 GB 12349—1990。

18. 声环境质量标准（GB 3096—2008），替代 GB 3096—1993 和 GB/T 14623—1993。

19. 内河航道及港口内船舶辐射噪声的测量（GB/T 4964—1985），已废止。

20. 海洋监测规范（GB 17378—2007），替代 GB 17378—1998。

21. 近岸海域环境监测规范（HJ 442—2008），新颁布。

望读者继续对本书予以关注，及时给予批评指正，以便促使本书不断完善、满足大家的需求。

编　者

2010 年 4 月

序 言

努力构建先进的环境监测预警体系，是全面落实科学发展观，为经济社会又好又快发展提供科学、及时、准确、全面的环境信息和建立科学的减排考核体系提供有力的支持和保障的一项具有战略性、基础性和决定性的重要建设任务。

近年来，国家和地方不断增加环境监测能力建设投入，各级环境监测机构的装备水平有所提高，困扰着环境监测正常开展的能力不足、队伍素质不高等问题有所改善，快速监测、污染源在线监测、排污总量监测、环境突发事件应急监测、生态监测、固体废物及土壤监测等基础能力逐步完善。然而，要建设适应环境保护“三个历史性转变”和环境管理需要的现代化环境监测预警体系，全面提升环境监测整体能力，我们必须紧紧抓住当前历史性机遇，切实提高环境监测质量管理水平，努力建设一支业务精良、技术过硬的环境监测人才队伍。

中国环境监测总站依据国家环保总局颁布的《环境监测管理办法》《环境监测质量管理规定》和《环境监测人员持证上岗考核制度》，充分体现环境监测全过程质量管理的理念，切实履行环境监测质量管理职责，按照中国环境监测总站构建环境监测质量管理体系的基本思路，自 2006 年以来，组织一批省、市级环境监测单位的业务骨干，在水和废水、酸沉降、海水、空气和废气、生物、土壤、固体废物、沉积物、噪声、振动、辐射、室内空气、机动车排放污染物、室内装饰装修材料中有害物质、质量管理、综合技术及自动监测等环境监测领域，追踪最新监测技术标准，充分注重近年来的环境监测技术积累，进行资源的优化整合和信息共享，编写完成了《环境监测人员持证上岗考核试题集》。其间，披沙拣金，集腋成裘。谨此，对参加本书编撰出版付出辛勤汗水和智慧的单位和人员表示衷心的感谢!

本书的出版，将有助于对环境监测人员培训、考核、上岗工作的开展和各级环境监测部门的技术交流，规范环境监测质量管理工作，提升环境监测质量管理水平，促进我国环境监测事业的快速、稳步发展。

2008 年 1 月

编者的话

为更好地贯彻落实国家环境保护总局《环境监测质量管理规定》和《环境监测人员持证上岗考核制度》，适应我国环境监测技术发展形势，满足监测领域不断扩展和监测项目及方法日益增多的需求，全面提升环境监测人员的技术水平及业务素质，进一步规范持证上岗考核工作，中国环境监测总站适时组织编写了《环境监测人员持证上岗考核试题集》（以下简称《试题集》）。

在编写过程中，我们充分考虑了当前环境监测工作的实际情况和持证上岗考核工作需求，并努力实现既编写一个试题集又提供一本实用的学习和培训教材的目的，为此，我们进行了大量的努力。

《试题集》具有以下特点：

1. 内容全面，包含水和废水、酸沉降、海水、空气和废气、生物、土壤、固体废物、沉积物、噪声、振动、辐射、室内空气、机动车排放污染物、室内装饰装修材料中有害物质、质量管理、综合技术及自动监测等环境监测领域。

2. 以当前现行有效的监测方法标准为基准，以深刻领悟标准内涵为基本原则，以提高和考查监测人员实际工作能力为目的，将技术要点作为主要内容，注重基础理论、操作技能和应用实践。

3. 按照要素或对象、手段和项目进行了分类，按要素或对象设章、按类设节；整合了相同监测手段的基础知识，合并了相同内涵的监测方法，尽量减少相同内容试题的重复出现和互为答案的现象，不仅避免了交叉和重复，而且为将来实现计算机自动组卷打下了良好的基础。

4. 为了体现有利于学习和使用的宗旨，所有试题都附有正确答案。

5. 规范了题型，共包括 5 种题型——填空题、判断题、选择题、问答题和计算题；基本统一了每类题型中各试题的难易程度。

6. 为方便使用，并有利于持证上岗考核的申报，提供了查询索引。可以根据需要，按照要素或对象、手段、项目和方法名称，查找出对应的分类号，进而查看相关试题。

《试题集》分上、下两册，上册包括水和废水、酸沉降、海水、噪声、振动、机动车排放污染物和室内装饰装修材料中的有害物质等内容，下册包括气和废气、生物、土壤、固体废物、沉积物、辐射、室内空气、质量管理、综合技术及自动监测等内容。上册共包括 262 个监测项目，涉及 319 个监测方法、3 100 余道试题。下册正在编辑整理中，将于 2008 年出版。

《试题集》编写工作于 2006 年底正式启动，经历了监测方法汇总、分类研究、命题、初审、审核、汇总、整理和统稿等过程，得到了中国环境监测总站领导及各业务室的大力支持，得到了地方环境监测站领导和相关监测人员的鼎力协助与配合。据统计，有 31 个单位 100 人参与了《试题集》（上册）的编写工作。因此，《试题集》是集体智慧的结晶，是大家长期工作经验的体现，是大家共同的劳动成果。在此，对给予支持的各级领导、参与编写的作者、审稿和统稿专家一并表示衷心的感谢！

《试题集》涉及的内容较多，加之监测技术是一门实践性很强的技术科学，许多实验技能是从日常实践中总结出来的。由于我们的学识水平和实践经验的限制，难免存在知识点覆盖不全、理解不到位、表述不妥之处，望同行给予批评指正。

本书将随着环境监测技术的发展、标准的颁布和修订而不断更新。

编　者

2008 年 1 月

说 明

本书按照要素或对象、手段和项目进行了分类，按要素或对象设章、按类设节，有关内容具体说明如下：

一、分类原则

按照要素或对象分为九大类，即环境空气和废气、室内空气、生物、土壤和沉积物、固体废物、煤质、质量管理、生态环境遥感监测与评价、加油站和储油库油气回收、环境空气自动监测、便携式仪器和环境监测仪器技术要求。

每大类中，结合监测程序（如采样和现场监测等）、监测手段（如重量法、容量法、分光光度法、气相色谱法和液相色谱法等）和监测项目进行分类，将技术上有共性的监测项目合在一类，并按照监测手段设立了基础知识试题，各监测项目特定的技术要求包括在各自的专项试题中。

二、分类号

顾名思义，分类号是分类的编号。分类号由"英文字母 + 系列号"构成。

英文字母采用英文单词第一个字母的大写表示：环境空气和废气用"G"（gas）表示，室内空气用"A"（indoor air）表示，生物用"B"（biology）表示，土壤和沉积物用"SO"（solid）表示，固体废物用"SW"（solid waste）表示，煤质用CQ（coal quality）表示，质量管理用"Q"（quality）表示，生态环境遥感监测与评价用"E"（ecology）表示，加油站和储油库油气回收用"GS"（gas station）表示，环境空气自动监测用"AA"（ambient air automatic monitoring）表示，便携式仪器用"Por"（portable）表示，环境监测仪器技术要求用"EI"（environmental monitoring instruments）。

系列号分为两种，一种是直接采用顺序数字表示，例如 G1、G20 等；另一种是包括基础知识的情况，系列号中包括两部分数字，中间用"–"分开，即为"XX–YY"形式，XX 表示顺序数字，YY 为"0"表示基础知识，其他数字表示各监测项目的专项知识，例如 G4–0 表示重量法的基础知识，G4–1 表示重量法测定硫酸盐化速率的专项知识，G4–0 和 G4–1 一起构成重量法测定硫酸盐化速率的试题。

基础知识试题是该类的公用基础知识试题，专项试题是除基础知识以外的、与具体监测项目相关的试题。

三、监测方法

每个分类号包括了一个或多个监测方法，以"主要内容"的形式列在各类试题之前。部分试题后面标注的顺序号（即①、②等），表示该试题与"主要内容"中具体监测方法的对应关系，以便于了解试题内容的出处；试题后面没有标注顺序号的，表示该试题与"主要内容"中所有监测方法均有关。一道试题后面有多个顺序号标注的，表示该试题与多个监测方法相关，即多个监测方法都涉及该试题内容，属于一题多用。

目　录

第一篇　环境空气和废气

第二篇 室内空气

第三篇 生 物

第四篇 土壤和沉积物

第五篇 固体废物

第七篇 质量管理

第八篇 生态环境遥感监测与评价

第九篇 加油站和储油库油气回收

第十篇 环境空气自动监测

第十一篇 便携式仪器

第十二篇 环境监测仪器技术要求

第一篇

环境空气和废气

第一章　环境空气采样

分类号：G1

主要内容

①《环境空气质量手工监测技术规范》（HJ/T 194—2017）及修改单
②布点与采样《空气和废气监测分析方法》（第四版）
③《环境空气　半挥发性有机物采样技术导则》（HJ 691—2014）
④《环境空气质量标准》（GB 3095—2012）

一、填空题

1. 总悬浮颗粒物（TSP）是指能悬浮在空气中，空气动力学当量直径≤________μm的颗粒物。可吸入颗粒物（PM_{10}）是指悬浮在空气中，空气动力学当量直径≤________μm的颗粒物。

答案：100　　10

2. 氮氧化物是指空气中主要以__________和__________形式存在的氮的氧化物的总称。

答案：一氧化氮　　二氧化氮

3. 从环境空气监测仪器采样口或监测光束到附近最高障碍物之间的距离，至少是该障碍物高出采样口或监测光束距离的________倍以上。

答案：2

4. 气态污染物的直接采样法包括________采样、________采样和____________采样。

答案：注射器　　采气袋　　固定容器法

5. 气态污染物的有动力采样法包括__________法、__________法和____________法。

答案：溶液吸收　　填充柱采样　　低温冷凝浓缩

6. 影响空气中污染物浓度分布和存在形态的气象参数主要有________、________、________、湿度、压力、降水及太阳辐射等。

答案：风速　　风向　　温度

7. 环境空气中颗粒物的采样方法主要有________法和____________法。

答案：滤料　　自然沉降

8. 在环境空气采样期间，应记录采样________、________、气样温度和压力等参数。

答案：流量　　时间

9. 在环境空气颗粒物采样时，采样前应确认采样滤膜无________和________，滤膜的毛面向上；采样后应检查确定滤膜无________，滤膜上尘的边缘轮廓清晰，否则该样品膜作废，需要重新采样。

答案：针孔　　破损　　破裂

10. 使用吸附采样管采集环境空气样品时，采样前应做________试验，以保证吸收效率或避免样品损失。

答案：气样中污染物穿透

11. 环境空气 24 h 连续采样时，采样总管气样入口处到采样支管气样入口处之间的长度不得超过________m，采样支管的长度应尽可能短，一般不超过________m。

答案：3　　0.5

12. 在地球表面上约________km 的空间为均匀混合的空气层，称为大气层。与人类活动关系最密切的地球表面上空________km，叫对流层，特别是地球表面上空 2 km 的大气层受人类活动及地形影响很大。

答案：80　　12

13. 一般用于环境空气中二氧化硫采样的多孔玻板吸收瓶（管）的阻力应为________±________kPa。要求玻板 2/3 面积上发泡微细而且均匀，边缘________。

答案：6.0　　0.6　　无气泡逸出

14. 短时间采集环境空气中二氧化硫样品时，U 形玻板吸收管内装 10 mL 吸收液，以________L/min 的流量采样；24 h 连续采样时，多孔玻板吸收管内装 50 mL 吸收液，以________L/min 的流量采样，连续采样 24 h。

答案：0.5　　0.2～0.3

15. 短时间采集环境空气中氮氧化物样品时，取两支内装 10.0 mL 吸收液的多孔玻板吸收瓶和一支内装________mL 酸性高锰酸钾溶液的氧化瓶（液柱不低于 80 mm），以________L/min 的流量采气________L。

答案：5～10　　0.4　　4～24

16. 用大流量采样器采集空气中的颗粒物，每次称空白滤膜或尘滤膜的同时，称量两张标准滤膜。若标准滤膜称出的重量与原始重量之差在 ±________mg（中流量为________mg）范围内，则认为该批样品滤膜称量合格，数据可用。

答案：5　　0.5

17.《环境空气质量标准》（GB 3095—2012）中的氟化物（以 F 计）是指以________态及________态形式存在的无机氟化物。

答案：气　　颗粒

18.《环境空气质量标准》（GB 3095—2012）中的铅（Pb）是指存在于________中的铅及其化合物。

答案：总悬浮颗粒物

19.《环境空气　半挥发性有机物采样技术导则》（HJ 691—2014）中所指的低流量采样是采样流量在________L/min 的采样，大流量采样时工作点流量为________L/min 的采样。

答案：0～5　　225

二、判断题

1.《环境空气质量功能区划分原则与技术方法》（HJ 14—1996）中所指的特定工业区包括 1998 年后新建的所有工业区。（　　）

答案：错误

正确答案为：《环境空气质量功能区划分原则与技术方法》（HJ 14—1996）中所指的特定工业区不包括 1998 年以后新建的任何工业区。

2.《环境空气质量手工监测技术规范》（HJ/T 194—2017）修改单中规定气体的标准状态是指温度为 273.15 K、压力为 1013.25 hPa 时的状态。(　　)

答案：正确

3. 监测环境空气中气态污染物时，要获得 1 h 的平均浓度，样品的采样时间应不少于 30 min。(　　)

答案：错误

正确答案为：样品的采样时间应不少于 45 min。

4. 环境空气采样中，使用气袋采样时可不用现场气样来洗涤气袋，直接采样即可。(　　)

答案：错误

正确答案为：使用气袋采样时，使用前气袋应用现场气样重复洗涤 3 次。

5. 环境空气采样时，只有当干燥器中的硅胶全部变色后才需要更换。(　　)

答案：错误

正确答案为：干燥器中的硅胶有 1/2 变色就应该更换。

6. 环境空气监测中，采集有机成分的滤膜不宜进行称重。(　　)

答案：正确

7. 空气样品的 24 h 连续采集中，在采样总管上，二氧化硫进气口应先于二氧化氮进气口。(　　)

答案：正确

8. 一般情况下，环境空气中臭氧浓度在中午至 15 点左右达到最高，夜里最低。(　　)

答案：正确

9. 用注射器采集的环境空气样品的存放时间不宜太长，一般要在 2 d 内分析完。(　　)

答案：错误

正确答案为：在采集当天完成分析。

10. 采集环境空气样品时，环境空气监测点周围的建设情况应该相对稳定，在相当长的时间内不能有新的建筑工地出现。(　　)

答案：正确

11. 环境空气采样时，某个化合物的浓缩效率（或采样效率）与采样体积有关，最大采样体积越小，浓缩效率越高。(　　)

答案：错误

正确答案为：最大采样体积越大，浓缩效率越高。

12. 采集环境空气样品时，填充柱的吸附效率受温度等因素影响较大，一般温度升高，最大采样体积减小。(　　)

答案：正确

13. 进行 24 h 环境空气采样时，进气口不要紧靠采气管管口，以免吸入部分从监测亭排出的气体，否则会使监测结果偏低。(　　)

答案：正确

14. 采集二氧化氮样品中，当采用酸性高锰酸钾氧化时，一氧化氮的氧化系数为 0.76。( )

答案：错误

正确答案为：此时一氧化氮的氧化系数为 0.68。

15. 空气中臭氧浓度超过 0.250 mg/m^3 时，会对氮氧化物的测定产生正干扰，采样时可在吸收瓶入口端串接一段 15～20 cm 长的硅橡胶管，以排除干扰。( )

答案：错误

正确答案为：空气中臭氧浓度超过 0.250 mg/m^3 时，会对氮氧化物的测定产生负干扰。

16. 用超细玻璃纤维滤膜采集环境空气样品时，在测定 TSP 的质量浓度后，样品滤膜可用于测定无机盐、有机化合物和金属元素。( )

答案：错误

正确答案为：测定金属元素的样品要用聚氯乙烯等有机滤膜采集。

17. 超细玻璃纤维滤膜或聚氯乙烯等有机滤膜对空气中 0.3 μm 标准粒子的截留效率不低于 95%。( )

答案：错误

正确答案为：截留效率不低于 99%。

18. 超细玻璃纤维滤膜或聚氯乙烯等有机滤膜在气流速度为 0.45 m/s 时，单张滤膜阻力不大于 3.5 kPa。( )

答案：正确

19. 环境空气质量功能区任意两类区域之间的缓冲带宽度均应不小于 300 m。( )

答案：错误

正确答案为：一类区和三类区之间缓冲带宽度不小于 500 m，其他类别功能区之间的缓冲带宽度不小于 300 m。

20. 位于缓冲带内的污染源，应根据其环境空气质量要求高的功能区的影响情况，确定该污染源执行排放标准的级别。( )

答案：正确

21. 环境空气中气态污染物监测的采样亭是安放采样系统各组件、便于采样的固定场所。一般面积应不小于 2 m^2。( )

答案：错误

正确答案为：面积不应小于 5 m^2。

22. 环境空气中气态污染物监测的采样头、进气口距采样亭顶盖上部的距离应为 3 m。( )

答案：错误

正确答案为：距离应为 1～2 m。

23. 环境空气采样器的临界限流孔的流量应定期校准，每月 1 次，其误差应小于 1%。( )

答案：错误

正确答案为： 误差应小于 5%。

24.《环境空气质量手工监测技术规范》（HJ/T 194—2017）中规定滤膜采样法适用于环境空气中所有气态污染物的采样。(　　)

答案： 错误

正确答案为： 适用于可吸入颗粒物、总悬浮颗粒物、细颗粒物等大气颗粒物的质量浓度监测及成分分析，以及颗粒物中重金属、苯并 [*a*] 芘、氟化物等污染物的采样。

25.《环境空气质量标准》（GB 3095—2012）中季平均值指任何一季的月平均浓度的算术均值。(　　)

答案： 错误

正确答案为： 指任何一季的日平均浓度的算术均值。

26.《环境空气质量标准》（GB 3095—2012）中植物生长季平均值指任何一个植物生长季月平均浓度的算术均值。(　　)

答案： 正确

27.《环境空气　半挥发性有机物采样技术导则》（HJ 691—2014）中规定，采样器使用前后应进行流量校准，流量的波动应不大于 ±10%。(　　)

答案： 正确

28. 根据《环境空气　半挥发性有机物采样技术导则》（HJ 691—2014）采集环境空气中半挥发性有机物时，每次采样前应进行采样系统的气密性检查。(　　)

答案： 正确

29. 根据《环境空气　半挥发性有机物采样技术导则》（HJ 691—2014）采集环境空气中半挥发性有机物样品时，一般情况下，选择采样介质尽可能选择采样阻力少、对目标化合物的吸附效率低、受空气湿度干扰小的介质。(　　)

答案： 错误

正确答案为： 选择对目标化合物的吸附效率高的介质。

30.《环境空气　半挥发性有机物采样技术导则》（HJ 691—2014）中规定，现场空白是指将作为现场空白的采样介质带到采样现场，但不进行采样，待样品采样后，按与样品相同的方法进行保存，然后随样品一起运回实验室，并按与样品相同的步骤分析的结果。(　　)

答案： 错误

正确答案为： 现场空白是指将作为现场空白的采样介质带到采样现场后，与将要采样的采样介质同时打开包装并安装到采样头但不进行采样，待样品采样后，卸下现场空白的采样介质，按与样品相同的方法进行保存，然后随样品一起运回实验室，并按与样品相同的步骤分析的结果。

31. 根据《环境空气　半挥发性有机物采样技术导则》（HJ 691—2014）采集环境空气中半挥发性有机物样品时，每次采样至少应带一个现场空白。现场空白只是用于检查采样介质在采样现场环境下是否受到污染。(　　)

答案： 错误

正确答案为： 现场空白是用于检查采样介质在采样操作过程、采样的现场环境和运输过程是否受到污染。

32.《环境空气 半挥发性有机物采样技术导则》（HJ 691—2014）要求对采样现场的气温、气压、风速和风向等气象参数进行测定，但对测定气象参数的仪器的测量范围和精度没有要求。（ ）

答案：错误

正确答案为：测定气象参数的仪器的测量范围和精度应满足导则中规定的条件。

33.《环境空气 半挥发性有机物采样技术导则》（HJ 691—2014）规定，超大流量、大流量或中流量采样器的多点流量校准需要仪器连续运行（30±5）min，至少每半年或者在采样器维修后进行校准。（ ）

答案：错误

正确答案为：累计标况体积校准需要仪器连续运行（30±5）min，至少每半年或者在采样器维修后进行校准。

34.《环境空气 半挥发性有机物采样技术导则》（HJ 691—2014）中规定，中流量采样器的标准流量计和累计流量计其量程范围至少应在 0.1～5 L/min，误差≤1%。（ ）

答案：错误

正确答案为：量程范围至少应在 60～125 L/min，误差≤2%。

35.《环境空气 半挥发性有机物采样技术导则》（HJ 691—2014）中规定，超大流量、大流量或中流量采样器进行单点流量校准时，在待校准的采样器气体入口直接装上标准流量计进行校准。（ ）

答案：错误

正确答案为：在待校准的采样器气体入口先装上一个采样测试模块，再连接上标准流量计。

36.《环境空气 半挥发性有机物采样技术导则》（HJ 691—2014）中规定，低流量采样器的流量校准使用孔口流量计作为标准流量计。（ ）

答案：错误

正确答案为：低流量采样器的流量校准使用皂膜流量计。

37. 根据《环境空气 半挥发性有机物采样技术导则》（HJ 691—2014）的规定，采集环境空气中半挥发性有机物样品时，采样器的气体出口应置于上风向。（ ）

答案：错误

正确答案为：采样器的气体出口应置于下风向。

38. 根据《环境空气 半挥发性有机物采样技术导则》（HJ 691—2014）的规定，半挥发性有机物采样不宜在雨天、雪天和风速大于 8 m/s 的天气下进行。（ ）

答案：正确

39.《环境空气 半挥发性有机物采样技术导则》（HJ 691—2014）中所指的半挥发性有机物主要包括二噁英类、多环芳烃类和有机农药类等化合物，这些有机化合物在环境空气中主要以气态形式存在。（ ）

答案：错误

正确答案为：这些有机化合物在环境空气中主要以气态或气溶胶形态存在。

40. 根据《环境空气 半挥发性有机物采样技术导则》（HJ 691—2014）的规定，采集

环境空气中半挥发性有机物时，采样器应定期进行单点流量校准、多点流量校准和累积标况体积校准。(　　)

答案：正确

三、选择题

1. 环境空气质量功能区划中的二类功能区是指________。(　　)

A. 自然保护区、风景名胜区

B. 城镇规划中确定的居住区、商业交通居民混合区、文化区、一般工业区和农村地区

C. 特定工业区

D. 一般地区

答案：B

2. 在环境空气质量监测点________m 范围内不能有明显的污染源，不能靠近炉、窑和锅炉烟囱。(　　)

A. 10　　B. 20　　C. 30　　D. 40

E. 50

答案：E

3. 在环境空气监测点采样口周围________空间，环境空气流动不受任何影响。如果采样管的一边靠近建筑物，至少在采样口周围要有________弧形范围的自由空间。(　　)

A. 90°，180°　　B. 180°，90°　　C. 270°，180°　　D. 180°，270°

答案：C

4. 环境空气采样中，自然沉降法主要用于采集颗粒物粒径________μm 的尘粒。(　　)

A. 大于 10　　B. 小于 10　　C. 大于 20　　D. 大于 30

E. 大于 100

答案：D

5. 除分析有机物的滤膜外，一般情况下，滤膜采集样品后，如不能立即称重，应在________保存。(　　)

A. 常温条件下　　B. 冷冻条件下　　C. 20℃　　D. 4℃条件下冷藏

答案：D

6. 分析有机成分的滤膜采集后应立即放入________保存至样品处理前。(　　)

A. 干燥器内　　B. 采样盒　　C. −20℃冷冻箱内　　D. 冷藏室中

答案：C

7. 在无动力采样中，一般硫酸盐化速率及氟化物的采样时间为________d。(　　)

A. 5～10　　B. 10～15　　C. 15～20　　D. 7～30

答案：D

8. 在环境空气污染物无动力采样中，要获得月平均浓度值，样品的采样时间应不少于________d。(　　)

A. 5　　B. 10　　C. 15　　D. 30

答案：C

9. 在进行二氧化硫 24 h 连续采样时，吸收瓶在加热槽内最佳温度为________℃。（　　）

A. 23～29　　B. 16～24　　C. 20～25　　D. 20～30

答案：A

10. 利用间断采样法采集环境空气中气态污染物样品时，在采样流量为 0.5 L/min 时，装有 10 mL 吸收液的多孔玻板吸收瓶的阻力应为________kPa，且采样时吸收瓶玻板的气泡应分布均匀。（　　）

A. 1　　B. 4.7±0.7

C. 6±1　　D. 1.7±0.7

答案：B

11. 应使用经计量检定单位检定合格的大气采样器，使用前必须经过流量校准，流量误差应________。（　　）

A. 大于 5%　　B. 不大于 5%　　C. 10%　　D. 小于 10%

答案：B

12. 环境空气连续采样时，采样流量应设定在________L/min 之间，流量计及临界限流孔的精度应不低于 2.5 级。（　　）

A. 0.2　　B. 0.20±0.02　　C. 0.15　　D. 0.15±0.02

答案：B

13. PM_{10} 采样器是将大于 10 μm 的颗粒物切割除去，但这不是说它将 10 μm 的颗粒物能全部采集下来，它保证 10 μm 的颗粒物的捕集效率在________% 以上即可。（　　）

A. 50　　B. 60　　C. 70　　D. 80

E. 90

答案：A

14. 用采气管以置换法采集环境空气样品，如果使用二联球打气，应使通过采气管的被测气体量至少为管体积的________倍。（　　）

A. 1～4　　B. 2～6　　C. 4～8　　D. 6～10

答案：D

15. 当选用气泡吸收管或冲击式吸收管采集环境空气样品时，应选择吸收效率为________% 以上的吸收管。（　　）

A. 85　　B. 90　　C. 95　　D. 99

E. 100

答案：B

16. 当选用填充柱采集环境空气样品时，若在柱后流出气中发现被测组分浓度等于进气浓度的________% 时，通过采样管的总体积称为填充柱的最大采样体积。（　　）

A. 5　　B. 15　　C. 35　　D. 50

E. 75

答案：A

17. 环境空气样品采集中，用于大流量采样器的滤膜，在线速度为 60 cm/s 时，一张干净滤膜的采样效率应达到________% 以上。(　　)

A. 90　　B. 91　　C. 93　　D. 95

E. 97

答案：E

18. 用皂膜流量计进行流量计校准时，皂膜上升的速度不宜超过________cm/s，而且气流必须稳定。(　　)

A. 2　　B. 4　　C. 6　　D. 8

E. 10

答案：B

19. 用内装 10 mL 吸收液的多孔玻板吸收瓶采集氮氧化物，以 0.4 L/min 流量采样时，玻板阻力为________kPa，通过玻板后的气泡应分散均匀。(　　)

A. 1～2　　B. 3～4　　C. 4～5　　D. 6～7

E. 8～9

答案：C

20. 用内装 50 mL 吸收液的多孔玻板吸收瓶采集氮氧化物，以 0.2 L/min 流量采样时，玻板阻力为________kPa，通过玻板后的气泡应分散均匀。(　　)

A. 1～2　　B. 3～4　　C. 5～6　　D. 7～8

E. 8～9

答案：C

21. 采用重量法测定 TSP 时，若 TSP 含量过高或雾天采样使滤膜阻力大于________kPa，本方法不适用。(　　)

A. 10　　B. 30　　C. 50　　D. 70

E. 100

答案：A

22. 大流量采样器采集环境空气样品时，采样口的抽气速度为________m/s。(　　)

A. 0.1　　B. 0.3　　C. 0.5　　D. 0.7

E. 1.0

答案：B

23. 超细玻璃纤维滤膜或聚氯乙烯等有机滤膜在气流速度为 0.45 m/s 时，抽取经高效过滤器净化的空气 5 h，每平方厘米滤膜失重不应大于________μg。(　　)

A. 10　　B. 12　　C. 14　　D. 16

E. 20

答案：B

24. 环境空气中二氧化硫、氮氧化物的日平均浓度要求每日至少有________h 的采样时间。(　　)

A. 10　　B. 12　　C. 14　　D. 16

E. 18

答案：E

25. 环境空气中颗粒物的日平均浓度要求每日至少有________h 的采样时间。(　　)

A. 8　　B. 9　　C. 10　　D. 11

E. 12

答案：E

26. 环境空气质量功能区划分中要求，一、二类功能区面积不得小于________km^2。(　　)

A. 1　　B. 2　　C. 3　　D. 4

E. 5

答案：D

27. 环境空气中气态污染物监测的采样亭室内温度应维持在________℃。(　　)

A. 0±5　　B. 10±5

C. 15±5　　D. 20±5

E. 25±5

答案：E

28. 环境空气 24 h 连续采样器的计时器在 24 h 内的时间误差应小于________min。(　　)

A. 0　　B. 5　　C. 6　　D. 7

E. 10

答案：B

29. 用经过检定合格的流量计校验环境空气 24 h 连续采样系统的采样流量，每月至少 1 次，每月流量误差应小于________%。(　　)

A. 5　　B. 10　　C. 15　　D. 20

E. 25

答案：A

30. 用于环境空气中气态污染物采样的吸收瓶，其阻力应每月测定一次，当测定值与上次测定结果之差大于________kPa 时，应做吸收效率测试，吸收效率应大于 95%，否则不能继续使用。(　　)

A. 0.1　　B. 0.2　　C. 0.3　　D. 0.4

E. 0.5

答案：C

31. 根据《环境空气　半挥发性有机物采样技术导则》(HJ 691—2014)采集环境空气中半挥发性有机物时，当使用新吸附剂采样或当吸附剂类型及用量、采样头大小和采样流量、采样时间等条件发生较大变化时，尤其是采样时间超过________h，应该预先对采样效率或动态保留效率进行评估。(　　)

A. 8　　B. 12　　C. 24　　D. 48

答案：C

32. 根据《环境空气　半挥发性有机物采样技术导则》(HJ 691—2014)采集环境空气中半挥发性有机物时，采样前应确认采样滤膜无针孔和破损，滤膜使用前应根据监测方法的要求进行高温灼烧，一般在________℃灼烧 4 h 以上。(　　)

A. 100　　B. 200　　C. 300　　D. 400

答案：D

33.《环境空气　半挥发性有机物采样技术导则》（HJ 691—2014）中关于环境空气中半挥发性有机物采样，下列说法正确的是________。（　　）

A. 采样效率小于等于动态保留效率

B. 采样器工作点流量在采样过程中时刻在变化

C. 应定期使用标准流量计和累计流量计对采样器的流量和累计标况采样体积进行校准

D. 累计标准流量计的温度和压力传感器应定期进行校准

答案：C

34. 根据《环境空气　半挥发性有机物采样技术导则》（HJ 691—2014）采集环境空气中半挥发性有机物时，用大于或等于样品采样的流量和时间抽气体通过采样介质后，目标化合物捕集在采样介质上的量与气体中目标化合物实际量的比值即为________。（　　）

A. 采样效率　　B. 动态保留效率　　C. 静态保留效率　　D. 脱附效率

答案：A

35.《环境空气　半挥发性有机物采样技术导则》（HJ 691—2014）中规定，大流量采样器多点校准应至少在________L/min、________L/min 和________L/min 进行三点校准。（　　）

A. 80，100，120　　B. 180，200，220

C. 200，225，250　　D. 700，800，900

答案：C

36. 根据《环境空气　半挥发性有机物采样技术导则》（HJ 691—2014），选择采样介质时，下列说法不正确的是________。（　　）

A. 待分析的目标化合物在采样介质上应至少稳定 7 d

B. 采样过程中采样介质对目标化合物只产生物理吸附，而不能发生化学反应

C. 目标化合物在采样介质上的脱附效率小于等于动态保留效率

D. 目标化合物的脱附效率应在 90%～110%

答案：C

37. 根据《环境空气　半挥发性有机物采样技术导则》（HJ 691—2014），测定超大流量、大流量和中流量采样效率时，下列说法不正确的是________。（　　）

A. 添加到滤膜上的目标化合物的标准添加量至少为环境空气中目标化合物浓度的 3 倍

B. 配制目标化合物溶液的溶剂应使用挥发性的溶剂

C. 测定采样效率时，三次测定的结果的相对偏差应≤20%

D. 采样效率一般应在 65%～125%，采样效率低于 50% 或高于 150% 均为无效

答案：C

38. 根据《环境空气　半挥发性有机物采样技术导则》（HJ 691—2014）测定超大流量、大流量和中流量动态保留效率时，下列说法不正确的是________。（　　）

A. 两台采样器使用相同的采样流量和采样时间

B. 动态保留效率一般要求在 75% 以上

C. 测定动态保留效率时，三次测定的结果的相对偏差应≤20%

D. 半挥发性有机物的动态保留效率一般等于或略低于采样效率

答案：C

39.《环境空气　半挥发性有机物采样技术导则》（HJ 691—2014）中关于环境空气中半挥发性有机物采样点周围环境的说法，不正确的是________。（　　）

A. 监测点周围应开阔，至少 1 m 之内不应有影响气体流动的障碍物

B. 对空气质量监测，距采样装置 50 m 内不应有污染排放源

C. 采样装置距绿化乔木或灌木绿化带的距离应为 15～20 m

D. 在建筑物上安装监测仪器时，监测仪器采样口离建筑物墙壁、屋顶等支撑物表面的距离应大于 1 m

答案：A

40. 根据《环境空气　半挥发性有机物采样技术导则》（HJ 691—2014），环境空气中半挥发性有机物采样时，用两台或两台以上采样器作平行采样时，两台仪器的间距至少为________m，以防止采样器之间的相互干扰。（　　）

A. 0.5　　B. 1　　C. 1.5　　D. 2

答案：D

四、问答题

1. 简述环境空气监测网络设计的一般原则。

答案：监测网络设计的一般原则是：（1）在监测范围内，必须能提供足够的、有代表性的环境质量信息。（2）监测网络应考虑获得信息的完整性。（3）以社会经济和技术水平为基础，根据监测的目的进行经济效益分析，寻求优化的、可操作性强的监测方案。（4）根据现场的实际情况，考虑影响监测点位的其他因素。

2. 简述环境空气质量监测点位布设的一般原则。

答案：环境空气质量监测点位布设的一般原则是：（1）点位应具有较好的代表性，应能客观反映一定空间范围内的空气污染水平和变化规律。（2）应考虑各监测点之间设置条件尽可能一致，使各个监测点取得的监测资料具有可比性。（3）各行政区在监测点位的布局上尽可能分布均匀，以反映其空气污染水平及规律；同时，在布局上还应考虑能反映城市主要功能区和主要空气污染源的污染现状及变化趋势。（4）应结合城市规划考虑环境空气监测点位的布设，使确定的监测点位能兼顾城市未来发展的需要。

3. 环境空气样品的间断采样的含义是什么？

答案：指在某一时段或 1 h 内采集一个环境空气样品，监测该时段或该小时环境空气中污染物的平均浓度所采用的采样方法。

4. 简述环境空气的无动力采样的含义。

答案：指将采样装置或气样捕集介质暴露于环境空气中，不需要抽气动力，依靠环境空气中待测污染物分子的自然扩散、迁移、沉降等作用而直接采集污染物的采样方式。

5. 环境空气 24 h 连续采样时，气态污染物采样系统由哪几部分组成？

答案：气态污染物采样系统由采样头、采样总管、采样支管、引风机、气体样品吸收装置及采样器等组成。

6. 用塑料袋采集环境空气样品时，如何进行气密性检查？

答案：充足气后，密封进气口，将其置于水中，不应冒气泡。

7. 新购置的采集气体样品的吸收管如何进行气密性检查？

答案：将吸收管内装适量的水，接至水抽气瓶上，两个水瓶的水面差为 1 m，密封进气口，抽气至吸收管内无气泡出现，待抽气瓶水面稳定后，静置 10 min，抽气瓶水面应无明显降低。

8. 环境空气中颗粒物采样结束后，取滤膜时，发现滤膜上尘的边缘轮廓不清晰，说明什么问题？应如何处理？

答案：表示采样时漏气，则本次采样作废，需重新采样。

9. 根据《环境空气　半挥发性有机物采样技术导则》（HJ 691—2014）中的要求，采集环境空气中半挥发性有机物后，采样介质如何取出和保存？

答案：（1）采样结束后，关闭电源，卸下采样头，将采样头带到干净、无污染和避光的地方，戴上白色棉手套或外科医用手套，将玻璃采样筒从采样头下端取出，用原来包裹采样筒的铝箔包裹好。

（2）小心地用镊子将滤膜取下，将样品向里对折后与玻璃采样筒放在一起。用铝箔包好，放入样品保存筒中，盖上盖，再贴上标签。

（3）将采样筒保存在低于 4℃的环境内，如果样品不能在 24 h 内分析，则应将滤膜和吸附剂放置于专用的密封样品盒内，并立即放入 4℃冷藏箱内保存至样品处理前，以防止有机物的分解。

10. 根据《环境空气　半挥发性有机物采样技术导则》（HJ 691—2014）采集环境空气中半挥发性有机物时，超大流量、大流量和中流量采样与低流量采样的适用范围有何不同？

答案：超大流量、大流量和中流量的采样主要适合采集以气态、气溶胶状态或以两种形式同时存在，在环境空气中浓度很低，需要大体积富集的 SVOCs。低流量采样主要适用于采集以气体状态存在的 SVOCs。

11. 根据《环境空气　半挥发性有机物采样技术导则》（HJ 691—2014），超大流量、大流量和中流量的采样头由哪几部分组成？

答案：超大流量、大流量和中流量的采样头由采样切割器、滤膜及滤膜支撑部分、装填吸附剂的采样筒、采样筒架及橡胶密封圈组成。

五、计算题

空气采样时，现场气温为 18℃，大气压力为 85.3 kPa，实际采样体积为 450 mL。问标准状态下的采样体积是多少？（在此不考虑采样器的阻力）

答案：$V_0=\dfrac{0.45\times 273\times 85.3}{(273+18)\times 101.3}=0.36(\text{L})$

参考文献

[1] 环境保护部. 环境空气质量手工监测技术规范：HJ/T 194—2017 [S]. 北京：中国环境出版集团，2017.

[2] 环境保护部 . 环境空气质量标准：GB 3095—2012 [S]. 北京：中国环境出版社，2012.

[3] 国家环境保护总局《空气和废气监测分析方法》编委会 . 空气和废气监测分析方法（第四版）[M]. 北京：中国环境科学出版社，2003.

[4] 国家环境保护局. 环境空气质量功能区划分原则与技术方法：HJ 14—1996 [S]. 北京：中国环境科学出版社，1996.

[5] 环境保护部. 环境空气　半挥发性有机物采样技术导则：HJ 691—2014 [S]. 北京：中国环境出版社，2014.

命题：杨　楠　沙雪梅　武桂桃　党瑞华　梁富生
审核：武桂桃　梁富生　夏　新

第二章　废气采样

分类号：G2

主要内容
①《锅炉烟尘测试方法》（GB/T 5468—1991）
②《固定污染源排气中颗粒物测定与气态污染物采样方法》（GB/T 16157—1996）
③《固定源废气监测技术规范》（HJ/T 397—2007）
④《大气污染物综合排放标准》（GB 16297—1996）
⑤《工业炉窑大气污染物排放标准》（GB 9078—1996）
⑥ 固定污染源采样《空气和废气监测分析方法》（第四版）
⑦《大气污染物无组织排放监测技术导则》（HJ/T 55—2000）
⑧《环境空气和废气　二噁英类的测定　同位素稀释高分辨气相色谱－高分辨质谱法》（HJ 77.2—2008）
⑨《固定源废气监测技术规范》（HJ/T 397—2007）
⑩《固定污染源废气　挥发性有机物的采样　气袋法》（HJ 732—2014）

一、填空题

1. 对除尘器进出口管道内气体压力进行测定时，可采用校准后的标准皮托管或其他经过校正的非标准型皮托管（如 S 形皮托管），配________压力计或倾斜式压力计进行测定。

答案：U 形

2. 按等速采样原则测定锅炉烟尘浓度时，每个断面采样次数不得少于________次，每个测点连续采样时间不得少于________min，每台锅炉测定时所采集样品累计的总采气量应不少于 1 m^3，取 3 次采样的算术均值作为管道的烟尘浓度值。

答案：3　　3

3. 采集烟尘的常用滤筒有玻璃纤维滤筒和________滤筒两种。

答案：刚玉

4. 烟尘测试中的预测流速法，适用于工况__________的污染源。

答案：比较稳定

5. 固定污染源排气中颗粒物等速采样的原理是：将烟尘采样管由采样孔插入烟道中，采样嘴________气流，使采样嘴的吸气速度与测点处气流速度________，并抽取一定量的含尘气体，根据采样管上捕集到的颗粒物量和同时抽取的气体量，计算排气中颗粒物浓度。

答案：正对　　相等

6. 在烟尘采样中，弯成 90° 的双层同心圆管皮托管，也称________形皮托管。

答案：标准

7. 在矩形烟道内采集烟尘，若管道断面积＜0.1 m^2，且流速分布________、对称并符合断面布设的技术要求时，可取断面中心作为测点。

答案：比较均匀

8. 蒸汽锅炉负荷是指锅炉的蒸发量，即锅炉每小时能产生多少吨的________，单位为t/h。

答案：蒸汽

9. 测定锅炉烟尘时，测点位置应尽量选择在垂直管段，并不宜靠近管道弯头及断面形状急剧变化的部位。测点位置应在距弯头、接头、阀门和其他变径管段的下游方向大于________倍直径处。

答案：6

10. 用S形皮托管和U形压力计测量烟气的压力时，可将S形皮托管一路出口端用乳胶管与U形压力计一端相连，并将S形皮托管插入烟道近中心处，使其测量端开口平面平行于气流方向，所测得的压力为________。

答案：静压

11. 通常在风机后的压入式管道中进行烟尘采样，管道中的静压和动压都为________（填“正”或“负”），全压为________（填“正”或“负”）。

答案：正　　正

12. 二氧化硫的排放量主要受燃烧方式、锅炉运行情况和煤的________等因素影响。

答案：性质

13. 在蒸汽锅炉煤耗量核定的计算公式中，与计算有关的参数有锅炉给水量、________________核定系数。

答案：蒸汽锅炉煤耗量

14. 测定烟气含湿量的方法有干湿球法、________法和冷凝法。

答案：重量

15. 当被测烟道为高温或有毒气体，且测点处又为正压时，应采用带有________的密封采样孔。

答案：闸板阀

16. 烟气温度的测定中，常用水银玻璃温度计、电阻温度计和________温度计。

答案：热电偶

17. 二氧化硫产污系数的计算公式中，与计算有关的参数有煤收到基硫分含量和燃煤中硫的________。

答案：转化率

18. 用吸收瓶正式采集烟气样品前，要让排气通过旁路吸收瓶，采样________min，将吸收瓶前管路内的空气置换干净。

答案：5

19. 使用真空瓶或注射器进行烟气采样，应详细记录现场大气压、环境温度以及________________。

答案：工况运行条件

20. 根据《大气污染物无组织排放监测技术导则》（HJ/T 55—2000），对无组织排放实行监测时，可实行连续 1 h 采样，或者实行在 1 h 内以等时间间隔采集________个样品计平均值。

答案：4

21. 根据《大气污染物无组织排放监测技术导则》（HJ/T 55—2000），进行无组织排放监测时，被测无组织排放源的排放负荷应处于________的状态或至少要处于正常生产和排放状态。

答案：相对较高

22.《大气污染物无组织排放监测技术导则》（HJ/T 55—2000）中规定，进行大气无组织排放监测时，应考虑大气稳定度的气象因素。大气稳定度等级的划分一般分为强不稳定、不稳定、弱不稳定、________、较稳定和稳定 6 个级别。

答案：中性

23. 根据《固定污染源废气 挥发性有机物的采样 气袋法》（HJ 732—2014）采集 VOCs 时，样品加热箱应能够将气袋样品加热到________±________℃。

答案：120 5

24. 根据《固定污染源废气 挥发性有机物的采样 气袋法》（HJ 732—2014）采集 VOCs 前对采样系统进行气密性检查时，开启抽气泵使真空压力表读数达到 13 kPa，关闭调节阀；如真空压力表在 1 min 内下降超过________kPa，表明系统漏气。

答案：0.15

二、判断题

1. 产污系数是指在正常技术经济和管理等条件下，生产单位产品或产生污染活动的单位强度（如重量、体积和距离等）所产生的原始污染物量。（ ）

答案：正确

2.《锅炉烟尘测试方法》（GB/T 5468—1991）中规定，对排放浓度的测试必须在锅炉设计出力 70% 以上的情况下进行。（ ）

答案：正确

3. S 形皮托管的测孔很小，当烟道内颗粒物浓度大时易被堵塞。所以它适用于测量较清洁的排气装置。（ ）

答案：错误

正确答案为：标准型皮托管的测孔很小，当烟道内颗粒物浓度大时易被堵塞。所以它适用于测量较清洁的排气装置。

4. 用 U 形压力计可测定固定污染源排气中的全压和静压。（ ）

答案：正确

5. 在固定污染源管道中流动的气体同时受到三种压力的作用，即全压、静压和动压。（ ）

答案：错误

正确答案为：同时受到两种压力的作用，即静压和动压。

6. 在采集固定污染源的气体样品时，烟尘采样嘴的形态和尺寸不受限制。（ ）

答案：正确

7. 烟尘采样时如果采样速度小于采样点的烟气速度，所测定的样品浓度会高于实际浓度。(　　)

答案：正确

8. 在固定污染源采样中，当管道内压力比大气压力大时，静压为正；反之，静压为负。(　　)

答案：正确

9. 工业锅炉是我国重要的热能动力设备，它包括压力≤2.45 MPa，容量≤65 t/h 的工业用蒸汽锅炉、采暖热水锅炉、民用生活锅炉、自备 / 热电联产锅炉、特种用途锅炉和余热锅炉。(　　)

答案：正确

10. 气态或蒸气态有害物质在烟道内分布一般是均匀的，所以，可在靠近烟道中心位置采样，也不需要等速采样。(　　)

答案：正确

11. 由烟道中抽取一定体积的烟气，使之通过装有吸湿剂的吸湿管，吸湿管的增重即为已知排气中含有的水分含量。由此可以确定烟气中的水分含量。(　　)

答案：正确

12. 用 S 形皮托管测定烟道内压力时，面向气流的开口测得的压力为全压，而背向气流开口处测得的压力大于静压。(　　)

答案：错误

正确答案为：背向气流开口处测得的压力小于静压。

13. 烟道内动压是单位体积气体所具有的动能，是气体流动的压力。由于动压仅作用于气体流动的方向，动压恒为正值。(　　)

答案：正确

14. 烟道中全压和静压有正负值之分。(　　)

答案：正确

15. 烟气测试中，所采集的有害气体不同，对采样管加热的温度要求也不同。(　　)

答案：正确

16. 采集烟气时，采样期间应保持流量恒定，波动范围应不大于 ±15%。(　　)

答案：错误

正确答案为：应不大于 ±10%。

17. 在烟气采样时，可以用不锈钢材质的采样管来采集烟气中的氰化氢和硫化氢气体。(　　)

答案：正确

18. 烟气测试中，采样时间视待测污染物浓度而定，每个样品采样时间一般不少于 5 min。(　　)

答案：错误

正确答案为：一般不少于 10 min。

19. 固定污染源监测中，因为气体流速与气体动压的平方成正比，所以可根据测得的动

压计算气体的流速。(　　)

答案：错误

正确答案为：气体流速与气体动压的平方根成正比。

20.《大气污染物综合排放标准》(GB 16297—1996)中规定，最高允许排放速率是指一定高度的排气筒在任何 1 h 排放污染物的质量不得超过的限值。(　　)

答案：正确

21. 根据《工业炉窑大气污染物排放标准》(GB 9078—1996)中规定，过量空气系数是指燃料燃烧时理论空气需要量与实际空气需要量之比值。(　　)

答案：错误

正确答案为：是指燃料燃烧时实际空气需要量与理论空气需要量之比值。

22.《火电厂大气污染物排放标准》(GB 13223—2011)中的排放标准，同样适用于以生活垃圾为燃料的火电厂排放的大气污染物。(　　)

答案：错误

正确答案为：此标准不适用于以生活垃圾为燃料的火电厂排放的大气污染物。

23.《大气污染物无组织排放监测技术导则》(HJ/T 55—2000)适用于环境监测部门为实施《大气污染物综合排放标准》(GB 16297—1996 附录 C)对大气污染物无组织排放状况进行的监测，不适用于各污染源单位为实行自我管理而进行的同类监测。(　　)

答案：错误

正确答案为：适用于各污染源单位为实行自我管理而进行的同类监测。

24. 按照《大气污染物综合排放标准》(GB 16297—1996)中的规定，我国以控制无组织排放所造成的后果来对无组织排放实行监督和限制。(　　)

答案：正确

25.《大气污染物综合排放标准》(GB 16297—1996)中规定，要在二氧化硫、氮氧化物、颗粒物和氟化物的无组织排放源的下风向设监控点。同时在排放源上风向设参照点，以监控点同参照点的浓度差值不超过规定限值来限制无组织排放。(　　)

答案：正确

26. 根据《大气污染物无组织排放监测技术导则》(HJ/T 55—2000)，无组织排放的采样方法按照配套标准分析方法中适用于无组织排放采样的方法执行。(　　)

答案：正确

27. 低矮排气筒的排放属有组织排放，但在一定条件下也可造成与无组织排放相同的后果。(　　)

答案：正确

28. 工业炉窑、炼焦炉和水泥厂的大气污染物无组织排放监测点的设置，应统一按《大气污染物无组织排放监测技术导则》(HJ/T 55—2000)中的要求进行。(　　)

答案：错误

正确答案为：应按其相应的《工业炉窑大气污染物排放标准》(GB 9078—1996)、《炼焦炉大气污染物排放标准》(GB 16171—1996)和《水泥工业大气污染物排放标准》(GB 4915—2013)中的有关规定执行，其余有关问题参照执行《大气污染物无组织排放监测技术导则》（HJ/T 55—2000）。

29. 根据《大气污染物综合排放标准》（GB 16297—1996）中的规定，在无组织排放监测中，所测得的监控点的浓度值应扣除低矮排气筒所做的贡献值。（ ）

答案：错误

正确答案为：不扣除低矮排气筒所做的贡献值。

30. 根据《大气污染物综合排放标准》（GB 16297—1996）中的规定，无组织排放监控点应设置在无组织排放源的下风向，距排放源 2～10 m 范围内的浓度最高点。（ ）

答案：错误

正确答案为：应设置在距排放源 2～50 m 范围内的浓度最高点。

31. 设置无组织排放监控点时应该回避其他污染源的影响。（ ）

答案：错误

正确答案为：不需要回避其他污染源的影响。

32. 测定废气中二噁英类污染物，采样时，连接好采样器电源、打开主机后，仪器将进行自检。自检完毕后采样器进行调零，此时应确保皮托管同主机相连。（ ）

答案：错误

正确答案为：应确保皮托管没有同主机相连。

33. 二噁英废气采样器检漏完成后，开始采集烟气样品，将皮托管、烟温传感器放入烟道中，对准气流方向，使其与气流方向偏差不得大于 20°，封闭烟道。然后开动采样泵，迅速调整流量至等速采样流量。采样期间流量与测点流速相对误差应在 -5%～10% 范围内。（ ）

答案：错误

正确答案为：与气流方向偏差不得大于 10°。

34. 二噁英废气样品采集过程中，冲击瓶应浸在冰水浴中，或保持冷凝水温度不高于 15℃。（ ）

答案：错误

正确答案为：保持冷凝水温度不高于 5℃。

35. 环境空气中二噁英类污染物样品采集时，应记录采样现场的空气温度、湿度、风速和风向等参数。若采样点周边存在污染源，还应记录污染源名称、排放情况、距离采样点位距离和方位等信息。（ ）

答案：正确

36. 二噁英废气采样器检漏完成后仪器自动显示泄漏值，当该值＜450 cc/min 时自动打印，若＞450 cc/min，需要（分段）检查漏气点。（ ）

答案：错误

正确答案为：500 cc/min。

37. 根据《环境空气和废气　二噁英类的测定　同位素稀释高分辨气相色谱 - 高分辨质谱法》（HJ 77.2—2008），废气中二噁英样品采集时选择 ^{13}C 标记或者 ^{37}Cl 标记化合物作为采样内标，已知采样内标浓度为 100 pg/μl，则每个样品的内标添加体积可为 5～20 μl。（ ）

答案：正确

38. 二噁英废气采样器关机前，要继续采集约 5 min 环境空气，其目的是将残留在采样泵和主机气路内的烟气和杂质排除，减少仪器损坏。(　　)

答案：正确

39. 根据《固定污染源废气　挥发性有机物的采样　气袋法》（HJ 732—2014）采集 VOCs 后，如果发现气袋内壁有液滴凝结现象，则应将气袋放入加热箱中加热，直至热滴凝结现象消除。(　　)

答案：正确

三、选择题

1. 锅炉烟尘排放与锅炉负荷有关，当锅炉负荷增加（特别是接近满负荷）时，烟尘的排放量常常随之________。(　　)

A. 增加　　B. 减少

答案：A

2. 测定烟气流量和采集烟尘样品时，若测试现场空间位置有限、很难满足测试要求，应选择比较适宜的管段采样，但采样断面与弯头等的距离至少是烟道直径的________倍，并应适当增加测点的数量。(　　)

A. 1.5　　B. 3　　C. 6

答案：A

3. 烟尘采样管上的采样嘴，入口角度应不大于 45°，入口边缘厚度应不大于 0.2 mm，入口直径偏差应不大于 ±0.1 mm，其最小直径应不小于________mm。(　　)

A. 3　　B. 4　　C. 5　　D. 6

答案：C

4. 为了从烟道中取得有代表性的烟尘样品，必须用等速采样方法。即气体进入采样嘴的速度应与采样点烟气速度相等。其相对误差应控制在________% 以内。(　　)

A. 5　　B. 10　　C. 15　　D. 20

答案：B

5. 根据《火电厂大气污染物排放标准》（GB 13223—2011）对火电厂大气污染物的监测，应在机组运行负荷的________% 以上时进行。(　　)

A. 70　　B. 75　　C. 80　　D. 85

答案：B

6. 对于单位发电量来说，同样灰分或硫分的煤，发热量________的，燃煤量少，产生的污染物也就少。(　　)

A. 低　　B. 高

答案：B

7.《火电厂大气污染物排放标准》（GB 13223—2011）中规定，实测的火电厂二氧化硫和氮氧化物的排放浓度必须进行折算，燃煤锅炉按过量空气系数折算值 α 为________进行折算。(　　)

A. 1.2　　B. 1.4　　C. 1.7　　D. 3.5

答案：B

8. 烟气采样前应对采样系统进行漏气检查。对不适于较高减压或增压的监测仪器，方法是先堵住进气口，再打开抽气泵抽气，当________min 内流量指示降至 0 时，可视为不漏气。(　　)

A. 2　　B. 5　　C. 10

答案：A

9. 根据《火电厂大气污染物排放标准》(GB 13223—2011)中的规定，火电厂二氧化硫最高允许排放量按全厂建设规模计算，所采用高度以________m 为极限。由于地形和当地大气扩散条件需要，烟筒的实际建造高度超过该高度时，仍按该高度计算。(　　)

A. 240　　B. 280　　C. 300

答案：A

10. 在一定湿度时，气溶胶或雾状样品粒径远大于分子，所以气溶胶或雾状颗粒物在烟道中的分布是________的。(　　)

A. 均匀　　B. 不均匀

答案：B

11. 采集烟气中氟化物时，________用硬质玻璃或者石英材质的采样管采样。(　　)

A. 可以　　B. 不能

答案：B

12.《燃煤锅炉烟尘及二氧化硫排放总量核定技术方法　物料衡算法(试行)》(HJ/T 69—2001)适用于额定蒸发量≤65 t/h 的固定式蒸汽锅炉和额定热供率≤________MW 的固定式热水锅炉烟尘及二氧化硫排放总量的污染管理。(　　)

A. 100　　B. 116　　C. 120

答案：B

13.《大气污染物综合排放标准》(GB 16297—1996)中规定，新污染源的排气筒一般不应低于________m 的高度。(　　)

A. 10　　B. 15　　C. 20　　D. 25

答案：B

14. 进行二噁英废气采样器检漏时，用堵嘴将采样头密封，同时观察仪器正下方真空表，当其读数在________bar 以下时，开始检漏。(　　)

A. −0.5　　B. −1.5　　C. −2.0　　D. −5.0

答案：A

15. 环境空气中二噁英类污染物的采样方法为：距可能扰动环境空气流的障碍物至少________m 以上，采样器应安装在距离地面________m 以上的位置。(　　)

A. 1.5，1.5　　B. 2，1.5　　C. 2，2　　D. 1，1.5

答案：B

16. 采集二噁英废气样品时，所使用的玻璃纤维滤筒或石英纤维滤筒，对粒径>________μm 颗粒物的阻留效率应超过________%。(　　)

A. 0.3，99.95　　B. 0.5，99.99　　C. 0.3，99.5　　D. 0.5，99.0

答案：A

17. 用大流量环境空气二噁英采样器采集二噁英样品时，要求所使用的采样器的采样泵负载流量应能达到 800 L/min，并具有流量自动调节功能，能确保采样器在________L/min 的流量下连续采样。(　　)

A. 400～700　　B. 450～700　　C. 500～700　　D. 500～600

答案：C

18. 测得二噁英类污染物的环境空气和废气样品采集前，加入采样内标，要求采样内标物质回收率________，超过此范围要重新采样。(　　)

A. 50%～100%　　B. 32%～140%　　C. 70%～130%　　D. 24%～185%

答案：C

19. 二噁英废气样品采集时需添加采样内标，具体添加方法为：用 10 μl 微注射器准确吸取 5 μl 采样内标准物质，添加到________上。(　　)

A. 滤筒　　B. XAD Ⅱ树脂柱　　C. 冷凝水瓶中

答案：B

20. 当环境空气二噁英采样仪器运行后观察到采样泵输出功率增大情况时，为防止出现如环境中粉尘较多而造成采样滤膜阻力变大引起泵输出功率增大较快，出现满载而停止运行的现象，应在泵输出功率达到________时便要暂停仪器更换新滤膜。(　　)

A. 80%　　B. 85%　　C. 90%　　D. 95%

答案：C

21. 根据《环境空气和废气　二噁英类的测定　同位素稀释高分辨气相色谱－高分辨质谱法》(HJ 77.2—2008)，二噁英样品采集时需进行运输空白试验，当运输空白较高时，如果样品实测值与运输空白测定值相比大________个数量值以上，则可以从样品实测值中扣除运输空白。(　　)

A. 1　　B. 2　　C. 3　　D. 4

答案：B

22. 根据《固定污染源废气　挥发性有机物的采样　气袋法》(HJ 732—2014)采集 VOCs 时，当气袋内采样体积达到气袋最大容积的________% 左右时采样结束，关闭抽气泵。(　　)

A. 60　　B. 70　　C. 80　　D. 95

答案：C

23. 根据《固定污染源废气　挥发性有机物的采样　气袋法》(HJ 732—2014)采集 VOCs 后，气袋样品一般应在采样后________h 内进样分析。(　　)

A. 8　　B. 12　　C. 16　　D. 24

答案：A

四、问答题

1. 简述固定污染源移动采样的含义。

答案：用一个滤筒在已确定的采样点上移动采样，各点采样时间相等，由此可求出采样断面的平均浓度。

2. 简述在锅炉烟尘测试时，鼓风、引风和除尘系统应达到的要求。

答案： 鼓风、引风系统应完整、工作正常、风门的调节应灵活、可调。除尘系统运行正常、不堵灰、不漏风、耐磨涂料不脱落。

3. 什么是动压平衡等速采样？

答案： 利用装置在采样管上的孔板差压与皮托管指示的采样点气体动压相平衡来实现等速采样。

4. 简述烟尘采样中的移动采样、定点采样和间断采样之间的不同点。

答案： 移动采样：是用一个滤筒在已确定的各采样点上移动采样。各点采样时间相等，求出采样断面的平均浓度。定点采样：是分别在每个测点上采一个样，求出采样断面的平均浓度，并可了解烟道断面上颗粒物浓度变化状况。间断采样：是对有周期性变化的排放源，根据工况变化及其延续时间分段采样，然后求出其时间加权平均浓度。

5. 过剩空气系数 α 值越大，表示实际供给的空气量比燃料燃烧所需的理论空气量越大，炉膛里的氧气就越充足。空气系数是否越大越好，越有利于炉膛燃烧。为什么？

答案： 当过剩空气系数过大时，则会因大量冷空气进入炉膛，而使炉膛温度下降，对燃烧反而不利。

6. 已知烟道截面积（F）和工况下湿排气平均流速（V_s），试写出工况下湿排气流量（Q_s）的计算公式和单位。

答案： $Q_s=V_s\times F\times 3\ 600$（$m^3/h$）

7. 简述燃煤工业锅炉中排污系数的物理意义。

答案： 每耗用 1 t 煤产生和排放污染物的量。

8. 简述干湿球法测定烟气含湿量的原理。

答案： 使烟气在一定的速度下通过干、湿球温度计，根据干、湿球温度计的读数和测点处烟气的压力，计算出烟气的水分含量。

9. 计算除尘器效率的公式分别有：

（1）$\eta(\%)=(C_j-C_c)/C_j\times 100\%$

（2）$\eta(\%)=[(C_j\times Q_j)-(C_c\times Q_c)]/(C_j\times Q_j)\times 100\%$

（3）$\eta=\eta_1+\eta_2-\eta_1\times\eta_2$

试问以上三个计算公式，分别在什么情况下使用？

答案：（1）式用在除尘器系统无漏风时；

（2）式用在除尘器系统有漏风时；

（3）式用在两级除尘器串联时。

10.《水泥工业大气污染物排放标准》（GB 4915—2013）中，“标准状态干排气”指什么？

答案： 在温度为 273 K、压力为 101 325 Pa 时不含水分的排气。

11. 无组织排放监测中，当平均风速≥1 m/s 时，参照点应如何设置？为什么？

答案： 当平均风速≥1 m/s 时，因被测排放源排出的污染物一般只能影响其下风向，故参照点可在避开近处污染源影响的前提下，尽可能靠近被测无组织排放源设置，以使参照点可以较好地代表监控点的本底浓度值。

12. 无组织排放监测中，当平均风速小于 1 m/s（包括静风）时，参照点应如何设置？为什么？

答案： 当平均风速小于 1 m/s 时，被测无组织排放源排出的污染物随风迁移作用减小，污染物自然扩散作用增强，此时污染物可能以不同程度出现在被测排放源上风向。此时设置参照点，既要注意避开近处其他源的影响，又要在规定的扇形范围内，在远离被测无组织排放源处设置。

13.《大气污染物无组织排放监测技术导则》（HJ/T 55—2000）中对气象因子无组织排放监测的适宜程度做了分类，试对这四种适宜程度分别进行描述。

答案： a 类：不利于污染物的扩散和稀释，适宜进行无组织排放监测。

b 类：较不利于污染物的扩散和稀释，较适宜进行无组织排放监测。

c 类：有利于污染物的扩散和稀释，较不适宜进行无组织排放监测。

d 类：很有利于污染物的扩散和稀释，不适宜进行无组织排放监测。

14. 简述在单位周界设置无组织排放监控点时，如果围墙的通透性很好或不好时如何设定监控点。

答案： 当单位周界围墙的通透性很好时，可以紧靠围墙外侧设监控点。当单位周界围墙的通透性不好时，亦可紧靠围墙设监控点，但把采气口抬高至高出围墙 20～30 cm；如果不便于把采气口抬高时，为避开围墙造成的涡流区，宜将监控点设于距离围墙 1.5～2.0 m，距地面 1.5 m 处。

15. 无组织排放中有显著本底值的监测项目有哪些？简述监测这些项目的无组织排放时设置参照点的原则。

答案： 无组织排放监测的污染物项目有二氧化硫、氮氧化物、颗粒物和氟化物。设置参照点的原则要求是：（1）参照点应不受或尽可能少受被测无组织排放源的影响，力求避开其近处的其他无组织排放源和有组织排放源的影响，尤其要注意避开那些尽可能对参照点造成明显影响而同时对监控点无明显影响的排放源。（2）参照点的设置，要以能够代表监控点的污染物本底浓度为原则。

16. 简述根据《固定污染源废气　挥发性有机物的采样　气袋法》（HJ 732—2014）采集 VOCs 时，对重复使用采样气袋进行空白试验的方法。

答案： 在已经使用过的气袋中注入除烃零空气后密封，室温下放置一段时间，放置时间不少于实际监测时样品保存　时间，然后使用与样品分析相同的操作步骤测定目标 VOCs 浓度，如果浓度均低于方法检出限，可继续使用该气袋，抽空袋内气体后保存；否则必须弃用。

五、计算题

1. 已测得某台除尘器出口管道中的动压和静压分别是 0.427 kPa、−1.659 kPa，进口管道中的动压和静压分别是 0.194 kPa、−0.059 kPa，试计算这台除尘器的阻力。

答案： 除尘器出口管道中的全压：$P_{出}=-1.659+0.427=-1.232$（kPa）

除尘器进口管道中的全压：$P_{进}=-0.059+0.194=0.135$（kPa）

除尘器的阻力：$\Delta P=P_{进}-P_{出}=0.135-(-1.232)=1.367$（kPa）

2. 干湿球法测定烟气中含湿量。已知干球温度（t_a）为 52℃，湿球温度（t_b）为 40℃，通过湿球表面时的烟气压力（P_b）为 -1 334 Pa，大气压力（B_a）为 101 380 Pa，测点处烟气静压（P_s）为 -883 Pa，试求烟气含湿量（X_{sw}）的百分含量［湿球温度为 40℃时饱和蒸汽压（P_{bv}）为 7 377 Pa，系数 C 为 0.000 66］。

答案：X_{sw}=［P_{bv}−C×（t_a−t_b）×（B_a+P_b）/（B_a+P_s）］×100%

=［7 377−0.000 66×（52−40）×（101 380−1 334）/（101 380−883）］×100%

=6.55%

3. 实测某台非火电厂燃煤锅炉烟尘的排放浓度为 120 mg/m³，过量空气系数为 1.98，试计算出该锅炉折算后的烟尘排放浓度。

答案：C=C'×（α'/α）=120×（1.98/1.8）=132（mg/m³）

4. 某台 2 t/h 锅炉在测定时，15 min 内软水水表由 123 456.7 m³ 变为 123 457.1 m³，试求此时锅炉负荷。

答案：流量：123 457.1−123 456.7=0.4（m³）

负荷：0.4/0.25=1.6（m³/h）

1.6/2×100%=80%

5. 测得某台锅炉除尘器入口烟尘标态浓度 C_j=2 875 mg/m³，除尘器入口标态风量 Q_j=9 874 m³/h，除尘器出口烟尘标态浓度 C_c=352 mg/m³，除尘器出口标态风量 Q_c=10 350 m³/h，试求该除尘器的除尘效率。

答案：η=［（C_j×Q_j）−（C_c×Q_c）］/（C_j×Q_j）×100%

=［（2 875×9 874）−（352×10 350）］/（2 875×9 874）×100%

=87.2%

6. 测得某锅炉除尘器入口烟尘标态浓度为 1 805 mg/m³，除尘器出口烟尘标态浓度为 21 mg/m³，试求除尘器在无漏风时的除尘器效率。

答案：η（%）=（C_j−C_c）/C_j×100%=（1 805−21）/ 1 805×100%=98.8%

7. 已知采样时转子流量计前气体温度 t_r=40℃，转子流量计前气体压力 P_r=−7 998 Pa，采气流量 Q_r=25 L/min，采样时间 t=20 min，大气压力 B_a=98.6 kPa，滤筒收尘量 0.900 1 g，排气量 Q_{sn}=6 000 m³/h，试求排放浓度与排放量。

答案：标态采气量：V_{nd}=0.05×Q_r×［（B_a+P_r）/（273+t_r）］1/2×t

=0.05×25×［（98 600−7 998）/（273+40）］1/2×20

=425（L）

排放浓度：C=m×10⁶/V_{nd}=0.900 1×106/425=2 118（mg/m³）

排放量：G=C×Q_{sn}=2 118×6 000×10⁻⁶=12.7（kg/h）

8. 已知某固定污染源烟道截面积为 1.181 m²，测得某工况下湿排气平均流速为 15.3 m/s，试计算烟气湿排气状况下的流量。

答案：Q_s=15.3×1.181×3 600=6.50×104（m³/h）

9. 锅炉用煤量为 1 015 kg/h，燃煤中收到基硫分含量（S_{ar}）为 0.52%，该煤中硫的转化率（P）为 80%，试求二氧化硫的产污系数（kg/t）和每小时二氧化硫排放量。

答案：二氧化硫产污系数：K=0.2×S_{ar}×P=0.2×0.52×80=8.3（kg/t）

每小时二氧化硫排放量：G=8.3×1.015=8.42（kg/h）

10. 某厂全年耗煤 2 万 t，煤中含硫量为 2.5%，试求该厂全年二氧化硫排放量（注：无脱硫装置）。

答案：二氧化硫产污系数：$K=0.2\times S_{ar}\times P=0.2\times 2.5\times 80=40$（kg/t）

全年二氧化硫排放量：$G=40\times 20\ 000=800$（t/a）

11. 对某台 10 t 蒸汽锅炉进行测定，读取锅炉运行时的蒸汽流量计读数，首次为 765 432.1 t，30 min 后为 765 435.6 t，试求此时锅炉的出力（蒸汽流量计系数为 1.0）。

答案：蒸汽流量：765 435.6−765 432.1=3.5（t）

锅炉出力：3.5/0.5=7（t/h）

7/10 × 100%=70%

12. 对某工厂锅炉排放的二氧化硫进行测定，测得锅炉在标准状态下干采气体积为 9.5 L，排气流量为 $3.95\times 104\ m^3/h$；分析二氧化硫时所用碘溶液的浓度为 $C(1/2\ I_2)=0.010\ 0$ mol/L，样品溶液和空白溶液消耗碘溶液的体积分别为 15.80 mL、0.02 mL，试计算该锅炉排放二氧化硫的浓度和排放量。

答案：（1）二氧化硫浓度：二氧化硫 $=(V-V_0)\times C(1/2\ I_2)\times 32/V_{nd}\times 10^3$

$=(15.8-0.02)\times 0.010\ 0\times 32/9.5\times 10^3$

$=532\ (mg/m^3)$

（2）二氧化硫排放量：$G=C\times Q_{sn}\times 10^{-6}=532\times 3.95\times 10^4\times 10^{-6}=21.0$（kg/h）

13. 某水泥厂的无组织排放监测中，在参照点（M）以等时间间隔采集四个样品，测定浓度分别为 0.25 mg/m^3、0.30 mg/m^3、0.45 mg/m^3、0.35 mg/m^3；在监控点 A 点测定浓度分别为 0.45 mg/m^3、0.58 mg/m^3、0.65 mg/m^3、0.77 mg/m^3；在监控点 B 点测定浓度分别为 0.95 mg/m^3、1.02 mg/m^3、1.35 mg/m^3、1.10 mg/m^3；在监控点 C 点测定浓度分别为 1.60 mg/m^3、1.71 mg/m^3、1.80 mg/m^3、1.52 mg/m^3；在监控点 D 点测定浓度分别为 0.92 mg/m^3、0.88 mg/m^3、0.75 mg/m^3、0.80 mg/m^3。本次监测采用《水泥工业大气污染物排放标准》（GB 4915—2013）中无组织排放限值二级标准（1.5 mg/m^3）进行评价。试根据以上监测结果，判断该污染源的无组织排放浓度是否超标。

答案：（1）参照点 1 h 平均值：

$M=(m_1+m_2+m_3+m_4)/4=(0.25+0.30+0.45+0.35)/4=0.34\ (mg/m^3)$

（2）四个监控点的 1 h 平均值分别为

$A=(a_1+a_2+a_3+a_4)/4=(0.45+0.58+0.65+0.77)/4=0.61\ (mg/m^3)$

$B=(b_1+b_2+b_3+b_4)/4=(0.95+1.02+1.35+1.10)/4=1.10\ (mg/m^3)$

$C=(c_1+c_2+c_3+c_4)/4=(1.60+1.71+1.80+1.52)/4=1.66\ (mg/m^3)$

$D=(d_1+d_2+d_3+d_4)/4=(0.92+0.88+0.75+0.80)/4=0.84\ (mg/m^3)$

（3）比较四个监控点的监测值大小（1 h 平均值）后得到 $C>B>D>A$

（4）计算该污染源无组织排放的“监控浓度值”X 为

$X=C-M=1.66-0.34=1.32\ (mg/m^3)$

（5）判断该污染源的无组织排放是否超标：

GB 4915—1996 中的排放限制二级标准为 1.5 mg/m^3（Y），$X<Y$

所以该排放源的无组织排放浓度未超标。

参考文献

[1] 国家环境保护局. 锅炉烟尘测试方法：GB/T 5468—1991［S］. 北京：中国环境科学出版社，1991.

[2] 国家环境保护局. 固定污染源排气中颗粒物测定与气态污染物采样方法：GB/T 16157—1996 [S]. 北京：中国环境科学出版社，1996.

[3] 环境保护部，国家质量监督检验检疫总局 . 火电厂大气污染物排放标准：GB 13223—2011 [S]. 北京：中国环境出版社，2011.

[4] 国家环境保护局 . 大气污染物综合排放标准：GB 16297—1996 [S]. 北京：中国环境科学出版社，1996.

[5] 国家环境保护局 . 工业炉窑大气污染物排放标准：GB 9078—1996 [S]. 北京：中国环境科学出版社，1996.

[6] 国家环境保护总局 . 锅炉大气污染物排放标准：GB 13271—2001. 北京：中国标准出版社，2001.

[7] 国家环境保护总局 . 燃煤锅炉烟尘及二氧化硫排放总量核定技术方法　物料衡算法（试行）：HJ/T 69—2001 [S]. 北京：中国环境科学出版社，2001.

[8] 国家环境保护总局 . 固定源废气监测技术规范：HJ/T 397—2007 [S]. 北京：中国环境科学出版社，2007.

[9] 国家环境保护局科技标准司 . 大气环境标准工作手册 [M]. 北京：中国环境科学出版社，1996.

[10] 国家环境保护总局《空气和废气监测分析方法》编委会 . 空气和废气监测分析方法（第四版）[M]. 北京：中国环境科学出版社，2003.

[11] 国家环境保护局科技标准司 . 工业污染物产生和排放系数手册 [M]. 北京：中国环境科学出版社，1996.

[12] 于正然 . 烟尘烟气测试实用技术 [M]. 北京：中国环境科学出版社，1990.

[13] 吴鹏鸣 . 环境空气监测质量保证手册 [M]. 北京：中国环境科学出版社，1989.

[14] 国家环境保护总局 . 大气污染物无组织排放监测技术导则：HJ/T 55—2000 [S] 北京：中国环境科学出版社，2000.

[15] 环境保护部 . 国家质量监督检验检疫总局 . 水泥工业大气污染物排放标准：GB 4915—2013 [S]. 北京：中国环境出版社，2014.

[16] 环境保护部 . 环境空气和废气　二噁英类的测定　同位素稀释高分辨气相色谱－高分辨质谱法：HJ 77.2—2008 [S]. 北京：中国环境科学出版社，2009.

[17] 环境保护部 . 固定污染源废气　挥发性有机物的采样　气袋法：HJ 732—2014 [S]. 北京：中国环境出版社，2015.

命题：张　宁　杨　楠

审核：梁富生　张　颖

第三章　现场监测

第一节　烟气黑度

分类号：G3–1

主要内容
①《固定污染源排放　烟气黑度的测定　林格曼烟气黑度图法》（HJ/T 398—2007）
② 污染源废气　烟气黑度的测定　测烟望远镜法《空气和废气监测分析方法》（第四版）
③ 污染源废气　烟气黑度的测定　光电测烟仪法《空气和废气监测分析方法》（第四版）

一、填空题

1. 采用林格曼黑度图法测定烟气黑度时，观察烟气的仰视角不应________，一般情况下不宜大于45°，应尽量避免在过于________的角度下观测。①②

答案：太大　　陡峭

2. 采用林格曼黑度图法测定烟气黑度时，如果在太阳光下观察，应尽可能使照射光线与视线成________。①②

答案：直角

3. 标准林格曼黑度图全黑代表林格曼黑度________级。①②

答案：5

4. 林格曼黑度图法测定烟气黑度的原理是：把林格曼黑度图放在适当的位置上，使图上的黑度与烟气的黑度相比较，凭________对烟气的黑度进行评价。①②

答案：视觉

5. 测烟望远镜法测定烟气黑度中，现场记录应包括工厂名称、排放地点、设备名称、__________、______________________、__________风向和天气状况等。②

答案：观测者姓名　　观测者与排放源的相对位置　　观测日期

6. 采用测烟望远镜法测定烟气黑度时，连续观测时间应不少于________min。②

答案：30

7. 测烟望远镜法测定烟气黑度时，应在白天进行观测，观测烟气部位应选择在烟气黑度最大的地方，且该部分应没有________存在。②

答案：水蒸气

8. 根据《空气和废气监测分析方法》（第四版）中光电测烟仪法测定污染源废气的烟气黑度时，连续观测时间不少于________min。③

答案：30

二、判断题

1. 林格曼黑度 5 级的确定原则是：在观测过程中出现 5 级林格曼黑度时，烟气的黑度按 5 级计。(　　) ①②

答案： 正确

2. 根据《空气和废气监测分析方法》(第四版)中光电测烟仪法测定污染源废气的烟气黑度时，白天云层薄厚不均的天气不影响观测。(　　) ③

答案： 错误

正确答案为： 不宜在云层薄厚不均的天气下观测。

3. 根据《空气和废气监测分析方法》(第四版)中光电测烟仪法测定污染源废气的烟气黑度时，观测烟气部位应选择在烟气黑度最大的地方。(　　) ③

答案： 正确

三、选择题

1. 林格曼黑度 4 级的确定原则是: 30 min 内出现 4 级及以上林格曼黑度的累计时间超过________min 时，烟气的黑度按 4 级计。(　　) ①②

A. 1　　B. 2　　C. 3　　D. 4

答案： B

2. 采用测烟望远镜法测定烟气黑度时，观测者可在离烟囱________m 远处进行观测。(　　) ②

A. 50～300　　B. 10～50　　C. 50～100　　D. 300～500

答案： A

四、问答题

简述根据《空气和废气监测分析方法》(第四版)中光电测烟仪法测定污染源废气的烟气黑度的原理。③

答案： 利用光学系统搜集烟的图像，把烟的透光率与仪器内部的标准黑度板透光率比较，通过光学系统处理，把光信号变成电信号输出，由显示系统显示出烟气的黑度。

参考文献

[1] 国家环境保护总局. 固定污染源排放　烟气黑度的测定　林格曼烟气黑度图法：HJ/T 398—2007 [S]. 北京：中国环境科学出版社，2008.

[2] 国家环境保护局. 锅炉烟尘测试方法：GB 5468—1991 [S]. 北京：中国环境科学出版社，1992.

[3] 国家环境保护总局《空气和废气监测分析方法》编委会. 空气和废气监测分析方法（第四版）[M]. 北京：中国环境科学出版社，2003.

命题：段再明　李名升　李宗超

审核：梁富生　武桂桃　张佟佟

第二节 二氧化硫

分类号：G3–2

主要内容
①《固定污染源废气 二氧化硫的测定 定电位电解法》（HJ/T 57—2017）
② 环境空气 二氧化硫的测定 定电位电解法《空气和废气监测分析方法》（第四版）
③《固定污染源废气 二氧化硫的测定 便携式紫外吸收法》（HJ 1131—2020）

一、填空题

1. 定电位电解法测定环境空气和废气中二氧化硫时，被测气体中对定电位电解传感器的定量测定有干扰的物质包括__________、__________和__________。（请列举三种干扰物质）①②

答案：一氧化碳 硫化氢 二氧化氮

2. 定电位电解法测定环境空气和废气中二氧化硫时，被测气体中的尘和水分容易在渗透膜表面凝结，影响其________。①②

答案：透气性

3. 定电位电解法测定环境空气和废气中二氧化硫时，仪器对二氧化硫测试的结果应以质量浓度表示。如果仪器显示二氧化硫值以 ppm 表示浓度时，应乘以________（系数）换算为标准状态下的质量浓度。①②

答案：2.86

4. 根据《固定污染源废气 二氧化硫的测定 便携式紫外吸收法》（HJ 1131—2020）测定固定污染源废气中二氧化硫时，样品测定结果应处于仪器校准量程的________%之间，否则应重新选择校准量程。③

答案：20～100

5. 根据《固定污染源废气 二氧化硫的测定 便携式紫外吸收法》（HJ 1131—2020）测定固定污染源废气中二氧化硫时，待仪器读数稳定后即可记录读数，每分钟保存一个均值，连续取样________min 测定数据的平均值可作为一个样品测定值。③

答案：5～15

二、判断题

1. 定电位电解法测定烟道气中二氧化硫时，应选择抗负压能力大于烟道负压的仪器，否则会使仪器采样流量减小，测试浓度值将高于烟道气中二氧化硫实际浓度值。（ ）①

答案：错误

正确答案为：测试浓度值低于烟道气中二氧化硫实际浓度值。

2. 定电位电解法测定环境空气和废气中二氧化硫时，被测气体中化学活性强的物质对定电位电解传感器的定量测定有干扰。（ ）①②

答案：正确

3. 根据《空气和废气监测分析方法》(第四版),定电位电解法测定环境空气中二氧化硫时,对仪器进行标定的操作如下:仪器通入量程浓度 80% 的标准气体 10 min 后,调节跨度调节钮,使仪器输出值与标气浓度值相符,输出值稳定后停供标气;接零气,待输出稳定后,再调节调零钮,使其接近零点,稳定后,去掉零过滤器。如此实施标定程序后,才可以进行测定。( ) ②

答案:错误

正确答案为:标定操作时,必须重复进行跨度和零点调节 2~3 次。

4. 根据《空气和废气监测分析方法》(第四版),定电位电解法测定环境空气中二氧化硫时,因为现场测试条件不易控制,所以,测定时仪器的工作流量不一定与标定(校准)时的流量相等。( ) ②

答案:错误

正确答案为:为了减少测定误差,仪器的工作流量应与标定(校准)时的流量相等。

5. 根据《空气和废气监测分析方法》(第四版),定电位电解法测定环境空气中二氧化硫时,仪器的进气口处必须安装过滤器,对此过滤器的技术要求为能去除空气中的水汽。( ) ②

答案:错误

正确答案为:该过滤器还必须对二氧化硫气体无吸附作用。

6. 根据《空气和废气监测分析方法》(第四版),定电位电解法测定环境情况中二氧化硫时,为方便现场操作,时常用香烟或火柴测试仪器是否有响应。( ) ②

答案:错误

正确答案为:由于传感器的灵敏度高,所以,禁止过载的情况发生,不允许使用香烟或火柴测试仪器是否有响应。

7. 根据《固定污染源废气 二氧化硫的测定 便携式紫外吸收法》(HJ 1131—2020)测定固定污染源废气中二氧化硫时,废气中的颗粒物因对二氧化硫产生吸收而干扰测定。( ) ③

答案:错误

正确答案为:废气中的颗粒物容易污染吸收池干扰测定。

8. 根据《固定污染源废气 二氧化硫的测定 便携式紫外吸收法》(HJ 1131—2020)测定固定污染源废气中二氧化硫时,可以通过测定热湿废气样品的方法消除或减少废气中水蒸气对二氧化硫测定的干扰和影响。( ) ③

答案:正确

9. 根据《固定污染源废气 二氧化硫的测定 便携式紫外吸收法》(HJ 1131—2020)测定固定污染源废气中二氧化硫时,二氧化硫的浓度计算结果保留至整数位,浓度≥ $1.00\times103mg/m^3$ 时,保留 2 位有效数字。( ) ③

答案:错误

正确答案为:浓度≥1.00×10^3 mg/m^3 时,保留 3 位有效数字。

10. 根据《固定污染源废气 二氧化硫的测定 便携式紫外吸收法》(HJ 1131—2020)测定固定污染源废气中二氧化硫,当监测点位负压过大时,可以通过将负压烟道气

引出到平衡装置内的方法消除影响。(　　)③

答案：正确

三、选择题

1. 定电位电解法测定环境空气和废气中二氧化硫中，读数完毕后，将采样枪取出置于环境空气中，清洗传感器至仪器读数在________ mg/m^3 以下后，才能进行第二次测试。(　　)①②

A. 1　　B. 15　　C. 20　　D. 50

答案：C

2. 根据《固定污染源废气　二氧化硫的测定　便携式紫外吸收法》(HJ 1131—2020)测定固定污染源废气中二氧化硫时，如果用气袋法进行仪器校准，则需要将气袋用标准气体充满排空反复 3 次并再次充满后应在________h 内使用。(　　)③

A. 6　　B. 8　　C. 10　　D. 12

答案：A

四、问答题

1. 简述《固定污染源废气　二氧化硫的测定　便携式紫外吸收法》(HJ 1131—2020)测定固定污染源废气中二氧化硫的原理。③

答案：二氧化硫对紫外光区内 190～230 nm 或 280～320 nm 特征波长光具有选择性吸收，根据朗伯－比尔定律定量测定废气中二氧化硫的浓度。

2. 根据《固定污染源废气　二氧化硫的测定　便携式紫外吸收法》(HJ 1131—2020)测定固定污染源废气中二氧化硫时，判定测试结果有效的指标有哪些？③

答案：零点漂移、示值误差和系统误差或全系统示值误差、量程漂移。

参考文献

[1] 环境保护部 . 固定污染源废气　二氧化硫的测定　定电位电解法：HJ/T 57—2017 [S]. 北京：中国环境出版集团，2018.

[2] 生态环境部 . 固定污染源废气　二氧化硫的测定　便携式紫外吸收法：HJ 1131—2020 [S]. 北京：中国环境出版集团，2020.

[3] 国家环境保护总局《空气和废气监测分析方法》编委会 . 空气和废气监测分析方法(第四版)[M]. 北京：中国环境科学出版社，2003.

命题：段再明　夏　新

审核：梁富生　武桂桃　马　芳

第三节　氮氧化物

分类号：G3–3

主要内容
① 环境空气　二氧化氮的测定　定电位电解法《空气和废气监测分析方法》（第四版）
②《固定污染源废气　氮氧化物的测定　定电位电解法》（HJ 693—2014）

一、判断题

1. 根据《固定污染源废气　氮氧化物的测定　定电位电解法》（HJ 693—2014）测定固定污染源废气中氮氧化物时，废气中的颗粒物和水分易在传感器渗透膜表面凝结，影响 NO 和 NO_2 的测定。可采用滤尘装置或除湿冷却装置等对废气中的颗粒物和水分进行预处理，去除影响。（　　）②

答案：正确

2. 根据《固定污染源废气　氮氧化物的测定　定电位电解法》（HJ 693—2014）测定固定污染源废气中氮氧化物时，定电位电解法的系统偏差是指标准气体直接导入仪器主机进气口（直接测定模式）得到的测定结果与标准气体由采样管端导入仪器（系统测定模式）得到的测定结果的偏差与校准量程的百分比。（　　）②

答案：正确

3. 根据《固定污染源废气　氮氧化物的测定　定电位电解法》（HJ 693—2014）测定固定污染源废气中氮氧化物时，测定期间内，为保护传感器，应每测定一段时间后，依照仪器使用说明书用清洁的环境空气或氮气清洗传感器。（　　）②

答案：正确

4. 根据《固定污染源废气　氮氧化物的测定　定电位电解法》（HJ 693—2014）测定固定污染源废气中氮氧化物时，取得测定结果后，将采样管取出，即可关机。（　　）②

答案：错误

正确答案为：取得测定结果后，将采样管置于清洁的环境空气或氮气中，使仪器示值回到零点附近后，切断电源，拆卸仪器的各部分连接，测定结束。

5. 根据《固定污染源废气　氮氧化物的测定　定电位电解法》（HJ 693—2014）测定固定污染源废气中氮氧化物时，定电位电解法仪器每个月至少进行一次测定前后的零点漂移和量程漂移检查。（　　）②

答案：正确

6. 根据《固定污染源废气　氮氧化物的测定　定电位电解法》（HJ 693—2014）测定固定污染源废气中氮氧化物，定电位电解法仪器进行测定前后的零点漂移和量程漂移检查时，零点漂移、量程漂移均应处于 ±5% 校准量程之内（当校准量程≤200 μmol/mol 时，应处于 ±10.0% 校准量程之内），否则，应及时对仪器进行校准维护。（　　）②

答案：错误

正确答案为：零点漂移和量程漂移均应处于 ±3% 校准量程之内（当校准量程≤200 μmol/mol 时，应处于 ±5.0% 校准量程之内）。否则，应及时对仪器进行校准维护。

7. 根据《固定污染源废气　氮氧化物的测定　定电位电解法》（HJ 693—2014）测定固定污染源废气中氮氧化物时，应选择抗负压能力大于排气筒负压的仪器，避免仪器采样流量减少，导致测试结果偏高。（　　）②

答案：错误

正确答案为：应选择抗负压能力大于排气筒负压的仪器，避免仪器采样流量减少，导致测试结果偏低或无法测出。

8. 根据《固定污染源废气　氮氧化物的测定　定电位电解法》（HJ 693—2014）测定固定污染源废气中氮氧化物时，测定过程中，当仪器采样流量低于仪器规定值时，可采用外加抽气泵的方式解决。（　　）②

答案：正确

9. 采用定电位电解法测定环境空气或污染源废气中氮氧化物时，定电位电解传感器的使用寿命一般为 1～2 年，到期后应及时更换。（　　）②

答案：正确

10. 根据《固定污染源废气　氮氧化物的测定　定电位电解法》（HJ 693—2014）测定固定污染源废气中氮氧化物时，一氧化氮和二氧化氮有证环境标准气体的不确定度应不大于 2%，或目前所能达到的不确定度。检查示值误差和系统偏差标准气体的浓度为 10%～20% 校准量程或等于校准量程。（　　）②

答案：错误

正确答案为：检查示值误差和系统偏差标准气体的浓度为 40%～60% 校准量程或等于校准量程。

11. 采用定电位电解法测定环境空气或污染源废气中氮氧化物时，定电位电解传感器的三个电极分别称为敏感电极、参比电极和对电极。（　　）①②

答案：正确

12. 采用定电位电解法测定环境空气或污染源废气中氮氧化物时，被测气体中的颗粒物和水分易在传感器渗透膜表面凝结，影响透气性。（　　）①②

答案：正确

13. 根据《空气和废气监测分析方法》（第四版）中定电位电解法测定环境空气中二氧化氮时，仪器的进气口必须安装有去除空气中水汽的干燥过滤器。（　　）①

答案：正确

14. 采用定电位电解分析仪对二氧化氮测定的结果，若仪器显示值为 ppm 时，应换算为标准准态下的质量浓度。（　　）①②

答案：正确

二、选择题

1. 根据《固定污染源废气　氮氧化物的测定　定电位电解法》（HJ 693—2014），固定

污染源废气中的氮氧化物是指以________形式存在的氮氧化物。（　　）②

A. NO　　B. NO_2　　C. NO_x　　D. NO 和 NO_2

答案：D

2. 根据《固定污染源废气　氮氧化物的测定　定电位电解法》（HJ 693—2014）测定固定污染源废气中氮氧化物时，定电位电解法校准量程的选择要适当，所测气态污染物平均浓度应处于仪器校准量程的________，不得超过校准程。（　　）②

A. 20%～100%　　B. 10%～30%

C. 20%～50%　　D. 5%～10%

答案：A

3. 根据《固定污染源废气　氮氧化物的测定　定电位电解法》（HJ 693—2014）测定固定污染源废气中氮氧化物时，定电位电解法的量程漂移是指在测定前后，仪器对相同________的测定结果的偏差与校准量程的百分比。（　　）②

A. 零气　　B. 标准气体

C. 量程　　D. 监测气体

答案：B

4. 根据《固定污染源废气　氮氧化物的测定　定电位电解法》（HJ 693—2014）测定固定污染源废气中氮氧化物时，仪器的采样管前端尽量靠近排气筒________位置。（　　）②

A. 边缘　　B. 中心

C. 任何　　D. 不受干扰

答案：B

5. 根据《固定污染源废气　氮氧化物的测定　定电位电解法》（HJ 693—2014）测定固定污染源废气中氮氧化物时，定电位电解法仪器在示值稳定后，每分钟至少记录一次监测结果，取________min 平均值作为一次测定值。（　　）②

A. 1～3　　B. 3～5

C. 5～10　　D. 5～15

答案：D

6. 根据《固定污染源废气　氮氧化物的测定　定电位电解法》（HJ 693—2014）测定固定污染源废气中氮氧化物时，其浓度计算结果只保留________。当浓度计算结果较高时，保留________位有效数字。（　　）②

A. 整数位，2　　B. 1 位小数，2

C. 整数位，3　　D. 1 位小数，4

答案：C

7. 根据《固定污染源废气　氮氧化物的测定　定电位电解法》（HJ 693—2014）测定固定污染源废气中氮氧化物时，仪器的各组成部分应连接牢固，测定前后应检查气密性，可堵紧进气口，若仪器的采样流量示值在________ min 内降至 0，表明气密性合格。（　　）②

A. 10　　B. 5　　C. 3　　D. 2

答案：D

8. 根据《固定污染源废气 氮氧化物的测定 定电位电解法》（HJ 693—2014）测定固定污染源废气中氮氧化物时，进入传感器的气体温度应不高于________℃。（ ）②

A. 120　　B. 105　　C. 60　　D. 40

答案：D

9. 根据《空气和废气监测分析方法》（第四版）中定电位电解法测定环境空气中二氧化氮时，仪器需要通入量程浓度________的标准气进行标定。（ ）①

A. 80%　　B. 60%　　C. 90%　　D. 50%

答案：A

10. 根据《空气和废气监测分析方法》（第四版）中定电位电解法测定环境空气中二氧化氮时，短时间使用仪器前必须校准，连续使用时，最长不得超过________校准1次。（ ）①

A. 3 d　　B. 5 d　　C. 7 d　　D. 不确定

答案：C

11. 根据《空气和废气监测分析方法》（第四版）中定电位电解法测定环境空气中二氧化氮时，测定前定电位电解分析仪需要预热约________。（ ）①

A. 10 min　　B. 30 min　　C. 40 min　　D. 1.5 h

答案：D

12. 采用定电位电解法测定环境空气或污染源废气中氮氧化物时，传感器中________电极在传感器中不暴露在被分析气体之中。（ ）①②

A. 敏感电极　　B. 对电极

C. 参比电极　　D. 敏感电极或参比电极

答案：C

13. 采用定电位电解法测定环境空气或污染源废气中氮氧化物时，传感器中________进行了氧化还原反应。（ ）①②

A. 敏感电极　　B. 对电极

C. 参比电极　　D. 敏感电极和参比电极

答案：D

参考文献

[1] 环境保护部. 固定污染源废气 氮氧化物的测定 定电位电解法：HJ 693—2014 [S]. 北京：中国环境出版社，2014.

[2] 国家环境保护总局《空气和废气监测分析方法》编委会. 空气和废气监测分析方法（第四版）[M]. 北京：中国环境科学出版社，2003.

命题：王爱一　魏　敏　段再明

审核：武桂桃　梁富生　夏　新

第四节　一氧化碳

分类号：G3-4

主要内容
① 环境空气　一氧化碳的测定　定电位电解法《空气和废气监测分析方法》（第四版）
②《固定污染源废气　一氧化碳的测定　定电位电解法》（HJ 973—2018）

一、填空题

根据《固定污染源废气　一氧化碳的测定　定电位电解法》（HJ 973—2018）测定固定污染源废气中一氧化碳时，进入定电位电解法传感器的废气温度应不高于________℃。②

答案：40

二、判断题

1. 根据《空气和废气监测分析方法》（第四版）中定电位电解法和《固定污染源废气　一氧化碳的测定　定电位电解法》（HJ 973—2018）测定环境空气和废气中一氧化碳时，被测气体中的尘容易在渗透膜表面凝结，影响测定，因此，应进行预处理。（　　）①②

答案：正确

2. 根据《空气和废气监测分析方法》（第四版）中定电位电解法和《固定污染源废气　一氧化碳的测定　定电位电解法》（HJ 973—2018）测定环境空气和废气中一氧化碳时，测试前应该对仪器进行标定。（　　）①②

答案：正确

3. 根据《固定污染源废气　一氧化碳的测定　定电位电解法》（HJ 973—2018）测定固定污染源废气中一氧化碳时，测定过程中，中途仪器不能关机重新启动，以免仪器零点变化，影响测试准确性。（　　）②

答案：正确

4. 根据《固定污染源废气　一氧化碳的测定　定电位电解法》（HJ 973—2018）测定固定污染源废气中一氧化碳时，零点漂移可以用测试前后测定仪对相同零气测量结果的绝对误差表示。（　　）②

答案：错误

正确答案为：零点漂移是测试前后测定仪对相同零气测量结果的差值，占校准量程的百分比。

5. 根据《固定污染源废气　一氧化碳的测定　定电位电解法》（HJ 973—2018）测定固定污染源废气中一氧化碳时，乙烯对样品测定无干扰。（　　）②

答案：错误

正确答案为：乙烯对样品测定有干扰。

6. 根据《固定污染源废气　一氧化碳的测定　定电位电解法》（HJ 973—2018）测定

固定污染源废气中一氧化碳时，一次测量结束后，依照仪器说明书的规定用零气清洗仪器。(　　)②

答案：正确

7. 根据《固定污染源废气　一氧化碳的测定　定电位电解法》(HJ 973—2018)测定固定污染源废气中一氧化碳时，测试前后，可采取包括采样管、导气管、除湿装置等全系统示值误差的检查代替分析仪示值误差和系统偏差的检查。(　　)②

答案：正确

三、选择题

1. 根据《空气和废气监测分析方法》(第四版)中定电位电解法和《固定污染源废气　一氧化碳的测定　定电位电解法》(HJ 973—2018)测定环境空气和废气中一氧化碳时，一氧化碳标准气体的浓度应为仪器量程的________%左右。(　　)①②

A. 30　　B. 50　　C. 70　　D. 80

答案：B

2. 根据《固定污染源废气　一氧化碳的测定　定电位电解法》(HJ 973—2018)测定固定污染源废气中一氧化碳时，传感器的使用寿命一般不超过________年。(　　)②

A. 0.5　　B. 1　　C. 1.5　　D. 2

答案：D

3. 根据《固定污染源废气　一氧化碳的测定　定电位电解法》(HJ 973—2018)测定固定污染源废气中一氧化碳时，气袋法校准测定仪的集气袋容积不小于________L，内衬材料应选用惰性材料。(　　)②

A. 1　　B. 2　　C. 3　　D. 4

答案：D

参考文献

[1] 生态环境部. 固定污染源废气　一氧化碳的测定　定电位电解法：HJ 973—2018 [S]. 北京：中国环境出版集团，2019.

[2] 国家环境保护总局《空气和废气监测分析方法》编委会. 空气和废气监测分析方法(第四版)[M]. 北京：中国环境科学出版社，2003.

命题：段再明　张佟佟

审核：梁富生　武桂桃

第四章　重量法

第一节　基础知识

分类号：G4-0

试题同“上册 W3-0”。

第二节　硫酸盐化速率

分类号：G4-1

主要内容
环境空气　硫酸盐化速率的测定　碱片－重量法《空气和废气监测分析方法》（第四版）

一、填空题

1. 根据《空气和废气监测分析方法》（第四版）中碱片－重量法测定硫酸盐化速率，制备碱片时用刻度吸管均匀滴加 30%________溶液 1.0 mL 在每片滤膜上，使溶液在滤膜上的扩散直径为 5 cm。

答案：碳酸钾

2. 根据《空气和废气监测分析方法》（第四版）中碱片－重量法测定硫酸盐化速率时，将硫酸钡沉淀滤入已恒重的 G4 玻璃砂芯坩埚中，用温水洗涤并将沉淀转入坩埚。并用温水洗涤坩埚中的沉淀直至滤液中不含氯离子为止。检查滤液中是否含有氯离子，使用 1%________溶液。

答案：硝酸银

二、判断题

1. 根据《空气和废气监测分析方法》（第四版）中碱片－重量法测定硫酸盐化速率时，硫酸盐化速率以每日在 100 cm^2 碱片上所含二氧化硫毫克数表示。（　　）

答案：错误

　　正确答案为：硫酸盐化速率以每日在 100 cm^2 碱片上所含三氧化硫毫克数表示。

2. 根据《空气和废气监测分析方法》（第四版）中碱片－重量法测定硫酸盐化速率时，测定的是硫酸盐含量，再由其计算硫酸盐化速率。（　　）

答案：正确

3. 根据《空气和废气监测分析方法》（第四版）中碱片－重量法测定硫酸盐化速率时，

将滤膜暴露于空气中，与空气中的二氧化硫和硫酸雾发生反应，所以，测定结果是两者之和。(　　)

答案：错误

正确答案为：暴露于空气中的滤膜，与空气中的二氧化硫、硫酸雾、硫化氢等发生反应，生成硫酸盐，所以，测定结果是上述各物质之和。

4. 根据《空气和废气监测分析方法》(第四版)中碱片－重量法测定硫酸盐化速率时，采样点除考虑气象因素的影响及采样地点之间的合理布局之外，还应注意不要接近烟囱等含硫气体污染源，并尽量避免受人的干扰。(　　)

答案：正确

5. 根据《空气和废气监测分析方法》(第四版)中碱片－重量法测定硫酸盐化速率时，采样点如在屋顶上，应距离屋顶 0.5～1.0 m，采样时间为(30±2)d。(　　)

答案：错误

正确答案为：应距离屋顶 1～1.5 m。

6. 根据《空气和废气监测分析方法》(第四版)中碱片－重量法测定硫酸盐化速率时，应用 2～3 片保存在干燥器中的空白碱片，进行空白值测定。(　　)

答案：正确

三、选择题

1. 根据《空气和废气监测分析方法》(第四版)中碱片－重量法测定硫酸盐化速率，制备碱片时要将玻璃纤维滤膜剪成直径为________cm 的圆片。(　　)

A. 5.0　　B. 6.0　　C. 7.0　　D. 8.0

答案：C

2. 根据《空气和废气监测分析方法》(第四版)中碱片－重量法测定硫酸盐化速率，滴加 10% 氯化钡溶液生成硫酸钡沉淀时，应________搅________滴，以获得颗粒粗大的沉淀。(　　)

A. 快，慢　　B. 快，快　　C. 慢，快　　D. 慢，慢

答案：A

四、计算题

根据《空气和废气监测分析方法》(第四版)中碱片－重量法测定硫酸盐化速率，样品的直径为 6 cm，放置天数为 30 d 4 h，样品碱片中测得的硫酸钡重量为 1.664 mg，空白碱片中测得的硫酸钡重量为 0.303 mg，试计算出该样品的碱片－重量法测定硫酸盐化速率值。

答案：样品的有效面积：$S=\pi(D/2)^2=3.14\times(6/2)^2=28.3\ (cm^2)$

样品放置天数：$n=30+4/24=30.2\ (d)$

硫酸盐化速率：SO_3 (100 cm^2 碱片·d) $=(W_s-W_b)\times 34.3/S\times n$

$=(1.664-0.303)\times 34.3/(28.3\times 30.2)$

$=0.055$

参考文献

国家环境保护总局《空气和废气监测分析方法》编委会.空气和废气监测分析方法（第四版）[M]. 北京：中国环境科学出版社，2003.

命题：张　宁　夏　新
审核：梁富生　杨　楠　米方卓

第三节　总悬浮颗粒物

分类号：G4-2

主要内容
《环境空气　总悬浮颗粒物的测定　重量法》（GB/T 15432—1995）及修改单

一、填空题

1.《环境空气　总悬浮颗粒物的测定　重量法》（GB/T 15432—1995）方法的最小检出限是________mg/m^3。

答案：0.001

2. 重量法测定空气中总悬浮颗粒物要经常检查采样头是否漏气。当滤膜安放正确，采样后滤膜上颗粒物与四周白边之间出现界线模糊时，应更换____________。

答案：滤膜密封垫

二、判断题

1. 根据《环境空气　总悬浮颗粒物的测定　重量法》（GB/T 15432—1995），采集样品的滤膜为超细玻璃纤维滤膜或聚氯乙烯等有机滤膜。（　　）

答案：正确

2. 根据《环境空气　总悬浮颗粒物的测定　重量法》（GB/T 15432—1995），采集样品的滤膜性能应满足如下要求：对 0.3 μm 标准粒子的截留效率不低于 99%，在气流速度为 0.45 m/s 时，单张滤膜阻力不大于 3.5 kPa 等。（　　）

答案：正确

3. 测定空气中总悬浮颗粒物的重量法，不适用于 TSP 含量过高或雾天采样使滤膜阻力大于 15 kPa 的情况。（　　）

答案：错误

正确答案为：测定空气中总悬浮颗粒物的重量法，不适用于 TSP 含量过高或雾天采样使滤膜阻力大于 10 kPa 的情况。

4. 重量法测定空气中总悬浮颗粒物时，对于每批滤膜，需要从中抽取 20% 滤膜，用 X 光看片机进行检查，以查看滤膜有无针孔或缺陷。（　　）

答案：错误

正确答案为：应对每张滤膜进行检查。

5. 根据《环境空气 总悬浮颗粒物的测定 重量法》（GB/T 15432—1995）修改单进行监测时，总悬浮颗粒物的浓度是指大气温度为 298.15 K，大气压力为 1 013.25 hPa 时浓度。(　　)

答案：错误

正确答案为：总悬浮颗粒物的浓度是指监测时大气温度和压力下的浓度。

6. 根据《环境空气 总悬浮颗粒物的测定 重量法》（GB/T 15432—1995）修改单进行监测时，采样器平均抽气流量需要换算到标况下的流量。(　　)

答案：错误

正确答案为：采样器平均抽气流量不需要换算到标况下的流量。

三、选择题

1. 测定大气中总悬浮颗粒物滤膜重量的天平，对于大流量采样滤膜，称量范围≥10 g，感量 1 mg，再现性≤________mg。(　　)

A. 1　　B. 2　　C. 3　　D. 4

答案：B

2. 测定大气中总悬浮颗粒物滤膜重量的天平，对于中流量采样滤膜，称量范围≥10 g，感量 0.1 mg，再现性≤________mg。(　　)

A. 0.1　　B. 0.2　　C. 0.5　　D. 1.0

答案：B

四、问答题

1. 用重量法测定大气中总悬浮颗粒物时，如何获得“标准滤膜”？

答案：取清洁滤膜若干张，在恒温恒湿箱（室）内按平衡条件平衡 24 h 后称重，每张滤膜非连续称量 10 次以上，求出每张滤膜的平均值为该张滤膜的原始质量，即为“标准滤膜”。

2. 如何用“标准滤膜”来判断所称中流量“样品滤膜”是否合格？

答案：每次称“样品滤膜”的同时，称量两张“标准滤膜”。若称出“标准滤膜”的重量在原始重量±0.5 mg 范围内，则认为对该批“样品滤膜”的称量合格，数据可用。

参考文献

[1] 国家环境保护局，国家技术监督局 . 环境空气 总悬浮颗粒物的测定 重量法：GB/T 15432—1995 [S]. 北京：中国环境科学出版社，1995.

[2] 国家环境保护总局《空气和废气监测分析方法》编委会 . 空气和废气监测分析方法（第四版）[M]. 北京：中国环境科学出版社，2003.

命题：蔡素婷　邹家素　张　宁　夏　新
审核：杨　楠　梁富生

第四节　PM_{10}

分类号：G4-3

主要内容
①《环境空气　PM_{10}和$PM_{2.5}$的测定　重量法》（HJ 618—2011）及修改单
②环境空气　可吸入颗粒物（PM_{10}）大流量采样　重量法《空气和废气监测分析方法》（第四版）
③环境空气　可吸入颗粒物（PM_{10}）中流量采样　重量法《空气和废气监测分析方法》（第四版）

一、判断题

1.《大气飘尘浓度测定方法》（GB 6921—1989）和《环境空气　PM_{10}和$PM_{2.5}$的测定　重量法》（HJ 618—2011）都是采集和分析大气颗粒物中PM_{10}的在用标准。（　　）①②③

答案：错误

正确答案为：《大气飘尘浓度测定方法》（GB 6921—1989）不是在用标准，已被《环境空气　PM_{10}和$PM_{2.5}$的测定　重量法》（HJ 618—2011）替代。

2. 采集大气中PM_{10}样品，不宜在风速大于 10 m/s 等天气条件下进行。（　　）①②③

答案：错误

正确答案为：不宜在风速大于 8 m/s 等天气条件下进行。

3. 间断采样方式采集大气中PM_{10}样品时，若测定日均平均浓度，至少采集 4 次以上，可以将 4 次样品都采集在一张滤膜上。（　　）①②③

答案：正确

4. PM_{10}"标准滤膜"的制作方法是：在恒温恒湿箱（室），按平衡条件平衡 24 h 后再称重。每张滤膜应连续称重 10 次以上，将每张滤膜的平均值作为该滤膜的原始质量。（　　）①②③

答案：错误

正确答案为：每张滤膜应非连续称重 10 次以上，将每张滤膜的平均值作为该滤膜的原始质量。

5. 当环境空气中PM_{10}的含量很低时，采样时间不能过短。在使用感量 0.01 mg 的分析天平称重时，滤膜上颗粒物负载量应大于 1 mg。（　　）①②③

答案：错误

正确答案为：在使用感量 0.01 mg 的分析天平称重时，滤膜上颗粒物负载量应大于 0.1 mg。

6. 对PM_{10}采样器中的转子流量计，应定期使用已检定合格的皂膜流量计对其进行校准。校准时应依次校准转子流量计满量程的 50% 和 100% 处刻度或处在使用流量对应的刻度处。（　　）①②③

答案：错误

正确答案为：应依次校准转子流量计满量程的 40%、60%、80%、100% 处刻度或处在使用流量对应的刻度处。

二、选择题

1. 采集大气中 PM_{10} 样品时，采样器的性能指标要求应该符合________中的有关规定。（ ）①②③

A.《大气飘尘浓度测定方法》（GB 6921—1989）

B.《环境空气 PM_{10} 和 $PM_{2.5}$ 的测定 重量法》（HJ 618—2011）

C.《环境空气颗粒物（PM_{10} 和 $PM_{2.5}$）采样器技术要求及检测方法》（HJ 93—2013）

答案：C

2. 重量法测定 PM_{10} 含量时，若所使用的分析天平感量为 0.1 mg，样品负载量为 1.0 mg，采集环境空气量为 108 m^3，则其方法检出限应为________mg/m^3。（ ）①②③

A. 0.100　　B. 0.050　　C. 0.020　　D. 0.010

答案：D

3. 采集环境空气中 PM_{10} 样品时，采样系统中使用的切割器，所切割颗粒物粒径（Da_{50}）为________μm。（ ）①②③

A. 10±0.01　　B. 10±0.1　　C. 10±0.5　　D. 10±1

答案：C

4. 采用间断采样方式测定 PM_{10} 日平均浓度时，其采样次数不应少于 4 次，累计采样时间不应少于________h。（ ）①②③

A. 10　　B. 15　　C. 18　　D. 20

答案：C

5. 若准备对采集 PM_{10} 样品的滤膜进行有机成分分析，为防止有机物的分解，不宜进行称重，应立即放入________冷冻箱内保存至样品处理前。（ ）①②③

A. −20℃　　B. −10℃　　C. −5℃　　D. 4℃

答案：A

6. 重量法测定 PM_{10} 含量时，要获得样品的日平均浓度值时，其累计采样时间应不少于________h。（ ）①②③

A. 10　　B. 12　　C. 18　　D. 20

答案：D

7.《环境空气质量标准》（GB 3095—2012）中规定 PM_{10} 年均值的一级浓度限值为________$\mu g/m^3$。（ ）①②③

A. 20　　B. 40　　C. 50　　D. 70

答案：B

8. 根据《环境空气 PM_{10} 和 $PM_{2.5}$ 的测定 重量法》（HJ 618—2011）修改单进行监测时，某地某日 16 时，其气温为 32.5℃，大气压为 96.25 kPa，环境空气中主要污染物 PM_{10} 小时浓度（标准状态）为 120 $\mu g/m^3$，那么 PM_{10} 的实况浓度为________$\mu g/m^3$。（ ）①

A. 102　　B. 141　　C. 120

答案：A

参考文献

[1] 环境保护部 . 环境空气 PM_{10} 和 $PM_{2.5}$ 的测定 重量法：HJ 618—2011 [S]. 北京：中国环境科学出版社，2011.

[2] 环境保护部，国家质量监督检验检疫总局 . 环境空气质量标准：GB 3095—2012 [S]. 北京：中国环境出版社，2012.

[3] 国家环境保护总局《空气和废气监测分析方法》编委会 . 空气和废气监测分析方法（第四版）[M]. 北京：中国环境科学出版社，2003.

[4] 国家质量监督检验检疫总局 . 环境空气质量手工监测技术规范：HJ/T 194—2017 [S]. 北京：中国环境出版集团，2018.

命题：蔡素婷 邹家素 张 宁
审核：王 强 杨 楠 张佟佟

第五节 $PM_{2.5}$

分类号：G4-4

主要内容
①《环境空气 PM_{10} 和 $PM_{2.5}$ 的测定 重量法》（HJ 618—2011）及修改单
②《环境空气颗粒物（$PM_{2.5}$）手工监测方法（重量法）技术规范》（HJ 656—2013）

一、判断题

1. 可以用同一台大气采样器分别采集大气 PM_{10} 和 $PM_{2.5}$ 样品，所不同的只是使用不同的切割器。（ ）①②

答案： 正确

2. 采集大气中 $PM_{2.5}$ 样品时，每次采集的滤膜样品，仅能代表测试时段内颗粒物的质量浓度。（ ）①②

答案： 正确

3. 已采集 $PM_{2.5}$ 样品的滤膜，在使用感量 0.01 mg 的分析天平称重时，两次重量之差应小于 0.4 mg。（ ）①②

答案： 错误

正确答案为： 使用感量 0.01 mg 的分析天平称重时，两次重量之差应小于 0.04 mg。

4. 根据《环境空气 PM_{10} 和 $PM_{2.5}$ 的测定 重量法》（HJ 618—2011）修改单进行监测时，某地某日 16 时，其气温为 30.0℃，大气压为 96.75 kPa，环境空气中主要污染物 $PM_{2.5}$ 小时浓度（标准状态）为 80 μg/m^3，那么，$PM_{2.5}$ 的实况浓度为 69 μg/m^3。（ ）①

答案： 正确

5. 采集 $PM_{2.5}$ 样品后的滤膜，应在恒温恒湿箱（室）内平衡 24 h。其平衡条件为 15～30℃，相对湿度应控制在 45%～55%。(　　) ①②

答案：错误

正确答案为：由于恒温恒湿箱（室）的控温精度为 ±1℃，其平衡条件应在 15～30℃中任何一点，且采样前后两次称量应保持条件一致。

6. 重量法监测 $PM_{2.5}$ 时，手工采样中，通常中流量采样器的工作点流量为 100 L/min。(　　) ①②

答案：正确

7. 根据《环境空气颗粒物（$PM_{2.5}$）手工监测方法（重量法）技术规范》（HJ 656—2013），$PM_{2.5}$ 采样器的采样滤膜对 0.3 μm 标准粒子的截留效率应不低于 99.5%。(　　) ②

答案：错误

正确答案为：$PM_{2.5}$ 采样器的采样滤膜对 0.3 μm 标准粒子的截留效率应不低于 99.7%。

8. 根据《环境空气颗粒物（$PM_{2.5}$）（重量法）手工监测方法技术规范》（HJ 656—2013），对于 $PM_{2.5}$ 采样器，当累计采样达到 168 h 时应用流量校准器进行流量检查。若流量测量误差超过采样器设定流量的 ±3%，应对采样器进行流量校准。(　　) ②

答案：错误

正确答案为：若流量测量误差超过采样器设定流量的 ±2%，应对采样器进行流量校准。

9. $PM_{2.5}$ 采样器的入口应距离地面或者采样平台的高度不低于 1 m，切割器流路应垂直于地面。(　　) ①②

答案：错误

正确答案为：$PM_{2.5}$ 手工采样器入口应距离地面或者采样平台的高度不低于 1.5 m。

10. 根据《环境空气颗粒物（$PM_{2.5}$）手工监测方法（重量法）技术规范》（HJ 656—2013）进行监测，应轻轻用手取出和放置 $PM_{2.5}$ 采样器里的滤膜。(　　) ②

答案：错误

正确答案为：取出和放置 $PM_{2.5}$ 采样器里的滤膜时，应佩戴乙烯基手套等实验室专用手套，使用无锯齿状镊子。

11. 新购置或者维修后的 $PM_{2.5}$ 采样器在使用前应进行流量校准。(　　) ①②

答案：正确

12. $PM_{2.5}$ 采样器流量校准完成后，如在进行样品采集后，发现滤膜上尘的边缘轮廓不清晰或滤膜安装歪斜等情况，表明校准过程可能漏气，应重新进行校准。(　　) ①②

答案：正确

二、选择题

1. 采集环境空气中 $PM_{2.5}$ 样品时，采样系统中使用的切割器，捕集效率的几何标准差 σ_g 为________μm。(　　) ①②

A. 1.5±0.5　　B. 1.5±0.1　　C. 1.2±0.5　　D. 1.2±0.1

答案：D

2. 采集交通枢纽环境空气中的 $PM_{2.5}$ 时，采样点应布设在距人行道边缘外侧________m处。（　　）①②

A. 1　　B. 1.5　　C. 3　　D. 5

答案：A

3. 使用孔口流量计对 $PM_{2.5}$ 的中、小流量采样器进行流量校准时，常使用的采气流量单位是________。（　　）①②

A. L/min　　B. m^3/min

答案：A

4. 根据《环境空气　PM_{10} 和 $PM_{2.5}$ 的测定　重量法》（HJ 618—2011）进行监测时，采集 $PM_{2.5}$ 样品常用的有超细玻璃纤维滤膜和有机纤维滤膜，可以根据监测目的选择。但要求所用滤膜对 0.3 μm 标准离子的截留率不低于________%，在气流速度为 0.45 m/s 时，单张滤膜的阻力不大于 3.5 kPa。（　　）①

A. 90　　B. 95　　C. 98　　D. 99

答案：D

5.《环境空气质量标准》（GB 3095—2012）中规定 $PM_{2.5}$ 24 h 均值的二级浓度限值为________ μg/m^3。（　　）①②

A. 15　　B. 35　　C. 70　　D. 75

答案：D

6. 用分析天平对 $PM_{2.5}$ 采样滤膜进行称量，检定分度值不超过________mg。（　　）①②

A. 0.01　　B. 0.05　　C. 0.1　　D. 0.5

答案：C

7. 根据《环境空气颗粒物（$PM_{2.5}$）手工监测方法（重量法）技术规范》（HJ 656—2013）手工采样测定 $PM_{2.5}$ 日均浓度，每日采样时间应不少于________h。（　　）②

A. 16　　B. 18　　C. 20　　D. 22

答案：C

8. 根据《环境空气颗粒物（$PM_{2.5}$）手工监测方法（重量法）技术规范》（HJ 656—2013）进行监测时，对于 $PM_{2.5}$ 手工采样，使用的称量天平检定分度值为 0.1 mg 时，滤膜上的颗粒物负载量应不少于________mg。（　　）②

A. 1　　B. 10　　C. 50　　D. 100

答案：B

9. 根据《环境空气颗粒物（$PM_{2.5}$）手工监测方法（重量法）技术规范》（HJ 656—2013）进行监测时，$PM_{2.5}$ 样品采集完成后，如滤膜不能及时平衡称量，应将滤膜放置在 4℃条件下密闭冷藏保存，最长不超过________d。（　　）②

A. 10　　B. 15　　C. 20　　D. 30

答案：D

10. $PM_{2.5}$ 采样滤膜首次称量后，在相同条件平衡________h 后需再次称量。（　　）①②

A. 1　　　　B. 2　　　　C. 3

答案：A

11. 根据《环境空气颗粒物（$PM_{2.5}$）手工监测方法（重量法）技术规范》（HJ 656—2013）进行监测时，$PM_{2.5}$ 流量校准器的校准周期一般为不超过________。（　　）②

A. 3 个月　　　　B. 6 个月　　　　C. 1 年

答案：C

12. 根据《环境空气颗粒物（$PM_{2.5}$）手工监测方法（重量法）技术规范》（HJ 656—2013）进行监测，对 $PM_{2.5}$ 采样器进行气密性检查时，若两次测量流量值的相对偏差小于________%，则气密性检查通过。（　　）②

A. ±1　　　　B. ±2　　　　C. ±3　　　　D. ±5

答案：B

13. 根据《环境空气颗粒物（$PM_{2.5}$）手工监测方法（重量法）技术规范》（HJ 656—2013）进行监测，检查 $PM_{2.5}$ 采样器的气密性时，观察负压表压力值，30 s 内变化小于等于________kPa 为合格。（　　）②

A. 3　　　　B. 5　　　　C. 7　　　　D. 10

答案：C

14. 根据《环境空气颗粒物（$PM_{2.5}$）手工监测方法（重量法）技术规范》（HJ 656—2013）进行监测，当多台 $PM_{2.5}$ 采样器平行采样时，若采样器的采样流量≤200 L/min 时，相互之间的距离为________m 左右；若采样器的采样流量＞200 L/min 时，相互之间的距离为________m。（　　）②

A. 0.5，1～2　　　　B. 1，1～2

C. 1，2～4　　　　D. 2，2～4

答案：C

参考文献

[1] 环境保护部 . 环境空气　PM_{10} 和 $PM_{2.5}$ 的测定　重量法：HJ 618—2011 [S]. 北京：中国环境科学出版社，2011.

[2] 环境保护部 . 环境空气颗粒物（$PM_{2.5}$）手工监测方法（重量法）技术规范：HJ 656—2013 [S]. 北京：中国环境出版社，2013.

[3] 环境保护部，国家质量监督检验检疫总局 . 环境空气质量标准：GB 3095—2012 [S]. 北京：中国环境科学出版社，2012.

[4] 环境保护部 . 环境空气质量手工监测技术规范：HJ 194—2017 [S]. 北京：中国环境出版集团，2018.

[5] 国家环境保护总局《空气和废气监测分析方法》编委会 . 空气和废气监测分析方法（第四版）[M] 北京：中国环境科学出版社，2003.

命题：邹家素　蔡素婷　孙　鹏

审核：杨　楠　秦　玮　张佟佟

第六节 降尘

分类号：G4–5

主要内容
《环境空气 降尘的测定 重量法》（GB/T 15265—1994）

一、填空题

1. 根据《环境空气 降尘的测定 重量法》（GB/T 15265—1994），一般采用________水溶液做收集液进行湿法采样。

答案：乙二醇

2. 大气降尘是指在空气环境条件下，靠________沉降在集尘缸中的颗粒物。

答案：重力自然

二、判断题

1. 大气降尘量是单位面积上从大气中沉降的颗粒物的质量。（ ）

答案：错误

正确答案为：大气降尘量是单位面积和单位时间内从大气中沉降的颗粒物的质量。

2. 根据《环境空气 降尘的测定 重量法》（GB/T 15265—1994），大气降尘采样前，要在降尘缸中加入少量的乙二醇，由于加入量对于降尘量来说是很少的，所以在计算这部分量时，可以忽略不计。（ ）

答案：错误

正确答案为：应计算加入乙二醇的量，不能忽略不计。

3. 根据《环境空气 降尘的测定 重量法》（GB/T 15265—1994）测定降尘中可燃物含量时，应将空的瓷坩埚在（105±5）℃下烘干，称量至恒重；再将其在600℃下灼烧2 h，冷却，称重至恒重。（ ）

答案：正确

三、问答题

1. 根据《环境空气 降尘的测定 重量法》（GB/T 15265—1994），简述测定大气降尘的原理。

答案：空气中可沉降的颗粒物，沉降在装有乙二醇水溶液做收集液的集尘缸内，经蒸发、干燥、称重后，计算降尘量。

2. 根据《环境空气 降尘的测定 重量法》（GB/T 15265—1994），简述大气降尘采样点的设置要求和应放置的高度要求。

答案：选择采样点时，应先考虑集尘缸不易损坏的地方，还要考虑操作者易于更换集尘缸。普通的采样点一般设在矮建筑物的屋顶，必要时可以设在电线杆上，集尘缸应距离电线杆 0.5 m 为宜；采样点附近不应有高大建筑物，并避开局部污染源；集尘缸放置高度应距离地面 5～12 m。在某一地区，各采样点集尘缸的放置高度尽力保持在大致相同的高度。如放置屋顶平台上，采样口应距平台 1～1.5 m，以避免平台扬尘的影响。

参考文献

[1] 国家环境保护局，国家技术监督局 . 环境空气　降尘的测定　重量法：GB/T 15265—1994 [S]. 北京：中国环境科学出版社，1994.

[2] 国家环境保护总局《空气和废气监测分析方法》编委会 . 空气和废气监测分析方法（第四版）[M]. 北京：中国环境科学出版社，2003.

命题：张　宁　米方卓　马　芳
审核：梁富生　夏　新

第七节　烟（粉）尘

分类号：G4-6

主要内容
①《固定污染源排气中颗粒物测定与气态污染物采样方法》（GB/T 16157—1996）及修改单
②《锅炉烟尘测试方法》（GB/T 5468—1991）
③《固定源废气监测技术规范　颗粒物的测定》（HJ/T 397—2007）

一、填空题

1. 根据《固定源废气监测技术规范》（HJ/T 397—2007）测定固定源废气中颗粒物时，原则上，采样点的数目不超过________个。③

答案：20

2. 根据《固定源废气监测技术规范》（HJ/T 397—2007）测定固定源废气中颗粒物，在进行滤筒处理和称重时，用铅笔将滤筒编号，在 105～110℃下烘烤________h，取出放入干燥器中，在恒温恒湿的天平室中冷却至室温，用感量________mg 天平称量，两次称量之差应不超过________mg。③

答案：1　　0.1　　0.5

二、判断题

1. 根据《固定源废气监测技术规范》（HJ/T 397—2007）测定固定源废气中颗粒物，当滤筒在 400℃以上高温排气中使用时，为了减少滤筒本身减重，应预先在 400℃高温箱中烘烤 1 h，然后放入干燥器中冷却至室温，称量至恒重。（　　）③

答案：正确

2. 根据《固定源废气监测技术规范》（HJ/T 397—2007）测定固定源废气中颗粒物，采样完毕后，从烟道中小心地取出采样管，注意不要倒置。用手小心地将滤筒取

出，放入专用的容器中保存。(　　) ③

答案：错误

正确答案为：用镊子将滤筒取出，放入专用的容器中保存。

3. 在固定源烟气中，小粒径颗粒物在水平烟道分布浓度变化较大。(　　) ①②③

答案：错误

正确答案为：固定源烟气中小粒径颗粒物在水平烟道分布浓度变化不大。

4. 根据《固定污染源排气中颗粒物测定与气态污染物采样方法》(GB/T 16157—1996)修改单进行监测时，固定污染源排气中颗粒物浓度≤20 mg/m^3，该方法依然适用。(　　) ①

答案：错误

正确答案为：固定污染源排气中颗粒物浓度≤20 mg/m^{3}时，适用《固定污染源废气　低浓度颗粒物的测定　重量法》(HJ 836—2017)。

5. 根据《固定污染源排气中颗粒物测定与气态污染物采样方法》(GB/T 16157—1996)修改单进行监测时，浓度大于20 mg/m^{3}且不超过40 mg/m^3，本标准与HJ 836同时适用。(　　) ①

答案：错误

正确答案为：浓度大于20 mg/m^{3}且不超过50 mg/m^3，本标准与HJ 836同时适用。

三、选择题

1. 根据《固定源废气监测技术规范》(HJ/T 397—2007)测定固定源废气中颗粒物时，为了从烟道中取得有代表性的烟尘样品，需等速采样，即气体进入采样嘴的速度应与采样点的烟气流速相等，其相对误差应控制在________%以内。(　　) ③

A. 2　　B. 5　　C. 10　　D. 20

答案：C

2. 根据《锅炉烟尘测试方法》(GB/T 5468—1991)测定锅炉烟尘，按等速采样原则测定时，其采样嘴直径不得小于4 mm，采样嘴轴线与气流流线的夹角不得大于________。(　　) ②

A. 5°　　B. 10°　　C. 15°　　D. 20°

答案：A

3.《固定污染源排气中颗粒物测定与气态污染物采样方法》(GB/T 16157—1996)中对颗粒物的定义为：颗粒物是指燃料和其他物质在燃烧、合成、分解以及各种物料在机械处理中所产生的________于排放气体中的固体和________颗粒状物质。(　　) ①

A. 沉积，液体　　B. 沉积，气溶胶　　C. 悬浮，液体　　D. 悬浮，气溶胶

答案：C

4.《锅炉烟尘测试方法》(GB/T 5468—1991)中计算烟尘排放浓度时，要求应________过剩空气系数 a=________时的烟尘浓度。(　　) ②

A. 不折算，1　　B. 折算，2.0　　C. 折算，1.6　　D. 折算，1.8

答案：D

5.《固定污染源排气中颗粒物测定与气态污染物采样方法》（GB/T 16157—1996）中对采集颗粒物（烟尘）滤筒的要求为：对 0.5 μm 的粒子捕集效率应不低于________%；失重不大于________mg。（　　）①

A. 99，5　　B. 99，2　　C. 95，3　　D. 95，2

答案：B

6. 固定源锅炉烟气中颗粒物的组成成分与下列因素有关的是________。（　　）②

A. 温度，粒径　　B. 烟气含湿量，温度

C. 除尘器类型，粒径　　D. 烟气含湿量，粒径

答案：A

7. 根据《固定污染源排气中颗粒物测定与气态污染物采样方法》（GB/T 16157—1996）修改单进行监测时，测定浓度小于等于 20 mg/m^3 时，测定结果表述为________。（　　）①

A. ND　　B. ＜20 mg/m^3　　C. ≤20 mg/m^3

答案：B

四、计算题

1. 实测某台燃煤锅炉标准状态下干采样体积 V_{nd}=5 880 L，滤筒在采样前的重量为 1.090 8 g，采样烘干后的滤筒重量为 1.119 0 g，试计算该锅炉的烟尘浓度。①②

答案：$C=m\times10^6/V_{nd}$=（1.119 0−1.090 8）$\times10^6$/5 880=4.79（mg/m^3）

2. 实测某台燃煤锅炉标准状态下干采样体积 V_{nd}=6 080 L，标准状态下干排气流量 Q_{sn}=6.61 × 104 m^3/h；滤筒在采样前的重量为 1.003 2 g，采样烘干后的滤筒重量为 1.1640 g，试计算该锅炉烟尘的排放浓度与排放量。①②

答案：排放浓度：$C=m\times10^6/V_{nd}$=（1.164 0−1.003 2）$\times10^6$/6 080=26.45（mg/m^3）

排放量：$G=C\cdot Q_{sn}\times10^{-6}=26.45\times6.61\times10^4\times10^{-6}=1.75$（kg/h）

参考文献

[1] 国家环境保护局 . 固定污染源排气中颗粒物测定与气态污染物采样方法：GB/T 16157—1996 [S]. 北京：中国环境科学出版社，1996.

[2] 国家环境保护局 . 锅炉烟尘测试方法：GB/T 5468—1991 [S]. 北京：中国环境科学出版社，1991.

[3] 国家环境保护局，国家技术监督局 . 固定源废气监测技术规范　颗粒物的测定：HJ/T 397—2007 [S]. 北京：中国环境科学出版社，2007.

[4] 环境保护部 . 固定污染源废气低浓度颗粒物的测定　重量法：HJ 836—2017 [S]. 北京：中国环境出版集团，2017.

命题：邹家素　蔡素婷　李斗果　张　宁　刘　伟

审核：杨　楠　郭　平　梁富生　夏　新

第八节 沥青烟

分类号：G4–7

主要内容

《固定污染源排气中沥青烟的测定　重量法》（HJ/T 45—1999）

一、填空题

根据《固定污染源排气中沥青烟的测定　重量法》（HJ/T 45—1999）测定固定污染源排气中沥青烟时需要恒重操作，“恒重”是指间隔 24 h 的两次称重之差，3# 滤筒应不大于 ±________mg。

答案：5.0

二、判断题

1. 根据《固定污染源排气中沥青烟的测定　重量法》（HJ/T 45—1999），已经采集了固定污染源排气中沥青烟的玻璃纤维滤筒，应在烘箱 105℃条件下烘 1 h 后再进行称重。（　　）

答案：错误

正确答案为：应在干燥器内放置 24 h 后再进行称重。

2.《固定污染源排气中沥青烟的测定　重量法》（HJ/T 45—1999）中，沥青烟的检出限为 5.1 mg。（　　）

答案：正确

3. 根据《固定污染源排气中沥青烟的测定　重量法》（HJ/T 45—1999）测定固定污染源排气中沥青烟时，由于沥青烟具有一定的挥发性，样品应及时处理和分析。样品保存要有专用干燥器。采有样品的和未经使用的滤筒、烧杯等要分开放置在不同的干燥器中，以防相互沾污。（　　）

答案：正确

4. 根据《固定污染源排气中沥青烟的测定　重量法》（HJ/T 45—1999）测定固定污染源排气中沥青烟时，采样管的主体和前弯管内衬聚四氟乙烯或内壁镀聚四氟乙烯。（　　）

答案：正确

三、选择题

1. 根据《固定污染源排气中沥青烟的测定　重量法》（HJ/T 45—1999）测定固定污染源排气中沥青烟时，当沥青烟的浓度大于等于________℃时，应启用冷却装置，当沥青烟气温度低于该温度时不用冷却装置。调节冷却水流速度使沥青烟气进入滤筒夹时不低于 40℃。（　　）

A. 150　　B. 170　　C. 190　　D. 200

答案：A

2. 根据《固定污染源排气中沥青烟的测定　重量法》（HJ/T 45—1999），采集固定污染源排气中沥青烟时，使用的 3[#] 玻璃纤维滤桶，要求口径为 25 mm，长度 70 mm，质地紧密、均匀的产品，重量要求必须在________g 范围以内。（　　）

A. 0.9±0.01　　B. 1.0±0.1　　C. 1.1±0.1

答案：C

四、问答题

1. 简述《固定污染源排气中沥青烟的测定　重量法》（HJ/T 45—1999）中固定污染源排气中沥青烟的测定原理。

答案：其原理是将排气筒中的沥青烟收集于已恒重的玻璃纤维滤筒中，除去水分后，由采样前后玻璃纤维滤筒的增重计算沥青烟的浓度。若沥青烟中含有显著的固体颗粒物，则将采样后的玻璃纤维滤筒用环已烷提取。

2. 根据《固定污染源排气中沥青烟的测定　重量法》（HJ/T 45—1999）测定固定污染源排气中沥青烟时，若沥青烟中含有显著的固体颗粒物，应如何处理？

答案：应将采样后的玻璃纤维滤筒用环已烷提取。

3. 简述根据《固定污染源排气中沥青烟的测定　重量法》（HJ/T 45—1999）对固定污染源排放青烟进行测定时采样管的洗涤方法。

答案：当沥青烟浓度较高时，采样管会截留少量沥青烟，用环已烷洗涤包括采样嘴、前弯管和采样管各部分，将洗涤液合并置于已称重的烧杯中，盖上滤纸，使其在室温常压下自然蒸发。待环已烷蒸发完之后，将烧杯移至干燥器中 24 h，至恒重，记下烧杯的增重。

参考文献

[1] 国家环境保护总局．固定污染源排气中沥青烟的测定　重量法：HJ/T 45—1999 [S]. 北京：中国环境科学出版社，1999.

[2] 国家环境保护总局《空气和废气监测分析方法》编委会．空气和废气监测分析方法（第四版）[M]. 北京：中国环境科学出版社，2003.

命题：张　宁　夏　新

审核：梁富生　杨　楠

第九节　苯可溶物

分类号：G4–8

主要内容
《固定污染源废气　苯可溶物的测定　索氏提取—重量法》（HJ 690—2014）

一、填空题

1. 根据《固定污染源废气　苯可溶物的测定　索氏提取—重量法》（HJ 690—2014）

测定固定污染源废气中或焦炉炉顶无组织排放的颗粒物中苯可溶物，使用超细玻璃纤维滤膜采集苯可溶物样品时，滤膜在采样前后应在平衡室内放置________h。

答案：24

2. 根据《固定污染源废气　苯可溶物的测定　索氏提取—重量法》（HJ 690—2014）测定苯可溶物时，采样过程中应保持准确而恒定的采样流量。采样器每次使用前需进行流量校准，流量示值校准误差应小于________%。

答案：5

3. 根据《固定污染源废气　苯可溶物的测定　索氏提取—重量法》（HJ 690—2014）测定苯可溶物时，每批样品至少进行 1 份现场空白和 1 份实验室空白测定，现场空白采样前后、实验室空白提取前后称量值之差均须在________mg 范围内。

答案：±0.5

二、判断题

1. 根据《固定污染源废气　苯可溶物的测定　索氏提取—重量法》（HJ 690—2014）测定苯可溶物时，在采样前，采样用的滤膜应在（105±5）℃下烘 2 h，取出滤膜冷至室温后，放入干燥器中。（　　）

答案：错误

正确答案为：滤膜应在 400℃高温炉中灼烧 1 h。

2. 根据《固定污染源废气　苯可溶物的测定　索氏提取—重量法》（HJ 690—2014）测定苯可溶物时，平衡室应放在天平室内，平衡室的温度及其变化范围、相对湿度及其变化范围都有一定的要求。（　　）

答案：正确

3. 根据《固定污染源废气　苯可溶物的测定　索氏提取—重量法》（HJ 690—2014）测定苯可溶物时，采样后取滤膜时应特别注意有无滤膜屑留在采样夹内，须将留在采样夹内的滤膜屑取出，一并收集。（　　）

答案：正确

4. 根据《固定污染源废气　苯可溶物的测定　索氏提取—重量法》（HJ 690—2014）测定苯可溶物时，滤膜提取后产生的废液可不经过处理直接倒掉。（　　）

答案：错误

正确答案为：滤膜提取后产生的废液集中收集，委托有资质的单位处置。

5. 根据《固定污染源废气　苯可溶物的测定　索氏提取—重量法》（HJ 690—2014）测定苯可溶物时，采样前后应使用同一台天平称量滤膜；提取前后滤膜称量时，环境及操作尽量保持一致。（　　）

答案：正确

6. 根据《固定污染源废气　苯可溶物的测定　索氏提取—重量法》（HJ 690—2014）测定苯可溶物时，开始采样前，将滤膜用镊子从纸袋中取出，“毛面”向上装在采样头上，记录采样点编号、日期、时间。（　　）

答案：正确

7. 根据《固定污染源废气　苯可溶物的测定　索氏提取—重量法》（HJ 690—2014）

测定苯可溶物，采样时，启动采样器，将流量调节在 100 L/min，采样开始 2 min 后、采样中间、采样结束前 2 min，各记录一次流量和大气压力、温度及气象参数。(　　)

答案：错误

正确答案为：采样开始 5 min 后、采样中间、采样结束前 5 min，各记录一次流量和大气压力、温度及气象参数。

8. 根据《固定污染源废气　苯可溶物的测定　索氏提取—重量法》(HJ 690—2014) 测定苯可溶物，采样期间应经常观察流量，因污染物浓度高导致采样流量下降超过 10% 时，可在 4 h 内分段采样，记录各段采样时间和流量，合并计算平均浓度。(　　)

答案：错误

正确答案为：因污染物浓度高导致采样流量下降超过 5% 时，可在 4 h 内分段采样，记录各段采样时间和流量，合并计算平均浓度。

三、选择题

1. 根据《固定污染源废气　苯可溶物的测定　索氏提取—重量法》(HJ 690—2014) 测定苯可溶物，用索氏抽提器提取滤膜样品时，向蒸馏瓶中加入________mL 苯，装上抽出筒和冷凝器，将索氏抽提器置于 90℃恒温水浴上。(　　)

A. 40　　B. 50　　C. 60　　D. 100

答案：C

2. 根据《固定污染源废气　苯可溶物的测定　索氏提取—重量法》(HJ 690—2014) 测定苯可溶物，若使用十万分之一天平称量时，在称量前保持至少________min 的预热时间以获得稳定的工作状态，确保称量结果准确。(　　)

A. 10　　B. 15　　C. 30　　D. 60

答案：D

四、问答题

简述《固定污染源废气　苯可溶物的测定　索氏提取—重量法》(HJ 690—2014) 中测定苯可溶物的方法原理。

答案：在采样泵的动力作用下，使一定体积的空气或废气通过已恒重的玻璃纤维滤膜，将颗粒物截留在滤膜上。将采样后的滤膜称重后置于索氏抽提取器中，用苯作溶剂进行提取，提取后的滤膜经挥发烘干后恒重，根据提取前、后滤膜重量之差及采样体积，可计算出苯可溶物的浓度。

参考文献

环境保护部. 固定污染源废气　苯可溶物的测定　索氏提取—重量法：HJ 690—2014 [S]. 北京：中国环境出版社，2014.

命题：李斗果　张　宁　夏　新

审核：郭　平　梁富生

第五章　电化学法

第一节　基础知识

分类号：G5-0

试题同“上册 W4-0”。

第二节　氟化物

分类号：G5-1

主要内容 ①《环境空气　氟化物的测定　滤膜采样 / 氟离子选择电极法》（HJ 955—2018） ②《环境空气　氟化物的测定　石灰滤纸采样氟离子选择电极法》（HJ 481—2009） ③《大气固定污染源　氟化物的测定　离子选择电极法》（HJ/T 67—2001）

一、填空题

1. 气态氟化物多以________、________等形式存在，颗粒物中有时也含有一定量的无机氟化物。①②

答案：氟化氢　　四氟化硅

2. 根据《环境空气　氟化物的测定　滤膜采样 / 氟离子选择电极法》（HJ 955—2018）测定环境空气中氟化物时，将乙酸 - 硝酸纤维微孔滤膜放入磷酸氢二钾浸渍液中浸湿后沥干，摊放在大张无灰级定性滤纸的聚乙烯或不锈钢托盘上，于________℃下烘干，装入塑料袋中，密封好放入________中备用。①

答案：40　　密闭容器

3.《大气固定污染源　氟化物的测定　离子选择电极法》（HJ/T 67—2001）中的气态氟用________溶液吸收，尘氟指溶于________的与颗粒物共存的氟化物。③

答案：氢氧化钠　　盐酸溶液

4. 根据《大气固定污染源　氟化物的测定　选择电极法》（HJ/T 67—2001）测定大气固定污染源中氟化物时，污染源中尘氟和气态氟共存时，采用烟尘采样方法进行________，在采样管的出口串联三个装有 75 mL 吸收液的________吸收瓶，分别捕集尘氟和气态氟。③

答案：等速采样　　大型冲击式

5. 根据《大气固定污染源　氟化物的测定　选择电极法》（HJ/T 67—2001）测定大气

固定污染源中的氟化物，污染源中只存在气态氟时，可采用________方法，在采样管出口串联两个装有 50 mL 吸收液的多孔玻璃吸收瓶，以________L/min 的流速采集 5～20 min。③

答案： 烟气采样　0.5～2.0

6. 采用离子选择电极法测定环境空气和废气中氟化物时，钙离子、镁离子、铁离子、铝离子等金属离子易与氟离子形成________，对结果产生________干扰，可以通过加入________来消除。①②③

答案： 络合物　负　总离子强度调节缓冲液

7. 采用氟离子选择电极法测定环境空气和废气中氟化物时，所用试剂除另有说明外，均使用符合国家标准的________纯试剂，实验室用水为新制备的________水。①②③

答案： 分析　去离子

8. 根据《环境空气　氟化物的测定　滤膜采样 / 氟离子选择电极法》（HJ 955—2018）测定环境空气中氟化物时，测量氟离子浓度范围满足________ mol/L。①

答案： 10^{-5}～10^{-1}

二、判断题

1. 氟是最活泼的非金属元素，自然界分布较广泛，多以氟化物（金属氟化物、氟化氢、四氟化硅）形式存在。（　　）①②③

答案： 正确

2. 空气中氟化物主要来源于金属冶炼等行业，土壤中的氟化物也会随着飘尘等形式进入空气中。（　　）①②③

答案： 正确

3. 采用氟离子选择电极法测定空气和废气中氟化物时，电池的电动势与溶液中的氟离子浓度呈线性关系。（　　）①②③

答案： 错误

　　正确答案为： 电池的电动势与溶液中的氟离子浓度的对数呈线性关系。

4. 采用氟离子选择电极法测定空气和废气中氟化物时，制备好的氟标准储备液应储存于棕色玻璃瓶中。（　　）①②③

答案： 错误

　　正确答案为： 制备好的氟标准储备液应储存于聚乙烯瓶中保存。

5. 采用离子选择电极法测定烟气中氟化物的方法具有快速、灵敏、适用范围宽、方法简便、准确、选择性好等优点。（　　）②

答案： 正确

6. 大气固定污染源烟气中的尘态氟，多以尘粒状和雾滴状出现，其中包括水溶性氟、酸溶性氟和难溶性氟。（　　）③

答案： 正确

7. 根据《大气固定污染源　氟化物的测定　选择电极法》（HJ/T 67—2001）测定大气固定污染源中的氟化物，样品的采集所使用的采样管与吸收瓶之间的连接管，采用聚四氟乙烯管或聚乙烯塑料管，并要求尽可能短。（　　）③

答案：正确

8.《大气固定污染源　氟化物的测定　选择电极法》（HJ/T 67—2001）适用于大气固定污染源有组织和无组织排放中氟化物的测定。（　　）③

答案：错误

正确答案为：该标准适用于大气固定污染源有组织排放中氟化物的测定。

9. 根据《环境空气　氟化物的测定　石灰滤纸采样氟离子选择电极法》（HJ 481—2009）测定环境空气中氟化物时，制备石灰滤纸时应在干净无氟的条件下进行，于60～70℃下烘干，装入塑料盒（袋）中密封好，放入加入干燥剂的干燥器中备用。（　　）②

答案：错误

正确答案为：应放入不加干燥剂的干燥器中备用。

10. 根据《环境空气　氟化物的测定　石灰滤纸采样氟离子选择电极法》（HJ 481—2009）测定环境空气中氟化物时，在计算氟化物含量的公式中 ρ[μg/（dm^3・d）]=（$W-W_0$）/（$S \cdot n$），S 表示样品滤纸的面积（dm^2）。（　　）②

答案：错误

正确答案为：S 表示样品滤纸暴露在空气中的面积。

11.《大气固定污染源　氟化物的测定　离子选择电极法》（HJ/T 67—2001）不能用于测定碳氟化物，如氟利昂。（　　）③

答案：正确

12. 根据《环境空气　氟化物的测定　滤膜采样／氟离子选择电极法》（HJ 955—2018）测定环境空气中氟化物时，采样前应对采样器流量进行检查校准，流量示值误差不超过 ±2%，采样起始到结束的流量变化不超过 ±10%。（　　）①

答案：正确

13. 根据《环境空气　氟化物的测定　滤膜采样／氟离子选择电极法》（HJ 955—2018）测定环境空气中氟化物时，每批样品分析应至少做一个全程序空白，全程序空白值应低于 1.4 μg，否则需查找原因，重新采样。（　　）①

答案：错误

正确答案为：全程序空白值应低于 2.0 μg。

14. 根据《环境空气　氟化物的测定　滤膜采样／氟离子选择电极法》（HJ 955—2018）测定环境空气中氟化物时，环境空气样品中氟化物的质量浓度时，采样体积使用标准状况下的采样体积。（　　）①

答案：错误

正确答案为：采样体积使用参比状态下。

15. 根据《环境空气　氟化物的测定　滤膜采样／氟离子选择电极法》（HJ 955—2018）测定环境空气中氟化物时，电极的实际斜率要求，温度在 20～25℃时，氟离子浓度每改变 10 倍，电极电位变化应满足（−58.0±2.0）mV。①

答案：正确

三、选择题

1. 采用氟离子选择电极法测定空气和废气中氟化物含量时，需要用________插入制备好的溶液中进行测量。（　　）①②③

A. 氟离子选择电极

B. 氟离子选择电极和甘汞电极 / 银－氯化银电极

C. 氟离子选择电极和 pH 电极

答案：B

2. 采用氟离子选择电极法测定环境空气中氟化物含量时，用滤纸或滤膜采集的样品应在________内完成分析。（　　）①②

A. 1 个月　　B. 60 d　　C. 40 d

答案：B

3. 采用氟离子选择电极法测定环境空气和废气中氟化物含量时，一般应________进行分析。（　　）①②③

A. 从低浓度到高浓度　　B. 从高浓度到低浓度

C. 随机

答案：A

4. 根据《环境空气　氟化物的测定　滤膜采样 / 氟离子选择电极法》（HJ 955—2018）和《环境空气　氟化物的测定　石灰滤纸采样氟离子选择电极法》（HJ 481—2009）测定环境空气中氟化物时，标准系列所建立的回归方程为 $y=bx+a$，要求其相关系数 r________。（　　）①②

A. ＞0.990　　B. ＞0.995　　C. ＞0.999

答案：C

5. 根据《环境空气　氟化物的测定　石灰滤纸采样氟离子选择电极法》（HJ 481—2009）测定环境空气中氟化物时，标准系列的回归方程为 $y=bx+a$，其斜率 b 应符合________。（　　）②

A. $54+0.2t$　　B. $54.2t$　　C. $52.4t$

答案：A

6. 根据《环境空气　氟化物的测定　滤膜采样 / 氟离子选择电极法》（HJ 955—2018）测定环境空气中氟化物时，采样时应在滤膜夹中装入________磷酸氢二钾浸渍滤膜。（　　）①

A. 1 张　　B. 2 张　　C. 3 张

答案：B

7. 根据《环境空气　氟化物的测定　滤膜采样 / 氟离子选择电极法》（HJ 955—2018）测定环境空气中氟化物时，每批醋酸纤维滤膜都应做空白试验，并且空白滤膜的氟含量每张应小于________μg。（　　）①

A. 2.0　　B. 1.4　　C. 1.5

答案：B

8. 根据《大气固定污染源　氟化物的测定　选择电极法》（HJ/T 67—2001）测定大气

固定污染源中氟化物含量时，所采集的样品在常温下可保存________。（　　）③

A. 1 周　　B. 1 天　　C. 1 个月

答案：A

9. 根据《大气固定污染源　氟化物的测定　选择电极法》（HJ/T 67—2001）测定大气固定污染源中氟化物含量时，使用的总离子强度调节缓冲液配制时，应调节 pH 为________左右。（　　）③

A. 5.2　　B. 5.5　　C. 5.8

答案：B

10. 采用氟离子选择电极法测定环境空气和废气中氟化物含量时，测定样品与绘制标准曲线时的温度之差不应超过 ±________℃。（　　）①②③

A. 2　　B. 3　　C. 4

答案：A

11. 根据《大气固定污染源　氟化物的测定　选择电极法》（HJ/T 67—2001）测定大气固定污染源中氟化物含量时，将已采样的超细玻璃纤维滤筒按要求处理后，加入 50 mL 盐酸溶液，用超声波提取 30 min 后应放置________后再按要求过滤、洗涤和转移。（　　）③

A. 30 min　　B. 3 h　　C. 13 min

答案：B

12. 根据《大气固定污染源　氟化物的测定　选择电极法》（HJ/T 67—2001）测定大气固定污染源中氟化物含量时，采样结束后将吸收瓶中的样品全部转移到________，并按要求洗涤、编号和记录。（　　）③

A. 棕色玻璃瓶　　B. 聚乙烯瓶　　C. 玻璃瓶

答案：B

13. 根据《环境空气　氟化物的测定　石灰滤纸采样氟离子选择电极法》（HJ 481—2009）测定环境空气中氟化物时，当采样天数为 1 个月时，本方法的测定下限为________μg/（dm^2·d）。（　　）②

A. 0.18　　B. 0.19　　C. 0.20　　D. 0.17

答案：A

14. 根据《环境空气　氟化物的测定　石灰滤纸采样氟离子选择电极法》（HJ 481—2009）测定环境空气中氟化物时，采样点的间距一般为________km。（　　）②

A. 2.0　　B. 1.0　　C. 2.5　　D. 1.5

答案：B

15. 根据《环境空气　氟化物的测定　石灰滤纸采样氟离子选择电极法》（HJ 481—2009）测定环境空气中氟化物时，采样装置可固定在离地面________m 的采样架上。（　　）②

A. 1.5～2　　B. 2～3　　C. 3～3.5　　D. 3.5～4

答案：D

16. 根据《环境空气　氟化物的测定　石灰滤纸采样氟离子选择电极法》（HJ 481—2009）测定环境空气中氟化物时，将剪成小碎块的样品放入 100 mL 聚乙烯塑料杯

中，加入 TISAB 缓冲液和水后，须在超声波清洗器中提取________min。(　　) ②

A. 15　　B. 20　　C. 25　　D. 30

答案：D

17. 根据《环境空气　氟化物的测定　石灰滤纸采样氟离子选择电极法》(HJ 481—2009) 测定环境空气中氟化物时，采样时间应为________。(　　) ②

A. 3～7 d　　B. 7 d～1 个月　　C. 1～3 个月

答案：B

18. 根据《环境空气　氟化物的测定　石灰滤纸采样氟离子选择电极法》(HJ 481—2009) 测定环境空气中氟化物时，所采集的膜样品带回实验室，应存放在________。(　　) ②

A. 冰箱内　　B. 空干燥器内　　C. 天平室内

答案：B

19. 根据《环境空气　氟化物的测定　滤膜采样 / 氟离子选择电极法》(HJ 955—2018) 测定环境空气中氟化物含量 1 h 均值时，要求样品采气时间为________min 以上。(　　) ①

A. 30　　B. 45　　C. 60

答案：B

20. 采用氟离子选择电极法测定环境空气和废气中氟化物含量时，在样品测定中，搅拌所用的搅拌子为________搅拌子。(　　) ①②③

A. 聚乙烯包裹的　　B. 不包裹的铁的　　C. 不包裹的不锈钢的

答案：A

四、问答题

1. 采用氟离子选择电极法测定环境空气和废气中的氟化物时，样品溶液中加入总离子强度调节缓冲液作用是什么？①②③

答案：保持总离子强度，消除干扰离子的影响。

2. 简述根据《环境空气　氟化物的测定　石灰滤纸采样氟离子选择电极法》(HJ 481—2009) 测定环境空气中氟化物时采样点布设原则。②

答案：采样点间距离为 1 km 左右，距污染源近时，采样点间距离可缩小，远离污染源的采样点间距可加大，采样点设在空旷、避开局部小污染源的地方，采样装置可固定在离地面 3.4～4 m 的电线杆或采样架上，在建筑物密集的地方，可安装在楼顶，与基础面相对高度应大于 1.5 m。

3. 根据《环境空气　氟化物的测定　石灰滤纸采样氟离子选择电极法》(HJ 481—2009) 测定环境空气中氟化物时，为何要将样品在超声波清洗器中提取 30 min？②

答案：为确保吸附在石灰滤纸上的氟化物全部浸出，提取时间不够容易造成高浓度的氟化物不能完全浸出，影响测定结果。

4. 根据《环境空气　氟化物的测定　石灰滤纸采样氟离子选择电极法》(HJ 481—2009) 测定环境空气中氟化物时，为什么尽可能采用空白值含氟量低的石灰滤纸进行监测？②

答案：如果石灰滤纸的空白含氟量过高，对环境中微量氟化物的测定容易造成较大误差。

5. 根据《环境空气　氟化物的测定　石灰滤纸采样氟离子选择电极法》（HJ 481—2009）测定环境空气中氟化物的采样方法，属于动力采样法和无动力采样法的哪一类？有何优点？②

答案：属于无动力采样法。无动力采样法和动力采样法相比具有可以节省大量人力、物力，简便易行，操作简单，可以大面积布设监测点，长时间监测等优点。

五、计算题

1. 采用氟离子选择电极法测定环境空气中氟化物时，已知测定的标准曲线方程为 $y=59.8\log C(F^-)-246.5$，测得已处理的40.0 mL样品溶液的电极电位值为−280.0 mV，全程序空白值为0.012 6 μg/mL，求样品溶液中的氟浓度？若采气量10.0 m^3（标准状况下），试求环境空气中的氟浓度。①②

答案：（1）40 mL样品溶液的氟浓度：

$\log C(F^-)=(y-a)/b=[(-280.0)-(-246.5)]/59.8=-0.560$

$\log C(F^-)$ 的反对数为0.275 3，$C(F^-)=0.275\ 3-0.012\ 6=0.263$（μg/mL）

（2）环境空气中氟浓度：$0.263\times40.0/10.0=1.05$（μg/$m^3$）

2. 采用氟离子选择电极法测定环境空气中氟化物时，已知测得样品溶液中的氟含量为0.250 μg/mL，样品溶液为40.0 mL，全程序空白值为0.013 μg/mL，已知采样温度为23℃，大气压为89.0 kPa，采样量为10.0 m^3，试求标准状况下的环境空气中的氟浓度。①②

答案：（1）标准状况下的采样量：$10.0\times273/(273+23)\times89.0/101.325=8.1$（$m^3$）

（2）标准状况下的环境空气中的氟浓度：$(0.250-0.013)\times40.0/8.1=1.17$（μg/$m^3$）

3. 采用氟离子选择电极法测定铝厂电解铝生产工段烟气中的氟化物，已知经采样定容至250.0 mL的气氟样品溶液中的氟浓度为1.534 μg/mL，吸收液的空白值为0.010 μg/mL；用盐酸处理定容100.0 mL的尘氟样品溶液中的氟浓度为1.25 μg/mL，空白滤筒的氟含量为0.020 μg，已知采样体积为1.00 m^3（标准状况），试求烟气中的总氟浓度。③

答案：（1）气态氟浓度：$(1.53-0.010)\times250.0/1.00=380$（μg/$m^3$）

（2）尘态氟浓度：$(1.25\times100-0.020)/1.00=125$（μg/$m^3$）

（3）烟气中的总氟浓度：$380+125=505$（μg/m^3）$=0.505$（mg/m^3）

4. 根据《环境空气　氟化物的测定　石灰滤纸采样氟离子选择电极法》（HJ 481—2009）测定环境空气中氟化物，某样品在某地区放置25.0 d，已知该样品在空气中的暴露面积为94.98 cm^2，含氟量为37.0 μg，空白石灰滤纸平均含氟量为0.88 μg，试求该地区空气中的氟化物浓度。②

答案：$C(F)=(37.0-0.88)\times100/(94.98\times25.0)=1.52$ [μg/（dm^2·d）]

5. 采用氟离子选择电极法测定环境空气中氟化物，已知某实验室绘制的标准工作曲线为 $y=-305.0+59.2x$，相关系数 $r=0.999\ 9$，温度为25℃，现测定某一样品溶液的浓度为4.93 μg/mL，试求该样品溶液所测得毫伏值。（空白值在此可视为0）①②

答案：y=（−305.0）+59.2 × log C（F^-）=−305.0+59.2 × log4.93=−264.0（mV）

6. 氟离子选择电极法测定某工厂烟气中的氟化物，已知该烟气中不含尘氟只存在气态氟，氟系列浓度与所对应的毫伏值绘制的标准曲线方程为 y=58.0x−260.0，用氢氧化钠吸收液采样吸收、定容至 100.0 mL 后吸取 10.0 mL 样品溶液进行测定，测得电极电位值为 −250.0 mV，吸收液空白值为 0.010 μg/mL，已知采样体积为 40.0 L（标准状况），试求烟气中的氟浓度。③

答案：（1）样品溶液中气态氟浓度（μg/mL）：

log C（F^-）=［（−250.0）−（−260.0）］/58.0=0.172 4

log C（F^-）的反对数为 1.487

C（F^-）=（1.487−0.010）=1.48（μg/mL）

（2）100 mL 样品溶液中气态氟含量：1.48 × 100=148（μg）

（3）烟气中的氟浓度：148/40.0=3.70（mg/m^3）

参考文献

[1] 生态环境部 . 环境空气　氟化物的测定　滤膜采样氟离子选择电极法：HJ 955—2018 [S]. 北京：中国环境出版集团，2018.

[2] 环境保护部 . 环境空气　氟化物的测定　石灰滤纸采样氟离子选择电极法：HJ 481—2009 [S]. 北京：中国环境科学出版社，2009.

[3] 国家环境保护总局 . 大气固定污染源　氟化物的测定　选择电极法：HJ/T 67—2001 [S]. 北京：中国环境科学出版社，2001.

命题：乔支卫　李朝辉　封　雪

审核：杨　楠　夏　新　华　蕾

第三节　氨

分类号：G5-2

主要内容
《空气质量　氨的测定　离子选择电极法》（GB/T 14669—1993）

一、填空题

1. 根据《空气质量　氨的测定　离子选择电极法》（GB/T 14669—1993）测定环境空气中氨时，电极的响应时间与________、________、________等因素有关。

答案：温度　　搅拌速度　　浓度

2. 根据《空气质量　氨的测定　离子选择电极法》（GB/T 14669—1993）测定环境空气中氨时，若温度________、浓度________、搅拌________，电极响应时间就短。

答案：高　　高　　快

3. 根据《空气质量　氨的测定　离子选择电极法》（GB/T 14669—1993）测定环境空气

中氨时，若测定低浓度样品，气敏电极的组装尤为重要，要求内充液要________、气透膜要保证________良好，否则较难做准确。

答案：新鲜　透气性

4. 根据《空气质量　氨的测定　离子选择电极法》（GB/T 14669—1993）测定环境空气中氨时，电极的标准电位与温度有较大的关系，一般温度每升高 1℃，其电位值升高________mV，所以必须要保持样液和标准液在同温下测定，两者温差不应大于________℃。

答案：1.5　0.5

5. 根据《空气质量　氨的测定　离子选择电极法》（GB/T 14669—1993）测定环境空气中氨时，与氨有强烈反应的离子（如亚汞离子、镁离子）会干扰测定，可加入________掩蔽；游离氯由于形成氯胺干扰，可加入适量________消除干扰。

答案：EDTA（乙二胺四乙酸二钠）　硫酸钠或硫代硫酸钠

6. 根据《空气质量　氨的测定　离子选择电极法》（GB/T 14669—1993）测定环境空气中氨时，氨样采集所用的吸收液应为________，采气瓶应为多孔玻板吸收瓶，流量范围应为 0.5～1.0 L/min。

答案：稀硫酸溶液

二、判断题

1. 根据《空气质量　氨的测定　离子选择电极法》（GB/T 14669—1993）测定环境空气中氨时，电极是以 pH 玻璃电极为指示电极，银－氯化银电极为参比电极的一种复合电极。（　　）

答案：正确

2. 根据《空气质量　氨的测定　离子选择电极法》（GB/T 14669—1993）测定环境空气中氨时，需要用氨气敏电极和甘汞电极同时插入已制备好的溶液中进行测量。（　　）

答案：错误

正确答案为：因氨气敏电极本身是一完整的电化学电池，故测试时不需要用甘汞电极做外参比电极。

3. 根据《空气质量　氨的测定　离子选择电极法》（GB/T 14669—1993）测定环境空气中氨时，测得的电极电位与氨浓度应呈线性关系。（　　）

答案：错误

正确答案为：测得的电极电位与氨浓度的对数呈线性关系。

4. 根据《空气质量　氨的测定　离子选择电极法》（GB/T 14669—1993）测定环境空气中氨时，挥发性胺产生负干扰。（　　）

答案：错误

正确答案为：挥发性胺产生正干扰。

5. 根据《空气质量　氨的测定　离子选择电极法》（GB/T 14669—1993）测定环境空气中氨时，配制氨标准储备液，应取分析纯的 NH_4Cl 经 105℃干燥后按要求配制。（　　）

答案：错误

正确答案为：应取优级纯的 NH_4Cl。

6. 根据《空气质量　氨的测定　离子选择电极法》（GB/T 14669—1993）测定环境空气中氨时，所有实验用水均使用一次蒸馏水。（　　）

答案：错误

正确答案为：除另有说明外，所有实验用水均使用无氨水。

7. 根据《空气质量　氨的测定　离子选择电极法》（GB/T 14669—1993）测定环境空气中氨时，氨样品可放置 7 d 后再测试分析。（　　）

答案：错误

正确答案为：采集好的样品应尽快分析，必要时于 2～5℃下冷藏可储存 1 周。

8. 根据《空气质量　氨的测定　离子选择电极法》（GB/T 14669—1993）测定环境空气中氨时，氨气敏电极与气透膜间的紧压程度要适中，不能过紧，也不能过松，以保证测试时电位值保持稳定。（　　）

答案：正确

三、选择题

1. 根据《空气质量　氨的测定　离子选择电极法》（GB/T 14669—1993）测定环境空气中氨时，氨的浓度与试液的 pH________。（　　）

A. 密切相关　　B. 没关系　　C. 关系不大

答案：A

2. 根据《空气质量　氨的测定　离子选择电极法》（GB/T 14669—1993）测定环境空气中氨时，测定次序一般应________进行测定。（　　）

A. 由浓到稀　　B. 由稀到浓　　C. 随便测定

答案：B

3. 根据《空气质量　氨的测定　离子选择电极法》（GB/T 14669—1993）测定环境空气中氨时，电极的组装及活化对测定结果________。（　　）

A. 很重要　　B. 不重要　　C. 没关系

答案：A

4. 根据《空气质量　氨的测定　离子选择电极法》（GB/T 14669—1993）测定环境空气中氨时，标准曲线斜率的理论值在 25℃时应为________mV。（　　）

A. 58.16　　B. 54.16　　C. 59.16

答案：C

5. 根据《空气质量　氨的测定　离子选择电极法》（GB/T 14669—1993）测定环境空气中氨时，在测试之前应________，然后再测试。（　　）

A. 用无氨水洗涤至说明书要求的电位值　　B. 不洗涤

C. 洗涤或不洗涤均可

答案：A

6. 根据《空气质量　氨的测定　离子选择电极法》（GB/T 14669—1993）测定环境空气中氨时，电极在测试使用一段时间后，其斜率偏离理论值较多（一般________mV）

时，应重新换膜，活化电极后再使用。(　　)

A. ＜45　　B. ＜40　　C. ＜50

答案：C

四、问答题

1. 根据《空气质量　氨的测定　离子选择电极法》(GB/T 14669—1993)测定环境空气中氨时，"0"浓度点不参与标准曲线方程的回归，为什么？那么其空白值怎样计算？

答案：因为"0"值没有对数，所以空白点不参与回归，利用标准曲线的回归方程，将测定的"0"浓度点的电压值代入方程，可计算出空白含量的对数值，再求其反对数即为空白值。

2. 根据《空气质量　氨的测定　离子选择电极法》(GB/T 14669—1993)测定环境空气中氨时，测试氨溶液的测量范围一般为多少？最好是多少？

答案：测量范围一般为 0.1～1 700 μg/mL 溶液，最好是 0.5～1 700 μg/mL 溶液。

五、计算题

1. 根据《空气质量　氨的测定　离子选择电极法》(GB/T 14669—1993)测定环境空气中氨时，其标准曲线方程为 y=57.1 log$C$ + 31.7 测得样品溶液的电压值为 43.8 mV，测得全程序空白值为 0.021 5 μg/mL，试求样品溶液中的氨浓度(吸收液为 10 mL)。若采气量为 20 L(标准状况)，试求废气中的氨含量？

答案：(1)样品溶液的氨浓度：

$\log(C)=(y-a)/b=(43.8-31.7)/57.1=0.212$；

C=1.629−0.021 5=1.608(μg/mL)

(2)废气中氨的浓度：1.608 × 10/20=0.804(mg/m^3)

2. 根据《空气质量　氨的测定　离子选择电极法》(GB/T 14669—1993)测定环境空气中氨时，已知测得的样品溶液中氨含量为 0.40 μg/mL，共用 50.0 mL 吸收液，全程序空白含量为 0.020 μg/mL，已知采样温度为 20℃，大气压为 90.0 kPa，采样流量为 1.0 L/min，共采 20 min，试求标准状况下废气中的氨含量。

答案：(1)采气量：1.0 × 20 × 273 × 90.0/[(273+20) × 101.325]=16.6(L)

(2)废气中的氨含量：(0.40−0.020) × 50.0/16.6=1.14(mg/m^3)

参考文献

[1] 国家环境保护局．空气质量　氨的测定　离子选择电极法：GB/T 14669—1993 [S]. 北京：中国环境科学出版社，1993.

[2] 国家环境保护总局《空气和废气监测分析方法》编委会．空气和废气监测分析方法(第四版)[M]. 北京：中国环境科学出版社，2003.

命题：任学蓉　米方卓　李国刚

审核：任学蓉　夏　新

第六章　容量法

第一节　基础知识

分类号：G6–0

试题同“上册 W5–0”。

第二节　氯化氢

分类号：G6–1

主要内容
《固定污染源废气　氯化氢的测定　硝酸银容量法》（HJ 548—2016）

一、判断题

1.《固定污染源废气　氯化氢的测定　硝酸银容量法》（HJ 548—2016）适用于空气和废气中氯化氢的测定。(　　)

答案：错误

正确答案为：《固定污染源废气　氯化氢的测定　硝酸银容量法》（HJ 548—2016）适用于固定污染源废气中氯化氢的测定。

2. 根据《固定污染源废气　氯化氢的测定　硝酸银容量法（HJ 548—2016）测定污染源废气中氯化氢时，在用铬酸钾做指示剂的滴定操作中，要用蒸馏水做空白对照来观察终点。(　　)

答案：正确

3. 根据《固定污染源废气　氯化氢的测定　硝酸银容量法》（HJ 548—2016）测定污染源废气中氯化氢时，硫化物、二氧化硫、颗粒态的氯化物及氯气干扰测定，使结果偏低。(　　)

答案：错误

正确答案为：使结果偏高。

4. 根据《固定污染源废气　氯化氢的测定　硝酸银容量法》（HJ 548—2016），当废气中硫酸雾浓度＞5 g/m^3 时，本方法在滴定过程中产生白色沉淀，影响滴定过程的终点判定。可在采样时通过滤膜过滤去除。(　　)

答案：错误

正确答案为：当硫酸雾浓度＞15 g/m^3 时。

5. 根据《固定污染源废气 氯化氢的测定 硝酸银容量法》（HJ 548—2016）测定污染源废气中氯化氢时，用铬酸钾做指示剂。用氯化钠标准溶液标定硝酸银时，只能用硝酸银滴定氯化钠溶液而不能用氯化钠滴定硝酸银。（ ）

答案：正确

6. 根据《固定污染源废气 氯化氢的测定 硝酸银容量法》（HJ 548—2016）测定污染源废气中氯化氢时，配制好的硝酸银溶液转入棕色细口玻璃瓶后，需置暗处常温保存，临用前标定。（ ）

答案：错误

正确答案为：需置 4℃以下冷藏保存。

7. 根据《固定污染源废气 氯化氢的测定 硝酸银容量法》（HJ 548—2016）测定污染源废气中氯化氢时，应使用优级纯的氯化钠配制标准溶液，且氯化钠预先经 105℃烘干。（ ）

答案：错误

正确答案为：氯化钠应预先经 400～500℃灼烧。

8. 若污染源废气中有氯气存在，因为它与氢氧化钠会生成氯离子和次氯酸根离子，因此无法用《固定污染源废气 氯化氢的测定 硝酸银容量法》（HJ 548—2016）测定废气中的氯化氢。（ ）

答案：错误

正确答案为：废气中有氯气（Cl_2）共存时，它与氢氧化钠反应生成等量的氯离子和次氯酸根离子干扰氯化氢的测定，用碘量法测定次氯酸根，从总氯化物中减去其量，即得氯化氢含量。

9. 根据《固定污染源废气 氯化氢的测定 硝酸银容量法》（HJ 548—2016）测定污染源废气中氯化氢时，使用硝酸银滴定时应避免剧烈摇动，防止 Cl^- 被硝酸银吸附，使溶液中 Cl^- 浓度降低，导致终点提前产生，引起负误差。（ ）

答案：错误

正确答案为：滴定时必须剧烈摇动。

10. 根据《固定污染源废气 氯化氢的测定 硝酸银容量法》（HJ 548—2016）测定污染源废气中氯化氢时，每批样品至少带两个实验室空白和一个全程序空白。实验室空白和全程序空白。测定值应小于方法检出限。（ ）

答案：错误

正确答案为：每批样品至少带两个实验室空白和两个全程序空白。

二、选择题

1. 根据《固定污染源废气 氯化氢的测定 硝酸银容量法》（HJ 548—2016）测定污染源废气中氯化氢时，按程序称取氯化钠 0.568 4 g，溶解于水并定容于 100.0 mL 容量瓶中，此容量瓶中氯化钠溶液的摩尔浓度是________。（ ）（氯化钠摩尔质量为 58.44 g/mol）

A. 0.332 2 mol/L　　B. 0.097 26 mol/L　　C. 0.009 726 mol/L

答案：B

计算公式：

氯化钠溶液的摩尔浓度

C_{NaCl}（mol/L）=W×1 000/（V×58.44）=0.568 4×1 000 /（100.00×58.44）=0.097 26

2.《固定污染源废气　氯化氢的测定　硝酸银容量法》（HJ 548—2016）的测定原理是：氯化氢被氢氧化钠溶液吸收后，在中性条件下，以铬酸钾为指示剂，用硝酸银标准溶液滴定，生成氯化银沉淀，过量的银离子与铬酸钾指示剂反应生成________铬酸银沉淀，指示滴定终点。(　　)

A. 蓝色　　B. 红色　　C. 浅砖红色

答案：C

3. 根据《固定污染源　氯化氢的测定　硝酸银容量法》（HJ 548—2016）测定污染源废气中氯化氢时，当采样体积为 15 L（标准状态），方法检出限为________mg/m^3。(　　)

A. 2　　B. 5　　C. 8

答案：C

4. 根据《固定污染源废气　氯化氢的测定　硝酸银容量法》（HJ 548—2016）测定污染源废气中氯化氢的操作中，在采集后的样品中加 1 滴酚酞指示剂，再滴加硝酸溶液至红色刚刚消失，其作用是________。(　　)

A. 消除干扰离子　　B. 调节溶液 pH　　C. 加快反应速度

答案：B

5. 根据《固定污染源废气　氯化氢的测定　硝酸银容量法》（HJ 548—2016）测定污染源废气中氯化氢，在配制氯化钠标准溶液时，如果分析人员使用的氯化钠已受潮，则标定的硝酸银溶液浓度将________。(　　)

A. 偏高　　B. 偏低　　C. 无影响

答案：B

6. 根据《固定污染源废气　氯化氢的测定　硝酸银容量法》（HJ 548—2016）测定污染源废气中的氯化氢，滴定时样品溶液的 pH 范围应为________。(　　)

A. 6.5～10.5　　B. 6.5～8.5　　C. 6.5～11.5

答案：A

参考文献

[1] 环境保护部 . 固定污染源废气　氯化氢的测定　硝酸银容量法：HJ 548—2016 [S]. 北京：中国环境出版社，2016.

[2] 国家环境保护总局《空气和废气监测分析方法》编委会 . 空气和废气监测分析方法（第四版）[M]. 北京：中国环境科学出版社，2003.

[3] 刘瑞雪 . 化验员习题集（第 2 版）[M]. 北京：化学工业出版社，2006.

[4] 中国环境监测总站《环境水质监测质量保证手册》编写组 . 环境水质监测质量保证手册（第 2 版）[M]. 北京：化学工业出版社，1994.

[5] 谢庆娟 . 分析化学实验 [M]. 北京：人民卫生出版社，2006.

命题：段再明　张荣辉　武云霞　米方卓
审核：彭刚华　梁富生　池　靖　夏　新

第三节　二氧化硫

分类号：G6–2

主要内容
《固定污染源排气中二氧化硫的测定　碘量法》（HJ/T 56—2000）

一、填空题

1. 根据《固定污染源排气中二氧化硫的测定　碘量法》（HJ/T 56—2000）进行测定时，可在吸收瓶外用____________降低吸收瓶温度，以提高吸收效率。

答案：冰浴或冷水浴

2. 根据《固定污染源排气中二氧化硫的测定　碘量法》（HJ/T 56—2000）进行测定时，采集样品后，将两个吸收瓶中的样品全部转入碘量瓶，用少量吸收液分别洗涤两次，洗涤液亦转入碘量瓶，摇匀。加淀粉指示剂，用 0.010 mol/L 碘标准溶液滴定至________色。

答案：蓝

3. 采用碘量法测定烟气中二氧化硫，在配制硫代硫酸钠溶液时，加入少量无水碳酸钠的作用是使溶液呈________，以________硫代硫酸钠的稳定性。

答案：碱性　　提高

二、判断题

1. 采用碘量法测定固定污染源排气中二氧化硫时，若烟气中二氧化硫浓度较高，可取部分吸收液进行滴定。（　　）

答案：正确

2. 《固定污染源排气中二氧化硫的测定　碘量法》（HJ/T 56—2000）中规定了二氧化硫浓度以及排气中氧含量的测定方法。（　　）

答案：错误

　　正确答案为：规定了二氧化硫浓度以及二氧化硫排放速率的测定方法。

3. 采用碘量法测定固定污染源排气中二氧化硫时，淀粉指示剂可储存于细口瓶中，在冰箱中的保存有效期为 3 个月。（　　）

答案：错误

　　正确答案为：淀粉指示剂应该现用现配。

4. 采用碘量法测定烟气中二氧化硫时，所用的碘标准溶液可以装在碱式滴定管中。（　　）

答案：错误

正确答案为：不可以装在碱式滴定管中，因为碘能与橡皮发生反应。

5. 采用碘量法测定烟气中二氧化硫时，配制好的硫代硫酸钠溶液应马上标定其浓度。( )

答案：错误

正确答案为：应放置 1 周后标定其浓度。

6. 固定污染源排气中二氧化硫的碘量法测定中，因为锅炉燃料在正常工况下燃烧时，烟气中硫化氢等还原性物质含量极少，所以其对测定的影响可忽略不计。( )

答案：正确

三、选择题

1. 碘量法测定固定污染源排气中二氧化硫时，吸收液中的________可消除二氧化氮的影响。( )

   A. 氨基磺酸铵　　B. 硫酸铵　　C. Na_2-EDTA　　D. 氢氧化钠

答案：A

2. 碘量法测定固定污染源排气中二氧化硫时，吸收液可储存于玻璃瓶中，在冰箱中的保存有效期为________。( )

   A. 3 个月　　B. 6 个月　　C. 1 年

答案：A

3.《固定污染源排气中二氧化硫的测定　碘量法》（HJ/T 56—2000）中二氧化硫的测定范围是________mg/m^3。( )

   A. 100～6 000　　B. 10～6 000　　C. 1～6 000

答案：A

4. 根据《固定污染源排气中二氧化硫的测定　碘量法》（HJ/T 56—2000）进行测定时，同一工况下应连续测定________次，取平均值作为测量结果。( )

   A. 3　　B. 6　　C. 9

答案：A

5. 根据《固定污染源排气中二氧化硫的测定　碘量法》（HJ/T 56—2000）进行测定时，为防止二氧化硫被冷凝水吸收，而使测定结果偏低，采样时采样管应加热至________℃。( )

   A. 100　　B. 120　　C. 150

答案：B

6. 根据《固定污染源排气中二氧化硫的测定　碘量法》（HJ/T 56—2000）进行测定时，碘标准溶液可储于棕色瓶中，在冰箱中保存有效期为________个月。( )

   A. 1　　B. 3　　C. 5

答案：B

7. 根据《固定污染源排气中二氧化硫的测定　碘量法》（HJ/T 56—2000）进行测定时，为保证具有较高的吸收效率，对不同二氧化硫浓度的烟气，要控制不同的采样时间。当烟气二氧化硫浓度低于 1 000 mg/m^3 时，采样时间应在________min，烟气

浓度高于 1 000 mg/m^3 时，采样时间应在________min。（　　）

A. 10～20，8～10　　B. 20～30，13～15　　C. 30～40，18～20

答案：B

8. 根据《固定污染源排气中二氧化硫的测定　碘量法》（HJ/T 56—2000）进行测定时，采样后应尽快对样品进行滴定，样品放置时间不要超过________h。（　　）

A. 4　　B. 1　　C. 2

答案：B

四、问答题

根据《固定污染源排气中二氧化硫的测定　碘量法》（HJ/T 56—2000）进行测定时，配制碘标准滴定溶液时，为什么要加入碘化钾？

答案：因为碘不溶于水，易溶于碘化钾溶液中，生成三碘配离子，这样即可使碘很容易溶解在水中。另外碘易挥发，生成三碘配离子后可减少碘的挥发，所以配制碘标准滴定溶液时要加入碘化钾。

五、计算题

用碘量法测得某台锅炉烟气中二氧化硫的浓度为 722 mg/m^3，换算成 ppm 是多少？若测定时标干风量为 2.27×104 m^3/h，二氧化硫的排放量是多少？（二氧化硫的摩尔质量为 64）

答案：$22.4 \times 722/64=253$（ppm）

二氧化硫的排放量 $G=722 \times 2.27 \times 10^4/10^6=16.4$（kg/h）

参考文献

[1] 国家环境保护总局 . 固定污染源排气中二氧化硫的测定　碘量法：HJ/T 56—2000 [S]. 北京：中国环境科学出版社，2000.

[2] 中国环境监测总站《环境水质监测质量保证手册》编写组 . 环境水质监测质量保证手册（第 2 版）[M]. 北京：化学工业出版社，1994.

[3] 孙宝盛，单金林 . 环境分析监测理论与技术 [M]. 北京：化学工业出版社，2004.

[4]《环境监测技术基本理论（参考）试题集》编写组 . 环境监测技术基本理论（参考）试题集 [M]. 北京：中国环境科学出版社，2002.

[5] 谢庆娟 . 分析化学实验 [M]. 北京：人民卫生出版社，2006.

命题：段再明　张荣辉　武云霞　康长安

审核：彭刚华　梁富生　夏　新

第四节　硫化氢

分类号：G6–3

主要内容
污染源废气　硫化氢的测定　碘量法《空气和废气监测分析方法》（第四版）

一、填空题

1. 根据《空气和废气监测分析方法》（第四版）中碘量法测定废气中硫化氢时，以 0.5 L/min 流量进行采样，采样时间为 30～60 min。当气样温度高时，应将吸收管置于________中。

答案：冷水浴

2. 根据《空气和废气监测分析方法》（第四版）中碘量法测定废气中硫化氢，配制硫代硫酸钠溶液时，要用新煮沸并冷却的蒸馏水配制，其作用是________和________。

答案：除去 CO_2　　杀死水中的细菌

3. 根据《空气和废气监测分析方法》（第四版）中碘量法测定废气中硫化氢时，因为硫化氢极不稳定，易被________，所以在采样、样品运输及保存过程中应采取________措施。

答案：氧化　　避光

二、判断题

1. 根据《空气和废气监测分析方法》（第四版）中碘量法测定废气中硫化氢时，易受其他氧化性和还原性气体的干扰。（　　）

答案：正确

2. 根据《空气和废气监测分析方法》（第四版）中碘量法测定废气中硫化氢时，使用多孔玻板吸收管进行样品的采集。（　　）

答案：错误

正确答案为：应使用大型气泡式吸收管，可防止硫化锌沉淀物阻塞。

3. 根据《空气和废气监测分析方法》（第四版）中碘量法测定废气中硫化氢时，样品采集后应尽快测定，以减少硫化氢损失。（　　）

答案：正确

三、选择题

1. 根据《空气和废气监测分析方法》（第四版）中碘量法测定废气中硫化氢的测定范围为________mg/m^3 以上。（　　）

A. 3　　B. 30　　C. 300

答案：A

2. 根据《空气和废气监测分析方法》（第四版）中碘量法测定废气中硫化氢时，滴定终点为________。（　　）

A. 滴定至黄色恰好消失　　B. 滴定至蓝色恰好消失

C. 滴定至沉淀恰好消失

答案：B

3. 根据《空气和废气监测分析方法》（第四版）中碘量法测定废气中硫化氢中，当废气中硫化氢浓度很高时，宜以________L/min 流量采样。（　　）

A. 0.2～0.3　　B. 0.5～1.0　　C. 1.0～1.5

答案：A

4. 根据《空气和废气监测分析方法》（第四版）中碘量法测定废气中硫化氢时，吸收液是用乙酸锌加________配制而成。（　　）

A. 盐酸　　　　B. 硝酸　　　　C. 冰乙酸

答案：C

四、问答题

1. 简述碘量法测定废气中硫化氢的原理。

答案：用乙酸锌溶液采集硫化氢，生成硫化锌沉淀，在酸性溶液中，加过量碘溶液氧化硫化锌，剩余的碘用硫代硫酸钠标准溶液滴定。

2. 采用《空气和废气监测分析方法》（第四版）中碘量法测定废气中硫化氢时，如何配制 0.5% 的淀粉溶液？

答案：称取 0.5 g 可溶性淀粉于小烧杯中，用少量水调成糊状，慢慢倒入沸水 100 mL，继续煮沸至溶液澄清。

五、计算题

采用《空气和废气监测分析方法》（第四版）中碘量法测定某厂烟道中的硫化氢，在标准状态下的采样体积为 14.75 L，采集的样品用 0.005 068 mol/L 硫代硫酸钠标准溶液滴定，消耗硫代硫酸钠标准溶液 12.50 mL，同法做空白滴定，消耗硫代硫酸钠标准溶液 19.75 mL，问废气中硫化氢浓度是多少？（硫化氢的摩尔质量为 17.0）

答案：硫化氢 =（19.75−12.50）× 0.005 068 × 17.0/14.75 × 1 000=42.3（mg/m^3）

参考文献

[1] 国家环境保护总局《空气和废气监测分析方法》编委会 . 空气和废气监测分析方法（第四版）[M]. 北京：中国环境科学出版社，2003.

[2] 中国环境监测总站《环境水质监测质量保证手册》编写组 . 环境水质监测质量保证手册（第 2 版）[M]. 北京：化学工业出版社，1994.

[3] 崔九思 . 大气污染监测方法 [M]. 北京：化学工业出版社，2003.

[4] 孙宝盛，单金林 . 环境分析监测理论与技术 [M]. 北京：化学工业出版社，2004.

命题：段再明　张荣辉　武云霞

审核：彭刚华　梁富生　夏　新　李国刚

第五节　氯气

分类号：G6-4

主要内容
《固定污染源废气　氯气的测定　碘量法》（HJ 547—2017）

一、填空题

1. 根据《固定污染源废气　氯气的测定　碘量法》（HJ 547—2017）测定废气中氯气时，氯气被氢氧化钠溶液吸收，生成________和________，具有很强的腐蚀性，因此采样管应采用玻璃或聚四氟乙烯材质制作。

答案：盐酸　　次氯酸

2. 根据《固定污染源废气　氯气的测定　碘量法》（HJ 547—2017）测定废气中氯气时，应对硫代硫酸钠标准溶液进行标定，单人滴定结果极差的相对值不得大于________%，双人滴定结果极差的相对值不得大于________%。

答案：0.2　　0.5

3. 根据《固定污染源废气　氯气的测定　碘量法》（HJ 547—2017）测定废气中氯气，采样时吸收瓶进气口端和串联的两个吸收瓶之间不可用乳胶管连接，应采用________________________以内接外套法连接。

答案：聚四氟乙烯软管或聚乙烯塑料管

二、判断题

1. 根据《固定污染源废气　氯气的测定　碘量法》（HJ 547—2017）测定废气中氯气时，如果废气中含有氯化氢和氟化氢，测定不受干扰。(　　)

答案：正确

2. 根据《固定污染源废气　氯气的测定　碘量法》（HJ 547—2017）测定废气中氯气时，废气中含有氧化性及还原性气体时对测定没有干扰。(　　)

答案：错误

正确答案为：对测定有干扰。

3. 根据《固定污染源废气　氯气的测定　碘量法》（HJ 547—2017），硫代硫酸钠一般都含有少量杂质，而且硫代硫酸钠溶液不稳定，容易分解。因此所配制的标准溶液必须用基准物标定其浓度。(　　)

答案：正确

4. 根据《固定污染源废气　氯气的测定　碘量法》（HJ 547—2017），用烟气采样方法采集废气中氯气样品时，要串联两个多孔玻板吸收瓶来提高吸收效率。(　　)

答案：正确

5. 根据《固定污染源废气　氯气的测定　碘量法》（HJ 547—2017）进行测定时，若氯气浓度高、含湿量烟气含湿量在25%以上，须进行等速采样。(　　)

答案：正确

三、选择题

1. 根据《固定污染源废气　氯气的测定　碘量法》（HJ 547—2017）测定废气中氯气的原理是：氯气被氢氧化钠溶液吸收，生成________，用盐酸酸化，释放出游离氯。游离氯再氧化碘化钾生成碘，用硫代硫酸钠标准溶液滴定，计算出氯的量。(　　)

A. 次氯酸钠　　B. 氯酸钠　　C. 高氯酸钠

答案：A

2. 根据《固定污染源废气 氯气的测定 碘量法》（HJ 547—2017）测定废气中氯气，当采样体积为 10 L 时，检出限为________mg/m³。（ ）

A. 10　　B. 12　　C. 15

答案：B

3. 根据《固定污染源废气 氯气的测定 碘量法》（HJ 547—2017）测定废气中氯气时，滴定的终点是________。（ ）

A. 蓝色刚好褪去　　B. 红色刚好褪去　　C. 黄色刚好褪去

答案：A

4. 根据《固定污染源废气 氯气的测定 碘量法》（HJ 547—2017）测定废气中氯气含量时，若用烟气采样方法采集氯气，以 0.5～1 L/min 流量，则采样时间一般为________min。（ ）

A. 5～10　　B. 10～15　　C. 20～30

答案：C

5. 根据《固定污染源废气 氯气的测定 碘量法》（HJ 547—2017）测定废气中氯气含量时，若用烟气采样方法采集氯气，应选用________采样。（ ）

A. 多孔玻板吸收瓶　　B. 大型冲击吸收瓶　　C. 真空瓶

答案：A

6. 根据《固定污染源废气 氯气的测定 碘量法》（HJ 547—2017）测定废气中氯气含量时，应选用________吸收液采样。（ ）

A. 碘化钾－丙酮　　B. 氢氧化钠　　C. 乙酸锌

答案：B

7.《大气污染物综合排放标准》（GB 16927—1996）规定，通过排气筒排放氯气的最高允许排放浓度是指________平均值不得超过的限值。（ ）

A. 任何 1 h　　B. 任何 2 h　　C. 任何 4 h

答案：A

8. 根据《固定污染源废气 氯气的测定 碘量法》（HJ 547—2017），样品采集后应尽快分析，若不能当天测定，应于 4℃以下冷藏，________内完成测定。（ ）

A. 24 h　　B. 48 h　　C. 7 d

答案：B

四、问答题

1. 根据《固定污染源废气 氯气的测定 碘量法》（HJ 547—2017）测定废气中氯气，用硫代硫酸钠标准溶液滴定碘时，应在何时加入淀粉指示剂？为什么？

答案：大部分碘被还原，溶液显浅黄色时才能加入淀粉指示剂，以防止淀粉吸附较多的碘，而使终点蓝色褪去缓慢，使滴定结果产生误差。

2. 根据《固定污染源废气 氯气的测定 碘量法》（HJ 547—2017）测定废气中氯气含量，用碘酸钾标定硫代硫酸钠溶液时，加入 KI 的目的是什么？

答案：其目的是定量将碘酸钾还原为碘，以标定硫代硫酸钠溶液。

$$KIO_3+5KI+6HCl=6KCl+3I_2+3H_2O$$

参考文献

[1] 环境保护部 . 固定污染源废气　氯气的测定　碘量法：HJ 547—2017 [S]. 北京：中国环境出版社，2017.

[2] 国家环境保护局 . 大气污染物综合排放标准：GB 16927—1996 [S]. 北京：中国环境科学出版社，1996.

命题：乔支卫　赵佳文　段再明　李桂玲　康长安
审核：杨　楠　彭刚华　夏　新

第六节　光气

分类号：G6-5

主要内容
污染源废气　光气的测定　碘量法《空气和废气监测分析方法》（第四版）

一、填空题

1. 根据《空气和废气监测分析方法》（第四版）中碘量法测定废气中光气时，最好在管道负压段设采样孔，如必须在正压管段开孔，孔口应焊接________装置，避免取样时光气中毒。

答案：防喷

2. 根据《空气和废气监测分析方法》（第四版）中碘量法测定废气中光气时，用烟气采样器取样，烟气或气温高时，吸收瓶应放入冷水浴中，以防止________和丙酮挥发。

答案：碘（或 I_2）

3. 根据《空气和废气监测分析方法》（第四版）中碘量法测定废气中光气时，在现场监测中如遇在正压管段取样且浓度较高时，操作人员应在________风向并佩戴防毒口罩，防止光气中毒。

答案：上

4. 根据《空气和废气监测分析方法》（第四版）中碘量法测定废气中光气时，采样后样品应________保存并尽快测定，以防止________的挥发、________的氧化。

答案：避光　　碘（或 I_2）　　碘化钾（或 KI）

5. 根据《空气和废气监测分析方法》（第四版）中碘量法测定废气中光气时，配制好的碘化钾 - 丙酮吸收液应密封贮于________中避光保存。

答案：棕色瓶

二、判断题

1. 根据《空气和废气监测分析方法》（第四版）中碘量法测定废气中光气时，用

100 mL 甘油注射器或 100 mL 注射器取样，适用于光气浓度在 10 000 mg/m^3 以上的排气管道。(　　)

答案：正确

2. 根据《空气和废气监测分析方法》(第四版)中碘量法测定烟气中光气时，如有氯气存在会影响测定，可在吸收瓶前串联一个装有碳酸钠的 U 形吸湿管，以排除氯气的干扰。(　　)

答案：错误

正确答案为：装有硫代硫酸钠的 U 形吸湿管，把氯气还原为氯离子，可以排除氯气干扰。

3. 根据《空气和废气监测分析方法》(第四版)中碘量法测定废气中光气时，用烟气采样器取样适用于光气浓度较高的排气管道。(　　)

答案：错误

正确答案为：适用于光气浓度不高的排气管道。

4. 根据《空气和废气监测分析方法》(第四版)中碘量法测定废气中光气时，在用硫代硫酸钠标准溶液滴定的初始阶段，其操作手法一定要充分用力振摇。(　　)

答案：错误

正确答案为：不必过分用力振摇，以防止碘的挥发及充氧使碘离子氧化。

三、选择题

1. 根据《空气和废气监测分析方法》(第四版)中碘量法测定废气中光气时，采用 0.02 mol/L 硫代硫酸钠标准溶液滴定样品溶液，当采样体积为 20 L 时，测定范围为________mg/m^3。(　　)

A. 1～25 000　　B. 50～25 000　　C. 50～50 000

答案：B

2. 根据《空气和废气监测分析方法》(第四版)中碘量法测定废气中光气时，样品溶液避开直射光以硫代硫酸钠标准溶液滴定的终点为________。(　　)

A. 黄色刚刚褪去　　B. 蓝色刚刚褪去　　C. 红色刚刚褪去

答案：A

3. 根据《空气和废气监测分析方法》(第四版)中碘量法测定烟气中光气时，光气浓度不太高时，采样流量不要超过________L/min，采样时间不要超过________min，避免碘挥发损失造成结果偏低。(　　)

A. 0.5，10　　B. 0.5，30　　C. 1.0，30

答案：C

4. 根据《空气和废气监测分析方法》(第四版)中碘量法测定烟气中光气，若硫代硫酸钠滴定样品溶液时，室温高于________℃，可将碘量瓶放入冷水浴中降温，以防止滴定过程中碘的挥发。(　　)

A. 25　　B. 30　　C. 35

答案：B

5. 根据《空气和废气监测分析方法》(第四版)中碘量法测定烟气中光气时，标准溶

液的浓度值应为________位有效数字。(　　)

A. 3　　　　B. 4　　　　C. 5

答案：B

四、问答题

1. 简述碘量法测定废气中光气的原理。

答案：光气被吸收在碘化钾－丙酮溶液中，与碘化钾反应生成氯化钾、一氧化碳和碘（I_2），用硫代硫酸钠标准溶液滴定碘含量。

2. 根据《空气和废气监测分析方法》（第四版）中碘量法测定烟气中光气时，配制好的碘化钾－丙酮吸收液为什么要密封于棕色瓶中而且要避光保存？

答案：（1）防止吸收空气中水分，水能分解光气。（2）光照能促使碘离子氧化成碘（I_2），使吸收液变黄，降低测定的准确度。

3. 根据《空气和废气监测分析方法》（第四版）中碘量法测定烟气中光气时，若装有硫代硫酸钠 U 形吸湿管表面有湿存水时，用什么方法使其干燥？

答案：可通入干燥、清洁的空气使其干燥。

参考文献

[1] 国家环境保护总局《空气和废气监测分析方法》编委会 . 空气和废气监测分析方法（第四版）[M]. 北京：中国环境科学出版社，2003.

[2] 国家环境保护局 . 大气污染物综合排放标准：GB 16927—1996 [S]. 北京：中国环境科学出版社，1996.

[3] 中国环境监测总站《环境水质监测质量保证册》编写组 . 环境水质监测质量保证手册（第 2 版）[M]. 北京：化学工业出版社，1994.

[4] 孙宝盛，单金林 . 环境分析监测理论与技术 [M]. 北京：化学工业出版社，2004.

[5] 李发美 . 分析化学 [M]. 北京：人民卫生出版社，1986.

[6]《环境监测技术基本理论（参考）试题集》编写组 . 环境监测技术基本理论（参考）试题集 [M]. 北京：中国环境科学出版社，2002.

[7] 刘瑞雪 . 化验员习题集（第 2 版）[M]. 北京：化学工业出版社，2006.

命题：段再明　张荣辉　康长安　李桂玲

审核：彭刚华　夏　新　梁富生

第七节　氮氧化物

分类号：G6-6

主要内容
《固定污染源排气　氮氧化物的测定　酸碱滴定法》（HJ 675—2013）

一、填空题

1. 根据《固定污染源排气　氮氧化物的测定　酸碱滴定法》（HJ 675—2013），采样所使用的真空抽气泵应能将样品吸收瓶抽真空至绝对压力小于或等于________kPa。

答案：10

2. 根据《固定污染源排气　氮氧化物的测定　酸碱滴定法》（HJ 675—2013），样品存放时要求将采样后的吸收瓶带回实验室，放置于________（放置条件）。

答案：阴暗处

二、判断题

1.《固定污染源排气　氮氧化物的测定　酸碱滴定法》（HJ 675—2013）适用于固定污染源有组织排放中一氧化氮、二氧化氮以及其他氮氧化物的测定。（　　）

答案：错误

正确答案为：适用于火炸药工业硝烟尾气中一氧化氮、二氧化氮以及其他氮氧化物的测定。

2. 根据《固定污染源排气　氮氧化物的测定　酸碱滴定法》（HJ 675—2013）测定氮氧化物时，其他酸碱性气体对测定结果无干扰。（　　）

答案：错误

正确答案为：其他酸碱性气体有干扰。

3. 根据《固定污染源排气　氮氧化物的测定　酸碱滴定法》（HJ 675—2013）进行测定时，当气体样品中含有硝酸雾时，采样瓶前应连接 1～2 支内装中性玻璃棉的三联球管，以滤除硝酸雾。（　　）

答案：正确

4. 根据《固定污染源排气　氮氧化物的测定　酸碱滴定法》（HJ 675—2013），分析时所用试剂均使用符合国家标准的分析纯化学试剂，实验用水均使用去离子水。（　　）

答案：错误

正确答案为：实验用水均使用无二氧化碳水。

5. 根据《固定污染源排气　氮氧化物的测定　酸碱滴定法》（HJ 675—2013），采样后样品应立即进行分析，这样在计算采样体积时，可以不计饱和蒸汽压的影响。（　　）

答案：错误

正确答案为：采样后样品应该恢复室温后再进行分析，这样在计算采样体积时，可以不计饱和蒸汽压的影响。

6. 根据《固定污染源排气　氮氧化物的测定　酸碱滴定法》（HJ 675—2013），过氧化氢吸收液应在使用当天用普通容量瓶配制。（　　）

答案：错误

正确答案为：过氧化氢吸收液应在使用当天用棕色容量瓶中配制，避免阳光直射。

7. 根据《固定污染源排气 氮氧化物的测定 酸碱滴定法》（HJ 675—2013），氮氧化物的计算结果应保留到整数位。（ ）

答案：正确

8. 根据《固定污染源排气 氮氧化物的测定 酸碱滴定法》（HJ 675—2013），采样操作在很短时间内完成，采样体积相当小，所以所获得的结果将是氮氧化物的瞬间测量，仅仅当排放气体混合均匀、浓度变化不大时，代表其排放状态。为保证样品的代表性，推荐同时采集多个样品，取平均值。（ ）

答案：正确

9. 根据《固定污染源排气 氮氧化物的测定 酸碱滴定法》（HJ 675—2013），现场测定的全程序空白测定值应小于方法检出限。（ ）

答案：正确

三、选择题

1. 根据《固定污染源排气 氮氧化物的测定 酸碱滴定法》（HJ 675—2013），采样前应仔细检查采样系统是否漏气。启动泵抽真空至一定程度后关紧活塞，观测真空表 1 min 内其读数，读数变化应小于________kPa。（ ）

A. 1.44　　B. 1.33　　C. 1.23　　D. 1.13

答案：B

2.《固定污染源排气 氮氧化物的测定 酸碱滴定法》（HJ 675—2013）的方法检出限为________mg/m^3。（ ）

A. 10　　B. 25　　C. 50　　D. 100

答案：C

3. 根据《固定污染源排气 氮氧化物的测定 酸碱滴定法》（HJ 675—2013），采样所用真空采样瓶的容积为________mL 左右。（ ）

A. 1 500　　B. 2 000　　C. 3 000　　D. 10 000

答案：B

4. 根据《固定污染源排气 氮氧化物的测定 酸碱滴定法》（HJ 675—2013），将采样后的真空采样瓶置于往返振荡器上振荡（或人工振荡）________min，放置 10～15 min，然后测量瓶内余压，并记录室温。（ ）

A. 1～5　　B. 5～10　　C. 10～15　　D. 15～20

答案：C

四、问答题

简述《固定污染源排气 氮氧化物的测定 酸碱滴定法》（HJ 675—2013）中固定污染源排气氮氧化物的测定原理。

答案：以过氧化氢吸收液吸收火炸药工业硝烟尾气中一氧化氮和二氧化氮以及其他氮氧化物，氮氧化物被氧化后，生成硝酸。吸收液中的硝酸用氢氧化钠标准溶液滴定，根据其消耗体积计算氮氧化物浓度。

参考文献

环境保护部. 固定污染源排气　氮氧化物的测定　酸碱滴定法：HJ 675—2013 [S]. 北京：中国环境出版社，2013.

命题：崔桂贤　杨　楠

审核：张玉惠　冯　丹　李国刚

第八节　总磷

分类号：G6-7

主要内容
《固定污染源废气　气态总磷的测定　喹钼柠酮容量法》（HJ 545—2017）

一、填空题

1. 根据《固定污染源废气　气态总磷的测定　喹钼柠酮容量法》（HJ 545—2017）测定固定污染源废气中气态总磷时，气态总磷指的是固定污染源废气中气态________及________的总称。

答案：单质磷　　含磷化合物

2. 根据《固定污染源废气　气态总磷的测定　喹钼柠酮容量法》（HJ 545—2017）测定固定污染源废气中气态总磷时，在采样过程中，溴化硝酸吸收液不稳定，每组采样时间不宜超过________min。

答案：20

3. 根据《固定污染源废气　气态总磷的测定　喹钼柠酮容量法》（HJ 545—2017）测定固定污染源废气中气态总磷时，每批样品至少做一个空白加标样品，其回收率应为________。

答案：90%～110%

二、判断题

1. 根据《固定污染源废气　气态总磷的测定　喹钼柠酮容量法》（HJ 545—2017）测定固定污染源废气中气态总磷时，在 1 h 内，按等时间间隔采集 3～4 组样品，每组采样串联两个内装 40 mL 溴化硝酸吸收液的吸收瓶，将滤膜置于滤膜夹内，接装在吸收瓶前以去除颗粒态磷。（　　）

答案：正确

2. 根据《固定污染源废气　气态总磷的测定　喹钼柠酮容量法》（HJ 545—2017）测定固定污染源废气中气态总磷时，采样时，采样管可以加热。（　　）

答案：错误。

　　正确答案为：单质磷燃点 40℃，采样管不宜加热。

3. 根据《固定污染源废气　气态总磷的测定　喹钼柠酮容量法》（HJ 545—2017）测

定固定污染源废气中气态总磷时，硫化氢对采样过程有影响，会使溴化硝酸吸收液褪色，从而降低溴化硝酸的氧化性，氟化物、砷及其化合物对本方法无干扰。(　　)

答案：正确

4. 根据《固定污染源废气　气态总磷的测定　喹钼柠酮容量法》（HJ 545—2017）测定固定污染源废气中气态总磷时，分析时均使用符合国家标准的分析纯试剂，实验用水均为去离子水。(　　)

答案：错误

正确答案为：无二氧化碳水。

三、选择题

根据《固定污染源废气　气态总磷的测定　喹钼柠酮容量法》（HJ 545—2017）测定固定污染源废气中气态总磷时，醋酸纤维微孔滤膜的作用是________。(　　)

A. 抽滤用　　B. 去除颗粒物用　　C. 防止吸收液倒吸

答案：B

四、问答题

根据《固定污染源废气　气态总磷的测定　喹钼柠酮容量法》（HJ 545—2017）测定固定污染源废气中气态总磷时，对于高浓度样品，为什么要用大量水充分洗涤？

答案：对于高浓度样品，由于沉淀量很大，要用大量水充分洗涤以保证将沉淀洗涤至中性，以免造成滴定误差，影响测定结果。

参考文献

环境保护部. 固定污染源废气　气态总磷的测定　喹钼柠酮容量法：HJ 545—2017 [S]. 北京：中国环境出版社，2017.

命题：杨　楠　赵佳文

审核：乔支卫　夏　新

第七章　可见光光度法

第一节　基础知识

分类号：G7-0

试题同“上册 W6-0”。

第二节　二氧化硫

分类号：G7-1

主要内容
①《环境空气　二氧化硫的测定　甲醛吸收－副玫瑰苯胺分光光度法》（HJ 482—2009）及修改单 ②污染源废气　甲醛缓冲溶液吸收－盐酸副玫瑰苯胺分光光度法《空气和废气监测分析方法》（第四版） ③《环境空气　二氧化硫的测定　四氯汞盐吸收－副玫瑰苯胺分光光度法》（HJ 483—2009）及修改单

一、填空题

1. 根据《环境空气　二氧化硫的测定　甲醛吸收－副玫瑰苯胺分光光度法》（HJ 482—2009）及修改单和《空气和废气监测分析方法》（第四版）中甲醛缓冲溶液吸收－盐酸副玫瑰苯胺分光光度法测定环境空气或废气中二氧化硫时，二氧化硫被甲醛缓冲溶液吸收后，生成稳定羟基甲磺酸加成化合物。在样品溶液中加入________使加成化合物分解，释放出的二氧化硫与盐酸副玫瑰苯胺、甲醛作用，生成________色化合物，用分光光度计在 577 nm 处进行测定。①②

答案：氢氧化钠　　紫红

2. 根据《环境空气　二氧化硫的测定　甲醛吸收－副玫瑰苯胺分光光度法》（HJ 482—2009）及修改单和《空气和废气监测分析方法》（第四版）中甲醛缓冲溶液吸收－盐酸副玫瑰苯胺分光光度法测定环境空气或废气中二氧化硫时，主要干扰物为氮氧化物、臭氧及某些重金属元素，加入氨磺酸钠可消除________的干扰；加入磷酸及环己二胺四乙酸二钠盐（CDTA）可消除或减少____________的干扰。①②

答案：氮氧化物　　某些金属离子

3. 分光光度法测定环境空气或废气中二氧化硫时，臭氧对测定有干扰，消除臭氧干扰的方法是________。①②③

答案：采样后放置一段时间使臭氧自行分解

4. 采用分光光度法测定环境空气或废气中二氧化硫时，用过的比色管和比色皿应及时洗涤，否则有色物质难以洗净。具塞比色管用（1+1）________洗涤，比色皿用（1+4）________加 1/3 体积________的混合液洗涤。①②③

答案：盐酸（溶液）　盐酸（溶液）　乙醇

5. 根据《环境空气　二氧化硫的测定　四氯汞盐吸收 - 副玫瑰苯胺分光光度法》（HJ 483—2009）及修改单测定环境空气中二氧化硫时，应严格控制显色温度。温度越高，空白值越________（高或低）；温度高时发色________（快或慢），褪色________（快或慢）。③

答案：高　快　快

6. 根据《环境空气　二氧化硫的测定　甲醛吸收 - 副玫瑰苯胺分光光度法》（HJ 482—2009）及修改单、《环境空气　二氧化硫的测定　四氯汞盐吸收 - 副玫瑰苯胺分光光度法》（HJ 483—2009）及修改单和《空气和废气监测分析方法》（第四版）中甲醛缓冲溶液吸收 - 盐酸副玫瑰苯胺分光光度法测定环境空气或废气中二氧化硫时，采样时吸收液温度太高、太低都会影响吸收效率。上述两种吸收液最适宜采样温度范围分别为________℃和________℃。①②③

答案：10～16　23～29

7. 根据《环境空气　二氧化硫的测定　甲醛吸收 - 副玫瑰苯胺分光光度法》（HJ 482—2009）及修改单和《空气和废气监测分析方法》（第四版）中甲醛缓冲溶液吸收 - 盐酸副玫瑰苯胺分光光度法测定环境空气或废气中二氧化硫时，显色反应需在________性溶液中进行。①②

答案：酸

二、判断题

1.《环境空气　二氧化硫的测定　甲醛吸收 - 副玫瑰苯胺分光光度法》（HJ 482—2009）及修改单和《空气和废气监测分析方法》（第四版）中甲醛缓冲溶液吸收 - 盐酸副玫瑰苯胺分光光度法测定环境空气或废气中二氧化硫，显色操作时，应将样品溶液、氨磺酸钠及氢氧化钠的吸收液迅速加入盐酸副玫瑰苯胺使用液中，即“倒加”顺序。（　　）①②

答案：正确

2. 根据《环境空气　二氧化硫的测定　四氯汞盐吸收 - 副玫瑰苯胺分光光度法》（HJ 483—2009）及修改单测定环境空气中二氧化硫时，若样品溶液中有浑浊物，应过滤除去。（　　）③

答案：错误

正确答案为：应离心分离除去。

3. 根据《环境空气　二氧化硫的测定　四氯汞盐吸收 - 副玫瑰苯胺分光光度法》（HJ 483—2009）及修改单测定环境空气中二氧化硫时，为消除氮氧化物的干扰需加氨磺酸钠。（　　）③

答案：错误

正确答案为：应加氨基磺酸铵消除氮氧化物的干扰。

4.《环境空气 二氧化硫的测定 甲醛吸收－副玫瑰苯胺分光光度法》（HJ 482—2009）及修改单和《空气和废气监测分析方法》（第四版）中甲醛缓冲溶液吸收－盐酸副玫瑰苯胺分光光度法测定环境空气或废气中二氧化硫时，标准溶液的标定和稀释应同时进行，因为亚硫酸盐水溶液极不稳定。（ ）①②

答案：正确

5.《环境空气 二氧化硫的测定 甲醛吸收－副玫瑰苯胺分光光度法》（HJ 482—2009）及修改单和《空气和废气监测分析方法》（第四版）中甲醛缓冲溶液吸收－盐酸副玫瑰苯胺分光光度法测定环境空气或废气中二氧化硫时，盐酸副玫瑰苯胺的纯度对测定结果影响很大，未经提纯的试剂使试剂空白液的吸光度很高且不宜于微量分析。（ ）①②

答案：正确

6.《环境空气 二氧化硫的测定 甲醛吸收－副玫瑰苯胺分光光度法》（HJ 482—2009）及修改单和《空气和废气监测分析方法》（第四版）中甲醛缓冲溶液吸收－盐酸副玫瑰苯胺分光光度法测定环境空气或废气中二氧化硫时，采集的样品在运输和贮存过程中都应避光，当气温高于30℃时，采样后如不能当天测定，可将样品溶液贮于冰箱中。（ ）①②

答案：正确

7.《环境空气 二氧化硫的测定 甲醛吸收－副玫瑰苯胺分光光度法》（HJ 482—2009）及修改单和《空气和废气监测分析方法》（第四版）中甲醛缓冲溶液吸收－盐酸副玫瑰苯胺分光光度法测定环境空气或废气中二氧化硫时，因为二氧化硫气体易溶于水，所以易被冷凝在进气导管壁上的空气中水蒸气吸附和溶解，从而使测定结果偏低。（ ）①②

答案：正确

8.根据《环境空气 二氧化硫的测定 甲醛吸收－副玫瑰苯胺分光光度法》（HJ 482—2009）及修改单和《环境空气 二氧化硫的测定 四氯汞盐吸收－副玫瑰苯胺分光光度法》（HJ 483—2009）及修改单测定环境空气或废气中二氧化硫，二氧化硫浓度计算时，应使用参比状态下的采样体积计算空气中二氧化硫的质量浓度。（ ）①③

答案：正确

三、选择题

采用分光光度法测定环境空气或废气中二氧化硫时，因六价铬对显色物质有影响，使测定结果________，所以应避免用硫酸－铬酸洗液洗涤玻璃仪器，若已洗，可用（1+1）盐酸洗液浸泡1 h后，用水充分洗涤，烘干备用。（ ）①②③

A. 偏低 B. 偏高

答案：A

四、问答题

《环境空气 二氧化硫的测定 四氯汞盐吸收－副玫瑰苯胺分光光度法》（HJ 483—2009）及修改单测定环境空气或废气中二氧化硫时，因四氯汞钾溶液为剧毒试剂，所以使用过的废液需要集中回收处理，试简述含四氯汞钾废液的处理方法。③

答案：在每升废液中加约 10 g 碳酸钠至中性，再加 10 g 锌粒。在黑布罩下搅拌 24 h 后，将清液倒入玻璃缸，滴加饱和硫化钠溶液，至不再产生沉淀为止。弃去溶液，将沉淀物转入一适当容器里。

参考文献

[1] 环境保护部. 环境空气 二氧化硫的测定 甲醛吸收－副玫瑰苯胺分光光度法：HJ 482—2009 [S]. 北京：中国环境科学出版社，2009.

[2] 环境保护部. 环境空气 二氧化硫的测定 四氯汞盐吸收－副玫瑰苯胺分光光度法：HJ 483—2009 [S]. 北京：中国环境科学出版社，2009.

[3] 国家环境保护总局《空气和废气监测分析方法》编委会. 空气和废气监测分析方法（第四版）[M] 北京：中国环境科学出版社，2003.

命题：杨 楠 冯建霞 刘 伟

审核：梁富生 刘 伟 夏 新

第三节 硫酸盐化速率

分类号：G7-2

主要内容
环境空气 硫酸盐化速率的测定 碱片－铬酸钡分光光度法《空气和废气监测分析方法》（第四版）

一、填空题

1. 环境空气质量监测中，用碱片－铬酸钡分光光度法测定硫酸盐化速率时，采样高度为________m，如放置在屋顶上，应距离屋顶________m，放置时间应为（30±2）d。

答案：5～10　1～1.5

2. 环境空气质量监测中，用碱片－铬酸钡分光光度法测定硫酸盐化速率时，所用玻璃仪器不要用________洗涤，以免干扰测定。

答案：铬酸洗液

3. 环境空气质量监测中，用碱片－铬酸钡分光光度法测定硫酸盐化速率时，以________为参比，进行吸光度测定。

答案：水

二、判断题

1. 环境空气质量监测中，用碱片－铬酸钡分光光度法测定硫酸盐化速率时，需向样品溶液中加铬酸钡悬浊液，铬酸钡悬浊液在加入前要充分振摇均匀。（　）

答案：正确

2. 环境空气质量监测中，用碱片－铬酸钡分光光度法测定硫酸盐化速率时，滤膜上要均匀滴加氯化钾溶液，不得出现空白。（　　）

答案：错误

正确答案为：滤膜要滴加碳酸钾溶液。

3. 环境空气质量监测中，用碱片－铬酸钡分光光度法测定硫酸盐化速率时，铬酸钡的精制过程中加入氢氧化铵中和至溶液呈蓝色，沉淀析出。用温水和冷水分别洗涤后，用定量滤纸过滤，烘干备用。（　　）

答案：错误

正确答案为：用温水和冷水分别洗涤后，经 0.45 μm 微孔滤膜抽滤后，烘干备用。

4. 环境空气质量监测中，用碱片－铬酸钡分光光度法测定硫酸盐化速率时，有如下操作：吸取适量的样品溶液于 25 mL 具塞比色管中，用水定容至 10.0 mL。（　　）

答案：错误

正确答案为：应用氯化钾溶液定容。

三、选择题

1. 环境空气质量监测中，用碱片－铬酸钡分光光度法测定硫酸盐化速率时，铬酸钡悬浊液应于________中贮存。（　　）

A. 玻璃瓶　　B. 聚乙烯塑料瓶　　C. 棕色玻璃瓶

答案：B

2. 环境空气质量监测中，用碱片－铬酸钡分光光度法测定硫酸盐化速率时，测定结果表示为________。（　　）

A. SO_3 mg /（100 km^2 碱片 · d）　　B. SO_3 mg /（100 cm^2 碱片 · d）

C. SO_2 mg /（100 cm^2 碱片 · d）

答案：B

3. 环境空气质量监测中，用碱片－铬酸钡分光光度法测定硫酸盐化速率时，加________溶液及乙醇并在冷水浴冷却 10 min，可降低硫酸钡及铬酸钡的溶解度，使方法重现性好、试剂空白值低而且稳定。（　　）

A. 氯化钙－氨　　B. 氯化钠－氨　　C. 氯化钾－氨

答案：A

4. 环境空气质量监测中，用碱片－铬酸钡分光光度法测定硫酸盐化速率时，标准曲线绘制时，是用两层________滤纸过滤或用微孔滤膜抽滤。（　　）

A. 慢速定性　　B. 慢速定量　　C. 中速定性

答案：B

四、问答题

1. 简述环境空气质量监测中，用碱片－铬酸钡分光光度法测定硫酸盐化速率时，用碳酸钾溶液采集大气含硫污染物的原理。

答案：因碳酸钾溶液呈碱性，经碳酸钾溶液浸渍过的玻璃纤维滤膜暴露于空气中，易与空气中的二氧化硫、硫酸雾和硫化氢等反应，生成硫酸盐，测定生成的硫酸盐含量，计算硫酸盐化速率。

2. 简述环境空气质量监测中，用碱片 - 铬酸钡分光光度法测定硫酸盐化速率时，在绘制标准曲线时加入氯化钾溶液的原因。

答案：在处理用碳酸钾浸渍的碱片时，需加入盐酸溶液，样品溶液中含氯化钾，所以在绘制标准曲线的溶液要加入氯化钾溶液，使之与样品溶液组成接近。

3. 简述碱片 - 铬酸钡分光光度法测定硫酸盐化速率的方法原理。

答案：在弱酸性溶液中，碱片样品溶液中的硫酸根离子与铬酸钡悬浊液发生交换反应，生成硫酸钡沉淀。在氨 - 乙醇溶液中，分离除去硫酸钡及过量的铬酸钡，反应释放出的黄色铬酸根离子与硫酸根浓度成正比，根据颜色深浅比色测定。

参考文献

国家环境保护总局《空气和废气监测分析方法》编委会. 空气和废气监测分析方法（第四版）[M]. 北京：中国环境科学出版社，2003.

命题：冯建霞　米方卓

审核：梁富生　刘　伟　夏　新

第四节　氮氧化物

分类号：G7–3

主要内容
①《环境空气　氮氧化物（一氧化氮和二氧化氮）的测定　盐酸萘乙二胺分光光度法》（HJ 479—2009）及修改单
②《固定污染源排气中氮氧化物的测定　盐酸萘乙二胺分光光度法》（HJ/T 43—1999）
③《环境空气　二氧化氮的测定　Saltzman 法》（GB/T 15435—1995）

一、填空题

1. 根据《环境空气　氮氧化物（一氧化氮和二氧化氮）的测定　盐酸萘乙二胺分光光度法》（HJ 479—2009）及修改单、《固定污染源排气中氮氧化物的测定　盐酸萘乙二胺分光光度法》（HJ/T 43—1999）和《环境空气　二氧化氮的测定　Saltzman 法》（GB/T 15435—1995）测定环境空气和废气中氮氧化物时，其标准曲线回归方程的斜率受温度影响。温度高则斜率________（大或小）。空气中高浓度二氧化硫对测定有________（正或负）干扰。①②③

答案：大　　负

2. 根据《环境空气　氮氧化物（一氧化氮和二氧化氮）的测定　盐酸萘乙二胺分光光度法》（HJ 479—2009）及修改单测定环境空气中氮氧化物时，若采用酸性高锰酸钾溶液氧化，一般情况下，装有 50.0 mL 酸性高锰酸钾溶液的氧化瓶可连续使用 15～20 d。但当氧化瓶中有明显的________时，应及时更换。①

答案：沉淀物析出

3. 根据《环境空气　氮氧化物（一氧化氮和二氧化氮）的测定　盐酸萘乙二胺分光光度法》（HJ 479—2009）及修改单和《固定污染源排气中氮氧化物的测定　盐酸萘乙二胺分光光度法》（HJ/T 43—1999）测定环境空气和废气中氮氧化物时，吸收液的吸光度不得超过 0.005（540 nm，1 cm 比色皿，以水为参比）。否则，应检查________、________或________的配制时间和储存条件。①②

答案：实验用水　　试剂纯度　　吸收液

4. 根据《环境空气　氮氧化物（一氧化氮和二氧化氮）的测定　盐酸萘乙二胺分光光度法》（HJ 479—2009）及修改单测定环境空气中氮氧化物的 Saltzman 实验系数是指用渗透法制备二氧化氮校准用混合气体，在采气过程中被吸收液吸收生成的偶氮染料相当于________的量与通过采样系统的二氧化氮的总量比值。①

答案：亚硝酸根

5. 根据《环境空气　氮氧化物（一氧化氮和二氧化氮）的测定　盐酸萘乙二胺分光光度法》（HJ 479—2009）及修改单、《固定污染源排气中氮氧化物的测定　盐酸萘乙二胺分光光度法》（HJ/T 43—1999）和《环境空气　二氧化氮的测定　Saltzman 法》（GB/T 15435—1995）测定环境空气和废气中氮氧化物时，采样后应尽快测定样品的吸光度。若不能及时分析，应将样品于低温暗处保存。样品在 30℃暗处存放，可稳定________h；于 20℃暗处存放可稳定________h；于 0～4℃冷藏至少可稳定________d。①②③

答案：8　　24　　3

6. 根据《环境空气　氮氧化物（一氧化氮和二氧化氮）的测定　盐酸萘乙二胺分光光度法》（HJ 479—2009）及修改单、《固定污染源排气中氮氧化物的测定　盐酸萘乙二胺分光光度法》（HJ/T 43—1999）和《环境空气　二氧化氮的测定　Saltzman 法》（GB/T 15435—1995）测定环境空气和废气中氮氧化物时，吸收液贮于密闭的棕色瓶中，于 25℃以下暗处存放，可稳定________个月，若呈现________色，应弃之重配。①②③

答案：3　　淡红

二、判断题

1. 根据《环境空气　氮氧化物（一氧化氮和二氧化氮）的测定　盐酸萘乙二胺分光光度法》（HJ 479—2009）及修改单、《固定污染源排气中氮氧化物的测定　盐酸萘乙二胺分光光度法》（HJ/T 43—1999）和《环境空气　二氧化氮的测定　Saltzman 法》（GB/T 15435—1995）测定环境空气和废气中氮氧化物时，吸收液能吸收空气中的氮氧化物，所以吸收液不宜长时间暴露于空气中。（　　）①②③

答案：正确

2. 根据《环境空气　氮氧化物（一氧化氮和二氧化氮）的测定　盐酸萘乙二胺分光光度法》（HJ 479—2009）及修改单和《固定污染源排气中氮氧化物的测定　盐酸萘

乙二胺分光光度法》（HJ/T 43—1999）测定环境空气和废气中氮氧化物时，吸收液在运输和采样过程中应避光，因为日光照射能使显色剂显色。（　　）①②

答案：正确

3. 根据《环境空气　氮氧化物（一氧化氮和二氧化氮）的测定　盐酸萘乙二胺分光光度法》（HJ 479—2009）及修改单和《固定污染源排气中氮氧化物的测定　盐酸萘乙二胺分光光度法》（HJ/T 43—1999）测定环境空气和废气中氮氧化物时，若气温超过 25℃，长时间（8 h 以上）运输和存放应采取降温措施。（　　）①②

答案：正确

4. 根据《环境空气　氮氧化物（一氧化氮和二氧化氮）的测定　盐酸萘乙二胺分光光度法》（HJ 479—2009）及修改单和《固定污染源排气中氮氧化物的测定　盐酸萘乙二胺分光光度法》（HJ/T 43—1999）测定环境空气和废气中氮氧化物时，采集样品的多孔玻板吸收瓶，在使用前和使用一段时间后，应测定采样效率，采样效率低于 0.97 的多孔玻板吸收瓶不宜使用。（　　）①②

答案：正确

5. 根据《环境空气　氮氧化物（一氧化氮和二氧化氮）的测定　盐酸萘乙二胺分光光度法》（HJ 479—2009）及修改单和《固定污染源排气中氮氧化物的测定　盐酸萘乙二胺分光光度法》（HJ/T 43—1999）测定环境空气和废气中氮氧化物，空气中臭氧浓度超过 0.250 mg/m^3 时，对二氧化氮的测定产生正干扰。（　　）①②

答案：错误

正确答案为：空气中臭氧浓度超过 0.250 mg/m^3 时，对二氧化氮的测定产生负干扰。

6. 根据《环境空气　氮氧化物（一氧化氮和二氧化氮）的测定　盐酸萘乙二胺分光光度法》（HJ 479—2009）及修改单和《固定污染源排气中氮氧化物的测定　盐酸萘乙二胺分光光度法》（HJ/T 43—1999）测定环境空气和废气中氮氧化物，当吸收液的组成、吸收瓶的类型、采样流量和采样效率一定时，Saltzman 实验系数（f）的值与空气中一氧化氮的浓度有关。（　　）①②

答案：错误

正确答案为：Saltzman 实验系数（f）值与二氧化氮的浓度有关。

7. 根据《环境空气　氮氧化物（一氧化氮和二氧化氮）的测定　盐酸萘乙二胺分光光度法》（HJ 479—2009）及修改单和《固定污染源排气中氮氧化物的测定　盐酸萘乙二胺分光光度法》（HJ/T 43—1999）测定环境空气和废气中氮氧化物，按顺序串联一个空的多孔玻板吸收瓶，一支氧化管和两个各装 75 mL 吸收液的多孔玻板吸收瓶作为样品吸收装置，将其接入采样系统，且必须置于冰浴中采样。（　　）①②

答案：错误

正确答案为：当管道排烟温度为常温时，可不必置于冰浴中采样。

8. 根据《环境空气　氮氧化物（一氧化氮和二氧化氮）的测定　盐酸萘乙二胺分光光度法》（HJ 479—2009）及修改单和《固定污染源排气中氮氧化物的测定　盐酸萘乙二胺分光光度法》（HJ/T 43—1999）测定环境空气和废气中氮氧化物时，采样和显色同时进行。①②

答案：正确

三、选择题

1. 根据《环境空气　氮氧化物（一氧化氮和二氧化氮）的测定　盐酸萘乙二胺分光光度法》（HJ 479—2009）及修改单测定环境空气中氮氧化物时，采用酸性高锰酸钾溶液氧化，氧化系数（*K*）为空气中的______通过氧化管后，被氧化为二氧化氮且被吸收液吸收生成偶氮染料的量与通过采样系统的______的总量之比。（　　）①

A. 一氧化氮，一氧化氮　　B. 一氧化氮，二氧化氮

C. 一氧化氮，氮氧化物

答案：A

2. 根据《环境空气　氮氧化物（一氧化氮和二氧化氮）的测定　盐酸萘乙二胺分光光度法》（HJ 479—2009）修改单，进行氮氧化物浓度计算时，应使用______状态下的采样体积计算空气中氮氧化物的质量浓度。（　　）①

A. 标准　　B. 参比

答案：B

四、问答题

简述根据《环境空气　氮氧化物（一氧化氮和二氧化氮）的测定　盐酸萘乙二胺分光光度法》（HJ 479—2009）测定环境空气中二氧化氮或氮氧化物时，对臭氧干扰的排除方法。①

答案：当空气中臭氧浓度超过 0.250 mg/m^3 时，采样时在吸收瓶入口端串接一段 15～20 cm 长的硅橡胶管，可排除干扰。

参考文献

[1] 环境保护部. 环境空气　氮氧化物（一氧化氮和二氧化氮）的测定　盐酸萘乙二胺分光光度法：HJ 479—2009 [S]. 北京：中国环境科学出版社，2009.

[2] 国家环境保护总局. 固定污染源排气中氮氧化物的测定　盐酸萘乙二胺分光光度法：HJ/T 43—1999 [S]. 北京：中国环境科学出版社，1999.

[3] 国家环境保护局. 环境空气　二氧化氮的测定　Saltzman 法：GB/T 15435—1995 [S]. 北京：中国环境科学出版社，1995.

[4] 国家环境保护总局《空气和废气监测分析方法》编委会. 空气和废气监测分析方法（第四版）[M]. 北京：中国环境科学出版社，2003.

命题：杨　楠　王　迎　刘　伟

审核：刘　伟　夏　新

第五节　臭氧

分类号：G7–4

> **主要内容**
> ①《环境空气　臭氧的测定　靛蓝二磺酸钠分光光度法》（HJ 504—2009）及修改单
> ② 臭氧　硼酸碘化钾分光光度法《空气和废气监测分析方法》（第四版）

一、填空题

1. 根据《环境空气　臭氧的测定　靛蓝二磺酸钠分光光度法》（HJ 504—2009）及修改单测定环境空气中臭氧时，空气中氯气和二氧化氯的存在使臭氧的测定结果________（偏高或偏低）。①

答案：偏高

2. 根据《环境空气　臭氧的测定　靛蓝二磺酸钠分光光度法》（HJ 504—2009）及修改单测定环境空气中臭氧时，靛蓝二磺酸钠（IDS）吸收液在20℃以下暗处存放，可使用________（时间）。①

答案：1个月

3. 根据《环境空气　臭氧的测定　靛蓝二磺酸钠分光光度法》（HJ 504—2009）及修改单测定环境空气中臭氧时，臭氧样品的采集、运输及存放过程中应严格避光；样品于室温暗处存放至少可稳定________d。①

答案：3

4. 根据《空气和废气监测分析方法》（第四版）中硼酸碘化钾分光光度法测定环境空气中臭氧时，空气通过吸收管前的三氧化铬氧化管，可除去________和________等还原性干扰气体。②

答案：二氧化硫　　硫化氢

5. 根据《环境空气　臭氧的测定　靛蓝二磺酸钠分光光度法》（HJ 504—2009）修改单，进行臭氧浓度计算时，应使用________状态下的采样体积计算空气中臭氧的质量浓度。①

答案：参比

二、判断题

1.《空气和废气监测分析方法》（第四版）中测定环境空气中臭氧的硼酸碘化钾分光光度法，方法灵敏、简单易行，臭氧浓度可在测定的总氧化剂浓度中减去零空气样品浓度得到。（　　）②

答案：正确

2. 根据《环境空气　臭氧的测定　靛蓝二磺酸钠分光光度法》（HJ 504—2009）及修改单测定环境空气中臭氧，当空气中二氧化硫、硫化氢、过氧乙酰硝酸酯（PAN）和氟化氢的浓度分别高于750 μg/m^3、110 μg/m^3、1 800μg/m^3 和2.5 μg/m^3 时，干扰臭氧的测定。（　　）①

答案：正确

3. 根据《环境空气　臭氧的测定　靛蓝二磺酸钠分光光度法》（HJ 504—2009）及修改单测定环境空气中臭氧时，样品采集应选用棕色的多孔玻板吸收瓶直接采样。（　　）①

答案：错误

正确答案为：应在多孔玻板吸收瓶外罩上黑布套，当确信空气中臭氧浓度较低，不会穿透时，可用棕色吸收管直接采样。

4. 根据《空气和废气监测分析方法》（第四版）中硼酸碘化钾分光光度法测定环境空气中臭氧，样品采集时在氧化管和吸收管之间采用乳胶管连接。（　　）②

答案：错误

正确答案为：应该用聚四氟乙烯管以内接外套法连接，不可直接采用乳胶管连接。

5. 根据《空气和废气监测分析方法》（第四版）中硼酸碘化钾分光光度法测定环境空气中臭氧，配制吸收液时，应吸取 0.050 mol/L 硫代硫酸钠溶液 0.95 mL，用水定容至 500 mL。（　　）②

答案：错误

正确答案为：应该用硼酸碘化钾溶液定容。

三、选择题

1. 根据《空气和废气监测分析方法》（第四版）中硼酸碘化钾分光光度法测定环境空气中臭氧时，配制硼酸碘化钾溶液的方法为：需称取 10.0 g 碘化钾和 6.2 g 硼酸，溶解于水，稀释至 1 000 mL，________下放置________（时间）使用。（　　）②

A. 室温，1 d 后　　B. 冷藏，1 d 后　　C. 室温，当天

答案：A

2. 根据《空气和废气监测分析方法》（第四版）中硼酸碘化钾分光光度法测定环境空气中臭氧时，采样时氧化管和臭氧过滤器略微________倾斜，以防三氧化铬和二氧化锰沾污后面的吸收液。（　　）②

A. 向下　　B. 向上

答案：A

参考文献

[1] 环境保护部. 环境空气　臭氧的测定　靛蓝二磺酸钠分光光度法：HJ 504—2009 [S]. 北京：中国环境科学出版社，2009.

[2] 中华人民共和国国家卫生和计划委员会，中国国家标准化管理委员会. 公共场所空气中臭氧测定方法：GB/T 18204.2—2014 [S]. 北京：中国标准出版社，2014.

[3] 国家环境保护总局《空气和废气监测分析方法》编委会. 空气和废气监测分析方法（第四版）[M]. 北京：中国环境科学出版社，2003.

命题：王　迎　刘　伟　米方卓

审核：杨　楠　梁富生　夏　新

第六节　氟化物

分类号：G7–5

主要内容
污染源废气　氟化物的测定　氟试剂分光光度法《空气和废气监测分析方法》（第四版）

一、填空题

采集烟气中氟化物样品时，当烟气中共存尘氟和气态氟时，需按污染源________采样方法进行等速采样；当烟气中不含尘氟，只存在气态氟时，可按污染源________采样方法进行采样。

答案：颗粒物　　烟气

二、判断题

1. 根据《空气和废气监测分析方法》（第四版）中氟试剂分光光度法测定烟气中氟化物时，氟试剂配好后，放置 2 h，过滤，备用。（　　）

答案：错误

正确答案为：应放置过夜后，过滤，备用。

2. 根据《空气和废气监测分析方法》（第四版）中氟试剂分光光度法测定烟气中氟化物时，采样管与吸收瓶之间的连接，必须选用聚四氟乙烯管，并应尽量短。（　　）

答案：错误

正确答案为：除可选用聚四氟乙烯管外，也可使用聚乙烯塑料管和氟橡胶管。

3. 根据《空气和废气监测分析方法》（第四版）中氟试剂分光光度法测定烟气中氟化物，当采集温度低、含湿量大的烟气时，因玻璃纤维滤筒能吸收较多的气态氟，使气态氟的测定结果偏低。（　　）

答案：正确

4. 根据《空气和废气监测分析方法》（第四版）中氟试剂分光光度法测定烟气中氟化物，当采集温度低、含湿量大的烟气时，玻璃纤维滤筒能吸收较多的气态氟，但对总氟和尘氟的测定结果无影响。（　　）

答案：错误

正确答案为：对总氟的测定结果无影响，使尘氟测定结果偏高。

5. 根据《空气和废气监测分析方法》（第四版）中氟试剂分光光度法测定烟气中不含尘氟的样品时，可以不经蒸馏，直接测定。（　　）

答案：正确

6. 测定烟气中氟化物的氟试剂分光光度法灵敏度和精密度较好，干扰因素少，但测定范围窄。（　　）

答案：错误

正确答案为：干扰因素多，测定范围窄。

7. 根据《空气和废气监测分析方法》（第四版）中氟试剂分光光度法测定烟气中氟化物时，在样品处理过程中，试样温度应严格控制，应保持在 135～140℃进行蒸馏，如果温度超过 145℃，可关闭电炉。（　　）

答案：错误

正确答案为：如果温度超过 140℃，可关闭电炉。

三、选择题

1. 根据《空气和废气监测分析方法》（第四版）中氟试剂分光光度法测定烟气中氟化物时，在绘制校准曲线和样品测定中加入缓冲溶液，使 pH 保持在________。（　　）

A. 4.3～4.8　　B. 4.0～5.0　　C. 4.5～5.5

答案：A

2. 根据《空气和废气监测分析方法》（第四版）中氟试剂分光光度法测定烟气中氟化物时，在加热式滤筒采样管的出口串联冲击式大型吸收瓶，捕集的是________。（　　）

A. 尘氟　　B. 气态氟　　C. 尘氟和气态氟

答案：C

3. 根据《空气和废气监测分析方法》（第四版）中氟试剂分光光度法测定烟气中氟化物时，若烟气中不含尘氟，可采用________采集气态氟。（　　）

A. NaOH 吸收液　　B. 玻璃纤维滤筒

C. 真空瓶

答案：A

4. 根据《空气和废气监测分析方法》（第四版）中氟试剂分光光度法测定烟气中氟化物，绘制校准曲线和样品测定时加入丙酮，可提高________。（　　）

A. 方法的精密度　　B. 显色的灵敏度　　C. 方法的准确度

答案：B

5. 烟气中氟化物以气态和尘态两种形式存在，其中尘态氟多以________形态出现。（　　）

A. 尘粒状和雾滴状　　B. 蒸汽状和雾滴状

C. 尘粒状和蒸汽状

答案：A

四、问答题

根据《空气和废气监测分析方法》（第四版）中氟试剂分光光度法测定烟气中氟化物，校准曲线绘制和样品测定时加入缓冲溶液的目的是什么？操作时应注意什么？

答案：使 pH 保持在 4.3～4.8，显色稳定。操作时应注意要准确加入 0.5 mL 缓冲溶液，使 pH 保持在 4.3～4.8，若加得过多，不利于显色，使吸光度偏低。

参考文献

国家环境保护总局《空气和废气监测分析方法》编委会. 空气和废气监测分析方法（第四版）[M]. 北京：中国环境科学出版社，2003.

命题：冯建霞　刘　伟
审核：梁富生　米方卓　夏　新

第七节　氨

分类号：G7-6

主要内容
①《环境空气　氨的测定　次氯酸钠－水杨酸分光光度法》（HJ 534—2009）
② 污染源废气　氨的测定　次氯酸钠－水杨酸分光光度法《空气和废气监测分析方法》（第四版）
③《环境空气和废气　氨的测定　纳氏试剂分光光度法》（HJ 533—2009）

一、填空题

1. 采用纳氏试剂分光光度法测定环境空气和污染源废气中氨时，氨被吸收液吸收，在碱性条件下与纳氏试剂作用生成________色络合物，根据颜色深浅进行比色测定。③

答案：黄棕

2. 无氨水的制备通常包括________法和________法。①②③

答案：离子交换　　蒸馏

二、判断题

1. 测定环境空气或污染源废气中氨的纳氏试剂分光光度法，方法简便，但使用的纳氏试剂含有大量的汞盐，毒性较强，容易造成二次污染。（　　）③

答案：正确

2. 测定环境空气和污染源废气中氨的次氯酸钠－水杨酸分光光度法，方法较灵敏，选择性好，但操作复杂。（　　）①②

答案：正确

3. 采用纳氏试剂分光光度法测定环境空气、污染源废气中的氨时，酒石酸钾钠是掩蔽剂，用以消除硫化物和金属离子的干扰。（　　）③

答案：错误

正确答案为：用于消除三价铁等金属离子的干扰。

4.《环境空气和废气　氨的测定　纳氏试剂分光光度法》（HJ 533—2009）适用于环境空气中氨的测定，同时适用于制药、化工和炼焦等工业行业废气中氨的测定。（　　）③

答案：正确

三、选择题

1. 采用纳氏试剂分光光度法测定环境空气或污染源废气中的氨时，纳氏试剂配制后，其上清液贮存于棕色瓶中，用橡皮塞塞紧，于2～5℃可稳定________个月。(　　) ③

A. 2　　B. 3　　C. 1

答案：C

2. 采用次氯酸钠－水杨酸分光光度法测定环境空气或恶臭源厂界氨时，采集样品所用的吸收液为________。(　　) ①②

A. 稀盐酸　　B. 稀硫酸　　C. NaOH 溶液

答案：B

3. 采用纳氏试剂比色法、靛酚蓝分光光度法和次氯酸钠－水杨酸分光光度法测定环境空气或污染源废气中的氨时，为降低空白值，所用的试剂均用________配制。(　　) ①②③

A. 无氨水　　B. 重蒸水　　C. 去离子水

答案：A

4. 水杨酸－酒石酸钾钠溶液贮于棕色瓶中保存，至少可稳定________个月。(　　) ①②

A. 3　　B. 1　　C. 6

答案：B

5. 采用纳氏试剂分光光度法测定环境空气或污染源废气中的氨时，纳氏试剂呈________性，故不能采用________过滤，可用玻璃砂芯过滤器。但一般是静置后倾斜分离。(　　) ③

A. 中，填充柱　　B. 浓碱，滤纸　　C. 浓酸，滤纸

答案：B

6. 采用纳氏试剂分光光度法测定空气、污染源废气中的氨时，采样管材质应选用玻璃或________，其他材质采样管对氨气有________。(　　) ③

A. 聚四氟乙烯，吸附　　B. 不锈钢，干扰

C. 聚氯乙烯，吸附

答案：A

7. 纳氏试剂分光光度法测定环境空气中的氨时，采集好的样品应尽快分析，必要时于2～5℃冷藏，可贮存________d。(　　) ③

A. 7　　B. 15　　C. 3

答案：A

四、问答题

采用纳氏试剂分光光度法测定环境空气或污染源废气中的氨时，有机物会干扰测定结果，简述去除有机物干扰的方法。③

答案：采用低pH条件下煮沸的方法，即当有些有机物质（如甲醛）生成沉淀干扰测定时，可在比色前用0.1 mol/L的盐酸溶液将吸收液酸化到pH不大于2后煮沸除之。

五、计算题

已知采集环境空气中氨的样品溶液总体积为 50 mL，分析时所取的体积为 10 mL，测得氨含量为 10 μg，采样流量为 0.80 L/min，采样时间为 90 min，大气压为 95 805 Pa，环境温度为 16℃，试计算标准状况下空气中氨的浓度。①②③

答案：$C_{标}=W/V_{nd}$=（10 × 50 × 289 × 101 325）/（0.80 × 10 × 90 × 273 × 95 805）

=0.78（mg/m^3）

参考文献

[1] 环境保护部 . 环境空气　氨的测定　次氯酸钠 - 水杨酸分光光度法：HJ 534—2009 [S]. 北京：中国环境科学出版社，2009.

[2] 环境保护部 . 环境空气和废气　氨的测定　纳氏试剂分光光度法：HJ 533—2009 [S]. 北京：中国环境科学出版社，2009.

[3] 国家环境保护总局《空气和废气监测分析方法》编委会 . 空气和废气监测分析方法（第四版）[M]. 北京：中国环境科学出版社，2003.

命题：王　迎　刘　伟

审核：梁富生　刘　伟　夏　新

第八节　氰化氢

分类号：G7–7

主要内容
①《固定污染源排气中氰化氢的测定　异烟酸 - 吡唑啉酮分光光度法》（HJ/T 28—1999）
②环境空气　氰化氢的测定　异烟酸 - 吡唑啉酮分光光度法《空气和废气监测分析方法》（第四版）

一、填空题

1. 根据异烟酸 - 吡唑啉酮分光光度法对环境空气或污染源废气中氰化氢进行测定时，氰化氢样品采集后不能当天测定时，应密封置于 2～5℃下保存，保存期不超过________h，在采样、运输和贮存过程中应避免日光照射。①②

答案：48

2. 根据异烟酸 - 吡唑啉酮分光光度法对环境空气或污染源废气中氰化氢进行测定时，绘制校准曲线和样品测定时的温度差应不超过________℃。①②

答案：3

二、判断题

1.《固定污染源排气中氰化氢的测定　异烟酸 - 吡唑啉酮分光光度法》（HJ/T 28—1999）适用于固定污染源有组织排放氰化氢的测定，但不适用于无组织排放氰化氢

的测定。(　　) ①

答案：错误

正确答案为：也适用于无组织排放氰化氢的测定。

2. 根据异烟酸－吡唑啉酮分光光度法对环境空气或污染源废气中氰化氢进行测定时，硫化氢对氰化氢的测定有干扰。(　　) ①②

答案：正确

3. 根据异烟酸－吡唑啉酮分光光度法对环境空气或污染源废气中氰化氢进行测定时，异烟酸溶液与吡唑啉酮溶液按 5∶1 体积混合后，储于棕色试剂瓶中，可以保存 1 周。(　　) ①②

答案：错误

正确答案为：应临用时现配。

4. 根据异烟酸－吡唑啉酮分光光度法对环境空气或污染源废气中氰化氢进行测定时，用氢氧化钠溶液吸收氰化氢，在碱性条件下与氯胺 T 作用生成氯化氰。(　　) ①②

答案：错误

正确答案为：在中性条件下与氯胺 T 作用生成氯化氰。

5. 根据异烟酸－吡唑啉酮分光光度法对环境空气或污染源废气中氰化氢进行测定时，含氰化钾的废液应加三价铁或漂白粉处理后排放，含氰化物的溶液禁止与酸液接触。(　　) ①②

答案：正确

6. 根据异烟酸－吡唑啉酮分光光度法对环境空气或污染源废气中氰化氢进行测定时，因氰化氢是挥发性的有毒物质，在操作过程中，除了加试剂时，比色管都应盖严。(　　) ①②

答案：正确

7. 根据异烟酸－吡唑啉酮分光光度法对环境空气或污染源废气中氰化氢进行测定时，为降低试剂空白值，实验中可选用无色的 *N,N′*－二甲基甲酰胺。(　　) ①②

答案：正确

三、选择题

1. 根据异烟酸－吡唑啉酮分光光度法对环境空气或污染源废气中氰化氢进行测定时，氯胺 T 溶液贮存于棕色细口瓶中，贮于冰箱可使用________d。(　　) ①②

A. 5　　　　B. 7　　　　C. 3

答案：C

2. 根据异烟酸－吡唑啉酮分光光度法对环境空气或污染源废气中氰化氢进行测定时，若试样中氧化剂存在的量很小，可向样品溶液中加入一定量的________溶液消除其干扰。(　　) ①②

A. 硫酸钠　　　　B. 亚硫酸钠　　　　C. 硫酸铵

答案：B

四、问答题

简述异烟酸－吡唑啉酮分光光度法测定环境空气或污染源废气中氰化氢时，判断试样中是否存在硫化物的方法，若存在，应如何消除？①②

答案：取 1 滴试样滴在乙酸铅试纸上，若变黑，说明有硫化物存在。若试样中含有少量的硫化物，可用预蒸馏的方法予以去除，蒸馏前加入 2 mL 0.02 mol/L 硝酸银溶液。

五、计算题

根据《固定污染源排气中氰化氢的测定　异烟酸－吡唑啉酮分光光度法》（HJ/T 28—1999）用烟气采样器采集烟道内氰化氢气体，串联两支吸收瓶，以 0.5 L/min 的流量采样 20 min，现场气象条件为大气压 101.8 kPa，仪器显示计前压力为 -3 940 Pa，计前温度为 15℃，采集后立即交与实验室，接样后实验室定容至 50.0 mL，然后吸取 5.00 mL 样品进行分析，测得所取样品溶液中氰化氢的含量为 45 μg，试计算管道内氰化氢气体浓度。①

答案：$V_{nd}=0.050\times Q_r\times[(B_a+p_r)/(T_r+273)]^{0.5}\times n$

$=0.050\times 0.5\times[(101\ 800-3\ 940)/(15+273)]^{0.5}\times 20=9.2\ (L)$

$C(HCN,\ \mu g/m^3)=(W\times V_t)/(V_{nd}\times V_a)$

$=(45\times 50.0)/(9.2\times 5.00)=48.9\ (mg/m^3)$

参考文献

[1] 国家环境保护总局 . 固定污染源排气中氰化氢的测定　异烟酸－吡唑啉酮分光光度法：HJ/T 28—1999 [S]. 北京：中国环境科学出版社，1999.

[2] 国家环境保护总局《空气和废气监测分析方法》编委会 . 空气和废气监测分析方法（第四版）[M]. 北京：中国环境科学出版社，2003.

命题：冯建霞　刘　伟

审核：梁富生　夏　新

第九节　五氧化二磷

分类号：G7-8

主要内容
《环境空气　五氧化二磷的测定　钼蓝分光光度法》（HJ 546—2015）

一、填空题

用抗坏血酸还原－钼蓝分光光度法测定环境空气中的五氧化二磷，配制抗坏血酸溶液时，称取 2.60 g 抗坏血酸，溶解于水，并稀释至 150 mL，贮存于________色瓶中。于________保存，保存期________，若变色需重新配制。①

答案：棕　2～5℃　1 年

二、判断题

1. 根据《环境空气　五氧化二磷的测定　钼蓝分光光度法》（HJ 546—2015）测定空气中的五氧化二磷，采样时，将聚乙烯滤膜装在颗粒物采样器的滤膜夹内进行采样。采样后，将滤膜放入干净纸袋或膜盒中带回实验室。(　　) ①

答案：错误

　　正确答案为：过氯乙烯滤膜。

2. 根据《环境空气　五氧化二磷的测定　钼蓝分光光度法》（HJ 546—2015）测定环境空气中五氧化二磷时，需配制混合显色剂，这是因为钼酸铵与抗坏血酸混合后加入，可避免硅钼蓝生成。(　　) ①

答案：正确

3. 根据《环境空气　五氧化二磷的测定　钼蓝分光光度法》（HJ 546—2015）测定空气中五氧化二磷时，应取相同批号的空白滤膜进行与样品同样步骤的溶液制备及测定。(　　) ①

答案：正确

4. 根据《环境空气　五氧化二磷的测定　钼蓝分光光度法》（HJ 546—2015）测定空气中五氧化二磷时，配制的钼酸铵溶液应贮于棕色玻璃瓶中，在冰箱内保存。(　　) ①

答案：错误

　　正确答案为：应贮于聚乙烯塑料瓶。

5. 根据《环境空气　五氧化二磷的测定　钼蓝分光光度法》（HJ 546—2015）测定空气中五氧化二磷时，当试样中五价砷大于 0.02 μg/mL 时产生负干扰。(　　) ①

答案：错误

　　正确答案为：产生正干扰。

三、问答题

根据《环境空气　五氧化二磷的测定　钼蓝分光光度法》（HJ 546—2015）测定空气中的五氧化二磷，在配制混合显色剂时，需加入酒石酸锑钾，试说明其作用。①

答案：加入酒石酸锑钾可加快室温下的反应速度，因此可不加热进行显色反应，简化操作手续。

参考文献

环境保护部．环境空气　五氧化二磷的测定　钼蓝分光光度法：HJ 546—2015 [S]. 北京：中国环境出版社，2015.

命题：韩　毓　刘　伟　米方卓

审核：梁富生　夏　新

第十节　硫化氢

分类号：G7-9

主要内容
①污染源废气　硫化氢的测定　亚甲基蓝分光光度法《空气和废气监测分析方法》(第四版)
②环境空气　硫化氢的测定　直接显色分光光度法《空气和废气监测分析方法》(第四版)
③环境空气　硫化氢的测定　亚甲基蓝分光光度法《空气和废气监测分析方法》(第四版)

一、填空题

根据《空气和废气监测分析方法》(第四版)，采用直接显色分光光度法测定环境空气或废气中硫化氢时，以________________为参比，进行样品溶液的吸光度测定。②

答案：(空气中硫化氢)吸收显色剂

二、判断题

1. 根据《空气和废气监测分析方法》(第四版)中亚甲基蓝分光光度法测定环境空气或废气中硫化氢时，混合显色剂应使用时现配，若溶液呈现浑浊，应弃之，重新配制。(　　)①③

答案：正确

2. 根据《空气和废气监测分析方法》(第四版)中亚甲基蓝分光光度法测定环境空气或废气中硫化氢时，由于硫化氢易被氧化，在日光照射下会加速氧化，故在采样、样品运输及保存过程中应避光。(　　)①③

答案：正确

3. 根据《空气和废气监测分析方法》(第四版)中亚甲基蓝分光光度法测定环境空气或废气中硫化氢时，采用气泡式吸收管采样，避免使用多孔玻板吸收管，以防金属硫化物氧化和堵塞玻板。(　　)①③

答案：正确

4. 根据《空气和废气监测分析方法》(第四版)中直接显色分光光度法测定环境空气或废气中硫化氢时，空气中臭氧不干扰测定；氧气、氯气和氯化氢干扰测定。(　　)②

答案：错误

正确答案为：空气中氧气不干扰测定，臭氧、氯气和氯化氢干扰测定。

5. 根据《空气和废气监测分析方法》(第四版)中直接显色分光光度法测定环境空气中硫化氢时，使用的“空气中硫化氢吸收显色剂”是一种无色、无臭、无毒透明试剂，放于室温、阴凉、避光处保存，能长期稳定不变质。(　　)②

答案：正确

6. 根据《空气和废气监测分析方法》(第四版)中亚甲基蓝分光光度法测定环境空气或废气中硫化氢时，采样后，现场显色。加显色剂时操作要缓慢，防止在酸性条件下，硫化氢溢出，造成测定误差。(　　)①③

答案： 错误

正确答案为： 加显色剂时操作应迅速。

7. 根据《空气和废气监测分析方法》（第四版）中亚甲基蓝分光光度法测定环境空气或废气中硫化氢时，称取适量的硫酸镉、氢氧化钠和聚乙烯醇磷酸铵分别溶于少量的水后，将三种溶液混合在一起，轻轻振摇，混合均匀，用水稀释至一定的体积。此溶液为乳白色溶液，室温可保存 1 周。（　　）①③

答案： 错误

正确答案为： 此溶液为乳白色悬浮液，在冰箱中可保存一周。

8. 根据《空气和废气监测分析方法》（第四版）直接显色分光光度法测定环境空气中硫化氢时，校准曲线绘制的操作步骤中的最后一步为：待最后一组硫化氢标准使用液加完、冲洗后，调节采样器抽气流量至 0.5 L/min，并开始计时。待反应、吸收、显色 15 min 后，先降低采样器抽气流量至 0.2 L/min 左右，从前向后逐组取下吸收管和反应瓶，最后取下第七组。（　　）②

答案： 错误

正确答案为： 应从后向前逐组取下吸收管和反应瓶，最后取下第一组。

三、选择题

1. 根据《空气和废气监测分析方法》（第四版）中亚甲基蓝分光光度法测定环境空气或废气中硫化氢，用碘量法标定硫化钠溶液时，亚硫酸根离子和硫代硫酸根离子也能与碘反应，使标定出的硫化氢浓度数值________，用于绘制标准曲线时，则斜率________。（　　）①③

A. 偏高，偏低　　B. 偏低，偏高　　C. 偏高，偏高

答案： A

2. 根据《空气和废气监测分析方法》（第四版）中直接显色分光光度法测定环境空气中硫化氢时，吸收管与比色皿用完后，每次需用 7.5 mol/L 的________浸泡 3～5 min，然后用水冲洗，晾干备用。（　　）②

A. 硫酸　　B. 盐酸　　C. 硝酸

答案： C

3. 根据《空气和废气监测分析方法》（第四版）中亚甲基蓝分光光度法测定环境空气或废气中硫化氢时，样品测定与绘制校准曲线时的温度之差应不超过________℃。（　　）①③

A. 3　　B. 2　　C. 4

答案： B

四、问答题

根据《空气和废气监测分析方法》（第四版）中亚甲基蓝分光光度法测定环境空气或废气中硫化氢时，以氢氧化镉－聚乙烯醇磷酸铵溶液为吸收液，简述聚乙烯醇磷酸铵的作用。①③

答案： 聚乙烯醇磷酸铵能保护生成的硫化镉胶体，使其隔绝空气和阳光，以减少硫化

物的氧化和光分解作用。

五、计算题

1. 用大气采样器采集无组织排放硫化氢气体，采样流量为 1.0 L/min，避光采样 60 min，现场大气压为 100.2 kPa，采样温度为 3℃。采样后于实验室进行分析，测得该样品溶液中硫化氢含量为 4.8 μg，则该样品溶液中硫化氢浓度为多少？①②③

答案：V_{nd}=（$V_t\times 273\times P$）/［（273+ t）×101.3］

=（1.0×60×273×100.2）/［（273+3）×101.3］=58.7（L）

C（H_2S，mg/m^3）=W/V_{nd}=4.8/58.7=0.082（mg/m^3）

2. 用亚甲基蓝分光光度法测定硫化氢，已知标准状态下的采样体积为 18.7 L，校准曲线的截距 a=−2.30×10^{-3}，斜率 b=0.155，试剂空白值为 0.030，测定样品吸光度值为 0.086，试计算空气中硫化氢的浓度。①③

答案：C（H_2S，mg/m^3）=［（$A-A_0$）$-a$］/（$b\times V_n$）

=［（0.086−0.030）−（−2.30×10^{-3}）］/（0.155×18.7）

=0.020（mg/m^3）

参考文献

国家环境保护总局《空气和废气监测分析方法》编委会 . 空气和废气监测分析方法（第四版）[M]. 北京：中国环境科学出版社，2003.

命题：冯建霞 刘 伟

审核：梁富生 夏 新

第十一节 硫酸雾

分类号：G7-10

主要内容
①《硫酸浓缩尾气 硫酸雾的测定 铬酸钡比色法》（GB/T 4920—1985）
②污染源废气 硫酸雾的测定 铬酸钡分光光度法《空气和废气监测分析方法》（第四版）
③环境空气 硫酸雾的测定 二乙胺分光光度法《空气和废气监测分析方法》（第三版）

一、填空题

1. 根据《空气和废气监测分析方法》（第三版）中二乙胺分光光度法测定硫酸雾时，采用________滤膜采集空气中硫酸雾。③

答案：过氯乙烯

2. 根据《空气和废气监测分析方法》（第三版）中二乙胺分光光度法测定硫酸雾中，是以二乙胺________为反应试剂，虽排除了一些干扰，但在________存在下________硫酸盐颗粒仍可与之反应。③

答案：蒸汽　水蒸气　可溶性

3. 根据《空气和废气监测分析方法》（第三版）中二乙胺分光光度法测定硫酸雾时，磷酸对本方法有干扰，其他________颗粒物的干扰最大不超过 20%。在磷酸浓度较高的地区采样时，测定前加入________以消除磷酸干扰。③

答案：酸性　三价铁盐

4. 根据《空气和废气监测分析方法》（第四版），铬酸钡分光光度法适用于中、低浓度硫酸雾的测定，方法所用仪器简单，易于推广使用。该方法测定的是________离子，不能分别测定硫酸雾和________颗粒物中的硫酸盐。②

答案：硫酸根　可溶性

5. 根据《空气和废气监测分析方法》（第四版）中铬酸钡分光光度法测定废气中硫酸雾时，实验表明，当硫酸雾浓度________，含________大时，须进行等速采样。②

答案：高　湿量

6.《硫酸浓缩尾气　硫酸雾的测定　铬酸钡比色法》（GB/T 4920—1985）适用于______硫酸浓缩尾气中硫酸雾的分析，测试范围为________mg/m^3。①

答案：火炸药厂　100～30 000

7.《硫酸浓缩尾气　硫酸雾的测定　铬酸钡比色法》（GB/T 4920—1985）要求从样品溶液中取样分析时，应根据酸的含量不同进行稀释，酸含量________g/m^3 可不必稀释。①

答案：1～2

8. 根据《空气和废气监测分析方法》（第三版）中二乙胺分光光度法测定硫酸雾时，干燥的炭颗粒、硫酸盐、硝酸和二氧化硫等均________干扰。③

答案：无明显

二、判断题

1. 根据《空气和废气监测分析方法》（第三版）中二乙胺分光光度法可测定硫酸雾的浓度，方法灵敏、简便，受颗粒物中硫酸盐的干扰。（　　）③

答案：错误

正确答案为：基本上不受颗粒物中硫酸盐的干扰。

2. 根据《空气和废气监测分析方法》（第四版）中铬酸钡分光光度法测定硫酸雾时，样品中有钙、锶、镁、锆和钍等金属阳离子共存时对测定有干扰，通过阳离子树脂柱交换处理后可除去干扰。（　　）②

答案：正确

3. 根据《空气和废气监测分析方法》（第四版）中铬酸钡分光光度法测定硫酸雾时，配制好的酸性铬酸钡悬浮液，应贮于棕色玻璃瓶中，使用前充分摇匀。（　　）②

答案：错误

正确答案为：配制好的酸性铬酸钡悬浮液，应贮于聚乙烯塑料瓶中，使用前充分摇匀。

4. 根据《空气和废气监测分析方法》（第四版）中铬酸钡分光光度法测定硫酸雾时，配制偶氮胂Ⅲ指示剂的方法为：称取 0.40 g 偶氮胂Ⅲ溶解于 100 mL 水中，放置过夜后贮于聚乙烯塑料瓶中，在冷暗处保存，可使用 1 周。（　　）②

答案：错误

正确答案为：称取 0.40 g 偶氮胂Ⅲ溶解于 100 mL 水中，放置过夜后取上清液贮于棕色瓶中，在冷暗处保存，可使用 1 个月。

5. 根据《空气和废气监测分析方法》（第四版），用铬酸钡分光光度法测定废气中的硫酸雾，实验表明，当硫酸雾浓度在 100～400 mg/m^3 范围内、烟气含湿量在 25% 以上、采样速度（采样嘴流速）超过烟道气流速 30% 时，所得结果比等速采样时偏低 20%，和烟尘等速采样规律一致。(　　) ②

答案：正确

6. 根据《空气和废气监测分析方法》（第三版）中二乙胺分光光度法测定硫酸雾时，由于二乙胺能定量地中和硫酸雾，故可用二乙胺标准溶液绘制标准曲线。(　　) ③

答案：正确

三、选择题

1. 根据《空气和废气监测分析方法》（第三版）中铬酸钡分光光度法测定硫酸雾时，在测定吸光度前，采用上层用________、下层用________过滤，速度快、效果好、试剂空白低，方法的重现性好。(　　) ②

   A. 过氯乙烯滤膜，慢性滤纸　　B. 慢速定量滤纸，过氯乙烯滤膜

   C. 中速滤纸，过氯乙烯滤膜

答案：B

2. 根据《空气和废气监测分析方法》（第三版）中铬酸钡分光光度法测定硫酸雾时，不可向样品溶液中加酚酞指示试剂，因酚酞在氢氧化铵溶液中为红色，妨碍分光光度法测定________离子；可用 pH 试纸试验，用________中和样品溶液至 pH 为 7～9 后定容至 250 mL。(　　) ②

   A. 硫酸根，氢氧化钠　　B. 硫酸根，氢氧化铵

   C. 铬酸根，氢氧化钠

答案：C

3. 根据《空气和废气监测分析方法》（第三版）中二乙胺分光光度法测定硫酸雾时，用_______采集空气中硫酸雾后，通_______试剂二乙胺，生成二乙胺硫酸盐。(　　) ③

   A. 过氯乙烯滤膜，气态　　B. 玻璃纤维滤膜，气态

   C. 过氯乙烯滤膜，液态

答案：A

4. 根据《硫酸浓缩尾气　硫酸雾的测定　铬酸钡比色法》（GB/T 4920—1985），采样前要测定________状态参数，并________等速采样在转子流量计上读数。(　　) ①

   A. 烟气，测定　　B. 尾气，测量　　C. 烟气，计算

答案：C

四、问答题

1. 简述《空气和废气监测分析方法》（第三版）中二乙胺分光光度法测定硫酸雾的方法原理。③

答案：用过滤乙烯滤膜采集空气中的硫酸雾后，通过气态试剂二乙胺，生成二乙胺硫酸盐。过剩的二乙胺用清洁空气吹去，然后加入二硫化碳－铜混合剂，与二乙胺硫酸盐反应生成黄棕色的二乙基二硫代氨基甲酸铜复合物，根据颜色深浅，用分光光度法测定。

2. 根据《空气和废气监测分析方法》（第四版），简述铬酸钡分光光度法测定硫酸雾的方法原理。②

答案：用玻璃纤维氯筒进行等速采样，用水浸取，除去阳离子后，在弱酸性溶液中，硫酸根离子与铬酸钡悬浮液发生交换反应，在氨－乙醇溶液中，分离除去硫酸钡及过量的铬酸钡，反应释放出的黄色铬酸根离子与硫酸根浓度成正比，根据颜色深浅，用分光光度法测定。

3. 根据《空气和废气监测分析方法》（第四版），简述铬酸钡分光光度法测定硫酸雾时，阳离子树脂的制备及样品处理方法。②

答案：（1）将 25 mL 酸式滴定管洗净，在底层加入 5～10 mm 高的玻璃棉，再放入经洗净处理好的阳离子交换树脂，高度 150～200 mm。水面应高于树脂，防止气泡进入而降低柱效。（2）先用去离子水洗涤一下，在上口端放一小漏斗，下端放 1 个 50 mL 小烧杯，即可自上端加入样品溶液进行交换处理。（3）最初流出的 30 mL 溶液弃去不用，然后将滤液收集在容量瓶中待测。

参考文献

[1] 国家环境保护局．硫酸浓缩尾气　硫酸雾的测定　铬酸钡比色法：GB/T 4920—1985 [S]. 北京：中国环境科学出版社，1987.

[2] 国家环境保护总局《空气和废气监测分析方法》编委会．空气和废气监测分析方法（第四版）[M]. 北京：中国环境科学出版社，2003.

[3] 国家环境保护总局《空气和废气监测分析方法》编委会．空气和废气监测分析方法（第三版）[M]. 北京：中国环境科学出版社，1990.

命题：王　琳　刘　伟
审核：梁富生　夏　新

第十二节　氯气

分类号：G7-11

主要内容
①《固定污染源排气中氯气的测定　甲基橙分光光度法》（HJ/T 30—1999）
②环境空气　氯气的测定　甲基橙分光光度法《空气和废气监测分析方法》（第四版）

一、判断题

1. 采用甲基橙分光光度法测定环境空气或污染源废气中氯气时，甲基橙吸收贮备液在

常温下放于暗处可保存 1 年。(　　) ①②

答案：错误

正确答案为：可保存半年。

2. 采用甲基橙分光光度法测定环境空气中氯气时，盐酸气和氯化物对测定产生负干扰。(　　) ②

答案：错误

正确答案为：盐酸气和氯化物不干扰测定。

3. 采用甲基橙分光光度法测定环境空气或污染源废气中氯气，甲基橙吸收液颜色有明显褪色时，即可停止采样；若吸收液不褪色，采样时间选择 30 min。(　　) ①②

答案：错误

正确答案为：若吸收液不褪色，采样时间选择大于 50 min。

4. 采用甲基橙分光光度法测定污染源废气中氯气时，因为游离溴有和氯相同的反应而产生正干扰，微量二氧化硫对测定也有明显正干扰。(　　) ①

答案：错误

正确答案为：微量二氧化硫对测定有明显负干扰。

5. 采用甲基橙分光光度法测定环境空气或污染源废气中氯气时，若显色温度低于 20℃，必须延长显色时间或将采样后吸收液置于 30℃恒温水浴中 40 min。(　　) ①②

答案：正确

二、选择题

1. 采用甲基橙分光光度法测定环境空气或污染源废气中的氯气时，采样后的样品溶液转移到 100 mL 容量瓶中，放置________min 后，比色测定。(　　) ①②

A. 30　　B. 40　　C. 20

答案：B

2. 采用甲基橙分光光度法测定固定源排气中氯气时，采样管的材质可以选用________、________或________。(　　) ①

A. 硬质玻璃，氟树脂，氯乙烯树脂　　B. 塑料，硬质玻璃，聚四氟乙烯

C. 聚四氟乙烯，氟树脂，氯乙烯

答案：A

3. 采用甲基橙分光光度法测定环境空气中的氯气时，采样流量为________L/min。(　　) ②

A. 0.2　　B. 0.6　　C. 0.5

答案：B

4. 采用甲基橙分光光度法测定环境空气或废气中氯气时，样品显色完成后溶液颜色稳定，常温下放置暗处至少可保存________d。(　　) ①②

A. 15　　B. 20　　C. 25　　D. 30

答案：A

三、问答题

简述采用甲基橙分光光度法测定环境空气或污染源废气中的氯气时，如何检验甲基橙吸收使用液配制是否准确。①②

答案：吸取 20.00 mL 甲基橙吸收使用液，加水稀释至 100 mL，混匀后，用 1 cm 比色皿在波长 507 nm 处，以水为参比，吸光度一般为 0.63 左右，如相差较大应检查原因。

四、计算题

采用甲基橙分光光度法测定环境空气中氯气时，串联两支内装 10 mL 吸收液的多孔玻板吸收瓶，采样体积为 36.0 L。采样时温度和压力分别为 25℃和 102.1 kPa。采样后，将两管样品溶液全部转移到 100 mL 容量瓶中，定容。用 1 cm 比色皿，以水为参比，测定吸光度为 0.658。校准曲线的截距 $a=1.25\times10^{-3}$，斜率 $b=5.96\times10^{-3}$，试剂空白值为 0.689。试计算空气中氯气的浓度。②

答案：$V_0=(V_T\times T_0\times P)/(T\times P_0)$

$=(36.0\times273\times102.1)/[(273+25)\times101.3]=33.2\ (L)$

$C=(A_0-A-a)/(b\times V_0)$

$=(0.689-0.658-0.001\ 25)/(0.005\ 96\times33.2)=0.150\ (mg/m^3)$

参考文献

[1] 国家环境保护总局 . 固定污染源排气中氯气的测定　甲基橙分光光度法：HJ/T 30—1999 [S]. 北京：中国环境科学出版社，1999.

[2] 国家环境保护总局《空气和废气监测分析方法》编委会 . 空气和废气监测分析方法（第四版）[M]. 北京：中国环境科学出版社，2003.

命题：冯建霞　刘　伟

审核：梁富生　夏　新

第十三节　氯化氢

分类号：G7-12

主要内容
①《固定污染源排气中氯化氢的测定　硫氰酸汞分光光度法》（HJ/T 27—1999）
② 环境空气　氯化氢的测定　硫氰酸汞分光光度法《空气和废气监测分析方法》（第四版）

一、填空题

1. 采用硫氰酸汞分光光度法测定环境空气或污染源废气中氯化氢时，以稀________溶液为吸收液。①②

答案：氢氧化钠

2. 采用硫氰酸汞分光光度法测定环境空气或污染源废气中氯化氢时，配制硫酸铁铵溶液的方法是：称取硫酸铁铵，用________溶液稀释，如浑浊应________。①②

答案：高氯酸　过滤

二、判断题

1. 采用硫氰酸汞分光光度法测定污染源废气中的氯化氢时，若废气中含有固体氯化物颗粒，应在第一个吸收瓶前增加滤膜夹。(　　) ①

答案：正确

2. 采用硫氰酸汞分光光度法测定环境空气或污染源废气中的氯化氢时，若试剂空白液吸光度较高而且不稳定，应多次测定其吸光度，直至读数稳定后，再绘制标准曲线并进行样品测定。(　　) ①②

答案：正确

3. 采用硫氰酸汞分光光度法测定环境空气或污染源废气中的氯化氢时，样品溶液、标准溶液和空白溶液可用不同批次的试剂操作，但所加试剂量必须准确。(　　) ①②

答案：错误

正确答案为：样品溶液、标准溶液和空白溶液必须用同一批试剂同时操作。

4. 采用硫氰酸汞分光光度法测定环境空气或污染源废气中的氯化氢时，由于所用试剂及去离子水中均含有微量的氯离子，所以试剂空白液的吸光度很高。(　　) ①②

答案：正确

5. 采用硫氰酸汞分光光度法测定环境空气或污染源废气中的氯化氢时，在规定的显色条件下，在一定的采样体积中，氟化氢、硫化氢或氰化氢等污染物浓度高于一定值时，会对测定产生干扰。(　　) ①②

答案：正确

三、选择题

1. 采用硫氰酸汞分光光度法测定环境空气或污染源废气中的氯化氢，在采集有组织排放样品时，采样管与第一吸收瓶、第二吸收瓶之间不可用________管连接，应用________管或用________管以内接外套法连接。(　　) ①②

A. 乳胶，聚乙烯，聚四氟乙烯　　B. 聚乙烯，乳胶，聚四氟乙烯

C. 聚四氟乙烯，聚乙烯，乳胶　　D. 聚乙烯，乳胶，橡胶

答案：A

2. 采用硫氰酸汞分光光度法测定污染源废气中氯化氢时，在采样过程中应根据________和________调节采样管保温夹套的温度，以避免水汽于吸收瓶之前凝结。(　　) ①

A. 温度，湿度　　B. 温度，压力　　C. 湿度，压力

答案：A

3. 采用硫氰酸汞分光光度法测定环境空气或污染源废气中氯化氢时，若采集的氯化氢样品不能当天测定，应将试样密封后置于冰箱 3～5℃保存，保存期不超过________。(　　) ①②

A. 48 h　　　　B. 3 d　　　　C. 60 h

答案：A

四、问答题

简述采用硫氰酸汞分光光度法测定环境空气或污染源废气中的氯化氢时，用过的吸收瓶和具塞比色管等应如何清洗？在操作过程中需注意什么？①②

答案：将溶液倒出后，直接用去离子水洗涤，不要用自来水洗涤。在操作过程中应注意防尘，手指不要触摸吸收管口和比色管磨口处，以防氯化物污染。

五、计算题

用烟气采样器采集某工厂烟道内氯化氢气体，串联两支吸收瓶，以 0.5 L/min 的流量采样 20 min。现场大气压为 100.5 kPa，仪器显示计前压力为 −4 500 Pa，计前温度为 20℃，样品溶液定容至 50 mL，各取出 5 mL 进行分析，测得两支吸收管中氯化氢含量分别为 25 μg 和 18 μg，试求管道内氯化氢气体浓度。①

答案：$V_{nd}=0.050\times Q_r\times[(B_a+P_r)/(T_r+273)]^{1/2}\times n$

$=0.050\times 0.5\times[(100\,500-4\,500)/(20+273)]^{1/2}\times 20=9.05\ (L)$

氯化氢（HCl，mg/m^3）$=(W_1/V_1+W_2/V_2)\times(V_t/V_{nd})$

$=(25/5+18/5)\times(50/9.05)=47.5\ (mg/m^3)$

参考文献

[1] 国家环境保护总局 . 固定污染源排气中氯化氢的测定　硫氰酸汞分光光度法：HJ/T 27—1999 [S]. 北京：中国环境科学出版社，1999.

[2] 国家环境保护总局《空气和废气监测分析方法》编委会 . 空气和废气监测分析方法（第四版）[M]. 北京：中国环境科学出版社，2003.

命题：冯建霞　刘　伟

审核：梁富生　夏　新

第十四节　汞

分类号：G7-13

主要内容
污染源废气　汞的测定　双硫腙分光光度法《空气和废气监测分析方法》（第三版）

一、填空题

1. 根据《空气和废气监测分析方法》（第三版）中双硫腙分光光度法测定污染源废气中汞时，废气中的汞被酸性高锰酸钾溶液吸收并被氧化成汞离子，在酸性溶液中，汞离子与双硫腙生成________色螯合物，经三氯甲烷萃取后，比色测定。

答案：橙红

2. 根据《空气和废气监测分析方法》（第三版）中双硫腙分光光度法测定污染源废气中汞时，全部的玻璃仪器必须用10%硝酸溶液或酸性高锰酸钾吸收液浸泡________h，或用（1+1）硝酸溶液浸泡________min，以除去器壁上吸附的汞。

答案：24　　40

3. 根据《空气和废气监测分析方法》（第三版）中双硫腙分光光度法测定污染源废气中汞时，使用的双硫腙易被氧化，因此，在提纯、保存和分析各个环节均应注意保持双硫腙的________及________。

答案：纯度　　稳定性

二、判断题

1. 根据《空气和废气监测分析方法》（第三版）中双硫腙分光光度法测定污染源废气中汞时，串联两支各装有10 mL吸收液的U形多孔玻板吸收管，以0.3 L/min的流量采样5～30 min。(　　)

答案：错误

正确答案为：应使用大型气泡吸收管。

2. 根据《空气和废气监测分析方法》（第三版）中双硫腙分光光度法测定污染源废气中汞时，配制双硫腙使用液的方法是：将双硫腙贮备液用三氯甲烷稀释成透光率约为70%的双硫腙使用液，于冰箱中保存，备用。(　　)

答案：错误

正确答案为：双硫腙使用液应在临用时现配。

3. 根据《空气和废气监测分析方法》（第三版）中双硫腙分光光度法测定污染源废气中汞，双硫腙使用液应为翠绿色，其透过率的检测方法为：在波长500 nm处，1 cm比色皿，以水为参比进行测定。(　　)

答案：错误

正确答案为：应以三氯甲烷为参比。

4. 根据《空气和废气监测分析方法》（第三版）中双硫腙分光光度法测定污染源废气中汞，配制氯化汞标准使用液的方法是：将氯化汞贮备液用稀硫酸稀释成每毫升含汞5.00 μg的标准使用液。(　　)

答案：错误

正确答案为：氯化汞贮备液用吸收液稀释成每毫升含汞5.00 μg的标准使用液。

5. 根据《空气和废气监测分析方法》（第三版）中双硫腙分光光度法测定污染源废气中汞时，显色后三氯甲烷层若发生浑浊，可用少许脱脂棉过滤或加少量无水碳酸钠脱水，使之澄清。(　　)

答案：正确

三、选择题

1. 根据《空气和废气监测分析方法》（第三版）中双硫腙分光光度法测定污染源废气中汞时，配制三氯甲烷溶液的方法是：每100 mL三氯甲烷中加________mL________。(　　)

A. 2，无水乙醇　　B. 1，无水乙醇　　C. 1，四氯化碳

答案：B

2. 根据《空气和废气监测分析方法》（第三版）中双硫腙分光光度法测定污染源废气中汞时，在酸性条件下，干扰物主要是________，加入 2% 的________溶液可以消除干扰。(　　)

A. 铜，EDTA　　B. 金属离子，EDTA

C. 铜离子，EDTA

答案：C

3. 根据《空气和废气监测分析方法》（第三版）中双硫腙分光光度法测定污染源废气中汞时，若三氯甲烷中有________存在，需用 20%________洗涤两次，重蒸后方可使用。(　　)

A. 氧化物，亚硫酸钠　　B. 氧化物，硫酸钠

C. 氯化物，亚硫酸钠

答案：A

4. 根据《空气和废气监测分析方法》（第三版）中双硫腙分光光度法测定污染源废气中汞时，采样管与吸收管之间采用________管连接，接口处用________生料带密封。(　　)

A. 橡胶管，聚四氟乙烯　　B. 聚四氟，聚乙烯

C. 聚乙烯，聚四氟乙烯

答案：C

参考文献

国家环境保护局《空气和废气监测分析方法》编写组．空气和废气监测分析方法（第三版）[M]. 北京：中国环境科学出版社，1990.

命题：刘金冠　刘　伟

审核：梁富生　夏　新

第十五节　六价铬

分类号：G7-14

主要内容
环境空气　六价铬的测定　二苯碳酰二肼分光光度法《空气和废气监测分析方法》（第四版）

一、填空题

1. 空气中六价铬化合物主要呈________态，样品采集在________滤膜上。

答案：气溶胶　　玻璃纤维

2. 根据《空气和废气监测分析方法》（第四版），二苯碳酰二肼分光光度法测定环境空

气中六价铬时，用中流量采样器，以 50～150 L/min 的流量采样________m^3。

答案：20～30

二、判断题

1. 根据《空气和废气监测分析方法》（第四版）中二苯碳酰二肼分光光度法测定环境空气中六价铬时，由于滤膜上的还原性物质干扰测定，故采样后应尽快测定。(　　)

答案：正确

2. 根据《空气和废气监测分析方法》（第四版）中二苯碳酰二肼分光光度法测定环境空气中六价铬时，二苯碳酰二肼溶液应储于棕色细口瓶中，置于冰箱保存，可随时使用。(　　)

答案：错误

正确答案为：试剂应为无色，变色后不宜使用，放在深色瓶中不利于观察溶液颜色变化。

3. 根据《空气和废气监测分析方法》（第四版）中二苯碳酰二肼分光光度法测定环境空气中六价铬时，应按样品测定步骤，取同批号、等面积的滤膜测定空白值。(　　)

答案：正确

4. 根据《空气和废气监测分析方法》（第四版）中二苯碳酰二肼分光光度法测定环境空气中六价铬时，吸光度测定时，用水作参比。(　　)

答案：正确

5. 根据《空气和废气监测分析方法》（第四版）中二苯碳酰二肼分光光度法测定环境空气中六价铬时，样品滤膜浸取后，溶液用中速滤纸过滤。(　　)

答案：正确

三、选择题

1. 根据《空气和废气监测分析方法》（第四版）中二苯碳酰二肼分光光度法测定环境空气中六价铬时，在________介质中，六价铬________二苯碳酰二肼形成可溶性的________化合物。(　　)

A. 中性，氧化，紫红色　　B. 酸性，氧化，紫红色

C. 碱性，络合，黄色　　D. 酸性，氧化，橘红色

答案：B

2. 根据《空气和废气监测分析方法》（第四版）中二苯碳酰二肼分光光度法测定环境空气中六价铬时，勿用________洗液洗涤试验所用的各种玻璃器皿。(　　)

A. 盐酸　　B. 硝酸　　C. 重铬酸钾

答案：C

3. 根据《空气和废气监测分析方法》（第四版）中二苯碳酰二肼分光光度法测定环境空气中六价铬时，用________掩蔽三价铁离子的干扰。(　　)

A. Na_2-EDTA　　B. 酒石酸钾钠

C. 氨磺酸钠　　D. 磷酸

答案：A

四、问答题

根据《空气和废气监测分析方法》（第四版）中二苯碳酰二肼分光光度法测定环境空气中六价铬时，如何排除有机物的干扰？

答案：当有机物含量高时，加入高锰酸钾使其氧化，然后用还原剂将过量的高锰酸钾还原，加热除尽过量的还原剂后，再进行分光光度测定。

参考文献

国家环境保护总局《空气和废气监测分析方法》编委会．空气和废气监测分析方法（第四版）[M]. 北京：中国环境科学出版社，2003.

命题：冯建霞　刘　伟

审核：梁富生　夏　新

第十六节　砷

分类号：G7–15

主要内容
①《固定污染源废气　砷的测定　二乙基二硫代氨基甲酸银分光光度法》（HJ 540—2016）
② 环境空气　砷的测定　新银盐分光光度法《空气和废气监测分析方法》（第四版）
③ 污染源废气　砷的测定　新银盐分光光度法《空气和废气监测分析方法》（第四版）
④《黄磷生产废气　气态砷的测定　二乙基二硫代氨基甲酸银分光光度法》（暂行）（HJ 541—2009）

一、填空题

1. 根据《空气和废气监测分析方法》（第四版）中新银盐分光光度法测定空气中砷时，新更换的二甲基甲酰胺脱脂棉在测样前需用含________μg 砷的标准使用液，按操作步骤吹洗一次装置，以防样品吸光度________。②

答案：2　偏低

2. 根据《空气和废气监测分析方法》（第四版）中新银盐或二乙氨基二硫代甲酸银分光光度法测定空气中砷时，若空气中砷浓度甚低，可加大测定时所取样品滤纸的________，绘制标准曲线时亦用________的浸渍滤纸。②

答案：面积　相同面积

3. 根据《空气和废气监测分析方法》（第四版）中新银盐分光光度法测定空气中砷时，显色最好在 15～30℃下进行，温度过高或过低时，可适当改变反应的________，以控制反应速度。②

答案：酸度

4. 根据《固定污染源废气　砷的测定　二乙氨基二硫代甲酸银分光光度法》（HJ 540—2016）测定空气中砷时，为保证所发生的砷化氢全部被显色剂溶液吸收，应控制砷化氢产生的________。①

答案：速度

5. 根据《空气和废气监测分析方法》（第四版）中污染源废气新银盐分光光度法测定砷，通过等速采样，将颗粒物从固定源中抽取到玻璃纤维滤筒中或将无组织排放颗粒物收集到________（材质）滤膜上。③

答案：过氯乙烯

6. 根据《空气和废气监测分析方法》（第四版）中污染源废气新银盐分光光度法测定砷，该方法适用于测定经滤筒或滤膜采集的________中无机砷及其化合物。③

答案：颗粒物

7. 根据《空气和废气监测分析方法》（第四版）中污染源废气新银盐分光光度法测定砷，在酸性介质中，样品溶液中的砷被________还原成气态________，被 $AgNO_3$+HNO_3-聚乙烯醇－乙醇吸收液吸收。③

答案：硼氢化钾　氢化物（或砷化氢）

8. 根据《黄磷生产废气　气态砷的测定　二乙基二硫代氨基甲酸银分光光度法》（暂行）（HJ 541—2009）进行测定时，由于砷化氢为剧毒气体，实验前必须检查砷化氢装置是否连接好，以防________或反应瓶被崩开，反应应在________内进行。④

答案：漏气　　通风橱

9.《黄磷生产废气　气态砷的测定　二乙基二硫代氨基甲酸银分光光度法》（暂行）（HJ 541—2009）适用于黄磷生产废气中以________（形态）形式存在的砷及其化合物的测定。④

答案：气态

10. 根据《黄磷生产废气　气态砷的测定　二乙基二硫代氨基甲酸银分光光度法》（暂行）（HJ 541—2009）进行测定时，采集样品的烟气采样器，流量范围 0～2.0 L/min，精度优于 ±________%。④

答案：2.5

二、判断题

1. 根据《固定污染源废气　砷的测定　二乙氨基二硫代甲酸银分光光度法》（HJ 540—2016）测定空气中砷，因颗粒物难以分解造成分析结果偏低时，可将采样后的滤膜先用硫酸－硝酸－高氯酸消解，然后进行分析测定。(　　)①

答案：错误

正确答案为：用硝酸－硫酸－过氧化氢消解。

2. 根据《固定污染源废气　砷的测定　二乙氨基二硫代甲酸银分光光度法》（HJ 540—2016）测定砷时，砷化氢发生的速度受锌粒的大小、表面状态及用量、反应酸度和温度的影响较大。(　　)①

答案：正确

3. 采用新银盐分光光度法测定空气中砷时，U 形管中的乙酸铅棉有 1/5 变黑时，需更换。(　　)②

答案：错误

正确答案为：U 形管中的乙酸铅棉有 1/4 变黑时，需更换。

4.《固定污染源废气 砷的测定 二乙氨基二硫代甲酸银分光光度法》(HJ 540—2016)适用于测定经滤筒采集的固定污染源有组织排放或滤膜采集的无组织排放颗粒物中无机砷及其化合物。( )①

答案：错误

正确答案为：适用于经滤筒采集的固定污染源废气中以颗粒物形态存在的砷及其化合物的测定。

5. 根据《空气和废气监测分析方法》(第四版)中污染源废气新银盐分光光度法测定砷，制备标准曲线或测量样品和空白溶液时，每次发生和吸收砷化氢的时间应不相差 3 min。( )③

答案：错误

正确答案为：制备标准曲线或测量样品和空白溶液时，每次发生和吸收砷化氢的时间应严格保持一致。

6. 根据《空气和废气监测分析方法》(第四版)中污染源废气新银盐分光光度法测定砷，空白溶液的制备方法是：取空白滤筒和滤膜两个，按样品处理相同步骤同时操作，制备成空白溶液。( )③

答案：错误

正确答案为：空白溶液的制备是取同批号空白滤筒和滤膜两个，按样品处理相同步骤同时操作，制备成空白溶液。

7. 根据《黄磷生产废气 气态砷的测定 二乙基二硫代氨基甲酸银分光光度法》(暂行)(HJ 541—2009)测定时，硫化氢、锑化氢、磷化氢与 Ag·DDC 有类似的显色反应，对砷的测定产生负干扰。( )④

答案：错误

正确答案为：硫化氢、锑化氢、磷化氢与 Ag·DDC 有类似的显色反应，对砷的测定产生正干扰。

8. 根据《黄磷生产废气 气态砷的测定 二乙基二硫代氨基甲酸银分光光度法》(暂行)(HJ 541—2009)，在样品消解时，硫、磷已被硝酸氧化分解，不再有影响。( )④

答案：正确

9. 根据《黄磷生产废气 气态砷的测定 二乙基二硫代氨基甲酸银分光光度法》(暂行)(HJ 541—2009)，AsH_3 与 Ag·DDC 反应生成红色单质胶态银，当在氯仿中存在有机碱和吡啶时，可促使氧化反应的进行，且能增加红色单质胶态银在溶剂中的稳定性。( )④

答案：错误

正确答案为：AsH_3 与 Ag·DDC 反应生成红色单质胶态银，当在氯仿中存在有机碱和吡啶时，可促使还原反应的进行，且能增加红色单质胶态银在溶剂中的稳定性。

10. 根据《黄磷生产废气 气态砷的测定 二乙基二硫代氨基甲酸银分光光度法》(暂行)(HJ 541—2009)，在波长 510 nm 处，用 10 mm 比色皿，以水为参比，测定吸光度，以砷含量对减去空白后的吸光度绘制标准曲线，并计算标准曲线回归方

程。(　　)④

答案： 错误

正确答案为： 在波长 510 nm 处，用 10 mm 比色皿，以三氯甲烷为参比，测定吸光度，以砷含量对减去空白后的吸光度绘制标准曲线，并计算标准曲线回归方程。

11. 根据《黄磷生产废气　气态砷的测定　二乙基二硫代氨基甲酸银分光光度法》(暂行)(HJ 541—2009)，制备乙酸铅棉的方法是：将 10 g 脱脂棉浸入 100 mL 乙酸铅溶液中，30 min 后取出，于室温下晾干保存。(　　)④

答案： 错误

正确答案为： 是将 10 g 脱脂棉浸入 100 mL 乙酸铅溶液中，30 min 后取出，于室温下晾干，避光保存。

三、选择题

1. 根据《固定污染源废气　砷的测定　二乙氨基二硫代甲酸银分光光度法》(HJ 540—2016)测定空气中砷时，导气管和吸收管要用________和实验用水依次清洗，烘干后使用，避免有微量水分在三氯甲烷溶液中产生浑浊而影响测定结果。(　　)①

A. 三氯甲烷　　B. 无水乙醇　　C. 四氯化碳

答案： B

2. 根据《固定污染源废气　砷的测定　二乙氨基二硫代甲酸银分光光度法》(HJ 540—2016)测定砷时，在砷化氢发生瓶中，样品反应 1 h 后，应向吸收管中补加________至 5 mL 标线。(　　)①

A. 三氯甲烷　　B. 无水乙醇　　C. 四氯化碳

答案： A

3. 根据《固定污染源废气　砷的测定　二乙氨基二硫代甲酸银分光光度法》(HJ 540—2016)测定砷，发生砷化氢反应时，若温度太高，反应过快，可能导致 AsH_3 吸收不完全，结果偏低。若室温高于________℃，可将发生瓶放置在冰水浴中冷却。(　　)①

A. 25　　B. 20　　C. 30

答案： C

4. 根据《黄磷生产废气　气态砷的测定　二乙基二硫代氨基甲酸银分光光度法》(暂行)(HJ 541—2009)测定砷及其化合物时，试剂中存在的少量硫化物产生的________可用乙酸铅脱脂棉除去。(　　)④

A. 硫酸盐　　B. 硫化氢　　C. 亚硫酸盐

答案： B

5. 根据《黄磷生产废气　气态砷的测定　二乙基二硫代氨基甲酸银分光光度法》(暂行)(HJ 541—2009)测定砷及其化合物时，砷化氢发生速度受锌粒的大小、表面状态及用量、反应酸度和温度的影响较大。锌粒以________目，表面粗糙为好，用量________g 效果一致。(　　)④

A. 20～40，3～5　　B. 10～20，2～6　　C. 10～20，3～5

答案：C

6. 根据《黄磷生产废气　气态砷的测定　二乙基二硫代氨基甲酸银分光光度法》（暂行）（HJ 541—2009），采集的样品应密闭于________℃冷藏保存，________d 内测定完毕。（　　）④

A. 0～4，7　　B. 0～4，5　　C. -4～4，7

答案：A

7. 根据《空气和废气监测分析方法》（第四版）中污染源废气新银盐分光光度法测定砷，配制的硝酸银 + 聚乙烯醇吸收液，应充分摇匀，此溶液至少可稳定________h，在临用前配制。（　　）③

A. 2　　B. 3　　C. 4

答案：C

参考文献

[1] 环境保护部 . 固定污染源废气　砷的测定　二乙氨基二硫代甲酸银分光光度法：HJ 540—2016 [S]. 北京：中国环境出版社，2016.

[2] 国家环境保护总局《空气和废气监测分析方法》编委会 . 空气和废气监测分析方法（第四版）[M]. 北京：中国环境科学出版社，2003.

[3] 环境保护部 . 黄磷生产废气　气态砷的测定　二乙基二硫代氨基甲酸银分光光度法（暂行）：HJ 541—2009 [S]. 北京：中国环境科学出版社，2009.

命题：刘　伟　冯建霞　米方卓

审核：梁富生　夏　新　马　芳

第十七节　锑

分类号：G7-16

主要内容
环境空气　锑的测定 5-Br-PADAP- 分光光度法《空气和废气监测分析方法》（第四版）

一、填空题

1. 根据《空气和废气监测分析方法》（第四版）中 5-Br-PADAP 分光光度法测定空气中锑时，与锑等量的三价铁、二价铜、四价锡和二价钴对测定结果产生________（正或负）干扰；三价铬产生________（正或负）干扰。

答案：正　　负

2. 根据《空气和废气监测分析方法》（第四版）中 5-Br-PADAP 分光光度法测定空气中锑时，所用吸收液为含 0.03%（*m*/*V*）________的 0.015 mol/L 硫酸溶液。

答案：高锰酸钾

二、判断题

1. 根据《空气和废气监测分析方法》（第四版）中 5-Br-PADAP 分光光度法测定空气中锑时，用玻璃纤维滤膜采集空气中的含锑颗粒物。(　　)

答案：错误

正确答案为：采用 5-Br-PADAP 分光光度法测定空气中锑时，用过氯乙烯滤膜采集空气中的含锑颗粒物。

2. 根据《空气和废气监测分析方法》（第四版）中 5-Br-PADAP 分光光度法测定空气中锑时，发生瓶必须严密不漏气，以免气态三氢化锑泄漏，导致测定结果偏低。(　　)

答案：正确

3. 根据《空气和废气监测分析方法》（第四版）中 5-Br-PADAP 分光光度法测定空气中锑时，导管出口的内径不能大于 1 mm，吸收液高度不能低于 5 cm，否则吸收不完全，导致测定结果偏低。(　　)

答案：正确

4. 根据《空气和废气监测分析方法》（第四版）中 5-Br-PADAP 分光光度法测定空气中锑时，因为三价铁、二价铜、四价锡和二价钴对测定有干扰，所以即使在含量很低时，也需要经过硼氢化钾还原分离。(　　)

答案：错误

正确答案为：三价铁、二价铜、四价锡和二价钴含量很低时，可不经硼氢化钾还原分离。

5. 根据《空气和废气监测分析方法》（第四版）中 5-Br-PADAP 分光光度法测定空气中锑时，显色反应迅速完成，但显色液颜色不稳定，一般仅稳定 4 h。(　　)

答案：错误

正确答案为：显色液颜色可稳定 24 h。

三、选择题

1. 根据《空气和废气监测分析方法》（第四版）中 5-Br-PADAP 分光光度法测定空气中锑时，在 0.020～0.10 mol/L________介质中、________存在下，以丙酮做增溶剂，三价锑与 5-Br-PADAP 生成稳定的紫红色络合物。(　　)

A. 硫酸，碘化钾　　B. 盐酸，碘化钾　　C. 硝酸，硝酸钾

答案：B

2. 根据《空气和废气监测分析方法》（第四版）中 5-Br-PADAP 分光光度法测定空气中锑时，在硫脲存在的________溶液中，加入硼氢化钾产生新生态的氢。将三价锑还原为气态三氢化锑，而与三价铁、二价铜、四价锡和二价钴等离子分离，以消除其干扰。(　　)

A. 酸性　　B. 碱性　　C. 中性

答案：A

3. 根据《空气和废气监测分析方法》（第四版）中 5-Br-PADAP 分光光度法测定空气

中锑时，配制好锑标准贮备液放置冰箱内保存，可使用________d。(　　)

A. 30　　B. 15　　C. 7

答案：C

4. 根据《空气和废气监测分析方法》（第四版）中 5-Br-PADAP 分光光度法测定空气中锑时，采集在滤膜上的含锑颗粒物，用________消解后制备成样品溶液。(　　)

A. 高氯酸　　B. 混合酸　　C. 硝酸

答案：B

四、问答题

简述采用 5-Br-PADAP 分光光度法测定环境空气中锑，采样时和采样后滤膜的使用方法。

答案：采样时用镊子揭去过氯乙烯滤膜的衬纸，将“毛”面向上，放入采样夹，拧紧。采样后，用镊子取下滤膜，尘面朝里，对折两次，叠成扇形，夹在原纸袋中。

参考文献

国家环境保护总局《空气和废气监测分析方法》编委会. 空气和废气监测分析方法（第四版）[M]. 北京：中国环境科学出版社，2003.

命题：冯建霞　刘　伟

审核：梁富生　夏　新

第十八节　铍

分类号：G7-17

主要内容
污染源废气　铍的测定　羊毛铬花菁 R 分光光度法《空气和废气监测分析方法》（第四版）

一、判断题

1. 根据《空气和废气监测分析方法》（第四版）中羊毛铬花菁 R 分光光度法测定烟尘中的铍时，在 pH 为 10 的氨性溶液中，铍离子与羊毛铬花菁 R（简称 ECR）生成稳定的紫红色络合物。(　　)

答案：正确

2. 根据《空气和废气监测分析方法》（第四版）中羊毛铬花菁 R 分光光度法测定烟尘中的铍时，0.1% 及 0.2% 的羊毛铬花菁 R（简称 ECR）水溶液不稳定，最好临用时现配。(　　)

答案：正确

3. 根据《空气和废气监测分析方法》（第四版）中羊毛铬花菁 R 分光光度法测定烟尘中的铍时，若室温高于 20℃，铍离子与羊毛铬花菁 R（简称 ECR）生成的络合物的

吸光度随温度而变化，因此每批样品测定时，皆需绘制标准曲线。(　　)

答案：正确

4. 根据《空气和废气监测分析方法》（第四版）中羊毛铬花菁 R 分光光度法测定烟尘中的铍时，若在每 100 mL 0.1% 及 0.2% 的羊毛铬花菁 R（简称 ECR）水溶液中，加入 1.0 g 硝酸铵和 1 滴硝酸，贮于棕色瓶中可使用 1 周。(　　)

答案：正确

5. 根据《空气和废气监测分析方法》（第四版）中羊毛铬花菁 R 分光光度法测定烟尘中的铍，当室温高于 20℃时，铍离子与羊毛铬花菁 R（简称 ECR）生成的络合物的吸光度随温度的升高而升高。(　　)

答案：错误

　　正确答案为：当室温高于 20℃时，络合物的吸光度随温度的升高而降低。

6. 根据《空气和废气监测分析方法》（第四版）中羊毛铬花菁 R 分光光度法测定烟尘中的铍时，铍及其化合物属剧毒物质，切勿与皮肤直接接触，试验要在通风良好的环境中进行。(　　)

答案：正确

二、选择题

1. 根据《空气和废气监测分析方法》（第四版）中羊毛铬花菁 R 分光光度法测定烟尘中的铍时，铍与羊毛铬花菁 R（简称 ECR）生成的络合物有两个吸收峰，当测定低浓度的铍时，波长选用________nm，高浓度时波长选用________nm。(　　)

A. 500，580　　B. 520，580　　C. 520，560

答案：B

2. 根据《空气和废气监测分析方法》（第四版）中羊毛铬花菁 R 分光光度法测定烟尘中的铍时，当 15 种金属元素 Fe（Ⅲ）、Ti（Ⅳ）、Cu（Ⅱ）、Pb（Ⅱ）、Co（Ⅱ）、Na（Ⅰ）、Ca（Ⅱ）、Mg（Ⅱ）、Ba（Ⅱ）、Zn（Ⅱ）、Mn（Ⅱ）、Cd（Ⅱ）、Hg（Ⅱ）和 V（Ⅴ）共同量超过干扰允许量时，应在________前，用乙酰丙酮将铍________分离后，再测定吸光度。(　　)

A. 比色，萃取　　B. 消解，萃取　　C. 比色，络合

答案：A

3. 根据《空气和废气监测分析方法》（第四版）中羊毛铬花菁 R 分光光度法测定烟尘中的铍时，硫酸铍标准使用液在临用前现配，即用 0.5%________溶液将硫酸铍贮备液逐级稀释成每毫升相当于 10.0 μg、1.0 μg 和 0.10 μg 铍的标准使用液。(　　)

A. 硫酸　　B. 盐酸　　C. 高氯酸

答案：B

4. 根据《空气和废气监测分析方法》（第四版）中羊毛铬花菁 R 分光光度法测定烟尘中的铍时，Fe（Ⅲ）、Ti（Ⅳ）、Cu（Ⅱ）、Pb（Ⅱ）、Co（Ⅱ）、Na（Ⅰ）、Ca（Ⅱ）、Mg（Ⅱ）、Ba（Ⅱ）、Zn（Ⅱ）、Mn（Ⅱ）、Cd（Ⅱ）、Hg（Ⅱ）和 V（Ⅴ）等共存量不超过铍量的________倍时，不干扰测定。(　　)

A. 50　　B. 100　　C. 500

答案：C

参考文献

国家环境保护总局《空气和废气监测分析方法》编委会.空气和废气监测分析方法（第四版）[M].北京：中国环境科学出版社，2003.

命题：冯建霞 刘 伟

审核：刘 伟 梁富生 夏 新

第十九节 铁

分类号：G7-18

主要内容
环境空气 铁的测定 4,7-二苯基-1,10-菲啰啉分光光度法《空气和废气监测分析方法》（第四版）

一、填空题

1. 根据《空气和废气监测分析方法》（第四版）中4,7-二苯基-1,10-菲啰啉分光光度法测定空气颗粒物中的铁时，用滤膜采集颗粒物样品，经________及酸消解后________制备成样品溶液，待分析测定。

答案：过氯乙烯　　干灰化

2. 根据《空气和废气监测分析方法》（第四版）中4,7-二苯基-1,10-菲啰啉分光光度法测定空气颗粒物中的铁，当铜、钴含量________铁含量时干扰测定，其他金属离子或酸根不干扰测定。

答案：大于

3. 根据《空气和废气监测分析方法》（第四版）中4,7-二苯基-1,10-菲啰啉分光光度法测定空气颗粒物中的铁，样品测定的同时，应取________和________的空白滤膜，按样品测定步骤测定空白值。

答案：同批号　　等面积

二、判断题

1. 根据《空气和废气监测分析方法》（第四版）中4,7-二苯基-1,10-菲啰啉分光光度法测定空气颗粒物中的铁，样品测定时，取适量样品滤膜置于瓷坩埚内，放入马弗炉中于300℃下灰化30 min。（　　）

答案：错误

正确答案为：取适量样品滤膜置于瓷坩埚内，放入马弗炉中于500℃下灰化30 min。

2. 根据《空气和废气监测分析方法》（第四版）中4,7-二苯基-1,10-菲啰啉分光光度法法测定空气颗粒物中的铁，样品测定时，若样品中含铁量较高，将干灰化和酸消化后的溶液转移到聚四氟乙烯坩埚内，加 1 mL 氢氟酸、3 mL 硝酸及 1 mL 高氯酸交替消解数次，直至残渣全部溶解，蒸至近干，加 5 mL 盐酸溶解残渣。(　　)

答案： 错误

正确答案为： 若样品中含硅量较高，将干灰化和酸消化后的溶液转移到聚四氟乙烯坩埚内，加 1 mL 氢氟酸、3 mL 硝酸及 1 mL 高氯酸交替消解数次，直至残渣全部溶解，蒸至近干，加 5 mL 盐酸溶解残渣。

3. 根据《空气和废气监测分析方法》（第四版）中 4,7- 二苯基 -1,10- 菲啰啉分光光度法测定空气颗粒物中的铁，以试剂空白为参比测定吸光度。(　　)

答案： 错误

正确答案为： 以水为参比测定吸光度。

三、选择题

1. 根据《空气和废气监测分析方法》（第四版）中 4,7- 二苯基 -1,10- 菲啰啉分光光度法测定空气颗粒物中的铁，配制 0.01 mol/L 的 BP 显色剂，即称取 0.332 g 4,7- 二苯基 -1,10- 菲啰啉溶解于 100 mL________中，贮存于冰箱中，可保存________d。(　　)

A. 丙酮，30　　B. 95% 乙醇，30　　C. 水，45

答案： B

2. 根据《空气和废气监测分析方法》（第四版）中 4,7- 二苯基 -1,10- 菲啰啉分光光度法测定空气颗粒物中的铁，配制铁标准贮备溶液的方法为：称取 0.400 0 g________铁粉，加（1+1）盐酸溶液 30 mL，待全部溶解后，移入 1 000 mL 容量瓶中，用______稀释至标线，此溶液每毫升含 400 μg 铁。(　　)

A. 优级纯，水　　B. 基准，稀盐酸　　C. 高纯，水

答案： C

3. 根据《空气和废气监测分析方法》（第四版）中 4,7- 二苯基 -1,10- 菲啰啉分光光度法测定空气颗粒物中的铁，称量过氯乙烯滤膜时，可将过氯乙烯滤膜夹放在________中间称重，以减少吸湿。称重不带衬纸的过氯乙烯滤膜时，在取放滤膜后，用________触一下天平盘，以清除静电的影响。(　　)

A. 铝箔，金属镊子　　B. 衬纸，金属镊子

C. 铝箔，手

答案： A

4. 根据《空气和废气监测分析方法》（第四版）中 4,7- 二苯基 -1,10- 菲啰啉分光光度法测定空气颗粒物中的铁，________离子与 4,7- 二苯基 -1,10- 菲啰啉生成红色________，根据颜色深浅，用分光光度法测定。(　　)

A. 三价，络合物　　B. 亚铁，络合物

C. 亚铁，化合物

答案： B

四、问答题

简述《空气和废气监测分析方法》（第四版）中 4,7- 二苯基 -1,10- 菲啰啉分光光度法测定空气颗粒物中的铁时，去除盐酸羟胺溶液中微量铁的方法。

答案：将一定量的 10% 的盐酸羟胺溶液转移至锥形分液漏斗中，加入三氯甲烷和 BP 显色剂，振摇 2 min，静止分层后，弃去有机相，重复提纯步骤，直到三氯甲烷层无色为止。弃去有机相，保留的水相即为无铁的盐酸羟胺溶液。

参考文献

国家环境保护总局《空气和废气监测分析方法》编委会 . 空气和废气监测分析方法（第四版）[M]. 北京：中国环境科学出版社，2003.

命题：刘金冠　刘　伟

审核：梁富生　夏　新

第二十节　镉

分类号：G7–19

主要内容
《大气固定污染源　镉的测定　对 – 偶氮苯重氮氨基偶氮苯磺酸分光光度法》（HJ/T 64.3—2001）

一、填空题

1. 采用对 – 偶氮苯重氮氨基偶氮苯磺酸分光光度法测定固定污染源中镉时，在样品测定的同时，取________的滤膜或滤筒________个，按样品消解步骤和条件进行处理，并显色测定空白值。

答案：同批号　2

2. 采用对 – 偶氮苯重氮氨基偶氮苯磺酸分光光度法测定固定污染源中镉及其化合物，样品消解时，________烟应尽量赶尽，否则，过滤时易________滤纸，直接显色时还影响溶液的酸度。

答案：高氯酸　破损

二、判断题

1. 采用对 – 偶氮苯重氮氨基偶氮苯磺酸分光光度法测定固定污染源中镉及其化合物，对于有机滤膜采集的样品或其他金属含量高的样品，消解时应先用硝酸氧化，然后加入高氯酸，以避免喷溅。（　）

答案：错误

正确答案为：对于有机滤膜采集的样品或其他有机物含量高的样品，消解时应先用硝酸氧化有机物，然后加入高氯酸，以避免爆炸。

2. 采用对 – 偶氮苯重氮氨基偶氮苯磺酸分光光度法测定固定污染源中镉及其化合物，

氰化钾为剧毒物质，操作应十分小心。加入氰化钾－酒石酸钾钠混合掩蔽剂前，应保持待测体系为酸性，以免产生 HCN 气体，毒害人体。(　　)

答案：错误

正确答案为：加入氰化钾－酒石酸钾钠混合掩蔽剂前，应保持待测体系为碱性，以免产生 HCN 气体，毒害人体。

3. 采用对－偶氮苯重氮氨基偶氮苯磺酸分光光度法测定固定污染源中镉及其化合物，对于 5 μg 镉，下列含量的共存离子不影响测定：200 μg 汞、1 500 μg 铜、500 μg 铁、500 μg 铝、200 μg 钴、200 μg 镍。(　　)

答案：正确

4. 采用对－偶氮苯重氮氨基偶氮苯磺酸分光光度法测定固定污染源中镉及其化合物，当酸浸取液中铁、铝含量大于 500 μg 时，直接用 MIBK 萃取分离。(　　)

答案：错误

正确答案为：应采用碘化钠介质，MIBK 萃取分离。

5. 采用对－偶氮苯重氮氨基偶氮苯磺酸分光光度法测定固定污染源中镉及其化合物，配制 0.04% 的 ADAAS 显色剂应使用优级纯的对－偶氮苯重氮氨基偶氮苯磺酸。(　　)

答案：错误

正确答案为：应使用纯化的对－偶氮苯重氮氨基偶氮苯磺酸。

三、选择题

1. 采用对－偶氮苯重氮氨基偶氮苯磺酸分光光度法测定固定污染源中镉及其化合物，在 pH 为________的________性溶液中，存在非离子表面活性剂条件下，镉离子与对－偶氮苯重氮氨基偶氮苯磺酸作用生成稳定的红色络合物，于波长 532 nm 处有最大吸光度。(　　)

A. 6.5～7.5，中　　B. 11.5～12.5，碱　　C. 9.5～11.5，弱碱

答案：C

2. 采用对－偶氮苯重氮氨基偶氮苯磺酸分光光度法测定固定污染源中镉及其化合物，样品测定时将采样后的滤膜或滤筒________放入 150 mL 锥形瓶中，且勿抖落________，罩上玻璃漏斗，加硝酸和高氯酸后于电热板上加热消解。(　　)

A. 剪碎，滤屑　　B. 剪碎，尘粒　　C. 整体，尘粒

答案：B

3. 采用对－偶氮苯重氮氨基偶氮苯磺酸分光光度法测定固定污染源中镉及其化合物，氨－氯化铵缓冲体系可掩蔽锌、铝、________等离子，酒石酸钾钠可掩蔽铁、铝、________等离子。(　　)

A. 锰和铅，钙和镁　　B. 钙和镁，锰和银　　C. 汞和铜，钙和镁

答案：A

参考文献

[1] 国家环境保护总局. 大气固定污染源　镉的测定　对－偶氮苯重氮氨基偶氮苯磺酸分光光度法：HJ/T 64.3—2001 [S]. 北京：中国环境科学出版社，2001.

[2] 国家环境保护总局《空气和废气监测分析方法》编委会.空气和废气监测分析方法（第四版）[M].北京：中国环境科学出版社，2003.

命题：刘金冠 刘 伟
审核：梁富生 夏 新

第二十一节 镍

分类号：G7–20

主要内容
《大气固定污染源 镍的测定 丁二酮肟－正丁醇萃取分光光度法》（HJ/T 63.3—2001）

一、填空题

1. 采用丁二酮肟－正丁醇萃取分光光度法测定固定污染源中镍时，用________滤膜采集无组织排放的颗粒物样品，用________滤筒采集有组织排放的颗粒物样品，用硝酸－高氯酸消解后制备成样品溶液。

答案：过氯乙烯 玻璃纤维

2. 采用丁二酮肟－正丁醇萃取分光光度法测定固定污染源中镍时，采样结束后，滤膜样品________后放入干净纸袋中保存待测；滤筒样品采集后将封口________折叠，竖直放回原采样盒中待测。

答案：对折 向内

3. 采用丁二酮肟－正丁醇萃取分光光度法测定固定污染源中镍时，加入碘溶液后，必须加水至约 20 mL 摇匀，否则加入丁二酮肟后不能正常________。

答案：显色

4. 采用丁二酮肟－正丁醇萃取分光光度法测定固定污染源中镍时，用氢氧化钠溶液中和样品呈________性后，应________加入柠檬酸铵溶液，因样品在该介质中不稳定。

答案：中 立即

5. 采用丁二酮肟－正丁醇萃取分光光度法测定固定污染源中镍，对用滤筒采集的有组织污染物样品进行消解时，加热回流时间最多不能超过________h，否则滤筒在酸性溶液中________，消解时易出现________现象。

答案：16 泡糟 暴沸

二、判断题

1. 采用丁二酮肟－正丁醇萃取分光光度法测定固定污染源中镍时，必须在加入丁二酮肟溶液的同时加入 Na_2-EDTA 溶液，否则不能正常显色。（ ）

答案：错误

正确答案为：必须在加入丁二酮肟溶液并摇匀后，再加入 Na_2-EDTA 溶液，否则不能正常显色。

2. 采用丁二酮肟－正丁醇萃取分光光度法测定固定污染源中镍时，在 25 mL 定容的测定体系中，当三价铁大于 110 mg、二价铜大于 1.6 mg、二价钴大于 1.6 mg、二价锰大于 15 mg、三价铝大于 15 mg 时，对 20 μg 二价镍的测定有干扰。(　　)

答案：正确

3. 采用丁二酮肟－正丁醇萃取分光光度法测定固定污染源中镍时，配制 5 g/L 的丁二酮肟溶液的方法是：称取 0.5 g 的丁二酮肟溶解于 50 mL 水中，用水稀释至 100 mL。(　　)

答案：错误

正确答案为：应将称取的丁二酮肟溶解于 50 mL 氨水中，用水稀释至 100 mL。

4. 采用丁二酮肟－正丁醇萃取分光光度法测定固定污染源中镍，滤膜样品制备时，将滤膜剪碎，置于 100 mL 锥形瓶中，加入 15 mL 硝酸浸泡 2 h。再加 2 mL 高氯酸，瓶口插入一个短颈玻璃漏斗，于电热板上加热消解。(　　)

答案：错误

正确答案为：应加入硝酸浸泡过夜。

三、选择题

1. 丁二酮肟－正丁醇萃取分光光度法测定固定污染源中镍时，将样品溶液用丁二酮肟－正丁醇萃取分离后，在________溶液中，碘存在下，镍与丁二酮肟作用，形成酒红色可溶性络合物，进行分光光度测定。(　　)

A. 氨　　B. 酸　　C. 水

答案：A

2. 丁二酮肟－正丁醇萃取分光光度法测定固定污染源中镍时，配制氯化铵－氨水缓冲溶液的方法是：称取 16.9 g 氯化铵，加到 143 mL 氨水中，用水稀释至约 250 mL，用 pH 计调至 pH 为________，贮存于________瓶中，4℃下保存。(　　)

A. 10±0.2，聚乙烯　　B. 12±0.2，棕色

C. 10±0.2，玻璃

答案：A

四、问答题

简述采用丁二酮肟－正丁醇萃取分光光度法测定固定污染源中镍空白溶液的制备方法。

答案：取同批号、等面积空白滤膜或同批号、空白滤筒（每种至少两个），按制备样品溶液的操作步骤，制备空白溶液。

参考文献

[1] 国家环境保护总局 . 大气固定污染源　镍的测定　丁二酮肟－正丁醇萃取分光光度法：HJ/T 63.3—2001 [S]. 北京：中国环境科学出版社，2001.

[2] 国家环境保护总局《空气和废气监测分析方法》编委会 . 空气和废气监测分析方法（第四版）[M]. 北京：中国环境科学出版社，2003.

命题：刘　伟　刘金冠
审核：梁富生　夏　新

第二十二节 甲醇

分类号：G7-21

主要内容
甲醇的测定 变色酸比色法《空气和废气监测分析方法》（第四版）

一、填空题

根据《空气和废气监测分析方法》（第四版），用变色酸比色法测定空气中甲醇时，甲醇被水吸收后，在酸性溶液中，甲醇被高锰酸钾氧化成________，再与变色酸作用生成________色化合物，比色定量。

答案：甲醛　紫

二、判断题

1. 根据《空气和废气监测分析方法》（第四版），用变色酸比色法测定空气中甲醇时，分析中使用的具塞比色管的体积刻度应校正。（　）

答案：正确

2. 根据《空气和废气监测分析方法》（第四版），用变色酸比色法测定空气中甲醇，在向比色管中加入硫酸时，要在冷却下沿管壁慢慢加入，以防溅失。（　）

答案：正确

3. 根据《空气和废气监测分析方法》（第四版），用变色酸比色法测定空气中甲醇，用亚硫酸钠还原高锰酸钾时，应注意比色管的磨口上不要留有高锰酸钾溶液，否则干扰测定。（　）

答案：正确

4. 根据《空气和废气监测分析方法》（第四版），用测定空气中甲醇时，如有其他醇与甲醇共存，也可以选用变色酸比色法进行测定。（　）

答案：错误

正确答案为：测定空气中甲醇时，若甲醇与其他醇共存，会对变色酸比色法的测定产生干扰，此时应选用气相色谱法进行测定。

5. 根据《空气和废气监测分析方法》（第四版），用变色酸比色法测定空气中甲醇时，变色酸试剂外观颜色过深并不影响测定，可直接使用。（　）

答案：错误

正确答案为：变色酸试剂如果外观颜色过深，应进行精制，配制成 0.5% 变色酸溶液于冰箱中保存。

6. 根据《空气和废气监测分析方法》（第四版），用变色酸比色法测定空气中甲醇时，标准色列显色后稳定性较差，放置 1.5 h 以上时光密度会发生变化。（　）

答案：错误

正确答案为：标准色列显色后稳定性好，放置 1.5 h 以上光密度基本不变，在现场样品验证，发色后放置 23 h 也是稳定的。

7. 根据《空气和废气监测分析方法》(第四版)，用变色酸比色法测定空气中甲醇，用亚硫酸钠还原高锰酸钾时，亚硫酸钠量不足时会呈现黄色，因此应适当多加几滴。(　　)

答案：错误

正确答案为：变色酸比色法测定空气中的甲醇，用亚硫酸钠还原高锰酸钾时，亚硫酸钠量不足时，会呈现黄色，但也不宜过量，否则会产生浑浊。一般加到紫色刚褪去后，再多加一滴即可。

8. 根据《空气和废气监测分析方法》(第四版)，用变色酸比色法测定空气中甲醇时，以水作参比，在波长 570 nm 下，测定吸光度。(　　)

答案：正确

三、选择题

1. 根据《空气和废气监测分析方法》(第四版)，用变色酸比色法测定空气中甲醇，配制的 0.5% 变色酸溶液放在冰箱中保存，可使用________；配制的 5% 亚硫酸钠溶液可使用________。(　　)

A. 15 d，1 周　　B. 10 d，1 周

C. 15 d，1 个月

答案：A

2. 根据《空气和废气监测分析方法》(第四版)，用变色酸比色法测定空气中甲醇时，所使用的空气采样器的流量范围为 0.2～1.0 L/min，流量稳定。采样前，应用皂膜流量计校准采样系列在采样前和采样后的流量，流量误差应小于________%。(　　)

A. 15　　B. 10　　C. 5

答案：C

3. 根据《空气和废气监测分析方法》(第四版)，用变色酸比色法测定空气中甲醇，所用浓硫酸应纯净，如被硝酸污染后，则使比色液变________。(　　)

A. 浑浊　　B. 深紫色　　C. 黄色至黄棕色

答案：C

参考文献

国家环境保护总局《空气和废气监测分析方法》编委会. 空气和废气监测分析方法（第四版）[M]. 北京：中国环境科学出版社，2003.

命题：韩　毓　刘　伟

审核：梁富生　夏　新

第二十三节　硝基苯类化合物

分类号：G7-22

主要内容
《空气质量　硝基苯类（一硝基和二硝基化合物）的测定　锌还原－盐酸萘乙二胺分光光度法》（GB/T 15501—1995）

一、填空题

1.《空气质量　硝基苯类（一硝基和二硝基化合物）的测定　锌还原－盐酸萘乙二胺分光光度法》（GB/T 15501—1995）适用于制药、染料和香料等行业排放废气中能还原为________类化合物的一硝基类和二硝基苯类化合物的测定。

答案：苯胺（芳香伯胺）

2. 根据《空气质量　硝基苯类（一硝基和二硝基化合物）的测定　锌还原－盐酸萘乙二胺分光光度法》（GB/T 15501—1995），当________和气温过高时，都会引起吸收液和硝基苯的挥发，以致浓度变化，因此在硝基苯类化合物采样、样品运输和存放过程中都应采取________和________措施。

答案：日光照射　　避光　　低温

二、判断题

1. 根据《空气质量　硝基苯类（一硝基和二硝基化合物）的测定　锌还原－盐酸萘乙二胺分光光度法》（GB/T 15501—1995），采样所用的多孔玻板吸收管的阻力应为（6.7±0.7）kPa，单管吸收效率应大于 98%。（　　）

答案：正确

2. 根据《空气质量　硝基苯类（一硝基和二硝基化合物）的测定　锌还原－盐酸萘乙二胺分光光度法》（GB/T 15501—1995），配制硝基苯标准储备液时，采用标定法计算硝基苯储备液的浓度。（　　）

答案：错误

正确答案为：配制硝基苯标准储备液时，采用差减法计算硝基苯储备液的浓度。

3. 根据《空气质量　硝基苯类（一硝基和二硝基化合物）的测定　锌还原－盐酸萘乙二胺分光光度法》（GB/T 15501—1995），测定硝基苯类化合物所用的浓度为 0.75 g/100 mL 的盐酸萘乙二胺溶液，过滤后使用，常温下保存，使用 1 周。（　　）

答案：错误

正确答案为：应于 2～5℃下保存。

4. 根据《空气质量　硝基苯类（一硝基和二硝基化合物）的测定　锌还原－盐酸萘乙二胺分光光度法》（GB/T 15501—1995），配制硝基苯标准使用液是用不含有机物的蒸馏水稀释硝基苯标准中间液，临用前配制。（　　）

答案：错误

正确答案为： 应用 10% 乙醇溶液稀释。

5. 根据《空气质量　硝基苯类（一硝基和二硝基化合物）的测定　锌还原－盐酸萘乙二胺分光光度法》（GB/T 15501—1995），采样时需对采样体积进行校准，其中通过连接标准皮托管和倾斜式微压计对压力进行测量，空气采样用空盒气压表进行气压读数，废气和空气压力以 kPa 表示。（　　）

答案： 正确

三、选择题

1. 根据《空气质量　硝基苯类（一硝基和二硝基化合物）的测定　锌还原－盐酸萘乙二胺分光光度法》（GB/T 15501—1995），绘制校准曲线或用最小二乘法计算其回归方程时，“零”浓度________。（　　）

   A. 参与计算　　B. 不参与计算　　C. 参与和不参与计算都可以

答案： B

2. 根据《空气质量　硝基苯类（一硝基和二硝基化合物）的测定　锌还原－盐酸萘乙二胺分光光度法》（GB/T 15501—1995），硝基苯采用重蒸馏法提纯，应取________℃馏分。（　　）

   A. 210～211　　B. 200～211　　C. 210～212

答案： A

3. 根据《空气质量　硝基苯类（一硝基和二硝基化合物）的测定　锌还原－盐酸萘乙二胺分光光度法》（GB/T 15501—1995），硝基苯类化合物校准曲线和样品测定时，用锌粉还原，过滤定容后，用水稀释定容的溶液 pH 为________。（　　）

   A. 3　　B. 2　　C. 1

答案： B

4. 根据《空气质量　硝基苯类（一硝基和二硝基化合物）的测定　锌还原－盐酸萘乙二胺分光光度法》（GB/T 15501—1995），采样引气管的材质应为________，内径 6～7 mm，引气管前端带有玻璃纤维滤料。（　　）

   A. 乳胶　　B. 聚四氟乙烯　　C. 聚乙烯

答案： B

5. 根据《空气质量　硝基苯类（一硝基和二硝基化合物）的测定　锌还原－盐酸萘乙二胺分光光度法》（GB/T 15501—1995），采集好的硝基苯类样品应避光保存以防止硝基苯挥发，样品应在冰箱 2～5℃存放，________d 内分析完毕。（　　）

   A. 1　　B. 2　　C. 7

答案： B

四、问答题

简述锌还原－盐酸萘乙二胺分光光度法测定硝基苯对芳香伯胺化合物干扰的扣除方法。

答案： 当所采的气体中含有苯胺（芳香伯胺）类化合物时，吸取样品体积的 1/5 于 25 mL 比色管中，加（1+1）盐酸溶液 1 滴（0.04～0.05 mL），用水定容至 10.0 mL。按校准曲线绘制的显色步骤进行分光光度测定，所得吸光值按苯胺校准曲线计算得到苯胺含量，折算硝基苯含量作样品干扰扣除。苯胺（μg）×1.332= 硝基苯（μg）。

参考文献

[1] 国家环境保护局，国家技术监督局 . 空气质量　硝基苯类（一硝基和二硝基化合物）的测定　锌还原 - 盐酸萘乙二胺分光光度法：GB/T 15501—1995 [S]. 北京：中国标准出版社，1995.

[2] 国家环境保护总局《空气和废气监测分析方法》编委会 . 空气和废气监测分析方法（第四版）[M]. 北京：中国环境科学出版社，2003.

命题：王　琳　刘　伟

审核：刘　伟　梁富生　夏　新

第二十四节　苯酚类化合物

分类号：G7-23

主要内容
《固定污染源排气中酚类化合物的测定　4- 氨基安替比林分光光度法》（HJ/T 32—1999）

一、填空题

1.《固定污染源排气中酚类化合物的测定　4- 氨基安替比林分光光度法》（HJ/T 32—1999）测定酚类化合物的主要干扰物为高浓度的________、________等还原性气体及________、溴等酸性气体。

答案：二氧化硫　硫化氢　氯

2. 根据《固定污染源排气中酚类化合物的测定　4- 氨基安替比林分光光度法》（HJ/T 32—1999），在规定条件下所测得的是能与 4- 氨基安替比林反应生成________的酚类化合物，或是能随________并与 4- 氨基安替比林反应生成________的酚类化合物，均以苯酚计。

答案：有色物　水蒸气馏出　有色物

3.《固定污染源排气中酚类化合物的测定　4- 氨基安替比林分光光度法》（HJ/T 32—1999）方法灵敏、简便，测定的是酚类化合物的________，当酚类化合物浓度高时，可采用________比色法；浓度低时宜用________比色法。

答案：总量　直接　萃取

4. 根据《固定污染源排气中酚类化合物的测定　4- 氨基安替比林分光光度法》（HJ/T 32—1999）测定酚类化合物时，试剂空白值增高的原因包括：（1）蒸馏水、器皿和容器等受沾污；（2）萃取比色法中由于________升高致使萃取溶剂挥发，（3）4- 氨基安替比林易________并________。

答案：室温　受潮　氧化

5. 根据《固定污染源排气中酚类化合物的测定　4- 氨基安替比林分光光度法》（HJ/T

32—1999）测定酚类化合物，采集好的样品最好于当天分析完毕，在室温不超过________℃，干扰物质影响不大时，碱性样品可存放________d。

答案：25　　3

二、判断题

1. 根据《固定污染源排气中酚类化合物的测定　4- 氨基安替比林分光光度法》（HJ/T 32—1999）测定酚类化合物时，在分析过程中加入三种显色用试剂时，每加入一种必须摇匀后再加入后一种，否则严重影响分析结果。（　　）

答案：正确

2. 根据《固定污染源排气中酚类化合物的测定　4- 氨基安替比林分光光度法》（HJ/T 32—1999）测定酚类化合物时，显色反应受 pH 影响不大，但受温度影响很大。（　　）

答案：错误

正确答案为：显色反应受 pH 影响很大，受温度影响也很大。

3. 根据《固定污染源排气中酚类化合物的测定　4- 氨基安替比林分光光度法》（HJ/T 32—1999）测定酚类化合物时，由于酚类化合物的结构不同，使其显色深浅不同，即吸光度的值不同，如在测定中以苯酚为基准，其测定值将高于真实值。（　　）

答案：错误

正确答案为：如在测定中以苯酚为基准，其测定值将低于真实值。

4. 根据《固定污染源排气中酚类化合物的测定　4- 氨基安替比林分光光度法》（HJ/T 32—1999）测定酚类化合物时，在酚溶液的标定中，加浓盐酸后应立即盖紧塞子，以防酚蒸发。（　　）

答案：错误

正确答案为：加浓盐酸后应立即盖紧塞子，以防溴蒸气逸出。

5. 根据《固定污染源排气中酚类化合物的测定　4- 氨基安替比林分光光度法》（HJ/T 32—1999）测定酚类化合物时，如水样中含有挥发性酸，经蒸馏，馏出液仍带酸性，遇此情况可先加入缓冲液，再用氨水调节馏出液 pH 至 7～8，然后再进行下一步分析。（　　）

答案：错误

正确答案为：遇此情况应先用氨水调节馏出液 pH 至 7～8，再加缓冲液，然后进行下一步分析。

三、选择题

1. 根据《固定污染源排气中酚类化合物的测定　4- 氨基安替比林分光光度法》（HJ/T 32—1999）测定酚类化合物，当空气中硫化氢等还原性物质浓度较高时，可将样品溶液移入蒸馏瓶，加入________蒸馏，在馏出液中测定酚。（　　）

A. 磷酸及硫酸镁　　B. 盐酸及硫酸铜　　C. 磷酸及硫酸铜

答案：C

2.《固定污染源排气中酚类化合物的测定　4- 氨基安替比林分光光度法》（HJ/T 32—1999）测定酚类化合物，用氢氧化钠吸收液采集样品，在 pH 为________，有铁氰

化钾存在的情况下，酚类化合物与4-氨基安替比林反应。(　　)

A. 10.0±0.3　　B. 10.0±0.2　　C. 10.0±0.4

答案：B

3. 根据《固定污染源排气中酚类化合物的测定　4-氨基安替比林分光光度法》(HJ/T 32—1999)测定有组织排放废气中酚类化合物，采样管用适当尺寸的不锈钢、硬质玻璃或氟树脂材质管料，采样管应附有加热夹套，保证采样管的温度可大于________℃。(　　)

A. 80　　B. 100　　C. 120

答案：C

四、问答题

1. 简述根据《固定污染源排气中酚类化合物的测定　4-氨基安替比林分光光度法》(HJ/T 32—1999)测定酚类化合物时酚的精制过程。

答案：取适量融化的苯酚（将苯酚试剂瓶放在40～50℃温水中即得）用100 mL全玻璃蒸馏器加热蒸馏，收集182～184℃的馏分，精制酚为无色晶体，应贮存于暗处。

2. 简述根据《固定污染源排气中酚类化合物的测定　4-氨基安替比林分光光度法》(HJ/T 32—1999)测定苯酚时，酚溶液标定中三溴苯酚出现的特征，若没有出现应如何处理。

答案：吸取10.00 mL酚溶液于250 mL碘量瓶中，加90 mL水及0.10 mol/L溴酸钾溶液10.00 mL，将碘量瓶塞子轻轻提起，从缝隙中加浓盐酸5.0 mL，立即塞紧，以防溴蒸气（Br_2）逸出，轻轻摇匀至有絮状物即三溴苯酚出现，溶液应呈现浅棕黄色，若溶液无溴的颜色，说明酚浓度过大，应稀释后重做。

参考文献

[1] 国家环境保护总局. 固定污染源排气中酚类化合物的测定　4-氨基安替比林分光光度法：HJ/T 32—1999 [S]. 北京：中国环境科学出版社，1999.

[2] 国家环境保护总局《空气和废气监测分析方法》编委会. 空气和废气监测分析方法（第四版）[M]. 北京：中国环境科学出版社，2003.

命题：王　琳　刘　伟

审核：梁富生　夏　新

第二十五节　苯胺类化合物

分类号：G7-24

主要内容
《空气质量　苯胺类的测定　盐酸萘乙二胺分光光度法》(GB/T 15502—1995)

一、填空题

1. 根据《空气质量　苯胺类的测定　盐酸萘乙二胺分光光度法》（GB/T 15502—1995）测定工业废气和环境空气中的苯胺类化合物，当采样体积为 0.5～10.0 L 时，吸收效率达________%，测定范围为 0.5～600 mg/m^3。

答案：99

2. 根据《空气质量　苯胺类的测定　盐酸萘乙二胺分光光度法》（GB/T 15502—1995）测定工业废气和环境空气中的苯胺类化合物，日光照射能使胺类氧化，因此在采样时，选用________色吸收管，在样品运输和存放过程中，都应采取________措施。

答案：棕　　避光

3. 根据《空气质量　苯胺类的测定　盐酸萘乙二胺分光光度法》（GB/T 15502—1995）测定工业废气和环境空气中的苯胺类化合物，在波长 560 nm 处，以________为参比测定吸光度，以吸光度对苯胺含量绘制标准曲线。

答案：水

二、判断题

1. 根据《空气质量　苯胺类的测定　盐酸萘乙二胺分光光度法》（GB/T 15502—1995）测定工业废气和环境空气中的苯胺类化合物时，该方法为特异反应，一定浓度的氨、氮氧化物、甲苯胺、对甲苯胺、二甲苯胺等对比色有干扰，尤其对高浓度的苯胺，干扰更为明显。（　　）

答案：错误

　正确答案为：该方法为非特异反应，一定浓度的氨、氮氧化物、甲苯胺、对甲苯胺、二甲苯胺等对比色有干扰，尤其对低浓度的苯胺，干扰更为明显。

2. 根据《空气质量　苯胺类的测定　盐酸萘乙二胺分光光度法》（GB/T 15502—1995）测定工业废气和环境空气中的苯胺类化合物，采集好的样品应 2 d 内分析完毕，于 2～5℃可存放 1 周。（　　）

答案：正确

3. 根据《空气质量　苯胺类的测定　盐酸萘乙二胺分光光度法》（GB/T 15502—1995）测定工业废气中的苯胺类化合物，采样引气管材质应为聚氯乙烯管，内径 6～7 mm，引气管前端带有活性炭滤料。（　　）

答案：错误

　正确答案为：采样引气管材质应为聚四氟乙烯管，内径 6～7 mm，引气管前端带有玻璃纤维滤料。

4. 根据《空气质量　苯胺类的测定　盐酸萘乙二胺分光光度法》（GB/T 15502—1995）测定工业废气和环境空气中的苯胺类化合物，配制苯胺标准储备液的方法：于 50.0 mL 容量瓶中加 20 mL 吸收液准确称量，加 1～2 滴苯胺再次称量，用差减法计算苯胺量，用水稀释定容，室温保存。（　　）

答案：错误

　正确答案为：应于 50.0 mL 棕色容量瓶中加 20 mL 吸收液准确称量，加 1～2 滴苯胺再次称量，用差减法计算苯胺量，用吸收液稀释定容并于 2～5℃保存。

5. 根据《空气质量　苯胺类的测定　盐酸萘乙二胺分光光度法》(GB/T 15502—1995)测定工业废气和环境空气中的苯胺类化合物，用现场未采样空白吸收管的吸收液按校准曲线绘制的方法进行空白测定。(　　)

答案：正确

三、选择题

1. 根据《空气质量　苯胺类的测定　盐酸萘乙二胺分光光度法》(GB/T 15502—1995)测定工业废气和环境空气中的苯胺类化合物，苯胺气体经硫酸溶液吸收后，在pH为________和________℃的条件下，经亚硝酸钠重氮化，苯胺重氮化后与盐酸萘乙胺耦合生成紫红色化合物比色测定。(　　)

A. 1～3，5～10　　B. 2～3，15～20　　C. 2～4，5～20

答案：B

2. 根据《空气质量　苯胺类的测定　盐酸萘乙二胺分光光度法》(GB/T 15502—1995)测定空气中的苯胺类化合物，需采用不含有机物的蒸馏水，该水通过加少量高锰酸钾的________溶液于水中，再行蒸馏即得，在整个蒸馏过程中水应始终保持________，否则应随时补加高锰酸钾。(　　)

A. 酸性，不变　　B. 中性，棕色　　C. 碱性，红色

答案：C

3. 根据《空气质量　苯胺类的测定　盐酸萘乙二胺分光光度法》(GB/T 15502—1995)测定工业废气和环境空气中的苯胺类化合物，当苯胺浓度为10 μg/10 mL时，共存NH_4^+的含量不大于________mg时，NO_x含量不大于________mg时，无明显干扰。(　　)

A. 500，3　　B. 400，5　　C. 400，3

答案：C

四、问答题

简述根据《空气质量　苯胺类的测定　盐酸萘乙二胺分光光度法》(GB/T 15502—1995)测定空气中的苯胺类化合物时，如何驱除过量的亚硝酸钠，亚硝酸钠对测定是否有影响。

答案：过量的亚硝酸钠必须用氨基磺酸胺完全驱尽，否则能与盐酸萘乙二胺作用，影响测定。

参考文献

[1] 国家环境保护局 . 空气质量　苯胺类的测定　盐酸萘乙二胺分光光度法：GB/T 15502—1995 [S]. 北京：中国环境科学出版社，1995.

[2] 国家环境保护总局《空气和废气监测分析方法》编委会 . 空气和废气监测分析方法（第四版）[M]. 北京：中国环境科学出版社，2003.

命题：王　琳　刘　伟
审核：梁富生　夏　新

第二十六节　甲醛

分类号：G7-25

主要内容
①《空气质量　甲醛的测定　乙酰丙酮分光光度法》（GB/T 15516—1995）
②甲醛　酚试剂分光光度法《空气和废气监测分析方法》（第四版）

一、填空题

1. 根据《空气质量　甲醛的测定　乙酰丙酮分光光度法》（GB/T 15516—1995）测定空气中甲醛时，采样系统由________、________和空气采样器串联组成。采样时用皂膜流量计对空气采样器进行流量校准。①

答案：引气管　吸收管

2. 根据《空气质量　甲醛的测定　乙酰丙酮分光光度法》（GB/T 15516—1995）测定空气中甲醛时，日光照射能使甲醛________，因此在采样时选用________色吸收管，在样品运输和存放过程中，都应采取________措施。①

答案：氧化　棕　避光

3. 根据《空气质量　甲醛的测定　乙酰丙酮分光光度法》（GB/T 15516—1995）测定空气中甲醛时，采集好的样品于________℃贮存，________d 内分析完毕。①

答案：2～5　2

4. 根据《空气和废气监测分析方法》（第四版）中酚试剂分光光度法测定空气中甲醛的方法原理为：依据甲醛与酚试剂反应生成嗪，在________离子存在下，嗪与酚试剂的氧化产物反应生成蓝绿色化合物，根据颜色深浅，用分光光度法测定。②

答案：高铁

5. 根据《空气和废气监测分析方法》（第四版）中酚试剂分光光度法测定空气中甲醛的方法检出限为 0.1 μg/5 mL，当采样体积为 10 L 时，最低检出浓度为________mg/m^3。②

答案：0.01

二、判断题

1.《空气质量　甲醛的测定　乙酰丙酮分光光度法》（GB/T 15516—1995）测定空气中甲醛时，除非另有说明，分析时均使用符合国家标准的分析纯试剂和不含有机物的蒸馏水。（　　）①

答案：正确

2. 根据《空气质量　甲醛的测定　乙酰丙酮分光光度法》（GB/T 15516—1995）测定空气中甲醛时，配制好的乙酰丙酮溶液在常温下保存，可稳定 1 个月。（　　）①

答案：错误

正确答案为：配制好的乙酰丙酮溶液应于 2～5℃贮存，可稳定 1 个月。

3. 根据《空气和废气监测分析方法》（第四版）中酚试剂分光光度法测定空气中甲醛，

在标定甲醛时，在摇动下立即快速加入 30% 氢氧化钾溶液，至颜色明显减退，再摇片刻，待退成淡黄色，放置后应退至无色。（　　）②

答案：错误

正确答案为：在摇动下立即逐滴加入 30% 氢氧化钾溶液，至颜色明显减退。

4. 根据《空气和废气监测分析方法》（第四版）中酚试剂分光光度法测定空气中甲醛，用一个内装 5.0 mL 吸收液的多孔玻板吸收管，以 0.5 L/min 流量，采气 10 L。（　　）②

答案：错误

正确答案为：用一个内装 5.0 mL 吸收液的大型气泡吸收管，以 0.5 L/min 流量，采气 10 L。

5. 根据《空气和废气监测分析方法》（第四版）中酚试剂分光光度法测定空气中甲醛，配制的吸收原液，贮存于棕色瓶中，在冰箱内可稳定 5 d。（　　）②

答案：错误

正确答案为：配制的吸收原液，贮存于棕色瓶中，在冰箱内可稳定 3 d。

6. 根据《空气和废气监测分析方法》（第四版）中酚试剂分光光度法测定空气中甲醛，灵敏度高，选择性好。（　　）②

答案：错误

正确答案为：选择性较差。

三、选择题

1. 根据《空气质量　甲醛的测定　乙酰丙酮分光光度法》（GB/T 15516—1995）测定空气中甲醛时，甲醛气体经水吸收后，在________的乙酸－乙酸铵缓冲溶液中，与乙酰丙酮作用，在沸水浴条件下，迅速生成稳定的黄色化合物，在波长 413 nm 处测定。（　　）①

A. pH=6　　B. pH=4　　C. pH=8

答案：A

2. 根据《空气质量　甲醛的测定　乙酰丙酮分光光度法》（GB/T 15516—1995）测定空气中甲醛，当甲醛浓度为 20 μg/10 mL 时，当共存________苯酚、________乙醛、________铵离子时无干扰影响；共存 SO_2________、NO_x________时，甲醛回收率不低于 95%。（　　）①

A. 8 mg（400 倍），10 mg（500 倍），600 mg（30 000 倍），小于 20 μg，小于 50 μg

B. 600 mg（30 000 倍），10 mg（500 倍），8 mg（400 倍），小于 20 μg，小于 50 μg

C. 600 mg（30 000 倍），10 mg（500 倍），8 mg（400 倍），小于 50 μg，小于 20 μg

答案：A

3. 根据《空气和废气监测分析方法》（第四版）中酚试剂分光光度法测定空气中甲醛，绘制校准曲线时与样品测定时温差不超过________℃（　　）②

A. 4　　B. 2　　C. 3

答案：B

4. 根据《空气和废气监测分析方法》（第四版）中酚试剂分光光度法测定空气中甲醛，

当与二氧化硫共存时会使结果________，二氧化硫产生的干扰，可在采样时，使气体先通过装有________滤纸的过滤器，即可排出干扰。(　　) ②

A. 偏高，硫酸锰　　B. 偏低，硫酸锌

C.　偏低，硫酸锰　　D. 偏高，硫酸锌

答案：C

5. 根据《空气和废气监测分析方法》(第四版)中酚试剂分光光度法测定空气中甲醛，校准曲线绘制及样品测定时，应向各管中加入 1% 的硫酸铁铵溶液 0.4 mL，摇匀。在室温下________℃显色 30 min。(　　) ②

A. 8～35　　B. 5～35　　C. 15～25

答案：A

参考文献

[1] 空气质量　甲醛的测定　乙酰丙酮分光光度法：GB/T 15516—1995 [S]. 北京：中国环境科学出版社 .

[2] 国家环境保护总局《空气和废气监测分析方法》编委会 . 空气和废气监测分析方法(第四版)[M]. 北京：中国环境科学出版社，2003.

[3] 国家质量技术监督局 . 公共场所空气中甲醛测定方法：GB/T 18204.26—2000 [S]. 北京：中国标准出版社，2000.

命题：刘　伟　韩　毓

审核：梁富生　夏　新

第二十七节　甲基对硫磷

分类号：G7–26

主要内容
甲基对硫磷的测定　盐酸萘乙二胺分光光度法《空气和废气监测分析方法》(第四版)

一、填空题

1. 根据《空气和废气监测分析方法》(第四版)，采用盐酸萘乙二胺分光光度法测定空气中的甲基对硫磷，采集样品时，将采样管与空气采样器相连，使采样管________(相对方向)于地面，令气样________(方向)通过采样管，以 1 L/min 流量采样 60 L。

答案：垂直　　自下而上

2. 根据《空气和废气监测分析方法》(第四版)，采用盐酸萘乙二胺分光光度法测定空气中甲基对硫磷时，试样的显色反应的适宜温度为________℃；若室温较低时，可在________中进行。

答案：20～30　恒温水浴

3. 根据《空气和废气监测分析方法》(第四版)，采用盐酸萘乙二胺分光光度法测定

空气中甲基对硫磷时，在酸性条件下，用三氯化钛将甲基 E605 分子中的硝基还原成________基，再经重氮化反应后，与盐酸萘乙二胺耦合生成偶氮化合物。

答案：氨

4. 根据《空气和废气监测分析方法》（第四版），采用盐酸萘乙二胺分光光度法测定空气中甲基对硫磷时，采用重氮化、耦合反应，________类或能还原成________的硝基苯类化合物，均会产生颜色而干扰测定。

答案：芳香胺　胺

5. 根据《空气和废气监测分析方法》（第四版），采用盐酸萘乙二胺分光光度法测定空气中甲基对硫磷时，过量的亚硝酸钠需要用________除尽。

答案：氨基磺酸铵

二、判断题

1. 根据《空气和废气监测分析方法》（第四版），采用盐酸萘乙二胺分光光度法测定空气中甲基对硫磷时，作为生产原料的对硝基酚钠，含量在 10 μg 以上一般不会干扰测定。10 μg 以下时，只要样品显色后尽快比色，对测定无显著干扰。（　　）

答案：正确

2. 根据《空气和废气监测分析方法》（第四版），采用盐酸萘乙二胺分光光度法测定空气中甲基对硫磷时，经重氮化、耦合反应后，生成暗褐色偶氮化合物，根据颜色深浅，用分光光度法测定。（　　）

答案：错误

正确答案为：经重氮化、耦合反应后，生成紫红色偶氮化合物。

3. 根据《空气和废气监测分析方法》（第四版），采用盐酸萘乙二胺分光光度法测定空气中甲基对硫磷时，甲基对硫磷标准使用液可事先配好，置冰箱保存。（　　）

答案：错误

正确答案为：甲基对硫磷标准使用液应临用现配。

4. 根据《空气和废气监测分析方法》（第四版），采用盐酸萘乙二胺分光光度法测定空气中甲基对硫磷时，配制甲基对硫磷标准储备液的方法是：称取 0.050 0 g 甲基对硫磷晶体，溶解于蒸馏水，定量移入 25 mL 容量瓶中，并用蒸馏水定容至标线。（　　）

答案：错误

正确答案为：称取 0.050 0 g 甲基对硫磷晶体，溶解于无水乙醇，定量移入 25 mL 容量瓶中，并用无水乙醇定容至标线。

三、选择题

1. 根据《空气和废气监测分析方法》（第四版），采用盐酸萘乙二胺分光光度法测定空气中甲基对硫磷时，样品采集时在吸附采样管内填装 500 mg________，两端塞________。（　　）

A. 101 白色担体，少许玻璃纤维　　B. 101 白色担体，医用药棉

C. 活性炭，少许玻璃纤维

答案：A

2. 根据《空气和废气监测分析方法》（第四版），采用盐酸萘乙二胺分光光度法测定空气中甲基对硫磷时，甲基对硫磷标准贮备液可________。(　　)

A. 临用现配　　B. 事先配好后置冰箱保存

C. 事先配好后置常温保存

答案：B

3. 根据《空气和废气监测分析方法》（第四版），采用盐酸萘乙二胺分光光度法测定空气中甲基对硫磷时，在采有样品的采样管中滴加丙酮，用具塞刻度管收集 5.00 mL 解吸液，用________气流将解吸液小心浓缩至干。(　　)

A. 氮气　　B. 空气　　C. 氧气

答案：A

4. 根据《空气和废气监测分析方法》（第四版），采用盐酸萘乙二胺分光光度法测定空气中甲基对硫磷时，当三氯化钛溶液由________变成________时，表示已被氧化为四价钛，不能继续使用。(　　)

A. 暗褐色，紫红色　　B. 蓝紫色，紫红色

C. 紫红色，暗褐色

答案：C

四、问答题

1. 简述《空气和废气监测分析方法》（第四版）中采用盐酸萘乙二胺分光光度法测定空气中甲基对硫磷，样品用 20% 乙醇溶液溶解时，若发现浑浊现象，应如何处理。

答案：样品用 20% 乙醇溶液溶解时，若发现浑浊现象，仍可按原操作步骤进行。但在加入显色剂 10 min 后，需将显色溶液移入 60 mL 干燥的分液漏斗中，加入用 20% 乙醇溶液饱和过的石油醚 5 mL，振摇 10 次，静置分层。取水相，测定吸光度。

2. 根据《空气和废气监测分析方法》（第四版），采用盐酸萘乙二胺分光光度法测定空气中甲基对硫磷，当三氯化钛溶液中的三价钛已被氧化为四价钛时，溶液已经不能继续使用，此时应如何处理？

答案：当三氯化钛溶液由紫红色变成暗褐色时，表示已被氧化为四价钛，不能继续使用，需向三氯化钛溶液中加 1～2 粒锌粒，放置过夜，过滤后溶液又呈紫色，可继续使用。

五、计算题

采用盐酸萘乙二胺分光光度法测定空气中的甲基对硫磷时，以 1.0 L/min 流量采样 60.0 L，测得甲基对硫磷的含量为 12.5 μg，采样时的温度为 24℃，大气压为 101.425 kPa，试计算标准状态下甲基对硫磷的浓度。

答案：$V_0=(V_t\times 273\times P)/[(273+t)\times 101.325]$

$=(60.0\times 273\times 101.245)/[(273+24)\times 101.325]=55.2\text{ (L)}$

$C=W/V_0=12.5/55.2=0.226$（mg/m^3）

参考文献

国家环境保护总局《空气和废气监测分析方法》编委会. 空气和废气监测分析方法（第四版）[M]. 北京：中国环境科学出版社，2003.

命题：韩　毓　刘　伟
审核：梁富生　夏　新

第二十八节　敌百虫

分类号：G7-27

主要内容
敌百虫的测定　硫氰酸汞分光光度法《空气和废气监测分析方法》（第四版）

一、填空题

1. 根据《空气和废气监测分析方法》（第四版）中硫氰酸汞分光光度法测定空气中敌百虫时，用盛有 5 mL 敌百虫吸收液的 U 形多孔玻板吸收管采集样品，长时间采样时，乙醇易挥发，需随时________。

答案：补充

2. 根据《空气和废气监测分析方法》（第四版）中硫氰酸汞分光光度法测定空气中敌百虫时，试剂空白液的吸光度较高而且不稳定，应检查水和所有试剂的含________量，每换一批试剂需多次测定试剂空白液吸光度，在测得________后，再绘制标准曲线及测定样品。

答案：氯　稳定数值

3. 根据《空气和废气监测分析方法》（第四版）中硫氰酸汞分光光度法测定空气中敌百虫时，经反应置换出的硫氰酸根离子与高铁离子作用生成________色络合物，根据颜色深浅，用分光光度法测定。

答案：橙红

4. 根据《空气和废气监测分析方法》（第四版）中硫氰酸汞分光光度法测定空气中敌百虫，在配制硫酸氰汞－乙醇饱和溶液时，将 0.40 g 硫酸氰汞用 100 mL 无水乙醇浸泡________（时间）后，取________使用。

答案：1 周　上清液

二、判断题

1. 根据《空气和废气监测分析方法》（第四版）中硫氰酸汞分光光度法测定空气中敌百虫时，在采样过程中，为避免水解时乙醇蒸发，需使用水解管，并且每批水解管做一个不含敌百虫的空白对照管，以校正操作误差。(　　)

答案：正确

2. 敌百虫在中性或酸性溶液中不会发生水解。(　　)

答案：错误

正确答案为：敌百虫在中性或酸性溶液中有约为 6% 的微量水解。

3. 根据《空气和废气监测分析方法》（第四版）中硫氰酸汞分光光度法测定空气中敌百虫，测定吸光度时以 10% 乙醇溶液为参比。(　　)

答案：错误

正确答案为：应以水为参比。

4. 根据《空气和废气监测分析方法》（第四版）中硫氰酸汞分光光度法测定空气中敌百虫时，可用差减法去除干扰。当空气中氯化氢、颗粒物中氯化氢含量较敌百虫含量高得多时，用差减法测定敌百虫的误差较大。(　　)

答案：正确

三、选择题

1. 根据《空气和废气监测分析方法》（第四版）中硫氰酸汞分光光度法测定空气中敌百虫时，空气中的敌百虫经乙醇溶液吸收并在________中水解，游离出氯离子。(　　)

A. 碱性溶液　　B. 酸性溶液　　C. 中性溶液

答案：A

2. 根据《空气和废气监测分析方法》（第四版）中硫氰酸汞分光光度法测定空气中敌百虫时，由于敌百虫的比重较________，采样器安放位置不宜过________，距地面________m 即可。(　　)

A. 小，低，3～5　　B. 大，高，1～5　　C. 大，高，3～5

答案：B

3. 根据《空气和废气监测分析方法》（第四版）中硫氰酸汞分光光度法测定空气中敌百虫，样品在水解管中进行水解时，水浴的液面应________溶液的液面。(　　)

A. 略高于　　B. 略低于　　C. 持平于

答案：A

4. 根据《空气和废气监测分析方法》（第四版）中硫氰酸汞分光光度法测定空气中敌百虫，当配制的硫酸铁铵硝酸溶液出现浑浊时，________。(　　)

A. 可以继续使用　　B. 应过滤后再使用　　C. 应重新配制

答案：B

5. 根据《空气和废气监测分析方法》（第四版）中硫氰酸汞分光光度法测定空气中敌百虫，采集样品时，在敌百虫吸收管前串一个内装硝酸银 - 硝酸溶液的吸收管，可除去________的干扰。(　　)

A. 敌敌畏　　B. 空气及颗粒物中的氯化氢　　C. 三氯乙醛

答案：C

6. 根据《空气和废气监测分析方法》（第四版）中硫氰酸汞分光光度法测定空气中敌百虫时，在________中，氯离子与硫氰酸汞反应生成难电离的二氯化汞，置换出硫

氰酸根离子，硫氰酸根离子与高铁离子作用生成络合物，根据颜色深浅，用分光光度法测定。(　　)

A. 碱性溶液　　B. 酸性溶液　　C. 中性溶液

答案：B

四、问答题

1. 简述《空气和废气监测分析方法》(第四版)中硫氰酸汞分光光度法测定空气中敌百虫时，应如何清洗吸收管、比色管、吸管和比色皿等器皿，清洗后如何检查是否清洗干净。

答案：应该用去离子水或蒸馏水洗涤，以防氯离子沾污，洗净后可用试剂空白液检查，再洗净后使用。

2. 根据《空气和废气监测分析方法》(第四版)中硫氰酸汞分光光度法测定空气中敌百虫时，如使用氯化钾做标准绘制吸光度对氯离子浓度的标准曲线，应如何进行校正？

答案：在用硫氰酸汞分光光度法测定空气中敌百虫时，分别以氯化钾和敌百虫为标准，绘制吸光度对氯离子浓度的标准曲线时，其斜率稍有差异（各为 0.016 0 和 0.015 6）。所以在使用氯化钾做标准时，需对计算结果进行校正。经几个实验室测定后，计算得到校正系数为 1.09，有条件的实验室最好使用敌百虫标准品 BW1103 配制标准溶液。

参考文献

国家环境保护总局《空气和废气监测分析方法》编委会 . 空气和废气监测分析方法（第四版）[M]. 北京：中国环境科学出版社，2003.

命题：韩　毓

审核：刘　伟　方米卓　夏　新

第二十九节　丙烯醛

分类号：G7–28

主要内容
丙烯醛的测定 4- 己基间苯二酚分光光度法《空气和废气监测分析方法》(第四版)

一、填空题

1. 根据《空气和废气监测分析方法》(第四版)中 4- 己基间苯二酚分光光度法测定空气中的丙烯醛时，空气中常见量的二氧化硫、二氧化氮、________和大多数空气中的________均不干扰测定。

答案：臭氧　　有机物

2. 根据《空气和废气监测分析方法》（第四版）中 4- 己基间苯二酚分光光度法测定空气中的丙烯醛时，样品显色后，于室温下放置________h 其吸光度可达到最大值，并可稳定________h。

答案：1　　3

3. 根据《空气和废气监测分析方法》（第四版）中 4- 己基间苯二酚分光光度法测定空气中的丙烯醛，配制丙烯醛标准贮备溶液时，于 25 mL 棕色容量瓶中加少许 95% 乙醇，准确称重，加入 2～3 滴________的丙烯醛，再准确称重后，两次重量之差即为丙烯醛的重量，用 95% 乙醇稀释至标线。此溶液可在冰箱中保存________（时间）。

答案：新蒸馏　　　1 周

二、判断题

1. 根据《空气和废气监测分析方法》（第四版）中 4- 己基间苯二酚分光光度法测定空气中的丙烯醛时，由于三氯乙酸含杂质量不同，当启用新的三氯乙酸时，应重新绘制校准曲线。（　　）

答案：正确

2. 根据《空气和废气监测分析方法》（第四版）中 4- 己基间苯二酚分光光度法测定空气中的丙烯醛时，将采样后的两支吸收管中的样品分别移入具塞比色管中，用少量乙醇清洗吸收管，使每个吸收管的总体积为 10.0 mL，按绘制标准曲线的步骤测定吸光度。（　　）

答案：正确

3. 根据《空气和废气监测分析方法》（第四版）中 4- 己基间苯二酚分光光度法测定空气中的丙烯醛的原理为：丙烯醛在乙醇 - 三氯乙酸介质中，于氧化剂二氯化汞存在下，与 4- 己基间苯二酚作用，生成蓝色络合物，根据颜色深浅，用分光光度法测定。（　　）

答案：错误

正确答案为：二氯化汞是反应的催化剂，丙烯醛与 4- 己基间苯二酚生成的蓝色化合物，不是络合物。

4. 根据《空气和废气监测分析方法》（第四版）中 4- 己基间苯二酚分光光度法测定空气中的丙烯醛时，4- 己基间苯二酚的纯品为白色或略带黄色，如呈浅色，应该用石油醚或己烷重结晶。（　　）

答案：错误

正确答案为：4- 己基间苯二酚的纯品为白色或略带微黄色，如呈浅粉色，应该用石油醚或环己烷重结晶。

5. 根据《空气和废气监测分析方法》（第四版）中 4- 己基间苯二酚分光光度法测定空气中的丙烯醛时，串联两支各装有 10.0 mL 吸收液的 U 形多孔玻板吸收管，置于冰水浴中，以 0.5 L/min 的流量采气 30～60 L。（　　）

答案：正确

6. 根据《空气和废气监测分析方法》（第四版）中 4- 己基间苯二酚分光光度法测定空气中的丙烯醛时，需要用重蒸蒸馏水配制溶液。（　　）

答案：正确

三、选择题

1. 根据《空气和废气监测分析方法》（第四版）中 4- 己基间苯二酚分光光度法测定空气中的丙烯醛时，量取 10 mL 纯丙烯醛于通风橱中进行蒸馏，弃去前________mL 初馏分，将丙烯醛收集在已加入 8～10 mg（0.1%）________的瓶中，以延缓其聚合作用。（　　）

A. 2，间苯二酚　　B. 2，对苯二酚　　C. 2，邻苯二酚　　D. 3，邻苯二酚

答案：B

2. 根据《空气和废气监测分析方法》（第四版）中 4- 己基间苯二酚分光光度法测定空气中的丙烯醛时，蒸馏好的丙烯醛保存于冰箱中，贮备液可在冰箱中保存________，使用液________配制。（　　）

A. 1 周，提前　　B. 1 周，当天　　C. 1 个月，当天

答案：B

3. 根据《空气和废气监测分析方法》（第四版）中 4- 己基间苯二酚分光光度法测定空气中的丙烯醛时，样品采集、运输和保存均要________。采样后应尽快测定，如在第二吸收管后面串联一支装水的吸收管，可吸收________气体，以防止腐蚀抽气泵。（　　）

A. 避光，三氯乙酸　　B. 低温，三氯乙酸　　C. 避光，丙烯醛

答案：A

4. 根据《空气和废气监测分析方法》（第四版）中 4- 己基间苯二酚分光光度法测定空气中的丙烯醛时，配制吸收液的方法是：吸取 95% 乙醇溶液、饱和三氯乙酸溶液、3% 二氯化汞溶液、4- 己基间苯二酚溶液，按体积比________混合，临用时现配，试剂避免日光直射。（　　）

A. 50∶2∶1∶50　　B. 2∶1∶50∶50　　C. 50∶50∶2∶1

答案：C

参考文献

国家环境保护总局《空气和废气监测分析方法》编委会 . 空气和废气监测分析方法（第四版）[M]. 北京：中国环境科学出版社，2003.

命题：刘金冠　刘　伟

审核：梁富生　夏　新

第三十节　丙酮

分类号：G7–29

主要内容
丙酮的测定　糠醛比色法《空气和废气监测分析方法》（第四版）

一、填空题

根据《空气和废气监测分析方法》（第四版），采用糠醛比色法测定空气中的丙酮时，糠醛溶液的浓度________%（*m*/*V*）较好，浓度大于________%（*m*/*V*）便产生浑浊，有黑色颗粒状的悬浮物。

答案：（0.1～0.2）　0.3

二、判断题

1. 根据《空气和废气监测分析方法》（第四版），采用糠醛比色法测定空气中的丙酮，采样时，加入的碱量可直接影响到溶液的颜色，故必须控制其加入量。（　　）

答案：正确

2. 根据《空气和废气监测分析方法》（第四版），采用糠醛比色法测定空气中的丙酮时，1 000 倍左右的二甲苯、二硫化碳、甲醛、乙酰丙酮、乙醇胺、丁酮、甲基异丁基酮等有干扰，故在现场采样时，必须考虑是否存在上述污染物来源。（　　）

答案：正确

3. 根据《空气和废气监测分析方法》（第四版），采用糠醛比色法测定空气中的丙酮时，应该用分析纯的糠醛试剂配制糠醛溶液。（　　）

答案：错误

正确答案为：应该用新蒸馏的糠醛试剂配制。

三、选择题

1. 根据《空气和废气监测分析方法》（第四版），采用糠醛比色法测定空气中的丙酮时，显色后，应在________h 内比色完毕。（　　）

A. 0.5　　B. 1　　C. 2　　D. 3

答案：C

2. 根据《空气和废气监测分析方法》（第四版），采用糠醛比色法测定空气中的丙酮，采样时，串联两支各装 5.0 mL 吸收液的________吸收管，以 0.5 L/min 流量采气 10 L。（　　）

A. 多孔玻板　　B. 气泡型

答案：A

3. 根据《空气和废气监测分析方法》（第四版），采用糠醛比色法测定空气中的丙酮，吸收液（4% 氢氧化钠）用量低于 4.5 mL 时呈________色；大于 5.5 mL 时呈________色；而 5.0 mL 时呈________色，色泽明亮。（　　）

A. 橘红，淡黄，玫瑰　　B. 玫瑰，淡黄，橘红

C. 淡黄，玫瑰，橘红

答案：B

4. 根据《空气和废气监测分析方法》（第四版），采用糠醛比色法测定空气中的丙酮时，缩合反应在________℃水浴进行最佳，切勿在________中加热。（　　）

A. 65，电炉　　B. 55，沸水浴　　C. 65，沸水浴

答案：C

四、问答题

根据《空气和废气监测分析方法》(第四版),采用糠醛比色法测定空气中的丙酮,加入硫酸时,为什么标准系列管和样品管应同时放在冷水中冷却,并沿管壁缓慢加入?

答案: 用糠醛比色法测定空气中丙酮,加入硫酸时,标准系列管和样品管应同时放在冷水中冷却,沿管壁缓慢加入。否则,所产生大量的热,能使生成的橘红色很快变浅,影响比色,甚至使 10 μg/5 mL 标准管的颜色明显减退。

参考文献

国家环境保护总局《空气和废气监测分析方法》编委会.空气和废气监测分析方法(第四版)[M].北京:中国环境科学出版社,2003.

命题:张玉惠 刘 伟

审核:梁富生 夏 新

第三十一节 环氧氯丙烷

分类号:G7-30

主要内容
环氧氯丙烷的测定 乙酰丙酮分光光度法《空气和废气监测分析方法》(第四版)

一、填空题

根据《空气和废气监测分析方法》(第四版),采用乙酰丙酮分光光度法测定空气中环氧氯丙烷时,若乙酰丙酮有颜色,宜在使用前________。

答案: 重新蒸馏

二、判断题

1. 根据《空气和废气监测分析方法》(第四版),采用乙酰丙酮分光光度法测定空气中的环氧氯丙烷时,采样管前不宜加接各种管道,以免环氧氯丙烷在管壁上冷凝和被吸附。( )

答案: 正确

2. 根据《空气和废气监测分析方法》(第四版),采用乙酰丙酮分光光度法测定空气中的环氧氯丙烷,采集样品时,将采样管与空气采样器相连,使采样管垂直于地面,令气样自下而上通过采样管,以 0.5 L/min 流量采样 60 L。( )

答案: 错误

正确答案为: 令气样自上而下通过采样管。

3. 根据《空气和废气监测分析方法》(第四版),采用乙酰丙酮分光光度法测定空气中的环氧氯丙烷时,样品测定与标准曲线绘制时的解吸、氧化及显色等条件应保持一致。( )

答案：正确

三、选择题

1. 根据《空气和废气监测分析方法》（第四版）中乙酰丙酮分光光度法测定空气中的环氧氯丙烷时，显色反应在室温下进行缓慢，显色需________h，若在 100℃加热 2～3 min，反应即可完全，并且颜色能稳定________h。(　　)

   A. 2，4　　　　B. 1，2　　　　C. 4，2

答案：A

2. 根据《空气和废气监测分析方法》（第四版）中乙酰丙酮分光光度法测定空气中的环氧氯丙烷时，氧化反应中剩余的高碘酸钾用________与氧化产物________分离。(　　)

   A. 萃取法，甲醛　　　　B. 蒸馏法，甲醛

   C. 蒸馏法，乙醛

答案：B

3. 根据《空气和废气监测分析方法》（第四版）中乙酰丙酮分光光度法测定空气中的环氧氯丙烷时，用________富集空气中的环氧氯丙烷后，加________溶液加热水解解吸。(　　)

   A. 吸收液，氢氧化钠　　　　B. 活性炭吸附采样管，氢氧化钠

   C. 活性炭吸附采样管，碳酸钠

答案：B

4. 根据《空气和废气监测分析方法》（第四版）中乙酰丙酮分光光度法测定空气中的环氧氯丙烷时，甲醛及能氧化成________的物质对本方法有干扰。(　　)

   A. 丙醛　　　　B. 甲醛　　　　C. 乙醛

答案：B

四、问答题

简述《空气和废气监测分析方法》（第四版）中乙酰丙酮分光光度法测定空气中的环氧氯丙烷，当采集的空气中含有甲醛时，应如何扣除甲醛干扰。

答案：当采集的空气中含有甲醛时，可同时做两份样品，一份不加氧化剂蒸馏，另一份加氧化剂蒸馏。分别测定其蒸馏液中的甲醛，将其差值换算为环氧氯丙烷的量，即可扣除甲醛干扰。

参考文献

国家环境保护总局《空气和废气监测分析方法》编委会 . 空气和废气监测分析方法（第四版）[M]. 北京：中国环境科学出版社，2003.

命题：张玉惠　梁富生

审核：刘　伟　方米卓　夏　新

第三十二节 吡啶

分类号：G7-31

主要内容
吡啶的测定 巴比妥酸分光光度法《空气和废气监测分析方法》（第四版）

一、填空题

1. 空气中的吡啶以________状态存在，其测定方法有分光光度法和气相色谱法，前者灵敏度高、选择性好，但需使用剧毒的________溶液；后者具有灵敏、快速、共存物干扰少等优点。

答案：蒸气　氰化钾

2. 根据《空气和废气监测分析方法》（第四版）中巴比妥酸分光光度法测定空气中的吡啶，显色温度和显色时间对吸光度值影响较大，在________℃水浴中至少放置________min，颜色才稳定，因此必须严格控制样品管和标准管的操作一致，显色后可稳定 5 h。

答案：40　45

3. 根据《空气和废气监测分析方法》（第四版）中巴比妥酸分光光度法测定空气中的吡啶，配制吡啶标准贮备溶液的方法是：在 25 mL 容量瓶中，加 0.010 mol/L 盐酸溶液约 10 mL，准确称量后，加入 2～3 滴________的吡啶，再准确称量，两次称量之差为吡啶的重量。用________溶液稀释至标线。

答案：新蒸馏　盐酸

二、判断题

1. 根据《空气和废气监测分析方法》（第四版）中巴比妥酸分光光度法测定空气中的吡啶，酸度对显色反应影响较大，盐酸及氰化钾用量应严格控制。（　　）

答案：正确

2. 根据《空气和废气监测分析方法》（第四版）中巴比妥酸分光光度法测定空气中的吡啶，在本法的条件下，15 mg 以下的氨对测定结果无干扰。（　　）

答案：正确

3. 根据《空气和废气监测分析方法》（第四版）中巴比妥酸分光光度法测定空气中的吡啶，配制吡啶标准使用液，临用时用 0.010 mol/L 盐酸溶液稀释至每毫升含 1.0 μg 吡啶的标准使用液。（　　）

答案：正确

4. 根据《空气和废气监测分析方法》（第四版）中巴比妥酸分光光度法测定空气中的吡啶，用一支内装 10 mL 吸收液的大型气泡吸收管，以 0.5 L/min 的流量采气 20～30 L（视污染物浓度而定），采集后的样品，应在 4 h 内测定。（　　）

答案：错误

正确答案为：应用一支内装 10 mL 吸收液的多孔玻板吸收管采样，采集后的样品应在 24 h 内测定。

5. 根据《空气和废气监测分析方法》（第四版）中巴比妥酸分光光度法测定空气中的吡啶，使用的氰化钾为剧毒试剂，使用时要小心并妥善保管，废液须经处理（加入三价铁或次氯酸钠）后排放。(　　)

答案：正确

三、选择题

根据《空气和废气监测分析方法》（第四版）中巴比妥酸分光光度法测定空气中的吡啶，配制巴比妥酸－丙酮水溶液的方法是：称取 1.25 g 巴比妥酸，溶解于________丙酮水溶液 100 mL 中，必要时可________促使溶解。(　　)

A.（1+1），加热　　B.（1+2），加热　　C.（1+1），搅拌

答案：A

参考文献

国家环境保护总局《空气和废气监测分析方法》编委会 . 空气和废气监测分析方法（第四版）[M]. 北京：中国环境科学出版社，2003.

命题：王　琳　刘　伟
审核：梁富生　夏　新

第三十三节　异氰酸甲酯

分类号：G7–32

主要内容
异氰酸甲酯的测定　2,4–二硝基氟苯分光光度法《空气和废气监测分析方法》（第四版）

一、填空题

1. 根据《空气和废气监测分析方法》（第四版）中 2,4–二硝基氟苯分光光度法测定空气中的异氰酸甲酯，异氰酸甲酯不稳定，易________、________和________。

答案：挥发　水解　聚合

2. 根据《空气和废气监测分析方法》（第四版）中 2,4–二硝基氟苯分光光度法测定空气中的异氰酸甲酯，采样后，将两支吸收管中的样品分别移入 50 mL 具塞比色管中，静置________h 后测定，若不能及时测定，放入________中保存。

答案：1　冰箱

二、判断题

1. 根据《空气和废气监测分析方法》（第四版）中 2,4–二硝基氟苯分光光度法测定空气中的异氰酸甲酯，异氰酸甲酯对人的眼睛和呼吸道有强烈的刺激作用，且能烧伤

皮肤，配制标准溶液要求在通风良好的条件下操作。(　　)

答案：正确

2. 根据《空气和废气监测分析方法》(第四版) 中 2,4- 二硝基氟苯分光光度法测定空气中的异氰酸甲酯，空气中的异氰酸甲酯在二甲基亚砜 - 盐酸吸收液中水解为甲胺，甲胺遇 2,4- 二硝基氟苯转化为黄色的 2,4- 二硝基苯基甲胺。该黄色络合物用四氯甲烷萃取后，用分光光度法测定。(　　)

答案：错误

正确答案为：黄色的 2,4- 二硝基苯基甲胺化合物用四氯乙烷萃取后，用分光光度法测定。

3. 根据《空气和废气监测分析方法》(第四版) 中 2,4- 二硝基氟苯分光光度法测定空气中的异氰酸甲酯，配制吸收液时，将二甲基亚砜与 0.10 mol/L 盐酸溶液等体积混合。(　　)

答案：正确

4. 根据《空气和废气监测分析方法》(第四版) 中 2,4- 二硝基氟苯分光光度法测定空气中的异氰酸甲酯，串联两支各装有 10 mL 吸收液的大型气泡吸收管，以 0.25 L/min 的流量采气 24 L。(　　)

答案：错误

正确答案为：串联两支各装有 10 mL 吸收液的多孔玻板吸收管。

5. 根据《空气和废气监测分析方法》(第四版) 中 2,4- 二硝基氟苯分光光度法测定空气中的异氰酸甲酯，当空气中含有甲胺时，可在吸收管前串联一支活性炭管，以吸附甲胺。(　　)

答案：错误

正确答案为：可在吸收管前串联一支强酸型阳离子交换树脂管，以吸附甲胺。

三、选择题

1. 根据《空气和废气监测分析方法》(第四版) 中 2,4- 二硝基氟苯分光光度法测定空气中的异氰酸甲酯，标准曲线绘制时，取 6 支 25 mL 比色管，各加 5 滴亮黄指示剂，混匀后，先滴加氢氧化钠溶液，直到________色开始出现，然后用氢氧化钠溶液滴加到________色终点，再用氢氧化钠溶液滴定到一个稳定的终点，在强烈振摇后应保持不变。(　　)

A. 橙粉红，红　　　　B. 红，橙粉红

C. 橙，紫　　　　D. 橙，紫

答案：A

2. 根据《空气和废气监测分析方法》(第四版) 中 2,4- 二硝基氟苯分光光度法测定空气中的异氰酸甲酯，2,4- 二硝基氟苯被怀疑为________，使用时要注意安全，勿使其接触皮肤。(　　)

A. 致癌物　　　　B. 剧毒物

答案：A

参考文献

国家环境保护总局《空气和废气监测分析方法》编委会.空气和废气监测分析方法（第四版）[M].北京：中国环境科学出版社，2003.

命题：刘 伟 王 琳

审核：梁富生 夏 新

第三十四节 肼和偏二甲基肼

分类号：G7-33

主要内容
①肼的测定 分光光度法《空气和废气监测分析方法》（第四版）
②偏二甲基肼的测定 分光光度法《空气和废气监测分析方法》（第四版）

一、填空题

1. 根据《空气和废气监测分析方法》（第四版），空气中的肼和偏二甲基肼经吸附剂富集采样和溶液洗脱后，用分光光度法和气相色谱法测定。在肼和偏二甲基肼同时存在的场合，以采用________法测定为宜。①②

答案：气相色谱

2. 根据《空气和废气监测分析方法》（第四版），采用分光光度法测定空气中的偏二甲基肼时，发色时间和成色稳定时间均与发色时环境温度有关，随环境温度升高，发色时间逐渐________，颜色稳定时间逐渐________。②

答案：缩短　　缩短

二、判断题

1. 根据《空气和废气监测分析方法》（第四版），采用分光光度法测定空气中的肼时，空气中的氯气、甲基肼和偏二甲基肼对测定有干扰。（　　）①

答案：错误

正确答案为：空气中的氯气、甲基肼和偏二甲基肼氧化产物对测定肼有干扰。

2. 根据《空气和废气监测分析方法》（第四版），分光光度法测定空气中的肼，载体清洗时，称取 8 g 40～60 目 101 白色担体，放入盛有 50 mL 水的烧杯中，煮沸 3 min，在玻璃棒搅拌下用水反复漂洗，直至漂洗水清净透明。（　　）①

答案：错误

正确答案为：用水反复漂洗时不能用玻璃棒搅拌。

3. 根据《空气和废气监测分析方法》（第四版），采用分光光度法测定空气中的肼，载体清洗后，在分光光度计上于 460 nm 处用 2 cm 比色皿，以水为参比，测其吸光度在 0.2 以下则为清洗合格。（　　）①

答案：错误

正确答案为： 测其吸光度在 0.02 以下为合格。

4. 根据《空气和废气监测分析方法》（第四版），采用分光光度法测定空气中的肼，采样时，将采样管垂直放置，离地面 1.2～1.6 m，下端与空气采样器相连。以 1 L/min 的流量采样 60 L（或视空气中肼的浓度而定）。（　　）①

答案： 错误

正确答案为： 应离地面 1.3～1.5 m，上端与空气采样器相连。

5. 根据《空气和废气监测分析方法》（第四版），采用分光光度法测定空气中的偏二甲基肼，环境空气中低浓度的肼和一甲基肼对测定的干扰可以忽略。（　　）②

答案： 正确

6. 根据《空气和废气监测分析方法》（第四版），采用分光光度法测定空气中的偏二甲基肼，配制偏二甲基肼标准中间液时，用 pH 为 6.2 缓冲溶液将标准贮备液稀释成含偏二甲基肼 100 μg/mL 的标准中间液。（　　）②

答案： 错误

正确答案为： 用 pH 为 5.4 的缓冲溶液进行稀释。

7. 根据《空气和废气监测分析方法》（第四版），分光光度法测定空气中的偏二甲基肼，采样后的采样管应密封避光保存，避免偏二甲基肼挥发。（　　）②

答案： 错误

正确答案为： 采样后的采样管应密封避光保存，避免偏二甲基肼被氧化。

三、选择题

1. 根据《空气和废气监测分析方法》（第四版），采用分光光度法测定空气中的肼，采样结束后，采样管两端用________管帽密封，放入________中，送实验室分析。（　　）①

A. 橡胶，塑料袋　　B. 聚乙烯，黑纸袋　　C. 塑料，黑纸袋

答案： B

2. 根据《空气和废气监测分析方法》（第四版），采用分光光度法测定空气中的肼，偏二甲基肼的________对肼的测定有干扰，随其共存时间的延长干扰________。所以，同时含有肼和偏二甲基肼的样品应尽快分析，单独含有肼的样品可存放 20 d。（　　）①

A. 氧化产物，减少　B. 氧化产物，增大　C. 异构体，增大

答案： B

3. 根据《空气和废气监测分析方法》（第四版），采用分光光度法测定空气中的肼，配制肼标准贮备溶液的方法是：称取 0.406 1 g________，溶解于 0.10 mol/L________溶液，移入 1 000 mL 容量瓶中，并使用该溶液稀释至标线。此溶液每毫升含肼 100.0 μg。（　　）①

A. 硝酸肼，硝酸　　B. 盐酸肼，盐酸　　C. 硫酸肼，硫酸

答案： C

4. 根据《空气和废气监测分析方法》（第四版），采用分光光度法测定空气中的偏二甲基肼，浸渍硫酸的担体随时间的延长会产生少量________，使显色液________增大，故浸渍硫酸的担体保存期一般不超过________。（　　）②

A. 粉末，浊度，1 个月　　B. 沉淀，吸光度，半个月

C. 粉末，浊度，半个月

答案：C

5. 根据《空气和废气监测分析方法》（第四版），采用分光光度法测定空气中的偏二甲基肼，为保证被测溶液 pH 在________范围内，应该用 pH=________的缓冲溶液对浸渍硫酸的担体进行适当的调整。（　　）②

A. 6.2±0.2，5.4　　B. 5.4±0.2，6.2

C. 5.4±0.2，5.4

答案：B

6. 根据《空气和废气监测分析方法》（第四版），采用分光光度法测定空气中的偏二甲基肼，配制偏二甲基肼标准贮备液时，用注射器以________称取 100 mg 偏二甲基肼（称准至 0.1 mg），小心加入含有吸收液的容量瓶中，注意操作过程中注射器针尖须用________密封，防止偏二甲基肼泄漏。（　　）②

A. 减量法，胶皮块　　B. 差值法，聚乙烯帽

C. 减量法，聚乙烯块

答案：A

四、问答题

1. 简述《空气和废气监测分析方法》（第四版）中分光光度法测定空气中的肼和偏二甲基肼所用采样管的制作方法和要求。①②

答案：称取浸渍硫酸的担体 300 mg，通过小漏斗注入特制的玻璃采样管中，担体两端以洁净的 60 目不锈钢网固定。采样管两端用 F_{46} 塑料或聚乙烯帽密封，外面包以黑纸，保存于干燥器中。

2. 简述《空气和废气监测分析方法》（第四版）中分光光度法测定空气中的偏二甲基肼，用硫酸浸渍所用载体的方法。②

答案：称取清洗好的 101 白色担体 4.00 g，平摊在表面皿上，用分度吸管取硫酸—甲醇溶液 11.0 mL，缓慢滴加在担体上，使担体均匀浸透，在通风橱内使甲醇挥发，干后移入 60±1℃烘箱中烘 50 min，至松散不结块，取出在干燥器中冷却至室温，转入具塞瓶中备用。

参考文献

国家环境保护总局《空气和废气监测分析方法》编委会．空气和废气监测分析方法（第四版）[M]. 北京：中国环境科学出版社，2003.

命题：王　琳　刘　伟
审核：梁富生　夏　新

第三十五节　二硫化碳

分类号：G7-34

主要内容
《空气质量　二硫化碳的测定　二乙胺分光光度法》（GB/T 14680—1993）

一、填空题

1. 根据《空气质量　二硫化碳的测定　二乙胺分光光度法》（GB/T 14680—1993），硫化氢与二硫化碳共存时干扰测定，可在采样时用________过滤管排除。

答案：乙酸铅棉

2. 根据《空气质量　二硫化碳的测定　二乙胺分光光度法》（GB/T 14680—1993），采样时串联两支内装 10.0 mL 吸收液的多孔玻板吸收管，置于________中，第一支吸收管的吸收液明显呈________色，第二支吸收管的吸收液无色或略有颜色，即停止采样。

答案：冰水浴　　黄

3. 根据《空气质量　二硫化碳的测定　二乙胺分光光度法》（GB/T 14680—1993），采集环境空气中的二硫化碳时，在进气口接除硫化氢过滤管，该过滤管有 2/3 变为________色时，即应更换。

答案：黑灰

4.《空气质量　二硫化碳的测定　二乙胺分光光度法》（GB/T 14680—1993）规定了________源厂界环境及________环境中二硫化碳的测定方法。

答案：恶臭　　空气

二、判断题

1.《空气质量　二硫化碳的测定　二乙胺分光光度法》（GB/T 14680—1993）的方法检出限为 0.3 μg/10 mL；当采样体积为 10～30 L 时，最低检出浓度为 0.03 mg/m^3。(　　)

答案：正确

2. 根据《空气质量　二硫化碳的测定　二乙胺分光光度法》（GB/T 14680—1993），采集二硫化碳时，由于橡胶与二硫化碳发生反应，故除硫化氢的过滤管与第一吸收管、第一吸收管与第二吸收管之间，应采用内接外套法连接，不要直接用乳胶管连接。(　　)

答案：正确

3. 根据《空气质量　二硫化碳的测定二乙胺分光光度法》（GB/T 14680—1993），所用乙酸铅脱脂棉的制备方法是：称取 10 g 乙酸铅溶解于 90 mL 水中，加丙三醇 10 mL，搅拌均匀后将脱脂棉浸入，然后取出挤干，放在干燥箱内烘干，贮于广口瓶中备用。(　　)

答案：错误

正确答案为：将脱脂棉从丙三醇中取出挤干后，应放在没有硫化氢污染的室内自然晾干，贮于广口瓶中备用。

4. 根据《空气质量　二硫化碳的测定　二乙胺分光光度法》（GB/T 14680—1993），用含铜盐、二乙胺的乙醇溶液采样。（　　）

答案：正确

三、选择题

1. 根据《空气质量　二硫化碳的测定　二乙胺分光光度法》（GB/T 14680—1993），采样后，将样品放置于________中，合并两管吸收液并定容，取适量样品于 10 mL 具塞比色管中，加________至标线、摇匀。（　　）

A. 水浴，吸收液　　B. 冰水浴，无水乙醇

C. 室温，吸收液

答案：C

2. 根据《空气质量　二硫化碳的测定　二乙胺分光光度法》（GB/T 14680—1993），配制二硫化碳标准溶液和标准系列时，应先加________，后加________；勿使二硫化碳或标准溶液附着在管壁上，以防二硫化碳挥发损失。（　　）

A. 吸收液，二硫化碳或标准溶液

B. 二硫化碳或标准溶液，吸收液

答案：A

3. 根据《空气质量　二硫化碳的测定　二乙胺分光光度法》（GB/T 14680—1993），配制二硫化碳标准溶液时，在 25 mL 容量瓶中加入________约 15 mL，盖塞称重，然后加入二硫化碳（优级纯）1～2 滴，立即盖塞再称重。用________稀释至标线。（　　）

A. 吸收液，无水乙醇　　B. 无水乙醇，无水乙醇

C. 蒸馏水，蒸馏水

答案：B

四、计算题

根据《空气质量　二硫化碳的测定　二乙胺分光光度法》（GB/T 14680—1993）测定环境空气中二硫化碳，某监测点的环境温度为 18℃，气压为 101.1 kPa，以 0.2 L/min 流量采集空气中二硫化碳 60 min。已知测定样品溶液的吸光度为 0.164，试剂空白吸光度为 0.004，校准曲线回归方程斜率为 0.016 3，截距为 -4.06×10^{-3}。试计算该监测点标准状态下（0℃，101.3 kPa）二硫化碳的浓度（mg/m^3）。

答案：$V_t=0.2\times60=12.0$（L）

$V_0=(V_t\times273\times P)/[(273+t)\times101.325]$

$=(12.0\times273\times101.1)/[(273+18)\times101.325]=11.2$（L）

$C(CS_2,\ mg/m^3)=[(A-A_0)-a]/(b\times V_0)$

$=[(0.164-0.004)-(-4.06\times10^{-3})]/(0.163\times11.2)$

$=0.899\ (mg/m^3)$

参考文献

国家环境保护局，国家技术监督局．空气质量　二硫化碳的测定　二乙胺分光光度法：GB/T 14680—1993 [S]. 北京：中国环境科学出版社，1993.

命题：张玉惠　刘　伟
审核：梁富生　夏　新

第三十六节　铬酸雾

分类号：G7-35

主要内容
《固定污染源排气中铬酸雾的测定　二苯基碳酰二肼分光光度法》(HJ/T 29—1999)

一、填空题

1. 根据《固定污染源排气中铬酸雾的测定　二苯基碳酰二肼分光光度法》(HJ/T 29—1999)，在有________物质存在的条件下，铬酸雾的测定受到明显干扰。

答案：还原性

2. 根据《固定污染源排气中铬酸雾的测定　二苯基碳酰二肼分光光度法》(HJ/T 29—1999)，固定污染源有组织排放的铬酸雾用________吸附后，用________溶解；无组织排放的铬酸雾用________吸收。

答案：玻璃纤维滤筒　　水　　水

3. 根据《固定污染源排气中铬酸雾的测定　二苯基碳酰二肼分光光度法》(HJ/T 29—1999)，铬酸雾是指以________状态存在的铬酸或________铬酸盐。

答案：气雾　　可溶性

4. 根据《固定污染源排气中铬酸雾的测定　二苯基碳酰二肼分光光度法》(HJ/T 29—1999)测定的铬酸雾以________为基础，以铬酸计。

答案：六价铬

5. 根据《固定污染源排气中铬酸雾的测定　二苯基碳酰二肼分光光度法》(HJ/T 29—1999)进行铬酸雾测定时，有组织排放样品采集前，要彻底清洗采样管的________和弯管，并________。连接采样系统时，连接管要尽可能短，并检查系统的________和可靠性。

答案：采样嘴　　吹干　　气密性

6. 根据《固定污染源排气中铬酸雾的测定　二苯基碳酰二肼分光光度法》(HJ/T 29—1999)，进行无组织排放样品采集时，按照引气管、________、________________和抽气泵的顺序连接采样系统，连接管要尽可能短。

答案：吸收管　　流量计量装置

二、判断题

1. 根据《固定污染源排气中铬酸雾的测定　二苯基碳酰二肼分光光度法》（HJ/T 29—1999）测定有组织排放和无组织排放的铬酸雾中，除非另有说明，分析时均使用符合国家标准的分析纯试剂和蒸馏水。(　　)

答案： 正确

2. 根据《固定污染源排气中铬酸雾的测定　二苯基碳酰二肼分光光度法》（HJ/T 29—1999）测定铬酸雾时，配制的二苯基碳酰二肼溶液应放入冰箱中保存，可长期使用。(　　)

答案： 错误

正确答案为： 此试剂应为无色，颜色改变即不宜使用。

3. 根据《固定污染源排气中铬酸雾的测定　二苯基碳酰二肼分光光度法》（HJ/T 29—1999），在称取配制六价铬标准储备液所使用的基准试剂之前，应预先将重铬酸钾在 110℃烘干 2 h，并在干燥器中冷却 30 min。(　　)

答案： 正确

4. 根据《固定污染源排气中铬酸雾的测定　二苯基碳酰二肼分光光度法》（HJ/T 29—1999），无组织排放样品采集中，在连接采样系统时，必须使用引气管连接。(　　)

答案： 错误

正确答案为： 如无必要可不接引气管。

5. 根据《固定污染源排气中铬酸雾的测定　二苯基碳酰二肼分光光度法》（HJ/T 29—1999），无组织排放样品采样结束后，直接用乳胶管将吸收管的进、出口密封，带回实验室分析。(　　)

答案： 错误

正确答案为： 应该用聚四氟乙烯薄膜封住吸收管的进、出口，再用乳胶管将进、出口密封，带回实验室分析。

6. 根据《固定污染源排气中铬酸雾的测定　二苯基碳酰二肼分光光度法》（HJ/T 29—1999），将标准系列溶液测得的吸光度值对六价铬含量作图，即得标准曲线。(　　)

答案： 错误

正确答案为： 绘制标准曲线时，应从标准系列溶液测得的吸光度中扣除试剂空白（零浓度）的吸光度，得到校正吸光度，以校正吸光度值对六价铬含量绘制标准曲线。

三、选择题

1. 根据《固定污染源排气中铬酸雾的测定　二苯基碳酰二肼分光光度法》（HJ/T 29—1999），采集的样品均应________，有组织排放的样品应于________d 内分析完毕，无组织排放的样品应尽快分析，存放时间最多不能超过________h。(　　)

A. 密封保存，7，24　　　　B. 冷冻保存，7，24

C. 密封保存，24，7　　　　D. 密封保存，7，48

答案：A

2. 根据《固定污染源排气中铬酸雾的测定　二苯基碳酰二肼分光光度法》（HJ/T 29—1999），进行样品比色测定时，在波长________nm 处，以________为参比，用 1 cm 比色皿，测定各样品的吸光度。（　　）

A. 540，蒸馏水　　B. 540，吸收液　　C. 590，蒸馏水

答案：A

3. 根据《固定污染源排气中铬酸雾的测定　二苯基碳酰二肼分光光度法》（HJ/T 29—1999）测定有组织排放的铬酸雾时，采样完毕后，小心取出滤筒，放入________中，并用少量蒸馏水冲洗________和弯管，洗涤液并入锥形瓶中，盖好瓶塞，带回实验室。（　　）

A. 250 mL 锥形瓶，采样嘴　　B. 滤筒盒，弯头

C. 滤纸袋，采样管

答案：A

四、问答题

简述用二苯基碳酰二肼分光光度法测定有组织排放样品中的铬酸雾时，如何对采集完样品的滤筒进行处理得到样品溶液。

答案：在放有滤筒的锥形瓶中，加 50～70 mL 煮沸的蒸馏水，小心捣碎滤筒，振摇数分钟后，将溶液滤入 250 mL 容量瓶中，用适量热蒸馏水洗滤筒残渣 3～5 次，洗涤液并入容量瓶中。待滤液冷却至室温后，用蒸馏水稀释至标线，摇匀，即为样品溶液。

参考文献

[1] 国家环境保护总局. 固定污染源排气中铬酸雾的测定　二苯基碳酰二肼分光光度法：HJ/T 29—1999 [S]. 北京：中国环境科学出版社，1999.

[2] 国家环境保护总局《空气和废气监测分析方法》编委会. 空气和废气监测分析方法（第四版）[M]. 北京：中国环境科学出版社，2003.

命题：韩　毓　刘　伟

审核：梁富生　夏　新

第八章　紫外分光光度法

第一节　臭氧

分类号：G8-1

主要内容 《环境空气　臭氧的测定　紫外光度法》（HJ 590—2010）及修改单

一、填空题

根据《环境空气　臭氧的测定　紫外光度法》（HJ 590—2010）及修改单测定环境空气中的臭氧时，臭氧对 254 nm 波长的紫外光有特征吸收，当________和________交替通过吸收池时，光检测器分别检测（透）光强度，仪器的微处理系统根据朗伯－比耳定律计算出臭氧的浓度。

答案：零空气　　样气

二、判断题

1. 根据《环境空气　臭氧的测定　紫外光度法》（HJ 590—2010）及修改单测定环境空气中的臭氧时，紫外检测器定量接收波长为 253.7 nm 的辐射至少占 99.0%。(　　)

答案：错误

正确答案为：紫外检测器定量接收波长为 253.7 nm 的辐射至少占 99.5%。

2. 根据《环境空气　臭氧的测定　紫外光度法》（HJ 590—2010）及修改单测定环境空气中的臭氧时，流量计的流量值在要求值的 ±3% 范围以内。(　　)

答案：错误

正确答案为：应该在 ±2% 范围内。

3. 根据《环境空气　臭氧的测定　紫外光度法》（HJ 590—2010）及修改单，环境空气中的颗粒物如果未被去除，可能会在采样管中累积破坏臭氧，使得测定结果偏高，加颗粒物过滤器可去除。(　　)

答案：错误

正确答案为：使得测定结果偏低。

4. 根据《环境空气　臭氧的测定　紫外光度法》（HJ 590—2010）及修改单，用于臭氧分析仪校准的传递标准，应至少每 6 个月用臭氧标准参考光度计（SRP）校准一次，各浓度点的线性误差必须小于 ±3%。(　　)

答案：正确

三、选择题

1. 根据《环境空气　臭氧的测定　紫外光度法》（HJ 590—2010）及修改单测定环境空气中的臭氧时，颗粒物滤膜的孔径为________μm。（　　）

A. 3　　B. 4.5　　C. 5

答案：C

2. 根据《环境空气　臭氧的测定　紫外光度法》（HJ 590—2010）及修改单测定环境空气中的臭氧时，为了缩短样品空气在管线中的停留时间，应尽量采用短的采样管线。实验证明，如果样品空气在管线中停留时间少于________s，臭氧损失小于________%。（　　）

A. 3，1　　B. 4，2

C. 5，3　　D. 5，1

答案：D

四、问答题

1. 根据《环境空气　臭氧的测定　紫外光度法》（HJ 590—2010）及修改单测定空气中的臭氧时，需要使用零空气，什么是零空气?

答案：不含能使臭氧分析仪产生可检测响应的空气，也不含与臭氧发生反应的一氧化碳和乙烯等物质。

2. 根据《环境空气　臭氧的测定　紫外光度法》（HJ 590—2010）及修改单测定环境空气中的臭氧时，主要干扰是什么?

答案：（1）少数有机物如苯及苯胺等，在 254 nm 处吸收紫外光，对臭氧的测定产生正干扰。

（2）当被测环境空气中颗粒物浓度超过 100 μg/m^3 时，也对臭氧的测定产生干扰。

五、计算题

根据《环境空气　臭氧的测定　紫外光度法》（HJ 590—2010）修改单，臭氧分析仪在进行臭氧浓度测定时，光度计吸收池内样品空气的温度为 28℃，压力为 996.5 hPa，仪器显示读数为 0.150 mg/m^3。试问参比状态下臭氧质量浓度是多少?

答案：参比状态指 298.15 K，1 013.25 hPa

$$\rho_r = \frac{0.150 \times 1013.25 \times (28 + 273.15)}{996.5 \times 298.15} = 0.154\ (\text{mg/m}^3)$$

参考文献

环境保护部. 环境空气　臭氧的测定　紫外光度法：HJ 590—2010 [S]. 北京：中国环境科学出版社，2010.

命题：杨　楠　王向明　吕晓洁

审核：居　力　夏　新

第二节　氮氧化物

分类号：G8-2

主要内容
《固定污染源排气中氮氧化物的测定　紫外分光光度法》（HJ/T 42—1999）

一、填空题

1. 燃煤燃油锅炉、窑炉以及石油化工、冶金、建材等生产过程中产生的废气通过排气筒向空气中排放的污染源叫________。

答案：固定源

2.《固定污染源排气中氮氧化物的测定　紫外分光光度法》（HJ/T 42—1999）的测定原理为：将样品气体收集于一个盛有________吸收液的瓶中，气体中的氮氧化物被氧化并被吸收，生成________，于 210 nm 处测定其吸光度。

答案：稀硫酸－过氧化氢　　NO_3^-（硝酸盐）

二、判断题

1. 根据《固定污染源排气中氮氧化物的测定　紫外分光光度法》（HJ/T 42—1999）进行测定时，采好样品的吸收瓶带回实验室，应放置于阴暗处，时间不少于 6 h。（　　）

答案：错误

正确答案为：应不少于 16 h。

2. 根据《固定污染源排气中氮氧化物的测定　紫外分光光度法》（HJ/T 42—1999），采样前首先要检查采样管头部是否已塞好适量玻璃棉，各连接点是否稳妥，然后检查样品吸收瓶的密闭性。（　　）

答案：正确

三、选择题

1. 根据《固定污染源排气中氮氧化物的测定　紫外分光光度法》（HJ/T 42—1999）进行测定时，对于________的样品，可以在采样前降低吸收瓶的抽真空程度，或减少取出进行分析的样品溶液体积。（　　）

A. 浓度适中　　B. 浓度过高　　C. 浓度过低

答案：B

2. 根据《固定污染源排气中氮氧化物的测定　紫外分光光度法》（HJ/T 42—1999）进行测定时，氮氧化物吸收液应储存于________中，使用时避免阳光直射，存放于暗处。（　　）

A. 塑料瓶　　B. 玻璃瓶　　C. 棕色瓶

答案：C

四、问答题

1. 根据《固定污染源排气中氮氧化物的测定　紫外分光光度法》（HJ/T 42—1999）进行测定时，对采样使用的连接管有什么要求？

答案：（1）应使用内衬聚四氟乙烯薄膜的硅橡胶管。

（2）连接管要尽可能短，并应保证密封性和可靠性。

2. 根据《固定污染源排气中氮氧化物的测定　紫外分光光度法》（HJ/T 42—1999）进行测定时，对于浓度过低的样品，怎样获得准确的测定结果？

答案：对于浓度过低的样品，可增加取出分析的样品溶液体积，从而扩大测定范围，但同时应注意使标准系列与样品溶液的基本组分相同。

参考文献

国家环境保护总局．固定污染源排气中氮氧化物的测定　紫外分光光度法：HJ/T 42—1999 [S]. 北京：中国环境科学出版社，1999.

命题：吕晓洁

审核：居　力　王向明　夏　新

第三节　光气

分类号：G8-3

主要内容
《固定污染源排气中光气的测定　苯胺紫外分光光度法》（HJ/T 31—1999）

一、填空题

1. 根据《固定污染源排气中光气的测定　苯胺紫外分光光度法》（HJ/T 31—1999）进行测定时，含光气的气体先经装有硫代硫酸钠和无水碳酸钠的双联玻璃球，以除去________、________和________等干扰气，而后被苯胺溶液吸收。

答案：氯　二氧化氮　氨

2. 根据《固定污染源排气中光气的测定　苯胺紫外分光光度法》（HJ/T 31—1999），无组织排放和有组织排放的光气样品，均应于________℃下保存，并于________h内测定完毕。

答案：3～5　12

二、判断题

根据《固定污染源排气中光气的测定　苯胺紫外分光光度法》（HJ/T 31—1999），在现场采样时，若排气管道处于正压且浓度较高，应于采样孔装防喷阀门，操作人员应在下风向并佩戴防毒口罩操作，严防光气中毒。（　）

答案：错误

正确答案为：操作人员应在上风向并佩戴防毒口罩操作，严防光气中毒。

三、选择题

1. 根据《固定污染源排气中光气的测定　苯胺紫外分光光度法》（HJ/T 31—1999）进行测定时，静置分层后的上层有机相澄清液移入 1 cm 石英比色皿中，在波长________nm 处，以________为参比，测定吸光度。（　　）

A. 225，正己烷　　B. 257，正己烷　　C. 257，混合萃取剂

答案：C

2. 根据《固定污染源排气中光气的测定　苯胺紫外分光光度法》（HJ/T 31—1999），有组织排放样品采集时，串联两支内装________mL 吸收液的多孔玻板吸收瓶，以________L/min 的流量采气________L。（　　）

A. 20，0.1～0.3，1～3　　B. 25，0.3～0.5，3～5

C. 50，0.3～0.5，3～5

答案：C

四、问答题

1. 根据《固定污染源排气中光气的测定　苯胺紫外分光光度法》（HJ/T 31—1999）进行无组织排放样品采集时，如何连接采样系统？

答案：按引气管（如不需要，也可不装引气管）、吸收管、流量计量装置、抽气泵的顺序连接好采样系统，检查其密封性和可靠性。

2. 根据《固定污染源排气中光气的测定　苯胺紫外分光光度法》（HJ/T 31—1999）进行测定时，在标准规定的条件下，氯气浓度多大时对光气测定有干扰？

答案：在标准规定的条件下，氯气浓度大于 1 600 mg/m^3 时对光气测定有正干扰。

参考文献

[1] 国家环境保护总局 . 固定污染源排气中光气的测定　苯胺紫外分光光度法：HJ/T 31—1999 [S]. 北京：中国环境科学出版社，1999.

[2] 国家环境保护总局《空气和废气监测分析方法》编委会 . 空气和废气监测分析方法（第四版）[M]. 北京：中国环境科学出版社，2003.

命题：吕晓洁
审核：居　力　夏　新

第九章　离子色谱法

第一节　基础知识

分类号：G9-0

试题同“上册 W7-0”。

第二节　硫酸盐化速率

分类号：G9-1

主要内容 环境空气　硫酸盐化速率的测定　碱片－离子色谱法《空气和废气监测分析方法》（第四版）

一、填空题

采用离子色谱法测定环境空气和废气中硫酸盐化速率时，常使用________法或标准曲线法来计算硫酸根离子的浓度。

答案：单点外标

二、问答题

简述采用离子色谱法测定环境空气和废气中硫酸盐化速率中无机阴离子的工作原理。

答案：（1）碱片样品溶液注入离子色谱仪，基于待测离子对低容量强碱性阴离子交换树脂（交换柱）的相对亲和力不同而彼此分开。

（2）被分离的阴离子随淋洗液流经强酸性阳离子树脂（抑制柱）时，被转换为高电导的酸，淋洗液组分（Na_2CO_3-$NaHCO_3$）则转变成电导率很低的碳酸（清除背景电导）。

（3）用电导检测器测定转变为相应酸的阴离子，与标准溶液比较，根据保留时间定性，峰高或峰面积定量。

参考文献

国家环境保护总局《空气和废气监测分析方法》编委会．空气和废气监测分析方法（第四版）[M]. 北京：中国环境科学出版社，2003.

命题：张　宁　王　伟

审核：王　伟　夏　新

第三节　氨和甲胺

分类号：G9-2

主要内容
①《环境空气　氨、甲胺、二甲胺和三甲胺的测定　离子色谱法》（HJ 1076—2019）
②《固定污染源废气　三甲胺的测定　抑制型离子色谱法》（HJ 1041—2019）

一、填空题

1. 根据《环境空气　氨、甲胺、二甲胺和三甲胺的测定　离子色谱法》（HJ 1076—2019）测定环境空气中的氨、甲胺、二甲胺和三甲胺时，所用的离子色谱柱为________色谱分离柱。①

答案：阳离子

2. 根据《环境空气　氨、甲胺、二甲胺和三甲胺的测定　离子色谱法》（HJ 1076—2019）测定环境空气中的氨、甲胺、二甲胺和三甲胺时，用________做吸收液进行样品采集，然后用离子色谱法进行测定。①

答案：稀硫酸

3. 根据《环境空气　氨、甲胺、二甲胺和三甲胺的测定　离子色谱法》（HJ 1076—2019）测定环境空气中的氨、甲胺、二甲胺和三甲胺时，样品采集后，用________封闭多孔玻板吸收管的进气口和出气口。①

答案：硅胶管

4. 根据《固定污染源废气　三甲胺的测定　抑制型离子色谱法》（HJ 1041—2019）测定固定污染源废气中的三甲胺时，当吸收液体积为 50 mL，采样体积为 20 L（标准状态）时，三甲胺的方法检出限为________mg/m^3。②

答案：0.03

5. 根据《固定污染源废气　三甲胺的测定　抑制型离子色谱法》（HJ 1041—2019）测定固定污染源废气中的三甲胺时，采用的是________检测器。②

答案：抑制型电导

二、判断题

1. 根据《环境空气　氨、甲胺、二甲胺和三甲胺的测定　离子色谱法》（HJ 1076—2019）测定环境空气中的氨、甲胺、二甲胺和三甲胺时，采用绘制标准曲线法，计算出试样中氨等化合物浓度，并换算为空气中氨等化合物的浓度。(　　) ①

答案：正确

2. 根据《环境空气　氨、甲胺、二甲胺和三甲胺的测定　离子色谱法》（HJ 1076—2019）测定环境空气中的氨、甲胺、二甲胺和三甲胺时，抑制型离子色谱柱所用的淋洗液为 22 mmol/L 的甲磺酸。(　　) ①

答案：正确

3. 根据《环境空气 氨、甲胺、二甲胺和三甲胺的测定 离子色谱法》（HJ 1076—2019）测定环境空气中的氨、甲胺、二甲胺和三甲胺时，非抑制型离子色谱柱所用的淋洗液为 4.0 mmol/L 的硝酸。（ ）①

答案：错误

正确答案为：非型离子色谱柱所用的淋洗液为 4.6 mmol/L 的硝酸。

4. 根据《固定污染源废气 三甲胺的测定 抑制型离子色谱法》（HJ 1041—2019）测定固定污染源废气中的三甲胺时，6 种阳离子 Li^+、Na^+、NH_4^+、K^+、Ca^{2+}、Mg^{2+} 干扰三甲胺的测定。（ ）②

答案：错误

正确答案为：Li^+、Na^+、NH_4^+、K^+、Ca^{2+}、Mg^{2+} 6 种阳离子不干扰三甲胺的测定。

5. 根据《固定污染源废气 三甲胺的测定 抑制型离子色谱法》（HJ 1041—2019）测定固定污染源废气中的三甲胺时，采用的实验室用水为电阻率≥18.2MΩ · cm 的新鲜去离子水。（ ）②

答案：正确

三、选择题

1. 根据《环境空气 氨、甲胺、二甲胺和三甲胺的测定 离子色谱法》（HJ 1076—2019）测定环境空气中的氨、甲胺、二甲胺和三甲胺时，当吸收液体积为 10 mL，环境空气的采样体积为 30 L，氨的方法检出限为________mg/m³。（ ）①

A. 0.001　　B. 0.003　　C. 0.007

答案：B

2. 根据《环境空气 氨、甲胺、二甲胺和三甲胺的测定 离子色谱法》（HJ 1076—2019）测定环境空气中的氨、甲胺、二甲胺和三甲胺时，样品采集后如不能及时测定，应于 4℃以下冷藏、避光密封保存，________d 内完成分析。（ ）①

A. 3　　B. 5　　C. 7

答案：C

3. 根据《固定污染源废气 三甲胺的测定 抑制型离子色谱法》（HJ 1041—2019）测定固定污染源废气中的三甲胺时，采集废气样品需要串联________支气泡吸收瓶，吸收液的体积为________mL。（ ）②

A. 3 50　　B. 2 50　　C. 3 75

答案：B

4. 根据《固定污染源废气 三甲胺的测定 抑制型离子色谱法》（HJ 1041—2019）测定固定污染源废气中的三甲胺时，第二支吸收瓶中三甲胺的含量应小于三甲胺总量的________%，否则应重新采集样品。（ ）②

A. 10　　B. 15　　C. 20

答案：A

四、问答题

1. 简述离子色谱法测定氨、三甲胺等化合物时如何消除水负峰的干扰。①②

答案：使用离子色谱法测定环境空气中的氨、三甲胺等化合物时，水能形成负峰或使峰高降低或倾斜。可以采用在配制标准和稀释样品时加入淋洗贮备液的方法来消除水负峰的干扰。

2. 简述根据《环境空气 氨、甲胺、二甲胺和三甲胺的测定 离子色谱法》（HJ 1076—2019）测定氨、甲胺、二甲胺和三甲胺的方法原理。①

答案：环境空气样品经滤膜过滤，目标化合物被稀硫酸吸收液吸收后，用阳离子色谱柱交换分离，电导检测器检测，以保留时间定性，外标法定量。

3. 根据《固定污染源废气 三甲胺的测定 抑制型离子色谱法》（HJ 1041—2019）测定固定污染源废气中三甲氨的方法原理。②

答案：固定污染源废气中的三甲胺经酸性溶液吸收后，用离子色谱分离，抑制型电导检测器检测。根据保留时间定性，外标法定量。

参考文献

[1] 生态环境部 . 环境空气 氨、甲胺、二甲胺和三甲胺的测定 离子色谱法：HJ 1076—2019 [S]. 北京：中国环境出版集团，2020.

[2] 生态环境部 . 固定污染源废气 三甲胺的测定 抑制型离子色谱法：HJ 1041—2019 [S]. 北京：中国环境出版集团，2020.

命题：赵新娜 夏 新

审核：周笑白 彭 华

第四节 氯化氢

分类号：G9-3

主要内容
《环境空气和废气 氯化氢的测定 离子色谱法》（HJ 549—2016）

一、填空题

1. 根据《环境空气和废气 氯化氢的测定 离子色谱法》（HJ 549—2016）测定废气中的氯化氢时，所用的离子色谱柱为________色谱分离柱。

答案：阴离子

2. 根据《环境空气和废气 氯化氢的测定 离子色谱法》（HJ 549—2016）测定废气中的氯化氢时，是用两个装有________碱性吸收液的吸收瓶，采集氯化氢气体。当废气中含有氯气时，可在前面再串联两只装有________吸收液的吸收瓶，以避免氯气干扰。

答案：氢氧化钾或氢氧化钠 硫酸

二、判断题

1. 根据《环境空气和废气　氯化氢的测定　离子色谱法》（HJ 549—2016）测定废气中的氯化氢时，所用去离子水的电阻率应大于 18 MΩ · cm，并要经过 0.6 μm 的微孔滤膜过滤。（　　）

答案：错误

正确答案为：应经过 0.45 μm 的微孔滤膜过滤。

2. 根据《环境空气和废气　氯化氢的测定　离子色谱法》（HJ 549—2016）测定废气中的氯化氢时，配制的试剂不能贮存在聚乙烯瓶内。（　　）

答案：错误

正确答案为：能贮存在聚乙烯瓶内。

三、选择题

根据《环境空气和废气　氯化氢的测定　离子色谱法》（HJ 549—2016）测定废气中氯化氢时，若氯化氢浓度低，吸收液浓度应________一些，测定时稀释至与淋洗液浓度相近。（　　）

A. 高　　　　　　B. 低

答案：B

参考文献

环境保护部 . 环境空气和废气　氯化氢的测定　离子色谱法：HJ 549—2016 [S]. 北京：中国环境出版社，2016.

命题：马海花　米方卓

审核：王　伟　张　宁　夏　新

第五节　硫酸雾

分类号：G9-4

主要内容
《固定污染源废气　硫酸雾的测定　离子色谱法》（HJ 544—2016）

一、判断题

1. 根据《固定污染物废气　硫酸雾的测定　离子色谱法》（HJ 544—2016）测定硫酸雾时，采用玻璃纤维滤筒或石英纤维滤筒采集有组织排放的颗粒物样品，用超细玻璃纤维滤膜或石英纤维滤膜采集无组织排放的颗粒物样品，用水浸取，若存在有机物污染物，可利用 C_{18} 固相萃取柱去除。将试样注入离子色谱仪，根据保留时间定性，仪器响应值定量，测定硫酸根离子的浓度。（　　）

答案：正确

2. 根据《固定污染物废气　硫酸雾的测定　离子色谱法》（HJ 544—2016）测定硫酸雾时，每次测试应至少带同批次全程序空白样品及实验室空白样品各一套。全程序空白及实验室空白中硫酸根含量应小于方法测定下限。(　　)

答案：错误

正确答案为：每次测试应至少带同批次全程序空白样品及实验室空白样品各两套。

3. 根据《固定污染物废气　硫酸雾的测定　离子色谱法》（HJ 544—2016）测定硫酸雾时，将无组织排放废气采样所得滤膜放入 50 mL 旋盖式广口聚乙烯密封管中，加入 50 mL 实验用水浸泡样品，放入超声波清洗器中，超声 30 min 后取下，冷却均匀。将浸出液经 0.45 μm 水系微孔滤膜过滤器过滤至洁净容器中待测。(　　)

答案：错误

正确答案为：超声 60 min 后取下。

二、选择题

根据《固定污染物废气　硫酸雾的测定　离子色谱法》（HJ 544—2016）测定硫酸雾时，做采样吸收效率实验。第二支吸收瓶中硫酸根浓度应小于样品总量的________%，否则应重新采集样品。(　　)

A. 5　　　B. 10　　　C. 20

答案：C

参考文献

环境保护部. 固定污染源废气　硫酸雾的测定　离子色谱法：HJ 544—2016 [S]. 北京：中国环境出版社，2016.

命题：马海花　米方卓

审核：王　伟　夏　新

第六节　甲醛

分类号：G9-5

主要内容
甲醛的测定　离子色谱法《空气和废气监测分析方法》（第四版）

一、填空题

根据《空气和废气监测分析方法》（第四版）离子色谱法测定环境空气中的甲醛浓度时，通过测定标准溶液和样品溶液的________，以单点外标法或绘制标准曲线法，由甲酸根离子的浓度换算为甲醛的浓度。

答案：峰高值

二、判断题

1. 根据《空气和废气监测分析方法》（第四版）离子色谱法测定环境空气中的甲醛时，当改变淋洗液的浓度时，可增加甲酸和乙酸的分离度。（　　）

答案： 正确

2. 根据《空气和废气监测分析方法》（第四版）离子色谱法测定环境空气中的甲醛浓度时，使用的是 0.005 mol/L 碳酸氢钠淋洗液。（　　）

答案： 错误

正确答案为： 使用的是四硼酸钠淋洗液。

三、选择题

根据《空气和废气监测分析方法》（第四版）离子色谱法测定环境空气中的甲醛时，当乙酸浓度为甲酸浓度的________倍时，可溶性氯化物为甲酸浓度的 200 倍时，对甲酸的测定有影响。（　　）

A. 2　　　　B. 3　　　　C. 5

答案： C

四、问答题

1. 简述离子色谱法测定环境空气中甲醛的原理。

答案： 空气中的甲醛经活性炭富集后，在碱性介质中用过氧化氢氧化成甲酸。用具有电导检测器的离子色谱仪进行测定，以保留时间定性，峰高定量，间接测定甲醛浓度。

2. 离子色谱法测定环境空气中甲醛时，样品应如何采集？

答案： 打开活性炭采样管两端封口，将一端连接在空气采样器入口处，以 0.2 L/min 的流量采样 4 h。采样后用胶帽将采样管两端密封，带回实验室分析。

参考文献

国家环境保护总局《空气和废气监测分析方法》编委会 . 空气和废气监测分析方法（第四版）[M]. 北京：中国环境科学出版社，2003.

命题：张　宁
审核：王　伟　夏　新

第七节　氟化氢

分类号：G9-6

主要内容
《固定污染源废气　氟化氢的测定　离子色谱法》（HJ 688—2019）

一、填空题

1. 根据《固定污染源废气　氟化氢的测定　离子色谱法》（HJ 688—2019）测定固定污染源废气中的氟化氢时，新制聚四氟乙烯器件可能释放________气体，需要提前在采样前在采样温度下进行________处理。

答案：氟化物　加热

2. 根据《固定污染源废气　氟化氢的测定　离子色谱法》（HJ 688—2019）测定固定污染源废气中的氟化氢时，滤膜夹与吸收瓶之间链接应尽可能短，并检查系统的________。

答案：气密性

3. 根据《固定污染源废气　氟化氢的测定　离子色谱法》（HJ 688—2019）测定固定污染源废气中的氟化氢时，每次样品分析结束后，应用________清洗仪器管路。

答案：淋洗液

二、判断题

1. 根据《固定污染源废气　氟化氢的测定　离子色谱法》（HJ 688—2019）测定固定污染源废气中的氟化氢时，吸收液浓度高于淋洗液浓度，若两者浓度相差较大，测定误差小。(　　)

答案：错误

正确答案为：当两者浓度相差较大时，测定误差大。

2. 根据《固定污染源废气　氟化氢的测定　离子色谱法》（HJ 688—2019）测定固定污染源废气中的氟化氢时，若废气中氟化氢浓度低，可增加采样体积和 / 或减小试样稀释后的体积。(　　)

答案：正确

3. 根据《固定污染源废气　氟化氢的测定　离子色谱法》（HJ 688—2019）测定固定污染源废气中的氟化氢，此方法灵敏度高，吸收管、连接管及各器皿均应仔细洗涤，操作中防止自来水及空气中氟化物的干扰。(　　)

答案：正确

4. 根据《固定污染源废气　氟化氢的测定　离子色谱法》（HJ 688—2019）测定固定污染源废气中的氟化氢时，若氟化氢浓度≥1.00 mg/m^3，结果保留 2 位有效数字；浓度＜1.00 mg/m^3 时，结果保留 3 位有效数字。(　　)

答案：错误

正确答案为：当氟化氢浓度≥1.00 mg/m^3 时，结果保留 3 位有效数字；浓度＜1.00 mg/m^3 时，结果保留 2 位有效数字。

5.《固定污染源废气　氟化氢的测定　离子色谱法》（HJ 688—2019）适用于固定污染源废气中的气态氟化物的测定，以氟化氢浓度表示，不能测定碳氟化物，如氟利昂。(　　)

答案：正确

6. 根据《固定污染源废气　氟化氢的测定　离子色谱法》（HJ 688—2019）测定固定

污染源废气中的氟化氢时，每次样品分析应绘制校准曲线，校准曲线的相关系数应≥0.995。(　　)

答案：正确

7. 根据《固定污染源废气　氟化氢的测定　离子色谱法》(HJ 688—2019)测定固定污染源废气中的氟化氢，当试样稀释后的体积发生变化时，淋洗液浓度应做相应的调整。(　　)

答案：正确

三、选择题

1. 根据《固定污染源废气　氟化氢的测定　离子色谱法》(HJ 688—2019)测定固定污染源废气中的氟化氢时，抽气泵应保证足够的抽气量，当采样系统负载阻力为20 kPa时，抽气泵抽气流量应不低于________L/min。(　　)

A. 2.0　　B. 2.5　　C. 3.0　　D. 3.5

答案：A

2. 根据《固定污染源废气　氟化氢的测定　离子色谱法》(HJ 688—2019)测定固定污染源废气中的氟化氢时，样品采集后应将吸收瓶垂直置于清洁的容器内运输，实验室内室温保存，时间不超过________。(　　)

A. 1周　　B. 1.5周　　C. 2周　　D. 3周

答案：A

3.《固定污染源废气　氟化氢的测定　离子色谱法》(HJ 688—2019)采用加热的采样管连续从固定污染源采集废气样品，经________的过滤器滤除颗粒物，废气样品进入________的________吸收液，________氟化物被吸收生成氟离子，经离子色谱仪分离检测，保留时间定性，响应值定量。(　　)

A. 加热，冷却，碱性，气态　　B. 常温，常温，碱性，气态

C. 加热，冷却，酸性，气态　　D. 加热，冷却，碱性，颗粒及气态

答案：A

4. 根据《固定污染源废气　氟化氢的测定　离子色谱法》(HJ 688—2019)测定固定污染源废气中的氟化氢时，钛合金具有化学惰性，表面光滑，耐腐蚀，可在________℃下使用。(　　)

A. 350～450　　B. 450～550

C. 350～550　　D. 450～650

答案：B

5. 根据《固定污染源废气　氟化氢的测定　离子色谱法》(HJ 688—2019)测定固定污染源废气中的氟化氢时，PTFE(聚四氟乙烯)具有化学惰性，耐酸耐碱，抗腐蚀性，可在________℃以下使用。(　　)

A. 250　　B. 350　　C. 450　　D. 550

答案：A

参考文献

生态环境部 . 固定污染源废气 氟化氢的测定 离子色谱法：HJ 688—2019 [S]. 北京：中国环境出版集团，2020.

命题：赵新娜 王 伟

审核：周笑白 夏 新

第八节 溴化氢

分类号：G9-7

主要内容
《固定污染源废气 溴化氢的测定 离子色谱法》（HJ 1040—2019）

一、填空题

1. 根据《固定污染源废气 溴化氢的测定 离子色谱法》（HJ 1040—2019）测定固定污染源废气中的溴化氢时，每测 20 个样品或每批次（≤20 个样品）至少测定________个全程序空白和________个实验室空白。

答案：1 1

2. 根据《固定污染源废气 溴化氢的测定 离子色谱法》（HJ 1040—2019）测定固定污染源废气中的溴化氢时，空白测定值应低于________，否则应查找原因或重新采集样品。

答案：方法检出限

3. 根据《固定污染源废气 溴化氢的测定 离子色谱法》（HJ 1040—2019）测定固定污染源废气中的溴化氢时，以 0.5 L/min～1.0 L/min 的流量连续采样________h，或在 1 h 内以等时间间隔采集________个样品。

答案：1 4

二、判断题

1. 根据《固定污染源废气 溴化氢的测定 离子色谱法》（HJ 1040—2019）测定固定污染源废气中的溴化氢时，颗粒态溴化物对测定有干扰用酸性吸收液消除干扰。（ ）

答案：错误

正确答案为：颗粒态溴化物对测定有干扰用聚四氟乙烯或石英滤膜消除干扰。

2. 根据《固定污染源废气 溴化氢的测定 离子色谱法》（HJ 1040—2019）测定固定污染源废气中的溴化氢时，溴化氢是指以气态和雾滴形式存在的溴化氢。（ ）

答案：正确

3. 根据《固定污染源废气 溴化氢的测定 离子色谱法》（HJ 1040—2019）测定固定污染源废气中的溴化氢时，所采用的色谱柱为阴离子分析色谱柱。（ ）

答案：正确

4. 根据《固定污染源废气　溴化氢的测定　离子色谱法》（HJ 1040—2019）测定固定污染源废气中的溴化氢时，当固定污染源废气中含溴时，串联 4 支棕色气泡吸收瓶，前两支装 50 mL 碱液用来吸收溴，后两支装 50 mL 硫酸吸收液用来吸收溴化氢。（　）

答案：错误

正确答案为：前两支装 50 mL 硫酸吸收液用来吸收溴化氢，后两支装 50 mL 碱液用来吸收溴。

5. 根据《固定污染源废气　溴化氢的测定　离子色谱法》（HJ 1040—2019）测定固定污染源废气中的溴化氢时，淋洗液既可以用氢氧根体系，也可以用碳酸根体系。（　）

答案：正确

6. 根据《固定污染源废气　溴化氢的测定　离子色谱法》（HJ 1040—2019）测定固定污染源废气中的溴化氢时，测定结果小数点后的保留位数应与检出限一致，最多保留 3 位有效数字。（　）

答案：正确

7. 根据《固定污染源废气　溴化氢的测定　离子色谱法》（HJ 1040—2019）测定固定污染源废气中的溴化氢时，每次样品分析应绘制校准曲线，校准曲线的相关系数应≥0.995。（　）

答案：错误

正确答案为：校准曲线的相关系数应≥0.999。

8. 根据《固定污染源废气　溴化氢的测定　离子色谱法》（HJ 1040—2019）测定固定污染源废气中的溴化氢时，采样管与吸收瓶之间的连接管尽可能短。（　）

答案：正确

三、选择题

1. 根据《固定污染源废气　溴化氢的测定　离子色谱法》（HJ 1040—2019）测定固定污染源废气中的溴化氢时，有机物对离子色谱仪测定有干扰，可采用经活化的________等固相萃取柱消除干扰。（　）

A. C_{18}　　B. 弗罗里硅土柱　　C. 硅胶柱

答案：A

2. 根据《固定污染源废气　溴化氢的测定　离子色谱法》（HJ 1040—2019）测定固定污染源废气中的溴化氢时，当固定污染源废气中水分较大时，串联两支装 50 mL________的棕色气泡吸收瓶与颗粒物采样器连接，按照颗粒物采集方法采样。（　）

A. 水　　B. 碱性吸收液　　C. 酸性吸收液

答案：B

3. 根据《固定污染源废气　溴化氢的测定　离子色谱法》（HJ 1040—2019）测定固定污染源废气中的溴化氢时，采集无组织排放监控点空气样品需串联两支

装________的棕色气泡吸收瓶与空气采样器连接。(　　)

A. 10 mL 碱性吸收液　　B. 50 mL 碱性吸收液

C. 10 mL 酸性吸收液

答案：A

4. 根据《固定污染源废气　溴化氢的测定　离子色谱法》(HJ 1040—2019) 测定固定污染源废气中的溴化氢时，样品采集后应________h 内完成分析测定。(　　)

A. 6　　B. 12　　C. 24

答案：C

5. 根据《固定污染源废气　溴化氢的测定　离子色谱法》(HJ 1040—2019) 测定固定污染源废气中的溴化氢时，第二支吸收瓶中溴化氢的含量应小于溴化氢总量的________%，否则应重新采集样品。(　　)

A. 15　　B. 10　　C. 20

答案：B

6. 根据《固定污染源废气　溴化氢的测定　离子色谱法》(HJ 1040—2019) 测定固定污染源废气中溴化氢时，每 20 个样品或每批次样品应用标准曲线的中间浓度点进行校核，相对误差应在 ±________%，否则应查找原因或重新建立标准曲线。(　　)

A. 10　　B. 15　　C. 20

答案：A

7. 根据《固定污染源废气　溴化氢的测定　离子色谱法》(HJ 1040—2019) 测定固定污染源废气中溴化氢时，采集的样品如不能及时分析，应将样品转移到________以下冷藏、避光和密封可保存________d。(　　)

A. 棕色玻璃瓶，7　　B. 聚乙烯，10

C. 聚乙烯，14

答案：C

参考文献

生态环境部. 固定污染源废气　溴化氢的测定　离子色谱法：HJ 1040—2019 [S]. 北京：中国环境出版集团，2019.

命题：赵新娜

审核：彭　华　周笑白

第九节　六价铬

分类号：G9-8

主要内容
《环境空气　六价铬的测定　柱后衍生离子色谱法》(HJ 779—2015) 及修改单

一、填空题

1. 根据《环境空气 六价铬的测定 柱后衍生离子色谱法》（HJ 779—2015）及修改单测定环境空气中的六价铬时，实验用水为电阻率≥________MΩ·cm（25℃）的去离子水。

答案：18.2

2. 根据《环境空气 六价铬的测定 柱后衍生离子色谱法》（HJ 779—2015）及修改单测定环境空气中的六价铬时，使用的氮气的浓度应≥________%。

答案：99.999

3. 根据《环境空气 六价铬的测定 柱后衍生离子色谱法》（HJ 779—2015）及修改单测定环境空气中的六价铬时，采样流量________至 L/min，采样时间________h。

答案：16.7 24±1

二、判断题

1. 根据《环境空气 六价铬的测定 柱后衍生离子色谱法》（HJ 779—2015）及修改单测定环境空气中的六价铬，空气中二价铁、亚硝酸盐等强还原性离子浓度较高时，对六价铬测定产生正干扰。（ ）

答案：错误

正确答案为：对六价铬测定产生负干扰。

2. 根据《环境空气 六价铬的测定 柱后衍生离子色谱法》（HJ 779—2015）测定环境空气中的六价铬时，空气中可溶性三价铁离子含量较高会对六价铬测定产生负干扰，可在碱性环境下提取，避免三价铁离子干扰。（ ）

答案：正确

3. 根据《环境空气 六价铬的测定 柱后衍生离子色谱法》（HJ 779—2015）及修改单测定环境空气中的六价铬时，采样滤膜使用前需用 20 mmol/L 的碳酸氢钠溶液反复超声清洗，并用水清洗。（ ）

答案：正确

4. 根据《环境空气 六价铬的测定 柱后衍生离子色谱法》（HJ 779—2015）及修改单测定环境空气中的六价铬时，若目标化合物的浓度超出曲线，则进行稀释，并记录稀释倍数。（ ）

答案：正确

5. 根据《环境空气 六价铬的测定 柱后衍生离子色谱法》（HJ 779—2015）及修改单测定环境空气中的六价铬时，每次采样前需进行流量校准和气密性检查。（ ）

答案：正确

6. 根据《环境空气 六价铬的测定 柱后衍生离子色谱法》（HJ 779—2015）及修改单测定环境空气中的六价铬时，尽量使用聚丙烯或聚四氟乙烯材质的一次性器皿，实验所有的器具用硝酸浸泡清洗。（ ）

答案：错误

正确答案为：实验所有的器具均不可用酸浸泡清洗。

7. 根据《环境空气　六价铬的测定　柱后衍生离子色谱法》（HJ 779—2015）及修改单测定环境空气中的六价铬时，标准溶液配置和样品前处理时必须使用高纯度试剂，以降低测定的空白值。(　　)

答案：正确

三、选择题

1. 根据《环境空气　六价铬的测定　柱后衍生离子色谱法》（HJ 779—2015）及修改单测定环境空气中的六价铬时，淋洗液配置完成后可加________保护，以减缓碱性淋洗液吸收空气中的 CO_2 而失效。(　　)

A. 氮气　　B. 氩气　　C. 氦气

答案：A

2. 根据《环境空气　六价铬的测定　柱后衍生离子色谱法》（HJ 779—2015）及修改单测定环境空气中的六价铬时，衍生试剂需避光保存，保存时间不应超过________d。(　　)

A. 1　　B. 2　　C. 3

答案：C

3. 根据《环境空气　六价铬的测定　柱后衍生离子色谱法》（HJ 779—2015）及修改单测定环境空气中的六价铬时，紫外可见检测器波长选择________nm。(　　)

A. 540　　B. 550　　C. 530

答案：C

4. 根据《环境空气　六价铬的测定　柱后衍生离子色谱法》（HJ 779—2015）及修改单测定环境空气中的六价铬时，将清洗过的滤膜在________mol/L 的碳酸氢钠溶液中浸渍 4 h，晾干备用。(　　)

A. 0.2　　B. 0.1　　C. 0.12

答案：C

5. 根据《环境空气　六价铬的测定　柱后衍生离子色谱法》（HJ 779—2015）及修改单测定环境空气中的六价铬时，样品采集应放在滤膜盒中，于冷藏箱中低温保存，若不能及时分析，应在________℃密封冷冻保存，1 周内测定。(　　)

A. −10　　B. −18　　C. −20

答案：B

6. 根据《环境空气　六价铬的测定　柱后衍生离子色谱法》（HJ 779—2015）及修改单测定环境空气中的六价铬时，实际样品的加标回收率应控制在________。(　　)

A. 95%～105%　　B. 80%～120%　　C. 85%～115%

答案：B

四、简答题

简述环境空气　六价铬的测定　柱后衍生离子色谱法测定六价铬的方法原理。

答案：环境空气颗粒物中，以铬酸盐及重铬酸盐形式存在的六价铬被采集到经碱性处理的纤维滤膜上，在碱性条件下经超声提取、阴离子色谱柱分离后，与显色剂二苯碳酰二肼形成化合物，用紫外可见检测器于 530nm 处测定该化合物的吸光度，吸光度与样品中六价铬的浓度成正比。

参考文献

环境保护部 . 环境空气　六价铬的测定　柱后衍生离子色谱法：HJ 779—2015 [S]. 北京：中国环境出版社，2016.

命题：赵新娜　彭　华

审核：周笑白　夏　新

第十节　水溶性阳离子

分类号：G9-9

主要内容
《环境空气　颗粒物中水溶性阳离子（Li^+、Na^+、NH_4^+、K^+、Ca^{2+}、Mg^{2+}）的测定　离子色谱法》（HJ 800—2016）

一、填空题

1. 根据《环境空气　颗粒物中水溶性阳离子（Li^+、Na^+、NH_4^+、K^+、Ca^{2+}、Mg^{2+}）的测定　离子色谱法》（HJ 800—2016）测定环境空气颗粒物中的 Li^+、Na^+、NH_4^+、K^+、Ca^{2+}、Mg^{2+} 时，在每次采样前需进行________校准和________检查。

答案：流量　气密性

2. 根据《环境空气　颗粒物中水溶性阳离子（Li^+、Na^+、NH_4^+、K^+、Ca^{2+}、Mg^{2+}）的测定　离子色谱法》（HJ 800—2016）测定环境空气颗粒物中的 Li^+、Na^+、NH_4^+、K^+、Ca^{2+}、Mg^{2+} 时，标准曲线相关系数应≥________。

答案：0.995

3. 根据《环境空气　颗粒物中水溶性阳离子（Li^+、Na^+、NH_4^+、K^+、Ca^{2+}、Mg^{2+}）的测定　离子色谱法》（HJ 800—2016）测定环境空气颗粒物中的 Li^+、Na^+、NH_4^+、K^+、Ca^{2+}、Mg^{2+} 时，采样流量计为中流量，量程________～________L/min。

答案：60　125

二、判断题

1. 根据《环境空气　颗粒物中水溶性阳离子（Li^+、Na^+、NH_4^+、K^+、Ca^{2+}、Mg^{2+}）的测定　离子色谱法》（HJ 800—2016）测定环境空气颗粒物中的 Li^+、Na^+、NH_4^+、K^+、Ca^{2+}、Mg^{2+} 时，实验用水为电阻率≥18.2 MΩ · cm（25℃），并经过 0.45 μm 微孔滤膜过滤的去离子水。（　）

答案：正确

2. 根据《环境空气　颗粒物中水溶性阳离子（Li^+、Na^+、NH_4^+、K^+、Ca^{2+}、Mg^{2+}）的测

定　离子色谱法》（HJ 800—2016）测定环境空气颗粒物中的 Li^+、Na^+、NH_4^+、K^+、Ca^{2+}、Mg^{2+} 时，采样滤膜应选择空白较低的玻璃纤维、石英或其他材质的滤膜。（　　）

答案：正确

3. 根据《环境空气　颗粒物中水溶性阳离子（Li^+、Na^+、NH_4^+、K^+、Ca^{2+}、Mg^{2+}）的测定　离子色谱法》（HJ 800—2016）测定环境空气颗粒物中的 Li^+、Na^+、NH_4^+、K^+、Ca^{2+}、Mg^{2+} 时，离子色谱柱一次进样可以同时测定 6 种规定的阳离子，峰的分离度不低于 1。（　　）

答案：错误

　　正确答案为：峰的分离度不低于 1.5。

4. 根据《环境空气　颗粒物中水溶性阳离子（Li^+、Na^+、NH_4^+、K^+、Ca^{2+}、Mg^{2+}）的测定　离子色谱法》（HJ 800—2016）测定环境空气颗粒物中的 Li^+、Na^+、NH_4^+、K^+、Ca^{2+}、Mg^{2+} 时，若待测离子浓度超出标准曲线，则试样需稀释适当倍数后测定，实验室空白不用稀释。（　　）

答案：错误

　　正确答案为：试样与实验室空白应稀释相同倍数后测定。

5. 根据《环境空气　颗粒物中水溶性阳离子（Li^+、Na^+、NH_4^+、K^+、Ca^{2+}、Mg^{2+}）的测定　离子色谱法》（HJ 800—2016）测定环境空气颗粒物中的 Li^+、Na^+、NH_4^+、K^+、Ca^{2+}、Mg^{2+} 时，应选用空白值较低的滤膜，若空白滤膜中待测离子含量高出方法检出限，则玻璃纤维滤膜可用超纯水超声处理 2～5min，在洁净环境中晾干，在干燥器中平衡 24 h 后使用。（　　）

答案：正确

三、选择题

1. 根据《环境空气　颗粒物中水溶性阳离子（Li^+、Na^+、NH_4^+、K^+、Ca^{2+}、Mg^{2+}）的测定　离子色谱法》（HJ 800—2016）测定环境空气颗粒物中的 Li^+、Na^+、NH_4^+、K^+、Ca^{2+}、Mg^{2+} 时，________和________使用前需要置于干燥器中平衡 24 h。（　　）

　A. 硝酸钙，硝酸镁　　　　B. 硝酸锂，硝酸镁

　C. 硝酸钙，硝酸钠

答案：A

2. 根据《环境空气　颗粒物中水溶性阳离子（Li^+、Na^+、NH_4^+、K^+、Ca^{2+}、Mg^{2+}）的测定　离子色谱法》（HJ 800—2016）测定环境空气颗粒物中的 Li^+、Na^+、NH_4^+、K^+、Ca^{2+}、Mg^{2+} 时，________标准贮备液在 4℃以下冷藏、避光和密封可保存________个月。（　　）

　A. 3　　　　B. 6　　　　C. 12

答案：B

3. 根据《环境空气　颗粒物中水溶性阳离子（Li^+、Na^+、NH_4^+、K^+、Ca^{2+}、Mg^{2+}）的测定　离子色谱法》（HJ 800—2016）测定环境空气颗粒物中的 Li^+、Na^+、NH_4^+、K^+、Ca^{2+}、Mg^{2+} 时，环境空气样品采集后应置于干燥器中密封保存，________d 内完成测

定，环境空气降尘样品应置于样品瓶中，在干燥器内保存，________d 内完成测定。(　　)

A. 3，20　　B. 5，30　　C. 7，30

答案：C

4. 根据《环境空气　颗粒物中水溶性阳离子（Li^+、Na^+、NH_4^+、K^+、Ca^{2+}、Mg^{2+}）的测定　离子色谱法》（HJ 800—2016）测定环境空气颗粒物中的 Li^+、Na^+、NH_4^+、K^+、Ca^{2+}、Mg^{2+} 时，石英滤膜可在________℃高温加热 1～2 h，并在干燥器中平衡 24 h，以降低滤膜本底值。(　　)

A. 400　　B. 450　　C. 500

答案：B

5. 根据《环境空气　颗粒物中水溶性阳离子（Li^+、Na^+、NH_4^+、K^+、Ca^{2+}、Mg^{2+}）的测定　离子色谱法》（HJ 800—2016）测定环境空气颗粒物中的 Li^+、Na^+、NH_4^+、K^+、Ca^{2+}、Mg^{2+} 时，________空白平行样测定值相对偏差应≤________%，平行双样测定结果的相对偏差应≤________%。(　　)

A. 10　10　　B. 10　20　　C. 20　20

答案：C

6. 根据《环境空气　颗粒物中水溶性阳离子（Li^+、Na^+、NH_4^+、K^+、Ca^{2+}、Mg^{2+}）的测定　离子色谱法》（HJ 800—2016）测定环境空气颗粒物中的 Li^+、Na^+、NH_4^+、K^+、Ca^{2+}、Mg^{2+} 时，每批次样品至少做一个加标回收率测定，实际样品的加标回收率应控制在________。(　　)

A. 70%～110%　　B. 85%～115%　　C. 80%～120%

答案：C

四、简答题

简述采用离子色谱法测定环境空气颗粒物中水溶性阳离子（Li^+、Na^+、NH_4^+、K^+、Ca^{2+}、Mg^{2+}）的方法原理。

答案：采集的环境空气颗粒物样品，以去离子水超声提取、阳离子色谱柱交换分离后，用抑制型或非抑制型电导检测器检测。根据保留时间定性，峰高或峰面积定量。

参考文献

环境保护部. 环境空气　颗粒物中水溶性阳离子（Li^+、Na^+、NH_4^+、K^+、Ca^{2+}、Mg^{2+}）的测定　离子色谱法：HJ 800—2016 [S]. 北京：中国环境出版社，2016.

命题：赵新娜　彭　华
审核：周笑白　夏　新

第十一节　水溶性阴离子

分类号：G9-10

主要内容

《环境空气　颗粒物中水溶性阴离子（F^-、Cl^-、Br^-、NO_2^-、NO_3^-、PO_4^{3-}、SO_3^{2-}、SO_4^{2-}）的测定　离子色谱法》（HJ 799—2016）

一、填空题

1. 根据《环境空气　颗粒物中水溶性阴离子（F^-、Cl^-、Br^-、NO_2^-、NO_3^-、PO_4^{3-}、SO_3^{2-}、SO_4^{2-}）的测定　离子色谱法》（HJ 799—2016）测定环境空气颗粒物中的F^-、Cl^-、Br^-、NO_2^-、NO_3^-、PO_4^{3-}、SO_3^{2-}、SO_4^{2-}时，亚硝酸钠使用前应置于干燥器中平衡________h。

答案：24

2. 根据《环境空气　颗粒物中水溶性阴离子（F^-、Cl^-、Br^-、NO_2^-、NO_3^-、PO_4^{3-}、SO_3^{2-}、SO_4^{2-}）的测定　离子色谱法》（HJ 799—2016）测定环境空气颗粒物中的F^-、Cl^-、Br^-、NO_2^-、NO_3^-、PO_4^{3-}、SO_3^{2-}、SO_4^{2-}时，采样装置由________、采样泵和________组成。

答案：采样头　　流量计

3. 根据《环境空气　颗粒物中水溶性阴离子（F^-、Cl^-、Br^-、NO_2^-、NO_3^-、PO_4^{3-}、SO_3^{2-}、SO_4^{2-}）的测定　离子色谱法》（HJ 799—2016）测定环境空气颗粒物中的F^-、Cl^-、Br^-、NO_2^-、NO_3^-、PO_4^{3-}、SO_3^{2-}、SO_4^{2-}时，采样滤膜应选用空白值较低________、________或其他材质的滤膜。

答案：玻璃纤维　石英

二、判断题

1. 根据《环境空气　颗粒物中水溶性阴离子（F^-、Cl^-、Br^-、NO_2^-、NO_3^-、PO_4^{3-}、SO_3^{2-}、SO_4^{2-}）的测定　离子色谱法》（HJ 799—2016）测定环境空气颗粒物中的F^-、Cl^-、Br^-、NO_2^-、NO_3^-、PO_4^{3-}、SO_3^{2-}、SO_4^{2-}时，水负峰干扰F^-离子测定，可在样品与标准溶液中加入适量相同浓度和等体积的淋洗液，以减少水负峰对F^-的干扰。（　　）

答案：正确

2. 根据《环境空气　颗粒物中水溶性阴离子（F^-、Cl^-、Br^-、NO_2^-、NO_3^-、PO_4^{3-}、SO_3^{2-}、SO_4^{2-}）的测定　离子色谱法》（HJ 799—2016）测定环境空气颗粒物中的F^-、Cl^-、Br^-、NO_2^-、NO_3^-、PO_4^{3-}、SO_3^{2-}、SO_4^{2-}时，淋洗液既可以选择碳酸盐淋洗液，也可以选择氢氧化钾淋洗液。（　　）

答案：正确

3. 根据《环境空气　颗粒物中水溶性阴离子（F^-、Cl^-、Br^-、NO_2^-、NO_3^-、PO_4^{3-}、SO_3^{2-}、SO_4^{2-}）的测定　离子色谱法》（HJ 799—2016）测定环境空气颗粒物中的F^-、Cl^-、Br^-、NO_2^-、NO_3^-、PO_4^{3-}、SO_3^{2-}、SO_4^{2-}时，环境空气颗粒物降尘样品采样前需要在集

尘缸内加入硫酸铜、防冻液体等化学试剂。（ ）

答案：错误

正确答案为：采样前不能在集尘缸内加入硫酸铜、防冻液体等化学试剂。

4. 根据《环境空气 颗粒物中水溶性阴离子（F^-、Cl^-、Br^-、NO_2^-、NO_3^-、PO_4^{3-}、SO_3^{2-}、SO_4^{2-}）的测定 离子色谱法》（HJ 799—2016）测定环境空气颗粒物中的F^-、Cl^-、Br^-、NO_2^-、NO_3^-、PO_4^{3-}、SO_3^{2-}、SO_4^{2-}时，对保留时间相近的两种阴离子，当浓度相差较大而影响低浓度离子的测定时，可通过稀释、调节流速、改变碳酸钠和碳酸氢钠浓度比例消除和减少干扰。（ ）

答案：正确

5. 根据《环境空气 颗粒物中水溶性阴离子（F^-、Cl^-、Br^-、NO_2^-、NO_3^-、PO_4^{3-}、SO_3^{2-}、SO_4^{2-}）的测定 离子色谱法》（HJ 799—2016）测定环境空气颗粒物中的F^-、Cl^-、Br^-、NO_2^-、NO_3^-、PO_4^{3-}、SO_3^{2-}、SO_4^{2-}时，若待测阴离子的浓度超出标准曲线，则试样与实验室空白应稀释相同倍数后测定。（ ）

答案：正确

6. 根据《环境空气 颗粒物中水溶性阴离子（F^-、Cl^-、Br^-、NO_2^-、NO_3^-、PO_4^{3-}、SO_3^{2-}、SO_4^{2-}）的测定 离子色谱法》（HJ 799—2016）测定环境空气颗粒物中的F^-、Cl^-、Br^-、NO_2^-、NO_3^-、PO_4^{3-}、SO_3^{2-}、SO_4^{2-}时，若样品含量浓度≥1 $\mu g/m^3$，结果保留2位有效数字；浓度＜1 $\mu g/m^3$时，结果保留3位有效数字。（ ）

答案：错误

正确答案为：若样品含量浓度≥1 $\mu g/m^3$，结果保留3位有效数字；浓度＜1 $\mu g/m^3$时，结果保留至小数点后3位。

三、选择题

1. 根据《环境空气 颗粒物中水溶性阴离子（F^-、Cl^-、Br^-、NO_2^-、NO_3^-、PO_4^{3-}、SO_3^{2-}、SO_4^{2-}）的测定 离子色谱法》（HJ 799—2016）测定环境空气颗粒物中的SO_3^{2-}时，配制亚硫酸盐根标准储备液时加入________%甲醛进行固定，防止SO_3^{2-}氧化。（ ）

A. 0.1　　B. 0.5　　C. 1

答案：A

2. 根据《环境空气 颗粒物中水溶性阴离子（F^-、Cl^-、Br^-、NO_2^-、NO_3^-、PO_4^{3-}、SO_3^{2-}、SO_4^{2-}）的测定 离子色谱法》（HJ 799—2016）测定环境空气颗粒物中的F^-、Cl^-、Br^-、NO_2^-、NO_3^-、PO_4^{3-}、SO_3^{2-}、SO_4^{2-}时，环境空颗粒物滤膜样品采集后应置于干燥器中密封保存，________d内完成测定，环境空气降尘样品应置于样品瓶中，在干燥器内保存，________d内完成测定。（ ）

A. 5　20　　B. 7　20　　C. 7　30

答案：C

3. 根据《环境空气 颗粒物中水溶性阴离子（F^-、Cl^-、Br^-、NO_2^-、NO_3^-、PO_4^{3-}、SO_3^{2-}、SO_4^{2-}）的测定 离子色谱法》（HJ 799—2016）测定环境空气颗粒物中的F^-、Cl^-、Br^-、NO_2^-、NO_3^-、PO_4^{3-}、SO_3^{2-}、SO_4^{2-}时，每批样品需要绘制标准曲线，要求标准曲

线的相关系数要≥________。(　　)

A. 0.995　　B. 0.999　　C. 0.99

答案：A

4. 根据《环境空气 颗粒物中水溶性阴离子（F^-、Cl^-、Br^-、NO_2^-、NO_3^-、PO_4^{3-}、SO_3^{2-}、SO_4^{2-}）的测定 离子色谱法》（HJ 799—2016）测定环境空气颗粒物中的 F^-、Cl^-、Br^-、NO_2^-、NO_3^-、PO_4^{3-}、SO_3^{2-}、SO_4^{2-} 时，每批样品应至少做 1 个全程序空白，全程序空白测定结果应低于方法________，否则应查明原因，重新分析样品至合格采能测定样品。(　　)

A. 检出限　　B. 测定下限　　C. 定量限

答案：B

5. 根据《环境空气 颗粒物中水溶性阴离子（F^-、Cl^-、Br^-、NO_2^-、NO_3^-、PO_4^{3-}、SO_3^{2-}、SO_4^{2-}）的测定 离子色谱法》（HJ 799—2016）测定环境空气颗粒物中的 F^-、Cl^-、Br^-、NO_2^-、NO_3^-、PO_4^{3-}、SO_3^{2-}、SO_4^{2-} 时，石英滤膜可在________℃高温加热 1～2 h，并在干燥器中平衡________h，以降低滤膜本底值。(　　)

A. 450，12　　B. 450，24　　C. 500，24

答案：B

四、简答题

简述离子色谱法测定环境空气颗粒物中水溶性阴离子（F^-、Cl^-、Br^-、NO_2^-、NO_3^-、PO_4^{3-}、SO_3^{2-}、SO_4^{2-}）的方法原理。

答案：采集的环境空气颗粒物样品，经去离子水超声提取、阴离子色谱柱交换分离后，用抑制型电导检测器检测。根据保留时间定性，峰高或峰面积定量。

参考文献

环境保护部. 环境空气 颗粒物中水溶性阴离子（F^-、Cl^-、Br^-、NO_2^-、NO_3^-、PO_4^{3-}、SO_3^{2-}、SO_4^{2-}）的测定 离子色谱法：HJ 799—2016 [S]. 北京：中国环境出版社，2016.

命题：赵新娜 周笑白
审核：彭 华 夏 新

第十章　火焰原子吸收分光光度法

第一节　基础知识

分类号：G10-0

试题同“上册 W9-0”。

第二节　铅

分类号：G10-1

主要内容
①《环境空气　铅的测定　火焰原子吸收分光光度法》（GB/T 15264—1994）及修改单
②《固定污染源废气　铅的测定　火焰原子吸收分光光度法（暂行）》（HJ 538—2009）
③《固定污染源废气　铅的测定　火焰原子吸收分光光度法》（HJ 685—2014）

一、填空题

1. 根据《环境空气　铅的测定　火焰原子吸收分光光度法》（GB/T 15264—1994）及修改单、《固定污染源废气　铅的测定　火焰原子吸收分光光度法（暂行）》（HJ 538—2009）和《固定污染源废气　铅的测定　火焰原子吸收分光光度法》（HJ 685—2014）测定环境空气和废气中铅时，样品预处理使用的消解试剂是________和________。①②③

答案：硝酸　过氧化氢

2. 根据《环境空气　铅的测定　火焰原子吸收分光光度法》（GB/T 15264—1994）及修订单测定环境空气中铅时，采样体积为________～________m^3。①

答案：30　60

3. 根据《固定污染源废气　铅的测定　火焰原子吸收分光光度法》（HJ 685—2014），采集样品时应选用的滤筒材质为________，含铅量不大于________μg，且对粒径大于 3 μm 的颗粒物阻隔效率不低于________%。③

答案：石英纤维　5　99.9

4. 根据《环境空气　铅的测定　火焰原子吸收分光光度法》（GB/T 15264—1994）及修改单测定环境空气和废气中铅时，根据所测的吸光度值，在校准曲线上查出试料溶液和空白溶液的浓度，按公式$C\left(\text{Pb,mg/m}^3\right)=\frac{V\cdot(a-b)\cdot N}{V_a\cdot 1\,000}\times\frac{S_t}{S_a}$进行计算，其中$V_a$表示________体积。①

答案：实际采样

二、判断题

1. 根据《环境空气　铅的测定　火焰原子吸收分光光度法》（GB/T 15264—1994）及修订单，采集样品时使用超细玻璃纤维滤膜，要求空白膜的最大铅含量要低于本方法的最低检出浓度。（　　）①

答案：正确

2. 根据《固定污染源废气　铅的测定　火焰原子吸收分光光度法（暂行）》（HJ 538—2009）和《固定污染源废气　铅的测定　火焰原子吸收分光光度法》（HJ 685—2014）中等速采样法采集样品、火焰原子吸收分光光度法测定固定污染源废气中的铅时，若烟道内温度高于 400℃，在烟道内采集样品会使测定结果偏高。（　　）②③

答案：错误

正确答案为：会使测定结果偏低。

3. 根据《固定污染源废气　铅的测定　火焰原子吸收分光光度法（暂行）》（HJ 538—2009）测定污染源中铅时，Na^{+}、K^{+}、Ca^{2+} 对测定稍有增感作用，当浓度高时，可采用稀释的方法消除干扰。（　　）②

答案：正确

4. 根据《固定污染源废气　铅的测定　火焰原子吸收分光光度法（暂行）》（HJ 538—2009）和《固定污染源废气　铅的测定　火焰原子吸收分光光度法》（HJ 685—2014）使用滤筒采集样品后，将滤筒样品向内折叠，水平放回原采样盒中，放入干燥器中保存。（　　）②③

答案：错误

正确答案为：竖直放回原采样盒中。

三、选择题

1. 根据《环境空气　铅的测定　火焰原子吸收分光光度法》（GB/T 15264—1994）及修订单测定环境空气中的铅时，用滤膜采集样品，毛面应该________。（　　）①

A. 向上　　B. 向下　　C. 上下都可以

答案：A

2. 根据《固定污染源废气　铅的测定　火焰原子吸收分光光度法（暂行）》（HJ 538—2009）和《固定污染源废气　铅的测定　火焰原子吸收分光光度法》（HJ 685—2014）中测定固定污染源废气中的铅时，在前处理过程中，应取同批号滤筒________个，按样品测定步骤测定空白值。（　　）②③

A. 1　　B. 2　　C. 3　　D. 4

答案：B

3. 火焰原子吸收分光光度法测定空气和废气铅的过程中，每________个样品应复测一次校准曲线中间浓度点，且测定结果与校准曲线上该点浓度值相对偏差应不超过±________%，否则应找出原因予以纠正。（　　）①②③

A. 10，20　　B. 20，10　　C. 10，10　　D. 10，15

答案：C

4. 根据《固定污染源废气　铅的测定　火焰原子吸收分光光度法（暂行）》（HJ 538—2009）和《固定污染源废气　铅的测定　火焰原子吸收分光光度法》（HJ 685—2014）测定固定污染源废气中的铅，当试样响应值处于校准曲线上限范围以外时，应使用________% 硝酸溶液稀释适当倍数，使其响应值降至校准曲线的线性范围内。（　　）②③

A. 1　　B. 10　　C. 50　　D. 30

答案：A

四、问答题

根据《固定污染源废气　铅的测定　火焰原子吸收分光光度法（暂行）》（HJ 538—2009）测定污染源中铅时，若石英纤维滤筒铅含量较高，该如何处理？②

答案：使用前可先用（1+1）热硝酸溶液浸泡约 3 h（不能煮沸，以免破坏滤筒）。从酸中取出后，在水中浸泡 10 min，取出用水淋洗至近中性，烘干后即可使用。

参考文献

[1] 国家环境保护总局 . 环境空气　铅的测定　火焰原子吸收分光光度法：GB/T 15264—1994 [S]. 北京：中国环境科学出版社，1994.

[2] 环境保护部 . 固定污染源废气　铅的测定　火焰原子吸收分光光度法（暂行）：HJ 538—2009 [S]. 北京：中国环境科学出版社，2009.

[3] 环境保护部 . 固定污染源废气　铅的测定　火焰原子吸收分光光度法：HJ 685—2014 [S]. 北京：中国环境出版社，2014.

命题：刘　冰　王　允　袁　静　张丽华

审核：姜晓旭　邹本东　汪　霄　夏　新

第三节　镍

分类号：G10-2

主要内容
《大气固定污染源　镍的测定　火焰原子吸收分光光度法》（HJ/T 63.1—2001）

一、判断题

1. 在对环境空气中的金属成分进行采样时，所采用的超细玻璃纤维滤膜、空白滤膜的金属成分含量要和方法的最低检出限相接近。（　　）

答案：错误

正确答案为：空白滤膜的金属成分含量要低于方法的最低检出限。

2. 火焰原子吸收分光光度法测定多种重金属时，可将镉、铬、铜、锰、镍和锌配成混合标准贮备液。(　)

答案：正确

二、问答题

根据《大气固定污染源　镍的测定　火焰原子吸收分光光度法》(HJ/T 63.1—2001)测定烟道气中镍时，如用过氯乙烯滤膜采集样品，在用高氯酸消解样品时，若有机物含量过高，应如何处置?

答案：将滤膜剪碎，置于 100 mL 锥形瓶中，加 10 mL 硝酸浸泡过夜，使滤膜和样品中有机物与硝酸充分反应后再加入高氯酸，以免有机物过多，直接加入高氯酸后会反应剧烈而出现爆炸现象。

三、计算题

火焰原子吸收法测定无组织排放废气中镍时，用滤膜采集颗粒物样品。已知标准状态下的采样体积为 10.0 m^3，样品滤膜总面积为 3.50 cm^2，取全部样品滤膜进行消解测定，消解完毕后定容至 25.0 mL，同时取符合要求的空白滤膜按样品制备步骤制备空白溶液。经测定，样品溶液浓度为 0.135 mg/L，空白溶液浓度为 0.011 mg/L，试求无组织排放空气中镍的含量。

答案：$C_{Ni}(mg/m^3) = (0.135-0.011) \times 25.0 \times 3.50/(10.0 \times 1\,000 \times 3.50)$

$=3.10 \times 10^{-4}$

参考文献

国家环境保护总局．大气固定污染源　镍的测定　火焰原子吸收分光光度法：HJ/T 63.1—2001 [S]. 北京：中国环境科学出版社，2001.

命题：张丽华　王　静

审核：邹本东　夏　新

第四节　镉

分类号：G10-3

主要内容
《大气固定污染源　镉的测定　火焰原子吸收分光光度法》(HJ/T 64.1—2001)

一、选择题

1. 根据《大气固定污染源　镉的测定　火焰原子吸收分光光度法》(HJ/T 64.1—2001)测定烟道气中镉时，若钙的浓度超过________mg/L，将抑制镉的吸收。(　)

A. 100　　B. 500　　C. 1 000

答案：C

2. 根据《大气固定污染源　镉的测定　火焰原子吸收分光光度法》（HJ/T 64.1—2001）测定烟道气中镉时，空白试验溶液制备时取同批号空白滤筒或滤膜________。（　　）

A. 1 个　　B. 2 个　　C. 2 个及 2 个以上

答案：C

二、判断题

1. 根据《大气固定污染源　镉的测定　火焰原子吸收分光光度法》（HJ/T 64.1—2001）中大气固定污染源中的镉，是指经滤筒或滤膜采集的颗粒物中能被硝酸－高氯酸体系浸出的镉及其化合物。（　　）

答案：正确

2. 根据《大气固定污染源　镉的测定　火焰原子吸收分光光度法》（HJ/T 64.1—2001）测定烟道气中的镉时选择的火焰是富燃焰。（　　）

答案：错误

正确答案为：贫燃焰。

参考文献

国家环境保护总局. 大气固定污染源　镉的测定　火焰原子吸收分光光度法：HJ/T 64.1—2001 [S]. 北京：中国环境科学出版社，2001.

命题：张丽华　王　允
审核：邹本东　夏　新

第五节　铁

分类号：G10-4

主要内容
环境空气　铁的测定　原子吸收分光光度法《空气和废气监测分析方法》（第四版）

一、填空题

根据《空气和废气监测分析方法》（第四版）中火焰原子吸收分光光度法测定环境空气中的铁时，前处理所用的硝酸和氢氟酸都应为________纯。

答案：优级

二、选择题

1. 根据《空气和废气监测分析方法》（第四版）中火焰原子吸收分光光度法测定环境空气中的铁时，对测定干扰最大的元素是________，可用氢氟酸去除。（　　）

A. 铜　　B. 硅　　C. 钙　　D. 锰

答案：B

2. 根据《空气和废气监测分析方法》（第四版）中火焰原子吸收分光光度法测定环境空气中的铁时，若镍的浓度超过________mg/L，其对测定值有干扰。(　　)

A. 10　　B. 50　　C. 100　　D. 200

答案：C

3. 根据《空气和废气监测分析方法》（第四版）中火焰原子吸收分光光度法测定环境空气中的铁时，采样体积一般设定在________m^3。(　　)

A. 2～4　　B. 3～5　　C. 7～8

答案：C

参考文献

国家环境保护总局《空气和废气监测分析方法》编委会. 空气和废气监测分析方法（第四版）[M]. 北京：中国环境科学出版社，2003.

命题：张丽华　王　允
审核：邹本东　夏　新

第六节　铜、锌、镉、铬、锰、镍

分类号：G10–5

主要内容 环境空气　铜、锌、镉、铬、锰和镍的测定　火焰原子吸收分光光度法《空气和废气监测分析方法》（第四版）

一、填空题

1. 根据《空气和废气监测分析方法》（第四版），用火焰原子吸收分光光度法测定环境空气中锰的原理是：采集在过氯乙烯滤膜上的颗粒物，用________法进行消化，制备成样品溶液，然后将溶液引入火焰或石墨炉原子化器内，用标准曲线法或________法测定溶液中锰的浓度。

答案：硫酸－灰化　　标准加入

2. 根据《空气和废气监测分析方法》（第四版）中火焰原子吸收分光光度法测定环境空气中的铜时，在制备样品溶液的同时要取________、________的空白滤膜，按样品测定步骤测定空白值。

答案：同批号　　等面积

二、判断题

1. 根据《空气和废气监测分析方法》（第四版）中火焰原子吸收分光光度法测定环境空气中的铬时，火焰类型为贫燃焰或者中性焰。(　　)

答案：错误

正确答案为：火焰类型应为富燃焰。

2. 根据《空气和废气监测分析方法》（第四版）中火焰原子吸收分光光度法测定环境空气中镉时，需要先对消解处理好的样品溶液进行萃取分离，然后进行测定，测定时要将吸样毛细管插入水相中进行测定。（　　）

答案：错误

正确答案为：测定时要将毛细管插入有机相中进行测定。

3. 根据《空气和废气监测分析方法》（第四版）中火焰原子吸收分光光度法测定环境空气中镉时，可用碘化钾－甲基异丁酮进行分离，以消除干扰。（　　）

答案：正确

4. 根据《空气和废气监测分析方法》（第四版）中火焰原子吸收分光光度法测定环境空气中镍时，应选择富燃型火焰。（　　）

答案：错误

正确答案为：此时应选择中性焰。

三、选择题

1. 根据《空气和废气监测分析方法》（第四版）中火焰原子吸收分光光度法测定环境空气中镍时，狭缝宽度应选择________nm。（　　）

A. 0.7　　B. 0.2　　C. 0.4　　D. 0.6

答案：B

2. 根据《空气和废气监测分析方法》（第四版）中火焰原子吸收分光光度法测定环境空气中锰时，特征谱线为________nm。（　　）

A. 279.5　　B. 228.8　　C. 357.9

答案：A

3. 根据《空气和废气监测分析方法》（第四版）中火焰原子吸收分光光度法测定环境空气中锌的特征谱线为________nm。（　　）

A. 248.3　　B. 213.8　　C. 232.0

答案：B

参考文献

国家环境保护总局《空气和废气监测分析方法》编委会. 空气和废气监测分析方法（第四版）[M]. 北京：中国环境科学出版社，2003.

命题：张丽华　姜晓旭

审核：邹本东　夏　新

第十一章　石墨炉原子吸收分光光度法

第一节　基础知识

分类号：G11-0

试题同“上册 W10-0”。

第二节　镍

分类号：G11-1

主要内容
《大气固定污染源　镍的测定　石墨炉原子吸收分光光度法》（HJ/T 63.2—2001）

一、判断题

根据《大气固定污染源　镍的测定　石墨炉原子吸收分光光度法》（HJ/T 63.2—2001）测定烟道气中的镍时，测定的是经滤筒或滤膜采集的颗粒物中、能被硝酸－高氯酸体系浸出的镍及其化合物。(　　)

答案：正确

二、问答题

阐述根据《大气固定污染源　镍的测定　石墨炉原子吸收分光光度法》（HJ/T 63.2—2001）测定烟道气中的镍时滤筒样品的制备过程。

答案：（1）将滤筒剪碎，置于 150 mL 锥形瓶中，用少量水润湿，加 30 mL 硝酸和 5 mL 高氯酸（以酸液浸过样品为宜，不足加硝酸）。

（2）瓶口插入一短颈玻璃漏斗，在电热板上加热至沸腾，蒸至近干时取下冷却，再加 10 mL 硝酸，继续加热近干（如果样品消解不完全，可加入少量硝酸继续加热至样品颜色变浅）。

（3）稍冷，加少量水过滤，每次转移洗涤液时应用玻璃棒将絮状纤维挤压干净，浓缩滤液至近干。

（4）冷却后，转移到 25 mL 容量瓶中，再用水稀释至刻度，此溶液即为样品溶液。

参考文献

国家环境保护总局．大气固定污染源　镍的测定　石墨炉原子吸收分光光度法：HJ/T 63.2—2001 [S].

北京：中国环境科学出版社，2001.

命题：张丽华　王　静
审核：邹本东　夏　新

第三节　镉

分类号：G11-2

主要内容
《大气固定污染源　镉的测定　石墨炉原子吸收分光光度法》（HJ/T 64.2—2001）

一、判断题

根据《大气固定污染源　镉的测定　石墨炉原子吸收分光光度法》（HJ/T 64.2—2001）测定污染源烟道气中镉的特征谱线为 228.8 nm。（　　）

答案：正确

二、计算题

石墨炉原子吸收法测定无组织排放废气中镉时，用滤膜采集颗粒物样品。已知标准状态下的采样体积为 10.0 m^3，样品滤膜总面积为 3.50 cm^2，取全部样品滤膜进行消解测定，消解完毕后定容至 25.0 mL，同时取符合要求的空白滤膜按样品制备步骤制备空白溶液。经测定，样品溶液浓度为 2.53 μg/L，空白溶液浓度为 0.24 μg/L，试求无组织排放废气中镉的浓度。

答案：C_{Cd}=（2.55−0.24）× 25.0 × 3.50/（10.0 × 10^6 × 3.50）

=5.78 × 10^{-6}（mg/m^3）

参考文献

国家环境保护总局．大气固定污染源　镉的测定　石墨炉原子吸收分光光度法：HJ/T 64.2—2001 [S]. 北京：中国环境科学出版社，2001.

命题：张丽华　王　允
审核：邹本东　王　静

第四节　锡

分类号：G11-3

主要内容
《大气固定污染源　锡的测定　石墨炉原子吸收分光光度法》（HJ/T 65—2001）

一、填空题

根据《大气固定污染源　锡的测定　石墨炉原子吸收分光光度法》（HJ/T 65—2001）测定污染源烟道气中的锡时，用________滤膜采集无组织排放中颗粒物样品，用________滤筒采集有组织排放中的颗粒物样品。

答案：过氯乙烯　　玻璃纤维

二、判断题

1. 根据《大气固定污染源　锡的测定　石墨炉原子吸收分光光度法》（HJ/T 65—2001）测定污染源烟道气中的锡时，使用的波长为 286.3 nm。（　　）

答案：正确

2. 根据《大气固定污染源　锡的测定　石墨炉原子吸收分光光度法》（HJ/T 65—2001）测定污染源烟道气中的锡时，可用镧涂层石墨管消除基体干扰。（　　）

答案：错误

正确答案为：不能用镧涂层石墨管消除基体干扰，可用锆涂层石墨管消除基体干扰。

3. 根据《大气固定污染源　锡的测定　石墨炉原子吸收分光光度法》（HJ/T 65—2001）测定污染源烟道气中的锡时，若二价镁离子的浓度高于 500 mg/L，对结果有干扰。（　　）

答案：正确

三、选择题

1. 根据《大气固定污染源　锡的测定　石墨炉原子吸收分光光度法》（HJ/T 65—2001）测定污染源烟道气颗粒物中的锡时，若镁的浓度高于________mg/L 会干扰测定。（　　）

A. 500　　B. 200　　C. 1 000

答案：A

2. 根据《大气固定污染源　锡的测定　石墨炉原子吸收分光光度法》（HJ/T 65—2001）测定污染源烟道气中的锡时，测量范围为________μg/m³。（　　）

A. 1×10^{-3}～100×10^{-3}　　B. 3×10^{-3}～100×10^{-3}

C. 5×10^{-3}～100×10^{-3}

答案：C

3. 根据《大气固定污染源　锡的测定　石墨炉原子吸收分光光度法》（HJ/T 65—2001）测定污染源烟道气中的锡，绘制标准曲线时，要先向石墨管中加入________基体改进剂再加工作标准溶液。（　　）

A. 酒石酸－锆　　B. 硝酸镧　　C. 磷酸二氢钾　　D. 硝酸镁

答案：A

参考文献

国家环境保护总局．大气固定污染源　锡的测定　石墨炉原子吸收分光光度法：HJ/T 65—2001 [S].

北京：中国环境科学出版社，2001.

命题：张丽华 王 静
审核：邹本东 夏 新

第五节 铅

分类号：G11-4

主要内容
①《环境空气 铅的测定 石墨炉原子吸收分光光度法》（HJ 539—2015）及修改单 ② 污染源废气 铅的测定 石墨炉原子吸收分光光度法《空气和废气监测分析方法》（第四版）

一、填空题

1. 根据《环境空气 铅的测定 石墨炉原子吸收分光光度法》（HJ 539—2015）及修改单测定环境空气中铅所用的滤膜为________。①

答案：石英纤维滤膜

2. 根据《环境空气 铅的测定 石墨炉原子吸收分光光度法》（HJ 539—2015）及修订单测定环境空气中的铅时，可以考虑加入________作为基体改进剂，消除基体干扰。①

答案：磷酸二氢铵

3. 根据《环境空气 铅的测定 石墨炉原子吸收分光光度法》（HJ 539—2015）及修订单测定环境空气中的铅时，取适量样品滤膜剪成小块，置于消解罐中，然后依次加入________、________和________，静置 2～3 h，进行消解。①

答案：8 mL 硝酸 2 mL 盐酸 1 mL 过氧化氢

4. 根据《环境空气 铅的测定 石墨炉原子吸收分光光度法》（HJ 539—2015）及修改单测定环境空气中的铅，计算公式$\rho(\text{Pb})=\frac{(\rho_1-\rho_0)\times 50}{V\times 1\,000}\times\frac{S_t}{S_a}$中的 V 表示________体积。①

答案：实际采样

二、判断题

1. 根据《环境空气 铅的测定 石墨炉原子吸收分光光度法》（HJ 539—2015）及修订单测定环境空气中的铅时，原子化过程分为干燥、灰化、原子化、净化 4 个阶段，在干燥阶段，为了不使液体飞溅而损失，可以采用两级干燥的操作。（ ）①

答案：正确

2. 根据《空气和废气监测分析方法》（第四版）中石墨炉原子吸收分光光度法测定烟道气中的铅时，因滤筒中铅的本底较高，应适当增大采样体积。（ ）②

答案：正确

3. 根据《环境空气 铅的测定 石墨炉原子吸收分光光度法》（HJ 539—2015）及修

订单测定环境空气中的铅时，基体干扰可通过标准加入法来校正，背景干扰可通过扣背景的方式来消除。（　　）①

答案：错误

正确答案为：加入磷酸二氢铵作为基体改进剂，可消除基体干扰。

4. 根据《环境空气　铅的测定　石墨炉原子吸收分光光度法》（HJ 539—2015）及修订单测定环境空气中的铅时，每批样品应按 10% 的比例进行平行样测定，其测定结果的相对偏差不大于 20%。（　　）①

答案：正确

三、选择题

1. 根据《空气和废气监测分析方法》（第四版）中石墨炉原子吸收分光光度法测定烟道气中的铅时，采用金属碳化物涂层石墨管，测定试样的酸度不超过________%。（　　）②

A. 0.2　　B. 2.0　　C. 1.0

答案：A

2. 根据《空气和废气监测分析方法》（第四版）中石墨炉原子吸收分光光度法测定污染源中铅的特征谱线为________nm。（　　）②

A. 279.5　　B. 228.8　　C. 283.3

答案：C

3. 根据《环境空气　铅的测定　石墨炉原子吸收分光光度法》（HJ 539—2015）及修订单测定环境空气中的铅时，每批次样品至少做________个全程序空白和________个实验室空白，其测定结果应低于测定下限。（　　）①

A. 1，1　　B. 1，2　　C. 2，2

答案：C

参考文献

[1] 环境保护部 . 环境空气　铅的测定　石墨炉原子吸收分光光度法：HJ 539—2015 [S]. 北京：中国环境出版社，2015.

[2] 国家环境保护总局《空气和废气监测分析方法》编委会 . 空气和废气监测分析方法（第四版）[M]. 北京：中国环境科学出版社，2003.

命题：刘　冰　王　允　张丽华　王　静　米方卓

审核：姜晓旭　邹本东　夏　新

第六节　砷

分类号：G11-5

主要内容

环境空气　砷的测定　石墨炉原子吸收分光光度法《空气和废气监测分析方法》（第四版）

一、填空题

根据《空气和废气监测分析方法》（第四版）中石墨炉原子吸收分光光度法测定环境空气颗粒物中砷的原理为：用滤纸采集空气中蒸气态和气溶胶态的砷化物后，酸湿法消解，在酸性介质中，加________将溶液中的砷还原成________，由载气直接载入石墨炉，用原子吸收分光光度法测定。

答案：硼氢化钠　　气态氢化物

二、判断题

根据《空气和废气监测分析方法》（第四版）中石墨炉原子吸收分光光度法测定环境空气中的砷时，可以采用高压消解罐的方式进行消解。（　　）

答案：正确

三、选择题

1. 根据《空气和废气监测分析方法》（第四版）中石墨炉原子吸收分光光度法测定环境空气颗粒物中的砷时，方法的灵敏度和重现性在一定程度上受砷化氢导管长度和内表面活化的影响，实际使用过程中应将砷化氢导管的长度控制在________cm，并使内表面去活化。（　　）

A. 30～50　　B. 50～80　　C. 10～20

答案：A

2. 根据《空气和废气监测分析方法》（第四版）中石墨炉原子吸收分光光度法测定环境空气颗粒物中的砷时，用浸渍聚乙烯氧化吡啶试剂的滤纸采集空气中蒸气态和气溶胶态的砷化物，采集效率在________% 以上。（　　）

A. 85　　B. 90　　C. 97

答案：C

3. 根据《空气和废气监测分析方法》（第四版）中石墨炉原子吸收分光光度法测定环境空气颗粒物中的砷时，在配制曲线时应加入 20%________溶液 5 mL，再用石英亚沸蒸馏水定容。（　　）

A. 硫脲　　B. 抗坏血酸

C. 硫脲 + 抗坏血酸　　D. 碘化钾

答案：D

4. 根据《空气和废气监测分析方法》（第四版）中石墨炉原子吸收分光光度法测定环境空气颗粒物中的砷时，进行样品前处理时加的混合酸为________。（　　）

A. 盐酸 + 硝酸　　B. 硝酸 + 高氯酸 + 氢氟酸

C. 硝酸 + 高氯酸

答案：B

5. 根据《空气和废气监测分析方法》（第四版）中石墨炉原子吸收分光光度法测定环境空气中砷的特征谱线为________nm。（　　）

A. 234.9　　B. 196.0　　C. 193.7

答案：C

四、问答题

阐述根据《空气和废气监测分析方法》（第四版）中石墨炉原子吸收分光光度法测定环境空气中的砷时，砷化氢导管内表面去活化的作用和方法。

答案： 作用：显著提高灵敏度，增加重现性。

方法：用 10%（*m*/*V*）的二甲基二氯硅烷－甲苯溶液处理乳胶管内表面，再用甲苯和甲醇清洗，在室温下通氮气干燥。

参考文献

国家环境保护总局《空气和废气监测分析方法》编委会．空气和废气监测分析方法（第四版）[M]. 北京：中国环境科学出版社，2003.

命题：张丽华　夏　新

审核：邹本东　王　静

第七节　铍

分类号：G11-6

主要内容
①环境空气　铍的测定　石墨炉原子吸收分光光度法《空气和废气监测分析方法》（第四版）
②《固定污染源废气　铍的测定　石墨炉原子吸收分光光度法》（HJ 684—2014）

一、填空题

1. 根据《固定污染源废气　铍的测定　石墨炉原子吸收分光光度法》（HJ 684—2014）测定固定污染源废气中的铍时，应采用________滤筒采集样品，空白滤筒中铍的含量不大于________ μg，样品经________消解成溶液后采用石墨炉原子吸收分光光度法测定。②

答案： 石英纤维　0.015　硝酸－过氧化氢

2. 根据《固定污染源废气　铍的测定　石墨炉原子吸收分光光度法》（HJ 684—2014）测定固定污染源废气中的铍时，加入________溶液作为基体改进剂能够有效消除基体干扰。②

答案： 硝酸铝

二、判断题

1. 根据《空气和废气监测分析方法》（第四版）中石墨炉原子吸收分光光度法测定环境空气中的铍时，使用干灰化消解后，用中速定性滤纸过滤到 25 mL 容量瓶中，定容。（　）①

答案： 错误

正确答案为： 应该使用定量滤纸。

2. 根据《固定污染源废气　铍的测定　石墨炉原子吸收分光光度法》（HJ 684—2014）

测定固定污染源废气中的铍时，应先将基体改进剂加入待测样品溶液中，混合均匀后再测定。（ ）②

答案：错误

正确答案为：基体改进剂硝酸铝不能预先加到样品中，必须依次将样品和硝酸铝溶液分别注入石墨炉原子化器中，使反应在原子化器中进行。

3. 根据《空气和废气监测分析方法》（第四版）和《固定污染源废气 铍的测定 石墨炉原子吸收分光光度法》（HJ 684—2014）中石墨炉原子吸收分光光度法测定环境空气或固定污染源废气中的铍时，采用自吸收扣背景方式进行背景校正。（ ）①②

答案：错误

正确答案为：采用塞曼扣背景或氘灯扣背景。

4. 根据《固定污染源废气 铍的测定 石墨炉原子吸收分光光度法》（HJ 684—2014）测定固定污染源废气中的铍时，基体改进剂的作用是与铍形成络合物降低原子化温度，从而消除干扰。（ ）②

答案：错误

正确答案为：基体改进剂硝酸铝的加入提高了铍的灰化温度和原子化温度，提高了原子化效率，使待分析元素更好地与易挥发基体分离，从而消除了干扰，提高了灵敏度。

5. 根据《固定污染源废气 铍的测定 石墨炉原子吸收分光光度法》（HJ 684—2014）测定固定污染源废气中的铍时，样品经硝酸、双氧水消解，再用滤纸过滤后定容待测。（ ）②

答案：错误

正确答案为：样品经硝酸、双氧水消解后，用 0.45 μm 醋酸纤维或相似性能滤膜抽滤，合并滤液和洗液，微沸至近干，再加入 2 mL（1+1）硝酸溶液，加热使残渣溶解，冷却后转移至 50 mL 容量瓶定容摇匀，待测。

三、选择题

1. 根据《空气和废气监测分析方法》（第四版）中石墨炉原子吸收分光光度法测定环境空气中的铍时，样品溶液与氨水的比例为________。（ ）①

A. 2：1　　B. 3：1　　C. 1：1

答案：A

2. 根据《空气和废气监测分析方法》（第四版）中石墨炉原子吸收分光光度法测定环境空气中的铍时，若样品中铍的浓度比较低，进样体积可以在________μL 选择。（ ）①

A. 10～20　　B. 20～100　　C. 100～200

答案：B

3. 根据《空气和废气监测分析方法》（第四版）中石墨炉原子吸收分光光度法测定空气中的铍，采样时所用的滤膜为________。（ ）①

A. 乙酸纤维滤膜　　B. 超细玻璃纤维滤膜

C. 过氯乙烯滤膜

答案：C

4. 根据《固定污染源废气　铍的测定　石墨炉原子吸收分光光度法》（HJ 684—2014）测定固定污染源废气中的铍，当试样溶液中钠、钾的浓度达到 1 000 mg/L 时，会导致铍的测定结果________。（　　）②

A. 偏高　　B. 偏低　　C. 不变

答案：B

5. 根据《固定污染源废气　铍的测定　石墨炉原子吸收分光光度法》（HJ 684—2014）测定固定污染源废气中的铍，当试样响应值超出校准曲线上限范围时，应使用________稀释至适当倍数，使其响应值降至校准曲线的线性范围内。（　　）②

A. 去离子水　　B. 1% 硝酸　　C.（1+1）硝酸

答案：B

参考文献

[1] 国家环境保护总局《空气和废气监测分析方法》编委会. 空气和废气监测分析方法（第四版）[M]. 北京：中国环境科学出版社，2003.

[2] 环境保护部. 固定污染源废气　铍的测定　石墨炉原子吸收分光光度法：HJ 684—2014 [S]. 北京：中国环境出版社，2014.

命题：袁　静　张丽华

审核：邹本东　汪　霄　夏　新

第八节　铜、锌、镉、铬、锰、镍

分类号：G11-7

主要内容
环境空气　铜、锌、镉、铬、锰、镍的测定　石墨炉原子吸收分光光度法《空气和废气监测分析方法》（第四版）

一、判断题

1. 根据《空气和废气监测分析方法》（第四版）中石墨炉原子吸收分光光度法测定环境空气中的镉时，可用氘灯扣除背景消除干扰。（　　）

答案：正确

2. 根据《空气和废气监测分析方法》（第四版）中石墨炉原子吸收分光光度法测定环境空气中的镍时，不需要扣除氘灯背景。（　　）

答案：正确

3. 根据《空气和废气监测分析方法》（第四版）中石墨炉原子吸收分光光度法测定环境空气中的锌时，配好的锌标准贮备液应放于聚乙烯塑料瓶中，冰箱内保存。（　　）

答案：正确

二、选择题

1. 根据《空气和废气监测分析方法》（第四版）中火焰原子吸收分光光度法测定环境空气中的铬时，特征谱线为________nm。（   ）

A. 228.8　　B. 357.9　　C. 232.0

答案：B

2. 根据《空气和废气监测分析方法》（第四版）中石墨炉原子吸收分光光度法测定环境空气中的锰时，制备锰标准贮备液需锰金属的纯度为________%。（   ）

A. 90　　B. 95　　C. 99　　D. 99.99

答案：D

参考文献

国家环境保护总局《空气和废气监测分析方法》编委会 . 空气和废气监测分析方法（第四版）[M]. 北京：中国环境科学出版社，2003.

命题：张丽华

审核：邹本东　夏　新

第九节　硒

分类号：G11-8

主要内容
污染源废气　硒及其化合物的测定　石墨炉原子吸收分光光度法《空气和废气监测分析方法》（第四版）

一、填空题

1. 根据《空气和废气监测分析方法》（第四版）中石墨炉原子吸收分光光度法测定烟道气颗粒物中硒时，若________含量大于 800 mg/L、________含量大于 200 mg/L，将干扰硒的测定。

答案：氯化物　　硫酸盐

2. 根据《空气和废气监测分析方法》（第四版）中石墨炉原子吸收分光光度法测定烟道气颗粒物中硒时，高含量的铁对硒的分析有干扰，可使用________进行校正。

答案：塞曼背景

二、判断题

1. 根据《空气和废气监测分析方法》（第四版）中石墨炉原子吸收分光光度法测定烟道气中硒时，加入硝酸铜，可以减少干燥和灰化时硒的挥发损失。（   ）

答案：错误

正确答案为：应加入硝酸镍。

2. 根据《空气和废气监测分析方法》（第四版）中石墨炉原子吸收分光光度法测定污染源中的硒时，由于元素硒及其化合物易挥发，应注意在干燥和灰化过程中温度和时间的选择。在分析前，加入硝酸镍于消解液中，可减少干燥和灰化时硒的挥发损失。（　　）

答案：正确

参考文献

国家环境保护总局《空气和废气监测分析方法》编委会.空气和废气监测分析方法（第四版）[M].北京：中国环境科学出版社，2003.

命题：张丽华　夏　新

审核：邹本东　王　静

第十节　汞

分类号：G11-9

主要内容
①环境空气中汞的测定　金膜富集－冷原子吸收分光光度法《空气和废气监测分析方法》（第四版）
②《固定污染源废气　汞的测定　冷原子吸收分光光度法（暂行）》（HJ 543—2009）

一、填空题

1. 高锰酸钾溶液吸收－冷原子吸收分光光度法测定废气颗粒物中汞时，颗粒物由于橡皮管对汞有吸附，所以采样管与吸收管之间要采用________材质的管连接，且接口处用________材质的生料带密封。②

答案：聚乙烯（或聚四氟乙烯）　聚四氟乙烯

2. 冷原子吸收分光光度法测定环境空气或废气颗粒物中汞含量时，含汞废气在排出之前应该先用________吸附，以免污染空气，为了保证其吸附效果，使用________月后，应重新更换。①②

答案：碘－活性炭　1～2

3. 用金膜富集－冷原子吸收分光光度法测定环境空气颗粒物中汞含量时，捕集效率与采样流量有关，一般采样流量不宜过大，流量1 L/min以下时捕集效率可以达到________%，1.5 L/min捕集效率为________%，2 L/min时捕集效率为________%。①

答案：100　95　90

二、判断题

1. 用高锰酸钾溶液吸收－冷原子吸收分光光度法测定废气中的汞，当汞浓度较高时，可以使用大型冲击式吸收采样瓶采样。（　　）②

答案：正确

2. 用高锰酸钾溶液吸收－冷原子吸收分光光度法测定废气颗粒物中的汞含量时，测定样品前必须做空白试验，空白值应不超过 0.005 mg 汞。（　　）②

答案：错误

正确答案为：空白值应不超过 0.005 μg 汞。

3. 用高锰酸钾溶液吸收－冷原子吸收分光光度法测定废气中的汞，采样时串联两支各装 10 mL 吸收液的大型气泡式吸收管，以 0.5 L/min 流量采样。（　　）②

答案：错误

正确答案为：应以 0.3 L/min 流量采样。

4. 用金膜富集－冷原子吸收分光光度法测定环境空气中汞含量时，若先通气后加热富集管，则吹气流量对峰形有影响；若先加热富集管 30 s 后再通气，则吹气流量对峰形影响很小，且灵敏度比前者高约 1 倍。（　　）①

答案：正确

5. 用金膜富集－冷原子吸收分光光度法测定环境空气中汞含量时，采样时应使富集管处于垂直位置，进气口朝下。（　　）①

答案：正确

6. 用金膜富集－冷原子吸收分光光度法测定环境空气中汞含量时，采样后，富集管两端需用橡皮帽密封。（　　）①

答案：错误

正确答案为：富集管两端应该用塑料帽密封。

三、选择题

1. 用高锰酸钾溶液吸收－冷原子吸收分光光度法测定废气中汞含量的原理是：汞被________高锰酸钾溶液吸收并氧化成汞离子，汞离子再被氯化亚锡还原为原子态汞，用载气将汞蒸气从溶液中吹出带入测汞仪，利用汞蒸气对波长 253.7 nm 紫外光的吸收作用而测定。（　　）②

A. 酸性　　B. 碱性　　C. 中性　　D. 弱酸性

E. 弱碱性

答案：A

2. 用高锰酸钾溶液吸收－冷原子吸收分光光度法测定废气中汞含量时，氯化亚锡甘油溶液需要在临用前进行处理，即将氯化亚锡甘油溶液倒入汞反应瓶中，吹________除去其中的本底汞，至测汞仪读数回零。（　　）②

A. 空气　　B. 氮气　　C. 氦气　　D. 氩气

答案：B

3. 用高锰酸钾溶液吸收－冷原子吸收分光光度法测定废气中汞含量时，当气温低于________℃时，应采取增高操作间环境温度的办法来提高汞的气化率。（　　）②

A. 25　　B. 20　　C. 15　　D. 10

答案：D

4. 用金膜富集－冷原子吸收分光光度法测定环境空气中汞含量时，如果富集管被油雾、水汽等污染，必须再生后使用，其方法是将此管加热至________℃以上，通入净化

空气 2 min。(　　)①

A. 300　　B. 500　　C. 800　　D. 1 000

答案：C

5. 用金膜富集－冷原子吸收分光光度法测定环境空气中汞含量时，金膜上金汞齐释放汞的加热温度在 500℃以上，因此要求加热器在________s 内，将管内温度升高至 600℃，以达到瞬时解吸的目的。(　　)①

A. 10　　B. 20　　C. 30　　D. 40

答案：C

6. 用金膜富集－冷原子吸收分光光度法测定环境空气中汞含量时，金膜微粒富集管在常温下可富集空气中的微量汞，生成金汞齐，当富集管加热至________℃通气时，即可排除苯、丙酮等有机蒸气的干扰。(　　)①

A. 100　　B. 200　　C. 300　　D. 400

答案：C

四、问答题

1. 用冷原子吸收分光光度法测定环境空气或废气中汞含量时，主要干扰物质有哪些？①②

答案：苯、丙酮等有机物。

2. 用冷原子吸收分光光度法测定废气中汞含量时，所用的玻璃仪器应当如何清洗，才能除去器壁上吸附的汞？①②

答案：用 10% 硝酸溶液或酸性高锰酸钾吸收液浸泡 24 h，或用（1+1）硝酸溶液浸泡 40 min。

3. 用冷原子吸收分光光度法测定环境空气和废气中汞含量时，有哪几种富集方法？它们在方法检出限和应用方面有哪些区别？①②

答案：有金膜富集法和高锰酸钾溶液吸收法两种。金膜富集法的方法检出限较低（1×10^{-5} mg/m^3），适用于环境空气中微量汞的测定；高锰酸钾溶液吸收法方法检出限较高（0.002 5 mg/m^3），适用于污染源等汞浓度较高场所空气中汞的测定。

4. 金膜富集－冷原子吸收分光光度法测定环境空气中汞含量时，怎样除去富集管中残存的汞及其他干扰物质？如何判断富集管已净化？①

答案：将富集管放在汞富集－解吸器上加热解吸一次。当记录仪指针回到基线时，表示富集管已净化。

五、计算题

用金膜富集－冷原子吸收分光光度法测定环境空气中汞含量，方法检出限为 0.6 ng，分别计算当采样体积为 60 L 和 30 L 时，空气中汞的最低检出浓度。①

答案：0.6/60=0.01（μg/m^3）[或 1×10^{-5}（mg/m^3）]

0.6/30=0.02（μg/m^3）[或 2×10^{-5}（mg/m^3）]

参考文献

[1] 环境保护部 . 固定污染源废气　汞的测定　冷原子吸收分光光度法（暂行）：HJ 543—2009 [S]. 北京：中国环境科学出版社，2009.

[2] 国家环境保护总局《空气和废气监测分析方法》编委会 . 空气和废气监测分析方法（第四版）[M]. 北京：中国环境科学出版社，2003.

命题：王玉平　米方卓

审核：王玉平

第十二章 原子荧光分光光度法

第一节 基础知识

分类号：G12-0

试题同“上册 W8-0”。

第二节 汞

分类号：G12-1

主要内容
污染源废气 汞及其化合物的测定 原子荧光分光光度法《空气和废气监测分析方法》（第四版）

一、填空题

1. 根据《空气和废气监测分析方法》（第四版）中原子荧光分光光度法测定废气中的汞含量时，滤筒样品溶液的制备方法是：将试样滤筒剪碎，置于 150 mL 锥形瓶中，加入 45 mL 新配制的王水，瓶口插入一个小玻璃漏斗，于电热板上加热至________，保持 2 h。冷却，加入少量水，用定量滤纸过滤，用水洗涤锥形瓶和滤渣数次，合并滤液和洗涤液，加热浓缩至近干，冷却后转移到 50 mL 容量瓶中，用________稀释至标线，即为样品溶液。

答案：微沸 5% 盐酸

2. 根据《空气和废气监测分析方法》（第四版）中原子荧光分光光度法测定废气中的汞含量时，滤膜样品溶液的制备方法是：将试样滤膜置于 100 mL 锥形瓶中，加入 10 mL 新配制的________，放置________，其后，消解方法与玻璃纤维滤筒相同，但酸量减半。

答案：王水 过夜

二、判断题

1. 根据《空气和废气监测分析方法》（第四版）中原子荧光分光光度法测定废气中的汞含量时，废气颗粒物中大量的 Sb、Se、Bi、Au 不干扰汞的测定，一般含量的 Cu 和 Pb 也不干扰测定。（ ）

答案：错误

正确答案为：大气颗粒物中，一般含量的 Sb、Se、Bi、Au 不干扰汞的测定，大量的 Cu 和 Pb 也不干扰测定。

2. 根据《空气和废气监测分析方法》(第四版)中原子荧光分光光度法测定废气中的汞含量时，准确移取一定量的待测溶液进入原子荧光分光光度计的氢化物发生器中，记录所测得的分光光度值，由标准曲线回归方程计算样品溶液中汞的浓度。(　　)

答案：错误

正确答案为：应记录所测得的荧光强度值，再由标准曲线回归方程计算样品溶液中汞的浓度。

3. 根据《空气和废气监测分析方法》(第四版)中原子荧光分光光度法测定废气中的汞含量时，汞标准使用液是在临用前用 0.5 g/L 重铬酸钾溶液逐级稀释汞储备液而成。(　　)

答案：正确

4. 根据《空气和废气监测分析方法》(第四版)中原子荧光分光光度法测定废气中的汞含量时，0.04%(*m/V*)硼氢化钾溶液的配制方法是：称取 0.4 g 硼氢化钾和 1 g 氢氧化钾溶于 200 mL 去离子水，用脱脂棉过滤后，用水定容至 1 000 mL。(　　)

答案：错误

正确答案为：应将称好的硼氢化钾溶于已加入 1 g 氢氧化钾的 200 mL 水去离子水中(即氢氧化钾溶解后再加硼氢化钾)。

三、选择题

1. 根据《空气和废气监测分析方法》(第四版)中原子荧光分光光度法测定废气中的汞含量时，将采集到滤筒或滤膜上的颗粒物样品，在________介质中加热消解，使样品溶液中的汞以二价汞的形式存在，再被硼氢化钾还原成单质汞，形成汞蒸气，被引入原子荧光分光光度计进行测定。(　　)

A. 酸性　　B. 碱性　　C. 中性　　D. 微酸性
E. 微碱性

答案：A

2. 根据《空气和废气监测分析方法》(第四版)中原子荧光分光光度法测定废气中的汞含量时，采集到的样品消解后，若不能迅速测定，应加入________保存液稀释，以防止汞元素损失。(　　)

A. 盐酸　　B. 硝酸　　C. 重铬酸钾　　D. 氯化亚锡

答案：C

3. 根据《空气和废气监测分析方法》(第四版)中原子荧光分光光度法测定废气中的汞含量时，取同________空白滤筒两个(或滤膜两张)，按样品处理相同步骤操作，制备成空白溶液。(　　)

A. 批号　　B. 厂家　　C. 规格

答案：A

四、问答题

1. 根据《空气和废气监测分析方法》(第四版)中原子荧光分光光度法测定废气中的

汞含量时，若与砷同时测定，是否可以在砷介质中进行？砷介质中主要含哪些试剂？它们会干扰汞的测定吗？

答案：可以，砷介质中含硫脲、抗坏血酸和盐酸，不会干扰汞的测定。

2. 根据《空气和废气监测分析方法》（第四版）中原子荧光分光光度法测定废气中的汞含量时，采集有组织排放样品和无组织排放样品时所用的滤料（或吸附材料）分别是什么？

答案：有组织排放样品用玻璃纤维滤筒采集，无组织排放样品用过氯乙烯滤膜采集。

五、计算题

原子荧光分光光度法测定废气中汞含量时，准确称取 1.080 g 氧化汞（优级纯，于 105～110℃烘干 2 h），用 70 mL（1+1）盐酸溶液溶解，加 24 mL（1+1）硝酸、1.0 g 重铬酸钾，溶解后移入 1 000 mL 容量瓶中，用水定容。试计算汞标准储备液浓度（Hg）。（摩尔质量：Hg 200.59，O 15.999）

答案：1.080 × 200.59 × 1 000 /1 000（200.59+15.999）=1.0（mg/mL）（或 1.0 g/L）

参考文献

国家环境保护总局《空气和废气监测分析方法》编委会 . 空气和废气监测分析方法（第四版）[M]. 北京：中国环境科学出版社，2003.

命题：王玉平　米方卓
审核：王玉平

第三节　砷

分类号：G12–2

主要内容
①环境空气　砷的测定　原子荧光法《空气和废气监测分析方法》（第四版）
②污染源废气　砷的测定　氢化物发生原子荧光分光光度法《空气和废气监测分析方法》（第四版）

一、填空题

1. 根据《空气和废气监测分析方法》（第四版）中原子荧光法测定环境空气中的砷，方法检出限为________ μg/L。当采样体积为 30 m^3、取 1/2 张样品滤纸测定时，测定浓度范围为________～________ mg/m^3。①

答案：0.36　2.4×10^{-6}　3.3×10^{-4}

2. 根据《空气和废气监测分析方法》（第四版）中氢化物发生－原子荧光法测定污染源废气中的砷，当将采集了 10 m^3 气体的滤膜制备成 50 mL 样品时，砷最低检出限为________ $\mu g/m^3$。②

答案：3×10^{-3}

二、判断题

1. 根据《空气和废气监测分析方法》（第四版）中原子荧光法测定环境空气中的砷，用玻璃纤维滤膜采集样品。(　　) ①

答案： 错误

正确答案为： 玻璃纤维滤膜含砷量偏高，不宜用来采集砷样，必须用中速定量滤纸采集样品。

2. 根据《空气和废气监测分析方法》（第四版）中原子荧光法测定环境空气中的砷，对于较高浓度的试样，应适当稀释后测定，其值在标准系列浓度值范围内为佳。(　　) ①

答案： 正确

3. 根据《空气和废气监测分析方法》（第四版）中原子荧光法测定环境空气中的砷，所用硼氢化钾溶液必须临用现配，最好置于塑料瓶内，避光保存，避免因光照而分解。(　　) ①

答案： 正确

4. 根据《空气和废气监测分析方法》（第四版）中原子荧光法测定环境空气中的砷，采样体积应根据不同地区空气中砷含量的高低而定。(　　) ①

答案： 正确

5. 根据《空气和废气监测分析方法》（第四版）中原子荧光法测定环境空气中的砷，做穿透实验时，将两张浸渍滤纸重叠放置，采集样品，第一张浸渍滤纸对砷的采集率应达 90% 以上。(　　) ①

答案： 错误

正确答案为： 第一张浸渍滤纸对砷的采集率应达 97% 以上。

6. 根据《空气和废气监测分析方法》（第四版）中氢化物发生－原子荧光法测定污染源废气中的砷，方法适用于测定经滤筒采集的颗粒物中无机砷及其化合物。(　　) ②

答案： 正确

三、选择题

1. 根据《空气和废气监测分析方法》（第四版）中原子荧光法测定环境空气中的砷，制备浸渍滤纸时，需置于________下烘干。(　　) ①

A. 紫外灯　　B. 红外灯　　C. 日光灯　　D. 砷灯

答案： B

2. 根据《空气和废气监测分析方法》（第四版）中原子荧光法测定环境空气中的砷，5%（m/V）硫脲和 5% 抗坏血酸混合液可置于 4℃冰箱内保存________。(　　) ①

A. 24 h　　B. 1～2 d　　C. 3～4 d　　D. 5～6 d

答案： C

3. 根据《空气和废气监测分析方法》（第四版）中原子荧光法测定环境空气中的砷，样品测定时，应同时用相同方法取________浸渍滤纸做样品空白。(　　) ①

A. 不同批号、等面积　　B. 不同批号、不同面积

C. 相同批号、不同面积　　D. 相同批号、等面积

答案：D

4. 根据《空气和废气监测分析方法》（第四版），原子荧光法测定环境空气中的砷，样品测定时，1% 的硼氢化钾的作用是________，5% 的盐酸的作用是________。（　　）①

A. 还原剂，载流液　　B. 载流液，还原剂

C. 氧化剂，载流液　　D. 载流液，氧化剂

答案：A

5. 根据《空气和废气监测分析方法》（第四版），氢化物发生－原子荧光法测定污染源废气中的砷，制备的砷标准贮备液应置于________瓶中，________保存。（　　）②

A. 棕色，低温　　B. 棕色，常温

C. 无色透明，低温　　D. 无色透明，常温

答案：A

6. 根据《空气和废气监测分析方法》（第四版），氢化物发生－原子荧光法测定污染源废气中的砷，临用时，用________mol/L 盐酸溶液逐级稀释砷贮备液来制备砷标准使用液。（　　）②

A. 0.1　　B. 1　　C. 2　　D. 4

答案：B

7. 根据《空气和废气监测分析方法》（第四版），氢化物发生－原子荧光法测定污染源废气中的砷时，分析中所用玻璃器皿（包括新器皿）均需用________溶液浸泡________后，再用去离子水冲洗干净后方可使用。（　　）②

A.（1+1）硝酸，8 h　　B.（1+1）硝酸，24 h

C.（1+1）盐酸，8 h　　D.（1+1）盐酸，24 h

答案：B

四、问答题

1. 简述《空气和废气监测分析方法》（第四版）原子荧光法测定环境空气中的砷的方法原理。①

答案：用聚乙烯氧化吡啶和甘油混合液浸泡过的滤纸采集空气中蒸气态和气溶胶态的砷化物，经硝酸湿法消解，加入 5% 的硫脲和 5% 的抗坏血酸混合液将溶液中五价砷预先还原为三价，在 10% 的盐酸介质中加入 1% 的硼氢化钾还原剂，生成的砷化氢由载气（氩气）送入原子化器，氢气和氩气形成的氩氢火焰，将待测元素原子化，激发光源砷灯发射的特征谱线激发砷原子，发出荧光，其荧光强度与砷含量成正比。得到的荧光信号由光电倍增管接收，然后经放大、解调，再由数据处理系统得到结果。

2. 简述《空气和废气监测分析方法》（第四版）氢化物发生－原子荧光法测定污染源废气中的砷时，样品溶液制备过程。②

答案：（1）滤筒样品：将样品滤筒剪碎（切勿使尘粒抖落），置于 150 mL 锥形瓶中，加 30 mL 硝酸溶液，5 mL 高氯酸，瓶口插入一小漏斗，于电热板上加热至微沸，保持微沸 2 h。稍冷，再加入 10 mL 硝酸，继续加热微沸至近干。如果样品消解不完全，可加入少量硝酸继续加热至样品颜色变浅。冷却，

加入少量水，用定量滤纸过滤，用水洗涤锥形瓶、滤渣数次，合并洗涤液和滤液，加热浓缩至近干，稍冷，加入 5 mL（1+1）盐酸溶液，加热至黄褐色烟冒尽，冷却后转移到 50 mL 容量瓶中，用水稀释至标线，即为样品溶液。

（2）滤膜样品：取样品滤膜置于 100 mL 锥形瓶中，加入 10 mL 硝酸，放置过夜。其后消解方法与玻璃纤维滤筒同，但酸量减半。

参考文献

国家环境保护总局《空气和废气监测分析方法》编委会. 空气和废气监测分析方法（第四版）[M]. 北京：中国环境科学出版社，2003.

命题：王　宣　王　琪

审核：王　宣　米方卓

第四节　硒

分类号：G12–3

主要内容 ①环境空气　硒的测定　原子荧光法《空气和废气监测分析方法》（第四版） ②污染源废气　硒的测定　氢化物发生－原子荧光分光光度法《空气和废气监测分析方法》（第四版）

一、填空题

1. 根据《空气和废气监测分析方法》（第四版）中原子荧光法测定环境空气中硒的方法检出限为________μg/L。当采样体积为 100 m^3，取整张样品滤纸测定时，测定浓度范围为________～________mg/m^3。①

答案：0.25　　2.5×10^{-7}　　5.0×10^{-5}

2. 根据《空气和废气监测分析方法》（第四版）中氢化物发生－原子荧光光度法测定污染源废气中硒时，配制 0.7% 硼氢化钾溶液，应称取________g 硼氢化钾于已加入________g KOH 的 200 mL 去离子水中，溶解后，用脱脂棉过滤，稀释至 1 000 mL。现用现配。②

答案：7　　2

二、判断题

1. 根据《空气和废气监测分析方法》（第四版）中原子荧光法测定环境空气中硒，该方法抗干扰能力强，由于空气中干扰物质的含量低，所以在实际测定中不需要考虑其他因素的干扰，可直接进行测定。（　　）①

答案：正确

2. 根据《空气和废气监测分析方法》（第四版）原子荧光法测定环境空气中硒，采样

时，必须按照方法规定的采样体积采集样品。(　　)①

答案：错误

正确答案为：采样体积视本地区空气中硒含量高低而定。

3. 根据《空气和废气监测分析方法》(第四版)中原子荧光法测定环境空气中的硒，样品消解应在通风橱内进行，小心加热，防止暴溅。(　　)①

答案：正确

4. 根据《空气和废气监测分析方法》(第四版)中原子荧光法测定环境空气中的硒，所用过的玻璃器皿应在(1+1)的硝酸中浸泡，并洗净。(　　)①

答案：正确

5. 根据《空气和废气监测分析方法》(第四版)中原子荧光法测定环境空气中的硒，样品经预处理后，无论样品浓度如何，可直接进样分析测定。(　　)①

答案：错误

正确答案为：对于高浓度样品应先进行稀释，样品浓度大小应在标准系列浓度值范围内为宜。

6. 根据《空气和废气监测分析方法》(第四版)中原子荧光法测定环境空气中的硒，测定样品时，必须按照方法中提供的仪器工作条件设定仪器，分析样品。(　　)①

答案：错误

正确答案为：本方法提供的仪器工作条件适用于某一型号的原子荧光光度计，仅供参考，实验人员可根据不同型号的仪器做适当调整。

7. 根据《空气和废气监测分析方法》(第四版)中氢化物发生－原子荧光光度法测定污染源废气中的硒，制备样品溶液时应注意加热温度不宜过高，以免被测元素在高温下挥发，影响测定结果。(　　)②

答案：正确

三、选择题

1. 根据《空气和废气监测分析方法》(第四版)中原子荧光法测定环境空气中的硒，采集样品时，用镊子将超细纤维滤膜的________朝上，放入采样夹，拧紧。采样后，用镊子取下滤膜，________朝里，对折两次，叠为扇形，放回纸袋中，详细记录采样条件。(　　)①

A. 毛面，尘面　　　　B. 光面，净面

C. 毛面，净面　　　　D. 光面，尘面

答案：A

2. 根据《空气和废气监测分析方法》(第四版)中原子荧光法测定环境空气中的硒，绘制标准曲线时，配制好的标准系列放置________后使用，若室温低于15℃，放置________后使用。(　　)①

A. 20 min，0.5 h　　　　B. 30 min，1 h

C. 40 min，1 h　　　　D. 1 h，1.5 h

答案：A

3. 根据《空气和废气监测分析方法》(第四版)中原子荧光法测定环境空气中的硒时，

实验室温度应保持在________℃。(　　)①

A. 10～20　　B. 15～25

C. 15～35　　D. 20～35

答案：C

4. 根据《空气和废气监测分析方法》（第四版）中原子荧光法测定空气中的硒，样品采集时，应使用________滤膜或________滤筒。(　　)①

A. 玻璃纤维，过氯乙烯　　B. 混合纤维，塑料

C. 玻璃纤维，塑料　　D. 混合纤维，过氯乙烯

答案：A

5. 根据《空气和废气监测分析方法》（第四版）中氢化物发生－原子荧光光度法测定污染源废气中的硒时，制备的硒标准贮备液应置于________试剂瓶中，________保存。(　　)②

A. 棕色，低温　　B. 棕色，常温

C. 无色透明，低温　　D. 无色透明，常温

答案：A

6. 根据《空气和废气监测分析方法》（第四版）中氢化物发生－原子荧光光度法测定污染源废气中的硒时，用________mol/L 盐酸溶液逐级稀释硒贮备液来制备硒标准使用液。(　　)②

A. 0.1　　B. 1　　C. 2　　D. 4

答案：D

7. 根据《空气和废气监测分析方法》（第四版）中原子荧光法测定环境空气中的硒时，硼氢化钾溶液可________，最好置于________保存。(　　)①

A. 临用现配，玻璃瓶　　B. 保存 24 h，玻璃瓶

C. 临用现配，塑料瓶　　D. 保存 24 h，塑料瓶

答案：C

四、问答题

1. 简述《空气和废气监测分析方法》（第四版）中原子荧光法测定环境空气中的硒的方法原理。①

答案：用超细玻璃纤维滤膜采集空气中颗粒状的硒化物，经硝酸和高氯酸混酸消解后，加入盐酸将溶液中六价硒还原为四价，在 20% 的盐酸介质中加入 1% 的硼氢化钾还原剂，生成的硒化氢由载气（氩气）送入原子化器，氢气和氩气形成的氩氢火焰，将待测元素原子化，激发光源硒灯发射的特征谱线激发硒原子，发出荧光，其荧光强度与硒含量成正比。得到的荧光信号由光电倍增管接收，然后经放大、解调，再由数据处理系统得到结果。

2. 简述《空气和废气监测分析方法》（第四版）氢化物发生－原子荧光法测定污染源废气中硒时，空白溶液的制备过程。②

答案：取同批号空白滤筒或滤膜至少两个，按与样品处理相同步骤同时操作，制备成空白溶液。

参考文献

国家环境保护总局《空气和废气监测分析方法》编委会 . 空气和废气监测分析方法（第四版）[M]. 北京：中国环境科学出版社，2003.

命题：王 宣 王 琪
审核：王 宣 米方卓

第五节 砷、硒、铋、锑

分类号：G12-4

主要内容
《环境空气和废气　颗粒物中砷、硒、铋、锑的测定　原子荧光法》（HJ 1133—2020）

一、填空题

1. 根据《环境空气和废气　颗粒物中砷、硒、铋、锑的测定　原子荧光法》（HJ 1133—2020）测定环境空气和废气颗粒物中的砷时，为了基本消除铜等过渡金属元素的干扰，可加入________混合溶液。当样品中含________mg/L 以下的 Cu^{2+} 时，不影响测定。

答案：硫脲－抗坏血酸　100

2. 根据《环境空气和废气　颗粒物中砷、硒、铋、锑的测定　原子荧光法》（HJ 1133—2020）测定固定污染源废气颗粒物中的硒时，使用烟尘采样器采集颗粒物样品不少于________m^3（标准状态干烟气）；当重金属浓度较低时，可适当增加采样体积。

答案：0.600

3. 根据《环境空气和废气　颗粒物中砷、硒、铋、锑的测定　原子荧光法》（HJ 1133—2020）测定废气颗粒物中的铋时，在微波消解过程中必须使用旋转盘，以确保样品接受微波的________。

答案：均匀性

4. 根据《环境空气和废气　颗粒物中砷、硒、铋、锑的测定　原子荧光法》（HJ 1133—2020）测定废气颗粒物中的砷时，如果被测元素浓度超过校准曲线浓度范围，应________后重新进行测定。

答案：稀释

5. 根据《环境空气和废气　颗粒物中砷、硒、铋、锑的测定　原子荧光法》（HJ 1133—2020）测定环境空气颗粒物中的硒时，应抽取________% 的滤膜样品进行平行样测定，当样品量少于 10 个时，至少测定 1 个平行双样，测定结果的相对偏差应≤________%。

答案：10　20

二、判断题

1. 根据《环境空气和废气　颗粒物中砷、硒、铋、锑的测定　原子荧光法》（HJ 1133—

2020）测定废气颗粒物中的砷时，配制 ρ =20 g/L 硼氢化钾溶液时，应称取 2.0 g 硼氢化钾溶于 100 mL 水中，玻璃棒搅拌至完全溶解后，再加入 0.5 g 氢氧化钾，搅拌溶解，用时现配。（　　）

答案：错误

正确答案为：配制 ρ =20 g/L 硼氢化钾溶液时，应称取 0.5 g 氢氧化钾溶于 100 mL 水中，玻璃棒搅拌至完全溶解后，再加入 2.0 g 硼氢化钾，搅拌溶解，用时现配。

2. 根据《环境空气和废气　颗粒物中砷、硒、铋、锑的测定　原子荧光法》（HJ 1133—2020）采集污染源废气颗粒物中硒时，采样器采样流量为 15～80 L/min。（　　）

答案：错误

正确答案为：测定废气颗粒物中硒时，采样器采样流量为 5～80L/min。

3. 根据《环境空气和废气　颗粒物中砷、硒、铋、锑的测定　原子荧光法》（HJ 1133—2020）采集固定污染源废气颗粒物中的砷时，使用烟尘采样器采集颗粒物，如管道内烟气温度高于需采集的相关金属元素熔点，应采取降温措施，使进入滤筒前的烟气温度低于相关金属元素的熔点。（　　）

答案：正确

4. 根据《环境空气和废气　颗粒物中砷、硒、铋、锑的测定　原子荧光法》（HJ 1133—2020）电热板消解制备试样时，消解液必须按方法规定的体积加入，不可增加。（　　）

答案：错误

正确答案为：若样品取样量较多，可适当增加硝酸－盐酸混合溶液的体积。

5. 根据《环境空气和废气　颗粒物中砷、硒、铋、锑的测定　原子荧光法》（HJ 1133—2020）测定环境空气颗粒物中的铋时，由于空气中干扰物质含量低，所以在实际测定中不需要考虑其他因素的干扰，可直接进行测定。（　　）

答案：正确

6. 根据《环境空气和废气　颗粒物中砷、硒、铋、锑的测定　原子荧光法》（HJ 1133—2020），每批样品都应测定 2 个实验室空白和 1 个全程序空白样品，空白样品中目标元素测定值应低于方法检出限。（　　）

答案：错误

正确答案为：空白样品中目标元素测定值应低于方法测定下限。

7. 根据《环境空气和废气　颗粒物中砷、硒、铋、锑的测定　原子荧光法》（HJ 1133—2020）测定环境空气颗粒物中的砷时，每次采样前仅需对采样器进行流量校准。（　　）

答案：错误

正确答案为：每次采样前需对采样器进行流量校准和气密性检查。

8. 根据《环境空气和废气　颗粒物中砷、硒、铋、锑的测定　原子荧光法》（HJ 1133—2020）测定废气颗粒物中锑时，可调用最近时间内相关系数大于或等于 0.999 的校准曲线进行样品分析。（　　）

答案：错误

正确答案为：每次样品分析均应绘制校准曲线，且相关系数应大于或等于0.999。

9. 根据《环境空气和废气 颗粒物中砷、硒、铋、锑的测定 原子荧光法》（HJ 1133—2020）测定废气颗粒物中的砷时，配制（5+95）的盐酸溶液的方法为：量取 50 mL 盐酸（ρ=1.19 g/mL）溶于约 500 mL 水中，再用水稀释并定容至 1 L。（ ）

答案：正确

三、选择题

1. 根据《环境空气和废气 颗粒物中砷、硒、铋、锑的测定 原子荧光法》（HJ 1133—2020）测定废气颗粒物中的铋时，滤筒样品采集后将封口向内折叠，________放回原采样筒中密闭保存。（ ）

A. 竖直　　B. 倾斜　　C. 水平

答案：A

2. 根据《环境空气和废气 颗粒物中砷、硒、铋、锑的测定 原子荧光法》（HJ 1133—2020）测定环境空气颗粒物中的锑，电热板消解制备试样时，应将滤膜样品剪成小块置于________，烧杯中。（ ）

A. 聚丙烯　　B. 聚四氟乙烯　　C. 聚氯乙烯　　D. 聚苯乙烯

答案：B

3. 根据《环境空气和废气 颗粒物中砷、硒、铋、锑的测定 原子荧光法》（HJ 1133—2020）测定环境空气中的砷时，经消解后的样品置于比色管中，加入盐酸溶液（1+1）和干扰消除溶液，混匀，室温放置________min。室温低于 15℃时，置于 30℃水浴中保温________min。（ ）

A. 30，20　　B. 30，15　　C. 15，30　　D. 30，30

答案：D

4. 根据《环境空气和废气 颗粒物中砷、硒、铋、锑的测定 原子荧光法》（HJ 1133—2020）测定环境空气和废气颗粒物中的铋，配制校准系列时，分别移取一定量的铋标准使用液于 50 mL 容量瓶中，分别加入________溶液，用________定容至标线，混匀。（ ）

A. 10.0 mL（1+1）盐酸，水　　B. 10.0 mL 盐酸（C=1 mol/L），水

C. 10.0 mL（5+95）盐酸，水　　D. 10.0 mL 硝酸 - 盐酸，水

答案：A

5. 根据《环境空气和废气 颗粒物中砷、硒、铋、锑的测定 原子荧光法》（HJ 1133—2020）测定环境空气和废气颗粒物中的砷、硒、铋、锑时，每测定________个样品进行一次校准曲线中间点浓度的核查，其相对误差应在 ±________% 以内。（ ）

A. 30，20　　B. 30，15　　C. 20，20　　D. 20，15

答案：C

6. 根据《环境空气和废气 颗粒物中砷、硒、铋、锑的测定 原子荧光法》（HJ 1133—2020）测定环境空气和废气颗粒物中的砷、硒、铋、锑时，实验所用的玻璃器皿应先用自来水冲洗，再用________浸泡 24 h，依次用自来水，实验用水洗净。（ ）

A.（1+1）盐酸溶液
B. 盐酸－硝酸混合溶液
C.（1+2）硝酸溶液
D.（1+1）硝酸溶液

答案：D

7. 根据《环境空气和废气　颗粒物中砷、硒、铋、锑的测定　原子荧光法》（HJ 1133—2020）测定废气颗粒物中的铋时，制备的铋标准贮备液，在________℃下可存放________。（　　）

A. 4，6 个月
B. 4，1 年
C. 4，18 个月
D. 4，2 年

答案：B

8. 根据《环境空气和废气　颗粒物中砷、硒、铋、锑的测定　原子荧光法》（HJ 1133—2020）测定废气中的砷时，称取 0.132 0g 经________℃干燥________h 的优级纯三氧化二砷，溶解于 5 mL（1mol/L）氢氧化钠溶液中，用 1mol/L 盐酸溶液中和至酚酞红色褪去，用水定容至 1 000 mL，混匀。（　　）

A. 105，1
B. 105，2
C. 200，1
D. 200，2

答案：B

四、问答题

1. 简述根据《环境空气和废气　颗粒物中砷、硒、铋、锑的测定　原子荧光法》（HJ 1133—2020）测定环境空气颗粒物中锑的方法原理。

答案：用滤膜或滤筒采集空气中颗粒物，样品经硝酸－盐酸混合酸消解后，进入原子荧光光谱仪，试样中的锑在酸性条件下与硼氢化钾（硼氢化钠）发生氧化还原反应，生成锑化氢气体，氢化物在氩氢火焰中形成基态原子，在锑元素灯发射光的激发下产生原子荧光，在一定浓度范围内原子荧光强度与试液中元素的含量成正比。

2. 简述根据《环境空气和废气　颗粒物中砷、硒、铋、锑的测定　原子荧光法》（HJ 1133—2020）测定环境空气和废气颗粒物中的硒时，全程序空白的采集过程。

答案：取与样品相同批次的空白滤膜（或滤筒），与样品在相同条件下保存，运输。将空白滤膜（或滤筒）安装在采样器上不进行采样，空白滤膜（或滤筒）在采样现场暴露时间与样品滤膜（或滤筒）从取出直至安装到采样器时间相同，随后取下空白滤膜（或滤筒）并随样品一起运回实验室。

五、计算题

根据《环境空气和废气　颗粒物中砷、硒、铋、锑的测定　原子荧光法》（HJ 1133—2020）测定环境空气颗粒物中的砷时，用滤膜采集颗粒物样品。已知实际采样体积为 150 m^3，取全部样品滤膜进行消解测定，消解完毕后定容至 50 mL，移取 5.0 mL 消解后的样品，定容至 10 mL，同时取符合要求的空白滤膜按样品制备步骤制备空白溶液。经测定，样品浓度为 2.25 μg/L，空白溶液浓度为 0.16 μg/L，试求环境空气颗粒物中砷的浓度。

答案：ρ_{As}=（2.25-0.16）×50×10/（150×5）=1.4 ng/m^3

参考文献

生态环境部. 环境空气和废气　颗粒物中砷、硒、铋、锑的测定　原子荧光法：HJ 1133—2020 [S]. 北京：中国环境出版集团，2020.

命题：周笑白　刘　蓉
审核：刘　蓉　夏　新

第六节　汞（冷原子荧光法）

分类号：G12-5

主要内容
《环境空气　汞的测定　巯基棉富集－冷原子荧光分光光度法（暂行）》（HJ 542—2009）及修改单

一、判断题

1. 根据《环境空气　汞的测定　巯基棉富集－冷原子荧光分光光度法（暂行）》（HJ 542—2009）测定环境空气中的汞含量时，制备巯基棉所使用的主要化学试剂为硫代乙醇酸、乙酸酐、乙酸和硫酸。（　　）

答案：正确

2. 根据《环境空气　汞的测定　巯基棉富集－冷原子荧光分光光度法（暂行）》（HJ 542—2009）及修订单测定环境空气中的汞含量时，空气中汞浓度的计算公式为：$\rho(\mathrm{Hg})=\dfrac{W-W_0}{V_r\times 1\ 000}\times\dfrac{V_t}{V_a}$。式中，$\rho(\mathrm{Hg})$——环境空气中汞含量，mg/m^3；$W$、$W_0$——测定时所取样品和空白中汞的含量，μg；$V_r$——参比状态下的采样体积，L；$V_t$——样品溶液的总体积，mL；$V_a$——测定时所取样品溶液的体积，mL。（　　）

答案：错误

正确答案为：W、W_0——测定时所取样品和空白中汞的含量，ng。

3. 根据《环境空气　汞的测定　巯基棉富集－冷原子荧光分光光度法（暂行）》（HJ 542—2009）测定环境空气中的汞，如要分别测定有机汞和无机汞，采样后先用 2.0 mol/L 盐酸－氯化钠饱和溶液解吸有机汞，然后再用 4.0 mol/L 盐酸溶液解吸无机汞。（　　）

答案：错误

正确答案为：若分别测定有机汞和无机汞，采样后先用 2.0 mol/L 盐酸溶液解吸有机汞，然后用 4.0 mol/L 盐酸－氯化钠饱和溶液解吸无机汞。

4. 根据《环境空气　汞的测定　巯基棉富集－冷原子荧光分光光度法（暂行）》（HJ 542—2009）测定环境空气中的汞，试剂盐酸羟胺中常含有汞，必须提纯。汞含量低时，可以用巯基棉纤维管去除汞。汞含量高时，需先用萃取法去除大量汞，再用巯基棉纤维管法除尽。（　　）

答案：正确

5. 根据《环境空气 汞的测定 巯基棉富集-冷原子荧光分光光度法（暂行）》（HJ 542—2009）测定环境空气中的汞，制备好的巯基棉采样管，临用前须用 0.4 mL 2.0 mol/L 的盐酸溶液酸化，酸化后采样管两端加套密封，存放在无汞的容器中。（ ）

答案：错误

正确答案为：制备好的巯基棉采样管，临用前须用 0.4 mL 0.001 mol/L（pH=3）的盐酸溶液酸化，酸化后采样管两端加套密封，存放在无汞的容器中。

6. 根据《环境空气 汞的测定 巯基棉富集-冷原子荧光分光光度法（暂行）》（HJ 542—2009）测定环境空气中汞，氯化亚锡-盐酸溶液制成后，需要以 1.0 L/min 流量高纯氮气，以除去其中所含的本底汞。（ ）

答案：正确

7. 根据《环境空气 汞的测定 巯基棉富集-冷原子荧光分光光度法（暂行）》（HJ 542—2009）测定环境空气中汞，氯化亚锡-盐酸溶液的配制方法是：称取 11.9 g 氯化亚锡（$SnCl_2 \cdot 2H_2O$）于 150 mL 烧杯中，加入 10 mL 浓盐酸，用水稀释至 100 mL 后，加热至全部溶解。（ ）

答案：错误

正确答案为：称取 11.9 g 氯化亚锡（$SnCl_2 \cdot 2H_2O$）于 150 mL 烧杯中，加入 10 mL 浓盐酸，加热至全部溶解，用水稀释至 100 mL。

8. 根据《环境空气 汞的测定 巯基棉富集-冷原子荧光分光光度法（暂行）》（HJ 542—2009）测定环境空气中的汞含量，每个巯基棉制备后，要进行巯基棉的吸附效率实验。（ ）

答案：错误

正确答案为：每批巯基棉制备后，都要进行巯基棉吸附效率实验。

9. 根据《环境空气 汞的测定 巯基棉富集-冷原子荧光分光光度法（暂行）》（HJ 542—2009）测定环境空气中的汞含量，用巯基棉纤维管去除盐酸羟胺中汞的方法是：在巯基棉采样管或 500 mL 分液漏斗的放液管中填入 0.1～0.2 g 巯基棉，使待净化的溶液以 10 mL/min 流速流过 1～2 次。（ ）

答案：正确

10. 根据《环境空气 汞的测定 巯基棉富集-冷原子荧光分光光度法（暂行）》（HJ 542—2009）测定环境空气中的汞，用萃取法去除盐酸羟胺中汞的方法是：量取 250 mL 盐酸羟胺溶液于 500 mL 分液漏斗中，每次加入 15 mL 含双硫腙 0.1 g/L 的四氯化碳溶液，反复萃取，直至含双硫腙的四氯化碳溶液保持绿色不变为止。（ ）

答案：错误

正确答案为：反复萃取至含双硫腙的四氯化碳溶液保持绿色不变为止，然后用四氯化碳萃取，去除剩余的双硫腙。

11. 根据《环境空气 汞的测定 巯基棉富集-冷原子荧光分光光度法（暂行）》（HJ 542—2009）测定环境空气中的汞含量，巯基棉吸附效率实验的方法是：于反应瓶中加入一定量的汞标准使用液，加入氯化亚锡盐酸溶液后，用氮气将产生的元素汞通入巯基棉采样管，用 4.0 mg/L 盐酸－氯化钠饱和溶液解吸，测定回收率。(　　)

答案：正确

二、选择题

1. 根据《环境空气　汞的测定　巯基棉富集－冷原子荧光分光光度法（暂行）》（HJ 542—2009）测定环境空气中的汞，采样时将巯基棉采样管的细口端与采样器连接，大口径端________，以 0.3～0.5 mL/min 流量采样 30～60 min。(　　)

　A. 朝上　　B. 朝下　　C. 任何朝向均可

答案：B

2. 根据《环境空气　汞的测定　巯基棉富集－冷原子荧光分光光度法（暂行）》（HJ 542—2009）测定环境空气中汞的原理是：在________介质中，用巯基棉富集空气中的汞及其化合物，元素汞通过巯基棉采样管时，主要为物理吸附及单分子层的化学吸附。(　　)

　A. 酸性　　B. 微酸性　　C. 碱性　　D. 微碱性

答案：B

3. 根据《环境空气　汞的测定　巯基棉富集－冷原子荧光分光光度法（暂行）》（HJ 542—2009）测定环境空气中的汞时，配制氯化汞标准使用液的方法是：吸取 1.00 mL 氯化汞标准贮备液于 200 mL 容量瓶中，加 10% 硫酸溶液 10.0 mL 和 1%________溶液 2.0 mL，用水稀释至标线。(　　)

　A. 重铬酸钾　　B. 氯化亚锡　　C. 盐酸羟胺　　D. 高锰酸钾

答案：A

4. 根据《环境空气　汞的测定　巯基棉富集－冷原子荧光分光光度法（暂行）》（HJ 542—2009）测定环境空气中汞含量时，配制氯化汞标准贮备液的方法是：准确称取 0.135 3 g 氯化汞溶解于 5 mL 10% 硫酸溶液及 1.0 mL 1.0% 重铬酸钾溶液中，移入 100 mL 容量瓶中，用水稀释至标线，此溶液中汞的浓度为________ mg/L。(　　)

　A. 0.001　　B. 0.100　　C. 1.000　　D. 1 000

答案：D

5. 根据《环境空气　汞的测定　巯基棉富集－冷原子荧光分光光度法（暂行）》（HJ 542—2009）测定环境空气中汞，方法的检出限为 0.1 ng/10 mL，当采样体积为 20 L 时，最低检出浓度为________$\mu g/m^3$。(　　)

　A. 0.007　　B. 0.005　　C. 0.050　　D. 6.6×10^{-3}

答案：B

　　计算过程：0.1ng/20 L=0.005（$\mu g/m^3$）

6. 根据《环境空气　汞的测定　巯基棉富集－冷原子荧光分光光度法（暂行）》（HJ 542—2009）测定环境空气中的汞时，试验用的试剂，包括巯基棉、氯化亚锡盐酸溶液、盐酸溶液、溴化钾－溴酸钾溶液、盐酸羟胺－氯化钠溶液和盐酸－氯化钠饱和溶液，均需事先用冷原子荧光测汞仪检查，试剂中汞的空白值应不超

过________ ng。(　　)

A. 0.05　　B. 0.1　　C. 0.2　　D. 0.5

答案：B

7. 根据《环境空气　汞的测定　巯基棉富集－冷原子荧光分光光度法（暂行）》（HJ 542—2009）测定环境空气中汞，配制标准系列时，取 7 个 5 mL 反应瓶，加入氯化汞标准使用液后，用 4.0 mol/L________溶液稀释至 5.0 mL 标线。(　　)

A. 盐酸　　B. 氯化钠

C. 盐酸－氯化钠　　D. 盐酸－氯化钠饱和

答案：D

8. 根据《环境空气　汞的测定　巯基棉富集－冷原子荧光分光光度法（暂行）》（HJ 542—2009）测定环境空气中的汞时，如要分别测定气态汞和颗粒态汞，可在巯基棉采样管前加一________滤膜，捕集颗粒态汞。(　　)

A. 普通　　B. 空白

C. 有机纤维素微孔　　D. 玻璃纤维

答案：C

9. 根据《环境空气　汞的测定　巯基棉富集－冷原子荧光分光光度法（暂行）》（HJ 542—2009）测定环境空气中的汞，在微酸性介质中，用巯基棉富集环境空气中的汞及其化合物，采样后，用 4.0 mg/L 盐酸－氯化钠饱和溶液解吸，氯化亚锡还原、冷原子荧光测汞仪测定。用该方法测定的是环境空气中的________汞。(　　)

A. 无机　　B. 有机　　C. 总

答案：C

10. 根据《环境空气　汞的测定　巯基棉富集－冷原子荧光分光光度法（暂行）》（HJ 542—2009）测定环境空气中汞含量，制备好的巯基棉，置于棕色瓶中于干燥器中保存，有效期为________个月。(　　)

A. 1　　B. 2　　C. 3　　D. 6

答案：C

11. 根据《环境空气　汞的测定　巯基棉富集－冷原子荧光分光光度法（暂行）》（HJ 542—2009）测定环境空气中汞含量，巯基棉采样管的制备方法是：称取________g 巯基棉，从石英采样管的大口径处塞入管内，压入内径为 6 mm 的管段中，巯基棉的长度约为 3 cm。(　　)

A. 0.1　　B. 0.5　　C. 1.0　　D. 2.0

答案：A

12. 根据《环境空气　汞的测定　巯基棉富集－冷原子荧光分光光度法（暂行）》（HJ 542—2009）测定环境空气中的汞含量，制备巯基棉所用的载体是________。(　　)

A. 玻璃棉　　B. 脱脂棉　　C. 石英棉　　D. 木棉

答案：B

13. 根据《环境空气　汞的测定　巯基棉富集－冷原子荧光分光光度法（暂行）》（HJ 542—2009）测定环境空气中的汞含量，制备巯基棉所需的烘干温度是________℃。

（　　）

A. 40　　B. 50　　C. 60　　D. 100

答案： A

14. 根据《环境空气　汞的测定　巯基棉富集－冷原子荧光分光光度法（暂行）》（HJ 542—2009）测定环境空气中的汞含量，样品测定时，加入氯化亚锡溶液的目的是________。（　　）

A. 去除氧化剂对测定的干扰　　B. 将溴还原为溴离子

C. 将二价汞离子还原为金属汞　　D. 将无机汞和有机汞还原为金属汞

答案： C

15. 根据《环境空气　汞的测定　巯基棉富集－冷原子荧光分光光度法（暂行）》（HJ 542—2009）测定环境空气中的汞含量，样品测定时，加入盐酸羟胺溶液的目的是________。（　　）

A. 去除氧化剂对测定的干扰　　B. 将溴酸根离子还原为溴离子

C. 将二价离子汞还原为金属汞　　D. 还原剩余的溴

答案： D

参考文献

[1] 环境保护部. 环境空气　汞的测定　巯基棉富集－冷原子荧光分光光度法（暂行）：HJ 542—2009 [S]. 北京：中国环境科学出版社，2009.

[2] 国家环境保护总局《空气和废气监测分析方法》编委会. 空气和废气监测分析方法（第四版）[M]. 北京：中国环境科学出版社，2003.

命题：刘　蓉　王玉平

审核：周笑白

第十三章　荧光分光光度法

第一节　苯并 [a] 芘

分类号：G13-1

主要内容
《空气质量　飘尘中苯并 [a] 芘的测定　乙酰化滤纸层析荧光分光光度法》（GB/T 8971—1988）

一、填空题

1. 根据《空气质量　飘尘中苯并 [a] 芘的测定　乙酰化滤纸层析荧光分光光度法》（GB/T 8971—1988）进行样品测定时，将标准苯并 [a] 芘斑点和样品斑点的丙酮洗脱液倒入 1 cm 的石英池中，在激发、发射狭缝分别为________nm 和________nm，激发波长为 367 nm，测其发射波长 402 nm、405 nm 和 408 nm 处的荧光强度 F。

答案：10　　2

2. 根据《空气质量　飘尘中苯并 [a] 芘的测定　乙酰化滤纸层析荧光分光光度法》（GB/T 8971—1988）进行样品萃取时，根据提取液的颜色深浅，取全部或将提取液定容到 50 mL 后，取部分置于 KD 浓缩器中，在________℃的水浴中减压浓缩至近干。浓缩管用________洗 3 次，每次 3～4 滴，用氮气吹至 0.05 mL，以备纸层析用。

答案：70～75　　苯

二、判断题

1. 根据《空气质量　飘尘中苯并 [a] 芘的测定　乙酰化滤纸层析荧光分光光度法》（GB/T 8971—1988），用超细玻璃纤维滤膜采样，样品滤膜可用于测定空气中的有机化合物。（　　）

答案：正确

2. 根据《空气质量　飘尘中苯并 [a] 芘的测定　乙酰化滤纸层析荧光分光光度法》（GB/T 8971—1988），样品应放在避光及暗处，或者用黑纸包好存入冰箱中。（　　）

答案：正确

3. 根据《空气质量　飘尘中苯并 [a] 芘的测定　乙酰化滤纸层析荧光分光光度法》（GB/T 8971—1988）进行测定时，超细玻璃纤维滤膜在使用前应在 350℃马弗炉内灼烧 2 h，灼烧时滤膜应重叠平放在马弗炉内。（　　）

答案：错误

正确答案为：超细玻璃纤维滤膜不重叠平放。

4. 根据《空气质量　飘尘中苯并 [*a*] 芘的测定　乙酰化滤纸层析荧光分光光度法》（GB/T 8971—1988），所用的试剂中，环己烷、丙酮和苯不需要重蒸即可使用。（　　）

答案：错误

正确答案为：环己烷、丙酮和苯需要重蒸后使用。

5. 根据《空气质量　飘尘中苯并 [*a*] 芘的测定　乙酰化滤纸层析荧光分光光度法》（GB/T 8971—1988），样品采集完毕后，滤膜送回实验室，应低温保存，7 d 内萃取，萃取液 10 d 内分析完毕。（　　）

答案：错误

正确答案为：萃取液 30 d 内分析完毕。

三、选择题

1. 根据《空气质量　飘尘中苯并 [*a*] 芘的测定　乙酰化滤纸层析荧光分光光度法》（GB/T 8971—1988），当采样体积为 40 m^3 时，最低检出浓度为________μg/100 m^3。（　　）

A. 0.003　　B. 0.004　　C. 0.02　　D. 0.002

答案：D

2. 根据《空气质量　飘尘中苯并 [*a*] 芘的测定　乙酰化滤纸层析荧光分光光度法》（GB/T 8971—1988），样品采集完毕后，滤膜送回实验室，应在________℃冰箱中保存。（　　）

A. −20　　B. 30　　C. 25　　D. 15

答案：A

3. 根据《空气质量　飘尘中苯并 [*a*] 芘的测定　乙酰化滤纸层析荧光分光光度法》（GB/T 8971—1988），样品萃取时，将飘尘样品小心放入索氏提取器的渗滤管中，加入 50 mL 环己烷置于温度为（99±1）℃水浴中（水面以达到接受瓶高的 2/3 为宜）连续回流________h。（　　）

A. 6　　B. 8　　C. 7　　D. 5

答案：B

4. 根据《空气质量　飘尘中苯并 [*a*] 芘的测定　乙酰化滤纸层析荧光分光光度法》（GB/T 8971—1988），在采样要求滤膜在气流速度为 0.45 m/s 时，抽取经高效过滤器净化的空气 5 h，每平方厘米滤膜失重不能大于________mg。（　　）

A. 0.002　　B. 0.013　　C. 0.021　　D. 0.012

答案：D

5. 根据《空气质量　飘尘中苯并 [*a*] 芘的测定　乙酰化滤纸层析荧光分光光度法》（GB/T 8971—1988）进行纸层析分离时，点样斑点直径不要超过________mm。（　　）

A. 3～4　　B. 4～5　　C. 5～6　　D. 2～3

答案：A

6. 根据《空气质量 飘尘中苯并 [*a*] 芘的测定 乙酰化滤纸层析荧光分光光度法》（GB/T 8971—1988），加标飘尘回收率为________。（ ）

A. 100%±5% B. 100%±15% C. 100%±25%

答案：A

四、问答题

简述乙酰化滤纸的制备步骤。

答案：（1）将层析滤纸松散状放入烧杯中，用适量乙酰化溶液浸泡，在磁力恒温搅拌器下搅拌 6 h（50～60℃）。（2）取出乙酰化滤纸，先后用自来水和蒸馏水各漂洗 3 次，晾干，再用无水乙醇浸泡 4 h，取出、晾干、展平、备用。

参考文献

[1] 国家环境保护局 . 空气质量 飘尘中苯并 [*a*] 芘的测定 乙酰化滤纸层析荧光分光光度法：GB/T 8971—1988 [S]. 北京：中国环境科学出版社，1988.

[2] 国家环境保护总局《空气和废气监测分析方法》编委会 . 空气和废气监测分析方法（第四版）[M]. 北京：中国环境科学出版社，2003.

命题：华 蕾

审核：李新中 夏 新

第十四章　电感耦合等离子发射光谱法

第一节　基础知识

分类号：G14-0

试题同“上册 W11-0”。

第二节　铝等多种元素

分类号：G14-1

主要内容 环境空气　铝、锑、砷、钡、铍、硼、镉、钙，铬、钴、铜、铁、铅、锂、镁、锰、钼、镍、钾、硒、硅、银、钠、锶、铊、钒、锌、硫和磷的测定　电感耦合等离子体原子发射光谱法（ICP-AES）《空气和废气监测分析方法》（第四版）

一、填空题

1. 采用电感耦合等离子体原子发射光谱法测定环境空气总悬浮颗粒物中金属和非金属时，所用盐类基准物质在称重前应在________℃干燥________h 后，保存在________中。

答案：105　　1　　干燥器

2. 采用电感耦合等离子体原子发射光谱法测定环境空气总悬浮颗粒物中金属和非金属时，先用________滤膜或________滤膜采集颗粒物样品，样品经过消解处理后进行测定。

答案：玻璃纤维　　过氯乙烯

二、判断题

电感耦合等离子体原子发射光谱法测定环境空气总悬浮颗粒物中金属和非金属时，用滤膜采集颗粒物样品后进行样品制备，砷和铅元素样品的制备方法相同。(　　)

答案：错误

正确答案为：砷和铅元素样品制备方法不相同。

三、选择题

1. 电感耦合等离子体原子发射光谱法测定环境空气总悬浮颗粒物中金属和非金属样品时，多元素混合标准溶液应在临用前配制，并贮于________瓶中。(　　)

A. 聚氯乙烯　　　　B. 聚乙烯　　　　C. 玻璃

答案：B

2. 采用电感耦合等离子体原子发射光谱法测定环境空气总悬浮颗粒物中金属和非金属成分时，测试结果应保留________位有效数字。（　　）

A. 1　　　　B. 2　　　　C. 3

答案：C

四、问答题

1. 简述用 ICP 法测定空气滤膜样品时的主要分析操作步骤。

答案：（1）先设定仪器最佳工作参数，再进行仪器校正，即进行相应的光路准直和标准化。（2）分析样品空白溶液，检查样品制备过程中的污染情况，然后分析样品，每分析 10 个样品加测 1 个质控样品，检查校准曲线的准确度和仪器的稳定性。

2. 采用电感耦合等离子体原子发射光谱法测定环境空气总悬浮颗粒物中金属和非金属样品时，如何校正 ICP-AES 法的非光谱干扰？

答案：优化实验条件、选择最佳工作参数或采用基体匹配法和标准加入法校正非光谱干扰。

五、计算题

已知在标准状态下，用总面积为 400 cm^2 滤膜采集的空气中总悬浮颗粒物，标准状态下的采气体积为 1.50×10^3 m^3，取面积为 10.0 cm^2 的样品膜进行消解处理，定容体积为 50.0 mL，用 ICP 进行测量，测得该样品溶液中铍的浓度为 0.023 μg/mL，同时进行了全程空白试验，测得空白溶液中铍的浓度为 0.003 μg/mL，求空气中总悬浮颗粒物中铍的浓度（mg/m^3）。

答案：铍（Be，mg/m^3）=（0.023−0.003）×50.0×（400/10.0）/（1.50×10^3×1 000）

$=2.67\times10^{-5}$（mg/m^3）

参考文献

国家环境保护总局《空气和废气监测分析方法》编委会 . 空气和废气监测分析方法（第四版）[M]. 北京：中国环境科学出版社，2003.

命题：丁冬梅　刘　蓉

审核：邹本东　关玉春　夏　新

第三节　碱雾

分类号：G14-2

主要内容
《固定污染源废气　碱雾的测定　电感耦合等离子体发射光谱法》（HJ 1007—2018）

一、填空题

1. 根据《固定污染源废气　碱雾的测定　电感耦合等离子体发射光谱法》（HJ 1007—2018）测定固定污染源废气中碱雾时，采样后的滤筒用________进行碱雾提取。

答案：水

2. 根据《固定污染源废气　碱雾的测定　电感耦合等离子体发射光谱法》（HJ 1007—2018）测定固定污染源废气中碱雾时，采样过程跟踪率要求达到________±________，否则应重新采样。

答案：1.0　　0.1

3. 根据《固定污染源废气　碱雾的测定　电感耦合等离子体发射光谱法》（HJ 1007—2018）测定固定污染源废气中碱雾时，空白滤筒超声提取液或加热浸出液中钠（以 NaOH 计）的测定值应小于________mg/m^3，否则不能使用。

答案：1

4.《固定污染源废气　碱雾的测定　电感耦合等离子体发射光谱法》（HJ 1007—2018）测定的碱雾，是指在生产过程中产生的含钠及其化合物的________和________（以 NaOH 计）。

答案：液滴　　颗粒物

5.《固定污染源废气　碱雾的测定　电感耦合等离子体发射光谱法》（HJ 1007—2018）适用于________行业固定污染源废气中碱雾的测定。

答案：钢铁

二、判断题

1. 根据《固定污染源废气　碱雾的测定　电感耦合等离子体发射光谱法》（HJ 1007—2018）测定固定污染源废气中碱雾时，滤筒样品采集后直接竖直放入滤筒保存盒中密封保存。（　　）

答案：错误

　　正确答案为：滤筒样品采集后将封口向内折叠，竖直放入滤筒保存盒中密封保存。

2. 根据《固定污染源废气　碱雾的测定　电感耦合等离子体发射光谱法》（HJ 1007—2018）测定固定污染源废气中碱雾时，可以采用超声波提取法和加热浸出法提取滤筒中碱雾，提取时间均为 10 min。（　　）

答案：正确

3. 根据《固定污染源废气　碱雾的测定　电感耦合等离子体发射光谱法》（HJ 1007—2018）测定固定污染源废气中碱雾时，应取与采样用同批次滤筒，按与试样的制备相同的步骤至少制备 1 个空白试样。（　　）

答案：错误

　　正确答案为：至少制备 2 个空白试样。

4. 根据《固定污染源废气　碱雾的测定　电感耦合等离子体发射光谱法》（HJ 1007—2018）测定固定污染源废气中碱雾时，应定期对流量计、皮托管、温度传感器等进行校准。

答案：正确

5. 根据《固定污染源废气　碱雾的测定　电感耦合等离子体发射光谱法》（HJ 1007—2018）测定固定污染源废气中碱雾时规定，样品采集时，气体进入采样嘴的速度应与采样点的烟气速度相等，其相对误差应在 5% 以内。

答案：错误

正确答案为：其相对误差应在 10% 以内。

三、选择题

1. 根据《固定污染源废气　碱雾的测定　电感耦合等离子体发射光谱法》（HJ 1007—2018）测定固定污染源废气中碱雾时，以________采样方式，将固定污染源废气中的碱雾捕集到滤筒中。（　　）

A. 恒流　　B. 不恒流　　C. 等速　　D. 不等速

答案：C

2. 根据《固定污染源废气　碱雾的测定　电感耦合等离子体发射光谱法》（HJ 1007—2018）测定固定污染源废气中碱雾时，采集样品时用________（材质）滤筒。（　　）

A. 复合纤维　　B. 石英纤维　　C. 长纤维聚酯　　D. 玻璃纤维

答案：B

3. 根据《固定污染源废气　碱雾的测定　电感耦合等离子体发射光谱法》（HJ 1007—2018）测定固定污染源废气中碱雾时规定，当采样体积为 200 L（标干体积）时，方法检出限为________mg/m^3。（　　）

A. 0.1　　B. 0.2　　C. 0.5　　D. 1.0

答案：B

4. 根据《固定污染源废气　碱雾的测定　电感耦合等离子体发射光谱法》（HJ 1007—2018）测定固定污染源废气中碱雾时规定，采样嘴应先背向气流方向插入管道，采样时采样嘴必须对准气流方向，偏差不得超过________。（　　）

A. 2°　　B. 5°　　C. 8°　　D. 10°

答案：D

5. 根据《固定污染源废气　碱雾的测定　电感耦合等离子体发射光谱法》（HJ 1007—2018）测定固定污染源废气中碱雾时规定，样品测试过程中，若采用实验室自行配制的质控样品，其回收率应为________。（　　）

A. 70%～130%　　B. 70%～120%　　C. 80%～120%　　D. 80%～110%

答案：C

6. 根据《固定污染源废气　碱雾的测定　电感耦合等离子体发射光谱法》（HJ 1007—2018）测定固定污染源废气中碱雾时，采样时所用滤筒应满足以下要求：对粒径大于________μm 的颗粒物阻隔效率应不低于 99.9%。（　　）

A. 0.3　　B. 3　　C. 0.5　　D. 5

答案：C

四、问答题

简述《固定污染源废气　碱雾的测定　电感耦合等离子体发射光谱法》（HJ 1007—2018）测定固定污染源废气中碱雾的方法原理。

答案： 以等速采样的方式，将固定污染源废气中的碱雾捕集到石英纤维滤筒中。采样后的滤筒用水提取，提取液中的钠元素用电感耦合等离子体发射光谱仪测定，根据钠元素含量和采样的标干体积计算碱雾的浓度。

五、计算题

根据《固定污染源废气　碱雾的测定　电感耦合等离子体发射光谱法》（HJ 1007—2018）用滤筒采集固定污染源废气中碱雾，某监测点的环境温度为18℃，气压为101.1kPa，以21 L/min流量采集废气中碱雾10 min。整个滤筒经超声提取后定容至100 mL。经测定后该滤筒样品溶液中钠浓度为2.72 mg/L，对应空白滤筒样品溶液中钠浓度为0.81 mg/L，试求该监测点废气中碱雾的含量。

答案： V_{nd}=（$V_t \times 273 \times P$）/［（$273+t$）$\times 101.3$］

=（$21 \times 10 \times 273 \times 101.1$）/［（$273+18$）$\times 101.3$］

=196.6（L）

=0.1966 m^3

$C_{碱雾}$=（2.72−0.81）$\times 100 \times 1.74$/（1 000 $\times$ 0.1966）=1.69 mg/m^3

参考文献

生态环境部. 固定污染源废气　碱雾的测定　电感耦合等离子体发射光谱法：HJ 1007—2018 [S]. 北京：中国环境出版集团，2018.

命题：林海兰　毕军平　刘　沛　郭　丽

审核：姜晓旭　杜　维　范俊楠　夏　新

第三节　颗粒物中金属元素

分类号：G14–3

主要内容
《空气和废气　颗粒物中金属元素的测定　电感耦合等离子体发射光谱法》（HJ 777—2015）

一、填空题

1.《空气和废气　颗粒物中金属元素的测定　电感耦合等离子体发射光谱法》（HJ 777—2015）适用于________、________、________颗粒物中银、铝等24种金属元素的测定。

答案： 环境空气　　无组织排放　　固定污染源废气

2. 根据《空气和废气　颗粒物中金属元素的测定　电感耦合等离子体发射光谱法》

（HJ 777—2015），当试样制备采用硝酸－盐酸混合消解液体系进行微波消解时，设置的消解温度为______℃，消解持续时间为______min。

答案：200　　15

3. 根据《空气和废气　颗粒物中金属元素的测定　电感耦合等离子体发射光谱法》（HJ 777—2015），碱熔法适合特氟龙、聚丙烯等有机滤膜采集颗粒物样品中______、铝、铁、钙、钠、钾、镁等常量元素的消解测定。

答案：硅

4. 根据《空气和废气　颗粒物中金属元素的测定　电感耦合等离子体发射光谱法》（HJ 777—2015），______材质滤膜可同时用于元素（除硅外）、碳质组分个水溶性离子的测定。

答案：石英

二、判断题

1. 根据《空气和废气　颗粒物中金属元素的测定　电感耦合等离子体发射光谱法》（HJ 777—2015），要求滤筒对粒径大于 0.3 μm 颗粒物的阻留效率不低于 99%。（　　）

答案：错误

正确答案为：滤膜对粒径大于 0.3 μm 颗粒物的阻留效率不低于 99%，滤筒对粒径大于 0.3 μm 颗粒物的阻留效率不低于 99.9%。

2. 根据《空气和废气　颗粒物中金属元素的测定　电感耦合等离子体发射光谱法》（HJ 777—2015），如果样品中干扰元素的浓度、强度相比目标元素很低，ICP-OES 可以不用补偿和校正非光谱干扰。（　　）

答案：正确

3. 根据《空气和废气　颗粒物中金属元素的测定　电感耦合等离子体发射光谱法》（HJ 777—2015），如果烟道内烟气温度高于需采集的相关金属元素凝固点，应采取降温措施，使进入滤筒前的烟气温度低于相关金属元素的凝固点。（　　）

答案：错误

正确答案为：如果烟道内烟气温度高于需采集的相关金属元素熔点，应采取降温措施，使进入滤筒前的烟气温度低于相关金属元素的熔点。

4. 根据《空气和废气　颗粒物中金属元素的测定　电感耦合等离子体发射光谱法》（HJ 777—2015），当试样制备采用硝酸－盐酸混合溶液消解体系时，如果样品中有机物含量过高，可在消解时加入适量的高氯酸消解，以分解有机物。（　　）

答案：错误

正确答案为：如果样品中有机物含量过高，可在消解时加入适量的过氧化氢消解，以分解有机物。

5. 根据《空气和废气　颗粒物中金属元素的测定　电感耦合等离子体发射光谱法》（HJ 777—2015）测定各金属元素时，每个被测元素选择多条谱线进行分析，结合每条谱线的强度、谱图及干扰情况，在此基础上选择各元素的最佳分析谱线。（　　）

答案：正确

6. 根据《空气和废气　颗粒物中金属元素的测定　电感耦合等离子体发射光谱法》（HJ 777—2015）测定颗粒物中金属元素时，每批样品抽取 10% 的样品进行平行样测定，平行双样测定结果的相对偏差应不大于 10%。（　　）

答案： 错误

正确答案为： 当测定结果在测定下限到 10 倍检出限以内（含 10 倍检出限）时，平行双样测定结果的相对偏差应不大于 20%；当测定结果大于 10 倍检出限，平行双样测定结果的相对偏差应不大于 10%。

7. 根据《空气和废气　颗粒物中金属元素的测定　电感耦合等离子体发射光谱法》（HJ 777—2015），环境空气和废气中的金属元素均以颗粒物形式存在。（　　）

答案： 错误

正确答案为： 除汞外，环境空气和废气中的金属元素以颗粒物形式存在。

8. 根据《空气和废气　颗粒物中金属元素的测定　电感耦合等离子体发射光谱法》（HJ 777—2015），玻璃纤维滤膜除主要成分硅酸盐外还含有其他杂质金属元素，可能会造成空白试样无法满足质量控制要求。（　　）

答案： 正确

9. 根据《空气和废气　颗粒物中金属元素的测定　电感耦合等离子体发射光谱法》（HJ 777—2015），使用硝酸－氢氟酸－过氧化氢体系消解特氟龙、聚丙烯等有机材质滤膜负载颗粒物时，氢氟酸用量过大可能造成铝、钙、镁等项目回收率偏低。（　　）

答案： 正确

三、选择题

1. 根据《空气和废气　颗粒物中金属元素的测定　电感耦合等离子体发射光谱法》（HJ 777—2015），空气和污染源废气颗粒物中各金属元素方法检出限规定的采样体积分别________和________。（　　）

A. 150 m^3（标准状态），0.600 m^3（标准状态干烟气）

B. 150 m^3，0.600 m^3（标准状态干烟气）

C. 150 m^3（标准状态），0.600 m^3（标准状态）

D. 150 m^3（标准状态），0.600 m^3（干烟气）

答案： A

2. 根据《空气和废气　颗粒物中金属元素的测定　电感耦合等离子体发射光谱法》（HJ 777—2015），空白滤筒中目标金属元素含量应该小于等于________的 1/10，不符合要求则不能使用。（　　）

A. 质量标准限值　　B. 排放标准限值

C. 样品含量

答案： B

3. 根据《空气和废气　颗粒物中金属元素的测定　电感耦合等离子体发射光谱法》（HJ 777—2015），采集滤膜样品时使用中流量采样器时，至少采集________；使用烟尘采样器采集滤筒样品至少________。当重金属浓度较低时可适当增加采样体

积。( )

A. 10 m^3（标准状态），0.6 m^3（标准状态干烟气）

B. 10 m^3（参比状态），0.6 m^3（标准状态干烟气）

C. 10 m^3（实际状态），0.6 m^3（标准状态干烟气）

答案：A

4. 根据《空气和废气　颗粒物中金属元素的测定　电感耦合等离子体发射光谱法》（HJ 777—2015），当试样制备采用硝酸－盐酸混合溶液消解体系时，硝酸－盐酸混合溶液配制为：约 500 mL 实验用水中加入________mL 硝酸（1.42 g/mL）及________mL 盐酸（1.19 g/mL），用实验用水定容至 1 L。( )

A. 55.5，167.5　　B. 55.5，166.5

C. 167.5，55.5　　D. 166.5，55.5

答案：A

5. 根据《空气和废气　颗粒物中金属元素的测定　电感耦合等离子体发射光谱法》（HJ 777—2015），当试样制备采用硝酸－盐酸混合溶液消解体系进行电热板消解时，用陶瓷剪刀将样品剪碎于聚四氟乙烯烧杯，加入________mL 硝酸－盐酸混合消解液，使试样碎片淹没其中，盖上表面皿，在________℃加热回流________h，冷却。( )

A. 10.0，100±5，2　　B. 20.0，100±5，2

C. 10.0，120±5，2　　D. 20.0，100±5，1

答案：B

6. 根据《空气和废气　颗粒物中金属元素的测定　电感耦合等离子体发射光谱法》（HJ 777—2015），对以大气颗粒物来源解析为目的的污染源样品和环境样品中元素的测定，应当采用的________等全量消解体系。( )

A. 硝酸－氢氟酸－过氧化氢　　B. 硝酸－氢氟酸－高氯酸

C. 碱熔法　　D. 以上均可

答案：D

7. 根据《空气和废气　颗粒物中金属元素的测定　电感耦合等离子体发射光谱法》（HJ 777—2015），颗粒物中金属元素的浓度计算公式为

$$\rho = \frac{(c - c_0) \times V_s \times n}{V_{std}}$$

公式中 V_{std} 的含义是________。( )

A. 标准状态下采样体积（m^3）；对污染源废气样品为标准状态下干烟气的采样体积（m^3）。

B. 参比状态下采样体积（m^3）；对污染源废气样品为实际的采样体积（m^3）。

C. 标准状态下采样体积（m^3）；对污染源废气样品为实际的采样体积（m^3）。

D. 参比状态下采样体积（m^3）；对污染源废气样品为标准状态下干烟气的采样体积（m^3）。

答案：A

8. 根据《空气和废气 颗粒物中金属元素的测定 电感耦合等离子体发射光谱法》（HJ 777—2015），通过测定稀释前、后试样的浓度，以确定是否存在基体干扰：选择代表性试样进行 5 倍以上稀释，且保证目标的浓度明显高于定量下限。若稀释后的试样测定结果与未稀释试样的相对偏差________% 在以内，则可忽略基体干扰影响。（ ）

A. 50　　B. 30　　C. 20　　D. 10

答案：D

四、问答题

简述《空气和废气 颗粒物中金属元素的测定 电感耦合等离子体发射光谱法》（HJ 777—2015）的质量保证与质量控制措施（至少列举两条）。

答案：（1）空白样品：每批样品至少分析 2 个空白试样，空白试样包括试剂空包和滤膜（滤筒）空白，试剂空白中目标元素测定值应小于测定下限；空白试样中目标元素的测定值应小于等于排放标准限值的 1/10。如不能满足要求，可适当增加采样体积，使颗粒物中目标元素测定值明显高于滤膜或滤筒空白值。

（2）校准曲线：每批样品测定前均要求建立校准曲线，其相关系数应大于 0.999；以其他来源的标准物质配制接近校准曲线中间浓度的标准溶液进行分析确认，其相对误差应控制在 10% 以内；每测定 10～20 个样品应测定一个校准曲线中间点浓度标准溶液，测定值与标样值相对误差应在 ±10% 以内。

（3）精密度：每批样品抽取 10% 的样品进行平行样测定。当测定结果在测定下限到 10 倍检出限以内（含 10 倍检出限）时，平行双样测定结果的相对偏差应不大于 20%；当测定结果大于 10 倍检出限，平行双样测定结果的相对偏差应不大于 10%。

（4）准确度：使用本标准方法应通过适当浓度的质控样品或基体加标样品进行验证。如采用质控样品进行验证，测定结果应不能超过标准值的 ±10%；每批样品应至少分析 1 个校准曲线中间浓度的加标回收率样品，加标回收率控制在 85%～115%。

参考文献

环境保护部. 空气和废气 颗粒物中金属元素的测定 电感耦合等离子体发射光谱法：HJ 777—2015 [S]. 北京：中国环境出版社，2015.

命题：赵小学 姜晓旭
审核：姜晓旭 夏 新

第十五章　电感耦合等离子体质谱法

第一节　基础知识

分类号：G15–0

试题同“上册 W12–0”。

第二节　颗粒物中铅等金属元素

分类号：G15–1

主要内容
《空气和废气　颗粒物中铅等金属元素的测定　电感耦合等离子体质谱法》（HJ 657—2013）及修改单

一、填空题

1.《空气和废气　颗粒物中铅等金属元素的测定　电感耦合等离子体质谱法》（HJ 657—2013）及修订单中的颗粒物是指环境空气中的________、________、________及无组织排放和污染源废气颗粒物。

答案：$PM_{2.5}$　PM_{10}　TSP

2. 根据《空气和废气　颗粒物中铅等金属元素的测定　电感耦合等离子体质谱法》（HJ 657—2013）及修订单，样品采集后可以采取________或________方式消解样品。

答案：微波　电热板

3. 根据《空气和废气　颗粒物中铅等金属元素的测定　电感耦合等离子体质谱法》（HJ 657—2013）及修订单，采集样品的滤膜对粒径大于________ μm 颗粒物的阻留效率不低于 99%；采集样品的滤筒对粒径大于________ μm 颗粒物的阻留效率不低于 99.9%。

答案：0.3　0.3

4. 根据《空气和废气　颗粒物中铅等金属元素的测定　电感耦合等离子体质谱法》（HJ 657—2013）及修订单，采用电热板消解进行试样制备时，用陶瓷剪刀将样品剪成小块置于 Teflon 烧杯中，加入 10.0 mL 硝酸–盐酸混合溶液，盖上表面皿，在________℃下加热回流________h。

答案：100　2

5. 根据《空气和废气　颗粒物中铅等金属元素的测定　电感耦合等离子体质谱法》

（HJ 657—2013）及修订单，校准曲线的相关系数要达到________以上，使用第二来源的标准样品配制接近曲线中点浓度的标准溶液进行分析确认，其相对误差应控制在 ±________% 以内。

答案：0.999　　10

二、判断题

1. 根据《空气和废气　颗粒物中铅等金属元素的测定　电感耦合等离子体质谱法》（HJ 657—2013）及修订单，为了减少大量样品基质造成的物理干扰，样品溶液中总溶解性固体含量必须小于 2 000 mg/L。（　　）

答案：正确

2. 根据《空气和废气　颗粒物中铅等金属元素的测定　电感耦合等离子体质谱法》（HJ 657—2013）及修订单，可以利用添加内标标准品的方式校正物理干扰。样品基质浓度过高，造成内标信号少于正常信号的 30% 时，可以将样品溶液适当稀释后再重新测定，以避免物理干扰。（　　）

答案：正确

3. 根据《空气和废气　颗粒物中铅等金属元素的测定　电感耦合等离子体质谱法》（HJ 657—2013）及修订单，内标元素一般选择质量数在待测元素质量数 ±30 amu 范围内的元素。（　　）

答案：错误

正确答案为：内标元素一般选择质量数在待测元素质量数 ±50 amu 范围内的元素。

4. 根据《空气和废气　颗粒物中铅等金属元素的测定　电感耦合等离子体质谱法》（HJ 657—2013）及修订单，对存在的质谱性基质干扰需进行校正，校正系数一旦确定无须定期修正。（　　）

答案：错误

正确答案为：校正方程应通过实验数据定期修正。

5. 根据《空气和废气　颗粒物中铅等金属元素的测定　电感耦合等离子体质谱法》（HJ 657—2013）及修订单，样品预处理只能使用硝酸 - 盐酸溶液作为预处理酸体系。（　　）

答案：错误

正确答案为：经过方法验证，硝酸 - 双氧水体系或其他预处理酸体系能达到本方法的检出限、精密度和准确度等要求时也可以使用。

6. 根据《空气和废气　颗粒物中铅等金属元素的测定　电感耦合等离子体质谱法》（HJ 657—2013）及修订单，滤筒样品可以取 1/2 样品，剪成小块后放入容器消解。（　　）

答案：错误

正确答案为：将整个滤筒样品用陶瓷剪刀剪成小块后，放入消解容器消解。

7. 根据《空气和废气　颗粒物中铅等金属元素的测定　电感耦合等离子体质谱法》（HJ 657—2013）及修订单，由于 ICP-MS 测定线性范围很宽，当样品溶液待测元素

浓度超过校准曲线范围时，不需稀释后重新测定。(　　)

答案：错误

正确答案为：当样品溶液待测元素浓度超过校准曲线范围时，需稀释后重新测定。

8. 根据《空气和废气　颗粒物中铅等金属元素的测定　电感耦合等离子体质谱法》（HJ 657—2013）及修订单，每批样品至少应有 2 个实验室试剂空白，平行双样测定值的相对偏差不应大于 50%。(　　)

答案：正确

9. 根据《空气和废气　颗粒物中铅等金属元素的测定　电感耦合等离子体质谱法》（HJ 657—2013）及修订单，测定颗粒物中的 ^{53}Cr、^{54}Cr、^{75}As 和 ^{77}Se 时，会受到氯多原子离子的干扰。(　　)

答案：正确

10. 根据《空气和废气　颗粒物中铅等金属元素的测定　电感耦合等离子体质谱法》（HJ 657—2013）及修订单，仅测定颗粒物中的 ^{59}Co 时，也可以选择 ^{65}Cu 做内标元素。(　　)

答案：错误

正确答案为：内标元素应选择样品溶液中不含或含量很低并且不是待测的元素，颗粒物中一般都含铜，不适宜用做内标元素。

11. 根据《空气和废气　颗粒物中铅等金属元素的测定　电感耦合等离子体质谱法》（HJ 657—2013）及修订单测定颗粒物中的 Pb 时，可以选择 ^{209}Bi 做内标元素。当测定到某样品溶液时，内标元素 ^{209}Bi 的信号值突然增加至 190%，再测定校正曲线中间浓度点时，内标信号值又恢复到 100%，重新测定该样品溶液，内标信号又突然增加至 190%，此现象表明仪器发生了漂移，需等仪器稳定后再重新测定。(　　)

答案：错误

正确答案为：该颗粒物样品中有一定含量的 ^{209}Bi，与内标 ^{209}Bi 信号叠加，导致内标信号突然增加，因此，^{209}Bi 不适宜用作测定该样品中 Pb 的内标元素，应改选择其他元素做内标。

12. 根据《空气和废气　颗粒物中铅等金属元素的测定　电感耦合等离子体质谱法》（HJ 657—2013）及修订单测定废气颗粒物中的 Sn 时，已知 Sn 的熔点是 231.89℃，烟道温度是 450℃。采样时，采样人员将烟气温度降至 300℃后采样，测定结果将偏高。(　　)

答案：错误

正确答案为：应将进入滤筒前的烟气温度降至 Sn 的熔点以下。烟气温度高于 Sn 的熔点时采样会使 Sn 的测定结果偏低。

13. 根据《空气和废气　颗粒物中铅等金属元素的测定　电感耦合等离子体质谱法》（HJ 657—2013）及修订单测定空气颗粒物中的 Zn 时，使用玻璃烧杯消解样品可能会使 Zn 的测定结果偏高。(　　)

答案：正确

14. 根据《空气和废气　颗粒物中铅等金属元素的测定　电感耦合等离子体质谱法》（HJ 657—2013）及修订单，当仪器连续测定浓度差异较大的样品产生记忆干扰时，可通过延长样品测定前后的洗涤时间来避免干扰，洗涤空白溶液一般使用 2% 的硝酸溶液。(　　)

答案：正确

15. 根据《空气和废气　颗粒物中铅等金属元素的测定　电感耦合等离子体质谱法》（HJ 657—2013）及修订单，质谱仪调谐溶液不需要含有覆盖全质谱范围的元素离子。(　　)

答案：错误

正确答案为：质谱仪调谐溶液需要含有覆盖全质谱范围的元素离子。

16. 根据《空气和废气　颗粒物中铅等金属元素的测定　电感耦合等离子体质谱法》（HJ 657—2013）及修订单规定，现场空白样品是指该空白样品不需抽引空气或污染源废气通过空白滤膜（滤筒），但要经过和实际样品相同的处理及运送操作，样品运输途中应避免污染及损失。(　　)

答案：正确

17. 根据《空气和废气　颗粒物中铅等金属元素的测定　电感耦合等离子体质谱法》（HJ 657—2013）及修订单规定，在通过校正系数消除多原子离子干扰时，对测定过程所用标准溶液浓度没有要求。(　　)

答案：错误

正确答案为：仪器校正系数可通过净同位素信号强度的比值换算获得，在校正系数测定的过程中，应以适当浓度的标准溶液进行同位素比值测定，所测得的信号精密度必须小于 1.0%。

三、选择题

1. 根据《空气和废气　颗粒物中铅等金属元素的测定　电感耦合等离子体质谱法》（HJ 657—2013）及修订单，当分子离子对待测金属元素产生干扰时，可采取干扰校正系数校正。在测定仪器校正系数时，测定的净同位素信号精密度必须小于________%。(　　)

A. 0.1　　B. 1.0　　C. 5.0　　D. 10.0

答案：B

2. 根据《空气和废气　颗粒物中铅等金属元素的测定　电感耦合等离子体质谱法》（HJ 657—2013）及修订单，采集后的样品在 15～30℃的保存环境中，最长可以保存________d。(　　)

A. 180　　B. 60　　C. 30　　D. 90

答案：A

3. 根据《空气和废气　颗粒物中铅等金属元素的测定　电感耦合等离子体质谱法》（HJ 657—2013）及修订单，当仪器的质量校正结果与真实值差异超过________amu 以上时，必须将质量校准至正确值。(　　)

A. 1　　B. 0.01　　C. 0.1　　D. 0.02

答案：C

4. 根据《空气和废气　颗粒物中铅等金属元素的测定　电感耦合等离子体质谱法》（HJ 657—2013）及修订单，为降低仪器真空界面的损害，并减少多原子离子的干扰，样品溶液中的酸浓度必须控制在________% 以内。（　　）

A. 0.2　　B. 2　　C. 0.1　　D. 5

答案：B

5. 根据《空气和废气　颗粒物中铅等金属元素的测定　电感耦合等离子体质谱法》（HJ 657—2013）及修订单测定颗粒物中重金属的含量必须扣除空白滤膜或滤筒的平均金属含量。对大批量滤膜（滤筒），可任选________张进行测定，计算空白滤膜（滤筒）的平均金属含量；对小批量滤膜（滤筒），可选择________% 测定计算空白滤膜（滤筒）的平均金属含量。（　　）

A. 20～30，5　　B. 2，5　　C. 5，5　　D. 20～30，2

答案：A

6. 根据《空气和废气　颗粒物中铅等金属元素的测定　电感耦合等离子体质谱法》（HJ 657—2013）及修订单测定颗粒物中砷时，使用的预处理酸体系含盐酸，若不经校正方程修正，测定值会________。（　　）

A. 偏低　　B. 正确　　C. 偏高

答案：C

7. 根据《空气和废气　颗粒物中铅等金属元素的测定　电感耦合等离子体质谱法》（HJ 657—2013）及修订单测定颗粒物中的金属元素时，以下因素除________外都可能会影响实验室试剂空白。（　　）

A. 硝酸的纯度　　B. 样品预处理容器的材质

C. 实验用水　　D. 滤膜夹

答案：D

8. 根据《环境空气质量标准》（GB 3095—2012），铅的年、季标准限值分别是 1 μg/m^3、0.5 μg/m^3，铅是指存在于________中的铅及其化合物。（　　）

A. $PM_{2.5}$　　B. PM_{10}　　C. $PM_{1.0}$　　D. TSP

答案：D

9. 根据《空气和废气　颗粒物中铅等金属元素的测定　电感耦合等离子体质谱法》（HJ 657—2013）及修改单，空气和污染源废气颗粒物中各金属元素方法检出限规定的采样体积分别________和________。（　　）

A. 150 m^3（标准状态），0.600 m^3（标准状态干烟气）

B. 150 m^3，0.600 m^3（标准状态干烟气）

C. 150 m^3（标准状态），0.600 m^3（标准状态）

D. 150 m^3（标准状态），0.600 m^3（干烟气）

答案：B

10. 根据《空气和废气　颗粒物中铅等金属元素的测定　电感耦合等离子体质谱法》（HJ 657—2013）及修订单，如果管道内烟气温度高于需采集的相关金属元素的________，应当采取降温措施。（　　）

A. 熔点　　B. 沸点　　C. 凝固点

答案： A

11. 根据《空气和废气　颗粒物中铅等金属元素的测定　电感耦合等离子体质谱法》（HJ 657—2013）及修订单，当待测元素的同位素附近出现大量其他元素的同位素信号时，可能发生波峰重叠干扰，可采用________或选用其他分析方法等方式，以避免干扰的发生。（　　）

A. 提高解析度　　B. 基质分离

C. 使用其他分析同位素　　D. 以上全对

答案： D

12. 根据《空气和废气　颗粒物中铅等金属元素的测定　电感耦合等离子体质谱法》（HJ 657—2013）及修订单，实验室试剂空白、现场空白样品的浓度测定值不得大于________。（　　）

A. 仪器检出限　　B. 方法检出限　　C. 方法测定下限

答案： C

13. 根据《空气和废气　颗粒物中铅等金属元素的测定　电感耦合等离子体质谱法》（HJ 657—2013）及修订单，实验中产生的废液应调至碱性，并加入________固定后保存，定期送有资质的单位进行处理。（　　）

A. 氢氧化钠　　B. 氢氧化钾　　C. 硫化钠

答案： C

14.《空气和废气　颗粒物中铅等金属元素的测定　电感耦合等离子体质谱法》（HJ 657—2013）及修订单推荐的内标元素有 Li、Sc、Y、Rh、In、La、Re、Bi，其中________受 Sn 同量异位素干扰。（　　）

A. Sc　　B. Y　　C. Rh　　D. In

答案： D

15. 根据《空气和废气　颗粒物中铅等金属元素的测定　电感耦合等离子体质谱法》（HJ 657—2013）及修订单，涉及干扰方程的元素为 V、As、Mo、Cd、In、Pb 等，其中 Pb 的干扰方程是为了消除或减缓________带来的干扰。（　　）

A. 多原子离子　　B. 同量异位素　　C. 双电荷　　D. 同位素变异

答案： D

四、问答题

简述《空气和废气　颗粒物中铅等金属元素的测定　电感耦合等离子体质谱法》（HJ 657—2013）及修订单中微波消解法消解滤膜样品的步骤。

答案： 取适量样品（大张 TSP 滤膜取 1/8，小张滤膜取整张）用陶瓷剪刀剪成小块置于消解罐中，加入 10 mL 硝酸－盐酸混合溶液，使滤膜浸没其中（当滤膜取样较多时，可以适量增加硝酸－盐酸混合溶液的体积），加盖密闭消解罐，放至微波转盘。设定消解温度 200℃，消解时间 15 min。消解结束后，待消解罐组件冷却，打开消解罐，以超纯水淋洗内壁，加入约 10 mL 超纯水静置半小时浸提，过滤后定容至 50 mL，待测。也可先定容至 50 mL，经离心后取上清液测定。

参考文献

[1] 环境保护部. 空气和废气　颗粒物中铅等金属元素的测定　电感耦合等离子体质谱法：HJ 657—2013 [S]. 北京：中国环境出版社，2013.

[2] 环境保护部，国家质量监督检验检疫总局. 环境空气质量标准：GB 3095—2012 [S]. 北京：中国环境科学出版社，2012.

命题：姜晓旭　赵小学　袁　静　刘　蓉

审核：张霖琳　夏　新

第十六章　液相色谱法

第一节　基础知识

分类号：G16-0

试题同“上册 W15-0”。

第二节　苯酚类化合物

分类号：G16-1

主要内容
① 苯酚类化合物的测定　氢氧化钠溶液吸收－高效液相色谱法《空气和废气监测分析方法》（第四版）
②《环境空气　酚类化合物的测定　高效液相色谱法》（HJ 638—2012）

一、填空题

1. 环境空气中的苯酚类化合物主要来源于________行业及各种燃烧，大多数化合物具有________性，对人体具有危害性。①②

答案： 化工　　毒

2. 根据《空气和废气监测分析方法》（第四版）中氢氧化钠溶液吸收－高效液相色谱法分析环境空气中的苯酚类化合物时，一般情况下，对于相对干净的样品应采用________检测器，检测波长为________nm。①

答案： 紫外　　274

3. 根据《空气和废气监测分析方法》（第四版）中氢氧化钠溶液吸收－高效液相色谱法分析环境空气中苯酚类化合物时，分析色谱柱为__________________，流动相为____________________。①

答案： Zorbox ODS 或 C_{18} 反相柱　　30% 乙腈溶液（内含醋酸盐缓冲溶液）

4. 在《环境空气　酚类化合物的测定　高效液相色谱法》（HJ 638—2012）中，使用________树脂采集环境空气中的酚类化合物。②

答案： XAD-7

5.《环境空气　酚类化合物的测定　高效液相色谱法》（HJ 638—2012）规定实验用水为无酚水，无酚水应贮于________（材质）瓶中，取用时，应避免与________接触。②

答案： 玻璃　　橡胶制品

二、判断题

1. 根据《空气和废气监测分析方法》（第四版）中氢氧化钠溶液吸收 - 高效液相色谱法分析环境空气中的苯酚类化合物时，测定结果是每个化合物的含量值。(　　) ①

答案：正确

2. 根据《空气和废气监测分析方法》（第四版）中氢氧化钠溶液吸收 - 高效液相色谱法分析环境空气中的苯酚类化合物时，含苯酚类化合物的吸收液应保存在具有 Teflon 螺盖的瓶子中。(　　) ①

答案：正确

3. 根据《空气和废气监测分析方法》（第四版）中氢氧化钠溶液吸收 - 高效液相色谱法分析环境空气中的苯酚类化合物时，实验中所用的试剂事先必须进行检测，以确定是否被污染。(　　) ①

答案：正确

4. 根据《空气和废气监测分析方法》（第四版）中氢氧化钠溶液吸收 - 高效液相色谱法分析环境空气中的苯酚类化合物时，实验中所用的试剂水必须是去离子水。(　　) ①

答案：错误

正确答案为：也可以是蒸馏水。

5. 根据《空气和废气监测分析方法》（第四版）中氢氧化钠溶液吸收 - 高效液相色谱法分析环境空气中的苯酚类化合物，在采集样品时，需记录点位、日期、气温、气压、相对湿度和流速等采样时相应的参数。(　　) ①

答案：正确

6. 根据《空气和废气监测分析方法》（第四版）中氢氧化钠溶液吸收 - 高效液相色谱法分析环境空气中的苯酚类化合物，采集样品时，采样流速大于 1 000 mL/min，吸附效率就会提高。(　　) ①

答案：错误

正确答案为：若采样流速大于 1 000 mL/min，吸附效率会降低。

7. 根据《空气和废气监测分析方法》（第四版）中氢氧化钠溶液吸收 - 高效液相色谱法分析环境空气中的苯酚类化合物时，采集样品所使用的玻璃器皿，使用之前必须用蒸馏水充分清洗并烘干。(　　) ①

答案：错误

正确答案为：使用之前必须用甲醇充分清洗并烘干。

8. 根据《空气和废气监测分析方法》（第四版）中氢氧化钠溶液吸收 - 高效液相色谱法分析环境空气中的苯酚类化合物时，产生与所测定化合物相同保留时间的干扰峰，可通过改变色谱分离条件而消除。(　　) ①

答案：正确

9. 根据《空气和废气监测分析方法》（第四版）中氢氧化钠溶液吸收 - 高效液相色谱法分析环境空气中的苯酚类化合物时，为防止峰形拖尾，流动相中应加入磷酸盐缓冲溶液。(　　) ①

答案：错误

正确答案为：流动相中应加入 70% 的醋酸盐缓冲溶液。

10.《环境空气　酚类化合物的测定　高效液相色谱法》（HJ 638—2012）适用于环境空气中气态酚类化合物的测定，也适用于颗粒物中酚类化合物的测定。（　　）②

答案：错误

正确答案为：该标准不适用于颗粒物中酚类化合物的测定。

11. 根据《空气和废气监测分析方法》（第四版）和《环境空气　酚类化合物的测定　高效液相色谱法》（HJ 638—2012）中液相色谱法测定环境空气中的酚类化合物时，因为酚类化合物属于有毒物质，试样制备过程应在通风橱内进行操作，操作人员应避免直接接触皮肤和衣物。（　　）①②

答案：正确

12. 根据《环境空气　酚类化合物的测定　高效液相色谱法》（HJ 638—2012）测定环境空气中的酚类化合物时，环境空气中的苯、甲苯、乙苯、苯乙烯、三氯苯、四氯苯、苯并芘、苯胺和硝基苯等对酚类化合物的测定不产生干扰。（　　）②

答案：正确

13. 根据《空气和废气监测分析方法》（第四版）和《环境空气　酚类化合物的测定　高效液相色谱法》（HJ 638—2012）中液相色谱法测定环境空气中的酚类化合物时，因为酚类化合物属于有毒物质，实验过程中所有使用过的废液不能随意倾倒，应妥善处理。（　　）①②

答案：正确

14. 根据《环境空气　酚类化合物的测定　高效液相色谱法》（HJ 638—2012），采样结束后，应将采样管置于密闭容器中带回实验室。如不能及时测定，应在 4℃以下避光保存，14 d 内测定。（　　）②

答案：正确

15. 根据《环境空气　酚类化合物的测定　高效液相色谱法》（HJ 638—2012），采样管洗脱时，从 A 端（采样管前端）缓缓加入 5 mL 甲醇淋洗，洗脱液从 B 端（采样管后端）自然流出，用 2 mL 棕色容量瓶收集。（　　）②

答案：错误

正确答案为：从 B 端缓缓加入 5 mL 甲醇淋洗，洗脱液从 A 端自然流出，用 2 mL 棕色容量瓶收集。

三、选择题

1. 根据《空气和废气监测分析方法》（第四版）中氢氧化钠溶液吸收－高效液相色谱法分析环境空气中的苯酚类化合物时，采样后的吸收液带回实验室，应使用 1 mL 5% 的硫酸调节 pH 小于________。（　　）①

A. 1　　B. 4　　C. 7

答案：B

2. 根据《空气和废气监测分析方法》（第四版）中氢氧化钠溶液吸收－高效液相色谱法分析环境空气中的苯酚类化合物，采集样品时，若采样起始流速和最终流速的相

对偏差大于________，则样品作废，需要重新采集。(　　) ①

A. 15　　B. 10　　C. 5

答案：A

3. 在《环境空气　酚类化合物的测定　高效液相色谱法》(HJ 638—2012)中，采样时将采样管B端与采样器连接，采样管入口端垂直向________，记录流量，采样流量为0.2～0.5 L/min，采样时间根据实际情况确定。(　　) ②

A. 上　　B. 下

答案：B

4. 根据《环境空气　酚类化合物的测定　高效液相色谱法》(HJ 638—2012)，样品采集过程中，每批样品应至少做一次穿透实验，前管吸附效率应大于等于________%。(　　) ②

A. 70　　B. 80　　C. 90

答案：B

四、问答题

1. 苯酚类化合物常用的分析方法有哪些? ①

答案：测定苯酚类化合物常用的分析方法有分光光度法和高效液相色谱法。

2. 简述无酚水的2种制备方法。②

答案：每升蒸馏水中加入0.2 g经200℃活化30 min的活性炭粉末，充分振荡后，放置过夜，用双层中速滤纸过滤；加氢氧化钠使蒸馏水呈弱碱性，并加入高锰酸钾至溶液呈紫红色，移入全玻璃蒸馏器中加热蒸馏，收集流出液。

五、计算题

根据《空气和废气监测分析方法》(第四版)用高效液相色谱法测定大气中苯酚类化合物时，采样流速为500 mL/min，采样2.5 h，采样温度为15℃，大气压力为102.1 kPa。吸收液为5.0 mL，将样品带回实验室，转入25.00 mL容量瓶中，加入1 mL 5%的H_2SO_4溶液，用去离子水定容。经液相色谱分析，电脑中LC软件处理后(用外标标准曲线法)，得到在进样量为10 μL时，检测到苯酚为1.2 ng，试计算空气中的苯酚浓度。①

答案：样品中分析物总量 =1.2×25.00/10=3.0(μg)

标准状态下采样体积 =0.5×60×2.5×102.1×273/[(273+15)×101.325]

=71.6(L)

空气中的苯酚浓度 =3.0 /71.6=0.042(μg/L)=0.04(mg/m^3)

参考文献

[1] 环境保护部.环境空气　酚类化合物的测定　高效液相色谱法：HJ 638—2012 [S]. 北京：中国环境科学出版社，2012.

[2] 国家环境保护总局《空气和废气监测分析方法》编委会.空气和废气监测分析方法（第四版）[M]. 北京：中国环境科学出版社，2003.

命题：刘　鸣　彭　涛　王向明
审核：谢　争　姜　燕　夏　新

第三节　苯胺类化合物

分类号：G16-2

主要内容
苯胺类化合物的测定　高效液相色谱法《空气和废气监测分析方法》（第四版）

一、填空题

1. 根据《空气和废气监测分析方法》（第四版）中高效液相色谱法分析环境空气中苯胺类化合物时，所用色谱柱为________。

答案：BDS（或碱钝化的反相 C_{18} 柱）

2. 根据《空气和废气监测分析方法》（第四版）中高效液相色谱法分析环境空气中苯胺类化合物时，流动相为________，缓冲溶液为________。

答案：乙腈和水混合溶剂　　磷酸盐缓冲溶液

3. 根据《空气和废气监测分析方法》（第四版）中高效液相色谱法分析环境空气中苯胺类化合物时，检测器为________，检测波长为________nm。

答案：紫外检测器　　230

二、判断题

1. 根据《空气和废气监测分析方法》（第四版）中高效液相色谱法分析环境空气中苯胺类化合物时，用来吸附苯胺类化合物的硅胶需经过活化处理后才能使用。（　　）

答案：正确

2. 根据《空气和废气监测分析方法》（第四版）中高效液相色谱法分析环境空气中苯胺类化合物时，采集样品时，采样管向上采样即可。（　　）

答案：错误

正确答案为：采样管应垂直向上采样。

3. 根据《空气和废气监测分析方法》（第四版）中高效液相色谱法分析环境空气中苯胺类化合物时，在采集样品结束后，应将采样管两端封闭，4℃冷藏保存。（　　）

答案：正确

4. 根据《空气和废气监测分析方法》（第四版）中高效液相色谱法分析环境空气中苯胺类化合物时，采集样品时，采样温度对结果影响很大而采样时的大气压对测定结果无影响。（　　）

答案：错误

正确答案为：大气压对测定结果也有影响。

5. 根据《空气和废气监测分析方法》（第四版）中高效液相色谱法分析环境空气中苯胺类化合物时，为使采样管中的苯胺类化合物充分解析，用甲醇洗脱吸附苯胺的硅胶需轻微振荡一段时间以后，再用高效液相色谱分析。（　　）

答案：正确

6. 根据《空气和废气监测分析方法》（第四版）中高效液相色谱法分析环境空气中苯胺类化合物时，需要对采样管进行空白试验。（　　）

答案：正确

三、选择题

1. 根据《空气和废气监测分析方法》（第四版）中高效液相色谱法分析环境空气中苯胺类化合物时，用于吸附苯胺的硅胶的活化温度为________℃。（　　）

A. 105　　B. 200　　C. 350

答案：C

2. 根据《空气和废气监测分析方法》（第四版）中高效液相色谱法分析环境空气中苯胺类化合物时，样品在采集时不仅要控制采样流量、采集时间，同时要记录采样时的________。（　　）

A. 温度　　B. 大气压　　C. 温度和大气压

答案：C

3. 根据《空气和废气监测分析方法》（第四版）中高效液相色谱法分析环境空气中苯胺类化合物时，活化后的硅胶冷却后应该放在________备用。（　　）

A. 试剂瓶　　B. 干燥器　　C. 塑料瓶

答案：B

4. 根据《空气和废气监测分析方法》（第四版）中高效液相色谱法分析环境空气中苯胺类化合物时，样品在前处理过程中，应洗脱采样管的________。（　　）

A. 前段硅胶和后段硅胶　　B. 中段和后段的玻璃棉

C. 进样端的玻璃棉和硅胶

答案：A

5. 根据《空气和废气监测分析方法》（第四版）中高效液相色谱法分析环境空气中苯胺类化合物时，含苯胺类化合物的洗脱溶液必须保存在________中。（　　）

A. 棕色瓶　　B. 塑料瓶　　C. 玻璃瓶

答案：A

6. 根据《空气和废气监测分析方法》（第四版）中高效液相色谱法分析环境空气中苯胺类化合物时，制作标准曲线各点的响应因子相对标准偏差应低于________%。（　　）

A. 20　　B. 25　　C. 30

答案：A

四、问答题

根据《空气和废气监测分析方法》（第四版）中高效液相色谱法分析环境空气中苯胺类化合物时，在流动相中为何加入缓冲溶液？

答案：利用盐效应，减弱固定相中键合表面残存硅羟基的干扰作用，抑制峰形拖尾，改善分离效果。

五、计算题

用高效液相色谱法测定大气中苯胺类化合物时，采样体积为 80.0 L，采样温度为 18℃，大气压力为 102.3 kPa。将采样管中硅胶转移至 5 mL 具塞试管中，准确加入 2.00 mL 甲醇，振荡，进行液相色谱分析，结果表明在进样量为 10 μL 时，苯胺含量为 25 ng，试计算空气中苯胺的浓度。

答案：样品中分析物总量 =25 × 2/10=5.0（μg）

标准状态下采样体积 =102.3 × 80.0 × 273/［（273+18）× 101.325］=75.8（L）

空气中的苯胺浓度 =5.0/75.8=0.066（μg/L）=0.07（mg/m^3）

参考文献

[1] 国家环境保护总局《空气和废气监测分析方法》编委会 . 空气和废气监测分析方法（第四版）[M]. 北京：中国环境科学出版社，2003.

[2] 于世林 . 高效液相色谱方法及应用 [M]. 北京：化学工业出版社，2005.

命题：刘　鸣　夏　新

审核：赵淑莉　谢　争

第四节　酞酸酯类化合物

分类号：G16–3

主要内容
《环境空气　酞酸酯类的测定　高效液相色谱法》（HJ 868—2017）

一、填空题

酞酸酯又称________，主要用作塑料制品的改性________。

答案：邻苯二甲酸酯　　添加剂（或增塑剂）

二、判断题

1. 根据《环境空气　酞酸酯类的测定　高效液相色谱法》（HJ 868—2017）测定环境空气中的酞酸酯类化合物时，分析色谱柱为反相 ODS 柱。（　　）

答案：正确

2. 根据《环境空气　酞酸酯类的测定　高效液相色谱法》（HJ 868—2017）测定环境

空气中的酞酸酯类化合物时，所用的混合试剂需临用现配。(　　)

答案：正确

3. 根据《环境空气　酞酸酯类的测定　高效液相色谱法》(HJ 868—2017)测定环境空气中的酞酸酯类化合物时，实验室操作应使用全玻璃仪器，严格避免使用塑料制品。(　　)

答案：正确

4. 根据《环境空气　酞酸酯类的测定　高效液相色谱法》(HJ 868—2017)测定环境空气中的酞酸酯类化合物时，使用的玻璃器具可在硝酸溶液中浸泡不少于 6 h。(　　)

答案：错误

正确答案为：所用的玻璃器具可在铬酸洗液中浸泡不少于 6 h。

5. 根据《环境空气　酞酸酯类的测定　高效液相色谱法》(HJ 868—2017)测定环境空气中的酞酸酯类化合物时，XAD-2 树脂和 PUF 只要经提取净化后，可以直接在实验室长时间存放。(　　)

答案：错误

正确答案为：XAD-2 树脂和 PUF 经提取净化，如果无法保证在洁净环境中保存，避免在实验室长时间存放。

三、选择题

1. 根据《环境空气　酞酸酯类的测定　高效液相色谱法》(HJ 868—2017)测定环境空气中的酞酸酯类化合物时，实验室用水必须是________。(　　)

A. 蒸馏水　　B. 去离子水　　C. 新鲜制备的超纯水

答案：C

2. 根据《环境空气　酞酸酯类的测定　高效液相色谱法》(HJ 868—2017)测定环境空气中的酞酸酯类化合物时，所用的无水硫酸钠应在马弗炉于________℃烘烤 4 h，冷却，贮在磨口玻璃瓶中密封保存。(　　)

A. 400　　B. 450　　C. 500

答案：B

3. 根据《环境空气　酞酸酯类的测定　高效液相色谱法》(HJ 868—2017)测定环境空气中的酞酸酯类化合物时，索氏提取所用的混合溶剂是________。(　　)

A.(1+9)乙醚－正己烷　　B.(2+8)乙醚－正己烷

C.(1+9)丙酮－正己烷

答案：A

4. 根据《环境空气　酞酸酯类的测定　高效液相色谱法》(HJ 868—2017)测定环境空气中的酞酸酯类化合物时，所有的玻璃器皿在临用前须按________顺序洗净。(　　)

A. 硝酸溶液－水－丙酮－正己烷　　B. 铬酸洗液－水－正己烷－丙酮

C. 铬酸洗液－水－丙酮－正己烷

答案：C

5. 根据《环境空气　酞酸酯类的测定　高效液相色谱法》(HJ 868—2017)测定环境

空气中的酞酸酯类化合物时，样品采集后在________℃以下冷藏，________d 内提取完毕。(　　)

A. 4，7　　　B. 4，5　　　C. 4，14

答案：A

四、问答题

1. 简述《环境空气　酞酸酯类的测定　高效液相色谱法》(HJ 868—2017)测定环境空气中的酞酸酯类化合物的方法原理。

答案：用中流量或大流量采样器将环境空气中的酞酸酯类采集到玻璃（或石英）纤维滤膜、聚氨酯泡沫（PUF）和 XAD-2 树脂上，用乙醚－正己烷混合溶液提取，提取液浓缩、净化后，用具有紫外检测器的高效液相色谱仪分离检测，根据保留时间定性，外标法定量。

2. 简述《环境空气　酞酸酯类的测定　高效液相色谱法》(HJ 868—2017)测定环境空气中的酞酸酯类化合物的 XAD-2 树脂应如何准备。

答案：使用前用二氯甲烷回流提取 16 h 后，更换二氯甲烷继续回流提取 16 h，再用乙醚－正己烷混合溶液回流提取 16 h 后，室温下真空干燥 2～3 h。在干净的玻璃瓶中密封保存。

五、计算题

用高效液相色谱法测定环境空气中酞酸酯类化合物时，采样流量为 100 L/min，连续采集 24 h，采样温度为 32℃，大气压力为 98.0 kPa。采样后的吸附柱洗脱后定容至 1.0 mL，进行液相色谱分析，结果表明，试样中邻苯二甲酸二甲酯的质量浓度为 130 μg/mL，空白试样中邻苯二甲酸二甲酯的质量浓度为 0.2 μg/mL，试计算空气中邻苯二甲酸二甲酯的浓度。

答案：实际采样体积 $=100\times10^{-3}\times60\times24=144$（$m^3$）

标准状态下采样体积 $=98.0\times144\times273/[(273+32)\times101.325]=125$（$m^3$）

空气中的邻苯二甲酸二甲酯浓度 $=(130-0.2)\times1.0/125=1.04$（$\mu g/m^3$）

参考文献

环境保护部．环境空气　酞酸酯类的测定　高效液相色谱法：HJ 868—2017 [S]. 北京：中国环境出版集团，2018.

命题：赵新娜　刘　鸣　王向明

审核：周笑白　赵淑莉　谢　争　夏　新

第五节 多环芳烃类化合物

分类号：G16-4

主要内容
① 多环芳烃类化合物的测定 超声波萃取 - 高效液相色谱法《空气和废气监测分析方法》（第四版）
②《环境空气和废气 气相和颗粒物中多环芳烃的测定 高效液相色谱法》（HJ 647—2013）

一、填空题

1. 根据《空气和废气监测分析方法》（第四版）中超声波萃取 - 高效液相色谱法测定大气颗粒物中的多环芳烃时，可选的检测器为________和________。①

答案：紫外检测器 荧光检测器

2. 根据《空气和废气监测分析方法》（第四版）中超声波萃取 - 高效液相色谱法测定大气颗粒物中的多环芳烃时，使用微孔滤膜的规格为孔径________μm。①

答案：≤0.45

3. 根据《空气和废气监测分析方法》（第四版）和《环境空气和废气 气相和颗粒物中多环芳烃的测定 高效液相色谱法》（HJ 647—2013）中高效液相色谱法测定空气和废气中的多环芳烃时，样品采集、贮存和处理过程中受热、臭氧、氮氧化物、紫外光都会引起多环芳烃的降解，需要________、________和________保存。①②

答案：密闭 低温 避光

二、判断题

1. 根据《空气和废气监测分析方法》（第四版）中超声波萃取 - 高效液相色谱法测定大气颗粒物中的多环芳烃时，采样前应将超玻璃纤维滤膜放在 300℃马弗炉内灼烧 30 min。（ ）①

答案：错误

正确答案为：采样前应将超玻璃纤维滤膜放在 500℃马弗炉内灼烧 30 min。

2. 根据《空气和废气监测分析方法》（第四版）中超声波萃取 - 高效液相色谱法测定大气颗粒物中的多环芳烃时，采集好多环芳烃的超玻璃纤维滤膜如果不能在 24 h 内分析，则应将样品保存在 0～5℃冰箱内。（ ）①

答案：错误

正确答案为：采集好多环芳烃的超玻璃纤维滤膜应在 -20℃冰箱内保存。

3. 根据《空气和废气监测分析方法》（第四版）中超声波萃取 - 高效液相色谱法测定大气颗粒物中的多环芳烃时，以待测化合物的相对保留值和标准化合物的相对保留值相比较进行定性分析。（ ）①

答案：正确

4. 根据《空气和废气监测分析方法》（第四版）中超声波萃取 - 高效液相色谱法测定大

气颗粒物中的多环芳烃时，每批样品或试剂有变动时，都必须做空白试验。(　　) ①

答案： 正确

5. 多环芳烃是指由若干个苯环稠合在一起或是由若干个苯环和戊二烯稠合在一起组成的稠环芳香烃类化合物。(　　) ①②

答案： 正确

6. 根据《环境空气和废气　气相和颗粒物中多环芳烃的测定　高效液相色谱法》（HJ 647—2013），二环、三环多环芳烃主要存在于气相，可以穿过玻璃（或石英）纤维滤膜/滤筒，可用XAD-2树脂和聚氨酯泡沫（PUF）采集。(　　) ②

答案： 正确

7. 根据《空气和废气监测分析方法》（第四版）和《环境空气和废气　气相和颗粒物中多环芳烃的测定　高效液相色谱法》（HJ 647—2013）进行测定时，由于大部分多环芳烃具有强烈的致癌性和致畸性，操作时必须极其小心。(　　) ①②

答案： 正确

8. 高效液相色谱法不能测定硝基多环芳烃类化合物。(　　) ①②

答案： 正确

9. 根据《环境空气和废气　气相和颗粒物中多环芳烃的测定　高效液相色谱法》（HJ 647—2013），全程序空白是将密封保存的采样筒和玻璃纤维滤膜/筒带到采样现场，采样时不开封。(　　) ②

答案： 错误

正确答案为： 采样时暴露在采样现场但不经过采样。

10. 根据《环境空气和废气　气相和颗粒物中多环芳烃的测定　高效液相色谱法》（HJ 647—2013），运输空白是将密封保存的采样筒和玻璃纤维滤膜/筒带到采样现场，采样时不开封。(　　) ②

答案： 正确

11. 根据《环境空气和废气　气相和颗粒物中多环芳烃的测定　高效液相色谱法》（HJ 647—2013），样品采集后应避光于4℃以下冷藏，7 d内提取完毕；或-15℃以下保存，30 d内完成提取。(　　) ②

答案： 正确

12. 根据《环境空气和废气　气相和颗粒物中多环芳烃的测定　高效液相色谱法》（HJ 647—2013），五环以上的多环芳烃主要存在于颗粒物上，可用玻璃（或石英）纤维滤膜/筒采集。(　　) ②

答案： 正确

13. 根据《环境空气和废气　气相和颗粒物中多环芳烃的测定　高效液相色谱法》（HJ 647—2013），四环多环芳烃可以用玻璃（或石英）纤维滤膜/筒，或树脂、聚氨酯泡沫采集样品。(　　) ②

答案： 错误

正确答案为： 四环多环芳烃在两相同时存在，必须用玻璃（或石英）纤维滤膜/筒、树脂和聚氨酯泡沫采集样品。

14. 根据《环境空气和废气　气相和颗粒物中多环芳烃的测定　高效液相色谱法》

（HJ 647—2013），玻璃（或石英）纤维滤膜的处理方法为：用铝箔将折叠后的滤膜包好，并留有开口，放入马弗炉中 400℃下加热 5 h。（　　）②

答案：错误

正确答案为：滤膜不能有折痕。

15. 根据《环境空气和废气　气相和颗粒物中多环芳烃的测定　高效液相色谱法》（HJ 647—2013），提取液浓缩后，如需净化，可使用硅胶层析柱、硅胶或弗罗里硅土固相萃取柱等净化。（　　）②

答案：正确

16.《环境空气和废气　气相和颗粒物中多环芳烃的测定　高效液相色谱法》（HJ 647—2013）适用于环境空气、固定污染源排气和无组织排放空气中气相和颗粒物中 16 种多环芳烃的测定。（　　）②

答案：正确

三、选择题

1. 根据《空气和废气监测分析方法》（第四版）中超声波萃取－高效液相色谱法测定大气颗粒物中多环芳烃时，滤筒经超声提取离心后，提取上清液应该用________过滤。（　　）①

A. 定量滤纸　　B. 定性滤纸　　C. 0.45 μm 滤膜

答案：C

2. 根据《空气和废气监测分析方法》（第四版）中超声波萃取－高效液相色谱法测定大气颗粒物中多环芳烃时，选用________色谱柱。（　　）①

A. C_{18}　　B. 硅胶　　C. C_8

答案：A

3. 根据《空气和废气监测分析方法》（第四版）中超声波萃取－高效液相色谱法测定大气颗粒物中多环芳烃时，采样后的超细玻璃纤维滤膜，应尘面朝里折叠，选用________保存。（　　）①

A. 黑纸包　　B. 塑料袋密封　　C. 信封

答案：A

4. 根据《空气和废气监测分析方法》（第四版）中超声波萃取－高效液相色谱法测定大气颗粒物中多环芳烃时，流动相可选用________。（　　）①

A. 乙腈和水　　B. 环己烷　　C. 二氯甲烷

答案：A

5. 根据《环境空气和废气　气相和颗粒物中多环芳烃的测定　高效液相色谱法》（HJ 647—2013）要求，如果环境空气采样体积超过________m^3，采样前要测定采样效率或利用动态保留效率评价采样效率，动态保留效率一般等于或低于采样效率。（　　）②

A. 350　　B. 250　　C. 150

答案：A

6. 根据《环境空气和废气　气相和颗粒物中多环芳烃的测定　高效液相色谱法》

（HJ 647—2013）要求，用于颗粒物采样的超细玻璃纤维滤筒或石英滤筒，对 0.5 μm 标准粒子的截留效率不低于________%。（　　）②

A. 95　　B. 99　　C. 99.9

答案：C

7. 根据《环境空气和废气　气相和颗粒物中多环芳烃的测定　高效液相色谱法》（HJ 647—2013）要求，提取液脱水用无水硫酸钠，在马弗炉中于 450℃下烘烤 2 h，冷却后，贮于________中密封保存。（　　）②

A. 聚乙烯试剂瓶　　B. 磨口玻璃瓶

答案：B

四、问答题

1. 简述《空气和废气监测分析方法》（第四版）超声波萃取－高效液相色谱法测大气颗粒物中的多环芳烃的方法原理。①

答案：用玻璃纤维滤膜采集样品，以乙腈为溶剂，超声波提取，以乙腈 / 水的混合溶剂为流动相，以 PAH 专用液相色谱柱为分离柱，测定提取液中多环芳烃的含量。

2. 根据《空气和废气监测分析方法》（第四版）和《环境空气和废气　气相和颗粒物中多环芳烃的测定　高效液相色谱法》（HJ 647—2013），测定环境空气中多环芳烃的方法有哪些？首选方法是什么？为什么？①②

答案：测定大气中多环芳烃的方法有荧光分光光度法、气相色谱法和液相色谱法。其中，液相色谱法由于使用荧光检测器，具有高的灵敏度和分辨率，已成为分析多环芳烃的首选方法。

3. 简述《环境空气和废气　气相和颗粒物中多环芳烃的测定　高效液相色谱法》（HJ 647—2013）的方法原理。②

答案：气相和颗粒物中的多环芳烃分别收集于采样筒与玻璃（或石英）纤维滤膜 / 筒，采样筒和滤膜 / 筒用 10/90（*V*/*V*）乙醚 / 正己烷的混合溶剂提取，提取液经过浓缩、硅胶柱或弗罗里硅土柱等方式净化后，用具有荧光 / 紫外检测器的高效液相色谱仪分离检测。

五、计算题

根据《空气和废气监测分析方法》（第四版）超声波萃取－高效液相色谱法测定环境空气中的多环芳烃时，采样体积为 24.0 m^3，采样温度为 15℃，大气压力为 100.4 kPa。采样后滤膜等分成 5 份，将 1/5 滤膜放入 10 mL 具塞玻璃离心管，准确加入 5.00 mL 乙腈，超声提取后，进行液相色谱分析，结果表明，在进样量为 10 μl 时，多环芳烃含量为 0.5 ng，试计算空气中多环芳烃的浓度。①

答案：样品中分析物总量 =0.5 × 5.0 × 1 000/10=250（ng）

标准状态下采样体积 =24.0 × 100.4 × 273/［（273+15）× 101.325］=22.5（m^3）

空气中的多环芳烃浓度 =250/22.5 × 5=55.6（ng/m^3）=0.06（$μg/m^3$）

参考文献

[1] 环境保护部 . 环境空气和废气　气相和颗粒物中多环芳烃的测定　高效液相色谱法：HJ 647—

2013 [S]. 北京：中国环境出版社，2013.
[2] 国家环境保护总局《空气和废气监测分析方法》编委会. 空气和废气监测分析方法（第四版）[M]. 北京：中国环境科学出版社，2003.

命题：刘 鸣 彭 涛 夏 新
审核：谢 争 姜 燕 冯 丹

第六节 苯并[*a*]芘

分类号：G16-5

主要内容
①《环境空气 苯并[*a*]芘的测定 高效液相色谱法》（HJ 956—2018）
②《固定污染源排气中苯并[*a*]芘的测定 高效液相色谱法》（HJ/T 40—1999）

一、填空题

1.《环境空气质量标准》（GB 3095—2012）中的苯并[*a*]芘是指存在于________中的苯并[*a*]芘。①②

答案：颗粒物（粒径≤10 μm）

2. 在《固定污染源排气中苯并[*a*]芘的测定 高效液相色谱法》（HJ/T 40—1999）中，检测器为荧光检测器，激发波长为________nm，发射波长为________nm。②

答案：364 427

二、判断题

1. 根据《环境空气 苯并[*a*]芘的测定 高效液相色谱法》（HJ 956—2018）测定环境空气中的苯并[*a*]芘时，流动相用水为二次蒸馏水。（ ）①

答案：错误

正确答案为：流动相用水为新制备的超纯水或蒸馏水。

2. 根据《环境空气 苯并[*a*]芘的测定 高效液相色谱法》（HJ 956—2018）测定环境空气中的苯并[*a*]芘时，苯并[*a*]芘标准贮备液应2～5℃避光保存。（ ）①

答案：错误

正确答案为：苯并[*a*]芘标准贮备液应参考标准溶液证书进行保存。

3. 根据《环境空气 苯并[*a*]芘的测定 高效液相色谱法》（HJ 956—2018）测定环境空气中的苯并[*a*]芘时，如所用溶剂有干扰峰存在，需用全玻璃蒸馏器重蒸。（ ）①

答案：正确

4. 根据《环境空气 苯并[*a*]芘的测定 高效液相色谱法》（HJ 956—2018）测定环境空气中的苯并[*a*]芘时，采集环境空气中苯并[*a*]芘的超细玻璃纤维滤膜，使用前需在500℃马弗炉内灼烧0.5 h。（ ）①

答案：错误

正确答案为：使用前需在马弗炉中 400℃加热 5 h 以上。

5. 根据《环境空气　苯并 [*a*] 芘的测定　高效液相色谱法》（HJ 956—2018）测定环境空气中的苯并 [*a*] 芘时，采集环境空气中苯并 [*a*] 芘结束后，超细玻璃纤维滤膜应尘面朝里折叠，塑料袋密封保存。（　　）①

答案：错误

正确答案为：采样结束后，用镊子取出滤膜，滤膜尘面向内对折，避免尘面接触无尘边缘，放入保存盒中。

6. 根据《环境空气　苯并 [*a*] 芘的测定　高效液相色谱法》（HJ 956—2018）测定环境空气中的苯并 [*a*] 芘时，若被测组分较难定性，可在提取液中加入标准液，依据被测组分峰值的增高来定性。（　　）①

答案：正确

7. 根据《环境空气　苯并 [*a*] 芘的测定　高效液相色谱法》（HJ 956—2018）测定环境空气中的苯并 [*a*] 芘时，标准曲线的相关系数必须≥0.999。（　　）①

答案：正确

8. 在苯并 [*a*] 芘样品运输、保存和分析过程中，应避免可引起样品性质改变的热、臭氧、二氧化氮和紫外线等因素的影响。（　　）①②

答案：正确

9. 根据《固定污染源排气中苯并 [*a*] 芘的测定　高效液相色谱法》（HJ/T 40—1999）测定固定污染源中的苯并 [*a*] 芘时，若用层析柱净化，下部玻璃活塞可涂润滑油。（　　）②

答案：错误

正确答案为：若用层析柱净化，下部玻璃活塞不涂润滑油。

10. 根据《固定污染源排气中苯并 [*a*] 芘的测定　高效液相色谱法》（HJ/T 40—1999）测定固定污染源中的苯并 [*a*] 芘时，所用试剂均应做空白试验。（　　）②

答案：正确

11. 根据《固定污染源排气中苯并 [*a*] 芘的测定　高效液相色谱法》（HJ/T 40—1999），采集好固定污染源中的苯并 [*a*] 芘的玻璃纤维滤筒须避光在低温冰箱中保存。（　　）②

答案：正确

12. 根据《固定污染源排气中苯并 [*a*] 芘的测定　高效液相色谱法》（HJ/T 40—1999）测定固定污染源中的苯并 [*a*] 芘时，其提取液可用活性炭柱进行净化。（　　）②

答案：错误

正确答案为：其提取液可用弗罗里硅土层析柱进行净化。

13. 根据《固定污染源排气中苯并 [*a*] 芘的测定　高效液相色谱法》（HJ/T 40—1999）测定固定污染源中的苯并 [*a*] 芘，提取液通过层析柱净化时，应控制其流速大于 6 mL/min。（　　）②

答案：错误

正确答案为：提取液通过层析柱净化时，应控制其流速小于 4 mL/min。

14. 根据《固定污染源排气中苯并 [*a*] 芘的测定　高效液相色谱法》（HJ/T 40—1999），

采集好固定污染源中苯并 [*a*] 芘的玻璃纤维滤筒，应在 7 d 内萃取，30 d 内分析完毕。(　　) ②

答案：正确

三、选择题

1. 根据《环境空气　苯并 [*a*] 芘的测定　高效液相色谱法》(HJ 956—2018) 测定环境空气中的苯并 [*a*] 芘时，采集好苯并 [*a*] 芘的超细纤维玻璃滤膜于________℃以下 2 个月内完成提取。(　　) ①

A. 20　　B. 5　　C. 4

答案：A

2. 根据《环境空气　苯并 [*a*] 芘的测定　高效液相色谱法》(HJ 956—2018) 测定环境空气中的苯并 [*a*] 芘时，采集苯并 [*a*] 芘的超细玻璃纤维滤膜对 0.3 μm 标准离子的截留效率不低于________%。(　　) ①

A. 95　　B. 99　　C. 98

答案：B

3. 根据《环境空气　苯并 [*a*] 芘的测定　高效液相色谱法》(HJ 956—2018) 测定环境空气中的苯并 [*a*] 芘时，苯并 [*a*] 芘的测定值和标准值的相对误差应在 ±________% 以内，否则建立新的标准曲线。(　　) ①

A. 20　　B. 15　　C. 10

答案：B

4. 根据《环境空气　苯并 [*a*] 芘的测定　高效液相色谱法》(HJ 956—2018) 测定环境空气中的苯并 [*a*] 芘时，样品测定期间每________至少测定 1 次中间点浓度的标准溶液。(　　) ①

A. 日　　B. 周　　C. 月

答案：A

5. 根据《环境空气　苯并 [*a*] 芘的测定　高效液相色谱法》((HJ 956—2018) 测定环境空气中的苯并 [*a*] 芘时，每批样品 (≤20 个) 测定 1 个实验室等分样，测定结果大于等于测定下限时，相对偏差应在________% 以内。(　　) ①

A. 15　　B. 20　　C. 10

答案：A

6. 根据《固定污染源排气中苯并 [*a*] 芘的测定　高效液相色谱法》(HJ/T 40—1999) 测定固定污染源中的苯并 [*a*] 芘时，起净化作用的弗罗里硅土含水量为________%。(　　) ②

A. 11　　B. 15　　C. 20

答案：A

7. 根据《固定污染源排气中苯并 [*a*] 芘的测定　高效液相色谱法》(HJ/T 40—1999) 测定固定污染源中的苯并 [*a*] 芘时，分析色谱柱为________。(　　) ②

A. 离子交换色谱柱　　B. 反相色谱柱　　C. 正相色谱柱

答案：B

8. 根据《固定污染源排气中苯并 [*a*] 芘的测定　高效液相色谱法》（HJ/T 40—1999）测定固定污染源中的苯并 [*a*] 芘时，色谱条件流动相的组成为________。（　　）②

A. 甲醇和水　　B. 正己烷　　C. 四氢呋喃

答案：A

9. 被苯并 [*a*] 芘污染的容器可用紫外灯在________nm 紫外线照射下检查。（　　）①②

A. 254　　B. 364　　C. 427

答案：B

10. 根据《固定污染源排气中苯并 [*a*] 芘的测定　高效液相色谱法》（HJ/T 40—1999）测定固定污染源中的苯并 [*a*] 芘时，实验室所用的玻璃仪器必须用________浸泡洗涤。（　　）②

A. 环己烷　　B. 洗洁净　　C. 重铬酸钾

答案：C

四、问答题

1. 简述《环境空气　苯并 [*a*] 芘的测定　高效液相色谱法》（HJ 956—2018）测定环境空气中苯并 [*a*] 芘的方法原理。①

答案：用超细玻璃（或石英）纤维滤膜采集环境空气中的苯并 [*a*] 芘，用二氯甲烷或乙腈提取，提取液浓缩、净化后，采用高效液相色谱分离，荧光检测器检测，根据保留时间定性，外标法定量。

2. 简述《固定污染源排气中苯并 [*a*] 芘的测定　高效液相色谱法》（HJ/T 40—1999）的测定方法原理。②

答案：用无胶玻璃纤维滤筒或玻璃纤维滤膜采集样品，用环己烷提取苯并 [*a*] 芘，提取液通过弗罗里硅土层析柱，然后用二氯甲烷和丙酮的混合溶剂洗脱，浓缩后在配有荧光检测器的高效液相色谱仪上测定。

3. 在实验室进行苯并 [*a*] 芘测定操作时应注意哪些事项？②

答案：苯并 [*a*] 芘是强致癌物，操作时应保持最低限度接触，必要时戴手套，废液应收集起来，统一处理。实验所用玻璃仪器用重铬酸钾洗液浸泡洗涤。

五、计算题

1. 根据《环境空气　苯并 [*a*] 芘的测定　高效液相色谱法》（HJ 956—2018）测定环境空气中的苯并 [*a*] 芘时，采样流量为 100 L/min，连续采集 24 h，采样温度为 15℃，大气压力为 100.4 kPa。采样后滤膜等分成 5 份，将 1/5 滤膜放入 10 mL 具塞玻璃瓶，准确加入 5.0 mL 乙腈，超声提取 15 min 后，进行液相色谱分析，结果表明，试样中苯并 [*a*] 芘的质量浓度为 0.024 μg/mL，试计算空气中苯并 [*a*] 芘的浓度。①

答案：实际采样体积 $=100\times10^{-3}\times60\times24=144$（$m^3$）

空气中的苯并 [*a*] 芘浓度 $=0.024\times5.0\times1\,000\times5/144=4.17$（$ng/m^3$）

2. 根据《固定污染源排气中苯并 [*a*] 芘的测定　高效液相色谱法》（HJ/T 40—1999）测定固定污染源中的苯并 [*a*] 芘时，采样体积为 1.00 m^3，采样温度为 20℃，大气压力为 102.4 kPa。采样后滤膜经环已烷提取后，浓缩定容至 1.0 mL，进行液相色谱分析，结果表明，在进样量为 10 μL 时，苯并 [*a*] 芘含量为 1.6 ng，试计算空气中苯并 [*a*] 芘的浓度。②

答案： 样品中分析物总量 =1.6 × 1.0 × 1 000/10=160（ng）

标准状态下采样体积 =1.00 × 102.4 × 273/［(273+20) × 101.325］=0.94（m^3）

空气中的苯并 [*a*] 芘浓度 =160/0.94=170（ng/m^3）≈0.2（$\mu g/m^3$）

参考文献

[1] 生态环境部 . 环境空气　苯并 [*a*] 芘的测定　高效液相色谱法：HJ 956—2018 [S]. 北京：中国环境出版集团，2018.

[2] 国家环境保护总局 . 固定污染源排气中苯并 [*a*] 芘的测定　高效液相色谱法：HJ/T 40—1999 [S]. 北京：中国环境科学出版社，1999.

命题：赵新娜　刘　鸣　王向明

审核：周笑白　赵淑莉　谢　争　夏　新

第七节　醛酮类化合物

分类号：G16-6

主要内容
① 醛酮类化合物的测定　2,4-DNPH 吸附管吸附 - 高效液相色谱法《空气和废气监测分析方法》（第四版）
②《环境空气　醛、酮类化合物的测定　高效液相色谱法》（HJ 683—2014）
③《固定污染源废气　醛、酮类化合物的测定　溶液吸收 - 高效液相色谱法》（HJ 1153—2020）
④《环境空气　醛、酮类化合物的测定　溶液吸收 - 高效液相色谱法》（HJ 1154—2020）

一、填空题

1. 根据《空气和废气监测分析方法》（第四版）中高效液相色谱法测定环境空气中的醛和酮化合物时，用含有________的固体吸附剂吸附空气中的醛酮类化合物。①

答案： 2,4- 二硝基苯肼（或 2,4-DNPH）

2. 根据《空气和废气监测分析方法》（第四版）中高效液相色谱法测定环境空气中的醛和酮化合物，分离结构相似的醛和酮腙衍生物时，可以通过色谱条件优化使醛和酮化合物互不干扰，包括________、________、流速和进样量等条件。①

答案： 色谱柱选择　　流动相组成

3. 根据《空气和废气监测分析方法》（第四版）中高效液相色谱法测定环境空气中的醛和酮化合物时，使用________溶剂洗脱采样管。①

答案： 乙腈

4. 根据《空气和废气监测分析方法》（第四版）和《环境空气　醛、酮类化合物的测定　高效液相色谱法》（HJ 683—2014）中高效液相色谱法测定环境空气中的醛酮类化合物的紫外检测吸收波长为________nm。①②

答案：360

5. 根据《空气和废气监测分析方法》（第四版）和《环境空气　醛、酮类化合物的测定　高效液相色谱法》（HJ 683—2014）中高效液相色谱法测定环境空气中的醛酮类化合物时，臭氧易与衍生剂 DNPH 及衍生后的腙类化合物发生反应，影响测量结果，应在采样管前串联臭氧去除柱，消除干扰，臭氧去除柱可选购市售商品化产品，内填充________，当含臭氧的空气通过该装置时，碘离子被氧化成碘，同时消耗其中的臭氧。①②

答案：粒状碘化钾

6. 根据《空气和废气监测分析方法》（第四版）和《环境空气　醛、酮类化合物的测定　高效液相色谱法》（HJ 683—2014）中高效液相色谱法测定环境空气中的醛酮类化合物时，采样管采样完成后使用密封帽将两端管口封闭，并用________将采样管包严，低温（＜4℃）保存与运输。①②

答案：锡纸或铝箔

7. 根据《固定污染源废气　醛、酮类化合物的测定　溶液吸收－高效液相色谱法》（HJ 1153—2020）和《环境空气　醛、酮类化合物的测定　溶液吸收－高效液相色谱法》（HJ 1154—2020）测定醛、酮类化合物时，每批 DNPH 饱和溶液应在采样前________h 内准备和纯化。③④

答案：48

8. 根据《固定污染源废气　醛、酮类化合物的测定　溶液吸收－高效液相色谱法》（HJ 1153—2020）测定固定污染源废气中的醛、酮类化合物时，采样器应具有抗负压、加热和保温功能，加热温度≥________℃。③

答案：120

9. 根据《固定污染源废气　醛、酮类化合物的测定　溶液吸收－高效液相色谱法》（HJ 1153—2020）和《环境空气　醛、酮类化合物的测定　溶液吸收－高效液相色谱法》（HJ 1154—2020）测定醛、酮类化合物时，样品采集后放置时间较长或 DNPH 对测定影响较大时，采用________混合溶液萃取样品。③④

答案：二氯甲烷－正己烷

10. 根据《固定污染源废气　醛、酮类化合物的测定　溶液吸收－高效液相色谱法》（HJ 1153—2020）和《环境空气　醛、酮类化合物的测定　溶液吸收－高效液相色谱法》（HJ 1154—2020）测定醛、酮类化合物时，采用 C_{18} 色谱柱，填料为________的双封端反相色谱柱或其他性能相近的色谱柱。③④

答案：十八烷基硅烷键合硅胶（ODS）

11. 根据《固定污染源废气　醛、酮类化合物的测定　溶液吸收－高效液相色谱法》（HJ 1153—2020）测定固定污染源废气中醛、酮类化合物时，采样期间流量波动应≤±________%。③

答案：10

12. 根据《固定污染源废气　醛、酮类化合物的测定　溶液吸收－高效液相色谱法》（HJ 1153—2020）和《环境空气　醛、酮类化合物的测定　溶液吸收－高效液相色谱法》（HJ 1154—2020）测定醛、酮类化合物时，样品测定期间每日至少测定1次曲线中间点浓度的标准溶液，目标化合物的测定值和标准值的相对误差应在±________% 以内。③④

答案：20

二、判断题

1. 根据《空气和废气监测分析方法》（第四版）中高效液相色谱法测定环境空气中的醛、酮类化合物时，因甲醛和丙酮是实验室常用试剂，所以容易带来背景污染。（　　）①

答案：正确

2. 根据《空气和废气监测分析方法》（第四版）中高效液相色谱法测定空气中的醛、酮类化合物时，由于臭氧对甲醛的氧化作用，为提高空气中甲醛的采样效率，可在采样小柱前串联一支臭氧去除柱。（　　）①

答案：正确

3. 根据《空气和废气监测分析方法》（第四版）中高效液相色谱法测定环境空气中的醛、酮类化合物时，采集样品结束时的流量与开始时的流量相差超过10%，此次样品应作可疑标记。（　　）①

答案：错误

正确答案为：采集样品结束时的流量与开始时的流量相差超过15%，此次样品应作可疑标记。

4. 根据《空气和废气监测分析方法》（第四版）中高效液相色谱法测定环境空气中的醛、酮类化合物时，采集好醛、酮类化合物的采样管应两端封闭，保存在塑料袋中。（　　）①

答案：错误

正确答案为：采集好空气中醛、酮类化合物的采样管应两端封闭，保存在专用的铝衬袋内。

5. 根据《空气和废气监测分析方法》（第四版）中高效液相色谱法测定环境空气中的醛、酮类化合物时，若校准溶液相邻两日测定值大于15%，应重新绘制校准曲线。（　　）①

答案：正确

6. 根据《空气和废气监测分析方法》（第四版）中高效液相色谱法测定环境空气中的醛、酮类化合物时，现场空白就是空气不通过空白采样小柱，其余处理与实际样品一致。（　　）①

答案：正确

7. 根据《空气和废气监测分析方法》（第四版）中高效液相色谱法测定环境空气中的醛、酮类化合物时，流动相应以0.45 μm滤膜过滤，氦气脱气。（　　）①

答案：正确

8. 根据《空气和废气监测分析方法》（第四版）和《环境空气　醛、酮类化合物的测定　高效液相色谱法》（HJ 683—2014）中高效液相色谱法测定环境空气中的醛、酮类化合物时，臭氧去除柱可多次重复使用。（　　）①②

答案： 错误

正确答案为： 臭氧去除柱为一次性使用。

9. 根据《环境空气　醛、酮类化合物的测定　高效液相色谱法》（HJ 683—2014）进行测定时，实验所用乙腈为液相色谱纯，甲醛的浓度应小于 1.5 μg/L，避光保存。（　　）②

答案： 正确

10. 根据《环境空气　醛、酮类化合物的测定　高效液相色谱法》（HJ 683—2014）测定环境空气中的醛、酮类化合物时，市售有证的醛、酮类 2,4- 二硝基苯腙衍生物标准溶液，应避光保存，开封后密闭 4℃低温保存，可保存 2 个月。（　　）②

答案： 正确

11. 根据《空气和废气监测分析方法》（第四版）和《环境空气　醛、酮类化合物的测定　高效液相色谱法》（HJ 683—2014）中高效液相色谱法测定环境空气中的醛、酮类化合物时，过滤后的洗脱液如不能及时分析，可在 4℃条件下避光保存 30 d。（　　）①②

答案： 正确

12. 根据《环境空气　醛、酮类化合物的测定　高效液相色谱法》（HJ 683—2014）进行测定时，每一批采样管应至少抽取 10% 进行空白值检验，空白值应满足的要求为：甲醛小于 0.15 μg/ 管，乙醛小于 0.20 μg/ 管。（　　）②

答案： 错误

正确答案为： 乙醛小于 0.10 μg/ 管。

13. 根据《空气和废气监测分析方法》（第四版）和《环境空气　醛、酮类化合物的测定　高效液相色谱法》（HJ 683—2014）中高效液相色谱法测定环境空气中的醛、酮类化合物时，加入乙腈洗脱采样管，让乙腈自然流过采样管，流向应与采样时气流方向相同。（　　）①②

答案： 错误

正确答案为： 流向应与采样时气流方向相反。

14. 根据《环境空气　醛、酮类化合物的测定　高效液相色谱法》（HJ 683—2014）进行测定时，采样期间应不时地观察采样器流量是否稳定。如果采样结束时的流量与开始时流量相差超过 15%，此次样品作废，应重新采样。（　　）②

答案： 正确

15. 根据《空气和废气监测分析方法》（第四版）中高效液相色谱法测定环境空气中的醛、酮类化合物时，醛和酮的 2,4- 二硝基苯腙标样应保存在冰箱内里，并避光密闭。（　　）①

答案： 正确

16. 根据《固定污染源废气　醛、酮类化合物的测定　溶液吸收 - 高效液相色谱法》（HJ 1153—2020）和《环境空气　醛、酮类化合物的测定　溶液吸收 - 高效液相色谱法》（HJ 1154—2020）测定固定污染源废气中的醛、酮类化合物时，其他有机化合物会干扰测定，可以通过改变流动组成等方式改善分离条件，避免干扰。（　　）③④

答案：正确

17. 根据《固定污染源废气 醛、酮类化合物的测定 溶液吸收－高效液相色谱法》（HJ 1153—2020）和《环境空气 醛、酮类化合物的测定 溶液吸收－高效液相色谱法》（HJ 1154—2020）测定环境空气中的醛、酮类化合物时，实验用水为二次蒸馏水。（ ）③④

答案：错误

正确答案为：实验用水为新制备的超纯水。

18. 根据《固定污染源废气 醛、酮类化合物的测定 溶液吸收－高效液相色谱法》（HJ 1153—2020）和《环境空气 醛、酮类化合物的测定 溶液吸收－高效液相色谱法》（HJ 1154—2020）测定环境空气中的醛、酮类化合物时，醛、酮类 DNPH 衍生物标准贮备液开封后于 4℃以下密闭、避光冷藏，可保存 2 个月。（ ）③④

答案：正确

19. 根据《固定污染源废气 醛、酮类化合物的测定 溶液吸收－高效液相色谱法》（HJ 1153—2020）和《环境空气 醛、酮类化合物的测定 溶液吸收－高效液相色谱法》（HJ 1154—2020）测定环境空气中的醛、酮类化合物时，标准曲线的相关系数≥0.999，否则重新建立标准曲线。（ ）③④

答案：错误

正确答案为：标准曲线的相关系数≥0.995，否则重新建立标准曲线。

20. 根据《固定污染源废气 醛、酮类化合物的测定 溶液吸收－高效液相色谱法》（HJ 1153—2020）和《环境空气 醛、酮类化合物的测定 溶液吸收－高效液相色谱法》（HJ 1154—2020）测定环境空气中的醛、酮类化合物时，实验中产生的废液应集中收集，并做好相应标识，依法委托有资质的单位进行处理。（ ）③④

答案：正确

21. 根据《固定污染源废气 醛、酮类化合物的测定 溶液吸收－高效液相色谱法》（HJ 1153—2020）和《环境空气 醛、酮类化合物的测定 溶液吸收－高效液相色谱法》（HJ 1154—2020）测定环境空气中的醛、酮类化合物时，样品中丙烯醛和丁烯醛以其腙及腙聚合物双峰面积之和代入标准曲线进行定量。（ ）③④

答案：正确

三、选择题

1. 根据《环境空气 醛、酮类化合物的测定 高效液相色谱法》（HJ 683—2014），每一批采样管应至少抽取 10% 进行空白值检验，空白值应满足以下要求：丙酮小于________ μg/ 管；其他物质小于________ μg/ 管。（ ）②

A. 0.30，0.30　　B. 0.30，0.10　　C. 0.20，0.30　　D. 0.20，0.10

答案：B

2. 根据《空气和废气监测分析方法》（第四版）中高效液相色谱法测定环境空气中的醛、酮类化合物时，吸附醛、酮类化合物的采样管应在采样后________d 内完成分析。（ ）①

A. 1　　B. 7　　C. 30

答案：C

3. 根据《空气和废气监测分析方法》（第四版）中高效液相色谱法测定环境空气中的醛、酮类化合物时，同一化合物的保留时间在同一天内的精密度应在________%以内。（　）①

A. 2　　B. 5　　C. 10

答案：A

4. 根据《空气和废气监测分析方法》（第四版）中高效液相色谱法测定环境空气中的醛、酮类化合物时，每天标准溶液的测定值与参考值相差应在________%以内。（　）①

A. 10　　B. 15　　C. 20

答案：B

5. 根据《空气和废气监测分析方法》（第四版）和《环境空气　醛、酮类化合物的测定　高效液相色谱法》（HJ 683—2014）中高效液相色谱法测定环境空气中的醛、酮类化合物时，采样完成后，使用乙腈洗脱采样管，洗脱液用 0.45 μm________滤膜针头过滤器过滤，待测。（　）①②

A. 有机　　B. 醋酸纤维　　C. 混合纤维

答案：A

6. 根据《空气和废气监测分析方法》（第四版）和《环境空气　醛、酮类化合物的测定　高效液相色谱法》（HJ 683—2014）中高效液相色谱法测定环境空气中的醛、酮类化合物，样品采集时应考虑穿透容量的控制，所采集样品中醛、酮含量（以甲醛计）的上限应小于采样管 DNPH 含量的________%。（　）①②

A. 50　　B. 75　　C. 90

答案：B

7. 根据《固定污染源废气　醛、酮类化合物的测定　溶液吸收－高效液相色谱法》（HJ 1153—2020）测定固定污染源废气中的醛、酮类化合物时，串联 3 支各装有________mL DNPH 饱和吸收液的棕色气泡吸收瓶，与烟气采样器连接，以________L/min 的流量采集样品。（　）③

A. 75，0.2～0.5　　B. 50，0.2～0.5　　C. 50，0.3～0.5

答案：B

8. 根据《固定污染源废气　醛、酮类化合物的测定　溶液吸收－高效液相色谱法》（HJ 1153—2020）和《环境空气　醛、酮类化合物的测定　溶液吸收－高效液相色谱法》（HJ 1154—2020）测定醛、酮类化合物时，紫外检测器波长为________nm。（　）③④

A. 254　　B. 360　　C. 540

答案：B

9. 根据《固定污染源废气　醛、酮类化合物的测定　溶液吸收－高效液相色谱法》（HJ 1153—2020）测定固定污染源废气中的醛、酮类化合物时，空白中醛、酮类化合物含量限值：甲醛为 0.50 μg；乙醛为 0.30 μg；丙酮为 0.90 μg；其他物质均为________μg。（　）③

A. 0.50　　B. 0.30　　C. 0.90

答案： B

10. 根据《固定污染源废气　醛、酮类化合物的测定　溶液吸收 - 高效液相色谱法》（HJ 1153—2020）和《环境空气　醛、酮类化合物的测定　溶液吸收 - 高效液相色谱法》（HJ 1154—2020）测定醛、酮类化合物时，采集的样品应于 4℃以下密封避光冷藏保存，________日之内完成试样制备。（　　）③④

A. 5　　B. 7　　C. 3

答案： C

11. 根据《固定污染源废气　醛、酮类化合物的测定　溶液吸收 - 高效液相色谱法》（HJ 1153—2020）和《环境空气　醛、酮类化合物的测定　溶液吸收 - 高效液相色谱法》（HJ 1154—2020）测定醛、酮类化合物时，制备好的试样________日之内完成分析。（　　）③④

A. 5　　B. 7　　C. 3

答案： C

12. 根据《环境空气　醛、酮类化合物的测定　溶液吸收 - 高效液相色谱法》（HJ 1154—2020）测定环境空气中的醛、酮类化合物时，串联的 1 支棕色多孔玻板吸收瓶和 2 支棕色气泡吸收瓶中 DNPH 饱和吸收液的体积分别为________mL、________mL、________mL。（　　）④

A. 20，20，10　　B. 10，10，20

C. 20，10，20

答案： A

13. 根据《环境空气　醛、酮类化合物的测定　溶液吸收 - 高效液相色谱法》（HJ 1154—2020）测定环境空气中的醛、酮类化合物时，空白中醛、酮类化合物含量限值：甲醛为 0.15 μg；乙醛为 0.10 μg；丙酮为 0.30 μg；其他物质均为________μg。（　　）④

A. 0.20　　B. 0.30　　C. 0.10

答案： C

四、简答题

1. 简述《固定污染源废气　醛、酮类化合物的测定　溶液吸收 - 高效液相色谱法》（HJ 1153—2020）测定固定污染源废气中的醛、酮类化合物的方法原理。③

答案： 固定污染源有组织排放废气中的醛、酮类化合物在酸性介质中与吸收液中的 2,4- 二硝基苯肼（DNPH）发生衍生化反应，生成 2,4- 二硝基苯腙类化合物，用二氯甲烷 - 正己烷混合溶液或二氯甲烷萃取、浓缩后，更换溶剂为乙腈，经高效液相色谱分离，紫外或二极管阵列检测器检测。根据保留时间定性，外标法定量。

2. 简述《环境空气　醛、酮类化合物的测定　溶液吸收 - 高效液相色谱法》（HJ 1154—2020）DNPH 饱和吸收液配置方法及保存方式。④

答案： 称取 DNPH 4.0 g 于棕色试剂瓶中，加入 180 mL 盐酸，再加入 820 mL 水，超声 30 min。形成饱和溶液，过滤。将过滤后的 DNPH 饱和溶液转移至 2 L 分液漏斗中，加入 60 mL 的二氯甲烷，萃取 3 min（注意放气），静置，待分层后，弃去下层有机相，再重复上述操作，萃取一次。最后用 60 mL 正己烷萃取，当有机相与 DNPH 溶液分层后，将下层的 DNPH 溶液转移至经乙腈冲洗并干燥的棕色试剂瓶中，密封，于装有活性炭的干燥器内保存。

五、计算题

根据《空气和废气监测分析方法》（第四版）中用高效液相色谱法测定环境空气中的醛、酮类化合物时，采样体积为 60.0 L，采样温度为 25℃，大气压力为 99.0 kPa。采样后滤膜经乙腈洗脱后，浓缩定容至 10.0 mL，进行液相色谱分析，结果表明，在进样量为 10 μL 时，醛、酮类化合物含量为 1.6 ng，试计算空气中醛、酮类化合物的浓度①。

答案：样品中分析物总量 =1.6 × 10.0/10=1.6（μg）

标准状态下采样体积 =60.0 × 99.0 × 273/［（273+25）× 101.325］=53.7（L）

空气中醛、酮类化合物浓度 =1.6/53.7=0.03（μg/ L）=0.03（mg/m^3）

参考文献

[1] 环境保护部 . 环境空气　醛、酮类化合物的测定　高效液相色谱法：HJ 683—2014 [S]. 北京：中国环境出版社，2014.

[2] 国家环境保护总局《空气和废气监测分析方法》编委会 . 空气和废气监测分析方法（第四版）[M]. 北京：中国环境科学出版社，2003.

[3] 生态环境部 . 固定污染源废气　醛、酮类化合物的测定　溶液吸收 - 高效液相色谱法：HJ 1153—2020 [S]. 北京：中国环境出版集团，2020.

[4] 生态环境部 . 环境空气　醛、酮类化合物的测定　溶液吸收 - 高效液相色谱法：HJ 1154—2020 [S]. 北京：中国环境出版集团，2020.

命题：赵新娜　彭　涛　刘　鸣

审核：周笑白　姜　燕　谢　争　冯　丹

第八节　酰胺类化合物

分类号：G16-7

主要内容
《环境空气和废气　酰胺类化合物的测定　液相色谱法》（HJ 801—2016）

一、填空题

1. 根据《环境空气和废气　酰胺类化合物的测定　液相色谱法》（HJ 801—2016）测定环境空气和废气中的酰胺类化合物时，实验用水为________。

答案：新制备的不含有机物的水

2. 根据《环境空气和废气　酰胺类化合物的测定　液相色谱法》（HJ 801—2016）测定环境空气和废气中的酰胺类化合物时，样品采集后，用________或________密闭多孔玻璃吸收管或多孔玻璃吸收瓶的进气口和出气口。

答案：聚四氟乙烯软管　　内衬聚四氟乙烯薄膜的硅胶管

3. 根据《环境空气和废气　酰胺类化合物的测定　液相色谱法》（HJ 801—2016）测定环境空气和废气中的酰胺类化合物时，酰胺类化合物标准贮备液于4℃以下冷藏、避光和密封，可保存________个月。

答案：3

4. 根据《环境空气和废气　酰胺类化合物的测定　液相色谱法》（HJ 801—2016）测定环境空气和废气中的酰胺类化合物时，检测波长为________nm。

答案：198

5. 根据《环境空气和废气　酰胺类化合物的测定　液相色谱法》（HJ 801—2016）测定环境空气和废气中的酰胺类化合物时，当采样气体的温度较高时，可用________冷却多孔玻板吸收瓶。（　　）

答案：冰水浴

二、判断题

1. 根据《环境空气和废气　酰胺类化合物的测定　液相色谱法》（HJ 801—2016）测定环境空气和废气中的酰胺类化合物时，酰胺类化合物试剂纯度应大于等于99.0%。（　　）

答案：正确

2. 根据《环境空气和废气　酰胺类化合物的测定　液相色谱法》（HJ 801—2016）测定环境空气和废气中的酰胺类化合物时，色谱柱采用C_{18}，填料为十八烷基硅氧烷。（　　）

答案：错误

正确答案为：色谱柱为硅胶键合C_{18}，侧链为二异丁基。

3. 根据《环境空气和废气　酰胺类化合物的测定　液相色谱法》（HJ 801—2016）测定环境空气和废气中的酰胺类化合物时，采样烟枪应具备加热和保温功能，温度精确度不低于2.5%，最小分度值应不大于2℃，加热温度不低于120℃。（　　）

答案：正确

4. 根据《环境空气和废气　酰胺类化合物的测定　液相色谱法》（HJ 801—2016）测定环境空气和废气中的酰胺类化合物时，每批样品至少分析1个全程序空白和1个实验室空白，目标化合物的测定值不得高于方法的测定下限。（　　）

答案：错误

正确答案为：目标化合物的测定值不得高于方法的检出限。

5. 根据《环境空气和废气　酰胺类化合物的测定　液相色谱法》（HJ 801—2016）测定环境空气和废气中的酰胺类化合物时，初始使用仪器或仪器维修后，须重新绘制标准曲线。（　　）

答案：正确

三、选择题

1. 根据《环境空气和废气　酰胺类化合物的测定　液相色谱法》（HJ 801—2016）测定环境空气和废气中的酰胺类化合物时，酰胺类化合物标准使用液应于 4℃以下冷藏、避光和密封，可保存________d。（　　）

A. 3　　B. 5　　C. 6

答案：C

2. 根据《环境空气和废气　酰胺类化合物的测定　液相色谱法》（HJ 801—2016）测定环境空气中的酰胺类化合物时，以________L/min 的流量采集环境空气样品，需要采集________ min。（　　）

A. 0.3，60　　B. 0.5，60　　C. 0.5，45

答案：B

3. 根据《环境空气和废气　酰胺类化合物的测定　液相色谱法》（HJ 801—2016）测定废气中的酰胺类化合物时，以________L/min 的流量采集固定污染源样品，需要采集________min。（　　）

A. 0.8，30　　B. 0.8，60　　C. 1.0，30

答案：C

4. 根据《环境空气和废气　酰胺类化合物的测定　液相色谱法》（HJ 801—2016）测定环境空气和废气中的酰胺类化合物时，样品采集完成后立即封闭吸收瓶的进气口和出气口，直立置于冷藏箱运输，若不能及时测定，应 4℃以下冷藏、避光和密封保存，________d 内完成分析测定。（　　）②

A. 3　　B. 5　　C. 7

答案：B

5. 根据《环境空气和废气　酰胺类化合物的测定　液相色谱法》（HJ 801—2016）测定环境空气和废气中的酰胺类化合物时，________nm 不是液相色谱分析酰胺类化合物所采用的波长。（　　）

A. 198　　B. 205　　C. 210

答案：C

6.《环境空气和废气　酰胺类化合物的测定　液相色谱法》（HJ 801—2016）测定环境空气和废气中的酰胺类化合物时，采集环境空气样品，吸收液为________mL 实验用水。（　　）

A. 10　　B. 20　　C. 50

答案：A

7.《环境空气和废气　酰胺类化合物的测定　液相色谱法》（HJ 801—2016）测定环境空气和废气中的酰胺类化合物时，采集固定污染源废气样品，吸收液为________mL 实验用水。（　　）

A. 10　　B. 20　　C. 50

答案：C

四、简答题

1. 简述《环境空气和废气 酰胺类化合物的测定 液相色谱法》（HJ 801—2016）测定环境空气和废气中的酰胺类化合物的干扰和消除方法。

答案： 在本方法规定的条件下，其他有机化合物可能会产生干扰，可采用不同辅助波长下的吸光度比值、紫外光谱图或质谱图定性。根据干扰物质的性质，采用合适的方法去除干扰。

2. 简述《环境空气和废气 酰胺类化合物的测定 液相色谱法》（HJ 801—2016）测定环境空气和废气中的酰胺类化合物的方法原理。

答案： 环境空气和废气中的酰胺类化合物经水吸收后，用配备紫外检测器的高效液相色谱仪分离检测，以保留时间定性，外标法定量。

参考文献

环境保护部. 环境空气和废气 酰胺类化合物的测定 液相色谱法：HJ 801—2016 [S]. 北京：中国环境出版社，2016.

命题：赵新娜 彭 华

审核：周笑白 夏 新

第十七章　气相色谱法

第一节　基础知识

分类号：G17-0

试题同“上册 W13-0”。

第二节　氯丁二烯

分类号：G17-1

主要内容
氯丁二烯的测定　气相色谱法《空气和废气监测分析方法》（第四版）

一、填空题

1. 根据《空气和废气监测分析方法》（第四版）中气相色谱法测定环境空气中的氯丁二烯时，用活性炭采样管富集样品后，加________浸泡解吸，经色谱柱分离，________检测器测定，以保留时间定性，峰高外标法定量。

答案：四氯化碳　　氢火焰离子化（或 FID）

2. 根据《空气和废气监测分析方法》（第四版）中气相色谱法测定环境空气中的氯丁二烯时，用活性炭吸附采样管采集样品时，两头封端打开与采样器连接，使采样管________（放置方向）地面，令空气样品________（走向）通过采样管。

答案：垂直　　自上而下

二、判断题

1. 根据《空气和废气监测分析方法》（第四版）中气相色谱法测定环境空气中的氯丁二烯时，氯丁二烯标准溶液储备液可在冰箱中存放 3 个月。（　　）

答案：错误

正确答案为：可存放 1 个月。

2. 根据《空气和废气监测分析方法》（第四版）中气相色谱法测定环境空气中的氯丁二烯时，样品溶液与标准溶液的测定操作条件要保持一致，活性炭的用量要相同。（　　）

答案：正确

3. 根据《空气和废气监测分析方法》（第四版）中气相色谱法测定环境空气中的氯丁

二烯时，采样管 A 段用于采样，B 段用于防护，防止穿透，在采集高浓度样品时，需对 B 段活性炭进行测定。(　　)

答案：正确

4. 根据《空气和废气监测分析方法》(第四版)中气相色谱法测定环境空气中的氯丁二烯时，氯丁二烯在使用前需重新蒸馏。(　　)

答案：正确

三、选择题

1. 根据《空气和废气监测分析方法》(第四版)中气相色谱法测定环境空气中的氯丁二烯，活性炭吸附采样管采集样品时，以________流量采样。(　　)

A. 0.2 L/min　　B. 0.5 L/min　　C. 1.0 L/min　　D. 大于 1.0 L/min

答案：B

2. 根据《空气和废气监测分析方法》(第四版)中气相色谱法测定环境空气中的氯丁二烯时，采样完毕后，将采样管加帽密封，于低温处存放不超过________，或立即解吸。(　　)

A. 24 h　　B. 48 h　　C. 1 周　　D. 2 周

答案：B

3. 根据《空气和废气监测分析方法》(第四版)中气相色谱法测定环境空气中的氯丁二烯时，样品被四氯化碳解吸后，解吸液于低温处存放，当氯丁二烯浓度低于________mg/L 时，可稳定 1 周。(　　)

A. 10　　B. 20　　C. 50　　D. 100

答案：B

4. 根据《空气和废气监测分析方法》(第四版)中气相色谱法测定环境空气中的氯丁二烯，样品解吸时，将采样管中吸附剂倒入具塞试管中，加入 2.00 mL 四氯化碳，加塞浸泡________min，摇匀，取一定量的解吸液注入色谱分析。(　　)

A. 20　　B. 30　　C. 60　　D. 90

答案：D

四、问答题

1. 简述气相色谱法测定环境空气中氯丁二烯的方法原理。

答案：用活性炭吸附采样管富集空气中氯丁二烯后，加四氯化碳浸泡解吸，经聚乙二醇己二酸酯－阿匹松 L 色谱柱分离，火焰离子化检测器测定，以保留时间定性，峰高外标法定量。

2. 简述根据《空气和废气监测分析方法》(第四版)中气相色谱法测定环境空气中的氯丁二烯时，氯丁二烯标准曲线的配制方法。

答案：用四氯化碳将标准溶液稀释成以下浓度系列：0、0.50 mg/L、1.00 mg/L、2.00 mg/L、3.00 mg/L、4.00 mg/L、5.00 mg/L 及 6.00 mg/L。另取 5 mL 具塞刻度管 8 支，每支各加采样用活性炭一定量（与现场采样所用活性炭等量），然后分别加入各种浓度标准溶液 2.00 mL，稍加振摇，加塞浸泡 90 min，摇匀。取 2.0 μL 进行色谱分析，以峰高对氯丁二烯含量绘制标准曲线。

参考文献

国家环境保护总局《空气和废气监测分析方法》编委会 . 空气和废气监测分析方法（第四版）[M]. 北京：中国环境科学出版社，2003.

命题：时庭锐　夏　新
审核：彭　华　李国刚

第三节　挥发性卤代烃

分类号：G17-2

主要内容
①挥发性卤代烃的测定　气相色谱法《空气和废气监测分析方法》（第四版）
②《环境空气　挥发性卤代烃的测定　活性炭吸附 - 二硫化碳解吸 / 气相色谱法》（HJ 645—2013）
③《固定污染源废气　挥发性卤代烃的测定　气袋采样 - 气相色谱法》（HJ 1006—2018）

一、填空题

1. 根据《空气和废气监测分析方法》（第四版）中气相色谱法测定环境空气和废气中的挥发性卤代烃时，采用固体吸附剂吸附采样后，用________或________解吸。①

答案：热脱附　　溶剂

2. 根据《空气和废气监测分析方法》（第四版）中气相色谱法测定环境空气和废气中挥发性卤代烃，进行采样时，用橡胶管将活性炭采样管与采样器连接，采样管________（放置方向）进行采样，采集流量为 0.5 L/min。采样结束后，将采样管两端封闭，在________℃冷藏保存。①

答案：垂直向上　　4

3. 根据《空气和废气监测分析方法》（第四版）中气相色谱法测定环境空气和废气中的挥发性卤代烃，当使用 FID 检测器时，可以用________、________或辛烷作内标物。①

答案：癸烷　　正十一烷

4. 根据《空气和废气监测分析方法》（第四版）中气相色谱法测定环境空气和废气中的挥发性卤代烃时，样品解吸后，经色谱柱分离，可用________或________检测器检测。①

答案：电子捕获（ECD）　　氢火焰离子化（FID）

5. 根据《环境空气　挥发性卤代烃的测定　活性炭吸附 - 二硫化碳解吸 / 气相色谱法》（HJ 645—2013）测定环境空气中的挥发性卤代烃时，应选择带有________检测器的气相色谱仪测定。②

答案：电子捕获（ECD）

6. 根据《环境空气　挥发性卤代烃的测定　活性炭吸附 - 二硫化碳解吸 / 气相色谱法》（HJ 645—2013）测定环境空气中的挥发性卤代烃，用二硫化碳解吸活性炭时，轻轻振动 1 min 后，静置在室温下解吸________min 后待测。②

答案：60

7. 根据《固定污染源废气 挥发性卤代烃的测定 气袋采样－气相色谱法》（HJ 1006—2018）测定废气中的挥发性卤代烃时，样品采集后应避光保存，在采样后________h内进行分析。③

答案：24

8. 根据《固定污染源废气 挥发性卤代烃的测定 气袋采样－气相色谱法》（HJ 1006—2018）测定废气中的挥发性卤代烃时，在分析之前需观察样品气袋内壁，如果有液滴凝结现象，则应将气袋放入烘箱中________℃加热________min以上，确认液滴凝结现象消除后，迅速取出气袋取样分析。③

答案：50　1

二、判断题

1. 根据《空气和废气监测分析方法》（第四版）中气相色谱法测定环境空气和废气中挥发性卤代烃时，样品的预处理方法为：将采样管中的活性炭的前段和后段分别转移至5 mL的容量瓶或2 mL的玻璃管中，弃去聚酯泡沫和玻璃毛，准确加入1 mL纯化过的二硫化碳，放置20 min后进样分析。（　　）①

答案：错误

　　正确答案为：应放置30 min后进样分析。

2. 根据《空气和废气监测分析方法》（第四版）中气相色谱法测定环境空气和废气中的挥发性卤代烃时，每次样品分析前后必须进行中间浓度检验，如果样品多于10个，每10个样品进行一次中间浓度检验，如果中间浓度的实际值与曲线所得值的偏差≤15%，则样品的分析数据有效。（　　）①

答案：正确

3. 根据《空气和废气监测分析方法》（第四版）中气相色谱法测定环境空气和废气中的挥发性卤代烃，采样器在采样前或采样过程中发现流量有较大波动时，均须进行流量校正。（　　）①

答案：正确

4. 根据《空气和废气监测分析方法》（第四版）和《环境空气 挥发性卤代烃的测定 活性炭吸附－二硫化碳解吸/气相色谱法》（HJ 645—2013）中气相色谱法测定环境空气和废气中的挥发性卤代烃时，应定期测定吸附管前后活性炭的空白。（　　）①②

答案：错误

　　正确答案为：每使用一批新的采样管时，均应测定吸附管前后活性炭的空白。

5. 根据《空气和废气监测分析方法》（第四版）和《环境空气 挥发性卤代烃的测定 活性炭吸附－二硫化碳解吸/气相色谱法》（HJ 645—2013）中气相色谱法测定环境空气和废气中的挥发性卤代烃时，二硫化碳在方法推荐条件下经气相色谱检测无色谱干扰峰后，同一厂家的二硫化碳即使批次不同也无须再进行干扰检测。（　　）①②

答案：错误

　　正确答案为：不同批次的二硫化碳使用前均需经气相色谱检测有无色谱干扰峰。

6. 根据《空气和废气监测分析方法》（第四版）和《环境空气 挥发性卤代烃的测

定　活性炭吸附－二硫化碳解吸 / 气相色谱法》（HJ 645—2013）中气相色谱法测定环境空气和废气中的挥发性卤代烃时，现场空白样品是指将空白活性炭管运输到采样现场，与已采集的样品一同存放、运输并送至实验室分析。（　　）①②

答案：错误

正确答案为：现场空白样品是指将空白活性炭管运输到采样现场，敲开活性炭管两端后立即密封，与已采集的样品一同存放、运输并送至实验室分析。

7. 根据《环境空气　挥发性卤代烃的测定　活性炭吸附－二硫化碳解吸 / 气相色谱法》（HJ 645—2013）测定环境空气中的挥发性卤代烃，用二硫化碳解吸活性炭时，加入 0.2 g 无水硫酸钠是为了除去活性炭中可能吸附的水分。（　　）②

答案：正确

8. 根据《环境空气　挥发性卤代烃的测定　活性炭吸附－二硫化碳解吸 / 气相色谱法》（HJ 645—2013）测定环境空气中的挥发性卤代烃时，解吸液在 4℃冰箱可保存 10 d。（　　）②

答案：错误

正确答案为：解吸液在 4℃冰箱可保存 5 d。

9. ECD 灵敏度与物质的电负性有关。物质的电负性越强，ECD 检测器的灵敏度越高。所以，根据《环境空气　挥发性卤代烃的测定　活性炭吸附－二硫化碳解吸 / 气相色谱法》（HJ 645—2013）测定环境空气中的挥发性卤代烃时，大多数情况下，含一卤代烃、二卤代烃的校准系列浓度比三卤代烃、四卤代烃的校准系列浓度要高些。（　　）②

答案：正确

10. 根据《环境空气　挥发性卤代烃的测定　活性炭吸附－二硫化碳解吸 / 气相色谱法》（HJ 645—2013）测定环境空气中的挥发性卤代烃时，环境空气中的苯系物会干扰测定。（　　）②

答案：错误

正确答案为：苯系物在 ECD 上响应值极低，不干扰测定。

11. 根据《固定污染源废气　挥发性卤代烃的测定　气袋采样－气相色谱法》（HJ 1006—2018）测定废气中挥发性卤代烃时，采样管的材质可选用玻璃或铁质材质。（　　）③

答案：错误

正确答案为：采样管材质应选用硬质玻璃或聚乙烯材质。

12. 根据《固定污染源废气　挥发性卤代烃的测定　气袋采样－气相色谱法》（HJ 1006—2018）测定废气中挥发性卤代烃时，烘箱温度应能达到 130℃以上，精度为 ±1℃。（　　）③

答案：正确

三、选择题

1. 根据《空气和废气监测分析方法》（第四版）中气相色谱法测定环境空气和废气中挥发性卤代烃时，采样结束后，采样管应在 6 d 内解吸完毕，________ d 内分析完

毕。(　　)①

A. 30　　B. 10　　C. 7　　D. 6

答案：B

2. 根据《空气和废气监测分析方法》(第四版)中气相色谱法测定环境空气和废气中的挥发性卤代烃时，当采样管后部活性炭测定的数值大于前部________时，应记录样品可能已穿透或可能有损失。(　　)①

A. 5%　　B. 10%　　C. 15%　　D. 20%

答案：B

3. 根据《空气和废气监测分析方法》(第四版)中气相色谱法测定环境空气和废气中的挥发性卤代烃时，活性炭管在以 1 L/min 的流量采集样品时，压降必须小于________kPa。(　　)①

A. 2.1　　B. 3.4　　C. 4.2　　D. 4.5

答案：B

4. 根据《空气和废气监测分析方法》(第四版)中气相色谱法测定环境空气和废气中的挥发性卤代烃，每次采样时，样品在 10 个之内和每 10 个样品应做一个平行样，平行样的偏差应________。(　　)①

A. ＜15%　　B. ＜20%　　C. ≤25%　　D. ≤10%

答案：C

5. 根据《空气和废气监测分析方法》(第四版)中气相色谱法测定环境空气和废气中的挥发性卤代烃时，每使用一批新的活性炭采样管时，都要进行卤代烃在活性炭采样管的解吸效率实验，每个化合物的最后浓度应接近曲线的中间浓度，每个化合物的解吸效率应________。(　　)①

A. ＞75%　　B. ≥80%　　C. ≥85%　　D. ≥90%

答案：B

6. 根据《环境空气　挥发性卤代烃的测定　活性炭吸附－二硫化碳解吸 / 气相色谱法》(HJ 645—2013)测定环境空气中的挥发性卤代烃时，无水硫酸钠应经________℃烘烤________h 后备用。(　　)②

A. 300，2　　B. 150，2　　C. 150，4　　D. 500，4

答案：D

7. 根据《环境空气　挥发性卤代烃的测定　活性炭吸附－二硫化碳解吸 / 气相色谱法》(HJ 645—2013)测定环境空气中的挥发性卤代烃时，应选择________毛细管柱分析。(　　)②

A. 强极性　　B. 非极性　　C. 中等极性

答案：B

8. 根据《环境空气　挥发性卤代烃的测定　活性炭吸附－二硫化碳解吸 / 气相色谱法》(HJ 645—2013)测定环境空气中的挥发性卤代烃，采集好样品的采样管在密闭容器中室温下保存时，应在________d 内测定；4℃保存时，应在________d 内测定；-20℃保存时，应在________d 内测定。(　　)②

A. 6，10，30　　B. 7，14，30　　C. 3，10，14　　D. 3，7，14

答案：D

9. 根据《环境空气　挥发性卤代烃的测定　活性炭吸附－二硫化碳解吸 / 气相色谱法》（HJ 645—2013）制作校准曲线时，应将标准溶液用微量注射器注入活性炭采样管的________段，并用氮气以 0.2 L/min 吹________ min，制成校准系列。（　　）②

A. B（50 mg 活性炭），30　　B. A（100 mg 活性炭），30

C. A（100 mg 活性炭），50　　D. B（50 mg 活性炭），50

答案：C

10. 根据《环境空气　挥发性卤代烃的测定　活性炭吸附－二硫化碳解吸 / 气相色谱法》（HJ 645—2013）测定环境空气中的挥发性卤代烃时，下列情况中除________外，校准曲线均应重新绘制。（　　）②

A. 校准曲线相关性系数为 0.990

B. 使用不同批次的活性炭管

C. 中间浓度校核点测定值与校准曲线相应点浓度的相对误差应不超过 20%

D. 色谱仪维修后

答案：C

11. 根据《固定污染源废气　挥发性卤代烃的测定　气袋采样－气相色谱法》（HJ 1006—2018）测定废气中挥发性卤代烃时，采样管内径应大于________mm，并应负有可加热至________℃以上的保温夹套。③

A. 6，130　　B. 7，140　　C. 3，130　　D. 6，120

答案：D

12. 根据《固定污染源废气　挥发性卤代烃的测定　气袋采样－气相色谱法》（HJ 1006—2018）测定废气中挥发性卤代烃时，采样管进气口应尽量靠近管道________位置，采样管长度应尽可能________。③

A. 前端，短　　B. 后端，长　　C. 中心，短　　D. 中心，长

答案：C

四、问答题

1. 简述根据《空气和废气监测分析方法》（第四版）和《环境空气　挥发性卤代烃的测定　活性炭吸附－二硫化碳解吸 / 气相色谱法》（HJ 645—2013）中活性炭吸附－二硫化碳解吸 / 气相色谱法测定环境空气中的挥发性卤代烃的方法原理。①②

答案：环境空气中的挥发性卤代烃经活性炭采样管富集后，用二硫化碳（CS_2）解吸，使用带有电子捕获检测器（ECD）的气相色谱仪测定，以保留时间定性，外标法定量。

2. 简述根据《固定污染源废气　挥发性卤代烃的测定　气袋采样－气相色谱法》（HJ 1006—2018）测定废气中的挥发性卤代烃时，采集 150℃以下废气样品的步骤。③

答案：（1）固定污染源废气采样位置与采样点、采样批次、采样时间和采样操作执行 GB/T 16157、HJ/T 397 和 HJ 732 的相关规定。

（2）连接气袋采样装置。启动抽气泵，待采样袋充满后关闭抽气泵，取出采样袋密封。采样时如果排气筒内废气温度高于环境温度，则开启采样管加热

电源，将采样管加热到（120±5）℃。

（3）用烟尘采样仪测定排气管道内水分含量，操作步骤执行 GB/T 16157 的相关规定。

3. 简述根据《固定污染源废气　挥发性卤代烃的测定　气袋采样－气相色谱法》（HJ 1006—2018）测定废气中的挥发性卤代烃时，采样气袋重复使用要求。③

答案：采样气袋重复使用时，应在清洗后进行空白检验检查，如果测定结果低于方法检出限，可继续使用该气袋，否则必须弃用。

五、计算题

1. 根据《空气和废气监测分析方法》（第四版）中气相色谱法测定环境空气和废气中的挥发性卤代烃时，对一批新活性炭管进行活性炭解吸效率测试，当加入 3.07 mg/m^3 某卤代烃标样，解吸后测得实际值为 2.91 mg/m^3，已知活性炭管空白含量为 0.01 mg/m^3，试求该批活性炭管的解吸效率。①

答案：[（2.91−0.01）/3.07］×100%=94.5%

2. 根据《空气和废气监测分析方法》（第四版）中气相色谱法测定环境空气和废气中的挥发性卤代烃时，某样品标准状态下采样体积为 20.6 L，样品用 1.00 mL 二硫化碳解吸 30 min 后，进样 1.0 μL，得到三氯甲烷峰高 58.56 Hz，而全程序试剂空白三氯甲烷峰高为 1.25 Hz（进样 1.0 μL）。已知浓度为 50.0 mg/L 的三氯甲烷标准溶液进样 1.0 μL 时，峰高为 45.24 Hz，该样品中三氯甲烷的浓度为多少？①

答案：（58.56−1.25）×50.0×1.00/（45.24×20.6）=3.07（mg/m^3）

参考文献

[1] 环境保护部．环境空气　挥发性卤代烃的测定　活性炭吸附－二硫化碳解吸/气相色谱法：HJ 645—2013 [S]. 北京：中国环境出版社，2013.

[2] 国家环境保护总局《空气和废气监测分析方法》编委会．空气和废气监测分析方法（第四版）[M]. 北京：中国环境科学出版社，2003.

[3] 生态环境部．固定污染源废气　挥发性卤代烃的测定　气袋采样－气相色谱法：HJ 1006—2018 [S]. 北京：中国环境出版集团，2018.

命题：杨　华　尹彦勋　米方卓　袁　静

审核：陈　晨　周笑白　尹彦勋　彭　华　夏　新

第四节　总烃（非甲烷烃）

分类号：G17-3

主要内容
①《环境空气　总烃、甲烷和非甲烷总烃的测定　直接进样－气相色谱法》（HJ 604—2017）
②《固定污染源废气　总烃、甲烷和非甲烷总烃的测定　气相色谱法》（HJ 38—2017）
③ 总烃和非甲烷总烃的测定　气相色谱法《空气和废气监测分析方法》（第四版）
④ 非甲烷烃的测定　气相色谱法《空气和废气监测分析方法》（第四版）

一、填空题

1. 根据《环境空气 总烃、甲烷和非甲烷总烃的测定 直接进样－气相色谱法》（HJ 604—2017）测定环境空气中的总烃时，样品经过毛细管空柱或________柱导入________检测器，直接进行测定。①

答案：硅烷化玻璃微珠 氢火焰离子化

2. 根据《固定污染源废气 总烃、甲烷和非甲烷总烃的测定 气相色谱法》（HJ 38—2017）测定固定污染源废气中的非甲烷总烃时，采集好的样品应避光常温保存。玻璃注射器保存的样品，放置时间不超过________h，气袋采集的样品，一般放置时间不超过________h。②

答案：8 48

二、判断题

1. 根据《环境空气 总烃、甲烷和非甲烷总烃的测定 直接进样－气相色谱法》（HJ 604—2017）测定环境空气中的总烃、甲烷和非甲烷总烃时，以氮气作为载气，其纯度应达到 99.99%。（ ）①

答案：错误

正确答案为：氮气纯度应达到 99.999%。

2. 按照《空气和废气监测分析方法》（第四版）中气相色谱法“总烃和非甲烷烃测定方法一”和“总烃和非甲烷烃测定方法二”测定总烃和非甲烷烃时，以氢火焰离子化检测器检测。（ ）③

答案：正确

3. 按照《空气和废气监测分析方法》（第四版）中气相色谱法“总烃和非甲烷烃测定方法一”测定总烃和非甲烷烃，以氮气为载气测定总烃时，总烃的峰包括氧峰，气样中的氧产生负干扰。在固定色谱条件下，一定量氧的响应值是固定的，因此可以用净化空气求出空白值，从总烃峰中扣除，以消除氧的干扰。（ ）③

答案：错误

正确答案为：气样中的氧产生正干扰。

4. 根据《环境空气 总烃、甲烷和非甲烷总烃的测定 直接进样－气相色谱法》（HJ 604—2017）测定环境空气中的总烃、甲烷和非甲烷总烃时，除烃空气的总烃含量（含氧峰）应≤0.5 mg/m^3（以甲烷计）。（ ）①

答案：错误

正确答案为：除烃空气的总烃含量（含氧峰）应≤0.4 mg/m^3（以甲烷计）。

5. 按照《空气和废气监测分析方法》（第四版）中“气相色谱法测定非甲烷烃”的方法，使用的色谱柱为长 1 m、内径为 4 mm 的不锈钢柱。（ ）④

答案：正确

6. 根据《环境空气 总烃、甲烷和非甲烷总烃的测定 直接进样－气相色谱法》（HJ 604—2017）测定环境空气中的总烃、甲烷和非甲烷总烃时，当测定结果小于 1 mg/m^3 时，测定结果保留至小数点后 3 位。（ ）①

答案：错误

正确答案为：当测定结果小于 1 mg/m^3 时，测定结果保留至小数点后 2 位。

7. 根据《环境空气　总烃、甲烷和非甲烷总烃的测定　直接进样－气相色谱法》（HJ 604—2017）测定环境空气中的总烃、甲烷和非甲烷总烃时，采样容器应使用除烃空气清洗，然后进行检查。每 20 个或每批次（少于 20 个）至少取 1 个注入除烃空气，注入气体后立刻测定，总烃测定结果应低于本标准的检出限。（　　）①

答案：错误

正确答案为：注入气体后，室温下放置不少于实际样品保存时间后，再进行测定。

8. 根据《环境空气　总烃的测定　气相色谱法》（HJ 604—2017）对总烃的定义是：氢火焰检测器所测的碳氢化合物（C_1～C_{10}）为总烃，以甲烷计。（　　）①

答案：错误

正确答案为：在氢火焰检测器上有响应的气态有机化合物的总和。

9. 根据《环境空气　总烃、甲烷和非甲烷总烃的测定　直接进样－气相色谱法》（HJ 604—2017）测定环境空气中的总烃时，色谱柱用填充普通玻璃微珠的色谱柱。（　　）①

答案：错误

正确答案为：应该用硅烷化玻璃微珠。

10. 根据《环境空气　总烃、甲烷和非甲烷总烃的测定　直接进样－气相色谱法》（HJ 604—2017）测定环境空气中的总烃、甲烷和非甲烷总烃时，样品的采集方法为：采样容器经现场空气清洗至少 3 次以后采样。以玻璃注射器满刻度采集的空气样品，用惰性密封头密封；以气袋采集样品的，用真空气体采样箱将空气样品引入气袋，至最大体积的 80% 左右，立刻密封。（　　）①

答案：正确

11. 根据《固定污染源废气　总烃、甲烷和非甲烷总烃的测定　气相色谱法》（HJ/T 38—2017）测定环境空气中的非甲烷总烃时，标准气可用高纯氮气或除烃空气稀释配制，但对于同一个分析步骤中的标准系列，不能既用高纯氮气，又用除烃空气稀释配制。样品气一般都以空气为基体，故不宜再用高纯氮气进行稀释。（　　）②

答案：正确

12. 根据《固定污染源废气　总烃、甲烷和非甲烷总烃的测定　气相色谱法》（HJ/T 38—2017）测定环境空气中的非甲烷总烃时，样品气体中含有氧气。因为非甲烷烃的量是总烃减去甲烷的差，可以不考虑氧峰的干扰。（　　）②

答案：错误

正确答案为：样品气体经甲烷柱，氧峰已与甲烷峰分开，但总烃柱得到的总烃峰中包含氧峰，故不能相互抵消，应予扣除。

13. 根据《固定污染源废气　总烃、甲烷和非甲烷总烃的测定　气相色谱法》（HJ/T 38—2017）测定环境空气中的非甲烷总烃时，在规定的条件下测得的非甲烷烃是于 FID 检测器有明显响应的、除甲烷外碳氢化合物总量，以甲烷计。（　　）②

答案：错误

正确答案为：应以碳计。

14. 按照《空气和废气监测分析方法》（第四版）中气相色谱法“总烃和非甲烷烃测定方法二”测定总烃和非甲烷烃时，操作过程中应严格控制载气、助燃气及氢气的流量，以保证测定的准确度。（　　）③

答案：正确

15. 气相色谱法测定总烃和非甲烷烃时，GDX-502 色谱柱使用前，应在 100℃左右通氮气老化 24 h。（　　）③

答案：正确

16. 用气相色谱法测定总烃和非甲烷烃时，可用柱长为 2 m、内径为 4 mm、柱内填充 60～80 目 GDX-502 担体的不锈钢柱测定甲烷。（　　）③

答案：正确

17. 按照《空气和废气监测分析方法》（第四版）中气相色谱法“总烃和非甲烷烃测定方法一”测定总烃和非甲烷烃时，用 100 mL 注射器抽取现场空气，冲洗注射器 3～4 次，采气样 100 mL，密封注射器口，样品应在 24 h 内测定。（　　）③

答案：错误

正确答案为：样品应在 12 h 内测定。

18. 按照《空气和废气监测分析方法》（第四版）中气相色谱法“总烃和非甲烷烃测定方法一”和“总烃和非甲烷烃测定方法二”测定总烃和非甲烷烃时，氮气、氢气和压缩空气三种气体均需经硅胶、5Å分子筛及活性炭净化处理。（　　）③

答案：正确

19. 按照《空气和废气监测分析方法》（第四版）中气相色谱法“总烃和非甲烷烃测定方法一”和“总烃和非甲烷烃测定方法二”测定总烃和非甲烷烃时，样品经定量管、通过六通阀进入色谱仪空柱时，空气峰及其他烃类与甲烷均分开。（　　）③

答案：错误

正确答案为：应通过六通阀进入 GDX-502 柱，而不是进入空柱。

20. 按照《空气和废气监测分析方法》（第四版）中气相色谱法测定总烃和非甲烷烃时，总烃的含量以甲烷计。（　　）③

答案：正确

21. 按照《空气和废气监测分析方法》（第四版）中“气相色谱法测定非甲烷烃”的方法，将吸附采样管 GDX-102 端与空气采样器相连后，采集气样。（　　）④

答案：错误

正确答案为：应是吸附采样管 TDX-01 端与空气采样器相连。

22. 按照《空气和废气监测分析方法》（第四版）中“气相色谱法测定非甲烷烃”的方法，非甲烷烃的定量是以甲烷计。（　　）④

答案：错误

正确答案为：是以正戊烷计。

23. 按照《空气和废气监测分析方法》（第四版）中“气相色谱法测定非甲烷烃”的方法，用 GDX-102 及 TDX-01 吸附采样管在常温下采集空气样品，非甲烷烃被吸附采样管吸附，空气中的氧不被吸附而除去。（　　）④

答案：正确

三、选择题

1. 根据《环境空气　总烃、甲烷和非甲烷总烃的测定　直接进样－气相色谱法》（HJ 604—2017）测定环境空气中的总烃、甲烷和非甲烷总烃时，将样品直接注入气相色谱仪，在总烃柱上测定样品中总烃和氧二者的总量（以甲烷计），同时用________代替样品，可以测得氧的含量（以甲烷计），从二者的总量中扣除氧的含量后即为总烃的含量。（　　）①

A. 除烃空气　　B. 氧气　　C. 洁净空气

答案：A

2. 按照《空气和废气监测分析方法》（第四版）中"气相色谱法测定非甲烷烃"的方法，采集非甲烷烃样品的吸附柱，在________℃加热解吸，用氮气将解吸后的非甲烷烃导入气相色谱仪。（　　）④

A. 150　　B. 200　　C. 240　　D. 300

答案：C

3. 按照《空气和废气监测分析方法》（第四版）中"气相色谱法测定非甲烷烃"的方法，吸附采样管的加热解吸温度不能超过________℃，老化好的吸附采样管要贮存于干燥器中，如发现有沾污，应在________℃加热，通氮处理。（　　）④

A. 270，200～230　　B. 300，200～230

C. 270，240～250　　D. 300，240～250

答案：C

4. 按照《空气和废气监测分析方法》（第四版）中"气相色谱法测定非甲烷烃"的方法，吸附采样管中 GDX-102 与 TDX-01 的填充体积比为________。（　　）④

A. 3∶1　　B. 3∶2　　C. 2∶1　　D. 2∶3

答案：B

5. 根据《环境空气　总烃、甲烷和非甲烷总烃的测定　直接进样－气相色谱法》（HJ 604—2017）测定环境空气中的总烃、甲烷和非甲烷总烃时，已知甲烷标准气体中甲烷的摩尔分数为ϕ（单位为 μmol/mol），扣除氧峰后样品的峰面积为S，甲烷标准气体的峰面积为S_1。样品中总烃的质量浓度ρ（以甲烷计，单位为 mg/m^3）的计算公式为________。（　　）①

A. $\rho=\phi\times S/S_1\times 16/22.4$　　B. $\rho=\phi\times S/S_1$

C. $\rho=\phi\times S_1/S\times 16/22.4$　　D. $\rho=\phi\times S_1/S$

答案：A

6. 根据《环境空气　总烃、甲烷和非甲烷总烃的测定　直接进样－气相色谱法》（HJ 604—2017）测定环境空气中的总烃、甲烷和非甲烷总烃时，每批样品应至少采集 10% 的平行样，其测定结果的相对偏差≤________。（　　）①

A. 5%　　B. 10%　　C. 15%　　D. 20%

答案：D

7. 按照《空气和废气监测分析方法》（第四版）中"气相色谱法测定非甲烷烃"的方

法，GDX-102 在使用前应进行装柱老化，装柱前应用________湿润 GDX-102，以除去静电。（ ）④

A. 甲醇　　B. 乙醇　　C. 丙酮

答案：C

8. 按照《空气和废气监测分析方法》（第四版）中“气相色谱法测定非甲烷烃”的方法，吸附采样管与空气采样器连接后，以________L/min 的流量采集气样。（ ）④

A. 0.1～0.5　　B. 0.2～1.0　　C. 0.5～1.0　　D. 1.0～1.5

答案：A

9. 按照《空气和废气监测分析方法》（第四版）中“气相色谱法测定非甲烷烃”的方法，采样环境中如有烟尘，应在吸附采样管前加一根前置柱，柱内填充________，防止采样时烟尘污染采样管。（ ）④

A. GDX-102　　B. TDX-01　　C. 玻璃微珠

答案：C

10. 根据《固定污染源废气 总烃、甲烷和非甲烷总烃的测定 气相色谱法》（HJ 38—2017）测定环境空气中的总烃、甲烷和非甲烷总烃时，甲烷柱是长________m、内径为________mm 的不锈钢或硬质玻璃柱。（ ）②

A. 2，4　　B. 3，4　　C. 3，4　　D. 3，3

答案：A

11. 根据《固定污染源废气 总烃、甲烷和非甲烷总烃的测定 气相色谱法》（HJ 38—2017）测定环境空气中的总烃、甲烷和非甲烷总烃时，甲烷柱用 60～80 目________高分子多孔微球载体。（ ）②

A. GDX-104　　B. 玻璃微珠　　C. TDX-01　　D. TDX-102

答案：A

12. 按照《空气和废气监测分析方法》（第四版）中气相色谱法测定环境空气中的总烃和非甲烷烃时，分离甲烷色谱柱担体为________。（ ）③

A. GDX-502　　B. 钯 -6201　　C. TDX-01　　D. TDX-102

答案：A

13. 按照《空气和废气监测分析方法》（第四版）中“气相色谱法测定非甲烷烃”的方法，用 GDX-102 及 TDX-01 吸附采集的非甲烷烃样品，存放时间不应超过________d。（ ）④

A. 10　　B. 12　　C. 15

答案：A

四、问答题

1. 简述《环境空气 总烃、甲烷和非甲烷总烃的测定 直接进样 - 气相色谱法》（HJ 604—2017）测定非甲烷总烃时，用单点校准法进行定量分析应具备的条件。①

答案：样品浓度与校准气样浓度相近时可采用单点校准，单点校准气应至少进样 2 次，色谱响应相对偏差应≤10%，计算时采用平均值。

2. 简述用气相色谱法测定总烃和非甲烷烃时，以氮气为载气测定总烃时，如何消除氧的干扰。③

答案：（1）用净化空气求出空白值，从总烃峰中扣除，以消除氧的干扰。（2）使用除烃后的净化空气为载气，在稀释以氮气为底气的甲烷标准气时，加入一定体积的纯氧，使配制的标准系列气体中的氧含量与样品中氧含量相近（与空气中氧含量相近），于是标准气和样品气的峰高包括相同的氧峰，可以消除氧峰的干扰。

3. 气相色谱法测定总烃和非甲烷烃时，如何保证测定的准确度？③

答案：（1）实验过程中，应严格控制载气、助燃气及氢气流量，以保证测定的准确。（2）尽量保证载气、标准气体及样品气中的氧含量一致。（3）样品采集后，尽快检测。

4. 简述按照《空气和废气监测分析方法》（第四版）"气相色谱法测定非甲烷烃"中的方法，非甲烷烃样品的采集方法。④

答案：将吸附采样管 TDX-01 端与空气采样器相连，以 0.1～0.5 L/min 的流量采集气样，采样的时间根据空气中烃类的浓度而定。采样后用乳胶管密封吸附采样管两端，带回实验室。样品放置时间，应不超过 10 d。

5. 按照《空气和废气监测分析方法》（第四版）中"气相色谱法测定非甲烷烃"的方法，已知非甲烷烃的峰面积为 A（mm^2），正戊烷定量校正值为 K（$\mu g/mm^2$），标准状况下的采样体积为 V_n（L），试写出以正戊烷计的非甲烷烃含量的计算公式。④

答案：非甲烷烃（以正戊烷计，mg/m^3）$=A \cdot K/V_n$。

参考文献

[1] 环境保护部. 环境空气 总烃、甲烷和非甲烷总烃的测定 直接进样–气相色谱法：HJ 604—2017 [S]. 北京：中国环境出版社，2017.

[2] 环境保护部. 固定污染源废气 总烃、甲烷和非甲烷总烃的测定 气相色谱法：HJ/T 38—2017 [S]. 北京：中国环境出版社，2017.

[3] 国家环境保护总局《空气和废气监测分析方法》编委会. 空气和废气监测分析方法（第四版）[M]. 北京：中国环境科学出版社，2003.

命题：杨 华 周笑白 尹彦勋 米方卓

审核：陈 晨 彭 华 夏 新

第五节 甲醇

分类号：G17-4

主要内容
①《固定污染源排气中甲醇的测定 气相色谱法》（HJ/T 33—1999）
② 甲醇的测定 气相色谱法《空气和废气监测分析方法》（第四版）

一、填空题

1. 气相色谱法测定固定污染源排气或环境空气中甲醇时，采用________检测器，以标准样品色谱峰的________进行定性测定，以峰高（或峰面积）进行定量测定。①②

答案：氢火焰离子化　　保留时间

2. 根据《固定污染源排气中甲醇的测定　气相色谱法》（HJ/T 33—1999）进行甲醇测定时，用 1 mL 注射器取贮存袋或 100 mL 注射器中的样品气，反复置换________次后，取 1.0 mL 样品气进行分析。每个样品平行分析两次，以峰高（或峰面积）的________值进行定量计算。①

答案：3　　平均

3. 气相色谱法测定固定污染源排气或环境空气中甲醇时在采用标准曲线法进行定量分析时，每次开机测定样品前，首先要绘制校准曲线，然后每测定________个样品插入校准曲线中任一浓度适当的标准样，其测值与原测值比较，相对偏差要小于±________%。①②

答案：5～10　　5

4. 根据《固定污染源排气中甲醇的测定　气相色谱法》（HJ/T 33—1999）测定固定污染源排气中甲醇时，在分析成分较复杂的样品，对甲醇的色谱峰定性存在疑问时，可采用________定性，可采用 Porapak S 填充柱作为________定性。①

答案：双柱　　辅助

5. 根据《空气和废气监测分析方法》（第四版）中气相色谱法测定空气中甲醇时，若在热天采样，吸收管应浸在________中。②

答案：冰盐水浴

6. 根据《空气和废气监测分析方法》（第四版）中气相色谱法测定空气中甲醇时，若用 W_1、W_2 分别表示第一支和第二支气泡吸收管中的甲醇含量（μg），标准状态下采样体积为 V_n（L），则甲醇含量为________mg/m^3。②

答案：$(W_1+W_2)/V_n$

7. 根据《空气和废气监测分析方法》（第四版）中气相色谱法测定空气中甲醇时，选用的色谱柱柱内填充涂附________% PEG-6000 的 101 白色担体（________目）。②

答案：15　　80～100

二、判断题

1. 根据《固定污染源排气中甲醇的测定　气相色谱法》（HJ/T 33—1999）进行甲醇测定时，色谱柱固定液是 5% 聚乙二醇（Carbowax 20M），载体是 60～100 目的石墨炭黑（Carbopack　B）。（　）①

答案：错误

　　正确答案为：80～120 目的石墨炭黑。

2. 根据《固定污染源排气中甲醇的测定　气相色谱法》（HJ/T 33—1999）进行甲醇测定时，用适当尺寸的不锈钢、硬质玻璃或聚四氟乙烯材质的管材作为采样管，并附有加热夹套，可加温至 105℃以上。（　）①

答案：错误

正确答案为：可加温至 120℃以上。

3. 根据《固定污染源排气中甲醇的测定　气相色谱法》（HJ/T 33—1999）进行甲醇测定时，所使用的色谱柱是长 2 m、内径为 2～3 mm 的玻璃或不锈钢柱。（　　）①

答案：正确

4. 根据《固定污染源排气中甲醇的测定　气相色谱法》（HJ/T 33—1999）进行甲醇测定时，用全玻璃注射器采集样品，密封注射器后，带回实验室进行色谱分析。（　　）①

答案：正确

5. 根据《固定污染源排气中甲醇的测定　气相色谱法》（HJ/T 33—1999）进行甲醇测定时，用甲醇标准溶液配制标准系列，绘制校准曲线。（　　）①

答案：错误

正确答案为：应该用甲醇标准气配制标准系列，绘制校准曲线。

6.《固定污染源排气中甲醇的测定　气相色谱法》（HJ/T 33—1999）方法检出限和定量测定的浓度下限与仪器性能有关。（　　）①

答案：正确

7. 根据《固定污染源排气中甲醇的测定　气相色谱法》（HJ/T 33—1999）进行甲醇测定时，甲醇样品采集后应尽快分析。如不能及时分析，可于冰箱中 3～5℃冷藏，10 d 内分析完毕。（　　）①

答案：错误

正确答案为：应在 1 周内分析完毕。

8. 根据《空气和废气监测分析方法》（第四版）中气相色谱法测定空气中甲醇时，色谱填充柱选用不锈钢柱。（　　）②

答案：错误

正确答案为：应选用玻璃柱。

9. 根据《空气和废气监测分析方法》（第四版）中气相色谱法测定空气中的甲醇时，甲醇标准溶液的配制方法为：吸取纯甲醇 10.0 μL 于 10 mL 容量瓶中，定容。使用前稀释 100 倍，以其作为标准进行色谱定量。（　　）②

答案：错误

正确答案为：这样的标准液应重复配制 3 份，进行色谱分析时，取 3 份的均值作为标准。

10. 根据《空气和废气监测分析方法》（第四版）中气相色谱法测定空气中的甲醇时，色谱定量使用外标单点定量法。（　　）②

答案：错误

正确答案为：应使用标准曲线法。

11. 根据《空气和废气监测分析方法》（第四版）中气相色谱法测定空气中的甲醇时，串联两支各装 5.0 mL 吸收液的气泡吸收管采集样品，采集完成后，气泡吸收管的吸收液即使有挥发，也不必补充。（　　）②

答案：错误

正确答案为：采样后应补充至 5.0 mL。

三、选择题

1. 气相色谱法测定固定污染源排气或环境空气中的甲醇时，若用单点比较法进行定量分析，一个样品连续进样两次，其测定值相对偏差要小于________%。(　　)①②

A. 5　　B. 10　　C. 15　　D. 20

答案：A

2. 根据《固定污染源排气中甲醇的测定　气相色谱法》(HJ/T 33—1999)进行甲醇测定时，标准曲线应在甲醇的线性范围内(________mg/m^3)选择 3～5 个浓度点。(　　)①

A. 5.0～1 000　　B. 5.0～10 000　　C. 5.0～100 000

答案：B

3. 根据《空气和废气监测分析方法》(第四版)中气相色谱法测定空气中的甲醇时，采样所使用的吸收液是________。(　　)②

A. 蒸馏水　　B. 去离子水　　C. 重蒸蒸馏水

答案：C

四、问答题

1. 简述根据《固定污染源排气中甲醇的测定　气相色谱法》(HJ/T 33—1999)进行甲醇测定时，有组织排放气体样品的采样步骤。①

答案：(1)在采样头部塞适量玻璃棉，并将其伸入排气筒采样点；(2)启动采样泵，首先将采样系统管路用排气筒内的气体充分清洗，然后抽动注射器，反复抽洗 5～6 次后，取满样品气体；(3)迅速用内衬聚四氟乙烯薄膜橡皮帽密封注射器后，带回实验室进行色谱分析。

2. 简述《空气和废气监测分析方法》(第四版)中气相色谱法测定空气中的甲醇时，样品的采集方法。②

答案：串联两支各装 5.0 mL 重蒸水的气泡吸收管，以 150 mL/min 的流量采样 2～3 h，气泡吸收管的重蒸水若有挥发，采样后应补充至 5.0 mL。天热时吸收管应浸在冰盐水浴中采样。

五、计算题

气相色谱法测定空气中甲醇时，用串联两支各装 5.0 mL 吸收液的气泡吸收管，采集 20.0 L(标准状况)气体样品，测得第一支气泡吸收管甲醇含量为 7.0×10^3 μg，第二支气泡吸收管甲醇含量为 1.0×10^3 μg。试求气体样品中甲醇含量。②

答案：C=(7.0 × 103+1.0 × 10^3)/20.0=40.0(mg/m^3)

参考文献

[1] 国家环境保护总局 . 固定污染源排气中甲醇的测定　气相色谱法：HJ/T 33—1999 [S]. 北京：中国环境科学出版社，1999.

[2] 国家环境保护总局《空气和废气监测分析方法》编委会 . 空气和废气监测分析方法（第四版）[M]. 北京：中国环境科学出版社，2003.

命题：尹彦勋　夏　新
审核：史　箴　陈　蓓　李国刚

第六节　苯系物

分类号：G17-5

主要内容
①《环境空气　苯系物的测定　固体吸附 / 热脱附 - 气相色谱法》（HJ 583—2010）
②《环境空气　苯系物的测定　活性炭吸附 / 二硫化碳解吸 - 气相色谱法》（HJ 584—2010）

一、判断题

1. 按照《环境空气　苯系物的测定　活性炭吸附 / 二硫化碳解吸 - 气相色谱法》（HJ 584—2010）测定环境空气中的苯系物时，每批样品分析时应带一个校准曲线中间浓度校核点，中间浓度校核点测定值与校准曲线相应点浓度的相对误差应不超过 25%。若超出允许范围，应重新配制中间浓度点标准溶液，若还不能满足要求，应重新绘制校准曲线。(　　) ②

答案：错误

正确答案为：相对误差应不超过 20%。

2. 根据《环境空气　苯系物的测定　固体吸附 / 热脱附 - 气相色谱法》（HJ 583—2010）测定空气中的苯系物时，取适量的标准贮备液，用二硫化碳稀释并定容至 1.00 mL，配制校准系列。(　　) ①

答案：错误

正确答案为：用甲醇稀释并定容。

3. 根据《环境空气　苯系物的测定　固体吸附 / 热脱附 - 气相色谱法》（HJ 583—2010）测定空气中的苯系物时，采样前应充分老化采样管，以去除样品残留，Tenax 采样管的样品残留量应小于校准曲线最低点的 1/3。(　　) ①

答案：错误

正确答案为：Tenax 采样管的样品残留量应小于校准曲线最低点的 1/4。

4. 根据《环境空气　苯系物的测定　固体吸附 / 热脱附 - 气相色谱法》（HJ 583—2010）测定空气中的苯系物时，现场空白样品中目标化合物的残留量应小于样品的 1/4。(　　) ①

答案：正确

5. 根据《环境空气　苯系物的测定　固体吸附 / 热脱附 - 气相色谱法》（HJ 583—2010）和《环境空气　苯系物的测定　活性炭吸附 / 二硫化碳解吸 - 气相色谱法》（HJ 584—2010）测定环境空气中的苯系物时，以氮气作为载气，其纯度应达到 99.99%。(　　)

①②

答案：错误

正确答案为：其纯度应达到 99.999%。

6. 根据《环境空气　苯系物的测定　固体吸附 / 热脱附 - 气相色谱法》（HJ 583—2010）测定环境空气中的苯系物，老化后的采样管按方法要求密封，4℃保存，老化后的采样管应在 1 个月内使用。（　　）①

答案：错误

正确答案为：老化后的采样管应在 2 周内使用。

二、选择题

1. 根据《环境空气　苯系物的测定　活性炭吸附 / 二硫化碳解吸 - 气相色谱法》（HJ 584—2010）测定环境空气中的苯系物时，采样管内装有两段特制的活性炭，如下图所示，A 段________mg，B 段________mg。A 段为采样段，B 段为指示段。（　　）②

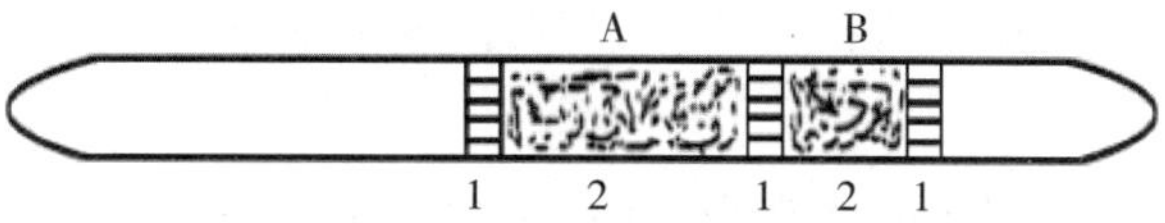

A. 100，50　　B. 100，35　　C. 50，100

答案：A

2. 按照《环境空气　苯系物的测定　活性炭吸附 / 二硫化碳解吸 - 气相色谱法》（HJ 584—2010）测定环境空气中的苯系物时，采集好的样品，立即用聚四氟乙烯帽将活性炭采样管的两端密封，避光密闭保存，室温下________h 内测定。否则放入密闭容器中，保存于 -20℃冰箱中，保存期限为________d。（　　）②

A. 24，3　　B. 8，3　　C. 24，1　　D. 8，1

答案：D

3. 按照《环境空气　苯系物的测定　活性炭吸附 / 二硫化碳解吸 - 气相色谱法》（HJ 584—2010）测定环境空气中的苯系物，样品解吸时，将活性炭采样管中 A 段和 B 段取出，分别放入磨口具塞试管中，每个试管中各加入________mL 二硫化碳密闭，轻轻振动，在室温下解吸________h 后，待测。（　　）②

A. 1.00，0.5　　B. 1.00，1　　C. 2.00，0.5　　D. 2.00，1

答案：B

4. 按照《环境空气　苯系物的测定　活性炭吸附 / 二硫化碳解吸 - 气相色谱法》（HJ 584—2010）测定环境空气中的苯系物，当测定结果小于 0.1 mg/m^3 时，保留到小数点后________位；大于等于 0.1 mg/m^3 时，保留________位有效数字。（　　）②

A. 二，三　　B. 三，二　　C. 三，四　　D. 四，三

答案：D

5. 按照《环境空气　苯系物的测定　活性炭吸附 / 二硫化碳解吸 - 气相色谱法》（HJ 584—2010）测定环境空气中的苯系物，当空气中水蒸气或水雾太大，以致在活性炭管中凝结时，影响活性炭管的穿透体积及采样效率，空气湿度应小于________%。

采样前后的流量相对偏差应在________% 以内。(　　) ②

A. 80，15　　B. 80，10　　C. 90，15　　D. 90，10

答案：D

6. 按照《环境空气　苯系物的测定　活性炭吸附 / 二硫化碳解吸 - 气相色谱法》(HJ 584—2010) 测定环境空气中的苯系物时，活性炭采样管的吸附效率应在________% 以上，即 B 段活性炭所收集的组分应小于 A 段的________%，否则应调整流量或采样时间，重新采样。(　　) ②

A. 80，50　　B. 80，25　　C. 70，50　　D. 70，25

答案：B

7. 按照《环境空气　苯系物的测定　活性炭吸附 / 二硫化碳解吸 - 气相色谱法》(HJ 584—2010) 测定环境空气中的苯系物时，某样品采样体积为 22.1 L (标准状况)，样品用热解吸后进样，得到甲苯峰高 58.74 Pa，而全程序试剂空白为 5.46 Pa。已知 50.0 μg 甲苯标准的峰高为 47.65 Pa，则该样品中甲苯的浓度为________mg/m^3。(　　) ②

A. 2.42　　B. 0.834　　C. 2.86　　D. 3.24

答案：C

计算公式：样品中甲苯的浓度为 = [(58.74−5.46) × 50.0]/[(47.65−5.46) × 22.1]
=2.86 (mg/m^3)

8. 根据《环境空气　苯系物的测定　固体吸附 / 热脱附 - 气相色谱法》(HJ 583—2010) 测定空气中的苯系物时，采集管采样后，立即用聚四氟乙烯帽将活性炭采样管的两端密封，________避光密闭保存，________d 内分析。(　　) ①

A. 4℃，14　　B. 常温，14　　C. 4℃，30　　D. 常温，30

答案：C

9. 根据《环境空气　苯系物的测定　固体吸附 / 热脱附 - 气相色谱法》(HJ 583—2010) 测定空气中的苯系物时，每批样品至少采集一个第二采样管。第二采样管应串联在样品采样管后，其目标化合物检出量应小于样品采样管中目标化合物检出量的________%，否则应更换采样管或减少采样体积。(　　) ①

A. 10　　B. 20　　C. 25　　D. 30

答案：B

10. 根据《环境空气　苯系物的测定　固体吸附 / 热脱附 - 气相色谱法》(HJ 583—2010) 测定环境空气中的苯系物，新填装的采样管应进行老化，老化流量为________mL/min，温度为________℃，时间为 120 min。(　　) ①

A. 30，200　　B. 40，300　　C. 50，350　　D. 60，400

答案：C

参考文献

[1] 环境保护部 . 环境空气　苯系物的测定　固体吸附 / 热脱附 - 气相色谱法：HJ 583—2010 [S]. 北京：中国环境科学出版社，2010.

[2] 环境保护部 . 环境空气　苯系物的测定　活性炭吸附 / 二硫化碳解吸 - 气相色谱法：HJ 584—

2010 [S]. 北京：中国环境科学出版社，2010.
[3] 国家环境保护总局《空气和废气监测分析方法》编委会 . 空气和废气监测分析方法（第四版）[M]. 北京：中国环境科学出版社，2003.

命题：时庭锐　吴宇峰　夏　新
审核：史　箴　陈　蓓　米方卓　李国刚

第七节　苯酚类化合物

分类号：G17-6

主要内容
苯酚类化合物的测定　气相色谱法《空气和废气监测分析方法》（第四版）

一、填空题

1. 根据《空气和废气监测分析方法》（第四版）中气相色谱法测定环境空气中的苯酚类化合物时，吸附采样管是长________mm、内径为 6～8 mm 的玻璃管，内装约________mm 段长的吸附剂。

答案：120～150　　50

2. 根据《空气和废气监测分析方法》（第四版）中气相色谱法测定环境空气中的苯酚类化合物中，采样时，将吸附采样管的________端与空气采样器相连，以________L/min 流量采气 2 h（或视空气酚浓度决定采样时间）。

答案：细口　　7

3. 根据《空气和废气监测分析方法》（第四版）中气相色谱法测定环境空气中的苯酚类化合物时，分离苯酚类化合物色谱柱为长 3 m、内径为 3 mm 的________（材质）柱。

答案：不锈钢

二、判断题

1. 根据《空气和废气监测分析方法》（第四版）中气相色谱法测定环境空气中的苯酚类化合物时，在所使用的色谱柱上，所有二甲酚出峰时间要比一甲酚出峰时间晚。(　　)

答案：错误

正确答案为：2,6- 二甲酚出峰时间较某些一甲酚要早。

2. 根据《空气和废气监测分析方法》（第四版）中气相色谱法测定环境空气中的苯酚类化合物时，由于苯酚、甲酚和二甲酚的相对重量校正因子近似为 1，故在进行样品测定时，可不作校正。(　　)

答案：正确

3. 根据《空气和废气监测分析方法》（第四版）中气相色谱法测定环境空气中的苯酚类化合物，解吸样品时，当用三氯甲烷淋洗吸附剂时，要控制流量，以达到理想的解吸效率。(　　)

答案：正确

三、选择题

1. 根据《空气和废气监测分析方法》（第四版）中气相色谱法测定环境空气中的苯酚类化合物时，采集样品所选用的吸附剂为________。（　　）

A. GDX-502　　B. 硅胶　　C. 活性炭　　D. XAD-2

答案：A

2. 根据《空气和废气监测分析方法》（第四版）中气相色谱法测定环境空气中的苯酚类化合物时，对测定基本不产生干扰的物质是________。（　　）

A. 正己烷、苯系物　　B. 丙酮、苯乙酮、甲基异丁基酮

C. 苯胺、吡啶　　D. 以上物质都不干扰

答案：D

四、问答题

1. 简述《空气和废气监测分析方法》（第四版）中气相色谱法测定环境空气中的苯酚类化合物时样品解吸的过程。

答案：将采好样的吸附采样管 GDX-502 倾入解吸装置，在常温下，用 6 mL 三氯甲烷浸泡 10 min，然后用三氯甲烷以 1 mL/min 流量淋洗并定容于 10 mL 容量瓶中。取一定量的淋洗液直接进样。

2. 简述气相色谱法测定环境空气中苯酚类化合物的方法原理。

答案：空气中苯酚、甲酚及二甲酚等，经 GDX-502 吸附富集，用三氯甲烷解吸，经色谱柱分离，氢火焰离子化检测器测定。以保留时间定性，峰高或峰面积外标法定量。

3. 简述气相色谱法测定环境空气中的苯酚类化合物的采样过程。

答案：样品采样时应将吸附管的细口端与空气采样器相连，以 7 L/min 流量、采集气体 2 h（或视空气酚浓度决定采样时间），采样后，密封采样管两端，待测。

五、计算题

用气相色谱法测定环境空气中的苯酚类化合物时，某样品采样体积为 21.5 L（标准状况），样品用 10.0 mL 的解吸溶液解吸后，进样 2.0 μL，得到峰高 21.62 pA，而全程序空白未检出苯酚。已知浓度为 36.1 mg/L 的苯酚标准溶液进样 2.0 μL 时，峰高为 45.22 pA，该样品中苯酚的浓度为多少？

答案：$(21.62 \times 36.1 \times 10.0) / (45.22 \times 21.5) = 8.03\ (mg/m^3)$

参考文献

国家环境保护总局《空气和废气监测分析方法》编委会 . 空气和废气监测分析方法（第四版）[M]. 北京：中国环境科学出版社，2003.

命题：吴宇峰　米方卓

审核：彭　华　夏　新

第八节　氯苯类化合物

分类号：G17-7

主要内容
①《固定污染源废气　氯苯类化合物的测定　气相色谱法》（HJ 1079—2019）
②氯苯类化合物的测定　气相色谱法《空气和废气监测分析方法》（第四版）

一、填空题

1. 气相色谱法测定环境空气或固定污染源排放氯苯类化合物时，以 0.5～1 L/min 的流量采气 10～40 L，采样后立即用衬有________薄膜的胶帽密封吸附管的两端，常温下避光保存。①②

答案：氟塑料

2.《固定污染源废气　氯苯类化合物的测定　气相色谱法》（HJ 1079—2019）要求，采集氯苯类化合物的 GDX-103 吸附剂使用前应用________回流提取________h，再用丙酮－二氯甲烷混合溶液继续回流 16 h，然后放置在通风柜中将溶剂挥发干，于广口玻璃瓶中密封保存。①

答案：二氯甲烷　　16

3. 根据《固定污染源废气　氯苯类化合物的测定　气相色谱法》（HJ 1079—2019）的规定，样品用________或________吸附采样。①

答案：GDX-103　　　活性炭

4. 根据《固定污染源废气　氯苯类化合物的测定　气相色谱法》（HJ 1079—2019）采集固定污染源有组织排气中氯苯类化合物时，若气体含湿量大，应在采样管和富集柱之间接入________装置。管路的连接管是具有内衬的________（材质）管。①

答案：除湿　　硅橡胶

5.《固定污染源废气　氯苯类化合物的测定　气相色谱法》（HJ 1079—2019）规定，如果吸附管中 B 段待测物的量大于等于 A 段待测物量的________% 时，表明吸附剂穿透，该样品作废，应适当减少采样体积重新采样测定。①

答案：25

6. 根据《固定污染源废气　氯苯类化合物的测定　气相色谱法》（HJ 1079—2019）和《空气和废气监测分析方法》（第四版）的规定，采集环境空气或无组织排放废气中氯苯类化合物时，将两支吸附管的 A 端（粗端）与 B 端（细端）以最短的距离串联，再用乳胶管连接其中一支吸附管的________端与采样器的进气口，另一支吸附管 A 端水平或________（方向）安放在采样位置。①②

答案：B（或细）　　竖直向上

7. 根据《固定污染源废气　氯苯类化合物的测定　气相色谱法》（HJ 1079—2019）和《空气和废气监测分析方法》（第四版）中气相色谱法测定环境空气或排放废气中氯苯类化合物，解吸吸附采集的氯苯类化合物样品时，用滴管从吸附管上端滴加二硫化碳进行解吸，解吸速率以________吸附管顶端为宜。①②

答案：二硫化碳不溢出

二、判断题

1.《固定污染源废气　氯苯类化合物的测定　气相色谱法》（HJ 1079—2019）中规定，采集固定污染源排气中氯苯类化合物的富集剂用二乙烯苯和乙基苯乙烯共聚物类多孔高分子小球型载体，比表面积约为 400 m^2/g，颗粒度为 0.45～0.9 mm。(　　) ①

答案：正确

2. 根据《固定污染源废气　氯苯类化合物的测定　气相色谱法》（HJ 1079—2019）测定氯苯类化合物时，以氢火焰离子化（或 FID）为检测器。(　　) ①

答案：正确

3. 根据《固定污染源废气　氯苯类化合物的测定　气相色谱法》（HJ 1079—2019）的规定，测定中所用助燃气（空气）须经 5Å 分子筛和硅胶净化。(　　) ①

答案：正确

4. 根据《固定污染源废气　氯苯类化合物的测定　气相色谱法》（HJ 1079—2019）采集固定污染源无组织排气中氯苯类化合物时，在富集柱后的流量计量装置和抽气泵等均应满足较小速率的采气要求。(　　) ①

答案：错误

正确答案为：应满足较大速率的采气要求。

5.《固定污染源废气　氯苯类化合物的测定　气相色谱法》（HJ 1079—2019）建议气相色谱法测定固定污染源有组织排放和无组织排放废气中氯苯类化合物时，对于首次测定的样品，在对定性结果有疑问时，应采用另一根不同极性的毛细色谱柱辅助定性。(　　) ①

答案：正确

6. 根据《固定污染源废气　氯苯类化合物的测定　气相色谱法》（HJ 1079—2019）的规定，洗脱样品时，只将富集柱中的填充物（富集剂）全部取出，置于同一具塞玻璃试管中，用超声解吸。(　　) ①

答案：错误

正确答案为：A/B 段吸附剂分别转移到不同试管中。

7. 根据《固定污染源废气　氯苯类化合物的测定　气相色谱法》（HJ 1079—2019）和《空气和废气监测分析方法》（第四版）中气相色谱法测定环境空气或排放废气中的氯苯类化合物时，采样管为一端粗（为 A 端），一端细（为 B 端），内装吸附剂的不锈钢管。(　　) ①②

答案：错误

正确答案为：内装吸附剂的玻璃管。

8. 用外标法定量计算气相色谱法测得氯苯类化合物含量时，标准样品的进样体积与试样的进样体积应相同，标准样品的响应值应接近试样的响应值。(　　) ①②

答案：正确

9.《固定污染源废气　氯苯类化合物的测定　气相色谱法》（HJ 1079—2019）中规定，

已经采样的吸附管可在常温下避光保存 15 d。(　　) ①

答案： 错误

正确答案为： 4℃下冷藏可保存 7 d。

三、选择题

1. 根据《固定污染源废气　氯苯类化合物的测定　气相色谱法》(HJ 1079—2019)的规定，使用的采样管在必要时应附有加热夹套，且保证采样管温度大于________℃。(　　) ①

A. 100　　B. 110　　C. 120

答案： C

2. 根据《固定污染源废气　氯苯类化合物的测定　气相色谱法》(HJ 1079—2019)的规定，洗脱样品时精确吸取一定体积的二硫化碳到装有样品的具塞玻璃试管中，超声________min，静置 30 min，待测。(　　) ①

A. 0.5　　B. 1.0　　C. 2.0

答案： B

3. 根据《固定污染源废气　氯苯类化合物的测定　气相色谱法》(HJ 1079—2019)，用于分离氯代苯与 1,4- 二氯苯、1,4- 二氯苯与 1,2,4- 三氯苯等氯苯类化合物的色谱柱，其分离度均应大于________。(　　) ①

A. 1.0　　B. 1.2　　C. 1.5

答案： C

4. 根据《固定污染源废气　氯苯类化合物的测定　气相色谱法》(HJ 1079—2019)测定氯苯类化合物时，一个试样连续进样两次，其组分峰高相对偏差小于________%，即认为仪器处于稳定状态。(　　) ①

A. 5　　B. 10　　C. 15　　D. 20

答案： A

四、问答题

1. 简述《固定污染源废气　氯苯类化合物的测定　气相色谱法》(HJ 1079—2019)中采集有组织排放气体样品中氯苯类化合物的方法。①

答案： 将富集柱连接于空气采样器内，若样品气体中含湿量大，应在采样管和富集柱之间接入除湿装置。以 1.0 L/min 的流速采集气体样品，采气量视气体中待测物的含量而定，一般有组织排气采集 10～20 L。采集好的富集柱迅速用衬有氟塑料薄膜的橡胶帽密封，带回实验室分析。

2. 简述根据《固定污染源废气　氯苯类化合物的测定　气相色谱法》(HJ 1079—2019)和《空气和废气监测分析方法》(第四版)，用吸附管采样、气相色谱法测定环境空气或固定污染源排气中的氯苯类化合物时，样品的前处理方法。①②

答案： 去掉吸附管密封胶帽，将吸附管采样口进气端(A 端)竖直向上固定，下端接 5 mL 具塞比色管。用滴管从上端滴加二硫化碳进行解吸，收集解吸液 3 mL，备用。

五、计算题

1. 根据《固定污染源废气　氯苯类化合物的测定　气相色谱法》（HJ 1079—2019）的规定，在 30.0℃、大气压为 101.0 kPa 条件下采集无组织排放气体样品，采样体积为 10.0 L，用 3.00 mL 洗脱剂洗脱，进样量为 1.00 μl，测得采样管吸附剂及玻璃棉中氯苯的含量为 12.6 μg，采样管空白吸附剂和玻璃棉中氯苯未检出，试计算该气体中氯苯的浓度。①

答案：采样标况体积 V=（10.0×101.0×273.15）/［101.3×（273.15+30）］=8.98（L）

空气中氯苯的浓度 C=12.6/8.98=1.40（mg/m^3）

2. 气相色谱法测定环境空气或废气中氯苯类化合物，已知采集废气样品 20.0 L（标准状况），用 3.00 mL 二硫化碳洗脱，进样量为 1.00 μl，测得氯苯峰高为 8.10 cm，5.00 mg/L 氯苯标准溶液，进样量为 1.00 μl，峰高为 7.60 cm，试计算该气体中氯苯的浓度。①②

答案：C=（8.10×5.00×3.00）/（7.60×20.0）=0.80（mg/m^3）

参考文献

[1] 生态环境部．固定污染源废气　氯苯类化合物的测定　气相色谱法：HJ 1079—2019 [S]. 北京：中国环境出版集团，2019.

[2] 国家环境保护总局《空气和废气监测分析方法》编委会．空气和废气监测分析方法（第四版）[M]. 北京：中国环境科学出版社，2003.

命题：周笑白　陈　晨　李利荣

审核：赵志强　彭　华　史　箴　夏　新

第九节　硝基苯类化合物

分类号：G17-8

主要内容
①硝基苯类化合物的测定　苯吸收填充柱气相色谱法《空气和废气监测分析方法》（第四版）
②硝基苯类化合物的测定　固体吸附气相色谱法《空气和废气监测分析方法》（第四版）
③《环境空气　硝基苯类化合物的测定　气相色谱法》（HJ 738—2015）

一、填空题

1. 根据《空气和废气监测分析方法》（第四版）中苯吸收填充柱气相色谱法测定空气中的硝基苯时，用________检测器测定。①

答案：电子捕获

2. 根据《空气和废气监测分析方法》（第四版）中苯吸收填充柱气相色谱法测定空气中的硝基苯时，以 0.5 L/min 的流量采集样品，采样量视硝基苯浓度而定，采样后以________定容，待测。①

答案：苯

3. 根据《空气和废气监测分析方法》（第四版）中苯吸收填充柱气相色谱法测定空气中的硝基苯时，若采样时环境温度较高，应用________冷却吸收管。①

答案：冰水

4. 根据《空气和废气监测分析方法》（第四版）中固体吸附气相色谱法测定空气或废气中的硝基苯类化合物时，用________管富集采样，________解吸。②

答案：硅胶　　甲醇

5. 根据《空气和废气监测分析方法》（第四版）中固体吸附气相色谱法测定空气或废气中的硝基苯类化合物时，采用________检测器测定。②

答案：氢火焰离子化（FID）

6. 根据《空气和废气监测分析方法》（第四版）中固体吸附气相色谱法测定空气或废气中的硝基苯类化合物，采样时，应使用精确流量的采样器，以________L/min 的速度采集硝基甲苯同系物，用≤________L/min 的速度采集硝基苯和 4- 氯硝基苯。②

答案：0.01～0.2　　1

7. 根据《空气和废气监测分析方法》（第四版）中固体吸附气相色谱法测定空气或废气中的硝基苯类化合物时，采样后采样管应立即用________密封，带到实验室进行分析，在 4℃下，样品采样管可以保存________d。②

答案：密封帽　　30

8. 根据《空气和废气监测分析方法》（第四版）中固体吸附气相色谱法测定空气或废气中的硝基苯类化合物时，用________（材质）采样管，管内装有两段吸附剂，中间用 2 mm 氨基甲酸酯泡沫塑料隔开，两段的吸附剂用________玻璃棉塞紧，装填后两端用火密封。②

答案：玻璃　　硅烷化

9. 根据《空气和废气监测分析方法》（第四版）中固体吸附气相色谱法测定空气或废气中的硝基苯类化合物时，若标准曲线绘制和样品分析不在同一天进行，则分析之前或分析之后都应进行________检验；在同一天分析时，样品测定后也应进行该检验，检验结果的相对偏差应≤________%。②

答案：中间浓度　　15

10. 根据《环境空气　硝基苯类化合物的测定　气相色谱法》（HJ 738—2015）测定环境空气中的硝基苯类化合物时，当测定结果大于 0.1mg/m^3 时，数据保留 3 位有效数字；当测定结果小于 0.1 mg/m^3 时，应保留至小数点后________位。③

答案：3

11. 根据《环境空气　硝基苯类化合物的测定　气相色谱法》（HJ 738—2015）测定环境空气中的硝基苯类化合物时，在分析样品的同时，每批样品至少做________个实验室空白试验。③

答案：1

二、判断题

1. 根据《空气和废气监测分析方法》（第四版）中苯吸收填充柱气相色谱法测定空气

中的硝基苯时，向吸收管内装吸收液及采样后样品的转移过程都应在通风橱中进行。(　　) ①

答案： 正确

2. 根据《空气和废气监测分析方法》(第四版)中苯吸收填充柱气相色谱法测定空气中的硝基苯时，用一支内装吸收液的多孔玻板吸收管采集样品。(　　) ①

答案： 错误

正确答案为： 应用两支串联的内装吸收液的多孔玻板吸收管采集样品。

3. 根据《空气和废气监测分析方法》(第四版)中用苯吸收填充柱气相色谱法测定空气中的硝基苯时，可使用单点比较法进行定量分析。(　　) ①

答案： 错误

正确答案为： 应用校准曲线法进行定量分析。

4. 根据《空气和废气监测分析方法》(第四版)中固体吸附气相色谱法测定空气中的硝基苯类化合物时，应选择采样流量可以达到 0.1～1 L/min 的采样器。(　　) ②

答案： 错误

正确答案为： 因为采集硝基甲苯同系物要以 0.01～0.2 L/min 的精确流量进行采集，所以应选择采样流量能达到 0.01～1 L/min 的采样器。

5. 根据《空气和废气监测分析方法》(第四版)中固体吸附气相色谱法测定空气或废气中的硝基苯类化合物时，样品在 10 个之内和每 10 个样品应做一个平行样，平行样的相对偏差应≤15%。(　　) ②

答案： 错误

正确答案为： 平行样的相对偏差≤25%。

6. 根据《空气和废气监测分析方法》(第四版)中固体吸附气相色谱法测定空气或废气中的硝基苯类化合物时，解吸液甲醇应为分析纯。(　　) ②

答案： 错误

正确答案为： 应该是色谱纯甲醇。

7. 硝基苯、硝基甲苯和 4- 硝基氯苯对人体均具有毒性和刺激性，4- 硝基氯苯是致癌物，因此操作者必须注意防护。(　　) ①②

答案： 正确

8. 根据《空气和废气监测分析方法》(第四版)中苯吸收填充柱气相色谱法测定空气中的硝基苯时，色谱填充柱使用的固定液为 5%OV-17，担体是硅烷化的 102 白色担体。(　　) ①

答案： 正确

9. 根据《环境空气　硝基苯类化合物的测定　气相色谱法》(HJ 738—2015)测定环境空气中的硝基苯类化合物时，当测量结果超出校准曲线上限时，应对样品进行稀释后分析。③

答案： 正确

10. 根据《环境空气　硝基苯类化合物的测定　气相色谱法》(HJ 738—2015)测定环境空气中的硝基苯类化合物时，每批样品应进行 5% 的平行双样采集，测定结果的相对偏差应在 ±20% 以内。③

答案：错误

正确答案为：相对偏差应在 ±15% 以内。

三、选择题

1. 根据《空气和废气监测分析方法》（第四版）中苯吸收填充柱气相色谱法测定空气中的硝基苯时，色谱柱内填充________目的固定相。（　　）①

A. 40～60　　B. 60～80　　C. 80～100　　D. 100～120

答案：D

2. 根据《空气和废气监测分析方法》（第四版）中苯吸收填充柱气相色谱法测定空气中的硝基苯时，使用的色谱柱长________m、内径为________mm。（　　）①

A. 1.5，2　　B. 2，2　　C. 2.5，2.5　　D. 3，3

答案：C

3. 根据《空气和废气监测分析方法》（第四版）中固体吸附气相色谱法测定空气或废气中的硝基苯类化合物时，每使用一批新的硅胶采样管，至少需要测定一次吸附管的解吸效率，每个化合物的解吸效率应在________。（　　）②

A. 85%～115%　　B. 95%～105%　　C. 90%～110%

答案：B

4. 根据《空气和废气监测分析方法》（第四版）中固体吸附气相色谱法测定空气或废气中的硝基苯类化合物时，吸附管后段吸附的分析物质的量为 W_b，吸附管前段吸附的分析物质的量为 W_f，当 $W_b/W_f \geq$________%，分析结果应注明采样管已穿透。（　　）②

A. 5　　B. 10　　C. 15　　D. 20

答案：B

5. 根据《空气和废气监测分析方法》（第四版）中固体吸附气相色谱法测定空气或废气中的硝基苯类化合物时，吸附采样管内填充________目的硅胶吸附剂。（　　）②

A. 20～40　　B. 40～60　　C. 60～80　　D. 80～100

答案：A

6. 根据《环境空气　硝基苯类化合物的测定　气相色谱法》（HJ 738—2015）测定环境空气中的硝基苯类化合物时，硅胶采样管应在超声清洗中清洗________min，超声时应用冰水浴降温，水温不可超过________℃。（　　）③

A. 20，40　　B. 20，35　　C. 35，20　　D. 40，20

答案：B

7. 根据《环境空气　硝基苯类化合物的测定　气相色谱法》（HJ 738—2015）测定环境空气中的硝基苯类化合物时，硅胶管采样时，采样流量为________L/min，至少采集________min 样品。（　　）③

A. 0.5，40　　B. 1.0，35　　C. 0.5，50　　D. 4，50

答案：C

四、问答题

1. 根据《空气和废气监测分析方法》(第四版)中苯吸收填充柱气相色谱法测定空气中的硝基苯时，对采集空气中的硝基苯样品的吸收液有何要求？①

答案： 采集空气中的硝基苯应使用纯苯，使用前用全玻璃蒸馏器重蒸，在色谱分析条件下无干扰峰。

2. 简述根据《空气和废气监测分析方法》(第四版)中固体吸附气相色谱法测定空气中的硝基苯类化合物时，样品的前处理过程。②

答案： 将采样管前段的玻璃棉和吸附剂与后段的玻璃棉和吸附剂分别装在两个带盖的瓶中，弃掉中间的泡沫塑料。向瓶中加入 1.0 mL 的甲醇，然后盖紧，在超声波清洗器中解吸 30 min。

3. 简述根据《环境空气　硝基苯类化合物的测定　气相色谱法》(HJ 738—2015)测定环境空气中硝基苯类化合物的方法原理。③

答案： 以硅胶采样管采集环境空气和无组织排放废气中的硝基苯类化合物，用已烷：丙酮(1：1，*V*/*V*)超声解吸，气相色谱 / 电子捕获检测器(GC/ECD)进行分离检测，根据保留时间定性，外标法定量。

五、计算题

1. 用苯吸收填充柱气相色谱法测定空气中的硝基苯，已知在 20.0 ℃、大气压为 101.0 kPa 条件下用 10.0 mL 苯以 0.5 L/min 的速度采集废气样品 50.0 L，测得吸收液中的硝基苯的含量为 12.5 μg，空白吸收液中硝基苯未检出，试求废气中硝基苯的浓度。①

答案： 采样标况体积 V=(50.0×101.0×273.15)/[101.3×(273.15+20)]=46.5(L)

废气中的硝基苯的浓度 C=12.5/46.5=0.269(μg/L)=0.269(mg/m^3)

2. 用固体吸附气相色谱法测定空气中的硝基苯类化合物，已知在 20.0℃、大气压为 101.0 kPa 条件下以 0.5 L/min 的速度采集废气样品 20.0 L，测得采样管前段吸附剂中硝基苯的含量为 12.5 μg，采样管后段吸附剂中硝基苯的含量为 0.160 μg，采样管前段和后段空白吸附剂中的硝基苯均未检出，试求废气中的硝基苯的浓度。②

答案： 采样标况体积 V=(20.0×101.0×273.15)/[101.3×(273.15+20)]=18.6(L)

空气中的硝基苯的浓度 C=(12.5+0.160)/18.6=0.681(μg/L)=0.681(mg/m^3)

参考文献

[1] 国家环境保护总局《空气和废气监测分析方法》编委会.空气和废气监测分析方法(第四版)[M]. 北京：中国环境科学出版社，2003.

[2] 环境保护部.环境空气　硝基苯类化合物的测定　气相色谱法：HJ 738—2015 [S]. 北京：中国环境出版社，2015.

命题：陈　晨　李利荣　夏　新

审核：周笑白　赵志强　史　箴

第十节　有机氯农药

分类号：G17–9

主要内容
《环境空气　有机氯农药的测定　气相色谱法》（HJ 901—2017）

一、填空题

1. 根据《环境空气　有机氯农药的测定　气相色谱法》（HJ 901—2017）测定环境空气中的有机氯农药时，PUF 吸附剂在初次使用前应在索氏提取器中用________（溶剂）以每分钟________个循环的速度提取 16 h，然后进行真空干燥。

答案：丙酮　4

2. 根据《环境空气　有机氯农药的测定　气相色谱法》（HJ 901—2017）测定环境空气中的有机氯农药类化合物，当 PUF 吸附剂重新使用时，应使用________（混合试剂名称和比例，*V*/*V*）混合溶剂进行净化，净化后的吸附剂用被已烷冲洗的铝箔包裹，放在密封盒中保存，保存时间超过________d 时应重新进行净化。

答案：二乙醚：已烷（1：10，*V*/*V*）　30

3. 根据《环境空气　有机氯农药的测定　气相色谱法》（HJ 901—2017）测定环境空气中的有机氯农药时，按照 HJ 691 的要求进行采样效率测定，采样效率的动态保留效率应控制在________。

答案：50%～150%

4. 根据《环境空气　有机氯农药的测定　气相色谱法》（HJ 901—2017）测定环境空气中的有机氯农药时，在标准曲线测定之前，应先进行仪器行为检验，即测定异狄氏剂和 DDT 的降解程度，在 DDT 的降解量≤________%、DDT 和异狄氏剂总的降解量≤________% 时，色谱系统满足有机氯农药的分析要求。

答案：20　30

二、判断题

1. 根据《环境空气　有机氯农药的测定　气相色谱法》（HJ 901—2017）测定环境空气中的有机氯农药时，采用乙醚 - 正已烷混合溶剂提取，回流提取应不少于 40 个循环。(　　)

答案：正确

2. 根据《环境空气　有机氯农药的测定　气相色谱法》（HJ 901—2017）测定环境空气中的有机氯农药时，无论用何种净化方式，样品提取液都应浓缩至 1 mL 左右。(　　)

答案：错误

正确答案为：当用硫酸净化时，应浓缩至 10 mL 左右。

3. 根据《环境空气　有机氯农药的测定　气相色谱法》（HJ 901—2017）测定环境空

气中的有机氯农药时，硫酸净化方式可用于六六六、狄氏剂、七氯等多种化合物的净化。

答案：错误

正确答案为：硫酸净化方式不适用于狄氏剂。

4. 根据《环境空气 有机氯农药的测定 气相色谱法》（HJ 901—2017）测定环境空气中的有机氯农药时，采集样品时以聚氨基酯泡沫塑料作为吸附剂。（ ）

答案：正确

三、选择题

1. 根据《环境空气 有机氯农药的测定 气相色谱法》（HJ 901—2017）测定环境空气中的有机氯农药时，采样器________应进行流量校准，流量波动应不大于________。（ ）

A. 使用前，±10% B. 使用后，±10%

C. 使用前后，±10% D. 使用前后，±5%

答案：C

2. 根据《环境空气 有机氯农药的测定 气相色谱法》（HJ 901—2017）测定环境空气中的有机氯农药时，如果样品中同时含有有机氯农药和多氯联苯，在气相色谱分析之前可用________分离有机氯农药和多氯联苯，然后分别测定。（ ）

A. 氧化铝 B. 硅酸 C. 硅胶 D. 弗罗里硅土

答案：B

3. 根据《环境空气 有机氯农药的测定 气相色谱法》（HJ 901—2017）测定环境空气中的有机氯农药时，采样时使用的玻璃纤维滤膜，使用前应在马弗炉中________℃加热________h。（ ）

A. 300，4 B. 400，4 C. 300，5 D. 400，5

答案：D

4. 根据《环境空气 有机氯农药的测定 气相色谱法》（HJ 901—2017）测定环境空气中的有机氯农药，选用毛细管柱时，如果只用单柱分析，应综合考虑分离度和进样量两方面的因素，选择________DB-5 毛细管柱，效果较好。（ ）

A. 30 m×0.25 mm B. 30 m×0.32 mm C. 30 m×0.5 mm

答案：B

四、问答题

1. 简述根据《环境空气 有机氯农药的测定 气相色谱法》（HJ 901—2017）测定环境空气中的有机氯农药时，样品采集后如何保存。

答案：样品采集后常温避光保存，24 h 内提取；否则应于 4℃以下避光冷藏，7 d 内提取完毕。样品提取液在 4℃以下冷藏保存，40 d 内完成分析。

2. 简述根据《环境空气 有机氯农药的测定 气相色谱法》（HJ 901—2017）测定环境空气中的有机氯农药的质量保证和质量控制措施。

答案：（1）每批约 20 个滤膜 /PUF 夹应该进行一次空白分析。（2）每次采样应至少带一个到现场但不进行采样，然后连同样品一起带到实验室，按样品的分析程序进行分析，此结果作为现场空白。（3）每批样品应做一个实验室空白。（4）空白试样测定值不得大于方法检出限。

五、计算题

根据《环境空气　有机氯农药的测定　气相色谱法》（HJ 901—2017）测定环境空气中的有机氯农药时，DDT 的进样量为 50 ng，DDE 和 DDD 的检出量分别为 3 ng 和 5 ng，异狄氏剂的进样量为 50 ng，异狄氏剂醛和异狄氏剂酮的检出量分别为 2 ng 和 4 ng，试计算 DDT 和异狄氏剂的百分降解量，并说明该仪器是否满足有机氯农药的分析要求。

答案：DDT 的百分降解量为：DDT（%）=［（DDE+DDD）的检出量 /DDT 的进样量］×100

=［（3+5）/50］×100=16；

异狄氏剂的百分降解量为：异狄氏剂（%）=［（异狄氏剂醛 + 异狄氏剂酮）的检出量 / 异狄氏剂的进样量］×100

=［（2+4）/50］×100=12；

DDT 和异狄氏剂总的降解量为 16%+12%=28%。

该仪器满足有机氯农药的分析要求。

参考文献

环境保护部 . 环境空气　有机氯农药的测定　气相色谱法：HJ 901—2017 [S]. 北京：中国环境出版社，2017.

命题：陈　晨　夏　新
审核：赵志强　周笑白

第十一节　多氯联苯

分类号：G17–10

主要内容
《环境空气　多氯联苯的测定　气相色谱法》（HJ 903—2017）

一、填空题

1. 根据《环境空气　多氯联苯的测定　气相色谱法》（HJ 903—2017）测定环境空气中的多氯联苯类化合物时，测定时初始校准标准曲线的相关系数应≥________，否则需绘制新的标准曲线。

答案：0.995

2. 根据《环境空气　多氯联苯的测定　气相色谱法》（HJ 903—2017）测定环境空气中的多氯联苯类化合物时，测定时应连续校准，即样品测定期间每________ h 测定一次曲线中间点浓度的标准溶液，模板化合物的测定结果与标准值间的相对误差在 ±________ % 以内。

答案：24　　20

二、判断题

1. 根据《环境空气　多氯联苯的测定　气相色谱法》（HJ 903—2017）测定环境空气中的多氯联苯类化合物时，样品中其他有机物可能会干扰测定，选择采用硝酸、硅酸镁层析柱和复合硅胶柱等净化方法去除干扰。（　　）

答案：错误

正确答案为：选择采用硫酸、硅酸镁层析柱和复合硅胶柱等净化方法去除干扰。

2. 根据《环境空气　多氯联苯的测定　气相色谱法》（HJ 903—2017）测定环境空气中的多氯联苯类化合物时，当环境空气中多氯联苯浓度大于等于 1.00 ng/m^3 时，结果保留三位有效数字；小于 1.00 ng/m^3 时，结果保留至小数点后三位。（　　）

答案：错误

正确答案为：小于 1.00 ng/m^3 时，结果保留至小数点后两位。

3. 根据《环境空气　多氯联苯的测定　气相色谱法》（HJ 903—2017）测定环境空气中的多氯联苯类化合物时，分析时均使用符合国家标准的分析纯化学试剂，实验用水为新鲜制备的纯水。（　　）

答案：正确

三、选择题

1. 根据《环境空气　多氯联苯的测定　气相色谱法》（HJ 903—2017）测定环境空气中的多氯联苯类化合物时，石英 / 玻璃纤维滤膜在使用前，在马弗炉中________℃加热 5 h 以上，冷却后保存于滤膜盒，并在采样前处于________状态。（　　）

A. 400，平展　　B. 200，平展　　C. 400，折叠　　D. 200，折叠

答案：A

2. 根据《环境空气　多氯联苯的测定　气相色谱法》（HJ 903—2017）测定环境空气中的多氯联苯类化合物时，样品采集后常温避光保存，________h 内提取；否则应于 4℃以下避光冷藏，________d 内提取完毕。（　　）

A. 7，40　　B. 24，7　　C. 24，40　　D. 12，1

答案：B

3. 根据《环境空气　多氯联苯的测定　气相色谱法》（HJ 903—2017）测定环境空气中的多氯联苯类化合物时，将滤膜和玻璃采样桶移至索氏提取器，于 PUF 添加 200 μl 替代物使用液，加入________mL 乙醚 - 正己烷混合溶剂，回流提取________h 以上，每小时回流 3～4 次。（　　）

A. 100～300，16　　B. 300～500，4

C. 100～300，5　　D. 300～500，16

答案：D

4. 根据《环境空气　多氯联苯的测定　气相色谱法》（HJ 903—2017）测定环境空气

中的多氯联苯类化合物时，每批采样至少测定________个现场空白和________个实验室空白，空白值不得大于方法检出限。(　　)

A. 1，2　　B. 2，1　　C. 1，1　　D. 2，2

答案：C

四、问答题

1. 简述根据《环境空气　多氯联苯的测定　气相色谱法》(HJ 903—2017)测定环境空气中的多氯联苯类化合物时，如何定性分析 PCB 混合物。

答案：根据保留时间进行定性。当模板化合物在分析柱检出时，需用验证柱进行验证。如果再验证柱也检出，视为该组分检出；如果在验证柱未检出，视为该组分为检出。必要时，可改变色谱条件或使用 GC-MS 进行验证。

2. 简述根据《环境空气　多氯联苯的测定　气相色谱法》(HJ 903—2017)测定环境空气中的多氯联苯类化合物的方法原理。

答案：用大流量采样器将环境空气气相和颗粒物中的多氯联苯采集到滤膜和聚氨酯泡沫(PUF)上，用乙醚－正己烷混合溶剂提取，提取液经浓缩、净化后，气相色谱分离，电子捕获检测器检测，根据保留时间定性，内标法或外标法定量。

参考文献

环境保护部. 环境空气　多氯联苯的测定　气相色谱法：HJ 903—2017 [S]. 北京：中国环境出版社，2017.

命题：陈　晨　夏　新
审核：周笑白　赵志强

第十二节　有机磷农药

分类号：G17-11

主要内容
①有机磷农药的测定　气相色谱法《空气和废气监测分析方法》(第四版)
②甲基对硫磷的测定　气相色谱法《空气和废气监测分析方法》(第四版)

一、填空题

1. 根据《空气和废气监测分析方法》(第四版)中气相色谱法测定环境空气和废气中的有机磷农药时，有机磷农药被________吸附剂吸附后，用________混合溶液解吸，用毛细管柱分离、火焰光度检测器检测。①

答案：XAD-2　　甲苯－丙酮

2. 根据《空气和废气监测分析方法》(第四版)的规定采集环境空气和废气中的有机磷农药样品前，用流量计校定每一个采样泵，采集样品时采样管应垂直放置，________端朝下，在离地面约________m 处采样。①

答案： 粗　1.5

3. 根据《空气和废气监测分析方法》（第四版）中气相色谱法测定环境空气和废气中的有机磷农药时，如果使用内标法，内标液的配制方法为：将浓度为 5 mg/mL 的________溶液 1 mL，加至 500 mL________中。①

答案： 三苯基磷 - 甲苯　吸收液

4. 根据《空气和废气监测分析方法》（第四版）中气相色谱法测定环境空气和废气中的有机磷农药时，样品解吸后的提取液，在 25℃下可保存________d，0℃下可保存________d。①

答案： 10　30

5. 根据《空气和废气监测分析方法》（第四版）中气相色谱法测定环境空气中的甲基对硫磷方法的原理是：用装有 101 白色酸洗担体的采样管富集甲基对硫磷后，加________解吸。经色谱柱分离，________检测器检测，保留时间定性，外标法定量。②

答案： 乙酸乙酯　氢火焰离子化

6. 根据《空气和废气监测分析方法》（第四版）中气相色谱法测定环境空气中的甲基对硫磷，采集样品时，将采样管与空气采样器连接，使采样管垂直于地面，令气样________（流动方向）通过采样管。以________L/min 的流量采样。②

答案： 自下而上　1

7. 根据《空气和废气监测分析方法》（第四版）中气相色谱法测定环境空气中的甲基对硫磷时，101 白色酸洗担体对________组分吸附较少，不需________，选材方便，所以作为采样用的吸附剂以此吸附剂为最佳。①

答案： 杂质　预处理

8. 根据《空气和废气监测分析方法》（第四版）中气相色谱法测定环境空气中的甲基对硫磷的实验表明，使用乙酸乙酯作为解吸溶剂解吸效率较高，用 3 mL 解吸液时，回收率即可达________% 以上，用 5 mL 解吸液时，回收率可达________%。②

答案： 90　100

二、判断题

1. 根据《空气和废气监测分析方法》（第四版）中气相色谱法测定环境空气和废气中的有机磷农药，进行加标回收实验时，6 次分析结果的回收率应大于 70%，标准偏差小于 ±15%。（　　）①

答案： 错误

　　正确答案为： 6 次分析结果的回收率应大于 75%，标准偏差小于 ±9%。

2. 根据《空气和废气监测分析方法》（第四版）中气相色谱法测定环境空气和废气中的有机磷农药时，每次采样时应做一个过程空白。每分析一批样品，必须测定一次吸附管前后 XAD-2 的空白。（　　）①

答案： 正确

3. 根据《空气和废气监测分析方法》（第四版）中气相色谱法测定环境空气和废气中的有机磷农药时，由于分析的不确定性，样品分析时可以使用另一根不同极性的色

谱柱进行分析验证。如果在 DB-210 柱上进行分析，那么验证柱就应该选择 DB-1701 柱。(　　) ①

答案： 错误

正确答案为： 验证柱的选择应考虑其极性，所以要选择 DB-1 柱或 DB-5 柱。

4. 根据《空气和废气监测分析方法》(第四版) 中气相色谱法测定环境空气和废气中的有机磷农药时，也可使用石英纤维滤膜装在采样管内，制备成有机磷农药吸附采样管。(　　) ①

答案： 正确

5. 根据《空气和废气监测分析方法》(第四版) 中气相色谱法测定环境空气和废气中有机磷农药时，采样管制备时采取如下操作：用玻璃纤维堵塞采样管的头部和尾部，并用其隔离采样管的前部和后部，前部和后部中间填充 XAD-2 吸附剂。(　　) ①

答案： 错误

正确答案为： 玻璃纤维不适合用于极性较大的物质的采样，马拉硫磷在装有玻璃纤维的采样管中，回收率较低或无一定规律。

6. 根据《空气和废气监测分析方法》(第四版) 中气相色谱法测定环境空气中的甲基对硫磷时，弗罗里硅土和 D3520 树脂对甲基对硫磷具有良好的吸附性，也可作为采样用的吸附剂。(　　) ②

答案： 正确

7. 根据《空气和废气监测分析方法》(第四版) 中气相色谱法测定环境空气中的甲基对硫磷时，采样管是长 10 cm、内径 5 mm 的不锈钢管。(　　) ②

答案： 错误

正确答案为： 采样管应是长 10 cm、内径 5 mm 的玻璃管。

8. 根据《空气和废气监测分析方法》(第四版) 中气相色谱法测定环境空气中的甲基对硫磷，解吸样品时，在采集有样品的采样管中滴加乙酸乙酯，用具塞刻度管收集 1.00 mL 解吸液，然后进行气相色谱分析。(　　) ②

答案： 错误

正确答案为： 应收集 5.00 mL 解吸液。

9. 根据《空气和废气监测分析方法》(第四版) 中气相色谱法测定环境空气中的甲基对硫磷时，用于分离甲基对硫磷的色谱柱可任选以下一种固定相：1.5% OV-17 Shimatlite W AW DMCS、0.2% OV-17+2.8% OV-210 Chromosorb W AW DMCS 或 5% SE-30 Shimalite W AW DMCS。(　　) ②

答案： 正确

10. 根据《空气和废气监测分析方法》(第四版) 中气相色谱法测定环境空气和废气中的有机磷农药，采集样品时，用硅胶管和聚乙烯等软管连接采样器与采样管，采样器以 0.2～1 L/min 的速度采集气体样品，采样总体积为 12～240 L。(　　) ①

答案： 正确

三、选择题

1. 根据《空气和废气监测分析方法》（第四版）中气相色谱法测定环境空气和废气中的有机磷农药时，每次样品进行色谱分析前后必须进行中间浓度检验，如果样品多于 10 个，每 10 个样品进行一次中间浓度检验，如果中间浓度的实际值与曲线所得值的偏差≤________%，则样品的分析数据有效。（　　）①

A. 10　　B. 15　　C. 20　　D. 25

答案：B

2. 根据《空气和废气监测分析方法》（第四版）中气相色谱法测定环境空气和废气中的有机磷农药时，当采样管后段 XAD-2 测定的数值大于前段________% 时，应标明样品可能穿透或损失。（　　）①

A. 5　　B. 10　　C. 15

答案：B

3. 根据《空气和废气监测分析方法》（第四版）中气相色谱法测定环境空气和废气中的有机磷农药时，每次采样样品数在 10 个之内和每 10 个样品应做一个平行样，平行样的相对偏差应≤________%。（　　）①

A. 10　　B. 15　　C. 20　　D. 25

答案：D

4. 根据《空气和废气监测分析方法》（第四版）中气相色谱法测定环境空气和废气中的有机磷农药时，标准曲线的线性相关系数应≥________。（　　）①

A. 0.990　　B. 0.995　　C. 0.999

答案：B

5. 根据《空气和废气监测分析方法》（第四版）中气相色谱法测定环境空气中的甲基对硫磷时，使用的玻璃色谱柱长________m，内径________mm。（　　）②

A. 1，2　　B. 2，2　　C. 1，3　　D. 2，3

答案：C

6. 根据《空气和废气监测分析方法》（第四版）中气相色谱法测定环境空气中的甲基对硫磷时，采样管内填装________mg 吸附剂。（　　）②

A. 300　　B. 400　　C. 500　　D. 600

答案：C

7. 根据《空气和废气监测分析方法》（第四版）中气相色谱法测定环境空气中的甲基对硫磷时，用于分离甲基对硫磷的色谱柱的固定相为________目。（　　）②

A. 40～60　　B. 60～80　　C. 80～100　　D. 100～120

答案：C

四、问答题

1. 根据《空气和废气监测分析方法》（第四版）中气相色谱法测定环境空气和废气中的有机磷农药时，如何进行实验室加标回收率实验？①

答案：实验室加标回收率实验的具体做法是：在样品采样管的粗端加适量的标准溶液

到前部的石英纤维上，然后盖上盖，最少保持 1 h，按样品的测定步骤将石英纤维与吸附剂一起解吸，然后进行测定，同时分析未加标的样品。共做 6 次后进行数据统计。

2. 简述《空气和废气监测分析方法》（第四版）中用气相色谱法测定空气和废气中的有机磷农药的方法原理。①

答案： 空气和废气中有机磷农药被 XAD-2 或石英纤维滤膜和 XAD-2 吸附剂吸附后，用甲苯－丙酮溶剂解吸，用毛细柱气相色谱分离，用火焰光度检测器（FPD）或氮磷检测器（NPD）检测。

3. 简述《空气和废气监测分析方法》（第四版）中用气相色谱法测定空气和废气中有机磷农药的样品前处理方法。①

答案：（1）打开样品采样管粗端，去掉 PTFE 固定环，将填充物和前部的 XAD-2 放入 4 mL 样品瓶中。（2）去掉氨基甲酸酯泡沫塞，将后部的 XAD-2 放入另一个 4 mL 样品瓶中。（3）在每个样品瓶中用 5 mL 注射器或 2 mL 移液管各加入 2 mL 解吸液。（4）将样品瓶浸入超声波水槽中超声 30 min，也可在振荡器中振荡 1 h。（5）从每个样品瓶中取 1～1.5 mL 溶液加入 2 mL 样品瓶中，盖上盖并做标记，样品在 25℃可保存 10 d，0℃可保存 30 d。

4. 简述根据《空气和废气监测分析方法》（第四版）中气相色谱法测定环境空气中的甲基对硫磷时，标准溶液的配制方法。②

答案： 称取 0.050 0 g 甲基对硫磷于小烧杯中，用 10 mL 乙酸乙酯溶解，定量移入 50 mL 容量瓶中，用乙酸乙酯稀释至标线，摇匀，作为储备液。每毫升储备液含甲基对硫磷 1.00 mg，置冰箱保存。临用时用乙酸乙酯将上述标准储备液稀释成浓度为 0.20 μg/mL、0.50 μg/mL、1.00 μg/mL、2.00 μg/mL、3.00 μg/mL、4.00 μg/mL 和 5.00 μg/mL 标准溶液。

五、计算题

1. 用气相色谱法测定空气和废气中的有机磷农药时，已知在 30.0℃、大气压为 101.0 kPa 条件下以 0.5 L/min 的速度采集废气样品 20.0 L，测得采样管前段吸附剂中对硫磷的含量为 7.60 μg，采样管后段吸附剂中对硫磷的含量为 0.550 μg，采样管前段和后段空白吸附剂中对硫磷均未检出，试求废气中对硫磷的浓度。①

答案： 采样标况体积 V=（20.0 × 101.0 × 273.15）/［101.3 ×（273.15+30）］=18.0（L）

空气中对硫磷的浓度 C=（7.60+0.550）/18.0=0.453（μg/L）=0.453（mg/m^3）

2. 用气相色谱法测定环境空气中的甲基对硫磷时，已知在 25.0℃、大气压为 101.0 kPa 条件下以 1.0 L/min 的速度采集废气样品 60.0 L，解吸液体积为 5.00 mL，测得解吸液中甲基对硫磷的浓度为 5.23 mg/L，采样管空白吸附剂中甲基对硫磷均未检出，试求废气中甲基对硫磷的浓度。②

答案： 采样标况体积 V=（60.0 × 101.0 × 273.15）/［101.3 ×（273.15+25）］=54.8（L）

空气中对硫磷的浓度 C=5.23 × 5.00/54.8=0.477（μg/L）=0.477（mg/m^3）

参考文献

国家环境保护总局《空气和废气监测分析方法》编委会. 空气和废气监测分析方法（第四版）[M]. 北京：中国环境科学出版社，2003.

命题：李利荣　周笑白

审核：申　剑　夏　新

第十三节　氯乙烯

分类号：G17-12

主要内容
①《固定污染源排气中氯乙烯的测定　气相色谱法》（HJ/T 34—1999）
②氯乙烯的测定　气相色谱法《空气和废气监测分析方法》（第四版）

一、填空题

1. 根据《固定污染源排气中氯乙烯的测定　气相色谱法》（HJ/T 34—1999）测定固定污染源排气中的氯乙烯时，气体样品用________直接进样，采用________检测器进行测定。①

答案： 注射器　　氢火焰离子化（FID）

2. 根据《固定污染源排气中氯乙烯的测定　气相色谱法》（HJ/T 34—1999）的规定，采集好有组织排放氯乙烯样品后，应迅速用橡胶帽（最好内衬________膜）密封，带回实验室。采集好的样品应避免________，________保存。①

答案： 聚四氟乙烯　　受热　　避光

3. 根据《固定污染源排气中氯乙烯的测定　气相色谱法》（HJ/T 34—1999）的规定，初次分析成分复杂的样品时，若对定性结果存有疑虑，可用________填充柱做辅助定性。①

答案： GDX-105

4. 根据《固定污染源排气中氯乙烯的测定　气相色谱法》（HJ/T 34—1999）的规定，采集无组织排放样品时，在采样点现场，先将采样注射器反复抽洗________次后，抽满现场空气，迅速用橡皮帽密封注射器口，带回实验室分析。若需要，可用注射器多次抽吸样品气，将其注入附有________薄膜的贮气袋。①

答案： 5～6　　铝箔复合

5. 根据《固定污染源排气中氯乙烯的测定　气相色谱法》（HJ/T 34—1999）的规定，用于采集有组织排放氯乙烯的采样管可为不锈钢、硬质玻璃或________材质，且具有适当尺寸，并附有可加热至________℃以上的保温夹套。①

答案： 聚四氟乙烯　　120

6. 根据《固定污染源排气中氯乙烯的测定　气相色谱法》（HJ/T 34—1999）的规定，每次测定样品之前，应首先绘制校准曲线，以后每分析 5～10 个样品应插入一个校准曲线中浓度适当的标准气样品，其测定值与原校准曲线中的测值相比较，变化小于 ±________%，则可继续进行样品分析，否则应重新绘制校准曲线。①

答案：5

7. 根据《固定污染源排气中氯乙烯的测定　气相色谱法》（HJ/T 34—1999）的规定，采集气样用的连接管应为________软管或内衬________薄膜的硅橡胶管。①

答案：聚四氟乙烯　　聚四氟乙烯

8. 根据《空气和废气监测分析方法》（第四版）中吸附－解吸气相色谱法测定空气中的氯乙烯时，使用________吸附采样管富集空气中的氯乙烯，用________解吸，经色谱柱分离，气相色谱测定。②

答案：活性炭　　二硫化碳

9. 根据《空气和废气监测分析方法》（第四版）中吸附－解吸气相色谱法测定空气中的氯乙烯时，使用________检测器测定，以保留时间定性，峰高外标法定量。②

答案：氢火焰离子化

10. 根据《空气和废气监测分析方法》（第四版）中吸附－解吸气相色谱法测定空气中的氯乙烯，采样时将吸附采样管的两头封端打开，连接在________上，使采样管________于地面，令气样气流________（方向）通过采样管。②

答案：采样器　　垂直　　自上而下

11. 根据《空气和废气监测分析方法》（第四版）中吸附－解吸气相色谱法测定空气中的氯乙烯时，采样结束后，用胶帽密封采样管两端，存放在________中待测。②

答案：冰箱

二、判断题

1. 根据《固定污染源排气中氯乙烯的测定　气相色谱法》（HJ/T 34—1999）的规定，按照规定的条件保存样品，并应于采样后 1 周内分析完毕。（　　）①

答案：错误

　　正确答案为：应于采样后 2 d 内分析完毕。

2. 根据《固定污染源排气中氯乙烯的测定　气相色谱法》（HJ/T 34—1999）的规定，色谱柱可使用玻璃柱或不锈钢柱。（　　）①

答案：正确

3. 根据《固定污染源排气中氯乙烯的测定　气相色谱法》（HJ/T 34—1999）的规定，色谱柱的载体是 80～100 目的普通硅藻土。（　　）①

答案：错误

　　正确答案为：色谱柱的载体应是硅烷化的硅藻土。

4. 根据《空气和废气监测分析方法》（第四版）中吸附－解吸气相色谱法测定空气中的氯乙烯时，氯乙烯经采样管富集后，可存放 10 d。（　　）②

答案：错误

　　正确答案为：可存放 7 d。

5. 根据《空气和废气监测分析方法》（第四版）中吸附－解吸气相色谱法测定空气中的氯乙烯时，应对采样管的两段吸附剂分段做色谱分析。（　　）②

答案：错误

正确答案为：因活性炭采样管对氯乙烯吸附能力较强，平均回收率为 90% 以上，所以采样管中两段吸附剂合并进行分析。

6. 根据《空气和废气监测分析方法》（第四版）中吸附 - 解吸气相色谱法测定空气中的氯乙烯时，由于二硫化碳中的杂质出峰较迟，不会干扰氯乙烯的测定，所以可以用分析纯的二硫化碳作解吸液，不用提纯。（　　）②

答案：正确

7. 根据《空气和废气监测分析方法》（第四版），吸附 - 解吸气相色谱法测定空气中的氯乙烯时，由于所用采样管的管径和填充情况不一致，使每根采样管气阻和流量不同，所以，在采样前必须对每根采样管的流量进行测定，以便取得正确的采样体积。（　　）②

答案：正确

8. 用气相色谱法测定空气或废气中的氯乙烯时，新装填的色谱柱在使用前须进行老化，老化时色谱柱的一端接入色谱仪的载气进入口，另一端接检测器，用较低的载气流速、柱箱温度 100℃、老化 8 h 即可。（　　）①②

答案：错误

正确答案为：色谱柱的一端接入色谱仪的载气进入口，另一端应与大气相通，不接检测器。

9. 用气相色谱法测定环境空气或废气中的氯乙烯，在线性范围内，可根据样品溶液的峰高选择合适的标准，用单点校正方法计算氯乙烯的含量。（　　）①②

答案：正确

10. 用气相色谱法测定环境空气或废气中的氯乙烯时，在选定的色谱条件下，与氯乙烯共存的乙炔、乙醛、二氯乙烷、三氯乙烯和二硫化碳等不干扰测定。（　　）①②

答案：正确

三、选择题

1. 用气相色谱法测定空气或废气中的氯乙烯时，下列检测器中不适合氯乙烯分析的是________。（　　）①②

A. FID　　B. ECD　　C. NPD　　D. MS

答案：C

2. 根据《固定污染源排气中氯乙烯的测定　气相色谱法》（HJ/T 34—1999）测定固定污染源排气中的氯乙烯时，色谱柱固定液为苯基（50%）甲基硅酮（OV17），液相载荷量是________%。（　　）①

A. 1　　B. 2　　C. 3　　D. 5

答案：C

四、问答题

1. 根据《固定污染源排气中氯乙烯的测定　气相色谱法》（HJ/T 34—1999）测定固定污染源排气中的氯乙烯时，如果选用单点外标法进行定量分析，应具备哪些条件？①

答案：（1）方法的线性好，截距可忽略不计。（2）标准气浓度的相应值与被测样品的相应值接近。（3）标准气与样品应同时在同样条件下进行分析，进样体积相同。（4）一个样品连续进样两次，其测定值相对偏差小于 ±5%。

2. 简述根据《固定污染源排气中氯乙烯的测定　气相色谱法》（HJ/T 34—1999）测定固定污染源排气中的氯乙烯时，标准气体的稀释方法。①

答案：在 100 mL 全玻璃注射器（预先检测气密性不要漏气）中放入几块聚四氟乙烯塑料片，注射器内有精确体积的空气或氮气，在注射器口上套一个硅橡胶帽，根据需要的气体浓度，用小容量注射器精确地取一定量的标准气，注入 100 mL 针筒内，摇动，使塑料片反复振动，使混合气均匀。每种标准气体的稀释重复操作两次取其平均值，其相对误差应小于 5%。

五、计算题

用气相色谱法测定空气中氯乙烯，已知氯乙烯气样标准状况下的采样体积为 12.0 L，用 2.00 mL 解吸液解吸，进样量为 1.00 μL，样品峰高为 10.2 mm；浓度为 20.0 μL/mL 的氯乙烯标准溶液进样 1.00 μL 时峰高为 25.0 mm，氯乙烯摩尔质量为 62.5 g，试求该气样中氯乙烯的浓度。②

答案：$C_{氯乙烯}=[(10.2/25.0)\times 20.0\times 1.00\times(62.5/22.4)\times 10^{-3}\times(2.00/1.00)]/12.0$
$=3.79\ (mg/m^3)$

参考文献

[1] 国家环境保护总局. 固定污染源排气中氯乙烯的测定　气相色谱法：HJ/T 34—1999 [S]. 北京：中国环境科学出版社，1999.

[2] 国家环境保护总局《空气和废气监测分析方法》编委会. 空气和废气监测分析方法（第四版）[M]. 北京：中国环境科学出版社，2003.

命题：李利荣　周笑白
审核：史　箴　夏　新

第十四节　二硫化碳

分类号：G17-13

主要内容
环境空气　二硫化碳的测定　气相色谱法《空气和废气监测分析方法》（第三版）

一、填空题

1. 根据《空气和废气监测分析方法》（第三版）中气相色谱法测定环境空气中的二硫化碳时，使用注射器或采气袋采样，经________色谱柱分离，用________检测器测定，用峰高定量。

答案：β,β'-氧二丙腈　　火焰光度

2. 根据《空气和废气监测分析方法》（第三版）中气相色谱法测定环境空气中的二硫化碳时，配制二硫化碳标准气体的玻璃配气瓶，需要经________溶液浸泡________，用自来水、蒸馏水依次洗净，烘干备用。

答案：（1+3.5）磷酸　　过夜

3. 根据《空气和废气监测分析方法》（第三版）中气相色谱法测定环境空气中的二硫化碳时，所用的色谱柱填充后，需要在________℃下、以________mL/min 的流量通氮气老化至基线平稳。

答案：70　　5～10

二、判断题

1. 根据《空气和废气监测分析方法》（第三版）中气相色谱法测定环境空气中的二硫化碳的最低检出浓度为 0.033 mg/m^3。（　　）

答案：正确

2. 根据《空气和废气监测分析方法》（第三版）中气相色谱法测定环境空气中的二硫化碳时，采样时使用普通塑料采气袋采集气样。（　　）

答案：错误

正确答案为：应使用对二硫化碳吸附性小的铝箔或者内衬铝塑料采气袋。

三、选择题

1. 根据《空气和废气监测分析方法》（第三版）中气相色谱法测定环境空气中的二硫化碳时，气相色谱的定量管以及与色谱柱连接的管均采用________管。（　　）

A. 硅胶　　B. 厚壁橡胶

C. 聚四氟乙烯　　D. 聚乙烯

答案：C

2. 根据《空气和废气监测分析方法》（第三版）中气相色谱法测定环境空气中的二硫化碳时，样品采集后，最多可存放________。（　　）

A. 24 h　　B. 2 d　　C. 3 d　　D. 1 周

答案：A

3. 根据《空气和废气监测分析方法》（第三版）中气相色谱法测定环境空气中的二硫化碳时，使用配制好的二硫化碳标准气体时，所取标气体积不应超过________mL。（　　）

A. 100　　B. 200　　C. 250　　D. 300

答案：B

四、问答题

简述根据《空气和废气监测分析方法》（第三版）中气相色谱法测定环境空气中的二硫化碳时，二硫化碳标准气体的配制过程。

答案：配气瓶抽成负压后，冲入纯氮气与外界大气压平衡。重复操作 2～3 次后，再将

配气瓶抽为负压，用微量注射器向配气瓶准确注入一定体积的二硫化碳。室温条件下挥发 30 min 后，充入纯氮气，直至与外界大气压平衡，摇匀。

五、计算题

用气相色谱法测定环境空气中的二硫化碳时，某样品采样体积为 2 L，样品用六通阀进样 1.00 mL，得到峰高 37.84 pA。已知浓度为 35.6 mg/m^3 的二硫化碳标准气体进样 1.00 mL 时，峰高为 29.52 pA，试求该样品中二硫化碳的浓度。

答案：（37.84 × 35.6 × 1.00）/（29.52 × 1.00）=45.6（mg/m^3）

参考文献

国家环境保护总局《空气和废气监测分析方法》编委会 . 空气和废气监测分析方法（第三版）[M]. 北京：中国环境科学出版社，1990.

命题：时庭锐　夏　新
审核：彭　华　李国刚

第十五节　有机硫化物

分类号：G17–14

主要内容
《空气质量　硫化氢、甲硫醇、甲硫醚和二甲二硫的测定　气相色谱法》（GB/T 14678—1993）

一、填空题

1. 根据《空气质量　硫化氢、甲硫醇、甲硫醚和二甲二硫的测定　气相色谱法》（GB/T 14678—1993）测定大气中的有机硫化物时，使用经真空处理的 1 L 采样瓶采集________排放源恶臭气体和环境空气气体样品，以聚酯塑料袋采集________内恶臭空气气体样品。

答案：无组织　　排气筒

2. 根据《空气质量　硫化氢、甲硫醇、甲硫醚和二甲二硫的测定　气相色谱法》（GB/T 14678—1993）测定大气中的有机硫化物，进行样品分析时，若直接进样体积中硫化物绝对量低于仪器检出限，则需以浓缩管在以________为制冷剂的低温条件下对 1 L 气体样品中的硫化物进行浓缩，浓缩后将浓缩管连入色谱仪分析系统并加热至________℃，使全部浓缩成分进入色谱进行分析。

答案：液氧　　100

3. 根据《空气质量　硫化氢、甲硫醇、甲硫醚和二甲二硫的测定　气相色谱法》（GB/T 14678—1993）测定大气中的有机硫化物，使用气袋采样法时，采样装置的气路导管应由________和________两部分组成。根据采样现场的操作条件尽可能缩短导管长度。

答案：玻璃管　聚四氟乙烯管

4. 根据《空气质量　硫化氢、甲硫醇、甲硫醚和二甲二硫的测定　气相色谱法》（GB/T 14678—1993）测定硫化物（含甲硫醇、甲硫醚、二甲二硫和硫化氢）时，色谱柱的担体是 Chromsorb-G，固定液是 β,β' －氧二丙腈，固液配比是________%。

答案：25

5. 根据《空气质量　硫化氢、甲硫醇、甲硫醚和二甲二硫的测定　气相色谱法》（GB/T 14678—1993）测定大气中的有机硫化物，恶臭物质（硫化物）采样时应注意风向和________的变化，应选择________风向指定位置、恶臭气味最有代表性时采样，同一样品应平行采集 2～3 个。

答案：臭气强度　下

二、判断题

1. 根据《空气质量　硫化氢、甲硫醇、甲硫醚和二甲二硫的测定　气相色谱法》（GB/T 14678—1993）测定大气中的有机硫化物时，色谱柱填充好之后，应在 150℃下以 5～10 mL/min 通入低流速氮气老化 24 h。（　）

答案：错误

正确答案为：应在 90℃下老化色谱柱。

2. 根据《空气质量　硫化氢、甲硫醇、甲硫醚和二甲二硫的测定　气相色谱法》（GB/T 14678—1993）测定大气中的有机硫化物时，可采用单点校正法进行定量分析。（　）

答案：错误

正确答案为：应用标准曲线法进行定量分析。

三、选择题

1. 根据《空气质量　硫化氢、甲硫醇、甲硫醚和二甲二硫的测定　气相色谱法》（GB/T 14678—1993）测定大气中的有机硫化物时，采样前，采样瓶要用真空处理装置将瓶内气体排出，使真空度接近负________kPa。（　）

A. 90　B. 100　C. 110

答案：B

2. 根据《空气质量　硫化氢、甲硫醇、甲硫醚和二甲二硫的测定　气相色谱法》（GB/T 14678—1993）测定大气中的有机硫化物时，采样瓶内表面应以________mol/L 磷酸－丙酮溶液涂渍后，烘干后备用。（　）

A. 0.01　B. 0.02　C. 0.05　D. 0.2

答案：B

3. 根据《空气质量　硫化氢、甲硫醇、甲硫醚和二甲二硫的测定　气相色谱法》（GB/T 14678—1993）测定大气中的有机硫化物时，硫化氢和甲硫醇原试剂的存放温度要低于零下________℃。（　）

A. 4　B. 10　C. 15　D. 20

答案：D

4. 根据《空气质量　硫化氢、甲硫醇、甲硫醚和二甲二硫的测定　气相色谱法》(GB/T 14678—1993)测定大气中的有机硫化物时，所用色谱柱的规格为长度________m，内径________mm。(　　)

A. 2，3　　B. 2，4　　C. 3，3　　D. 3，4

答案：C

5. 根据《空气质量　硫化氢、甲硫醇、甲硫醚和二甲二硫的测定　气相色谱法》(GB/T 14678—1993)测定大气中的有机硫化物时，硫化氢标准样品用碘量法标定浓度后，标定结果在________内有效。(　　)

A. 2 周　　B. 1 个月　　C. 3 个月　　D. 半年

答案：B

6. 根据《空气质量　硫化氢、甲硫醇、甲硫醚和二甲二硫的测定　气相色谱法》(GB/T 14678—1993)测定大气中的有机硫化物时，真空瓶采集的硫化物样品应在________内分析。(　　)

A. 24 h　　B. 2 d　　C. 3 d　　D. 1 周

答案：A

7. 根据《空气质量　硫化氢、甲硫醇、甲硫醚和二甲二硫的测定　气相色谱法》(GB/T 14678—1993)测定大气中的有机硫化物时，甲硫醇、甲硫醚和二甲二硫混合标准溶液配制后，可在 4℃下存放________。(　　)

A. 24 h　　B. 2 d　　C. 3 d　　D. 1 周

答案：B

8. 根据《空气质量　硫化氢、甲硫醇、甲硫醚和二甲二硫的测定　气相色谱法》(GB/T 14678—1993)测定大气中的有机硫化物时，若 4 种硫化物浓度低于________mg/m^3，需要对气体样品进行浓缩。(　　)

A. 1.0　　B. 5.0　　C. 10　　D. 20

答案：A

四、问答题

1. 简述《空气质量　硫化氢、甲硫醇、甲硫醚和二甲二硫的测定　气相色谱法》(GB/T 14678—1993)中所用填充柱的填涂方法。

答案：(1)将经过(1+3.5)磷酸溶液浸泡过夜的玻璃色谱柱(3 m×3 mm)用水洗净、烘干后，将玻璃色谱柱的尾端(接检测器)用石英棉塞紧，接真空泵。(2)柱的另一端通过软管接一漏斗，开动真空泵后，使固定相慢慢通过漏斗进入色谱柱内，边装边用电动按摩器轻轻振动色谱柱，使固定相在色谱柱内填充均匀、紧密。(3)装填完毕后，用石英棉塞住色谱柱的另一端。(4)为防止真空泵吸入异物，应在色谱柱和泵之间连接缓冲瓶。(5)将填好的色谱柱在 90℃下以 5～10 mL/min 通入低流速氮气老化 24 h。

2. 简述《空气质量　硫化氢、甲硫醇、甲硫醚和二甲二硫的测定　气相色谱法》(GB/T 14678—1993)中环境气体样品、无组织排放源和排气筒内臭气样品采样方法。

答案：(1)环境气体样品、无组织排放源使用采样瓶采样：采样时拔出真空瓶一侧的硅橡胶塞，使瓶内充入样品气体至常压，随即以硅橡胶塞塞住入气孔。记录采样地点、时间、温度、气压，将采样瓶避光运回实验室，应在 24 h 内测定样品。（2）排气筒使用采样袋采样：在排气筒取样口侧安装采样装置，启动抽气泵，用排气筒内气体将采样袋清洗 3 次后，在 1～3 min 内使样品气体充满采样袋。记录采样地点、时间、排气温度、排气压力（静压）和气压。采样袋避光运回实验室，尽快分析。

参考文献

[1] 国家环境保护总局. 空气质量　硫化氢、甲硫醇、甲硫醚和二甲二硫的测定　气相色谱法：GB/T 14678—1993 [S]. 北京：中国环境科学出版社，1993.

[2] 国家环境保护总局《空气和废气监测分析方法》编委会. 空气和废气监测分析方法（第四版）[M]. 北京：中国环境科学出版社，2003.

命题：时庭锐　周笑白

审核：史　箴　夏　新

第十六节　乙醛

分类号：G17-15

主要内容
《固定污染源排气中乙醛的测定　气相色谱法》（HJ/T 35—1999）

一、填空题

1. 根据《固定污染源排气中乙醛的测定　气相色谱法》（HJ/T 35—1999）测定乙醛时，使用亚硫酸氢钠溶液采样，乙醛与亚硫酸氢钠发生亲核加成反应，在中性溶液中生成稳定的____________，然后在稀碱溶液中供热释放出乙醛，经色谱柱分离，用________检测器测定。

答案：α-羟基磺酸盐　氢火焰离子化

2. 根据《固定污染源排气中乙醛的测定　气相色谱法》（HJ/T 35—1999）测定乙醛，配制乙醛标准贮备液时，分析纯乙醛试剂的解聚方法是：在装有分馏柱的蒸馏装置中加入 50 mL 三聚乙醛和________mL 浓硫酸，缓慢加热，使乙醛在________℃以下蒸出，用一个冰水冷却的接收器收集解聚新鲜乙醛。

答案：0.5　35

3. 根据《固定污染源排气中乙醛的测定　气相色谱法》（HJ/T 35—1999）测定乙醛时，采集有组织排放乙醛样品可采用不锈钢、硬质玻璃和________材质的采样管，并具有可加热至________℃以上的保温夹套。

答案：聚四氟乙烯　120

4. 根据《固定污染源排气中乙醛的测定　气相色谱法》（HJ/T 35—1999）测定乙醛

时，样品的测定方法是：将吸收管的吸收液转移至 10 mL 比色管中，用少量 10 g/L 亚硫酸氢钠溶液洗涤吸收管，洗涤液并入比色管中，并定容至________mL，然后加入 2.0 mol/L 的________0.50 mL，摇匀，进样分析。

答案：5　碳酸钠

二、判断题

1. 根据《固定污染源排气中乙醛的测定　气相色谱法》（HJ/T 35—1999）测定乙醛时，样品采集后，如不能及时分析，应在常温下避光保存，至多可保存 10 d。（　）

答案：错误

正确答案为：至多可保存 6 d。

2. 根据《固定污染源排气中乙醛的测定　气相色谱法》（HJ/T 35—1999）测定乙醛时，采集样品的采样器上所用连接管应为乳胶管或硅橡胶管。（　）

答案：错误

正确答案为：应是聚四氟乙烯软管或者内衬聚四氟乙烯膜的硅橡胶管。

3. 根据《固定污染源排气中乙醛的测定　气相色谱法》（HJ/T 35—1999）测定乙醛，采集无组织排放乙醛样品时，应在常温下以 1.0 L/min 的流量采集 60 L 左右。（　）

答案：错误

正确答案为：应至少采集 100 L。

4. 根据《固定污染源排气中乙醛的测定　气相色谱法》（HJ/T 35—1999）测定乙醛时，由于市售分析纯乙醛试剂中有聚合物存在，所以不能作为标准样品直接使用。（　）

答案：正确

三、选择题

1. 根据《固定污染源排气中乙醛的测定　气相色谱法》（HJ/T 35—1999）测定乙醛，采用单点比较法进行定量时，一个样品连续进样两次，其测定值的相对偏差要小于________%。（　）

A. 5　　B. 10　　C. 15　　D. 20

答案：A

2. 根据《固定污染源排气中乙醛的测定　气相色谱法》（HJ/T 35—1999）测定乙醛，采集有组织排放乙醛样品时，应以________L/min 的流量采样。（　）

A. 0.2～0.3　　B. 0.3～0.5　　C. 0.8～1.0　　D. 1.0～1.5

答案：B

四、问答题

简述根据《固定污染源排气中乙醛的测定　气相色谱法》（HJ/T 35—1999）测定乙醛时，乙醛标准贮备液的标定方法。①②

答案：分别吸取 21 g/L 羟胺乙醇溶液 5.00 mL 和 0.1 mol/L NaOH 溶液 10.0 mL 于 100 mL

碘量瓶中，然后加入 5.00 mL 乙醛水溶液，塞好磨口玻璃塞，摇匀。在室温放置 30 min，然后加入三滴溴酚蓝指示剂，用 0.02 mol/L 盐酸标准溶液滴定至蓝绿色。同时进行空白试验，在 5.00 mL 羟胺乙醇溶液和 10.0 mL NaOH 溶液中加入 2.0 mL 饱和 NaCl 水溶液及三滴溴酚蓝指示剂，用 0.02 mol/L 盐酸标准溶液滴定至蓝绿色。另取 20 mL 蒸馏水，加入三滴 0.1% 溴酚蓝指示剂，再滴定至终点。

参考文献

[1] 国家环境保护总局. 固定污染源排气中乙醛的测定　气相色谱法：HJ/T 35—1999 [S]. 北京：中国环境科学出版社，1999.

[2] 国家环境保护总局《空气和废气监测分析方法》编委会. 空气和废气监测分析方法（第四版）[M]. 北京：中国环境科学出版社，2003.

命题：时庭锐

审核：彭　华　米方卓　夏　新

第十七节　丙烯醛

分类号：G17-16

主要内容
《固定污染源排气中丙烯醛的测定　气相色谱法》（HJ/T 36—1999）

一、填空题

1. 根据《固定污染源排气中丙烯醛的测定　气相色谱法》（HJ/T 36—1999）测定固定污染源排气中的丙烯醛时，采用________（材质）注射器采样，直接进样，在色谱柱中与其他物质分离后，用______________检测器测定，以保留时间定性，峰高定量。

答案：全玻璃　　氢火焰离子化

2. 根据《固定污染源排气中丙烯醛的测定　气相色谱法》（HJ/T 36—1999）测定固定污染源排气中的丙烯醛时，所用填充柱填充好之后，应在________℃、通氮气 50 mL/min 的条件下老化________h 后才可使用。

答案：190　　24

3. 根据《固定污染源排气中丙烯醛的测定　气相色谱法》（HJ/T 36—1999）测定固定污染源排气中的丙烯醛时，采集气样用的连接管应为________（材质）软管或内衬________（材质）薄膜的硅橡胶管。

答案：聚四氟乙烯　　聚四氟乙烯

4. 根据《固定污染源排气中丙烯醛的测定　气相色谱法》（HJ/T 36—1999）测定固定污染源排气中的丙烯醛时，若采集后的样品浓度过高，可用________或________稀释至________mg/m^3左右再进行测定。

答案：氮气　　纯净空气　　50

二、判断题

1. 根据《固定污染源排气中丙烯醛的测定　气相色谱法》（HJ/T 36—1999）测定固定污染源排气中的丙烯醛时，玻璃配气瓶在使用前应用自来水准确标定体积。（　　）

答案：错误

正确答案为：应用纯水准确标定体积。

2. 根据《固定污染源排气中丙烯醛的测定　气相色谱法》（HJ/T 36—1999）测定固定污染源排气中的丙烯醛时，使用的色谱柱是长 3 m、内径 4 mm 的不锈钢柱。（　　）

答案：错误

正确答案为：色谱柱应该是玻璃柱。

3. 根据《固定污染源排气中丙烯醛的测定　气相色谱法》（HJ/T 36—1999）测定固定污染源排气中的丙烯醛时，采用 100 mL 注射器进行有组织排放采样，样品应避光保存，在 3 d 内分析完毕。（　　）

答案：错误

正确答案为：有组织排放样品采集后，应于 48 h 内分析完毕。

4. 根据《固定污染源排气中丙烯醛的测定　气相色谱法》（HJ/T 36—1999）测定固定污染源排气中的丙烯醛时，采用 100 mL 注射器进行无组织排放采样，样品应于 48 h 内分析完毕。（　　）

答案：错误

正确答案为：无组织排放样品采集后，应于 4 h 内分析完毕。

5. 根据《固定污染源排气中丙烯醛的测定　气相色谱法》（HJ/T 36—1999）测定固定污染源排气中的丙烯醛时，直接用分析纯丙烯醛配制标准气。（　　）

答案：错误

正确答案为：分析纯丙烯醛应经全玻璃装置蒸馏后，取 52.5℃馏分，再配制标准气。

6. 根据《固定污染源排气中丙烯醛的测定　气相色谱法》（HJ/T 36—1999）测定固定污染源排气中的丙烯醛时，采用单点比较法定量时，重复两次测定的结果相对偏差小于 15%，则样品的分析数据有效，以两次测定结果的平均值进行计算。（　　）

答案：错误

正确答案为：重复两次测定的结果相对偏差应不超过 5%，样品的分析数据才有效。

三、选择题

1. 根据《固定污染源排气中丙烯醛的测定　气相色谱法》（HJ/T 36—1999）测定固定污染源排气中的丙烯醛时，遇到成分较为复杂的样品时，应采用双柱定性，所采用的辅助色谱柱填料为________。（　　）

A. OV-17　　B. 聚乙二醇 -20M　　C. PEG-600　　D. GDX-102

答案：B

2. 根据《固定污染源排气中丙烯醛的测定　气相色谱法》（HJ/T 36—1999）测定固定污染源排气中的丙烯醛时，采用的色谱柱填料为________。（　　）

A. OV-17　　B. GDX-502　　C. PEG-600　　D. GDX-102

答案：B

3. 根据《固定污染源排气中丙烯醛的测定　气相色谱法》（HJ/T 36—1999）测定固定污染源排气中的丙烯醛时，采集有组织排放样品的采样管，不可采用________材质。（　　）

A. 不锈钢　　B. 硬质玻璃　　C. 塑料　　D. 聚四氟乙烯

答案：C

4. 根据《固定污染源排气中丙烯醛的测定　气相色谱法》（HJ/T 36—1999）测定固定污染源排气中的丙烯醛，用校准曲线进行定量分析时，任何一次开机分析样品，都应首先绘制校准曲线，然后每分析 5～10 个样品插入校准曲线中一个浓度适当的标样，其测定值与原校准曲线中的测定值比较，相对偏差应小于________%，否则应重新绘制校准曲线。（　　）

A. 5　　B. 10　　C. 15　　D. 20

答案：A

5. 根据《固定污染源排气中丙烯醛的测定　气相色谱法》（HJ/T 36—1999）测定固定污染源排气中的丙烯醛时，采用 100 mL 注射器采样，采样后，应用________密封带回实验室分析。（　　）

A. 胶带　　B. 普通橡胶　　C. 硅橡胶帽　　D. 聚乙烯膜

答案：C

6. 根据《固定污染源排气中丙烯醛的测定　气相色谱法》（HJ/T 36—1999）测定固定污染源排气中的丙烯醛，当进样量为 1 mL 时，定量测定的浓度范围在________mg/m^3。（　　）

A. 0.031～100　　B. 0.031～50　　C. 0.31～100　　D. 0.31～500

答案：C

四、问答题

1. 简述根据《固定污染源排气中丙烯醛的测定　气相色谱法》（HJ/T 36—1999）测定固定污染源排气中的丙烯醛时，所用 GDX-502 色谱柱的填充方法。

答案：（1）玻璃色谱柱的一端用玻璃棉塞，接真空泵；柱的另一端通过软管接漏斗。（2）将固定相 GDX-502 通过漏斗慢慢装入色谱柱内，在装填固定相时应开动真空泵抽吸，同时轻轻敲击玻璃柱，使固定相在色谱柱内填充均匀并且紧密。（3）填充完毕后用玻璃棉塞住色谱柱另一端。（4）装好的色谱柱一端接在进样口上，另一端不接检测器，在 190℃、通氮气 50 mL/min 的条件下老化处理 24 h 后使用。

2. 简述根据《固定污染源排气中丙烯醛的测定　气相色谱法》（HJ/T 36—1999）测定固定污染源排气中的丙烯醛时，标准气的配制方法。

答案：用微量注射器准确量取一定量的重蒸丙烯醛（20℃ 1 μL 丙烯醛重 0.841 0 mg）注入 100 mL 注射器中，用零空气稀释至 100 mL 混匀，计算丙烯醛的浓度（μg/mL），然后再用零空气稀释成所需浓度的标准气。

五、计算题

用气相色谱法测定固定污染源排气中丙烯醛时，某样品采样体积为 100 mL，样品进样 1.00 mL，得到峰高 37.84 pA。已知浓度为 35.6 mg/m^3 的丙烯醛标准气进样 1.00 mL 时，峰高为 29.52 pA，试计算该样品中丙烯醛的浓度。

答案：$(37.84 \times 35.6 \times 1.00) / (29.52 \times 1.00) = 45.6\ (\mathrm{mg/m^3})$

参考文献

[1] 国家环境保护总局 . 固定污染源排气中丙烯醛的测定　气相色谱法：HJ/T 36—1999 [S]. 北京：中国环境科学出版社，1999.

[2] 国家环境保护总局《空气和废气监测分析方法》编委会 . 空气和废气监测分析方法（第四版）[M]. 北京：中国环境科学出版社，2003.

命题：时庭锐

审核：史　箴　夏　新

第十八节　低分子醛

分类号：G17–17

主要内容
低分子醛的测定　气相色谱法《空气和废气监测分析方法》（第四版）

一、填空题

1. 根据《空气和废气监测分析方法》（第四版）中气相色谱法测定空气中低分子醛时，采用________（材质）注射器采样，用________检测器测定。

答案：全玻璃　　氢火焰离子化

2. 根据《空气和废气监测分析方法》（第四版）中气相色谱法测定空气中的低分子醛时，若醛的浓度在________mg/m^3 范围，可直接测定；醛的浓度在 0.01～2 mg/m^3 范围时，需要富集，解吸后测定。

答案：2～500

3. 根据《空气和废气监测分析方法》（第四版）中气相色谱法测定空气中的低分子醛时，需要在色谱柱上分离出每种醛中单体和________的相对量，从而确定单体的准确含量。

答案：聚合物

4. 根据《空气和废气监测分析方法》（第四版）中气相色谱法测定空气中的低分子醛，当采样量为 100 mL 时，丙醛的最低检出浓度可以达到________mg/m^3。

答案：0.01

二、判断题

1. 根据《空气和废气监测分析方法》（第四版）中气相色谱法测定空气中的低分子醛时，采样吸附富集管使用长 10 cm、内径为 2.6 mm 的 U 形不锈钢管。（　　）

答案：错误

正确答案为：应该使用玻璃管。

2. 根据《空气和废气监测分析方法》（第四版）中气相色谱法测定空气中的低分子醛时，空气中的乙腈杂质会对分析产生干扰。（　　）

答案：错误

正确答案为：空气中的乙腈不会对低分子醛测定产生干扰。

3. 根据《空气和废气监测分析方法》（第四版）中气相色谱法测定空气中的低分子醛时，市售的乙醛、丙醛和丙烯醛分析纯试剂可作为标准样品直接使用。（　　）

答案：错误

正确答案为：由于可能含有聚合物，因此必须先标定其含量后再使用。

4. 根据《空气和废气监测分析方法》（第四版）中气相色谱法测定空气中的低分子醛时，色谱柱可选用玻璃填充柱或不锈钢填充柱。（　　）

答案：错误

正确答案为：色谱柱应选用玻璃柱。

5. 根据《空气和废气监测分析方法》（第四版）中气相色谱法测定空气中的低分子醛时，若采用热解吸法，应尽量缩短热解吸时间，时间过长会导致 U 形富集管两端的橡胶帽分解出杂质，干扰色谱测定。（　　）

答案：错误

正确答案为：只有当气体浓度较低时，才应尽量缩短热解吸时间。

三、选择题

1. 根据《空气和废气监测分析方法》（第四版）中气相色谱法测定空气中的低分子醛时，所采用的色谱柱内填充________% PEG-600 的 Chromosorb WHP A W DMCS 填料。（　　）

A. 5　　B. 10　　C. 15　　D. 20

答案：B

2. 根据《空气和废气监测分析方法》（第四版）中气相色谱法测定空气中的低分子醛时，所采用的吸附浓缩管内填充的是________目 Tenax-GC 填料。（　　）

A. 40～60　　B. 60～80　　C. 80～100　　D. 100～120

答案：B

3. 根据《空气和废气监测分析方法》（第四版）中气相色谱法分析空气中的低分子醛时，使用的色谱柱为：柱长________m，内径为________mm。（　　）

A. 2，2　　B. 3，2　　C. 3，3　　D. 2，4

答案：B

4. 根据《空气和废气监测分析方法》（第四版）中气相色谱法测定空气中的低分子醛时，若采样 100 mL，乙醛的最低检出浓度可以达到________mg/m^3。(　　)

A. 0.01　　B. 0.05　　C. 0.001　　D. 0.009

答案：D

5. 根据《空气和废气监测分析方法》（第四版）中气相色谱法测定空气中的低分子醛时，采样后，应用橡胶密封后________放置带回实验室分析。(　　)

A. 水平　　B. 垂直　　C. 任意

答案：B

四、问答题

1. 简述根据《空气和废气监测分析方法》（第四版）中气相色谱法测定空气中低分子醛时，标准气的配制方法。

答案：（1）先将 20 L 配气瓶用二氯二甲基硅烷进行去活处理。经多次抽成真空清洗容器至无残留。此措施可避免容器壁对样品的吸附。（2）处理过的容器最后抽成真空。（3）用微量注射器准确注入已标定的醛溶液（尽量保持三种醛的浓度为 1∶1∶1）。待其充分挥发后，通入高纯氮气至常压。（4）计算已配制的标准气体中各种醛的含量，再逐次用高纯氮气稀释成待用标准气体系列。

2. 简述根据《空气和废气监测分析方法》（第四版）中气相色谱法测定空气中的低分子醛时的主要注意事项。

答案：（1）气体浓度较低时，热解吸时间可以缩短，时间过长会导致 U 形富集管两端的橡胶帽分解出杂质，干扰色谱测定。（2）市售的乙醛、丙醛和丙烯醛分析纯试剂中可能含有聚合物，所以不能作为标准样品直接使用，必须先标定其含量后再使用。（3）标准气体与样品操作步骤的条件应保持一致，以免引进分析误差。

五、计算题

用气相色谱法测定空气中的低分子醛时，某低分子醛样品采样体积为 100 mL，样品进样 1.00 mL，在丙烯醛保留时间处得到峰高 37.84 pA。已知浓度为 35.6 mg/m^3 的丙烯醛标准气进样 1.00 mL 时，峰高为 29.52 pA，试求该样品中丙烯醛的浓度。

答案：$C=37.84\times35.6\times1.00/(29.52\times1.00)=45.6\ (mg/m^3)$

参考文献

国家环境保护总局《空气和废气监测分析方法》编委会. 空气和废气监测分析方法（第四版）[M]. 北京：中国环境科学出版社，2003.

命题：时庭锐

审核：史　箴　夏　新

第十九节 丙酮

分类号：G17-18

主要内容
丙酮的测定 气相色谱法《空气和废气监测分析方法》（第四版）

一、填空题

《空气和废气监测分析方法》（第四版）中气相色谱法测定空气中的丙酮的采样系统由________、________、________和抽气泵组成。

答案：采样管 捕集装置 流量测量装置

二、判断题

1. 根据《空气和废气监测分析方法》（第四版）中气相色谱法测定空气中的丙酮时，若有甲醇、乙醇、苯和乙醛等共存物，则对测定有干扰。（ ）

答案：错误

正确答案为：气相色谱法测定丙酮时，测定不受甲醇、乙醇、苯和乙醛等共存物的干扰。

2. 根据《空气和废气监测分析方法》（第四版）中气相色谱法测定空气中的丙酮时，无论样品以热解吸法进样还是以二硫化碳提取法进样，计算样品浓度时都应扣除空白采样管的空白值。（ ）

答案：正确

3. 采集了空气中丙酮样品的采样管应在低温下保存，尽快分析。（ ）

答案：正确

4. 根据《空气和废气监测分析方法》（第四版）中气相色谱法测定空气中的丙酮时，一般测定 3 个试样后就应该用标准样品校准一次仪器。（ ）

答案：正确

5. 根据《空气和废气监测分析方法》（第四版）中气相色谱法测定空气中的丙酮时，用于洗脱采样管中丙酮的市售二硫化碳试剂为分析纯，且需经纯化处理，色谱分析检验无干扰峰后，常温下保存备用。（ ）

答案：错误

正确答案为：纯化处理后的二硫化碳，应在冰箱内保存备用。

6. 每一批次的活性炭的粒度和采样管填充状况不完全一样，所以每批活性炭管都应测定二硫化碳提取丙酮的效率。（ ）

答案：正确

7. 根据《空气和废气监测分析方法》（第四版）中气相色谱法测定空气中的丙酮用的毛细管色谱柱是大口径极性石英柱。（ ）

答案：错误

正确答案为：应是大口径非极性石英柱。

三、选择题

1.________检测器不适合测定丙酮。(　　)

A. MSD　　B. FID　　C. PID　　D. ECD

答案：D

2. 根据《空气和废气监测分析方法》（第四版）中气相色谱法测定环境空气中的丙酮时，当气相色谱的各部温度、气体流量稳定正常，连续两次进同一标准样品 2 μL，其峰面积相对偏差≤________，即可认为仪器处于稳定状态。(　　)

A. 5%　　B. 10%　　C. 15%　　D. 20%

答案：A

3. 根据《空气和废气监测分析方法》（第四版）中气相色谱法测定空气中的丙酮时，热解吸采集的丙酮所使用的解吸气不可以是________。(　　)

A. 清洁空气　　B. 氦气　　C. 氮气

答案：A

4. 根据《空气和废气监测分析方法》（第四版）中气相色谱法测定空气中的丙酮时，每一批活性炭采样管对每一化合物的解吸效率都应≥________。(　　)

A. 60%　　B. 70%　　C. 80%　　D. 90%

答案：C

参考文献

国家环境保护总局《空气和废气监测分析方法》编委会. 空气和废气监测分析方法（第四版）[M]. 北京：中国环境科学出版社，2003.

命题：时庭锐　吴宇峰
审核：史　箴　夏　新

第二十节　环氧氯丙烷

分类号：G17-19

主要内容
环氧氯丙烷的测定　气相色谱法《空气和废气监测分析方法》（第四版）

一、填空题

1. 根据《空气和废气监测分析方法》（第四版）中气相色谱法测定环境空气和废气中的环氧氯丙烷时，用活性炭吸附管富集空气中样品后，加________解吸，经 1,2,3,4-四（2- 氰乙氧基）丁烷 - 双甘油或 β,β' - 氧二丙腈双甘油色谱柱分离后，用火焰离子化检测器测定，以保留时间定性，外标峰高法定量。

答案：二硫化碳

2. 根据《空气和废气监测分析方法》（第四版）中气相色谱法测定环境空气和废气中的环氧氯丙烷，样品测定时，从采样管通空气的一端将活性炭放入 10 mL 比色管，加入________mL 二硫化碳，浸泡________h 后，用微量注射器抽取浸泡液注入色谱仪。

答案：1.00　　1

二、判断题

1. 根据《空气和废气监测分析方法》（第四版）中气相色谱法测定环境空气和废气中的环氧氯丙烷，用活性炭采样管采样时，在采样管前不宜加接各种管道，以免环氧氯丙烷在管壁上被冷凝和吸附。（　　）

答案：正确

2. 根据《空气和废气监测分析方法》（第四版）中气相色谱法测定环境空气和废气中的环氧氯丙烷时，一般情况下，只需测定 A 段活性炭上的环氧氯丙烷即可。（　　）

答案：正确

3. 根据《空气和废气监测分析方法》（第四版）中气相色谱法测定环境空气和废气中的环氧氯丙烷时，如环氧氯丙烷在 0～10 000 ng 范围内，色谱峰值与含量呈线性关系。（　　）

答案：错误

正确答案为：环氧氯丙烷在 0～1 000 ng 范围内时，色谱峰值与含量呈线性关系。

4. 根据《空气和废气监测分析方法》（第四版）中气相色谱法测定环境空气和废气中的环氧氯丙烷时，如下两种色谱柱均可同时测定苯、甲苯、二甲苯、苯乙烯和环氧氯丙烷。（1）3% 1,2,3,4- 四（2- 氰乙氧基）丁烷 +7% 双甘油 / 酸洗 101 白色担体和色谱柱。（2）2.7% β,β' - 氧二丙腈 +6.4% 双甘油 / 酸洗 101 白色担体。（　　）

答案：错误

正确答案为：仅 2.7% β,β'- 氧二丙腈 +6.4% 双甘油 / 酸洗 101 白色担体柱可以同时测定苯、甲苯、二甲苯、苯乙烯和环氧氯丙烷。

5. 根据《空气和废气监测分析方法》（第四版）中气相色谱法测定环境空气和废气中的环氧氯丙烷时，采用活性炭采样管采样，长约 50 mm，内径为 4 mm，两端玻璃封口。内装活性炭吸附剂，并分为两段。（　　）

答案：正确

三、选择题

1. 根据《空气和废气监测分析方法》（第四版）中气相色谱法测定环境空气和废气中的环氧氯丙烷时，用活性炭采样管采样，当采样体积为 100 L、用 1 mL 二硫化碳解吸时，最低检出浓度为________mg/m^3。（　　）

A. 0.05　　B. 0.01

C. 0.1　　D. 0.2

答案：C

2. 根据《空气和废气监测分析方法》（第四版）中气相色谱法测定环境空气和废气中的环氧氯丙烷时，当________含量高于环氧氯丙烷时，会影响测定结果。（　　）

A. 甲苯　　B. 异丙苯　　C. 苯乙烯　　D. 二甲苯

答案：C

四、问答题

简述根据《空气和废气监测分析方法》（第四版）中气相色谱法测定环境空气和废气中的环氧氯丙烷时，配制环氧氯丙烷标准溶液所用的二硫化碳的提纯方法。

答案：提纯方法是：向 250 mL 二硫化碳（AR）中加入 20 mL 硫酸、1 mL 甲醛，充分振荡、静置、分层。然后重复多次至二硫化碳无色为止，再用 20% 的碳酸钠溶液洗至中性，用无水硫酸钠干燥，蒸馏后使用。

参考文献

国家环境保护总局《空气和废气监测分析方法》编委会 . 空气和废气监测分析方法（第四版）[M]. 北京：中国环境科学出版社，2003.

命题：时庭锐　吴宇峰
审核：彭　华　夏　新

第二十一节　丙烯腈

分类号：G17–20

主要内容
①《固定污染源排气中丙烯腈的测定　气相色谱法》（HJ/T 37—1999）
②丙烯腈的测定　气相色谱法《空气和废气监测分析方法》（第四版）

一、填空题

1. 气相色谱法测定环境空气或废气中的丙烯腈时，使用________检测器进行测定。①②

答案：氢火焰离子化（FID）

2.《固定污染源排气中丙烯腈的测定　气相色谱法》（HJ/T 37—1999）的原理是：丙烯腈经________吸附采样管常温富集后，用________在常温下解吸，经色谱柱分离，气相色谱测定。①

答案：活性炭　　二硫化碳

3. 用气相色谱法测定环境空气或废气中的丙烯腈，分析成分复杂样品且对定性结果有疑问时，可采用________色谱柱定性。若对定性结果仍有疑问时，可采用________等其他方法和手段进一步定性。①②

答案：双　　气相色谱 / 质谱

4. 根据《固定污染源排气中丙烯腈的测定 气相色谱法》（HJ/T 37—1999）测定固定污染源排气中的丙烯腈，在排气筒采集样品时，应在采样管口处塞适量的________，然后将其伸入排气筒内的采样点位置，注意先使排气筒内的气体由________吸附管流通，以充分洗涤采样管路，然后再使排气通过吸附管。①

答案：玻璃棉 旁路

5. 用气相色谱法测定环境空气或废气中的丙烯腈时，采样后的活性炭管，在两端塞紧帽盖的情况下________保存，低温（8℃以下）下最多可存放________d。①②

答案：避光 7

二、判断题

1. 二硫化碳的沸点较低，易挥发，因此在配制丙烯腈标准溶液和对样品进行解吸时，注意随时盖紧容器的磨口塞，室内温度不要超过 35℃。（ ）①②

答案：错误

正确答案为：室内温度不要超过 30℃。

2. 用气相色谱法测定环境空气或废气中的丙烯腈时，采样装置连接好后，应检查系统的气密性和可靠性，并且整个采样装置的连接管要尽可能短。（ ）①②

答案：正确

三、选择题

1. 根据《固定污染源排气中丙烯腈的测定 气相色谱法》（HJ/T 37—1999）的规定，采集固定污染源排气中丙烯腈所用的活性炭粒度为________目。（ ）①

A. 20～40　B. 40～60　C. 60～80　D. 80～100

答案：A

2. 用气相色谱法测定环境空气或废气中的丙烯腈时，所采用的色谱柱填充剂为________目的 GDX-502，若遇到干扰物质量稍大而影响丙烯腈出峰时，可改为________目的 GDX-502。（ ）①②

A. 20～40，40～60　B. 40～60，80～100

C. 60～80，80～100　D. 20～40，80～100

答案：C

3. 根据《固定污染源排气中丙烯腈的测定 气相色谱法》（HJ/T 37—1999）测定固定污染源排气中的丙烯腈时，采用两段吸附管采集样品时，应注意 B 段活性炭吸附的丙烯腈的量不超过被吸附丙烯腈总量的________%。（ ）①

A. 1　B. 2　C. 5　D. 10

答案：B

4. 根据《固定污染源排气中的丙烯腈的测定 气相色谱法》（HJ/T 37—1999）测定固定污染源排气中丙烯腈时，采样管加热温度应以水汽和样品不在采样壁凝结为原则，但加热温度最高不超过________℃。（ ）①

A. 60　B. 100　C. 120　D. 160

答案：D

5. 根据《固定污染源排气中丙烯腈的测定 气相色谱法》（HJ/T 37—1999）测定固定污染源排气中的丙烯腈时，对于每一支活性炭采样管，采样量应控制在二硫化碳解吸液中丙烯腈的浓度为________μg/mL。（ ）①

A. 10～50　　B. 10～100　　C. 10～400　　D. 10～1 000

答案：C

6. 根据《固定污染源排气中丙烯腈的测定 气相色谱法》（HJ/T 37—1999）测定固定污染源排气中的丙烯腈时，辅助 GDX-502 填充柱定性的色谱柱固定液为________。（ ）①

A. 聚乙二醇 2000　　B. OV-101
C. OV-17　　D. β,β'- 氧二丙腈

答案：D

四、问答题

1. 简述根据《固定污染源排气中丙烯腈的测定 气相色谱法》（HJ/T 37—1999）测定固定污染源排气中的丙烯腈时，采样吸附剂的处理方法。①

答案：处理 GDX-502 时，用环己烷作提洗剂，在索氏提取器中对 GDX-502 洗提数小时，然后在 30～40℃下干燥。待环己烷基本挥发后，将 GDX-502 置于真空干燥箱内（或在氮气环境下），经 130℃真空干燥 2～3 h 后，待温度降至室温，取出装柱。

2. 用气相色谱法测定丙烯腈时，使用过的玻璃仪器应该用什么溶液清洗？①②

答案：因为二硫化碳不溶于水，所以使用过的玻璃仪器应该用热的稀碱溶液清洗，例如，使用 5% 的碳酸钠溶液加热后作洗涤剂，然后用清水冲洗干净。

五、计算题

某丙烯腈样品采样体积为 19.5 L（标准状况），A 段用 2.00 mL 的二硫化碳解吸、B 段用 1.00 mL 的二硫化碳解吸后，进样 2.0 μL，得到 A 段峰高 42.15 pA，B 段峰高 3.62 pA 而全程序试剂空白为 0（进样 2.0 μL）。已知浓度为 36.0 mg/L 的丙烯腈标准溶液进样 2.0 μl 时，峰高为 45.24 pA，试计算该样品中丙烯腈的浓度。①②

答案：$C=[(42.15\times36.0\times2.00)+(3.62\times36.0\times1.00)]/(45.24\times19.5)$

$=3.59\ (\text{mg/m}^3)$

参考文献

[1] 国家环境保护总局 . 固定污染源排气中丙烯腈的测定 气相色谱法：HJ/T 37—1999 [S]. 北京：中国环境科学出版社，1999.

[2] 国家环境保护总局《空气和废气监测分析方法》编委会 . 空气和废气监测分析方法（第四版）[M]. 北京：中国环境科学出版社，2003.

命题：吴宇峰
审核：史 箴 夏 新

第二十二节 三甲胺

分类号：G17-21

主要内容
①《空气质量 三甲胺的测定 气相色谱法》（GB/T 14676—1993）
②《环境空气和废气 三甲胺的测定 溶液吸收－顶空 / 气相色谱法》（HJ 1042—2019）

一、填空题

1. 根据《空气质量 三甲胺的测定 气相色谱法》（GB/T 14676—1993）测定环境空气中的三甲胺时，处理后的玻璃微珠担体在真空干燥箱内________℃真空干燥 2～3 h 后，密封于棕色瓶中备用，保存期为________。①

答案：80 1 个月

2. 根据《空气质量 三甲胺的测定 气相色谱法》（GB/T 14676—1993）测定环境空气中的三甲胺时，所使用的气体进样器必须保持良好的气密性，注射器内表面应该用________处理。①

答案：碱液

3. 根据《环境空气和废气 三甲胺的测定 溶液吸收－顶空 / 气相色谱法》（HJ 1042—2019）测定环境空气和废气中的三甲胺时，样品采集后应尽快完成分析，否则应于________℃以下密封保存，________d 内完成分析。②

答案：4 7

4. 根据《环境空气和废气 三甲胺的测定 溶液吸收－顶空 / 气相色谱法》（HJ 1042—2019）测定环境空气和废气中的三甲胺时，应在每批样品分析序列最后加入________用于顶空及连接管路的清洗，避免顶空进样针及六通阀堵塞。②

答案：纯水样品

二、判断题

1. 根据《空气质量 三甲胺的测定 气相色谱法》（GB/T 14676—1993）测定环境空气中的三甲胺时，采样后采样管应在 10 d 内分析完毕。（ ）①

答案：错误

正确答案为：应在 1 周内分析完毕。

2. 根据《空气质量 三甲胺的测定 气相色谱法》（GB/T 14676—1993）测定环境空气中的三甲胺时，玻璃微珠担体的预处理方法是将玻璃微珠分别用稀盐酸、蒸馏水洗净烘干后备用。（ ）①

答案：错误

正确答案为：应该分别用浓盐酸、蒸馏水洗净。

3. 根据《空气质量 三甲胺的测定 气相色谱法》（GB/T 14676—1993）测定环境空气中的三甲胺时，采样使用 80～100 目的玻璃微珠担体。（ ）①

答案：错误

　　正确答案为：应为 60～80 目玻璃微珠担体。

4. 根据《空气质量　三甲胺的测定　气相色谱法》（GB/T 14676—1993）测定环境空气中的三甲胺时，标定后的三甲胺标准储备液在 4℃时可以保存 4 周。（　　）①

答案：错误

　　正确答案为：仅可以保存 2 周。

5.《环境空气和废气　三甲胺的测定　溶液吸收－顶空 / 气相色谱法》（HJ 1042—2019）适用于环境空气、固定污染源无组织排放监控点空气和有组织排放废气中的三甲胺的测定。②

答案：正确

6. 根据《环境空气和废气　三甲胺的测定　溶液吸收－顶空 / 气相色谱法》（HJ 1042—2019）测定环境空气和废气中的三甲胺时，顶空进样器与气相色谱仪之间的连接管线应全部处于加热及保温状态，确保无冷点。②

答案：正确

三、选择题

1. 根据《空气质量　三甲胺的测定　气相色谱法》（GB/T 14676—1993）测定环境空气中的三甲胺时，使用________检测器。（　　）①

A. ECD　　B. FPD　　C. FID　　D. NPD

答案：C

2. 根据《空气质量　三甲胺的测定　气相色谱法》（GB/T 14676—1993）测定环境空气中的三甲胺时，饱和氢氧化钠溶液配制后，应将其加热到________℃赶出挥发性杂质，并于聚乙烯塑料瓶内密封保存。（　　）①

A. 50　　B. 60　　C. 70　　D. 80

答案：B

3. 根据《空气质量　三甲胺的测定　气相色谱法》（GB/T 14676—1993）测定环境空气中的三甲胺时，将采样管后塞侧端与采样泵连接，以________L/min 的流速连续采集 10～100 L 样品气体，采样后用硅橡胶塞和密封帽密封采样管两端。（　　）①

A. 0.2～0.3　　B. 0.3～0.5　　C. 0.5～1.0　　D. 1.0～1.5

答案：C

4. 根据《环境空气和废气　三甲胺的测定　溶液吸收－顶空 / 气相色谱法》（HJ 1042—2019）测定环境空气和废气中的三甲胺时，可使用 FID 和________检测器。（　　）②

A. ECD　　B. FPD　　C. TCD　　D. NPD

答案：D

5. 根据《环境空气和废气　三甲胺的测定　溶液吸收－顶空 / 气相色谱法》（HJ 1042—2019）测定废气中的三甲胺时，采样时应将加热管加热并保持在________℃，避免水汽于吸收瓶之前凝结。（　　）②

A. 100　　B. 200　　C. 50　　D. 120

答案：D

四、问答题

1. 简述根据《空气质量　三甲胺的测定　气相色谱法》（GB/T 14676—1993）测定环境空气中的三甲胺时，样品的解吸步骤。①

答案： 将采样管前端塑料帽取下，安装上 9 号尼龙针头并插入解吸瓶。从采样管后塞处注入 1 mL 饱和氢氧化钠溶液静置 1 min（外部空气不得进入系统），再从采样管后塞处插入与氮气袋相连接的针头，使氮气通过采样管，将全部碱液导入解吸瓶并使瓶内充满氮气至常压。

2. 简述根据《空气质量　三甲胺的测定　气相色谱法》（GB/T 14676—1993）测定环境空气中的三甲胺的注意事项。①

答案：（1）选用的气体进样器必须保证良好的气密性，注射器内表面应以碱液处理。

（2）平行采集样品数不得少于 2 个。

（3）每次实验操作条件要严格保持一致。

（4）饱和氢氧化钾溶液使用前，应通一段时间氮气赶出杂质。

（5）采样后采样管应在 1 周内分析。

3. 简述根据《空气质量　三甲胺的测定　气相色谱法》（GB/T 14676—1993）测定环境空气中的三甲胺时，三甲胺标准样品的配制方法及有效期要求。①

答案： 吸取 3 mL 三甲胺溶液置于 1 000 mL 容量瓶中，用水定容。此溶液用酸碱滴定法进行标定后作为三甲胺标准储备液，此储备液在 4℃时可保存 2 周，超过此时间需重新标定。使用标定后的储备液，现用现配 5 个浓度水平的标准工作溶液系列。

4. 简述根据《环境空气和废气　三甲胺的测定　溶液吸收－顶空 / 气相色谱法》（HJ 1042—2019）测定环境空气和废气中的三甲胺的方法原理。②

答案： 环境空气和废气中三甲胺经稀酸吸收后，将吸收液转移至顶空瓶内，加碱处理。在一定的温度下，样品中三甲胺向液上空间挥发，在气液两相达到热力学动态平衡后，气相中的三甲胺浓度与液相中浓度成正比，经气相色谱分离，用氢火焰离子化检测器 / 氮磷检测器进行检测。根据色谱峰保留时间定性，外标法定量。

参考文献

[1] 国家环境保护局 . 空气质量　三甲胺的测定　气相色谱法：GB/T 14676—1993 [S]. 北京：中国环境科学出版社，1993.

[2] 生态环境部 . 环境空气和废气　三甲胺的测定　溶液吸收－顶空 / 气相色谱法：HJ 1042—2019 [S]. 北京：中国环境出版集团，2019.

命题：赵志强　彭　华

审核：杨　华　周笑白　夏　新

第二十三节　吡啶

分类号：G17-22

主要内容
吡啶的测定　气相色谱法《空气和废气监测分析方法》(第四版)

一、填空题

1. 根据《空气和废气监测分析方法》(第四版)中气相色谱法测定环境空气中的吡啶时，是以吸收液采集空气中的吡啶，用________萃取富集，经色谱柱分离后，采用________检测器测定。

答案：二硫化碳　　氢火焰离子化（FID）

2. 根据《空气和废气监测分析方法》(第四版)中气相色谱法测定环境空气中的吡啶时，采集吡啶样品所使用的吸收液是 0.10 mol/L 的________。

答案：硫酸溶液

二、判断题

1. 根据《空气和废气监测分析方法》(第四版)中气相色谱法测定环境空气中的吡啶时，样品在运输过程中，应避免激烈振荡，并在阴凉处存放。(　　)

答案：错误

　　正确答案为：应在低于 5℃的冰箱中存放。

2. 根据《空气和废气监测分析方法》(第四版)中气相色谱法测定环境空气中的吡啶时，采集吡啶样品后的吸收液，用二硫化碳萃取两次，不用添加其他物质。(　　)

答案：错误

　　正确答案为：应添加一粒氢氧化钠（0.05 g）。

3. 根据《空气和废气监测分析方法》(第四版)中气相色谱法测定环境空气中的吡啶时，样品的操作步骤与绘制吡啶标准曲线的操作步骤应完全相同。(　　)

答案：正确

三、选择题

1. 根据《空气和废气监测分析方法》(第四版)中气相色谱法测定环境空气中的吡啶时，分离吡啶所用的色谱柱内填充涂敷________% PEG-1500 的白色硅藻土担体。(　　)

A. 5　　B. 10　　C. 15　　D. 20

答案：A

2. 根据《空气和废气监测分析方法》(第四版)中气相色谱法测定环境空气中的吡啶，采集样品时，以________L/min 的流量采气 1～20 L（视污染物浓度而定）。(　　)

A. ＜0.1　　B. 0.3～0.5　　C. 1.0　　D. 5.0

答案：B

3. 根据《空气和废气监测分析方法》(第四版)中气相色谱法测定环境空气中的吡啶的，配制色谱固定相的白色硅藻土单体时，需用5%的________溶液浸泡过夜，用去离子水洗至中性，烘干备用。(　　)

A. 氢氧化钾－丙酮　　B. 氢氧化钠－甲醇

C. 氢氧化钾－甲醇　　D. 氢氧化钠－丙酮

答案：C

四、问答题

1. 简述根据《空气和废气监测分析方法》(第四版)中气相色谱法测定环境空气中的吡啶时，样品的前处理过程。

答案：将采集的吡啶样品移入60 mL(或150 mL)分液漏斗中，加入2.00 mL二硫化碳和一粒氢氧化钠(约0.05 g)，振摇2 min，静置分层后，放出二硫化碳层，如此再重复操作一次，合并两次的二硫化碳萃取液，等待进样。

2. 简述根据《空气和废气监测分析方法》(第四版)中气相色谱法测定环境空气中吡啶时，标准曲线的绘制方法。

答案：分别吸取吡啶标准系列10.0 mL于60 mL(或150 mL)分液漏斗中，加入2.00 mL二硫化碳和一粒氢氧化钠(约0.05 g)，振摇2 min，静置分层后，放出二硫化碳层，如此再重复操作一次，合并两次的二硫化碳萃取液，待色谱基线平直后，萃取液进样1.0 μL，测定标样的保留时间及峰高，以峰高对吡啶含量绘制曲线。

五、计算题

用气相色谱法测定环境空气中吡啶时，若方法检出限为0.2 ng/μl，当标准状况采样体积为20 L、用5 mL二硫化碳解吸时，最低检出浓度为多少mg/m^3？

答案：$0.2 \times 5/20=0.05$ (mg/m^3)

参考文献

国家环境保护总局《空气和废气监测分析方法》编委会.空气和废气监测分析方法(第四版)[M].北京：中国环境科学出版社，2003.

命题：吴宇峰　周笑白

审核：彭　华　夏　新

第二十四节　肼和偏二甲基肼

分类号：G17-23

主要内容
肼和偏二甲基肼的测定　气相色谱法《空气和废气监测分析方法》(第四版)

一、填空题

1. 根据《空气和废气监测分析方法》（第四版）中气相色谱法测定环境空气中的肼和偏二甲基肼时，用装有浸渍________的101白色单体的采样管富集空气中的肼和偏二甲基肼，生成稳定的硫酸盐。用水洗脱，加入________衍生试剂，生成相应的肼和偏二甲基肼的衍生物。

答案：硫酸　　糠醛

2. 根据《空气和废气监测分析方法》（第四版）中气相色谱法测定环境空气中的肼和偏二甲基肼时，肼和偏二甲基肼的衍生物用________进行萃取，将萃取液注入气相色谱，用________检测器测定，以保留时间定性，峰高（或峰面积）定量。

答案：乙酸乙酯　　　氢火焰离子化（FID）

3. 根据《空气和废气监测分析方法》（第四版）中气相色谱法测定环境空气中的肼和偏二甲基肼时，采集肼和偏二甲基肼采样管的制作方法为：称取200 mg固体吸附剂，通过小漏斗注入特制的玻璃采样管，吸附剂两端用洁净的60目________固定，采样管两端用聚乙烯管帽密封，外面包以黑纸，保存于________内。

答案：不锈钢网帽　　干燥器

二、判断题

1. 根据《空气和废气监测分析方法》（第四版）中气相色谱法测定环境空气中的肼和偏二甲基肼时，采集样品时，生活区以5 L/min的流量采样120 L，污染区以2 L/min的流量采样60 L。（　　）

答案：错误

正确答案为：生活区以2 L/min、污染区以1 L/min的流量采样。

2. 根据《空气和废气监测分析方法》（第四版）中气相色谱法测定环境空气中的肼和偏二甲基肼时，采集完的样品应放入黑纸袋中，带回实验室分析。（　　）

答案：正确

3. 根据《空气和废气监测分析方法》（第四版）中气相色谱法测定环境空气中的肼和偏二甲基肼时，配制硫酸－甲醇溶液时，应将一定量的硫酸溶液缓慢加到盛有甲醇的容量瓶中，用甲醇稀释至标线，摇匀。（　　）

答案：正确

4. 根据《空气和废气监测分析方法》（第四版）中气相色谱法测定环境空气中的肼和偏二甲基肼，处理固体吸附剂时，应该用甲醇反复漂洗，直至甲醇澄清透明，再加一定量水加热漂洗，澄清透明后，用布氏漏斗将水洗后的吸附剂抽吸至干。（　　）

答案：错误

正确答案为：不用甲醇，只用水漂洗。

三、选择题

1. 根据《空气和废气监测分析方法》（第四版）中气相色谱法测定环境空气中的肼和偏二甲基肼时，样品采集后，应在________内进行分析。（　　）

A. 1 d　　B. 2 d　　C. 3 d　　D. 1周

答案：A

2. 根据《空气和废气监测分析方法》（第四版）中气相色谱法测定环境空气中的肼和偏二甲基肼时，配制肼和偏二甲基肼衍生试剂是取新蒸馏的糠醛于容量瓶中，用 0.50 mol/L________溶液稀释至刻度。（　　）

A. 硫酸钠　　B. 氯化钠　　C. 氢氧化钠　　D. 乙酸钠

答案：D

3. 根据《空气和废气监测分析方法》（第四版）中气相色谱法测定环境空气中的肼和偏二甲基肼时，样品中肼和偏二甲基肼与衍生试剂反应________后，才能加入萃取剂。（　　）

A. 30 min　　B. 1 h　　C. 2 h　　D. 1 d

答案：B

4. 根据《空气和废气监测分析方法》（第四版）中气相色谱法测定环境空气中的肼和偏二甲基肼时，衍生反应中应严格控制溶液的酸度，为此，固体吸附剂的称量要准确至________g。（　　）

A. 0.01　　B. 0.001　　C. 0.1　　D. 1.0

答案：A

5. 根据《空气和废气监测分析方法》（第四版）中气相色谱法测定环境空气中的肼和偏二甲基肼时，测定时气相色谱检测器的温度应为________℃。（　　）

A. 150　　B. 200　　C. 250　　D. ＞315

答案：D

四、问答题

1. 简述根据《空气和废气监测分析方法》（第四版）中气相色谱法测定环境空气中的肼和偏二甲基肼时，采集样品后，样品的前处理过程。

答案：将采样管两端的聚乙烯管帽去掉，把采样管内的不锈钢丝网帽及固定吸附剂倒入 5 mL 具塞比色管内，用 2 mL 蒸馏水洗涤采样管内壁并将洗涤液直接洗入上述 5 mL 具塞比色管内，加入 2.00 mL 衍生试剂，在室温下反应 1 h。用 1.00 mL 乙酸乙酯萃取，放置 20 min 后，进样分析。

2. 简述根据《空气和废气监测分析方法》（第四版）中气相色谱法测定环境空气中的肼和偏二甲基肼的方法原理。

答案：用装有浸渍硫酸的 101 白色单体的采样管富集空气中的肼和偏二甲基肼，生成稳定的硫酸盐。用水洗脱，加入糠醛衍生试剂，生成相应的肼和偏二甲基肼的衍生物，用乙酸乙酯进行萃取，将萃取液注入气相色谱，用火焰离子化检测器测定，以保留时间定性，峰高（或峰面积）定量。

3. 简述根据《空气和废气监测分析方法》（第四版）中气相色谱法测定环境空气中的肼和偏二甲基肼时，采样管的制作过程。

答案：称取 200 mg 制备好的固体吸附剂，通过小漏斗注入特制的玻璃采样管，吸附剂两端用洁净的 60 目不锈钢网帽固定，采样管两端用聚乙烯管帽密封，外面包以黑纸，保存于干燥器内。

参考文献

国家环境保护总局《空气和废气监测分析方法》编委会．空气和废气监测分析方法（第四版）[M]. 北京：中国环境科学出版社，2003.

命题：吴宇峰
审核：彭　华　夏　新

第二十五节　苯胺类化合物

分类号：G17-24

主要内容
《大气固定污染源　苯胺类的测定　气相色谱法》（HJ/T 68—2001）

一、填空题

1. 根据《大气固定污染源　苯胺类的测定　气相色谱法》（HJ/T 68—2001）测定苯胺类化合物时，采样吸附柱的制备方法是：取长约 8 cm、内径为 4 mm 的玻璃管，洗净烘干，内装一定目数的硅胶 225 mg，内分两段，中间用________隔开，其中 A 段装________mg，B 段装 75 mg。

答案：石英玻璃棉　150

2. 根据《大气固定污染源　苯胺类的测定　气相色谱法》（HJ/T 68—2001）测定苯胺类化合物，净化采样用的硅胶时，先用二氯甲烷回流处理________h，然后滤去二氯甲烷，晾干，在 105℃烘________h，放在干燥器中备用。

答案：4　4

3. 根据《大气固定污染源　苯胺类的测定　气相色谱法》（HJ/T 68—2001）测定苯胺类化合物时，分离苯胺类化合物色谱柱所用的固定液是________或________。

答案：OV-225　OV-17

二、判断题

1. 根据《大气固定污染源　苯胺类的测定　气相色谱法》（HJ/T 68—2001）测定苯胺类化合物，老化新装色谱柱时，应将色谱柱的一端接入色谱仪的进样器，另一端与检测器相连，通入一定流速的载气，在最高使用温度下老化 24 h。(　　)

答案：错误

正确答案为：色谱柱的一端接入色谱仪的进样器，另一端应与大气相通。

2. 根据《大气固定污染源　苯胺类的测定　气相色谱法》（HJ/T 68—2001）测定苯胺类化合物时，先在 120℃下分析低沸点的苯胺类物质，然后在 220℃下分析高沸点的苯胺类物质。(　　)

答案：错误

正确答案为：先在 220℃下分析高沸点的苯胺类物质，后在 120℃下分析低沸点的苯胺类物质。

3. 根据《大气固定污染源　苯胺类的测定　气相色谱法》（HJ/T 68—2001）测定苯胺类化合物时，以内填 2% OV-225/Chromosorb W HP（80～100 目）的色谱柱为分析柱，以内填 2% OV-1/Chromosorb W HP（80～100 目）的色谱柱为验证柱。（　　）

答案：错误

正确答案为：以内填 2% OV-17/Chromosorb W HP（80～100 目）的色谱柱为验证柱。

4. 根据《大气固定污染源　苯胺类的测定　气相色谱法》（HJ/T 68—2001）测定苯胺类化合物时，色谱分离柱应使用一般的玻璃柱。（　　）

答案：错误

正确答案为：应使用硅烷化玻璃柱。因为苯胺类物质极性较强，非硅烷化的柱子吸附部分苯胺类物质，使响应变低，且精密度较差。

5. 根据《大气固定污染源　苯胺类的测定　气相色谱法》（HJ/T 68—2001）测定苯胺类化合物时，使用的是氮磷检测器。（　　）

答案：错误

正确答案为：使用的是氢火焰离子化检测器。

6. 根据《大气固定污染源　苯胺类的测定　气相色谱法》（HJ/T 68—2001）测定苯胺类化合物时，当待测样品中各组分浓度变化范围不大，且方法线性很好、截距可忽略不计时，常采用单点校正法定量。（　　）

答案：正确

三、选择题

1. 根据《大气固定污染源　苯胺类的测定　气相色谱法》（HJ/T 68—2001）测定苯胺类化合物时，将采样后的硅胶吸附管中 A、B 段硅胶分别移入两支具塞离心管中，加入 1.00 mL 5%（*V*/*V*）________溶液解吸样品。（　　）

A. 甲醇的二氯甲烷　　B. 乙醚的二氯甲烷

C. 无水乙醇的二氯甲烷　　D. 甲苯的二氯甲烷

答案：C

2. 根据《大气固定污染源　苯胺类的测定　气相色谱法》（HJ/T 68—2001）测定苯胺类化合物时，当 B 段硅胶解吸液中苯胺类化合物含量大于________时，需重新采样。（　　）

A. A、B 两段含量之和的 5%　　B. A、B 两段含量之和的 10%

C. A 段含量的 5%　　D. A 段含量的 10%

答案：A

3. 根据《大气固定污染源　苯胺类的测定　气相色谱法》（HJ/T 68—2001）测定苯胺类化合物时，样品采集后，如不能及时分析，则置于 2～5℃下避光保存，________内有效。（　　）

A. 2 d　　B. 6 d　　C. 2 周　　D. 1 个月

答案：B

4. 根据《大气固定污染源　苯胺类的测定　气相色谱法》（HJ/T 68—2001）测定苯胺类化合物，采集样品时，应在常温下以________L/min 的流量采集样品。（　　）

A. ＞ 10　　B. 2～5　　C. 0.2～0.5　　D. ＜0.1

答案：C

5. 根据《大气固定污染源　苯胺类的测定　气相色谱法》（HJ/T 68—2001）测定苯胺类化合物时，老化新装填的 2% OV-225/Chromosorb W HP（80～100 目）色谱柱，温度不要超过________℃。（　　）

A. 200　　B. 250　　C. 300　　D. 350

答案：B

四、问答题

1. 简述根据《大气固定污染源　苯胺类的测定　气相色谱法》（HJ/T 68—2001）测定苯胺类化合物时，样品的前处理方法。

答案：将采样后的硅胶吸附管中 A 段（包括管口的石英棉）、B 段硅胶分别移入两支 5 mL 具塞离心管中，各准确加入 1.00 mL 5%（*V*/*V*）无水乙醇的二氯甲烷溶液，盖上瓶盖，放置 30 min，在放置的过程轻轻摇动 2～3 次，然后取一定量的解吸溶液注入气相色谱分析。

2. 简述根据《大气固定污染源　苯胺类的测定　气相色谱法》（HJ/T 68—2001）测定苯胺类化合物的方法原理。

答案：用硅胶吸附剂富集大气中的苯胺类物质，采集完毕后，用 5%（*V*/*V*）无水乙醇的二氯甲烷提取苯胺类物质，然后经色谱柱分离，氢火焰离子化检测器进行测定，保留时间定性，峰高或峰面积定量。

五、计算题

用气相色谱法测定大气固定污染源苯胺类化合物时，某 2,5- 二甲基苯胺样品采样体积为 23.5 L（标准状况），样品用 1.00 mL 解吸溶液解吸 30 min 后，进样 1.0 μL，得到峰高 43.67 pA，而全程序试剂未检出 2,5- 二甲基苯胺。已知浓度为 40.0 mg/L 的 2,5- 二甲基苯胺标准溶液进样 1.0 μL 时，峰高为 39.14 pA，试求该样品中 2,5- 二甲基苯胺的浓度。

答案：$43.67 \times 40.0 \times 1.00/(39.14 \times 23.5) = 1.90\ (mg/m^3)$

参考文献

国家环境保护总局 . 大气固定污染源　苯胺类的测定　气相色谱法：HJ/T 68—2001 [S]. 北京：中国环境科学出版社，2001.

命题：吴宇峰

审核：彭　华　夏　新

第二十六节 酞酸酯类化合物

分类号：G17–25

主要内容
《固定污染源废气　酞酸酯类的测定　气相色谱法》（HJ 869—2017）

一、填空题

1. 根据《固定污染源废气　酞酸酯类的测定　气相色谱法》（HJ 869—2017）测定固定污染源废气中的酞酸酯类化合物时，分析时化学试剂应使用符合国家标准的________纯。

答案：分析

2. 根据《固定污染源废气　酞酸酯类的测定　气相色谱法》（HJ 869—2017）测定固定污染源废气中的酞酸酯类化合物时，每批样品不超过________个，至少带________个实验室空白，空白中钛酸酯类化合物含量不超过监测下限。

答案：20　2

二、判断题

1. 根据《固定污染源废气　酞酸酯类的测定　气相色谱法》（HJ 869—2017）测定固定污染源废气中的酞酸酯类化合物时，经过提取、净化、浓缩和分析过程，替代物回收率的控制范围为50%～100%。（　）

答案：错误

正确答案为：替代物回收范围控制为60%～150%。

2. 根据《固定污染源废气　酞酸酯类的测定　气相色谱法》（HJ 869—2017）测定固定污染源废气中的酞酸酯类化合物时，应定期对流量计、皮托管和温度传感器等进行校准。（　）

答案：正确

3. 根据《固定污染源废气　酞酸酯类的测定　气相色谱法》（HJ 869—2017）测定固定污染源废气中的酞酸酯类化合物时，采样嘴背向气流方向插入排气管道，采样时对准气流方向，角度偏差应小于5%。（　）

答案：错误

正确答案为：角度偏差应小于10%。

4. 根据《固定污染源废气　酞酸酯类的测定　气相色谱法》（HJ 869—2017）测定固定污染源废气中的酞酸酯类化合物时，样品测定每个月应测定1次曲线中间点浓度的标准溶液，目标化合物的测定值和标准值的相对误差应该在 ±20% 以内。（　）

答案：错误

正确答案为：样品测定期间每24 h至少测定1次曲线中间点浓度的标准溶液。

三、选择题

1. 根据《固定污染源废气　酞酸酯类的测定　气相色谱法》（HJ 869—2017）测定固定污染源废气中的酞酸酯类化合物时，样品采集后应于________℃下密封冷藏，________d内完成提取。（　　）

A. 4，7　　B. 4，40　　C. 0，7　　D. 20，40

答案：A

2. 根据《固定污染源废气　酞酸酯类的测定　气相色谱法》（HJ 869—2017）测定固定污染源废气中的酞酸酯类化合物时，采样前采样管、滤膜（或滤筒）托架、冷凝管和冷凝液接收瓶等依次用________和________冲洗干净，密封保存带至现场。（　　）

A. 水，丙酮　　B. 丙酮，正己烷

C. 乙醇，高锰酸钾溶液　　D. 浓硫酸，蒸馏水

答案：B

3. 根据《固定污染源废气　酞酸酯类的测定　气相色谱法》（HJ 869—2017）测定固定污染源废气中的酞酸酯类化合物时，采样结束滤筒取出后，滤筒口向内折叠，用铝箔包好后________放入样品箱内。（　　）

A. 水平　　B. 倾斜　　C. 垂直　　D. 倒置

答案：C

四、问答题

1. 简述根据《固定污染源废气　酞酸酯类的测定　气相色谱法》（HJ 869—2017）测定固定污染源废气中的酞酸酯类化合物时的主要注意事项。

答案：（1）实验过程应避免使用塑料材质和其他易产生干扰的实验材料和器皿。玻璃器具使用前在铬酸洗液中浸泡不少于6 h，并依次用水、丙酮和正己烷淋洗；长时间放置的玻璃器皿在使用前必须用有机溶剂冲洗表面；无水硫酸钠、滤膜（或滤筒）须经高温烘烤后使用；采样前树脂按照规定进行提取净化，如果无法保证在洁净环境中保存，避免在实验室长时间存放。

（2）如果是间断性排放废气，且排放时间大于等于1 h，或者是连续排放废气，采样时间不少于1 h；如果是间断性排放废气，且排放时间小于1 h，在排放时段内连续采样。

（3）采样装置链接管的材质为聚四氟乙烯或氟橡胶。采样前对皮托管、采样系统进行气密性检查，如果系统漏气，应分段检查、堵漏或重新安装采样系统，直到检查合格。

（4）如果样品中酞酸酯类含量较高，可减少浓缩倍数进行分析，必要时增加替代物的加入量。

2. 简述根据《固定污染源废气　酞酸酯类的测定　气相色谱法》（HJ 869—2017）测定固定污染源废气中的酞酸酯类化合物时样品采集步骤。

答案：（1）按照HJ/T 397的要求选取采样位置、开设采样孔，确定采样点位置和数

目。将采样管插入排气筒，测定排气参数，选择合适的采样嘴。

（2）安装采样嘴，连接采样系统，并按照 GB/T 16157 进行采样系统气密性检查。

（3）设定每个采样点的采样时间，将采样管插入排气筒，密封采样孔，使采样嘴及皮托管全压测孔正对对气流，位于第一个采样点。开启采样管、滤膜（滤筒）加热功能和循环泵制冷功能，到达所需温度，启动采样泵，开始采样。第一点采样结束，移至第二个采样点继续，顺序在各点采样。采样过程中应保持等速采样。

（4）采样结束后，抽出采样管，取出滤膜，尘面向内，用铝箔包好；滤筒取出后，滤筒口向内折叠，用铝箔包好后垂直放入样品箱内。将 XAD-2 树脂柱两端密封，放入专用容器内保存。冷凝液转移至棕色玻璃瓶中保存，记录排气参数、累计采样时间和累计标干采集体积。

参考文献

环境保护部. 固定污染源废气　酞酸酯类的测定　气相色谱法：HJ 869—2017 [S]. 北京：中国环境出版社，2017.

命题：赵志强

审核：杨　华　周笑白

第二十七节　指示性毒杀芬

分类号：G17-26

主要内容
《环境空气　指示性毒杀芬的测定　气相色谱－质谱法》（HJ 852—2017）

一、填空题

1. 根据《环境空气　指示性毒杀芬的测定　气相色谱－质谱法》（HJ 852—2017）测定环境空气中的毒杀芬时，样品分析前应采用________净化和________净化。

答案：多层酸性硅胶柱　活性硅胶柱

2. 根据《环境空气　指示性毒杀芬的测定　气相色谱－质谱法》（HJ 852—2017）测定环境空气中的毒杀芬时，采样装置应由________和________组成。采样装置各部分结构和性能要求满足 HJ 691 的要求。

答案：采样头　采样器

二、判断题

1. 根据《环境空气　指示性毒杀芬的测定　气相色谱－质谱法》（HJ 852—2017）测定环境空气中的毒杀芬时，采样后采样管应常温保存，10 d 内提取。(　　)

答案：错误

正确答案为：应在 4℃以下保存，7 d 内提取。

2. 根据《环境空气 指示性毒杀芬的测定 气相色谱－质谱法》（HJ 852—2017）测定环境空气中的毒杀芬时，采样流量一般设定为 220～230 L/min。（ ）

答案：正确

3. 根据《环境空气 指示性毒杀芬的测定 气相色谱－质谱法》（HJ 852—2017）测定环境空气中的毒杀芬时，所有的空白和样品中都应加入替代物，替代物的回收率应为 65%～125%。（ ）

答案：正确

4. 根据《环境空气 指示性毒杀芬的测定 气相色谱－质谱法》（HJ 852—2017）测定环境空气中的毒杀芬时，测定结果应分布报出 P26、P50、P62 三种指示性毒杀芬的质量浓度值，报数时保留 3 位有效数字。（ ）

答案：错误

正确答案为：当测定结果小于 100 pg/m^3 时，保留到整数位；当测定结果大于等于 100 pg/m^3 时，保留 3 位有效数字。

三、选择题

1. 根据《环境空气 指示性毒杀芬的测定 气相色谱－质谱法》（HJ 852—2017）测定环境空气中的毒杀芬时，当采气量为 500 m^3（标准状态）时，三种指示性毒杀芬 P26、P50、P62 的方法检出限分别为________。（ ）

A. 4 pg/m^3、4 pg/m^3、8　　B. 8 pg/m^3、8 pg/m^3、16 pg/m^3

C. 16 pg/m^3、16 pg/m^3、32　　D. 4 pg/m^3、8 pg/m^3、8 pg/m^3

答案：A

2. 根据《环境空气 指示性毒杀芬的测定 气相色谱－质谱法》（HJ 852—2017）测定环境空气中的毒杀芬时，采样的动态保留效率一般在________。（ ）

A. 40%～160%　　B. 65%～125%　　C. 70%～160%　　D. 80%～160%

答案：B

3. 根据《环境空气 指示性毒杀芬的测定 气相色谱－质谱法》（HJ 852—2017）测定环境空气中的毒杀芬时，石英纤维滤膜在使用前应在马弗炉中________℃灼烧________。（ ）

A. 200，4 h　　B. 450，8 h　　C. 450，4 h　　D. 1 000，4 h

答案：C

四、问答题

1. 简述根据《环境空气 指示性毒杀芬的测定 气相色谱－质谱法》（HJ 852—2017）测定环境空气中的毒杀芬时，样品采集后到分析前的保存步骤。

答案：样品采集后将 PUF 和铝膜用铝箔分别包好后放入样品保存盒中，避光密封，并尽快送至实验室分析。样品在 4℃以下保存，应在 7 d 内提取，提取液在 40 d 内分析。

2. 简述根据《环境空气 指示性毒杀芬的测定 气相色谱－质谱法》（HJ 852—2017）

测定环境空气中的毒杀芬时，全程序空白试样的制备方法。

答案：将密封保存的 PUF 和石英纤维滤膜带到现场，向 PUF 吸附剂中加入 50.0 μL 替代物，采样时暴露在现场但不进行采样，采样后与样品一样用铝箔分别包好后放入样品保存盒中，随样品一起带回实验室，按与样品相同的操作步骤进行处理，制成全程序空白试验，再用正己烷定容至 1.0 mL，最后加入内标标准使用溶液，待测。

参考文献

环境保护部 . 环境空气　指示性毒杀芬的测定　气相色谱－质谱法：HJ 852—2017 [S]. 北京：中国环境出版社，2017.

命题：赵志强　周笑白

审核：杨　华　夏　新

第十八章　气相色谱－质谱法

第一节　基础知识

分类号：G18–0

试题同“上册 W14–0”。

第二节　多环芳烃类化合物

分类号：G18–1

主要内容
①多环芳烃类化合物的测定　气相色谱－质谱法《空气和废气监测分析方法》（第四版）
②《环境空气和废气　气相和颗粒物中多环芳烃的测定　气相色谱－质谱法》（HJ 646—2013）

一、填空题

1. 根据《环境空气和废气　气相和颗粒物中多环芳烃的测定　气相色谱－质谱法》（HJ 646—2013）测定环境空气和废气中的多环芳烃时，气相和颗粒物中的多环芳烃分别收集于采样筒与玻璃（或石英）纤维滤膜/筒，采样筒和滤膜用________混合溶剂提取，体积比为________。②

答案：乙醚/正已烷　　10/90

2. 根据《空气和废气监测分析方法》（第四版）中气相色谱－质谱法测定大气中的多环芳烃类化合物时，采用石英纤维滤膜/PUF/XAD-2 采样后，用________混合溶剂萃取，体积比为________。①

答案：正已烷/丙酮　　1/1

3. 根据《环境空气和废气　气相和颗粒物中多环芳烃的测定　气相色谱－质谱法》（HJ 646—2013）测定环境空气和废气中的多环芳烃时，样品采集、贮存和处理过程中________、________、________或________都会引起多环芳烃的降解，需要密闭、低温、避光保存。②

答案：受热　　臭氧　　氮氧化物　　紫外光

二、判断题

1. 用气相色谱－质谱法测定环境空气和废气中的多环芳烃，杂环类多环芳烃和烷基取代的多环芳烃与待测化合物在相同的保留时间出峰时，可以通过质谱检测辅助离子

来加以区别。(　　)①②

答案：正确

2. 根据《环境空气和废气　气相和颗粒物中多环芳烃的测定　气相色谱－质谱法》(HJ 646—2013)测定环境空气和废气中的多环芳烃时，采样装置由采样头、采样泵和温度计组成。(　　)②

答案：错误

正确答案为：采样装置由采样头、采样泵和流量计组成。

3. 根据《环境空气和废气　气相和颗粒物中的多环芳烃的测定　气相色谱－质谱法》(HJ 646—2013)测定环境空气和废气中的多环芳烃时，五环以上的多环芳烃主要存在于颗粒物中，可用XAD-2树脂和聚氨酯泡沫(PUF)采集；二环、三环多环芳烃主要存在于气相中，可用玻璃纤维(石英)滤膜/筒采集。(　　)②

答案：错误

正确答案为：五环以上的多环芳烃主要存在于颗粒物中，可用玻璃纤维(石英)滤膜/筒采集；二环、三环多环芳烃主要存在于气相中，可用XAD-2树脂和聚氨酯泡沫(PUF)采集。

4. 根据《环境空气和废气　气相和颗粒物中的多环芳烃的测定　气相色谱－质谱法》(HJ 646—2013)测定环境空气和废气中的多环芳烃时，样品采集后，若避光于4℃以下冷藏，应14 d内提取完毕。(　　)②

答案：错误

正确答案为：若样品采集后在避光于4℃以下冷藏，应7 d内提取完毕。

5. 根据《环境空气和废气　气相和颗粒物中多环芳烃的测定　气相色谱－质谱法》(HJ 646—2013)或《空气和废气监测分析方法》(第四版)的规定气相色谱－质谱法测定环境空气和废气中的多环芳烃时，以氦气作为载气，其纯度应达到99.999%。(　　)①②

答案：正确

6. 根据《环境空气和废气　气相和颗粒物中多环芳烃的测定　气相色谱－质谱法》(HJ 646—2013)测定环境空气和废气中的多环芳烃，四环多环芳烃在气相和颗料物中同时存在时，必须同时用玻璃纤维(石英)滤膜、树脂和聚氨酯泡沫采集样品。(　　)②

答案：正确

三、选择题

1. 根据《环境空气和废气　气相和颗粒物中多环芳烃的测定　气相色谱－质谱法》(HJ 646—2013)测定环境空气和废气中多环芳烃，当环境空气样品大于等于0.01 μg/m³时，结果保留________位有效数字；小于0.01 μg/m³时，结果保留至小数点后________位。(　　)②

A. 2，3　　B. 3，4　　C. 4，3　　D. 3，3

答案：B

2. 根据《环境空气和废气　气相和颗粒物中多环芳烃的测定　气相色谱－质谱法》

（HJ 646—2013）测定环境空气和废气中的多环芳烃时，通常选________或________固相萃取柱净化样品。（　　）②

A. 硅胶，弗罗里硅土　　B. 硅胶，氧化铝

C. 硅胶，C_{18}　　D. C_8，弗罗里硅土

答案：A

3. 根据《环境空气和废气　气相和颗粒物中多环芳烃的测定　气相色谱－质谱法》（HJ 646—2013）测定环境空气和废气中的多环芳烃时，每个工作日至少带一个校准曲线中间浓度校核点，中间浓度校核点测定值与校准曲线相应点浓度的相对偏差（RD）应________，则初始标准曲线仍能继续使用。（　　）②

A. ＜±25%　　B. ≤±25%　　C. ＜±20%　　D. ≤±20%

答案：D

4. 根据《环境空气和废气　气相和颗粒物中多环芳烃的测定　气相色谱－质谱法》（HJ 646—2013）测定环境空气和废气中的多环芳烃时，制备的样品在________℃以下冷藏保存，________ d 内完成分析。（　　）②

A. 4，10　　B. 4，20　　C. 4，30　　D. 0，45

答案：C

5. 根据《环境空气和废气　气相和颗粒物中多环芳烃的测定　气相色谱－质谱法》（HJ 646—2013）测定环境空气和废气中的多环芳烃时，某样品采样体积为 324 m^3（标准状况），样品用一定量溶剂提取后，定容为 5.0 mL，进样 1.0 μl，得到苯并 [*a*] 芘峰高 31.62 pA，而全程空白未检出苯并 [*a*] 芘。已知浓度 2.0 μg/mL 的苯并 [*a*] 芘标准溶液进样 1.0 μl 时，峰高为 42.65 pA，则该样品中苯并 [*a*] 芘的浓度为________ $\mu g/m^3$。（　　）②

A. 0.022 9　　B. 0.114 5　　C. 0.041 6　　D. 0.083 3

答案：A

计算公式：样品中苯并 [*a*] 芘的浓度 =（31.62 × 2.0 × 5.0）/（42.65 × 324）

=0.022 9（$\mu g/m^3$）

6. 根据《环境空气和废气　气相和颗粒物中多环芳烃的测定　气相色谱－质谱法》（HJ 646—2013）测定环境空气和废气中的多环芳烃时，气相色谱－质谱仪通过使用含________聚酰亚胺和________石墨的石墨垫，避免分析过程对多环芳烃产生吸附。（　　）②

A. 40%，60%　　B. 50%，50%　　C. 60%，40%　　D. 80%，20%

答案：C

7. 根据《空气和废气监测分析方法》（第四版）中气相色谱－质谱法测定大气中的多环芳烃类化合物时，要求方法空白、现场空白和运输空白中萘均小于________ μg，其他多环芳烃均小于________ μg。（　　）①

A. 4，1　　B. 5，1　　C. 4，2　　D. 5，2

答案：D

8. 根据《环境空气和废气　气相和颗粒物中多环芳烃的测定　气相色谱－质谱法》（HJ 646—2013）测定环境空气和废气中的多环芳烃时，分析替代物 2- 氟联苯和对三

联苯 $-d_{14}$ 经过提取、净化、浓缩和分析过程，回收率控制范围分别为________和________。(　　)②

A. 45%～125%，50%～130%　　B. 55%～125%，70%～130%

C. 55%～125%，80%～120%　　D. 70%～120%，70%～120%

答案：B

9. 根据《环境空气和废气　气相和颗粒物中多环芳烃的测定　气相色谱－质谱法》（HJ 646—2013）和《空气和废气监测分析方法》（第四版）中测定环境空气和废气中的多环芳烃时，气相色谱－质谱仪使用的电离技术为________。(　　)①②

A. APCI 源　　B. EI 源　　C. ESI 源　　D. CI 源

答案：B

参考文献

[1] 国家环境保护总局《空气和废气监测分析方法》编委会．空气和废气监测分析方法（第四版）[M]. 北京：中国环境科学出版社，2003.

[2] 环境保护部．环境空气和废气　气相和颗粒物中多环芳烃的测定　气相色谱－质谱法：HJ 646—2013 [S]. 北京：中国环境出版社，2013.

命题：何书海

审核：何书海　夏　新

第三节　挥发性有机物

分类号：G18-2

主要内容
①《环境空气　挥发性有机物的测定　吸附管采样－热脱附 / 气相色谱－质谱法》（HJ 644—2013）
②《固定污染源废气　挥发性有机物的测定　固相吸附－热脱附 / 气相色谱－质谱法》（HJ 734—2014）
③《环境空气　挥发性有机物的测定　罐采样 / 气相色谱－质谱法》（HJ 759—2015）

一、填空题

1. 根据《环境空气　挥发性有机物的测定　吸附管采样－热脱附 / 气相色谱－质谱法》（HJ 644—2013）测定环境空气中的挥发性有机物时，采样用的吸附管应为不锈钢或玻璃材质，内径 6 mm，内填装 Carbopack C、Carbopack B 和 Carboxen 1000 吸附剂，长度分别为________mm、________mm 和 13 mm，或其他等效产品。①

答案：13　　25

2. 根据《环境空气　挥发性有机物的测定　吸附管采样－热脱附 / 气相色谱－质谱法》（HJ 644—2013）测定环境空气中的挥发性有机物时，温度和风速会对样品采集产生影响。采样时，环境温度应小于________℃；风速大于________m/s，采样管应与风向垂直放置，并在上风向放置掩体。①

答案：40　　5.6

3. 根据《固定污染源废气　挥发性有机物的测定　固相吸附－热脱附/气相色谱－质谱法》（HJ 734—2014）测定固定源废气中的挥发性有机物时，采样前后流量变化大于5%，但不大于10%，应进行________；流量变化大于10%，应________。②

答案：修正　　重新采样

二、判断题

1. 根据《环境空气　挥发性有机物的测定　吸附管采样－热脱附/气相色谱－质谱法》（HJ 644—2013）测定环境空气中的挥发性有机物时，热脱附仪的聚焦管内径应不大于0.9 mm，内填装吸附剂种类及长度不一定要与吸附管相同。（　　）①

答案：错误

正确答案为：聚焦管内填装吸附剂种类及长度与吸附管相同。

2. 根据《固定污染源废气　挥发性有机物的测定　固相吸附－热脱附/气相色谱－质谱法》（HJ 734—2014）和《环境空气　挥发性有机物的测定　吸附管采样－热脱附/气相色谱－质谱法》（HJ 644—2013）测定固定源废气和环境空气中的挥发性有机物时，新购置的吸附管必须进行老化，新填装的吸附管不需进行老化，可以直接用于采样。（　　）①②

答案：错误

正确答案为：新填装的吸附管老化后才能用于采样。

3. 根据《固定污染源废气　挥发性有机物的测定　固相吸附－热脱附/气相色谱－质谱法》（HJ 734—2014）和《环境空气　挥发性有机物的测定　吸附管采样－热脱附/气相色谱－质谱法》（HJ 644—2013）测定固定源废气和环境空气中的挥发性有机物，采完样品的吸附管放入热脱附仪中解吸时，载气流经吸附管的方向应与采样时气体进入吸附管的方向相反。（　　）①②

答案：正确

4. 根据《环境空气　挥发性有机物的测定　吸附管采样－热脱附/气相色谱－质谱法》（HJ 644—2013）测定环境空气中的挥发性有机物时，邻二甲苯与苯乙烯的保留时间相同，质谱无法鉴别。（　　）①

答案：错误

正确答案为：邻二甲苯与苯乙烯的保留时间虽然相同，但它们的特征离子和辅助定量离子都不同，质谱可以根据不同的特征离子和辅助定量离子识别二者。

5. 根据《环境空气　挥发性有机物的测定　吸附管采样－热脱附/气相色谱－质谱法》（HJ 644—2013）的规定，测定环境空气中较低浓度的挥发性有机物时，可以选用选择离子扫描方式进行分析，提高方法灵敏度。（　　）①

答案：正确

6. 根据《环境空气　挥发性有机物的测定　吸附管采样－热脱附/气相色谱－质谱法》（HJ 644—2013）测定环境空气中的挥发性有机物时，采集样品前应抽取一定比例的空白吸附管进行空白检验，当空白管中相当于采样量的目标物浓度大于检出限时，

应重新老化吸附管。(　　)①

答案：正确

7. 根据《环境空气　挥发性有机物的测定　吸附管采样－热脱附/气相色谱－质谱法》(HJ 644—2013)测定环境空气中的挥发性有机物时，每次分析样品前均应用空白吸附管代替样品吸附管分析系统空白，以便当系统空白高于方法检出限时，在样品测定值中扣除系统空白。(　　)①

答案：错误

正确答案为：每次分析样品前均应用空白吸附管代替样品吸附管分析系统空白，当系统空白小于方法检出限后才能分析样品。

8. 根据《环境空气　挥发性有机物的测定　吸附管采样－热脱附/气相色谱－质谱法》(HJ 644—2013)测定环境空气中的挥发性有机物时，每批样品应至少采集一根候补吸附管，以监视采样是否穿透。(　　)①

答案：正确

9. 根据《环境空气　挥发性有机物的测定　吸附管采样－热脱附/气相色谱－质谱法》(HJ 644—2013)测定环境空气中的挥发性有机物，制作校准曲线时，将标准系列溶液分别注入空白吸附管即可制成校准曲线系列。(　　)①

答案：错误

正确答案为：如所用热脱附仪没有"液体进样制备标准系列"的功能，可将老化好的吸附管连接于气相色谱仪填充柱进样口上，设定进样口温度50℃，用微量注射器移取标准系列溶液注入气相色谱仪进样口，用100 mL/min的流量通载气5 min，迅速取下吸附管，制成校准系列管。

10. 根据《固定污染源废气　挥发性有机物的测定　固相吸附－热脱附/气相色谱－质谱法》(HJ 734—2014)和《环境空气　挥发性有机物的测定　吸附管采样－热脱附/气相色谱－质谱法》(HJ 644—2013)的规定，均可以采用外标法和内标法进行定量分析。(　　)①②

答案：正确

11. 根据《固定污染源废气　挥发性有机物的测定　固相吸附－热脱附/气相色谱－质谱法》(HJ 734—2014)和《环境空气　挥发性有机物的测定　吸附管采样－热脱附/气相色谱－质谱法》(HJ 644—2013)测定固定污染源废气和环境空气中挥发性有机物时，若吸附管中使用多层吸附剂，采样管气体入口端应为强极性吸附剂，出口端为弱极性吸附剂。(　　)①②

答案：错误

正确答案为：采样管气体入口端应为弱极性吸附剂，出口端为强极性吸附剂。

12. 根据《固定污染源废气　挥发性有机物的测定　固相吸附－热脱附/气相色谱－质谱法》(HJ 734—2014)测定固定污染源废气中挥发性有机物时，对于Tenax多孔聚合物吸附剂，单个化合物的实验室空白水平不应大于10 ng。(　　)②

答案：错误

正确答案为：单个化合物的实验室空白水平不应大于7 ng。

13. 根据《环境空气　挥发性有机物的测定　罐采样/气相色谱－质谱法》(HJ 759—

2015）测定环境空气中的挥发性有机物时，所使用的高纯氮气需经除烃装置处理，要求纯度≥99.999%。（　　）③

答案：正确

14. 根据《环境空气　挥发性有机物的测定　罐采样 / 气相色谱－质谱法》（HJ 759—2015）测定环境空气中的挥发性有机物时，实际样品分析前，须使用真空压力表测定罐内压力，若罐压力小于 83 kPa，必须用高纯氮气加压至 101 kPa。（　　）③

答案：正确

15. 根据《环境空气　挥发性有机物的测定　罐采样 / 气相色谱－质谱法》（HJ 759—2015）测定环境空气中的挥发性有机物时，实验环境应远离有机溶剂，降低、消除有机溶剂和其他挥发性有机物的本底干扰。（　　）③

答案：正确

16. 根据《环境空气　挥发性有机物的测定　罐采样 / 气相色谱－质谱法》（HJ 759—2015）测定环境空气中的挥发性有机物时，进样系统、冷肼浓缩系统中气路连接材料挥发出的挥发性有机物会对分析造成干扰。适当升高、延迟烘烤时间，将干扰降至最低。（　　）③

答案：正确

17. 根据《环境空气　挥发性有机物的测定　罐采样 / 气相色谱－质谱法》（HJ 759—2015）测定环境空气中的挥发性有机物时，采样罐内壁不需要经过惰性化处理，对挥发性有机物测定结果没有影响。（　　）③

答案：错误

正确答案为：采样罐内壁需经过惰性化处理，否则对挥发性有机物测定结果产生影响。

18. 根据《环境空气　挥发性有机物的测定　罐采样 / 气相色谱－质谱法》（HJ 759—2015）测定环境空气中的挥发性有机物时，易挥发性有机物（尤其是二氯甲烷和氟碳化合物）在运输保存过程中可能会经阀门等部件扩散进入采样罐中污染样品。因此样品采集结束后，须确认阀门完全关闭，并用密封帽密封采样罐采样口。（　　）③

答案：正确

19. 根据《环境空气　挥发性有机物的测定　罐采样 / 气相色谱－质谱法》（HJ 759—2015）测定环境空气中的挥发性有机物时，样品采集可采用瞬时采样和恒定流量采样两种方式，采样需加装过滤器去除空气中水分。（　　）③

答案：错误

正确答案为：采样需加装过滤器去除空气中颗粒物。

三、选择题

1. 根据《环境空气　挥发性有机物的测定　吸附管采样－热脱附 / 气相色谱－质谱法》（HJ 644—2013）的规定，吸附管老化后，立即密封两端或放入专用的套管内，外面包裹一层铝箔纸，包裹好放入装有活性炭或活性硅胶的干燥器内，并置于无有机试剂的冰箱中，4℃保存，可保存________d。（　　）①

A. 7　　B. 10　　C. 14　　D. 30

答案：A

2. 根据《环境空气　挥发性有机物的测定　吸附管采样－热脱附/气相色谱－质谱法》（HJ 644—2013）采集环境空气中的挥发性有机物时，采样体积一般为 2 L。当相对湿度大于 90% 时，应减少采样体积，但最少不应小于________mL。（　　）①

A. 200　　B. 400　　C. 300　　D. 500

答案：C

3. 根据《固定污染源废气　挥发性有机物的测定　固相吸附－热脱附/气相色谱－质谱法》（HJ 734—2014）和《环境空气　挥发性有机物的测定　吸附管采样－热脱附/气相色谱－质谱法》（HJ 644—2013）测定介质中的挥发性有机物时，使用________溶液测试质谱的仪器性能。（　　）①②

A. BNB　　B. 氟代苯　　C. 4- 溴氟苯　　D. DFTPP

答案：C

4. 根据《环境空气　挥发性有机物的测定　吸附管采样－热脱附/气相色谱－质谱法》（HJ 644—2013）测定环境空气中的挥发性有机物时，现场空白样品中单个目标物的检出量应小于样品相应检出量的________或与空白吸附管检出量相当。（　　）①

A. 5%　　B. 10%　　C. 15%　　D. 20%

答案：B

5. 根据《固定污染源废气　挥发性有机物的测定　固相吸附－热脱附/气相色谱－质谱法》（HJ 734—2014）和《环境空气　挥发性有机物的测定　吸附管采样－热脱附/气相色谱－质谱法》（HJ 644—2013）测定介质中挥发性有机物时，实验室空白 VOCs 的污染主要来自________。（　　）①②

A. 吸附管　　B. 载气　　C. 实验室空气　　D. 以上三项

答案：D

6. 根据《固定污染源废气　挥发性有机物的测定　固相吸附－热脱附/气相色谱－质谱法》（HJ 734—2014）测定固定污染源中挥发性有机物时，串联两支吸附采样管采样，如果在后一支吸附采样管中检出目标化合物的量大于总量的________，则认为吸附采样管发生穿透，本次采集样品无效。（　　）②

A. 5%　　B. 10%　　C. 15%　　D. 20%

答案：B

7. 根据《固定污染源废气　挥发性有机物的测定　固相吸附－热脱附/气相色谱－质谱法》（HJ 734—2014）测定固定污染源中的挥发性有机物时，用内装 Tenax GR、Carbopack B 填料的吸附管适合用于________范围内的化合物。（　　）②

A. C_3～C_{12}　　B. C_3～C_{16}　　C. C_6～C_{20}　　D. C_3～C_{20}

答案：C

8. 根据《固定污染源废气　挥发性有机物的测定　固相吸附－热脱附/气相色谱－质谱法》（HJ 734—2014）测定固定污染源中的挥发性有机物时，用内装 Carbopack B、Carboxen 1000 填料的吸附管适合用于________范围内的化合物。（　　）②

A. C_3～C_{12}　　B. C_3～C_{16}　　C. C_6～C_{20}　　D. C_3～C_{20}

答案：A

9. 根据《固定污染源废气　挥发性有机物的测定　固相吸附－热脱附/气相色谱－质谱法》（HJ 734—2014）测定固定污染源中的挥发性有机物时，用内装 Carbopack C、Carbopack B、Carboxen 1000 填料的吸附管适合用于________范围内的化合物。（　　）②

A. $C_3 \sim C_{12}$　　B. $C_3 \sim C_{16}$　　C. $C_6 \sim C_{20}$　　D. $C_3 \sim C_{20}$

答案：B

10. 根据《环境空气　挥发性有机物的测定　罐采样/气相色谱－质谱法》（HJ 759—2015）测定环境空气中的挥发性有机物时，每 10 个样品或每批次（少于 10 个样品/批）分析一个平行样。平行样中目标物的相对偏差应小于等于________，否则查找原因并重新分析。（　　）③

A. 15%　　B. 20%　　C. 25%　　D. 30%

答案：D

四、问答题

简述根据《环境空气　挥发性有机物的测定　吸附管采样－热脱附/气相色谱－质谱法》（HJ 644—2013）中吸附管采样－热脱附/气相色谱－质谱法测定环境空气中的挥发性有机物的方法原理。①

答案：采用固体吸附剂富集环境空气中的挥发性有机物，将吸附管置于热脱附仪中，经气相色谱分离后，用质谱进行检测。通过与待测目标物标准质谱图相比较和保留时间定性，外标法或内标法定量。

参考文献

[1] 环境保护部. 环境空气　挥发性有机物的测定　吸附管采样－热脱附/气相色谱－质谱法：HJ 644—2013 [S]. 北京：中国环境出版社，2013.

[2] 环境保护部. 固定污染源废气　挥发性有机物的测定　固相吸附－热脱附/气相色谱－质谱法：HJ 734—2014 [S]. 北京：中国环境出版社，2014.

[3] 环境保护部. 环境空气　挥发性有机物的测定　罐采样/气相色谱－质谱法：HJ 759—2015 [S]. 北京：中国环境出版社，2015.

命题：张鸣珊　何书海　袁　静

审核：姜晓旭　冯　丹　夏　新

第四节　硝基苯类化合物

分类号：G18-3

主要内容
《环境空气　硝基苯类化合物的测定　气相色谱－质谱法》（HJ 739—2015）

一、填空题

1. 根据《环境空气　硝基苯类化合物的测定　气相色谱－质谱法》（HJ 739—2015）测定环境空气中的硝基苯类化合物时，以硅胶采样管采集环境空气和无组织排放废气中的硝基苯类化合物，用________（试剂）超声解吸，经气相色谱－质谱仪分离、检测。

答案：二氯甲烷

2. 根据《环境空气　硝基苯类化合物的测定　气相色谱－质谱法》（HJ 739—2015）测定环境空气中的硝基苯类化合物时，采样管内填装两段 40 目的硅胶，前段________mg，后段________mg，中间用 2 mm 玻璃棉隔开，两段的硅胶用硅烷化的玻璃棉塞紧。

答案：150　75

二、判断题

1.《环境空气　硝基苯类化合物的测定　气相色谱－质谱法》（HJ 739—2015）适用于环境空气和无组织排放废气中的硝基苯、硝基甲苯和硝基氯苯的测定。（　）

答案：正确

2. 根据《环境空气　硝基苯类化合物的测定　气相色谱－质谱法》（HJ 739—2015）测定环境空气中的硝基苯类化合物时，样品采集后装在有干燥剂的密闭容器中，4℃条件下可以保存 7 d。（　）

答案：正确

3. 根据《环境空气　硝基苯类化合物的测定　气相色谱－质谱法》（HJ 739—2015）测定环境空气中的硝基苯类化合物时，要求校准曲线相关系数≥0.999。（　）

答案：错误

正确答案为：校准曲线相关系数≥0.990。

4. 根据《环境空气　硝基苯类化合物的测定　气相色谱－质谱法》（HJ 739—2015）的规定，在进行吸附管解析效率评价时，目标化合物的解析效率应为 90%～105%。（　）

答案：正确

5. 根据《环境空气　硝基苯类化合物的测定　气相色谱－质谱法》（HJ 739—2015）测定环境空气中的硝基苯类化合物时，要求全程序空白和实验室空白测定结果应小于方法测定下限。（　）

答案：错误

正确答案为：要求全程序空白和实验室空白测定结果应小于方法检出限。

三、选择题

1. 根据《环境空气　硝基苯类化合物的测定　气相色谱－质谱法》（HJ 739—2015）的规定，样品应于室温下超声 20 min，超声过程需使用冰水浴降温，水温不可超过________℃，避免防止溶剂挥发。（　）

A. 20　　B. 25　　C. 30　　D. 35

答案：D

2. 根据《环境空气　硝基苯类化合物的测定　气相色谱－质谱法》（HJ 739—2015）测定环境空气中的硝基苯类化合物时，如果采样管后段中待测物的量大于等于前段待测物的量________，表明有穿透，应重新采样。(　　)

A. 5%　　B. 10%　　C. 15%　　D. 20%

答案：B

3. 根据《环境空气　硝基苯类化合物的测定　气相色谱－质谱法》（HJ 739—2015）测定环境空气中的硝基苯类化合物时，每批样品应进行 5% 的平行双样采集，测定结果的相对偏差应在________以内。(　　)

A. 5%　　B. 10%　　C. 15%　　D. 20%

答案：C

4. 根据《环境空气　硝基苯类化合物的测定　气相色谱－质谱法》（HJ 739—2015）测定环境空气中的硝基苯类化合物时，每批样品应进行 5% 的回收率测定，现场采集平行双样，实际样品加标回收率应在________以内。(　　)

A. 100%±15%　　B. 100%±20%　　C. 100%±25%　　D. 100%±30%

答案：D

参考文献

环境保护部 . 环境空气　硝基苯类化合物的测定　气相色谱－质谱法：HJ 739—2015 [S]. 北京：中国环境出版社，2015.

命题：张鸣珊　何书海
审核：姜晓旭　夏　新

第五节　酞酸酯类化合物

分类号：G18-4

主要内容
《环境空气　酞酸酯类的测定　气相色谱－质谱法》（HJ 867—2017）

一、填空题

根据《环境空气　酞酸酯类的测定　气相色谱－质谱法》（HJ 867—2017）的规定，环境空气中的酞酸酯类存在于气相、颗粒物或两相同时存在，必须同时用玻璃（或石英）纤维滤膜、__________和__________采集。

答案：XAD-2 树脂　聚氨酯泡沫

二、判断题

1. 根据《环境空气　酞酸酯类的测定　气相色谱－质谱法》（HJ 867—2017）测定环境空气中的酞酸酯类化合物时，玻璃（或石英）纤维滤膜对 0.3 μm 标准粒子的截留效

率应不低于 95%，在气流速度为 0.45 m/s 时，单张滤膜阻力不大于 3.5 kPa。(　　)

答案：错误

正确答案为：玻璃（或石英）纤维滤膜对 0.3 μm 标准粒子的截留效率不低于 99%。

2. 根据《环境空气　酞酸酯类的测定　气相色谱－质谱法》（HJ 867—2017）测定环境空气中的酞酸酯类化合物时，每批样品不超过 20 个时，至少带 1 个现场空白和 1 个实验室空白，要求空白中酞酸酯类化合物含量不超过测定下限。(　　)

答案：错误

正确答案为：每批样品不超过 20 个时，至少带 2 个现场空白和 2 个实验室空白。

3. 根据《环境空气　酞酸酯类的测定　气相色谱－质谱法》（HJ 867—2017）测定环境空气中的酞酸酯类化合物时，实验分析过程应避免使用塑料材质和其他易产生干扰的实验室材料和器皿。(　　)

答案：正确

4. 根据《环境空气　酞酸酯类的测定　气相色谱－质谱法》（HJ 867—2017）测定环境空气中的酞酸酯类化合物时，购买商品化的 XAD-2 树脂可直接使用。(　　)

答案：错误

正确答案为：使用前用二氯甲烷回流提取 16 h 后，更换二氯甲烷继续回流提取 16 h，再用乙醚－正己烷混合溶液回流提取 16 h，室温下真空干燥 2～3 h，在干净的玻璃瓶中密封保存。

5. 根据《环境空气　酞酸酯类的测定　气相色谱－质谱法》（HJ 867—2017）测定环境空气中的酞酸酯类化合物时，样品测定期间每日至少测定 1 次曲线中间点浓度的标准溶液，目标化合物的测定结果与标准值的相对误差应在 ±20% 以内。(　　)

答案：正确

6. 根据《环境空气　酞酸酯类的测定　气相色谱－质谱法》（HJ 867—2017）测定环境空气中的酞酸酯类化合物时，无水硫酸钠和滤膜须经高温烧烤后使用。(　　)

答案：正确

7.《环境空气　酞酸酯类的测定　气相色谱－质谱法》（HJ 867—2017）适用于环境空气中气相和颗粒物中的邻苯二甲酸二甲酯、邻苯二甲酸二乙酯等 7 种酞酸酯的测定。(　　)

答案：正确

8. 根据《环境空气　酞酸酯类的测定　气相色谱－质谱法》（HJ 867—2017）测定环境空气中的酞酸酯类化合物时，可采用硅酸镁柱对样品进行净化，去除或减少杂质对测定干扰。(　　)

答案：正确

三、选择题

1. 根据《环境空气　酞酸酯类的测定　气相色谱－质谱法》（HJ 867—2017）测定环境空气中的酞酸酯类化合物时，使用________作为提取溶液，于索式提取器上回流

提取 16 h 以上，每小时回流不少于 3～4 次。(　　)

A. 乙醚 - 正己烷　　B. 乙醚 - 二氯甲烷

C. 二氯甲烷 - 正己烷　　D. 三氯甲烷 - 正己烷

答案：A

2. 根据《环境空气　酞酸酯类的测定　气相色谱 - 质谱法》（HJ 867—2017）测定环境空气中的酞酸酯类化合物时，样品采集后在 4℃以下冷藏，________d 内提取完毕，样品提取液在 4℃以下冷藏保存，________d 内分析。(　　)

A. 7，30　　B. 10，30　　C. 7，40　　D. 10，40

答案：C

3. 根据《环境空气　酞酸酯类的测定　气相色谱 - 质谱法》（HJ 867—2017）测定环境空气中的酞酸酯类化合物时，规定采样效率替代物邻苯二甲酸经过提取、净化、浓缩、分析过程，回收率控制范围为________。(　　)

A. 50%～120%　　B. 60%～120%　　C. 50%～130%　　D. 60%～130%

答案：D

4. 根据《环境空气　酞酸酯类的测定　气相色谱 - 质谱法》（HJ 867—2017）的规定，平行采集 2 个样品，当测定结果大于测定下限时相对偏差不超过________。(　　)

A. 20%　　B. 25%　　C. 30%　　D. 35%

答案：C

5. 根据《环境空气　酞酸酯类的测定　气相色谱 - 质谱法》（HJ 867—2017）的规定，进行采样效率测定时，采样效率的动态保留效率一般控制在________(邻苯二甲酸二甲酯除外)。(　　)

A. 50%～120%　　B. 50%～150%　　C. 70%～120%　　D. 70%～150%

答案：B

参考文献

环境保护部 . 环境空气　酞酸酯类的测定　气相色谱 - 质谱法：HJ 867—2017 [S]. 北京：中国环境出版社，2017.

命题：张鸣珊　何书海

审核：姜晓旭　夏　新

第六节　多氯联苯类化合物

分类号：G18-5

主要内容
①《环境空气　多氯联苯的测定　气相色谱 - 质谱法》（HJ 902—2017）
②《环境空气　多氯联苯混合物的测定　气相色谱法》（HJ 904—2017）

一、填空题

1. 根据《环境空气　多氯联苯的测定　气相色谱 - 质谱法》（HJ 902—2017）和《环境空气　多氯联苯混合物的测定　气相色谱法》（HJ 904—2017）测定环境空气中的多氯联苯时，使用________混合溶液作为多氯联苯的提取液，提取液经浓缩、净化后，使用仪器分析。①②

答案：乙醚 - 正己烷

2. 根据《环境空气　多氯联苯的测定　气相色谱 - 质谱法》（HJ 902—2017）和《环境空气　多氯联苯混合物的测定　气相色谱法》（HJ 904—2017）测定环境空气中的多氯联苯时，可能会受到其他有机物干扰，可选择采用________、________或复合硅胶柱等净化方法去除干扰。①②

答案：硫酸　硅酸镁层析柱

二、判断题

1. 根据《环境空气　多氯联苯的测定　气相色谱 - 质谱法》（HJ 902—2017）和《环境空气　多氯联苯混合物的测定　气相色谱法》（HJ 904—2017）测定环境空气中的多氯联苯时，两个标准均使用菲 -d_{10}、䓛-d_{12} 或其他氘代多环芳烃作为分析内标。（　　）①②

答案：错误

　　正确答案为：《环境空气　多氯联苯的测定　气相色谱 - 质谱法》（HJ 902—2017）使用菲 -d_{10}、䓛-d_{12} 或其他氘代多环芳烃作为分析内标；《环境空气　多氯联苯混合物的测定　气相色谱法》（HJ 904—2017）使用 1- 溴 -2- 硝基苯（BNB）作为分析内标。

2. 根据《环境空气　多氯联苯混合物的测定　气相色谱法》（HJ 904—2017）测定环境空气中的多氯联苯时，每批采样至少测定 1 个现场空白和 1 个实验室空白，空白值不得大于方法检出限。（　　）②

答案：正确

3. 根据《环境空气　多氯联苯混合物的测定　气相色谱法》（HJ 904—2017）和《环境空气　多氯联苯的测定　气相色谱 - 质谱法》（HJ 902—2017）测定环境空气中的多氯联苯时，标准曲线的相关系数均要求≥0.995，否则应重新绘制新的标准曲线。（　　）①②

答案：正确

4.《环境空气　多氯联苯混合物的测定　气相色谱法》（HJ 904—2017）适用于环境空气中的 PCB1221、PCB1232、PCB1242、PCB1248、PCB1254、PCB1016 和 PCB1260 共 7 种多氯联苯工业品的测定。（　　）②

答案：正确

5. 根据《环境空气　多氯联苯的测定　气相色谱 - 质谱法》（HJ 902—2017）和《环境空气　多氯联苯混合物的测定　气相色谱法》（HJ 904—2017）测定环境空气中的多氯联苯时，采样过程使用的滤膜对 0.3 μm 标准粒子的截留效率不低于 95%。（　　）①②

答案：错误

正确答案为：采样过程使用的滤膜对 0.3 μm 标准粒子的截留效率不低于 99%。

6. 根据《环境空气　多氯联苯混合物的测定　气相色谱法》（HJ 904—2017）测定环境空气中的多氯联苯时，用电子捕获检测器检测，用内标法或外标法取其平均值定量。（　　）②

答案：正确

7. 根据《环境空气　多氯联苯的测定　气相色谱－质谱法》（HJ 902—2017）和《环境空气　多氯联苯混合物的测定　气相色谱法》（HJ 904—2017）测定环境空气中的多氯联苯时，采样结束后取下滤膜，采样尘面向里对折，取出玻璃采样筒，用铝箔纸包裹，放入保存盒中密封保存。（　　）①②

答案：正确

8. 根据《环境空气　多氯联苯混合物的测定　气相色谱法》（HJ 904—2017）测定环境空气中的多氯联苯，采用索式提取时，提取液回流提取应不少于 40 个循环。（　　）②

答案：正确

9. 根据《环境空气　多氯联苯的测定　气相色谱－质谱法》（HJ 902—2017）测定环境空气中的多氯联苯时，采样头由滤膜夹和采样筒套筒两部分组成，选用聚四氟乙烯或不锈钢等不吸附有机物作为采样头的材料。（　　）①

答案：正确

10.《环境空气　多氯联苯的测定　气相色谱－质谱法》（HJ 902—2017）适用于环境空气气相和颗粒物中 PCB8、PCB18 等 27 种多氧联苯的测定。（　　）①

答案：正确

三、选择题

1. 根据《环境空气　多氯联苯的测定　气相色谱－质谱法》（HJ 902—2017）和《环境空气　多氯联苯混合物的测定　气相色谱法》（HJ 904—2017）测定环境空气中的多氯联苯时，样品采集后常温避光保存，________内提取；否则应于 4℃以下避光冷藏，________内提取完毕，样品提取液在 4℃以下冷藏保存，40 d 内分析。（　　）①②

A. 24 h，7 d　　B. 48 h，10 d　　C. 24 h，7 d　　D. 48 h，10 d

答案：C

2. 根据《环境空气　多氯联苯的测定　气相色谱－质谱法》（HJ 902—2017）测定环境空气中的多氯联苯时，替代物经过提取、净化、浓缩、分析过程，分析替代物的回收率应控制在________范围内。（　　）①

A. 50%～140%　　B. 50%～150%　　C. 60%～140%　　D. 60%～150%

答案：A

3. 根据《环境空气　多氯联苯混合物的测定　气相色谱法》（HJ 904—2017）测定环境空气中的多氯联苯时，替代物十氯联苯经过提取、净化、浓缩、分析过程，回收率应控制在________范围内。（　　）②

A. 60%～130%　B. 50%～150%　C. 60%～180%　D. 50%～180%

答案：A

4. 根据《环境空气　多氯联苯的测定　气相色谱－质谱法》(HJ 902—2017)和《环境空气　多氯联苯混合物的测定　气相色谱法》(HJ 904—2017)测定环境空气中的多氯联苯时，用2台仪器同时采集相同的气体时，得到平行样，当测定结果大于等于测定下限时，其相对偏差不超过________。(　　)①②

A. 20%　B. 25%　C. 30%　D. 35%

答案：C

5. 根据《环境空气　多氯联苯的测定　气相色谱－质谱法》(HJ 902—2017)和《环境空气　多氯联苯混合物的测定　气相色谱法》(HJ 904—2017)测定环境空气中的多氯联苯时，采样器使用前后应进行流量校准，流量波动应不大于±________。(　　)①②

A. 5%　B. 10%　C. 15%　D. 20%

答案：B

参考文献

[1] 环境保护部. 环境空气　多氯联苯的测定　气相色谱－质谱法：HJ 902—2017 [S]. 北京：中国环境出版社，2017.

[2] 环境保护部. 环境空气　多氯联苯混合物的测定　气相色谱法：HJ 904—2017 [S]. 北京：中国环境出版社，2017.

命题：张鸣珊　何书海

审核：姜晓旭　夏　新

第七节　有机氯农药

分类号：G18-6

主要内容
《环境空气　有机氯农药的测定　气相色谱－质谱法》(HJ 900—2017)

一、填空题

根据《环境空气　有机氯农药的测定　气相色谱－质谱法》(HJ 900—2017)测定环境空气中的有机氯农药时，若样品中含有其他有机物干扰测定，可采用________和________等净化方法去除干扰。

答案：硅酸镁柱　硫酸

二、判断题

1. 根据《环境空气　有机氯农药的测定　气相色谱－质谱法》(HJ 900—2017)测定

环境空气中的有机氯农药时，采用硫酸净化时不适用于狄氏剂、异狄氏剂、硫丹Ⅰ、硫丹Ⅱ、异狄氏醛、异狄氏酮和甲氧 DDT 等化合物的测定。（ ）

答案：正确

2. 根据《环境空气 有机氯农药的测定 气相色谱－质谱法》（HJ 900—2017）测定环境空气中的有机氯农药时，用 2 台仪器同时采集相同的气体得到平行样的测定结果大于等于测定下限时，要求相对偏差不超过 30%。（ ）

答案：正确

3. 根据《环境空气 有机氯农药的测定 气相色谱－质谱法》（HJ 900—2017）测定环境空气中的有机氯农药时，分析替代物经过提取、净化、浓缩、分析过程，要求回收率在 60%～130% 范围内。（ ）

答案：正确

4. 根据《环境空气 有机氯农药的测定 气相色谱－质谱法》（HJ 900—2017）测定环境空气中的有机氯农药时，每批采样至少带 1 个现场空白和 1 个实验室空白，空白值不得大于测定下限。（ ）

答案：错误

正确答案为：空白值不得大于方法检出限。

5. 根据《环境空气 有机氯农药的测定 气相色谱－质谱法》（HJ 900—2017）测定环境空气中的有机氯农药时，采样过程使用的滤膜对 0.3 μm 标准粒子的截留效率不低于 98%。（ ）

答案：错误

正确答案为：采样过程使用的滤膜对 0.3 μm 标准粒子的截留效率不低于 99%。

6. 根据《环境空气 有机氯农药的测定 气相色谱－质谱法》（HJ 900—2017）测定环境空气中的有机氯农药时，采样结束后取下滤膜，采样尘面向里对折，从采样筒中取出玻璃采样筒，用铝箔纸包好，放入保存盒中密封保存。（ ）

答案：正确

7. 根据《环境空气 有机氯农药的测定 气相色谱－质谱法》（HJ 900—2017）测定环境空气中的有机氯农药，采用平均相对响应因子进行校准时，标准系列各点相对响应因子的相对标准偏差应≤20%；使用最小二乘法建立校准曲线时，要求相关系数≥0.995。（ ）

答案：正确

8. 根据《环境空气 有机氯农药的测定 气相色谱－质谱法》（HJ 900—2017）测定环境空气中的有机氯农药时，若异狄氏剂和 4,4′-DDT 发生分解，单一化合物的降解量≥10% 或二者的降解量之和≥20% 需对进样口和色谱柱头进行维护。（ ）

答案：错误

正确答案为：单一化合物的降解量≥20% 或二者的降解量之和≥30% 需对进样口和色谱柱头进行维护。

9. 根据《环境空气 有机氯农药的测定 气相色谱－质谱法》（HJ 900—2017）测定环境空气中的有机氯农药时，采样头通常由滤膜夹和采样筒套筒两部分组成，选用聚四氟乙烯或不锈钢等不吸附有机物作为采样头的材料。（ ）

答案：正确

三、选择题

1. 根据《环境空气　有机氯农药的测定　气相色谱－质谱法》（HJ 900—2017）测定环境空气中的有机氯农药时，将采集的样品放入索氏提取器，加入________溶液提取，要求回流提取 16 h 以上，每小时回流不少于 3～4 次。（　　）

A. 乙醚－正己烷　　B. 乙醚－二氯甲烷

C. 二氯甲烷－正己烷　　D. 三氯甲烷－正己烷

答案：A

2. 根据《环境空气　有机氯农药的测定　气相色谱－质谱法》（HJ 900—2017）测定环境空气中的有机氯农药时，样品采集后常温避光保存，________内提取；否则应于 4℃以下避光冷藏，________内提取完毕，样品提取液在 4℃以下冷藏保存，40 d 内分析。（　　）

A. 24 h，7 d　　B. 48 h，10 d

C. 24 h，7 d　　D. 48 h，10 d

答案：C

3. 根据《环境空气　有机氯农药的测定　气相色谱－质谱法》（HJ 900—2017）测定环境空气中的有机氯农药时，样品测定期间每 24 h 至少测定 1 次曲线中间点浓度的标准溶液，目标化合物的测定结果与标准值间的相对偏差在 ±________以内。（　　）

A. 15%　　B. 20%　　C. 25%　　D. 30%

答案：B

4. 根据《环境空气　有机氯农药的测定　气相色谱－质谱法》（HJ 900—2017）测定环境空气中的有机氯农药时，采样器使用前应进行流量校准，流量的波动应大于 ±________。（　　）

A. 10%　　B. 20%　　C. 25%　　D. 30%

答案：A

5. 根据《环境空气　有机氯农药的测定　气相色谱－质谱法》（HJ 900—2017）测定环境空气中的有机氯农药时，在分析样品前，需要使用________检查气相色谱－质谱仪性能。（　　）

A. DFTPP　　B. BFB　　C. BPB　　D. DTPPF

答案：A

参考文献

环境保护部 . 环境空气　有机氯农药的测定　气相色谱－质谱法：HJ 900—2017 [S]. 北京：中国环境出版社，2017.

命题：张鸣珊　　何书海

审核：姜晓旭　　夏　新

第八节　有机硫化物

分类号：G18-7

主要内容
《固定污染源废气　甲硫醇等 8 种含硫有机化合物的测定　气袋采样 - 预浓缩 / 气相色谱 - 质谱法》（HJ 1078—2019）

一、填空题

根据《固定污染源废气　甲硫醇等 8 种含硫有机化合物的测定　气袋采样 - 预浓缩 / 气相色谱 - 质谱法》（HJ 1078—2019）测定固定污染源废气中的 8 种含硫有机化合物时，若高浓度的其他种类挥发性有机影响含硫有机化合物的测定，可通过________、________或使用对含硫化合物高选择性检测器进行分析。

答案：减少取样量　　　稀释样品

二、判断题

1. 根据《固定污染源废气　甲硫醇等 8 种含硫有机化合物的测定　气袋采样 - 预浓缩 / 气相色谱 - 质谱法》（HJ 1078—2019）的规定，采样时，应按规定开启加热采样管电源，气袋无须用样品气清洗，直接使用采样装置采集样品。(　　)

答案：错误

正确答案为：气袋需用样品气清洗至少 3 次，再使用采样装置采集样品。

2. 根据《固定污染源废气　甲硫醇等 8 种含硫有机化合物的测定　气袋采样 - 预浓缩 / 气相色谱 - 质谱法》（HJ 1078—2019）测定固定污染源废气中的 8 种含硫有机化合物时，要求每 20 个样品或每批次应至少分析一个实验室空白，空白样品中目标化合物的浓度应低于方法检测下限。(　　)

答案：错误

正确答案为：空白样品中目标化合物的浓度应低于方法检出限。

3. 根据《固定污染源废气　甲硫醇等 8 种含硫有机化合物的测定　气袋采样 - 预浓缩 / 气相色谱 - 质谱法》（HJ 1078—2019）测定固定污染源废气中的 8 种含硫有机化合物时，如果采样气袋内壁有液滴凝结现象，可将气袋放入烘箱中加热至液滴凝结现象消除，然后迅速分析。(　　)

答案：正确

4. 根据《固定污染源废气　甲硫醇等 8 种含硫有机化合物的测定　气袋采样 - 预浓缩 / 气相色谱 - 质谱法》（HJ 1078—2019）测定固定污染源废气中的 8 种含硫有机化合物时，如果污染源废气样品中含湿量较高，含硫有机化合物的回收率和保存期会受到影响，应尽快分析。(　　)

答案：正确

5. 根据《固定污染源废气　甲硫醇等 8 种含硫有机化合物的测定　气袋采样 - 预浓缩 /

气相色谱－质谱法》（HJ 1078—2019）测定固定污染源废气中的 8 种含硫有机化合物时，如果发现分析系统有残留，可启用气体冷阱浓缩仪的烘烤模式去除污染物残留。（　　）

答案：正确

6. 根据《固定污染源废气　甲硫醇等 8 种含硫有机化合物的测定　气袋采样－预浓缩/气相色谱－质谱法》（HJ 1078—2019）测定固定污染源废气中 8 种含硫有机化合物时，浓缩仪自动进样器内部管路均要使用惰性化材质且具有管路加热功能。（　　）

答案：正确

7. 根据《固定污染源废气　甲硫醇等 8 种含硫有机化合物的测定　气袋采样－预浓缩/气相色谱－质谱法》（HJ 1078—2019）测定固定污染源废气中 8 种含硫有机化合物时，气相色谱－质谱联用仪内部加装微控流板等部件不会吸附含硫化有机化合物，对测定结果无影响。（　　）

答案：错误

正确答案为：气相色谱－质谱联用仪内部加装微控流板等部件应确认是否会吸附含硫有机化合物，若有吸附会对测定结果产生影响。

8. 根据《固定污染源废气　甲硫醇等 8 种含硫有机化合物的测定　气袋采样－预浓缩/气相色谱－质谱法》（HJ 1078—2019）的规定，使用最小二乘法建立校准曲线时，要求相关系数大于等于 0.999。（　　）

答案：错误

正确答案为：要求相关系数大于等于 0.990。

9. 根据《固定污染源废气　甲硫醇等 8 种含硫有机化合物的测定　气袋采样－预浓缩/气相色谱－质谱法》（HJ 1078—2019）的规定，当气样中含硫有机化合物的浓度超过曲线线性范围需进行稀释，若稀释位数超过 3 时，可对罐加氮气直接进行稀释。（　　）

答案：错误

正确答案为：气样中含硫有机化合物的浓度超过曲线线性范围需要进行稀释，若稀释位数不超过 3 时，可对罐加氮气进行稀释；若稀释位数超过 3 时，可用气密进样针配合堵头在预先清洗并抽至真空的罐中注入适量样品，再充氮气加压至 101 kPa。

10. 根据《固定污染源废气　甲硫醇等 8 种含硫有机化合物的测定　气袋采样－预浓缩/气相色谱－质谱法》（HJ 1078—2019）测定固定污染源废气中的 8 种含硫有机化合物时，金属对硫有机化合物有一定吸附作用，因此进样的接头应选用不锈钢或聚四氟乙烯材质。（　　）

答案：正确

11. 根据《固定污染源废气　甲硫醇等 8 种含硫有机化合物的测定　气袋采样－预浓缩/气相色谱－质谱法》（HJ 1078—2019）测定固定污染源废气中的 8 种含硫有机化合物时，用气袋采集的固定污染源废气，经冷阱浓缩、解析后，进入气相色谱分离，用质谱检测器进行检测。（　　）

答案：正确

三、选择题

1. 根据《固定污染源废气　甲硫醇等 8 种含硫有机化合物的测定　气袋采样 - 预浓缩 / 气相色谱 - 质谱法》（HJ 1078—2019）的规定，样品采集后若不分析甲硫醇、乙硫醇时，应在________内完成测定。（　　）

A. 24 h　　B. 36 h　　C. 12 h　　D. 18 h

答案：D

2. 根据《固定污染源废气　甲硫醇等 8 种含硫有机化合物的测定　气袋采样 - 预浓缩 / 气相色谱 - 质谱法》（HJ 1078—2019）的规定，样品分析期间每 24 h 需要分析一次校准曲线中间浓度点，其测定结果与标准值相对误差应小于等于________，否则应查找原因或重新绘制标准曲线。（　　）

A. 15%　　B. 20%　　C. 25%　　D. 30%

答案：D

3. 根据《固定污染源废气　甲硫醇等 8 种含硫有机化合物的测定　气袋采样 - 预浓缩 / 气相色谱 - 质谱法》（HJ 1078—2019）测定固定污染源废气中 8 种含硫有机化合物时，在分析样品前，需要使用________检查仪器性能。（　　）

A. DFTPP　　B. BFB　　C. BPB　　D. DTPPF

答案：B

参考文献

生态环境部 . 固定污染源　废气甲硫醇等 8 种含硫有机化合物的测定　气袋采样 - 预浓缩 / 气相色谱 - 质谱法：HJ 1078—2019 [S]. 北京：中国环境出版集团，2019.

命题：张鸣珊　何书海

审核：姜晓旭　夏　新

第九节　二噁英类

分类号：G18–8

主要内容
《环境空气和废气　二噁英类的测定　同位素稀释高分辨气相色谱 - 高分辨质谱法物》（HJ 77.2—2008）

一、判断题

1. 根据《环境空气和废气　二噁英类的测定　同位素稀释高分辨气相色谱 - 高分辨质谱法物》（HJ 77.2—2008）测定二噁英样品时，对其分辨率的要求为：2,3,7,8-TCDD 和其他四氯代二噁英英异构体用质量数 *m/z* 319.896 5 检测，或 2,3,7,8-TCDF 和其他四氯代呋喃异构体用质量数 *m/z* 303.901 6 检测谷底和峰高的比不能大于 30%。（　　）

答案：错误

正确答案为：不能大于 25%。

2. 根据《环境空气和废气　二噁英类的测定　同位素稀释高分辨气相色谱－高分辨质谱法物》（HJ 77.2—2008）测定二噁英样品时，二噁英同类物的两个监测离子在指定保留时间窗口内应同时存在，且其离子丰度比与理论离子丰度比一致，相对偏差应小于 15%。（　　）

答案：正确

二、选择题

1. 根据《环境空气和废气　二噁英类的测定　同位素稀释高分辨气相色谱－高分辨质谱法物》（HJ 77.2—2008）测定二噁英样品时，在 SIM 模式下，通常每个待测化合物选择两个监测峰离子进行监测，仅有一个监测峰离子的待测化合物为________。（　　）

A. $^{37}Cl_4$-T_4DD　　B. $^{13}C1_2$-T_4DDs　　C. O_8CDD　　D. T_4DDs

答案：A

2. 根据《环境空气和废气　二噁英类的测定　同位素稀释高分辨气相色谱－高分辨质谱法物》（HJ 77.2—2008）测定二噁英样品时，2,3,7,8- 氯代二噁英类的色谱峰保留时间应与标准溶液一致，在以________s 内。（　　）

A. ±2　　B. ±3　　C. ±4　　D. ±5

答案：B

参考文献

环境保护部 . 环境空气和废气　二噁英类的测定　同位素稀释高分辨气相色谱－高分辨质谱法物：HJ 77.2—2008 [S]. 北京：中国环境科学出版社，2008.

命题：张　颖　张　烃

审核：张　颖　夏　新

第十九章　红外分光光度法

第一节　油烟和烟雾

分类号：G19-1

主要内容
①《饮食业油烟排放标准（试行）》（GB 18483—2001）（附录A　饮食业油烟采样方法及分析方法）
②《固定污染源废气　油烟和油雾的测定　红外分光光度法》（HJ 1077—2019）

一、填空题

1. 根据《饮食业油烟排放标准（试行）》（GB 18483—2001）（附录A　饮食业油烟采样方法及分析方法）测定油烟样品时，用________作溶剂进行超声清洗。①

答案：四氯化碳

2. 根据《饮食业油烟排放标准（试行）》（GB 18483—2001）（附录A　饮食业油烟采样方法及分析方法）测定油烟样品时，把样品的套筒盖打开，加入清洗溶剂至刚好淹没滤筒，盖好套筒盖，超声波清洗________min。①

答案：10

3. 根据《饮食业油烟排放标准（试行）》（GB 18483—2001）（附录A　饮食业油烟采样方法及分析方法）测定油烟样品时，制备油烟标准油的方法是：在500 mL三颈瓶中加入300 mL食用油，插入量程为500℃的温度计，先控制温度于120℃，敞口加热30 min，然后在其正上方安装一个空气冷凝管，升温至300℃回流________h，即得标准油。①

答案：2

4. 根据《固定污染源废气　油烟和油雾的测定　红外分光光度法》（HJ 1077—2019）测定固定污染源废气中油烟和油雾时，样品若不能在24 h内测定，可冷藏保存________d。②

答案：7

二、判断题

1. 根据《饮食业油烟排放标准（试行）》（GB 18483—2001）（附录A　饮食业油烟采样方法及分析方法）测定油烟样品时，油烟的含量由波数分别为2 930 cm^{-1}、2 960 cm^{-1}和2 990 cm^{-1}谱带处的吸光度A_{2930}、A_{2960}和A_{2990}进行计算。（　　）①

答案：错误

正确答案为：应由波数分别为 2 930 cm^{-1}、2 960 cm^{-1} 和 3 030 cm^{-1} 谱带处的吸光度 A_{2930}、A_{2960} 和 A_{3030} 进行计算。

2. 根据《饮食业油烟排放标准（试行）》（GB 18483—2001）（附录 A　饮食业油烟采样方法及分析方法）测定油烟样品时，用 4 cm 带盖玻璃比色皿、空气池作参比，进行吸光度的扫描测定。（　　）①

答案：错误

正确答案为：应用 4 cm 带盖石英比色皿、空气池作参比，进行吸光度的扫描测定。

3. 根据《固定污染源废气　油烟和油雾的测定　红外分光光度法》（HJ 1077—2019）测定固定污染源废气中的油烟和油雾时，采集油烟时选择玻璃纤维滤筒采样管或金属滤筒采样管。（　　）②

答案：错误

正确答案为：采集油烟时选择金属滤筒采样管。

4. 根据《固定污染源废气　油烟和油雾的测定　红外分光光度法》（HJ 1077—2019）测定固定污染源废气中油烟和油雾，当样品浓度超出测定范围时，可稀释后测定。（　　）②

答案：正确

三、选择题

1. 根据《饮食业油烟排放标准（试行）》（GB 18483—2001）（附录 A　饮食业油烟采样方法及分析方法）测定油烟样品时，使用的红外分光仪要能在 3 400～________cm^{-1} 吸光度进行扫描，并配符合要求的比色皿。（　　）①

A. 0　　　　B. 2 400

C. 2 600　　　　D. 2 930

答案：B

2. 根据《固定污染源废气　油烟和油雾的测定　红外分光光度法》（HJ 1077—2019）测定固定污染源废气中的油烟和油雾时，每季度至少测定________个浓度点的标准溶液进行校正系数的线性检验。（　　）②

A. 2　　　　B. 3

C. 4　　　　D. 5

答案：B

四、问答题

简述《固定污染源废气　油烟和油雾的测定　红外分光光度法》（HJ 1077—2019）中油雾的定义。②

答案：油雾是指工业生产过程（如机械加工、金属材料热处理等工艺）中挥发产生的矿物油及其加热分解或裂解产物。

参考文献

[1] 国家环境保护总局，国家技术监督局 . 饮食业油烟排放标准（试行）：GB 18483—2001 [S]. 北京：中国环境科学出版社，2001.

[2] 生态环境部 . 固定污染源废气　油烟和油雾的测定　红外分光光度法：HJ 1077—2019 [S]. 北京：中国环境出版集团，2019.

[3] 国家环境保护总局《空气和废气监测分析方法》编委会 . 空气和废气监测分析方法（第四版）[M]. 北京：中国环境科学出版社，2003.

命题：段再明

审核：梁富生　夏　新

第二十章　非分散红外吸收法

第一节　基础知识

分类号：G20-0

一、填空题

1. 为保证红外线气体分析器气室和接收器窗口有良好的红外线透光性能，窗口材料一般采用氟化锂和________材料。

答案：氟化钙

2. 用红外线气体分析仪测定环境空气中的一氧化碳时，启动仪器预热后，要用________对仪器进行零点调节，用________对仪器量程进行校准。

答案：高纯氮气或经过霍加拉特管净化后的空气　一氧化碳标准气

二、判断题

1. 对红外线气体分析器进行校正时，用标准气对参比气室进行校正。(　　)

答案：错误

　　正确答案为：用标准气对测量气室进行校正。

2. 红外线气体分析器中，吸收红外辐射的强弱与被测气体浓度成反比。(　　)

答案：错误

　　正确答案为：吸收红外辐射的强弱与被测气体浓度成正比。

3. 红外线气体分析器测定仪在选择安放地点时，应避免高温、高湿及阳光直射环境，允许使用的最高环境温度为45℃。(　　)

答案：正确

4. 在红外线气体分析器中，红外辐射光源的入射光强度不变，红外线透过被测样品的光程不变；且对特定的被测组分，吸收系数 α 也不变，因此透射的特征波长红外光强度仅是被测组分浓度的函数，故通过测定透射特征波长红外光的强度即可确定被测组分的浓度。(　　)

答案：正确

参考文献

[1] 国家环境保护局．空气质量　一氧化碳的测定　非分散红外法：GB 9801—88 [S]. 北京：中国环境科学出版社，1988.

[2] 国家环境保护总局．固定污染源排气中一氧化碳的测定　非色散红外吸收法：HJ/T 44—1999 [S].

北京：中国环境科学出版社，1999.
[3] 环境保护部. 固定污染源废气　二氧化硫的测定　非分散红外吸收法：HJ 629—2011 [S]. 北京：中国环境出版社，2011.
[4] 国家环境保护总局《空气和废气监测分析方法》编委会. 空气和废气监测分析方法（第四版）[M]. 北京：中国环境科学出版社，2003.
[5] 裴崇秀. 环境监测常用仪器使用维修手册 [M]. 北京：中国环境科学出版社，1992.

命题：张　宁　袁　悦
审核：张　宁　夏　新

第二节　一氧化碳

分类号：G20-1

主要内容
①《空气质量　一氧化碳的测定　非分散红外法》（GB 9801—88）
②《固定污染源排气中一氧化碳的测定　非色散红外吸收法》（HJ/T 44—1999）
③《环境空气　一氧化碳的自动测定　非分散红外法》（HJ 965—2018）

一、填空题

1. 根据《空气质量　一氧化碳的测定　非分散红外法》（GB 9801—88）和《固定污染源排气中一氧化碳的测定　非色散红外吸收法》（HJ/T 44—1999）测定环境空气和污染源废气中一氧化碳时，所用非分散红外吸收分析器的常用光检测器有薄膜电容________。①②

答案：微音器

2.《空气质量　一氧化碳的测定　非分散红外法》（GB 9801—88）测定环境空气中一氧化碳的原理是：利用一氧化碳对以________μm 为中心波段的红外辐射具有选择性吸收作用，在一定范围内，吸收程度与一氧化碳浓度呈线性关系，并根据其吸收值确定样品中一氧化碳浓度。①

答案：4.5

3.《空气质量　一氧化碳的测定　非分散红外法》（GB 9801—88）测定环境空气中一氧化碳时的最低检出浓度为________mg/m^3。①

答案：1.25

4. 根据《空气质量　一氧化碳的测定　非分散红外法》（GB 9801—88）和《固定污染源排气中一氧化碳的测定　非色散红外吸收法》（HJ/T 44—1999）测定环境空气和污染源废气中一氧化碳时，校正红外线气体分析器所用的标准气样可以是钢瓶装标准气，也可以是用动态法或________法制备的标准气样。①②

答案：静态

5. 根据《空气质量　一氧化碳的测定　非分散红外法》（GB 9801—88）和《固定污

染源排气中一氧化碳的测定　非色散红外吸收法》（HJ/T 44—1999）测定环境空气和污染源废气中一氧化碳时，为确保红外线气体分析器的准确性，使用中每周至少用________校准一次。①②

答案：标准气样

6. 根据《环境空气　一氧化碳的自动测定　非分散红外法》（HJ 965—2018）测定环境空气中一氧化碳时，一氧化碳选择性吸收以________ μm 为中心波段的红外光。③

答案：4.7

7. 根据《环境空气　一氧化碳的自动测定　非分散红外法》（HJ 965—2018）的规定，新购置的一氧化碳测定仪安装后应依据操作手册设置各项参数，进行调试，调试指标包括零点噪声、________、量程噪声、________、量程精密度、24 h 零点漂移和 24 h 量程漂移。③

答案：最低检出限　　示值误差

8. 根据《环境空气　一氧化碳的自动测定　非分散红外法》（HJ 965—2018）的规定，一氧化碳测定仪的采样管路应为不与一氧化碳发生化学反应的________、氟化聚乙烯丙烯、________或硼硅酸盐玻璃等材质。③

答案：聚四氟乙烯　　不锈钢

9. 根据《环境空气　一氧化碳的自动测定　非分散红外法》（HJ 965—2018）的规定，一氧化碳测定仪运行过程中需要进行零点检查、________和________。如果检查结果不合格，需对仪器进行校准，必要时对仪器进行维修。③

答案：量程检查　　线性检查

二、判断题

1. 根据《空气质量　一氧化碳的测定　非分散红外法》（GB 9801—88）和《固定污染源排气中一氧化碳的测定　非色散红外吸收法》（HJ/T 44—1999）测定环境空气和污染源废气中一氧化碳时，样品采集可以用铝箔采气袋或聚乙烯塑料采气袋，也可以用衬铝塑料袋采气。（　　）①②

答案：正确

2. 根据《空气质量　一氧化碳的测定　非分散红外法》（GB 9801—88）的规定，用非分散红外线气体分析器测定环境空气中一氧化碳时，常用高纯氮气调零，有时也用经霍加拉特管（加热至 90～100℃）净化后的空气来调零。（　　）①

答案：正确

3. 根据《空气质量　一氧化碳的测定　非分散红外法》（GB 9801—88）和《固定污染源排气中一氧化碳的测定　非色散红外吸收法》（HJ/T 44—1999）测定环境空气和污染源废气中一氧化碳时，应将气样经过硅胶后再进入仪器，这样可以防止水蒸气对测定的影响。（　　）①②

答案：正确

4. 根据《空气质量　一氧化碳的测定　非分散红外法》（GB 9801—88）和《固定污染源排气中一氧化碳的测定　非色散红外吸收法》（HJ/T 44—1999）测定环境空气和污染源废气中一氧化碳时，红外线分析器都是在低压状态下使用的。（　　）①②

答案：错误

正确答案为：应该在常压状态下使用。

5. 根据《空气质量　一氧化碳的测定　非分散红外法》（GB 9801—88）和《固定污染源排气中一氧化碳的测定　非色散红外吸收法》（HJ/T 44—1999）测定环境空气和污染源废气中一氧化碳时，红外线气体分析器中的测量气室可连续通过被测气体，而参比气室是充以不吸收被测组分的特征红外光的气体。（　　）①②

答案：正确

6. 根据《空气质量　一氧化碳的测定　非分散红外法》（GB 9801—88）和《固定污染源排气中一氧化碳的测定　非色散红外吸收法》（HJ/T 44—1999）测定环境空气和污染源废气中一氧化碳时，非分散红外吸收分析器无须改动，就可直接用于分析二氧化碳气体浓度。（　　）①②

答案：错误

正确答案为：经过改动后才能分析二氧化碳气体浓度。

7. 根据《空气质量　一氧化碳的测定　非分散红外法》（GB 9801—88）和《固定污染源排气中一氧化碳的测定　非色散红外吸收法》（HJ/T 44—1999）测定环境空气和污染源废气中一氧化碳时，由于仪器的振动、放大器的放大倍数选择太高等光学或电学系统方面的原因，都会造成仪器的分析精度下降。（　　）①②

答案：正确

8. 根据《环境空气　一氧化碳的自动测定　非分散红外法》（HJ 965—2018）测定环境空气中一氧化碳时，红外光吸光度与一氧化碳浓度成反比。（　　）③

答案：错误

正确答案为：红外光吸光度与一氧化碳浓度成正比。

9. 根据《环境空气　一氧化碳的自动测定　非分散红外法》（HJ 965—2018）的规定，一氧化碳测定仪如有内置颗粒物过滤器，则不需要外置颗粒物过滤器。（　　）③

答案：正确

10. 根据《环境空气　一氧化碳的自动测定　非分散红外法》（HJ 965—2018）的规定，一氧化碳测定仪量程应结合当地不同季节一氧化碳实际浓度水平确定，当一氧化碳浓度低于量程 20% 时，应选择更低的量程。（　　）③

答案：正确

11. 根据《环境空气　一氧化碳的自动测定　非分散红外法》（HJ 965—2018）的质量控制要求，一氧化碳测定仪的采样管路每两周应进行气密性检查，每半年需清洗一次。（　　）③

答案：错误

正确答案为：一氧化碳测定仪的采样管路每月应进行气密性检查。

12. 根据《环境空气　一氧化碳的自动测定　非分散红外法》（HJ 965—2018），如一氧化碳测定仪更换采样系统部件和滤膜，应以正常流量采集至少 30 min 样品空气，进行饱和吸附处理，其间产生的测定数据不作为有效数据。（　　）③

答案：错误

正确答案为：应以正常流量采集至少 10 min 样品空气。

三、选择题

1. 根据《空气质量　一氧化碳的测定　非分散红外法》（GB 9801—88）和《固定污染源排气中一氧化碳的测定　非色散红外吸收法》（HJ/T 44—1999）测定环境空气和污染源废气中一氧化碳时，校正红外线气体分析器使用的零点气和满量程标准气，分别是高纯氮和________。（　　）①②

A. 氧气　　B. 二氧化碳　　C. 一氧化碳标准气

答案：C

2. 根据《空气质量　一氧化碳的测定　非分散红外法》（GB 9801—88）和《固定污染源排气中一氧化碳的测定　非色散红外吸收法》（HJ/T 44—1999）测定环境空气和污染源废气中一氧化碳时，非分散红外吸收分析器取样系统的有效性对仪器正常运行具有重要作用，仪器的取样流量一般为________L/min。（　　）①②

A. 0.1　　B. 0.3　　C. 0.5

答案：C

3. 根据《环境空气　一氧化碳的自动测定　非分散红外法》（HJ 965—2018）测定环境空气中一氧化碳时，一般情况下________不会对一氧化碳的测定产生干扰（　　）。③

A. 水蒸气　　B. 二氧化碳　　C. 碳氢化合物　　D. 二氧化硫

答案：D

4. 根据《环境空气　一氧化碳的自动测定　非分散红外法》（HJ 965—2018）测定环境空气中一氧化碳时，水蒸气会对测定产生干扰，不能消除水蒸气干扰的方法是________。（　　）③

A. 加热　　B. 冷却　　C. 窄带滤光器

答案：C

四、问答题

1. 根据《空气质量　一氧化碳的测定　非分散红外法》（GB 9801—88）和《固定污染源排气中一氧化碳的测定　非色散红外吸收法》（HJ/T 44—1999）测定环境空气和污染源废气中一氧化碳时，所使用的高纯氮气如果达不到要求（99.99% 以上）时，用什么方法对其进行净化？①②

答案：可以用霍加拉特管（加热至 90～100℃）对其净化。

2. 简述根据《空气质量　一氧化碳的测定　非分散红外法》（GB 9801—88）和《固定污染源排气中一氧化碳的测定　非色散红外吸收法》（HJ/T 44—1999）测定环境空气和污染源废气中一氧化碳时，水和二氧化碳为什么会干扰其测定。①②

答案：非分散红外法测一氧化碳时，一氧化碳的吸收峰在 4.5 μm 附近，二氧化碳的吸收峰在 4.3 μm 附近，水的吸收峰在 3 μm 及 6 μm 附近，当空气中的水和二氧化碳浓度比较大时就会对其产生干扰，从而影响一氧化碳的测定。

3. 简述《空气质量　一氧化碳的测定　非分散红外法》（GB 9801—88）和《固定污染源排气中一氧化碳的测定　非色散红外吸收法》（HJ/T 44—1999）中测定一氧化碳

的工作原理。①②

答案：一氧化碳对以 4.5 μm 为中心波段的红外辐射具有选择性吸收，在一定浓度范围内，吸收程度与一氧化碳浓度呈线性关系，根据吸收值确定样品中一氧化碳浓度。

4. 简述根据《空气质量　一氧化碳的测定　非分散红外法》（GB 9801—88）和《固定污染源排气中一氧化碳的测定　非色散红外吸收法》（HJ/T 44—1999）测定环境空气和污染源废气中一氧化碳时，为了保证测量数据的准确，应主要注意哪几个方面。①②

答案：（1）仪器必须充分预热，在确认稳定后再进行样品的分析，否则会影响分析精度；（2）为确保仪器的分析精度，在空气样品进入分析室前应对样品进行干燥处理，防止水蒸气对测定的影响；（3）仪器用高纯氮气调零，如果高纯氮气达不到要求时可以用经霍加拉特管（加热至 90～100℃）净化后的空气调零。

5. 试简述《环境空气　一氧化碳的自动测定　非分散红外法》（HJ 965—2018）中一氧化碳测定仪的校准步骤。

答案：（1）将零气通入仪器，读数稳定后，调整仪器输出值等于零。（2）将浓度为量程 80% 的标准气体通入仪器，读数稳定后，调整仪器输出值等于标准气体浓度值。

五、计算题

1. 已知一氧化碳的浓度为 30 mg/m^3，换算成 ppm 是多少？（答案保留三位有效数字）①②

答案：C_{CO}=（22.4 × 30）/28=24.0（ppm）

2. 非分散红外吸收法测定一氧化碳的最小检出限为 1 ppm，如果换算成 mg/m^3 是多少？（答案保留三位有效数字）①②

答案：C_{CO}=（28/22.4）× 1=1.25（mg/m^3）

3. 用非分散红外法在污染源排放口测得的一氧化碳浓度为 230 ppm，测定时的标准状态下干排气流量为 8.09×10^4 m^3/h。试计算出该污染源的排放速率。（答案保留三位有效数字）①②

答案：C_{CO}=230（28/22.4）=288（mg/m^3）

排放速率：$G=C_{CO} \times Q_{sn} \times 10^{-6}=288 \times 8.09 \times 10^4 \times 10^{-6}=23.3$（kg/h）

参考文献

[1] 国家环境保护局 . 空气质量　一氧化碳的测定　非分散红外法：GB 9801—88 [S]. 北京：中国环境科学出版社，1988.

[2] 国家环境保护总局 . 固定污染源排气中一氧化碳的测定　非色散红外吸收法：HJ/T 44—1999 [S]. 北京：中国环境科学出版社，1999.

[3] 生态环境部 . 环境空气　一氧化碳的自动测定　非分散红外法：HJ 965—2018 [S]. 北京：中国环境出版集团，2018.

[4] 国家环境保护总局《空气和废气监测分析方法》编委会 . 空气和废气监测分析方法（第四版）

[M]. 北京：中国环境科学出版社，2003.
[5] 裴崇秀 . 环境监测常用仪器使用维修手册 [M]. 北京：中国环境科学出版社，1992.

命题：李红亮　张　宁　袁　悦
审核：田志仁　夏　新

第三节　氮氧化物

分类号：G20-2

主要内容
《固定污染源废气　氮氧化物的测定　非分散红外吸收法》（HJ 692—2014）

一、判断题

1. 根据《固定污染源废气　氮氧化物的测定　非分散红外吸收法》（HJ 692—2014）测定废气中的氮氧化物时，主要是利用 NO 和 NO_2 气体对红外光谱的选择性吸收，由朗伯—比耳定律定量氮氧化物的浓度。（　　）

答案：错误

正确答案为：是利用 NO 气体对红外光谱区，特别是 5.3 μm 波长光的选择性吸收；NO_2 需要通过转换器还原为 NO 后测定。

2. 根据《固定污染源废气　氮氧化物的测定　非分散红外吸收法》（HJ 692—2014）测定废气中的氮氧化物时，所测气态污染物平均浓度应在校准量程的 0%～80%，不得超过校准量程。（　　）

答案：错误

正确答案为：应在校准量程的 20%～100%。

3. 根据《固定污染源废气　氮氧化物的测定　非分散红外吸收法》（HJ 692—2014）测定废气中的氮氧化物时，测定仪需要定期进行转换效率测试，若转化效率低于 85%，应及时更换还原剂。（　　）

答案：正确

4. 根据《固定污染源废气　氮氧化物的测定　非分散红外吸收法》（HJ 692—2014），零点漂移和量程漂移的绝对值均应小于 5% C. S.，否则应及时对仪器进行校准维护。（　　）

答案：错误

正确答案为：当校准量程≤200 μmol/mol 时，应小于 5% C. S.，其他情况应小于 3% C. S.。

5. 根据《固定污染源废气　氮氧化物的测定　非分散红外吸收法》（HJ 692—2014）测定废气中氮氧化物时，若 NO_2 浓度过高，会导致氮氧化物测量结果偏低。（　　）

答案：正确

6. 根据《固定污染源废气　氮氧化物的测定　非分散红外吸收法》（HJ 692—2014）

测定低浓度氮氧化物时，为实现数据质量目标，校准量程不宜过高，且应小于或等于仪器的满量程。(　　)

答案：正确

二、选择题

1. 根据《固定污染源废气　氮氧化物的测定　非分散红外吸收法》(HJ 692—2014)测定废气中的氮氧化物时，________不能通过滤波片及滤波气室等方法消除干扰。(　　)

   A. SO_2　　B. 甲烷　　C. 一氧化碳　　D. 水分

答案：D

2. 根据《固定污染源废气　氮氧化物的测定　非分散红外吸收法》(HJ 692—2014)测定废气中的氮氧化物时，校准仪器所用的标准气体一般应为国家认证的环境气体标准样品，不确定度应不大于________。(　　)

   A. ±1%　　B. ±2%　　C. ±3%　　D. ±5%

答案：C

参考文献

环境保护部. 固定污染源废气　氮氧化物的测定　非分散红外吸收法：HJ 692—2014 [S]. 北京：中国环境出版社，2014.

命题：李红亮　田志仁
审核：张　军　夏　新

第四节　二氧化硫

分类号：G20-3

主要内容
《固定污染源废气　二氧化硫的测定　非分散红外吸收法》(HJ 629—2011)

一、判断题

1. 非分散红外吸收法测定废气中二氧化硫时，吸收波长的范围应在 6.85～9.00 μm。(　　)

答案：正确

2. 非分散红外吸收法测定废气中二氧化硫时只能用高纯氮气调零，不能用新鲜的空气调零。(　　)

答案：错误

　　正确答案为：在测量浓度较高的情况下，可以用新鲜的空气调零。

二、选择题

《固定污染源废气　二氧化硫的测定　非分散红外吸收法》（HJ 629—2011）的方法测定下限为________mg/m³。（　　）

A. 3　　B. 5　　C. 10　　D. 15

答案：C

参考文献

环境保护部. 固定污染源废气　二氧化硫的测定　非分散红外吸收法：HJ 629—2011 [S]. 北京：中国环境科学出版社，2011.

命题：张　宁

审核：彭　华　夏　新

第二十一章　X 射线荧光光谱法

第一节　能量色散 X 射线荧光光谱法

分类号：G21-1

主要内容
《环境空气　颗粒物中无机元素的测定　能量色散 X 射线荧光光谱法》（HJ 829—2017）

一、填空题

1. 根据《环境空气　颗粒物中无机元素的测定　能量色散 X 射线荧光光谱法》（HJ 829—2017）测定环境空气颗粒物中的无机元素时，采集在滤膜上的颗粒物负载量原则上不宜超过________μg/cm²，负载的颗粒物要均匀分布，直径至少为________mm。可以通过控制采样时间调控滤膜上的颗粒物负载量。

答案：100　30

2. 根据《环境空气　颗粒物中无机元素的测定　能量色散 X 射线荧光光谱法》（HJ 829—2017）测定环境空气颗粒物中的无机元素时，选用________滤膜比________滤膜更合适。

答案：特氟龙　石英

3. 根据《环境空气　颗粒物中无机元素的测定　能量色散 X 射线荧光光谱法》（HJ 829—2017）测定环境空气颗粒物中的无机元素时，膜标准样品的个数根据实验室条件可在________个之间选取（不包括空白滤膜），标样含量大致范围如下：0.5～2 μg/cm²、3～8 μg/cm²、15～25 μg/cm² 或 40～60 μg/cm²。

答案：2～4

二、判断题

1. 根据《环境空气　颗粒物中无机元素的测定　能量色散 X 射线荧光光谱法》（HJ 829—2017）测定环境空气颗粒物中的无机元素，存在干扰时，应采用全谱图拟合方法对重叠谱峰进行解析，扣除干扰峰的影响，得到目标元素特征谱峰强度。(　　)

答案：正确

2. 根据《环境空气　颗粒物中无机元素的测定　能量色散 X 射线荧光光谱法》（HJ 829—2017）测定环境空气颗粒物中的无机元素时，为了防止颗粒物掉落在仪器内，有时需要在其滤膜样品表面覆盖一层 XRF 专用聚丙烯膜保护仪器。如果在测量样品时有上述考虑，建立标准曲线测定标准样品强度时需采取上述同样措施，两种测量条件应保持一致。(　　)

答案：正确

3. 根据《环境空气　颗粒物中无机元素的测定　能量色散X射线荧光光谱法》（HJ 829—2017）测定环境空气颗粒物中的无机元素时，用于采集环境空气颗粒物的空白滤膜中目标元素测定值应小于方法检出限。（　　）

答案：错误

正确答案为：空白滤膜中目标元素测定值应小于方法测定下限。

三、选择题

1. 根据《环境空气　颗粒物中无机元素的测定　能量色散X射线荧光光谱法》（HJ 829—2017）的规定，________无法使用能量色散X射线荧光光谱法分析。（　　）

A. 氟（F）　B. 氯（Cl）　C. 溴（Br）　D. 硫（S）

答案：A

2. 根据《环境空气　颗粒物中无机元素的测定　能量色散X射线荧光光谱法》（HJ 829—2017）测定环境空气颗粒物中的无机元素时，用于采集无组织排放颗粒物的滤膜空白试样中目标元素测定值不得大于目标元素排放标准限值的________。否则，应适当增加采样量，使颗粒物中目标元素测定值明显高于滤膜空白值。（　　）

A. 1/2　B. 1/5　C. 1/10　D. 1/12

答案：C

3. 根据《环境空气　颗粒物中无机元素的测定　能量色散X射线荧光光谱法》（HJ 829—2017）测定环境空气颗粒物中的无机元素时，如果颗粒物滤膜样品可重复测定（如石英滤膜样品、聚丙烯滤膜样品），每批样品应抽取________的样品进行重复测定。样品数量少于________个时，应至少测定1个。（　　）

A. 20%，5　B. 20%，10　C. 10%，5　D. 10%，10

答案：D

4. 根据《环境空气　颗粒物中无机元素的测定　能量色散X射线荧光光谱法》（HJ 829—2017）测定环境空气颗粒物中的无机元素时，对混合元素薄膜标准样品（含Al、Si、Fe、Pb、Cu、Zn、Ni、Mn、Cr等元素）的测定可在每批样品测量前或全部样品完成测量后进行。其测定值与标准示值的相对误差应小于________。此标样和实验室质控样系列测定值均可用于绘制质控图并计算期间精密度。期间精密度数值乘以________可用于评估测量结果扩展不确定度。（　　）

A. 5%，2　B. 10%，2　C. 5%，3　D. 10%，3

答案：B

四、简答题

简述《环境空气　颗粒物中无机元素的测定　能量色散X射线荧光光谱法》（HJ 829—2017）测定环境空气颗粒物中的无机元素的方法原理。

答案：X射线管产生的初级X射线照射到平整、均匀的颗粒物样品表面上时，被测元素释放出特征X射线荧光直接进入检测器。经电子学系统处理得到不同能量（元素）的X射线荧光能谱。采用全谱图拟合或特定峰面积积分的方式获取特征 X 射线荧光强度。颗粒物负载量在一定范围内，采用薄样品分析技术，被测元素特征谱峰强度与其含量成正比。

参考文献

环境保护部 . 环境空气　颗粒物中无机元素的测定　能量色散 X 射线荧光光谱法：HJ 829—2017 [S]. 北京：中国环境出版社，2017.

命题：刘　跃　王记鲁
审核：田志仁　吴宇峰　夏　新

第二节　波长色散 X 射线荧光光谱法

分类号：G21-2

主要内容
《环境空气　颗粒物中无机元素的测定　波长色散 X 射线荧光光谱法》（HJ 830—2017）

一、填空题

1. 根据《环境空气　颗粒物中无机元素的测定　波长色散 X 射线荧光光谱法》（HJ 830—2017）测定环境空气颗粒物中无机元素时，选用________、________、________等滤膜。

答案：石英　特氟龙　聚丙烯

2. 根据《环境空气　颗粒物中无机元素的测定　波长色散 X 射线荧光光谱法》（HJ 830—2017）测定环境空气颗粒物中无机元素时，小流量采样器采集的颗粒物样品可直接放入样品杯。大、中流量采样器采集的石英滤膜颗粒物样品需用直径为________mm 圆刀或陶瓷剪刀裁剪成直径为________mm 的滤膜圆片，待测。上述操作应避免样品测量面被沾污。

答案：47　47

3. 根据《环境空气　颗粒物中无机元素的测定　波长色散 X 射线荧光光谱法》（HJ 830—2017）测定环境空气颗粒物中无机元素时，各元素对应于最大计数的________和________是重点监控的测试参数。应定期通过对标样的定性扫描，检查这两个参数有无变化。

答案：色散角　脉冲高度分布

4. 根据《环境空气　颗粒物中无机元素的测定　波长色散 X 射线荧光光谱法》（HJ 830—2017）测定环境空气颗粒物中无机元素时，特氟龙滤膜在 WD-XRF 测定过程中，受 X 射线照射时容易产生裂纹，甚至破损。建议在满足测定要求前提下，降低 X 光管________并尽量减少照射时间，控制测量时间在________min 以内。

答案：功率　20

二、判断题

1. 根据《环境空气 颗粒物中无机元素的测定 波长色散X射线荧光光谱法》(HJ 830—2017)测定环境空气颗粒物中的无机元素时，每次更换氩甲烷气体瓶后，建议复查与闪烁计数器有关的Na、Mg、Al、Si、Cl、S等元素PHA高低限，并调整到合适位置。(　　)

答案：错误

正确答案为：每次更换氩甲烷气体瓶后，建议复查与流气正比计数器有关的Na、Mg、Al、Si、Cl、S等元素PHA高低限，并调整到合适位置。

2. 根据《环境空气 颗粒物中无机元素的测定 波长色散X射线荧光光谱法》(HJ 830—2017)测定环境空气颗粒物中的无机元素时，为降低背景信号以提高微量元素的检测能力，建议检测钛(Ti)以后的元素时，优化选择不同厚度的铝滤光片。(　　)

答案：正确

3. 根据《环境空气 颗粒物中无机元素的测定 波长色散X射线荧光光谱法》(HJ 830—2017)测定环境空气颗粒物中的无机元素时，滤膜材质、厚度以及滤膜负载的颗粒物的质量都会影响次级X射线的散射信号，即引起背景信号的波动，因此，每条测量谱线都要选择合适的背景位置。(　　)

答案：错误

正确答案为：滤膜材质、厚度以及滤膜负载的颗粒物的质量都会影响原级X射线的散射信号。

三、选择题

1. 根据《环境空气 颗粒物中无机元素的测定 波长色散X射线荧光光谱法》(HJ 830—2017)测定环境空气颗粒物中的无机元素时，为了对仪器漂移进行监控及校正，必要时在分析测量实际样品前，可使用仪器厂商提供的标准样品选择主要目标元素对仪器进行漂移校正。漂移校正样品元素强度测量值(计数率，cps)应大于________。(　　)

A. 500　　B. 1 000　　C. 1 500　　D. 2 000

答案：B

2. 根据《环境空气 颗粒物中无机元素的测定 波长色散X射线荧光光谱法》(HJ 830—2017)测定环境空气颗粒物中的无机元素时，每批样品测定前应核对校准曲线。以接近校准曲线中间含量的实验室质控样(或不同来源滤膜标样)进行分析确认时，Al、Si、K、Ca、Fe等元素测定值与标准值的相对误差应在________范围内，Na、Mg、P、S等元素测定值与标准值的相对误差应在________范围内。(　　)

A. -10%～10%，-10%～10%　　B. -10%～10%，-20%～20%

C. -20%～20%，-20%～20%　　D. -20%～20%，-10%～10%

答案：B

3. 根据《环境空气 颗粒物中无机元素的测定 波长色散X射线荧光光谱法》(HJ

830—2017）测定环境空气颗粒物中的无机元素时，当元素含量高于测定下限时，Al、P、S、K 等元素平行样测试结果相对偏差应满足________要求，Mg、Si、Cl、Ti 等元素平行样测试结果相对偏差应满足________要求，Na、Co、Se、Sr 等元素平行样测试结果相对偏差应满足________要求。(　　)

A. ≤5%，≤10%，≤15%　　B. ≤10%，≤20%，≤25%

C. ≤5%，≤10%，≤20%　　D. ≤10%，≤20%，≤30%

答案：C

4. 根据《环境空气　颗粒物中无机元素的测定　波长色散 X 射线荧光光谱法》（HJ 830—2017）测定环境空气颗粒物中的无机元素时，各个元素的检出限是按滤膜上负载有颗粒物的圆直径为________mm、采样体积为________m^3 计算。(　　)

A. 47，24　　B. 90，24　　C. 47，150　　D. 90，150

答案：A

四、简答题

简述根据《环境空气　颗粒物中无机元素的测定　波长色散 X 射线荧光光谱法》（HJ 830—2017）测定环境空气颗粒物中的无机元素的方法原理。

答案：X 射线管产生的初级 X 射线照射到平整、均匀的颗粒物样品表面时，被测元素释放出特征 X 射线经晶体分光后，探测器在选择的特征波长相对应 2θ 角处测量 X 射线荧光强度。颗粒物负载量在一定范围内，采用薄样品分析技术，X 射线荧光强度与被测元素含量成正比。

五、计算题

根据《环境空气　颗粒物中无机元素的测定　波长色散 X 射线荧光光谱法》（HJ 830—2017）测定环境空气颗粒物中无机元素时，铅 Lα 线对砷 Kα 线有明显干扰，可采用干扰元素的校正系数予以消除。假设用铅标样分别在测定 As（Kα）条件下测量 Pb Lα 谱线强度为 17.930 kcps，在测定 Pb 的条件下测定 Pb Lβ 谱线强度为 18.323 kcps，试计算 Pb（Lα）对 As（Kα）的干扰校正系数 b。

答案：干扰校正系数 $b=\frac{I_{L\alpha-Pb}}{I_{L\beta-Pb}}=\frac{17.930}{18.323}=0.978\,6$。

参考文献

[1] 环境保护部 . 环境空气　颗粒物中无机元素的测定　波长色散 X 射线荧光光谱法：HJ 830—2017 [S]. 北京：中国环境出版社，2017.

[2] 李国刚 . 环境空气颗粒物来源解析监测实例 [M]. 北京：中国环境出版社，2015.

命题：刘　跃　吴宇峰

审核：王记鲁　田志仁

第二十二章　镜检法测定石棉尘

分类号：G22

主要内容
《固定污染源排气中石棉尘的测定　镜检法》（HJ/T 41—1999）

一、填空题

1. 根据《固定污染源排气中石棉尘的测定　镜检法》（HJ/T 41—1999）测定石棉尘时，需要对采有石棉纤维的微孔滤膜进行透明固定，如果透明效果不理想，可将盖上盖玻片的滤膜放在________℃的烘箱内烘 15 min，以加速滤膜的清晰过程。

答案：50

2. 根据《固定污染源排气中石棉尘的测定　镜检法》（HJ/T 41—1999）测定石棉尘时，如果在 20 个视场被记录的纤维数已达到 100 根时，可停止计数；如果在 20 个视场被记录的纤维数未达到 100 根，则应计数到 100 根，并记录下相应的________数。

答案：视场

3. 根据《固定污染源排气中石棉尘的测定　镜检法》（HJ/T 41—1999）测定石棉尘时，如果纤维组中没有一条纤维符合“长度大于 5 μm，宽度小于 3 μm，长度与宽度之比大于 3∶1”的规定，但纤维组本身作为一个整体符合上述规定，则计数为________根。

答案：1

二、判断题

1.《固定污染源排气中石棉尘的测定　镜检法》（HJ/T 41—1999）中，未对样品的采集方法进行详细描述，应按照《固定污染源排气中颗粒物测定与气态污染物采样方法》（GB/T 16157—1996）中有关颗粒物采集方法要求执行。（　　）

答案：正确

2. 城市大气中的石棉 95% 以上是温石棉，所以城市大气中的石棉测定，实际上是对温石棉的测定。（　　）

答案：正确

3. 根据《固定污染源排气中石棉尘的测定　镜检法》（HJ/T 41—1999）测定石棉尘时，从排气筒中采集石棉尘样品以预测流速法为宜，且一般采用移动采样法采样。（　　）

答案：正确

4. X 线衍射法和红外分光度法的灵敏度低，不适于作为大气中石棉的测定方法。（　　）

答案：正确

5. 电子显微镜法不适于作为大气中石棉尘的测定方法，测定大气中石棉尘只能采用相衬显微镜。(　　)

答案：错误

正确答案为：电子显微镜法也可用于测定大气中石棉尘。

6. 根据《固定污染源排气中石棉尘的测定　镜检法》(HJ/T 41—1999）测定石棉尘时，采集石棉尘的滤膜材料的孔径应为 0.45 μm。(　　)

答案：错误

正确答案为：采集石棉尘使用硝酸纤维素和醋酸纤维素混合滤膜，滤膜材料的孔径应为 0.8 μm。

7. 根据《固定污染源排气中石棉尘的测定　镜检法》(HJ/T 41—1999）测定石棉尘时，采集石棉尘所使用的采样头中包括滤膜、滤膜夹和采样嘴。(　　)

答案：正确

8. 根据《固定污染源排气中石棉尘的测定　镜检法》(HJ/T 41—1999）测定石棉尘，在采集石棉尘时，所用的采样设备除采样头外，流速和温度测量装置均与《固定污染源排气中颗粒物测定与气态污染物采样方法》(GB/T 16157—1996）中的采样装置完全相同。(　　)

答案：正确

9. 根据《固定污染源排气中石棉尘的测定　镜检法》(HJ/T 41—1999）测定石棉尘时，一般要对每盒滤膜做空白检测。(　　)

答案：正确

10. 根据《固定污染源排气中石棉尘的测定　镜检法》(HJ/T 41—1999）测定石棉尘，对采有石棉纤维的微孔滤膜进行透明固定时，应在清洁的实验室中进行。所用的载玻片、盖玻片、镊子和刀片应该用蒸馏水冲洗，再用绸布擦干备用。(　　)

答案：错误

正确答案为：所用的载玻片、盖玻片、镊子和刀片应该在无水乙醇中浸泡，再用蒸馏水冲洗，再用绸布擦干备用。

11. 根据《固定污染源排气中石棉尘的测定　镜检法》(HJ/T 41—1999）的规定，采集石棉尘时，采样后滤膜上的负荷量范围应为 100～600 根 /mm^2，为此需根据等速采样的流量和预计的排放浓度范围大致计算出所需的采样时间。(　　)

答案：正确

12. 根据《固定污染源排气中石棉尘的测定　镜检法》(HJ/T 41—1999）测定石棉尘时，计数误差与计数总数有关。(　　)

答案：正确

13. 根据《固定污染源排气中石棉尘的测定　镜检法》(HJ/T 41—1999）测定石棉尘时，对滤膜做空白检测的方法是：在一定数量的滤膜中任意抽取一张空白滤膜，用与处理样品同样的方法做透明固定和计数。在 100 个视野中不超过 5 根纤维时，认为是清洁滤膜，该部分滤膜方可使用。(　　)

答案：错误

正确答案为：应不超过 3 根纤维。

14. 根据《固定污染源排气中石棉尘的测定　镜检法》（HJ/T 41—1999）测定石棉尘时，一条纤维完全在计数视场（不论其是否与其他尘粒接触）内时计为一根，若只有一端在计数视场内，则不计数。（　　）

答案：错误

正确答案为：当一条纤维只有一端在计数视场内时，应计为 1/2 根。

三、选择题

1.《固定污染源排气中石棉尘的测定　镜检法》（HJ/T 41—1999）中，用于采集样品的滤膜应是________。（　　）

A. 硝酸纤维素和醋酸纤维素混合滤膜　　B. 玻璃纤维滤膜

C. 过氯乙烯滤膜

答案：A

2. 根据《固定污染源排气中石棉尘的测定　镜检法》（HJ/T 41—1999）测定石棉尘时，采集石棉尘的采样嘴入口角度应不大于 45°，入口边缘厚度应不大于________mm，内表面不得有急剧的断面变化和弯曲。（　　）

A. 0.1　　B. 0.2　　C. 0.3

答案：B

3. 根据《固定污染源排气中石棉尘的测定　镜检法》（HJ/T 41—1999）测定石棉尘时，采集石棉尘的采样嘴入口直径偏差应不大于 ±________mm，其最小直径应不小于________mm。（　　）

A. 0.1，2　　B. 0.1，4　　C. 0.2，6　　D. 0.2，4

答案：B

4. 根据《固定污染源排气中石棉尘的测定　镜检法》（HJ/T 41—1999）测定石棉尘时，使用的相衬显微镜至少应具有 10× 及________两个相衬物镜，明相衬或暗相衬均可使用；目镜应能放入目镜测微标尺，总放大率应为 400×～600×。（　　）

A. 20×　　B. 40×　　C. 50×　　D. 60×

答案：B

5. 根据《固定污染源排气中石棉尘的测定　镜检法》（HJ/T 41—1999）测定石棉尘，在排气筒中采集石棉尘时，如果排气筒直径较小，只有一个采样点，则每个样品的采样时间应不少于________min。（　　）

A. 2　　B. 5　　C. 10　　D. 15

答案：C

四、问答题

1. 简述根据《固定污染源排气中石棉尘的测定　镜检法》（HJ/T 41—1999）测定石棉尘的方法原理。

答案：将排气筒中含石棉尘的气体抽取通过采样滤膜，石棉尘于滤膜上经透明固定后，在相衬显微镜下计测，根据采气体积计算出每标准立方厘米气体中石棉尘的根数。

2. 根据《固定污染源排气中石棉尘的测定　镜检法》（HJ/T 41—1999）测定石棉尘时，应如何对采有石棉纤维的微孔滤膜进行透明固定？试简述操作步骤。

答案：（1）对所用的载玻片、盖玻片、镊子和刀片进行洗涤，擦干备用。（2）用镊子小心取出滤膜，将集尘面向上置于干净的玻璃板上，切去占圆形面积 1/8～1/6 的扇形小块，放在清洁的载物玻片上。（3）将载有扇形滤膜的玻片置于丙酮蒸气之下，熏蒸 3～5 s，使滤膜变得透明。（4）在透明后的滤膜上滴 2～3 滴甘油三醋酸酯，小心盖上盖玻片。（5）如果透明效果不理想，可将盖上盖玻片的滤膜放在 50℃的烘箱内烘 15 min，以加速滤膜的清晰过程。

五、计算题

用镜检法测定固定污染源排气中石棉尘时，设定滤膜的负荷量为 L=300 根 /mm^2，滤膜的有效过滤面积 A_f=1 074.7 mm^2，采样流量 Q=30.0 L/min，预计的石棉纤维排放浓度 C=100 根 /cm^3，试求出使用等速采样所需的时间。

答案：$t=L\times A_f\times 10^{-6}/(C\times Q)=300\times 1\ 074.7\times 10^{-6}/(100\times 30.0\times 10^{-3})=0.11\ (\text{min})$

参考文献

[1] 国家环境保护总局 . 固定污染源排气中石棉尘的测定　镜检法：HJ/T 41—1999 [S]. 北京：中国环境科学出版社，1999.

[2] 国家环境保护局 . 固定污染源排气中颗粒物测定与气态污染物采样方法：GB/T 16157—1996 [S]. 北京：中国环境科学出版社，1996.

命题：张　宁　夏　新
审核：居　力　张　宁

第二十三章　嗅辨法测定臭气浓度

分类号：G23

主要内容
《空气质量　恶臭的测定　三点比较式臭袋法》（GB/T 14675—1993）

一、填空题

1. 用三点比较式臭袋法测定臭气浓度时，小组正解率计算法用于________臭气样品测定结果计算；舍去小组个人嗅阈值最大值和最小值后，计算小组算术平均阈值用于________臭气样品测定结果的计算。

答案：环境　　污染源

2. 用三点比较式臭袋法测定臭气浓度时，无组织排放源厂界的监测采样点，应设在工厂厂界的________或________的边界线上。

答案：下风向侧　　有臭气方位

3. 用三点比较式臭袋法测定臭气浓度时，有组织排放源采样频率应按生产周期确定监测频率，生产周期在 8 h 内时，每________h 采集一次；生产周期大于 8 h 时，每________h 采集一次。

答案：2　　4

4. 用三点比较式臭袋法测定臭气浓度时，将三只无臭袋中的两只充入________，另一只则按一定稀释比例充入________和________供嗅辨员嗅辨。

答案：无臭空气　　无臭空气　　被测恶臭气体

5. 用三点比较式臭袋法测定臭气浓度时，向空气净化器供气应采用________泵，严禁使用________和其他________的供气设备。

答案：无油　　含油　　散发气味

二、判断题

1. 用三点比较式臭袋法测定臭气浓度时，排气筒高度为 14 m 的排放源视为有组织排放源。（　　）

答案：错误

　　正确答案为：排气筒高度小于 15 m 的排放源，视为无组织排放源。

2.《空气质量　恶臭的测定　三点比较式臭袋法》（GB/T 14675—1993）适用于各种恶臭源以不同形式排放的气体样品和环境空气样品中臭气浓度的测定，样品为仅含一种恶臭物质的样品。（　　）

答案：错误

　　正确答案为：还应包括含两种以上恶臭物质的复合臭气样品。

3. 用三点比较式臭袋法测定臭气浓度，不受恶臭物质种类、种类数目、浓度范围及所含成分浓度比例的限制。(　　)

答案：正确

4. 用三点比较式臭袋法测定臭气浓度时，对于间歇排放源，无组织排放源采样频率选择在气味最大时间内采样，样品采集次数不少于 2 次，取其最大测定值。(　　)

答案：错误

　　正确答案为：样品采集次数应不少于 3 次。

5. 用三点比较式臭袋法测定臭气浓度，当恶臭源同时存在两种以上恶臭物质时，用同一臭气浓度结果表示两种物质对环境的污染程度。(　　)

答案：正确

6.《恶臭污染物排放标准》（GB 14554—1993）中规定，通过排气筒排放的恶臭污染物即为有组织排放源，否则为无组织排放源。(　　)

答案：错误

　　正确答案为：排气筒高度低于 15 m 排放源也为无组织排放源。

7. 用三点比较式臭袋法测定臭气浓度时，有组织排放源的监测采样点应为臭气进入大气的排气口，或在水平排气道和排气筒下部，经治理的污染源监测点设在治理装置的排气口。(　　)

答案：正确

三、选择题

1. 用三点比较式臭袋法测定臭气浓度时，采样时打开采样瓶塞，使样品气体充入采样瓶，至常压后盖好瓶塞，避光运回实验室，应在________h 内测定。(　　)

A. 12　　B. 24　　C. 36　　D. 48

答案：B

2. 用三点比较式臭袋法测定臭气浓度过程中，在采样瓶真空处理时，需要用真空排气处理系统将采样瓶排气至瓶内压力接近负________Pa。(　　)

A. 0.5×10^5　　B. 0.6×10^5

C. 0.8×10^5　　D. 1.0×10^5

答案：D

3. 用三点比较式臭袋法测定臭气浓度时，对于无组织排放源的连续排放源，采样频率相隔________h 采一次，共采集________次，取其最大测定值。(　　)

A. 4，2　　B. 2，4　　C. 2，3　　D. 4，3

答案：B

四、问答题

根据《空气质量　恶臭的测定　三点比较式臭袋法》（GB/T 14675—1993）的规定，采集排气筒内恶臭气样品时应注意什么？

答案：（1）采集排气筒内恶臭气样品时，如果排气温度较高时，应对采样导管予以水冷或空气冷却，使进入采样袋的气体温度接近环境温度。（2）根据排气状况确定采气速度，以保证采集的气体样品具有代表性。(3) 采样前先用要采集的气体将采样袋洗 3 次。

参考文献

[1] 国家环境保护局 . 空气质量　恶臭的测定　三点比较式臭袋法：GB/T 14675—1993 [S]. 北京：中国环境科学出版社，1993.

[2] 国家环境保护局，国家技术监督局 . 恶臭污染物排放标准：GB 14554—1993 [S]. 北京：中国环境科学出版社，1993.

[3] 国家环境保护总局《空气和废气监测分析方法》编委会 . 空气和废气监测分析方法（第四版）[M]. 北京：中国环境科学出版社，2003.

命题：党秀芳

审核：陈圆圆　夏　新

第二十四章　嗅辨员

分类号：G24

主要内容
《空气质量　恶臭的测定　三点比较式臭袋法》（GB/T 14675—1993）

一、填空题

用三点比较式臭袋法测定臭气浓度时，每个样品由若干名嗅辨员同时测定，最后根据嗅辨员的________阈值和嗅辨小组成员的________阈值，求得臭气浓度。

答案：个人　　平均

二、判断题

1. 根据《空气质量　恶臭的测定　三点比较式臭袋法》（GB/T 14675—1993）的规定，臭气浓度是指用无臭空气对恶臭样品连续稀释至嗅辨员阈值时的稀释倍数。(　　)

答案：正确

2. 用三点比较式臭袋法测定臭气浓度时，嗅辨后的样品袋在嗅辨室排气后集中管理。(　　)

答案：错误

　　正确答案为：测定后的样品不能在嗅辨室排气，以免污染测试环境。

3. 《空气质量　恶臭的测定　三点比较式臭袋法》（GB/T 14675—1993）规定的嗅觉阈值定义是能够定出气味特性的识别阈值。(　　)

答案：错误

　　正确答案为：本标准规定嗅觉阈值的定义是可以嗅觉气味存在的感觉阈值。

4. 用三点比较式臭袋法测定臭气浓度时，所得臭气浓度单位为 mg/m^3。(　　)

答案：错误

　　正确答案为：臭气浓度单位量纲一。

5. 用三点比较式臭袋法测定臭气浓度时，经过专门挑选、培训和嗅觉检测合格的嗅辨员即可随时参加恶臭样品的测定。(　　)

答案：错误

　　正确答案为：测定当天，嗅辨员还不能携带和使用有气味的香料及化妆品，不能食用有刺激气味的食物，患感冒或嗅觉器官不适的嗅辨员不能参加样品测定。

6. 用三点比较式臭袋法测定臭气浓度，挑选嗅辨员时，能够嗅辨出四种标准臭液者即可作为嗅辨员。(　　)

答案：错误

　　正确答案为：能够嗅辨出五种标准臭液者才可作为嗅辨员。

7. 根据《空气质量　恶臭的测定　三点比较式臭袋法》（GB/T 14675—1993）的规定，如果无特殊情况，考核合格的嗅辨员可连续四年承担嗅辨员工作。（　　）

答案：错误

正确答案为：该标准规定，如果无特殊情况，考核合格的嗅辨员可连续三年承担嗅辨员工作。

三、选择题

1. 三点比较式臭袋法中的标准臭液气味分别为________。（　　）

A. 花香、汗臭气味、甜锅巴味、成熟水果香、粪臭味

B. 青草味、汗臭气味、甜锅巴味、水果香、臭鸡蛋味

C. 花香、酸腐味、甜锅巴味、成熟水果香、粪臭味

D. 青草味、汗臭气味、甜锅巴味、水果香、粪臭味

答案：A

2. 根据《空气质量　恶臭的测定　三点比较式臭袋法》（GB/T 14675—1993）的规定，嗅辨员选择最佳年龄是________岁。（　　）

A. 20～45　　B. 18～45

C. 25～50　　D. 18～50

答案：B

3. 根据《空气质量　恶臭的测定　三点比较式臭袋法》（GB/T 14675—1993）的规定，臭气样品测定（嗅辨）时，当第一级 10 倍稀释样品平均正解率________，不继续对样品稀释嗅辨，样品臭气浓度可以小于或等于 10。（　　）

A. ≤0.58　　B. ＞0.58

C. ＞0.58 且＜1

答案：A

四、问答题

1. 根据《空气质量　恶臭的测定　三点比较式臭袋法》（GB/T 14675—1993）的规定，嗅辨工作实验室应如何设置？

答案：应设置嗅辨室和单独的配气室。嗅辨室要远离散发恶臭气味的场所，室内能通风换气并保持温度在 17～25℃，至少可供 6～7 名嗅辨员同时工作。

2. 根据《空气质量　恶臭的测定　三点比较式臭袋法》（GB/T 14675—1993）的规定，制备稀释臭气样品所用的无臭清洁气体时应注意什么？

答案：（1）稀释臭气样品所用的无臭清洁气体气袋的充气管内径要稍大于气体净化器供气管外径，既保证气袋定量充满清洁空气，又可防止充气过量、过压而导致气袋破裂。（2）嗅辨员应对净化空气进行有无气味的嗅辨检验，以便及时更换空气净化系统的活性炭。（3）应采用无油空气泵向空气净化器供气，严禁使用含油或其他散发气味的供气设备。

3. 根据《空气质量　恶臭的测定　三点比较式臭袋法》（GB/T 14675—1993）的规定，高浓度臭气样品的初始浓度稀释倍数应如何确定？

答案： 由配气员首先对采集样品在 3 L 无臭袋内按一定的稀释梯度配制几个不同稀释倍数的样品，进行嗅辨尝试，从中选择一个既能明显嗅出气味又不强烈刺激的样品，以样品的稀释倍数作为配制小组嗅辨样品的初始稀释倍数。

4. 根据《空气质量　恶臭的测定　三点比较式臭袋法》（GB/T 14675—1993）的规定，在环境臭气样品测定中，通过对样品的测定（嗅辨）结果计算小组平均正解率，其计算公式为 $M=(1.00\times a-0.38\times b+0\times c)/n$，试解释式中各英文字母的含义。

答案： M 是小组平均正解率，a 是答案正确的人次数，b 是答案为不明的人次数，c 是答案为错误的人次数，n 是解答总数（18 人次）。

五、计算题

1. 用三点比较式臭袋法测定臭气浓度时，下表为一个有组织排放源臭气嗅辨结果登记表，试计算该样品的臭气浓度，如果该排放源排放筒高度为 18 m，试判断是否超标（已知：排放筒高度 15 m 的标准值为 2 000；排放筒高度 25 m 的标准值为 6 000）。

稀释倍数		30	100	300	1 000	3 000	10 000	30 000	个人嗅阈值 $\bar{x}_i=(\lg a_1+\lg a_2)/2$	个人嗅阈值最大值、最小值
对数值		1.48	2.00	2.48	3.00	3.48	4.00	4.48		
嗅辨员	A	0	0	0	0	×				
	B	0	0	0	0	0	×			
	C	0	0	0	×					
	D	0	0	0	0	0	0	×		
	E	0	0	0	0	×				
	F	0	0	0	0	0	×			

注：答案正确以“0”表示，答案不正确以“×”表示。

答案：

稀释倍数		30	100	300	1 000	3 000	10 000	30 000	个人嗅阈值 $\bar{x}_i=(\lg a_1+\lg a_2)/2$	个人嗅阈值最大值、最小值
对数值		1.48	2.00	2.48	3.00	3.48	4.00	4.48		
嗅辨员	A	0	0	0	0	×			3.24	
	B	0	0	0	0	0	×		3.74	
	C	0	0	0	×				2.74	最小舍去
	D	0	0	0	0	×			3.24	
	E	0	0	0	0	0	0	×	4.24	最大舍去
	F	0	0	0	0	0	×		3.74	

$\overline{X}$ =（3.24+3.74+3.24+3.74）/4=3.49

$Y=10^{3.49}$=3 090＞2 000

因为该排放源排放筒高度为 18 m，执行 15 m 高度的标准值（2 000），故该排放源臭气浓度超标。

2. 用三点比较式臭袋法测定厂界环境臭气浓度，下表为样品经 10 倍、100 倍两级稀释嗅辨的嗅辨结果登记表，已知 100 倍稀释嗅辨 M_2＜0.58，试计算该样品的臭气浓度。

稀释倍数		10			100		
实验次序		1	2	3	1	2	3
嗅辨员	A	0	Δ	0	Δ	0	×
	B	0	0	×	×	0	×
	C	×	0	0	×	Δ	×
	D	Δ	×	0	0	×	×
	E	0	0	Δ	0	×	Δ
	F	0	0	Δ	×	Δ	0
小组平均正解率（*M*）		*a*= ， *b*= ， *c*= M_1=			*a*= ， *b*= ， *c*= M_2=		

注：答案正确以“0”表示，答案不明以“Δ”表示，答案错误以“×”表示。

答案：

稀释倍数		10			100		
实验次序		1	2	3	1	2	3
嗅辨员	A	0	Δ	0	Δ	0	×
	B	0	0	×	×	0	×
	C	×	0	0	×	Δ	×
	D	Δ	×	0	0	×	×
	E	0	0	Δ	0	×	Δ
	F	0	0	Δ	×	Δ	0
小组平均正解率（*M*）		*a*=11， *b*=4， *c*=3 M_1=［（1.00×11）+（0.33×4）+（0.00×3）］/18=0.68			*a*=5， *b*=4， *c*=9 M_2=［（1.00×5）+（0.33×4）+（0.00×9）］/18=0.35		

α=（M_1−0.58）/（M_1−M_2）=（0.68−0.58）/（0.68−0.35）=0.30

β=lg（t_2/t_1）=lg（100/10）=1

$Y=t_1\times10^{\alpha\cdot\beta}=10\times10^{0.30}$=19.95≈20

参考文献

[1] 国家环境保护局 . 空气质量　恶臭的测定　三点比较式臭袋法：GB/T 14675—1993 [S]. 北京：中国环境科学出版社，1993.

[2] 国家环境保护局，国家技术监督局 . 恶臭污染物排放标准（GB 14554—1993）[S]. 北京：中国环境科学出版社，1993.

[3] 国家环境保护总局《空气和废气监测分析方法》编委会 . 空气和废气监测分析方法（第四版）[M]. 北京：中国环境科学出版社，2003.

命题：党秀芳

审核：陈圆圆　夏　新

第 二 篇

室内空气

第一章　布点与采样

分类号：A1

主要内容
①《室内空气质量标准》（GB/T 18883—2002）
②《室内环境空气质量监测技术规范》（HJ/T 167—2004）
③《民用建筑工程室内环境污染控制规范》（GB 50325—2020）

一、填空题

1.《室内空气质量标准》（GB/T 18883—2002）适用于________和________，其他室内环境可参照本标准执行。

答案：住宅　　办公建筑物

2. 室内空气质量参数是指室内空气中与人体健康有关的________、________、________和放射性参数。

答案：物理　　化学　　生物

3. 室内空气应________、________、________臭味。

答案：无毒　　无害　　无异常

4. 室内空气多点采样时应按对角线或梅花式均匀布点，采样点应避开________，离墙壁距离应大于________m，离门窗距离应大于________m。

答案：通风口　　0.5　　1

5. 室内空气监测采样点的高度，原则上与人的________高度一致，一般相对高度在________m。也可根据房间的使用功能来选择采样高度。

答案：呼吸带　　0.5～1.5

6. 采用瞬时采样法采集室内空气样品时，一般采样间隔时间为________min，每个点位至少采集________次样品，每次的采样量大致相同，其监测结果的平均值作为该点位的小时均值。

答案：10～15　　3

7. 气泡吸收管适用于采集室内气态污染物，采样时吸收管要放置，不能有泡沫溢出。使用前应检查吸收管玻璃磨口的________和进气喷嘴的完整性。

答案：垂直气密性

8. 民用建筑工程室内环境验收时，凡进行了样板间室内环境污染物检测且检测结果合格的，抽检数量________，并不得少于________间。

答案：减半　　3

9. 室内空气物理性参数的测定，除了温度、________和________，还有对新风量的检测。

答案： 相对湿度　　空气流速

二、判断题

1. 室内空气检测所用的采样仪器应符合国家有关标准和技术要求，并通过计量检定。采样时采样仪器（包括采样管）可在阳光下采样。（　　）

答案： 错误

　　正确答案为： 采样时采样仪器（包括采样管）不能被阳光直接照射。

2. 室内空气监测采样点数量的确定，应根据监测室内房间的数量和现场情况而确定，以便能正确反映室内空气污染物水平。（　　）

答案： 错误

　　正确答案为： 应根据监测室内面积大小和现场情况而确定。

3. 民用建筑工程及室内装修工程的室内环境质量验收，应在工程完工至少 5 d 以后、工程交付使用后进行。（　　）

答案： 错误

　　正确答案为： 应在工程完工至少 7 d 以后、工程交付使用前进行。

4. 当室内环境污染物检测结果不符合《民用建筑工程室内环境污染控制规范》（GB 50325—2020）规定时，对不合格项进行再次检测，其抽检数量应与上次检测时相同。（　　）

答案： 错误

　　正确答案为： 其抽检数量应增加 1 倍。

5. 民用建筑工程室内环境中甲醛、苯、氨和总挥发性有机物浓度检测时，对采用集中空调的民用建筑工程，检测应在关闭空调的条件下进行；对采用自然通风的民用建筑工程，检测应在对外门窗关闭 24 h 后进行。（　　）

答案： 错误

　　正确答案为： 应在空调正常运转的条件下进行；对采用自然通风的民用建筑工程，检测应在对外门窗关闭 1 h 后进行。

6. 根据《室内环境空气质量监测技术规范》（HJ/T 167—2004）和《室内空气质量标准》（GB/T 18883—2002），室内空气质量检测采用筛选法采样，检测结果不符合标准要求时，必须采用累计法（按年平均、日平均、8 h 平均值）的要求采样。（　　）

答案： 正确

7. 室内空气质量检测采用有动力采样器时，在采样前应对采样系统精密性进行检查，不得漏气。（　　）

答案： 错误

　　正确答案为： 应对采样系统气密性进行检查。

8. 室内空气采样时要对现场情况、采样日期、时间、地点、数量、布点方式、大气压力、气温、相对湿度和空气流速进行记录，并由采样者签字。（　　）

答案： 正确

三、选择题

1.《室内空气质量标准》（GB/T 18883—2002）规定的标准状态温度和压力分别为________。(　　)

A. 273 K、101.325 kPa　　B. 298 K、101.325 kPa

C. 273 K、101.325 mmHg

答案：A

2.《室内空气质量标准》（GB/T 18883—2002）中确定室内空气监测采样点数量时规定：原则上小于 50 m^2 的房间应设________个点，50～100 m^2 应设________个点，100 m^2 以上至少设________个点。(　　)

A. 2～3，3～5，6　　B. 1～3，3～5，5　　C. 1～3，3～6，6

答案：B

3. 民用建筑工程验收时，应抽检有代表性房间的室内环境污染物浓度，抽检数量不得少于________%，并不得少于________间；房间总数少于________时，应全数检测。(　　)

A. 3，5，5　　B. 5，3，5　　C. 5，3，3

答案：C

4. 室内空气采样系统流量要保持________，采样前和采样后要用一级皂膜流量计校准采样系统________流量，误差不得超过________%。(　　)

A. 稳定，进气，10　　B. 恒定，进气，5　　C. 恒定，出气，5

答案：B

四、问答题

1. 室内空气监测如何进行现场空白检验?

答案：在进行现场采样时，一批应至少留有两个采样管不采样，并同其他样品管一样对待，作为采样过程中的现场空白，采样结束后和其他采样吸收管一并送交实验室。样品分析时测定现场空白值，并与校准曲线的零浓度值进行比较。若空白检验超过控制范围，则这批样品作废。

2. 我国将民用建筑工程划分为两类，简述Ⅰ类和Ⅱ类民用建筑工程各包括哪些。

答案：Ⅰ类民用建筑工程包括住宅、医院、老年建筑、幼儿园和学校教室等民用建筑工程。Ⅱ类民用建筑工程包括办公楼、商店、旅馆、文化娱乐场所、书店、图书馆、展览馆、体育馆、公共交通等候厅、餐厅和理发店等民用建筑工程。

3. 简述民用建筑工程验收时，室内环境污染物浓度检测点的设置要求。

答案：民用建筑工程验收时，室内环境污染物浓度检测点数应按房间使用面积设置：

房间使用面积小于 50 m^2 时，设 1 个检测点；

房间使用面积为 50～100 m^2 时，设 2 个检测点；

房间使用面积为 100～500 m^2 时，设 3～5 个检测点；

房间使用面积为 500～1 000 m^2 时，设 5～6 个检测点；

房间使用面积为 1 000～3 000 m^2 时，设 6～9 个检测点；

房间使用面积大于 3 000 m^2 时，设不少于 9 个检测点。

4. 简述如何评价与表示室内空气质量检测结果。

答案： 检测结果以平均值表示，化学性、生物性和放射性指标平均值符合标准值要求时，为达标。如果有一项检测结果未达到标准要求时，为不达标。要求年平均、日平均、8 h 平均值的参数，可以先做筛选法采样检测，若检测结果符合标准值要求，为达标。当采用筛选法采样检测结果不符合标准值要求时，必须按年平均、日平均、8 h 平均值的要求，采用累积法采样检测结果评价。

5. 简述室内空气采样时间和频率的基本要求。

答案： 年平均浓度至少采样 3 个月，日平均浓度至少采样 18 h，8 h 平均浓度至少采样 6 h，1 h 平均浓度至少采样 45 min，采样时间应涵盖通风最差的时间段。

参考文献

[1] 国家质量监督检验检疫总局，卫生部，国家环境保护总局 . 室内空气质量标准：GB/T 18883—2002 [S]. 北京：中国标准出版社，2002.

[2] 国家环境保护总局 . 室内环境空气质量监测技术规范：HJ/T 167—2004 [S]. 北京：中国环境科学出版社，2004.

[3] 中华人民共和国住房和城乡建设部，国家市场监督管理总局 . 民用建筑工程室内环境污染控制规范：GB 50325—2020 [S]. 北京：中国标准出版社，2020.

命题：刘　伟　王　迎　池　靖

审核：华　蕾　王　迎　夏　新

第二章　物理性参数

第一节　温度

分类号：A2-1

主要内容
①《公共场所卫生检验方法　第1部分：物理因素》（GB/T 18204.1—2013）（3.1　空气温度玻璃液体温度计法）
②《公共场所卫生检验方法　第1部分：物理因素》（GB/T 18204.1—2013）（3.2　空气温度数显式温度计法）
③《室内环境空气质量监测技术规范》（HJ/T 167—2004）（附录A.1　温度室内空气物理参数的测量）

一、判断题

1. 根据《公共场所卫生检验方法　第1部分：物理因素》（GB/T 18204.1—2013）（3.1　空气温度玻璃液体温度计法）和《室内环境空气质量监测技术规范》（HJ/T 167—2004）（附录A.1　温度室内空气物理参数的测量）进行温度测定时，由于玻璃热后效应，所使用的玻璃液体温度计的零点位置应经常用标准温度计校正。（　　）①③

答案：正确

2. 根据《公共场所卫生检验方法　第1部分：物理因素》（GB/T 18204.1—2013）（3.1　空气温度玻璃液体温度计法）和《室内环境空气质量监测技术规范》（HJ/T 167—2004）（附录A.1　温度室内空气物理参数的测量）进行温度测定时，为了防止日光等热辐射的影响，玻璃液体温度计的温包必须用热遮蔽。（　　）①③

答案：错误

　　正确答案为：为了防止日光等热辐射的影响，必要时玻璃液体温度计的温包需用热遮蔽。

3. 根据《公共场所卫生检验方法　第1部分：物理因素》（GB/T 18204.1—2013）（3.1　空气温度玻璃液体温度计法）和《室内环境空气质量监测技术规范》（HJ/T 167—2004）（附录A.1　温度室内空气物理参数的测量）进行温度测定时，玻璃液体水银温度计按凹出弯月面的最低点读数。（　　）①③

答案：错误

　　正确答案为：按凸出弯月面的最高点读数。

4. 根据《公共场所卫生检验方法　第1部分：物理因素》（GB/T 18204.1—2013）

（3.2　空气温度数显式温度计法）和《室内环境空气质量监测技术规范》（HJ/T 167—2004）（附录 A.1　温度室内空气物理参数的测量）进行温度测定时，应按要求对数显式温度计进行期间核查和使用前校准。（　　）②③

答案：正确

5. 根据《公共场所卫生检验方法　第 1 部分：物理因素》（GB/T 18204.1—2013）（3.2　空气温度数显式温度计法）和《室内环境空气质量监测技术规范》（HJ/T 167—2004）（附录 A.1　温度室内空气物理参数的测量）进行温度测定时，待数显式温度计显示的读数稳定后，即可读出温度值。（　　）②③

答案：正确

6. 根据《公共场所卫生检验方法　第 1 部分：物理因素》（GB/T 18204.1—2013）（3.1　空气温度玻璃液体温度计法）和《室内环境空气质量监测技术规范》（HJ/T 167—2004）（附录 A.1　温度室内空气物理参数的测量）进行温度测定时，对于玻璃液体温度计，如零点有位移时，应把位移值加到读数上。（　　）①③

答案：正确

7. 根据《公共场所卫生检验方法　第 1 部分：物理因素》（GB/T 18204.1—2013）（3.2　空气温度数显式温度计法）进行温度测定时，数显式温度计的最小分辨率应该为 0.2℃。（　　）②

答案：错误

　　正确答案为：应该为 0.1℃。

8. 根据《公共场所卫生检验方法　第 1 部分：物理因素》（GB/T 18204.1—2013）（3.1　空气温度玻璃液体温度计法）、《公共场所卫生检验方法　第 1 部分：物理因素》（GB/T 18204.1—2013）（3.2　空气温度数显式温度计法）和《室内环境空气质量监测技术规范》（HJ/T 167—2004）（附录 A.1　温度室内空气物理参数的测量）进行温度测定时，室内空气温度测点距离热源应不小于 0.5 m。（　　）①②③

答案：正确

9. 根据《公共场所卫生检验方法　第 1 部分：物理因素》（GB/T 18204.1—2013）（3.1　空气温度玻璃液体温度计法）和《室内环境空气质量监测技术规范》（HJ/T 167—2004）（附录 A.1　温度室内空气物理参数的测量）进行温度测定时，需经 2～5 min 后方可读数。（　　）①③

答案：错误

　　正确答案为：公共场所空气温度测定中，使用玻璃液体温度计时，需经 5～10 min 后方可读数。

10. 根据《公共场所卫生检验方法　第 1 部分：物理因素》（GB/T 18204.1—2013）（3.2　空气温度数显式温度计法）进行温度测定时，数显式温度计的测量精度应为 ±0.5℃（　　）②

答案：正确

二、选择题

1. 根据《公共场所卫生检验方法　第 1 部分：物理因素》（GB/T 18204.1—2013）

（3.1 空气温度玻璃液体温度计法）、《公共场所卫生检验方法 第1部分：物理因素》（GB/T 18204.1—2013）（3.2 空气温度数显式温度计法）进行温度测定时，现场检测布点要求测点距地面高度________m，距墙壁不小于________m。（ ）①②

A. 1～1.5，0.5　　B. 1～2，0.5

C. 1～1.5，1.0　　D. 1～2，1.0

答案：A

2. 根据《公共场所卫生检验方法 第1部分：物理因素》（GB/T 18204.1—2013）（3.1 空气温度玻璃液体温度计法）和《室内环境空气质量监测技术规范》（HJ/T 167—2004）（附录A.1 温度室内空气物理参数的测量）进行温度测定时，所使用的玻璃液体温度计的刻度最小分值应不大于________℃，测量精度为________℃。（ ）①③

A. 0.1，±0.5　　B. 0.2，±0.5

C. 0.2，±5　　D. 0.1，±5

答案：B

3. 根据《公共场所卫生检验方法 第1部分：物理因素》（GB/T 18204.1—2013）（3.1 空气温度玻璃液体温度计法）和《公共场所卫生检验方法 第1部分：物理因素》（GB/T 18204.1—2013）（3.2 空气温度数显式温度计法）进行温度测定时，若室内面积为50～200 m^2，设置________个测点。（ ）①②

A. 1　　B. 2　　C. 3　　D. 5

答案：B

4. 根据《公共场所卫生检验方法 第1部分：物理因素》（GB/T 18204.1—2013）（3.1 空气温度玻璃液体温度计法）和《室内环境空气质量监测技术规范》（HJ/T 167—2004）（附录A.1 温度室内空气物理参数的测量）进行温度测定时，一支玻璃液体温度计在校正时温度计所示零点为0.1℃，而标准温度计的零点位置在0℃，现用该温度计测量室内温度，其读数为29.6℃，则该室内的实际温度为________℃。（ ）①③

A. 29.5　　B. 29.6　　C. 29.7　　D. 不确定

答案：A

参考文献

[1] 中国国家标准化管理委员会. 公共场所卫生检验方法 第1部分：物理因素：GB/T 18204.1—2013 [S]. 北京：中国标准出版社，2013.

[2] 国家环境保护总局. 室内环境空气质量监测技术规范：HJ/T 167—2004 [S]. 北京：中国环境科学出版社，2004.

命题：华岚英 吕天峰

审核：华 蕾 夏 新 袁 懋

第二节 相对湿度

分类号：A2-2

主要内容

①《公共场所卫生检验方法 第1部分：物理因素》（GB/T 18204.1—2013）（4.1 相对湿度干湿球法）

②《公共场所卫生检验方法 第1部分：物理因素》（GB/T 18204.1—2013）（4.2 相对湿度氯化锂露点法）

③《公共场所卫生检验方法 第1部分：物理因素》（GB/T 18204.1—2013）（4.3 相对湿度电阻电容法）

④《室内环境空气质量监测技术规范》（HJ/T 167—2004）（附录A.2 相对湿度室内空气物理参数的测量）

一、判断题

1. 根据《公共场所卫生检验方法 第1部分：物理因素》（GB/T 18204.1—2013）（4.1 相对湿度干湿球法）和《室内环境空气质量监测技术规范》（HJ/T 167—2004）（附录A.2 相对湿度室内空气物理参数的测量）进行相对湿度测定时，机械通风干湿表的温度刻度的最小分值应不大于0.1℃。（ ）①④

答案： 错误

正确答案为： 应不大于0.2℃。

2. 根据《公共场所卫生检验方法 第1部分：物理因素》（GB/T 18204.1—2013）（4.1 相对湿度干湿球法）和《室内环境空气质量监测技术规范》（HJ/T 167—2004）（附录A.2 相对湿度室内空气物理参数的测量）进行相对湿度测定时，机械通风干湿表的测量精度应为 ±3%。（ ）①④

答案： 正确

3. 根据《公共场所卫生检验方法 第1部分：物理因素》（GB/T 18204.1—2013）（4.1 相对湿度干湿球法）和《室内环境空气质量监测技术规范》（HJ/T 167—2004）（附录A.2 相对湿度室内空气物理参数的测量）进行相对湿度测定时，电动通风干湿表温度刻度的最小分值不大于0.2℃。（ ）①④

答案： 正确

4. 根据《公共场所卫生检验方法 第1部分：物理因素》（GB/T 18204.1—2013）（4.1 相对湿度干湿球法）和《室内环境空气质量监测技术规范》（HJ/T 167—2004）（附录A.2 相对湿度室内空气物理参数的测量）进行相对湿度测定时，电动通风干湿表的测量精度为 ±2%。（ ）①④

答案： 错误

正确答案为： 电动通风干湿表的测量精度为 ±3%。

5. 根据《公共场所卫生检验方法 第1部分：物理因素》（GB/T 18204.1—2013）（4.1 相对湿度干湿球法）和《室内环境空气质量监测技术规范》（HJ/T 167—2004）

（附录 A.2　相对湿度室内空气物理参数的测量）进行相对湿度测定时，使用机械通风干湿表法通风器作用时间校正：其通风器的全部作用时间不得少于 5 min。（　　）①④

答案：错误

正确答案为：其通风器的全部作用时间不得少于 6 min。

6. 根据《公共场所卫生检验方法　第 1 部分：物理因素》（GB/T 18204.1—2013）（4.1　相对湿度干湿球法）和《室内环境空气质量监测技术规范》（HJ/T 167—2004）（附录 A.2　相对湿度室内空气物理参数的测量）进行相对湿度测定时，若使用通风干湿表测试，需用吸管吸取蒸馏水送入湿球温度计套管内，以湿润温度计头部纱条。（　　）①④

答案：正确

7. 根据《公共场所卫生检验方法　第 1 部分：物理因素》（GB/T 18204.1—2013）（4.1　相对湿度干湿球法）和《室内环境空气质量监测技术规范》（HJ/T 167—2004）（附录 A.2　相对湿度室内空气物理参数的测量）进行相对湿度测定时，若使用通风干湿表测试，需通风 10 min 后，读取干、湿温度表所示温度。（　　）①④

答案：错误

正确答案为：通风 5 min 后，读取干、湿温度表所示温度。

8. 根据《公共场所卫生检验方法　第 1 部分：物理因素》（GB/T 18204.1—2013）（4.3　相对湿度电阻电容法）和《室内环境空气质量监测技术规范》（HJ/T 167—2004）（附录 A.2　相对湿度室内空气物理参数的测量）进行相对湿度测定时，使用电阻电容湿度计，25℃条件下，相对湿度最大允许误差不大于 ±3%。（　　）③④

答案：错误

正确答案为：相对湿度最大允许误差不大于 ±5%。

9. 根据《公共场所卫生检验方法　第 1 部分：物理因素》（GB/T 18204.1—2013）（4.3　相对湿度电阻电容法）和《室内环境空气质量监测技术规范》（HJ/T 167—2004）（附录 A.2　相对湿度室内空气物理参数的测量）进行相对湿度测定时，在 0～60℃条件下，电阻式湿度计的相对湿度测量范围为 10%～90%。（　　）③④

答案：正确

10. 根据《公共场所卫生检验方法　第 1 部分：物理因素》（GB/T 18204.1—2013）（4.2　相对湿度氯化锂露点法）和《室内环境空气质量监测技术规范》（HJ/T 167—2004）（附录 A.2　相对湿度室内空气物理参数的测量）使用氯化锂露点湿度计进行相对湿度测定时，通电后需立刻读数。（　　）②④

答案：错误

正确答案为：在通电 10 min 后再读数。

11. 根据《公共场所卫生检验方法　第 1 部分：物理因素》（GB/T 18204.1—2013）（4.2　相对湿度氯化锂露点法）和《室内环境空气质量监测技术规范》（HJ/T 167—2004）（附录 A.2　相对湿度室内空气物理参数的测量）进行相对湿度测定时，氯化锂露点湿度计的氯化锂测头连续工作一定时间后应清洗。（　　）②④

答案：正确

12. 根据《公共场所卫生检验方法　第1部分：物理因素》（GB/T 18204.1—2013）（4.2　相对湿度氯化锂露点法）和《室内环境空气质量监测技术规范》（HJ/T 167—2004）（附录A.2　相对湿度室内空气物理参数的测量）进行相对湿度测定时，氯化锂露点湿度计的湿敏元件不要随意拆动，但可在腐蚀性气体（如二氧化硫、氨气等）浓度高的环境中使用。（　　）②④

答案：错误

正确答案为：不得在腐蚀性气体（如二氧化硫、氨气、酸、碱蒸气）浓度高的环境中使用。

二、选择题

1. 根据《公共场所卫生检验方法　第1部分：物理因素》（GB/T 18204.1—2013）（4.1　相对湿度干湿球法）和《室内环境空气质量监测技术规范》（HJ/T 167—2004）（附录A.2　相对湿度室内空气物理参数的测量）进行相对湿度测定时，在-10～45℃条件下，干湿球相对湿度的测量范围为________。（　　）①④

A. 5%～90%　　B. 10%～90%　　C. 5%～100%　　D. 10%～100%

答案：D

2. 根据《公共场所卫生检验方法　第1部分：物理因素》（GB/T 18204.1—2013）（4.2　相对湿度氯化锂露点法）和《室内环境空气质量监测技术规范》（HJ/T 167—2004）（附录A.2　相对湿度室内空气物理参数的测量）进行相对湿度测定时，氯化锂露点湿度计的测量范围为________。（　　）②④

A. -45～60℃　　B. -45～45℃　　C. -25～60℃　　D. -15～60℃

答案：A

3. 根据《公共场所卫生检验方法　第1部分：物理因素》（GB/T 18204.1—2013）（4.3　相对湿度电阻电容法）和《室内环境空气质量监测技术规范》（HJ/T 167—2004）（附录A.2　相对湿度室内空气物理参数的测量）进行相对湿度测定时，在0～60℃条件下，电容式湿度计的相对湿度测量范围为________。（　　）③④

A. 5%～90%　　B. 10%～90%　　C. 0%～100%　　D. 5%～100%

答案：C

三、计算题

1. 根据《公共场所卫生检验方法　第1部分：物理因素》（GB/T 18204.1—2013）（4.1　相对湿度干湿球法）和《室内环境空气质量监测技术规范》（HJ/T 167—2004）（附录A.2 相对湿度室内空气物理参数的测量）进行相对湿度测定时，用一支阿斯曼通风干湿表在风速>2.5 m/s的条件下测量公共场所空气的湿度，测得结果如下：干球温度为25.0℃，湿球温度为20.0℃，检测时大气压为101.3 kPa，温度计系数A=0.006 77，且查表得20.0℃时的饱和水气压B_t'为23.39 kPa，25.0℃的饱和水气压为31.69 kPa，试计算该条件下空气相对湿度。①④

答案：由水气压公式得出 $P_e=P_{Bt}'-AP(t-t')=23.39-0.006\,77\times101.3\times(25-20)$

$=19.96$（kPa）

由相对湿度公式得出 $F=(P_e/P_E)\times 100\%=(19.96/31.69)\times 100\%=63.0\%$

2. 根据《公共场所卫生检验方法　第 1 部分：物理因素》（GB/T 18204.1—2013）（4.2　相对湿度氯化锂露点法）和《室内环境空气质量监测技术规范》（HJ/T 167—2004）（附录 A.2　相对湿度室内空气物理参数的测量）进行相对湿度测定时，已知露点温度为 21.2℃，此空气相对湿度为 30%，求在该空气温度时的饱和水气分压（查表知露点温度为 21.2℃时，其饱和水气压为 2 518.11 Pa）。②④

答案： 相对湿度的计算公式为 $F=P_h/P_i\times 100\%$

则空气温度时的饱和水气分压 $P_i=P_h/F\times 100\%=2\ 518.11/0.3=8\ 393.70$（Pa）

则该空气温度时的饱和水气分压为 8 393.70 Pa

参考文献

[1] 中国国家标准化管理委员会 . 公共场所卫生检验方法　第 1 部分：物理因素：GB/T 18204.1—2013 [S]. 北京：中国标准出版社，2013.

[2] 国家环境保护总局 . 室内环境空气质量监测技术规范：HJ/T 167—2004 [S]. 北京：中国环境科学出版社，2004.

命题：华岚英　夏　新

审核：池　靖　华　蕾

第三节　空气流速（风速）

分类号：A2-3

主要内容

①《公共场所卫生检验方法　第 1 部分：物理因素》（GB/T 18204.1—2013）（5　室内风速电风速计法）

②《室内环境空气质量监测技术规范》（HJ/T 167—2004）（附录 A.3　空气流速室内空气物理参数的测量）

一、判断题

1. 根据《公共场所卫生检验方法　第 1 部分：物理因素》（GB/T 18204.1—2013）（5　室内风速电风速计法）和《室内环境空气质量监测技术规范》（HJ/T 167—2004）（附录 A.3　空气流速室内空气物理参数的测量）测定室内风速时，指针式热电风速计或数显式热电风速仪的最低检测值应不大于 0.03 m/s。（　　）①②

答案： 错误

正确答案为： 最低检测值应不大于 0.051 m/s。

2. 根据《公共场所卫生检验方法　第 1 部分：物理因素》（GB/T 18204.1—2013）（5　室内风速电风速计法）测定室内风速时，使用数显式热电风速仪时需进行自检或预热。（　　）①

答案： 正确

3. 根据《公共场所卫生检验方法　第1部分：物理因素》（GB/T 18204.1—2013）（5　室内风速电风速计法）测定室内风速，使用数显式热电风速仪时，轻轻将测杆测头拉出，测头上的红点对准来风方向，读出风速值。（　　）①

答案： 正确

4. 根据《公共场所卫生检验方法　第1部分：物理因素》（GB/T 18204.1—2013）（5　室内风速电风速计法）测定室内风速，使用数显式热电风速仪时，一个区域的测定结果以该区域内各测点测量值的最大值给出。（　　）①

答案： 错误

正确答案为： 一个区域的测定结果以该区域内各测点测量值的算术平均值给出。

5. 根据《公共场所卫生检验方法　第1部分：物理因素》（GB/T 18204.1—2013）（5　室内风速电风速计法）和《室内环境空气质量监测技术规范》（HJ/T 167—2004）（附录A.3　空气流速室内空气物理参数的测量）测定室内风速时，室内外温差和压差对测定没有影响。（　　）①②

答案： 错误

正确答案为： 室内外温差和压差对测定有影响。

6. 根据《公共场所卫生检验方法　第1部分：物理因素》（GB/T 18204.1—2013）（5　室内风速电风速计法）和《室内环境空气质量监测技术规范》（HJ/T 167—2004）（附录A.3 空气流速室内空气物理参数的测量）测定室内风速时，人工通风、空调和室内热源等都能引起空气流动，对污染物有稀释和扩散作用，因此对测定都有影响。（　　）①②

答案： 正确

7. 根据《公共场所卫生检验方法　第1部分：物理因素》（GB/T 18204.1—2013）（5　室内风速电风速计法）和《室内环境空气质量监测技术规范》（HJ/T 167—2004）（附录A.3　空气流速室内空气物理参数的测量）测定室内风速时，使用前无须对电风速计进行校准。（　　）①②

答案： 错误

正确答案为： 应按要求对仪器进行使用前校准。

8. 根据《公共场所卫生检验方法　第1部分：物理因素》（GB/T 18204.1—2013）（5　室内风速电风速计法）和《室内环境空气质量监测技术规范》（HJ/T 167—2004）（附录A.3　空气流速室内空气物理参数的测量）测定室内风速时，应按要求调整仪表的零点和满度。（　　）①②

答案： 正确

二、选择题

1. 根据《公共场所卫生检验方法　第1部分：物理因素》（GB/T 18204.1—2013）（5　室内风速电风速计法）测定室内风速时，数显式热电风速仪的测量范围为________m/s。（　　）①

A. 0.1～2　　　　B. 0.1～4

C. 0.1～8　　D. 0.1～10

答案：D

2. 根据《公共场所卫生检验方法　第1部分：物理因素》（GB/T 18204.1—2013）（5　室内风速电风速计法）测定室内风速，使用数显式热电风速仪时，在 0.1～2 m/s 范围内，其测量误差不大于________。（　　）①

A. ±5%　　B. ±6%

C. ±8%　　D. ±10%

答案：D

参考文献

[1] 中国国家标准化管理委员会. 公共场所卫生检验方法　第1部分：物理因素：GB/T 18204.1—2013 [S]. 北京：中国标准出版社，2013.

[2] 国家环境保护总局. 室内环境空气质量监测技术规范：HJ/T 167—2004 [S]. 北京：中国环境科学出版社，2004.

命题：吕天峰　华岚英

审题：袁　懋　华　蕾　夏　新

第四节　新风量

分类号：A2-4

主要内容

①《公共场所卫生检验方法　第1部分：物理因素》（GB/T 18204.1—2013）（6.1　室内新风量示踪气体法）

②《公共场所卫生检验方法　第1部分：物理因素》（GB/T 18204.1—2013）（6.2　室内新风量风管法）

③《室内环境空气质量监测技术规范》（HJ/T 167—2004）（附录 A.4　新风量室内空气物理参数的测量）

一、填空题

根据《公共场所卫生检验方法　第1部分：物理因素》（GB/T 18204.1—2013）（6.2　室内新风量风管法）测定室内新风量时，检测点所在的断面应选在__________直管段，避开__________________部位。②

答案：气流平稳的　　弯头和断面急剧变化的

二、判断题

1. 根据《公共场所卫生检验方法　第1部分：物理因素》（GB/T 18204.1—2013）（6.1　室内新风量示踪气体法）和《公共场所卫生检验方法　第1部分：物理因素》（GB/T 18204.1—2013）（6.2　室内新风量风管法）均适用于有集中空调的公共场所

室内新风量的测定。（　　）①②③

答案：错误

正确答案为：自然通风场所（换风次数小于5次）适用示踪气体法测定室内空气新风量；机械通风场所（带有集中空调系统，换气次数大于5次的）适用风管法测量室内新风量。

2. 根据《公共场所卫生检验方法　第1部分：物理因素》（GB/T 18204.1—2013）（6.1　室内新风量示踪气体法）测定室内新风量时，室内空气总量等于室内容积减去室内物品总体积。（　　）①③

答案：正确

3. 根据《公共场所卫生检验方法　第1部分：物理因素》（GB/T 18204.1—2013）（6.1　室内新风量示踪气体法）测定室内新风量时，示踪气体的浓度与时间呈线性衰减。（　　）①③

答案：错误

正确答案为：示踪气体的浓度与时间呈指数衰减。

4. 根据《公共场所卫生检验方法　第1部分：物理因素》（GB/T 18204.1—2013）（6.1　室内新风量示踪气体法）测定室内新风量时，采样前气体浓度测定仪要先做归零调整及感应确认，归零工作可在测定现场进行，对环境没有特殊要求。（　　）①③

答案：错误

正确答案为：归零工作需要在清净的环境中调整。

5. 根据《公共场所卫生检验方法　第1部分：物理因素》（GB/T 18204.1—2013）（6.1　室内新风量示踪气体法）测定室内新风量时，示踪气体环境本底浓度必须为零。（　　）①③

答案：错误

正确答案为：示踪气体环境本底浓度可以不为零，计算时示踪气体浓度应减去本底浓度后再取自然对数。

6. 根据《公共场所卫生检验方法　第1部分：物理因素》（GB/T 18204.1—2013）（6.1　室内新风量示踪气体法）和《公共场所卫生检验方法　第1部分：物理因素》（GB/T 18204.1—2013）（6.2　室内新风量风管法）测定室内空气新风量时，均需调查检测区域内设计人流量和实际最大人流量，在计算中均取两个数中的高值。（　　）①②③

答案：正确

7. 根据《公共场所卫生检验方法　第1部分：物理因素》（GB/T 18204.1—2013）（6.1　室内新风量示踪气体法）测定室内新风量时，记录的是室内中心点示踪气体浓度。（　　）①③

答案：正确

8. 根据《公共场所卫生检验方法　第1部分：物理因素》（GB/T 18204.1—2013）（6.2　室内新风量风管法）测定室内新风量时，是在机械通风系统处于正常运行或规定的工况条件下，通过测量新风量某一断面的面积及该断面的平均风速，计算出

该断面的新风量。(　　)②

答案： 正确

9. 根据《公共场所卫生检验方法　第1部分：物理因素》(GB/T 18204.1—2013)(6.2　室内新风量风管法)测定室内新风量时，如果一套系统有多个新风管，每个新风管均要测定风量，全部新风管风量的均值即为该套系统的总新风量，根据系统服务区域内的人数，便可得出新风量结果。(　　)②

答案： 错误

正确答案为： 全部新风管风量之和即为该套系统的总新风量。

10. 根据《公共场所卫生检验方法　第1部分：物理因素》(GB/T 18204.1—2013)(6.1　室内新风量示踪气体法)测定室内新风量时，使用的示踪气体应该无色、无味、使用浓度无味、安全、环境本底低、易采样、易分析的气体。(　　)①③

答案： 正确

11. 在研究空气运动中，一种气体能与空气混合，而且本身不发生任何改变，并在很低的浓度时能被测出，这一类气体总称为示踪气体。(　　)①②

答案： 正确

12. 根据《公共场所卫生检验方法　第1部分：物理因素》(GB/T 18204.1—2013)(6.1　室内新风量示踪气体法)测定室内新风量时，如果选择的示踪气体是环境中存在的，应打开门窗，并首先测量本底浓度。(　　)①③

答案： 错误

正确答案为： 应关闭门窗。

13. 室内空气新风量的单位为 $m^3/(人·h)$。(　　)①②③

答案： 正确

三、选择题

1. 根据《公共场所卫生检验方法　第1部分：物理因素》(GB/T 18204.1—2013)(6.1　室内新风量示踪气体法)测定室内新风量时，最常用________作示踪气体。(　　)①③

A. 二氧化碳　　B. 氮气　　C. 氨气　　D. 硫化氢

答案： A

2. 根据《公共场所卫生检验方法　第1部分：物理因素》(GB/T 18204.1—2013)(6.1 室内新风量示踪气体法)测定室内新风量时，在室内通入适量示踪气体后，一般用摇摆扇搅动空气________min，使示踪气体分布均匀后再采样。(　　)①③

A. 0～1　　B. 1～2　　C. 2～3　　D. 3～5

答案： D

3. 根据《公共场所卫生检验方法　第1部分：物理因素》(GB/T 18204.1—2013)(6.1　室内新风量示踪气体法)测定室内新风量时，计算室内空气容积不包括的室内物品有________。(　　)①③

A. 桌、柜　　B. 沙发、床

C. 箱子　　D. 桌、柜、沙发、床和箱子等

答案：D

4. 根据《公共场所卫生检验方法　第 1 部分：物理因素》（GB/T 18204.1—2013）（6.1　室内新风量示踪气体法）测定室内新风量时，用回归方程法计算空气交换率，当浓度均匀时，在 30 min 内按一定的时间间隔测定示踪气体浓度，测定频次不少于________次。（　　）①③

A. 2　　B. 3　　C. 4　　D. 5

答案：D

5. 根据《公共场所室内新风量测定方法》（GB/T 18204.18—2000），下列各示踪气体环境本底水平最高浓度要求不正确的是________。（　　）①②③

A. 二氧化碳 600 mg/m^3　　B. 六氟化硫 0.4 mg/m^3

C. 一氧化氮 0.4 mg/m^3　　D. 三氟溴甲烷低于检出限

答案：B

6.《室内空气质量标准》（GB/T 18883—2002）规定，新风量的标准为____________ m^3/（h·人）。（　　）①②③

A. ≥20　　B. ≥30　　C. ≥40　　D. ≥50

答案：B

7. 根据《公共场所卫生检验方法　第 1 部分：物理因素》（GB/T 18204.1—2013）（6.1　室内新风量示踪气体法）测定室内新风量时，根据示踪气体衰减情况，测量从开始至________min 时间段示踪气体浓度，在此时间段内测量次数不少于________次。（　　）①③

A. 10～20，3　　B. 30～60，3　　C. 30～60，5　　D. 60～120，5

答案：C

四、问答题

1. 简述根据《公共场所卫生检验方法　第 1 部分：物理因素》（GB/T 18204.1—2013）（6.1　室内新风量示踪气体法）测定新风量的原理。①③

答案：在待测室内通入适量示踪气体，由于室内、外空气交换，示踪气体的浓度呈指数衰减，根据浓度随着时间的变化的值，计算出室内的新风量。

2. 简述用示踪气体法测定室内新风量的步骤和计算公式（任选一种方法）。①③

答案：（1）测定并计算出室内容积 V_1 和室内物品总体积 V_2，得出室内空气容积：$V=V_1-V_2$。

（2）校正气体浓度测定仪，在清净的环境中对仪器进行归零调整。

（3）关闭门窗，首先测定示踪气体本底浓度 C_0，在室内通入适量的示踪气体后，将气源移至室外，同时用摇摆扇搅动空气 3～5 min，使示踪气体分布均匀，在室内中心点采样并测定开始时示踪气体浓度 C_1，30～60 min 时间段内再采样（在此时间段内测量次数不少于 5 次）测定最终示踪气体浓度 C_t，得出换气次数 $A=[\ln(C_1-C_0)-\ln(C_t-C_0)]/t$。

（4）计算新风量 $Q=AV/P$［其中单位：V、V_1、V_2 为 m^3，C_0、C_t 为 mg/m^3，t 为 h，A 为 h^{-1}，Q 为 m^3/（人·h）］。

五、计算题

1. 测定室内新风量时，某房间室内容积为 120 m^3，室内物品总体积为 30.0 m^3，以二氧化碳为示踪气体进行新风量测试，测量开始时二氧化碳浓度为 8.20×10^3 mg/m^3，30 min 后二氧化碳浓度为 4.40×10^3 mg/m^3，35 min 后二氧化碳浓度为 4.10×10^3 mg/m^3，40 min 后二氧化碳浓度为 3.90×10^3 mg/m^3，45 min 后二氧化碳浓度为 3.7×10^3 mg/m^3，50 min 后二氧化碳浓度为 3.40×10^3 mg/m^3。计算该房间的换气次数和新风量。（设计最大人流量为 20 人，实际最大人流量为 25 人，二氧化碳环境本底浓度为 600 mg/m^3）①③

答案：（1）30 min 后：

换气次数 $A=[\ln(C_1-C_0)-\ln(C_t-C_0)]/t$

$=[\ln(8.20\times10^3-600)-\ln(4.40\times10^3-600)]/0.5$

$=1.38\ (h^{-1})$

新风量 $Q=AV/p=A(V_1-V_2)/p=1.38\times(120-30.0)/25$

$=4.99\ [m^3/(人\cdot h)]$

（2）35 min 后：换气次数 $A=[\ln(C_1-C_0)-\ln(C_t-C_0)]/t$

$=[\ln(8.20\times10^3-600)-\ln(4.10\times10^3-600)]/0.58$

$=1.29\ (h^{-1})$

新风量 $Q=AV/p=A(V_1-V_2)/p=1.29\times(120-30.0)/25=4.78\ [m^3/(人\cdot h)]$

（3）40 min 后：换气次数 $A=[\ln(C_1-C_0)-\ln(C_t-C_0)]/t$

$=[\ln(8.20\times10^3-600)-\ln(3.90\times10^3-600)]/0.67$

$=1.25\ (h^{-1})$

新风量 $Q=AV/p=A(V_1-V_2)/p=1.25\times(120-30.0)/25=4.50\ [m^3/(人\cdot h)]$

（4）45 min 后：换气次数 $A=[\ln(C_1-C_0)-\ln(C_t-C_0)[/t$

$=[\ln(8.20\times10^3-600)-\ln(3.70\times10^3-600)]/0.75$

$=1.19\ (h^{-1})$

新风量 $Q=AV/p=A(V_1-V_2)/p=1.19\times(120-30.0)/25=4.30\ [m^3/(人\cdot h)]$

（5）50 min 后：换气次数 $A=[\ln(C_1-C_0)-\ln(C_t-C_0)]/t$

$=[\ln(8.20\times10^3-600)-\ln(3.40\times10^3-600)]/0.83$

$=1.20\ (h^{-1})$

新风量 $Q=AV/p=A(V_1-V_2)/p=1.20\times(120-30.0)/25=4.31\ [m^3/(人\cdot h)]$

平均换气次数为（1.38+1.29+1.25+1.19+1.20）/5=1.26（h^{-1}）

平均新风量为（4.99+4.78+4.50+4.30+4.31）/5=4.58 [m^3/（人·h）]

2. 某写字楼装有中央空调，机械排风系统 6 套，用风速计测得各排风管道气流速度分别为 11.5 m/s、10.7 m/s、12.1 m/s、10.8 m/s、12.0 m/s、11.3 m/s。写字楼设计最大人流量为 2 000 人，实际最大人流量为 2 300 人，检测点所在排风管道截面直径为 0.8 m。求该写字楼室内空气新风量，是否满足《室内空气质量标准》（GB/T 18883—2002）标准限值的要求。②

答案：

新风管测量截面面积 $S=1/4\pi \cdot d^2=3.14\times0.8^2/4=0.50\ m^2$；

各排风管道气体流速为 V_n，平均气体流速 $V=(11.5+10.7+12.1+10.8+12.0+11.3)/6=11.4\ m/s$；

新风量Q：

$$Q=\frac{\sum_{i=1}^{n}(3\,600\times S\times V_n)}{P}=(3\,600\times0.50\times11.4)/2\,300=8.92\ [m^3/(人\cdot h)]$$

《室内空气质量标准》（GB/T 18883—2002）新风量标准为不低于 30［m^3/（人·h）］，该写字楼新风量为 8.92［m^3/（人·h）］，不满足《室内空气质量标准》（GB/T 18883—2002）标准限值要求。

参考文献

[1] 中国国家标准化管理委员会．公共场所卫生检验方法　第 1 部分：物理因素：GB/T 18204.1—2013 [S]. 北京：中国标准出版社，2013.

[2] 国家环境保护总局．室内环境空气质量监测技术规范：HJ/T 167—2004 [S]. 北京：中国环境科学出版社，2004.

命题：梁云平　吕天峰

审核：池　靖　华　蕾　袁　懋　夏　新

第五节　氡

分类号：A2-5

主要内容
《环境空气中氡的标准测量方法》（GB/T 14582—1993）

一、填空题

1. 室内空气中氡测量的目的是普查、________和剂量估算。

答案：追踪

2. 室内空气中氡的测定时，径迹蚀刻法使用的探测器是________或 CR-39。

答案：聚碳酸酯片

3. 在室外用双滤膜法测量环境空气中的氡浓度时，要满足地势开阔、周围 10 m 内无树木和________的要求。

答案：建筑物

4. 用气球法在室内进行氡测量时，进气口距地面高度为________m 左右。

答案：1.5

二、判断题

1.《环境空气中氡的标准测量方法》（GB/T 14582—1993）中等待时间是指从采样结束到测量时间开始之间的时间间隔。(　　)

答案：错误

正确答案为：至测量时间中点之间的时间间隔。

2. 测氡时，活性炭盒法测量用的γ谱仪是 NaI（Tl）或半导体探头配多道脉冲分析器。(　　)

答案：正确

3. 测氡时，用于气球法刻度用的α参考源是^{241}Am或^{239}Pu源。(　　)

答案：正确

4. 用双滤膜法测量氡浓度时，每半年要用标准氡室对测量装置刻度一次。(　　)

答案：错误

正确答案为：每年时测量装置刻度一次。

三、选择题

1. 用活性炭盒法测量环境空气中氡浓度时，在活性炭盒采样停止________h 后在γ谱仪上进行测量。(　　)

A. 2　　B. 3　　C. 4　　D. 5

答案：B

2. 双滤膜法是主动式采样，其测量氡浓度的探测下限为________Bq/m^3。(　　)

A. 6　　B. 2.2　　C. 3.3　　D. 3

答案：C

3.《环境空气中氡的标准测量方法》（GB/T 14582—1993）中，对某种测量方法要求用另一种方法进行平行采样测量，并规定平行采样数不低于样品数的________。(　　)

A. 10%　　B. 15%　　C. 20%　　D. 25%

答案：A

4.《环境空气中氡的标准测量方法》（GB/T 14582—1993）中，探测下限指在 95% 置信度下探测的放射性物质的________。(　　)

A. 最小活度　　B. 平均浓度　　C. 最小浓度　　D. 最小含量

答案：C

5. 室内空气中氡浓度的普查测量最好在________进行。(　　)

A. 春季　　B. 夏季　　C. 秋季　　D. 冬季

答案：D

四、问答题

1. 在环境空气中氡的测量方法有哪几种采样方式和采样动力？

答案：采样方式有累积、瞬时和连续三种；采样动力有主动式和被动式两种。

2. 测氡时，在布放活性炭盒时，如何正确地将活性炭盒放置在采样点上？

答案：将活性炭盒放置在距地面 50 cm 以上的桌子或架子上，撇（敞）开面朝上，其上面 20 cm 内不得有其他物体。

3.《环境空气中氡的标准测量方法》（GB/T 14582—1993）中，对进行以普查为目的的氡测量，在选择采样点时有哪些要求？

答案：（1）在近于地基土壤的居住房间（如底层）内采样。

（2）仪器布置在室内通风率最低的地方，如内室。

（3）不设在走廊、厨房、浴室和厕所内。

4. 在用于剂量估算目的氡测量时，对采样条件有哪些要求？

答案：（1）良好的时间代表性。测量结果能代表一年中的平价值，并反映出不同季节氡及其子体浓度的变化。

（2）良好的空间代表性。测量结果能代表住房内的实际水平。

五、计算题

1. 用 CR-39 固体径迹探测器测量居室室内氡浓度，将探测器布放在测量现场暴露 20 d，经蚀刻处理后用显微镜测出单位面积上的径迹数为 65 530 径迹 /cm^2，已知该探测器的刻度系数为 4.2 径迹 /［cm^2·（Bq·h/m^3）］，试计算所测居室内的氡浓度。

答案：室内氡 $C_{Rn}=n_R/(T\cdot F_R)$。

式中：n_R 为测量的径迹密度，径迹 /cm^2；T 为暴露时间，h；F_R 为刻度系数，径迹［cm^2·（Bq·h/m^3）］。

所测居室内的氡浓度 C_{Rn}=65 530/（20×24×4.2）=32.5（Bq/m^3）。

2. 用活性炭盒测量法测量某体育馆运动员休息室的氡浓度，活性炭盒采样时间为 3 d，采样停止 3 h 后在 γ 谱仪上测得特征峰净计数率为 1.65 计数 /min，从采样时间中点至测量开始之间间隔 39 h，已知该活性炭盒采样 1 h 的相应系数为 101.4［Bq/（m^3·计数·min）］，氡的衰变常数为 7.55×10^{-3}/h，累积指数为 0.49。试计算该运动员休息室的氡浓度。

答案：室内氡 $C_{Rn}=\dfrac{101.4\times1.65}{72^{0.49}\times l^{-7.55\times10^{-3}\times39}}$=27.6（Bq/$m^3$）。

3. 用气球法测量得某建筑物居室内氡子体浓度为 1.63×10^{-7} J/m^3，试计算住在该居室内的人员由于吸入氡子体所接受的年有效剂量当量［已知室内剂量转换因子为 1.8 Sv/（J·h/m^3），室内居留因子为 0.8］。

答案：年有效剂量 $H=8\ 760\times0.8\times1.8\times1.63\times10^{-7}$=2.06（mSv/a）。

参考文献

国家环境保护局. 环境空气中氡的标准测量方法：GB/T 14582—1993 [S]. 北京：中国环境科学出版社，1993.

命题：顾洪坤　夏　新

审核：袁之伦　池　靖

第三章　重量法

第一节　基础知识

分类号：A3–0

试题同“上册 W3-0”。

第二节　可吸入颗粒物

分类号：A3–1

主要内容
①《室内空气中可吸入颗粒物卫生标准》（GB/T 17095—1997）（附录 A　室内空气中可吸入颗粒物的测定方法撞击式称重法） ②《室内环境空气质量监测技术规范》（HJ/T 167—2004）（附录 J　室内空气中可吸入颗粒物的测定方法）

试题同“第一篇 G4-3”。

第四章　电化学法

第一节　基础知识

分类号：A4-0

试题同“上册 W4-0”。

第二节　氨

分类号：A4-1

主要内容 《室内环境空气质量监测技术规范》（HJ/T 167—2004）（附录 F.2　室内空气中氨的测定方法离子选择电极法）

试题同“第一篇 G5-2”。

第五章　容量法

第一节　基础知识

分类号：A5-0

试题同“上册 W5-0”。

第二节　二氧化碳

分类号：A5-1

主要内容
①《公共场所卫生检验方法　第 2 部分：化学污染物》（GB/T 18204.2—2014）（4.3　二氧化碳容量滴定法）
②《室内环境空气质量监测技术规范》（HJ/T 167—2004）（附录 E.3　室内空气中二氧化碳的测定方法容量滴定法）

一、填空题

1. 根据《公共场所卫生检验方法　第 2 部分：化学污染物》（GB/T 18204.2—2014）测定公共场所空气中二氧化碳时，在采样前后，吸收管的进、出口均需用乳胶管连接，以免________进入。①

答案：空气

2. 根据《公共场所卫生检验方法　第 2 部分：化学污染物》（GB/T 18204.2—2014）测定公共场所空气中二氧化碳时，空气采样器在采样前和采样后要用皂膜流量计校准其流量，流量误差不得大于________。①

答案：5%

3. 根据《公共场所卫生检验方法　第 2 部分：化学污染物》（GB/T 18204.2—2014）测定公共场所空气中二氧化碳时，使用流量范围为 0～1 L/min 的恒流采样器采样，恒流误差小于________。①

答案：2%

二、判断题

1. 根据《公共场所卫生检验方法　第 2 部分：化学污染物》（GB/T 18204.2—2014）测定公共场所空气中二氧化碳时，采样吸收管和碘量瓶事先应充氮或充入碱石灰处

理的空气。(　　)①

答案：正确

2. 根据《公共场所卫生检验方法　第2部分：化学污染物》(GB/T 18204.2—2014)测定公共场所空气中二氧化碳时，如果采样时间过长，吸收液逐渐变稀，使测定结果偏高。(　　)①

答案：错误

正确答案为：使测定结果偏低。

3. 根据《公共场所卫生检验方法　第2部分：化学污染物》(GB/T 18204.2—2014)测定公共场所空气中二氧化碳时，指示剂的用量对分析结果没有影响。(　　)①

答案：错误

正确答案为：滴定到终点时，指示剂要消耗一定量的滴定剂，从而给分析带来误差，而且指示剂的用量过多或浓度过高会使终点颜色变化不明显，因此在不影响滴定终点变化灵敏度的前提下，一般用量少一点为好。

三、选择题

1. 根据《公共场所卫生检验方法　第2部分：化学污染物》(GB/T 18204.2—2014)的规定，当采样体积为5 L时，可测二氧化碳的浓度范围是________。(　　)①

A. 0.001%～0.5%　　B. 0.01%～0.5%　　C. 0.1%～0.5%

答案：B

2. 当采样体积为5 L时，《公共场所卫生检验方法　第2部分：化学污染物》(GB/T 18204.2—2014)方法的检出下限为________。(　　)①

A. 0.001%　　B. 0.01%　　C. 0.1%

答案：A

3. 根据《公共场所卫生检验方法　第2部分：化学污染物》(GB/T 18204.2—2014)测定公共场所空气中二氧化碳时，空气中二氧化硫、氮氧化物及乙酸等酸性气体对本法产生干扰，但在通常的室内环境空气中上述酸性气体对本法所造成的干扰小于________。(　　)①

A. 5%　　B. 10%　　C. 15%

答案：A

4. 根据《公共场所卫生检验方法　第2部分：化学污染物》(GB/T 18204.2—2014)测定公共场所空气中二氧化碳时，按标准方法配制的草酸标准溶液，样品溶液每消耗1 mL草酸标准溶液，相当于________mL二氧化碳（标准状态0℃，101.325 kPa）。(　　)①

A. 0.1　　B. 0.2　　C. 0.3

答案：A

5. 根据《公共场所卫生检验方法　第2部分：化学污染物》(GB/T 18204.2—2014)测定公共场所空气中二氧化碳时，用内装50 mL吸收液的多孔玻板吸收管采集二氧化碳，以0.3 L/min流量采样时，玻板阻力为________Pa。(　　)①

A. 390～490　　B. 370.22～480.43　　C. 480.43～580.23

答案：A

四、问答题

简述用容量滴定法测定公共场所空气中的二氧化碳的原理。

答案：用过量的氢氧化钡溶液与空气中二氧化碳作用生成碳酸钡沉淀，反应后剩余的氢氧化钡用标准草酸溶液滴定至酚酞试剂红色刚褪。由容量法滴定结果即可计算得出空气中二氧化碳的浓度。

五、计算题

采用容量滴定法测定公共场所空气中的二氧化碳时，现场气温为25℃，大气压力为98.6 kPa，实际采样体积为3.0 L，问换算标准状态下（0℃，101.32 kPa）的采样体积是多少？（不考虑采样器的阻力）

答案：$V_0=V_t \times 273 \times P/(273+t) \times 101.32=3.0 \times 273 \times 98.6/(273+25) \times 101.32=2.7$（L）

参考文献

[1] 中华人民共和国国家卫生和计划生育委员会，中国国家标准化管理委员会 . 公共场所卫生检验方法　第 2 部分：化学污染物：GB/T 18204.2—2014 [S]. 北京：中国标准出版社，2014.

[2] 国家环境保护总局 . 室内环境空气质量监测技术规范：HJ/T 167—2004 [S]. 北京：中国环境科学出版社，2004.

[3] 中国环境监测总站《环境水质监测质量保证手册》编写组 . 环境水质监测质量保证手册（第二版）[M]. 北京：化学工业出版社，1994.

[4] 李发美 . 分析化学 [M]. 北京：人民卫生出版社，1986.

[5] 孙宝盛，单金林 . 环境分析监测理论与技术 [M]. 北京：化学工业出版社，2004.

[6]《环境监测技术基本理论（参考）试题集》编写组 . 环境监测技术基本理论（参考）试题集 [M]. 北京：中国环境科学出版社，2002.

[7] 崔九思 . 大气污染监测方法 [M]. 北京：化学工业出版社，2003.

命题：康长安　段再明　张荣辉　武云霞

审核：梁富生　彭刚华　夏　新

第六章　分光光度法

第一节　基础知识

分类号：A6-0
试题同“上册 W6-0”。

第二节　氨

分类号：A6-1

主要内容
①《公共场所卫生检验方法　第 2 部分：化学污染物》（GB/T 18204.2—2014）（8.1　氨靛酚蓝分光光度法）
②《室内环境空气质量监测技术规范》（HJ/T 167—2004）（附录 F.5　室内空气中氨的测定方法　靛酚蓝分光光度法）
③《公共场所卫生检验方法　第 2 部分：化学污染物》（GB/T 18204.2—2014）（8.2　氨纳氏试剂分光光度法）
④《室内环境空气质量监测技术规范》（HJ/T 167—2004）（附录 F.3　室内空气中氨的测定方法　纳氏试剂分光光度法）

一、判断题

1. 根据《公共场所卫生检验方法　第 2 部分：化学污染物》（GB/T 18204.2—2014）（8.1　氨靛酚蓝分光光度法）测定氨时，标准曲线斜率应为 0.081±0.003 吸光度 /μg 氨。（　　）①②

答案：正确

2. 根据《公共场所卫生检验方法　第 2 部分：化学污染物》（GB/T 18204.2—2014）（8.1　氨靛酚蓝分光光度法）测定氨时，硫化氢和三价铁离子对测定有干扰，而 Ca^{2+} 和 Mg^{2+} 对测定没有干扰。（　　）①②

答案：错误

正确答案为：Ca^{2+} 和 Mg^{2+} 对测定也有干扰。

3. 根据《公共场所卫生检验方法　第 2 部分：化学污染物》（GB/T 18204.2—2014）（8.2　氨纳氏试剂分光光度法）测定空气中氨时，纳氏试剂毒性较大，接触到皮肤时，应立即用水冲洗；含纳氏试剂的废液，应集中处理。（　　）③④

答案：正确

4. 根据《公共场所卫生检验方法　第 2 部分：化学污染物》（GB/T 18204.2—2014）（8.2　氨纳氏试剂分光光度法）测定空气中氨时，当样品中含有 5 mg/L 以上的甲醛对测定有干扰。（　　）③④

答案：错误

正确答案为：当样品中含有 2 mg/L 以上的甲醛对测定有干扰。

二、选择题

1. 根据《公共场所卫生检验方法　第 2 部分：化学污染物》（GB/T 18204.2—2014）（8.1　氨靛酚蓝分光光度法）测定空气中氨，当采样体积为 5 L 时，最低检出浓度为________mg/m³。（　　）③④

A. 0.01　　B. 0.1　　C. 0.4　　D. 0.5

答案：A

2. 根据《公共场所卫生检验方法　第 2 部分：化学污染物》（GB/T 18204.2—2014）（8.2　氨纳氏试剂分光光度法）测定空气中氨，当采样体积为 5 L 时，最低检出浓度为________ mg/m³。（　　）①②

A. 0.01　　B. 0.1　　C. 0.4　　D. 0.5

答案：C

3. 根据《公共场所卫生检验方法　第 2 部分：化学污染物》（GB/T 18204.2—2014）（8.2　氨纳氏试剂分光光度法）测定空气中氨时，空气中的氨被吸收在________中。（　　）③④

A. 稀盐酸　　B. 稀硫酸

C. 蒸馏水　　D. 饱和氯化钠溶液

答案：B

4. 根据《公共场所卫生检验方法　第 2 部分：化学污染物》（GB/T 18204.2—2014）（8.1　氨靛酚蓝分光光度法）测定空气中氨时，需要配制的次氯酸钠溶液（0.05 mol/L），贮于冰箱中可保存________个月。（　　）①②

A. 1　　B. 2　　C. 6

答案：B

参考文献

[1] 中华人民共和国国家卫生和计划生育委员会，中国国家标准化管理委员会 . 公共场所卫生检验方法　第 2 部分：化学污染物：GB/T 18204.2—2014 [S]. 北京：中国标准出版社，2014.

[2] 国家环境保护总局 . 室内环境空气质量监测技术规范：HJ/T 167—2004 [S]. 北京：中国环境科学出版社，2004.

命题：王　迎　夏　新

审核：梁富生　吴宇峰　刘　伟

第三节 甲醛

分类号：A6-2

主要内容
①《居住区大气中甲醛卫生检验标准方法 分光光度法》（GB/T 16129—1995）
②《室内环境空气质量监测技术规范》（HJ/T 167—2004）（附录 H.1 室内空气中甲醛的测定方法 AHMT 分光光度法）
③《公共场所卫生检验方法 第 2 部分：化学污染物》（GB/T 18204.2—2014）（7.2 甲醛酚试剂分光光度法）
④《室内环境空气质量监测技术规范》（HJ/T 167—2004）（附录 H.2 室内空气中甲醛的测定方法酚试剂分光光度法）

一、判断题

1. 根据《居住区大气中甲醛卫生检验标准方法 分光光度法》（GB/T 16129—1995）测定居住区大气中的甲醛时，大气中共存的二氧化氮和二氧化硫对测定无干扰；乙醛、丙醛、丙烯醛、正丁醇、异丁醇和乙酸乙酯对测定有影响。（ ）①②

答案：错误

正确答案为：乙醛、丙醛、丙烯醛、正丁醇、异丁醇和乙酸乙酯对测定无影响。

2. 根据《居住区大气中甲醛卫生检验标准方法 分光光度法》（GB/T 16129—1995）测定空气中的甲醛时，甲醛与 AHMT（即 4- 氨基 -3- 联氨 -5- 巯基 -1,2,4- 三氮杂茂）在碱性条件下缩合，经高碘酸钾氧化生成 6- 巯基 -5- 三氮杂藏（4.3-b）-*S*- 四氮杂苯紫红色化合物，其色泽深浅与甲醛含量成正比，比色定量。（ ）①②

答案：正确

3. 根据《公共场所卫生检验方法 第二部分：化学污染物》（GB/T 18204.2—2014）（7.2 甲醛酚试剂分光光度法）和《室内环境空气质量监测技术规范》（HJ/T 167—2004）（附录 H.2 室内空气中甲醛的测定方法酚试剂分光光度法）测定公共场所空气中的甲醛，用碘量法标定甲醛标准贮备溶液时，应进行二次平行滴定，两次滴定误差应小于 0.05 mL。同时用水做空白滴定。（ ）③④

答案：正确

4. 根据《公共场所卫生检验方法 第二部分：化学污染物》（GB/T 18204.2—2014）（7.2 甲醛酚试剂分光光度法）和《室内环境空气质量监测技术规范》（HJ/T 167—2004）（附录 H.2 室内空气中甲醛的测定方法酚试剂分光光度法）测定空气中的甲醛，当与二氧化硫共存时，不会对测定结果产生干扰。（ ）③④

答案：错误

正确答案为：二氧化硫会造成本法测定结果偏低，当空气中二氧化硫共存时，可将气样先通过硫酸锰滤纸过滤器予以排除。

5. 根据《公共场所卫生检验方法 第二部分：化学污染物》（GB/T 18204.2—2014）（7.2 甲醛酚试剂分光光度法）和《室内环境空气质量监测技术规范》（HJ/T 167—

2004）（附录 H.2　室内空气中甲醛的测定方法酚试剂分光光度法）测定空气中的甲醛时，在每批样品测定的同时，用 5 mL 未采样的吸收液做空白对照，测定空白样的吸光度。(　　) ③

答案：正确

二、选择题

1. 已知某实验室采用《居住区大气中甲醛卫生检验标准方法　分光光度法》（GB/T 16129—1995）测定空气中的甲醛含量，绘制甲醛标准曲线时，计算因子 B_s 为 4.33 μg/ 吸光度值。在某次甲醛测定中，测得吸光度为 0.115，以水为参比，测得试剂空白值为 0.021，采样时吸收液体积为 5.0 mL，分析时取样体积为 2.0 mL，采样流量为 0.5 L/min，采样时间为 45 min（大气压为 101.3 kPa，室温为 20℃），则居住区大气中甲醛的浓度为________。(　　) ①②

A. 0.048 mg/m^3　　B. 0.052 mg/m^3　　C. 0.060 mg/m^3

答案：A

计算方法：

采样体积 V_t=0.5×45=22.5（L）

V_0=（$V_t \times T_0 \times P$）/（$T \times P_0$）

=（22.5×273×101.3）/［（273+20）×101.3］=21.0（L）

$C_{甲醛}$=［（$A-A_0$）×$B_s \times V_1$］/（$V_0 \times V_2$）

=［（0.115−0.021）×4.33×5.0］/（21.0×2.0）=0.048（mg/m^3）

2. 根据《公共场所卫生检验方法　第二部分：化学污染物》（GB/T 18204.2—2014）（7.2　甲醛酚试剂分光光度法）和《室内环境空气质量监测技术规范》（HJ/T 167—2004）（附录 H.2　室内空气中甲醛的测定方法酚试剂分光光度法）测定空气中的甲醛时，甲醛与酚试剂反应生成嗪，嗪在________溶液中被高铁离子氧化形成________化合物。(　　) ③④

A. 酸性，蓝绿色　　B. 中性，紫色　　C. 弱碱性，黄色

答案：A

3. 根据《公共场所卫生检验方法　第二部分：化学污染物》（GB/T 18204.2—2014）（7.2　甲醛酚试剂分光光度法）和《室内环境空气质量监测技术规范》（HJ/T 167—2004）（附录 H.2　室内空气中甲醛的测定方法酚试剂分光光度法）测定空气中甲醛时，取 2.8 mL 含量为 36%～38% 的甲醛溶液，用水稀释至 1 L，配成甲醛标准贮备液，其准确浓度通过碘量法标定得到。临用时，配制成浓度为 1 mg/mL 的甲醛标准使用液，此标准使用液________。(　　) ③④

A. 可稳定 12 h　　B. 可长期使用　　C. 可稳定 24 h

答案：C

4. 根据《公共场所卫生检验方法　第二部分：化学污染物》（GB/T 18204.2—2014）（7.2　甲醛酚试剂分光光度法）和《室内环境空气质量监测技术规范》（HJ/T 167—2004）（附录 H.2　室内空气中甲醛的测定方法酚试剂分光光度法）测定空气中的甲醛时，配制的吸收原液应保存，________可以稳定________d。(　　) ③④

A. 在冰箱中，3　　B. 在常温下，5　　C. 避光，7

答案：A

5. 根据《公共场所卫生检验方法　第二部分：化学污染物》（GB/T 18204.2—2014）（7.2　甲醛酚试剂分光光度法）和《室内环境空气质量监测技术规范》（HJ/T 167—2004）（附录 H.2　室内空气中甲醛的测定方法酚试剂分光光度法）的规定，该法中的用水均为________，试剂纯度为________。（　　）③④

A. 蒸馏水，分析纯　　B. 重蒸馏水或去离子交换水，分析纯

C. 蒸馏水，优级纯

答案：B

6. 根据《居住区大气中甲醛卫生检验标准方法　分光光度法》（GB/T 16129—1995）测定空气中甲醛，配制 AHMT 溶液时，应称取 0.5 g AHMT 溶于 100 mL 0.2 mol/L 的________溶液中，此溶液置于________保存。（　　）①②

A. 盐酸，室温　　B. 盐酸，暗处　　C. 硫酸，暗处

答案：B

参考文献

[1] 国家环境保护局 . 空气质量　甲醛的测定　乙酰丙酮分光光度法：GB/T 15516—1995 [S]. 北京：中国环境科学出版社，1995.

[2] 国家技术监督局 . 居住区大气中甲醛卫生检验标准方法　分光光度法：GB/T 16129—1995 [S]. 北京：中国标准出版社，1995.

[3] 国家技术监督局 . 公共场所空气中甲醛测定方法：GB/T 18204.26—2000 [S]. 北京：中国标准出版社，2000.

[4] 国家环境保护总局 . 室内环境空气质量监测技术规范：HJ/T 167—2004. [S] 北京：中国环境科学出版社，2004.

[5] 中华人民共和国国家卫生和计划生育委员会，中国国家标准化管理委员会 . 公共场所卫生检验方法　第 2 部分：化学污染物（GB/T 18204.2—2014）[S] 北京：中国标准出版社，2014.

命题：韩　毓　刘　伟

审核：梁富生　刘　伟　夏　新

第四节　二氧化硫

分类号：A6–3

> 主要内容
>
> ①《居住区大气中二氧化硫卫生检验标准方法》（GB/T 16128—1995）
>
> ②《室内环境空气质量监测技术规范》（HJ/T 167—2004）（附录 B.1　室内空气中二氧化硫的测定方法甲醛吸收 - 副玫瑰苯胺分光光度法）

试题同“第一章 G7-1 ①”。

第五节　臭氧

分类号：A6–4

主要内容
①《公共场所卫生检验方法　第 2 部分：化学污染物》（GB/T 18204.2—2014）（12.2　臭氧靛蓝二磺酸钠分光光度法）
②《室内环境空气质量监测技术规范》（HJ/T 167—2004）（附录 G　室内空气中臭氧的测定方法　靛蓝二磺酸钠分光光度法）
③《室内环境空气质量监测技术规范》（HJ/T 167—2004）（附录 G　室内空气中臭氧的测定方法　紫外光度法）

①和②试题同“第一篇 G7-4 ①”。

③的试题同“第一篇 G8-1”。

第七章　液相色谱法

第一节　基础知识

分类号：A7-0

试题同“上册 W15-0”。

第二节　苯并[*a*]芘

分类号：A7-1

主要内容
《室内环境空气质量监测技术规范》（HJ/T 167—2004）（附录 L　室内空气中苯并[*a*]芘的测定方法）

试题同“第一篇 G16-5 ①”。

第八章　气相色谱法

第一节　基础知识

分类号：A8-0

试题同“上册 W13-0”。

第二节　苯系物

分类号：A8-1

主要内容
①《室内空气质量标准》（GB/T 18883—2002）（附录 B　室内空气中苯的检验方法毛细管气相色谱法）
②《居住区大气中苯、甲苯和二甲苯卫生检验标准方法　气相色谱法》（GB/T 11737—1989）
③《室内环境空气质量监测技术规范》（HJ/T 167—2004）（附录 I.1　室内空气中苯、甲苯、二甲苯的测定方法毛细管气相色谱法）

试题同“第一篇 G17-5”。

第三节　总挥发性有机物

分类号：A8-2

主要内容
①《室内空气质量标准》（GB/T 18883—2002）[附录 C　室内空气中总挥发性有机物（TVOC）的检验方法热解吸 / 毛细管气相色谱法]
②《室内环境空气质量监测技术规范》（HJ/T 167—2004）] 附录 K.1　室内空气中总挥发性有机物的测定方法热解吸 / 毛细管气相色谱法]
③《民用建筑工程室内环境污染控制规范》（GB 50325—2020）] 附录 G　室内空气中总挥发性有机物（TVOC）的测定]
④《室内环境空气质量监测技术规范》（HJ/T 167—2004）[附录 K.2　室内空气中总挥发性有机物的测定方法气相色谱法]

一、填空题

1. 热解吸 - 气相色谱法测定室内空气中总挥发性有机物的原理为：选择装有合适吸附

剂的采样管，采集一定体积的空气样品，空气流中的挥发性有机物被________保留在吸附管中，将吸附管、挥发性有机物、待测样品随________进入气相色谱仪。①②③④

答案：加热解吸　惰性载气

2. 用热解吸－气相色谱法测定室内空气中总挥发性有机物时，吸附剂在装进采样管之前，都应在其________下，用________加热活化处理过夜。为了防止二次污染，吸附剂应在________中冷却至室温，再储存和装管。①②③④

答案：最高使用温度　惰性气流　清洁空气

3. 根据《室内空气质量标准》（GB/T 18883—2002）（附录 C　室内空气中总挥发性有机物的检验方法）的规定，TVOC 的计算应包括色谱图中从________到________之间的所有化合物的浓度和用甲苯的________计算未鉴定的挥发性有机化合物的浓度的总和。①②

答案：正己烷　十六烷　响应系数

4. 用热解吸－气相色谱法测定室内空气中总挥发性有机物时，采样管是内壁抛光的________（材质），它的采样入口一端有标记，可以装填一种或多种吸附剂，并应使吸附层处于解吸仪的________区。①②③④

答案：不锈钢　加热

二、判断题

1. 用热解吸－气相色谱法测定室内空气中总挥发性有机物时，吸附管在使用之前应进行老化处理；分析时，吸附管的解吸温度应高于活化温度。（　　）①②③④

答案：错误

正确答案为：分析时吸附管的解吸温度应低于活化温度。

2. 根据《室内空气质量标准》（GB/T 18883—2002）（附录 C　室内空气中总挥发性有机物的检验方法）的规定，如果在一支吸附管中使用多种吸附剂，吸附剂应按吸附能力增加的顺序排列，并用玻璃纤维毛隔开，吸附能力最强的装填在吸附管的采样入口处。（　　）①②

答案：错误

正确答案为：应将吸附能力最弱的吸附剂装填在吸附管的采样入口处。

3. 根据《室内空气质量标准》（GB/T 18883—2002）（附录 C　室内空气中总挥发性有机物的检验方法），质谱检测器不适合于热解吸仪相连接测试总挥发性有机物。（　　）①②

答案：错误

正确答案为：质谱检测器适合于热解吸仪相连接测试总挥发性有机物。

4. 用热解吸－气相色谱法测定室内空气中总挥发性有机物时，采样后将吸附管取下，应该密封管的两端或将其放入可密封的金属或玻璃管中。（　　）①②③④

答案：正确

5. 根据《民用建筑工程室内环境污染控制规范》（GB/T 50325—2020）（附录 E　室内空气中总挥发性有机化合物的测定）测定时，可选择固定相为二甲基硅氧烷的毛细

管石英柱分离总挥发性有机物。(　　) ③④

答案：正确

6. 根据《室内空气质量标准》(GB/T 18883—2002)(附录 C　室内空气中总挥发性有机物的检验方法)测定室内空气中总挥发性有机物时，可选择 HP-wax (50 m × 0.32 mm) 毛细管石英柱。(　　) ①②

答案：错误

正确答案为：应选择非极性毛细管石英柱，HP-wax (50 m × 0.32 mm) 柱是极性柱。

三、选择题

1. 用热解吸－气相色谱法测定室内空气中总挥发性有机物时，采样后将吸附管取下，密封采样管，样品可存放________d。(　　) ①②③④

A. 4　　B. 7　　C. 10　　D. 14

答案：D

2. 用热解吸－气相色谱法测定室内空气中总挥发性有机物，吸附采样管解吸时的温度应控制在________℃。(　　) ①②③④

A. 150～200　　B. 200～250　　C. 250～300　　D. 250～325

答案：D

3. 根据《民用建筑工程室内环境污染控制规范》(GB/T 50325—2020)(附录 E　室内空气中总挥发性有机化合物的测定)测定室内空气中总挥发性有机物，计算所采空气样品中总挥发性有机物的浓度时，对于未识别峰，一般以________计算其浓度。(　　) ③④

A. 苯　　B. 甲苯　　C. 甲烷　　D. 正己烷

答案：B

4.《室内空气质量标准》(GB/T 18883—2002)(附录 C　室内空气中总挥发性有机物的检验方法)中所述非极性石英毛细柱是指极性指数小于________的毛细柱。(　　) ①②

A. 5%　　B. 10%　　C. 15%　　D. 20%

答案：B

5. 用热解吸－气相色谱法测定室内空气中总挥发性有机物时，吸附管内装填的吸附剂的粒径一般为 0.18～0.25 mm，即________目。(　　) ①②③④

A. 20～40　　B. 40～60　　C. 60～80　　D. 80～100

答案：C

6.《室内空气质量标准》(GB/T 18883—2002)(附录 C　室内空气中总挥发性有机物的检验方法)不适用于________场所空气中总挥发性有机物的测定。(　　) ①②

A. 环境　　B. 工作场所　　C. 测试舱室室内材料的释放　　D. 汽车

答案：D

7.《室内空气质量标准》(GB/T 18883—2002)(附录 C　室内空气中总挥发性有机物的检验方法)适用于浓度范围在________的空气中总挥发性有机物的测定。(　　)

①②

A. 0.05～100 mg/m^3　　B. 0.05～10 mg/m^3

C. 0.5～100 mg/m^3　　D. 0.5～10 mg/m^3

答案：B

四、问答题

1. 简述根据《室内空气质量标准》（GB/T 18883—2002）（附录 C　室内空气中总挥发性有机物的检验方法）测定室内空气中的总挥发性有机物时，样品的热解吸和浓缩过程。①②

答案：将采样后的吸附管安装在热解吸仪上，加热，使有机蒸气从吸附剂上解吸下来，并被载气流带入冷阱，进行预浓缩，载气流的方向与采样时的方向相反。然后，再以低流速快速解吸，经传输线进入毛细管气相色谱仪，传输线的温度应足够高，以防待测成分凝结。

2. 简述根据《室内空气质量标准》（GB/T 18883—2002）（附录 C　室内空气中总挥发性有机物的检验方法）测定室内空气中的总挥发性有机物时，对热解吸仪的要求。①②

答案：热解吸仪应能对吸附管进行二次热解吸，并将解吸气用惰性气体载带进入气相色谱仪。解吸的温度、时间和载气流速是可调节的。冷阱可将解吸样品进行浓缩。

3. 简述根据《室内空气质量标准》（GB/T 18883—2002）（附录 C　室内空气中总挥发性有机物的检验方法）测定室内空气中的总挥发性有机物时，若吸附管装填多种吸附剂，应注意的事项包括哪些？①②

答案：（1）每一种吸附剂都应在其最高使用温度下，用惰性气体加热活化处理过夜，并在清洁空气中冷却至室温。（2）装填的位置控制好，应使吸附层处于解吸仪的加热区。（3）吸附剂应按吸附能力增加的顺序排列，并用玻璃纤维毛隔开。（4）吸附能力最弱的装填在吸附管的采样入口端。

4. 简述根据《民用建筑工程室内环境污染控制规范》（GB/T 50325—2020）（附录 E　室内空气中总挥发性有机化合物的测定）测定室内空气中的总挥发性有机物时，样品和空白样的采集方法。③④

答案：在采样地点打开吸附管，与空气采样器入气口垂直连接，安装在呼吸带，以 0.1～0.4 L/min 的速度抽取 1～10 L 空气，记录采样时间、采样流量、温度和大气压。采集室外空白样品，应与采集室内空气样品同步进行，地点选择在室外上风向。

五、计算题

用热解吸－气相色谱法测定室内空气中的总挥发性有机物时，某样品采样体积为 11.3 L（标准状况），样品热解吸后进样，得到苯峰高为 25.78 pA，甲苯峰高为 30.34 pA，邻二甲苯峰高为 16.12 pA，未识别峰高共为 19.37 pA，已知 50 ng 的苯、甲苯和邻二甲苯峰高分别为 40.25 pA、36.62 pA 和 30.75 pA，并且空白样品中未检出挥发性有机物，试计算该样品中 TVOC 的浓度。①②③④

答案：苯浓度为 25.78 × 50/40.25/11.3=2.83（μg/m^3）

甲苯浓度为 30.34 × 50/36.62/11.3=3.67（μg/m^3）

邻二甲苯浓度为 16.12 × 50/30.75/11.3=2.32（μg/m^3）

未识别物质浓度为 19.37 × 50/36.62/11.3=2.34（μg/m^3）

TVOC 的浓度为 2.83+3.67+2.32+2.34=11.2（μg/m^3）

参考文献

[1] 国家质量监督检验检疫总局，卫生部，国家环境保护总局 . 室内空气质量标准：GB/T 18883—2002 [S]. 北京：中国标准出版社，2002.

[2] 中华人民共和国住房和城乡建设部，国家市场监督管理总局 . 民用建筑工程室内环境污染控制规范：GB 50325—2020 [S]. 北京：中国标准出版社，2020.

[3] 国家环境保护总局 . 室内环境空气质量监测技术规范：HJ/T 167—2004 [S]. 北京：中国环境科学出版社，2004.

命题：吴宇峰

审核：张　烃　夏　新

第四节　甲醛

分类号：A8–3

主要内容
《公共场所卫生检验方法　第 2 部分：化学污染物》（GB/T 18204.2—2014）（7.3　甲醛气相色谱法）

一、填空题

1. 根据《公共场所卫生检验方法　第 2 部分：化学污染物》（GB/T 18204.2—2014）（7.3　甲醛气相色谱法）测定公共场所空气中甲醛时，样品中的甲醛在（酸性或碱性）________条件下吸附在担体上，生成稳定的甲醛腙。用________（溶剂）洗脱后，经色谱柱分离，气相色谱测定。

答案：酸性　　二硫化碳

2. 根据《公共场所卫生检验方法　第 2 部分：化学污染物》（GB/T 18204.2—2014）（7.3　甲醛气相色谱法）测定公共场所空气中甲醛时，用________检测器测定。

答案：氢火焰离子化

3. 根据《公共场所卫生检验方法　第 2 部分：化学污染物》（GB/T 18204.2—2014）（7.3　甲醛气相色谱法）测定公共场所空气中甲醛，采集样品时，取下采样管的胶帽，拿掉一端的玻璃棉，加一滴 2 mol/L 盐酸溶液后，再用玻璃棉堵好。将加入盐酸溶液的一端垂直朝下，另一端与采样进气口相连，以________mL/min 滤量采样 50 L。

答案：0.5

二、判断题

1. 根据《公共场所卫生检验方法　第2部分：化学污染物》（GB/T 18204.2—2014）（7.3　甲醛气相色谱法）测定公共场所空气中甲醛时，采样管为内径5 mm、长100 m的玻璃管，内装150 g吸附剂。（　　）

答案：正确

2. 根据《公共场所卫生检验方法　第2部分：化学污染物》（GB/T 18204.2—2014）（7.3　甲醛气相色谱法）测定公共场所空气中甲醛时，色谱柱为长2 m、内径3 mm、内装OV-1和色谱担体Shimatew的玻璃柱。（　　）

答案：正确

3. 根据《公共场所卫生检验方法　第2部分：化学污染物》（GB/T 18204.2—2014）（7.3　甲醛气相色谱法）测定公共场所空气中甲醛时，分析甲醛的色谱柱为不锈钢填充柱。（　　）

答案：错误

正确答案为：分析甲醛的色谱柱应是玻璃柱。

4. 根据《公共场所卫生检验方法　第2部分：化学污染物》（GB/T 18204.2—2014）（7.3　甲醛气相色谱法）测定公共场所空气中甲醛时，采集甲醛样品的吸附剂应为涂有2,4-二硝基苯肼的101担体。（　　）

答案：错误

正确答案为：应为涂有2,4-二硝基苯肼的6201担体。

5. 根据《公共场所卫生检验方法　第2部分：化学污染物》（GB/T 18204.2—2014）（7.3　甲醛气相色谱法）测定公共场所空气中甲醛时，实验所用的分析纯二硫化碳必须纯化后使用。（　　）

答案：正确

6. 根据《公共场所卫生检验方法　第2部分：化学污染物》（GB/T 18204.2—2014）（7.3　甲醛气相色谱法）测定公共场所空气中甲醛时，在甲醛测定范围内，可用单点校正法计算甲醛的浓度。（　　）

答案：正确

三、选择题

1. 根据《公共场所卫生检验方法　第2部分：化学污染物》（GB/T 18204.2—2014）（7.3　甲醛气相色谱法）测定公共场所空气中甲醛时，甲醛标准溶液配制完毕后，应取部分在碘量瓶中用________标准溶液进行标定。（　　）

A. 氢氧化钠　　B. 高锰酸钾　　C. 碘化钾　　D. 硫代硫酸钠

答案：D

2. 根据《公共场所卫生检验方法　第2部分：化学污染物》（GB/T 18204.2—2014）（7.3　甲醛气相色谱法）测定公共场所空气中甲醛时，色谱柱所装填的Shimatew担体为________目。（　　）

A. 80～100　　B. 60～80

答案：A

3.《公共场所卫生检验方法　第 2 部分：化学污染物》（GB/T 18204.2—2014）（7.3　甲醛气相色谱法）方法检出下限为________。（　　）

A. 0.02 μg/mL　　B. 0.2 μg/mL　　C. 0.2 μg/L　　D. 2 μg/L

答案：B

4. 根据《公共场所卫生检验方法　第 2 部分：化学污染物》（GB/T 18204.2—2014）（7.3　甲醛气相色谱法）测定公共场所空气中的甲醛时，称取一定量的 2,4- 二硝基苯肼于容量瓶中，用________稀释至刻度线，配成 2,4- 二硝基苯肼溶液。（　　）

A. 二硫化碳　　B. 正己烷　　C. 二氯甲烷　　D. 苯

答案：C

5. 根据《公共场所卫生检验方法　第 2 部分：化学污染物》（GB/T 18204.2—2014）（7.3　甲醛气相色谱法）测定公共场所空气中的甲醛，采集甲醛样品时，抽气速度应为________L/min。（　　）

A. 0.1　　B. 0.5　　C. 1.0　　D. 10

答案：B

四、问答题

简述根据《公共场所卫生检验方法　第 2 部分：化学污染物》（GB/T 18204.2—2014）（7.3　甲醛气相色谱法）测定公共场所空气中的甲醛时，采集样品的吸附剂的处理方法。

答案：取 10 g 6201 吸附剂，用 40 mL 2,4-DNPH 二氯甲烷饱和溶液分两次涂敷，减压，干燥，备用。

参考文献

[1] 中华人民共和国国家卫生和计划生育委员会，中国国家标准化管理委员会 . 公共场所卫生检验方法　第 2 部分：化学污染物：GB/T 18204.2—2014 [S]. 北京：中国标准出版社，2014.

[2] 国家环境保护总局 . 室内环境空气质量监测技术规范：HJ/T 167—2004 [S]. 北京：国家环境科学出版社，2004.

命题：张肇元　夏　新

审核：吴宇峰　张　烃

第五节　一氧化碳

分类号：A8-4

主要内容
《公共场所卫生检验方法　第 2 部分：化学污染物》（GB/T 18204.2—2014）（3.2　一氧化碳气相色谱法）

一、填空题

1. 根据《公共场所卫生检验方法　第2部分：化学污染物》（GB/T 18204.2—2014）（3.2　一氧化碳气相色谱法）测定公共场所空气中的一氧化碳时，用________检测器测定。

答案：氢火焰离子化

2. 根据《公共场所卫生检验方法　第2部分：化学污染物》（GB/T 18204.2—2014）（3.2　一氧化碳气相色谱法）测定公共场所空气中的一氧化碳，采集样品时，用双联球将样品气体挤入采气袋中，放空后再挤入，如此清洗________次，最后挤满并用止水夹夹紧进气口。

答案：3～4

二、判断题

1. 根据《公共场所卫生检验方法　第2部分：化学污染物》（GB/T 18204.2—2014）（3.2　一氧化碳气相色谱法）测定公共场所空气中的一氧化碳时，使用的色谱柱为长2 m、内径为2 mm、内装TDX-01碳分子筛的不锈钢柱。（　　）

答案：正确

2. 根据《公共场所卫生检验方法　第2部分：化学污染物》（GB/T 18204.2—2014）（3.2　一氧化碳气相色谱法）测定公共场所空气中的一氧化碳时，空气、甲烷、二氧化碳及其他有机物均不干扰一氧化碳的测定。（　　）

答案：正确

3. 根据《公共场所卫生检验方法　第2部分：化学污染物》（GB/T 18204.2—2014）（3.2　一氧化碳气相色谱法）测定公共场所空气中的一氧化碳时，当一氧化碳浓度较高时可用氮气或纯空气进行稀释。（　　）

答案：正确

4. 根据《公共场所卫生检验方法　第2部分：化学污染物》（GB/T 18204.2—2014）（3.2　一氧化碳气相色谱法）测定公共场所空气中的一氧化碳时，转化炉的温度应控制在（360±10）℃。（　　）

答案：错误

正确答案为：应控制在（360±5）℃。

5. 根据《公共场所卫生检验方法　第2部分：化学污染物》（GB/T 18204.2—2014）（3.2　一氧化碳气相色谱法）测定公共场所空气中的一氧化碳时，气体样品通过气相色谱仪六通阀进样要比注射器进样精密度好。（　　）

答案：正确

6. 根据《公共场所卫生检验方法　第2部分：化学污染物》（GB/T 18204.2—2014）（3.2　一氧化碳气相色谱法）测定公共场所空气中的一氧化碳时，采集样品的采气袋是由铝箔复合薄膜材料制成，充气容积为400～600 mL。使用前应进行检漏。（　　）

答案：正确

三、选择题

1. 根据《公共场所卫生检验方法　第2部分：化学污染物》（GB/T 18204.2—2014）（3.2　一氧化碳气相色谱法）测定公共场所空气中的一氧化碳时，镍触媒在________情况下转化率大于98%。（　　）

A. CO＜80 mg/m^3，CO_2＜0.4%　　B. CO＜180 mg/m^3，CO_2＜4%

C. CO＜180 mg/m^3，CO_2＜0.4%　　D. CO＜80 mg/m^3，CO_2＜4%

答案：C

2. 根据《公共场所卫生检验方法　第2部分：化学污染物》（GB/T 18204.2—2014）（3.2　一氧化碳气相色谱法）测定公共场所空气中的一氧化碳时，使用的是________目的镍触媒。（　　）

A. 20～30　　B. 30～40　　C. 40～50　　D. 50～60

答案：B

3. 根据《公共场所卫生检验方法　第2部分：化学污染物》（GB/T 18204.2—2014）（3.2　一氧化碳气相色谱法）测定公共场所空气中的一氧化碳时，分离一氧化碳色谱柱的固定相是________。（　　）

A. 60～80目的GDX-502　　B. 80～100目的GDX-502

C. 60～80目的TDX-01碳分子筛　　D. 80～100目的TDX-01碳分子筛

答案：C

4. 根据《公共场所卫生检验方法　第2部分：化学污染物》（GB/T 18204.2—2014）（3.2　一氧化碳气相色谱法）测定公共场所空气中的一氧化碳时，当进样1 mL时，一氧化碳测定范围为________mg/m^3。（　　）

A. 0.05～50　　B. 0.5～50　　C. 0.05～200　　D. 0.5～200

答案：B

5. 根据《公共场所卫生检验方法　第2部分：化学污染物》（GB/T 18204.2—2014）（3.2　一氧化碳气相色谱法）测定公共场所空气中的一氧化碳时，一氧化碳在镍触媒催化下，与氢气反应，生成________。（　　）

A. 乙烯　　B. 乙烷　　C. 乙炔　　D. 甲烷

答案：D

6. 根据《公共场所卫生检验方法　第2部分：化学污染物》（GB/T 18204.2—2014）（3.2　一氧化碳气相色谱法）测定公共场所空气中的一氧化碳时，对于高浓度样品，应用纯氮气稀释至浓度小于________后再进行色谱分析。（　　）

A. 5%　　B. 0.5%　　C. 50 mg/m^3　　D. 5.0 mg/m^3

答案：C

四、计算题

根据《公共场所卫生检验方法　第2部分：化学污染物》（GB/T 18204.2—2014）（3.2　一氧化碳气相色谱法）测定公共场所空气中的一氧化碳时，某一氧化碳样品用纯氮气稀释20倍后，进入气相色谱仪检测器，得到峰高16.8 pA，而浓度为30.5 mg/m^3

的一氧化碳标准气体峰高为 27.4 pA，试计算该样品一氧化碳浓度。

答案： 16.8 × 30.5 × 20/27.4=374（mg/m^3）

参考文献

[1] 中华人民共和国国家卫生和计划生育委员会，中国国家标准化管理委员会 . 公共场所卫生检验方法　第 2 部分：化学污染物：GB/T 18204.2—2014 [S]. 北京：中国标准出版社，2014.

[2] 国家环境保护总局 . 室内环境空气质量监测技术规范：HJ/T 167—2004 [S]. 北京：中国环境科学出版社，2004.

命题：张肇元　夏　新

审核：吴宇峰　张　烃

第六节　二氧化碳

分类号：A8-5

主要内容
《公共场所卫生检验方法　第 2 部分：化学污染物》（GB/T 18204.2—2014）（4.2　二氧化碳气相色谱法）

一、填空题

1. 根据《公共场所卫生检验方法　第 2 部分：化学污染物》（GB/T 18204.2—2014）（4.2　二氧化碳气相色谱法）测定公共场所空气中的二氧化碳时，二氧化碳在色谱柱中与空气的其他成分完全分离后，进入________的工作臂，使该臂电阻值的变化与参考臂的电阻值的变化不相等，惠斯登电桥失去________而产生信号输出。在线性范围内，信号大小与进入检测器的二氧化碳浓度成正比。从而进行定性与定量的测定。

答案： 热导检测器　　平衡

2. 根据《公共场所卫生检验方法　第 2 部分：化学污染物》（GB/T 18204.2—2014）（4.2　二氧化碳气相色谱法）测定公共场所空气中的二氧化碳时，采集样品的采气袋是由铝箔复合薄膜材料制成，充气容积为________mL。使用前应进行________。

答案： 400～600　　检漏

3. 根据《公共场所卫生检验方法　第 2 部分：化学污染物》（GB/T 18204.2—2014）（4.2　二氧化碳气相色谱法）测定公共场所空气中的二氧化碳时，若样品进样量为 3 mL，二氧化碳的测定范围为________。

答案： 0.02%～0.6%

二、判断题

1. 根据《公共场所卫生检验方法　第 2 部分：化学污染物》（GB/T 18204.2—2014）

（4.2　二氧化碳气相色谱法）测定公共场所空气中的二氧化碳时，分离二氧化碳的色谱柱为长 3 m、内径为 4 mm、内装 GDX-102 高分子多孔聚合物的不锈钢柱。（　　）

答案：正确

2. 根据《公共场所卫生检验方法　第 2 部分：化学污染物》（GB/T 18204.2—2014）（4.2　二氧化碳气相色谱法）测定公共场所空气中的二氧化碳时，采集二氧化碳样品使用的是装有 50 mL 氢氧化钡吸收液的吸收管。（　　）

答案：错误

正确答案为：应该用采气袋采样。

3. 根据《公共场所卫生检验方法　第 2 部分：化学污染物》（GB/T 18204.2—2014）（4.2　二氧化碳气相色谱法）测定公共场所空气中的二氧化碳时，气相色谱的柱温、检测器温度和气化室温度都应设为室温（10～35℃）。（　　）

答案：正确

4. 根据《公共场所卫生检验方法　第 2 部分：化学污染物》（GB/T 18204.2—2014）（4.2　二氧化碳气相色谱法）测定公共场所空气中的二氧化碳时，在 GDX-102 色谱柱上，二氧化碳与空气、甲烷、氨、水和二氧化硫等能够完全分离。（　　）

答案：正确

5. 根据《公共场所卫生检验方法　第 2 部分：化学污染物》（GB/T 18204.2—2014）（4.2　二氧化碳气相色谱法）测定公共场所空气中的二氧化碳时，在测定范围内，可用单点校正法求校正因子进行样品定量分析。（　　）

答案：正确

三、选择题

1. 根据《公共场所卫生检验方法　第 2 部分：化学污染物》（GB/T 18204.2—2014）（4.2　二氧化碳气相色谱法）测定公共场所空气中的二氧化碳时，对于高浓度样品，应用纯氮气稀释至二氧化碳浓度小于________后再进行分析。（　　）

A. 0.1%　　B. 0.4%　　C. 0.6%　　D. 1%

答案：B

2. 根据《公共场所卫生检验方法　第 2 部分：化学污染物》（GB/T 18204.2—2014）（4.2　二氧化碳气相色谱法）测定公共场所空气中的二氧化碳时，分离二氧化碳色谱柱的固定相是________。（　　）

A. 60～80 目的 GDX-102　　B. 80～100 目的 GDX-102

C. 60～80 目的 TDX-01 碳分子筛　　D. 80～100 目的 TDX-01 碳分子筛

答案：A

3. 根据《公共场所卫生检验方法　第 2 部分：化学污染物》（GB/T 18204.2—2014）（4.2　二氧化碳气相色谱法）测定公共场所空气中的二氧化碳，进行样品定量分析时，每个样品应重复进样________次。（　　）

A. 1　　B. 2　　C. 3　　D. 4

答案：C

四、计算题

根据《公共场所卫生检验方法 第2部分：化学污染物》（GB/T 18204.2—2014）（4.2 二氧化碳气相色谱法）测定公共场所空气中的二氧化碳时，某二氧化碳样品用纯氮气稀释20倍后，进入气相色谱仪热导检测器，得到峰高34.5 mm，而浓度为0.250%的二氧化碳标准气体峰高为46.8 mm，试计算该样品二氧化碳浓度。

答案：（34.5 × 0.250 × 20）/46.8=3.69%

参考文献

[1] 中华人民共和国国家卫生和计划生育委员会，中国国家标准化管理委员会 . 公共场所卫生检验方法 第2部分：化学污染物：GB/T 18204.2—2014 [S]. 北京：中国标准出版社，2014.

[2] 国家环境保护总局 . 室内环境空气质量监测技术规范：HJ/T 167—2004 [S]. 北京：中国环境科学出版社，2004.

命题：张肇元 夏 新

审核：吴宇峰 张 烃

第九章　非分散红外吸收法

第一节　基础知识

分类号：A9-0

试题同“第一篇 G20-0”。

第二节　一氧化碳

分类号：A9-1

主要内容
①《公共场所卫生检验方法　第 2 部分：化学污染物》（GB/T 18204.2—2014）（3.1　一氧化碳不分光红外分析法）
②《室内环境空气质量监测技术规范》（HJ/T 167—2004）（附录 D.1　室内空气中一氧化碳的测定方法非分散红外法）

一、判断题

1. 根据《公共场所卫生检验方法　第 2 部分：化学污染物》（GB/T 18204.2—2014）（3.1　一氧化碳不分光红外分析法）和《室内环境空气质量监测技术规范》（HJ/T 167—2004）（附录 D.1　室内空气中一氧化碳的测定方法非分散红外法）测定一氧化碳时，采用气体滤波相关技术及多次反射气室结构，可消除空气中甲烷和二氧化碳等组分干扰。（　　）①②

答案：正确

2. 根据《公共场所卫生检验方法　第 2 部分：化学污染物》（GB/T 18204.2—2014）（3.1　一氧化碳不分光红外分析法）和《室内环境空气质量监测技术规范》（HJ/T 167—2004）（附录 D.1　室内空气中一氧化碳的测定方法非分散红外法）测定一氧化碳时，采用干燥剂可去除水蒸气和甲烷的干扰。（　　）①②

答案：错误

　　正确答案为：可去除水蒸气的干扰。

3. 根据《公共场所卫生检验方法　第 2 部分：化学污染物》（GB/T 18204.2—2014）（3.1　一氧化碳不分光红外分析法）和《室内环境空气质量监测技术规范》（HJ/T 167—2004）（附录 D.1　室内空气中一氧化碳的测定方法非分散红外法）进行测定时，仪器零点校准的方法为：将高纯氮气或经霍加拉特氧化管和干燥管后的空气接

入仪器进口。(　　)①②

答案：正确

4. 一氧化碳对红外线具有选择性吸收，在一定范围内，吸收值与一氧化碳的浓度呈线性关系。(　　)①②

答案：正确

5. 根据《公共场所卫生检验方法　第2部分：化学污染物》(GB/T 18204.2—2014)(3.1　一氧化碳不分光红外分析法)进行测定时，所用一氧化碳标准气体的不确定度应小于2%。(　　)①

答案：错误

正确答案为：一氧化碳标准气体的不确定度应小于1%。

6. 根据《公共场所卫生检验方法　第2部分：化学污染物》(GB/T 18204.2—2014)(3.1　一氧化碳不分光红外分析法)和《室内环境空气质量监测技术规范》(HJ/T 167—2004)(附录D.1　室内空气中一氧化碳的测定方法非分散红外法)进行测定时，可以将气体采集回实验室测定，也可以现场测定。(　　)①②

答案：正确

7. 根据《公共场所卫生检验方法　第2部分：化学污染物》(GB/T 18204.2—2014)(3.1　一氧化碳不分光红外分析法)进行测定时，若在室内布设3个测点，应设置在室内对角线四等分的3个等分点上。(　　)①

答案：正确

二、选择题

1. 根据《公共场所卫生检验方法　第2部分：化学污染物》(GB/T 18204.2—2014)(3.1　一氧化碳不分光红外分析法)和《室内环境空气质量监测技术规范》(HJ/T 167—2004)(附录D.1　室内空气中一氧化碳的测定方法非分散红外法)测定一氧化碳时，零点与终点校准重复________次，使仪器处在正常工作状态。(　　)①②

A. 0～1　　B. 1～2　　C. 2～3　　D. 3～5

答案：C

2. 根据《公共场所卫生检验方法　第2部分：化学污染物》(GB/T 18204.2—2014)(3.1　一氧化碳不分光红外分析法)测定一氧化碳时，其测量范围为________mg/m^3。(　　)①

A. 0.5～10　　B. 0.5～20　　C. 0.5～30　　D. 0.5～50

答案：D

3. 根据《公共场所卫生检验方法　第2部分：化学污染物》(GB/T 18204.2—2014)(3.1　一氧化碳不分光红外分析法)进行测定时，所用氮气的纯度应达到________。(　　)①

A. 99.9%　　B. 99.99%　　C. 99.999%　　D. 99.999 9%

答案：C

4. 根据《公共场所卫生检验方法　第2部分：化学污染物》(GB/T 18204.2—2014)

（3.1　一氧化碳不分光红外分析法）进行测定时，不分光红外一氧化碳分析仪的零点漂移应≤________，跨度漂移应≤________。（　　）①

A. ±2% 满量程 /h，±2% 满量程 /h　　B. ±2% 满量程 /h，±2% 满量程 /3 h

C. ±1% 满量程 /h，±1% 满量程 /3 h　　D. ±1% 满量程 /h，±1% 满量程 /h

答案：B

参考文献

[1] 中华人民共和国国家卫生和计划生育委员会，中国国家标准化管理委员会．公共场所卫生检验方法　第 2 部分：化学污染物：GB/T 18204.2—2014 [S]. 北京：中国标准出版社，2014.

[2] 国家环境保护总局．室内环境空气质量监测技术规范：HJ/T 167—2004 [S]. 北京：中国环境科学出版社，2004.

命题：吕天峰　夏　新

审题：袁　懋　夏　新

第三节　二氧化碳

分类号：A9-2

主要内容

①《公共场所卫生检验方法　第 2 部分：化学污染物》（GB/T 18204.2—2014）（4.1　二氧化碳不分光红外分析法）

②《室内环境空气质量监测技术规范》（HJ/T 167—2004）（附录 E.1　室内空气中二氧化碳的测定方法非分散红外法）

一、判断题

1. 根据《公共场所卫生检验方法　第 2 部分：化学污染物》（GB/T 18204.2—2014）（4.1　二氧化碳不分光红外分析法）和《室内环境空气质量监测技术规范》（HJ/T 167—2004）（附录 E.1　室内空气中二氧化碳的测定方法非分散红外法）进行测定时，空气中的甲烷和水蒸气对二氧化碳测定有影响，但一氧化碳对测定没有影响。（　　）①②

答案：错误

正确答案为：一氧化碳对测定也有影响。

2. 根据《公共场所卫生检验方法　第 2 部分：化学污染物》（GB/T 18204.2—2014）（4.1　二氧化碳不分光红外分析法）和《室内环境空气质量监测技术规范》（HJ/T 167—2004）（附录 E.1　室内空气中二氧化碳的测定方法非分散红外法）进行测定时，安装波长为 4 620 nm 的红外滤光片，可消除空气中甲烷等组分的干扰。（　　）①②

答案：错误

正确答案为：安装波长为 4 260 nm 的红外滤光片，可消除空气中甲烷等组分的干扰。

3. 根据《公共场所卫生检验方法　第 2 部分：化学污染物》（GB/T 18204.2—2014）（4.1　二氧化碳不分光红外分析法）和《室内环境空气质量监测技术规范》（HJ/T 167—2004）（附录 E.1　室内空气中二氧化碳的测定方法非分散红外法）进行测定时，应采用干燥剂去除水蒸气干扰。（　　）①②

答案：正确

4. 根据《公共场所卫生检验方法　第 2 部分：化学污染物》（GB/T 18204.2—2014）（4.1　二氧化碳不分光红外分析法）和《室内环境空气质量监测技术规范》（HJ/T 167—2004）（附录 E.1　室内空气中二氧化碳的测定方法非分散红外法）进行测定时，二氧化碳标准气体应装在铝合金钢瓶中。（　　）①②

答案：正确

5. 根据《公共场所卫生检验方法　第 2 部分：化学污染物》（GB/T 18204.2—2014）（4.1　二氧化碳不分光红外分析法）和《室内环境空气质量监测技术规范》（HJ/T 167—2004）（附录 E.1　室内空气中二氧化碳的测定方法非分散红外法）进行测定时，一个区域的测定结果以该区域内各采样点体积分数的算术平均值给出。（　　）①②

答案：正确

6. 根据《公共场所卫生检验方法　第 2 部分：化学污染物》（GB/T 18204.2—2014）（4.1 二氧化碳不分光红外分析法）进行测定时，仪器终点的校准方法为：将二氧化碳标准气体连接在仪器进样口，进行终点刻度校准。（　　）①

答案：正确

二、选择题

1. 根据《公共场所卫生检验方法　第 2 部分：化学污染物》（GB/T 18204.2—2014）（4.1　二氧化碳不分光红外分析法）进行测定时，零点与终点校准重复________次，使仪器处在正常工作状态。（　　）①

A. 0～1　　B. 1～2　　C. 2～3　　D. 3～5

答案：C

2. 根据《公共场所卫生检验方法　第 2 部分：化学污染物》（GB/T 18204.2—2014）（4.1　二氧化碳不分光红外分析法）进行测定时，若用气袋采气回实验室分析，应使用塑料铝箔复合薄膜采气袋，抽取现场空气冲洗________次，采气________L 或________L，密封进气口。（　　）①

A. 1～3，0.5，1.0　　B. 3～4，0.5，1.0

C. 1～3，1.0，2.0　　D. 3～4，1.0，2.0

答案：B

3. 根据《公共场所卫生检验方法　第 2 部分：化学污染物》（GB/T 18204.2—2014）（4.1　二氧化碳不分光红外分析法）测定二氧化碳时，其测量范围为________。（　　）①

A. 0.05%～0.1%　　B. 0.05%～0.2%

C. 0.05%～0.3%　　D. 0.05%～0.5%

答案：D

4.《公共场所卫生检验方法　第2部分：化学污染物》（GB/T 18204.2—2014）（4.1　二氧化碳不分光红外分析法）的最低检出体积分数为________。（　　）①

A. 0.01%　　B. 0.05%　　C. 0.1%　　D. 0.5%

答案：A

参考文献

[1] 中华人民共和国国家卫生和计划生育委员会，中国国家标准化管理委员会．公共场所卫生检验方法　第2部分：化学污染物：GB/T 18204.2—2014 [S]. 北京：中国标准出版社，2014.

[2] 国家环境保护总局．室内环境空气质量监测技术规范：HJ/T 167—2004 [S]. 北京：中国环境科学出版社，2004.

命题：吕天峰　夏　新

审核：袁　懋　夏　新

第十章　菌落总数

分类号：A10

主要内容
《室内空气质量标准》（GB/T 18883—2002）（附录D　室内空气中菌落总数检验方法）

一、填空题

1. 根据《室内空气质量标准》（GB/T 18883—2002）（附录D　室内空气中菌落总数检验方法）测定室内空气中的菌落总数时，采样点的数量根据________和________而确定，以期能正确反映室内空气污染物的水平。

答案：室内面积大小　　现场情况

2. 根据《室内空气质量标准》（GB/T 18883—2002）（附录D　室内空气中菌落总数检验方法）测定室内空气中的菌落总数时，原则上小于50 m^2的房间应设________个点；50～100 m^2的房间应设________个点；100 m^2以上的房间应设________个点。

答案：1～3　　3～5　　5

3. 根据《室内空气质量标准》（GB/T 18883—2000）（附录D　室内空气中菌落总数检验方法）测定室内空气中的菌落总数时，将带菌营养琼脂平板置于36±1℃的恒温箱中，培养________h，计数菌落数，并根据采样器的和________，换算成每立方米中的菌落数。

答案：48　　流量采样时间

4. 根据《室内空气质量标准》（GB/T 18883—2000）（附录D　室内空气中菌落总数检验方法）测定室内空气中的菌落总数时，一般情况下采样量为30～50 L，应根据________和________，酌情增加或减少空气采样量。

答案：所用仪器性能　　室内空气微生物污染程度

5. 根据《室内空气质量标准》（GB/T 18883—2000）（附录D　室内空气中菌落总数检验方法）测定室内空气中的菌落总数时，采样点应避开________，离墙壁距离应大于________m。

答案：通风口　　0.5

6. 根据《室内空气质量标准》（GB/T 18883—2000）（附录D　室内空气中菌落总数检验方法）测定室内空气中的菌落总数时，原则上，采样点的高度与________高度相一致，相对高度为________m。

答案：人的呼吸带　　0.5～1.5

7. 根据《室内空气质量标准》（GB/T 18883—2000）（附录D　室内空气中菌落总数检验方法）测定室内空气中的菌落总数时，每次平行采样，测定之差与平均值比较的相对偏差不超过________。

答案：20%

8. 根据《室内空气质量标准》（GB/T 18883—2000）（附录 D　室内空气中菌落总数检验方法）测定室内空气中的菌落总数时，用于室内的采样器噪声应小于________dB（A）。

答案：50

二、判断题

1. 根据《室内空气质量标准》（GB/T 18883—2000）（附录 D　室内空气中菌落总数检验方法）测定室内空气中的菌落总数时，布点应在对角线上分布。（　　）

答案：错误

正确答案为：在对角线上或梅花式均匀分布。

2. 根据《室内空气质量标准》（GB/T 18883—2000）（附录 D　室内空气中菌落总数检验方法）测定室内空气中的菌落总数时，应将采样器消毒。（　　）

答案：正确

3. 根据《室内空气质量标准》（GB/T 18883—2000）（附录 D　室内空气中菌落总数检验方法）测定室内空气中的菌落总数时，采样器采样前，应对采样系统气密性进行检查，不得漏气。（　　）

答案：正确

4. 根据《室内空气质量标准》（GB/T 18883—2000）（附录 D 室内空气中菌落总数检验方法）测定室内空气中的菌落总数时，采样系统流量要能保持恒定。采样前和采样后要用一级皂膜计校准采样系统进气流量，误差不超过 3%。（　　）

答案：错误

正确答案为：误差不超过 5%。

5. 根据《室内空气质量标准》（GB/T 18883—2000）（附录 D　室内空气中菌落总数检验方法）测定室内空气中的菌落总数时，在计算浓度时，应将采样体积换算成标准状态下的体积。（　　）

答案：正确

6. 根据《室内空气质量标准》（GB/T 18883—2000）（附录 D　室内空气中菌落总数检验方法）测定室内空气中的菌落总数时，仪器使用前，应按仪器说明书对仪器进行检验和标定。（　　）

答案：正确

7. 根据《室内空气质量标准》（GB/T 18883—2000）（附录 D　室内空气中菌落总数检验方法）测定室内空气中的菌落总数时，采样时间不应涵盖通风最差的时间段。（　　）

答案：错误

正确答案为：采样时间应涵盖通风最差的时间段。

8. 根据《室内空气质量标准》（GB/T 18883—2000）（附录 D　室内空气中菌落总数检验方法）测定室内空气中的菌落总数时，若筛选采样检验结果不符合标准值要

求，必须用累积采样检验结果评价。（　　）

答案：正确

9. 根据《室内空气质量标准》（GB/T 18883—2000）（附录D　室内空气中菌落总数检验方法）测定室内空气中的菌落总数，进行筛选法采样时，采样前关闭门窗12 h，采样时关闭门窗，至少采样45 min。（　　）

答案：正确

三、选择题

1. 根据《室内空气质量标准》（GB/T 18883—2000）（附录D　室内空气中菌落总数检验方法）测定室内空气中的菌落总数时，在一批现场采样中，应留有________个采样管不采样，并按其他样品管一样对待，作为采样过程中空白检验。（　　）

A. 1　　B. 2　　C. 3　　D. 4

答案：B

2. 根据《室内空气质量标准》（GB/T 18883—2000）（附录D　室内空气中菌落总数检验方法）测定室内空气中的菌落总数时，在采样器正常使用状态下，用一级皂膜计校准采样器流量计的刻度，校准________个点，绘制流量标准曲线。（　　）

A. 2　　B. 3　　C. 4　　D. 5

答案：D

3. 根据《室内空气质量标准》（GB/T 18883—2000）（附录D　室内空气中菌落总数检验方法）测定室内空气中的菌落总数，累积法采样时，年平均浓度至少采样________个月，日平均浓度至少采样________h。（　　）

A. 4，18　　B. 3，18　　C. 4，16　　D. 3，16

答案：B

四、问答题

1. 简述根据《室内空气质量标准》（GB/T 18883—2000）（附录D　室内空气中菌落总数检验方法）测定室内空气中的菌落总数时，对采样器的基本要求。

答案：（1）对空气中细菌捕获率达95%。

（2）操作简单，携带方便，性能稳定，便于消毒。

2. 根据《室内空气质量标准》（GB/T 18883—2000）（附录D　室内空气中菌落总数检验方法）测定室内空气中的菌落总数时，什么条件下要进行累积法采样？

答案：当采用筛选法采样达不到室内空气质量标准时，必须采用累积法采样。

3. 简述《室内空气质量标准》（GB/T 18883—2000）（附录D　室内空气中菌落总数检验方法）中撞击法的含义。

答案：撞击法是采用撞击式空气微生物采样器采样，通过抽气动力作用，使空气通过狭缝或小孔而产生高速气流，使悬浮在空气中的带菌粒子撞击到营养琼脂平板上，经37℃、48 h培养后，计算出每立方米空气中所含的细菌菌落数的采样测定方法。

4. 根据《室内空气质量标准》（GB/T 18883—2000）（附录D　室内空气中菌落总数

检验方法）测定室内空气中的菌落总数时，营养琼脂培养基如何灭菌？

答案：将配制好的营养琼脂培养基过滤分装后，在 121℃下，高压灭菌 20 min。

五、计算题

根据《室内空气质量标准》（GB/T 18883—2000）（附录 D　室内空气中菌落总数检验方法）测定室内空气中的菌落总数时，采样体积为 50.0 L，温度为 21.0℃，大气压力 100.3 kPa，计数菌落数为 78 个，试计算空气中的菌落数。

答案：V_0=50.0 × 273 × 100.3/（273+21.0）/101.3=45.97（L）

C=78 × 1 000/45.97=1.70 × 10^3（CFU/m^3）

参考文献

国家质量监督检验检疫总局，卫生部，国家环境保护总局 . 室内空气质量标准：GB/T 18883—2000 [S]. 北京：中国环境科学出版社，2000.

命题：吕晓洁　池　靖

审核：居　力　朱　刚　夏　新

第三篇

生　　物

第一章　细菌学监测

第一节　基础知识

分类号：B1-0

一、填空题

1. 用于细菌学检测的吸管上端要用________填塞，并注意________，使其快速、准确流出所用体积。

答案：普通棉花　　松紧适度

2. 测定水中细菌学指标的采样瓶口用牛皮纸等防潮纸包扎后，置于干燥箱中，于________℃干热灭菌 2 h，或用高压蒸汽灭菌器________℃灭菌 15 min；不能用加热方法灭菌的塑料瓶，应浸泡在 0.5% 过氧乙酸 10 min 或环氧乙烷气体进行低温灭菌；聚丙烯耐热塑料瓶，可用________℃高压蒸汽灭菌器灭菌 15 min。

答案：160～170　　121　　121

3. 测定自来水样中的细菌学指标时，采水前将水龙头开至最大，放水________min，然后关闭水龙头，用酒精灯火焰灼烧约________min 消毒水龙头或用 75% 酒精溶液消毒水龙头，再打开水龙头、开足放水 1 min，以充分去除水管中的滞留杂质。

答案：3～5　　3

4. 测定水样中细菌学指标时，从取样到检验不宜超过________h，否则应使用 10℃以下冷藏设备保存样品，但不得超过________h。

答案：2　　6

5. 分层检测地表水中的细菌学指标时，应自________而________（方向）进行采样，以免不同层次的搅扰；与理化监测项目同时采样时，应先采集细菌学检验样品。

答案：上　　下

6. 配制好的用于细菌学检测的培养基，不宜保存过久，以少量勤配为宜。每批应注明________，已灭菌的培养基可在 4～10℃存放 1 个月，存放时应避免阳光直射，并且要避免________和液体蒸发。

答案：配制日期　　杂菌侵入

二、判断题

1. 检测水中的细菌学指标时，每次实验要以无菌水为样品，对培养基、滤膜、稀释水、玻璃器皿和冲洗用水做无菌性检验。(　　)

答案：正确

2. 新购置的用于细菌学指标测定的玻璃器皿，因含游离碱，应先在 2% 盐酸中浸泡数小时，用自来水冲洗干净后，再用蒸馏水冲洗 1～2 次沥干备用。(　　)

答案：正确

3. 培养细菌的玻璃器皿，应先经灭菌，倒出培养基，用肥皂水或洗涤剂刷洗残渍，再用清水冲洗干净，最后用蒸馏水冲洗 1～2 次，沥干备用。(　　)

答案：正确

4. 细菌学检测用的高压蒸汽灭菌器，每次使用时，在压力上升之前，必须先用蒸汽将器内的冷空气完全驱尽，并要记录温度、气压和灭菌的时间。(　　)

答案：正确

5. 采集细菌学检测的水样时，不需用水清洗已灭菌的采样瓶，一般采样量为采样瓶容量的 80% 左右，以便接种时充分混匀样品。(　　)

答案：正确

6. 制备大量培养基时，除玻璃器皿外，还可用搪瓷桶或铝锅等容器，但不可用铜或铁锅，以免金属离子进入培养基中影响细菌生长。(　　)

答案：正确

三、选择题

1. 在同一采样点，同时进行细菌学监测项目与理化监测项目采样时，应________。(　　)

A. 先采集细菌学检验样品　　B. 后采集细菌学检验样品

C. 同时采集细菌学检验样品

答案：A

2. 测定含有高浓度重金属水样中的细菌学指标时，在灭菌前要在采样瓶中加入螯合剂，以减少金属毒性。按 500 mL 采样瓶计，加入螯合剂的浓度和体积为________。(　　)

A. 15% EDTA / 1 mL　　B. 1% EDTA / 15 mL

C. 15% EDTA / 10 mL

答案：A

3. 为去除水中余氯对细菌学指标检测的干扰，在灭菌前要向采样瓶中加入足量的硫代硫酸钠，按 500 mL 采样瓶计，加入 10% 硫代硫酸钠的体积为________mL。(　　)

A. 3　　B. 0.3　　C. 1

答案：B

4. 用于测定细菌学指标的培养基，配制好以后不宜保存过久，已灭菌的培养基可在 4～10℃保存________。(　　)

A. 10 d　　B. 1 个月　　C. 3 个月

答案：B

四、问答题

1. 简述细菌学检测实验室的基本要求。

答案：（1）通风良好，要避免尘埃、过堂风和温度骤变，保持空气清洁和实验用具整洁。（2）室内墙壁要刷漆覆盖，地板要使用光滑和防透水材料，便于刷洗和消毒。（3）工作台要宽敞，光滑防透水、抗腐蚀，表面材料具有最少接缝，室内光照要均匀宜人。（4）有专供培养基制备、各类器皿消毒灭菌用的准备室和供应室，还要有灭菌接种间。

2. 简述细菌学监测实验室应做好哪些供应品的质量控制。

答案：（1）玻璃器皿的质量控制。（2）纯水质量的控制。（3）试剂的质量控制。（4）染料和着色剂的质量控制。（5）滤膜和吸收垫的质量控制。（6）培养基的质量控制。

3. 简述江、河、湖、库等地表水细菌学检测的采样步骤及注意事项。

答案：（1）已灭菌和封包好的采样瓶，要小心开启包装纸和瓶盖，避免瓶盖及瓶子颈部受杂菌污染。（2）要注意使用船只或附加设备采样时可能造成的污染。（3）采集水样时，用手握住瓶子的下部直接将已灭菌的带塞采样瓶插入水中，距水面10～15 cm处，拔玻塞，瓶口朝水流方向，使水样灌入瓶内后盖上瓶塞，再将采样瓶从水中取出；如没有水流，可握住瓶子水平前推，直到充满水样为止；采好水样后，迅速盖上瓶盖和包装纸。（4）采样时不需用水样冲洗采样瓶，一般采样量为采样瓶容量的80%左右，以便充分振摇混合样品。（5）在同一采样点与理化监测项目同时采样时，应先采细菌学检验样品；同一采样点分层采样时，应自上而下进行。（6）采样完毕，应编号并做好采样记录。（7）在危险地点或恶劣气候条件下采样时，必须有防护措施。

4. 测定细菌学指标的水样应如何保存？

答案：采好的水样，应迅速运往实验室，进行细菌学检验。一般从取样到检验不宜超过2 h，否则应使用10℃以下的冷藏设备保存样品，但不得超过6 h。实验室接样后，应将水样立即放入冰箱，并在2 h内着手检验。如因路途遥远，送检时间超过6 h者，则应考虑现场检验或用延迟培养法。

5. 简述测定自来水中细菌学指标的采样步骤及注意事项。

答案：（1）已灭菌和封包好的采样瓶，无论在什么条件下采样，均要小心开启包装纸和瓶盖，避免瓶盖及瓶颈受杂菌污染。（2）选择不漏水的水龙头，采水前先将水龙头打开至最大，放水3～5 min，然后关闭水龙头，用酒精灯火焰灼烧约3 min灭菌或用70%酒精溶液消毒水龙头，再打开水龙头，放水1 min，以充分除去水管中的滞留杂质。（3）采样时不需用水冲洗已灭菌的采样瓶；采样量为采样瓶容量的80%，以便混匀样品。（4）采样完毕，应做好记录，并将采样瓶编号。

6. 简述如何进行培养基的质量控制。

答案：培养基的质量控制主要包括以下内容：（1）每批培养基在使用前，需经无菌检验。可将培养基在37℃温箱内培养24 h，证明无菌，同时再用已知菌种检查在此培养基上的生长情况，符合后方可使用。（2）对每批培养基要做阳性和阴性对照培养检查实验。（3）配制每批培养基都要做好记录，包括配制日期和批次，培养基名称、成分、pH，灭菌条件，配制方法，配制人员等；配好的培养基不宜久放，以少量勤配为宜。

参考文献

[1] 国家环境保护总局 . 水质　粪大肠菌群的测定　多管发酵法和滤膜法（试行）：HJ/T 347—2007 [S]. 北京：中国环境科学出版社，2007.

[2] 国家环境保护总局《水和废水监测分析方法》编委会 . 水和废水监测分析方法（第四版）[M]. 北京：中国环境科学出版社，2002.

[3] 陈绍铭，郑福寿 . 水生微生物学实验法 [M]. 北京：海洋出版社，1985.

命题：范玲南　黄鹤飞　厉以强

审核：洪正昉　史　箴　彭刚华　夏　新

第二节　水中细菌总数

分类号：B1-1

主要内容
《水质　细菌总数的测定　平皿计数法》（HJ 1000—2018）

一、填空题

1. 根据《水质　细菌总数的测定　平皿计数法》（HJ 1000—2018），细菌总数是指 36℃培养 48 h，样品在营养琼脂上所生长的________和________菌落总数。

答案：需氧菌　　兼性厌氧菌

2. 根据《水质　细菌总数的测定　平皿计数法》（HJ 1000—2018），配制的营养琼脂培养基灭菌后可储存于冷暗处备用。避光、干燥保存时，必要时在 5℃ ±3℃冰箱中保存，不得超过________个月。

答案：1

3. 根据《水质　细菌总数的测定　平皿计数法》（HJ 1000—2018），配制好的营养琼脂培养基不能进行多次融化操作，以少量勤配为宜。当培养基________变化或脱水明显时应废弃不用。

答案：颜色

4. 根据《水质　细菌总数的测定　平皿计数法》（HJ 1000—2018），细菌总数的样品采样后应在________h 内检测，否则，应 10℃以下冷藏但不得超过________h。实验室接样后，不能立即开展检测的，将样品于 4℃以下冷藏并在________h 内检测。

答案：2　　6　　2

5. 根据《水质　细菌总数的测定　平皿计数法》（HJ 1000—2018）进行细菌总数测定时，用________做实验室空白测定，培养后平皿上不得有菌落生长，否则，该次样品测定结果________，应查明原因后重新测定。

答案：无菌水　　无效

6. 根据《水质　细菌总数的测定　平皿计数法》（HJ 1000—2018），接种细菌总数样品前，要将样品用力振摇 20～25 次，使可能存在的细菌凝团成________状。

答案：分散

7. 根据《水质　细菌总数的测定　平皿计数法》（HJ 1000—2018）测定细菌总数时，紧密接触而外观________的菌落，予以计数。

答案：相异

8. 根据《水质　细菌总数的测定　平皿计数法》（HJ 1000—2018），细菌总数结果计算，选择平均菌落数在________的平皿进行计数，当只有一个稀释倍数的平均菌落数符合此范围时，以该平均菌落数乘以其________为细菌总数测定值。

答案：30～300　　稀释倍数

9. 根据《水质　细菌总数的测定　平皿计数法》（HJ 1000—2018）进行测定，依据下表中已知条件，计算菌落总数并填写报告监测结果。

细菌总数稀释倍数选择及菌落总数测定值表

示例	不同稀释倍数的平均菌落数			两个稀释倍数菌落数之比	菌落总数 /（CFU/mL）	结果报告 /（CFU/mL）
	10	100	1 000			
例	987	108	21	—	10 800	1.1×10^4
1	2 421	265	46	1.7	（　）	（　）
2	28	14	5	—	（　）	（　）

答案：36 250　　3.6×10^4　　280　　2.8×10^2

10. 根据《水质　细菌总数的测定　平皿计数法》（HJ 1000—2018）进行测定时，细菌总数测定结果保留两位有效数字，当测定结果≥100CFU/mL 时，以科学记数法表示；若未稀释的原液的平皿上无菌落生长，则以“________”或“<1 CFU/mL”表示。

答案：未检出

二、选择题

1. 根据《水质　细菌总数的测定　平皿计数法》（HJ 1000—2018），细菌总数接种时，以无菌操作方式用 1 mL 灭菌的移液管吸取充分混匀的样品或稀释样品 1 mL，注入灭菌平皿中，倾注 15～20 mL 冷却到________的营养琼脂培养基，并立即________平皿，使样品或稀释样品与培养基充分混匀。（　　）

A. 70～75℃　旋摇　　B. 44～47℃　旋摇

C. 44～47℃　振荡　　D. 70～75℃　振荡

答案：B

2. 根据《水质　细菌总数的测定　平皿计数法》（HJ 1000—2018），细菌总数接种完成，待平皿内的营养琼脂培养基冷却凝固后，翻转平皿，使底面向上（避免因表面水分凝结而影响细菌均匀生长），在 36℃ ±1℃条件下，恒温培养箱内________培养后观察结果。（　　）

A. 48 h±2 h　　B. 24 h±2 h　　C. 36 h±2 h　　D. 12 h±2 h

答案：A

3. 根据《水质　细菌总数的测定　平皿计数法》（HJ 1000—2018）测定细菌总数，使用后的器皿及废弃物须经________℃高压蒸汽灭菌________ min或使用液体消毒剂（自制或市售）灭菌。灭菌后，器皿方可清洗，废弃物作为一般废物处置。（　　）

A. 115　30　　B. 121　15　　C. 121　30　　D. 115　20

答案：C

4. 根据《水质　细菌总数的测定　平皿计数法》（HJ 1000—2018），细菌总数接种前，先打开紫外灯对无菌室灭菌________min以上，关掉紫外灯________min后，再进入无菌室进行接种操作。（　　）

A. 20　30　　B. 30　10　　C. 30　30　　D. 20　10

答案：C

三、判断题

1. 根据《水质　细菌总数的测定　平皿计数法》（HJ 1000—2018），细菌总数接种完成，待平皿内的营养琼脂培养基冷却凝固后，底面向下，置于36℃ ±1℃条件下，恒温培养箱内培养48 h±2 h后观察结果。（　　）

答案：错误

正确答案为：待平皿内的营养琼脂培养基冷却凝固后，翻转平皿，使底面向上，避免因表面水分凝结而影响细菌均匀生长。

2. 根据《水质　细菌总数的测定　平皿计数法》（HJ 1000—2018），接种细菌总数样品时，吸取不同浓度的稀释液，不必每次更换移液管。（　　）

答案：错误

正确答案为：接种细菌总数样品时，吸取不同浓度的稀释液，每次必须更换移液管。

3. 根据《水质　细菌总数的测定　平皿计数法》（HJ 1000—2018）测定细菌总数时，外观（形态或颜色）相似，距离相近却不相触的菌落，只要它们之间的距离不小于最小菌落的直径，予以计数。（　　）

答案：正确

4. 根据《水质　细菌总数的测定　平皿计数法》（HJ 1000—2018）测定细菌总数时，片状菌落不到平皿的一半，而其余一半菌落分布又很均匀时，将此分布均匀的菌落计数，并乘以2代表全皿菌落总数。（　　）

答案：正确

5. 根据《水质　细菌总数的测定　平皿计数法》（HJ 1000—2018），细菌总数计算时，若所有稀释倍数的平均菌落数均小于30，则以稀释倍数最大的平均菌落数乘以稀释倍数为细菌总数测定值。（　　）

答案：错误

正确答案为：若所有稀释倍数的平均菌落数均小于30，则以稀释倍数最小的平均菌落数乘以稀释倍数为细菌总数测定值。

6. 根据《水质　细菌总数的测定　平皿计数法》（HJ 1000—2018）测定细菌总数，更换不同批次培养基时要进行阳性菌株检验，以确保其符合要求。(　　)

答案：正确

四、问答题

简述根据《水质　细菌总数的测定　平皿计数法》（HJ 1000—2018）进行细菌总数测定过程中的接种和培养 2 个过程。

答案：接种：以无菌操作方式用 1 mL 灭菌的移液管吸取充分混匀的样品或稀释样品 1 mL，注入灭菌平皿中，倾注 15～20 mL 冷却到 44～47℃的营养琼脂培养基，并立即旋摇平皿，使样品或稀释样品与培养基充分混匀。每个样品或稀释样品倾注 2 个平皿。

培养：待平皿内的营养琼脂培养基冷却凝固后，翻转平皿，使底面向上（避免因表面水分凝结而影响细菌均匀生长），在 36℃ ±1℃条件下，恒温培养箱内培养 48 h±2 h 后观察结果。

命题：李中宇　范玲南　洪正昉

审核：许人骥　史　箴　夏　新

参考文献

生态环境部 . 水质　细菌总数的测定　平皿计数法：HJ 1000—2018 [S]. 北京：中国环境出版集团，2018.

第三节　水中总大肠菌群

分类号：B1-2

主要内容
①总大肠菌群　多管发酵法《水和废水监测分析方法》（第四版）
②总大肠菌群　滤膜法《水和废水监测分析方法》（第四版）
③总大肠菌群　延迟培养法《水和废水监测分析方法》（第四版）

一、填空题

1. 总大肠菌群多管发酵法测定的复发酵实验，是每一管接种完同一发酵管的最典型菌落 1～3 个后，将发酵管置于________℃恒温箱中，培养________h，有产酸产气者，则证实有大肠菌群存在。①

答案：37　　24

2. 总大肠菌群多管发酵法测定的步骤分为________、________和________。①

答案：初发酵实验　　平板分离　　复发酵实验

3. 总大肠菌群测定的滤膜灭菌是将滤膜放入烧杯中，加入蒸馏水后置于沸水浴中煮沸灭菌________次，每次________min，前两次煮沸后需更换水洗涤 2～3 次，以除去残留溶剂；也可用 121℃蒸汽灭菌 10 min。②

答案：3 15

二、判断题

总大肠菌群测定时，如果不能实现常规的检验步骤，例如，水样运输途中不能保证所要求的温度，或采样后不能在允许的时间内进行检验等，都可采用延迟培养法。（ ）③

答案：正确

三、选择题

1\. 我国目前以________为总大肠菌群的报告单位，MPN 值再乘________即为该体积水样中的总大肠菌群数。（ ）①②③

A. 100 mL 10　　B. 1 L 1　　C. 1 L 10

答案：C

2\. 对受污染严重的水体，可选择________测定总大肠菌群。（ ）①②③

A. 滤膜法　　B. 多管发酵法　　C. 延迟培养法

答案：B

3\. 我国目前总大肠菌群以________为报告单位。（ ）①②③

A. 个 /L　　B. 个 /mL　　C. 个 /100 mL

答案：A

四、问答题

1\. 简述多管发酵法测定水源水中总大肠菌群的初发酵操作步骤。①

答案：（1）将水样做 1∶10 稀释。（2）在各装有 5 mL 三倍浓缩乳糖蛋白胨培养液的 5 个试管中（内有倒管）各加入 10 mL 水样；在各装有 10 mL 乳糖蛋白胨培养液的 5 个试管中（内有倒管）各加入 1 mL 水样；在各装有 10 mL 乳糖蛋白胨培养液的 5 个试管中（内有倒管）各加入 1 mL 1∶10 的稀释的水样。（3）将各管充分混匀，置 37℃恒温箱培养 24 h。

2\. 简述总大肠菌群革兰氏染色的操作步骤及主要注意事项。①②③

答案：（1）操作步骤依次为涂片、固定、结晶紫染色、水洗、碘液媒染、水洗、酒精脱色、水洗、番红复染、水洗、干燥、镜检（低倍镜→油镜）。（2）应注意：涂片：涂片要使菌体薄而且均匀；固定：应自然风干或微热促干，然后在火焰上通过 1～2 次；酒精脱色：用 95% 酒精脱色，直到酒精不出现紫色时即停止；同时应注意控制各步骤的操作时间。

参考文献

[1] 国家环境保护总局《水和废水监测分析方法》编委会 . 水和废水监测分析方法（第四版）[M]. 北京：中国环境科学出版社，2002.

[2] 陈绍铭，郑福寿 . 水生微生物学实验法 [M]. 北京：海洋出版社，1985.

命题：范玲南　厉以强

审核：洪正昉　史　箴　夏　新

第四节　水中粪大肠菌群

分类号：B1-3

主要内容
①《水质　粪大肠菌群的测定　滤膜法》（HJ 347.1—2018）
②《水质　粪大肠菌群的测定　多管发酵法》（HJ 347.2—2018）

一、填空题

1. 根据《水质　粪大肠菌群的测定　滤膜法》（HJ 347.1—2018）测定粪大肠菌群时，当样品抽滤量为100 mL时，检出限为________CFU/L；当样品抽滤量为500 mL时，检出限为________CFU/L。①

答案：10　　2

2. 根据《水质　粪大肠菌群的测定　滤膜法》（HJ 347.1—2018）测定粪大肠菌群时，配制好的MFC培养基分装到平皿中，可在5℃ ±3℃冰箱中保存________周。①

答案：2～4

3. 根据《水质　粪大肠菌群的测定　滤膜法》（HJ 347.1—2018）测定粪大肠菌群时，所使用的滤膜可选择的灭菌方式包括________或者________。①

答案：高压蒸汽　　煮沸

4. 根据《水质　粪大肠菌群的测定　滤膜法》（HJ 347.1—2018）测定粪大肠菌群时，抽滤完成后用灭菌镊子夹取滤膜移放在MFC培养基上，滤膜截留细菌面________（方向），滤膜应与培养基完全贴紧，两者间不得留有________，然后将培养皿倒置，放入恒温培养箱。①

答案：向上　　气泡

5.《水质　粪大肠菌群的测定　多管发酵法》（HJ 347.2—2018）适用于________、________、________和工业废水中粪大肠菌群的测定。②

答案：地表水　地下水　生活污水

6. 根据《水质　粪大肠菌群的测定　多管发酵法》（HJ 347.2—2018）测定粪大肠菌群时，12管法检出限为________MPN/L，15管法检出限为________MPN/L。②

答案：3　　20

二、判断题

1. 根据《水质　粪大肠菌群的测定　滤膜法》（HJ 347.1—2018）测定粪大肠菌群时，若配制好的MFC培养基未使用完，可反复融化使用。（　　）①

答案：错误

正确答案为：配制好的MFC培养基不能进行多次融化操作，以少量勤配为宜。

2. 根据《水质　粪大肠菌群的测定　滤膜法》（HJ 347.1—2018）测定粪大肠菌群时，应使用大功率抽滤泵，抽滤时应将抽滤压力调节至-100kPa。（　　）①

答案：错误

正确答案为：抽滤时抽滤压力不应超过 -50kPa。

3. 根据《水质　粪大肠菌群的测定　滤膜法》（HJ 347.1—2018）测定粪大肠菌群时，应尽量延长抽滤时间，以彻底抽滤样品。（　　）①

答案：错误

正确答案为：样品抽滤完成后，再抽气约 5 s。

4. 根据《水质　粪大肠菌群的测定　滤膜法》（HJ 347.1—2018）测定粪大肠菌群时，如果采集的是重金属离子含量较高的样品，则在采样瓶灭菌前按每 125 mL 容积加入 0.3 mL 0.15 g/mL 的乙二胺四乙酸二钠溶液，以消除干扰。（　　）①

答案：正确

5. 根据《水质　粪大肠菌群的测定　滤膜法》（HJ 347.1—2018）测定粪大肠菌群时，应定期进行阳性及阴性对照试验，阳性菌株应呈现阳性反应，阴性菌株应呈现阴性反应。（　　）①

答案：正确

6. 根据《水质　粪大肠菌群的测定　滤膜法》（HJ 347.1—2018）测定粪大肠菌群，当样品浑浊度较高时，应选用其他方法。（　　）①

答案：正确

7. 多管发酵法测定粪大肠菌群中，最大可能数法（MPN）最早是由 McCrady 在 1915 年首次提出的。（　　）②

答案：正确

8. 多管发酵法测定粪大肠菌群是基于连续型随机变量分布的计数方法。（　　）②

答案：错误

正确答案为：多管发酵法是基于泊松分布的计数方法，泊松分布是离散型随机变量分布。

9. 根据《水质　粪大肠菌群的测定　多管发酵法》（HJ 347.2—2018）测定粪大肠菌群时，所使用的培养基、无菌水及玻璃器皿等均需在 121℃条件下灭菌。（　　）②

答案：错误

正确答案为：乳糖在 121℃条件下易发生降解，所以包含乳糖成分的乳糖蛋白胨培养基和 EC 培养基应在 115℃条件下灭菌。

10. 根据《水质　粪大肠菌群的测定　多管发酵法》（HJ 347.2—2018）测定粪大肠菌群时，如果采集的是含有余氯或经过加氯处理的水样，需在采样瓶灭菌前按每 125 mL 容积加入 0.1 mL 0.10 g/mL 的硫代硫酸钠溶液，以除去余氯对细菌的抑制作用。（　　）②

答案：正确

11. 根据《水质　粪大肠菌群的测定　多管发酵法》（HJ 347.2—2018）测定粪大肠菌群时，每次试验都需要用无菌水进行实验室空白测定。（　　）②

答案：正确

12. 根据《水质　粪大肠菌群的测定　多管发酵法》（HJ 347.2—2018）测定粪大肠菌群时，培养基的阳性和阴性菌株检验每年进行一次。（　　）②

答案：错误

正确答案为：更换不同批次培养基时要进行阳性和阴性菌株检验。

三、选择题

1. 根据《水质　粪大肠菌群的测定　滤膜法》（HJ 347.1—2018）测定粪大肠菌群时，样品最小过滤体积为________mL，若接种量小于该体积时应逐级稀释。（　　）

A. 5　　B. 10　　C. 50　　D. 100

答案：B

2. 根据《水质　粪大肠菌群的测定　滤膜法》（HJ 347.1—2018）测定粪大肠菌群时，在MFC培养基上，理想的粪大肠菌群在滤膜上生长的菌落数为________个。（　　）①

A. 20～60　　B. 20～80　　C. 20～100　　D. 20～200

答案：A

3. 根据《水质　粪大肠菌群的测定　滤膜法》（HJ 347.1—2018）测定粪大肠菌群时，使用后的废弃物及器皿须在________℃条件下高压蒸汽灭菌________min或使用液体消毒剂灭菌。（　　）①

A. 115，30　　B. 121，15　　C. 115，15　　D. 121，30

答案：D

4. 根据《水质　粪大肠菌群的测定　多管发酵法》（HJ 347.2—2018）测定粪大肠菌群时，采样后应在________h内检测，否则，应10℃以下冷藏但不得超过________h。实验室接样后，若不能立即开展检测，将样品在4℃以下冷藏并在________h内进行检测。（　　）②

A. 6，6，2　　B. 2，6，6　　C. 2，6，2　　D. 6，6，6

答案：C

5. 根据《水质　粪大肠菌群的测定　多管发酵法》（HJ 347.2—2018）测定粪大肠菌群时，初发酵实验是将接种后的乳糖蛋白胨培养基在________条件下培养24 h±2 h。（　　）②

A. 36℃ ±0.5℃　　B. 37℃ ±0.5℃

C. 36℃ ±1℃　　D. 37℃ ±1℃

答案：B

6. 根据《水质　粪大肠菌群的测定　多管发酵法》（HJ 347.2—2018）测定粪大肠菌群时，复发酵实验转接后的EC培养基需在________条件下培养________。（　　）②

A. 44.5℃ ±0.5℃　24 h±2 h　　B. 44.5℃ ±1℃　18 h±2 h

C. 44.5℃ ±0.5℃　18 h±2 h　　D. 44.5℃ ±1℃　24 h±2 h

答案：A

四、问答题

1. 简述根据《水质　粪大肠菌群的测定　滤膜法》（HJ 347.1—2018）测定粪大肠菌群时，将培养皿倒置培养的主要原因。①

答案：培养基中的水分会在培养过程中蒸发形成冷凝水，若正置培养冷凝水可能会滴落至滤膜表面，影响菌落的生长和计数。

2. 简述根据《水质　粪大肠菌群的测定　滤膜法》（HJ 347.1—2018）测定粪大肠菌群时，判断滤膜上生长的菌落是粪大肠菌菌群的方法。①

答案： 滤膜上生长的呈蓝色或蓝绿色的菌落为粪大肠菌群菌落，予以计数；呈灰色、淡黄色或无色的菌落为非粪大肠菌群菌落，不予计数。

3. 简述根据《水质　粪大肠菌群的测定　多管发酵法》（HJ 347.2—2018）测定粪大肠菌群时，初发酵实验和复发酵实验中判断阳性反应的方法。②

答案： 初发酵实验乳糖蛋白胨培养基由澄清的紫色变为浑浊的黄色及倒管内收集产生的气体形成气泡即为阳性。复发酵实验 EC 培养基变浑浊及倒管内收集产生的气体形成气泡即为阳性。

4. 简述根据《水质　粪大肠菌群的测定　多管发酵法》（HJ 347.2—2018）测定粪大肠菌群时，复发酵实验转接完成的试管要在 30 min 内放入 44.5℃的恒温培养箱中的原因。②

答案： 复发酵实验中，44.5℃的温度下粪大肠菌群能够生长，而非粪大肠菌的细菌不易生长。转接完成后的培养基如长时间未放入培养箱，室温条件下其他非粪大肠菌群细菌可能会生长并产生气泡，形成假阳性结果，所以复发酵实验转接完成后应尽快放入 44.5℃恒温培养箱中培养。

5. 根据《水质　粪大肠菌群的测定　多管发酵法》（HJ 347.2—2018）测定粪大肠菌群时，对于未知浓度的样品，为得到准确的结果分析时应对样品做如何处理？②

答案： 如果样品中粪大肠菌群浓度过高，超出 MPN 表的最大范围将无法准确测定其浓度值。对于未知浓度的样品可以按 1∶10 对其逐级稀释，选择合适稀释倍数下的实验结果作为最终结果。

参考文献

[1] 生态环境部 . 水质　粪大肠菌群的测定　滤膜法：HJ 347.1—2018 [S]. 北京：中国环境出版集团，2018.

[2] 生态环境部 . 水质　粪大肠菌群的测定　多管发酵法：HJ 347.2—2018 [S]. 北京：中国环境出版集团，2018.

命题：丁振军　贾世琪　范玲南

审核：许人骥　袁　懋　厉以强　夏　新

第五节　水中粪链球菌

分类号：B1-4

主要内容
①粪链球菌　多管发酵法《水和废水监测分析方法》（第四版）
②粪链球菌　滤膜法《水和废水监测分析方法》（第四版）
③粪链球菌　倾注平板培养法《水和废水监测分析方法》（第四版）

一、填空题

粪链球菌可以采用三种方法测定，即________法、________法和________法。①②③

答案：多管发酵　滤膜　倾注平板培养

二、判断题

1. 粪链球菌进入水体后，在水中不再自行繁殖，因此可以作为粪便污染的指示菌。(　　)①②③

答案：正确

2. 粪链球菌多管发酵测定法适用于所有的水样。(　　)①

答案：错误

正确答案为：适用于较浑浊的水样、含有有害化学物质（特别是金属物质）或杂菌数过多的水样，但不适用于海水样品。

三、选择题

1. 我国目前粪链球菌以________为报告单位。(　　)①②③

A. 个 /L　　B. 个 /mL　　C. 个 /100 mL

答案：A

2. 粪链球菌多管发酵法测定中，证实实验使用________。(　　)①

A. 乳糖蛋白胨培养液　　B. EC 培养液

C. 乙基紫叠氮化钠培养液

答案：C

3. 根据证实实验阳性的管数、查 MPN 表，求得________水样中的粪链球菌数。(　　)①

A. 10 mL　　B. 100 mL　　C. 1 000 mL

答案：B

4. 当粪链菌球的计数低于________时，不能使用比值法来判断粪便污染的来源。(　　)①②③

A. 100 个 /100 mL　　B. 100 个 /mL　　C. 100 个 /L

答案：A

四、问答题

1. 简述如何进行粪链球菌检测的无菌性检验。①②③

答案：（1）要以无菌水为水样，检查培养基、滤膜、稀释水、冲洗用水、玻璃器皿和其他器皿的无菌性。（2）如检查结果有杂菌污染，则应弃去水样实验结果，重取水样检验。

2. 简述粪链球菌倾注平板培养法的操作步骤。③

答案：（1）将水样用力混匀，根据水样污染情况用灭菌吸管吸取原水样或各种不同稀释度的水样 1 mL 置于已灭菌的平皿底部（应作平行样品）。（2）将已灭菌融化并冷却至 45℃左右的 KF 链球菌琼脂培养基 12～15 mL 倾倒于皿底，并转动平皿使培养基与水样混匀、平置、待凝固。(3)将已凝固的平皿倒置，置37℃恒温箱中培养48 h。

3. 根据粪大肠菌群与粪链球菌群数量的对比值，可以判断出主要污染源为人粪还是动物粪便。为了尽量减少该对比值错误的解释，应注意什么？ ①②③

答案：(1)要测量水样的pH，因为pH在9.0以上或4.0以下时，链球菌的密度会有急剧改变。(2)尽可能靠近污染源采集水样，因为粪链球菌一离开动物寄主后存活时间不长。(3)当各种污染源都存在时，利用比值来判定可能不可靠，此时要调查污染的确切来源。(4)当粪链球菌的计数低于100个/1 000 mL时，不要使用比值法。

参考文献

[1] 国家环境保护总局《水和废水监测分析方法》编委会. 水和废水监测分析方法（第四版）[M]. 北京：中国环境科学出版社，2002.

[2] 陈绍铭，郑福寿. 水生微生物学实验法 [M]. 北京：海洋出版社，1985.

命题：范玲南　厉以强

审核：洪正昉　史　箴　夏　新

第六节　水中沙门氏菌

分类号：B1–5

主要内容
沙门氏菌《水和废水监测分析方法》（第四版）

一、填空题

沙门氏菌测定中的前增菌过程，是将获得的沙门氏菌属的滤膜转入含有100 mL缓冲蛋白胨水瓶中，样品量在________mL范围时，加等体积双倍浓度缓冲蛋白胨水，样品量在________mL范围时，加10倍体积的普通浓度缓冲蛋白胨水，然后进行培养。

答案：10～100　　1～10

二、判断题

1. 测定水中沙门氏菌属时，如水中的浊度低，可将水样通过孔径为0.45 μm、盘面直径为142 mm的无菌滤膜。(　　)

答案：正确

2. 水中沙门氏菌属测定的前增菌，是将增菌样品以1∶1的比例转入增菌液。(　　)

答案：错误

正确答案为：一般情况下，将前增样品以1∶10的比例转入增菌液；在非沙门氏菌密度很高时，以1∶100的比例转入为好。

三、问答题

简述水中沙门氏菌属的检测步骤。

答案：检测步骤依次为水样浓缩、前增菌、增菌、划平板、生物化学证实实验、血清学证实实验、证实实验的结果分析、报告结果。

参考文献

[1] 国家环境保护总局《水和废水监测分析方法》编委会 . 水和废水监测分析方法（第四版）[M]. 北京：中国环境科学出版社，2002.

[2] 陈绍铭，郑福寿 . 水生微生物学实验法 [M]. 北京：海洋出版社，1985.

命题：范玲南　史　箴

审核：洪正昉　厉以强

第七节　快速法

分类号：B1–6

主要内容
《水质　总大肠菌群和粪大肠菌群的测定　纸片快速法》（HJ 755—2015）

一、填空题

1. 根据《水质　总大肠菌群和粪大肠菌群的测定　纸片快速法》（HJ 755—2015）测定水中总大肠菌群和粪大肠菌群时，市售试纸片包括________mL 和________mL 两个规格。

答案：10　1

2. 根据《水质　总大肠菌群和粪大肠菌群的测定　纸片快速法》（HJ 755—2015）测定水中总大肠菌群和粪大肠菌群时，所用市售试纸片的质量鉴定要求是：加入去离子水或蒸馏水之前呈均匀的________色，之后呈________色。

答案：淡黄绿　紫

3. 根据《水质　总大肠菌群和粪大肠菌群的测定　纸片快速法》（HJ 755—2015）测定水中总大肠菌群和粪大肠菌群时，每个样品按三个________倍递减的不同接种量接种，每个接种量分别接种________张纸片。通常应尽可能使接种量最大的纸片为________，接种量最小的为________。

答案：10　5　阳性　阴性

4. 根据《水质　总大肠菌群和粪大肠菌群的测定　纸片快速法》（HJ 755—2015）测定水中总大肠菌群时，在________℃的条件下培养________h，测定粪大肠菌群时，在________℃的条件下培养________h。

答案：37±1　18～24　44.5±0.5　18～24

5. 根据《水质　总大肠菌群和粪大肠菌群的测定　纸片快速法》（HJ 755—2015）

测定水中总大肠菌群和粪大肠菌群时，根据对照试验要求，产气肠杆菌（Enterobacter aerogenes）是________的阴性菌株。

答案：粪大肠菌群

二、判断题

1. 根据《水质　总大肠菌群和粪大肠菌群的测定　纸片快速法》（HJ 755—2015）测定水中总大肠菌群和粪大肠菌群时，一般情况下，清洁水样的参考接种量分别为10 mL、1 mL、0.1 mL，接种总量为55.5 mL。(　　)

答案：正确

2. 根据《水质　总大肠菌群和粪大肠菌群的测定　纸片快速法》（HJ 755—2015）测定水中总大肠菌群和粪大肠菌群时，纸片接种后放置一段时间后再放到培养箱中培养不影响检测结果的准确性。(　　)

答案：错误

正确答案为：检测粪大肠菌群时，纸片接种后，应立即置44.5℃ ±0.5℃恒温培养箱培养，在常温下放置过久，总大肠菌群浓度高的（非粪性大肠菌群较多）样品可能会出现一定的阳性反应，这将影响检测结果的准确性。

3. 根据《水质　总大肠菌群和粪大肠菌群的测定　纸片快速法》（HJ 755—2015）测定水中总大肠菌群和粪大肠菌群时，对照实验包括空白对照、阳性或阴性对照。(　　)

答案：错误

正确答案为：对照实验包括空白对照、阳性和阴性对照。

4. 根据《水质　总大肠菌群和粪大肠菌群的测定　纸片快速法》（HJ 755—2015）测定水中总大肠菌群和粪大肠菌群时，纸片加入水样后，短时间内变黄或褪色对检测结果不产生影响。(　　)

答案：错误

正确答案为：纸片加去离子水或蒸馏水后呈紫色，无论加水与否，应无杂色斑点，因此，短时间内变黄或褪色对检测结果将产生影响。

5. 根据《水质　总大肠菌群和粪大肠菌群的测定　纸片快速法》（HJ 755—2015）测定水中总大肠菌群和粪大肠菌群时，大肠埃希氏菌是总大肠菌群和粪大肠菌群测定的阳性菌株。(　　)

答案：正确

6. 根据《水质　总大肠菌群和粪大肠菌群的测定　纸片快速法》（HJ 755—2015）测定水中总大肠菌群和粪大肠菌群时，微生物检测数据呈正态分布。(　　)

答案：错误

正确答案为：微生物检测数据为偏态分布。

7. 根据《水质　总大肠菌群和粪大肠菌群的测定　纸片快速法》（HJ 755—2015）测定水中总大肠菌群和粪大肠菌群时，微生物检测数据是连续的。(　　)

答案：错误

正确答案为：微生物检验是一种利用统计学原理定量检测微生物浓度的方法，

数据是不连续的。

8. 根据《水质　总大肠菌群和粪大肠菌群的测定　纸片快速法》（HJ 755—2015）测定水中总大肠菌群和粪大肠菌群时，检测获得的总大肠菌群和粪大肠菌群结果均为确数，而不是统计数据。（　　）

答案：错误

正确答案为：微生物检验是一种利用统计学原理定量检测微生物浓度的方法，它根据不同稀释度一定体积样品中被检微生物存在与否的频率查表求得样品中微生物的浓度，即样品中最有可能存在的目标微生物浓度，这个以最大可能存在的浓度，就被称为最大可能数（most probable number，MPN）。

9. 根据《水质　总大肠菌群和粪大肠菌群的测定　纸片快速法》（HJ 755—2015）测定水中总大肠菌群和粪大肠菌群时，检测 MPN 表中数值的单位为 MPN/L。（　　）

答案：错误

正确答案为：MPN 表中的单位为 MPN/100 mL。

三、选择题

1.《水质　总大肠菌群和粪大肠菌群的测定　纸片快速法》（HJ 755—2015）的检出限为________MPN/L。（　　）

A. 2　　B. 20　　C. 200

答案：B

2.《水质　总大肠菌群和粪大肠菌群的测定　纸片快速法》（HJ 755—2015）适用范围不包括________。（　　）

A. 地表水　　B. 地下水　　C. 生活污水

答案：B

3. 根据《水质　总大肠菌群和粪大肠菌群的测定　纸片快速法》（HJ 755—2015）测定水中总大肠菌群和粪大肠菌群时，如果采集的水样含有余氯或经过加氯处理，需在采样瓶灭菌前加入 0.2 mL________溶液。（　　）

A. 硫代硫酸钠　　B. 乙二胺四乙酸二钠

答案：A

4. 根据《水质　总大肠菌群和粪大肠菌群的测定　纸片快速法》（HJ 755—2015）测定水中总大肠菌群和粪大肠菌群时，如果采集的是重金属离子含量较高的水样，需在采样瓶灭菌前加入 0.6 mL________溶液。（　　）

A. 硫代硫酸钠　　B. 乙二胺四乙酸二钠

答案：B

5. 根据《水质　总大肠菌群和粪大肠菌群的测定　纸片快速法》（HJ 755—2015）测定水中总大肠菌群时，若纸片部分变黄，无红斑或红晕，结果判定为________。（　　）

A. 阳性　　B. 阴性

答案：B

四、问答题

1. 简述根据《水质　总大肠菌群和粪大肠菌群的测定　纸片快速法》（HJ 755—2015）测定水中总大肠菌群和粪大肠菌群之前，需要对纸片进行质量检查，检查内容包括哪些方面？

答案：（1）外层铝箔包装袋应密封完好，内包装聚丙烯塑膜袋无破损。（2）感观上，纸片外观应整洁无毛边，无损坏，呈均匀淡黄绿色，加去离子水或蒸馏水后呈紫色，无论加水与否，应无杂色斑点，无明显变形，表面平整。（3）纸片加入相应水样，充分浸润、吸收后，将内包装聚丙烯塑膜袋倒置，袋口应无水滴悬挂。（4）纸片以去离子水或蒸馏水充分润湿后，其 pH 应在 7.0～7.4。（5）纸片和内包装聚丙烯塑膜袋应无菌，加入相应水量的无菌水，37℃ ±1℃培养 24 h 后，纸片应无微生物生长，其紫色保持不变，且无红斑出现。（6）使用有证标准菌株进行阳性、阴性质量检验，其中，总大肠菌群测定的阳性菌株为大肠埃希氏菌，阴性菌株为金黄色葡萄球菌，培养温度为 37℃ ±1℃；粪大肠菌群测定的阳性菌株为大肠埃希氏菌，阴性菌株为产气肠杆菌，培养温度为 44.5℃ ±0.5℃。

2. 简述根据《水质　总大肠菌群和粪大肠菌群的测定　纸片快速法》（HJ 755—2015）测定水中总大肠菌群和粪大肠菌群时，质量保证和质量控制措施主要包括哪些内容？

答案：（1）必须使用质量鉴定合格的纸片。（2）每批样品用无菌水做全程序空白测定，培养后的纸片上不得有任何微生物生长，否则，该次样品测定结果无效，应查明原因后重新测定。（3）每批样品使用有证标准菌株进行阳性、阴性对照实验，其中，总大肠菌群测定的阳性菌株为大肠埃希氏菌，阴性菌株为金黄色葡萄球菌，培养温度为 37℃ ±1℃；粪大肠菌群测定的阳性菌株为大肠埃希氏菌，阴性菌株为产气肠杆菌，培养温度为 44.5℃ ±0.5℃。上述标准菌株均制成菌悬液，取相应水量的菌悬液接种纸片，分别在上述不同温度条件下培养 18～24 h 后观察结果，大肠埃希氏菌应呈阳性反应，金黄色葡萄球菌及产气肠杆菌应呈阴性反应。否则，该次样品测定结果无效，应查明原因后重新测定。

命题：陈　桥　袁　懋

审核：许人骥　夏　新

第二章　水生生物群落监测

第一节　基础知识

分类号：B2-0

一、填空题

1. 水生生物监测的“生物群落法”项目适用于河流、________、________水体环境的监测，监测频次每年不少于________。

答案：湖泊　　水库　　两次

2. 一般常规生物监测中，河流宜在水面下________m 左右采样，可不分层取样。在湖泊、水库采样，若水深不超过 2 m 一般可仅在________取样。若透明度很小，可在________加取一样，并与表层样混合制成混合样。

答案：0.5　　表层　　底层

二、判断题

1. 生物监测如果结合水质理化监测对水质进行综合评价，则其结果更准确和可靠。（　　）

答案：正确

2. 显微镜使用后，应该用擦镜纸清洁光学玻璃部分和载物台，并罩好套子。（　　）

答案：正确

三、问答题

简述在地表水水生生物监测中，断面的布设原则。

答案：（1）代表性。（2）与水质化学监测断面布设的一致性。（3）考虑水体环境的整体性。（4）断面布设的连续性。（5）断面布设的经济性。

参考文献

《环境监测技术基本理论（参考）试题集》编写组．环境监测技术基本理论（参考）试题集 [M]. 北京：中国环境科学出版社，2002.

命题：黄鹤飞　夏　新

审核：厉以强　彭刚华

第二节 浮游生物

分类号：B2-1

主要内容
浮游生物《水和废水监测分析方法》（第四版）

一、填空题

1. 浮游生物可划分为________和________两大类。

答案：浮游植物　　浮游动物

2. 浮游生物计数时，要将样品充分摇匀，将样品置入________内，在显微镜或解剖镜下进行计数。

答案：计数框

3. 浮游植物定量标本，一般采水________L，若浮游植物密度过低，采水量应________。

答案：1～2　　酌情增加

4. 定性标本用浮游生物网采集，网的型号根据________不同划分。________号网用于采集藻类、原生动物和轮虫，________号网用于采集枝角类和桡足类。

答案：筛绢孔径　　25　　13

5. 采样点的设置要有代表性，采到的浮游生物要能真正代表一个水体或一个水体________的实际状况。在江河中采集浮游生物时，采样点应设在________附近及其________设点，以反映受污染和未受污染的状况。

答案：不同区域　　污水汇入口　　上下游

二、判断题

1. 在地表水中浮游生物密度低时，采水量可少，密度高时采水样则要多。（　　）

答案：错误

正确答案为：若浮游生物密度低，采水量需多，密度高时则可以少采。

2. 在河流中采集生物监测样品时，要用颠倒式采水器或其他型号采水器。（　　）

答案：正确

3. 浮游生物在水体中仅水平分布上有差异，所以采集表层水样即可代表整个水层浮游生物的实际情况。（　　）

答案：错误

正确答案为：浮游生物在水体中不仅水平分布上有差异，而且在垂直分布上也有不同。

4. 原生动物是动物界中最低等的单细胞动物，或由单细胞集合而成的群体，在生理上没有独立的机能。（　　）

答案：错误

正确答案为：它们每一个体在生理上都是独立的有机体，具有多细胞动物的一切主要特征。

5. 轮虫是淡水浮游动物的重要组成部分，无论是池塘还是湖泊，都以中心的种类和数量为最多，然后向沿岸带逐渐减少。(　　)

答案：错误

正确答案为：沿岸带的种类和数量为最多，然后向中心逐渐减少。

6. 利用浮游植物反映水体受污染情况时，如果绿藻和蓝藻数量多，甲藻、黄藻和金藻数量少，往往是污染的象征。(　　)

答案：正确

7. 生物监测浮游植物定量分析中，一个单细胞生物、一个自然群体都看作一个计数单位。(　　)

答案：正确

三、选择题

1. 在湖泊、水库和池塘等水体中，进行生物监测时，可用________采样。(　　)

A. 有机玻璃采水器　　B. 颠倒式采水器

C. 深水分层采水器　　D. 其他型号采水器

答案：A

2. 藻类是指一群具有叶绿素，通过________，没有真正的根、茎、叶分化，以单细胞的孢子或合子进行繁殖的低等植物。(　　)

A. 异养生活　　B. 自养生活　　C. 腐生生活　　D. 厌氧生活

答案：B

3. 固定浮游植物定性、定量标本一般采用________法。(　　)

A. 鲁哥氏液　　B. 70% 工业酒精　　C. 5% 福尔马林与 70% 的酒精混合液

答案：A

4. 对藻类密度较低的样品，定量计数时应计数计数框的________。(　　)

A. 第 1、4、7 三行　　B. 第 2、5、8 三行　　C. 第 3、6、9 三行　　D. 全片

答案：D

5. 在透明度较大、水较深的水体中采集浮游植物定量样品的方法是________。(　　)

A. 水面下 0.5 m 左右采样

B. 表层与底层各取样品，制成混合样

C. 按表层、透明度的 0.5 倍处、1 倍处、1.5 倍处、2.5 倍处、3 倍处各取一样，将各层样品混合均匀后，再从混合样中取一样

答案：C

四、问答题

1. 简述藻类对水体的净化作用机制。

答案：流水中的藻类同细菌、微型动物一起形成的黏土层，具有巨大的吸附力，能吸附水中有机物，并由生物群的作用使之矿化，由此对流水起净化作用。

2. 各种不同污染程度的水体各有其作为特征的生物存在，列举我国常见的浮游生物指

示种类的类别。（至少列举三种）

答案：（1）多污带种类。（2）α 中污带种类。（3）β 中污带种类。（4）寡污带种类。

3. 简要解释采集水样后，测定浮游生物的计数方法。

答案：将盖玻片斜盖在计数框上，用定量加样管在水样中部吸液移入对应体积的计数框内。藻类和原生动物计数，吸取 0.1 mL 样品，藻类计数 100 个视野，原生动物全片计数。轮虫计数，吸取 1 mL 样品，全片计数。甲壳动物计数，将浓缩样吸取 8 mL（或 5 mL），全片计数。

4. 简要解释淡水水体的水华现象。

答案：淡水水体中的浮游藻类在一定环境条件下，大量繁殖使水层呈现出一定的颜色，并以一定的形式表现出来的这种现象，在淡水水体中叫水华。

5. 浮游动物主要由哪些生物组成?

答案：主要由原生动物、轮虫、枝角类和桡足类组成。

参考文献

[1] 国家环境保护总局《水和废水监测分析方法》编委会 . 水和废水监测分析方法（第四版）[M]. 北京：中国环境科学出版社，2002.

[2]《环境监测技术基本理论（参考）试题集》编写组 . 环境监测技术基本理论（参考）试题集 [M]. 北京：中国环境科学出版社，2002.

[3] 梁象秋，方纪祖，杨和荃 . 水生生物学 [M]. 北京：中国农业出版社，1996.

命题：黄鹤飞　夏　新

审核：彭刚华　厉以强

第三节　着生生物

分类号：B2-2

主要内容
《水质　微型生物群落监测 PFU 法》（GB/T 12990—1991）

一、填空题

1. 微型生物群落监测 PFU 方法可在任何________、任何________的任何________中进行野外监测。

答案：季节　　地区　　淡水水体

2. 利用微型生物群落监测 PFU 方法进行毒性试验中，可采用________毒性试验布局和________毒性试验布局。

答案：静态　　动态

3. 着生生物采样应用的人工基质有________、________和________等。

答案：聚氨酯泡沫塑料块（PFU）　　聚酯薄膜　　硅藻计－载玻片

4. 采集着生生物的硅藻计包括________、________、________、重锤和尼龙绳等几部分。

答案：采样架　　载玻片　　浮子

二、判断题

1. 着生生物即周丛生物，生长在浸没于水中的各种基质表面上的有机体群落，包括着生藻类和着生原生动物。(　　)

答案：正确

2. 着生生物采样有人工基质采样和天然基质采样。人工基质上的群落可以完全代表自然基质。(　　)

答案：错误

正确答案为：人工基质上的群落不可完全代表自然基质。

3. 着生原生动物定性或定量鉴定都需采用活体观察，而且应在最短时间内鉴定完毕。(　　)

答案：正确

4. 水质微型生物群落监测 PFU 法的野外监测适用于任何水体。(　　)

答案：错误

正确答案为：微型生物群落监测 PFU 法的野外监测适用于淡水水体。

5. 利用微型生物群落监测 PFU 法进行室内毒性试验时，要求模拟天然环境。(　　)

答案：正确

6. 水质微型生物群落监测 PFU 法中，将采集的 PFU 块分别放入塑料袋带回实验室时，袋中不需加水。(　　)

答案：正确

7. 水质微型生物群落监测 PFU 法中，在原生动物镜检时，要求看到 60% 的种类。(　　)

答案：错误

正确答案为：在原生动物镜检时，要求看到 85% 的种类。

8. 在生物组建水平中，群落水平高于种和种群水平。(　　)

答案：正确

三、选择题

1. 着生藻类和着生原生动物定量计数一般以________表示。(　　)

A. 个 /L　　B. 个 /cm^2　　C. 个 /m^2　　D. 个 /cm^3

答案：B

2. 水质微型生物群落监测 PFU 法中，PFU 在使用前需要在蒸馏水中浸泡________h。(　　)

A. 1～2　　B. 5～10　　C. 12～24　　D. 24～36

答案：C

3. 水质微型生物群落监测 PFU 法中，采回的 PFU 样品必须在________h 内完成镜检。(　　)

A. 12　　B. 24　　C. 48　　D. 72

答案：C

4. 水质微型生物群落监测 PFU 法中，原生动物镜检时，至少需要全片鉴定________片样品。(　　)

A. 1　　B. 3　　C. 5　　D. 10

答案：B

四、问答题

1. 简述采集着生藻类样品后，为对着生藻类定性鉴定，应如何制片？

答案：吸出适量处理好的标本均匀放在盖玻片上，在烘台上烘干或在酒精灯上烤干，然后加上 1 滴二甲苯，随即加 1 滴封片胶，将有胶的这一面盖在载玻片中央，待风干后即可镜检。

2. 微型生物群落主要包括哪些生物类群？

答案：微型生物群落主要是指细菌、真菌、藻类和原生动物，也包括小型后生动物。

3. PFU 的含义是什么？

答案：PFU 是 Polyurethane Foam Unit 的缩写，即聚氨酯泡沫塑料块的意思。

4. 水质微型生物群落监测 PFU 法中，野外监测时如何挂放 PFU？

答案：PFU 挂放时需要有重物垂吊，以免漂移。悬挂的方式有漂浮式、沉式和分散式三种。

5. 水质微型生物群落监测 PFU 法中，测试前应如何进行 PFU 块的制备？

答案：将聚氨酯泡沫塑料块制成 55 mm × 260 mm × 540 mm 大小，使用前在蒸馏水中浸泡 12～24 h，取出后挤去水分，用细绳将 PFU 束腰捆紧，留出 150～200 mm 长的绳头便于悬挂。

6. 水质微型生物群落监测 PFU 法中，在利用 PFU 法做室内毒性试验时，如何设置采样间隔？

答案：在静态试验中，按 1 d、3 d、7 d、11 d、15 d 采样；在动态试验中按 0.5 d、1 d、3 d、7 d、11 d、15 d 采样。

参考文献

[1] 国家环境保护局科技标准司标准处 . 水质　微型生物群落监测 PFU 法：GB/T 12990—1991 [S]. 北京：中国环境科学出版社，1999.

[2] 国家环境保护总局《水和废水监测分析方法》编委会 . 水和废水监测分析方法（第四版）[M]. 北京：中国环境科学出版社，2002.

[3]《环境监测技术基本理论（参考）试题集》编写组 . 环境监测技术基本理论（参考）试题集 [M]. 北京：中国环境科学出版社，2002.

[4] 梁象秋，方纪祖，杨和荃 . 水生生物学 [M]. 北京：中国农业出版社，1996.

命题：汪　琴　黄鹤飞

审核：厉以强　彭刚华　李备军

第四节 底栖动物

分类号：B2-3

主要内容
底栖动物《水和废水监测分析方法》（第四版）

一、填空题

1. 底栖动物是指栖息生活在水体底部淤泥内或石块、砾石的表面或其间隙中，以及附着在________的、肉眼可见的________。

答案：水生植物之间　　水生无脊椎动物

2. 底栖动物包括水生昆虫、软体动物、水栖寡毛类、________、________和________等大类。

答案：线虫　　水蛭　　钩虾

3. 在进行颤蚓类种的鉴别时，需要观察成熟的________，故需要________在显微镜下观察。

答案：生殖器官　　制片

4. 底栖动物标本一般用________或________固定，或采用混合固定液，可以长期保存。

答案：70% 酒精　　5% 福尔马林液

5. 在采集底栖动物样品时，定性采样常用的工具是________，定量采样常用的工具是________和________。

答案：三角拖网　　彼得逊采泥器　　人工基质篮式采样器

二、判断题

1. 生物监测采集底栖动物时，人工基质篮式采样器广泛适用于采集较坚硬的底质和淤泥底质，多用于湖泊、水库及底质非砾石且较松软、水流较缓的河流。(　　)

答案：错误

正确答案为：彼得逊采泥器广泛适用于采集较坚硬的底质和淤泥底质，多用于湖泊、水库及底质非砾石且较松软、水流较缓的河流。

2. 一般正常情况下，比较清洁的水体中分布的底栖动物种类多、个体数量相对少，污染水体（严重污染除外）中分布的底栖动物种类少、个体数量相对多。(　　)

答案：正确

3. 底栖动物监测是河流和湖泊、水库水体生物监测的必测项目。(　　)

答案：正确

4. 在水体受到污染后，生物的种类和数量会发生变化，底栖动物与浮游生物都能敏感地反映这些变化，因此其群落结构的变化对侦察和评价污染所起的作用是相同的。(　　)

答案：错误

正确答案为：底栖动物与浮游生物不同，底栖动物本身移动能力差，具有相对稳定的生活环境，两者在评价污染时的角度不同。

5. 底栖动物包括大型无脊椎动物的众多门类，在环境监测时，所有物种均需鉴定到种。( )

答案：错误

正确答案为：多数情况下，软体动物和水栖寡毛类鉴定到种，摇蚊幼虫鉴定到属，水生昆虫（摇蚊幼虫除外）鉴定到科即可较好地反映水环境现状。

6. 底栖动物种群和数量的变化可以稳定地反映水体环境质量状况，在计数底栖动物时，除个体较大的软体动物外，皆应在显微镜下按属或种计数，并按大类统计数量。( )

答案：错误

正确答案为：应该在实体解剖镜下按属或种计数。

三、选择题

1. 一般认为底栖动物是体长超过 2 mm、不能通过________目分样筛的水生生物。( )

A. 40　　B. 20　　C. 100　　D. 200

答案：A

2. 具有相对稳定的生活环境，本身移动能力差，在未受到干扰的情况下，种群和群落结构是比较稳定的水生生物，是指________。( )

A. 浮游植物　　B. 底栖动物　　C. 浮游动物　　D. 原生动物

答案：B

3. 对底栖动物摇蚊幼虫的鉴定，需依据________。( )

A. 成熟的生殖器官　　B. 口器的结构差异

C. 幼虫的长度　　D. 幼虫的羽化时间

答案：B

4. 在监测底栖动物封胶制片时，需用到卑瑞斯胶，它搁置的时间是________。( )

A. 不能久放　　B. 没有关系　　C. 越久越好　　D. 有确定的时间

答案：C

5. 底栖动物定量采样一般使用彼得逊采泥器，适用于采集淤泥底质和沙泥底质，采样面积通常为________m^2。( )

A. 1/4　　B. 1/8　　C. 1/16　　D. 1/32

答案：C

四、问答题

1. 通过对水体底栖动物群落结构、优势种类及有毒物质含量的监测，可反映水体污染状况，为什么？

答案：因为水体受污染后，生物的种类和数量发生变化，底栖动物可以稳定地反映这种变化，因此可以用其群落结构的变化来侦察和评价污染。主要可分为以下两种情况：（1）当受到严重的有机污染影响时，水中溶解氧将大幅降低，以致多数较为敏感的种类和不适应缺氧的种类逐步消失，而仅保留耐污染的种类。这些种类的密度增加，成为优势种类。（2）当受到重金属及其各种盐类在水体中的严重污染，也会影响底栖动物区系组成，乃至底栖动物全部消失。

由于底栖动物可以被动地忍受毒物的刺激，富集有毒物质，因此测定底栖动物体内的有毒物质含量，有助于了解该水体的污染历史。

2. 摇蚊科幼虫应如何鉴定、制片和保存？

答案：摇蚊科幼虫主要依据口器的结构差异来定属、定种，并需制片，用甘油透明观察。保存的制片需要加拿大胶或卑瑞斯胶封片，可保存 1～3 年。

3. 何为底栖动物？它们包括哪些门类？

答案：（1）底栖动物是指栖息生活在水体底部、静水底部的淤泥内，流水的石块、砾石表面或其间隙中，以及附着在水生植物之间，肉眼可见的水生无脊椎动物。一般认为体长超过 2 mm、不能通过 40 目分样筛的种类。（2）底栖动物主要包括水生昆虫、大型甲壳类、软体动物、环节动物、圆形动物、扁形动物以及其他无脊椎动物。

4. 从水底取得样品后，还需经过怎样的处理才能得到每个样品中的大型无脊椎动物？

答案：（1）将采得的底泥放于塑料桶内，加入适量的水，轻轻搅成泥浆状。（2）经 40 目分样筛，筛洗去污泥至水清后，把筛内剩余物装入较厚的塑料袋内。装袋时加入少量采样点的水，以防袋内小动物干死或被挤压坏。夏天为防止高温使底栖动物解体，应将装有样品的塑料袋置阴凉处存放。（3）样品装袋同时在塑料袋口和袋内各加一标签，标明采样地点、时间及编号等。（4）样品带回实验室后，分批次倒入白色解剖盘内，挑选出肉眼可见的底栖动物，并立即固定于标本瓶中。

参考文献

[1] 国家环境保护总局《水和废水监测分析方法》编委会 . 水和废水监测分析方法（第四版）[M]. 北京：中国环境科学出版社，2002.

[2]《环境监测技术基本理论（参考）试题集》编写组 . 环境监测技术基本理论（参考）试题集 [M]. 北京：中国环境科学出版社，2002.

命题：厉以强　黄鹤飞

审核：厉以强　彭刚华

第三章　初级生产力

分类号：B3

主要内容
① 叶绿素 a 的测定《水和废水监测分析方法》（第四版）
② 黑白瓶测氧法《水和废水监测分析方法》（第四版）
③《水质　叶绿素 a 的测定　分光光度法》（HJ 897—2017）

一、填空题

1. 根据《水和废水监测分析方法》（第四版），浮游生物及初级生产力测定中，在湖泊或水库设置采样断面时，如水体呈圆形或接近圆形，应从此岸到彼岸至少设两个________的采样断面；如果是狭长的水域，至少应设三个________、间隔均匀的断面。①②

答案：互相垂直　互相平行

2. 根据《水和废水监测分析方法》（第四版），浮游生物及初级生产力测定时，采样频率一般全年应不少于________次，条件允许时最好是________，必要时可增加采样次数。①②

答案：4　每月 1 次

3. 根据《水质　叶绿素 a 的测定　分光光度法》（HJ 897—2017）和《水和废水监测分析方法》（第四版）测定叶绿素 a 时，水样采集后，最好立即进行样品的________，如不能立即进行，则应将水样在________℃避光保存、运输，加入碳酸镁悬浊液，可以防止酸化引起色素溶解。①③

答案：预处理　0～4

4. 根据《水和废水监测分析方法》（第四版）测定地表水中叶绿素 a 时，采集水样量一般根据________的分布量而定，湖泊和水库采样________mL，池塘采样________mL，若其较少也可采集 1 000 mL。①

答案：浮游植物　500　300

5. 根据《水和废水监测分析方法》（第四版）采用黑白瓶测氧法时，在采样前，应先用水下照度计测定________的深度，分层分组挂瓶。如无水下照度计，可用________测定水体的深度。②

答案：有光层　透明度盘

6. 根据《水和废水监测分析方法》（第四版）采用黑白瓶测氧法时，在采样的同时应记录当天的水温、水深、________、________以及________的分布生长情况。②

答案：透明度　光照强度　水草

7. 根据《水质　叶绿素 a 的测定　分光光度法》（HJ 897—2017）和《水和废水监测

分析方法》(第四版)测定叶绿素 a 时，将一定量样品用滤膜过滤截留藻类，研磨破碎藻类细胞，用丙酮溶液提取叶绿素，离心分离后分别于________nm、________nm、________nm 和________nm 处测定提取液吸光度，根据公式计算水中叶绿素 a 的浓度。①③

答案：750　664　647　630

8. 根据《水质　叶绿素 a 的测定　分光光度法》(HJ 897—2017)测定叶绿素 a 时，叶绿素 a 的提取用________。③

答案：丙酮溶液：9+1 溶液

9. 根据《水质　叶绿素 a 的测定　分光光度法》(HJ 897—2017)和《水和废水监测分析方法》(第四版)测定叶绿素 a 时，样品测定时 750 nm 波长处的吸光度应________，否则需重新用针式滤器过滤后测定。①③

答案：小于 0.005

二、判断题

1. 根据《水和废水监测分析方法》(第四版)，测定叶绿素 a 的水样抽滤完后，如不能及时测定，可将滤膜放入普通冰箱冷冻中保存 1～2 d。(　　)①

答案：正确

2. 根据《水和废水监测分析方法》(第四版)，分光光度法测定叶绿素 a 时，以纯水做空白吸光度测定，对样品的吸光度进行校正。(　　)①

答案：错误

正确答案为：以 90% 丙酮做空白吸光度测定，对样品吸光度进行校正。

3. 根据《水和废水监测分析方法》(第四版)测定叶绿素 a 的水样，在冷冻情况下(-20℃)最长可保存 30 d。(　　)①

答案：正确

4. 根据《水质　叶绿素 a 的测定　分光光度法》(HJ 897—2017)和《水和废水监测分析方法》(第四版)，叶绿素 a 在水中含量的结果表达单位为 mg/m^3。(　　)①③

答案：正确

5. 根据《水和废水监测分析方法》(第四版)采用黑白瓶测氧法中，在采样灌瓶结束后，应立即固定初始瓶的溶解氧。(　　)②

答案：正确

6. 根据《水和废水监测分析方法》(第四版)采用黑白瓶测氧法中，在采样时要注意不使水样曝气或有气泡残存于水样中，可采取沿瓶壁直接倾注或虹吸法注入水样。(　　)②

答案：正确

7. 根据《水和废水监测分析方法》(第四版)采用黑白瓶测氧法进行湖泊、水库和池塘等静水水体的初级生产力测定，无论什么天气、什么时候都可进行。(　　)②

答案：错误

正确答案为：为了保证数据的准确性，应选晴天的上午进行采样测定。

8. 根据《水和废水监测分析方法》（第四版）采用黑白瓶测氧法时，水柱日生产力 [g O_2/（m^2·d）] 是指 10 m^2 垂直水柱的生产量。（　　）②

答案：错误

正确答案为：水柱日生产力 [g O_2/（m^2·d）] 是指每平方米垂直水柱的生产量。

9. 根据《水和废水监测分析方法》（第四版）采用黑白瓶测氧法时，如光合作用很强，易形成溶解氧过饱和。（　　）②

答案：正确

10. 根据《水和废水监测分析方法》（第四版），有机物含量过高的湖泊和水库，易出现溶解氧过低、净生产力出现负值的情况。（　　）②

答案：正确

11. 根据《水质　叶绿素 a 的测定　分光光度法》（HJ 897—2017）和《水和废水监测分析方法》（第四版）测定叶绿素 a 时，试样的制备可用玻璃纤维滤膜过滤。（　　）①③

答案：正确

12. 叶绿素对光及酸性物质敏感，实验室光线应尽量微弱能进行分析操作即可，且所有器皿不能用酸浸泡或洗涤。（　　）①③

答案：正确

13. 根据《水质　叶绿素 a 的测定　分光光度法》（HJ 897—2017）和《水和废水监测分析方法》（第四版）测定叶绿素 a 时，叶绿素 a 的测定公式是：$\rho_1=11.85\times(A_{664}-A_{750})-1.54\times(A_{647}-A_{750})-0.08\times(A_{630}-A_{750})$。（　　）①③

答案：正确

三、选择题

1. 根据《水和废水监测分析方法》（第四版），在湖泊或水库中采集测定叶绿素 a 的水样，如水深在 5 m 以内，可________采样。（　　）①

A. 在水表面下 0.5 m、1 m、2 m、3 m、4 m 5 个水层

B. 在表层水　　　　C. 仅在 0.5 m 处

答案：A

2. 根据《水质　叶绿素 a 的测定　分光光度法》（HJ 897—2017）和《水和废水监测分析方法》（第四版），采集叶绿素 a 测定水样时，可用________。（　　）①③

A. 25 号浮游生物网　B. 13 号浮游生物网　C. 有机玻璃采水器　D. 不锈钢采水器

答案：C

3. 根据《水和废水监测分析方法》（第四版），过滤水样中的叶绿素 a 时，应用孔径________μm 乙酸纤维滤膜。（　　）①

A. 0.45　　B. 0.10　　C. 1.0

答案：A

4. 根据《水和废水监测分析方法》（第四版），黑白瓶测氧法测定初级生产力的采样中，在水深小于 3 m 的浅水湖泊，可按________分层挂瓶。（　　）②

A. 0.0 m，0.5 m，1 m，2 m，3 m

B. 0.5 m，1 m　　C. 1 m，2 m

答案：A

5. 根据《水和废水监测分析方法》（第四版），黑白瓶测氧法测定初级生产力中，测定初始瓶的溶解氧时，应在现场加入________进行固定。（　　）②

A. H_2SO_4　　B. HNO_3　　C. $MnSO_4$ 和碱性 KI-NaN_3

答案：C

6. 根据《水和废水监测分析方法》（第四版），黑白瓶测氧法测定初级生产力中，每次必须同时用虹吸管灌注________三个瓶子。（　　）②

A. 1 个白瓶，1 个黑瓶，1 个原始瓶　　B. 2 个白瓶，1 个黑瓶

C. 2 个黑瓶，1 个原始瓶

答案：A

7. 根据《水质　叶绿素 a 的测定　分光光度法》（HJ 897—2017）和《水和废水监测分析方法》（第四版），采集叶绿素 a 测定水样时，采样瓶可用________。（　　）①③

A. 500 mL 棕色玻璃瓶　　B. 500 mL 无色玻璃瓶

C. 1 000 mL 棕色玻璃瓶　　D. 1 000 mL 无色玻璃瓶

答案：A

四、问答题

1. 简述测定水体叶绿素 a 的重要作用。①③

答案：叶绿素是植物光合作用中的重要光合色素，通过测定浮游植物叶绿素，可掌握水体的初级生产力情况。在环境监测中，可将叶绿素 a 含量作为水体富营养化的指标之一。

2. 简述根据《水和废水监测分析方法》（第四版）中分光光度法测定叶绿素 a 的主要操作步骤。①

答案：（1）在抽滤器上装好乙酸纤维滤膜，对定量体积水样进行抽滤。（2）取出滤膜，在冰箱内低温干燥 6～8 h，放入组织研磨器中，加入少量碳酸镁粉末及 2～3 mL 90% 的丙酮，充分研磨，提取叶绿素 a，离心分离，将上清液倒入 5 mL 或 10 mL 容量瓶中。（3）再用 2～3 mL 90% 丙酮继续研磨提取，上清液转入容量瓶中，重复 1～2 次，用 90% 的丙酮定容。（4）用 1 cm 比色皿，分别测定上清液在 750 nm、663 nm、645 nm 和 630 nm 的吸光度，并以 90% 的丙酮做空白吸光度测定，对样品吸光度进行校正。

3. 根据《水和废水监测分析方法》（第四版）简述黑白瓶测氧法测定初级生产力的原理。②

答案：植物通过光合作用，将太阳能转化为生物能，吸收二氧化碳，转化为有机碳并释放出氧气的过程，称为初级生产。通过比较一段时间内有无光照的条件下，水中氧气浓度的差别，计算出植物光合作用形成的初级生产量。

4. 根据《水和废水监测分析方法》（第四版）中黑白瓶测氧法测定初级生产力时，各挂瓶水层日产量如何计算？②

答案： 总生产量 = 白瓶溶解氧 − 黑瓶溶解氧

净生产量 = 白瓶溶解氧 − 初始瓶溶解氧

呼吸作用量 = 初始瓶溶解氧量 − 黑瓶溶解氧量

5. 根据《水和废水监测分析方法》（第四版）采用黑白瓶测氧法中，采样时如果光合作用很强，形成氧过饱和，在瓶中产生大的气泡，应怎样操作？②

答案： 将瓶微微倾斜，将气泡置于瓶肩处，小心打开瓶塞加入固定液，然后盖上瓶盖充分摇动。

参考文献

国家环境保护总局《水和废水监测分析方法》编委会 . 水和废水监测分析方法（第四版）[M]. 北京：中国环境科学出版社，2002.

命题：李　杨　范玲南

审核：许人骥　厉以强　史　箴

第四章　急性毒性试验

第一节　发光细菌法

分类号：B4-1

主要内容
《水质　急性毒性的测定　发光细菌法》（GB/T 15441—1995）

一、填空题

1. 根据《水质　急性毒性的测定　发光细菌法》（GB/T 15441—1995），若须排除pH影响，应先将水样和氯化钠溶液的pH进行调整，具体为：含铜水样的pH调整为________，含其他金属水样的pH调整为5.4，含有机化合物水样的pH调整为________。

答案： 4.5　　7.0

2. 《水质　急性毒性的测定　发光细菌法》（GB/T 15441—1995）适用于________、和________实验室条件下可溶性化学物质的水质的急性毒性监测。

答案： 工业废水　　纳污水体

3. 发光菌急性毒性试验中，样品的急性毒性水平可用相对发光度、________或________等来表示。

答案： 参比毒物氯化汞浓度　　受测样品的EC_{50}值

4. 淡水型的发光菌急性毒性试验中，样品的急性毒性水平则用相对发光度、________和________等来表示。

答案： 参比毒物苯酚浓度　　受测样品的EC_{50}值

5. 用青海弧菌Q67进行发光菌急性毒性测定时，环境温度在________℃均可进行，但在测试过程中要求温度波动在 ±________℃内。

答案： 18～30　　1

二、判断题

1. 根据《水质　急性毒性的测定　发光细菌法》（GB/T 15441—1995），用发光菌测定样品的毒性非常简便，冻干粉经复苏后即可用于进行样品的测定。（　　）

答案： 错误

　　正确答案为： 冻干粉经复苏后，需经质量检验后方可用于进行样品的测定。

2. 根据《水质　急性毒性的测定　发光细菌法》（GB/T 15441—1995），若须测定包括

pH 影响在内的急性毒性，不应调节水样 pH。(　　)

答案：正确

3. 在进行发光菌急性毒性试验中，对含有固体悬浮物的样品须离心或过滤去除，以免干扰测定。(　　)

答案：正确

4. 根据《水质　急性毒性的测定　发光细菌法》(GB/T 15441—1995)，氯化汞母液可在 2～5℃冰箱里保存 6 个月，而氯化汞工作液在 2～5℃冰箱里只能保存 24 h。(　　)

答案：正确

5. 根据《水质　急性毒性的测定　发光细菌法》(GB/T 15441—1995)，在测定有色样品时，先要进行颜色干扰的校正，计算出因颜色引起的发光量校正值。(　　)

答案：正确

6. 进行淡水型发光菌急性毒性试验时，苯酚溶液的保存和氯化汞溶液相同。(　　)

答案：错误

正确答案为：苯酚溶液的保存和氯化汞溶液不同，苯酚母液可在 2～5℃冰箱里保存 2 d，工作液只能现做现配。

7. EC_{50} 值越小，表示受试物的毒性也越小。(　　)

答案：错误

正确答案为：EC_{50} 值越小，表示受试物的毒性越大。

8. 进行淡水型发光菌急性毒性试验时，当水样原液的相对强度在 50% 以上时，可用发光抑制率(%)、EC_{50} 值和参比毒物苯酚浓度来表示样品的毒性大小。(　　)

答案：错误

正确答案为：此时可用发光抑制率(%)和参比毒物苯酚浓度来表示样品的毒性大小，而不能用 EC_{50} 值来表示样品的毒性大小。

9. 进行淡水型发光菌急性毒性试验时，影响发光强度大小除样品的毒性外，还和温度、样品与发光菌的作用时间有关。(　　)

答案：正确

10. 进行淡水型发光菌急性毒性试验时，冻干粉复苏液在复苏数分钟后，在暗室中肉眼应见绿色荧光，否则就不能使用。(　　)

答案：正确

11. 淡水发光菌冻干粉需用 0.8% 的氯化钠复苏，样品和参比毒物的配制需使用 3 g/100 mL 的氯化钠溶液。(　　)

答案：错误

正确答案为：样品和参比毒物的配制需使用 10% 的乳糖溶液，样品在测试前应加入乳糖使其浓度达 10%。

三、选择题

1. 进行淡水型发光菌急性毒性试验时，毒性测定最迟应在采样后 6 h 内进行，否则应在 2～5℃下保存样品，但不得超过________h。(　　)

A. 12　　B. 24　　C. 36　　D. 48

答案：A

2. 根据《水质　急性毒性的测定　发光细菌法》(GB/T 15441—1995)，发光菌冻干粉在 2～5℃冰箱内可有效保存________个月而不致失活。(　)

A. 2　　B. 4　　C. 6　　D. 8

答案：C

3. 根据《水质　急性毒性的测定　发光细菌法》(GB/T 15441—1995)，同一批样品在测定过程中要求温度波动不超过 ±________℃。(　　)

A. 1　　B. 3　　C. 5　　D. 7

答案：A

4. 根据《水质　急性毒性的测定　发光细菌法》(GB/T 15441—1995)的要求，在制作氯化汞标准曲线时，当氯化汞标准溶液为 0.10 mg/L 时，发光菌的相对发光度为 50%，其误差不超过 ±________%。(　　)

A. 5　　B. 10　　C. 15　　D. 20

答案：B

5. 制作淡水型发光菌急性毒性试验的苯酚标准曲线时，其回归方程应符合统计学检验要求（$P<0.90$），并且 EC_{50} 值应在________mg/L。(　　)

A. 50～150　　B. 10～100　　C. 150～250　　D. 100～200

答案：D

6. 青海弧菌 Q67 冻干粉剂，封存于安瓿瓶中，在 -18℃以下可有效保存________个月而不致失活。(　　)

A. 2　　B. 4　　C. 6　　D. 8

答案：C

四、问答题

1. 简述根据《水质　急性毒性的测定　发光细菌法》(GB/T 15441—1995)进行发光菌急性毒性试验时，如何设置样品试验浓度组。

答案：(1)探测试验：先按对数系列将样品液稀释成 5 个浓度：100%、10%、1%、0.1%、0.01%，探测相对发光度落在哪一个浓度范围内。(2)正式试验：在所落在的浓度范围内再增配 6～9 个浓度，增配的浓度应倍比稀释，也可通过查对数表，按等对数间距原则自行确定。

2. 根据《水质　急性毒性的测定　发光细菌法》(GB/T 15441—1995)的要求，简述如何对发光菌冻干粉复苏后进行质量检验。

答案：冻干粉复苏 2 min 后即可发光，稀释成工作液后每毫升菌液不低于 1.6 万个细胞（5 mL 测试管）或 2 万个细胞（2 mL 测试管）（均为稀释平板法测定）。在毒性测试仪上测出的初始发光量应在 600～1 900 mV，低于 600 mV 允许将倍率调至“×2”挡，高于 1 900 mV 允许将倍率调至“×0.5”挡。仍达不到标准需更换冻干粉。

3. 发光菌急性毒性试验结果 EC_{50} 的含义是什么？如果某一样品发光菌急性毒性试验得

出 EC_{50} 为 2.36 mg/L，试解释该结果。

答案：（1）EC_{50} 也叫半数有效浓度。在发光菌急性毒性试验中是指能引起 50% 发光抑制反应的有效浓度或剂量。（2）EC_{50} 为 2.36 mg/L 表示该样品引起 50% 发光抑制的浓度为 2.36 mg/L。

4. 用青海弧菌 Q67 进行发光菌急性毒性测定时，简述如何对测试结果进行质量控制。

答案：（1）样品两次测定结果的相对误差应≤15%，重复测定时应采取第一次测定时使用的发光菌液，即两次测定应采用相同的菌液。（2）苯酚标准曲线按一元一次线性回归方程进行计算，其抑关率（I）与苯酚浓度（C）之间应符合 $I=a+bC$，回归方程应符合统计学检验要求（$P<0.90$），并且 EC_{50} 值应在 100～200 mg/L。

5. 用青海弧菌 Q67 进行发光菌急性毒性测定时，简述如何对样品进行预处理。

答案：（1）水样的预处理：若样品含有不溶性悬浮物，必须静置后取上清液。有色样品必须稀释至基本无色或使颜色尽量减淡才可用于测试。测试前加入乳糖使其浓度达 10%。（2）化学品的预处理：化学品需配制成水溶液，测试前加入乳糖使其浓度达 10%。（3）固体废物或污泥样品的预处理：按固体废物：水 =1：5 的比例，加入三角烧瓶中，在摇床上振摇 8～10 h，静止 10～14 h，取上清液，按水样方法进行。污泥应尽可能去除水分再称重，否则需先测定其含水率，然后扣除水分后按固体废物的处理方法进行。

参考文献

[1] 国家环境保护局科技标准司 . 水质　急性毒性的测定　发光细菌法：GB/T 15441—1995 [S]. 北京：中国环境科学出版社，1995.

[2] 国家环境保护总局《水和废水监测分析方法》编委会 . 水和废水监测分析方法（第四版）[M]. 北京：中国环境科学出版社，2002.

命题：李备军

审核：厉以强　汤　琳

第二节　鱼类法

分类号：B4-2

主要内容
《水质　物质对淡水鱼（斑马鱼）急性毒性测定方法》（GB/T 13267—1991）

一、填空题

1. 鱼类急性毒性试验中，供试鱼用于试验之前必须在实验室至少暂养________d。

答案：12

2. 鱼类急性毒性试验中，试验用水 pH 应在________。

答案：6.0～8.5

3. 鱼类急性毒性试验中，静态和半静态实验系统最大承载量为________g 鱼 /L。

答案：1.0

4. 鱼类急性毒性试验中，正式实验开始和结束时，都要测定实验液的 pH、________和________。

答案：溶解氧　　温度

5. 在鱼类急性毒性测定时，可根据被测物质的性质采用________式、________式或________式实验。

答案：静水　　换水　　流水

6. 鱼类急性毒性试验中，实验用水硬度应为________mg/L 左右。

答案：250

7. 鱼类急性毒性测定时，实验期间水温应恒定在________℃ ±________℃。

答案：23　　1

二、判断题

1. 鱼类急性毒性试验可用斑马鱼（*Brachydanio rerio*）作为试验用鱼。(　　)

答案：正确

2. 根据《水质　物质对淡水鱼（斑马鱼）急性毒性测定方法》(GB/T 13267—1991)，鱼类急性毒性实验的试验用鱼在驯养期间应每天三次投食。(　　)

答案：错误

　　正确答案为：在驯养期间应每周三次或每天投食。

3. 鱼类急性毒性试验预实验期间，应每日记录一次实验容器内死鱼的数量。(　　)

答案：错误

　　正确答案为：应每日至少两次记录实验容器内死鱼的数量。

4. 鱼类急性毒性测定时，为保证实验质量，在实验结束时对照组的死亡率不得超过 10%。(　　)

答案：正确

5. 鱼类急性毒性测定时，实验用鱼应该在连续曝气的水中至少驯养两周。(　　)

答案：正确

6. 鱼类急性毒性测定时，配制实验物质储备液所用试剂至少为分析纯。(　　)

答案：正确

7. 根据《水质　物质对淡水鱼（斑马鱼）急性毒性测定方法》(GB/T 13267—1991)，静水实验限于研究那些化学性质不稳定的物质。(　　)

答案：错误

　　正确答案为：静水实验限于研究那些化学性质稳定的物质。

8. 鱼类急性毒性测定时，使用重铬酸钾为参考毒物。(　　)

答案：正确

9. 鱼类急性毒性测定时，结果可用直线内插法估算 LC_{50}。(　　)

答案：正确

三、选择题

1. 鱼类急性毒性试验预实验持续时间为________h。(　　)

A. 12～24　　B. 24～48　　C. 48～96

答案：C

2. 鱼类急性毒性试验的光照条件为每天________h。(　　)

A. 0～4　　B. 4～8　　C. 8～12　　D. 12～16

答案：D

3. 在进行鱼类急性毒性试验时，对实验缸中溶解氧的要求是________。(　　)

A. 不低于空气饱和值的 40%　　B. 不低于空气饱和值的 60%

C. 不低于空气饱和值的 80%

答案：B

4. 在进行鱼类急性毒性测定时，可进行浓度为________mg/L 的极限实验。(　　)

A. 1　　B. 10　　C. 100　　D. 1 000

答案：C

5. 鱼类急性毒性试验开始时，从驯养鱼中随机取出鱼并迅速放入各实验容器中，同一实验的所有实验用鱼应在________min 内分组完毕。(　　)

A. 15　　B. 30　　C. 45　　D. 60

答案：B

6. 鱼类急性毒性测定时，实验鱼在驯养期间死亡率不得超过________%。(　　)

A. 5　　B. 10　　C. 15　　D. 20

答案：B

7. 鱼类急性毒性测定时，实验液中的溶解氧应不少于________mg/L。(　　)

A. 4　　B. 6　　C. 8

答案：A

8. 鱼类急性毒性测定时，换水式实验需________h 更新一次实验液。(　　)

A. 2～8　　B. 8～24　　C. 24～48

答案：B

四、问答题

1.《水质　物质对淡水鱼（斑马鱼）急性毒性测定方法》（GB/T 13267—1991）中规定，鱼类急性毒性实验中供试鱼驯养 48 h 后，根据死亡率的处理标准是什么？

答案：7 d 内死亡率小于 5%，可用于试验；死亡率在 5%～10%，继续驯养；7 d 死亡率超过 10%，该组鱼全部不能使用。

2. 根据《水质　物质对淡水鱼（斑马鱼）急性毒性测定方法》（GB/T 13267—1991），鱼类急性毒性试验的正式实验中，实验浓度组应如何设置？

答案：根据预实验得出的结果，在包括使鱼全部死亡的最低浓度和 96 h 鱼类全部存活的最高浓度之间至少应设置 5 个浓度组，并以几何级数排布。浓度间隔系数应≤2.2。

3. 根据《水质　物质对淡水鱼（斑马鱼）急性毒性测定方法》（GB/T 13267—1991），鱼类急性毒性的分级标准是什么？若 96 h LC_{50} 为 75 mg/L 时，应评定为什么等级？

答案：96 h LC_{50}＜1 mg/L 为极高毒，96 h LC_{50} 在 1～10 mg/L 为高毒，96 h LC_{50} 在 10～100 mg/L 为中毒，96 h LC_{50}＞100 mg/L 为低毒。96 h LC_{50} 为 75 mg/L 时应该评定为中毒。

4. 简述《水质　物质对淡水鱼（斑马鱼）急性毒性测定方法》（GB/T 13267—1991）中，实验鱼转移入实验容器的过程及原则。

答案：用小孔抄网从驯养鱼群中随机选取鱼放入实验容器中。在鱼转移过程中因操作不慎掉下的鱼或其他操作不善的鱼弃用，所用的鱼需在 30 min 内转移完毕。

5. 根据《水质　物质对淡水鱼（斑马鱼）急性毒性测定方法》（GB/T 13267—1991），简述实验过程中需对实验鱼做哪些记录观察。

答案：随时观察并记录实验鱼的平衡、游动、呼吸及体色变化等中毒症状。

6. 简述《水质　物质对淡水鱼（斑马鱼）急性毒性测定方法》（GB/T 13267—1991）中制备溶解度低的物质的储备液时该如何处理。

答案：溶解低溶解度的物质时，可使用超声波装置，也可加入对鱼低毒的有机溶剂，有机溶剂在实验溶液中的浓度不应超过 0.1 mg/L。

参考文献

[1] 国家环境保护局 . 水质　物质对淡水鱼（斑马鱼）急性毒性测定方法：GB/T 13267—1991 [S]. 北京：中国环境科学出版社，1991.

[2] 国家环境保护总局《水和废水监测分析方法》编委会 . 水和废水监测分析方法（第四版）[M]. 北京：中国环境科学出版社，2002.

命题：朱梦杰

审核：汤　琳　厉以强

第三节　蚤类法

分类号：B4-3

主要内容
《水质　物质对蚤类（大型蚤）急性毒性测定方法》（GB/T 13266—1991）

一、填空题

1. 蚤类毒性试验前的培养温度要求与试验温度基本一致，一般在________℃ ±________℃或________℃ ±________℃下进行。

答案：20　1　25　1

2. 蚤类毒性试验所用的稀释水的 pH 应控制在________，同一试验 pH 波动不得大于________。

答案：6.5～8.5　0.5

3. 蚤类（大型蚤）急性毒性测定方法中，作为参比物的重铬酸钾的 24 h EC_{50} 应在________mg/L 范围内（20℃条件下）。

答案：0.5～1.2

4. 目前世界上常用于毒性试验的蚤类种类有________、________和________。

答案：大型蚤　蚤状蚤　隆线蚤

5. 在进行蚤类活动抑制试验时，试验温度应在________℃ ±1℃，试验系统的最大负荷为________。

答案：18～22　1 只蚤 /2 mL 试验液

6. 蚤类是________的通称，在分类上属节肢动物门、________纲、鳃足亚纲、双足目、枝角亚目。

答案：枝角类　甲壳动物

二、判断题

1. 用于同次急性毒性测定的大型蚤应选用同一母体的后代。（　）

答案：正确

2. 判断大型蚤运动受抑制的标准是反复转动试验容器，在 10 s 内失去活动能力的被认为是运动受抑制。（　）

答案：错误

正确答案为：15 s 内失去活动能力。

3. 为了防止玻璃容器对蚤类（大型蚤）急性毒性试验物质的吸附，试验前可以用高浓度的试验溶液浸泡 1 d。（　）

答案：错误

正确答案为：试验前可以用低浓度的试验溶液浸泡 1 d。

4. 蚤类急性试验的正式试验中，浓度按几何级数间距设置浓度系列。（　）

答案：正确

5. 用于蚤类急性毒性检测的废水，在采集时应在采样瓶上端留有部分空气。（　）

答案：错误

正确答案为：应在采样瓶内充满水样不留空气。

6. 在蚤类活动抑制试验正式试验中，需要给蚤类喂食。（　）

答案：错误

正确答案为：在蚤类活动抑制试验正式试验中，不需要给蚤类喂食。

7. 蚤类活动抑制试验中，在稀释水加入到受试物中之前需要曝气。（　）

答案：正确

8. 蚤敏感度符合要求的条件是参比物重铬酸钾（分析纯）的 24 h EC_{50} 值≤2.0 mg/L。（　）

答案：正确

9. 蚤类活动抑制试验中，试验期间要经常观察蚤类的活动与生存情况，及时取出死蚤。（　）

答案：正确

10. 蚤类活动抑制试验的试验结果应求出 24 h 和 48 h 的 EC_{50}，并计算 95% 的置信限。（　　）

答案：正确

三、问答题

1. 蚤类急性毒性结果中 EC_{50} 和 LC_{50} 分别代表什么含义？

答案：EC_{50} 即半数抑制浓度，指相应时间内 50% 的受试蚤运动受到抑制时被测物的浓度。LC_{50} 即半数致死浓度，指相应时间内 50% 的受试蚤死亡时被测物的浓度。

2. 如何判断大型蚤死亡？

答案：受试蚤心脏停止跳动为大型蚤死亡的标志。

3. 判断蚤类急性毒性试验结果有效的标准有哪些？

答案：（1）对照组试验未出现不活动的大型蚤。（2）重铬酸钾的 24 h EC_{50} 在 20℃时为 0.5～1.2 mg/L。（3）试验结束时的溶解氧浓度必须大于或等于 2 mg/L。（4）必须经检验证明被测定的试验物质浓度保持于试验全过程（至少应为计划配制浓度的 80%），如果浓度偏差＞20%，应以测试浓度结果为准。

4. 进行蚤类急性毒性试验时，如果用于测定的工业废水属于生产流程用水等不稳定工业废水，应如何测定及报送结果？

答案：应该在 24 h 内每隔 6 h 瞬时采样一次，分别测定每个样品，求出最大毒性，然后报告。

5. 简述在蚤类活动抑制试验中，对工业固体废物如何进行样品的前处理。

答案：首先将固体废物磨碎，按固液 1∶10 比例加入去离子水，摇匀后浸泡 24 h，用滤纸过滤。其溶解部分为被测工业固体废物的浸出原液（100%），再用稀释水按百分数配制成各浓度。

6. 简述蚤类活动抑制试验的组别设置。

答案：（1）在预试验中按较大范围的浓度系列（如 1 mg/L、10 mg/L、100 mg/L）设置 3～4 个试验组和 1 个空白对照组，不设平行组。（2）在正式试验中，根据预试验结果，在包括使蚤全部产生活动抑制的最低浓度和未产生活动抑制的最高浓度之间以几何级数（如 2 倍）至少设 5 个浓度组，同时设定空白对照组。若使用助溶剂，还要增设助溶剂对照组。以上每个组别均要设置平行组。

7. 简述蚤类急性活动抑制毒性分级标准。

答案：按 48 h 的 EC_{50} 进行毒性分级，共分四个级别：≤1 mg/L 时为极高毒，1～10 mg/L 时为高毒，10～100 mg/L 时为中毒，≥100 mg/L 时为低毒。

8. 简述可用于试验的蚤种必须符合哪些要求。

答案：试验开始时蚤龄应不超过 24 h；实验室繁殖、表观健康，有明确来历（繁殖方式、预培养）的蚤种才能用于试验。

参考文献

[1] 国家环境保护局 . 水质　物质对蚤类（大型蚤）急性毒性测定方法：GB/T 13266—1991 [S]. 北京：中国环境科学出版社，1991.

[2] 国家环境保护总局《水和废水监测分析方法》编委会 . 水和废水监测分析方法（第四版）[M]. 北京：中国环境科学出版社，2002.

命题：汪　琴

审核：李备军　厉以强

第四节　藻类法

分类号：B4-4

主要内容
藻类生长抑制试验《水和废水监测分析方法》（第四版）

一、填空题

1. 藻类是水体中的初级生产者，也是水生食物链的基础环节。在光的作用下，它们吸收水中的________和________，制造有机物。它们的存在无论是对水体生产力和水体污染的自净作用均具有十分重要的意义。

答案：无机营养盐类　　二氧化碳

2. 在藻类生长抑制试验中，将不同浓度的受试物加到处于对数生长期的藻培养物中，在规定条件下进行培养，每隔 24 h 测定________或________。

答案：藻类浓度　　生物量（重量）

3. 在藻类生长抑制试验中，常用的藻类生长测定方法包括________、________和叶绿素（或叶绿素 a）。

答案：细胞计数　　光密度

4. 在藻类生长抑制试验中，当保存藻种需要使用固体培养基时，可在灭菌前加入 1.5%～2.0%（重量 / 体积比）的________到培养基中。

答案：琼脂

二、判断题

1. 藻类生长抑制试验可以在较短时间内得到受试物对藻类许多世代及在群落水平上的影响，所得结果可以反映受试物对水体中次级生产者营养级的影响。（　　）

答案：错误

正确答案为：所得结果可以反映受试物对水体中初级生产者营养级的影响。

2. 藻类生长抑制试验方法只适用于海水绿藻。（　　）

答案：错误

正确答案为：藻类生长抑制试验方法适用于淡水绿藻。

3. 藻类生长抑制试验中，当受试物为废水或环境水样时，水样必须密封、0～4℃低温存放。(　　)

答案：正确

4. 藻类生长抑制试验中，当受试物为有限水溶性化学物质时，试验无法进行。(　　)

答案：错误

正确答案为：此时试验能够进行，但试验操作应作一定的修改。

三、选择题

1.《水和废水监测分析方法》（第四版）的藻类生长抑制试验中，建议使用生长快速的绿藻品种，以便于培养和试验，但________除外。(　　)

A. 羊角月芽藻　　B. 斜生栅藻　　C. 铜绿微囊藻　　D. 普通小球藻

答案：C

2. 在藻类生长抑制试验中，建议选择________为试验容器，并根据需要选择试验容器的容量，同一批试验的容器应规格一致。(　　)

A. 试管　　B. 三角瓶　　C. 烧杯　　D. 容量瓶

答案：B

3. 根据藻类生长抑制毒性评价的分级标准，以下叙述正确的是________。(　　)

A. 1＜96 h EC_{50}＜10，高毒　　B. 48 h EC_{50}＜1，极高毒

C. 10＜48 h EC_{50}＜100，中毒　　D. 10＜96 h EC_{50}＜100，低毒

答案：A

4. 藻类生长抑制试验中，配制藻类培养基时，________不会在培养基中出现。(　　)

A. 氯化铵　　B. 硫酸镁　　C. 磷酸二氢钾　　D. 氯化汞

答案：D

5. 在藻类生长抑制试验中，不会使用到________。(　　)

A. 照度计　　B. 解剖刀　　C. 机械振荡器　　D. 显微镜

答案：B

四、问答题

1. 在藻类生长抑制试验中，当受试物为有限水溶性化学物质时，试验应如何操作？

答案：如果受试物的水溶性低于 1 000 mg/L，试验操作应该作如下修改：（1）受试物试验液：用适当的溶剂制备受试物的贮备液，其浓度应该是测试时所需最高浓度的 10^4 倍。溶剂应对藻类生长无影响，并且在试验溶液中的含量最高不得超过 100 mg/L。要设置助溶剂对照，其浓度应与试验液中助溶剂的最高浓度一致。（2）藻试验液：用培养基将经过预培养的藻类培养物配制藻试验液，使细胞浓度为 10^4 个 /mL。（3）测试液：每个三角瓶中加入 100 mL 藻种液，再添加 10 μL 助溶剂。其他步骤与易水溶性化学品试验操作相同。

2. 在藻类生长抑制试验中，当受试物为废水或环境水样时，应该如何开展正式试验？

答案：（1）当受试物为废水或环境水样时，水样必须密封、0～4℃低温存放。（2）样品瓶中应该充满水样不留空气，尽量使样品毒性变化较小，而且在试验前的保

存时间越短越好。(3)测试废水样品或环境水样之前要预先振荡均匀。(4)可直接用水样作为毒物实验液；如果水样毒性过大，也可以使用稀释水配成适当浓度的实验液，对于含有难溶性毒物的水样，同样可以使用助溶剂或乳化剂。(5)如果水样所含毒物在一段时间内不稳定，必须定期分析。

3. 表示藻类生长抑制实验结果 96 h EC_{50} 的含义是什么？如果某一物质 96 h 藻类生长抑制实验结果 EC_{50} 为 5.60 mg/L，试解释该结果的含义。

答案：(1) 96 h EC_{50} 表示：96 h 半数有效浓度。(2) 96 h EC50 为 5.60 mg/L 表示：指该物质 96 h 引起受试藻类 50% 生长受抑制的有效浓度为 5.60 mg/L。

参考文献

国家环境保护总局《水和废水监测分析方法》编委会 . 水和废水监测分析方法（第四版）[M]. 北京：中国环境科学出版社，2002.

命题：汤 琳

审核：厉以强 李备军

第五章　致突变性试验

第一节　紫露草微核试验

分类号：B5-1

主要内容 紫露草微核试验《水和废水监测分析方法》（第四版）

一、填空题

1. 紫露草微核试验中，紫露草栽培的地方应尽量避免工业“三废”、________和________物质污染。

答案：农药　放射性

2. 紫露草微核试验中，供检测用的紫露草花序，在人工光源下应连续处理________h、恢复培养________h。

答案：6　24～30

3. 紫露草微核试验中，供检测用的紫露草花序应生长良好、无________，本底微核率应小于________。

答案：病虫害　10%

4. 紫露草微核的统计，每个处理组和对照组至少要镜检 5 张片子，每张片子至少统计________个四分体，并将每个组的微核数全部加起来求出________。

答案：300　平均微核率

二、判断题

1. 紫露草微核试验中，栽培的紫露草如发生病虫害，而喷洒低毒、低残留的农药后，可马上作为试验材料。（　）

答案：错误

正确答案为：喷洒的药物要求低毒、低残留、浓度要小，施药一周后检查微核本底值，本底微核率不高，方能做实验材料。

2. 紫露草微核试验只能对水进行检测。（　）

答案：错误

正确答案为：由于紫露草微核试验具有快速、简便、经济、有效等优点，已在地表水、地下水、饮用水水源水、饮用水、工业废水、海水、大气、土壤、农药、食品、食品添加剂和放射性污染监测等方面都得到了广泛的应用。

3. 紫露草微核试验中，由于紫露草只能检测水溶性诱变剂，如需检测非水溶性诱变剂，需先用二甲基亚砜溶解，处理后再进行试验。(　　)

答案：正确

4. 紫露草微核试验中，供作阴性对照和稀释用的自来水与充氧蒸馏水微核率应无差异，否则应采用充氧蒸馏水作阳性对照。(　　)

答案：错误

正确答案为：作阴性对照。

5. 紫露草微核试验中，严格选择处于早期四分体时期的花蕾压片是试验成功的关键。(　　)

答案：正确

三、选择题

1. 美国沼泽紫露草3号，是一种对辐射和诱变反应敏感、自然本底微核率只有________的试验材料。(　　)

A. 5%～9%　　B. 5‰～9‰　　C. 10‰～20‰

答案：A

2. 紫露草微核试验中，将恢复培养后的紫露草花序，去掉叶子和花梗，用新配制的________固定24 h。(　　)

A. 卡诺氏液　　B. 鲁哥氏液　　C. 70%酒精

答案：A

3. 供紫露草微核试验的水样，其pH应用1 mol/L HCl或1 mol/L NaOH溶液调节至________。(　　)

A. 5.5～8.5　　B. 4～6.5　　C. 7～9

答案：A

4. 紫露草微核统计时，如平均值等于或大于平均值差的标准误差________倍，表示处理组与对照组平均微核率有显著差异。(　　)

A. 2　　B. 4　　C. 6

答案：A

四、问答题

1. 紫露草微核试验中，为什么选用美国沼泽紫露草3号作为受试材料？

答案：(1) 对辐射和诱变反应十分敏感，自然本底微核率低。(2) 花粉母细胞在减数分裂时高度同步，微核形成的过程短。(3) 栽培方便，取材容易。

2. 简述紫露草微核试验的制片过程。

答案：(1) 取一个固定好的花序，置于干净的玻板上，用解剖刀把花序从中纵剖成两部分。(2) 选择适龄的花蕾，用解剖针或尖镊子刺破花蕾，剥出花药，滴一滴洋红染液稍加压挤，显微镜观察。(3) 若绝大部分是早期四分体，充分捣碎花药，释放更多的四分体，去除杂质，盖上盖玻片，置酒精灯火焰上来回微热3～4次，然后把玻片放在吸水纸下，用手轻压，使四分体分散再显微镜镜检。

3. 试写出紫露草微核实验求平均微核率的公式。

答案：$平均微核率=\frac{微核总数}{四分体总数}\times 100\%$

4. 简述紫露草微核实验早期四分体的特性。

答案：（1）早期四分体的直径为 18～22 μm，外具一层不易破裂的包膜，细胞核大而明显。（2）适龄花蕾通常出现在第七对或第八对花蕾中。（3）一个花序最多只有一个花蕾处于早期四分体时期，这种含有早期四分体的适龄花蕾在花序中存在的概率一般为 30%～50%。

参考文献

[1] 国家环境保护总局《水和废水监测分析方法》编委会．水和废水监测分析方法（第四版）[M]. 北京：中国环境科学出版社，2002.

[2] 国家环境保护局．环境监测技术规范　第四册　生物（水生生物部分）. 1986.

命题：范玲南

审核：史　箴　厉以强

第二节　蚕豆根尖微核试验

分类号：B5-2

主要内容
蚕豆根尖微核试验《水和废水监测分析方法》（第四版）

一、填空题

1. 蚕豆根尖微核试验的蚕豆品种为松滋青皮豆，它根尖细胞的________大，________含量多，对诱变剂敏感。

答案：染色体　DNA

2. 蚕豆根尖微核试验引种松滋青皮豆时，应注意不要与其他的蚕豆品种________，不使用________，以保持其较低的本底微核值。

答案：混种　　　农药和化肥

3. 蚕豆根尖微核试验的种子浸种，是将种子放入盛有自来水或蒸馏水的烧杯中，置 25℃恒温箱内，浸泡________h，此期间至少要换水________次。

答案：26～30　　2

4. 固定蚕豆的根尖细胞，是将恢复后的种子，从顶端切下 1 cm 幼根放入空瓶中，加固定液固定________h。

答案：24

5. 蚕豆根尖微核试验中，固定好的蚕豆幼根如不能及时制片，可换入________中，放置在 4℃冰箱保存备用。

答案：70% 乙醇

二、判断题

1. 用蚕豆根尖微核试验对区域性水环境进行监测时，必须使用松滋青皮豆。(　　)

答案：错误

正确答案为：如只对区域性水环境进行监测，也可用其他蚕豆品种。但应注意其来源稳定、可靠，同时注意经常检查其敏感性，以保证数据的历史连续性和可比性。

2. 蚕豆根尖微核试验的席夫氏染色剂，在 4℃的冰箱可保存半年，出现沉淀也不影响使用。(　　)

答案：错误

正确答案为：如出现沉淀，不可再用。

3. 用蚕豆根尖微核试验对严重污染的水样进行监测时，可能造成根尖死亡，应稀释后再作测试。(　　)

答案：正确

4. 蚕豆根尖微核试验如果受试的样品不多，可直接用各样品的 MCN 率平均值与对照比较（*t* 检验）从差异的显著性判断水质污染与否。(　　)

答案：正确

5. 蚕豆根尖微核试验中，如果实验室的温度超过 35℃，会引起蚕豆种子的本底微核率升高，可影响监测结果。(　　)

答案：错误

正确答案为：如室温超过 35℃，本底微核率可能有升高现象，但可采用污染指数法评价，不会影响监测结果。

三、选择题

1. 蚕豆根尖微核试验中，根尖的固定液是________。(　　)

A. 卡诺氏液　　B. 席夫氏试剂　　C. 鲁哥氏液

答案：A

2. 蚕豆根尖微核试验中，根尖的催芽是将种子吸胀后，放置于盘子中，用湿纱布覆盖，在________℃恒温箱中催芽________h。(　　)

A. 25，12～30　　B. 4，30～40　　C. 37，26～30

答案：A

3. 蚕豆根尖微核试验的根尖孚尔根染色，应在染色前把固定好的根尖连瓶放入 28℃水浴锅中水解幼根________min 左右，至幼根被软化即可。(　　)

A. 25　　B. 10　　C. 60

答案：A

4. 蚕豆根尖微核试验“污染指数（*PI*）”计算式为________。(　　)

A. 样品实测 MCN‰ 平均值 / 对照组 MCN‰ 平均值

B.（微核总数 / 四分体总数）× 100%

答案：A

5. 如果蚕豆根尖微核试验污染指数在________，则判别为基本无污染。(　　)

A. 0～1.5　　B. 1.5～2　　C. 2～3.5

答案：A

四、问答题

1. 遗传毒理学实验经常采用蚕豆作为实验材料，为什么？

答案：蚕豆根尖细胞的染色体大，DNA 含量多，对诱变物反应敏感。

2. 简要写出蚕豆根尖微核实验的步骤。

答案：（1）浸种催芽。（2）用待测溶液处理根尖。（3）根尖细胞恢复培养。（4）固定根尖细胞。（5）孚尔根染色。（6）制片。（7）镜检。

3. 试写出蚕豆根尖微核的识别标准。

答案：（1）大小为主核的 1/3 以下，且与主核分离。（2）着色与主核相当或稍浅。（3）形态可为圆形、椭圆形或不规则形。

4. 如果蚕豆根尖微核试验采用专门培育的无污染的松滋青皮豆作实验材料，直接采用什么标准进行污染评价？

答案：（1）MCN‰ 在 10‰ 以下为基本无污染。（2）MCN‰ 在 10‰～18‰ 区间为轻污染。（3）MCN‰ 在 18‰～30‰ 区间为中污染。（4）MCN‰ 在 30‰ 以上为重污染。

参考文献

[1] 国家环境保护总局《水和废水监测分析方法》编委会 . 水和废水监测分析方法（第四版）[M]. 北京：中国环境科学出版社，2002.

[2] 国家环境保护局 . 环境监测技术规范（第四册）生物（水生生物部分）[M]. 北京：中国环境科学出版社，1986.

命题：范玲南

审核：厉以强　史　箴

第三节　Ames 试验

分类号：B5-3

主要内容
细菌回复突变试验《水和废水监测分析方法》（第四版）

一、填空题

1. 鼠伤寒沙门氏菌回复突变试验是以微生物为指示生物的遗传毒理学________，遗传学终点是________。

答案：体外试验　　基因突变

2. 当 Ames 试验外加哺乳动物________又称 S-9 时，可检出需要________的致突变物，提高了试验的可靠性及灵敏性。

答案：微粒体酶系统　代谢活化

3. Ames 试验是沙门氏菌 / 哺乳动物________致突变性试验的通称，该试验所用鼠伤寒沙门氏菌是________菌株。

答案：微粒体　组氨酸缺陷型

4. Ames 试验 TA97、TA98 菌株可检测________型诱变剂、TA100 菌株可检测________型诱变剂、TA102 菌株可检测上述两种类型的诱变剂。

答案：移码　碱基置换

5. Ames 试验中，鉴定合格的菌种应加入 DMSO 作为________，保存在________，或者冷冻干燥制成干粉，于 4℃保存。

答案：冷冻保护剂　-80℃或液氮（-196℃）

6. 毒理学中“三致”作用是指 ________、________和________。

答案：致癌　致畸　致突变

7. 凡含有标准致癌物或致突变的废弃物，原则上按________废弃物处理方法进行处理。对试验中所用的沙门氏菌株接触过的物品，在洗净前，均应________。

答案：放射性同位素　高压蒸汽灭菌

二、判断题

1. 在提取水中有机物制备 Ames 试验样品时，按以下原则处理：地表水中悬浮物的量低于 5% 时可直接进行有机物的大孔树脂提取，悬浮物的量高于 5% 的地表水及废水进行有机物的液 - 液提取。(　　)

答案：正确

2. Ames 试验中，在加 S-9 和不加 S-9 的情况下，分别用受试物对四种标准菌株各做一次平皿掺入试验，如果试验结果均为阴性，即可认为此受试物对鼠伤寒沙门氏菌无致突变性。(　　)

答案：错误

正确答案为：需要做两次以上的独立试验，试验结果可重复，且均为阴性。

3. Ames 试验结果为阳性的化合物都是哺乳动物的致癌物。(　　)

答案：错误

正确答案为：Ames 试验结果为阳性的化合物很多是哺乳动物致癌物，但其相关并不是绝对的，而是取决于化学物类别。

4. Ames 试验所用沙门氏菌试验菌株一般毒性较低，具有 R 因子的危害更小，因此对 Ames 试验的废弃物不需要采取特别处理。(　　)

答案：错误

正确答案为：对于受试的致癌物与诱变剂的废弃处理，原则上应按照放射性同位素废弃物处理方法进行。

5. Ames 试验以微生物作为指示生物，是细菌学监测项目之一。(　　)

答案：错误

正确答案为： Ames 试验是以组氨酸缺陷型突变型的鼠伤寒沙门氏菌作为标准菌株的一种遗传毒理学体外试验。

6. 致突变试验的“点试验”是平皿渗入试验的一个改变，它是将少量的待测样品，直接加到琼脂表面，经培养后观察回变情况，是一种简单快速的定性试验。(　　)

答案：正确

7. 平皿渗入试验是一种定量试验，目前主要采用这种方法来初步鉴定待测物是否有致突变性。(　　)

答案：正确

三、选择题

1. Ames 试验中，对于不溶于水的化学污染物一般用________来溶解。(　　)
   A. 丙酮　　B. 乙醇
   C. 四氯化碳　　D. 二甲基亚砜

答案：D

2. 在对 Ames 试验的标准菌株进行基因型鉴定时，________不会在组氨酸营养缺陷鉴定试验中被使用。(　　)
   A. L- 盐酸组氨酸溶液　　B. D- 生物素溶液
   C. 氨苄青霉素溶液　　D. 组氨酸 - 生物素平板

答案：C

3. 在对 Ames 试验的标准菌株进行基因型鉴定时，无论营养肉汤琼脂培养基是否经过紫外线照射，________都能在平板上生长。(　　)
   A. TA97 菌株　　B. TA98 菌株
   C. TA100 菌株　　D. TA102 菌株

答案：D

4. Ames 试验的四种标准菌株均带有 R 因子，具有抗氨苄青霉素的特性。其中________含有 pAQ1 质粒，还具有抗四环素的特性。(　　)
   A. TA97 菌株　　B. TA98 菌株
   C. TA100 菌株　　D. TA102 菌株

答案：D

5. 在对 Ames 试验的标准菌株进行生物学特性鉴定时，TA98 菌株的自发回变菌落数应在________。(　　)
   A. 90～180　　B. 30～50
   C. 120～200　　D. 240～320

答案：B

6. Ames 试验中，在鉴别各标准菌株对诱变剂的反应时，________可直接溶解在水中。(　　)
   A. 柔毛霉素　　B. ICR—191
   C. 敌克松　　D. 2- 氨基芴

答案：A

7. Ames 试验中，在鉴别各标准菌株对诱变剂的反应时，________的鉴别需在有代谢活化的条件下进行。(　　)

A. 柔毛霉素　　　　B. ICR—191

C. 敌克松　　　　D. 2- 氨基芴

答案：D

四、问答题

1. Ames 试验菌株鉴定的内容是什么？

答案：用于 Ames 试验的菌株必须进行基因型、自发回复突变数、对鉴别性诱变剂的反应三个方面的鉴定。其中，基因型鉴定还包括组氨酸营养缺陷型、深粗糙型（rfa）、uvrB 缺失、R 因子和 pAQ1 质粒等方面的鉴定。

2. Ames 试验中鉴定标准菌株时，需要检验菌株对鉴别性诱变剂的反应，这些诱变剂包括 10 多种致突变物，主要有哪些？

答案：（1）用于点试法的鉴别性致突变物有柔毛霉素、叠氮钠、ICR—191、丝裂霉素 C、2,4,7- 三硝基芴酮、4- 硝基 - o - 苯撑二胺、4- 硝基喹啉 -*N*- 氧化物、甲基磺酸甲酯、敌克松、2- 氨基芴和甲基硝基亚硝基胍。（2）用于平板掺入法的鉴别性致突变物有柔毛霉素、叠氮钠、ICR—191、链黑霉素、丝裂霉素 C、2,4,7- 三硝基芴酮、4- 硝基 - o - 苯撑二胺、4- 硝基喹啉 -*N*- 氧化物、甲基磺酸甲酯、敌克松、2- 氨基芴和苯并 [*a*] 芘。

3. 如需用 Ames 试验检测某化学污染物的致突变性，在设计方案和试验时应注意什么？

答案：（1）受试物最低剂量为每平皿 0.1 μg，最高剂量为每平皿 5 mg，或出现沉淀的剂量，或对细菌产生最小毒性剂量。（2）实验时一般选择 4～5 个剂量组，进行剂量 - 反应关系研究，每个剂量组应有三个平行平板。（3）溶剂可选用水、二甲基亚砜（每皿不超过 0.4 mL）或其他溶剂。（4）每次实验应有同时进行的阳性对照和阴性（溶剂）对照。（5）需进行两次以上独立的试验，试验结果必须能重复。

4. 简述 Ames 试验标准菌株的生物学特性鉴定标准。

答案：见下表。

菌株	基因型					自发回变菌落数
	组氨酸缺陷	脂多糖屏障缺失	抗氨苄青霉素	抗四环素	uvrB 修复缺陷	
TA97	+	+	+	−	+	90 ～ 180
TA98	+	+	+	−	+	30 ～ 50
TA100	+	+	+	−	+	120 ～ 200
TA102	+	+	+	+	−	240 ～ 320

参考文献

[1] 国家环境保护总局《水和废水监测分析方法》编委会 . 水和废水监测分析方法（第四版）[M]. 北京：中国环境科学出版社，2002.

[2]《环境监测技术基本理论（参考）试题集》编写组 . 环境监测技术基本理论（参考）试题集 [M]. 北京：中国环境科学出版社，2002.

[3] 梁象秋，方纪祖，杨和荃 . 水生生物学 [M]. 北京：中国农业出版社，1996.

[4] 国家环境保护局 . 环境监测技术规范（第四册）生物（水生生物部分）[M]. 北京：中国环境科学出版社，1986.

命题：厉以强

审核：厉以强

第六章　液相色谱法

第一节　基础知识

分类号：B6-0

试题同“上册　W15-0”。

第二节　微囊藻毒素

分类号：B6-1

主要内容
① 微囊藻毒素　液相色谱法《水和废水监测分析方法》（第四版）
②《水中微囊藻毒素的测定　高效液相色谱法》（GB/T 20466—2006）

一、填空题

1. 测定微囊藻毒素的方法有________、________和________。①②

答案：酶联免疫吸附法　　蛋白磷酸酶抑制法　　高效液相色谱法

2. 高效液相色谱法测定微囊藻毒素的水样如不能及时分析，可加入________至5%固定，置于________℃冰箱避光保存。①②

答案：乙酸　　-20

3. 通常水样中微囊藻毒素含量很低，高效液相色谱法测定时，常用________富集浓缩。①②

答案：C_{18}反相固相萃取柱

4. 液相色谱法测定微囊藻毒素常用________检测器。①②

答案：紫外

5. 液相色谱法测定微囊藻毒素所用流动相为________和________，其比例为6∶4。①②

答案：甲醇　　磷酸缓冲液

二、判断题

1. 高效液相色谱法测定微囊藻毒素的水样，应先用25号浮游生物网过滤，以除去水样中浮游生物。(　　) ①②

答案：正确

2. 高效液相色谱法测定微囊藻毒素的水样，需经 0.45 μm 滤膜过滤。(　　) ①②

答案： 正确

3. 高效液相色谱法测定微囊藻毒素时，微囊藻毒素提取液可在冰箱中冷藏保存。(　　) ①②

答案： 错误

正确答案为： 微囊藻毒素洗脱液用旋转蒸发器蒸发干燥后于 -20℃冷冻保存。

4. 高效液相色谱法微囊藻毒素测定时，可根据水样中微囊藻毒素的含量高低来调整水样的取样量。(　　) ①②

答案： 正确

5. 液相色谱法测定微囊藻毒素的检出限为 0.02 μg/L。(　　) ①②

答案： 正确

6. 高效液相色谱法测定微囊藻毒素中，净化微囊藻毒素提取液的硅胶柱需先用甲醇活化。(　　) ①②

答案： 正确

三、选择题

1. 微囊藻毒素是最常见的________。(　　) ①②

A. 蓝藻毒素　　B. 红藻毒素　　C. 黑藻毒素

答案： A

2. 通常水样中微囊藻毒素的含量在________。(　　) ①②

A. 1～10 μg/L　　B. 1 μg/L 以下　　C. 10 μg/L 左右

答案： B

3. 液相色谱法测定微囊藻毒素中，洗脱 SEP 柱上吸附的微囊藻毒素常用的洗脱液是________。(　　) ①②

A. 甲酸　　B. 甲醇　　C. 丙酮

答案： B

四、问答题

1. 简述液相色谱法测定微囊藻毒素过程中干扰的引入途径。①②

答案： 水体中存在的干扰物质、采样器引入、固相萃取柱引入和溶剂引入。

2. 简述如何消除水样中对液相色谱法 - 微囊藻毒素测定的干扰物质。①②

答案： 对于水样中的干扰物质主要是通过反相填料的选择性吸附后，利用不同极性的淋洗液将其去除；微囊藻毒素从 SEP 柱上洗脱时其洗脱条件也要优化，而且必须对 SEP 柱进行清洗，还要选择合适的洗脱液，90% 或 100% 的甲醇可以达到较好的结果。

3. 简述水样中微囊藻毒素提取过程。①②

答案： 用采样器采取适量水样，先用 25 号浮游生物网过滤，以除去水样中的浮游生物，然后于杯式滤器中经 0.45 μm 的滤膜过滤，滤液加 10 mL 甲醇混匀后过 C_{18} 反相固相萃取柱（500 mL/6 mL）。C_{18} 反相固相萃取柱预先用 10 mL 甲醇活化，再以 20 mL 的二次蒸馏水调整。将水样以 5～10 ml/min 流过固相萃取柱进行富集浓缩。然后用 10 mL 5% 的甲醇水溶液淋洗以净化样品，待固相萃取柱吹干后，以 4 mL 甲醇将微囊藻毒素洗脱液并经过针头过滤器后收集于浓缩瓶内。洗脱液用旋转蒸发器干燥后于 -20℃冷冻保存。分析前用甲醇溶解，定容至 0.10 mL，上机测定。

参考文献

[1] 国家质量监督检验检疫总局，中国国家标准化管理委员会 . 水中微囊藻毒素的测定：GB/T 20466—2006 [S]. 北京：中国环境科学出版社，2006.

[2] 国家环境保护总局《水和废水监测分析方法》编委会 . 水和废水监测分析方法（第四版）[M]. 北京：中国环境科学出版社，2002.

命题：史　箴　范玲南

审核：史　箴

第七章　酶底物法

第一节　总大肠菌群、粪大肠菌群和大肠埃希氏菌

分类号：B7–1

主要内容
①《生活饮用水标准检验方法　微生物指标》（GB/T 5750.12—2006）（总大肠菌群的测定　酶底物法）
②《生活饮用水标准检验方法　微生物指标》（GB/T 5750.12—2006）（大肠埃希氏菌的测定　酶底物法）
③《水质　总大肠菌群、粪大肠菌群和大肠埃希氏菌的测定　酶底物法》（HJ 1001—2018）

一、填空题

1. 根据《水质　总大肠菌群、粪大肠菌群和大肠埃希氏菌的测定　酶底物法》（HJ 1001—2018）测定水中总大肠菌群、粪大肠菌群和大肠埃希氏菌，该方法的检出限为________MPN/L。③

答案：10

2. 根据《水质　总大肠菌群、粪大肠菌群和大肠埃希氏菌的测定　酶底物法》（HJ 1001—2018），如果采集的是含有活性氯的样品，需在采样瓶灭菌前加入________溶液，以除去活性氯对细菌的抑制作用。③

答案：硫代硫酸钠

3. 根据《水质　总大肠菌群、粪大肠菌群和大肠埃希氏菌的测定　酶底物法》（HJ 1001—2018）测定粪大肠菌群时，需要取 100 ml 水样，在________±________℃培养 24 h。③

答案：44.5　　0.5

二、判断题

1. 根据《生活饮用水标准检验方法　微生物指标》（GB/T 5750.12—2006），采用固定底物技术酶底物法定性测定总大肠菌群和大肠埃希氏菌时，需要取 100 mL 水样，在 35℃ ±1℃培养 24 h。（　　）①②

答案：错误

　　正确答案为：在 36℃ ±1℃培养 24 h。

2. 根据《生活饮用水标准检验方法　微生物指标》（GB/T 5750.12—2006），采用固定底物技术酶底物法定性测定总大肠菌群，水样加入培养基后经过适当温度及时间培

养后，呈现黄色为阳性。(　　) ①

答案：正确

3. 根据《生活饮用水标准检验方法　微生物指标》(GB/T 5750.12—2006)，采用固定底物技术酶底物法定性测定大肠埃希氏菌，水样加入培养基后经过适当温度及时间培养后，将呈现黄色的水样在暗处用波长为 366 nm 的紫外灯光照射，如果有蓝色荧光产生则表示有大肠埃希氏菌存在。(　　) ②

答案：正确

4. 根据《生活饮用水标准检验方法　微生物指标》(GB/T 5750.12—2006)，采用固定底物技术酶底物法定量测定总大肠菌群和大肠埃希氏菌时，水样加入培养基摇匀后，需倒入 51 孔无菌定量盘内，以手抚平定量盘背面以赶除孔穴内气泡，然后用程控定量封口机封口。(　　) ①②

答案：正确

5. 根据《生活饮用水标准检验方法　微生物指标》(GB/T 5750.12—2006)，总大肠菌群酶底物法是指在选择性培养基上能产生 β-半乳糖苷酶的细菌群组，该细菌群组能分解色原底物释放出色原体使培养基呈现颜色变化，以此技术来检测水中总大肠菌群的方法。(　　) ①

答案：正确

6. 根据《生活饮用水标准检验方法　微生物指标》(GB/T 5750.12—2006)，采用固定底物技术酶底物法测定总大肠菌群和大肠埃希氏菌可以定性测量，也可以定量测量。(　　) ①②

答案：正确

7. 根据《生活饮用水标准检验方法　微生物指标》(GB/T 5750.12—2006)，采用固定底物技术酶底物法可在 12 h 判断水样中是否含有总大肠菌群和大肠埃希氏菌及含有的总大肠菌群和大肠埃希氏菌的最可能数值。(　　) ①②

答案：错误

正确答案为：应该是 24 h。

8.《水质　总大肠菌群、粪大肠菌群和大肠埃希氏菌的测定　酶底物法》(HJ 1001—2018)适用于地表水和地下水中总大肠菌群、粪大肠菌群和大肠埃希氏菌的测定，不适用于生活污水和工业废水。(　　) ③

答案：错误

正确答案为：适用于地表水、地下水、生活污水和工业废水。

9. 根据《水质　总大肠菌群、粪大肠菌群和大肠埃希氏菌的测定　酶底物法》(HJ 1001—2018)，采集重金属离子含量较高的样品时，在采样瓶灭菌前加硫代硫酸钠溶液，以消除干扰。(　　) ③

答案：错误

正确答案为：应加入乙二胺四乙酸二钠溶液。

10. 根据《水质　总大肠菌群、粪大肠菌群和大肠埃希氏菌的测定　酶底物法》(HJ 1001—2018)，水样加入培养基摇匀后，需倒入 97 孔无菌定量盘内，以手抚平定量盘背面以赶除孔穴内气泡，然后用程控定量封口机封口。(　　) ③

答案：正确

11. 根据《水质　总大肠菌群、粪大肠菌群和大肠埃希氏菌的测定　酶底物法》（HJ 1001—2018），测定结果保留两位有效数字，当测定结果≥100 MPN/L 时，以科学记数法表示；若 97 孔均为阴性，可报告为总大肠菌群、粪大肠菌群数或大肠埃希氏菌未检出或＜10 MPN/L。(　　) ③

答案：正确

12. 根据《水质　总大肠菌群、粪大肠菌群和大肠埃希氏菌的测定　酶底物法》（HJ 1001—2018），在特定温度下培养特定的时间，总大肠菌群、粪大肠菌群、大肠埃希氏菌能产生 β－半乳糖苷酶将选择性培养基中的无色底物邻硝基苯－β－D-吡喃半乳糖苷（ONPG）分解为黄色的邻硝基苯酚（ONP）。(　　) ③

答案：正确

13. 根据《水质　总大肠菌群、粪大肠菌群和大肠埃希氏菌的测定　酶底物法》（HJ 1001—2018）测定粪大肠菌群时，进行实验室空白测定，培养后的 97 孔定量盘有淡黄色，该次样品测定结果认定为有效。(　　) ③

答案：错误

正确答案为：不得有任何颜色反应，否则该次样品测定结果无效。

14. 根据《水质　总大肠菌群、粪大肠菌群和大肠埃希氏菌的测定　酶底物法》（HJ 1001—2018）测定大肠埃希氏菌时，经培养后的水样在暗处用波长为 365～366 nm 的紫外灯光照射，如果有蓝色荧光产生则表示有大肠埃希氏菌存在。(　　) ③

答案：正确

15. 根据《水质　总大肠菌群、粪大肠菌群和大肠埃希氏菌的测定　酶底物法》（HJ 1001—2018），在同一采样点进行分层采样时，应自下而上进行，以免不同层次的搅扰。(　　) ③

答案：错误

正确答案为：应自上而下进行。

16. 根据《水质　总大肠菌群、粪大肠菌群和大肠埃希氏菌的测定　酶底物法》（HJ 1001—2018），采用酶底物法可在 48 h 后计算水样中含有的总大肠菌群和大肠埃希氏菌的最可能数值。(　　) ③

答案：错误

正确答案为：24 h，如果结果可疑，可延长培养至 28 h 进行结果判读。

17. 根据《水质　总大肠菌群、粪大肠菌群和大肠埃希氏菌的测定　酶底物法》（HJ 1001—2018）测定水中总大肠菌群、粪大肠菌群和大肠埃希氏菌时，产生的废物经 121℃高压蒸汽灭菌 20 min 后，作为危险废物处理。(　　) ③

答案：错误

正确答案为：作为一般废物处理。

三、选择题

1. 根据《水质　总大肠菌群、粪大肠菌群和大肠埃希氏菌的测定　酶底物法》（HJ 1001—2018）测定粪大肠菌群，水样采集时，应________。(　　) ③

A. 不用样品洗涤，采集于非灭菌玻璃瓶　　B. 用样品洗涤，采集于灭菌玻璃瓶
C. 不用样品洗涤，采集于灭菌玻璃瓶　　D. 用样品洗涤，采集于聚乙烯瓶

答案：C

2. 根据《水质　总大肠菌群、粪大肠菌群和大肠埃希氏菌的测定　酶底物法》（HJ 1001—2018），样品采集后，应在________内检测，否则，应________，但不得超过________。（　　）③

A. 2 h，10℃以下冷藏，6 h　　B. 2 h，4℃以下冷藏，6 h
C. 6 h，10℃以下冷藏，2 h　　D. 6 h，4℃以下冷藏，2 h

答案：A

3. 根据《水质　总大肠菌群、粪大肠菌群和大肠埃希氏菌的测定　酶底物法》（HJ 1001—2018），采集河流、湖库等地表水样品时，可握住瓶子下部直接将带塞采样瓶插入水中，约距水面________cm 处，瓶口朝水流方向，拔瓶塞，使样品灌入瓶内然后盖上瓶塞，将采样瓶从水中取出。采样量一般为采样瓶容量的________左右。（　　）③

A. 10，60%　　B. 10～15，80%
C. 15，90%　　D. 15～20，80%

答案：B

4. 根据《水质　总大肠菌群、粪大肠菌群和大肠埃希氏菌的测定　酶底物法》（HJ 1001—2018）测定总大肠菌群和大肠埃希氏菌时，需要取 100 mL 水样，在________培养 24 h。（　　）③

A. 35℃ ±1℃　　B. 36℃ ±1℃　　C. 37℃ ±1℃　　D. 38℃ ±1℃

答案：C

四、问答题

根据《水质　总大肠菌群、粪大肠菌群和大肠埃希氏菌的测定　酶底物法》（HJ 1001—2018）进行测定时，质量保证和质量控制措施包括哪些？③

答案：（1）每批样品按对照试验进行空白对照测定，定期使用有证标准菌株进行阳性和阴性对照试验。（2）每 20 个样品或每批次样品（≤20 个 / 批）测定一个平行双样。（3）对每批次培养基须使用有证标准菌株进行培养基质量检验。（4）定期使用有证标准菌株 / 标准样品进行质量控制。

参考文献

[1] 生态环境部 . 水质　总大肠菌群、粪大肠菌群和大肠埃希氏菌的测定　酶底物法：HJ 1001—2018. 北京：中国环境出版集团，2018.

[2] 中华人民共和国卫生部，中国国家标准化管理委员会 . 生活饮用水标准检验方法　微生物指标：GB/T 5750.12—2016 [S]. 北京：中国环境科学出版社，2006.

命题：嵇晓燕
审核：李　波　夏　新

第四篇

土壤和沉积物

第一章　采样与制样

分类号：SO1

主要内容
①《土壤环境监测技术规范》（HJ/T 166—2004）
②《土壤检测　第 1 部分：土壤样品的采集、处理和贮存》（NY/T 1121.1—2006）
③《森林土壤样品的采集与制备》（LY/T 1210—1999）
④《森林土壤水和天然水样品的采集与保存》（LY/T 1212—1999）
⑤《土壤和沉积物　二噁英类的测定　同位素稀释高分辨气相色谱-高分辨质谱法》（HJ 77.4—2008）

一、填空题

1. 土壤混合样的采集方法主要有四种，即对角线法、棋盘式法、________和________。

答案：梅花点法　　蛇形法

2. 城市土壤环境质量对城市生态系统影响极大，由于其复杂性一般分两层采样监测，上层________cm 可能是回填土或受人为影响大的部分，下层________cm 为受人为影响相对较小部分。

答案：0～30　　30～60

3. 对土壤进行环境监测时，在正式采样前，一般需要进行________，采集一定数量的样品分析测定，为制订监测方案提供依据；正式采样测试后，发现布设的样点没有满足总体设计需要，则要进行________。

答案：前期采样　　补充采样

4. 供测定有机污染物的土壤或者底质样品，应该用________（材质）器具采样，采集的样品置于棕色、________（材质、容器）中，瓶口不要沾污，以保证磨口塞能塞紧。

答案：金属　　（磨口）玻璃瓶

二、判断题

1. 土壤采样的布点方法有简单随机法、分块随机法和系统随机法三种。（　　）

答案：正确

2. 采集区域环境背景土壤样品时，一般采集 0～30 cm 的表层土。（　　）

答案：错误

正确答案为：应采集 0～20 cm 的表层土。

3. 土壤样品风干室应具备如下条件：朝南（以方便阳光直射土壤样品），通风良好，整洁，无尘，无易挥发性化学物质。（　　）

答案：错误

正确答案为：应严防阳光直射土壤样品。

4. 土壤样品的风干操作为：在风干室将土样放置于风干盘中，摊成 2～3 cm 的薄层，适时地压碎、翻动，拣出碎石、沙砾和植物残体。(　　)

答案：正确

5. 采集土壤样品的质量一般不少于 500 g。(　　)

答案：正确

6. 土壤样品加工过程中，不用挑除草根和石块等非土部分，以使分析结果更符合实际组成。(　　)

答案：错误

正确答案为：土壤样品加工过程中，应挑除非土部分，使分析结果更能代表土壤本身的组成。

7. 土壤颜色可采用门塞尔比色卡比色，也可按土壤颜色三角表进行描述。(　　)

答案：正确

8. 根据《土壤和沉积物　二噁英类的测定　同位素稀释高分辨气相色谱-高分辨质谱法》(HJ 77.4—2008)，土壤和沉积物样品可采取风干和冷冻干燥两种方式进行干燥。(　　)

答案：正确

9. 根据《土壤和沉积物　二噁英类的测定　同位素稀释高分辨气相色谱-高分辨质谱法》(HJ 77.4—2008)，采集测定二噁英的土壤样品后，将样品装入密实袋中，袋里外各贴一张标签，标签上标注样品编号。(　　)

答案：错误

正确答案为：土壤样品采集后用锡箔纸包好装入密实袋中。

10. 根据《土壤和沉积物　二噁英类的测定　同位素稀释高分辨气相色谱-高分辨质谱法》(HJ 77.4—2008)，土壤及沉积物的采样器在采样前应用水清洗，避免采集的样品间交叉污染。(　　)

答案：错误

正确答案为：土壤及沉积物采样器在采样前应用水和有机溶剂清洗，避免交叉污染。

三、选择题

1. 区域环境背景土壤采样适宜的野外点是________。(　　)

A. 坡脚、洼地等具有从属景观特征地点

B. 地形相对平坦、稳定、植被良好地点

C. 城镇、住宅、道路及沟渠附近

答案：B

2. 土壤背景采样点离铁路、公路至少________m 以上。(　　)

A. 50　　B. 100　　C. 200　　D. 300

答案：D

3. 建设项目土壤环境影响评价监测采样中，非机械干扰土样的柱状样采样深度一般

为________cm。(　　)

A. 20　　B. 60　　C. 100　　D. 120

答案：C

4. 测试项目需要新鲜土壤样品时，采集后用可密封的聚乙烯或玻璃瓶容器盛装，并且________保存。(　　)

A. 室温避光　　B. 在 20℃以下　　C. 在 4℃以下

答案：C

5. 土壤监测误差可分为采样误差（SE）、制样误差（PE）和分析误差（AE）三类，通常情况下，________。(　　)

A. SE ＞ PE＜AE　　B. SE＜PE 或 PE ＞ AE

C. SE ＞ PE ＞ AE　　D. 都不是

答案：C

6. 分析土壤中挥发性和半挥发性有机污染物时，采集的样品应储存在________，且样品要________样品瓶。(　　)

A. 透明玻璃瓶，装满　　B. 棕色玻璃瓶，不装满

C. 透明玻璃瓶，不装满　　D. 棕色玻璃瓶，装满

答案：D

7. 在对水质、土壤等样品中进行有机污染物监测分析时，一般使用正己烷、苯、醚、乙酸乙酯或二氯甲烷等溶剂进行萃取，但________两种溶剂具有致癌性，为控制使用的溶剂。(　　)

A. 正己烷、苯　　B. 苯、二氯甲烷

C. 苯、乙酸乙酯　　D. 二氯甲烷、正己烷

答案：B

四、问答题

1. 土壤背景值指的是什么？

答案：土壤背景值是指很少受人类活动影响和不受或未明显受现代工业污染与破坏时，土壤原来固有的化学组成的元素含量水平。

2.《土壤环境监测技术规范》（HJ/T 166—2004）的适用范围是什么？

答案：《土壤环境监测技术规范》（HJ/T 166—2004）适用于全国土壤区域背景、农田土壤环境、建设项目土壤环境评价和土壤污染事故等类型的监测。

3. 根据《土壤环境监测技术规范》（HJ/T 166—2004），环境土壤监测的常规项目有哪些？

答案：常规项目包括基本项目和重点项目。基本项目有 pH 和阳离子交换量；重点项目有镉、铬、汞、砷、铅、铜、锌、镍、六六六和滴滴涕。

4. 简述液体倾翻污染型事故中，土壤监测现场采样的要点。

答案：（1）污染物向低洼处流动的同时向深度方向渗透，并向两侧横向方向扩散，采样点不少于 5 个。（2）每个点分层采样，事故发点周围样品点较密，采样深度较深，离事故发生点相对远处样点较疏，采样深度较浅。（3）要设定 2～3 个背

景对照点。（4）各点（层）取 1 kg 土样装入样品袋，有腐蚀性或要测定挥发性化合物时，改用广口瓶装样。含易分解有机物的待测定样品，采集后置于低温（冰箱）中，直至运送、移交到分析室。

五、计算题

1. 某区域农田土壤调查中，测得土壤中铜的含量为 75 mg/kg。已知土壤环境质量标准值一级为 35 mg/kg、二级为 100 mg/kg、三级为 400 mg/kg，土壤背景值为 25 mg/kg。则土壤单项污染指数是多少？土壤污染累积指数是多少？

答案：农田土壤执行二级标准：

土壤单项污染指数 = 土壤污染物实测值 / 土壤污染物质量标准 =75/100=0.75

土壤污染累积指数 = 土壤污染物实测值 / 污染物背景值 =75/25=3

2. 准确称取 0.5 g 风干的土壤样品到聚四氟乙烯坩埚中，经盐酸－硝酸－氢氟酸－高氯酸消解后，定容至 100 mL，用火焰原子吸收分光光度法测定，溶液中铜的浓度为 0.35 μg /mL，试计算该土壤样品中铜的含量。

答案：（0.35 × 100）/0.5=70（μg/g）=70（mg/kg）

参考文献

[1] 国家环境保护总局 . 土壤环境监测技术规范：HJ/T 166—2004 [S]. 北京：中国环境科学出版社，2004.

[2] 中华人民共和国农业部 . 土壤检测　第 1 部分：土壤样品的采集、处理和贮存：NY/T 1121.1—2006 [S]. 北京：中国标准出版社，2006.

[3] 国家林业局 . 森林土壤样品的采集与制备：LY/T 1210—1999 [S]. 北京：中国标准出版社，1999.

[4] 国家林业局 . 森林土壤水和天然水样品的采集与保存：LY/T 1212—1999 [S]. 北京：中国标准出版社，1999.

命题：刘国平　胡正生　张　颖　董广霞　夏　新

审题：陆泗进　李宗超　倪鹏程　史　箴　陈蓓蓓

第二章　重量法

第一节　基础知识

分类号：SO2-0

试题同“上册 W3-0”。

第二节　容重

分类号：SO2-1

主要内容
①《土壤检测　第 4 部分：土壤容重的测定》（NY/T 1121.4—2006）
② 容重　环刀法《全国土壤污染状况调查样品分析测试技术规定》（国家环境保护总局环发〔2006〕165 号）

一、判断题

1. 根据《土壤检测　第 4 部分：土壤容重的测定》（NY/T 1121.4—2006），环刀法测定土壤容重适用于所有类型土壤容重的测定。（　　）①

答案：错误

　　正确答案为：除坚硬和易碎的土壤外，适用于各类土壤容重的测定。

2. 根据《全国土壤污染状况调查样品分析测试技术规定》（国家环境保护总局环发〔2006〕165 号）中环刀法测定土壤容重，一般如只测定耕层土壤容重，则不必挖土壤剖面。（　　）②

答案：正确

3. 根据《全国土壤污染状况调查样品分析测试技术规定》（国家环境保护总局环发〔2006〕165 号）中环刀法测定土壤容重，应使用修土刀修平土壤剖面，并记录剖面的形态特征，按剖面层次，分层取样，每层重复 2 个。（　　）②

答案：错误

　　正确答案为：每层重复 3 个。

4. 根据《全国土壤污染状况调查样品分析测试技术规定》（国家环境保护总局环发〔2006〕165 号）和《土壤检测　第 4 部分：土壤容重的测定》（NY/T 1121.4—2006），环刀法测定土壤容重时，环刀托应套在环刀有刃的一端。（　　）①②

答案：错误

正确答案为： 环刀托应套在环刀无刃的一端。

5. 根据《全国土壤污染状况调查样品分析测试技术规定》（国家环境保护总局环发〔2006〕165号）和《土壤检测 第4部分：土壤容重的测定》（NY/T 1121.4—2006），环刀法测定土壤容重，取样时，应将环刀刃朝下，用力均衡地压环刀托把，将环刀斜压入土中。（ ）①②

答案： 错误

正确答案为： 将环刀垂直压入土中。

6. 根据《全国土壤污染状况调查样品分析测试技术规定》（国家环境保护总局环发〔2006〕165号）和《土壤检测 第4部分：土壤容重的测定》（NY/T 1121.4—2006），环刀法测定土壤容重，取样时，应使整个环刀全部压入土中，且土面即将触及环刀托的顶部（可由环刀托盖上之小孔窥见）时，停止压下。（ ）①②

答案： 正确

7. 根据《土壤检测 第4部分：土壤容重的测定》（NY/T 1121.4—2006），容重测定也可将装满土壤样品的环刀直接于120℃ ±2℃恒温干燥箱中烘至恒量，在1%精度天平上称量测定。（ ）②

答案： 错误

正确答案为： 于105℃ ±2℃恒温干燥箱中烘至恒量。

8. 土壤容重的数值大小是固定不变的，不受外界因素影响。（ ）①②

答案： 错误

正确答案为： 土壤容重的数值大小，受土壤质地、结构、有机质含量以及各种自然因素和人工管理措施的影响。

9. 根据《全国土壤污染状况调查样品分析测试技术规定》（国家环境保护总局环发〔2006〕165号）和《土壤检测 第4部分：土壤容重的测定》（NY/T 1121.4—2006），环刀法测定土壤容重的原理是：利用一定容积的环刀切割自然状态的土壤样品，使样品充满其中，称量后计算单位体积的烘干土样质量。（ ）①②

答案： 正确

10. 土壤容重的计算以烘干土计。（ ）①②

答案： 正确

二、选择题

1. 土壤容重的单位是________。（ ）①②

A. g/cm^3　　B. g/cm^2　　C. g/kg

答案： A

2. 土壤容重越小，说明土壤结构、透气透水性能________。（ ）①②

A. 越差　　B. 越好　　C. 无关

答案： B

3. 根据《全国土壤污染状况调查样品分析测试技术规定》（国家环境保护总局环发〔2006〕165号）和《土壤检测 第4部分：土壤容重的测定》（NY/T 1121.4—2006），环刀法测定土壤容重时，先在环刀内壁均匀涂一层薄薄的凡士林，按土壤

剖面层次，________用环刀在每层的________采样。(　　) ①②

A. 自上而下，中部　　B. 自上而下，底部

C. 自下而上，中部　　D. 自下而上，底部

答案：A

4. 刚耕翻的农地表层土壤容重________建筑工地夯实的土壤容重。(　　) ①②

A. 大于　　B. 小于　　C. 差不多

答案：B

参考文献

[1] 国家环境保护总局 . 全国土壤污染状况调查样品分析测试技术规定（环发〔2006〕165 号）. 2006.

[2] 中华人民共和国农业部 . 土壤检测　第 4 部分：土壤容重的测定：NY/T 1121.4—2006 [S]. 北京：中国标准出版社，2006.

[3] 黄昌勇 . 土壤学 [M]. 北京：中国农业出版社，2003.

命题：李　静　姜晓旭

审核：王　琳　李名升

第三节　石油类

分类号：SO2-2

> 主要内容
>
> 石油类　重量法《全国土壤污染状况调查样品分析测试技术规定》（国家环保总局环发〔2006〕165 号）

一、判断题

1. 根据《全国土壤污染状况调查样品分析测试技术规定》（国家环境保护总局环发〔2006〕165 号）中重量法测定土壤样品中石油类时，用于过滤操作的无水硫酸钠具有吸水干燥的作用，其完全干燥的情况下为粉末状，当其已经结为块状应弃置。(　　)

答案：正确

2. 根据《全国土壤污染状况调查样品分析测试技术规定》（国家环境保护总局环发〔2006〕165 号）测定土壤样品中石油类时，可用石油醚萃取氯仿提取物后，用重量法或非分散红外光度法测定非皂化物总量。(　　)

答案：正确

3. 根据《全国土壤污染状况调查样品分析测试技术规定》（国家环境保护总局环发〔2006〕165 号）中重量法测定土壤样品中石油类时，可选用机油或重柴油制备标准贮备液。(　　)

答案：正确

4. 根据《全国土壤污染状况调查样品分析测试技术规定》（国家环境保护总局环发〔2006〕165 号）中重量法测定土壤样品中石油类时，做标准贮备液的机油为 20 号

机油。(　　)

答案：错误

　　正确答案为：为 15 号机油。

5. 根据《全国土壤污染状况调查样品分析测试技术规定》(国家环境保护总局环发〔2006〕165 号)中重量法测定土壤样品中石油类，制备标准贮备液时，用二硫化碳溶解并定容。(　　)

答案：错误

　　正确答案为：用四氯化碳溶解并定容。

6. 根据《全国土壤污染状况调查样品分析测试技术规定》(国家环境保护总局环发〔2006〕165 号)中重量法测定土壤样品中石油类时，氯仿提取物的制备过程中，需要准确称取土壤样品、加氯仿摇匀后放置过夜。(　　)

答案：正确

7. 根据《全国土壤污染状况调查样品分析测试技术规定》(国家环境保护总局环发〔2006〕165 号)中重量法测定土壤样品中石油类时，氯仿提取物的制备过程中，土壤样品的氯仿混合液需要于 50～55℃水浴上 2 次热浸后过滤。(　　)

答案：错误

　　正确答案为：需要于水浴上多次热浸后过滤。

二、选择题

1. 根据《全国土壤污染状况调查样品分析测试技术规定》(国家环境保护总局环发〔2006〕165 号)中重量法测定土壤样品中石油类时，所用无水硫酸钠需在高温炉内________℃加热________h，冷却后装入磨口玻璃瓶中。(　　)

A. 105±5，4　　B. 105±5，3

C. 105±5，2　　D. 300，2

答案：D

2. 根据《全国土壤污染状况调查样品分析测试技术规定》(国家环境保护总局环发〔2006〕165 号)中重量法测定土壤样品中石油类时，氯仿提取物的制备过程中，在土壤样品中加入氯仿、水浴上热浸并过滤、水浴上通氮气或通风浓缩至干、于________℃烘干后称重，增加的重量即为氯仿提取物。(　　)

A. 50～55　　B. 55～58　　C. 50～60　　D. 60～70

答案：D

参考文献

[1] 国家环境保护总局．全国土壤污染状况调查样品分析测试技术规定(环发〔2006〕165 号). 2006.

[2]《环境监测分析方法》编写组．环境监测分析方法 [M]. 北京：中国环境出版社，1983.

命题：李旭冉　王　琳

审核：王　琳　夏　新

第四节 水分

分类号：SO2-3

主要内容
①《土壤水分测定法》（NY/T 52—1987）
②《土壤 干物质和水分的测定 重量法》（HJ 613—2011）
③《森林土壤含水量的测定》（LY/T 1213—1999）
④《森林土壤水分-物理性质的测定》（LY/T 1215—1999）

一、判断题

1.《土壤 干物质和水分的测定 重量法》（HJ 613—2011）适用于所有类型土壤中干物质和水分的测定。（ ）②

答案：正确

2.《土壤 干物质和水分的测定 重量法》（HJ 613—2011）中规定，烘干新鲜潮湿土壤所用的具盖容器的容积应为 25～100 mL。（ ）②

答案：错误

正确答案为：用于烘干新鲜潮湿土壤时容积应至少为 100 mL。

3.《森林土壤水分-物理性质的测定》（LY/T 1215—1999）中包括土壤密度、最大持水量和毛管持水量等一系列物理性质，但不包括田间持水量的测定。（ ）④

答案：错误

正确答案为：包括田间持水量的测定。

4. 根据《森林土壤含水量的测定》（LY/T 1213—1999）测定土壤样品中水量时，称取风干的土壤样品 20 g，放入铝盒中烘至恒重。（ ）③

答案：错误

正确答案为：称取自然湿土样品 20 g，放入铝合金中烘至恒重。

5.《土壤水分测定法》（NY/T 52—1987）适用于测定所有类型土壤中水分含量。（ ）①

答案：错误

正确答案为：该方法适用于测定除石膏性土壤和有机土（含有机质 20% 以上的土壤）以外的各类土壤的水分含量。

6.《森林土壤水分-物理性质的测定》（LY/T 1215—1999）中测定土壤样品中水分采用的是环刀法。（ ）④

答案：正确

二、选择题

1.《土壤 干物质和水分的测定 重量法》（HJ 613—2011）中的恒重指的是样品烘干后，再以________h 烘干时间间隔对冷却后的样品进行两次连续称重，前后差值不

超过最终测定质量的________%，此时的重量即为恒重。(　　)②

A. 4，0.2　　B. 6，0.2　　C. 4，0.1　　D. 6，0.1

答案：C

2. 根据《土壤　干物质和水分的测定　重量法》(HJ 613—2011)进行测定时，样品需过________mm筛。(　　)②

A. 1　　B. 2　　C. 5

答案：B

3. 根据《土壤　干物质和水分的测定　重量法》(HJ 613—2011)进行测定时，要求风干土壤样品称取________ g。(　　)②

A. 10～15　　B. 15～30　　C. 20～30　　D. 30～40

答案：A

4. 根据《土壤　干物质和水分的测定　重量法》(HJ 613—2011)进行测定时，要求新鲜土样称取________ g。(　　)②

A. 10～15　　B. 15～30　　C. 20～30　　D. 30～40

答案：D

5.《土壤水分测定法》(NY/T 52—1987)要求，称取适量土壤样品后，置于已预热至105℃ ±2℃的烘箱中烘烤，风干土样烘烤________h，新鲜土样烘烤________h。(　　)①

A. 12，12　　B. 12，6　　C. 6，12

答案：C

6. 土壤的水分含量是指在________℃下从土壤中蒸发的水的质量占干物质量的质量百分比。(　　)①②③④

A. 100　　B. 105　　C. 110　　D. 115

答案：B

参考文献

[1] 国家林业局 . 森林土壤含水量的测定：LY/T 1213—1999 [S]. 北京：中国标准出版社，1999.

[2] 国家林业局 . 森林土壤水分 - 物理性质的测定：LY/T 1215—1999 [S]. 北京：中国标准出版社，1999.

[3] 环境保护部 . 土壤　干物质和水分的测定　重量法：HJ 613—2011 [S]. 北京：中国环境科学出版社，2011.

[4] 国家标准局 . 土壤　水分测定法：NY/T 52—1987 [S]. 北京：中国标准出版社，1987.

命题：李　静　王晓斐　李名升

审核：王　琳　赵晓军　董广霞

第五节　水溶性和酸溶性硫酸盐

分类号：SO2-4

主要内容
《土壤　水溶性和酸溶性硫酸盐的测定　重量法》(HJ 635—2012)

一、判断题

1. 根据《土壤　水溶性和酸溶性硫酸盐的测定　重量法》(HJ 635—2012)测定时，过滤后的提取液如不能及时测定，应贮存于玻璃瓶或聚乙烯瓶中，样品瓶应完全隔绝空气，以防止硫化物和亚硫酸盐的氧化。(　　)

答案：正确

2. 根据《土壤　水溶性和酸溶性硫酸盐的测定　重量法》(HJ 635—2012)测定时，若提取液中的硝酸根大于 100 mg/L，会产生负干扰。(　　)

答案：错误

正确答案为：产生正干扰。

3. 根据《土壤　水溶性和酸溶性硫酸盐的测定　重量法》(HJ 635—2012)测定时，若试样量为 50.0 g，采用 100 mL 水提取，方法检出限为 50.0 mg/kg。(　　)

答案：错误

正确答案为：20.0 mg/kg。

4.《土壤　水溶性和酸溶性硫酸盐的测定　重量法》(HJ 635—2012)适用于新鲜土壤中水溶性和酸溶性硫酸盐的测定。(　　)

答案：错误

正确答案为：该方法适用于风干土壤中水溶性和酸溶性硫酸盐的测定。

二、选择题

1.《土壤　水溶性和酸溶性硫酸盐的测定　重量法》(HJ 635—2012)中酸溶性硫酸盐是指土壤中能够被________的 6 mol/L 盐酸所提取的硫酸盐。(　　)

A. 1∶10　　B. 1∶5　　C. 1∶50

答案：C

2. 根据《土壤　水溶性和酸溶性硫酸盐的测定　重量法》(HJ 635—2012)测定时，用去离子水或稀盐酸提取土壤中的硫酸盐后，提取液经________滤纸过滤。(　　)

A. 慢速定量　　B. 中速定量　　C. 定性

答案：A

3. 根据《土壤　水溶性和酸溶性硫酸盐的测定　重量法》(HJ 635—2012)测定土壤中水溶性和酸溶性硫酸盐时，样品中的硫化物对测定产生________。(　　)

A. 负干扰　　B. 正干扰　　C. 无干扰

答案：B

4. 根据《土壤　水溶性和酸溶性硫酸盐的测定　重量法》（HJ 635—2012）测定时，要求过滤后收集的所有提取液体积不应超过________mL。（　　）

A. 100　　B. 150　　C. 200

答案：C

5. 根据《土壤　水溶性和酸溶性硫酸盐的测定　重量法》（HJ 635—2012）测定时，提取液经过滤后，加入氯化钡溶液，冷却后放置于________℃恒温箱内沉淀过夜。（　　）

A. 20±1　　B. 37±0.5　　C. 50±10

答案：C

6. 根据《土壤　水溶性和酸溶性硫酸盐的测定　重量法》（HJ 635—2012），过滤后的提取液如不能及时测定，应贮存于玻璃瓶或聚乙烯瓶中，在 2～5℃下保存时间不超过________。（　　）

A. 3 d　　B. 1 周　　C. 15 d

答案：B

7. 根据《土壤　水溶性和酸溶性硫酸盐的测定　重量法》（HJ 635—2012）测定时，提取液中的铬酸根离子浓度大于________mg/L 时产生负干扰。（　　）

A. 10　　B. 50　　C. 100

答案：A

参考文献

环境保护部 . 土壤　水溶性和酸溶性硫酸盐的测定　重量法：HJ 635—2012 [S]. 北京：中国环境科学出版社，2012.

命题：李　静　王晓斐
审核：王　琳　夏　新　张佟佟

第六节　水溶性盐（全盐量）

分类号：SO2-5

主要内容
①土壤中可溶性盐分的测定重量法《农业环境监测实用手册》
②《土壤检测　第 16 部分：土壤水溶性盐总量的测定》（NY/T 1121.16—2006）

一、判断题

1. 根据《农业环境监测实用手册》和《土壤检测　第 16 部分：土壤水溶性盐总量的测定》（NY/T 1121.16—2006）中重量法测定土壤中的可溶性盐分时，吸取一定量的土壤待测液，经蒸干后，称得的重量即为可溶性盐分总量。（　　）①②

答案：错误

正确答案为： 吸取一定量的土壤待测液，经蒸干后，称得的重量为烘干残渣总量。

2. 根据《农业环境监测实用手册》和《土壤检测　第 16 部分：土壤水溶性盐总量的测定》（NY/T 1121.16—2006）中重量法测定土壤中的可溶性盐分时，水土比例大小直接影响土壤可溶性盐分的提取，因此提取的水土比例不要随便更改，否则分析结果无法对比。(　　) ①②

答案： 正确

3. 根据《农业环境监测实用手册》和《土壤检测　第 16 部分：土壤水溶性盐总量的测定》（NY/T 1121.16—2006）中重量法测定土壤中的可溶性盐分时，振荡和放置的时间对分析结果无影响。(　　) ①②

答案： 错误

正确答案为： 振荡和放置时间越长，对可溶性盐分的分析结果误差越大。

4. 根据《农业环境监测实用手册》和《土壤检测　第 16 部分：土壤水溶性盐总量的测定》（NY/T 1121.16—2006）中重量法测定土壤中的可溶性盐分时，过滤时应尽可能快速，对质地黏重或碱化度高的土壤，用巴氏滤管抽气过滤。(　　) ①②

答案： 正确

5. 根据《农业环境监测实用手册》和《土壤检测　第 16 部分：土壤水溶性盐总量的测定》（NY/T 1121.16—2006）中重量法测定土壤中的可溶性盐分时，要求实验用水为蒸馏水。(　　) ①②

答案： 错误

正确答案为： 必须使用无二氧化碳的蒸馏水。

6. 根据《农业环境监测实用手册》和《土壤检测　第 16 部分：土壤水溶性盐总量的测定》（NY/T 1121.16—2006）中重量法测定土壤中的可溶性盐分时，加过氧化氢去除有机质时，要一次加到残渣完全变白为止。(　　) ①②

答案： 错误

正确答案为： 必须少量多次地反复处理，直到残渣完全变白为止。

7. 根据《土壤检测　第 16 部分：土壤水溶性盐总量的测定》（NY/T 1121.16—2006）中重量法测定土壤中可溶性盐分时，全盐量含量越大，其平行测定结果允许相对差越小。(　　) ②

答案： 正确

8. 根据《农业环境监测实用手册》和《土壤检测　第 16 部分：土壤水溶性盐总量的测定》（NY/T 1121.16—2006）中重量法测定土壤中可溶性盐分时，当溶液接近蒸干时应注意温度不能过高，否则，因沸腾使溶液遭到损失，在水浴上蒸干可避免这种现象。(　　) ①②

答案： 正确

9. 根据《土壤检测　第 16 部分：土壤水溶性盐总量的测定》（NY/T 1121.16—2006）中重量法测定土壤中可溶性盐分时，可采用加入 10 mL 2%～4% 的碳酸钠溶液的方法，以去除钙、镁氯化物吸湿水解和钙、镁的硫酸盐中含结晶水的误差，所加入的碳酸钠量应从盐分总量中减去。(　　) ②

答案：正确

二、选择题

1. 根据《农业环境监测实用手册》和《土壤检测 第16部分：土壤水溶性盐总量的测定》（NY/T 1121.16—2006）中重量法测定土壤中的可溶性盐分时，对恒重的要求是：两次重量相差小于________g。（ ）①②

A. 0.000 3　　B. 0.000 5　　C. 0.000 2

答案：A

2. 根据《农业环境监测实用手册》和《土壤检测 第16部分：土壤水溶性盐总量的测定》（NY/T 1121.16—2006）中重量法测定土壤中的可溶性盐分时，吸取待测液的数量依盐分多少而定，保持盐分含量在________g。（ ）①②

A. 0.01～0.1　　B. 0.05～0.5　　C. 0.02～0.2

答案： C

3. 根据《农业环境监测实用手册》和《土壤检测 第16部分：土壤水溶性盐总量的测定》（NY/T 1121.16—2006）中重量法测定土壤中的可溶性盐分时，一般采用的水土比为________。（ ）①②

A. 10∶1　　B. 5∶1　　C. 50∶1

答案： B

4. 根据《农业环境监测实用手册》和《土壤检测 第16部分：土壤水溶性盐总量的测定》（NY/T 1121.16—2006）中重量法测定土壤中的可溶性盐分时，当全盐量含量＜0.5 g/kg，其平行测定结果允许相对差为________%。（ ）①②

A. ＜10　　B. ＜15　　C. ＜20

答案： C

三、问答题

根据《农业环境监测实用手册》和《土壤检测 第16部分：土壤水溶性盐总量的测定》（NY/T 1121.16—2006）中重量法测定土壤中的可溶性盐分时，为什么吸取待测液的数量应依盐分的多少而定。①②

答案：因为待测液内含盐分过多会因某些盐类吸水，不易称至恒重；含盐分过少则误差太大。

参考文献

[1] 刘凤枝．农业环境监测实用手册[M]．北京：中国标准出版社，2001.

[2] 中华人民共和国农业部．土壤检测 第16部分：土壤水溶性盐总量的测定：NY/T 1121.16—2006[S]．北京：中国标准出版社，2006.

命题：林 冬 李 静 陆泗进
审核：杨 楠 王 琳 夏 新

第三章　电化学法

第一节　基础知识

分类号：SO3-0

试题同“上册 W4-0”。

第二节　pH

分类号：SO3-1

主要内容
①《土壤检测　第 2 部分：土壤 pH 的测定》（NY/T 1121.2—2006）
②《土壤　pH 值的测定　电位法》（HJ 962—2018）
③《土壤 pH 的测定》（NY/T 1377—2007）
④《森林土壤 pH 值的测定》（LY/T 1239—1999）

一、判断题

1. 根据《森林土壤 pH 值的测定》（LY/T 1239—1999）、《土壤检测　第 2 部分：土壤 pH 的测定》（NY/T 1121.2—2006）、《土壤 pH 的测定》（NY/T 1377—2007）和《土壤 pH 值的测定　电位法》（HJ 962—2018）测定土壤 pH 时，称取一定量风干试样，然后按规定比例加入浸提液，用玻璃棒充分搅拌均匀后，立即测定。（　　）①②③④

答案： 错误

　　正确答案为： 充分搅拌均匀后，放置一定时间后测定。

2. 根据《森林土壤 pH 值的测定》（LY/T 1239—1999）、《土壤检测　第 2 部分：土壤 pH 的测定》（NY/T 1121.2—2006）、《土壤 pH 的测定》（NY/T 1377—2007）和《土壤 pH 值的测定　电位法》（HJ 962—2018）测定土壤 pH 时，要将电极充分插入试样底部。（　　）①②③④

答案： 错误

　　正确答案为： 要将电极插入试样悬液中。

3. 根据《土壤　pH 值的测定　电位法》（HJ 962—2018）测定土壤 pH 时，为防止空气中氨、二氧化碳及酸碱性气体的影响，土壤样品应贮存在密闭玻璃瓶中。（　　）②

答案： 正确

4. 根据《森林土壤 pH 值的测定》（LY/T 1239—1999）测定土壤 pH 时，对于缓冲性弱和 pH 较高的土壤来说，pH 玻璃电极插入试样后不需要轻微摇动。（　　）④

答案：错误

正确答案为：pH 玻璃电极插入试样后应轻微摇动，以除去玻璃表面的水膜，加速平衡，这对于缓冲性弱和 pH 较高的土壤尤为重要。

5. 根据《土壤 pH 的测定》（NY/T 1377—2007）测定土壤 pH 时，试样溶液的温度与标准缓冲溶液的温度之差不应超过 2℃。（　　）③

答案：错误

正确答案为：试样溶液的温度与标准缓冲溶液的温度之差不应超过 1℃。

6. 根据《森林土壤 pH 值的测定》（LY/T 1239—1999）测定土壤 pH 时，浸提液 0.01 mol/L 氯化钙溶液的配制方法为：吸取 1.0 mol/L 氯化钙溶液 10 mL 于 500 mL 烧杯中，加 400 mL 水，用少量氢氧化钙或盐酸调节 pH 为 7 左右，然后定容至 1 L。（　　）④

答案：错误

正确答案为：用少量氢氧化钙或盐酸调节 pH 为 6 左右。

7. 根据《森林土壤 pH 值的测定》（LY/T 1239—1999）、《土壤检测　第 2 部分：土壤 pH 的测定》（NY/T 1121.2—2006）、《土壤 pH 的测定》（NY/T 1377—2007）和《土壤　pH 值的测定　电位法》（HJ 962—2018）测定土壤 pH 时，土壤磨得越细越好。（　　）①②③④

答案：错误

正确答案为：土壤不宜磨得过细。

8. 根据《森林土壤 pH 值的测定》（LY/T 1239—1999）、《土壤检测　第 2 部分：土壤 pH 的测定》（NY/T 1121.2—2006）、《土壤 pH 的测定》（NY/T 1377—2007）和《土壤 pH 值的测定　电位法》（HJ 962—2018）测定土壤 pH 时，加入浸提剂后的平衡时间对测得的土壤 pH 是有影响的，但与土壤的类型无关。（　　）①②③④

答案：错误

正确答案为：平衡时间随土壤类型而异。

9. 根据《森林土壤 pH 值的测定》（LY/T 1239—1999）、《土壤检测　第 2 部分：土壤 pH 的测定》（NY/T 1121.2—2006）、《土壤 pH 的测定》（NY/T 1377—2007）和《土壤　pH 值的测定　电位法》（HJ 962—2018）测定土壤 pH 时，风干土壤和潮湿土壤测得 pH 有差异。（　　）①②③④

答案：正确

10. 根据《土壤检测　第 2 部分：土壤 pH 的测定》（NY/T 1121.2—2006）测定土壤水浸 pH 时，要求称取风干试样，加水后使土液比为 1∶2。（　　）①

答案：错误

正确答案为：加水后使土液比为 1∶2.5。

11. 根据《土壤　pH 值的测定　电位法》（HJ 962—2018）测定土壤 pH 时，可以使用 1 种、2 种或多种标准缓冲溶液对 pH 计进行校准。（　　）②

答案：错误

正确答案为：至少使用两种标准缓冲溶液对 pH 计进行校准。

12. 根据《土壤　pH 值的测定　电位法》（HJ 962—2018），对 pH 计进行校准时，仪器示值与标准缓冲溶液的 pH 相差应≤0.05 个 pH 单位，否则应重新校准。(　　) ②

答案：错误

正确答案为：仪器示值与标准缓冲溶液的 pH 相差应≤0.02 个 pH 单位。

二、选择题

1. 根据《森林土壤 pH 值的测定》（LY/T 1239—1999）测定土壤 pH 时，应选用________作为酸性土壤的浸提液。(　　) ④

A. 无二氧化碳的水　B. 1 mol/L 氯化钾　C. 0.01 mol/L 氯化钙

答案：B

2. 根据《森林土壤 pH 值的测定》（LY/T 1239—1999）测定土壤 pH 时，应选用________作为中性、石灰性或碱性土壤的浸提液。(　　) ④

A. 无二氧化碳的水　B. 1 mol/L 氯化钾　C. 0.01 mol/L 氯化钙

答案：C

3. 根据《森林土壤 pH 值的测定》（LY/T 1239—1999）测定一般土壤 pH 时，浸提液应选用________。(　　) ④

A. 无二氧化碳的水　B. 1 mol/L 氯化钾　C. 0.01 mol/L 氯化钙

答案：A

4. 根据《土壤中 pH 的测定》（NY/T 1377—2007）测定土壤 pH 时，浸提用水 pH 和电导率应符合 GB/T 6682 规定的至少________的规格，并应除去二氧化碳。(　　) ③

A. 一级　B. 二级　C. 三级

答案：C

5. 根据《森林土壤 pH 值的测定》（LY/T 1239—1999）测定土壤 pH 时，一般情况下浸提液与土壤样品之比为________（液：固），盐土比为________（液：固），对于枯枝落叶层及泥炭层比为________（液：固）。(　　) ④

A. 10：1，2.5：1，5：1　B. 2.5：1，10：1，5：1

C. 2.5：1，5：1，10：1

答案：C

6. 根据《森林土壤 pH 值的测定》（LY/T 1239—1999）、《土壤检测　第 2 部分：土壤 pH 的测定》（NY/T 1121.2—2006）、《土壤 pH 的测定》（NY/T 1377—2007）和《土壤　pH 值的测定　电位法》（HJ 962—2018）测定土壤 pH 时，土样风干后应过________mm 筛。①②③④

A. 10　B. 5　C. 2

答案：C

7. 根据《森林土壤 pH 值的测定》（LY/T 1239—1999）测定土壤 pH 时，两次称样平行测定结果允许差为________ pH；室内严格掌握测定条件和方法时，精密 pH 计的允许差可降至________ pH。(　　) ④

A. 0.01，0.1　B. 0.1，0.02　C. 0.01，0.01

答案：B

8. 根据《土壤 pH 值的测定 电位法》（HJ 962—2018）测定土壤 pH 时，对于石灰性土壤，由于风干作用使土壤中大量二氧化碳逸失，若以风干土的 pH 为相对值，其 pH________。（ ）②

A. 增高　　B. 降低　　C. 不变

答案：A

9. 根据《土壤 pH 值的测定 电位法》（HJ 962—2018）测定土壤 pH 时，结果表示方法正确的是________。（ ）②

A. pH=1.05　　B. pH=6.05　　C. pH=7　　D. pH=13.52

答案：B

10. 根据《土壤 pH 值的测定 电位法》（HJ 962—2018）测定土壤 pH 时，前处理过程中用磁力搅拌器或用水平振荡器剧烈振荡________，静置________，在________完成测定。（ ）②

A. 5 min，30 min，2 h　　B. 2 min，30 min，30 min

C. 2 min，30 min，1 h

答案：C

11. 根据《土壤 pH 值的测定 电位法》（HJ 962—2018）测定土壤 pH 时，控制试样的温度为________℃，与标准缓冲溶液的温度之差不能超过________℃。（ ）②

A. 25±1，1　　B. 25±1，2

C. 20±1，1　　D. 20±1，2

答案：B

12. 根据《土壤 pH 值的测定 电位法》（HJ 962—2018）测定土壤 pH 时，要将电极插入试样的悬浊液，电极探头浸入液面下悬浊液垂直深度的________处，轻轻摇动试样。（ ）②

A. 1/3～2/3　　B. 1/2～2/3　　C. 1/4～1/3

答案：A

13. 根据《土壤 pH 值的测定 电位法》（HJ 962—2018），用于校准的两种标准缓冲溶液，其中一种标准缓冲溶液与土壤 pH 相差不超过________个 pH 单位。（ ）②

A. 1　　B. 2　　C. 3

答案：B

14. 根据《土壤 pH 值的测定 电位法》（HJ 962—2018），每批样品应至少测定 10% 的平行双样，每批少于 10 个样品时，应至少测定 1 组平行双样，两次平行测定结果的允许差值为________个 pH 单位。（ ）②

A. 0.1　　B. 0.2　　C. 0.3

答案：C

参考文献

[1] 国家林业局 . 森林土壤 pH 值的测定：LY/T 1239—1999 [S]. 北京：中国标准出版社，1999.

[2] 中华人民共和国农业部 . 土壤检测　第 2 部分：土壤 pH 的测定：NY/T 1121.2—2006 [S]. 北京：中国标准出版社，2006.
[3] 中华人民共和国农业部 . 土壤 pH 的测定：NY/T 1377—2007 [S]. 北京：中国标准出版社，2007.
[4] 生态环境部 . 土壤 pH 值的测定　电位法：HJ 962—2018 [S]. 北京：中国环境出版集团，2018.

命题：于晓青　张亚尼　王　琳　李　静
审核：杨　楠　郭晶晶　张榆霞　王晓斐

第三节　氟化物

分类号：SO3-2

主要内容
①《土壤质量　氟化物的测定　离子选择电极法》（GB/T 22104—2008）
②《土壤　水溶性氟化物和总氟化物的测定　离子选择电极法》（HJ 873—2017）

一、填空题

1. 根据《土壤质量　氟化物的测定　离子选择电极法》（GB/T 22104—2008）测定土壤中的氟化物时，方法检出限为________ μg。①

答案：2.5

2. 根据《土壤质量　氟化物的测定　离子选择电极法》（GB/T 22104—2008）测定土壤中的氟化物时，若样品组分很复杂，可采用一次标准加入法，以便减小________的影响。但需注意，加入到未知试样中的标准溶液的量，应不使溶液体系的离子浓度发生较大变化，加入的体积为样品试液的________% 左右，且使点位的改变⊿E 在________mV。①

答案：基体　　1　　30～40

3. 根据《土壤质量　氟化物的测定　离子选择电极法》（GB/T 22104—2008）和《土壤　水溶性氟化物和总氟化物的测定　离子选择电极法》（HJ 873—2017）测定土壤中的氟化物时，土壤试样的"全分解"方法就是把土壤的________彻底破坏，使土壤中的全部________进入试样溶液中。①②

答案：矿物晶格　　待测元素

4. 根据《土壤　水溶性氟化物和总氟化物的测定　离子选择电极法》（HJ 873—2017）测定土壤中的氟化物时，水溶性氟化物用________提取，总氟化物用________法提取。②

答案：水　　碱熔融

5. 根据《土壤　水溶性氟化物和总氟化物的测定　离子选择电极法》（HJ 873—2017）测定土壤中的氟化物时，当称样量为 5.0 g，试样移取量为 40.0 mL 时，水溶性氟化物的方法检出限为________mg/kg；当称样量为 0.2 g，试样移取量为 20.0 mL 时，总氟化物的方法检出限为________mg/kg。②

答案：0.7　　63

6. 根据《土壤　水溶性氟化物和总氟化物的测定　离子选择电极法》（HJ 873—2017）测定土壤中的氟化物时，Al^{3+}、Fe^{3+}、Ca^{2+}、Mg^{2+} 等金属离子易与氟离子形成络合物，对测定结果产生________（正或负）干扰，加入________可消除干扰。②

答案：负　　总离子强度调节缓冲溶液

二、判断题

1. 根据《土壤质量　氟化物的测定　离子选择电极法》（GB/T 22104—2008）测定土壤中的氟化物时，常见的 Al^{3+} 和 Fe^{3+} 等阳离子对测定有严重干扰，但是阴离子对测定无干扰。（　　）①

答案：错误

　　正确答案为：阴离子 OH^- 是氟电极的重要干扰离子，因为氟电极对 F^- 的选择能力只比 OH^- 大近 10 倍。

2. 根据《土壤质量　氟化物的测定　离子选择电极法》（GB/T 22104—2008）和《土壤　水溶性氟化物和总氟化物的测定　离子选择电极法》（HJ 873—2017）测定土壤中的氟化物时，离子选择电极法测定的是游离氟离子。（　　）①②

答案：正确

3. 根据《土壤质量　氟化物的测定　离子选择电极法》（GB/T 22104—2008）和《土壤　水溶性氟化物和总氟化物的测定　离子选择电极法》（HJ 873—2017）测定土壤中的氟化物时，通常氟离子浓度越大，所需平衡时间越长。（　　）①②

答案：错误

　　正确答案为：通常氟离子浓度越稀，所需平衡时间越长。

4. 根据《土壤质量　氟化物的测定　离子选择电极法》（GB/T 22104—2008）测定土壤中的氟化物时，常见的 Al^{3+} 和 Fe^{3+} 等阳离子对测定有严重干扰，Ca^{+} 和 Mg^{+} 等阳离子也有一定干扰，其干扰程度取决于这些离子的种类和浓度，氟化物的浓度和溶液的 pH。（　　）①

答案：正确

5. 根据《土壤质量　氟化物的测定　离子选择电极法》（GB/T 22104—2008）测定土壤中的氟化物时，为了减少分析试液各离子浓度和活度之间的差异所造成的误差，加入总离子强度缓冲液是必不可少的，通常采用高浓度的氯化钠和钛铁试剂作为络合剂。（　　）①

答案：错误

　　正确答案为：通常采用高浓度的柠檬酸钠和钛铁试剂作为络合剂。

6. 根据《土壤质量　氟化物的测定　离子选择电极法》（GB/T 22104—2008）测定土壤中的氟化物，测量时在搅拌状态下平衡 1 min 后读数。（　　）①

答案：错误

　　正确答案为：测量时在搅拌状态下平衡 3 min 读数。

7. 根据《土壤质量　氟化物的测定　离子选择电极法》（GB/T 22104—2008）和《土壤　水溶性氟化物和总氟化物的测定　离子选择电极法》（HJ 873—2017）采取碱

熔法测定时，开始温度不宜过高，应采取程序升温的熔融方法，如果需要隔夜再操作，需要将炉温降至 300℃以下，否则过多延长熔融时间，样品熔融反应剧烈易出现爆沸外溢的现象，影响分析结果的精密度、准确度。(　　) ①②

答案：正确

8. 根据《土壤　水溶性氟化物和总氟化物的测定　离子选择电极法》(HJ 873—2017)测定土壤中的水溶性氟化物和总氟化物时，测量前应使样品达到室温，标准系列和试样应在相同环境下测定，电极测定温度波动不得超过 1℃。(　　) ②

答案：正确

9. 根据《土壤　水溶性氟化物和总氟化物的测定　离子选择电极法》(HJ 873—2017)测定土壤中的总氟化物时，准确称取过 0.149 mm (100 目) 筛的土壤样品 0.2 g，精确至 0.000 2 g。(　　) ②

答案：错误

正确答案为：精确至 0.000 1 g。

10. 根据《土壤　水溶性氟化物和总氟化物的测定　离子选择电极法》(HJ 873—2017)测定土壤中的水溶性氟化物时，超声提取过程中，水浴液面应不低于提取液面，水浴温度过高时可加入冰水或冰袋降温。(　　) ②

答案：正确

11. 根据《土壤　水溶性氟化物和总氟化物的测定　离子选择电极法》(HJ 873—2017)测定土壤中的总氟化物时，样品消解并冷却后，立即转移至 100 mL 比色管中，缓慢加入盐酸溶液，混匀后用水稀释至标线，摇匀静置。(　　) ②

答案：错误

正确答案为：冷却后取出，用热水 (80～90℃) 溶解，全部转移至烧杯中，溶液冷却后全部转入 100 mL 比色管中，缓慢加入盐酸溶液。

三、选择题

1. 根据《土壤质量　氟化物的测定　离子选择电极法》(GB/T 22104—2008) 中规定，准确称取过________ mm 筛的土壤样品 0.2 g，准确至________ g。(　　) ①

A. 0.25，0.000 5　　B. 0.149，0.000 5　　C. 0.25，0.000 2　　D. 0.149，0.000 2

答案：D

2. 根据《土壤质量　氟化物的测定　离子选择电极法》(GB/T 22104—2008) 和《土壤　水溶性氟化物和总氟化物的测定　离子选择电极法》(HJ 873—2017)，土壤样品全程序试剂空白溶液的测定，是按照与土壤样品________的操作步骤进行的。(　　) ①②

A. 不同　　B. 相近　　C. 相同

答案：C

3. 根据《土壤质量　氟化物的测定　离子选择电极法》(GB/T 22104—2008) 测定土壤中氟化物和《土壤　水溶性氟化物和总氟化物的测定　离子选择电极法》(HJ 873—2017) 测定土壤中的总氟化物时，将制备好的样品试液加入 1～2 滴溴甲酚紫指示剂，边摇边逐滴加入盐酸溶液，直至溶液由________刚变为________为止。(　　)

①②

A. 蓝紫色，黄色　　B. 紫色，蓝色　　C. 蓝色，无色

答案：A

4. 根据《土壤质量　氟化物的测定　离子选择电极法》(GB/T 22104—2008)测定土壤中的氟化物和《土壤　水溶性氟化物和总氟化物的测定　离子选择电极法》(HJ 873—2017)测定土壤中的总氟化物时，消解样品时马弗炉的温度控制在________℃。(　　)①②

A. 400～500　　B. 500～600　　C. 600～700

答案：B

5. 根据《土壤质量　氟化物的测定　离子选择电极法》(GB/T 22104—2008)测定土壤中的氟化物时，消解样品应使用________坩埚，温度不得超过________℃，否则坩埚损害严重。(　　)①

A. 镍，650　　B. 瓷，700　　C. 聚四氟乙烯，750

答案：A

6. 根据《土壤质量　氟化物的测定　离子选择电极法》(GB/T 22104—2008)测定土壤中的氟化物时，对于组成复杂的土壤中存在大量的 Al^{3+} 和 Fe^{3+} 等干扰离子，样品测定前须调节 pH 至________，加入 5～8 mL 盐酸，使之沉淀，经澄清除去。(　　)①

A. 6～7　　B. 7～8　　C. 8～9　　D. 9～10

答案：D

7. 根据《土壤质量　氟化物的测定　离子选择电极法》(GB/T 22104—2008)测定土壤中的氟化物时，1 mV 的测量误差对一价离子引起活度测量的相对误差约为________。(　　)①

A. 8%　　B. 6%　　C. 4%

答案：C

8. 根据《土壤　水溶性氟化物和总氟化物的测定　离子选择电极法》(HJ 873—2017)测定土壤中水溶性氟化物时，称取样品后加入 50.0 mL 水，加盖摇匀，于________℃水浴温度下超声________，静置数分钟，转移至离心管中，离心________分钟(转速 4 000r/min)。(　　)②

A. 20±5，30 min，5～10　　B. 25±5，20 min，5～15

C. 25±5，30 min，5～10

答案：C

9. 根据《土壤　水溶性氟化物和总氟化物的测定　离子选择电极法》(HJ 873—2017)测定土壤中的水溶性氟化物和总氟化物时，下列说法正确的是(　　)。②

A. 测定前应使样品达到室温，标准系列和试样应在相同环境条件下测定，电极测定温度波动不得超过 2℃

B. 测量时应保证电极电位变化≤2mV/min 时再进行样品测定

C. 某样品的水溶性氟化物为 30.6mg/kg，总氟化物为 65.8mg/kg

D. 用近似于试液的空白溶液作为洗涤电极的专用试剂，可以缩短电极的平衡时间

答案：D

四、问答题

根据《土壤　水溶性氟化物和总氟化物的测定　离子选择电极法》（HJ 873—2017）测定时，为保证数据的精密度和准确度，有哪些质量保证和质量控制手段？②

答案：（1）测定前核查电极性能，满足仪器及电极的使用说明要求。

（2）每批分析建立校准曲线，且保证校准曲线的相关系数≥0.999；温度在20～25℃时，氟离子浓度每改变10倍时，电极电位变化应满足 -58.0mV±2.0mV。

（3）每批样品或每20个样品应测定一个校准系列零浓度点和中间浓度校准点，零浓度点测定结果应低于方法检出限，中间浓度校准点测定结果与其标准值的相对误差的绝对值应≤10%，否则应查找原因，重新建立标准曲线。

（4）每批样品至少做两个空白试验，测定结果应低于方法检出限。

（5）每批样品应分析不少于10%的平行样（样品数量少于10个时至少测定1个平行样），平行样测定结果的相对偏差要求≤20%。

（6）每批样品应分析不少于10%的加标样（样品数量少于10个时至少测定1个加标样），加标回收率应控制在70%～120%；或选择随样品同步进行有证标准物质分析，结果应在保证值范围内。

参考文献

[1] 国家质量监督检验检疫总局，中国国家标准化管理委员会. 土壤质量　氟化物的测定　离子选择电极法：GB/T 22104—2008 [S]. 北京：中国环境科学出版社，2008.

[2] 环境保护部. 土壤　水溶性氟化物和总氟化物的测定　离子选择电极法：HJ 873—2017 [S]. 北京：中国环境出版社，2017.

命题：于晓青　李　静　张榆霞

审核：王　琳　杨　楠　夏　新　王晓斐

第四章　容量法

第一节　基础知识

分类号：SO4-0

试题同“上册 W5-0”。

第二节　有机质

分类号：SO4-1

主要内容
①《土壤有机质测定法》（NY/T 85—1988）
②《土壤检测　第6部分：土壤有机质的测定》（NY/T 1121.6—2006）
③《森林土壤有机质的测定及碳氮比的计算》（LY/T 1237—1999）
④ 有机质　油浴外加热-重铬酸钾容量法《土壤元素的近代分析方法》

一、填空题

1. 土壤中有机质主要来源于________和________的残体，经生物分解形成各种________。①②③④

答案：动植物　　微生物　　有机化合物

2. 根据《土壤检测　第6部分：土壤有机质的测定》（NY/T 1121.6—2006）测定土壤有机质时，样品的制备方法为：选取有代表性风干土壤样品，用镊子挑除植物根叶等有机残体，然后用木棍把土块压细，使之通过________mm筛。充分混匀后，从中取出试样10～20 g，磨细，并全部通过________mm筛，装入磨口瓶备用。②

答案：1　　0.25

3.《土壤有机质测定法》（NY/T 85—1988）和《土壤检测　第6部分：土壤有机质的测定》（NY/T 1121.6—2006）中规定，重铬酸钾容量法测定土壤有机质含量时，称样量视样品中有机质的含量而定，若含量大于7%～15%，称样范围为________g；含量为2%～7%，称样范围为________g；若含量小于2%，称样范围为________g。①②

答案：0.05～1　　0.2～0.3　　0.4～0.5

4.《土壤有机质测定法》（NY/T 85—1988）中规定，空白标定时取________g粉末状________代替试样，其他步骤与试样测定相同。①

答案：0.500　　二氧化硅

5.《森林土壤有机质的测定及碳氮比的计算》（LY/T 1237—1999）中规定，空白标定不加土壤样品，但加入________g ________，其他步骤与测定土样时完全相同。③

答案：0.1～0.5　　石英砂

二、判断题

1. 根据《森林土壤有机质的测定及碳氮比的计算》（LY/T 1237—1999）、《土壤有机质测定法》（NY/T 85—1988）和《土壤检测　第6部分：土壤有机质的测定》（NY/T 1121.6—2006），重铬酸钾容量法测定土壤中有机质含量时，所使用邻菲罗啉指示剂易变质，应密闭保存于棕色瓶中，现配现用最为理想。（　　）①②③

答案：正确

2. 根据《森林土壤有机质的测定及碳氮比的计算》（LY/T 1237—1999）、《土壤有机质测定法》（NY/T 85—1988）和《土壤检测　第6部分：土壤有机质的测定》（NY/T 1121.6—2006），重铬酸钾容量法测定土壤中有机质含量时，使用的硫酸亚铁标准溶液易受空气氧化，使用前必须标定。（　　）①②③

答案：正确

3. 根据《森林土壤有机质的测定及碳氮比的计算》（LY/T 1237—1999）、《土壤有机质测定法》（NY/T 85—1988）、《土壤检测　第6部分：土壤有机质的测定》（NY/T 1121.6—2006）和《土壤元素的近代分析方法》，重铬酸钾容量法测定土壤中有机质时，因为有机质含碳量平均为58%，所以测出的碳转化为有机质的系数为58/100=0.58。（　　）①②③④

答案：错误

正确答案为：有机质的系数为100/58≈1.724。

4. 根据《森林土壤有机质的测定及碳氮比的计算》（LY/T 1237—1999）、《土壤有机质测定法》（NY/T 85—1988）、《土壤检测　第6部分：土壤有机质的测定》（NY/T 1121.6—2006）和《土壤元素的近代分析方法》，重铬酸钾容量法测定土壤有机质含量时，每批样品必须同时做2～3个空白实验。（　　）①②③④

答案：正确

5.《森林土壤有机质的测定及碳氮比的计算》（LY/T 1237—1999）和《土壤检测　第6部分：土壤有机质的测定》（NY/T 1121.6—2006）中规定，采用重铬酸钾容量法测定土壤有机质含量，当土壤有机质含量小于10 g/kg时，平行样测定结果允许绝对相差不得超过0.1 g/kg。（　　）②③

答案：错误

正确答案为：平行样测定结果允许绝对相差不得超过0.5 g/kg。

6. 根据《森林土壤有机质的测定及碳氮比的计算》（LY/T 1237—1999）、《土壤有机质测定法》（NY/T 85—1988）和《土壤检测　第6部分：土壤有机质的测定》（NY/T 1121.6—2006），采用重铬酸钾容量法测定土壤有机质含量时，亚铁等还原性物质对测定结果有影响，可将土壤样品摊成薄层，在空气中充分暴露使其氧化。（　　）①②③

答案：正确

7. 土壤有机质测定的方法很多，包括重量法、容量法和比色法等，其中比色法又可分为干烧法和湿烧法两种。(　　) ①②③

答案：错误

正确答案为：重量法可分为干烧法和湿烧法两种。

8. 根据《森林土壤有机质的测定及碳氮比的计算》(LY/T 1237—1999)、《土壤有机质测定法》(NY/T 85—1988)和《土壤检测　第6部分：土壤有机质的测定》(NY/T 1121.6—2006)，重铬酸钾容量分析法测定土壤有机质的优点是：可以获得相当准确的分析结果又不需要特殊的仪器设备，操作过程比较简便，并且不受土样中碳酸盐的干扰。(　　) ①②③

答案：正确

9. 根据《森林土壤有机质的测定及碳氮比的计算》(LY/T 1237—1999)、《土壤有机质测定法》(NY/T 85—1988)和《土壤检测　第6部分：土壤有机质的测定》(NY/T 1121.6—2006)，重铬酸钾容量分析法测定土壤有机质的缺点是：待测试样中有机质含量过高或者土壤中有氯化物或低价铁、锰化合物存在，就会影响分析结果的准确度。(　　) ①②③

答案：正确

10. 根据《森林土壤有机质的测定及碳氮比的计算》(LY/T 1237—1999)、《土壤有机质测定法》(NY/T 85—1988)和《土壤检测　第6部分：土壤有机质的测定》(NY/T 1121.6—2006)，重铬酸钾容量法测定土壤中有机质，在有机质氧化过程中，土壤有机质中的碳氧化成一氧化碳，而重铬酸离子被还原成三价铬离子。(　　) ①②③

答案：错误

正确答案为：土壤有机质中的碳氧化成二氧化碳。

11. 根据《森林土壤有机质的测定及碳氮比的计算》(LY/T 1237—1999)和《土壤检测　第6部分：土壤有机质的测定》(NY/T 1121.6—2006)，采用油浴外加热-重铬酸钾容量法测定土壤中有机质时，消煮时间对分析结果的准确度和精密度有影响，应以加热时产生的二氧化碳气泡为沸腾的标志，尽量掌握沸腾的程度一致。(　　) ②③

答案：错误

正确答案为：加热时产生的二氧化碳气泡并不是真正的沸腾的标志，只有在真正沸腾时才能开始计算时间。

12. 根据《森林土壤有机质的测定及碳氮比的计算》(LY/T 1237—1999)、《土壤有机质测定法》(NY/T 85—1988)和《土壤检测　第6部分：土壤有机质的测定》(NY/T 1121.6—2006)，测定土壤有机质必须采用风干样品。因为水稻土及一些长期渍水的土壤，由于较多的还原性物质存在，可消耗重铬酸钾，使结果偏低。(　　) ①②③

答案：错误

正确答案为：使结果偏高。

13. 根据《森林土壤有机质的测定及碳氮比的计算》（LY/T 1237—1999）和《土壤检测　第6部分：土壤有机质的测定》（NY/T 1121.6—2006），采用油浴外加热-重铬酸钾容量法测定土壤中有机质，消煮操作的过程为：预先将油浴锅加热至185～190℃，将盛土样的大试管插入铁丝笼架中，然后将其放入油锅中加热，此时控制锅内温度在170～180℃，并保持沸腾5 min。（　　）②③

答案：正确

14.《土壤检测　第6部分：土壤有机质的测定》（NY/T 1121.6—2006）中规定，空白试验以灼烧浮石粉或土壤代替土壤，其他步骤与土样测定相同。（　　）②

答案：正确

15. 根据《森林土壤有机质的测定及碳氮比的计算》（LY/T 1237—1999）、《土壤有机质测定法》（NY/T 85—1988）和《土壤检测　第6部分：土壤有机质的测定》（NY/T 1121.6—2006），土壤中有机质测定的重铬酸钾容量法不宜用于测定含氯化物较高的土壤。（　　）①②③

答案：正确

16. 根据《土壤元素的近代分析方法》中油浴外加热-重铬酸钾容量法测定有机质时，为消除亚铁等还原性物质的干扰，可将土壤样品坦诚薄层，在空气中充分暴露使其氧化。（　　）④

答案：正确

17. 根据《森林土壤有机质的测定及碳氮比的计算》（LY/T 1237—1999）、《土壤检测　第6部分：土壤有机质的测定》（NY/T 1121.6—2006）和《土壤元素的近代分析方法》，采用油浴外加热-重铬酸钾容量法测定土壤中有机质时，油浴加热会污染实验室空气，应在通风橱或通风柜内进行操作。预热油时，工作人员不要离开实验室以免油着火发生事故。（　　）②③④

答案：正确

三、选择题

1. 土壤有机质是指土壤中________的总称。（　　）①②③

A. 含碳化合物　　B. 动植物残体　　C. 土壤微生物

答案：A

2. 根据《森林土壤有机质的测定及碳氮比的计算》（LY/T 1237—1999）、《土壤有机质测定法》（NY/T 85—1988）和《土壤检测　第6部分：土壤有机质的测定》（NY/T 1121.6—2006），采用重铬酸钾容量法测定土壤中有机质时，加入硫酸银的作用是________。（　　）①②③④

A. 消除硫化物的干扰，并控制溶液酸

B. 消除氯化物的干扰，并有利于提高氧化率

C. 掩蔽重金属离子的干扰

答案：B

3.《土壤有机质测定法》（NY/T 85—1988）和《土壤元素的近代分析方法》中油浴外加热-重铬酸钾容量法只适用于测定土壤有机质含量在________%以下的土壤。

（ ）①④

A. 35　　B. 25　　C. 15

答案：C

4. 根据《土壤有机质测定法》（NY/T 85—1988）采用电砂浴—重铬酸钾容量法测定土壤有机质的过程中，消解样品的温度必须严格控制在________℃范围内。（ ）①

A. 100～150　　B. 200～230　　C. 300～350

答案：B

5. 根据《土壤有机质测定法》（NY/T 85—1988），关于重铬酸钾容量法测定土壤中有机质的操作步骤，叙述不正确的是________。（ ）①

A. 根据有机质含量，准确称取制备好的风干试样 0.05～0.5 g

B. 加入重铬酸钾－硫酸溶液 10 mL，电沙浴上加热消煮 10 min

C. 洗涤转移到 250 mL 三角瓶至体积为 60 ～70 mL

D. 加入邻菲罗啉溶液 3～5 滴，用硫酸亚铁滴定

答案：B

6. 根据《森林土壤有机质的测定及碳氮比的计算》（LY/T 1237—1999）、《土壤有机质测定法》（NY/T 85—1988）、《土壤检测　第 6 部分：土壤有机质的测定》（NY/T 1121.6—2006）和《土壤元素的近代分析方法》，重铬酸钾容量法测定土壤中有机质含量时，为保证有机碳氧化完全，滴定时消耗的硫酸亚铁溶液小于空白试验用量的________时，需减少称样量重做。（ ）①②③④

A. 1/4　　B. 1/3　　C. 1/2

答案：B

7. 根据《森林土壤有机质的测定及碳氮比的计算》（LY/T 1237—1999），重铬酸钾容量法测定土壤中有机质，加热消煮的方式分为________和________两种。（ ）③

A. 外加热法，稀释热法　　B. 油浴加热法，红外消煮炉加热

C. 油浴加热法，稀释热法

答案：B

8. 根据《森林土壤有机质的测定及碳氮比的计算》（LY/T 1237—1999）、《土壤有机质测定法》（NY/T 85—1988）和《土壤检测　第 6 部分：土壤有机质的测定》（NY/T 1121.6—2006），采用重铬酸钾容量法测定土壤中有机质含量，反应体系氧化时，如果不加硫酸银，氧化校正系数取________；若加 0.1 g 硫酸银粉末，氧化校正系数取________。（ ）①②③

A. 1.10，1.08　　B. 1.10，1.00　　C. 1.08，1.10　　D. 1.08，1.00

答案：A

9. 根据《森林土壤有机质的测定及碳氮比的计算》（LY/T 1237—1999），如用 N- 苯基邻氨基苯甲酸作为指示剂，滴定过程中反应体系颜色由________经________至________即为滴定终点。（ ）③

A. 橙红色，红，棕红色　　B. 橙黄，蓝绿，棕红色

C. 棕红色，紫，蓝绿色

答案：C

10. 根据《森林土壤有机质的测定及碳氮比的计算》（LY/T 1237—1999）、《土壤有机质测定法》（NY/T 85—1988）和《土壤检测　第 6 部分：土壤有机质的测定》（NY/T 1121.6—2006），重铬酸钾容量法测定土壤中有机质，用邻菲罗啉作为指示剂，滴定过程中反应体系颜色由________经________至________即为滴定终点。（　　）①②③

A. 橙红色，红，棕红色　　B. 橙黄，蓝绿，棕红色

C. 棕红色，紫，蓝绿色

答案：B

11. 根据《土壤元素的近代分析方法》，采用油浴外加热 - 重铬酸钾容量法测定有机质，土壤中含有的________会干扰有机质的测定。（　　）④

A. 亚铁、亚锰，硫化物及 Cl^- 等氧化性物质

B. 亚铁、亚锰，硫化物及 Cl^- 等还原性物质

C. 亚铁、亚锰等重金属离子

答案：B

四、问答题

1. 根据《森林土壤有机质的测定及碳氮比的计算》（LY/T 1237—1999）、《土壤有机质测定法》（NY/T 85—1988）、《土壤检测　第 6 部分：土壤有机质的测定》（NY/T 1121.6—2006）和《土壤元素的近代分析方法》，测定土壤中的有机质含量时，消煮好的样品试液应为黄色或黄绿色，若以绿色为主，说明什么存在问题？应如何处理？①②③④

答案：若以绿色为主，说明重铬酸钾用量不足，应该重新测定。

2. 依据《土壤检测　第 6 部分：土壤有机质的测定》（NY/T 1121.6—2006）测定土壤有机质含量时，有机质含量的计算公式为

$$\text{O.M}=[c\times(V_0-V)\times 0.003\times 1.724\times 1.10\,(\text{或 } 1.08)\times 1\,000]/m$$

试说明公式中 0.003、1.724、1.10、1.08 和 1 000 的含义。②

答案：0.003——1/4 碳原子的毫摩尔质量，g；

1.724——由有机碳换算成有机质的系数；

1.10——氧化校准系数；

1.08——氧化时，如果加入 0.1 g 硫酸银粉末，氧化校准系数为 1.08；

1 000——换算成每千克含量。

3. 采用《土壤有机质测定法》（NY/T 85—1988）测定土壤有机质时，将盛有试样的三角瓶装一简易空气冷凝管，移置已预热好的砂浴上加热，何时开始计时，消煮多长时间？①

答案：当简易空气冷凝管下端落下第一滴冷凝液时开始计时，消煮（5±0.5）min。

4. 根据《森林土壤有机质的测定及碳氮比的计算》（LY/T 1237—1999），重铬酸钾容量法测定土壤中的有机质含量时，如果有机质含量大于 150 g/kg，可采用固体稀释法来测定。简述具体操作过程。①

答案：称取磨细的样品 1 份（准确到 1 mg）和经过高温灼烧并磨细的矿质土壤 9 份

（准确度同上）使之充分混合均匀后再从中称样分析，分析结果以称量的 1/10 计算。

五、计算题

某全氮含量为 1.2 g/kg 的土壤样品，采用《森林土壤有机质的测定及碳氮比的计算》（LY/T 1237—1999）测定有机质含量，称取 0.425 6 g 过筛的风干土样，水分含量为 1.6%（干基），然后加入浓度为 0.800 0 mol/L 的重铬酸钾溶液 5.0 mL 后消煮，再用浓度为 0.194 4 mol/L 的硫酸亚铁溶液滴定，用量为 5.82 mL，空白消耗硫酸亚铁溶液体积为 20.58 mL，计算土壤有机碳氮比和土壤有机质含量（氧化校正系数取 1.1）。③

答案：有机碳含量：$W_{C,O}$=［0.194 4×（20.58-5.82）×0.003×1.1×1 000］/［0.425 6×（1-1.6%）］=22.6（g/kg）

碳氮比 =22.6/1.2=18.8

有机质含量：W_{OM}=22.6×1.724=39.0（g/kg）

参考文献

[1] 中华人民共和国农业部 . 土壤检测　第 6 部分：土壤有机质的测定：NY/T 1121.6—2006 [S]. 北京：中国标准出版社，2006.

[2] 国家林业局 . 森林土壤有机质的测定及碳氮比的计算：LY/T 1237—1999 [S]. 北京：中国标准出版社，1999.

[3] 中华人民共和国农业部 . 土壤有机质测定法：NY/T 85—1988 [S]. 北京：中国标准出版社，1988.

[4] 中国环境监测总站 . 土壤元素的近代分析方法 [M]. 北京：中国环境科学出版社，1992.

命题：李旭冉　张荣辉

审核：王　琳　彭刚华　姜晓旭

第三节　全氮

分类号：SO4-2

主要内容
《土壤全氮测定法　半微量开氏法》（NY/T 53—1987）

一、判断题

1. 根据《土壤全氮测定法　半微量开氏法》（NY/T 53—1987）测定土壤中的全氮时，如需提供烘干基含量，则应测定土壤水分，并进行折算。（　　）

答案：正确

2. 根据《土壤全氮测定法　半微量开氏法》（NY/T 53—1987）测定土壤中包括硝态和亚硝态氮的全氮时，若铁粉中含有大量的碳会干扰测定，所以在选择时应注意。（　　）

答案：错误

正确答案为：若铁粉含有大量的氮会干扰测定，所以在选择时应注意。

3. 根据《土壤全氮测定法　半微量开氏法》（NY/T 53—1987）消解土壤中的全氮时，如样品数量较多则可以不同时做空白。（　　）

答案：错误

正确答案为：无论样品多少，都应同时做空白。

4. 根据《土壤全氮测定法　半微量开氏法》（NY/T 53—1987）消解土壤中的全氮时，当消煮液和土粒全部变灰白稍带绿色后，再继续消煮 30 min，冷却，备用。（　　）

答案：错误

正确答案为：当消煮液和土粒全部变灰白稍带绿后，应继续消煮 1 h，冷却，备用。

5. 根据《土壤全氮测定法　半微量开氏法》（NY/T 53—1987）消解土壤中的全氮时，在消煮土样的同时应做一份空白试验。（　　）

答案：错误

正确答案为：在消煮土样的同时应做两份空白试验。

6. 根据《土壤全氮测定法　半微量开氏法》（NY/T 53—1987）消解土壤中全氮时，开氏瓶受热部位应超过液面，以保持液面的沸腾状态。（　　）

答案：错误

正确答案为：开氏瓶受热部位不能超过液面，如超过则会导致瓶壁温度过高而使铵分解。

7. 根据《土壤全氮测定法　半微量开氏法》（NY/T 53—1987）测定土壤中全氮时，硼酸指示剂最好在使用时与硼酸混合，如混合时间过久会出现终点不灵敏的现象。（　　）

答案：正确

8. 根据《土壤全氮测定法　半微量开氏法》（NY/T 53—1987）消解土壤中全氮时，加速剂由硫酸钾、硫酸铜和硒粉按 100∶10∶1 的比例混合，研细并过筛后制得。（　　）

答案：正确

9. 根据《土壤全氮测定法　半微量开氏法》（NY/T 53—1987）测定土壤中全氮时，甲基红 - 溴钾酚绿混合指示剂的变色范围为 pH 4.4（蓝）～5.4（红），其贮存期不宜超过 2 个月。（　　）

答案：错误

正确答案为：变色范围为 pH 4.4（红）～5.4（蓝）。

10. 根据《土壤全氮测定法　半微量开氏法》（NY/T 53—1987），在测定包括硝态和亚硝态氮的土壤全氮过程中，用高锰酸钾将样品中的亚硝态氮氧化为硝态氮后，再用还原铁粉使全部硝态氮还原，转化成铵态氮。（　　）

答案：正确

11. 根据《土壤全氮测定法　半微量开氏法》（NY/T 53—1987）进行土壤中全氮测定时，土壤样品中是否包括硝态氮和亚硝态氮，其消煮方式是不一样的。（　　）

答案：正确

12. 根据《土壤全氮测定法　半微量开氏法》（NY/T 53—1987）消解土壤中的全氮时，在消煮过程中应合理控制温度，以保持消煮液处于微沸状态下，硫酸蒸气在消化管上部 1/3 处冷凝流回。（　　）

答案：正确

二、选择题

1. 根据《土壤全氮测定法　半微量开氏法》（NY/T 53—1987）消解土壤中的全氮时，消解的目的是利用催化剂在酸性环境和加热条件下，使样品中的各种含氮有机物转化为________。（　　）

A. 铵态氮　　B. 亚硝态氮　　C. 硝态氮

答案：A

2. 根据《土壤全氮测定法　半微量开氏法》（NY/T 53—1987）消解土壤中的全氮时，土壤消煮液显________。（　　）

A. 碱性　　B. 中性　　C. 酸性

答案：C

3. 根据《土壤全氮测定法　半微量开氏法》（NY/T 53—1987）测定土壤中的全氮，在消煮样品时，加入高锰酸钾和铁粉是因为________。（　　）

A. 土壤的有机氮含量高　　B. 硝态氮含量高

C. 硝态氮含量低

答案：B

4.《土壤全氮测定法　半微量开氏法》（NY/T 53—1987）中规定，测定包括硝态和亚硝态氮的土壤全氮时，消煮操作前应向开氏瓶中依次加入________等试剂，将样品中的亚硝态氮氧化为硝态氮。（　　）

A. 1∶1 硫酸、高锰酸钾溶液和辛醇　　B. 辛醇、1∶1 硫酸和高锰酸钾溶液

C. 高锰酸钾溶液、1∶1 硫酸和辛醇

答案：C

5.《土壤全氮测定法　半微量开氏法》（NY/T 53—1987）中规定，测定全氮的土壤样品应为过________mm 筛孔的风干土样。（　　）

A. 1　　B. 0.149　　C. 0.25

答案：C

参考文献

国家标准局 . 土壤全氮测定法　半微量开氏法：NY/T 53—1987 [S]. 北京：中国标准出版社，1987.

命题：李旭冉　王　琳

审核：史　箴　夏　新　王晓斐

第四节　阳离子交换量

分类号：SO4-3

主要内容
《森林土壤阳离子交换量的测定》（LY/T 1243—1999）

一、填空题

根据《森林土壤阳离子交换量的测定》（LY/T 1243—1999），1 mol/L 乙酸铵交换法是用 1 mol/L 乙酸铵溶液反复处理土壤，使土壤成为________。用________洗去多余的乙酸铵后，用水将土壤洗入凯氏瓶中，加固体氧化镁蒸馏。蒸馏出的氨用________溶液吸收，然后用________滴定。根据________计算阳离子交换量。

答案：NH_4^+ 饱和土　乙醇　硼酸　盐酸标准溶液　NH_4^+ 的量

二、判断题

1.《森林土壤阳离子交换量的测定》（LY/T 1243—1999）中 1 mol/L 乙酸铵交换法适用于石灰性森林土壤中阳离子交换的测定。(　　)

答案：错误

正确答案为：1 mol/L 乙酸铵交换法适用于酸性与中性森林土壤中阳离子交换的测定。

2. 根据《森林土壤阳离子交换量的测定》（LY/T 1243—1999）配制 1 mol/L 乙酸铵时，应将 77.09 g 乙酸铵用水溶解，稀释至近 1 L。如 pH 不在 7.0，则用 1∶1 氨水或稀乙酸调节 pH 至 7.0，然后稀释至 1 L。(　　)

答案：正确

3. 根据《森林土壤阳离子交换量的测定》（LY/T 1243—1999），首先应用 1 mol/L 乙酸铵溶液处理土样 3～5 次，直到最后离心出的浸出液中无钙离子反应为止。(　　)

答案：正确

4.《森林土壤阳离子交换量的测定》（LY/T 1243—1999）中用乙醇洗去土粒表面多余的乙酸铵时，应用橡皮头玻璃棒充分搅匀土样，切不可有小土团存在。(　　)

答案：正确

5.《森林土壤阳离子交换量的测定》（LY/T 1243—1999）中检查钙离子的方法：取最后一次乙酸铵浸出液 5 mL 放在试管中，加 pH10 缓冲液 1 mL，加少许 K-B 指示剂。如溶液呈紫红色，表示无钙离子；如呈蓝色，表示有钙离子，还要用乙酸铵继续浸提。(　　)

答案：错误

正确答案为：如溶液呈蓝色，表示无钙离子；如呈紫红色，表示有钙离子，还要用乙酸铵继续浸提。

6. 根据《森林土壤阳离子交换量的测定》（LY/T 1243—1999），氯化铵—乙酸铵交换法是将土样先用 1 mol/L 氯化铵溶液加热处理，分解除去土壤中的碳酸钙，然后用 1 mol/L 乙酸铵交换法测定阳离子交换量。（　　）

答案：正确

三、选择题

1. 根据《森林土壤阳离子交换量的测定》（LY/T 1243—1999），测定时应称取通过________筛孔的风干样。（　　）

A. 1 mm　　B. 2 mm　　C. 5 mm　　D. 10 mm

答案：B

2.《森林土壤阳离子交换量的测定》（LY/T 1243—1999）中用甲基红—溴甲酚绿混合指示剂检查氨是否蒸馏完全。检查方法：取下缓冲管，在冷凝管下端取几滴馏出液于白瓷比色板的凹孔中，立即往馏出液内加 1 滴甲基红—溴甲酚绿混合指示剂。若呈________色，则表示氨已蒸完，若呈________色，需继续蒸馏。（　　）

A. 紫红，蓝　　B. 蓝，紫红　　C. 红，绿　　D. 绿，红

答案：A

3. 根据《森林土壤阳离子交换量的测定》（LY/T 1243—1999），氯化铵—乙酸铵交换法适用于________森林土壤中阳离子交换量的测定。（　　）

A. 酸性　　B. 中性

C. 酸性与中性　　D. 碳酸钙较少的石灰性

答案：D

参考文献

国家林业局 . 森林土壤阳离子交换量的测定：LY/T 1243—1999 [S]. 北京：中国标准出版社，1999.

命题：刘金冠

审核：王　静　姜晓旭

第五章　分光光度法

第一节　基础知识

分类号：SO5-0

试题同“上册 W6-0”。

第二节　砷

分类号：SO5-1

主要内容
①《土壤质量　总砷的测定　二乙基二硫代氨基甲酸银分光光度法》（GB/T 17134—1997）
②《土壤质量　总砷的测定　硼氢化钾－硝酸银分光光度法》（GB/T 17135—1997）

一、填空题

根据《土壤质量　总砷的测定　二乙基二硫代氨基甲酸银分光光度法》（GB/T 17134—1997）和《土壤质量　总砷的测定　硼氢化钾－硝酸银分光光度法》（GB/T 17135—1997）测定土壤中的总砷时，样品制备过程中，需取过 2 mm 筛的土壤样品，用玛瑙研钵将其研细至全部通过________mm 筛后，备用。①②

答案：0.149

二、判断题

1. 根据《土壤质量　总砷的测定　二乙基二硫代氨基甲酸银分光光度法》（GB/T 17134—1997）和《土壤质量　总砷的测定　硼氢化钾－硝酸银分光光度法》（GB/T 17135—1997）测定土壤中总砷时，在样品中加入酸，并在电热板上加热，目的是分解有机物和氧化样品中各种形态存在的砷，使之成为可溶态的砷。（　　）①②

答案：正确

2. 根据《土壤质量　总砷的测定　二乙基二硫代氨基甲酸银分光光度法》（GB/T 17134—1997）和《土壤质量　总砷的测定　硼氢化钾－硝酸银分光光度法》（GB/T 17135—1997）测定土壤中总砷时，应直接称取新鲜的土壤样品进行测定。（　　）①②

答案：错误

正确答案为：应称取风干或冷冻干燥的样品测定。

3. 根据《土壤质量　总砷的测定　二乙基二硫代氨基甲酸银分光光度法》（GB/T 17134—1997）和《土壤质量　总砷的测定　硼氢化钾－硝酸银分光光度法》（GB/T 17135—1997）测定土壤中的总砷时，有机物会干扰测定，应加酸并加热分解，以消除其干扰。（　　）①②

答案：正确

4. 根据《土壤质量　总砷的测定　硼氢化钾－硝酸银分光光度法》（GB/T 17135—1997）测定土壤中的总砷时，样品消解过程中所加的酸分别是盐酸、硝酸和硫酸。（　　）②

答案：错误

正确答案为：样品消解所加的酸分别是盐酸、硝酸和高氯酸。

5. 根据《土壤质量　总砷的测定　二乙基二硫代氨基甲酸银分光光度法》（GB/T 17134—1997）和《土壤质量　总砷的测定　硼氢化钾－硝酸银分光光度法》（GB/T 17135—1997）测定土壤中的总砷时，若所用试剂中含有少量氰化物，可用乙酸铅脱脂棉吸收去除。（　　）①②

答案：错误

正确答案为：乙酸铅脱脂棉吸收去除的是试剂中的硫化物。

6.《土壤质量　总砷的测定　二乙基二硫代氨基甲酸银分光光度法》（GB/T 17134—1997）测定土壤中总砷的方法检出限为 0.3 mg/kg（按称取 0.5 g 试样计算）。（　　）①

答案：错误

正确答案为：按称取 1 g 试样计算，其方法检出限为 0.3 mg/kg。

7. 根据《土壤质量　总砷的测定　二乙基二硫代氨基甲酸银分光光度法》（GB/T 17134—1997）测定土壤中的总砷时，加入无砷锌粒的目的是使锌与酸作用，产生新生态氢。（　　）①

答案：正确

8. 根据《土壤质量　总砷的测定　二乙基二硫代氨基甲酸银分光光度法》（GB/T 17134—1997）测定土壤中的总砷时，锑和硫化物对测定有负干扰。（　　）①

答案：错误

正确答案为：锑和硫化物对测定有正干扰。

9. 根据《土壤质量　总砷的测定　二乙基二硫代氨基甲酸银分光光度法》（GB/T 17134—1997）测定土壤中的总砷时，吸收液的配制方法为：将二乙基二硫代氨基甲酸银用少量三乙醇胺溶解，再用氯仿稀释；用力振荡使其尽量溶解，静置暗处 24 h 后，倾出上清液后用定性滤纸过滤，置于棕色试剂瓶中。（　　）①

答案：错误

正确答案为：将二乙基二硫代氨基甲酸银用少量三氯甲烷溶成糊状，加入三乙醇胺，再用氯仿稀释。

10. 根据《土壤质量　总砷的测定　二乙基二硫代氨基甲酸银分光光度法》（GB/T 17134—1997）测定土壤中的总砷时，在样品试液的制备过程中，将反应液取下放冷后再次加热至冒浓白烟，其目的是驱尽剩余硝酸。（　　）①

答案：正确

11. 根据《土壤质量　总砷的测定　硼氢化钾－硝酸银分光光度法》（GB/T 17135—1997）测定土壤中的总砷时，砷化氢吸收与发生装置由砷化氢发生器、吸收管和导气管等部分组成。（　　）②

答案：错误

正确答案为：砷化氢吸收与发生装置由砷化氢发生器、U形管、吸收管、装有DMF混合液的脱脂棉、内装吸附有硫酸钠－硫酸氢钾混合粉脱脂棉的聚乙烯管、乙酸铅脱脂棉和导气管等部分组成。

三、选择题

1. 根据《土壤质量　总砷的测定　二乙基二硫代氨基甲酸银分光光度法》（GB/T 17134—1997）和《土壤质量　总砷的测定　硼氢化钾－硝酸银分光光度法》（GB/T 17135—1997）测定土壤中的总砷时，用________缩分土壤样品。（　　）①②

A. 四分法　　B. 梅花形　　C. 六分法

答案：A

2. 根据《土壤质量　总砷的测定　二乙基二硫代氨基甲酸银分光光度法》（GB/T 17134—1997）和《土壤质量　总砷的测定　硼氢化钾－硝酸银分光光度法》（GB/T 17135—1997）测定土壤中的总砷时，应考虑土壤________对其结果的影响。（　　）①②

A. 土壤粒径　　B. 酸度　　C. 含水量

答案：C

3. 根据《土壤质量　总砷的测定　硼氢化钾－硝酸银分光光度法》（GB/T 17135—1997）测定土壤中的总砷时，样品消解完成后，加入抗坏血酸的目的是________。（　　）②

A. 氧化二价铁离子为三价铁离子　　B. 还原三价铁离子为二价铁离子

C. 还原三价铁离子为单质铁

答案：B

4. 根据《土壤质量　总砷的测定　硼氢化钾－硝酸银分光光度法》（GB/T 17135—1997）测定土壤中总砷时，对能形成氢的共价化合物的锑、铋和硒等，并且含量为砷的20倍的干扰物可用________浸渍的脱脂棉除去。（　　）②

A. 乙酸铅　　B. 二甲基甲酰胺－乙酸铵

C. 二甲基甲酰胺－乙醇胺

答案：C

5. 根据《土壤质量　总砷的测定　硼氢化钾－硝酸银分光光度法》（GB/T 17135—1997）测定土壤中总砷时，样品消解过程中在电热板上加热，待剧烈反应停止后，用少量水冲洗小漏斗于锥形瓶中，再蒸至________。（　　）②

A. 近干　　B. 液体蒸发一半时

C. 液体蒸发1/3时

答案：A

6.《土壤质量　总砷的测定　硼氢化钾－硝酸银分光光度法》（GB/T 17135—1997）

的方法检出限为________mg/kg（按称取 0.5 g 试样计算）。（　　）②

A. 0.2　　B. 0.3　　C. 0.4

答案：A

7. 根据《土壤质量　总砷的测定　二乙基二硫代氨基甲酸银分光光度法》（GB/T 17134—1997）测定土壤中的总砷时，对含量在 300 μg 以下的干扰物——锑，可用________掩蔽。（　　）①

A. 二甲基甲酰胺溶液　　B. KI—SnCl 溶液

C. 乙酸铅

答案：B

8. 根据《土壤质量　总砷的测定　二乙基二硫代氨基甲酸银分光光度法》（GB/T 17134—1997）测定土壤中的总砷时，砷化氢发生与吸收装置中的________装有乙酸铅棉花。（　　）①

A. 砷化氢发生瓶的顶端　　B. 导气管的球形泡中

C. 吸收管的瓶口处

答案：B

9. 根据《土壤质量　总砷的测定　二乙基二硫代氨基甲酸银分光光度法》（GB/T 17134—1997）测定土壤中的总砷时，在砷化氢完全释放后，红色生成物在________h 内是稳定的，应在此期间内进行分光光度测定。（　　）①

A. 12　　B. 4　　C. 2.5

答案：C

10. 测定土壤中总砷时，《土壤质量　总砷的测定　二乙基二硫代氨基甲酸银分光光度法》（GB/T 17134—1997）在波长________nm 处测定吸收液的吸光度；《土壤质量　总砷的测定　硼氢化钾－硝酸银分光光度法》（GB/T 17135—1997）在波长________nm 处测定吸收液的吸光度。（　　）①②

A. 510，460　　B. 410，540　　C. 510，400

答案：C

11. 根据《土壤质量　总砷的测定　硼氢化钾－硝酸银分光光度法》（GB/T 17135—1997）测定土壤中的总砷时，砷化氢吸收液是由 1+1+2 比例的________配制而成，现用现配。如果出现浑浊，将溶液放入 70℃左右的水中，待透明后取出，冷却后使用。（　　）②

A. 硝酸银、聚乙烯醇和乙醇　　B. 硝酸银、聚乙二醇和乙醇

C. 硝酸银、冰醋酸和乙醇

答案：A

12. 根据《土壤质量　总砷的测定　硼氢化钾－硝酸银分光光度法》（GB/T 17135—1997）测定土壤中的总砷时，二甲基甲酰胺混合液（简称 DFM 混合液）在 2～5℃冰箱中可保存约________d。（　　）②

A. 30　　B. 7　　C. 180

答案：C

四、问答题

1. 根据《土壤质量　总砷的测定　二乙基二硫代氨基甲酸银分光光度法》（GB/T 17134—1997）和《土壤质量　总砷的测定　硼氢化钾－硝酸银分光光度法》（GB/T 17135—1997）测定土壤中的总砷时，样品消解时为何要加入浓硝酸？其作用是什么？①②

答案： 由于土壤中有机质含量较高，加入浓硝酸可使其分解；当有机质含量较低时，不必加浓硝酸消解。

2. 根据《土壤质量　总砷的测定　二乙基二硫代氨基甲酸银分光光度法》（GB/T 17134—1997）测定土壤中的总砷时，样品消解完成后，应呈什么颜色？反之说明什么问题？①

答案： 样品消解完成后，剩余残渣应呈白色；如有黑色颗粒，说明有机质分解不完全，应继续加硝酸分解，直到样品全呈白色为止。

3. 根据《土壤质量　总砷的测定　二乙基二硫代氨基甲酸银分光光度法》（GB/T 17134—1997）和《土壤质量　总砷的测定　硼氢化钾－硝酸银分光光度法》（GB/T 17135—1997）测定土壤中的总砷时，硫化物的存在会对测定产生干扰，怎样除去？试剂中的硫化物又怎样除去？①②

答案： 分光光度法测定土壤中总砷时，在样品的消解时，硫化物被酸氧化分解；试剂中的少量的硫化物，可被乙酸铅脱脂棉吸收除去。

参考文献

[1] 国家环境保护局．土壤质量　总砷的测定　二乙基二硫代氨基甲酸银分光光度法：GB/T 17134—1997 [S]. 北京：中国环境科学出版社，1997.

[2] 国家环境保护局．土壤质量　总砷的测定　硼氢化钾－硝酸银分光光度法：GB/T 17135—1997 [S]. 北京：中国环境科学出版社，1997.

命题：李旭冉　夏　新

审核：彭刚华　史　箴　王　琳

第三节　总磷（全磷）

分类号：SO5-2

主要内容
①《土壤　总磷的测定　碱熔－钼锑抗分光光度法》（HJ 632—2011）
②《土壤全磷测定法》（NY/T 88—1988）

一、填空题

根据《土壤全磷测定法》（NY/T 88—1988）和《土壤　总磷的测定　碱熔－钼锑抗分光光度法》（HJ 632—2011），碱熔－钼锑抗分光光度法（比色法）测定森林土壤中的总磷（全磷）时，在碱熔完成后，应加入________℃的水溶解熔块，并用硫酸和热水多次洗涤坩埚。①②

答案：80

二、判断题

1. 根据《土壤全磷测定法》（NY/T 88—1988）和《土壤　总磷的测定　碱熔－钼锑抗分光光度法》（HJ 632—2011），碱熔－钼锑抗分光光度法（比色法）测定土壤中的总磷（全磷）时，如样品数量较多则可不同时做空白。（　　）①②

答案：错误

　　正确答案为：测定土壤中总磷（全磷）时，无论样品多少，都应同时做空白。

2. 根据《土壤全磷测定法》（NY/T 88—1988）和《土壤　总磷的测定　碱熔－钼锑抗分光光度法》（HJ 632—2011），碱熔－钼锑抗分光光度法（比色法）测定土壤中的总磷（全磷）时，应该按风干土壤计算。（　　）①②

答案：错误

　　正确答案为：应测定土壤水分，提供烘干基含量。

3. 根据《土壤全磷测定法》（NY/T 88—1988）和《土壤　总磷的测定　碱熔－钼锑抗分光光度法》（HJ 632—2011），碱熔－钼锑抗分光光度法（比色法）测定森林土壤中的总磷（全磷）时，将样品经强碱处理后高温熔融的目的是使其中的可溶性磷酸盐转变为不可溶性磷酸盐。（　　）①②

答案：错误

　　正确答案为：使不溶性磷酸盐转变为可溶性磷酸盐。

4. 根据《土壤全磷测定法》（NY/T 88—1988）和《土壤　总磷的测定　碱熔－钼锑抗分光光度法》（HJ 632—2011），碱熔－钼锑抗分光光度法（比色法）测定土壤中的总磷（全磷）的原理是待测液中的磷酸在一定酸度和三价锑离子存在的情况下，会与钼酸铵形成锑磷钼混合杂多酸，被抗坏血酸还原为磷钼蓝，使显色速度加快，用分光光度法（比色法）测定磷含量。（　　）①②

答案：正确

5. 根据《土壤全磷测定法》（NY/T 88—1988）和《土壤　总磷的测定　碱熔－钼锑抗分光光度法》（HJ 632—2011），碱熔－钼锑抗分光光度法（比色法）测定土壤中的总磷（全磷）时，钼锑抗显色剂由抗坏血酸和硫酸钼锑溶液混合而成，放入冰箱可供长期使用。（　　）①②

答案：错误

　　正确答案为：钼锑抗显色剂有效期不长，需现用现配。

三、选择题

1.《土壤全磷测定法》（NY/T 88—1988）和《土壤　总磷的测定　碱熔－钼锑抗分光光度法》（HJ 632—2011）中规定，碱熔－钼锑抗分光光度法（比色法）测定总磷（全磷）的土壤样品应为过________mm 筛孔的风干或烘干土样。（　　）①②

A. 1　　　　B. 0.149　　　　C. 0.25

答案：B

2.《土壤全磷测定法》（NY/T 88—1988）和《土壤　总磷的测定　碱熔－钼锑抗分光光度法》（HJ 632—2011），碱熔－钼锑抗分光光度法（比色法）测定森林土壤中的总磷（全磷）时，碱熔完成的样品定容后，可用________过滤。(　　)①②

A. 定量滤纸　　B. 无磷定性滤纸　　C. 定性滤纸

答案：B

3.《土壤全磷测定法》（NY/T 88—1988）和《土壤　总磷的测定　碱熔－钼锑抗分光光度法》（HJ 632—2011），碱熔－钼锑抗分光光度法（比色法）测定土壤中的总磷（全磷）时，用________作为指示剂来调节待测液的 pH 至 4.4 左右。(　　)①②

A. 亚甲基橙　　B. 二硝基酚　　C. 溴酚蓝

答案：B

4. 根据《土壤全磷测定法》（NY/T 88—1988）和《土壤　总磷的测定　碱熔－钼锑抗分光光度法》（HJ 632—2011），碱熔－钼锑抗分光光度法（比色法）测定森林土壤中的总磷（全磷）时，将氢氧化钠覆于盛有待测样品的坩埚表面，于________中加热，当温度升至________℃，暂停 15 min 后继续加热。(　　)①②

A. 马弗炉或高温电驴，400　　B. 烘箱，120

C. 电磁炉，220

答案：A

5. 根据《土壤　总磷的测定　碱熔－钼锑抗分光光度法》（HJ 632—2011）测定时，待测液制备完成后，可选用________的方式得到上清液，定容后待测。(　　)①

A. 离心　　B. 静置 24 h

C. 醋酸纤维滤膜过滤

答案：A

6. 根据《土壤全磷测定法》（NY/T 88—1988）和《土壤　总磷的测定　碱熔－钼锑抗分光光度法》（HJ 632—2011），碱熔－钼锑抗分光光度法（比色法）测定土壤中的总磷（全磷）的比色波长为________nm。①②

A. 220　　B. 510　　C. 700

答案：C

四、问答题

根据《土壤全磷测定法》（NY/T 88—1988）和《土壤　总磷的测定　碱熔－钼锑抗分光光度法》（HJ 632—2011），简述碱熔－钼锑抗分光光度法（比色法）测定森林土壤中总磷（全磷）的样品制备过程。(　　)①②

答案：取通过 1 mm 孔筛的风干样，在牛皮纸上铺成薄层，划分成许多小方格，用小勺在每个方格中提取出等量的土样（总量不少于 20 g），于玛瑙研钵中研磨，使其全部通过 0.149 mm 孔筛，混匀后装入磨口瓶中备用。

参考文献

[1] 中华人民共和国农业部 . 土壤全磷测定法：NY/T 88—1988 [S]. 北京：中国标准出版社，1988.

[2] 环境保护部 . 土壤　总磷的测定　碱熔 - 钼锑抗分光光度法：HJ 632—2011 [S]. 北京：中国环境科学出版社，2011.

命题：李旭冉　王　琳

审核：王　琳　史　箴　夏　新

第四节　挥发酚

分类号：SO5-3

主要内容
《土壤和沉积物　挥发酚的测定　4- 氨基安替比林分光光度法》（HJ 998—2018）

一、判断题

1. 根据《土壤和沉积物　挥发酚的测定　4- 氨基安替比林分光光度法》（HJ 998—2018）测定土壤和沉积物中的挥发酚时，硫化物会干扰测定。（　　）

答案：正确

2. 根据《土壤和沉积物　挥发酚的测定　4- 氨基安替比林分光光度法》（HJ 998—2018）测定土壤和沉积物中的挥发酚时，用碱性溶液提取其中的酚类化合物。（　　）

答案：正确

3. 根据《土壤和沉积物　挥发酚的测定　4- 氨基安替比林分光光度法》（HJ 998—2018）测定土壤和沉积物中的挥发酚时，采集后的样品在常温下可以长期保存。（　　）

答案：错误

正确答案为：采集后的样品应置于 4℃以下冷藏保存，保存期 3 d。

4. 根据《土壤和沉积物　挥发酚的测定 4- 氨基安替比林分光光度法》（HJ 998—2018）测定土壤和沉积物中的挥发酚时，不得使用橡胶塞、橡胶管连接蒸馏瓶及冷凝器，以防止对测定产生干扰。（　　）

答案：正确

5. 根据《土壤和沉积物　挥发酚的测定　4- 氨基安替比林分光光度法》（HJ 998—2018）测定土壤和沉积物中的挥发酚时，空白试样以水代替样品，按照与试样制备相同的步骤进行实验室空白试样的制备。（　　）

答案：错误

正确答案为：空白试样以石英砂代替样品，按照与试样制备相同的步骤进行实验室空白试样的制备。

6. 根据《土壤和沉积物　挥发酚的测定　4- 氨基安替比林分光光度法》（HJ 998—2018）测定土壤和沉积物中的挥发酚时，结果以苯酚计。（　　）

答案：正确

7. 根据《土壤和沉积物 挥发酚的测定 4-氨基安替比林分光光度法》(HJ 998—2018)测定土壤和沉积物中的挥发酚时，包含4-甲酚、2,4-二甲酚、3,4-二甲酚、2,4-二硝基酚、4,6-二硝基-2-甲酚。( )

答案：错误

正确答案为：不包含4-甲酚、2,4-二甲酚、3,4-二甲酚、2,4-二硝基酚、4,6-二硝基-2-甲酚等不能与4-氨基安替比林发生显色反应的化合物。

8. 根据《土壤和沉积物 挥发酚的测定 4-氨基安替比林分光光度法》(HJ 998—2018)测定土壤和沉积物中的挥发酚时，实验用水可以使用普通蒸馏水。( )

答案：错误

正确答案为：实验用水应选择无酚水。

9. 根据《土壤和沉积物 挥发酚的测定 4-氨基安替比林分光光度法》(HJ 998—2018)测定土壤和沉积物中的挥发酚时，建立酚最大含量为250 μg的标准曲线，当酚含量超过250 μg时，可减少试样取样量稀释后测定。( )

答案：正确

10. 根据《土壤和沉积物 挥发酚的测定 4-氨基安替比林分光光度法》(HJ 998—2018)测定土壤和沉积物中的挥发酚时，为避免缓冲溶液中氨的挥发所引起pH的改变，取用后立即加塞盖严，必要时临用现配。( )

答案：正确

二、选择题

1. 根据《土壤和沉积物 挥发酚的测定 4-氨基安替比林分光光度法》(HJ 998—2018)测定土壤和沉积物中的挥发酚时，精制苯酚过程，收集________℃的馏出部分，馏分冷却后应为________晶体，贮于棕色瓶中，于冷暗处密封保存，变色后需重新精制。( )

A. 182～184 无色　　B. 180～182 白色

C. 182～184 白色　　D. 180～182 无色

答案：A

2. 根据《土壤和沉积物 挥发酚的测定 4-氨基安替比林分光光度法》(HJ 998—2018)测定土壤和沉积物中的挥发酚时，当取样量为20 g，检测光程为10 mm时，本法测定挥发酚的检出限为________mg/kg。( )

A. 0.1　　B. 0.2

C. 0.3　　D. 0.4

答案：C

3. 根据《土壤和沉积物 挥发酚的测定 4-氨基安替比林分光光度法》(HJ 998—2018)测定土壤和沉积物中的挥发酚时，当加入1.0 mL铁氰化钾溶液，充分混匀后，密塞，放置10 min。用光程为10 mm比色皿，以水为参比，在________内于510 nm波长处测定吸光度值。( )

A. 30 min　　B. 1 h

C. 2 h　　D. 3 h

答案：A

4. 根据《土壤和沉积物　挥发酚的测定　4- 氨基安替比林分光光度法》（HJ 998—2018）测定土壤和沉积物中的挥发酚时，每批样品至少测定一个实验室空白，空白试验的吸光度值应≤________。（　　）

A. 0.015　　B. 0.020　　C. 0.025　　D. 0.030

答案：A

5. 根据《土壤和沉积物　挥发酚的测定　4- 氨基安替比林分光光度法》（HJ 998—2018），样品提取液若不能及时蒸馏，应置于________中，4℃以下冷藏、密封保存，保存时间为________。（　　）

A. 玻璃瓶　14 d　　B. 玻璃瓶　7 d

C. 聚乙烯瓶　14 d　　D. 聚乙烯瓶　7 d

答案：C

6. 根据《土壤和沉积物　挥发酚的测定　4- 氨基安替比林分光光度法》（HJ 998—2018）测定土壤和沉积物中的挥发酚时，含量低于________mg/kg 的苯胺类和________mg/kg 的油类对测定不产生干扰。（　　）

A. 850　1.6×10^4　　B. 850　1.5×10^4

C. 750　1.6×10^4　　D. 750　1.5×10^4

答案：D

三、问答题

1. 简述《土壤和沉积物　挥发酚的测定　4- 氨基安替比林分光光度法》（HJ 998—2018）的方法原理。

答案：用碱性溶液提取土壤和沉积物中的酚类化合物，提取液在酸性条件下蒸馏，馏出液中的挥发酚在铁氰化钾催化剂存在的碱性溶液中与 4- 氨基安替比林反应生成橙红色的吲哚酚安替比林，于波长 510 nm 处测量吸光度，在一定浓度范围内，挥发酚含量与吸光度值成正比。

2. 简述《土壤和沉积物　挥发酚的测定　4- 氨基安替比林分光光度法》（HJ 998—2018）中试样的蒸馏过程。

答案：在样品提取液中加入数滴 0.5 g/L 的甲基橙指示液，用磷酸调节 pH 至试样显橙红色（pH＜4），再加入 5 g 五水硫酸铜，加 25 mL 水，加数粒玻璃珠以防暴沸。连接冷凝器，加热蒸馏，蒸馏过程中应调整加热装置功率，控制蒸馏速率不大于 7 mL/min，收集 250 mL 馏出液，待测。

参考文献

生态环境部 . 土壤和沉积物　挥发酚的测定　4- 氨基安替比林分光光度法：HJ 998—2018 [S]. 北京：中国环境出版集团，2018.

命题：郭晶晶　李　静

审核：王　琳　杨　楠　夏　新

第五节　氰化物

分类号：SO5-4

主要内容
①《土壤　氰化物和总氰化物的测定　分光光度法（异烟酸－巴比妥酸分光光度法）》（HJ 745—2015）
②《土壤　氰化物和总氰化物的测定　分光光度法（异烟酸－吡唑啉酮分光光度法）》（HJ 745—2015）

一、填空题

1. 根据《土壤　氰化物和总氰化物的测定　分光光度法》（HJ 745—2015）中异烟酸－巴比妥酸分光光度法测定土壤中氰化物和总氰化物时，当取样量为 10 g，方法检出限为________mg/kg，测定波长为________nm。①

答案：0.01　　600

2. 根据《土壤　氰化物和总氰化物的测定　分光光度法》（HJ 745—2015）中异烟酸－吡唑啉酮分光光度法测定土壤中氰化物和总氰化物时，当取样量为 10 g，方法检出限为________mg/kg，测定波长为________nm。②

答案：0.04　　638

3. 根据《土壤　氰化物和总氰化物的测定　分光光度法》（HJ 745—2015）测定土壤中的氰化物和总氰化物时，油脂类的干扰可在显色前加入________予以消除。①②

答案：十二烷基硫酸钠

二、判断题

1. 根据《土壤　氰化物和总氰化物的测定　分光光度法》（HJ 745—2015）测定土壤中的氰化物时，在试样制备环节用到的主要试剂为氢氧化钠溶液、氯化亚锡溶液、硫酸铜溶液和磷酸溶液。（　　）①②

答案：错误

正确答案为：在试样制备环节用到的主要试剂为氢氧化钠溶液、硝酸锌溶液和酒石酸溶液。

2. 根据《土壤　氰化物和总氰化物的测定　分光光度法》（HJ 745—2015）测定土壤中的氰化物时，试样中酚的含量低于 1 000 mg/L 时不影响测定。（　　）①②

答案：错误

正确答案为：试样中酚的含量低于 500 mg/L 时不影响测定。

3. 根据《土壤　氰化物和总氰化物的测定　分光光度法》（HJ 745—2015）测定土壤中的氰化物和总氰化物时，由于氰化氢易挥发，因此，从加入缓冲溶液后每一步骤操作都要迅速，并随时盖紧瓶塞。（　　）①②

答案：正确

4. 根据《土壤　氰化物和总氰化物的测定　分光光度法》（HJ 745—2015）测定土壤中的氰化物和总氰化物时，其中氯胺 T 起还原作用，将氰离子还原成氯化氰。（　　）①②

答案：错误

正确答案为：其中氯胺 T 起氧化作用，将氰离子氧化成氯化氰。

5. 根据《土壤　氰化物和总氰化物的测定　分光光度法》（HJ 745—2015）测定土壤中的氰化物和总氰化物时，应在采集后 48 h 内完成样品分析。（　　）①②

答案：正确

三、选择题

1. 根据《土壤　氰化物和总氰化物的测定　分光光度法》（HJ 745—2015）测定土壤中的氰化物和总氰化物时，异烟酸－巴比妥酸分光光度法的显色反应产物为________色，异烟酸－吡唑啉酮分光光度法的显色反应产物为________色。（　　）①②

A. 紫蓝色　蓝色　　B. 紫红色　紫蓝色

C. 蓝色　紫蓝色

答案：A

2. 根据《土壤　氰化物和总氰化物的测定　分光光度法》（HJ 745—2015）测定土壤中的氰化物和总氰化物时，当试样微粒不能完全在水中均匀分散，而是积聚在试剂－空气表面或试剂－玻璃器壁界面时，将导致准确度和精密度降低，可在蒸馏前加 5 mL________以消除影响。（　　）①②

A. 甲醇　　B. 乙醇　　C. 丙酮

答案：B

3. 根据《土壤　氰化物和总氰化物的测定　分光光度法》（HJ 745—2015），氰化物包括________和________。（　　）①②

A. 全部简单氰化物　铁氰络合物

B. 全部简单氰化物　铜氰络合物

C. 全部简单氰化物　锌氰络合物

答案：C

参考文献

环境保护部 . 土壤　氰化物和总氰化物的测定　分光光度法：HJ 745—2015 [S]. 北京：中国环境出版社，2015.

命题：郭晶晶　李　静

审核：杨　楠　王　琳

第六节　有机碳

分类号：SO5-5

主要内容
《土壤　有机碳的测定　重铬酸钾氧化 - 分光光度法》（HJ 615—2011）

一、判断题

1. 根据《土壤　有机碳的测定　重铬酸钾氧化 - 分光光度法》（HJ 615—2011）测定土壤中有机碳，为保证恒温加热器加热温度的均匀性，样品进行消解时，在没有样品的加热孔内放入装有 15 mL 水的具塞消解玻璃管，避免恒温加热器空槽加热。（　　）

答案：错误

正确答案为：在没有样品的加热孔内放入装有 15 mL 硫酸的具塞消解玻璃管。

2. 根据《土壤　有机碳的测定　重铬酸钾氧化 - 分光光度法》（HJ 615—2011），测定土壤中有机碳需要同时测定土壤干物质含量。（　　）

答案：正确

3. 根据《土壤　有机碳的测定　重铬酸钾氧化 - 分光光度法》（HJ 615—2011）测定土壤中有机碳，当样品有机碳含量超过 16.0% 时，需要相对减少取样量。（　　）

答案：错误

正确答案为：当样品有机碳含量超过 16.0% 时，应增大重铬酸钾的加入量，重新绘制校准曲线。

4. 根据《土壤　有机碳的测定　重铬酸钾氧化 - 分光光度法》（HJ 615—2011）测定土壤中有机碳的原理为：在加热条件下，土壤样品中的有机碳被重铬酸钾 - 硫酸溶液氧化，重铬酸钾中的三价铬被氧化为六价铬，其含量与样品中有机碳的含量成正比。（　　）

答案：错误

正确答案为：重铬酸钾中的六价铬被还原为三价铬。

5. 根据《土壤　有机碳的测定　重铬酸钾氧化 - 分光光度法》（HJ 615—2011）测定土壤中有机碳，样品消解时，先开启恒温加热器，设置一定温度，待温度升至接近 100℃时，将具塞消解管盖紧塞放后入恒温加热器中，仪器温度显示设定温度时开始计时，加热 30 min。（　　）

答案：错误

正确答案为：将具塞消解管开塞放入恒温加热器中。

6. 根据《土壤　有机碳的测定　重铬酸钾氧化 - 分光光度法》（HJ 615—2011）测定土壤中有机碳时，一般情况下，试液离心后静置至澄清约 5 h 或直接静置至澄清约需 8 h。（　　）

答案：正确

7.《土壤 有机碳的测定 重铬酸钾氧化－分光光度法》（HJ 615—2011）适用于风干土壤中有机碳的测定。（ ）

答案：正确

8.《土壤 有机碳的测定 重铬酸钾氧化－分光光度法》（HJ 615—2011）不适用于氯离子（Cl^-）含量大于 2.0×10^4 mg/kg 的盐渍化土壤或盐碱化土壤。（ ）

答案：正确

9. 根据《土壤 有机碳的测定 重铬酸钾氧化－分光光度法》（HJ 615—2011）测定土壤中的有机碳，当样品量为 0.5 g 时，检出限为 0.06%。（ ）

答案：正确

二、选择题

1. 根据《土壤 有机碳的测定 重铬酸钾氧化－分光光度法》（HJ 615—2011）测定土壤中的有机碳时，土壤中的亚铁离子会导致测定结果________。（ ）

A. 偏低　　B. 偏高　　C. 无影响

答案：B

2. 根据《土壤 有机碳的测定 重铬酸钾氧化－分光光度法》（HJ 615—2011）测定土壤中的有机碳时，测定波长选为________ nm。（ ）

A. 540　　B. 610　　C. 585

答案：C

3. 根据《土壤 有机碳的测定 重铬酸钾氧化－分光光度法》（HJ 615—2011）测定土壤中的有机碳时，要求土壤通过________目土壤筛。（ ）

A. 60　　B. 20　　C. 10

答案：A

4. 根据《土壤 有机碳的测定 重铬酸钾氧化－分光光度法》（HJ 615—2011）测定土壤中的有机碳，样品消解时，恒温加热器控温温度为________。（ ）

A.（135±5）℃　　B.（165±5）℃　　C.（135±2）℃　　D.（165±5）℃

答案：A

5. 根据《土壤 有机碳的测定 重铬酸钾氧化－分光光度法》（HJ 615—2011）测定土壤中的有机碳时，可以通过加入________去除氯离子的干扰。（ ）

A. 硫酸银　　B. 硝酸银　　C. 硫酸汞　　D. 硝酸汞

答案：C

6. 根据《土壤 有机碳的测定 重铬酸钾氧化－分光光度法》（HJ 615—2011）测定土壤中的有机碳时，土壤中的氯离子会导致测定结果________。（ ）

A. 偏低　　B. 偏高　　C. 无影响

答案：B

7. 根据《土壤 有机碳的测定 重铬酸钾氧化－分光光度法》（HJ 615—2011）测定土壤中的有机碳时，10.00 g/L 葡萄糖标准使用液的有效期为________。（ ）

A. 6 个月　　B. 3 个月　　C. 1 个月

答案：C

8. 根据《土壤　有机碳的测定　重铬酸钾氧化－分光光度法》（HJ 615—2011）测定土壤中的有机碳时，若土壤有机碳含量在 4.00%～8.00%，试样取样量为________g。（　　）

A. 0.400 0～0.500 0　　B. 0.200 0～0.250 0

C. 0.100 0～0.125 0

答案：B

9.《土壤　有机碳的测定　重铬酸钾氧化－分光光度法》（HJ 615—2011）中规定，样品消解时使用的恒温加热器，其加热孔深应高出具塞消解玻璃管内液面约________mm，且具塞消解玻璃管露出加热孔部分约________mm。（　　）

A. 10，150　　B. 15，150　　C. 10，100　　D. 10，200

答案：A

10.《土壤　有机碳的测定　重铬酸钾氧化－分光光度法》（HJ 615—2011）中规定，当测定结果＜1.00% 时，保留到小数点后________位；当测定结果≥1.00% 时，保留________位有效数字。（　　）

A. 1，2　　B. 2，2　　C. 2，3　　D. 3，3

答案：C

11.《土壤　有机碳的测定　重铬酸钾氧化－分光光度法》（HJ 615—2011）中规定，每 20 个样品应至少测定 10% 的平行双样。当样品的有机碳含量≤1.00% 时，两个测定结果之差在 ±________% 之内；当样品的有机碳含量＞1.00% 时，两个测定结果的相对偏差≤ ________%。（　　）

A. 0.10，10.0　　B. 1.0，10.0　　C. 0.10，5.0　　D. 1.0，20.0

答案：A

三、问答题

根据《土壤　有机碳的测定　重铬酸钾氧化－分光光度法》（HJ 615—2011）测定土壤中的有机碳时，如何去除亚铁离子的干扰？

答案：可在试样制备过程中将土壤样品摊成 2～3 cm 厚的薄层，在空气中充分暴露使亚铁离子氧化成三价铁离子以去除干扰。

参考文献

环境保护部. 土壤　有机碳的测定　重铬酸钾氧化－分光光度法：HJ 615—2011 [S]. 北京：中国环境科学出版社，2011.

命题：李　静

审核：王　琳　田志仁

第七节 阳离子交换量

分类号：SO5-6

主要内容
《土壤 阳离子交换量的测定 三氯化六氨合钴浸提－分光光度法》（HJ 889—2017）

一、填空题

1. 根据《土壤 阳离子交换量的测定 三氯化六氨合钴浸提－分光光度法》（HJ 889—2017）测定土壤中的阳离子交换量时，当取样量为 3.5 g，浸提液体积为 50.0 mL，使用 10 mm 光程比色皿时，检出限为________cmol/kg。

答案：0.8

2. 根据《土壤 阳离子交换量的测定 三氯化六氨合钴浸提－分光光度法》（HJ 889—2017）测定土壤中的阳离子交换量时，当试样中溶解的有机质较多时，有机质在________nm 处也有吸收，影响阳离子交换量的测定结果。可同时在________nm 处测量试样的吸光度，用来校正可溶有机质的干扰。

答案：475　　380

3. 根据《土壤 阳离子交换量的测定 三氯化六氨合钴浸提－分光光度法》（HJ 889—2017）测定土壤中的阳离子交换量时，土壤样品应能过________（目数）的尼龙筛。

答案：10 目

二、判断题

1. 根据《土壤 阳离子交换量的测定 三氯化六氨合钴浸提－分光光度法》（HJ 889—2017）测定土壤中的阳离子交换量时，提取液（三氯化六氨合钴溶液）的保存条件为 4℃低温保存。(　　)

答案：正确

2. 根据《土壤 阳离子交换量的测定 三氯化六氨合钴浸提－分光光度法》（HJ 889—2017）测定土壤中的阳离子交换量时，由于三氯化六氨合钴土壤悬浮液的 pH 与水悬浮液的 pH 接近，本方法测定的阳离子交换量为有效态阳离子交换量。(　　)

答案：正确

3. 根据《土壤 阳离子交换量的测定 三氯化六氨合钴浸提－分光光度法》（HJ 889—2017）测定土壤中的阳离子交换量时，应在（20±2）℃条件下振荡（60±5）min。(　　)

答案：正确

三、选择题

1. 根据《土壤 阳离子交换量的测定 三氯化六氨合钴浸提－分光光度法》（HJ 889—2017）测定土壤中的阳离子交换量时，在试样制备环节，振荡提取后，以 4 000 r/min

离心________min，收集上清液于比色管中，________h 内完成分析。(　　)

A. 10　12　　B. 10　24　　C. 5　12　　D. 5　24

答案：B

2. 根据《土壤　阳离子交换量的测定　三氯化六氨合钴浸提 - 分光光度法》（HJ 889—2017）测定土壤中的阳离子交换量时，实验用水为电导率小于________μS/cm 的蒸馏水或去离子水。(　　)

A. 0.2　　B. 0.5　　C. 1.0　　D. 1.5

答案：B

参考文献

环境保护部 . 土壤　阳离子交换量的测定　三氯化六氨合钴浸提 - 分光光度法：HJ 889—2017 [S]. 北京：中国环境科学出版社，2017.

命题：郭晶晶　王　欣

审核：王　琳　杨　楠　夏　新

第六章　火焰原子吸收分光光度法

第一节　基础知识

分类号：SO6-0

试题同“上册 W9-0”。

第二节　铜、锌、铅、镍、铬

分类号：SO6-1

主要内容
①《土壤质量　铜、锌的测定　火焰原子吸收分光光度法》（GB/T 17138—1997）
②《土壤质量　镍的测定　火焰原子吸收分光光度法》（GB/T 17139—1997）
③《土壤和沉积物　铜、锌、铅、镍、铬的测定　火焰原子吸收分光光度法》（HJ 491—2019）
④《土壤和沉积物　六价铬的测定　碱溶液提取－火焰原子吸收分光光度法》（HJ 1082—2019）

一、判断题

1. 原子吸收分光光度计所用空气压缩机应具有除水、除油和除尘的功能。（　　）①②③④

答案：正确

2.《土壤质量　镍的测定　火焰原子吸收分光光度法》（GB/T 17139—1997）的检出限为 3 mg/kg。（　　）②

答案：错误

正确答案为：该方法的检出限为 5 mg/kg。

3.《土壤质量　镍的测定　火焰原子吸收分光光度法》（GB/T 17139—1997）中，是采用全分解的方法，彻底破坏土壤矿物晶格，使试样中的待测元素全部浸入试液。（　　）②

答案：正确

4. 根据《土壤质量　铜、锌的测定　火焰原子吸收分光光度法》（GB/T 17138—1997）测定土壤中的铜和锌时，电热板消解土壤样品，当样品中铁含量较高时，消解终点的消解液呈红色。（　　）①

答案：错误

正确答案为：当土壤中铁含量较高时，消解终点的消解液呈淡黄色。

5. 根据《土壤质量　铜、锌的测定　火焰原子吸收分光光度法》（GB/T 17138—1997）和《土壤和沉积物　铜、锌、铅、镍、铬的测定　火焰原子吸收分光光度法》（HJ 491—2019）测定土壤中的锌时，样品消解及定容过程中，元素锌更易受沾污。（　　）①③

答案：正确

6. 根据《土壤和沉积物　铜、锌、铅、镍、铬的测定　火焰原子吸收分光光度法》（HJ 491—2019）测定土壤和沉积物中的锌时，低于 1 000 mg/L 的铁对锌的测定无干扰。（　　）③

答案：正确

7. 根据《土壤和沉积物　铜、锌、铅、镍、铬的测定　火焰原子吸收分光光度法》（HJ 491—2019），火焰原子吸收分光光度计所用乙炔气纯度应大于等于 99.0%。（　　）③

答案：错误

正确答案为：该方法所用乙炔气纯度应大于等于 99.5%。

8.《土壤和沉积物　铜、锌、铅、镍、铬的测定　火焰原子吸收分光光度法》（HJ 491—2019）测定土壤和沉积物中的锌时，当取样量为 0.2 g，消解后定容体积为 25 mL 时，锌的方法检出限为 3 mg/kg。（　　）③

答案：错误

正确答案为：当取样量为 0.2 g，消解后定容体积为 25 mL 时，锌的方法检出限为 1 mg/kg。

9. 根据《土壤和沉积物　铜、锌、铅、镍、铬的测定　火焰原子吸收分光光度法》（HJ 491—2019）测定土壤和沉积物中的铅时，当取样量为 0.2 g，消解后定容体积为 25 mL 时，铅的方法检出限为 5 mg/kg。（　　）③

答案：错误

正确答案为：当取样量为 0.2 g，消解后定容体积为 25 mL 时，铅的方法检出限为 10 mg/kg。

10. 根据《土壤和沉积物　铜、锌、铅、镍、铬的测定　火焰原子吸收分光光度法》（HJ 491—2019）测定土壤和沉积物中的镍时，应称取 0.2～0.3 g（精确到 0.01 g）土壤和沉积物样品进行分析。（　　）③

答案：错误

正确答案为：称取应精确到 0.1 mg。

11. 根据《土壤和沉积物　铜、锌、铅、镍、铬的测定　火焰原子吸收分光光度法》（HJ 491—2019），样品制备过程中，应去除样品中异物（枝棒、叶子、石子等），按 HJ/T 166 和 GB 17378.3 的要求，将采集的样品在实验室中风干、破碎、过筛，保存备用。（　　）③

答案：正确

12. 根据《土壤和沉积物　铜、锌、铅、镍、铬的测定　火焰原子吸收分光光度法》（HJ 491—2019）测定土壤和沉积物中的铅时，钾、钠、钙、镁、铁、铝对铅的测定无干扰。（　　）③

答案：错误

正确答案为：低于 2 000 mg/L 的钾、钠、镁、铁、铝和低于 1 000 mg/L 的钙对铅的测定无干扰。

13. 根据《土壤和沉积物　铜、锌、铅、镍、铬的测定　火焰原子吸收分光光度法》（HJ 491—2019）测定土壤和沉积物中的总铬时，使用富燃性的空气－乙炔火焰，特征谱线波长为 357.9 nm。（　）③

答案：正确

14. 根据《土壤和沉积物　铜、锌、铅、镍、铬的测定　火焰原子吸收分光光度法》（HJ 491—2019）测定土壤和沉积物中的总铬时，样品消解完成后使用体积浓度为 1% 的 HNO_3 定容。（　　）③

答案：正确

15. 根据《土壤和沉积物　铜、锌、铅、镍、铬的测定　火焰原子吸收分光光度法》（HJ 491—2019）测定土壤中的总铬时，铬易形成耐高温的氧化物，测试中需使用氧化性火焰。（　　）③

答案：错误

正确答案为：需使用还原性火焰。

16. 根据《土壤和沉积物　六价铬的测定　碱溶液提取－火焰原子吸收分光光度法》（HJ 1082—2019）测定土壤和沉积物中的六价铬时，碱提取后的试样，若不能立即分析，在 0～4℃下密封保存，保存时间为 30 d。（　　）④

答案：正确

17. 根据《土壤和沉积物　六价铬的测定　碱溶液提取－火焰原子吸收分光光度法》（HJ 1082—2019）测定土壤和沉积物中的六价铬时，用 pH 不小于 10 的碱性提取液，提取出样品中的六价铬。（　　）④

答案：错误

正确答案为：用 pH 大于 11.5 的碱性提取液，提取出样品中的六价铬。

18. 根据《土壤和沉积物　六价铬的测定　碱溶液提取－火焰原子吸收分光光度法》（HJ 1082—2019）测定土壤和沉积物中的六价铬时，试样制备中烧杯应使用聚乙烯薄膜封口。（　　）④

答案：正确

19. 根据《土壤和沉积物　六价铬的测定　碱溶液提取－火焰原子吸收分光光度法》（HJ 1082—2019）测定土壤和沉积物中的六价铬时，工作曲线须按照试样碱提取步骤进行制备。（　　）④

答案：正确

二、选择题

1. 根据《土壤质量　镍的测定　火焰原子吸收分光光度法》（GB/T 17139—1997）和《土壤和沉积物　铜、锌、铅、镍、铬的测定　火焰原子吸收分光光度法》（HJ 491—2019）进行测定时，镍的特征谱线波长为________nm。（　　）②③

A. 232.0　　B. 257.9　　C. 228.8　　D. 283.3

答案：A

2. 根据《土壤质量　镍的测定　火焰原子吸收分光光度法》（GB/T 17139—1997）和《土壤和沉积物　铜、锌、铅、镍、铬的测定　火焰原子吸收分光光度法》（HJ 491—2019）进行测定时，消解土壤样品中不需要使用的酸是________。（　　）②

A. 盐酸　　B. 硫酸　　C. 氢氟酸　　D. 高氯酸

答案：B

3. 根据《土壤质量　铜、锌的测定　火焰原子吸收分光光度法》（GB/T 17138—1997）测定土壤中的铜和锌时，若土壤消解液中铁的含量大于一定浓度，会对锌的测定产生影响，加入适量的________可消除干扰。（　　）①

A. 硝酸钯　　B. 硝酸镧　　C. 硝酸镁　　D. 氯化镁

答案：B

4. 根据《土壤和沉积物　铜、锌、铅、镍、铬的测定　火焰原子吸收分光光度法》（HJ 491—2019）测定土壤和沉积物中的总铬时，微波消解样品时应加入________进行消解。（　　）③

A. 王水　　B. 盐酸—硝酸—氢氟酸

C. 盐酸—硝酸—氢氟酸—高氯酸　　D. 硝酸—氢氟酸—高氯酸

答案：B

5. 根据《土壤和沉积物　六价铬的测定　碱溶液提取－火焰原子吸收分光光度法》（HJ 1082—2019），试样碱提取过程中，样品加热搅拌至________℃，保持 60 min。（　　）④

A. 90～95　　B. 80～100　　C. 85～95

答案：A

6. 根据《土壤和沉积物　六价铬的测定　碱溶液提取－火焰原子吸收分光光度法》（HJ 1082—2019），试样碱提取过程中，样品经加热搅拌、抽滤后用硝酸调节溶液的 pH 至________。（　　）④

A. 7.5±1.0　　B. 8.0±1.0　　C. 7.5±0.5　　D. 8.5±1.0

答案：C

参考文献

[1] 国家环境保护局 . 土壤质量　镍的测定　火焰原子吸收分光光度法：GB/T 17139—1997 [S]. 北京：中国环境科学出版社，1997.

[2] 生态环境部 . 土壤和沉积物　铜、锌、铅、镍、铬的测定　火焰原子吸收分光光度法：HJ 491—2019 [S]. 北京：中国环境出版集团，2019.

[3] 国家环境保护局 . 土壤质量　铜、锌的测定　火焰原子吸收分光光度法：GB/T 17138—1997 [S]. 北京：中国环境科学出版社，1997.

[4] 生态环境部 . 土壤和沉积物　六价铬的测定　碱溶液提取－火焰原子吸收分光光度法：HJ 1082—2019 [S]. 北京：中国环境出版集团，2019.

命题：任　兰　赵　一　徐　荣　张　显　胡恩宇　加那尔别克·西里甫汗

审核：刀　谞　杨丽莉　姜晓旭　田志仁　李　欣　夏　新

第三节 铅和镉

分类号：SO6-2

主要内容
①铅 火焰原子吸收法《土壤元素的近代分析方法》
②镉 火焰原子吸收法《土壤元素的近代分析方法》
③《土壤质量 铅、镉的测定 KI-MIBK 萃取火焰原子吸收分光光度法》(GB/T 17140—1997)

一、判断题

1. 根据《土壤元素的近代分析方法》中火焰原子吸收法测定土壤中的铅时，若铬含量较高，土壤试样处理过程中 Cr^{3+} 被氧化成 $Cr_2O_7^{2-}$，会导致铅的测定结果偏低。(　　) ①

答案：正确

2. 根据《土壤元素的近代分析方法》中火焰原子吸收法测定土壤中的铅和镉时，如果试样中的硅未赶尽，则会对测定结果产生严重干扰。(　　) ①

答案：正确

3. 根据《土壤元素的近代分析方法》中火焰原子吸收法测定土壤中的铅和镉时，盐类分子吸收会使测定结果偏低。(　　) ①

答案：错误

正确答案为：盐类分子吸收会使测定结果偏高。

4. 根据《土壤元素的近代分析方法》中火焰原子吸收法测定土壤中的铅和镉时，为了消除基体元素的干扰，可以使用 KI-MIBK 等萃取体系，将铅和镉萃取后进行测定。(　　) ②

答案：正确

5. 根据《土壤元素的近代分析方法》中火焰原子吸收法测定土壤中的铅和镉时，在试样消解过程中，若 $HClO_4$ 蒸干则 Fe、Al 盐可能生成难溶的氧化物包藏 Cd 和 Pb，使结果偏低。(　　) ②

答案：正确

6. 根据《土壤元素的近代分析方法》中火焰原子吸收法测定土壤中的铅时，使用 283.3 nm 分析线比 217.0 nm 分析线更容易受到土壤基体成分的干扰。(　　) ②

答案：错误

正确答案为：使用 217.0 nm 分析线比 283.3 nm 分析线更容易受到土壤基体成分的干扰。

7. 根据《土壤质量 铅、镉的测定 KI-MIBK 萃取火焰原子吸收分光光度法》(GB/T 17140—1997)，当试样中铜、锌含量较高时，会消耗碘化钾，应酌情增加碘化钾的用量。(　　) ③

答案：正确

8. 根据《土壤质量 铅、镉的测定 KI-MIBK 萃取火焰原子吸收分光光度法》(GB/T

17140—1997），该方法萃取原理为：在约 1% 盐酸介质中，加入适量的 KI，试样中的 Pb^{2+}、Cd^{2+} 与 I^{+} 形成稳定的离子缔合物，可被甲基异丁基甲酮（MIBK）萃取。（　　）③

答案：正确

二、选择题

1. 根据《土壤元素的近代分析方法》中火焰原子吸收法测定土壤的铅和镉时，直接火焰法适用于测定________浓度的土壤样品。（　　）②

   A. 较低　　B. 较高

答案：B

2. 根据《土壤质量　铅、镉的测定　KI-MIBK 萃取火焰原子吸收分光光度法》（GB/T 17140—1997），仪器测量条件中火焰性质为________。（　　）③

   A. 氧化性　　B. 还原性

答案：A

3. 根据《土壤质量　铅、镉的测定　KI-MIBK 萃取火焰原子吸收分光光度法》（GB/T 17140—1997），按称取 0.5 g 样品经消解定容至 50 mL 计算，土壤中铅的检出限为________mg/kg。（　　）③

   A. 0.01　　B. 0.2　　C. 0.1　　D. 0.05

答案：B

参考文献

[1] 中国环境监测总站 . 土壤元素的近代分析方法 [M]. 北京：中国环境科学出版社，1992.

[2] 国家环境保护局 . 土壤质量　铅、镉的测定　KI-MIBK 萃取火焰原子吸收分光光度法：GB/T 17140—1997. 北京：中国标准出版社，1997.

命题：刀　谞　张　显　徐　荣　胡恩宇　加那尔别克 · 西里甫汗

审核：任　兰　李　欣　田志仁　杨丽莉

第四节　砷

分类号：SO6-3

主要内容
砷　氢化物发生原子吸收光度法《土壤元素的近代分析方法》

一、判断题

1. 根据《土壤元素的近代分析方法》中氢化物发生原子吸收光度法测定土壤中的砷时，在盐酸溶液中，硼氢化钾还原剂将砷转化为挥发性的砷化氢气体。（　　）

答案：正确

2. 根据《土壤元素的近代分析方法》中氢化物发生原子吸收光度法测定土壤中的砷时，试料可以用体积浓度为 1% 的 HNO_3 稀释。(　　)

答案：错误

正确答案为：试料可以用体积浓度为 5% 的 HCl 稀释。浓度大于 0.05 mol/L 的硝酸妨碍还原反应，未避免对测定结果产生影响，一般不使用硝酸。

二、选择题

1. 根据《土壤元素的近代分析方法》中氢化物发生原子吸收光度法测定土壤中的砷时，通常采用________，若使用________会导致测定灵敏度下降。(　　)

A. 空心阴极灯，无极放电灯　　B. 氘灯，无极放电灯

C. 无极放电灯，空心阴极灯　　D. 氙灯，空心阴极灯

答案：C

2. 根据《土壤元素的近代分析方法》中氢化物发生原子吸收光度法测定土壤中的砷时，载气可以为 N_2 及________。(　　)

A. H_2　　B. Ar　　C. He　　D. N_2

答案：B

3. 根据《土壤元素的近代分析方法》中氢化物发生原子吸收光度法测定土壤中的砷时，土壤样品使用________处理。(　　)

A. 王水　　B. 盐酸—硝酸—氢氟酸

C. 盐酸—硝酸—氢氟酸—高氯酸　　D. 逆王水

答案：A

参考文献

中国环境监测总站 . 土壤元素的近代分析方法 [M]. 北京：中国环境科学科学社，1992.

命题：刀　谞　任　兰　徐　荣
审核：李　欣　姜晓旭

第五节　铁

分类号：SO6-4

主要内容
铁　原子吸收光度法《土壤元素的近代分析方法》

一、判断题

1. 根据《土壤元素的近代分析方法》中测定土壤中的铁时，影响准确度的干扰主要是物理干扰。(　　)

答案：错误

正确答案为：影响准确度的干扰主要是化学干扰。

2. 根据《土壤元素的近代分析方法》中测定土壤中的铁时，较高浓度的硅可产生负干扰，消解液中加入适量的钙可以消除干扰。（　）

答案：正确

3. 根据《土壤元素的近代分析方法》中测定土壤中的铁时，因铁的光谱线较复杂，应选择最小的光谱通带。（　）

答案：正确

二、选择题

根据《土壤元素的近代分析方法》中测定土壤中的铁时，在空气—乙炔火焰中，铁的化合物易于原子化，可在波长________nm 处进行测定。（　　）

A. 258.3　　B. 248.3　　C. 279.8　　D. 280.1

答案：B

参考文献

中国环境监测总站 . 土壤元素的近代分析方法 [M]. 北京：中国环境科学出版社，1992.

命题：刀　谞　任　兰　徐　荣
审核：夏　新　田志仁　米方卓

第六节　钴

分类号：SO6–5

主要内容
《土壤和沉积物　钴的测定　火焰原子吸收分光光度法》（HJ 1081—2019）

判断题

1. 根据《土壤和沉积物　钴的测定　火焰原子吸收分光光度法》（HJ 1081—2019）测定土壤和沉积物中的钴时，钴在富燃性空气—乙炔火焰中较易于原子化。（　　）

答案：错误

正确答案为：钴在贫燃性空气—乙炔火焰中较易于原子化。

2. 根据《土壤和沉积物　钴的测定　火焰原子吸收分光光度法》（HJ 1081—2019）测定土壤和沉积物中的钴时，特征波长为 240.7 nm。（　　）

答案：正确

3. 根据《土壤和沉积物　钴的测定　火焰原子吸收分光光度法》（HJ 1081—2019）测定土壤和沉积物中的钴时，当取样量为 0.5 g，定容体积为 50 mL 时，钴的方法检出限为 1 mg/kg。（　　）

答案：错误

正确答案为：当取样量为 0.5 g，定容体积为 50 mL 时，钴的方法检出限为 2 mg/kg。

4. 根据《土壤和沉积物　钴的测定　火焰原子吸收分光光度法》（HJ 1081—2019）测定土壤和沉积物中的钴时，仪器工作参数中的通带宽度为 0.5 nm。（　　）

答案：错误

正确答案为：仪器工作参数中的通带宽度为 0.2 nm。

5. 根据《土壤和沉积物　钴的测定　火焰原子吸收分光光度法》（HJ 1081—2019）测定土壤和沉积物中的钴时，标准加入法能消除基体效应造成的影响，不能消除背景吸收的影响。（　　）

答案：错误

正确答案为：标准加入法只能补偿基体效应造成的影响，不能消除背景吸收的影响。

6. 根据《土壤和沉积物　钴的测定　火焰原子吸收分光光度法》（HJ 1081—2019）测定土壤和沉积物中的钴时，消解样品的电热板应具有温控功能，温度精度为 ±5℃。（　　）

答案：正确

参考文献

生态环境部. 土壤和沉积物　钴的测定　火焰原子吸收分光光度法：HJ 1081—2019 [S]. 北京：中国环境出版集团，2019.

命题：任　兰　张　显　胡恩宇　加那尔别克 · 西里甫汗　徐　荣

审核：刀　谞　杨丽莉　田志仁　夏　新

第七节　锰

分类号：SO6-6

主要内容
锰　原子吸收法《土壤元素的近代分析方法》

一、判断题

根据《土壤元素的近代分析方法》中原子吸收法测定土壤中的锰时，消解液中可加入适量的 $CaCl_2$ 作为释放剂，以消除 Al^{3+} 等干扰。（　　）

答案：正确

二、选择题

1. 根据《土壤元素的近代分析方法》中原子吸收法测定土壤中的锰时，特征谱线为________nm。（　　）

A. 279.5　　B. 289.5　　C. 270.8　　D. 271.8

答案： A

2. 根据《土壤元素的近代分析方法》中原子吸收法测定土壤中的锰时，当样品中存在大量的 SiO_3^{2-}、Al^{3+} 及________会产生负干扰。(　　)

A. Fe^{3+}　　B. Cu^{2+}　　C. Zn^{2+}　　D. Ti（Ⅳ）

答案： D

参考文献

中国环境监测总站 . 土壤元素的近代分析方法 [M]. 北京：中国环境科学出版社，1992.

命题：任　兰　徐　荣　姜晓旭
审核：刀　谞　田志仁　夏　新

第七章　石墨炉原子吸收分光光度法

第一节　基础知识

分类号：SO7-0

试题同“上册 W10-0”。

第二节　铅和镉

分类号：SO7-1

主要内容
《土壤质量　铅、镉的测定　石墨炉原子吸收分光光度法》（GB/T 17141—1997）

一、填空题

1.《土壤质量　铅、镉的测定　石墨炉原子吸收分光光度法》（GB/T 17141—1997）中镉的检出限为________ mg/kg。

答案：0.01

2. 根据《土壤质量　铅、镉的测定　石墨炉原子吸收分光光度法》（GB/T 17141—1997）测定土壤中的铅和镉时，扣除背景的方法有________、________和________。

答案：塞曼法　自吸收法　氘灯法

3. 根据《土壤质量　铅、镉的测定　石墨炉原子吸收分光光度法》（GB/T 17141—1997）测定土壤中的铅时，各容器清洗后应用________溶液浸泡过夜，再用________水冲洗后使用。

答案：（1+1）硝酸　无铅

4. 根据《土壤质量　铅、镉的测定　石墨炉原子吸收分光光度法》（GB/T 17141—1997）测定土壤中的镉和铅时，准确称取试样于坩埚中，用水润湿后加入 5 mL ________于通风橱内的电热板上低温加热，使样品初步分解，当蒸发至 2～3 mL 时，取下稍微冷却，然后加入 5 mL________、4 mL________、2 mL________。

答案：盐酸　稀硝酸　氢氟酸　高氯酸

二、判断题

1. 根据《土壤质量　铅、镉的测定　石墨炉原子吸收分光光度法》（GB/T 17141—1997）测定土壤中的铅时，使用的波长为 286.3 nm。（　　）

答案： 错误

　　正确答案为： 波长为 283.3 nm。

2. 根据《土壤质量　铅、镉的测定　石墨炉原子吸收分光光度法》（GB/T 17141—1997）测定土壤中的镉时，一般选用主灵敏线，但当含量较高或主灵敏线附近存在干扰时，也可选用次灵敏线。(　)

答案： 正确

3. 根据《土壤质量　铅、镉的测定　石墨炉原子吸收分光光度法》（GB/T 17141—1997）测定土壤中的镉和铅时，试样制备的赶酸阶段，要注意控制温度，若消解液蒸干，则测定结果会偏高。(　　)

答案： 错误

　　正确答案为： 元素可能被包裹，测定结果偏低。

4. 根据《土壤质量　铅、镉的测定　石墨炉原子吸收分光光度法》（GB/T 17141—1997）测定土壤中的镉和铅时，由于土壤种类多，所含有机质差异较大，消解时应注意观察，各种酸的用量可视消解情况酌情增减。(　　)

答案： 正确

5. 根据《土壤质量　铅、镉的测定　石墨炉原子吸收分光光度法》（GB/T 17141—1997）测定土壤中的镉和铅时，进样针位置如调节不好将不能顺利进入石墨管，进样针在石墨管中的深浅则对所测样品的精密度影响很大。(　　)

答案： 正确

6. 根据《土壤质量　铅、镉的测定　石墨炉原子吸收分光光度法》（GB/T 17141—1997）测定土壤中的镉和铅时，消解完成后，定容时使用比色管，保证样品的精度。用去离子水冲洗坩埚内壁四周，然后转移到容量瓶中，重复以上操作至少 3 次。(　　)

答案： 错误

　　正确答案为： 消解完成后，定容时使用容量瓶。

7. 根据《土壤质量　铅、镉的测定　石墨炉原子吸收分光光度法》（GB/T 17141—1997）测定土壤中的铅时，原子化过程分为干燥、灰化、原子化、净化四个阶段，在干燥阶段，为了不使液体飞溅而损失，可以采用两级干燥的操作。(　　)

答案： 正确

8. 根据《土壤质量　铅、镉的测定　石墨炉原子吸收分光光度法》（GB/T 17141—1997）测定土壤中的铅和镉时，基体改进剂为磷酸氢二铵或氯化铵。(　　)

答案： 正确

三、选择题

1. 根据《土壤质量　铅、镉的测定　石墨炉原子吸收分光光度法》（GB/T 17141—1997）测定土壤中的铅时，土壤消解液应呈白色或________，没有明显沉淀物存在。(　　)

A. 淡黄色　　B. 淡灰色　　C. 淡褐色

答案： A

2. 用于石墨炉原子吸收分光光度法测定土壤中镉的土壤样品须过________目尼龙筛。（　）

A. 10　　B. 60　　C. 100

答案：C

3. 根据《土壤质量　铅、镉的测定　石墨炉原子吸收分光光度法》（GB/T 17141—1997）测定土壤中的镉和铅时，用水代替试样，制备全程序空白溶液。每批样品至少制备________个以上的空白溶液。（　）

A. 1　　B. 2　　C. 3

答案：B

4. 根据《土壤质量　铅、镉的测定　石墨炉原子吸收分光光度法》（GB/T 17141—1997）测定土壤中的铅，绘制标准曲线时，应用________定容。（　）

A. 稀硝酸　　B. 稀盐酸　　C. 稀硫酸

答案：A

5. 根据《土壤质量　铅、镉的测定　石墨炉原子吸收分光光度法》（GB/T 17141—1997）测定土壤中的镉和铅时，移取消解试剂氢氟酸时应使用________，确保精度，避免带入污染。（　）

A. 玻璃刻度移液管　　B. 玻璃大肚移液管

C. 塑料移液管

答案：C

6. 根据《土壤质量　铅、镉的测定　石墨炉原子吸收分光光度法》（GB/T 17141—1997）测定土壤中的镉和铅时，试样浓度较低时，适当增加称样量使试样浓度处于________，利于定量。（　）

A. 曲线低浓度　　B. 曲线高浓度　　C. 曲线中间浓度

答案：C

7. 根据《土壤质量　铅、镉的测定　石墨炉原子吸收分光光度法》（GB/T 17141—1997）测定土壤中的镉，原子化阶段其最佳原子温度，选择待测元素完全原子化的________温度，这时吸收峰________。（　）

A. 最低，最高　　B. 最低，最低　　C. 最高，最高

答案：A

四、问答题

1. 根据《土壤质量　铅、镉的测定　石墨炉原子吸收分光光度法》（GB/T 17141—1997）测定土壤中铅和镉时，一般情况下，若消解液为精细白色沉淀；石灰渣样乳白液；絮状沉淀，其分别是什么物质，该如何处理？

答案：精细白色沉淀为硅酸盐，应增加氢氟酸的用量；石灰渣样乳白液，说明消解液中含盐量高，可以适当加些盐酸或硝酸；絮状沉淀为不溶性氟化物，建议用饱和硼酸溶液络合，并添加少量氢氟酸。

2. 简述《土壤质量　铅、镉的测定　石墨炉原子吸收分光光度法》（GB/T 17141—1997）测定土壤中铅的原理。

答案：采用盐酸—硝酸—氢氟酸—高氯酸全消解的方法，彻底破坏土壤的矿物晶格，使试样中的待测元素全部进入试液。然后将试液注入石墨炉中。经过预先设定的干燥、灰化、原子化等升温程序使共存基体成分蒸发除去，同时在原子化阶段的高温下铅化合物离解为基态原子蒸气，并对空心阴极灯发射的特征谱线产生选择性吸收。在选择的最佳测定条件下，通过背景扣除，测定试液中铅的吸光度，其吸光强度在一定范围内与待测元素含量成正比。

参考文献

国家环境保护局．土壤质量　铅、镉的测定　石墨炉原子吸收分光光度法：GB/T 17141—1997 [S]. 北京：中国环境科学出版社，1997.

命题：刘　蓉　姜晓旭
审核：田志仁　夏　新

第三节　铊

分类号：SO7–2

主要内容
《土壤和沉积物　铊的测定　石墨炉原子吸收分光光度法》（HJ 1080—2019）

一、判断题

1. 根据《土壤和沉积物　铊的测定　石墨炉原子吸收分光光度法》（HJ 1080—2019）测定土壤和沉积物中的铊时，当称样量为 0.5 g，定容体积为 50 mL 时，铊的方法检出限为 0.01 mg/kg。（　　）

答案：错误

正确答案为：当称样量为 0.5 g，定容体积为 50 mL 时，铊的方法检出限为 0.1 mg/kg。

2. 根据《土壤和沉积物　铊的测定　石墨炉原子吸收分光光度法》（HJ 1080—2019）测定土壤和沉积物中的铊时，试样的消解、保存和标准溶液的配制过程中应避免引入含氯的物质。（　　）

答案：正确

3. 根据《土壤和沉积物　铊的测定　石墨炉原子吸收分光光度法》（HJ 1080—2019）测定土壤和沉积物中的铊时，铊及其化合物形成的基态原子，对特征谱线（276.8 nm）产生选择性吸收。（　　）

答案：正确

4. 根据《土壤和沉积物　铊的测定　石墨炉原子吸收分光光度法》（HJ 1080—2019）测定土壤和沉积物中的铊时，当氯离子浓度低于 1 000 mg/L 时，加入基体改进剂可消除干扰，其加入顺序为先进硝酸钯溶液，后进抗坏血酸溶液。（　　）

答案： 正确

5. 根据《土壤和沉积物 铊的测定 石墨炉原子吸收分光光度法》（HJ 1080—2019）测定土壤和沉积物中的铊时，只能使用铊锐线光源。（ ）

答案： 错误

正确答案为： 该方法除了可使用铊锐线光源还可使用连续光源。

二、选择题

1. 根据《土壤和沉积物 铊的测定 石墨炉原子吸收分光光度法》（HJ 1080—2019）测定土壤和沉积物中的铊时，酸消解样品所用的坩埚应为________。（ ）

A. 瓷坩埚 B. 聚四氟乙烯坩埚

C. 镍坩埚 D. 铂金坩埚

答案： B

2. 根据《土壤和沉积物 铊的测定 石墨炉原子吸收分光光度法》（HJ 1080—2019）测定土壤和沉积物中的铊时，消解样品时不需要使用的酸是________。（ ）

A. 硝酸 B. 氢氟酸 C. 高氯酸

答案： C

参考文献

生态环境部．土壤和沉积物 铊的测定 石墨炉原子吸收分光光度法：HJ 1080—2019 [S]. 北京：中国环境出版集团．

命题：刀 谞 胡恩宇 陈 维 杨懂艳 王晓斐

审核：任 兰 张 显 刘保献

第四节 钡

分类号：SO7–3

主要内容

钡 石墨炉原子吸收分光光度法《全国土壤污染状况调查样品分析测试技术规定》

一、判断题

根据《全国土壤污染状况调查样品分析测试技术规定》中石墨炉原子吸收分光光度法测定土壤中的钡时，钡化合物形成的钡基态原子对 553.6 nm 特征谱线产生吸收。（ ）

答案： 正确

二、选择题

根据《全国土壤污染状况调查样品分析测试技术规定》中石墨炉原子吸收分光光度法测定土壤中的钡时使用热解涂层石墨管，需要将热解石墨管在 5% 的________中浸泡 24 h，在烘箱中 120℃干燥 2 h，然后置于石墨炉中，于 120℃加热 30 s，900℃加热

30 s，2 600℃加热 10 s。(　　)

A. 硝酸镧　　B. 硝酸钯　　C. 硝酸钡　　D. 硝酸镁

答案：A

参考文献

国家环境保护总局 . 全国土壤污染状况调查样品分析测试技术规定 [S]. 北京：中国环境出版社，2006.

命题：陈　维　杨懂艳　刘　蓉

审核：刘保献　鹿海峰　夏　新

第五节　铍

分类号：SO7–4

主要内容
《土壤和沉积物　铍的测定　石墨炉原子吸收分光光度法》(HJ 737—2015)

一、判断题

1. 根据《土壤和沉积物　铍的测定　石墨炉原子吸收分光光度法》(HJ 737—2015)测定铍，当称取 0.2 g 样品消解，定容至 50 mL 时，方法的检出限为 0.03 mg/kg，测定下限为 0.12 mg/kg。(　　)

答案：正确

2. 根据《土壤和沉积物　铍的测定　石墨炉原子吸收分光光度法》(HJ 737—2015)，土壤或沉积物经消解后，注入石墨炉原子化器中，经过干燥、灰化和原子化，铍化合物形成的铍基态原子对 325.6 nm 特征谱线产生吸收，其吸收强度在一定范围内与铍浓度成正比。(　　)

答案：错误

正确答案为：对 234.9 nm 特征谱线产生吸收。

3. 根据《土壤和沉积物　铍的测定　石墨炉原子吸收分光光度法》(HJ 737—2015)中电热板消解法，若土壤和沉积物中有机质含量较高，应增加硝酸用量。(　　)

答案：正确

4. 根据《土壤和沉积物　铍的测定　石墨炉原子吸收分光光度法》(HJ 737—2015)中电热板消解法和微波消解后，加入高氯酸是为了分解有机碳化物，达到良好的飞硅效果。(　　)

答案：正确

5. 根据《土壤和沉积物　铍的测定　石墨炉原子吸收分光光度法》(HJ 737—2015)测定土壤和沉积物中的铍时，每批样品至少做 2 个实验室空白，其测定结果应低于测定下限。(　　)

答案：正确

二、选择题

1. 根据《土壤和沉积物　铍的测定　石墨炉原子吸收分光光度法》（HJ 737—2015），20 mg/L 的铁对铍的测定产生________干扰；75 mg/L 的镁对铍的测定产生________干扰。加入________基体改进剂，可消除干扰。（　　）

A. 正，负，氯化钯　　B. 负，正，氯化钯

C. 正，负，硝酸钯　　D. 负，正，硝酸钯

答案：B

2. 根据《土壤和沉积物　铍的测定　石墨炉原子吸收分光光度法》（HJ 737—2015）测定铍时，应选用________石墨管。（　　）

A. 普通（非热解）　B. 热解　C. 平台

答案：B

3. 根据《土壤和沉积物　铍的测定　石墨炉原子吸收分光光度法》（HJ 737—2015），平行样品测定时，测定结果的相对偏差一般不大于________；校准空白或校准曲线中间的标准点时，标准点测量值的变化不大于________。（　　）

A.10%，10%　B. 10%，20%　C. 20%，20%　D. 20%，10%

答案：D

参考文献

环境保护部 . 土壤和沉积物　铍的测定　石墨炉原子吸收分光光度法：HJ 737—2015 [S]. 北京：中国环境出版社，2016.

命题：陈　维　杨懂艳　刀　谞

审核：刘保献　鹿海峰　夏　新

第八章　电感耦合等离子体发射光谱法

第一节　基础知识

分类号：SO8–0

试题同“上册 W11–0”。

第二节　金属元素

分类号：SO8–1

主要内容
《土壤和沉积物　11种元素的测定　碱熔–电感耦合等离子体发射光谱法》（HJ 974—2018）

一、填空题

1. 根据《土壤和沉积物　11 种元素的测定　碱熔–电感耦合等离子体发射光谱法》（HJ 974—2018），基体匹配液配置如下：称取 2.0 g 碳酸钠、0.2 g________和 0.8 g________至烧杯中，用水湿润后加入 64 mL 盐酸（1.19 g/mL）和 16 mL 硝酸（1.42 g/mL）溶解，待溶液冷却后用水定容至 1 L。

答案：四硼酸锂　　偏硼酸锂

2. 《土壤和沉积物　11 种元素的测定　碱熔–电感耦合等离子体发射光谱法》（HJ 974—2018），推荐的内标元素为________和________。

答案：硅　　铑

二、判断题

1. 根据《土壤和沉积物　11 种元素的测定　碱熔–电感耦合等离子体发射光谱法》（HJ 974—2018），样品消解时所用坩埚为石墨坩埚，该材质坩埚具有耐腐蚀、空白低、对目标元素影响小等特点。（　　）

答案：错误

正确答案为：《土壤和沉积物　11 种元素的测定　碱熔–电感耦合等离子体发射光谱法》（HJ 974—2018）规定，样品碱熔所用坩埚为 30 mL 铂金坩埚。

2. 根据《土壤和沉积物　11 种元素的测定　碱熔–电感耦合等离子体发射光谱法》（HJ 974—2018），单元素的谱线重叠干扰系数一旦通过实验确定，就不用再校正。（　　）

答案：错误

正确答案为：谱线重叠干扰系数与干扰元素的浓度、仪器的分辨率及灵敏度等有关。

3.《土壤和沉积物 11种元素的测定 碱熔—电感耦合等离子体发射光谱法》（HJ 974—2018）适用于测定土壤和沉积物中的钠。（ ）

答案：错误

正确答案为：该方法不适用于测定土壤和沉积物中钠。

4. 根据《土壤和沉积物 11种元素的测定 碱熔－电感耦合等离子体发射光谱法》（HJ 974—2018），该方法推荐的内标元素没有浓度和谱线要求。（ ）

答案：错误

正确答案为：该方法推荐的内标元素在标准溶液和样品上机液中的浓度为 2.50～5.00 mg/L；推荐的谱线为 Rh 343.489 nm。

5. 根据《土壤和沉积物 11种元素的测定 碱熔－电感耦合等离子体发射光谱法》（HJ 974—2018），ICP-OES 需要配备耐高盐的雾化器和能编辑内标元素的工作站。（ ）

答案：正确

6. 根据《土壤和沉积物 11种元素的测定 碱熔－电感耦合等离子体发射光谱法》（HJ 974—2018），使用过的坩埚采用（1+4）硝酸－盐酸混合溶液煮沸清洗。（ ）

答案：错误

正确答案为：使用过的坩埚采用（1+1）盐酸溶液煮沸清洗。

7. 根据《土壤和沉积物 11种元素的测定 碱熔－电感耦合等离子体发射光谱法》（HJ 974—2018），由于碱熔消解过程了引入了大量的盐分特别是钠盐，该方法规定采用基体匹配法和内标法来消除非质谱干扰。（ ）

答案：正确

三、选择题

1. 根据《土壤和沉积物 11种元素的测定 碱熔－电感耦合等离子体发射光谱法》（HJ 974—2018），当存在单元素干扰，可通过配制一系列已知干扰元素含量的溶液按公式$K_t=\dfrac{\rho'-\rho}{\rho_t}$求得干扰系数，其中$\rho_t$表示________。（ ）

A. 干扰元素的浓度　　B. 分析元素的浓度

C. 干扰和分析元素的浓度　　D. 干扰元素的信号强度

答案：A

2. 根据《土壤和沉积物 11种元素的测定 碱熔－电感耦合等离子体发射光谱法》（HJ 974—2018），碱熔制备试样过程中对测定结果有重要的影响因素包括________。（ ）

A. 熔剂的种类及比例 B. 熔融的温度及时间 C. 提取酸的种类及数量 D. 以上均是

答案：D

3. 根据《土壤和沉积物 11种元素的测定 碱熔－电感耦合等离子体发射光谱法》

（HJ 974—2018）测定________等元素时必需使用内标，否则测定结果不能满足质量控制要求。（　　）

A. 锰、钡、钒、锶、钛、硅　　B. 锰、钡、钒、锶、钛、硅、钙

C. 锰、钡、钒、锶、钛、硅、镁　　D. 锰、钡、钒、锶、钛、硅、铁

答案：A

4. 根据《土壤和沉积物　11 种元素的测定　碱熔－电感耦合等离子体发射光谱法》（HJ 974—2018），硅标准贮备液采用（1+1）盐酸加热溶解________配制而成。（　　）

A. 二氧化硅　　B. 硅　　C. 硅酸钠　　D. 六氟硅酸铵

答案：D

5. 根据《土壤和沉积物　11 种元素的测定　碱熔－电感耦合等离子体发射光谱法》（HJ 974—2018），该标准规定的方法检出限的取样量和定容体积分别为________ g 和________mL。（　　）

A. 0.2，500　　B. 0.5，250　　C. 0.1，100　　D. 0.2，250

答案：A

6. 根据《土壤和沉积物　11 种元素的测定　碱熔－电感耦合等离子体发射光谱法》（HJ 974—2018），标准溶液采用________稀释、定容。（　　）

A.（1+4）硝酸溶液　　B.（1+99）硝酸溶液

C.（1+4）硝酸—盐酸混合溶液　　D. 基体匹配液

答案：D

7. 根据《土壤和沉积物　11 种元素的测定　碱熔－电感耦合等离子体发射光谱法》（HJ 974—2018），某实验室采用该方法测定 GSS-4 中锰的结果为 1.15 g/kg、1.38 g/kg、1.71 g/kg、1.53 g/kg、1.29 g/kg，其中符合该标准方法准确度的测定结果有________［注：GSS-4 中的标样值为（1420±75）mg/kg，该标准规定锰的方法检出限为 0.08 g/kg］。（　　）

A. 1.38 g/kg

B. 1.38 g/kg、1.53 g/kg

C. 1.38 g/kg、1.53 g/kg、1.29 g/kg

D. 1.15 g/kg、1.38 g/kg、1.71 g/kg、1.53 g/kg、1.29 g/kg

答案：D

8. 根据《土壤和沉积物　11 种元素的测定　碱熔－电感耦合等离子体发射光谱法》（HJ 974—2018），ICP-OES 测定需要内标元素校正的样品中元素时，标准曲线的横坐标为目标元素的质量浓度，纵坐标为________。（　　）

A. 目标元素的发射强度　　B. 目标元素与内标元素发射强度的比值

C. 内标元素与目标元素发射强度的比值

答案：B

四、问答题

1. 简述《土壤和沉积物　11 种元素的测定　碱熔－电感耦合等离子体发射光谱法》（HJ 974—2018）的试样制备（碱熔）操作要点。

答案：（1）称取熔剂和样品：先在铂金坩埚底部加入少量碳酸钠垫底；称取 1.0 g 碳酸钠、0.1 g 四硼酸锂和 0.4 g 偏硼酸锂，适当匀混制成熔剂；再依次向坩埚加入约 2/3 的熔剂和 0.2 g（精确至 0.1 mg）样品；最后向坩埚放入剩余约 1/3 的熔剂。

（2）碱熔样品过程：将铂金坩埚置于马弗炉中，升温至 1 000℃，保持 30 min，停止加热。

（3）熔融物脱落操作：熔融结束约 5 min 后用坩埚钳夹住铂金坩埚直立于已盛有 100 mL 水的 500 mL 烧杯中；待熔融物出现裂缝后，取出坩埚并向坩埚内加实验用水至淹没熔融物；当熔融物与坩埚脱离后，将脱落的熔融物转移至 250 mL 烧杯中。

（4）提取熔融物：取（1+4）硝酸—盐酸混合溶液 40 mL；先用少许混合溶液、多次淋洗坩埚壁上和底部的沉淀，并转移至 250 mL 烧杯中；接着将剩余的硝酸—盐酸混合溶液加入烧杯，使熔融物全部溶解（可以采用超声）；最后将烧杯中的溶液转移至 500 mL 容量瓶，实验用水定容至标线、摇匀待测。

2. 简述《土壤和沉积物　11 种元素的测定　碱熔－电感耦合等离子体发射光谱法》（HJ 974—2018）的质量保证与质量控制，至少列举两条。

答案：（1）空白样品：每 10 个样品或每批（少于 10 个样品 / 批）须做一个空白试验，所测元素的空白值应低于方法测定下限。

（2）校准：每次分析应建立标准曲线，标准曲线的相关系数应不低于 0.995；每 20 个样品或每批次（少于 20 个样品 / 批）应分析一个标准曲线中间浓度点标准溶液，其测定结果与该点浓度值的相对误差应在 ±10% 以内，否则应重新绘制标准曲线。

（3）平行样：每 20 个样品或每批次（少于 20 个样品 / 批）至少分析一个平行双样，平行样测定结果的相对偏差不大于 35%。

（4）准确度：①使用有证标准物质。每 20 个样品或每批次（少于 20 个样品 / 批）至少分析一个土壤或沉积物的有证标准物质，有证标准物质测定值的准确度采用对数误差表示，具体要求如下：样品含量低于检出限 3 倍以内，$\Delta\lg C(GBW)=|\lg C_i-\lg C_s|\leqslant 0.15$；样品含量高于 5% 时，$\Delta\lg C(GBW)=|\lg C_i-\lg C_s|\leqslant 0.07$；样品含量介于检出限 3 倍以上和 5% 之间，$\Delta\lg C(GBW)=|\lg C_i-\lg C_s|\leqslant 0.10$。②基体加标。每 20 个样品或每批次（少于 20 个样品 / 批）至少分析一个加标样品，样品的加标回收率范围应在 65%～125%。

参考文献

生态环境部．土壤和沉积物　11 种元素的测定　碱熔－电感耦合等离子体发射光谱法：HJ 974—2018 [S]. 北京：中国环境出版集团，2018.

命题：姜晓旭　赵小学

审核：夏　新

第九章　电感耦合等离子体质谱法

第一节　基础知识

分类号：SO9-0

试题同“上册 W12-0”。

第二节　金属元素

分类号：SO9-1

主要内容
《土壤和沉积物　12 种金属元素的测定　王水提取-电感耦合等离子体质谱法》（HJ 803—2016）

一、填空题

1. 根据《土壤和沉积物　12 种金属元素的测定　王水提取-电感耦合等离子体质谱法》（HJ 803—2016）测定时，所有元素的标准溶液配制后均应在密封的________或________瓶中保存。

答案：聚乙烯　聚丙烯

2. 根据《土壤和沉积物　12 种金属元素的测定　王水提取-电感耦合等离子体质谱法》（HJ 803—2016）测定时，王水消解土壤样品的方法是利用王水的________性、氯离子的________性以及氯气、亚硝酰氯和氯离子的________作用，将有机质氧化，并将合金等难溶物转化为易溶的可测态。

答案：氧化　络合　催化

二、判断题

1. 制备用 ICP-AES 法测定土壤和沉积物王水提取液中 12 种重金属样品，需风干、粗磨、细磨至过孔径 0.15 mm（100 目）筛。（　）

答案：正确

2. 根据《土壤和沉积物　12 种金属元素的测定　王水提取-电感耦合等离子体质谱法》（HJ 803—2016）测定时，同量异位素干扰可通过调节仪器参数消除影响。（　）

答案：错误

正确答案为：同量异位素干扰可使用干扰校正方程进行校正，或在分析前对样品进行化学分离等方法进行消除。

3. 根据《土壤和沉积物　12 种金属元素的测定　王水提取 - 电感耦合等离子体质谱法》（HJ 803—2016）测定时，宜选用 Li、Be、Mg、Y、Co、In、Tl、Pb、Bi 为内标元素。（　　）

答案：错误

正确答案为：宜选用 ^{6}Li、^{45}Sc、^{89}Ge、^{89}Y、^{103}Rh、^{115}In、^{185}Re、^{209}Bi 为内标元素。

4. 根据《土壤和沉积物　12 种金属元素的测定　王水提取 - 电感耦合等离子体质谱法》（HJ 803—2016）测定时，所用载气为氩气，其纯度≥99.99%。（　　）

答案：错误

正确答案为：所用载气为氩气，其纯度≥99.999%。

5. 根据《土壤和沉积物　12 种金属元素的测定　王水提取 - 电感耦合等离子体质谱法》（HJ 803—2016）测定时，每批样品至少做 2 个实验室空白试样，其测定结果均应低于检出限。（　　）

答案：错误

正确答案为：每批样品至少做 2 个实验室空白试样，其测定结果均应低于测定下限。

6. 根据《土壤和沉积物　12 种金属元素的测定　王水提取 - 电感耦合等离子体质谱法》（HJ 803—2016）测定时，每 20 个样品或每批次（少于 20 个样品 / 批次）样品，应进行一个标准曲线中间浓度点，其测定结果与实际浓度值的相对偏差应≤15%，否则应查找原因或重新建立标准曲线。（　　）

答案：错误

正确答案为：其测定结果与实际浓度值的相对偏差应≤10%。

三、选择题

1. 根据《土壤和沉积物　12 种金属元素的测定　王水提取 - 电感耦合等离子体质谱法》（HJ 803—2016）测定时，配制分析用的单元素标准贮备液、多元素混合标准储备液和标准使用液均用浓度为________mol/L 硝酸溶液。（　　）

A. 0.5　　B. 1.0　　C. 1.5　　D. 2.0

答案：A

2. 根据《土壤和沉积物　12 种金属元素的测定　王水提取 - 电感耦合等离子体质谱法》（HJ 803—2016）测定时，配制内标标准贮备液和调谐液，可用纯度大于________% 的金属或相应的基准或高纯金属盐类。（　　）

A. 99　　B. 99.9　　C. 99.99　　D. 99.999

答案：C

3. 根据《土壤和沉积物　12 种金属元素的测定　王水提取 - 电感耦合等离子体质谱法》（HJ 803—2016）测定时，氧化物干扰和双电荷干扰属于________。（　　）

A. 质谱干扰　　B. 非质谱干扰　　C. 基体抑制干扰

答案：A

4. 根据《土壤和沉积物　12 种金属元素的测定　王水提取 - 电感耦合等离子体质谱法

法》（HJ 803—2016）测定，进行仪器调谐时，在仪器的灵敏度、氧化物和双电荷满足要求的条件下，质谱仪给出的调谐液中所含元素信号强度的相对偏差应≤________%。（　　）

A. 3　　B. 5　　C. 10　　D. 15

答案：B

5. 根据《土壤和沉积物　12 种金属元素的测定　王水提取 - 电感耦合等离子体质谱法》（HJ 803—2016）测定时，每 20 个样品或每批次（少于 20 个样品 / 批次）样品分析完毕后，应进行一次标准曲线零点分析，其测定结果与实际浓度值的相对偏差应≤________%。（　　）

A. 10　　B. 20　　C. 30　　D. 40

答案：C

四、问答题

1. 简述根据《土壤和沉积物　12 种金属元素的测定　王水提取 - 电感耦合等离子体质谱法》（HJ 803—2016）测定时，消除和降低非质谱干扰的方法。

答案：非质谱干扰主要包括基体抑制干扰、空间电荷效应干扰、物理效应干扰等。其干扰程度与样品基体性质有关，可采用稀释法、内标法、优化仪器条件等措施消除或降低干扰。

2. 简述根据《土壤和沉积物　12 种金属元素的测定　王水提取 - 电感耦合等离子体质谱法》（HJ 803—2016）测定时，检验试剂纯度和实验用水满足 ICP-MS 要求的方法。

答案：ICP-MS 对试剂纯度要求较高，应使用纯度高的试剂，且每批次试剂须通过空白试验检验，试剂空白值不得大于方法检出限。同一批次样品应使用同一批次实验用水，实验用水应进行空白试验，空白值不大于方法检出限。

参考文献

[1] 环境保护部 . 土壤和沉积物　12 种金属元素的测定　王水提取 - 电感耦合等离子体质谱法：HJ 803—2016 [S]. 北京：中国环境出版社，2016.

[2] 生态环境部《土壤环境监测分析方法》编委会 . 土壤环境监测分析方法 [M]. 北京：中国环境出版集团，2019.

命题：张榆霞　黄　云

审核：姜晓旭　周笑白　夏　新

第十章　气相色谱法

第一节　基础知识

分类号：SO10-0

试题同“上册 W13-0”。

第二节　有机氯农药

分类号：SO10-1

主要内容
①《土壤中六六六和滴滴涕的测定　气相色谱法》（GB/T 14550—2003）
②《土壤和沉积物　有机氯农药的测定　气相色谱法》（HJ 921—2017）

一、填空题

1. 根据《土壤中六六六和滴滴涕的测定　气相色谱法》（GB/T 14550—2003）进行测定时，通常将样品装入索氏提取器，加入溶剂浸泡________h，在________℃恒温水浴锅上加热提取________h。①

答案：12　　75～95　　4

2. 根据《土壤中六六六和滴滴涕的测定　气相色谱法》（GB/T 14550—2003）进行测定时，用浓硫酸净化时，要防止发热爆炸，加浓硫酸后，开始要________振摇，不断________，然后再________振摇。①

答案：慢慢　　放气　　较快

3. 根据《土壤中六六六和滴滴涕的测定　气相色谱法》（GB/T 14550—2003）进行测定时，经常采用有机溶剂提取，经液液分配及浓硫酸净化或________净化除去干扰杂质。①

答案：柱层析

4. 根据《土壤中六六六和滴滴涕的测定　气相色谱法》（GB/T 14550—2003）进行测定时，样品的提取采用________混合溶剂进行索氏提取，目标化合物在________层，以________净化样品提取液。①

答案：丙酮—石油醚　　石油醚　　浓硫酸

5. 根据《土壤中六六六和滴滴涕的测定　气相色谱法》（GB/T 14550—2003）测定土壤中有机氯农药时，样品处理过程中应避免使用塑料制品以消除________对测定的干扰，所使用的玻璃器皿必要时可使用________洗液清洗和________。①

答案：邻苯二甲酸酯　　铬酸　　高温灼烧

6. 根据《土壤中六六六和滴滴涕的测定　气相色谱法》（GB/T 14550—2003），当使用异辛烷配制有机氯农药标准样品时，β- 六氯环己烷、狄氏剂和其他一些化合物在异辛烷中溶解度不好，可以在溶剂中加入少量的________或________。①

答案：丙酮　　甲苯

7. 根据《土壤和沉积物　有机氯农药的测定　气相色谱法》（HJ 921—2017）进行测定时，脱水处理过程中，提取液经漏斗直接过滤到浓缩装置中，再用 5～10 mL________混合溶剂 I 充分洗涤盛装提取液的容器，经漏斗过滤到上述浓缩装置中。②

答案：丙酮—正己烷

二、判断题

1. 根据《土壤中六六六和滴滴涕的测定　气相色谱法》（GB/T 14550—2003）进行测定时，土壤不需要风干和研碎，直接提取测定。（　　）①

答案：错误

正确答案为：需要风干去杂物，研碎过 60 目筛。

2. 根据《土壤中六六六和滴滴涕的测定　气相色谱法》（GB/T 14550—2003）进行测定时，校准曲线相关系数在 0.995 以上也可以定量。（　　）①

答案：正确

3. 根据《土壤和沉积物　有机氯农药的测定　气相色谱法》（HJ 921—2017）进行测定时，净化过程中，若沉积物样品含有大量单质硫，可采用铜粉去除。（　　）②

答案：正确

4. 根据《土壤和沉积物　有机氯农药的测定　气相色谱法》（HJ 921—2017）进行测定时，净化过程中，若样品提取液颜色较深，可用硅胶柱净化。（　　）②

答案：错误

正确答案为：若样品提取液颜色较深，可用石墨碳柱净化。

三、选择题

1. 根据《土壤中六六六和滴滴涕的测定　气相色谱法》（GB/T 14550—2003）进行测定时，采用的检测器是________。（　　）①

A. 氮磷检测器　　B. 热电导检测器

C. 电子捕获检测器　　D. 火焰光度检测器

答案：C

2. 艾氏剂和狄氏剂农药化学性质稳定，易在环境介质中累积，它们属于________类农药。（　　）①

A. 有机磷　　B. 有机氯　　C. 菊酯　　D. 氨基甲酸酯

答案：B

3. 根据《土壤和沉积物　有机氯农药的测定　气相色谱法》（HJ 921—2017）进行测定时，浓缩过程中，在________℃以下将脱水后的提取液浓缩到 1 mL，待净化。（　　）②

A. 35　　B. 40　　C. 45　　D. 50

答案：C

参考文献

[1] 国家质量监督检验检疫总局．土壤中六六六和滴滴涕的测定　气相色谱法：GB/T 14550—2003 [S]. 北京：中国标准出版社，2003.

[2] 环境保护部．土壤和沉积物　有机氯农药的测定　气相色谱法：HJ 921—2017 [S]. 北京：中国环境出版社，2017.

命题：徐文灏　胡正生　夏　新

审核：乔支卫　陈蓓蓓　彭刚华

第三节　有机磷农药

分类号：SO10-2

主要内容
《水、土中有机磷农药测定的气相色谱》（GB/T 14552—2003）

一、填空题

1. 根据《水、土中有机磷农药测定的气相色谱》（GB/T 14552—2003）测定土壤样品时，通常采用丙酮加水提取、________萃取、________法净化、气相色谱测定。

答案：二氯甲烷　凝结

2. 根据《水、土中有机磷农药测定的气相色谱》（GB/T 14552—2003）测定土壤样品时，将土壤加入含 20% 水分的丙酮浸泡________h 后，振荡________h。

答案：6～8　1

3. 评价气相色谱检测器性能的主要指标有________、________和选择性，土壤中有机磷农药的测定常用的气相色谱检测器有氮磷检测器和________。

答案：灵敏度　线性范围　火焰光度检测器

二、判断题

根据《水、土中有机磷农药测定的气相色谱》（GB/T 14552—2003）进行测定时，土壤不需要风干和研碎，应直接提取测定。（　）

答案：正确

参考文献

农业部．水、土中有机磷农药测定的气相色谱（GB/T 14552—2003）[S]. 北京：中国标准出版社，2003

命题：胡正生　夏　新

审核：樊孝俊　彭刚华

第四节　毒鼠强

分类号：SO10-3

主要内容
《土壤　毒鼠强的测定　气相色谱法》（HJ 614—2011）

一、判断题

1. 根据《土壤　毒鼠强的测定　气相色谱法》（HJ 614—2011）进行测定时，依据标准色谱图中毒鼠强的保留时间定性。对于能检出毒鼠强的样品，应改用不同极性的色谱柱 2 进行定性再分析，避免产生假阳性。(　　)

答案：正确

2. 根据《土壤　毒鼠强的测定　气相色谱法》（HJ 614—2011）进行测定时，净化过程中控制流速 4～6 mL/min，用具塞磨口三角瓶收集洗脱液；用 50 mL 乙酸乙酯清洗玻璃层析柱，将洗脱液合并。(　　)

答案：错误

正确答案为：应该用 10 mL 乙酸乙酯清洗。

3. 根据《土壤　毒鼠强的测定　气相色谱法》（HJ 614—2011）测定毒鼠强时，所用活性炭为 30～50 目，使用前在 300℃活化 2 h，置于干燥器中冷却贮存。(　　)

答案：正确

4. 根据《土壤　毒鼠强的测定　气相色谱法》（HJ 614—2011）测定毒鼠强时，所用毛细管柱可为强极性或中等极性色谱柱。(　　)

答案：错误

正确答案为：所用毛细管柱应为弱极性或中等极性色谱柱。

5.《土壤　毒鼠强的测定　气相色谱法》（HJ 614—2011）所用石英砂应为 30～60 目，使用前应在 200℃下烘烤 1 h。(　　)

答案：错误

正确答案为：使用前应在 300℃下烘烤 2 h。

6.《土壤　毒鼠强的测定　气相色谱法》（HJ 614—2011）采用氮磷 /NPD 检测器进行毒鼠强的测定。(　　)

答案：正确

二、选择题

1. 根据《土壤　毒鼠强的测定　气相色谱法》（HJ 614—2011）测定毒鼠强时，每 10 个样品应分析一个校准曲线的中间点浓度标准溶液，其测定结果与最近一次校准曲线该点浓度的相对偏差应小于等于________。(　　)

A. 10%　　B. 20%　　C. 25%

答案：B

2. 根据《土壤　毒鼠强的测定　气相色谱法》（HJ 614—2011）测定毒鼠强时，每批样品应至少测定 10% 的加标样品，样品数量少于 10 个时，应至少测定一个加标样品，加标回收率应在________。（　　）

A. 50%～100%　　B. 60%～120%　　C. 70%～120%

答案：C

3. 根据《土壤　毒鼠强的测定　气相色谱法》（HJ 614—2011）测定毒鼠强时，若取样量为 5 g，毒鼠强的检出限为________ μg/kg。（　　）

A. 0.5　　B. 1.5　　C. 3.5

答案：C

4. 根据《土壤　毒鼠强的测定　气相色谱法》（HJ 614—2011）测定毒鼠强时，在使用乙酸乙酯索氏提取过程中，需要在水浴条件下进行，水浴温度保持在 85～90℃，并且以________次 /h 的速度提取________h。（　　）

A. 2，5～8　　B. 2，12～16　　C. 4，10～12　　D. 4，12～16

答案：D

5. 毒鼠强属于剧毒化学品，实验结束后，实验所用器具应该用________洗涤干净，实验产生的废液应该置于密闭容器中保存。（　　）

A. 甲醇　　B. 乙酸乙酯　　C. 纯净水　　D. 酒精

答案：B

参考文献

环境保护部 . 土壤　毒鼠强的测定　气相色谱法：HJ 614—2011 [S]. 北京：中国标准出版社，2011.

命题：时庭锐　樊孝俊

审核：张玉惠　彭刚华　夏　新

第五节　甲基汞

分类号：SO10-4

主要内容
《环境　甲基汞的测定　气相色谱法》（GB/T 17132—1997）

一、判断题

《环境　甲基汞的测定　气相色谱法》（GB/T 17132—1997）适用于测定水和沉积物中甲基汞的测定，也适用于尿液、鱼肉和人发组织中的甲基汞。（　　）

答案：正确

二、选择题

根据《环境　甲基汞的测定　气相色谱法》（GB/T 17132—1997）进行测定时，若样品为沉积物，称取一定量样品放入烧杯中，依次加入________溶液和________溶液进行提取，提取液经富集后用盐酸或氢氧化钠调节 pH=3。(　　)

A. 盐酸，硫酸铜　　B. 硫酸，硫酸铜　　C. 盐酸，乙醇　　D. 盐酸，硫酸锌

答案：A

参考文献

国家环境保护局，国家技术监督局. 环境甲基汞的测定 气相色谱法：GB/T 17132—1997 [S]. 北京：中国标准出版社，1997.

命题：胡正生

审核：彭刚华 夏 新

第六节 丙烯醛、丙烯腈和乙腈

分类号：SO10-5

主要内容
《土壤和沉积物 丙烯醛、丙烯腈、乙腈的测定 顶空－气相色谱法》(HJ 679—2013)

一、填空题

1. 根据《土壤和沉积物 丙烯醛、丙烯腈、乙腈的测定 顶空－气相色谱法》(HJ 679—2013) 测定土壤和沉积物中丙烯醛、丙烯腈和乙腈的原理是：在一定的温度下，顶空瓶内样品中丙烯醛、丙烯腈和乙腈向液上空间挥发，在________三相达到热力学动态平衡后，________相中的挥发性有机物经气相色谱分离，用________检测。

答案：气液固　　气　　火焰离子化检测器或 FID

2. 根据《土壤和沉积物 丙烯醛、丙烯腈、乙腈的测定 顶空－气相色谱法》(HJ 679—2013) 测定土壤和沉积物中丙烯醛、丙烯腈和乙腈时，使用的毛细管柱是________固定相或其他等效毛细柱。

答案：聚乙二醇

3. 根据《土壤和沉积物 丙烯醛、丙烯腈、乙腈的测定 顶空－气相色谱法》(HJ 679—2013) 的要求，如果现场初步筛选目标物为高含量或低含量测定结果大于______mg/kg 时，视该样品为高含量样品。

答案：300

二、判断题

1. 根据《土壤和沉积物 丙烯醛、丙烯腈、乙腈的测定 顶空－气相色谱法》(HJ 679—2013) 测定土壤和沉积物中丙烯醛、丙烯腈和乙腈时，使用的天平精度是 0.000 1 g。(　　)

答案：错误

正确答案为：使用的天平精度是 0.01 g。

2. 根据《土壤和沉积物　丙烯醛、丙烯腈、乙腈的测定　顶空－气相色谱法》（HJ 679—2013）连续分析时，每隔 24 h 分析一个中间点浓度标准溶液，其测定结果与校准曲线中间点浓度的相对偏差应≤20%。（　　）

答案：正确

3. 根据《土壤和沉积物　丙烯醛、丙烯腈、乙腈的测定　顶空－气相色谱法》（HJ 679—2013）测定土壤和沉积物中的丙烯醛、丙烯腈和乙腈时，高含量样品不会对低含量样品分析产生干扰，可以连续分析。（　　）

答案：错误

正确答案为：高含量样品会对后续分析产生干扰。高含量样品分析后，应分析空白样品，直到空白样品中目标物的浓度小于检出限时，才可以进行后续分析。

三、选择题

1. 根据《土壤和沉积物　丙烯醛、丙烯腈、乙腈的测定　顶空－气相色谱法》（HJ 679—2013）测定土壤和沉积物中的丙烯醛、丙烯腈和乙腈时，样品运回实验室后，应尽快分析。若不能立即分析，样品应在无有机物干扰的 4℃以下环境中密封保存，丙烯醛的保存期限不超过________，乙腈和丙烯腈的保存期限不超过________。（　　）

A. 2 d，5 d　　B. 3 d，5 d　　C. 5 d，7 d　　D. 2 d，7 d

答案：A

2. 根据《土壤和沉积物　丙烯醛、丙烯腈、乙腈的测定　顶空－气相色谱法》（HJ 679—2013）测定土壤和沉积物中的丙烯醛、丙烯腈和乙腈时，高含量样品用 10 mL 甲醇提取，提取液在 4℃暗处保存，丙烯醛的保存期限为________，乙腈和丙烯腈的保存期限为________。（　　）

A. 2 d，5 d　　B. 3 d，5 d　　C. 5 d，7 d　　D. 2 d，7 d

答案：D

3. 根据《土壤和沉积物　丙烯醛、丙烯腈、乙腈的测定　顶空－气相色谱法》（HJ 679—2013）测定土壤和沉积物中的丙烯醛、丙烯腈和乙腈时，其相关系数应大于等于________，若不能满足要求，应查找原因，重新绘制校准曲线。（　）

A. 0.95　　B. 0.99　　C. 0.995　　D. 0.999

答案：C

4.《土壤和沉积物　丙烯醛、丙烯腈、乙腈的测定　顶空－气相色谱法》（HJ 679—2013）测定土壤和沉积物中的丙烯醛、丙烯腈和乙腈时，下面常见的商品色谱柱中，________可以用来分离丙烯醛、丙烯腈和乙腈。（　　）

A. DB-5　　B. DB-WAX　　C. DB-624　　D. HP-1

答案：B

四、计算题

根据《土壤和沉积物　丙烯醛、丙烯腈、乙腈的测定　顶空－气相色谱法》（HJ 679—2013）分析测定某废弃化工厂土壤样品的丙烯腈含量，称量 2.15 g 样品，加入 10 mL 甲醇进行提取，取 100 μL 该提取液至已经加入 2 g 石英砂和 10 mL 基体改性剂的顶空瓶中，密封测试，通过校准曲线查得丙烯腈的含量为 6.1 μg。样品的干物质含量为 80%。求此土壤样品的丙烯腈含量。

答案：（1）提取液体积 =10+2.15×（1−80%）=10.43（mL）

（2）丙烯腈含量 =1 000×6.1×10.43÷100÷2.15÷80%=370（mg/kg）

（备注：①当土壤和沉积物样品含水率大于 10% 时，提取液体积应为甲醇与样品中水的体积之和；②当测定结果小于 10.0 mg/kg 时，保留小数点后 1 位；测定结果大于等于 10.0 mg/kg 时，保留 3 位有效数字）

参考文献

环境保护部 . 土壤和沉积物丙烯醛、丙烯腈、乙腈的测定　顶空－气相色谱法：HJ 679—2013 [S]. 北京：中国环境科学出版社，2013.

命题：邹家素
审核：崔连喜　夏　新

第七节　挥发性有机物

分类号：SO10-6

主要内容
《土壤和沉积物　挥发性有机物的测定　顶空 / 气相色谱法》（HJ 741—2015）

一、填空题

1. 根据《土壤和沉积物　挥发性有机物的测定　顶空 / 气相色谱法》（HJ 741—2015）测定土壤和沉积物中挥发性有机物的原理是：在一定的温度下，顶空瓶内样品中挥发性有机物向液上空间挥发，在________三相达到热力学动态平衡后，________相中的挥发性有机物经气相色谱分离，用________检测。

答案：气液固　　气　　火焰离子化检测器或 FID

2. 根据《土壤和沉积物　挥发性有机物的测定　顶空 / 气相色谱法》（HJ 741—2015），样品运回实验室后，应尽快分析。若不能立即分析，应在________（温度）以下密封保存，保存期限不超过________（时间）。样品存放区应无________干扰。

答案：4　　7 天或 7 d　　挥发性有机物或 VOCs

3. 根据《土壤和沉积物　挥发性有机物的测定　顶空 / 气相色谱法》（HJ 741—2015）的要求，当样品中挥发性有机物浓度大于________ μg/kg 时，视该样品为高含量样品。

答案：1 000

二、判断题

1. 根据《土壤和沉积物　挥发性有机物的测定　顶空 / 气相色谱法》（HJ 741—2015）测定土壤和沉积物中的挥发性有机物时，用作空白试样的石英砂是 40～60 目。（　　）

答案：错误

正确答案为：20～50 目。

2. 根据《土壤和沉积物　挥发性有机物的测定　顶空 / 气相色谱法》（HJ 741—2015）测定土壤和沉积物中的挥发性有机物时，采集样品的工具应用木或竹制品。（　　）

答案：错误

正确答案为：金属制品。

3. 根据《土壤和沉积物　挥发性有机物的测定　顶空 / 气相色谱法》（HJ 741—2015）采集土壤和沉积物中的挥发性有机物时，需要搅动土壤和沉积物，以使样品混合均匀。（　　）

答案：错误

正确答案为：样品采集时切勿搅动土壤和沉积物，以免造成土壤及沉积物中有机物的挥发。

4. 根据《土壤和沉积物　挥发性有机物的测定　顶空 / 气相色谱法》（HJ 741—2015）测定土壤和沉积物中的挥发性有机物时，用高含量方法分析样品未检出时，直接报未检出。（　　）

答案：错误

正确答案为：用高含量方法分析浓度值过低或未检出，应采用低含量方法重新分析样品。

5. 根据《土壤和沉积物　挥发性有机物的测定　顶空 / 气相色谱法》（HJ 741—2015）采集土壤和沉积物样品时，为了防止通过采样工具污染，采样工具在使用前要用二氯甲烷、纯净水充分洗净。

答案：错误

正确答案为：为了防止通过采样工具污染，采样工具在使用前要用甲醇、纯净水充分洗净。（　　）

三、选择题

1. 根据《土壤和沉积物　挥发性有机物的测定　顶空 / 气相色谱法》（HJ 741—2015）测定土壤和沉积物中的挥发性有机物时，配制饱和氯化钠溶液，需要滴加几滴（　　），调节 pH。（　　）

A. 盐酸　　B. 磷酸

C. 10% 氢氧化钠溶液　　D. 1.0 mol/L 碳酸氢钠溶液

答案：B

2. 根据《土壤和沉积物　挥发性有机物的测定　顶空 / 气相色谱法》（HJ 741—2015）测定土壤和沉积物中的挥发性有机物时，配制饱和氯化钠溶液，需要调节

pH________。(　　)

A. ≤1　　B. ≤2　　C. ≥9　　D. ≥12

答案：B

3. 根据《土壤和沉积物　挥发性有机物的测定　顶空/气相色谱法》(HJ 741—2015)测定土壤和沉积物中的挥发性有机物时，下面常见的商品色谱柱中，________可以用来分离挥发性有机物，________可以用作验证色谱柱。(　　)

A. DB-5，HP-WAX　　B. DB-WAX，DB-624

C. DB-624，DB-WAX　　D. HP-WAX，HP-WAX

答案：C

4. 根据《土壤和沉积物　挥发性有机物的测定　顶空/气相色谱法》(HJ 741—2015)测定土壤和沉积物中的挥发性有机物时，其相关系数应大于________，若不能满足要求，应查找原因，重新绘制校准曲线。(　　)

A. 0.95　　B. 0.99　　C. 0.995　　D. 0.999

答案：B

5. 根据《土壤和沉积物　挥发性有机物的测定　顶空/气相色谱法》(HJ 741—2015)测定土壤和沉积物中的挥发性有机物时，每批样品分析之前或24 h之内，需测定校准曲线中间浓度点，与校准曲线该浓度点响应值比较，保留时间的变化不超过______，其测定值与标准值的相对误差应________，否则应采取校准措施。(　　)

A. ±1 s，≤15%　　B. ±1 s，≤20%

C. ±2 s，≤15%　　D. ±2 s，≤20%

答案：D

6. 根据《土壤和沉积物　挥发性有机物的测定　顶空/气相色谱法》(HJ 741—2015)测定土壤和沉积物中的挥发性有机物时，每一批样品(最多20个)应测定一个空白加标样品、基体加标样品和基体加标平行样品，实验室空白加标回收率在______。若样品回收率较低，说明样品存在基体效应，但平行加标样品回收率相对偏差不得超过________。(　　)

A. 70%～130%，25%　　B. 70%～130%，30%

C. 80%～120%，25%　　D. 80%～120%，30%

答案：C

参考文献

环境保护部. 土壤和沉积物　挥发性有机物的测定　顶空/气相色谱法：HJ 741—2015 [S]. 北京：中国环境出版社，2015.

命题：邹家素

审核：崔连喜　夏　新

第八节 挥发性芳香烃

分类号：SO10-7

主要内容
《土壤和沉积物 挥发性芳香烃的测定 顶空/气相色谱法》（HJ 742—2015）

一、填空题

1. 根据《土壤和沉积物 挥发性芳香烃的测定 顶空/气相色谱法》（HJ 742—2015）测定土壤和沉积物中的挥发性芳香烃时，选用的毛细管柱固定相为________。

答案：聚乙二醇

2. 根据《土壤和沉积物 挥发性芳香烃的测定 顶空/气相色谱法》（HJ 742—2015）测定土壤和沉积物中的挥发性芳香烃时，所有样品均应至少采集________份代表性样品。

答案：3

3. 根据《土壤和沉积物 挥发性芳香烃的测定 顶空/气相色谱法》（HJ 742—2015），样品运回实验室后，应尽快分析。若不能立即分析，应在________（温度）以下密封保存，保存期限不超过________（时间）。样品存放区应无________干扰。

答案：4℃ 7天或7 d 挥发性有机物或VOCs

二、判断题

1. 根据《土壤和沉积物 挥发性芳香烃的测定 顶空/气相色谱法》（HJ 742—2015）采集土壤和沉积物中的挥发性芳香烃时，用铁铲和不锈钢药勺将样品尽快采集到采样瓶中，并尽量填满。（ ）

答案：正确

2. 根据《土壤和沉积物 挥发性芳香烃的测定 顶空/气相色谱法》（HJ 742—2015）采集土壤和沉积物中的挥发性芳香烃时，测定结果保留3位有效数字。（ ）

答案：错误

正确答案为：当测定结果小于100 μg/kg时，保留小数点后1位；当测定结果大于等于100 μg/kg时，保留3位有效数字。

三、选择题

1. 根据《土壤和沉积物 挥发性芳香烃的测定 顶空/气相色谱法》（HJ 742—2015）测定土壤和沉积物中的挥发性芳香烃时，配制饱和氯化钠溶液，需要滴加几滴________，调节pH。（ ）

A. 盐酸　　B. 磷酸

C. 10%氢氧化钠溶液　　D. 1.0 mol/L碳酸氢钠溶液

答案：B

2. 根据《土壤和沉积物　挥发性芳香烃的测定　顶空 / 气相色谱法》（HJ 742—2015）测定土壤和沉积物中的挥发性芳香烃时，制备高含量试样应称取 2 g（精确至 0.01 g）样品置于顶空瓶中，迅速加入________mL________，密封，在往复式振荡器上以 150 次 /min 的频率振荡________min。(　　)

A. 10，正己烷，10　　B. 5，正己烷，5　　C. 10，甲醇，10　　D. 5，甲醇，5

答案：C

3. 根据《土壤和沉积物　挥发性芳香烃的测定　顶空 / 气相色谱法》（HJ 742—2015）测定土壤和沉积物中的挥发性芳香烃时，每批样品分析之前或 24 h 之内，需测定校准曲线中间浓度点，与校准曲线该浓度点响应值比较，其测定值与标准值的相对偏差应________，否则应重新绘制校准曲线。(　　)

A. ≤15%　　B. ≤20%　　C. ≤25%　　D. ≤30%

答案：B

4. 根据《土壤和沉积物　挥发性芳香烃的测定　顶空 / 气相色谱法》（HJ 742—2015）测定土壤和沉积物中的挥发性芳香烃时，其相关系数应大于________，若不能满足要求，应查找原因，重新绘制校准曲线。(　　)

A. 0.95　　B. 0.99　　C. 0.995　　D. 0.999

答案：D

5. 根据《土壤和沉积物　挥发性芳香烃的测定　顶空 / 气相色谱法》（HJ 742—2015）测定土壤和沉积物中的挥发性芳香烃时，每一批样品（最多 20 个）应测定一个空白加标样品、基体加标样品和基体加标平行样品，实验室空白加标回收率在________，基体加标样品的加标回收率应在________范围内，基体加标平行样品的回收率相对偏差应该在________以内。(　　)

A. 70%～120%，35.0%～110%，20%　　B. 80%～120%，60.0%～130%，25%

C. 80%～120%，35.0%～110%，20%　　D. 70%～120%，60.0%～130%，25%

答案：C

参考文献

环境保护部 . 土壤和沉积物　挥发性芳香烃的测定　顶空 / 气相色谱法：HJ 742—2015 [S]. 北京：中国环境出版社，2015.

命题：邹家素

审核：崔连喜　夏　新

第九节　酚类化合物

分类号：SO10-8

主要内容
《土壤和沉积物　酚类化合物的测定　气相色谱法》（HJ 703—2014）

一、填空题

1. 根据《土壤和沉积物　酚类化合物的测定　气相色谱法》（HJ 703—2014）测定土壤和沉积物中的酚类化合物时，样品采集后密闭储存于________玻璃瓶中，应尽快分析，若不能及时分析，应冷藏________保存，保存期为 _____ 天。

答案：棕色　　避光　　10

2. 根据《土壤和沉积物　酚类化合物的测定　气相色谱法》（HJ 703—2014）对土壤和沉积物样品脱水时，加入适量________，研磨均化成流砂状，如使用加压流体萃取，则用________脱水。

答案：无水硫酸钠　　硅藻土

3. 根据《土壤和沉积物　酚类化合物的测定　气相色谱法》（HJ 703—2014）对土壤和沉积物样品进行提取时，可选择________、________、________或微波提取等任意一种方式进行。

答案：索氏提取　　加压流体萃取　　超声波提取

4. 根据《土壤和沉积物　酚类化合物的测定　气相色谱法》（HJ 703—2014）规定用________检测器测定。

答案：氢火焰检测器（FID）

二、判断题

1. 根据《土壤和沉积物　酚类化合物的测定　气相色谱法》（HJ 703—2014）的方法原理，土壤和沉积物中的酚类化合物用合适的有机溶剂提取，提取液经酸碱分配净化，酚类化合物进入水相后，用合适的有机溶剂萃取水相，萃取液经脱水、浓缩、定容后进入气相色谱分离检测。（　　）

答案：错误

正确答案为：酚类化合物进入水相后，需要将水相调节至酸性，再用合适的有机溶剂萃取水相。

2. 根据《土壤和沉积物　酚类化合物的测定　气相色谱法》（HJ 703—2014）测定土壤和沉积物中的酚类化合物时，邻—甲酚和对—甲酚，2,3,4,5- 四氯酚和 2,3,5,6- 四氯酚为难分离物质对。（　　）

答案：错误

正确答案为：对 - 甲酚和间 - 甲酚是难分离物质对。

3. 根据《土壤和沉积物　酚类化合物的测定　气相色谱法》（HJ 703—2014）测定土壤和沉积物中酚类化合物时，可以选用 DB-17 色谱柱。（　　）

答案：正确

三、选择题

1. 根据《土壤和沉积物　酚类化合物的测定　气相色谱法》（HJ 703—2014）对土壤和沉积物样品进行提取时，提取溶剂为________。（　　）

A. 2∶1 二氯甲烷和正己烷混合溶剂　　B. 2∶1 二氯甲烷和丙酮混合溶剂

C. 4∶1 二氯甲烷和乙酸乙酯混合溶剂　　D. 4∶1 二氯甲烷和丙酮混合溶剂

答案：A

2. 根据《土壤和沉积物　酚类化合物的测定　气相色谱法》（HJ 703—2014）对净化得到的水相部分调节 pH 后，加入 50 mL ________进行萃取和浓缩。（　　）

A. 2∶1 二氯甲烷和正己烷混合溶剂　　B. 2∶1 二氯甲烷和丙酮混合溶剂

C. 4∶1 二氯甲烷和乙酸乙酯混合溶剂　　D. 4∶1 二氯甲烷和丙酮混合溶剂

答案：C

3. 根据《土壤和沉积物　酚类化合物的测定　气相色谱法》（HJ 703—2014）测定土壤和沉积物中酚类化合物时，其相关系数应大于________，若不能满足要求，应查找原因，重新绘制校准曲线。（　　）

A. 0.95　　B. 0.99　　C. 0.995　　D. 0.999

答案：C

4. 根据《土壤和沉积物　酚类化合物的测定　气相色谱法》（HJ 703—2014）测定土壤和沉积物中的酚类化合物时，平行双样测定结果相对偏差应在________以内，实际样品加标回收率应在________，加标平行样的测定结果相对偏差应在________以内。（　　）

A. 30%，50%～140%，30%　　B. 30%，50%～130%，30%

C. 20%，50%～140%，20%　　D. 20%，50%～130%，20%

答案：A

四、问答题

1.《土壤和沉积物　酚类化合物的测定　气相色谱法》（HJ 703—2014）的方法原理是什么？

答案：土壤和沉积物用合适的有机溶剂提取，提取液经酸碱分配净化，酚类化合物进入水相后，将水相调节至酸性，用合适的有机溶剂萃取水相，萃取液经脱水、浓缩、定容后进气相色谱分离，氢火焰检测器测定。以保留时间定性，外标法定量。

2. 根据《土壤和沉积物　酚类化合物的测定　气相色谱法》（HJ 703—2014）测定土壤和沉积物中的酚类化合物时，（1）样品经有机溶剂提取后，净化过程为什么要调节 pH＞12，弃去下层有机相，保留水相部分；（2）萃取和浓缩过程中将水相部分调节 pH＜2 的原因是什么？

答案：（1）净化过程调节 pH＞12 时，酚类化合物与 NaOH 反应生成酚钠盐，酚钠盐溶于水，不溶于有机相，因此需要弃去下层有机相，保留水相部分；（2）净化后，萃取和浓缩过程中将水相部分调节 pH＜2，酚钠盐又转化成酚类化合物，不溶或微溶于水，可以用有机溶剂将酚类化合物萃取到有机相。

参考文献

环境保护部 . 土壤和沉积物　酚类化合物的测定　气相色谱法：HJ 703—2014 [S]. 北京：中国环境出版社，2014.

命题：邹家素

审核：崔连喜　夏　新

第十节 多氯联苯类化合物

分类号：SO10-9

主要内容
①《土壤和沉积物 多氯联苯的测定 气相色谱法》（HJ 922—2017）
②《土壤和沉积物 多氯联苯混合物的测定 气相色谱法》（HJ 890—2017）

一、填空题

1. 根据《土壤和沉积物 多氯联苯的测定 气相色谱法》（HJ 922—2017）进行测定时，样品制备过程中，如果使用加压流体萃取法提取，用________脱水。①

答案：硅藻土

2. 根据《土壤和沉积物 多氯联苯的测定 气相色谱法》（HJ 922—2017）进行测定时，微波萃取过程中，将样品全部转移至萃取罐中，加入 30 mL________混合溶剂Ⅰ。设置萃取温度为________℃，微波萃取时间为________min。离心或过滤后收集提取液。①

答案：丙酮—正己烷　110　10

3. 根据《土壤和沉积物 多氯联苯混合物的测定 气相色谱法》（HJ 890—2017）进行测定，使用加压流体萃取时，将萃取池和接收瓶对应放好，萃取剂为________混合溶液，萃取温度________℃，加热时间 5 min，萃取时间 5 min，循环萃取 2 次，萃取后氮气吹扫 60 s。②

答案：二氯甲烷—正己烷　100

二、判断题

1. 根据《土壤和沉积物 多氯联苯的测定 气相色谱法》（HJ 922—2017）进行测定，索氏提取时，将样品全部转移至索氏提取器纸质套筒中，加入 100 mL 丙酮—正己烷混合溶剂Ⅰ，提取 16～18 h，回流速度约 3 ～4 次 /h。离心或过滤后收集提取液。（　　）①

答案：正确

2. 根据《土壤和沉积物 多氯联苯的测定 气相色谱法》（HJ 922—2017）进行测定时，净化过程中，若样品提取液颜色较深，可用硅胶柱净化。（　　）①

答案：错误

正确答案为：样品提取液颜色较深时，可用石墨碳柱净化。

3. 根据《土壤和沉积物 多氯联苯混合物的测定 气相色谱法》（HJ 890—2017）进行测定，硫酸净化时，提取液转换溶剂为正己烷后，加入 5～10 mL 硫酸，摇动片刻静置分层后，弃去硫酸相，再重复硫酸洗涤至硫酸相无色。（　　）②

答案：正确

三、选择题

1. 根据《土壤和沉积物　多氯联苯的测定　气相色谱法》（HJ 922—2017）进行测定时，采集后的样品如果暂时不能分析，应在 4℃以下冷藏保存，保存时间为________d。（　　）①

A. 7　　B. 10　　C. 14　　D. 30

答案：C

2. 根据《土壤和沉积物　多氯联苯的测定　气相色谱法》（HJ 922—2017）进行测定时，样品提取液 4℃以下避光冷藏保存，保存时间为________d。（　　）①

A. 7　　B. 14　　C. 30　　D. 40

答案：D

3. 根据《土壤和沉积物　多氯联苯的测定　气相色谱法》（HJ 922—2017）进行测定时，浓缩过程中，在________℃以下将脱水后的提取液浓缩到 1 mL，待净化。（　　）①

A. 35　　B. 40　　C. 45　　D. 50

答案：C

4. 根据《土壤和沉积物　多氯联苯混合物的测定　气相色谱法》（HJ 890—2017）进行测定时，脱硫净化过程中，对于含有单质硫的沉积物样品，将铜丝（珠）放入洗脱液中脱硫，铜表面变黑后用硝酸溶液处理至铜表面有金属光泽，依次用________洗涤后，再次放入样品中，反复若干次，直至铜表面不变黑。（　　）②

A. 水，丙酮，正己烷　　B. 丙酮，正己烷，水

C. 正己烷，水，丙酮　　D. 水，正己烷，丙酮

答案：A

参考文献

[1] 环境保护部．土壤和沉积物　多氯联苯的测定　气相色谱法：HJ 922—2017 [S]. 北京：中国环境出版社，2017.

[2] 环境保护部．土壤和沉积物　多氯联苯混合物的测定　气相色谱法：HJ 890—2017 [S]. 北京：中国环境出版社，2017.

命题：徐文灏　邹文虎

审核：张振欣　乔支卫

第十一节　二硫代氨基甲酸酯（盐）类农药

分类号：SO10-10

主要内容

《土壤和沉积物　二硫代氨基甲酸酯（盐）类农药总量的测定　顶空 / 气相色谱法》（HJ 1054—2019）

一、填空题

1. 根据《土壤和沉积物 二硫代氨基甲酸酯（盐）类农药总量的测定 顶空/气相色谱法》（HJ 1054—2019）测定二硫代氨基甲酸酯（盐）类农药总量时，以________或________的量计算。

答案：代森锰锌 二硫化碳

2. 根据《土壤和沉积物 二硫代氨基甲酸酯（盐）类农药总量的测定 顶空/气相色谱法》（HJ 1054—2019）进行测定时，在一定温度下，顶空瓶内土壤或沉积物中的二硫代氨基甲酸酯（盐）类农药在含________的无机酸介质中反应生成二硫化碳。

答案：氯化亚锡

3. 根据《土壤和沉积物 二硫代氨基甲酸酯（盐）类农药总量的测定 顶空/气相色谱法》（HJ 1054—2019）进行测定时，以________代替试样，按与试样制备相同的步骤进行空白试样的制备。

答案：石英砂

二、判断题

1. 根据《土壤和沉积物 二硫代氨基甲酸酯（盐）类农药总量的测定 顶空/气相色谱法》（HJ 1054—2019），样品中的二硫化碳会对二硫代氨基甲酸酯（盐）类农药的测定产生正干扰，可以用酸解样品的测定结果减去未酸解样品的测定结果予以扣除。（ ）

答案：正确

2. 根据《土壤和沉积物 二硫代氨基甲酸酯（盐）类农药总量的测定 顶空/气相色谱法》（HJ 1054—2019），酸解和未酸解试样均应在 80℃恒温水浴振荡器上以 120 次/min 的频率振荡 90 min 后分析。（ ）

答案：错误

正确答案为：酸解试样在 80℃恒温水浴中振荡 90 min，未酸解试样在室温条件下振荡 10 min。

3. 根据《土壤和沉积物 二硫代氨基甲酸酯（盐）类农药总量的测定 顶空/气相色谱法》（HJ 1054—2019），二硫代氨基甲酸酯（盐）类农药较稳定，土壤和沉积物样品运输和保存无须避光、冷藏。（ ）

答案：错误

正确答案为：二硫代氨基甲酸酯（盐）类农药对光、热、潮湿不稳定，易分解。样品的运输和保存应避光、密封、冷藏。

4. 根据《土壤和沉积物 二硫代氨基甲酸酯（盐）类农药总量的测定 顶空/气相色谱法》（HJ 1054—2019），配制标准曲线系列时，标准系列样品也应在水浴、振荡条件下酸解。（ ）

答案：正确

5.《土壤和沉积物 二硫代氨基甲酸酯（盐）类农药总量的测定 顶空/气相色谱法》（HJ 1054—2019）适用于含烃基黄原酸及其盐类土壤和沉积物样品的测定。（ ）

答案：错误

正确答案为：不适用于含烃基黄原酸及其盐类土壤和沉积物样品的测定。

三、选择题

1. 根据《土壤和沉积物　二硫代氨基甲酸酯（盐）类农药总量的测定　顶空 / 气相色谱法》（HJ 1054—2019）进行测定时，采用的检测器是________。（　　）

   A. 氮磷检测器　　B. 热电导检测器

   C. 电子捕获检测器　　D. 火焰光度检测器

答案：C

2. 根据《土壤和沉积物　二硫代氨基甲酸酯（盐）类农药总量的测定　顶空 / 气相色谱法》（HJ 1054—2019），二硫代氨基甲酸酯（盐）类农药难溶于水，不溶于大多数有机溶剂，可利用________乙二胺四乙酸二钠溶液将其转化为水溶性钠盐。（　　）

   A. 中性　　B. 碱性　　C. 酸性

答案：B

3. 根据《土壤和沉积物　二硫代氨基甲酸酯（盐）类农药总量的测定　顶空 / 气相色谱法》（HJ 1054—2019）进行测定时，以 3 mol/L 的________为消解酸。（　　）

   A. 磷酸　　B. 盐酸　　C. 硫酸

答案：C

四、问答题

列举至少 3 种二硫代氨基甲酸酯（盐）类农药。

答案：代森锰锌、福美双、丙森锌、代森联、代森锰、福美锌、福美铁、代森锌、代森钠。（任选其中 3 种）

参考文献

生态环境部 . 土壤和沉积物　二硫代氨基甲酸酯（盐）类农药总量的测定　顶空 / 气相色谱法：HJ 1054—2019 [S]. 北京：中国环境出版集团，2019.

命题：邹文虎　徐文灏

审核：乔支卫　夏　新

第十二节　石油烃

分类号：SO10-11

主要内容

①《土壤和沉积物　石油烃（C_6—C_9）的测定　吹扫捕集 / 气相色谱法》（HJ 1020—2019）

②《土壤和沉积物　石油烃（C_{10}—C_{40}）的测定　气相色谱法》（HJ 1021—2019）

一、填空题

1. 根据《土壤和沉积物　石油烃（C_6—C_9）的测定　吹扫捕集/气相色谱法》（HJ 1020—2019），石油烃（C_6—C_9）是指在本标准规定的条件下，在气相色谱图上保留时间介于________（包含）与________（不包含）之间的有机化合物。①

答案：2-甲基戊烷　正癸烷

2. 根据《土壤和沉积物　石油烃（C_{10}—C_{40}）的测定　气相色谱法》（HJ 1021—2019），土壤和沉积物样品可选用________或________等方法进行石油烃（C_{10}—C_{40}）的提取，提取剂可选用________或________。②

答案：索氏提取　加压流体萃取　正己烷　正己烷—丙酮

3. 根据《土壤和沉积物　石油烃（C_{10}—C_{40}）的测定　气相色谱法》（HJ 1021—2019），索式提取用________代替实际样品，加压流体萃取用________代替实际样品，按与试样的制备相同的步骤进行空白试样的制备。②

答案：无水硫酸钠　硅藻土

4. 根据《土壤和沉积物　石油烃（C_{10}—C_{40}）的测定　气相色谱法》（HJ 1021—2019），依次用 10 mL________混合溶剂、10 mL________活化硅酸镁净化柱。②

答案：正己烷-二氯甲烷　正己烷

5. 根据《土壤和沉积物　石油烃（C_{10}—C_{40}）的测定　气相色谱法》（HJ 1021—2019），在标准中所列的气相色谱参考条件下测定石油烃（C_{10}—C_{40}）会引起显著的柱流失，使基线________。②

答案：上升

二、判断题

1. 根据《土壤和沉积物　石油烃（C_6—C_9）的测定　吹扫捕集/气相色谱法》（HJ 1020—2019），当样品中石油烃的某组分与替代物的保留时间有重叠或部分重叠时，可以通过重新分析不加替代物的该样品，在计算替代物回收率时减去重叠部分。（　　）①

答案：正确

2. 根据《土壤和沉积物　石油烃（C_6—C_9）的测定　吹扫捕集/气相色谱法》（HJ 1020—2019），测定的目标化合物为总石油烃（TPH）中的挥发性部分（C_6—C_9），不区分脂肪族和芳香族。（　　）①

答案：正确

3. 根据《土壤和沉积物　石油烃（C_6—C_9）的测定　吹扫捕集/气相色谱法》（HJ 1020—2019），所有样品均应采集2份平行样品。（　　）①

答案：正确

4. 根据《土壤和沉积物　石油烃（C_6—C_9）的测定　吹扫捕集/气相色谱法》（HJ 1020—2019）和《土壤和沉积物　石油烃（C_{10}—C_{40}）的测定　气相色谱法》（HJ 1021—2019）测定石油烃时，一些化合物不能色谱分离导致在色谱图上出现“驼峰”，这些“驼峰”是不同油品的特征峰。（　　）①②

答案：正确

5. 根据《土壤和沉积物　石油烃（C_6—C_9）的测定　吹扫捕集/气相色谱法》（HJ 1020—2019），定量时应先对时间窗内每个峰单独积分，然后再进行峰面积加和。（　　）①

答案：错误

正确答案为：应对时间窗内所有分开和未分开的峰进行峰面积加和，即从 2- 甲基戊烷出峰开始时开始，到正癸烷出峰开始时结束连接一条水平基线进行积分。

三、选择题

1. 根据《土壤和沉积物　石油烃（C_6—C_9）的测定　吹扫捕集/气相色谱法》（HJ 1020—2019）和《土壤和沉积物　石油烃（C_{10}—C_{40}）的测定　气相色谱法》（HJ 1021—2019）进行测定时，采用的检测器是________。（　　）①②

A. 氢火焰离子化检测器　　B. 热电导检测器

C. 电子捕获检测器　　D. 火焰光度检测器

答案：A

2. 根据《土壤和沉积物　石油烃（C_6—C_9）的测定　吹扫捕集/气相色谱法》（HJ 1020—2019），当样品浓度大于________mg/kg 时，按高浓度试样制备方法制备试样。（　　）①

A. 10.0　　B. 15.0　　C. 25.0　　D. 30.0

答案：D

3. 根据《土壤和沉积物　石油烃（C_6—C_9）的测定　吹扫捕集/气相色谱法》（HJ 1020—2019），选用________作替代物。（　　）①

A. 氟苯　　B. 2，5- 二溴甲苯　　C. 4- 溴氟苯　　D. 二溴氟甲烷

答案：C

参考文献

[1] 生态环境部 . 土壤和沉积物　石油烃（C_6—C_9）的测定　吹扫捕集 / 气相色谱法：HJ 1020—2019 [S]. 北京：中国环境出版集团，2019.

[2] 生态环境部 . 土壤和沉积物　石油烃（C_{10}—C_{40}）的测定　气相色谱法：HJ 1021—2019 [S]. 北京：中国环境出版集团，2019.

命题：邹文虎　徐文灏

审核：乔支卫　夏　新

第十一章　气相色谱－质谱法

第一节　基础知识

分类号：SO11-0

试题同“上册 W14-0”。

第二节　有机氯农药

分类号：SO11-1

主要内容
《土壤和沉积物　有机氯农药的测定　气相色谱－质谱法》（HJ 835—2017）

一、填空题

1. 根据《土壤和沉积物　有机氯农药的测定　气相色谱－质谱法》（HJ 835—2017）测定土壤和沉积物时，使用的干燥剂为________或________。

答案：无水硫酸钠　　粒状硅藻土

2. 根据《土壤和沉积物　有机氯农药的测定　气相色谱－质谱法》（HJ 835—2017）测定土壤和沉积物时，铜粉使用前用________溶液去除铜粉表面的氧化物。

答案：硝酸

3. 根据《土壤和沉积物　有机氯农药的测定　气相色谱－质谱法》（HJ 835—2017）测定土壤和沉积物时，硅酸镁吸附剂临用前应活化，置于表面皿中，以铝箔或锡纸轻覆，________℃下活化________h 左右，取出放入干燥器中冷却、待用。

答案：130　　12

4. 根据《土壤和沉积物　有机氯农药的测定　气相色谱－质谱法》（HJ 835—2017）测定土壤和沉积物时，玻璃棉或玻璃纤维滤膜使用前用________混合溶剂浸洗，待溶剂挥发干后，贮于具塞磨口玻璃瓶中密封保存。

答案：二氯甲烷—丙酮

5. 根据《土壤和沉积物　有机氯农药的测定　气相色谱－质谱法》（HJ 835—2017）测定土壤和沉积物，使用索氏提取方法时，提取________h，回流速度控制在________次 /h。

答案：16～18　　4～6

二、判断题

1. 根据《土壤和沉积物　有机氯农药的测定　气相色谱 – 质谱法》（HJ 835—2017）测定土壤和沉积物时，样品运至实验室后，若不能及时分析，应于 4℃以下冷藏、避光、密封保存，保存时间不超过 10 d。（　　）

答案：正确

2. 根据《土壤和沉积物　有机氯农药的测定　气相色谱 – 质谱法》（HJ 835—2017）测定土壤和沉积物时，浓缩后的提取液颜色较深时，可采用硅酸镁净化小柱净化。（　　）

答案：错误

　　正确答案为：提取液颜色较浅时，可采用硅酸镁净化小柱净化。

3. 根据《土壤和沉积物　有机氯农药的测定　气相色谱 – 质谱法》（HJ 835—2017）测定土壤和沉积物时，有机氯农药的初步收集时间限定在玉米油出峰后至硫出峰前，苝洗脱出以后，立即停止收集。（　　）

答案：正确

4. 根据《土壤和沉积物　有机氯农药的测定　气相色谱 – 质谱法》（HJ 835—2017）测定土壤和沉积物时，样品制备过程应避免接触和使用任何塑料制品。（　　）

答案：正确

三、选择题

1. 根据《土壤和沉积物　有机氯农药的测定　气相色谱 – 质谱法》（HJ 835—2017）测定土壤和沉积物时，用有机氯农药标准中间液进样形成标准物谱图，根据标准物质谱图确定起始和停止收集时间，并测定其回收率，当目标物回收率均大于________时，即可按此收集时间和仪器条件净化样品，否则需继续调整收集时间和其他条件。（　　）

A. 80%　　B. 85%　　C. 90%　　D. 95%

答案：C

2. 《土壤和沉积物　有机氯农药的测定　气相色谱 – 质谱法》（HJ 835—2017）中规定，连续分析，每________h 分析一次校准曲线中间浓度点，其测定结果与实际浓度值相对标准偏差应小于或等于 20%。（　　）

A. 8　　B. 12　　C. 24　　D. 36

答案：C

参考文献

环境保护部 . 土壤和沉积物　有机氯农药的测定　气相色谱 – 质谱法：HJ 835—2017 [S]. 北京：中国环境出版社，2017.

命题：何敏鑫　张　阳

审核：陈小军　乔支卫

第三节 有机磷类和拟除虫菊酯类农药

分类号：SO11-2

主要内容
《土壤和沉积物 有机磷类和拟除虫菊酯类等 47 种农药的测定 气相色谱 - 质谱法》（HJ 1023—2019）

一、填空题

1. 根据《土壤和沉积物 有机磷类和拟除虫菊酯类等 47 种农药的测定 气相色谱 - 质谱法》（HJ 1023—2019）测定土壤和沉积物时，采用________混合液提取样品。

答案：正己烷—丙酮

2. 根据《土壤和沉积物 有机磷类和拟除虫菊酯类等 47 种农药的测定 气相色谱 - 质谱法》（HJ 1023—2019）测定土壤和沉积物时，若样品不能及时分析，在 -18℃以下避光冷冻保存条件下，有机磷类农药保存时间不超过________，拟除虫菊酯类农药保存时间不超过________。

答案：7 d　　30 d

3. 根据《土壤和沉积物 有机磷类和拟除虫菊酯类等 47 种农药的测定 气相色谱 - 质谱法》（HJ 1023—2019）测定土壤和沉积物，当样品中含有硫时，净化时采用________去除。

答案：铜粒

二、判断题

1. 根据《土壤和沉积物 有机磷类和拟除虫菊酯类等 47 种农药的测定 气相色谱 - 质谱法》（HJ 1023—2019）测定土壤和沉积物时，如样品水分含量较高，应先用冷冻干燥仪干燥。（　　）

答案：正确

2. 根据《土壤和沉积物 有机磷类和拟除虫菊酯类等 47 种农药的测定 气相色谱 - 质谱法》（HJ 1023—2019）测定土壤和沉积物时，采用凝胶渗透色谱净化提取液，应将提取液的溶剂转化成与凝胶渗透色谱一致的淋洗液。（　　）

答案：正确

3. 根据《土壤和沉积物 有机磷类和拟除虫菊酯类等 47 种农药的测定 气相色谱 - 质谱法》（HJ 1023—2019）测定土壤和沉积物时，样品中目标化合物的相对保留时间与标准系列溶液中该化合物的相对保留时间的差值应在 ±0.05 以内。（　　）

答案：错误

正确答案为：差值应在 ±0.03 以内。

4. 根据《土壤和沉积物 有机磷类和拟除虫菊酯类等 47 种农药的测定 气相色谱 - 质谱法》（HJ 1023—2019）测定土壤和沉积物，计算平均相对响应因子时，含有同分

异构体的目标物应对其所有同分异构体的面积进行加和作为该目标物的面积进行计算。(　　)

答案：正确

三、选择题

根据《土壤和沉积物　有机磷类和拟除虫菊酯类等47种农药的测定　气相色谱－质谱法》(HJ 1023—2019)测定土壤和沉积物时，样品中目标化合物的辅助定性离子与定量离子丰度比与标准溶液中辅助定性离子与定量离子丰度比相对偏差应在±________以内。(　　)

A. 20%　　B. 25%　　C. 30%　　D. 35%

答案：C

参考文献

生态环境部. 土壤和沉积物　有机磷类和拟除虫菊酯类等47种农药的测定　气相色谱－质谱法：HJ 1023—2019 [S]. 北京：中国环境出版集团，2019.

命题：何敏鑫　张　阳

审核：乔支卫　陈小军　夏　新

第四节　半挥发性有机物

分类号：SO11-3

主要内容
《土壤和沉积物　半挥发性有机物的测定　气相色谱－质谱法》(HJ 834—2017)

一、填空题

1. 根据《土壤和沉积物　半挥发性有机物的测定　气相色谱－质谱法》(HJ 834—2017)测定土壤或沉积物中半挥发性有机物时，通常采用的萃取方法是________和________等。

答案：索氏提取　加压流体萃取

2. 根据《土壤和沉积物　半挥发性有机物的测定　气相色谱－质谱法》(HJ 834—2017)测定土壤或沉积物中的半挥发性有机物时，新鲜土壤或沉积物样品可采用________和________方法干燥。如果土壤或沉积物样品中水分含量较高(大于30%)，应先进行________出水相，再进行干燥处理。

答案：冷冻干燥　干燥剂　离心分离

3. 根据《土壤和沉积物　半挥发性有机物的测定　气相色谱－质谱法》(HJ 834—2017)中的规定，制备空白试样时用________代替实际样品，按照与试样制备相同步骤制备。石英砂使用前置于马弗炉中________℃烘烤________h，冷却后装入具塞磨口玻璃瓶中密封保存。

答案：石英砂　400　4

二、判断题

1. 根据《土壤和沉积物　半挥发性有机物的测定　气相色谱－质谱法》（HJ 834—2017）测定土壤或沉积物中的半挥发性有机物时，根据保留时间、碎片离子质荷比及其丰度定性，外标法定量。（　　）

答案：错误

正确答案为：内标法定量。

2. 根据《土壤和沉积物　半挥发性有机物的测定　气相色谱－质谱法》（HJ 834—2017）测定土壤或沉积物中的半挥发性有机物时，亚硝铵类净化所用的铜粉在使用前应使用 1+1 硝酸溶液去除铜粉表面的氧化物，用实验用水冲洗除酸，并用丙酮清洗后，再用高纯氮气缓缓吹干待用。（　　）

答案：正确

3. 根据《土壤和沉积物　半挥发性有机物的测定　气相色谱－质谱法》（HJ 834—2017）测定土壤或沉积物中的半挥发性有机物时，索氏提取套筒的材质为玻璃纤维或天然纤维材质，使用前均应置于马弗炉中 400℃烘烤 4 h。（　　）

答案：错误

正确答案为：使用前，玻璃纤维套筒置于马弗炉中 400℃烘烤 4 h，天然纤维套筒应用与样品提取相同的溶剂净化。

4. 根据《土壤和沉积物　半挥发性有机物的测定　气相色谱－质谱法》（HJ 834—2017）测定土壤或沉积物中的半挥发性有机物时，未知高浓度样品在分析前，应先在相同色谱柱的气相色谱仪（FID 检测器）或者气相色谱仪（ECD 检测器）上进行初查，防治高浓度有机物对气相色谱－质谱系统的污染。（　　）

答案：正确

5. 根据《土壤和沉积物　半挥发性有机物的测定　气相色谱－质谱法》（HJ 834—2017）测定土壤或沉积物中的半挥发性有机物时，对没有标准物质或纯品的半挥发性有机物，可通过获得的全扫描质谱图与 NIST 标准谱库谱图检索进行定性鉴别。（　　）

答案：正确

6. 根据《土壤和沉积物　半挥发性有机物的测定　气相色谱－质谱法》（HJ 834—2017）测定土壤或沉积物中的半挥发性有机物时，苯胺和苯胺衍生物可选用硅胶柱净化的方法对提取液进行净化。（　　）

答案：错误

正确答案为：苯胺和苯胺衍生物应使用硅酸镁柱净化的方法对提取液进行净化。

7.《土壤和沉积物　半挥发性有机物的测定　气相色谱－质谱法》（HJ 834—2017）中规定，凝胶渗透色谱净化时，半挥发性有机物的收集时间初步定在玉米油出峰之后至硫出峰之前，苝洗脱出以后，立刻停止收集。（　　）

答案：正确

8.《土壤和沉积物　半挥发性有机物的测定　气相色谱－质谱法》（HJ 834—2017）中规定，初始校准曲线中目标化合物相对相应因子的相对标准偏差应不大于 30%，或

相关系数大于等于 0.990。(　　)

答案：正确

三、选择题

1. 根据《土壤和沉积物　半挥发性有机物的测定　气相色谱－质谱法》(HJ 834—2017)测定土壤或沉积物中的半挥发性有机物时，玻璃器皿先用热水加清洗剂清洗，再用自来水和不含有机物的试剂淋洗，在________℃下烘________h，或用甲醇淋洗后晾干。干燥的玻璃器皿必须在干净的环境中保存。(　　)

A. 105，1～2　　B. 130，1～2　　C. 105，2～3　　D. 130，2～3

答案：D

2. 根据《土壤和沉积物　半挥发性有机物的测定　气相色谱－质谱法》(HJ 834—2017)测定土壤或沉积物中的半挥发性有机物时，提取液中存在明显水分，需要进一步过滤和脱水。在玻璃漏斗上垫一层玻璃棉或玻璃纤维滤膜，加入约 5 g________，将提取液过滤至浓缩器皿中。(　　)

A. 无水硫酸钠　　B. 无水氯化钠　　C. 粒状硅藻土　　D. 无水硫酸镁

答案：A

3. 根据《土壤和沉积物　半挥发性有机物的测定　气相色谱－质谱法》(HJ 834—2017)测定土壤或沉积物中的半挥发性有机物时，需检查气相色谱仪注射入口的惰性，从 DDT 到 DDE、DDD 的降解率不应超过________，否则需要清洗或更换进样口，同时还应截取毛细管柱前端约 5 cm。(　　)

A. 10%　　B. 15%　　C. 20%　　D. 30%

答案：B

4.《土壤和沉积物　半挥发性有机物的测定　气相色谱－质谱法》(HJ 834—2017)中使用索氏提取法提取土壤或沉积物中半挥发性有机物时，使用的提取溶剂为________。(　　)

A. 二氯甲烷－丙酮　　B. 二氯甲烷－乙酸乙酯

C. 丙酮－乙酸乙酯

答案：A

5.《土壤和沉积物　半挥发性有机物的测定　气相色谱－质谱法》(HJ 834—2017)中规定，每 24 h 应分析一次校准曲线中间点浓度，其测定值与初始测定值的相对偏差应小于________。(　　)

A. 10%　　B. 15%　　C. 20%　　D. 30%

答案：D

参考文献

环境保护部．土壤和沉积物　半挥发性有机物的测定　气相色谱－质谱法：HJ 834—2017 [S]. 北京：中国环境出版社，2017.

命题：张　阳　谢国华

审核：乔支卫　夏　新

第五节　挥发性有机物

分类号：SO11-4

主要内容
①《土壤和沉积物　挥发性有机物的测定　吹扫捕集 / 气相色谱 - 质谱法》（HJ 605—2011）
②《土壤和沉积物　挥发性有机物的测定　顶空 / 气相色谱 - 质谱法》（HJ 642—2013）

一、判断题

1. 根据《土壤和沉积物　挥发性有机物的测定　吹扫捕集 / 气相色谱 - 质谱法》（HJ 605—2011）和《土壤和沉积物　挥发性有机物的测定　顶空 / 气相色谱 - 质谱法》（HJ 642—2013）测定挥发性有机物时，样品采集应使用铁铲或药勺将样品尽快采集到样品瓶中，并尽量填满。（　　）①②

答案：正确

2. 根据《土壤和沉积物　挥发性有机物的测定　顶空 / 气相色谱 - 质谱法》（HJ 642—2013）分析低含量样品时，称取 2 g 样品置于顶空瓶中，迅速向顶空瓶中加入 10 mL 空白水以及相应体积的替代物和内标，并立即密封。（　　）②

答案：错误

正确答案为：应为 10 mL 基体改进剂。

3. 根据《土壤和沉积物　挥发性有机物的测定　吹扫捕集 / 气相色谱 - 质谱法》（HJ 605—2011）和《土壤和沉积物　挥发性有机物的测定　顶空 / 气相色谱 - 质谱法》（HJ 642—2013）测定挥发性有机物时，由于挥发性有机物在操作过程中易挥发，必要时需要加入稳定同位素的替代物或其他合适的替代物。（　　）①②

答案：正确

4. 根据《土壤和沉积物　挥发性有机物的测定　吹扫捕集 / 气相色谱 - 质谱法》（HJ 605—2011），易挥发的目标物如二氯二氟甲烷、氯甲烷和氯乙烯等标准使用溶液需要单独配制，保存期通常为一周，其他目标物的标准使用液保存期为一个月，或参照制造商说明配制。（　　）①

答案：正确

5. 根据《土壤和沉积物　挥发性有机物的测定　吹扫捕集 / 气相色谱 - 质谱法》（HJ 605—2011）测定挥发性有机物时，样品采集后应冷藏运输，实验室内样品存放区域应无有机物干扰，在 4℃以下保存时间为 14 d。（　　）①

答案：错误

正确答案为：在 4℃以下保存时间为 7 d。

6. 根据《土壤和沉积物　挥发性有机物的测定　吹扫捕集 / 气相色谱 - 质谱法》（HJ 605—2011）测定挥发性有机物时，每批样品分析之前或 24 h 之内，需进行仪器性能检查，测定校准确认标准溶液和空白试验样品。（　　）①

答案：正确

7. 根据《土壤和沉积物　挥发性有机物的测定　吹扫捕集/气相色谱－质谱法》（HJ 605—2011）测定挥发性有机物时，若怀疑样品受到污染，则须分析空白样品，测定结果应满足空白试验的控制指标，否则需查找原因，采取措施排除污染后重新采集样品分析。（　　）①

答案：正确

8. 根据《土壤和沉积物　挥发性有机物的测定　吹扫捕集/气相色谱－质谱法》（HJ 605—2011）测定挥发性有机物时，若样品中目标物的第一特征离子有干扰，可以使用第二特征离子定量。（　　）①

答案：正确

9. 根据《土壤和沉积物　挥发性有机物的测定　吹扫捕集/气相色谱－质谱法》（HJ 605—2011）测定挥发性有机物时，若样品中含有大量水溶性物质、悬浮物、高沸点有无化合物或高含量有机化合物，在分析完后需用肥皂水和空白试剂水清洗吹扫装置和进样针，然后继续使用。（　　）①

答案：错误

正确答案为：用肥皂水和空白试剂水清洗吹扫装置和进样针后在烘箱中105℃烘干。

二、选择题

1. 根据《土壤和沉积物　挥发性有机物的测定　顶空/气相色谱－质谱法》（HJ 642—2013），若采用非线性校准曲线，应至少采用________个浓度点进行校准。（　　）②

A. 4　　B. 5　　C. 6　　D. 7

答案：C

2. 根据《土壤和沉积物　挥发性有机物的测定　顶空/气相色谱－质谱法》（HJ 642—2013）测定挥发性有机物时，若采用最小二乘法绘制线性校准曲线，将校准曲线最低点的响应值代入曲线计算，目标物的计算结果应在实际值的________～________。（　　）②

A. 80%，120%　　B. 70%，130%　　C. 60%，140%　　D. 50%，150%

答案：B

3. 根据《土壤和沉积物　挥发性有机物的测定　顶空/气相色谱－质谱法》（HJ 642—2013）测定挥发性有机物时，若样品中挥发性有机物浓度大于1 000 μg/kg，视该样品为高含量样品，对于高含量样品应先用________提取。（　　）②

A. 水　　B. 丙酮　　C. 乙酸乙酯　　D. 甲醇

答案：D

4. 根据《土壤和沉积物　挥发性有机物的测定　顶空/气相色谱－质谱法》（HJ 642—2013）测定挥发性有机物时，校准确认标准样品中检测方案要求测定的目标物，其测定值与加入浓度值的比值在________～________，否则在样品分析之前应采取校正措施。（　　）②

A. 80%，120%　　B. 70%，130%　　C. 60%，140%　　D. 50%，150%

答案：A

5. 根据《土壤和沉积物　挥发性有机物的测定　顶空/气相色谱-质谱法》(HJ 642—2013)测定挥发性有机物时，若初步判定样品中含有目标物，则须分析一个________样；若初步判定样品中不含有目标物，则须分析该样品的________样。(　　)②

A. 加标，平行　　B. 平行，加标　　C. 标准，平行　　D. 平行，标准

答案：B

6. 根据《土壤和沉积物　挥发性有机物的测定　顶空/气相色谱-质谱法》(HJ 642—2013)测定挥发性有机物时，为防止通过采样工具污染，采样工具在使用前要用________和________充分洗净。(　　)②

A. 三氯甲烷，甲醇　　B. 纯净水，二氯甲烷

C. 甲醇，二氯甲烷　　D. 甲醇，纯净水

答案：D

7. 根据《土壤和沉积物　挥发性有机物的测定　顶空/气相色谱-质谱法》(HJ 642—2013)测定挥发性有机物时，空白试样的制备采用________代替样品。(　　)②

A. 空白土样　　B. 佛罗里硅土　　C. 石英砂　　D. 硅胶

答案：C

参考文献

[1] 环境保护部. 土壤和沉积物　挥发性有机物的测定　吹扫捕集/气相色谱-质谱法：HJ 605—2011 [S]. 北京：中国环境科学出版社，2011.

[2] 环境保护部. 土壤和沉积物　挥发性有机物的测定　顶空/气相色谱-质谱法：HJ 642—2013 [S]. 北京：中国环境出版社，2013.

命题：李利荣　米方卓

审核：时庭锐　夏　新

第六节　多环芳烃

分类号：SO11-5

主要内容
《土壤和沉积物　多环芳烃的测定　气相色谱-质谱法》(HJ 805—2016)

一、填空题

1. 根据《土壤和沉积物　多环芳烃的测定　气相色谱-质谱法》(HJ 805—2016)，测定土壤和沉积物中的多环芳烃的原理是：采用适合的萃取方法提取，根据样品的基体干扰情况选择合适的净化方法对提取液________、________、________，经气相色谱分离、质谱检测，进行定性，内标法定量。

答案：净化　浓缩　定容

2. 根据《土壤和沉积物　多环芳烃的测定　气相色谱－质谱法》(HJ 805—2016)，测定土壤和沉积物中的多环芳烃时，根据样品基体干扰情况，可选择________、________、________净化方法。

答案：铜粉脱硫　　硅胶层析柱　　硅酸镁小柱或凝胶渗透色谱

3. 根据《土壤和沉积物　多环芳烃的测定　气相色谱－质谱法》(HJ 805—2016)，测定土壤和沉积物中的多环芳烃时，硅酸镁净化小柱使加入正己烷待柱充满溶剂后需要浸润________min，上样后加入洗脱液待溶剂充满柱后也需浸润________min。

答案：5　　2

4. 根据《土壤和沉积物　多环芳烃的测定　气相色谱－质谱法》(HJ 805—2016)，测定土壤和沉积物中的多环芳烃时，通过样品中目标物与标准系列中目标物的________、________、________及其丰度比等信息比较，对目标物进行定性分析。

答案：保留时间　　质谱图　　碎片离子质荷比

5. 根据《土壤和沉积物　多环芳烃的测定　气相色谱－质谱法》(HJ 805—2016)，测定土壤和沉积物中的多环芳烃时，平行样品测定结果相对偏差应小于________，基体加标样品回收率控制范围为________。

答案：30%　　40%～150%

二、判断题

1. 根据《土壤和沉积物　多环芳烃的测定　气相色谱－质谱法》(HJ 805—2016)，测定土壤和沉积物中的多环芳烃时，选择硅胶层析柱净化样品，层析柱制备好后，填料可暴露在空气后继续使用。(　　)

答案：错误

　　正确答案为：硅胶层析柱制备完毕后，填料不可暴露在空气中，当上端无水硫酸钠层恰好暴露于空气之前，关闭活塞待用。

2. 根据《土壤和沉积物　多环芳烃的测定　气相色谱－质谱法》(HJ 805—2016)，测定土壤和沉积物中的多环芳烃时，气相色谱－质谱仪器使用纯度为 99.99% 的氦气作为载气。(　　)

答案：错误

　　正确答案为：纯度为 99.999% 以上的高纯氦气。

3. 根据《土壤和沉积物　多环芳烃的测定　气相色谱－质谱法》(HJ 805—2016)，测定土壤和沉积物中的多环芳烃时，含硫样品可直接使用铜粉脱硫。(　　)

答案：错误

　　正确答案为：铜粉临用前，需先处理铜粉表面氧化物。

三、选择题

1. 根据《土壤和沉积物　多环芳烃的测定　气相色谱－质谱法》(HJ 805—2016)，测定土壤和沉积物中的多环芳烃时，空白试验测定结果中目标物浓度不应超过________。(　　)

A. 仪器检出限　　B. 仪器定量下限　　C. 样品检出结果　　D. 方法检出限

答案：D

2. 根据《土壤和沉积物 多环芳烃的测定 气相色谱－质谱法》(HJ 805—2016)，测定土壤和沉积物中的多环芳烃时，根据定量离子的________，采用内标法进行定量。(　　)

A. 峰面积　　B. 丰度　　C. 高度　　D. 半峰宽

答案：A

3. 根据《土壤和沉积物 多环芳烃的测定 气相色谱－质谱法》(HJ 805—2016)，测定土壤和沉积物中的多环芳烃时，仪器连续分析样品，每________分析一次校准曲线中间浓度点，其测定结果与实际浓度值相对标准偏差应________，否则需重新绘制校准曲线。(　　)

A. 24 h，≤15%　　B. 12 h，≤20%　　C. 24 h，≤20%　　D. 12 h，≤15%

答案：C

四、问答题

根据《土壤和沉积物 多环芳烃的测定 气相色谱－质谱法》(HJ 805—2016)，测定土壤和沉积物中的多环芳烃时，如果提取液存在明显水分，需要怎样处理？

答案：如果提取液存在明显水分，需要过滤和脱水。在玻璃漏斗上垫一层玻璃棉或玻璃纤维滤膜，加入约 5 g 无水硫酸钠，将提取液过滤至浓缩器皿中。再用尽量少的丙酮－正己烷混合溶剂洗涤提取容器 3 次，洗涤液并入漏斗中过滤，最后再用少量丙酮－正己烷混合溶剂冲洗漏斗，并全部收集至浓缩器皿中，待浓缩。

参考文献

环境保护部 . 土壤和沉积物 多环芳烃的测定 气相色谱－质谱法：HJ 805—2016 [S]. 北京：中国环境出版社，2016.

命题：黎玉清　米方卓
审核：邹家素　夏　新

第七节　挥发性卤代烃

分类号：SO11-6

主要内容
①《土壤和沉积物 挥发性卤代烃的测定 吹扫捕集 / 气相色谱－质谱法》(HJ 735—2015)
②《土壤和沉积物 挥发性卤代烃的测定 顶空 / 气相色谱－质谱法》(HJ 736—2015)

一、填空题

1. 根据《土壤和沉积物 挥发性卤代烃的测定 顶空 / 气相色谱－质谱法》(HJ 736—2015)中，在一定温度条件下，顶空瓶内样品中的挥发性卤代烃向液上空间挥发，产生一定的蒸气压，并达到气液固三相平衡，取________相样品进入气相色谱分离后，用________进行检测。②

答案：气　　　质谱仪

2.《土壤和沉积物　挥发性卤代烃的测定　吹扫捕集 / 气相色谱 - 质谱法》（HJ 735—2015）和《土壤和沉积物　挥发性卤代烃的测定　顶空 / 气相色谱 - 质谱法》（HJ 736—2015）中规定，若用高含量方法分析浓度值过低或未检出，应________。①②

答案：采用低含量方法重新分析样品

3.《土壤和沉积物　挥发性卤代烃的测定　吹扫捕集 / 气相色谱 - 质谱法》（HJ 735—2015）和《土壤和沉积物　挥发性卤代烃的测定　顶空 / 气相色谱 - 质谱法》（HJ 736—2015）中制备空白试样时，以________代替样品。①②

答案：石英砂

二、判断题

1.《土壤和沉积物　挥发性卤代烃的测定　吹扫捕集 / 气相色谱 - 质谱法》（HJ 735—2015）和《土壤和沉积物　挥发性卤代烃的测定　顶空 / 气相色谱 - 质谱法》（HJ 736—2015）中对实验用水要求如下：二次蒸馏水或纯水设备制备水，使用前需经过空白检验，确认无目标化合物或目标化合物浓度低于方法检出限。（　　）②

答案：正确

2.《土壤和沉积物　挥发性卤代烃的测定　顶空 / 气相色谱 - 质谱法》（HJ 736—2015）中基体改性剂的制备方法及要求如下：将磷酸滴加到 100 mL 实验用水中，调节 pH 小于 2；再加入 36 g 氯化钠混匀。于 4℃下保存，可保存 12 个月。（　　）②

答案：错误

正确答案为：于 4℃下保存，可保存 6 个月。

3.《土壤和沉积物　挥发性卤代烃的测定　吹扫捕集 / 气相色谱 - 质谱法》（HJ 735—2015）和《土壤和沉积物　挥发性卤代烃的测定　顶空 / 气相色谱 - 质谱法》（HJ 736—2015）规定，高含量样品分析后，应分析空白样品，直至空白样品中目标物的浓度小于检出限时，才可以进行后续分析。（　　）①②

答案：正确

4. 根据《土壤和沉积物　挥发性卤代烃的测定　吹扫捕集 / 气相色谱 - 质谱法》（HJ 735—2015）和《土壤和沉积物　挥发性卤代烃的测定　顶空 / 气相色谱 - 质谱法》（HJ 736—2015）的要求，校准曲线至少需 5 个浓度系列，目标化合物相对响应因子的 RSD 应小于等于 20%。或者校准曲线的相关系数大于等于 0.990，否则应查找原因或重新建立校准曲线。（　　）①②

答案：正确

三、选择题

1.《土壤和沉积物　挥发性卤代烃的测定　吹扫捕集 / 气相色谱 - 质谱法》（HJ 735—2015）和《土壤和沉积物　挥发性卤代烃的测定　顶空 / 气相色谱 - 质谱法》（HJ 736—2015）中规定，样品采集过程中，可在采样现场使用便携式 VOC 测定仪对样品进行浓度高低的初筛，现场初筛挥发性卤代烃含量测定结果大于________时，

视该样品为高含量样品。（ ）①②

A. 10 μg/kg B. 50 μg/kg C. 100 μg/kg D. 200 μg/kg

答案：D

2.《土壤和沉积物 挥发性卤代烃的测定 吹扫捕集 / 气相色谱 - 质谱法》（HJ 735—2015）和《土壤和沉积物 挥发性卤代烃的测定 顶空 / 气相色谱 - 质谱法》（HJ 736—2015）中高含量试样制备时，选用的提取液是________。（ ）①②

A. 正己烷 B. 甲醇 C. 石油醚 D. 水

答案：B

3.《土壤和沉积物 挥发性卤代烃的测定 吹扫捕集 / 气相色谱 - 质谱法》（HJ 735—2015）和《土壤和沉积物 挥发性卤代烃的测定 顶空 / 气相色谱 - 质谱法》（HJ 736—2015）规定，当测定结果为 10 倍检出限以内（包括 10 倍检出限），平行双样测定结果的相对偏差应≤________，当测定结果大于 10 倍检出限，平行双样测定结果的相对偏差应≤________。（ ）①②

A. 50%，20% B. 20%，50% C. 20%，10% D. 10%，20%

答案：A

4.《土壤和沉积物 挥发性卤代烃的测定 吹扫捕集 / 气相色谱 - 质谱法》（HJ 735—2015）和《土壤和沉积物 挥发性卤代烃的测定 顶空 / 气相色谱 - 质谱法》（HJ 736—2015）规定，每批样品至少做一次加标回收测定，样品中目标物和替代物加标回收率应在________，否则重复分析样品。若重复测定替代物回收率仍不合格，说明样品存在基体效应。应分析一个空白加标样品。（ ）①②

A. 50%～150% B. 60%～140% C. 70%～130% D. 80%～120%

答案：C

四、问答题

根据《土壤和沉积物 挥发性卤代烃的测定 吹扫捕集 / 气相色谱 - 质谱法》（HJ 735—2015），简述吹扫捕集 / 气相色谱 - 质谱法测定土壤和沉积物中挥发性卤代烃的原理。①

答案：样品中的挥发性卤代烃用高纯氦气（或氮气）吹扫出来，吸附于捕集管中，将捕集管加热并用氦气（或氮气）反吹，捕集管中的挥发性卤代烃被热脱附出来，组分进入气相色谱分离后，用质谱仪进行检测。根据保留时间、碎片离子质荷比及不同离子丰度比定性，内标法定量。

参考文献

[1] 环境保护部 . 土壤和沉积物 挥发性卤代烃的测定 吹扫捕集 / 气相色谱 - 质谱法：HJ 735—2015 [S]. 北京：中国环境出版社，2015.

[2] 环境保护部 . 土壤和沉积物 挥发性卤代烃的测定 顶空 / 气相色谱 - 质谱法：HJ 736—2015 [S]. 北京：中国环境出版社，2015.

命题：王效国 米方卓

审核：王 静 夏 新

第八节　多氯联苯

分类号：SO11-7

主要内容
《土壤和沉积物　多氯联苯的测定　气相色谱 - 质谱法》（HJ 743—2015）

一、填空题

1.《土壤和沉积物　多氯联苯的测定　气相色谱 - 质谱法》（HJ 743—2015）中规定了土壤和沉积物中 7 种________和 12 种________的测定方法。其他多氯联苯如果通过验证也可用本方法测定。

答案： 指示性多氯联苯　　共平面多氯联苯

2.《土壤和沉积物　多氯联苯的测定　气相色谱 - 质谱法》（HJ 743—2015）中规定，如前处理过程中提取液颜色较深，可首先采用________净化，可除去大部分有机化合物包括部分有机氯农药。样品提取液中存在杀虫剂及多氯碳氢化合物干扰时可采用________或________净化；存在明显色素干扰时，可用________净化。沉积物样品含有大量元素硫的干扰时，可采用活化铜粉去除。

答案： 浓硫酸　　弗罗里硅土柱　　硅胶柱　　石墨碳柱

3.《土壤和沉积物　多氯联苯的测定　气相色谱 - 质谱法》（HJ 743—2015）中规定，空白试样的制备过程中，用________代替实际样品，按与试样的预处理相同步骤制备空白试样。

答案： 石英砂

二、判断题

1.《土壤和沉积物　多氯联苯的测定　气相色谱 - 质谱法》（HJ 743—2015）中规定，试样经萃取、净化、浓缩、定容后，用气相色谱 - 质谱仪分离，检测，内标法定量。(　　)

答案： 正确

2.《土壤和沉积物　多氯联苯的测定　气相色谱 - 质谱法》（HJ 743—2015）中规定，每 20 个样品或每批次样品（少于 20 个样品 / 批）分析一个加标样品，土壤样品加标回收率应在 60%～130%，沉积物加标样品的回收率应在 55%～135%。(　　)

答案： 正确

3.《土壤和沉积物　多氯联苯的测定　气相色谱 - 质谱法》（HJ 743—2015）中规定，如前处理过程中，沉积物样品含有大量元素硫的干扰时，可采用石墨碳柱去除。(　　)

答案： 错误

正确答案为： 沉积物样品含有大量元素硫的干扰时，可采用活化铜粉去除。

三、选择题

1.《土壤和沉积物　多氯联苯的测定　气相色谱 - 质谱法》（HJ 743—2015）中规定，

每批次样品（不超过________个样品）至少应做一个实验室空白，空白中目标化合物浓度均应低于方法检出限，否则应查找原因，至实验室空白检验合格后，才能继续进行样品分析。（　　）

A. 20　　B. 15　　C. 10

答案：A

2.《土壤和沉积物　多氯联苯的测定　气相色谱－质谱法》（HJ 743—2015）中规定，每批样品（少于________个样品 / 批）应分析一个平行样，单次平行样品测定结果相对偏差一般不超过________。（　　）

A. 20，20%　　B. 20，30%　　C. 10，20%

答案：B

3.《土壤和沉积物　多氯联苯的测定　气相色谱－质谱法》（HJ 743—2015）中，样品萃取过程中选用的萃取剂为________。（　　）

A. 正己烷＋丙酮　　B. 石油醚＋丙酮　　C. 正己烷＋石油醚

答案：A

四、问答题

简述《土壤和沉积物　多氯联苯的测定　气相色谱－质谱法》（HJ 743—2015）中，浓硫酸净化过程中的安全注意事项。

答案：在浓硫酸净化过程中，须防止发热爆炸，加浓硫酸后先慢慢振摇，不断放气，再稍剧烈振摇。

参考文献

环境保护部. 土壤和沉积物　多氯联苯的测定　气相色谱－质谱法：HJ 743—2015 [S]. 北京：中国环境出版社，2015.

命题：王效国

审核：王　静　夏　新

第九节　多溴二苯醚

分类号：SO11-8

主要内容
《土壤和沉积物　多溴二苯醚的测定　气相色谱－质谱法》（HJ 952—2018）

一、填空题

1.《土壤和沉积物　多溴二苯醚的测定　气相色谱－质谱法》（HJ 952—2017）中规定，污染场地（如垃圾拆解地）须使用________方式萃取。

答案：索氏提取

2. 根据《土壤和沉积物　多溴二苯醚的测定　气相色谱－质谱法》（HJ 952—2017）

测定土壤和沉积物中的多溴二苯醚时，萃取液颜色较深时，须采用________净化。如果样品中含有硫单质，萃取液须使用________除硫。

答案：硫酸　　铜粉

3.《土壤和沉积物　多溴二苯醚的测定　气相色谱 - 质谱法》（HJ 952—2017）测定土壤和沉积物中的多溴二苯醚时，样品中加入适量________和________研磨成流砂状。使用加压流体萃取时样品用________脱水，使用索氏提取时样品用________脱水。

答案：无水硫酸钠　　粒状硅藻土　　粒状硅藻土　　无水硫酸钠

4.《土壤和沉积物　多溴二苯醚的测定　气相色谱 - 质谱法》（HJ 952—2017）中规定，制备空白试样时用________代替实际样品，按照与试样制备相同步骤制备。石英砂使用前置于马弗炉中________℃烘烤________h，冷却后装入具塞磨口玻璃瓶中密封保存。

答案：石英砂　　450　　4

5.《土壤和沉积物　多溴二苯醚的测定　气相色谱 - 质谱法》（HJ 952—2017）测定土壤和沉积物中的多溴二苯醚，萃取时风干样品萃取溶剂为________混合溶剂，鲜样萃取溶剂为________混合溶剂。

答案：二氯甲烷 - 正己烷　　丙酮 - 正己烷

二、判断题

1. 根据《土壤和沉积物　多溴二苯醚的测定　气相色谱 - 质谱法》（HJ 952—2017）测定土壤和沉积物中的多溴二苯醚时，萃取后萃取液转移至收集瓶，用浓缩装置将萃取液浓缩至约 2 mL，再选择合适的方法净化。（　　）

答案：错误

正确答案为：萃取液浓缩至约 2 mL，加入 10 mL 正己烷继续浓缩至 2 mL，重复 1～2 次，直至萃取液溶剂完全转化为正己烷，再选择合适的方法净化。

2.《土壤和沉积物　多溴二苯醚的测定　气相色谱 - 质谱法》（HJ 952—2017）中规定，在硫酸净化过程中，须防止发热爆炸，加硫酸后应先慢慢轻摇，不断放气，再稍微剧烈振摇。（　　）

答案：正确

3.《土壤和沉积物　多溴二苯醚的测定　气相色谱 - 质谱法》（HJ 952—2017）中规定，无水硫酸钠在使用前应在马弗炉中 400℃下灼烧 4 h。（　　）

答案：错误

正确答案为：无水硫酸钠在使用前应在马弗炉中 450℃下灼烧 4 h。

4.《土壤和沉积物　多溴二苯醚的测定　气相色谱 - 质谱法》（HJ 952—2017）中规定，用线性拟合曲线进行校正时，相对系数应≥0.990。（　　）

答案：错误

正确答案为：相对系数应≥0.997。

5.《土壤和沉积物　多溴二苯醚的测定　气相色谱 - 质谱法》（HJ 952—2017）中规定，基体加标样品的加标回收率应在 60%～130%，否则应查找原因，直至回收率满足要求，才能进行样品分析。（　　）

答案：正确

三、选择题

1.《土壤和沉积物　多溴二苯醚的测定　气相色谱－质谱法》（HJ 952—2017）中规定，平行双样测定结果的相对偏差应≤________。（　　）

A. 25%　　B. 30%　　C. 40%　　D. 50%

答案：D

2.《土壤和沉积物　多溴二苯醚的测定　气相色谱－质谱法》（HJ 952—2017）中规定，提取内标的回收率应在________（13C-BDE-209 为 20%～200%），否则应查找原因，直至回收率满足要求，才能进行样品分析定量。（　　）

A. 25%～150%　　B. 30%～135%

C. 40%～130%　　D. 50%～120%

答案：B

3. 根据《土壤和沉积物　多溴二苯醚的测定　气相色谱－质谱法》（HJ 952—2017），每________或每批样品须测定一个校准曲线中间点浓度的标准溶液，测定值与初始校准曲线该点浓度的相对误差应不大于________。（　　）

A. 24 h，50%　　B. 20 个样品，50%

C. 24 h，30%　　D. 20 个样品，30%

答案：D

参考文献

环境保护部 . 土壤和沉积物　半挥发性有机物的测定　气相色谱－质谱法：HJ 834—2017 [S]. 北京：中国环境出版集团，2017.

命题：张　阳　谢国华

审核：乔支卫　夏　新

第十节　酰胺类农药

分类号：SO11-9

主要内容
《土壤和沉积物　8 种酰胺类农药的测定　气相色谱－质谱法》（HJ 1053—2019）

一、填空题

1. 根据《土壤和沉积物　8 种酰胺类农药的测定　气相色谱－质谱法》（HJ 1053—2019），可用________、________或________提取土壤或沉积物中酰胺类农药。

答案：索氏提取　加压流体萃取　超声波萃取法

2. 根据《土壤和沉积物　8 种酰胺类农药的测定　气相色谱－质谱法》（HJ 1053—2019）测定土壤和沉积物中的酰胺类农药，提取使用的提取剂是________。

答案：丙酮－正己烷混合溶剂

3. 根据《土壤和沉积物　8 种酰胺类农药的测定　气相色谱－质谱法》（HJ 1053—2019）测定土壤和沉积物中的酰胺类农药时，内标物可选用________或________。

答案：异丙甲草胺 $-d_6$　　菲 $-d_{10}$

二、判断题

1.《土壤和沉积物　8 种酰胺类农药的测定　气相色谱－质谱法》（HJ 1053—2019）中规定，铜粒在使用前用硝酸溶液活化，去除表面的氧化物。（　　）

答案：错误

正确答案为：铜粒在使用前用盐酸溶液活化。

2. 根据《土壤和沉积物　8 种酰胺类农药的测定　气相色谱－质谱法》（HJ 1053—2019）中规定，样品中目标物的定性离子相对于定量离子的相对丰度与最近获得的标准样品的相对丰度比较，其相对偏差在 ±30% 以内。（　　）

答案：正确

3. 根据《土壤和沉积物　8 种酰胺类农药的测定　气相色谱－质谱法》（HJ 1053—2019）测定土壤和沉积物中的酰胺类农药时，使用的净化方式是固相萃取柱净化。（　　）

答案：正确

三、选择题

1.《土壤和沉积物　8 种酰胺类农药的测定　气相色谱－质谱法》（HJ 1053—2019），平行双样测定结果的相对偏差应≤________。（　　）

A. 25%　　B. 30%　　C. 35%　　D. 50%

答案：C

2.《土壤和沉积物　8 种酰胺类农药的测定　气相色谱－质谱法》（HJ 1053—2019）中规定，样品中替代物的回收率应在________。（　　）

A. 30%～150%　　B. 40%～140%

C. 40%～130%　　D. 50%～120%

答案：D

3.《土壤和沉积物　8 种酰胺类农药的测定　气相色谱－质谱法》（HJ 1053—2019）中规定，每批样品（不超过 20 个）须用校准曲线的中间浓度点进行 1 次校准，校准的相对误差应在 ±________之内。（　　）

A. 15%　　B. 20%　　C. 30%　　D. 50%

答案：A

4.《土壤和沉积物　8 种酰胺类农药的测定　气相色谱－质谱法》（HJ 1053—2019）中规定，玻璃棉或玻璃纤维滤膜使用前用________浸洗，待其挥发完全后，置于磨口玻璃瓶中密封保存。（　　）

A. 正己烷　　B. 甲醇

C. 二氯甲烷　　D. 丙酮

答案：C

参考文献

环境保护部．土壤和沉积物　8 种酰胺类农药的测定　气相色谱－质谱法：HJ 1053—2017 [S]. 北京：中国环境出版社，2017.

命题：张　阳　何敏鑫
审核：谢国华　乔支卫

第十一节　二噁英类

分类号：SO11-10

主要内容
《土壤和沉积物　二噁英类的测定　同位素稀释高分辨气相色谱－高分辨质谱法》（HJ 77.4—2008）

一、判断题

1. 根据《土壤和沉积物　二噁英类的测定　同位素稀释高分辨气相色谱－高分辨质谱法》（HJ 77.4—2008），对土壤或沉积物样品进行干燥时，加入提取内标后用盐酸进行处理，然后分别对盐酸处理液和盐酸处理后的样品进行提取。（　　）

答案：正确

2. 根据《土壤和沉积物　二噁英类的测定　同位素稀释高分辨气相色谱－高分辨质谱法》（HJ 77.4—2008），若样品中不含碳状物，可以省略盐酸处理，进行提取操作。（　　）

答案：正确

3. 根据《土壤和沉积物　二噁英类的测定　同位素稀释高分辨气相色谱－高分辨质谱法》（HJ 77.4—2008）对土壤和沉积物样品进行盐酸处理时，先称取一定量样品于滤筒中，样品称取量根据实际样品浓度决定，盐酸用量为每克样品至少加 20 mmol 盐酸。（　　）

答案：正确

二、选择题

1. 根据《土壤和沉积物　二噁英类的测定　同位素稀释高分辨气相色谱－高分辨质谱法》（HJ 77.4—2008），进行土壤和沉积物中二噁英类污染物分析时，取样量为 100 g 时，方法对 2,3,7,8-T4CDD 的最低检出限应低于________ng/kg。（　　）

A. 0.01　　B. 0.05　　C. 0.1　　D. 0.2

答案：B

2. 根据《土壤和沉积物　二噁英类的测定　同位素稀释高分辨气相色谱－高分辨质谱法》（HJ 77.4—2008），平行实验频度取样品总数的________左右。（　　）

A. 5%　　B. 10%　　C. 15%　　D. 20%

答案：B

参考文献

环境保护部. 土壤和沉积物　二噁英类的测定　同位素稀释高分辨气相色谱－高分辨质谱法：HJ 77.4—2008 [S]. 北京：中国环境科学出版社，2009.

命题：张　烃　韩静磊

审题：张　颖

第十二章　液相色谱法

第一节　基础知识

分类号：SO12-0

试题同“上册 W15-0”。

第二节　2,4- 滴

分类号：SO12-1

主要内容
2,4- 滴　液相色谱法《全国土壤污染状况调查样品分析测试技术规定》

一、判断题

根据《全国土壤污染状况调查样品分析测试技术规定》中液相色谱法测定土壤中 2,4- 滴时，2,4-D 残留量采用磷酸 - 无水乙醚提取，用液相色谱荧光检测器检测。(　　)

答案：错误

　　正确答案为：用紫外检测器检测。

二、选择题

1. 根据《全国土壤污染状况调查样品分析测试技术规定》中液相色谱法测定土壤中 2,4- 滴时，样品萃取和分析应该在样品采集后的________内进行。(　　)

A. 24 h　　B. 48 h　　C. 3 d　　D. 7 d

答案：A

2. 根据《全国土壤污染状况调查样品分析测试技术规定》中液相色谱法测定土壤中 2,4- 滴时，流动相分别采用________ TFA 水溶液和 0.1% 乙腈溶液。(　　)

A. 0.01%　　B. 0.1%　　C. 1%　　D. 10%

答案：B

参考文献

国家环境保护总局 . 全国土壤污染状况调查样品分析测试技术规定 [M]. 北京：中国环境出版社，2006.

命题：张肇元

审核：时庭锐

第三节　多环芳烃

分类号：SO12-2

主要内容

《土壤和沉积物　多环芳烃的测定　高效液相色谱法》（HJ 784—2016）

一、填空题

1. 根据《土壤和沉积物　多环芳烃的测定　高效液相色谱法》（HJ 784—2016）测定土壤和沉积物中的多环芳烃时，荧光检测器不适用于检测 16 种多环芳烃中的________和________。

答案：苊烯　　十氟联苯

2. 根据《土壤和沉积物　多环芳烃的测定　高效液相色谱法》（HJ 784—2016）测定土壤和沉积物中的多环芳烃时，分析校准过程中校准曲线的相关系数应≥________，否则需重新绘制校准曲线。

答案：0.995

3. 根据《土壤和沉积物　多环芳烃的测定　高效液相色谱法》（HJ 784—2016）测定土壤和沉积物中的多环芳烃时，土壤或沉积物样品如不能及时分析，应于________℃下冷藏、避光、密封保存，________d 内完成分析；净化后的待测试样如不能及时分析，应于________℃下冷藏、避光、密封保存，________d 内完成分析。

答案：4　　7　　4　　30

4. 根据《土壤和沉积物　多环芳烃的测定　高效液相色谱法》（HJ 784—2016）测定土壤和沉积物中的多环芳烃时，若使用加压流体提取目标物，则用________脱水。

答案：粒装硅藻土

5. 根据《土壤和沉积物　多环芳烃的测定　高效液相色谱法》（HJ 784—2016）测定土壤和沉积物中的多环芳烃时，采用索氏提取法提取目标物，丙酮 - 正己烷混合溶液中丙酮和正己烷按________的体积混合。

答案：1∶1

二、判断题

1. 根据《土壤和沉积物　多环芳烃的测定　高效液相色谱法》（HJ 784—2016）测定土壤和沉积物中的多环芳烃时，当测定结果≥10 μg/kg 时，保留 3 位有效数字；当测定结果＜10 μg/kg 时，保留至小数点后 1 位；苊烯保留整数位，最多保留 3 位有效数字。(　　)

答案：正确

2. 根据《土壤和沉积物　多环芳烃的测定　高效液相色谱法》（HJ 784—2016）测定土壤和沉积物中的多环芳烃时，色谱柱选用填料粒径 2.7 μm，柱长 15.0 cm，内径 4.6 mm 的 C_8 反相色谱柱。(　　)

答案：错误

正确答案为：选用填料粒径 5 μm，柱长 250 mm，内径 4.6 mm 的十八烷基硅烷键合硅胶柱或其他性能相近的色谱柱。

3. 根据《土壤和沉积物　多环芳烃的测定　高效液相色谱法》（HJ 784—2016）测定土壤和沉积物中的多环芳烃时，采用硅胶或硅酸镁固相萃取柱净化提取物的过程中，洗脱液浸满净化柱后应立即打开流速控制阀，收集全部洗脱液，经浓缩、定容后检测。（　　）

答案：错误

正确答案为：洗脱液浸满净化柱后关闭流速控制阀，浸润 5 min，再打开控制阀。

4. 根据《土壤和沉积物　多环芳烃的测定　高效液相色谱法》（HJ 784—2016）测定土壤和沉积物中的多环芳烃时，采用硅胶层析柱净化提取物，制备硅胶柱的玻璃棉在使用前应经马弗炉 450℃烘 4 h，冷却后置于磨口玻璃瓶中密封保存。（　　）

答案：错误

正确答案为：经马弗炉 400℃烘 1 h。

5. 根据《土壤和沉积物　多环芳烃的测定　高效液相色谱法》（HJ 784—2016）测定土壤和沉积物中的多环芳烃时，流动相为：乙腈：水 =6：4（*v/v*），并保持此梯度一直不变。（　　）

答案：错误

正确答案为：在洗脱 8 min 以后，以线性梯度上升，在第 8～18 min 内乙腈上升到 100%。

6. 根据《土壤和沉积物　多环芳烃的测定　高效液相色谱法》（HJ 784—2016）测定土壤和沉积物中的多环芳烃时，为达到最高灵敏度，提取物的体积应浓缩至约 1 mL。（　　）

答案：正确

7. 根据《土壤和沉积物　多环芳烃的测定　高效液相色谱法》（HJ 784—2016）测定土壤和沉积物中的多环芳烃时，在 HPLC 分析之前，应保证待测样的溶剂完全是乙腈。（　　）

答案：正确

8. 根据《土壤和沉积物　多环芳烃的测定　高效液相色谱法》（HJ 784—2016）测定土壤和沉积物中的多环芳烃时，每 20 个样品或每批次（少于 20 个样品 / 批）须做 1 个基体加标样，当十氟联苯的回收率为 50% 时，可以判定本组实验中十氟联苯的分析结果可信。（　　）

答案：错误

正确答案为：十氟联苯的回收率在 60%～120%。

9. 根据《土壤和沉积物　多环芳烃的测定　高效液相色谱法》（HJ 784—2016）测定土壤和沉积物中的多环芳烃时，初次使用仪器、仪器维修、更换色谱柱或连续校准不合格时，须重新绘制校准曲线。（　　）

答案：正确

三、选择题

1. 根据《土壤和沉积物　多环芳烃的测定　高效液相色谱法》（HJ 784—2016）测定土壤和沉积物中的多环芳烃时，采用硅胶或硅酸镁固相萃取柱净化提取物，先用________冲洗净化柱，再用________平衡净化柱。(　　)

A. 正己烷，乙腈　　B. 二氯甲烷，正己烷

C. 正己烷，二氯甲烷

答案：B

2. 根据《土壤和沉积物　多环芳烃的测定　高效液相色谱法》（HJ 784—2016）测定土壤和沉积物中的多环芳烃时，采用紫外检测器检测目标物，十氟联苯、苯并［*a*］芘、芘的保留时间由大到小依次为________。(　　)

A. 十氟联苯，苯并［*a*］芘，芘　　B. 苯并［*a*］芘，十氟联苯，芘

C. 芘，苯并［*a*］芘，十氟联苯

答案：B

3. 根据《土壤和沉积物　多环芳烃的测定　高效液相色谱法》（HJ 784—2016）测定土壤和沉积物中的多环芳烃时，采用硅胶层析柱净化提取液，用于洗脱目标物的二氯甲烷－正己烷混合溶液中二氯甲烷和正己烷按________的体积混合。(　　)

A. 2∶3　　B. 1∶9　　C. 1∶1

答案：A

4. 根据《土壤和沉积物　多环芳烃的测定　高效液相色谱法》（HJ 784—2016）测定土壤和沉积物中的多环芳烃时，为保证检测结果的可靠性，每 20 个样品或每批次（少于 20 个样品 / 批）须分析一个平行样，平行双样测定结果的相对偏差应≤________。(　　)

A. 20%　　B. 45%　　C. 30%

答案：C

5. 根据《土壤和沉积物　多环芳烃的测定　高效液相色谱法》（HJ 784—2016）测定土壤和沉积物中的多环芳烃时，当取样量为 10.0 g，定容体积为 1.0 mL 时，用紫外检测器测定 16 种目标物的方法检出限为________μg/kg；用荧光检测器测定 16 种目标物的方法检出限为________μg/kg。(　　)

A. 0.3～0.5，3～5　　B. 12～20，1.2～2.0

C. 3～5，0.3～0.5

答案：C

四、问答题

根据《土壤和沉积物　多环芳烃的测定　高效液相色谱法》（HJ 784—2016）测定土壤和沉积物中的多环芳烃时，若采用硅胶层析柱净化提取物，请简述硅胶层析柱的制备过程。

答案：在玻璃层析柱的底部加入玻璃棉，加入 10 mm 厚的无水硫酸钠，用少量二氯甲烷进行冲洗。玻璃层析柱上置一玻璃漏斗，加入二氯甲烷直至充满层析柱，漏

斗内存留部分二氯甲烷，称取约 10 g 硅胶经漏斗加入层析柱，以玻璃棒轻敲层析柱，除去气泡，使硅胶填实。放出二氯甲烷，在层析柱上部加入 10 mm 厚的无水硫酸钠。

五、计算题

根据《土壤和沉积物　多环芳烃的测定　高效液相色谱法》（HJ 784—2016）测定土壤和沉积物中的多环芳烃时，往空白样品基质中加入 50.0 μl 质量浓度为 40 μg/mL 的十氟联苯，样品经提取、净化、浓缩后定容至 1.0 mL 检测，得到标准系列中十氟联苯的峰面积与试样中十氟联苯的峰面积比值为 1.25，已知标准系列中十氟联苯的质量浓度为 2 μg/mL，试计算十氟联苯的回收率。

答案：十氟联苯的回收率$P=\dfrac{1\times2\times1}{1.25\times40\times50\times10^{-3}}\times100\%=80\%$

参考文献

环境保护部. 土壤和沉积物　多环芳烃的测定　高效液相色谱法：HJ 784—2016 [S]. 北京：中国环境出版社，2016.

命题：余晓玲　高　明

审核：乔支卫　夏　新

第四节　醛和酮类化合物

分类号：SO12-3

主要内容
《土壤和沉积物　醛、酮类化合物的测定　高效液相色谱法》（HJ 997—2018）

一、判断题

1. 根据《土壤和沉积物　醛、酮类化合物的测定　高效液相色谱法》（HJ 997—2018）测定土壤和沉积物中的醛、酮类化合物时，土壤和沉积物样品若不能及时分析，应于 4℃以下冷藏，7 d 内完成衍生及萃取，衍生化提取物在 7 d 内分析完毕。（　　）

答案：错误

正确答案为：应在 5 d 内完成衍生及萃取。

2. 根据《土壤和沉积物　醛、酮类化合物的测定　高效液相色谱法》（HJ 997—2018）测定土壤和沉积物中的醛、酮类化合物时，用铁铲或不锈钢勺将样品尽快采集至样品瓶中，并填满。（　　）

答案：正确

3. 根据《土壤和沉积物　醛、酮类化合物的测定　高效液相色谱法》（HJ 997—2018）测定土壤和沉积物中的醛、酮类化合物时，提取液用 0.22 μm 聚四氟乙烯膜过滤。

(　　)

答案：错误

正确答案为：用 0.45 μm 玻璃纤维滤膜过滤。

4. 根据《土壤和沉积物　醛、酮类化合物的测定　高效液相色谱法》(HJ 997—2018)测定土壤和沉积物中的醛、酮类化合物时，提取液衍生化过程中，可使用可控温超声清洗器或超声萃取仪代替恒温振荡器。(　　)

答案：正确

5. 根据《土壤和沉积物　醛、酮类化合物的测定　高效液相色谱法》(HJ 997—2018)测定土壤和沉积物中的醛、酮类化合物时，一定条件下，醛、酮类化合物与 DNPH 发生衍生化反应，生成稳定的腙类化合物。(　　)

答案：正确

6. 根据《土壤和沉积物　醛、酮类化合物的测定　高效液相色谱法》(HJ 997—2018)测定土壤和沉积物中的醛、酮类化合物时，绘制的标准曲线相关系数应≥0.995，否则需重新进行校准。(　　)

答案：错误

正确答案为：标准曲线相关系数应≥0.999。

7. 根据《土壤和沉积物　醛、酮类化合物的测定　高效液相色谱法》(HJ 997—2018)测定土壤和沉积物中的醛、酮类化合物时，为避免干扰检测，所用的玻璃器皿不得用甲醇或乙醇清洗。(　　)

答案：正确

二、选择题

1. 根据《土壤和沉积物　醛、酮类化合物的测定　高效液相色谱法》(HJ 997—2018)测定土壤和沉积物中的醛、酮类化合物时，用________振荡提取土壤和沉积物样品中的目标物。(　　)

A. 乙腈　　B. 甲醇　　C. 醋酸 - 醋酸钠

答案：C

2. 根据《土壤和沉积物　醛、酮类化合物的测定　高效液相色谱法》(HJ 997—2018)测定土壤和沉积物中的醛、酮类化合物时，提取液中醛、酮类化合物与 DNPH 发生衍生化反应的温度条件是________℃。(　　)

A. 40 ± 2　　B. 35 ± 2　　C. 30 ± 2

答案：A

3. 根据《土壤和沉积物　醛、酮类化合物的测定　高效液相色谱法》(HJ 997—2018)测定土壤和沉积物中的醛、酮类化合物时，为保证检测结果准确度，在进行加标回收时，醛类化合物回收率应在________，丙酮回收率应在________。(　　)

A. 45%～120%，40%～100%　　B. 40%～100%，45%～120%

C.50%～120%，40%～100%

答案：A

4. 根据《土壤和沉积物　醛、酮类化合物的测定　高效液相色谱法》(HJ 997—2018)

测定土壤和沉积物中的醛、酮类化合物时，当DNPH含有目标物时，需用________反复纯化。(　　)

A. 醋酸　　B. 乙腈　　C. 氯化钠

答案： B

5. 根据《土壤和沉积物　醛、酮类化合物的测定　高效液相色谱法》(HJ 997—2018)测定土壤和沉积物中的醛、酮类化合物时，醛、酮标准使用液在4℃以下可冷藏保存________。(　　)

A. 30 d　　B. 40 d　　C. 2个月

答案： C

参考文献

生态环境部. 土壤和沉积物　醛、酮类化合物的测定　高效液相色谱法：HJ 997—2018 [S]. 北京：中国环境出版集团，2018.

命题：余晓玲　张慧敏

审核：乔支卫　田志仁

第五节　苯氧羧酸类农药

分类号：SO12-4

主要内容
《土壤和沉积物　苯氧羧酸类农药的测定　高效液相色谱法》(HJ 1022—2019)

一、判断题

1. 根据《土壤和沉积物　苯氧羧酸类农药的测定　高效液相色谱法》(HJ 1022—2019)测定土壤和沉积物中的苯氧羧酸类农药时，提取液经固相萃取柱净化浓缩后，用具有荧光检测器的高效液相色谱进行分离测定。(　　)

答案： 错误

正确答案为： 用具有紫外检测器的高效液相色谱进行分离测定。

2. 根据《土壤和沉积物　苯氧羧酸类农药的测定　高效液相色谱法》(HJ 1022—2019)测定土壤和沉积物中的苯氧羧酸类农药时，苯氧羧酸类农药标准使用液用丙酮稀释定容至标线，于4℃以下冷藏、避光保存。(　　)

答案： 错误

正确答案为： 应用甲醇水溶液稀释定容至标线。

3. 根据《土壤和沉积物　苯氧羧酸类农药的测定　高效液相色谱法》(HJ 1022—2019)测定土壤和沉积物中的苯氧羧酸类农药时，氯磺隆对2,4-D的测定有干扰，可通过将梯度洗脱程序1 min前流动相A/B的比例调整为50/50，使氯磺隆与2,4-D的色谱峰达到基线分离以消除干扰。(　　)

答案：正确

4. 根据《土壤和沉积物　苯氧羧酸类农药的测定　高效液相色谱法》（HJ 1022—2019）测定土壤和沉积物中的苯氧羧酸类农药时，采样瓶应用 250 mL 具磨口塞细口棕色玻璃瓶或带聚四氟乙烯衬垫螺口棕色玻璃瓶。（　　）

答案：错误

正确答案为：采样瓶应用 250 mL 具磨口塞广口棕色玻璃瓶或带聚四氟乙烯衬垫螺口棕色玻璃瓶。

5. 根据《土壤和沉积物　苯氧羧酸类农药的测定　高效液相色谱法》（HJ 1022—2019）测定土壤和沉积物中的苯氧羧酸类农药时，校准曲线的相关系数≥0.995。（　　）

答案：错误

正确答案为：校准曲线的相关系数≥0.999。

6. 根据《土壤和沉积物　苯氧羧酸类农药的测定　高效液相色谱法》（HJ 1022—2019）测定土壤和沉积物中的苯氧羧酸类农药时，每 20 个样品或每批次（≤20 个样品 / 批）应测定一个基体加标，若基体加标回收率为 125%，是合格的。（　　）

答案：正确

7. 根据《土壤和沉积物　苯氧羧酸类农药的测定　高效液相色谱法》（HJ 1022—2019）测定土壤和沉积物中的苯氧羧酸类农药时，提取过程中，如果样品含水率较高，可视情况减少水的加入量。（　　）

答案：正确

8. 根据《土壤和沉积物　苯氧羧酸类农药的测定　高效液相色谱法》（HJ 1022—2019）测定土壤和沉积物中的苯氧羧酸类农药时，净化过程中，用甲酸和甲醇按比例混匀配制成的洗脱溶液活化净化柱，待填料将要暴露于空气之前须停止活化。（　　）

答案：错误

正确答案为：用 20 mL 甲酸、50 mL 甲醇和 950 mL 二氯甲烷混匀配制成的洗脱溶液活化净化柱。

二、选择题

1. 根据《土壤和沉积物　苯氧羧酸类农药的测定　高效液相色谱法》（HJ 1022—2019）测定土壤和沉积物中的苯氧羧酸类农药时，样品采集后，如暂不能分析，应________保存，保存时间为________。（　　）

A. 冷冻、避光，30 d　　B. 冷藏、避光，40 d

C. 冷冻、避光，40 d

答案：C

2. 根据《土壤和沉积物　苯氧羧酸类农药的测定　高效液相色谱法》（HJ 1022—2019）测定土壤和沉积物中的苯氧羧酸类农药时，待净化后的试样，经洗脱溶液洗涤、减压浓缩装置浓缩、氮吹仪吹干后，加入 1.00 mL 甲醇溶解，再加入 1.50 mL 水混匀，用________过滤，待测。（　　）

A. 0.22 μm 聚四氟乙烯滤膜　　B. 0.45 μm 聚四氟乙烯滤膜

C. 0.45 μm 玻璃纤维滤膜

答案： A

三、问答题

简述根据《土壤和沉积物　苯氧羧酸类农药的测定　高效液相色谱法》（HJ 1022—2019）测定土壤和沉积物中的苯氧羧酸类农药时，如何消除酚类化合物的干扰。

答案： 依次用 5 mL 甲醇和 5 mL 实验用水活化固相萃取柱，待填料将要暴露于空气前停止活化。将净化浓缩后的洗脱液用氮气吹干，再用 3 mL 水溶解，用 0.1 mol/L 的氢氧化钠溶液调节水溶物 pH 至中性。将水溶物以小于 3 mL/min 的流速通过活化后的固相萃取柱，再用 2 mL 水洗涤水溶物瓶，重复操作一次。待水溶物全部通过固相萃取柱后，继续抽吸 2 min 或用氮气吹扫，使固相萃取柱干燥。然后用 10 mL 甲醇洗脱，收集洗脱液，将洗脱液用氮吹仪浓缩至近干，用甲醇水溶液定容至 2.5 mL，用滤膜过滤后，按要求测定。

参考文献

生态环境部 . 土壤和沉积物　苯氧羧酸类农药的测定　高效液相色谱法：HJ 1022—2019 [S]. 北京：中国环境出版集团，2019.

命题：余晓玲　张慧敏

审核：乔支卫　田志仁

第六节　氨基甲酸酯类农药

分类号：SO12-5

主要内容
《土壤和沉积物　氨基甲酸酯类农药的测定　柱后衍生 - 高效液相色谱法》（HJ 960—2018）

一、判断题

1. 根据《土壤和沉积物　氨基甲酸酯类农药的测定　柱后衍生 - 高效液相色谱法》（HJ 960—2018）测定土壤和沉积物中氨基甲酸酯类农药时，经有机溶剂提取、衍生化、萃取、浓缩、定容、用液相色谱柱分离后，在碱性条件下水解生成甲胺。（　）

答案： 错误

正确答案为： 经有机溶剂提取、固相萃取柱净化、浓缩、定容、用液相色谱柱分离后，在碱性条件下水解生成甲胺。

2. 根据《土壤和沉积物　氨基甲酸酯类农药的测定　柱后衍生 - 高效液相色谱法》（HJ 960—2018）测定土壤和沉积物中氨基甲酸酯类农药时，具有相近保留时间的物

质对测定产生干扰，可通过改变流动相梯度洗脱程序、标准添加法、定量定性波长吸收比等方法消除干扰。(　　)

答案：正确

3. 根据《土壤和沉积物　氨基甲酸酯类农药的测定　柱后衍生－高效液相色谱法》（HJ 960—2018）测定土壤和沉积物中的氨基甲酸酯类农药时，色谱柱选用填料粒径为 5 μm，柱长为 25.0 cm，内径为 4.0 mm 的十八烷基硅烷键合硅胶柱（C_{18}）。(　　)

答案：错误

正确答案为：C_8 色谱柱或其他性能相近的色谱柱。

4. 根据《土壤和沉积物　氨基甲酸酯类农药的测定　柱后衍生－高效液相色谱法》（HJ 960—2018）测定土壤和沉积物中的氨基甲酸酯类农药时，经净化浓缩后，处理好的试样应于 -18℃以下冰箱冷冻保存，在 30 d 完成分析。(　　)

答案：正确

5. 根据《土壤和沉积物　氨基甲酸酯类农药的测定　柱后衍生－高效液相色谱法》（HJ 960—2018）测定土壤和沉积物中的氨基甲酸酯类农药时，样品先通过衍生化处理，再用液相色谱柱分离。(　　)

答案：错误

正确答案为：样品先用液相色谱柱分离后，再柱后衍生。

6. 根据《土壤和沉积物　氨基甲酸酯类农药的测定　柱后衍生－高效液相色谱法》（HJ 960—2018）测定土壤和沉积物中的氨基甲酸酯类农药时，高效液相色谱仪的检测器为紫外检测器。(　　)

答案：错误

正确答案为：高效液相色谱仪的检测器为荧光检测器。

7. 根据《土壤和沉积物　氨基甲酸酯类农药的测定　柱后衍生－高效液相色谱法》（HJ 960—2018）测定土壤和沉积物中的氨基甲酸酯类农药时，净化后浓缩，用氮吹浓缩仪将洗脱液 30℃以下浓缩至近干，用甲醇定容至 1.0 mL，过 0.45 μm 聚四氟乙烯滤膜过滤，待测。(　　)

答案：正确

二、选择题

1. 根据《土壤和沉积物　氨基甲酸酯类农药的测定　柱后衍生－高效液相色谱法》（HJ 960—2018）测定土壤和沉积物中的氨基甲酸酯类农药时，流动相 A 为________，流动相 B 为________。(　　)

A. 乙腈，水　　B. 水，乙腈　　C. 乙腈，磷酸水溶液

答案：A

2. 根据《土壤和沉积物　氨基甲酸酯类农药的测定　柱后衍生－高效液相色谱法》（HJ 960—2018）测定土壤和沉积物中的氨基甲酸酯类农药时，使用加压流体萃取法提取，应加入适量________，装入萃取池中。(　　)

A. 无水硫酸钠　　B. 亚硫酸钠　　C. 硅藻土

答案：C

3. 根据《土壤和沉积物　氨基甲酸酯类农药的测定　柱后衍生－高效液相色谱法》（HJ 960—2018）测定土壤和沉积物中的氨基甲酸酯类农药时，每分析 20 个样品或每批次进行 1 次连续校准，测定结果相对偏差应≤________，否则需重新建立标准曲线。（　）

A.15%　　B.20%　　C.30%

答案：B

4. 根据《土壤和沉积物　氨基甲酸酯类农药的测定　柱后衍生－高效液相色谱法》（HJ 960—2018）测定土壤和沉积物中的氨基甲酸酯类农药时，使用感量为________的分析天平。（　）

A.0.1 g　　B.0.01 g　　C.0.1 mg

答案：B

5. 根据《土壤和沉积物　氨基甲酸酯类农药的测定　柱后衍生－高效液相色谱法》（HJ 960—2018）测定土壤和沉积物中的氨基甲酸酯类农药时，固相萃取柱应选用________或其他性能相近的萃取柱。（　）

A. 石墨化炭黑 /N- 丙基乙二胺复合填料萃取柱（500 mg/6 mL）

B. 苯乙烯二乙烯苯 -N- 乙烯基吡咯烷酮聚合物（60 mg/3 mL）

C. 十八烷基硅烷键合硅胶柱（1 000 mg/6 mL）

答案：A

参考文献

生态环境部 . 土壤和沉积物　氨基甲酸酯类农药的测定　柱后衍生－高效液相色谱法：HJ 960—2018 [S]. 北京：中国环境出版集团，2018.

命题：张慧敏　余晓玲

审核：乔支卫　田志仁

第七节　三嗪类农药

分类号：SO12-6

主要内容
《土壤和沉积物　11 种三嗪类农药的测定　高效液相色谱法》（HJ 1052—2019）

一、判断题

1. 根据《土壤和沉积物　11 种三嗪类农药的测定　高效液相色谱法》（HJ 1052—2019）测定土壤和沉积物中的 11 种三嗪类农药时，多环芳烃、邻苯二甲酸酯类和酚类等有机化合物对测定可能产生干扰，可通过色谱分离或固相萃取净化等方式消除。（　）

答案：正确

2. 根据《土壤和沉积物 11 种三嗪类农药的测定 高效液相色谱法》（HJ 1052—2019）测定土壤和沉积物中的 11 种三嗪类农药时，使用索氏提取法提取，玻璃纤维套筒在使用前应置于马弗炉中 450℃烘烤 4 h，冷却后置于磨口玻璃瓶中密闭保存。（ ）

答案：正确

3. 根据《土壤和沉积物 11 种三嗪类农药的测定 高效液相色谱法》（HJ 1052—2019）测定土壤和沉积物中的 11 种三嗪类农药时，三嗪类农药标准使用液应于 4℃以下避光、冷藏，保存时间为 3 个月。（ ）

答案：错误

正确答案为：保存时间为 60 d。

4. 根据《土壤和沉积物 11 种三嗪类农药的测定 高效液相色谱法》（HJ 1052—2019）测定土壤和沉积物中的 11 种三嗪类农药时，阿特拉津的保留时间大于特丁津。（ ）

答案：错误

正确答案为：阿特拉津的保留时间小于特丁津。

5. 根据《土壤和沉积物 11 种三嗪类农药的测定 高效液相色谱法》（HJ 1052—2019）测定土壤和沉积物中的 11 种三嗪类农药时，若试样中目标化合物浓度超出标准曲线范围，样品需要用乙腈稀释后重新测定。（ ）

答案：错误

正确答案为：若试样中目标化合物浓度超出标准曲线范围，样品需要重新提取，分取适量提取液后再经过滤和脱水、浓缩、净化、浓缩定容重新处理后测定。

二、选择题

1. 根据《土壤和沉积物 11 种三嗪类农药的测定 高效液相色谱法》（HJ 1052—2019）测定土壤和沉积物中的 11 种三嗪类农药时，应采用________进行检测。（ ）

A. 紫外检测器　　B. 荧光检测器　　C. 电导检测器

答案：A

2. 根据《土壤和沉积物 11 种三嗪类农药的测定 高效液相色谱法》（HJ 1052—2019）测定土壤和沉积物中的 11 种三嗪类农药时，无水硫酸钠在使用前，应置于马弗炉中________，冷却后装入磨口玻璃瓶中密封，于干燥器中保存。（ ）

A. 400℃烘烤 4 h　　B. 450℃烘烤 4 h　　C. 400℃烘烤 2 h

答案：B

3. 根据《土壤和沉积物 11 种三嗪类农药的测定 高效液相色谱法》（HJ 1052—2019）测定土壤和沉积物中的 11 种三嗪类农药时，如暂不能分析，样品应于洁净的棕色玻璃瓶中保存，土壤样品应在 4℃以下冷藏、避光保存，保存时间为________，其中西玛津、西草净、阿特拉津、仲丁通、扑灭津和去草净保存时间为________；沉积物样品应冷冻、密封、避光保存，保存时间为________。（ ）

A. 15 d，5 d，8 d　　B. 5 d，15 d，8 d　　C. 15 d，7 d，5 d

答案：B

参考文献

生态环境部．土壤和沉积物　11 种三嗪类农药的测定　高效液相色谱法：HJ 1052—2019 [S]. 北京：中国环境出版集团，2019.

命题：张慧敏　余晓玲
审核：乔支卫　田志仁　夏　新

第八节　草甘膦

分类号：SO12-7

主要内容
《土壤和沉积物　草甘膦的测定　高效液相色谱法》（HJ 1055—2019）

一、判断题

1. 根据《土壤和沉积物　草甘膦的测定　高效液相色谱法》（HJ 1055—2019）测定土壤和沉积物中的草甘膦时，提取液在弱碱性条件下经正己烷萃取净化。（　　）

答案：正确

2. 根据《土壤和沉积物　草甘膦的测定　高效液相色谱法》（HJ 1055—2019）测定土壤和沉积物中的草甘膦时，取上清液用针式过滤器过滤，待净化。（　　）

答案：错误

　　正确答案为：取上清液用中速滤纸过滤，待净化。

3. 根据《土壤和沉积物　草甘膦的测定　高效液相色谱法》（HJ 1055—2019）测定土壤和沉积物中的草甘膦时，制备沉积物样品应先用高速离心机离心 10 min 去除间隙水后，在称取两份新鲜样品，一份样品用于测定含水率，另一份样品用于目标物草甘膦的测定。（　　）

答案：正确

4. 根据《土壤和沉积物　草甘膦的测定　高效液相色谱法》（HJ 1055—2019）测定土壤和沉积物中的草甘膦时，沉积物样品应在 7 d 内完成前处理。（　　）

答案：错误

　　正确答案为：沉积物样品应在 3 d 内完成前处理。

5. 根据《土壤和沉积物　草甘膦的测定　高效液相色谱法》（HJ 1055—2019）测定土壤和沉积物中的草甘膦时，提取液应先用盐酸溶液（1+1）调节 pH 大于 9。（　　）

答案：错误

　　正确答案为：调节 pH 至 9。

6. 根据《土壤和沉积物　草甘膦的测定　高效液相色谱法》（HJ 1055—2019）测定土壤和沉积物中的草甘膦时，样品中目标化合物的保留时间与期望保留时间（即标准溶液中的平均相对保留时间）的相对偏差应控制在 ±10% 以内。（　　）

答案： 错误

正确答案为： 应控制在 ±5% 以内。

二、选择题

1. 根据《土壤和沉积物　草甘膦的测定　高效液相色谱法》（HJ 1055—2019）测定土壤和沉积物中的草甘膦时，当取样量为 10 g（干重）时，最低检出限为________mg/kg，测定下限为________mg/kg。（　　）

A. 0.02，0.08　　B. 0.04 ，0.016　　C. 0.01，0.04

答案： A

2. 根据《土壤和沉积物　草甘膦的测定　高效液相色谱法》（HJ 1055—2019）测定土壤和沉积物中的草甘膦时，土壤样品采集后应储存在 4℃以下密封、避光的环境中，可保存________d。（　　）

A. 5　　B. 7　　C. 14

答案： B

3. 根据《土壤和沉积物　草甘膦的测定　高效液相色谱法》（HJ 1055—2019）测定土壤和沉积物中的草甘膦时，检测器激发波长为________nm，发射波长为________nm。（　　）

A. 264，301　　B. 254，264　　C. 254，301

答案： B

参考文献

生态环境部 . 土壤和沉积物　草甘膦的测定　高效液相色谱法：HJ 1055—2019 [S]. 北京：中国环境出版集团，2019.

命题：罗　鹏　田志仁

审核：张慧敏　乔支卫　夏　新

第十三章　液相色谱 - 质谱法

第一节　氨基甲酸酯类农药

分类号：SO13-1

主要内容
《土壤和沉积物　氨基甲酸酯类农药的测定　高效液相色谱 - 三重四极杆质谱法》（HJ 961—2018）

一、填空题

1. 根据《土壤和沉积物　氨基甲酸酯类农药的测定　高效液相色谱 - 三重四极杆质谱法》（HJ 961—2018）测定土壤和沉积物中的氨基甲酸酯类农药，土壤或沉积物中的氨基甲酸酯农药经________提取、________净化、________、________后，用高效液相色谱 - 三重四极杆质谱法测定。

答案：有机溶剂　　固相萃取柱　浓缩　定容

2. 根据《土壤和沉积物　氨基甲酸酯类农药的测定　高效液相色谱 - 三重四极杆质谱法》（HJ 961—2018）测定土壤和沉积物中的氨基甲酸酯类农药，具有相近保留时间及分子离子峰的物质对测定产生干扰，可通过________、________、________等方式消除干扰。

答案：改变流动相　改变定量离子对　采用高分辨质谱

3. 根据《土壤和沉积物　氨基甲酸酯类农药的测定　高效液相色谱 - 三重四极杆质谱法》（HJ 961—2018）测定土壤和沉积物中的氨基甲酸酯类农药，每 20 个样品或每批次（少于 20 个样品 / 批）至少分析 1 个基体加标样，加标回收率应在________。

答案：45%～160%

二、判断题

1. 根据《土壤和沉积物　氨基甲酸酯类农药的测定　高效液相色谱 - 三重四极杆质谱法》（HJ 961—2018）测定土壤和沉积物中的氨基甲酸酯类农药，提取时可采用加压流体萃取仪、索氏提取仪、自动索氏提取仪等仪器。（　　）

答案：正确

2. 根据《土壤和沉积物　氨基甲酸酯类农药的测定　高效液相色谱 - 三重四极杆质谱法》（HJ 961—2018）测定土壤和沉积物中的氨基甲酸酯类农药，使用的电喷雾源为负离子模式。（　　）

答案：错误

正确答案为：正离子模式。

3. 根据《土壤和沉积物　氨基甲酸酯类农药的测定　高效液相色谱－三重四极杆质谱法》（HJ 961—2018）测定土壤和沉积物中的氨基甲酸酯类农药时，可根据保留时间、特征离子定性，内标法定量。（　）

答案：正确

4. 根据《土壤和沉积物　氨基甲酸酯类农药的测定　高效液相色谱－三重四极杆质谱法》（HJ 961—2018）测定土壤和沉积物中的氨基甲酸酯类农药，处理好的试样应于 −4℃以下冰箱冷冻保存，在 30 d 内完成分析。（　）

答案：错误

正确答案为：−18℃以下。

三、选择题

1. 根据《土壤和沉积物　氨基甲酸酯类农药的测定　高效液相色谱－三重四极杆质谱法》（HJ 961—2018）测定土壤和沉积物中的氨基甲酸酯类农药，所使用的离子源为电喷雾源，简称为________。（　）

A. AJS　　B. APCI　　C. ESI　　D. APPI

答案：C

2. 根据《土壤和沉积物　氨基甲酸酯类农药的测定　高效液相色谱－三重四极杆质谱法》（HJ 961—2018）测定土壤和沉积物中的氨基甲酸酯类农药，使用保留时间定性分析，在相同的实验条件下，试样中目标物保留时间和标准溶液中目标物保留时间相比较，偏差应小于等于________。（　）

A. 0.1　　B. 0.15　　C. 0.2　　D. 0.3

答案：A

3. 根据《土壤和沉积物　氨基甲酸酯类农药的测定　高效液相色谱－三重四极杆质谱法》（HJ 961—2018）测定土壤和沉积物中的氨基甲酸酯类农药，目标物色谱峰的信噪比（S/N）应大于等于________。（　）

A. 1　　B. 2　　C. 3　　D. 4

答案：C

参考文献

生态环境部. 土壤和沉积物　氨基甲酸酯类农药的测定　高效液相色谱－三重四极杆质谱法：HJ 961—2018 [S]. 北京：中国环境出版集团，2018.

命题：严静娴　　陈　婷
审核：乔支卫　　田志仁　夏　新

第十四章　原子荧光分光光度法

第一节　基础知识

分类号：SO14-0

试题同“上册 W8-0”。

第二节　汞

分类号：SO14-1

主要内容
①《土壤质量　总汞、总砷、总铅的测定　原子荧光法　第 1 部分　土壤中总汞的测定》（GB/T 22105.1—2008）
②土壤、底质中汞的测定　冷原子荧光法《土壤元素的近代分析方法》

一、填空题

1. 用冷原子荧光法测定土壤或底质中汞时，样品用________混合酸在沸水浴中加热消解________h。②

答案：硝酸 - 盐酸　　1

2. 用冷原子荧光法测定土壤或底质中汞时，样品保存液的配制方法为：称取 0.5 g ________，用少量水溶解，加________50 mL，用水稀释至 1 000 mL，混匀。②

答案：重铬酸钾　　硝酸

二、判断题

1. 根据《土壤质量　总汞、总砷、总铅的测定　原子荧光法　第 1 部分　土壤中总汞的测定》（GB/T 22105.1—2008）测定土壤中的总汞时，汞的标准溶液需要现用现配。（　　）①

答案：错误

正确答案为：汞的标准溶液不需要现用现配，汞的工作溶液需要现用现配。

2. 根据《土壤质量　总汞、总砷、总铅的测定　原子荧光法　第 1 部分　土壤中总汞的测定》（GB/T 22105.1—2008）测定土壤中的总汞时，汞的标准工作溶液的浓度均为 100 μg/mL。（　　）①

答案：错误

正确答案为： 汞的标准工作溶液的浓度为 20.0 μg/mL。

3. 根据《土壤质量　总汞、总砷、总铅的测定　原子荧光法　第 1 部分　土壤中总汞的测定》（GB/T 22105.1—2008）测定土壤中的总汞时，样品消解完毕，通常要加保存液并以稀释液定容，以防止汞的损失。（　　）①

答案： 正确

4. 根据《土壤质量　总汞、总砷、总铅的测定　原子荧光法　第 1 部分　土壤中总汞的测定》（GB/T 22105.1—2008）测定土壤中的总汞时，所用保存液是重铬酸钾的硝酸溶液。（　　）①

答案： 正确

5. 用冷原子荧光法测定土壤中汞时，在酸性介质中能与汞反应的物质（如三价金离子、二价铂离子、四价碲离子、二价钯离子等）对汞的测定产生严重的负干扰。（　　）②

答案： 正确

6. 用冷原子荧光法测定土壤中汞时，若样品中汞含量太高，不能直接测量，可以用 2 mol/L 硝酸溶液适当稀释，使样品中汞含量保持在校准曲线的直线范围内。（　　）②

答案： 错误

正确答案为： 可以适当减少称样量，使样品中汞含量保持在校准曲线的直线范围内。

7. 冷原子荧光法测定汞的原理为：基态汞原子吸收波长为 253.7 nm 的紫外光激发而产生共振荧光，在一定的测量条件下和较宽的浓度范围内，荧光强度与汞浓度成正比。（　　）②

答案： 错误

正确答案为： 基态汞原子吸收波长为 253.7 nm 的紫外光激发而产生共振荧光，在一定的测量条件下和较低的浓度范围内，荧光强度与汞浓度成正比。

三、选择题

1. 根据《土壤质量　总汞、总砷、总铅的测定　原子荧光法　第 1 部分　土壤中总汞的测定》（GB/T 22105.1—2008）测定土壤中的总汞时，总汞的检出限为________mg/kg。（　　）①

A. 0.002　　　　B. 0.001　　　　C. 0.02

答案： A

2. 根据《土壤质量　总汞、总砷、总铅的测定　原子荧光法　第 1 部分　土壤中总汞的测定》（GB/T 22105.1—2008）测定土壤中的总汞时，样品试液宜尽早测定，一般情况下只允许保存________。（　　）①

A. 1～2 h　　　　B. 2～3 d　　　　C. 15 d

答案： B

3. 根据《土壤质量　总汞、总砷、总铅的测定　原子荧光法　第 1 部分　土壤中总汞的测定》（GB/T 22105.1—2008）测定土壤中的总汞时，在重复条件下，获得的两次独立测定结果的相对偏差不得超过________。（　　）①

A. 15%　　B. 12%　　C. 10%　　D. 7%

答案：B

4. 根据《土壤质量　总汞、总砷、总铅的测定　原子荧光法　第1部分　土壤中总汞的测定》（GB/T 22105.1—2008）测定土壤中的总汞时，所用的稀释液是重铬酸钾的________溶液。（　　）①

A. 硝酸　　B. 硫酸　　C. 水

答案：B

5. 用冷原子荧光法测定土壤中的汞时，样品消解完毕后，若不能立即分析，通常加入________，以防止汞的损失。（　　）②

A. 硫酸　　B. 保存液

C. 保存液和稀释液　　D. 重铬酸钾

答案：C

6. 用冷原子荧光法测定土壤中的汞时，一般情况下，消解完的样品只允许保存________d。（　　）②

A. 1～2　　B. 2～3　　C. 3～5

答案：B

7. 用冷原子荧光法测定土壤中的汞时，若样品中含有大量的有机物，可以适当________。（　　）②

A. 增加硝酸－盐酸混合酸的浓度和用量　　B. 对样品进行稀释

C. 减少取样量

答案：A

四、问答题

1. 根据《土壤质量　总汞、总砷、总铅的测定　原子荧光法　第1部分　土壤中总汞的测定》（GB/T 22105.1—2008）测定土壤中的总汞时，硝酸－盐酸消解体系的作用是什么？①

答案：硝酸－盐酸消解体系不仅由于氧化能力强使样品中大量有机物得以分解，同时也能提取各种无机形态的汞。而盐酸存在条件下，大量氯离子和汞离子作用形成稳定的络离子，可抑制汞的吸收和挥发。

2. 用冷原子荧光法测定土壤中汞中，样品消解时，如何防止汞以氯化物的形式挥发损失？②

答案：使用盐酸－硝酸混合试剂溶解样品，在沸水浴中消解，避免使用沸腾的王水。

3. 用冷原子荧光法测定土壤中汞时，如何避免“荧光淬灭”现象发生？②

答案：用惰性气体氩气或高纯氮气做载气通入荧光池中，操作时注意避免空气或水蒸气进入荧光池。

参考文献

[1] 中华人民共和国国家质量监督检验检疫总局，中国国家标准化管理委员会．土壤质量　总汞、总砷、总铅的测定　原子荧光法　第1部分　土壤中总汞的测定：GB/T 22105.1—2008 [S]. 北京：

中国环境科学出版社，2008.
[2] 中国环境监测总站．土壤元素的近代分析方法 [M]. 北京：中国环境科学出版社，1992.

命题：崔连喜　夏　新
审核：王　琳

第三节　砷

分类号：SO14–2

主要内容
①《土壤质量　总汞、总砷、总铅的测定　原子荧光法　第 2 部分：土壤中总砷的测定》（GB/T 22105.2—2008）
② 土壤中砷的测定　氢化物－非色散原子荧光法《土壤元素的近代分析方法》

一、填空题

1. 根据《土壤元素的近代分析方法》中氢化物－非色散原子荧光法测定土壤中的砷时，上机用样品溶液的制备方法为：取一定量消解液于 50 mL 比色管中，加 5 mL 盐酸，1.0 g________及 0.5 g________充分摇匀溶解，用水稀释至标线。②

答案：硫脲　　抗坏血酸

2. 根据《土壤元素的近代分析方法》中氢化物－非色散原子荧光法测定土壤中的砷时，土壤样品加入消解液后，盖上表面皿放置过夜，移到电热板上加热分解，当试液体积减少而且发黑时，再补加硝酸 2 mL，继续加热，提高温度至________℃，除去表面皿，蒸发除去全部高氯酸，残渣为________色。②

答案：200　　灰白

二、判断题

1. 根据《土壤质量　总汞、总砷、总铅的测定　原子荧光法　第 2 部分　土壤中总砷的测定》（GB/T 22105.2—2008），样品中砷经加热消解后，加入硫脲使五价砷还原为三价砷。（　　）①

答案：正确

2. 根据《土壤质量　总汞、总砷、总铅的测定　原子荧光法　第 2 部分　土壤中总砷的测定》（GB/T 22105.2—2008），所有试剂均为优级纯。（　　）①

答案：错误

正确答案为：有些为分析纯，如硫脲。

3. 根据《土壤质量　总汞、总砷、总铅的测定　原子荧光法　第 2 部分　土壤中总砷的测定》（GB/T 22105.2—2008），砷的标准工作溶液的浓度为 1.00 μg/mL。（　　）①

答案：正确

4. 土壤中的砷主要以 As（Ⅲ）和 As（Ⅴ）的形式存在，采用硝酸－高氯酸体系分解，

能破坏土壤中的有机物，使砷完全进入试液中，土壤中的大多数元素经分解后也会进入待测试液中。(　　)②

答案：正确

5. 根据《土壤元素的近代分析方法》中氢化物－非色散原子荧光法测定土壤中砷时，消解液中的三价金离子、二价钴离子、二价镍离子、二价铜离子、六价铬和二价汞离子对测定有干扰，加硫脲－盐酸混合溶液可消除。(　　)②

答案：错误

正确答案为：加入硫脲－抗坏血酸混合溶液可消除这些离子的干扰。

6. 根据《土壤质量　总汞、总砷、总铅的测定　原子荧光法　第 2 部分　土壤中总砷的测定》(GB/T 22105.2—2008) 测定土壤中的总砷时，5% 的硫脲和抗坏血酸溶液均需要现用现配。(　　)①

答案：正确

7. 根据《土壤质量　总汞、总砷、总铅的测定　原子荧光法　第 2 部分　土壤中总砷的测定》(GB/T 22105.2—2008) 测定土壤中的总砷时，采用王水、水浴消解 1 h。(　　)①

答案：错误

正确答案为：采用王水、水浴消解 2 h。

8. 根据《土壤质量　总汞、总砷、总铅的测定　原子荧光法　第 2 部分　土壤中总砷的测定》(GB/T 22105.2—2008) 测定土壤中的总砷时，校准曲线是减去标准空白后荧光强度对浓度绘制的校准曲线。(　　)①

答案：正确

三、选择题

1. 根据《土壤质量　总汞、总砷、总铅的测定　原子荧光法　第 2 部分　土壤中总砷的测定》(GB/T 22105.2—2008)，测定土壤中总砷的检出限为________mg/kg。(　　)①

A. 0.02　　B. 0.01　　C. 0.05

答案：B

2. 根据《土壤元素的近代分析方法》中氢化物－非色散原子荧光法测定土壤中的砷时，土壤样品经硝酸－高氯酸消解后，对消解液要进行预还原，预还原受酸度影响较大，盐酸酸度选择在________均可。(　　)②

A. 5%～10%　　B. 10%～20%　　C. 20%～30%

答案：B

3. 根据《土壤元素的近代分析方法》中氢化物－非色散原子荧光法测定土壤中的砷时，消解过程中应注意加热温度不宜过高，温度高于________℃时，试样中待测元素可能挥发损失，影响结果测定。(　　)②

A. 100　　B. 200　　C. 300　　D. 400

答案：C

四、问答题

1. 用氢化物－非色散原子荧光法测定土壤中砷时，样品用硝酸－高氯酸消解后为何加入硫脲和盐酸？②

答案： 土壤样品经硝酸－高氯酸消解后，砷一般以高价态［As（Ⅴ）］存在。因为只有低价砷［As（Ⅲ）］才能有效地生成砷化氢，所以要加入硫脲和盐酸进行预还原，将 As（Ⅴ）还原为 As（Ⅲ）。

2. 测定土壤中的砷有哪几种方法？（至少列出 3 种方法）②

答案： 二乙氨基二硫代甲酸银光度法、新银盐光度法、氢化物发生原子吸收光度法、氢化物－非色散原子荧光法（或原子荧光法）。

参考文献

[1] 中华人民共和国国家质量监督检验检疫总局，中国国家标准化管理委员会．土壤质量　总汞、总砷、总铅的测定　原子荧光法　第 2 部分：土壤中总砷的测定：GB/T 22105.2—2008 [S]. 北京：中国环境科学出版社，2008.

[2] 中国环境监测总站．土壤元素的近代分析方法 [M]. 北京：中国环境科学出版社，1992.

[3] 环境保护部．土壤和沉积物　汞、砷、硒、铋、锑的测定　微波消解 / 原子荧光法：HJ 680—2013 [S]. 北京：中国环境出版社，2013.

命题：崔连喜　王记鲁
审核：王　琳　夏　新

第四节　铅

分类号：SO14-3

主要内容
《土壤质量　总汞、总砷、总铅的测定　原子荧光法　第 3 部分：土壤中总铅的测定》（GB/T 22105.3—2008）

一、判断题

1. 根据《土壤质量　总汞、总砷、总铅的测定　原子荧光法　第 3 部分：土壤中总铅的测定》（GB/T 22105.3—2008）测定土壤中的总铅时，制备好的样品试液应放置 30 min 后再测定，但标准系列不需要同样的放置时间。（　　）

答案： 错误

正确答案为： 标准系列也需要同样放置 30 min。

2. 根据《土壤质量　总汞、总砷、总铅的测定　原子荧光法　第 3 部分：土壤中总铅的测定》（GB/T 22105.3—2008）测定土壤中的总铅时，对测定溶液中盐酸的浓度要求比较严格，盐酸浓度应控制在 0.10～0.20 mol/L 的范围内。（　　）

答案： 错误

正确答案为：盐酸浓度应控制在 0.18～0.24 mol/L 的范围内。

二、选择题

1. 根据《土壤质量　总汞、总砷、总铅的测定　原子荧光法　第 3 部分：土壤中总铅的测定》（GB/T 22105.3—2008），测定土壤中的总铅的检出限为________mg/kg。（　　）
   A. 0.1　　B. 0.06　　C. 0.05　　D. 0.01

答案：C

2. 根据《土壤质量　总汞、总砷、总铅的测定　原子荧光法　第 3 部分：土壤中总铅的测定》（GB/T 22105.3—2008）测定土壤中的总铅时，采用的混酸消解体系为________。（　　）
   A. 盐酸—硝酸—H_2O_2—高氯酸　　B. 盐酸—硝酸—氢氟酸—高氯酸
   C. 盐酸—硝酸—高氯酸　　D. 硝酸—氢氟酸—高氯酸

答案：B

3. 根据《土壤质量　总汞、总砷、总铅的测定　原子荧光法　第 3 部分：土壤中总铅的测定》（GB/T 22105.3—2008）测定土壤中总铅时，制备好的样品试液应放置 30 min 后再测定，这是因为________。（　　）
   A. 保证静止足够长的时间　　B. 保证取到上清液
   C. 保证试液中二价铅全部被氧化为四价铅　　D. 保证样品冷却至室温

答案：C

参考文献

中华人民共和国国家质量监督检验检疫总局，中国国家标准化管理委员会 . 土壤质量　总汞、总砷、总铅的测定　原子荧光法　第 3 部分：土壤中总铅的测定：GB/T 22105.3—2008 [S]. 北京：中国环境科学出版社，2008.

命题：王　琳
审核：时庭锐　夏　新

第五节　锑

分类号：SO14-4

主要内容
锑　氢化物发生－原子荧光法《全国土壤污染状况调查样品分析测试技术规定》

一、判断题

1. 根据《全国土壤污染状况调查样品分析测试技术规定》中氢化物发生－原子荧光法测定土壤中的锑时，预还原剂中的硫脲作为掩蔽剂可消除一些离子的干扰。（　　）

答案：正确

2. 根据《全国土壤污染状况调查样品分析测试技术规定》中氢化物发生－原子荧光法

测定土壤中的锑时，所用硼氢化钠溶液不需要现用现配。(　　)

答案： 错误

正确答案为： 需要用时现配。

3. 根据《全国土壤污染状况调查样品分析测试技术规定》中氢化物发生－原子荧光法测定土壤中的锑时，预还原剂是由硫脲、碘化钾和盐酸组成。(　　)

答案： 错误

正确答案为： 硫脲、碘化钾和抗坏血酸组成。

4. 根据《全国土壤污染状况调查样品分析测试技术规定》中氢化物发生－原子荧光法测定土壤中的锑时，所用载气为氦气。(　　)

答案： 错误

正确答案为： 所用载气为氩气。

5. 根据《全国土壤污染状况调查样品分析测试技术规定》中氢化物发生－原子荧光法测定土壤中的锑时，锑的标准贮备液是由一定量的酒石酸锑钾和一定体积的盐酸混合制备而成的。(　　)

答案： 正确

二、选择题

1. 根据《全国土壤污染状况调查样品分析测试技术规定》中采用在线微型氢化物发生器原子荧光直接测定环境样品中痕量锑的方法，最低检出限是________ng/mL。(　　)

A. 0.084　　B. 0.065　　C. 0.056

答案： A

2. 根据《全国土壤污染状况调查样品分析测试技术规定》中氢化物发生－原子荧光法测定土壤中的锑时，以下几种元素对锑的测定干扰最大的是________。(　　)

A. As　　B. Se　　C. Hg

答案： A

3. 根据《全国土壤污染状况调查样品分析测试技术规定》中氢化物发生－原子荧光法测定土壤中的锑时，所用的混酸中，硝酸、硫酸和高氯酸的体积比是________。(　　)

A. 20：10：5　　B. 30：5：3　　C. 25：10：5

答案： B

4. 根据《全国土壤污染状况调查样品分析测试技术规定》，以下不属于氢化发生原子荧光直接测定痕量锑特点的是________。(　　)

A. 低耗能　　B. 灵敏度高　　C. 稳定性差

答案： C

5. 根据《全国土壤污染状况调查样品分析测试技术规定》中氢化物发生－原子荧光法测定土壤中的锑时，配制锑的校准曲线过程中，定容完成后需要放置________min才能测定。(　　)

A. 20　　B. 25　　C. 30

答案： C

参考文献

国家环境保护总局．全国土壤污染状况调查样品分析测试技术规定 [M]. 北京：中国环境出版社，2006.

命题：崔连喜　王　琳
审核：时庭锐　夏　新

第六节　汞、砷、硒、铋、锑

分类号：SO14-5

主要内容
《土壤和沉积物　汞、砷、硒、锑和铋的测定　微波消解 / 原子荧光法》（HJ 680—2013）

一、填空题

1. 根据《土壤和沉积物　汞、砷、硒、锑和铋的测定　微波消解 / 原子荧光法》（HJ 680—2013），当取样量为 0.5 g 时，本方法汞的检出限为________ mg/kg，测定砷、硒、锑和铋的检出限为________ mg/kg。

答案： 0.002　　0.01

2. 根据《土壤和沉积物　汞、砷、硒、铋、锑的测定　微波消解 / 原子荧光法》（HJ 680—2013）测定土壤和沉积物中的砷时，样品微波消解结束并转移至 50.0 mL 容量瓶并定容后，继续分取 10.0 mL 试液置于 50 mL 容量瓶中，再加入盐酸和硫脲和抗坏血酸混合溶液，混匀后室温放置________min，然后定容至标线。

答案： 30

二、判断题

1. 根据《土壤和沉积物　汞、砷、硒、锑和铋的测定　微波消解 / 原子荧光法》（HJ 680—2013），取风干、过筛的土壤样品，用少量水润湿，在通风橱中，先加入 3 mL 浓 HCl，然后加入 1 mL 浓 HNO_3，混匀使样品与消解液充分接触。（　　）

答案： 错误

　　正确答案为： 应该先加入 6 mL 浓 HCl，后加入 2 mL 浓 HNO_3 。

2. 根据《土壤和沉积物　汞、砷、硒、锑和铋的测定　微波消解 / 原子荧光法》（HJ 680—2013），消解罐的日常清洗和维护需要先进行一次空白消解，加入 6 mL 浓 HNO_3+2 mL 浓 HCl，除去内衬管和密封盖上的残留。（　　）

答案： 错误

　　正确答案为： 应该加入 6 mL 浓 HCl+2 mL 浓 HNO_3。

3. 根据《土壤和沉积物　汞、砷、硒、铋、锑的测定　微波消解 / 原子荧光法》（HJ 680—2013）测定土壤和沉积物中的砷时，校准曲线的相关系数应不小于 0.995。（　　）

答案： 错误

正确答案为：校准曲线的相关系数应不小于 0.999。

4. 根据《土壤和沉积物　汞、砷、硒、锑和铋的测定　微波消解/原子荧光法》（HJ 680—2013），测定过程中酸性介质能与硼氢化钾反应生成氢化物的元素会相互影响产生干扰，加入硫脲－抗坏血酸溶液可以基本消除干扰。（　　）

答案：正确

三、计算题

已知某沉积物质量为 m 0.204 5 g，沉积物的水分 f 3.4%，微波消解后定容到 V_0 50 mL，分取 V_1 10.0 mL 消解液定容至 V_2 50.0 mL。由标准曲线查得测试汞的浓度为 ρ 3.63 μg/L，空白溶液中汞的浓度为 ρ_0 0.13 μg/L，试求该沉积物的汞的含量。

答案：

$$\omega=\frac{(\rho-\rho_0)\times V_0\times V_2}{m\times(1-f)\times V_1}\times10^{-3}=\frac{(3.63-0.13)\times50\times50}{0.204\,5\times(1-0.034)\times10}\times10^{-3}=4.43\ (\text{mg/kg})$$

参考文献

环境保护部. 土壤和沉积物　汞、砷、硒、锑和铋的测定　微波消解/原子荧光法：HJ 680—2013 [S]. 北京：中国环境出版社，2013.

命题：李　欣　王　鑫

审核：田志仁　邹家素　王　琳

第七节　硒

分类号：SO14-6

主要内容
①《土壤中全硒的测定　原子荧光法》（NY/T 1104—2006）
② 硒的测定　原子荧光法《土壤元素的近代分析方法》

一、判断题

1. 根据《土壤中全硒的测定　原子荧光法》（NY/T 1104—2006）和《土壤元素的近代分析方法》中原子荧光法测定土壤中的硒时，硼氢化钠或硼氢化钾起到了还原剂的作用。（　　）①②

答案：正确

2. 根据《土壤元素的近代分析方法》中原子荧光法测定土壤中的硒时，土样消解可用 HNO_3-H_2SO_4 或 HNO_3-$HClO_4$，一般以 HNO_3-$HClO_4$ 更好。（　　）②

答案：正确

3. 根据《土壤元素的近代分析方法》中原子荧光法测定土壤中的硒时，硒标准操作溶液必须在冰箱内保存。（　　）②

答案：错误

正确答案为：可在室温或冰箱内保存。

4. 根据《土壤中全硒的测定　原子荧光法》（NY/T 1104—2006）和《土壤元素的近代分析方法》中原子荧光法测定土壤中的硒，进行前处理时，土壤样品需先经硝酸-高氯酸混合酸液消化，最主要作用是使土溶解。（　　）①②

答案：错误

正确答案为：主要作用是将四价以下的无机和有机硒氧化成四价。

5. 根据《土壤中全硒的测定　原子荧光法》（NY/T 1104—2006），氢化物发生-原子荧光光谱法测定硒所用的酸均为优级纯。（　　）①

答案：正确

6. 根据《土壤中全硒的测定　原子荧光法》（NY/T 1104—2006）测定土壤中的硒时，取风干后的土壤样品，用四分法法分取适量样品后，全部粉碎，过 0.149 mm 孔径筛，混匀后用磨口瓶或塑料袋装，作为测定全硒的待测样品。（　　）①

答案：正确

二、选择题

1. 根据《土壤中全硒的测定　原子荧光法》（NY/T 1104—2006）中硒的测定，氢化物发生-原子荧光光谱法测定硒的最低检出限为________。（　　）①

A. 1.0 ng　　B. 0.1 ng　　C. 10 ng

答案：A

2. 根据《土壤元素的近代分析方法》中原子荧光法测定土壤中的硒，样品消解时，若加热温度过高或时间过长会造成硒的测量结果________。（　　）②

A. 偏高　　B. 不变　　C. 偏低

答案：C

3. 根据《土壤中全硒的测定　原子荧光法》（NY/T 1104—2006），使用氢化物发生-原子荧光光谱法测定硒所用的载气为________。（　　）①

A. 氮气　　B. 氦气　　C. 氩气

答案：C

4. 根据《土壤中全硒的测定　原子荧光法》（NY/T 1104—2006）和《土壤元素的近代分析方法》，使用氢化物发生-原子荧光光谱法测定硒，硼氢化钾的作用是________。（　　）①②

A. 还原剂　　B. 固定剂　　C. 氧化剂

答案：A

5. 根据《土壤中全硒的测定　原子荧光法》（NY/T 1104—2006）和《土壤元素的近代分析方法》中原子荧光法，配制硼氢化钾载流溶液时，放置氢氧化钠和硼氢化钾的顺序是________。（　　）①②

A. 同时加入　　B. 先加氢氧化钠　　C. 先加硼氢化钾

答案：B

三、问答题

根据《土壤中全硒的测定　原子荧光法》（NY/T 1104—2006），氢化物发生－原子荧光光谱法测定硒的原理是什么？①

答案：用硼氢化钠或硼氢化钾做还原剂，将四价硒还原成硒化氢，由载气带入原子化器中进行原子化，在硒特制空心阴极灯照射下，基态硒原子被激发成高能态，在去活化回到基态时，发射出特征波长的荧光，其荧光强度与硒含量成正比。

参考文献

[1] 中华人民共和国农业部 . 土壤中全硒的测定原子荧光法：NY/T 1104—2006 [S]. 北京：中国标准出版社，2006.

[2] 中国环境监测总站 . 土壤元素的近代分析方法 [M]. 北京：中国环境科学出版社，1992.

命题：崔连喜　姜晓旭

审核：李　欣　王　琳

第十五章　冷原子吸收分光光度法测定汞

分类号：SO15

主要内容
《土壤质量　总汞的测定　冷原子吸收分光光度法》（GB/T 17136—1997）

一、填空题

1. 根据《土壤质量　总汞的测定　冷原子吸收分光光度法》（GB/T 17136—1997），用硫酸－硝酸－高锰酸钾消解法消解土壤样品时，若样品中含有机质较多，可预先加________加热回流消解，然后加________和高锰酸钾溶液继续消解。

答案：硝酸　　硫酸

2. 根据《土壤质量　总汞的测定　冷原子吸收分光光度法》（GB/T 17136—1997），制备无汞蒸馏水时，可将蒸馏水用优级纯________酸化至 pH=________，然后再进行出汞处理。

答案：盐酸　　3

二、判断题

1. 根据《土壤质量　总汞的测定　冷原子吸收分光光度法》（GB/T 17136—1997）测定土壤中的总汞时，硫酸－硝酸－高锰酸钾消解法和硝酸－硫酸－五氧化二钒消解法都可以用于样品消解。（　　）

答案：正确

2. 根据《土壤质量　总汞的测定　冷原子吸收分光光度法》（GB/T 17136—1997）测定土壤中总汞的含量时，应同时测定土壤样品的水分含量，并纳入样品总汞含量的计算。（　　）

答案：正确

3. 根据《土壤质量　总汞的测定　冷原子吸收分光光度法》（GB/T 17136—1997），应称取烘干的土壤样品进行汞的测定。（　　）

答案：错误

　　正确答案为：测定土壤中的汞时，应称取风干或冷冻干燥的样品测定。

4. 根据《土壤质量　总汞的测定　冷原子吸收分光光度法》（GB/T 17136—1997）测定土壤中的总汞时，样品中的挥发性有机物会对测定产生干扰，应消解予以除去。（　　）

答案：正确

5. 二次重蒸水或电渗析去离子水可作为无汞蒸馏水使用。（　　）

答案：正确

6. 用于制备无汞蒸馏水的巯基棉纤维应于棕色广口磨口瓶中常温保存。(　　)

答案：错误

正确答案为：应避光、低温保存。

7. 当取样量按 2 g 计算时,《土壤质量　总汞的测定　冷原子吸收分光光度法》(GB/T 17136—1997)的最低检出限为 0.5 mg/kg。(　　)

答案：错误

正确答案为：方法的最低检出限为 0.005 mg/kg。

8. 根据《土壤质量　总汞的测定　冷原子吸收分光光度法》(GB/T 17136—1997)测定土壤中的总汞时，水蒸气在 253.7 nm 处有吸收而产生干扰，可用无水氯化钙、过氯酸镁除去。(　　)

答案：正确

9. 根据《土壤质量　总汞的测定　冷原子吸收分光光度法》(GB/T 17136—1997)测定土壤中的总汞时，氯化亚锡的作用是还原过剩的氧化剂，盐酸羟胺溶液的作用是将汞离子还原成汞原子。(　　)

答案：错误

正确答案为：盐酸羟胺溶液的作用是还原过剩的氧化剂，氯化亚锡的作用是将汞离子还原成汞原子。

10. 根据《土壤质量　总汞的测定　冷原子吸收分光光度法》(GB/T 17136—1997)测定土壤中的总汞时，氯化亚锡溶液的配制过程中可通过通入氮气鼓泡来消除汞的干扰。(　　)

答案：正确

11. 根据《土壤质量　总汞的测定　冷原子吸收分光光度法》(GB/T 17136—1997)测定土壤中的总汞时，经碘处理的活性炭的制作方法为：按重量取 2 份碘，1 份碘化钾和 20 份蒸馏水在玻璃烧杯中配制成溶液，然后加入约 10 份柱状活性炭。(　　)

答案：错误

正确答案为：按重量取 1 份碘，2 份碘化钾和 20 份蒸馏水在玻璃烧杯中配制成溶液。

三、选择题

1. 根据《土壤质量　总汞的测定　冷原子吸收分光光度法》(GB/T 17136—1997)测定土壤中的总汞时，土壤样品采集后用四分法缩分，取样量一般不少于________g。(　　)

A. 300　　B. 400　　C. 500

答案：C

2. 根据《土壤质量　总汞的测定　冷原子吸收分光光度法》(GB/T 17136—1997)测定土壤中的总汞时，样品的消解加热方式为________加热。(　　)

A. 水浴　　B. 电热板　　C. A、B 均可

答案：B

3. 冷原子吸收分光光度法测定固体废物和土壤样品中总汞含量时，应考虑样品

________对其测定结果的影响。(　　)

A. 粒径　　B. 酸度　　C. 含水率

答案：C

4. 根据《土壤质量　总汞的测定　冷原子吸收分光光度法》(GB/T 17136—1997)测定土壤中的总汞时，应对使用的盐酸羟胺溶液进行提纯。当汞含量较高时，可采用________除汞。(　　)

A. 萃取法　　B. 巯基棉纤维管除汞法

C. 先用萃取法除掉大量汞后再用巯基棉纤维管法

答案：C

5. 根据《土壤质量　总汞的测定　冷原子吸收分光光度法》(GB/T 17136—1997)测定土壤中的总汞时，土壤样品最终通过________目的尼龙筛，混匀后备用。(　　)

A. 100　　B. 60　　C. 20

答案：A

四、问答题

根据《土壤质量　总汞的测定　冷原子吸收分光光度法》(GB/T 17136—1997)，在采用硝酸–硫酸–五氧化二钒消解法消解土壤样品时，消解完全的土壤样品应呈什么颜色？如不符合要求应如何处理？

答案：浅灰白色，如色深应适当补加硝酸再进行分解。

参考文献

国家环境保护局，国家技术监督局. 土壤质量　总汞的测定　冷原子吸收分光光度法：GB/T 17136—1997 [S]. 北京：中国环境科学出版社，1997.

命题：曹　阳　李旭冉　王　琳

审核：李旭冉　史　箴　杨　楠　夏　新

第十六章　红外分光光度法

第一节　石油类

分类号：SO16-1

主要内容
石油类　红外分光光度法《全国土壤污染状况调查样品分析测试技术规定》

一、填空题

1. 根据《全国土壤污染状况调查样品分析测试技术规定》中红外分光光度法测定土壤样品中的石油类时，热的氢氧化钾－乙醇溶液能使土壤氯仿提取物中的________、________和________等皂化。

答案：有机酸　　腐质酸　　油脂

2. 测定土壤中的油类非皂化物时，可用________法、________法和________法。

答案：重量　　非分散红外光度　　红外分光光度

3. 根据《全国土壤污染状况调查样品分析测试技术规定》中红外分光光度法测定土壤样品中的石油类时，土壤氯仿提取物通常在________℃水浴上进行水解皂化，皂化时间为________h。

答案：65～75　　1

4. 根据《全国土壤污染状况调查样品分析测试技术规定》中红外分光光度法测定土壤中的石油类时，能够吸附土壤氯仿提取物的油类非皂化物中芳烃（动植物油）的有________、________和________等。

答案：氧化铝　　硅胶　　硅酸镁

5. 根据《全国土壤污染状况调查样品分析测试技术规定》中红外分光光度法测定土壤中的石油类的标准油品为：________或________。

答案：15# 机油　　20# 重柴油

二、判断题

1. 根据《全国土壤污染状况调查样品分析测试技术规定》中红外分光光度法测定土壤样品中的石油类时，用氯仿提取土壤中石油类时，无须控制温度。(　　)

答案：错误

正确答案为：加入氯仿放置过夜后，应将锥形瓶置于50～55℃水浴上热浸1 h。

2. 根据《全国土壤污染状况调查样品分析测试技术规定》中红外分光光度法测定土壤

样品中的石油类时，需应用配有适当光程的带盖玻璃比色皿。（ ）

答案：错误

正确答案为：需应用配有适当光程的带盖石英比色皿。

3. 根据《全国土壤污染状况调查样品分析测试技术规定》四种红外分光光度法测定土壤样品中的石油类时，浸提时间对土壤中石油类的提取效率影响较大。（ ）

答案：正确

4. 根据《全国土壤污染状况调查样品分析测试技术规定》中红外分光光度法测定土壤样品中的石油类时，收集土壤的氯仿提取物和非皂化物的烧杯都需事先恒重。（ ）

答案：错误

正确答案为：测定氯仿提取物的重量和用重量法测定非皂化物的重量时，收集用的烧杯需事先烘干称重。

5. 根据《全国土壤污染状况调查样品分析测试技术规定》中红外分光光度法测定土壤样品中的石油类时，受石油污染的土壤（或底质）常用氯仿提取，挥发去氯仿，于60℃恒重后即为氯仿提取物，能反映有机污染状况。（ ）

答案：正确

6. 根据《全国土壤污染状况调查样品分析测试技术规定》中红外分光光度法测定土壤样品中的石油类时，向土壤（或底质）的氯仿提取物中加入石油醚萃取，其非皂化物进入氯仿层，如果需测定非皂化物总量，则赶去氯仿称重。（ ）

答案：错误

正确答案为：非皂化物进入石油醚层，如果需测定非皂化物总量，则赶去石油醚后称重。

7. 根据《全国土壤污染状况调查样品分析测试技术规定》中红外分光光度法测定土壤样品中的石油类时，重量法测定氯仿提取物和非皂化物总量的过程中，要求置含待测物烧杯于60～70℃的烘箱中4 h后称重，是为了充分干燥。（ ）

答案：正确

8. 根据《全国土壤污染状况调查样品分析测试技术规定》中红外分光光度法测定土壤样品中的石油类时，所选用硅酸镁的规格严格控制在20～60目。（ ）

答案：错误

正确答案为：选用硅酸镁的规格严格控制在60～100目。

9. 根据《全国土壤污染状况调查样品分析测试技术规定》中红外分光光度法测定土壤中的石油类时，一般选用装有硅酸镁的玻璃层析柱吸附净化样品，当样品数较大时，也可有条件的选择振荡吸附法。（ ）

答案：正确

10. 根据《全国土壤污染状况调查样品分析测试技术规定》中红外分光光度法测定土壤中的石油类时，为了提高测定结果的精确度，减少实验误差，样品经硅酸镁过滤后的滤出液，应弃去前约5 mL再进行收集。（ ）

答案：正确

11. 根据《全国土壤污染状况调查样品分析测试技术规定》中红外分光度法测定土壤中的石油类，当萃取液中石油类正构烷烃、异构烷烃和芳香烃的比例含量与标准油差

别较大时，分散红外分光光度法误差也较大，需采用非红外分光光度法进行测定。(　　)

答案： 错误

正确答案为： 非分散红外分光光度法误差也较大，需采用红外分光光度法进行测定。

三、选择题

1. 根据《全国土壤污染状况调查样品分析测试技术规定》中红外分光光度法测定土壤中的石油类时，测定土壤中的氯仿总萃取物用________测定。(　　)

A. 重量法　　B. 红外法　　C. 紫外法　　D. 非分散红外法

答案： A

2. 根据《全国土壤污染状况调查样品分析测试技术规定》中红外分光光度法测定土壤样品中的石油类时，用于测定石油类的土壤样品粒径不大于________mm。(　　)

A. 0.3　　B. 0.25　　C. 0.4　　D. 0.35

答案： B

3. 根据《全国土壤污染状况调查样品分析测试技术规定》中红外分光光度法测定土壤样品中的石油类时，土壤中的油类非皂化物用________提取。(　　)

A. 三氯甲烷　　B. 石油醚　　C. 苯　　D. 四氯化碳

答案： B

4. 根据《全国土壤污染状况调查样品分析测试技术规定》中红外分光光度法测定土壤样品中的石油类时，溶剂介质为________。(　　)

A. 三氯甲烷　　B. 石油醚　　C. 苯　　D. 四氯化碳

答案： D

5. 根据《全国土壤污染状况调查样品分析测试技术规定》中红外分光光度法测定土壤样品中的石油类时，使用________。(　　)

A. 风干土样　　B. 烘干土样　　C. 新鲜土样

答案： A

6. 根据《全国土壤污染状况调查样品分析测试技术规定》中红外分光光度法测定土壤样品中的石油类，此时定义的石油类在波数为 2 930 cm^{-1}、2 960 cm^{-1} 和________cm^{-1} 全部或部分谱带处有特征吸附的物质。(　　)

A. 3 600　　B. 3 300　　C. 3 030

答案： C

7. 根据《全国土壤污染状况调查样品分析测试技术规定》中红外分光光度法测定土壤样品中的石油类，是通过测定________在红外光谱下的特征吸收峰而实现的。(　　)

A. 氯仿提取物　　B. 氢氧化钠－热乙醇皂化液　　C. 石油醚萃取物

答案： C

8. 根据《全国土壤污染状况调查样品分析测试技术规定》中红外分光光度法测定土壤样品中的石油类时，试样的吸附净化处理过程有吸附柱法和________两种方法可供

选择。( )

A. 真空抽滤法 B. 索氏提取法 C. 振荡吸附法

答案：C

9. 根据《全国土壤污染状况调查样品分析测试技术规定》中红外分光光度法测定土壤样品中的石油类，所选用的玻璃棉需在________溶剂中浸泡后方可使用。( )

A. 氯仿 B. 四氯化碳 C. 石油醚

答案：B

四、问答题

1. 根据《全国土壤污染状况调查样品分析测试技术规定》中红外分光光度法测定土壤样品中的石油类时，为什么浓缩土壤的氯仿萃取物需在 55～58℃水浴上进行?

答案：氯仿的沸点为 61.1℃，为控制浓缩速度，保证质量，需控制在此温度。

2. 根据《全国土壤污染状况调查样品分析测试技术规定》中红外分光光度法测定土壤样品中的石油类时，为什么在浓缩土壤的氯仿萃取物和石油醚提取物时要通氮气或空气?

答案：为了加快浓缩速度。

参考文献

[1] 国家环境保护总局 . 全国土壤污染状况调查样品分析测试技术规定 [S]. 北京：中国环境出版社，2006.

[2]《环境监测分析方法》编写组 . 环境监测分析方法 [M]. 北京：中国环境出版社，1983.

命题：李旭冉 史 箴

审核：王 琳 封 雪 夏 新

第十七章　波长色散 X 射线荧光光谱法

第一节　无机元素

分类号：SO17-1

主要内容
《土壤和沉积物　无机元素的测定　波长色散 X 射线荧光光谱法》（HJ 780—2015）

一、选择题

1. 根据《土壤和沉积物　无机元素的测定　波长色散 X 射线荧光光谱法》（HJ 780—2015）测定土壤和沉积物中的无机元素时，其中的 X 射线是波长范围为________Å 的一种电磁辐射。（　　）

A. 0.1～100　　B. 1～100　　C. 0.1～10　　D. 0.01～10

答案：A

2. 根据《土壤和沉积物　无机元素的测定　波长色散 X 射线荧光光谱法》（HJ 780—2015）测定土壤和沉积物中的无机元素，在绘制标准曲线时，按照与试样制作相同的操作步骤，将至少________个不同质量分数元素的标准样品压制成薄片。（　　）

A. 10　　B. 15　　C. 20　　D. 50

答案：C

3. 根据《土壤和沉积物　无机元素的测定　波长色散 X 射线荧光光谱法》（HJ 780—2015）测定土壤和沉积物中的无机元素的质量保证和质量控制过程中，每批样品应进行________的平行样测定，当样品数少于________个时，应至少测定一个平行样。（　　）

A. 20%，10　　B. 5%，20　　C. 20%，5　　D. 10%，10

答案：C

二、判断题

1.《土壤和沉积物　无机元素的测定　波长色散 X 射线荧光光谱法》（HJ 780—2015）中规定，应定期对测量仪器进行漂移校正，如更换氩气－甲烷气、环境温湿度变化较大时、仪器停机状态时间较长后开机等。用于漂移校正的样品的物理与化学性质需保持稳定，漂移量偏大时需重做校准曲线，可使用高质量分数标准化样品进行校正。（　　）

答案：正确

2. 根据《土壤和沉积物　无机元素的测定　波长色散 X 射线荧光光谱法》（HJ 780—2015）测定土壤和沉积物中的无机元素时，试样的均匀性和表面特征对分析线测量强度没有影响。(　　)

答案：错误

正确答案为：试样的均匀性和表面特征会对分析线测量强度造成影响，试样与标准样粒度等保持一致，则这些影响可以减至最小甚至可以忽略不计。

3. 根据《土壤和沉积物　无机元素的测定　波长色散 X 射线荧光光谱法》（HJ 780—2015）测定土壤和沉积物中的无机元素时，当试样中二氧化硅含量大于 80% 时，本方法不适用。(　　)

答案：正确

4. 根据《土壤和沉积物　无机元素的测定　波长色散 X 射线荧光光谱法》（HJ 780—2015）测定土壤和沉积物中的无机元素时，当样品基体明显超出本方法规定的土壤和沉积物校准曲线范围时，或当元素的质量分数超出测量范围时，应使用其他国家标准方法进行验证。(　　)

答案：正确

三、填空题

1. 根据《土壤和沉积物　无机元素的测定　波长色散 X 射线荧光光谱法（HJ 780—2015）测定土壤和沉积物中的无机元素时，探测器所需要的氩气 - 甲烷气（P_{10} 气体）是指________% 氩气 +________% 甲烷的混合气。(　　)

答案：90　10

2. 根据《土壤和沉积物　无机元素的测定　波长色散 X 射线荧光光谱法（HJ 780—2015）进行土壤和沉积物样品的前处理时，样品研磨后应过________目筛，于________℃烘干备用。(　　)

答案：200　105

3. X 射线荧光光谱分析是一种用 X 射线管发出的初级 X 射线使元素________层电子激发，发射特征荧光 X 射线，通过测量谱线的波长和强度进行元素定性、半定量和定量分析的方法。

答案：内

4. 根据《土壤和沉积物　无机元素的测定　波长色散 X 射线荧光光谱法（HJ 780—2015），________和________元素具有不稳定性、极易受污染等特性，分析含有该种元素的样品时，制备后的试样应立即测定。(　　)

答案：硫（S）　氯（Cl）

四、问答题

简述《土壤和沉积物　无机元素的测定　波长色散 X 射线荧光光谱法》（HJ 780—2015）测定土壤和沉积物中的无机元素的方法原理。

答案：土壤和沉积物样品经过衬垫压片或铝环（或塑料杯）压片后，试样中的原子受到适当的高能辐射激发后，放射出该原子所具有的特征 X 射线，其强度大小与试样中该元素的质量分数成正比。通过测量特征 X 射线的强度来定量分析试样中各元素的质量分数。

参考文献

[1] 环境保护部 . 土壤和沉积物　无机元素的测定　波长色散 X 射线荧光光谱法：HJ 780—2015 [S]. 北京：中国环境出版社，2015.

[2] 钱沙华，韦进宝 . 环境仪器分析（第二版）[M]. 北京：中国环境科学出版社，2011.

[3] 中国环境监测总站 . 土壤元素的近代分析方法 [M]. 北京：中国环境科学出版社，1992.

命题：刘兆莹　杨懂艳　田志仁

审核：刘保献　鹿海峰

第五篇

固体废物

第一章　采样与制样

分类号：SW1

主要内容
①《工业固体废物采样制样技术规范》（HJ/T 20—1998）
②《固体废物　浸出性毒性浸出方法　翻转法》（GB 5086.1—1997）
③《固体废物　浸出性毒性浸出方法　水平振荡法》（GB 5086.2—1997）

一、填空题

固体废物中水分测定时，取试样 20～100 g 于预先干燥的容器中，于________℃干燥，恒重至两次重量测量差小于________g，然后计算水分。①

答案：105　　0.01

二、判断题

1. 有容器包装的液态废物不属于固体废物。(　　) ①

答案：错误

　　正确答案为：有容器包装的液态废物也属于固体废物。

2. 由对被采批工业废物非常熟悉的个人来采取样品时，可以置随机性于不顾，凭采样者的知识获得有效的样品。(　　)

答案：正确

3. 在一批废物以运送带形式连续排出的移动过程中，按一定的质量或时间间隔采样，采第一个份样时，必须在第一间隔的起点开始。(　　)

答案：错误

　　正确答案为：第一个份样的采集不可在第一间隔的起点开始，可在第一间隔内随机确定。

4. 工业固体废物样品采集时，小样指的是由一批中的全部份样或将其逐个进行粉碎和缩分后组成的样品。(　　)

答案：错误

　　正确答案为：小样指的是由一批中的两个或两个以上的份样或逐个进行粉碎和缩分后组成的样品。

5. 工业固体废物采样是一项技术性很强的工作，应由受过专门培训、有经验的人员承担。采样时，应由两人以上在场进行操作。(　　)

答案：正确

6. 固体废物监测中，当样品含水率大于 90% 时，则将样品直接过滤，收集其全部滤出液，供分析用。(　　)

答案：错误

正确答案为：当样品含水率大于 91% 时，则将样品直接过滤，收集其全部滤出液，供分析用。

三、选择题

1. 固体废物样品制样时，粒度大于筛孔尺寸、不能过筛的样品应该不多于总量的________。(　　)

A. 5%　　B. 10%　　C. 20%

答案：A

2. 工业固体废物样品缩分时，将样品混匀后，采用二分法，每次减量一半，直至试验分析用量的________倍为止。(　　)

A. 2　　B. 5　　C. 10　　D. 20

答案：C

3. 工业固体废物样品保存期一般为________，易变质的不受此限制。(　　)

A. 1 个月　　B. 3 个月　　C. 半年　　D. 1 年

答案：A

4. 每份工业固体废物样品的保存量至少应为试验和分析需用量的________倍。(　　)

A. 2　　B. 3　　C. 5　　D. 10

答案：B

5. 在进行固体废物浸出性毒性测试时，固液比一般为________。(　　)

A. 1∶2　　B. 1∶5　　C. 1∶10　　D. 1∶20

答案：C

6. 市区人口 50 万以下的城市，对生活垃圾采样时，最少采样点数一般不少于________个。(　　)

A. 5　　B. 8　　C. 10　　D. 16

答案：B

四、问答题

1. 简述工业固体废物采样记录一般应包括的内容。

答案：应记录工业固体废物的名称、来源、数量、性状、包装、贮存、处置、环境、编号、份样量、份样数、采样点、采样法、采样日期和采样人等。

2. 对于堆存、运输中的固体废物和大池（坑、塘）中的液体工业废物，应如何确定采样位置？

答案：可按对角线形、梅花形、棋盘形或蛇形等点分布确定采样位置。

3. 如何定义固体废物具有浸出性毒性？

答案：按规定的浸出程序，对固体废物进行浸出试验，浸出液中有一种或一种以上的污染物浓度超过《危险废物鉴别标准　浸出毒性鉴别》（GB 5085.3—1996）所规定的阈值，则该废物被确定为具有浸出毒性。

五、计算题

1. 在一批废物以运送带、管道等形式连续排出的移动过程中，按一定的质量间隔采份样，如果批量 Q 为 1.5 t，查表得最少份样数 n 为 10，试计算采样质量间隔 T。

答案：$T \leqslant Q/n = 1.5/10 = 0.15$（t）。

2. 如果做浸出性毒性的固体废物试样的含水率为 65%，则应称取多少试样？应加多少浸取剂进行浸出试验？（试验需试样干基重量 70 g）

答案：称取试样量为 70/（100%−65%）=200（g）应补加浸取剂的量为 700−200×65%=570（mL）。

参考文献

[1] 国家环境保护局 . 工业固体废物采样制样技术规范：HJ/T 20—1998 [S]. 北京：中国环境科学出版社，1998.

[2] 国家环境保护局 . 固体废物　浸出性毒性浸出方法　翻转法：GB 5086.1—1997 [S]. 北京：中国标准出版社，1997.

[3] 国家环境保护局 . 固体废物　浸出性毒性浸出方法　水平振荡法：GB 5086.2—1997 [S]. 北京：中国标准出版社，1997.

命题：刘国平　胡正生　夏　新
审核：史　箴　彭刚华　陈蓓蓓

第二章　电化学法

第一节　基础知识

分类号：SW2-0
试题同“上册 W4-0”。

第二节　腐蚀性

分类号：SW2-1

主要内容
《固体废物　腐蚀性测定　玻璃电极法》（GB/T 15555.12—1995）

一、判断题

根据《固体废物　腐蚀性测定　玻璃电极法》（GB/T 15555.12—1995）测定固体废物腐蚀性时，应称取 100 g 鲜样，加水 1 L（包括试样的含水量）浸取。（　　）

答案：错误

正确答案为：测定固体废物腐蚀性时，应称取 100 g 试样（以干基计），加水 1 L（包括试样的含水量）浸取。

二、选择题

1. 根据《固体废物　腐蚀性测定　玻璃电极法》（GB/T 15555.12—1995）测定固体废物腐蚀性的固体试样，风干、磨碎后应能通过________mm 的筛孔。（　　）
   A. 1　　B. 2　　C. 5

答案：C

2. 根据《固体废物　腐蚀性测定　玻璃电极法》（GB/T 15555.12—1995）测定固体废物腐蚀性中，在振荡器上浸取固体废物时，振荡频率调节为（110±10）次 /min，振幅为 40 mm，在室温下振荡________h，静置________h，然后通过过滤装置分离固液相。（　　）
   A. 2，4　　B. 4，8　　C. 8，16

答案：C

三、问答题

简述根据《固体废物　腐蚀性测定　玻璃电极法》（GB/T 15555.12—1995），何为固体废物腐蚀性。

答案：固体废物腐蚀性是指单位、个人在生产、经营、生活和其他活动中所产生的固体、半固体和高浓度液体，采用指定的标准鉴别方法，或者根据规定程序批准的等效方法，测定其溶液或固体、半固体浸出液的 pH≤2，或者≥12.5，则这种废物即具有腐蚀性。

参考文献

国家环境保护局，国家技术监督局. 固体废物 腐蚀性测定 玻璃电极法：GB/T 15555.12—1995 [S]. 北京：中国环境科学出版社，1995.

命题：张榆霞 杨 楠

审核：张榆霞 夏 新

第三节 氟化物

分类号：SW2-2

主要内容
《固体废物 氟化物的测定 离子选择电极法》（GB/T 15555.11—1995）

一、填空题

《固体废物 氟化物的测定 离子选择电极法》（GB/T 15555.11—1995）适用于固体废物浸出液中氟化物的测定，其检测限为________mg/L（以 F^- 计）。

答案：0.05

二、判断题

1. 根据《固体废物 氟化物的测定 离子选择电极法》（GB/T 15555.11—1995）测定氟化物时，浸出液可用玻璃瓶收集和贮存，若样品为中性，能保存数月。（ ）

答案：错误

正确答案为：测定固体废物浸出液中氟化物时，浸出液应用聚乙烯瓶收集和贮存，若样品为中性，能保存数月。

2. 根据《固体废物 氟化物的测定 离子选择电极法》（GB/T 15555.11—1995）测定氟化物时，当浸出液不太复杂时，可直接取出分析。如含有氟硼酸盐或者成分复杂，则应先进行蒸馏。（ ）

答案：正确

三、选择题

根据《固体废物 氟化物的测定 离子选择电极法》（GB/T 15555.11—1995）测定氟化物时，分离浸出液的过滤装置为市售成套过滤器，纤维滤膜孔径 ϕ为________μm。（ ）

A. 0.40　　B. 0.45　　C. 0.50

答案：B

参考文献

国家环境保护局，国家技术监督局．固体废物　氟化物的测定　离子选择电极法：GB/T 15555.11—1995 [S]. 北京：中国环境科学出版社，1995.

命题：张榆霞　杨　楠

审核：张榆霞　夏　新

第三章　容量法

第一节　基础知识

分类号：SW3-0

试题同“上册 W5-0”。

第二节　铬

分类号：SW3-1

主要内容
①《固体废物　总铬的测定　硫酸亚铁铵滴定法》（GB/T 15555.8—1995）
②《固体废物　六价铬的测定　硫酸亚铁铵滴定法》（GB/T 15555.7—1995）

一、填空题

1. 容量法测定固体废物中六价铬或总铬时，用硫酸亚铁铵滴定使六价铬还原成三价铬，过量的硫酸亚铁铵与指示剂反应，溶液呈________色为终点。①②

答案：黄绿

2. 硫酸亚铁铵滴定法测定固体废物中六价铬或总铬时，使用的 N- 苯基代邻氨基苯甲酸（简称铬指示剂）具有还原性，宜配成________（浓度）的溶液使用，并在溶液变成________色后再加入，而且每份的用量大致应一样。①②

答案：较稀　　淡黄

3. 硫酸亚铁铵滴定法测定固体废物中总铬和六价铬时，使用的玻璃器皿不能用________洗涤，可用________洗涤。①②

答案：重铬酸钾洗液（或铬酸溶液）　　硝酸与硫酸混合液或洗涤剂

4. 根据《固体废物　总铬的测定　硫酸亚铁铵滴定法》（GB/T 15555.8—1995）测定固体废物中的总铬时，向浸出液中加浓硝酸使 pH＜2，保存于硬质玻璃瓶或聚乙烯瓶中，其目的是在酸性条件下保存，可防止________生成，减少________对铬的吸附作用。①

答案：氢氧化铬　　器壁

5. 根据《固体废物　总铬的测定　硫酸亚铁铵滴定法》（GB/T 15555.8—1995）测定固体废物中的总铬，处理样品时，于煮沸液中加入氯化钠，不仅可以除去反应中生成的________，还可以除去过量的________，这样可以避免由于氧化剂未除尽，将已被还原出的二价锰氧化成七价锰。①

答案：高锰酸　　　银盐

二、判断题

1. 根据《固体废物　总铬的测定　硫酸亚铁铵滴定法》（GB/T 15555.8—1995）测定固体废物中的总铬时，须将浸出液中的三价铬氧化成六价铬，若氧化不完全，会使测定结果偏高。（　　）①

答案：错误

　　正确答案为：若氧化不完全，会使结果偏低。

2. 氧化还原指示剂是具有氧化还原性的有机化合物，本身会消耗滴定剂，所以应对指示剂做空白校正。（　　）①②

答案：正确

3. 硫酸亚铁铵滴定法测定固体废物中的总铬或六价铬时，硫酸亚铁铵溶液在每次使用前都要进行标定。（　　）①②

答案：正确

4. 硫酸亚铁铵滴定法测定固体废物中的总铬过程中，用硫酸亚铁铵氧化浸出液中三价铬时，若在煮沸后溶液不变红，说明三价铬已经全部被氧化，可以进行下一步的实验。（　　）①

答案：错误

　　正确答案为：在煮沸后溶液不变红，说明三价铬没有全部被氧化成六价铬，应取下三角瓶稍冷却后，再加入稍许过硫酸铵煮沸，使溶液变红。

5. 硫酸亚铁铵滴定法测定固体废物中的总铬时，为除去过量的高锰酸钾，应在煮沸液中加入过量的氯化钠。（　　）①

答案：错误

　　正确答案为：氯化钠加入量不能过多。

三、选择题

1. 根据《固体废物　六价铬的测定　硫酸亚铁铵滴定法》（GB/T 15555.7—1995）测定固体废物中的六价铬时，浸出液应在弱碱性介质中保存，若在 pH＜2 的硝酸介质中保存，一旦有还原性物质存在，六价铬将逐渐被还原，其测定结果明显________。（　　）②

A. 偏低　　　　B. 偏高　　　　C. 无明显影响

答案：A

2.《固体废物　总铬的测定　硫酸亚铁铵滴定法》（GB/T 15555.8—1995）测定固体废物中的总铬，在样品处理时，煮沸时间要适当控制，若时间太短，则氧化剂未除尽，会使结果________；若时间太长，则溶液体积少、酸度高，使部分六价铬被还原，使结果________。（　　）①

A. 偏高，偏低　　　　B. 偏低，偏高　　　　C. 偏高，偏高　　　　D. 不变，不变

答案：A

3. 用硫酸亚铁铵滴定法测定固体废物中六价铬或总铬，配制0.2% N-苯基代邻氨基苯甲酸指示剂（简称铬指示剂）的步骤如下：称取铬指示剂0.2 g，溶于100 mL________溶液中，摇匀，贮于棕色瓶中，在低温下保存。（   ）①②

A. 0.2% 碳酸钠　　B. 10% NaOH　　C. 5% HCl

答案：A

4. 根据《固体废物　六价铬的测定　硫酸亚铁铵滴定法》（GB/T 15555.7—1995）测定固体废物中的六价铬时，1% 的钒相当于________% 铬。（   ）②

A. 0.56　　B. 0.34　　C. 0.26

答案：B

5. 用容量法测定固体废物中的六价铬或总铬，配制浓度为 0.025 mol/L 的硫酸亚铁铵标准溶液时，硫酸亚铁铵应该是________。（   ）①②

A. 用分析天平准确称量至万分之一克后溶于水中定容

B. 称量至 1 mg 后溶于水中定容

C. 粗称后溶于（1+9）硫酸溶液中，过滤，再进行标定

答案：C

6. 硫酸亚铁铵滴定法测定固体废物中的总铬，在样品处理时，取适量浸出液于 500 mL 三角瓶中，用________将溶液的 pH 调节至 1～2。（   ）①

A. 氨水溶液　　B. 硫酸溶液　　C. 氢氧化钠溶液

答案：A

7. 硫酸亚铁铵滴定法测定固体废物中的总铬，用过硫酸铵氧化三价铬时，为保证三价铬充分被氧化，若加入少量________做指示剂后，出现紫红色溶液，即表明氧化完全。（   ）①

A. 硫酸锰　　B. 硫酸锌　　C. 氯化钠

答案：A

8. 根据《固体废物　六价铬的测定　硫酸亚铁铵滴定法》（GB/T 15555.7—1995）测定固体废物中的六价铬时，浸出液应置于表面光洁的聚乙烯或者硬质玻璃瓶中，加入________调节 pH 至 7～9，并尽快分析。（   ）②

A. 氨水　　B. 氢氧化钠　　C. 硝酸

答案：B

四、问答题

1. 试写出根据《固体废物　总铬的测定　硫酸亚铁铵滴定法》（GB/T 15555.8—1995）测定固体废物中的总铬时，总铬浸出液的制备方法。①

答案：称取 100 g 试样（以干基计），置于浸取用的混合容器中，加水 1 L，将浸取用的混合容器垂直固定在振荡器上，调节振荡频率为（110±10）次 /min，振幅为 40 mm，室温下振荡 8 h，静置 16 h，通过 0.45 μm 滤膜过滤，得到浸出液，于合适条件下贮存备用。

2. 依据《固体废物　总铬的测定　硫酸亚铁铵滴定法》（GB/T 15555.8—1995）测定固体废物中的总铬时，为什么要加入硫酸 - 磷酸混合酸？①

答案：（1）为了减少终点误差。（2）使三价铁离子生成无色络合物，从而降低三价铁离子和二价铁离子电对的电位，并使其在等当点附近突跃增大，反应也更完全。（3）同时由于生成无色络合物，也消除了三价铁离子的黄色，有利于终点的观察。

参考文献

[1] 国家环境保护局，国家技术监督局．固体废物　总铬的测定　硫酸亚铁铵滴定法：GB/T 15555.8—1995 [S]. 北京：中国环境科学出版社，1995.

[2] 国家环境保护局，国家技术监督局．固体废物　六价铬的测定　硫酸亚铁铵滴定法：GB/T 15555.7—1995 [S]. 北京：中国环境科学出版社，1995.

命题：张荣辉　夏　新

审核：史　箴　彭刚华

第四章　分光光度法

第一节　基础知识

分类号：SW4-0

试题同“上册 W6-0”。

第二节　铬

分类号：SW4-1

主要内容
①《固体废物　六价铬的测定　二苯碳酰二肼分光光度法》（GB/T 15555.4—1995）
②《固体废物　总铬的测定　二苯碳酰二肼分光光度法》（GB/T 15555.5—1995）

一、填空题

1. 二苯碳酰二肼分光光度法测定固体废物中的总铬或六价铬时，试液的________、浊度或含有________、________及有机物等均干扰测定。①②

答案：颜色　氧化性物质　还原性物质

2. 二苯碳酰二肼分光光度法测定固体废物中的总铬或六价铬时，浸出液样品在加入保存剂后需尽快分析，应在________h 内测定。①②

答案：24

3. 根据《固体废物　六价铬的测定　二苯碳酰二肼分光光度法》（GB/T 15555.4—1995），样品的浸出液在保存时，须将浸出液用________调节 pH 为________。①

答案：氢氧化钠　8

4. 根据《固体废物　六价铬的测定　二苯碳酰二肼分光光度法》（GB/T 15555.4—1995），当样品存在色度干扰时，可另取一份试料，按测试步骤以________代替显色剂，以________做参比测定其吸光度，扣除此色度，来校正吸光度值。①

答案：丙酮　水

二、判断题

1. 根据《固体废物　六价铬的测定　二苯碳酰二肼分光光度法》（GB/T 15555.4—1995）测定六价铬时，当样品中有二价铁离子、亚硫酸根离子和硫代硫酸根离子等干扰物存在时，可在样品加入显色剂 5 min 后，加硫酸溶液（1+1）来消除干扰。（　　）①

答案：正确

2. 根据《固体废物　总铬的测定　二苯碳酰二肼分光光度法》（GB/T 15555.5—1995）测定总铬时，如有铜、铁、钼和钒等干扰，可用氨水调节样品至中性后加（1+1）硫酸溶液后，直接用氯仿萃取，从而达到消除其干扰的目的。（　　）②

答案：错误

正确答案为：加硫酸后还应加铜铁试剂，再反复用氯仿萃取。

3. 制备固体废物中总铬或六价铬的浸出液样品时，应称取 100 g 干基样于 1 L 水中（包括试样含水量），在规定的频率、温度、时间下振荡浸提。（　　）①②

答案：正确

4. 根据《固体废物　六价铬的测定　二苯碳酰二肼分光光度法》（GB/T 15555.4—1995）测定六价铬时，拟消除三价铬的干扰，须先采用氢氧化锌沉淀分离法分离三价铬。（　　）①

答案：正确

5. 根据《固体废物　总铬的测定　二苯碳酰二肼分光光度法》（GB/T 15555.5—1995）测定总铬时，样品振荡提取后，静置 16 h，过滤，用硝酸溶液调节 pH＜2，供测定使用。（　　）②

答案：正确

6. 根据《固体废物　六价铬的测定　二苯碳酰二肼分光光度法》（GB/T 15555.4—1995）测定六价铬时，若浸出液无还原性物质干扰，可直接取样进行测定。（　　）①

答案：错误

正确答案为：当无还原性物质及有机物、色度等干扰时可直接取样进行测定。

7. 二苯碳酰二肼分光光度法测定固体废物中六价铬或总铬时，制备浸出液所要求的振荡频率是（100±10）次 /min，振幅为 40 mm，室温下振荡至少 4 h。（　　）①②

答案：错误

正确答案为：所要求的振荡频率（110±10）次 /min，振幅为 40 mm，室温下振荡 8 h。

三、选择题

1. 二苯碳酰二肼分光光度法测定固体废物中总铬或六价铬时，测定结果应以________计量。（　　）①②

A. 干基　　B. 新鲜样品　　C. 风干样

答案：A

2. 根据《固体废物　总铬的测定　二苯碳酰二肼分光光度法》（GB/T 15555.5—1995）测定总铬时，将浸出液中三价铬氧化为六价铬的过程中，最后滴加亚硝酸钠的作用是________。（　　）②

A. 消除氧化性物质的干扰　　B. 消除还原性物质的干扰

C. 调节 pH

答案：A

3. 根据《固体废物　总铬的测定　二苯碳酰二肼分光光度法》（GB/T 15555.5—1995）

测定总铬时，如样品中有机物含量较高，可加浓________和________各 5 mL，并加热至冒烟，来消除其干扰。(　　) ②

A. 盐酸，硝酸　　B. 磷酸，硫酸　　C. 硝酸，硫酸

答案： C

4. 根据《固体废物　六价铬的测定　二苯碳酰二肼分光光度法》(GB/T 15555.4—1995) 测定六价铬时，若样品中存在次氯酸盐氧化物质干扰，可在样品中加入适量的硫酸、磷酸和脲素之后，再加入适量的________溶液来消除干扰。(　　) ①

A. 高锰酸钾　　B. 亚硝酸钠　　C. 硫酸铵

答案： B

5. 根据《固体废物　六价铬的测定　二苯碳酰二肼分光光度法》(GB/T 15555.4—1995) 测定六价铬时，有机物干扰可采用加入________溶液来分解消除。(　　) ①

A. 碱性高锰酸钾　　B. 酸性重铬酸钾　　C. 酸性高锰酸钾

答案： C

6. 根据《固体废物　六价铬的测定　二苯碳酰二肼分光光度法》(GB/T 15555.4—1995) 测定六价铬时，还原性物质的干扰可在去除三价铬后，用________使其氧化后再测定。(　　) ①

A. 高锰酸钾　　B. 过硫酸铵　　C. 亚硫酸铵

答案： B

7. 根据《固体废物　六价铬的测定　二苯碳酰二肼分光光度法》(GB/T 15555.4—1995) 测定六价铬时，还原性物质的干扰可在加入显色剂 5 min 后，加________来消除。(　　) ①

A. 硝酸　　B. 硫酸　　C. 碘化钾

答案： B

8. 二苯碳酰二肼分光光度法测定固体废物中铬时，制备浸出液所用浸取容器的材质为________。(　　) ①②

A. 聚乙烯　　B. 塑料　　C. 玻璃

答案： A

四、问答题

1. 简述根据《固体废物　总铬的测定　二苯碳酰二肼分光光度法》(GB/T 15555.5—1995) 测定总铬时，分光光度法测定固体废物中总铬时，将浸出液中三价铬氧化成六价铬的过程。②

答案： 取适量浸出液（铬含量少于 50 μg），调节 pH 至中性，分别加入（1+1）硫酸和磷酸各 0.5 mL，加水至 50 mL，滴加配制好的高锰酸钾溶液至红色不消失为止，加热至溶液仅剩 20 mL，冷却加 1 mL 脲素，过量的高锰酸钾用滴加亚硝酸钠来分解。

2. 根据《固体废物　六价铬的测定　二苯碳酰二肼分光光度法》(GB/T 15555.4—1995) 测定六价铬时，还原性物质干扰的消除方法有哪两种？简述其操作步骤。①

答案： 其一是在样品加入显色剂 5 min 后，加（1+1）硫酸 1 mL，放置 10 min，再比

色。其二是在分离三价铬后，用过硫酸铵将还原性物质氧化后再测定。

参考文献

[1] 国家环境保护局，国家技术监督局．固体废物　六价铬的测定　二苯碳酰二肼分光光度法：GB/T 15555.4—1995 [S]. 北京：中国环境科学出版社，1995.

[2] 国家环境保护局，国家技术监督局．固体废物　总铬的测定　二苯碳酰二肼分光光度法：GB/T 15555.5—1995 [S]. 北京：中国环境科学出版社，1995.

[3] 国家环境保护局，国家技术监督局．固体废物　总汞的测定　冷原子吸收分光光度法：GB/T 15555.1—1995 [S]. 北京：中国环境科学出版社，1995.

[4] 国家环境保护局．固体废物　浸出毒性浸出方法　翻转法：GB 5086.1—1997 [S]. 北京：中国环境科学出版社，1997.

[5] 国家环境保护局．固体废物　浸出毒性浸出方法　水平振荡法：GB 5086.2—1997 [S]. 北京：中国环境科学出版社，1997.

命题：史　箴

审核：彭刚华　夏　新

第三节　砷

分类号：SW4-2

主要内容
《固体废物　砷的测定　二乙基二硫代氨基甲酸银分光光度法》（GB/T 15555.3—1995）

一、判断题

1. 固体废物中砷含量超过其浸出毒性鉴别标准值，就说明该废物是具有浸出毒性的危险废物。（　　）

答案：正确

2. 二乙基二硫代氨基甲酸银分光光度法测定固体废物中的砷时，试样保存是用硝酸调节 pH 小于 2。（　　）

答案：错误

正确答案为：应该用硫酸，因为硝酸对测定有负干扰。

3. 分光光度法测定固体废物中的砷时，所取的样品应为适量的浸出液，以保证其含砷的绝对量不超过 25 μg。（　　）

答案：正确

二、选择题

1. 固体废物中砷（以总砷计）的浸出毒性鉴别标准值为________mg/L。（　　）

A. 2.5　　　　B. 3.0　　　　C. 5.0

答案：C

2. 分光光度法测定固体废物中的砷时，制备好的浸出液应加硝酸使其 pH＜________、低温保存，时间不超过________d。(　　)

A. 2，5　　B. 2，7　　C. 4，7　　D. 12，5

答案：B

参考文献

[1] 国家环境保护局，国家技术监督局 . 固体废物　砷的测定　二乙基二硫代氨基甲酸银分光光度法：GB/T 15555.3—1995 [S]. 北京：中国环境科学出版社，1995.

[2] 国家环境保护总局，国家质量监督检验检疫总局 . 危险废物鉴别标准—浸出毒性鉴别：GB 5085.3—2007 [S]. 北京：中国环境科学出版社，2007.

命题：史　箴　夏　新

审核：彭刚华

第四节　镍

分类号：SW4-3

主要内容
《固体废物　镍的测定　丁二酮肟分光光度法》(GB/T 15555.10—1995)

一、填空题

1. 根据《固体废物　镍的测定　丁二酮肟分光光度法》(GB/T 15555.10—1995)，一些金属干扰镍的测定，当________的浓度超过 300 mg/L、________的浓度超过 100 mg/L、铜的浓度超过 50 mg/L 时，可用丁二酮肟－正丁醇萃取消除干扰。

答案：铁　　钴

2. 根据《固体废物　镍的测定　丁二酮肟分光光度法》(GB/T 15555.10—1995)，浸出液制备后，应立即加硝酸酸化，使其 pH 为________，保存时间不要超过________d。

答案：1～2　　7

3. 固体废物浸出液中镍及其化合物的最高允许浓度不得超过________mg/L，如超过该值，该废物就是具有浸出毒性的危险废物。

答案：5

二、判断题

1. 根据《固体废物　镍的测定　丁二酮肟分光光度法》(GB/T 15555.10—1995)，制备浸出液时，如样品的含水率大于或等于 91%，则可将样品直接过滤，收集足够测试用的滤出液，混匀待用。(　　)

答案：错误

正确答案为：应收集全部滤出液。

2. 根据《固体废物　镍的测定　丁二酮肟分光光度法》(GB/T 15555.10—1995)，浸

出液制备完毕后，可不经消解处理，直接进行显色测试镍含量。（　　）

答案： 错误

正确答案为： 在证明不必进行消解处理之后，才可以进行显色测试。

3. 根据《固体废物　镍的测定　丁二酮肟分光光度法》（GB/T 15555.10—1995），在消解浸出液时，若消解产物用硝酸酸溶后，溶液浑浊，则应重复加酸消解，直到消解液清亮为止。（　　）

答案： 正确

4. 测定水分后的固体废物样品，可以用于镍浸出毒性试验测定。（　　）

答案： 错误

正确答案为： 测定水分后的样品不得用于浸出毒性试验。

三、选择题

1.《固体废物　镍的测定　丁二酮肟分光光度法》（GB/T 15555.10—1995）的最低检测浓度为________mg/L，检测上限为________mg/L。（　　）

A. 0.1，2　　B. 0.2，4　　C. 0.1，4　　D. 0.2，5

答案： C

2. 根据《固体废物　镍的测定　丁二酮肟分光光度法》（GB/T 15555.10—1995），在消解浸出液时，加硝酸后应在________状态下蒸发至近干。（　　）

A. 低温　　B. 近沸　　C. 180℃

答案： B

3. 根据《固体废物　镍的测定　丁二酮肟分光光度法》（GB/T 15555.10—1995），氰化物干扰镍的测定，其消除方法为：在测定前向样品中加入________溶液并加热，分解镍氰络合物。（　　）

A. 高氯酸、硫酸　　B. 高氯酸、硝酸　　C. 次氯酸钠、硝酸

答案： C

4.《固体废物　镍的测定　丁二酮肟分光光度法》（GB/T 15555.10—1995），制备浸出液时，浸取条件中所要求的固液比为________。（　　）

A. 1∶50　　B. 1∶10　　C. 1∶100

答案： B

5. 根据《固体废物　镍的测定　丁二酮肟分光光度法》（GB/T 15555.10—1995），制备浸出液所用浸取容器材质为________。（　　）

A. 聚乙烯　　B. 塑料　　C. 玻璃

答案： A

参考文献

[1] 国家环境保护局，国家技术监督局. 固体废物　镍的测定　丁二酮肟分光光度法：GB/T 15555.10—1995 [S]. 北京：中国环境科学出版社，1995.

[2] 国家环境保护总局，国家质量监督检验检疫总局. 危险废物鉴别标准　浸出毒性鉴别：GB 5085.3—2007 [S]. 北京：中国环境科学出版社，2007.

[3] 国家环境保护局．固体废物　浸出毒性浸出方法　翻转法：GB 5086.1—1997 [S]. 北京：中国环境科学出版社，1997.

[4] 国家环境保护局．固体废物　浸出毒性浸出方法　水平振荡法：GB 5086.2—1997 [S]. 北京：中国环境科学出版社，1997.

[5] 国家环境保护局，国家技术监督局．固体废物　总汞的测定　冷原子吸收分光光度法：GB/T 15555.1—1995 [S]. 北京：中国环境科学出版社，1995.

命题：史　箴

审核：彭刚华　夏　新

第五节　磷

分类号：SW4-4

主要内容
①《城市生活垃圾　全磷的测定　偏钼酸铵分光光度法》（CJ/T 104—1999）
②《固体废物　总磷的测定　偏钼酸铵分光光度法》（HJ 712—2014）

一、填空题

1. 根据《固体废物　总磷的测定　偏钼酸铵分光光度法》（HJ 712—2014），测定过程中所用的玻璃器皿及消解罐均应用________或________浸泡。②

答案：稀盐酸　　　稀硝酸

2. 根据《固体废物　总磷的测定　偏钼酸铵分光光度法》（HJ 712—2014）测定固体废物中总磷时，消解完毕后冷却，将微波消解罐放入电热消解器约________℃赶酸至样品呈________状。②

答案：160　　　黏稠

二、判断题

1. 根据《城市生活垃圾　全磷的测定　偏钼酸铵分光光度法》（CJ/T 104—1999）测定城市生活垃圾中的全磷时，样品应采用碱熔的方式来进行前处理。（　　）①

答案：错误

正确答案为：样品用硫酸－高氯酸消煮的方式来进行前处理。

2. 根据《固体废物　总磷的测定　偏钼酸铵分光光度法》（HJ 712—2014）测定固体废物中的总磷时，比色过程中以水作参比，在波长 700 nm 处用 30 mm 比色皿进行比色。（　　）②

答案：错误

正确答案为：在波长 420 nm 处进行比色。

三、选择题

1. 根据《城市生活垃圾　全磷的测定　偏钼酸铵分光光度法》（CJ/T 104—1999）测定城市生活垃圾中全磷时，样品用加________消煮的方式进行前处理。(　　) ①

A. 硫酸 - 硝酸　　B. 硫酸 - 高氯酸　　C. 硝酸 - 高氯酸

答案：B

2. 根据《城市生活垃圾　全磷的测定　偏钼酸铵分光光度法》（CJ/T 104—1999）测定城市生活垃圾中全磷时，消煮的目的是使样品中的含磷难溶盐及有机物分解成可溶的________(　　) ①

A. 正磷酸盐　　B. 偏磷酸盐　　C. 磷酸二氢钠

答案：A

3. 根据《城市生活垃圾　全磷的测定　偏钼酸铵分光光度法》（CJ/T 104—1999）和《固体废物总磷的测定　偏钼酸铵分光光度法》（HJ 712—2014），测定过程中，消解完全的样品应呈________色。(　　) ①②

A. 浅黄　　B. 浅棕　　C. 灰白

答案：C

4. 根据《城市生活垃圾　全磷的测定　偏钼酸铵分光光度法》（CJ/T 104—1999）测定城市生活垃圾中全磷时，在样品消煮过程中，若样品呈黑色或棕色则表示________用量不足。(　　) ①

A. 高氯酸　　B. 硫酸　　C. 盐酸

答案：A

四、问答题

1. 分光光度法测定城市生活垃圾样品中全磷时，样品消煮过程应注意什么？①

答案：（1）控制温度。初始温度不宜过高，当消煮至高氯酸烟雾消失时再提高温度使硫酸发烟回流。（2）控制消煮时间。消煮时间一般在 40～60 min。（3）保证消解完全。消煮完全时的样品颜色应为灰白色。（4）防溅。消煮过程中应防止溶液溅出。

2. 根据《城市生活垃圾　全磷的测定　偏钼酸铵分光光度法》（CJ/T 104—1999）测定城市生活垃圾中全磷时，为什么在样品消煮时会呈黑色或棕色？出现该情况应如何处理？①

答案：在样品消煮时呈黑色或棕色说明所用高氯酸量不足，应待样品稍冷后补加高氯酸，再加热，直至样品呈灰白色。

3. 根据《固体废物　总磷的测定　偏钼酸铵分光光度法》（HJ 712—2014）测定固体废物中总磷时，当试样有一定浊度或色度时该如何处理？②

答案：当试样有一定浊度 - 色度时，对样品的测定结果可能会产生影响。可在 50 mL 具塞比色管中，分取与样品测定相同体积的试样，按照标准曲线的分析步骤，不加钼酸铵 - 偏钒酸铵混合溶液，测定校正吸光度。将试样的吸光度减去校正吸光度，然后进行计算。

参考文献

[1] 中华人民共和国建设部 . 城市生活垃圾　全磷的测定　偏钼酸铵分光光度法：CJ/T 104—1999 [S]. 北京：中国建筑工业出版社，1999.

[2] 环境保护部 . 固体废物　总磷的测定　偏钼酸铵分光光度法：HJ 712—2014 [S]. 北京：中国环境出版社，2014.

命题：肖满成　史　箴

审核：康长安　夏　新

第五章　离子色谱法

第一节　基础知识

分类号：SW5-0

试题同“上册 W7-0”。

第二节　氟离子、溴酸根、氯离子、亚硝酸根、氰酸根、溴离子、硝酸根、磷酸根、硫酸根

分类号：SW5-1

主要内容
《危险废物鉴别标准　浸出毒性鉴别》（GB 5085.3—2007）（附录 F　固体废物　氟离子、溴酸根、氯离子、亚硝酸根、氰酸根、溴离子、硝酸根、磷酸根、硫酸根的测定　离子色谱法）

填空题

1. 根据《危险废物鉴别标准　浸出毒性鉴别》（GB 5085.3—2007）（附录 F　固体废物　氟离子、溴酸根、氯离子、亚硝酸根、氰酸根、溴离子、硝酸根、磷酸根、硫酸根的测定　离子色谱法），固体废物中的离子用水提取。而后水溶液中的常见阴离子随碳酸盐淋洗液进入阴离子交换分析柱中（由保护柱和分离柱组成），根据分析柱对不同离子的________不同进行分离。

答案：亲和力

2. 根据《危险废物鉴别标准　浸出毒性鉴别》（GB 5085.3—2007）（附录 F　固体废物　氟离子、溴酸根、氯离子、亚硝酸根、氰酸根、溴离子、硝酸根、磷酸根、硫酸根的测定　离子色谱法），用聚丙烯或高密度聚乙烯瓶取样，盖上盖子。不要使用玻璃瓶取样，否则易导致________。

答案：离子污染

参考文献

国家环境保护总局，国家质量监督检验检疫总局．危险废物鉴别标准　浸出毒性鉴别：GB 5085.3—2007 [S]. 北京：中国环境科学出版社，2007.

命题：胡正生　夏　新

审核：陈蓓蓓　彭刚华　封　雪

第三节 氰根离子和硫离子

分类号：SW5-2

主要内容
《危险废物鉴别标准 浸出毒性鉴别》（GB 5085.3—2007）（附录 G 固体废物 氰根离子和硫离子的测定 离子色谱法）

一、填空题

1. 氰根离子和硫离子在实际样品中一般以________存在。

答案：络合态

2. 根据《危险废物鉴别标准 浸出毒性鉴别》（GB 5085.3—2007）（附录 G 固体废物 氰根离子和硫离子的测定 离子色谱法），用聚丙烯或高密度聚乙烯瓶取样，盖上盖子。不要使用玻璃瓶取样，否则易导致________。

答案：离子污染

二、选择题

根据《危险废物鉴别标准 浸出毒性鉴别》（GB 5085.3—2007）（附录 G 固体废物 氰根离子和硫离子的测定 离子色谱法），本方法对氰根离子和硫离子的检出限为________ μg/L。（ ）

A. 0.01　　B. 0.1　　C. 1　　D. 10

答案：B

参考文献

环境保护部，国家质量监督检验检疫总局. 危险废物鉴别标准 浸出毒性鉴别：GB 5085.3—2007 [S]. 北京：中国环境科学出版社，2007.

命题：胡正生 封 雪

审核：陈蓓蓓 彭刚华

第六章　原子荧光法

第一节　基础知识

分类号：SW6-0

试题同“上册 W8-0”。

第二节　汞、砷、硒、铋、锑

分类号：SW6-1

主要内容
《固体废物　汞、砷、硒、铋、锑的测定　微波消解 / 原子荧光法》（HJ 702—2014）

一、填空题

1. 根据《固体废物　汞、砷、硒、铋、锑的测定　微波消解 / 原子荧光法》（HJ 702—2014）测定汞、砷、硒、铋、锑时，固体废物和浸出液试样经微波消解后，进入原子荧光仪，元素在________溶液还原作用下，生成砷化氢、铋化氢、锑化氢、硒化氢气体和汞原子蒸气。

答案：硼氢化钾

2. 根据《固体废物　汞、砷、硒、铋、锑的测定　微波消解 / 原子荧光法》（HJ 702—2014）测定汞、砷、硒、铋、锑时，用________滤纸将消解后溶液过滤至 50 mL 容量瓶中，用蒸馏水淋洗溶样杯及沉淀至少________次。

答案：慢速定量　　3

二、判断题

1. 根据《固体废物　汞、砷、硒、铋、锑的测定　微波消解 / 原子荧光法》（HJ 702—2014）测定汞、砷、硒、铋、锑时，用于测定的硼氢化钾溶液须当日配制。（　　）

答案：正确

2. 根据《固体废物　汞、砷、硒、铋、锑的测定　微波消解 / 原子荧光法》（HJ 702—2014）测定汞、砷、硒、铋、锑时，微波消解仪应具有温度控制和程序升温功能，温度精度可达 ±5℃。（　　）

答案：错误

正确答案为：温度精度可达 ±2.5℃。

3. 根据《固体废物　汞、砷、硒、铋、锑的测定　微波消解 / 原子荧光法》（HJ 702—2014）测定汞、砷、硒、铋、锑时，消解结束后，汞和硒待测液分别加入盐酸、硫脲和抗坏血酸混合溶液，用蒸馏水定容至标线。（　　）

答案：错误

正确答案为：汞和硒待测液只需加入盐酸，不必加入硫脲和抗坏血酸混合溶液。

三、问答题

简述《固体废物　汞、砷、硒、铋、锑的测定　微波消解 / 原子荧光法》（HJ 702—2014）的测定原理。

答案：固体废物和浸出液试样经微波消解后，进入原子荧光仪，其中的砷、铋、锑、硒和汞等元素在硼氢化钾溶液还原作用下，生成砷化氢、铋化氢、锑化氢、硒化氢气体和汞原子蒸气。这些气体在氩氢火焰中形成基态原子，在元素灯（汞、砷、硒、铋、锑）发射光的激发下产生原子荧光，原子荧光强度与试样中元素含量成正比。

参考文献

环境保护部 . 固体废物　汞、砷、硒、铋、锑的测定　微波消解 / 原子荧光法：HJ 702—2014 [S]. 北京：中国环境出版社，2004.

命题：肖满成　夏　新

审核：康长安　彭刚华

第七章　火焰原子吸收分光光度法

第一节　基础知识

分类号：SW7-0

试题同“上册 W9-0”。

第二节　铬

分类号：SW7-1

主要内容
①《固体废物　总铬的测定　火焰原子吸收分光光度法》（HJ 749—2015）
②《固体废物　六价铬的测定　碱消解 / 火焰原子吸收分光光度法》（HJ 687—2014）

一、填空题

1. 根据《固体废物　总铬的测定　火焰原子吸收分光光度法》（HJ 749—2015）测定总铬时，如固体废物经酸消解后的液体呈绿色，在电热板消解过程中加入 5 mL________溶液。①

答案：过硫酸铵

2. 根据《固体废物　六价铬的测定　碱消解 / 火焰原子吸收分光光度法》（HJ 687—2014）测定六价铬时，调节样品 pH 时，如果有絮状沉淀产生，需再用________μm 滤膜过滤。②

答案：0.45

3. 根据《固体废物　六价铬的测定　碱消解 / 火焰原子吸收分光光度法》（HJ 687—2014）测定六价铬时，样品采集和保存应使用________或________（材质）装置和容器，不得使用________（材质）贮存器。②

答案：塑料　　玻璃　　金属制品

4. 根据《固体废物　总铬的测定　火焰原子吸收分光光度法》（HJ 749—2015）和《固体废物　六价铬的测定　碱消解 / 火焰原子吸收分光光度法》（HJ 687—2014）规定时，元素铬的测定波长为________nm。①②

答案：357.9

二、判断题

1. 根据《固体废物　六价铬的测定　碱消解 / 火焰原子吸收分光光度法》（HJ 687—2014）测定六价铬时，配制好的碳酸钠（Na_2CO_3）/ 氢氧化钠（NaOH）混合溶液储存在密封聚乙烯瓶中，使用前测量其 pH，若小于 10.0 需重新配制。(　　) ②

答案： 错误

正确答案为： 若小于 11.5 需重新配制。

2. 根据《固体废物　总铬的测定　火焰原子吸收分光光度法》（HJ 749—2015）测定总铬时，点燃乙炔－空气火焰后，可立即进行测定。(　　) ①

答案： 错误

正确答案为： 应使燃烧器温度达到热平衡后方可进行测定。

三、选择题

根据《固体废物　总铬的测定　火焰原子吸收分光光度法》（HJ 749—2015）测定固体废物中的总铬时，消解样品中不需要使用的酸是________。(　　) ①

A. 硫酸　　B. 硝酸　　C. 氢氟酸　　D. 盐酸

答案： A

参考文献

[1] 环境保护部 . 固体废物　总铬的测定　火焰原子吸收分光光度法：HJ 749—2015 [S]. 北京：中国环境出版社，2015.

[2] 环境保护部 . 固体废物　六价铬的测定　碱消解 / 火焰原子吸收分光光度法：HJ 687—2014 [S]. 北京：中国环境出版社，2014.

命题：肖满成　康长安

审核：彭刚华　夏　新

第三节　镍和铜

分类号：SW7-2

主要内容
《固体废物　镍和铜的测定　火焰原子吸收分光光度法》（HJ 751—2015）

一、填空题

1. 根据《固体废物　镍和铜的测定　火焰原子吸收分光光度法》（HJ 751—2015）测定固体废物中的铜和镍时，制备固体废物浸出液时，浸出液如不能及时进行分析，应加硝酸酸化至 pH________。

答案： <2

2. 根据《固体废物　镍和铜的测定　火焰原子吸收分光光度法》（HJ 751—2015）测

定固体废物中铜和镍时，测定所使用的火焰均为________。

答案：贫燃性火焰

3. 根据《固体废物　镍和铜的测定　火焰原子吸收分光光度法》（HJ 751—2015）测定固体废物中的铜时，固体废物中铜全量测定的方法检出限为________mg/kg。

答案：3

二、判断题

1. 根据《固体废物　镍和铜的测定　火焰原子吸收分光光度法》（HJ 751—2015）测定固体废物中的镍，使用 232.0 nm 作测定镍的吸收线时，存在波长相近的镍三线光谱干扰，选择 0.2 nm 的光谱通带可避免。（　　）

答案：正确

2. 根据《固体废物　镍和铜的测定　火焰原子吸收分光光度法》（HJ 751—2015）测定固体废物中的铜和镍时，如固体废物中镍或铜的含量较高，试样消解后也应定容至 50 mL。（　　）

答案：错误

正确答案为：定容体积可根据实际情况确定。

参考文献

环境保护部．固体废物　镍和铜的测定　火焰原子吸收分光光度法：HJ 751—2015 [S]. 北京：中国环境出版社，2015.

命题：肖满成　彭刚华

审核：康长安　夏　新

第四节　铅、锌、镉

分类号：SW7-3

主要内容
《固体废物　铅、锌和镉的测定　火焰原子吸收分光光度法》（HJ 786—2016）

一、填空题

1. 根据《固体废物　铅、锌和镉的测定　火焰原子吸收分光光度法》（HJ 786—2016）测定固体废物中的铅、锌和镉时，加入________可消除共存成分的干扰。

答案：硝酸镧

2. 根据《固体废物　铅、锌和镉的测定　火焰原子吸收分光光度法》（HJ 786—2016），样品制备过程中，如果消解液中含有未溶解颗粒，需进行________、________或者________。

答案：过滤　　离心分离　　自然沉降

二、判断题

1. 根据《固体废物　铅、锌和镉的测定　火焰原子吸收分光光度法》（HJ 786—2016）测定固体废物中的铅时，高浓度钙产生的背景吸收使铅的测定结果偏高。（　　）

答案：正确

2. 根据《固体废物　铅、锌和镉的测定　火焰原子吸收分光光度法》（HJ 786—2016）测定固体废物中的铅、锌和镉时，每批样品至少应做10%加标回收试验，样品数量少于10个时至少做一个，加标回收率应为70%～130%。（　　）

答案：错误

正确答案为：加标回收率应为80%～120%。

三、选择题

根据《固体废物　铅、锌和镉的测定　火焰原子吸收分光光度法》（HJ 786—2016）测定固体废物中的铅、锌和镉时，每次分析应绘制校准曲线，相关系数应≥________。否则需重新绘制校准曲线。（　　）

A. 0.95　　B. 0.99　　C. 0.995　　D. 0.999

答案：D

参考文献

环境保护部．固体废物　铅、锌和镉的测定　火焰原子吸收分光光度法：HJ 786—2016 [S]. 北京：中国环境出版社，2016.

命题：肖满成　夏　新

审核：康长安　彭刚华

第八章　石墨炉原子吸收分光光度法

第一节　基础知识

分类号：SW8-0

试题同“上册 W10-0”。

第二节　钡

分类号：SW8-1

主要内容
《固体废物　钡的测定　石墨炉原子吸收分光光度法》（HJ 767—2015）

一、填空题

1. 根据《固体废物　钡的测定　石墨炉原子吸收分光光度法》（HJ 767—2015）测定钡，电热板消解固体废物试样时，加入 5 mL________、5 mL________、3 mL________，加盖后于电热板上中温（120℃ ±5℃）加热 1 h 开盖。

答案：硝酸　　　氢氟酸　　　高氯酸

2. 根据《固体废物　钡的测定　石墨炉原子吸收分光光度法》（HJ 767—2015）的规定，当样品基体成分复杂或者不明时，应采用________法或________法，用于考查样品是否宜用标准曲线法直接定量。

答案：样品稀释　　　标准加入

二、判断题

《固体废物　钡的测定　石墨炉原子吸收分光光度法》（HJ 767—2015）的规定，根据样品分析过程中背景干扰，确定是否需要加入 10% 体积的基体改进剂硝酸钙溶液，标准曲线不必加入基体改进剂。(　　)

答案：错误

正确答案为：若样品中加入基体改进剂，所使用的标准曲线配制时也应按照比例加入。

三、选择题

根据《固体废物　钡的测定　石墨炉原子吸收分光光度法》（HJ 767—2015）的规定，

电热板消解固体废物试样时，对于有机质含量较高的样品，需提前加入________浸泡过夜。(　　)

A. 硝酸　　B. 硫酸　　C. 盐酸　　D. 氢氟酸

答案：C

参考文献

环境保护部 . 固体废物　钡的测定　石墨炉原子吸收分光光度法：HJ 767—2015 [S]. 北京：中国环境出版社，2015.

命题：肖满成　姜晓旭
审核：康长安　彭刚华

第三节　铬

分类号：SW8-2

主要内容
《固体废物　总铬的测定　石墨炉原子吸收分光光度法》(HJ 750—2015)

一、填空题

1. 根据《固体废物　总铬的测定　石墨炉原子吸收分光光度法》(HJ 750—2015)规定，实验所用玻璃仪器先用 10% 硝酸溶液浸泡 24 h，然后用自来水和实验用水依次冲洗干净放在干净环境中晾干，整个清洗过程中不得使用________溶液。

答案：重铬酸钾

2. 根据《固体废物　总铬的测定　石墨炉原子吸收分光光度法》(HJ 750—2015)测定固体废物中的总铬时，电热板法消解过程中 30% 过氧化氢的总加入量不得超过________mL。

答案：10

二、判断题

1. 根据《固体废物　总铬的测定　石墨炉原子吸收分光光度法》(HJ 750—2015)测定总铬时，微波消解法不适合于消解有机物含量较高的样品，如浸出液中含有较高有机物，建议使用电热板法。(　　)

答案：正确

2. 根据《固体废物　总铬的测定　石墨炉原子吸收分光光度法》(HJ 750—2015)的规定，微波消解后如消解液已澄清，则不用再加入氢氟酸和过氧化氢，赶酸后直接定容。(　　)

答案：正确

三、选择题

根据《固体废物　总铬的测定　石墨炉原子吸收分光光度法》（HJ 750—2015）测定总铬时，当发现样品加标回收率超过要求范围或知道样品存在基体干扰时，可在铬标准溶液系列和样品中同时加入等量的________溶液，消除基体干扰。（　　）

A. 硝酸钯　　B. 硝酸钾　　C. 硝酸钙

答案：C

参考文献

环境保护部. 固体废物　总铬的测定　石墨炉原子吸收分光光度法：HJ 750—2015 [S]. 北京：中国环境出版社，2015.

命题：肖满成　夏　新

审核：康长安　彭刚华

第四节　铍、镍、铜、钼

分类号：SW8–3

主要内容
《固体废物　铍　镍　铜和钼的测定　石墨炉原子吸收分光光度法》（HJ 752—2015）

一、填空题

1. 根据《固体废物　铍　镍　铜和钼的测定　石墨炉原子吸收分光光度法》（HJ 752—2015）测定固体废物中的铍时，仪器测定波长为________nm。

答案：234.9

2. 根据《固体废物　铍　镍　铜和钼的测定　石墨炉原子吸收分光光度法》（HJ 752—2015）测定固体废物中的铍　镍　铜和钼时，背景校正方式为________。

答案：塞曼背景校正

3. 根据《固体废物　铍　镍　铜和钼的测定　石墨炉原子吸收分光光度法》（HJ 752—2015）测定固体废物中的铍、镍、铜和钼时，测定铍所用基体改进剂为________，测定镍、铜、钼所用基体改进剂为________。

答案：氯化钯溶液　　氯化钯－硝酸镁混合溶液

二、判断题

根据《固体废物　铍　镍　铜和钼的测定　石墨炉原子吸收分光光度法》（HJ 752—2015）测定固体废物中的铍时，高于 20 mg/L 的 Fe 和 75 mg/L 的 Mg 对铍的测定分别产生负干扰和正干扰，加入基体改进剂氯化钯溶液，可消除干扰。（　　）

答案：正确

三、选择题

根据《固体废物 铍 镍 铜和钼的测定 石墨炉原子吸收分光光度法》（HJ 752—2015）的规定，使用电热板法消解时，将样品置于聚四氟乙烯坩埚中，为了使样品初步分解，在用水润湿样品后加入 10 mL，于电热板上 50～70℃加热。(　　)

A. 硝酸　　B. 盐酸　　C. 氢氟酸　　D. 高氯酸

答案：B

参考文献

环境保护部. 固体废物 铍 镍 铜和钼的测定 石墨炉原子吸收分光光度法：HJ 752—2015 [S]. 北京：中国环境出版社，2015.

命题：肖满成　姜晓旭

审核：康长安　彭刚华

第五节　铅和镉

分类号：SW8-4

主要内容
《固体废物　铅和镉的测定　石墨炉原子吸收分光光度法》（HJ 787—2016）

一、填空题

1. 根据《固体废物 铅和镉的测定 石墨炉原子吸收分光光度法》（HJ 787—2016）测定固体废物中的铅和镉时，铅和镉的方法检出限分别为________mg/kg 和________mg/kg。

答案：0.3　　0.1

2. 根据《固体废物 铅和镉的测定 石墨炉原子吸收分光光度法》（HJ 787—2016）测定固体废物中的铅和镉时，固体废物基体成分较为复杂，加入基体改进剂________，可消除有机物等引起的基体干扰。

答案：磷酸二氢铵

3. 根据《固体废物 铅和镉的测定 石墨炉原子吸收分光光度法》（HJ 787—2016）测定固体废物中的铅和镉时，微波消解过程中，称取 0.25 ～1.00 g 过筛后的样品于微波消解罐中。用少量水润湿样品后加入 5 mL________、5 mL________、3 mL________和 1 mL________，按照设定的升温程序进行消解。

答案：硝酸　　盐酸　　氢氟酸　　过氧化氢

二、判断题

1. 根据《固体废物 铅和镉的测定 石墨炉原子吸收分光光度法》（HJ 787—2016）测定固体废物中的镉时，使用的波长为 283.3 nm。(　　)

答案： 错误

正确答案为： 波长为 228.8 nm。

2. 根据《固体废物 铅和镉的测定 石墨炉原子吸收分光光度法》(HJ 787—2016)测定固体废物中的铅和镉时，由于固体废物种类较多，所含有机质差异较大，在消解时各种酸的用量视消解情况酌情增减。( )

答案： 正确

参考文献

环境保护部 . 固体废物 铅和镉的测定 石墨炉原子吸收分光光度法：HJ 787—2015 [S]. 北京：中国环境出版社，2015.

命题：肖满成 康长安

审核：彭刚华 夏 新

第九章　电感耦合等离子体发射光谱法

第一节　基础知识

分类号：SW9-0

试题同“上册 W11-0”。

第二节　固体样品

分类号：SW9-1

主要内容
等离子发射光谱法测定固体样品《环境监测实用技术》

一、判断题

1. 固体样品引入 ICP 光源的方法有多种，但优先考虑的仍是将液体引入 ICP 光源（溶液雾化法）的方法。从实践来看，溶液雾化法有很好的效果与实用性，因此需要把固体样品转化成液体样品。(　　)

答案：正确

2. 在应用化学方法进行样品处理时，应根据需要将被测元素进行富集分离。分离的目的是将干扰被测元素测定的基体及其他元素予以分离以提高测定准确度。分离的组分必须分离得十分干净。(　　)

答案：错误

正确答案为：分离的组分不必分离得十分干净。

二、选择题

1. 在常规分析工作中，分析试液的总固体溶解量希望越低越好，一般控制在________mg/mL。因此，ICP-AES 的样品处理应尽可能地采用酸分解而不用碱熔。(　　)

A. 0.5　　B. 1　　C. 5　　D. 10

答案：B

2. 氢氟酸（HF）会腐蚀玻璃和硅酸盐材质容器，因此在用氢氟酸（HF）分解样品时不能用玻璃、石英或陶瓷等器皿，而最常用的是以________为材料的烧杯、坩埚等器皿，其最高使用温度为________℃。(　　)

A. 铂金，160　　B. 聚氯乙烯，250

C. 聚四氟乙烯，250　　　　　　　　　　D. 镍，200

答案：C

三、问答题

1. 用 ICP-AES 法分析固体样品时，消解样品常用的无机酸有哪 4 种？

答案：硝酸、盐酸、氢氟酸和高氯酸。

2. 使用高氯酸分解有机样品过程中如何避免爆炸现象？

答案：应先用硝酸或硝酸－高氯酸混合酸处理（硝酸用量大于高氯酸 4 倍），以避免单用高氯酸而发生爆炸现象［热、浓的高氯酸是强氧化剂，它将和有机化合物发生强烈（爆炸）反应，而冷或稀的高氯酸则无此情况］。

3. 固体样品的采集和制备应考虑到哪几个方面？

答案：（1）样品的代表性。（2）样品的制备：①破碎、过筛中的污染问题，如金属元素的引入。②潮湿的样品在粉碎前需要干燥，对于易挥发性元素，不能通风干燥，可冷冻干燥，或低于 60℃干燥。（3）样品加工粒度视测定项目而定，一般样品粉碎至 100 目，对于植物、生物样品可干燥后，剪碎再细碎。

参考文献

齐文启 . 环境监测实用技术 [M]. 北京：中国环境科学出版社，2006.

命题：刘国平

审核：彭刚华　夏　新

第三节　金属元素

分类号：SW9-2

主要内容
①《危险废物鉴别标准　浸出毒性鉴别》（GB 5085.3—2007）（附录 A　固体废物　元素的测定　电感耦合等离子体原子发射光谱法）
②《固体废物　22 种金属元素的测定　电感耦合等离子体发射光谱法》（HJ 781—2016）

一、填空题

1. 根据《危险废物鉴别标准　浸出毒性鉴别》（GB 5085.3—2007）（附录 A　固体废物　元素的测定　电感耦合等离子体原子发射光谱法），常用的电感耦合等离子体发射光谱仪通常分为________和________两种。①

答案：多道式　　顺序扫描式

2. 根据《危险废物鉴别标准　浸出毒性鉴别》（GB 5085.3—2007）（附录 A　固体废物　元素的测定　电感耦合等离子体原子发射光谱法），ICP-AES 法通常存在的干扰大致可分为两类，分别是________和________。①

答案：光谱干扰　　　非光谱干扰

3. 根据《危险废物鉴别标准　浸出毒性鉴别》（GB 5085.3—2007）（附录 A　固体废物　元素的测定　电感耦合等离子体原子发射光谱法），ICP-AES 法中的非光谱干扰主要包括了________、________、________和________等。①

答案：化学干扰　　电离干扰　　物理干扰　　去溶剂干扰

4. 根据《危险废物鉴别标准　浸出毒性鉴别》（GB 5085.3—2007）（附录 A　固体废物　元素的测定　电感耦合等离子体原子发射光谱法）进行测定时，若所测定样品中某些元素含量过高，应立即停止分析，并用________来冲洗进样系统。将样品稀释后，继续分析。①

答案：2% 硝酸 +0.05%Triton X-100 溶液

5. 根据《固体废物　22 种金属元素的测定　电感耦合等离子体发射光谱法》（HJ 781—2016）进行测定时，固体废物样品制备按照 HJ/T 20 的相关规定进行，对于固态或可干化的半固态样品，准确称取 10 g 样品，自然风干或________干燥，再次称重，全部过________目筛备用。②

答案：冷冻　　100

6. 根据《固体废物　22 种金属元素的测定　电感耦合等离子体发射光谱法》（HJ 781—2016）测定固体废物中的 22 种金属元素时，浸出液如不能及时进行分析，应加________酸化，并尽快消解，不要超过________h。②

答案：浓硝酸　　24

7. 根据《固体废物　22 种金属元素的测定　电感耦合等离子体发射光谱法》（HJ 781—2016）测定固体废物中的 22 种金属元素时，配制标准使用液的硝酸含量为________。②

答案：1%

二、判断题

1. 根据《危险废物鉴别标准　浸出毒性鉴别》（GB 5085.3—2007）（附录 A　固体废物　元素的测定　电感耦合等离子体原子发射光谱法）的规定，非水样品应冷藏保存，并尽快分析。（　　）①

答案：正确

2. 根据《固体废物　22 种金属元素的测定　电感耦合等离子体发射光谱法》（HJ 781—2016）的规定，有机质含量较高的样品，需提前加入 5 mL 浓硝酸浸泡过夜。（　　）②

答案：正确

3. 根据《固体废物　22 种金属元素的测定　电感耦合等离子体发射光谱法》（HJ 781—2016）测定固体废物中的 22 种金属元素时，最终消解后仍有颗粒物沉淀，则需离心或以 0.22 μm 膜过滤后定容。（　　）②

答案：正确

三、选择题

根据《固体废物　22 种金属元素的测定　电感耦合等离子体发射光谱法》（HJ 781—

2016）测定固体废物中的 22 种金属元素，使用微波消解样品时，样品及加入酸的体积总和不应超过消解罐体积的________。（ ）②

A. 1/2　B. 1/3　C. 1/4

答案：B

四、问答题

简述消除 ICP-AES 法测定目标物过程中的物理干扰的方法。①

答案：物理干扰一般由样品的黏滞程度及表面张力变化而致，尤其是当样品中含有大量可溶盐或样品酸度过高，都会对测定产生干扰，消除此类干扰最简单的方法是将样品稀释。

参考文献

[1] 国家环境保护总局，国家质量监督检验检疫总局 . 危险废物鉴别标准　浸出毒性鉴别：GB 5085.3—2007 [S]. 北京：中国环境科学出版社，2007.

[2] 环境保护部 . 固体废物　22 种金属元素的测定　电感耦合等离子体发射光谱法：HJ 781—2016 [S]. 北京：中国环境出版社，2016.

命题：肖满成　胡正生

审核：康长安　陈蓓蓓　彭刚华

第十章　电感耦合等离子体质谱法

第一节　基础知识

分类号：SW10-0

试题同“上册 W12-0”。

第二节　金属元素

分类号：SW10-1

主要内容 ①《危险废物鉴别标准　浸出毒性鉴别》（GB 5085.3—2007）（附录B　固体废物　元素的测定　电感耦合等离子体质谱法） ②《固体废物　金属元素的测定　电感耦合等离子体质谱法》（HJ 766—2015）

一、填空题

1. 根据《危险废物鉴别标准　浸出毒性鉴别》（GB 5085.3—2007）（附录B　固体废物　元素的测定　电感耦合等离子体质谱法）进行测定时，所有分析都必须用内标标化来校正________和________。①

答案：仪器漂移　　物理干扰

2. 根据《危险废物鉴别标准　浸出毒性鉴别》（GB 5085.3—2007）（附录B　固体废物　元素的测定　电感耦合等离子体质谱法）进行测定时，对于每个新的或特殊基体，最好先用________扫描样品，确定其中的高浓度元素。①

答案：半定量分析法

3.《固体废物　金属元素的测定　电感耦合等离子体质谱法》（HJ 766—2015）的规定，所有元素的标准溶液配制后均应在密封的________或________（材质）瓶中保存。②

答案：聚乙烯　　聚丙烯

4. 根据《固体废物　金属元素的测定　电感耦合等离子体质谱法》（HJ 766—2015）的规定，移取固体废物浸出液 25.0 mL，置于消解罐中，加入 4 mL________和 1 mL________，将消解罐放入微波消解装置进行消解。②

答案：硝酸　　盐酸

5. 根据《固体废物　金属元素的测定　电感耦合等离子体质谱法》（HJ 766—2015）的规定，微波消解装置应具备程式化功率设定功能，微波消解仪功率在________W

以上，配有________或同等材质的微波消解罐。②

答案：1 200　　聚四氟乙烯

6. 根据《固体废物　金属元素的测定　电感耦合等离子体质谱法》（HJ 766—2015）测定固体废物中金属元素，在每次分析时，试样中内标的响应值应介于校准曲线响应值的________，否则说明仪器发生漂移或有干扰产生，应查找原因后重新分析。②

答案：70 %～130 %

二、判断题

1. 根据《危险废物鉴别标准　浸出毒性鉴别》（GB 5085.3—2007）（附录 B　固体废物　元素的测定　电感耦合等离子体质谱法）和《固体废物　金属元素的测定　电感耦合等离子体质谱法》（HJ 766—2015），当向消解罐加入酸溶液时，应观察罐内的反应情况，若有剧烈的化学反应，待反应结束再将消解罐密封。（　　）①②

答案：正确

2. 根据《固体废物　金属元素的测定　电感耦合等离子体质谱法》（HJ 766—2015）测定固体废物中的金属元素时，对于液态或不可干化的固态样品，直接称取样品 0.2 g，精确至 0.001 g。（　　）②

答案：错误

正确答案为：应精确至 0.000 1 g。

3. 根据《固体废物　金属元素的测定　电感耦合等离子体质谱法》（HJ 766—2015）测定固体废物中的金属元素时，点燃等离子体后，仪器预热稳定 30 min。应使用质谱仪调谐溶液对仪器的灵敏度、氧化物和双电荷进行调谐。（　　）②

答案：正确

三、选择题

1. 根据《危险废物鉴别标准　浸出毒性鉴别》（GB 5085.3—2007）（附录 B　固体废物元素的测定　电感耦合等离子体质谱法），如下________不适用于电感耦合等离子体质谱法的测定。（　　）①

A. Ag　　B. Au

C. Al　　D. As

答案：B

2. 根据《固体废物　金属元素的测定　电感耦合等离子体质谱法》（HJ 766—2015），ICP-MS 最主要的干扰来源是________，可以利用干扰校正方程、仪器优化以及碰撞反应池技术进行消除。（　　）②

A. 同量异位素干扰　　B. 多原子离子干扰

C. 氧化物干扰　　D. 双电荷干扰

答案：B

参考文献

[1] 国家环境保护局，国家质量监督检验检疫总局 . 危险废物鉴别标准　浸出毒性鉴别：GB 5085.3—

2007 [S]. 北京：中国环境科学出版社，2007.
[2] 环境保护部 . 固体废物 金属元素的测定 电感耦合等离子体质谱法：HJ 766—2015 [S]. 北京：中国环境出版社 .

命题：肖满成 胡正生 夏 新
审核：康长安 陈蓓蓓 彭刚华

第十一章　气相色谱法

第一节　基础知识

分类号：SW11-0

试题同“上册 W13-0”。

第二节　多氯联苯

分类号：SW11-1

主要内容
《危险废物鉴别标准　浸出毒性鉴别》（GB 5085.3—2007）［附录 N　固体废物　多氯联苯的测定（PCBs）　气相色谱法］

一、填空题

《危险废物鉴别标准　浸出毒性鉴别》（GB 5085.3—2007）［附录 N　固体废物　多氯联苯的测定（PCBs）　气相色谱法］中规定，当固体废物样品为液体样品时，采用________在 pH 为________性的条件下提取，当样品为固体样品时采用________或者________提取。

答案：二氯甲烷　　中　　己烷－丙酮（1∶1）　　二氯甲烷－丙酮（1∶1）

二、问答题

1. 根据《危险废物鉴别标准　浸出毒性鉴别》（GB 5085.3—2007）［附录 N　固体废物　多氯联苯的测定（PCBs）　气相色谱法］进行测定时，如果经过碱解和蒸馏后得到的正己烷层溶液中杂质含量过多时，需要怎样做净化处理？

答案：如果杂质多时，需要先用硫酸净化，加入与正己烷提取液等体积的硫酸，振摇 1 min，静置分层后，弃去硫酸层，净化次数视提取液中杂质多少而定，一般为 1～3 次，然后加入与正己烷等体积的 0.1 mol/L 氢氧化钠溶液，振摇 1 min，静置分层后，弃去下部水层。

2. 根据《危险废物鉴别标准　浸出毒性鉴别》（GB 5085.3—2007）［附录 N　固体废物　多氯联苯的测定（PCBs）　气相色谱法］进行测定时，在样品提取实验中，如何选用参照物土壤污染样品或基质加标检验所选的提取方法是否适用于新的样品？

答案：这些样品必须含有或者添加目标化合物，以确定该化合物的百分回收率和检测限。如果没有其他物质而又需要用到加标样品，就需要加入目标分析物，如特定的多氯联苯或者 PCB 同类物都可以。如果没有特定的多氯联苯，那么多氯联苯 1016/1260 混合物也是合适的添加物。

参考文献

国家环境保护总局，国家质量监督检验检疫总局 . 危险废物鉴别标准　浸出毒性鉴别：GB 5085.3—2007 [S]. 北京：中国环境科学出版社，2007.

命题：胡正生

审核：陈蓓蓓　彭刚华　夏　新

第三节　酚类化合物

分类号：SW11-2

主要内容
《固体废物　酚类化合物的测定　气相色谱法》（HJ 711—2014）

一、填空题

1. 根据《固体废物　酚类化合物的测定　气相色谱法》（HJ 711—2014）测定酚类化合物时，取固体废物浸出液 100 mL 于分液漏斗中，用 NaOH 溶液调节至 pH________，加入 30 mL________，充分振荡、静置，弃去下层有机相，保留水相部分。

答案：＞12　　　二氯甲烷与正己烷混合溶剂

2. 根据《固体废物　酚类化合物的测定　气相色谱法》（HJ 711—2014）测定酚类化合物时，将净化后的固体废物水相部分用盐酸溶液调节至 pH________，加入 50 mL________，充分振荡、静置，弃去水相，有机相经过装有适量________的漏斗除水，用________充分洗涤硫酸钠，合并全部有机相，浓缩定容至 1.0 mL，待测。

答案：＜2　　二氯甲烷与乙酸乙酯混合溶剂　　无水硫酸钠　　二氯甲烷与乙酸乙酯混合溶剂

3. 根据《固体废物　酚类化合物的测定　气相色谱法》（HJ 711—2014）测定酚类化合物时，固态和半固态废物试样制备过程中需加入适量的________脱水，如使用加压流体萃取，则用________脱水。

答案：无水硫酸钠　　硅藻土

二、判断题

1. 根据《固体废物　酚类化合物的测定　气相色谱法》（HJ 711—2014）的规定，样品采集后密闭储存于棕色玻璃瓶中，应尽快分析。若不能及时分析，应冷藏避光保存，保存期为 14 d。注意避免有机物干扰。样品提取液避光冷藏保存，保存期

40 d。(　　)

答案：正确

2. 根据《固体废物　酚类化合物的测定　气相色谱法》(HJ 711—2014)规定，固态和半固态废物可选择索氏提取、加压流体萃取、超声波提取或微波提取等任意一种方式进行目标物的提取。(　　)

答案：正确

三、选择题

1. 根据《固体废物　酚类化合物的测定　气相色谱法》(HJ 711—2014)测定酚类化合物时，索氏提取采用的有机溶剂是________。(　　)

A. 二氯甲烷与丙酮的混合溶剂　　B. 甲醇与丙酮混合溶剂

C. 二氯甲烷与正己烷混合溶剂

答案：C

2. 根据《固体废物　酚类化合物的测定　气相色谱法》(HJ 711—2014)测定酚类化合物时，固态和半固态废物采用索氏提取的过程中，加入 100 mL 二氯甲烷与正己烷混合溶剂，提取________h，回流速率控制在________次 /h 左右，收集提取液，待净化。(　　)

A. 15～17，10　　B. 16～17 ，12　　C. 16～18 ，10

答案：C

参考文献

环境保护部 . 固体废物　酚类化合物的测定　气相色谱法：HJ 711—2014 [S]. 北京：中国环境出版社，2014.

命题：赵佳文　米方卓

审核：康长安　夏　新

第四节　有机磷农药

分类号：SW11-3

主要内容
《固体废物　有机磷农药的测定　气相色谱法》(HJ 768—2015)

一、填空题

1. 根据《固体废物　有机磷农药的测定　气相色谱法》(HJ 768—2015)测定有机磷农药时，取固体废物浸出液 100 mL 于分液漏斗中，加入适量________摇匀，加入 20 mL________充分振荡、静置，有机相经过装有适量无水硫酸钠的漏斗除水，用二氯甲烷充分洗涤硫酸钠，收集有机相。

答案：氯化钠　　二氯甲烷

2. 根据《固体废物　有机磷农药的测定　气相色谱法》（HJ 768—2015）测定有机磷农药时，若样品中存在基体干扰，可采用________柱和________柱进行净化。

答案：硅胶层析　　硅胶固相萃取小

二、判断题

1. 根据《固体废物　有机磷农药的测定　气相色谱法》（HJ 768—2015）测定有机磷农药，固态和半固体废物脱水时，称取 10.0 g 样品，加入适量无水硫酸钠，将样品干燥拌匀至流砂状，备用。若使用加压流体萃取仪，则用硅藻土脱水。(　　)

答案：正确

2. 根据《固体废物　有机磷农药的测定　气相色谱法》（HJ 768—2015）测定有机磷农药时，样品采集后，必须密封储存于预先洗净烘干的棕色玻璃瓶中，尽快分析。若不能立即分析，应在 4℃以下冷藏避光保存，保存期限不超过 7 d。样品提取液避光冷藏保存，保存期限不超过 40 d。(　　)

答案：正确

三、选择题

1. 根据《固体废物　有机磷农药的测定　气相色谱法》（HJ 768—2015）测定有机磷农药时，固态和半固态废物萃取中，将脱水后的固态废物试样全部转移至纸质套筒中，加入 100 mL________，提取 16 ～18 h，回流速率控制在 6 次 /h 左右。(　　)

A. 正己烷－丙酮混合溶剂　　B. 二氯甲烷－丙酮混合溶剂

C. 二氯甲烷－正己烷混合溶剂

答案：A

2. 根据《固体废物　有机磷农药的测定　气相色谱法》（HJ 768—2015）测定有机磷农药时，固体废物浸出液萃取的有机相浓缩需加入的有机溶剂为________。(　　)

A. 正己烷　　B. 二氯甲烷　　C. 丙酮

答案：A

参考文献

环境保护部 . 固体废物　有机磷农药的测定　气相色谱法：HJ 768—2015 [S]. 北京：中国环境出版社，2015.

命题：赵佳文　夏　新

审核：康长安　彭刚华

第五节　苯系物

分类号：SW11-4

主要内容
《固体废物　苯系物的测定　顶空－气相色谱法》（HJ 975—2015）

一、填空题

1. 根据《固体废物　苯系物的测定　顶空－气相色谱法》（HJ 975—2018）测定苯系物时，低含量试样的制备过程，称取________g 样品置于顶空瓶中，迅速向顶空瓶中加入 10.0 mL________溶液，立即密封，在往复式振荡器上以 150 次 /min 的频率振荡 10 min，待测。

答案：2　　饱和氯化钠

2. 根据《固体废物　苯系物的测定　顶空－气相色谱法》（HJ 975—2018）测定苯系物时，目标物含量大于________μg/kg，应视为高含量试样。

答案：1 000

二、判断题

根据《固体废物　苯系物的测定　顶空－气相色谱法》（HJ 975—2018），样品送入实验室后应尽快分析。若不能立即分析，应在 4℃以下密封保存，保存期限不超过 14 d。样品存放区无目标物干扰。（　　）

答案：正确

三、选择题

根据《固体废物　苯系物的测定　顶空－气相色谱法》（HJ 975—2018），高含量试样制备过程中，称取适量的样品置于顶空瓶中，迅速向顶空瓶中加入 10.0 mL________，立即密封，在往复式振荡器上以 150 次 /min 的频率振荡 10 min。（　　）

A. 正己烷　　　　B. 甲醇　　　　C. 丙酮

答案：B

参考文献

生态环境部 . 固体废物　苯系物的测定　顶空－气相色谱法：HJ 975—2018 [S]. 北京：中国环境出版社，2018.

命题：赵佳文　米方卓
审核：康长安　夏　新

第六节　挥发性有机物

分类号：SW11-5

主要内容
《固体废物　挥发性有机物的测定　顶空－气相色谱法》（HJ 760—2015）

一、填空题

1. 根据《固体废物　挥发性有机物的测定　顶空－气相色谱法》（HJ 760—2015）测定

挥发性有机物时，样品送入实验室后应尽快分析。若不能立即分析，在________℃以下密封避光保存，保存期限不超过________d。样品存放区域应无有机物干扰。

答案：4　14

2. 根据《固体废物　挥发性有机物的测定　顶空－气相色谱法》（HJ 760—2015）测定挥发性有机物时，采集样品的工具应用________和________。所有样品均应至少采集________份代表性样品。

答案：铁铲　不锈钢药勺　3

3. 根据《固体废物　挥发性有机物的测定　顶空－气相色谱法》（HJ 760—2015）测定挥发性有机物时，固体废物空白均用________作为空白试样。

答案：石英砂

二、判断题

根据《固体废物　挥发性有机物的测定　顶空－气相色谱法》（HJ 760—2015）测定挥发性有机物时，用火焰离子化检测器检测。以保留时间定性，外标法定量。(　　)

答案：正确

三、选择题

1. 根据《固体废物　挥发性有机物的测定　顶空－气相色谱法》（HJ 760—2015）测定挥发性有机物时，如果现场初步筛选挥发性有机物为高含量或者低含量测定结果大于________μg/kg 时，应视为高含量试样。(　　)

A. 1 000　　B. 1 500　　C. 2 000

答案： A

2. 根据《固体废物　挥发性有机物的测定　顶空－气相色谱法》（HJ 760—2015）测定挥发性有机物，固体废物浸出液试样制备时，称取干基质量为________g 固体废物样品，按照 HJ/T 299 方法制备固体废物水浸出试样，称取干基质量为________g 固体废物样品，按照 HJ/T 300 方法制备固体废物醋酸浸出液试样。(　　)

A. 40～50，20～25　B. 45～50，25～30　C. 45～50，20～25

答案：A

参考文献

[1] 环境保护部 . 固体废物　挥发性有机物的测定　顶空－气相色谱法：HJ 760—2015 [S]. 北京：中国环境出版社，2015.

[2] 国家环境保护总局 . 固体废物　浸出毒性浸出方法　硫酸硝酸法：HJ/T 299—2007 [S]. 北京：中国环境科学出版社，2007.

[3] 国家环境保护总局 . 固体废物　浸出毒性浸出方法　醋酸缓冲溶液法：HJ/T 300—2007 [S]. 北京：中国环境科学出版社，2007.

命题：赵佳文　夏　新

审核：康长安　彭刚华

第七节　丙烯醛、丙烯腈和乙腈

分类号：SW11-6

主要内容
《固体废物　丙烯醛、丙烯腈和乙腈的测定　顶空－气相色谱法》（HJ 874—2017）

一、填空题

1. 根据《固体废物　丙烯醛、丙烯腈和乙腈的测定　顶空－气相色谱法》（HJ 874—2017），当固体废物样品为固态且样品中目标化合物浓度大于________mg/kg 或者固体废物样品为液态且样品中目标化合物浓度大于________mg/L 时，应视为高含量试样。

答案：150　30

2. 根据《固体废物　丙烯醛、丙烯腈和乙腈的测定　顶空－气相色谱法》（HJ 874—2017），样品送入实验室后应尽快分析。若不能立即分析，应在远离有机物蒸气的环境中________℃，密封保存，并于________h 内完成分析。用于浸出毒性分析的样品也应于________h 内完成分析。

答案：4　48　48

3. 根据《固体废物　丙烯醛、丙烯腈和乙腈的测定　顶空－气相色谱法》（HJ 874—2017），固体废物低含量试样的制备时，取出装有样品的样品瓶，待恢复至室温后，称取________g，样品置于顶空瓶中，迅速向顶空瓶中加入________mL 基体改性剂，立即密封。

答案：2　10

二、判断题

根据《固体废物　丙烯醛、丙烯腈和乙腈的测定　顶空－气相色谱法》（HJ 874—2017），固体废物低 / 高含量样品空白均采用石英砂代替。（　　）

答案：正确

三、选择题

根据《固体废物　丙烯醛、丙烯腈和乙腈的测定　顶空－气相色谱法》（HJ 874—2017），固体废物高含量试样制备中，取出装有样品的样品瓶，待恢复至室温后，称取适量的样品置于含有 10 mL________的顶空瓶中，立即密封，在往复振荡器上以 150 次 /min 的频率振荡 10 min。（　　）

A. 甲醇　　B. 丙酮

C. 正己烷

答案：A

参考文献

环境保护部. 固体废物 丙烯醛、丙烯腈和乙腈的测定 顶空－气相色谱法：HJ 874—2017 [S]. 北京：中国环境出版社，2017.

命题：赵佳文 彭刚华
审核：康长安 夏 新

第八节 氯代除草剂

分类号：SW11-7

主要内容
《危险废物鉴别标准 毒性物质含量鉴别》(GB 5085.6—2007)(附录N 固体废物 氯代除草剂的测定 甲基化或五氟苄基衍生 气相色谱法)

一、填空题

1. 根据《危险废物鉴别标准 毒性物质含量鉴别》(GB 5085.6—2007)(附录N 固体废物 氯代除草剂的测定 甲基化或五氟苄基衍生 气相色谱法)测定氯代除草剂时，对有机氯杀虫剂或者多氯联苯类须使用GC-ECD检测的物质，用________稀释；对半挥发的碱性/中性和酸性的污染物使用________稀释。

答案：正己烷 二氯甲烷

2. 根据《危险废物鉴别标准 毒性物质含量鉴别》(GB 5085.6—2007)(附录N 固体废物 氯代除草剂的测定 甲基化或五氟苄基衍生 气相色谱法)测定氯代除草剂时，干燥对于整个酯化是非常关键的，________内残留的任何水分都会使除草剂的回收率下降。

答案：乙醚

3. 测定土壤和固体废弃物中的氯代除草剂时，试样用________或________萃取并酯化。

答案：重氮甲烷 五氟苄溴

二、判断题

根据《危险废物鉴别标准 毒性物质含量鉴别》(GB 5085.6—2007)(附录N 固体废物 氯代除草剂的测定 甲基化或五氟苄基衍生 气相色谱法)测定氯代除草剂时，提取物必须经过消解。( )

答案：正确

三、问答题

根据《危险废物鉴别标准 毒性物质含量鉴别》(GB 5085.6—2007)(附录N 固体废物 氯代除草剂的测定 甲基化或五氟苄基衍生 气相色谱法)测定氯代除草剂时，怎样才能充分有效地提取固体废物中的2,4-滴?

答案：具体到不同的式样类型，要优化超声条件，有效地对固体样品进行超声提取。试样在加入溶剂后必须能够自由流动，对于黏土型土壤，一般要按 1∶1 的比例加入酸化了的无水硫酸钠，其他砂状非自由流动的土壤混合物需要处理成可自由流动的试样。

参考文献

国家环境保护总局，国家质量监督检验检疫总局．危险废物鉴别标准　毒性物质含量鉴别：GB 5085.6—2007 [S]. 北京：中国环境科学出版社，2007.

命题：胡正生　米方卓
审核：陈蓓蓓　彭刚华

第九节　苯胺及其选择性衍生物

分类号：SW11-8

主要内容
《危险废物鉴别标准　毒性物质含量鉴别》（GB 5085.6—2007）（附录 K　固体废物　苯胺及其选择性衍生物的测定　气相色谱法）

一、填空题

1. 根据《危险废物鉴别标准　毒性物质含量鉴别》（GB 5085.6—2007）（附录 K　固体废物　苯胺及其选择性衍生物的测定　气相色谱法）测定苯胺及其选择性衍生物时，制备校正标准液可采用内标或外标校正，由于苯胺及许多苯胺衍生物常会引起不稳定的响应，因此需要经常进行色谱柱维修和________。

答案：重校准

2. 根据《危险废物鉴别标准　毒性物质含量鉴别》（GB 5085.6—2007）（附录 K　固体废物　苯胺及其选择性衍生物的测定　气相色谱法）测定苯胺及其选择性衍生物时，当样品提取液中某一个峰超出了其常规的保留时间窗口时，需要采用________。

答案：假设性鉴定

3. 根据《危险废物鉴别标准　毒性物质含量鉴别》（GB 5085.6—2007）（附录 K　固体废物　苯胺及其选择性衍生物的测定　气相色谱法）测定苯胺及其选择性衍生物时，如果响应超出了系统的线性范围，需要将提取液进行________并再次分析。

答案：稀释

4. 根据《危险废物鉴别标准　毒性物质含量鉴别》（GB 5085.6—2007）（附录 K　固体废物　苯胺及其选择性衍生物的测定　气相色谱法）测定苯胺及其选择性衍生物时，为确认鉴定一种化合物，其由样品提取液测得的修正背景后的质谱图必须与在相同的色谱工作条件下测得的________或________的质谱图相一致。

答案：标准储备液　　校正标准液

5. 根据《危险废物鉴别标准　毒性物质含量鉴别》（GB 5085.6—2007）（附录K　固体废物　苯胺及其选择性衍生物的测定　气相色谱法）测定苯胺及其选择性衍生物时，如果MS不能提供满意的结果，在重新测定之前可采用一些另外的措施，包括________或________。

答案：更换气相色谱柱　　进一步纯化样品

6. 根据《危险废物鉴别标准　毒性物质含量鉴别》（GB 5085.6—2007）（附录K　固体废物　苯胺及其选择性衍生物的测定　气相色谱法），在提取固体废物中苯胺及其选择性衍生物时，若样品基质为液态样品，以________为溶剂，在pH＞________时提取；固体样品则以________作为提取溶剂。

答案：二氯甲烷　　11　　二氯甲烷 / 丙酮（1∶1）

二、选择题

根据《危险废物鉴别标准　毒性物质含量鉴别》（GB 5085.6—2007）（附录K　固体废物　苯胺及其选择性衍生物的测定　气相色谱法）测定苯胺及其选择性衍生物时，在进行气相色谱氮磷检测器分析之前，提取溶剂必须更换为________。（　　）

A. 苯　　B. 甲苯　　C. 二甲苯　　D. 苯胺

答案：B

参考文献

国家环境保护总局，国家质量监督检验检疫总局. 危险废物鉴别标准　毒性物质含量鉴别：GB 5085.6—2007 [S]. 北京：中国环境科学出版社，2007.

命题：胡正生　米方卓
审核：陈蓓蓓　彭刚华

第十节　丙烯酰胺

分类号：SW11-9

主要内容

《危险废物鉴别标准　毒性物质含量鉴别》（GB 5085.6—2007）（附录R　固体废物　丙烯酰胺的测定　气相色谱法）

一、填空题

1. 根据《危险废物鉴别标准　毒性物质含量鉴别》（GB 5085.6—2007）（附录R　固体废物　丙烯酰胺的测定　气相色谱法）测定丙烯酰胺时，其原理是基于丙烯酰胺的________，在经过________盐析之后，以________将反应产物从反应混合物中萃取出来。

答案：双键溴化　　硫酸钠　　乙酸乙酯

2. 根据《危险废物鉴别标准　毒性物质含量鉴别》（GB 5085.6—2007）（附录 R　固体废物　丙烯酰胺的测定　气相色谱法）测定丙烯酰胺时，萃取物用________载体柱净化。

答案：硅酸镁

3. 根据《危险废物鉴别标准　毒性物质含量鉴别》（GB 5085.6—2007）（附录 R　固体废物　丙烯酰胺的测定　气相色谱法）测定丙烯酰胺时，使用的内标化合物为________。

答案：邻苯二甲酸二甲酯

二、判断题

根据《危险废物鉴别标准　毒性物质含量鉴别》（GB 5085.6—2007）（附录 R　固体废物　丙烯酰胺的测定　气相色谱法）测定丙烯酰胺时，待测物在经乙酸乙酯萃取和硫酸钠干燥后转入棕色容量瓶中，若还能看到液液界面，则还需要再次净化。（　　）

答案：正确

三、选择题

根据《危险废物鉴别标准　毒性物质含量鉴别》（GB 5085.6—2007）（附录 R　固体废物　丙烯酰胺的测定　气相色谱法）测定丙烯酰胺时，采用的检测器是________。（　　）

A. 氮磷检测器　　B. 热电导检测器

C. 电子捕获检测器　　D. 火焰光度检测器

答案：C

参考文献

国家环境保护总局，国家质量监督检验检疫总局. 危险废物鉴别标准　毒性物质含量鉴别：GB 5085.6—2007 [S]. 北京：中国环境科学出版社，2007.

命题：胡正生　米方卓
审核：陈蓓蓓　彭刚华

第十一节　芳香族及含卤化合物

分类号：SW11-10

主要内容
《危险废物鉴别标准　浸出毒性鉴别》（GB 5085.3—2007）（附录 P　固体废物　芳香族及含卤化合物的测定　气相色谱法）

一、判断题

1. 根据《危险废物鉴别标准　浸出毒性鉴别》（GB 5085.3—2007）（附录P　固体废物　芳香族及含卤化合物的测定　气相色谱法）测定芳香族及含卤化合物时，样品分析可采用顶空法或直接进样法。（　　）

答案：正确

2. 根据《危险废物鉴别标准　浸出毒性鉴别》（GB 5085.3—2007）（附录P　固体废物　芳香族及含卤化合物的测定　气相色谱法）测定芳香族及含卤化合物时，气相色谱仪需配有光电离或电导检测器。（　　）

答案：正确

3. 根据《危险废物鉴别标准　浸出毒性鉴别》（GB 5085.3—2007）（附录P　固体废物　芳香族及含卤化合物的测定　气相色谱法）测定芳香族及含卤化合物时，使用确证柱进行化合物鉴定的确证，也可采用其他可对目标化合物提供合适分辨率的色谱柱进行确证，或采用GC/MS确证。（　　）

答案：正确

二、选择题

根据《危险废物鉴别标准　浸出毒性鉴别》（GB 5085.3—2007）（附录P　固体废物　芳香族及含卤化合物的测定　气相色谱法）测定芳香族及含卤化合物时，下列化合物都可以检测出来________。（　　）

A. 异丁基苯　　B. 甲苯　　C. 2-氯甲苯　　D. 正-丙基苯

答案：B

参考文献

国家环境保护总局，国家质量监督检验检疫总局. 危险废物鉴别标准　浸出毒性鉴别：GB 5085.3—2007 [S]. 北京：中国环境科学出版社，2007.

命题：胡正生

审核：陈蓓蓓　彭刚华

第十二节　含氯烃类化合物

分类号：SW11-11

主要内容
《危险废物鉴别标准　浸出毒性鉴别》（GB 5085.3—2007）（附录R　固体废物　含氯烃类化合物的测定　气相色谱法）

一、填空题

1. 根据《危险废物鉴别标准　浸出毒性鉴别》（GB 5085.3—2007）（附录R　固体废

物　含氯烃类化合物的测定　气相色谱法）测定含氯烃类化合物时，进行气相色谱分析之前，提取溶剂必须通过建立于提取方法中的 Kudern-Danish 浓缩梯度而替换为________，残留于提取物中的________　将会引起相当宽的溶剂峰。

答案：正己烷　　二氯甲烷

2. 根据《危险废物鉴别标准　浸出毒性鉴别》（GB 5085.3—2007）（附录 R　固体废物　含氯烃类化合物的测定　气相色谱法）测定含氯烃类化合物时，固体样品以________作为提取溶剂。

答案：二氯甲烷 / 丙酮（1∶1）

3. 根据《固体废物　含氯烃类化合物的测定　气相色谱法》（GB 5085.3—2007）（附录 R　固体废物　含氯烃类化合物的测定　气相色谱法），当样品提取液中某一个峰超出了其常规的保留时间窗口时需要采用________。

答案：假设性鉴定

二、判断题

根据《危险废物鉴别标准　浸出毒性鉴别》（GB 5085.3—2007）（附录 R　固体废物　含氯烃类化合物的测定　气相色谱法）测定含氯烃类化合物时，对于液体样品，以二氯甲烷在中性或不改变其 pH 条件下进行提取。（　　）

答案：正确

三、选择题

根据《固体废物　含氯烃类化合物的测定　气相色谱法》（GB 5085.3—2007），下列化合物都可以检测出来________。（　　）

A. 三氯甲苯　　B. 六氯苯　　C. 2- 氯甲苯　　D. 1,2- 二氯苯

答案：C

参考文献

国家环境保护总局，国家质量监督检验检疫总局 . 危险废物鉴别标准　浸出毒性鉴别：GB 5085.3—2007 [S]. 北京：中国环境科学出版社，2007.

命题：胡正生

审核：陈蓓蓓　彭刚华

第十二章　气相色谱－质谱法

第一节　基础知识

分类号：SW12-0

试题同“上册 W14-0”。

第二节　多氯联苯

分类号：SW12-1

主要内容 《固体废物　多氯联苯的测定　气相色谱－质谱法》（HJ 891—2017）

一、填空题

1. 根据《固体废物　多氯联苯的测定　气相色谱－质谱法》（HJ 891—2017），固体废物制备过程中称取________g 样品，加入适量的无水硫酸钠，将样品干燥拌匀呈流沙状，备用。如使用加压流体萃取，则用________脱水。

答案：20.0　　硅藻土

2. 根据《固体废物　多氯联苯的测定　气相色谱－质谱法》（HJ 891—2017）测定水溶性及油性液态固体废物中的多氯联苯时，称取适量的样品，加入________mL 水及 50 μL________，混匀后全部转入分液漏斗中，用 100 mL 的________分 3 次萃取，萃取液经脱水后收集于浓缩瓶中。

答案：80　　替代物标准使用液　　二氯甲烷

二、判断题

1. 根据《固体废物　多氯联苯的测定　气相色谱－质谱法》（HJ 891—2017），样品采集后于 4℃下避光保存，14 d 内完成萃取，40 d 内完成萃取液的分析。（　　）

答案：正确

2. 根据《固体废物　多氯联苯的测定　气相色谱－质谱法》（HJ 891—2017），如提取液颜色较深，不需要净化可直接定容至 1.0 mL，待测。（　　）

答案：错误

正确答案为：如提取液颜色较深，可先用硫酸净化方法进行初步净化处理。

三、选择题

1. 根据《固体废物　多氯联苯的测定　气相色谱－质谱法》（HJ 891—2017），当样品存在有机氯农药或其他小分子物质干扰时，需对硫酸净化或多层硅胶柱净化后的样品使用________，进一步净化分离。（　　）

A. 玻璃棉层析柱　　B. 硅胶层析柱　　C. 硅酸镁层析柱

答案：C

2. 根据《固体废物　多氯联苯的测定　气相色谱－质谱法》（HJ 891—2017），浓缩过程中，将原先的提取液浓缩至 10 mL 左右加入 3 mL________转换溶剂，继续浓缩至 1～2 mL，待净化分析。（　　）

A. 正己烷　　B. 乙酸乙酯　　C. 丙酮

答案：A

参考文献

环境保护部．固体废物　多氯联苯的测定　气相色谱－质谱法：HJ 891—2017 [S]．北京：中国环境出版社，2017.

命题：赵佳文　米方卓
审核：康长安　夏　新

第三节　有机氯农药

分类号：SW12-2

主要内容
《固体废物　有机氯农药的测定　气相色谱－质谱法》（HJ 912—2017）

一、填空题

根据《固体废物　有机氯农药的测定　气相色谱－质谱法》（HJ 912—2017），固态和半固态固体废物提取方法可选择________、________和________等萃取方法。

答案：索氏提取　加压流体萃取　微波萃取

二、判断题

1. 根据《固体废物　有机氯农药的测定　气相色谱－质谱法》（HJ 912—2017），样品采集后于 4℃下避光保存，保存时间不超过 30 d。（　　）

答案：错误

正确答案为：根据《固体废物　有机氯农药的测定　气相色谱－质谱法》（HJ 912—2017），样品采集后于 4℃下避光保存，保存时间不超过 10 d。

2. 根据《固体废物　有机氯农药的测定　气相色谱－质谱法》（HJ 912—2017），取适量固体废物浸出液转入合适体积的分液漏斗中，加入 10～20 μL 的替代物标准使用

液和适量氯化钠，再加入 20 mL 正己烷，充分振荡、静置分层后，有机相经装有适量无水硫酸钠的漏斗进行脱水。(　　)

答案： 错误

正确答案为： 根据《固体废物　有机氯农药的测定　气相色谱－质谱法》(HJ 912—2017)，取适量固体废物浸出液转入合适体积的分液漏斗中，加入 10～20 μL 的替代物标准使用液和适量氯化钠，再加入 20 mL 二氯甲烷，充分振荡、静置分层后，有机相经装有适量无水硫酸钠的漏斗进行脱水。

三、选择题

1. 根据《固体废物　有机氯农药的测定　气相色谱－质谱法》(HJ 912—2017)，固态和半固态固体废物采用索氏提取的方式提取，在索氏提取器中加入提取溶剂，提取________h，回流速度控制在________次 /h。(　　)

   A. 16～17，4～5　　B. 16～18，4～6　　C. 16～18，4～5

答案： B

2. 根据《固体废物　有机氯农药的测定　气相色谱－质谱法》(HJ 912—2017)，固体废物浸出液试样净化，用 9 mL________以 1 mL/min 的速度洗脱。(　　)

   A. 正己烷　　B. 乙酸乙酯　　C. 正己烷－丙酮混合溶剂

答案： C

参考文献

环境保护部 . 固体废物　有机氯农药的测定　气相色谱－质谱法：HJ 912—2017 [S]. 北京：中国环境出版社，2017.

命题：赵佳文　米方卓
审核：康长安　夏　新

第四节　有机磷农药

分类号：SW12-3

主要内容
《固体废物　有机磷类和拟除虫菊酯类等 47 种农药的测定　气相色谱－质谱法》(HJ 963—2018)

一、填空题

1. 根据《固体废物　有机磷类和拟除虫菊酯类等 47 种农药的测定　气相色谱－质谱法》(HJ 963—2018)，样品采集后于洁净的棕色磨口玻璃瓶中保存。运输过程中应冷藏、避光、密封。如不能及时分析，应在 4℃下冷藏、避光、密封保存，保存时间不超过________d。

答案： 7

2. 根据《固体废物　有机磷类和拟除虫菊酯类等 47 种农药的测定　气相色谱－质谱法》（HJ 963—2018），固态和半固态固体废物制备中，称取约 10 g 样品，加入适量的无水硫酸钠，使样品干燥，拌匀呈________，备用。如使用加压流体萃取，则用________脱水。

答案：流沙状　硅藻土

3. 根据《固体废物　有机磷类和拟除虫菊酯类等 47 种农药的测定　气相色谱－质谱法》（HJ 963—2018），油状液态固体废物，称取约 10 g 样品，加入 30 mL________，混匀后全部转入分液漏斗中，加入________mL 水。

答案：二氯甲烷　100

二、判断题

1. 根据《固体废物　有机磷类和拟除虫菊酯类等 47 种农药的测定　气相色谱－质谱法》（HJ 963—2018），样品提取液在 4℃下冷藏、避光、密封保存，30 d 内完成分析。（　）

答案：正确

2. 根据《固体废物　有机磷类和拟除虫菊酯类等 47 种农药的测定　气相色谱－质谱法》（HJ 963—2018），固体废物空白试样用石英砂代替样品，按照与固体废物试样的制备相同的步骤进行固体废物空白试样的制备。（　）

答案：正确

三、选择题

1. 根据《固体废物　有机磷类和拟除虫菊酯类等 47 种农药的测定　气相色谱－质谱法》（HJ 963—2018），提取液采用固相萃取柱净化，用________进行淋洗。（　）

A. 乙腈－甲醇混合液　　B. 乙腈－甲苯混合液

C. 二氯甲烷－正己烷混合液

答案：B

2. 根据《固体废物　有机磷类和拟除虫菊酯类等 47 种农药的测定　气相色谱－质谱法》（HJ 963—2018），固态和半固态废物试样的制备选择索氏提取进行目标化合物的提取，将脱水后的样品全部转移至自动索氏提取杯中，用 200～300 mL 的________，提取 8 h 以上，回流速度控制在 4～6 次 /h，待冷却后，将提取液浓缩定容至 5 mL，待净化分析。（　）

A. 正己烷　　B. 乙酸乙酯　　C. 正己烷－丙酮混合溶剂

答案：C

参考文献

生态环境部．固体废物　有机磷类和拟除虫菊酯类等 47 种农药的测定　气相色谱－质谱法：HJ 963—2018 [S]. 北京：中国环境出版集团，2018.

命题：赵佳文　米方卓

审核：康长安　夏　新

第五节　挥发性卤代烃

分类号：SW12-4

主要内容
①《固体废物　挥发性卤代烃的测定　吹扫捕集/气相色谱-质谱法》(HJ 713—2014)
②《固体废物　挥发性卤代烃的测定　顶空/气相色谱-质谱法》(HJ 714—2014)

一、填空题

1. 根据《固体废物　挥发性卤代烃的测定　吹扫捕集/气相色谱-质谱法》(HJ 713—2014)，样品到达实验室后，应尽快分析。若不能及时分析，应将样品低于______℃下保存，保存期为________d。①

答案：4　　14

2. 根据《固体废物　挥发性卤代烃的测定　吹扫捕集/气相色谱-质谱法》(HJ 713—2014)，固体废物低含量试样制备时，取出样品瓶，恢复至室温后，称重。加入5.0 mL实验用水、10 μL________、10 μL________，待测。①

答案：替代物　　内标物

3. 根据《固体废物　挥发性卤代烃的测定　顶空/气相色谱-质谱法》(HJ 714—2014)，固体废物低含量试样的制备时，取出样品瓶恢复至室温后，称取________g样品于顶空瓶中，加入________mL基体改性剂、2.0 μl________、4.0 μl________，立即密封。振荡10 min使样品混匀，待测。②

答案：2　　10.0　　替代物　　内标物

二、判断题

1. 根据《固体废物　挥发性卤代烃的测定　顶空/气相色谱-质谱法》(HJ 714—2014)，在采样现场使用便携式VOCs测定仪对固体样品浓度高低进行初筛，并标记。所有样品均应至少采集3个平行样品。尽快采集样品于采样瓶中并尽量填满，快速清除掉采样瓶螺纹及外表面上黏附的样品，密封采样瓶。(　　)②

答案：正确

2. 根据《固体废物　挥发性卤代烃的测定　吹扫捕集/气相色谱-质谱法》(HJ 713—2014)，固体废物空白试样用石英砂代替样品，按照与固体废物试样的制备相同的步骤进行固体废物空白试样的制备。(　　)①

答案：正确

三、选择题

1. 根据《固体废物　挥发性卤代烃的测定　吹扫捕集/气相色谱-质谱法》(HJ 713—2014)，样品采集时，用采样器材收集约________g样品至样品瓶中，快速清除掉样品瓶螺纹及表面的样品，立即密封样品瓶。(　　)①

A. 2　　B. 5　　C. 10

答案：B

2. 根据《固体废物　挥发性卤代烃的测定　顶空/气相色谱-质谱法》（HJ 714—2014），现场初步筛选挥发性卤代烃含量测定结果大于________μg/kg时，视样品为高含量样品。（　）②

A. 100　　B. 150　　C. 200

答案：C

3. 根据《固体废物　挥发性卤代烃的测定　吹扫捕集/气相色谱-质谱法》（HJ 713—2014），固体废物高含量试样制备过程，称取________g样品置于样品瓶中，迅速加入10.0 mL甲醇，密封，在往复式振荡器上振荡。（　）①

A. 2.0　　B. 5.0　　C. 10.0

答案：B

4. 根据《固体废物　挥发性卤代烃的测定　顶空/气相色谱-质谱法》（HJ 714—2014），固体废物高含量试样制备过程，称取适量样品轻轻地放入顶空瓶中，加入10.0 mL甲醇，密封。室温下振荡________min，静置沉降后，取2.0 mL提取液至2 mL棕色密实瓶中，密封。（　）②

A. 10　　B. 15　　C. 30

答案：A

参考文献

[1] 环境保护部. 固体废物　挥发性卤代烃的测定　吹扫捕集/气相色谱-质谱法：HJ 713—2014 [S]. 北京：中国环境出版社，2014.

[2] 环境保护部. 固体废物　挥发性卤代烃的测定　顶空/气相色谱-质谱法：HJ 714—2014 [S]. 北京：中国环境出版社，2014.

命题：赵佳文

审核：康长安　夏　新

第六节　半挥发性有机物

分类号：SW12-5

主要内容

①《危险废物鉴别标准　浸出毒性鉴别》（GB 5085.3—2007）（附录K　固体废物　半挥发性有机化合物的测定　气相色谱/质谱法）

②《危险废物鉴别标准　浸出毒性鉴别》（GB 5085.3—2007）［附录M　固体废物　半挥发性有机物（PAHs和PCBs）的测定　热提取气相色谱质谱法］

③《固体废物　半挥发性有机物的测定　气相色谱-质谱法》（HJ 951—2018）

一、填空题

1. 根据《危险废物鉴别标准　浸出毒性鉴别》（GB 5085.3—2007）［附录 M　固体废物　半挥发性有机物（PAHs 和 PCBs）的测定　热提取气相色谱质谱法］，PAHs 和 PCBs 中的挥发物含量越多，降解后的校准溶液可能会比校准溶液表现出更高的浓度，原因可能是因为________造成的损失。②

答案：蒸发作用

2. 根据《危险废物鉴别标准　浸出毒性鉴别》（GB 5085.3—2007）［附录 M　固体废物　半挥发性有机物（PAHs 和 PCBs）的测定　热提取气相色谱质谱法］，将配制好的标准溶液储备液转移至带有________衬里螺纹盖的玻璃瓶中，在 -10～-20℃下避光储存。②

答案：聚四氟乙烯

3.《危险废物鉴别标准　浸出毒性鉴别》（GB 5085.3—2007）［附录 M　固体废物　半挥发性有机物（PAHs 和 PCBs）的测定　热提取气相色谱质谱法］规定，中间标准溶液必须包含________作为校准标准溶液（PAHs 和 PCBs 溶液分离）或者包含________作为内标溶液。②

答案：所有目标分析物　　所有内标物

4. 根据《固体废物　半挥发性有机物的测定　气相色谱 - 质谱法》（HJ 951—2018），样品采集后于洁净的棕色磨口玻璃瓶中保存。运输过程中应冷藏、避光、密封。如不能及时分析，应在 4℃下冷藏、避光、密封保存，保存时间不超过________d。③

答案：10

5. 根据《固体废物　半挥发性有机物的测定　气相色谱 - 质谱法》（HJ 951—2018），固体废物浸出液试样萃取过程中，取________mL 固体废物浸出液转入合适体积的分液漏斗中，加入 8～20 μL 的替代物标准使用液和适量的________，再加入 20 mL________，充分振荡、静置分层。③

答案：100　　氯化钠　　二氯甲烷

6. 根据《固体废物　半挥发性有机物的测定　气相色谱 - 质谱法》（HJ 951—2018），固体废物浸出液浓缩使用氮吹浓缩仪时应在室温条件下，开启氮气至溶剂表面有气流波动，经多次洗涤氮吹过程中已露出的浓缩器壁，将萃取液浓缩到________mL 左右，无须净化时，全部转移，加入适量内标使用液，定容于________mL，混匀，待测。③

答案：5　　10.0

二、判断题

1. 根据《危险废物鉴别标准　浸出毒性鉴别》（GB 5085.3—2007）（附录 K　固体废物　半挥发性有机化合物的测定　气相色谱 / 质谱法），大部分水基质样品是可以直接进样的。（　　）①

答案：错误

正确答案为：直接进样通常是用 10 μL 注射器把样品直接注入 GC-MS 系统中，

这种方法的检测限很高，约为 100 000 μg/L。因此，只有当样品的浓度超过 100 000 μg/L 时才能采用，同时使用该方法系统还需要用直接注入法来校正。

2.《危险废物鉴别标准　浸出毒性鉴别》(GB 5085.3—2007)(附录K　固体废物　半挥发性有机化合物的测定　气相色谱 / 质谱法）规定，当检出限低于 EI 谱图的一般范围时，可以采用选择离子模式。(　　)①

答案：正确

3. 根据《危险废物鉴别标准　浸出毒性鉴别》(GB 5085.3—2007)(附录K　固体废物　半挥发性有机化合物的测定　气相色谱 / 质谱法)，若结构异构体有非常相似的质谱图、但是在 GC 上的保留时间有明显差别，则被认为是相同的异构体。(　　)①

答案：错误

正确答案为：被认为是不同的异构体。

4. 根据《危险废物鉴别标准　浸出毒性鉴别》(GB 5085.3—2007)(附录K　固体废物　半挥发性有机化合物的测定　气相色谱 / 质谱法)，气相色谱 - 质谱法能监测固体废物、土壤和地下水中半挥发性有机化合物含量。(　　)①

答案：正确

5. 根据《固体废物　半挥发性有机物的测定　气相色谱 - 质谱法》(HJ 951—2018)，若萃取液颜色较深，则需要净化，当分析的目的是筛查全部半挥发性有机物时，应选用凝胶渗透色谱净化方法或其他等效净化方法。(　　)③

答案：正确

6. 根据《固体废物　半挥发性有机物的测定　气相色谱 - 质谱法》(HJ 951—2018)，水性液态固体废物制备中，称取 10.0 g 样品，加入 100 mL 水，混匀后全部转入分液漏斗中，其余步骤按照固体废物浸出液试样的制备进行。(　　)③

答案：错误

正确答案为：称取 10.0 g 样品，加入 90 mL 水，混匀后全部转入分液漏斗中，其余步骤按照固体废物浸出液试样的制备进行。

三、选择题

1. 根据《固体废物　半挥发性有机物的测定　气相色谱 - 质谱法》(HJ 951—2018)，采用索氏提取时，加入提取溶剂，提取________h，回流速度控制在________次 /h。提取完毕，取出圆底溶剂瓶，待浓缩。(　　)③

A. 16～17，4～5　　　　B. 16～18，4～6

C. 16～18，4～5

答案： B

2. 根据《固体废物　半挥发性有机物的测定　气相色谱 - 质谱法》(HJ 951—2018)，固态和半固态废物试样的提取方法可选择索氏提取、加压流体萃取、微波萃取或其他等效萃取方法。萃取溶剂为________。(　　)③

A. 正己烷　　　　B. 乙酸乙酯

C. 二氯甲烷 - 丙酮混合溶剂

答案：C

参考文献

[1] 国家环境保护总局，国家质量监督检验检疫总局.危险废物鉴别标准　浸出毒性鉴别：GB 5085.3—2007 [S]. 北京：中国环境科学出版社，2007.

[2] 生态环境部.固体废物　半挥发性有机物的测定　气相色谱－质谱法：HJ 951—2018 [S]. 北京：中国环境出版集团，2018.

命题：赵佳文　胡正生　夏　新

审核：康长安　陈蓓蓓　彭刚华

第七节　挥发性有机物

分类号：SW12-6

> **主要内容**
> ①《危险废物鉴别标准　浸出毒性鉴别》（GB 5085.3—2007）（附录O　固体废物　挥发性有机化合物的测定　气相色谱/质谱法）
> ②《固体废物　挥发性有机物的测定　顶空/气相色谱－质谱法》（HJ 643—2013）

一、填空题

1. 根据《危险废物鉴别标准　浸出毒性鉴别》（GB 5085.3—2007）（附录O　固体废物　挥发性有机化合物的测定　气相色谱/质谱法），应用静态顶空技术可分析________及________的化合物。①

答案：挥发性　　水溶性

2. 根据《危险废物鉴别标准　浸出毒性鉴别》（GB 5085.3—2007）（附录O　固体废物　挥发性有机化合物的测定　气相色谱/质谱法），当样品中某个化合物的离子将检测器信号饱和了，则之后必须进行一次________的测试。①

答案：无有机物水空白

二、选择题

1. 《危险废物鉴别标准　浸出毒性鉴别》（GB 5085.3—2007）（附录O　固体废物　挥发性有机化合物的测定　气相色谱/质谱法）可应用于定量分析大多数沸点低于________的挥发性有机化合物。（　　）①

A. 200　　B. 300　　C. 400　　D. 500

答案：A

2. 根据《固体废物　挥发性有机物的测定　顶空/气相色谱－质谱法》（HJ 643—2013），如果现场初步筛选挥发相有机物为高含量或低含量测定结果大于________μg/kg 时应视为高含量式样。（　　）②

A. 500　　B. 1 000　　C. 2 000　　D. 5 000

答案：B

参考文献

[1] 国家环境保护总局，国家质量监督检验检疫总局 . 危险废物鉴别标准　浸出毒性鉴别：GB 5085.3—2007 [S]. 北京：中国环境科学出版社，2007.

[2] 环境保护部 . 固体废物　挥发性有机物的测定　顶空 / 气相色谱 - 质谱法：HJ 643—2013 [S]. 北京：中国环境出版社，2013.

命题：胡正生

审核：陈蓓蓓　彭刚华

第八节　苯系物

分类号：SW12-7

主要内容
《固体废物　苯系物的测定　顶空 / 气相色谱 - 质谱法》（HJ 976—2018）

一、填空题

1. 根据《固体废物　苯系物的测定　顶空 / 气相色谱 - 质谱法》（HJ 976—2018），样品送入实验室后应尽快分析。若不能立即分析，应在 4℃以下密封保存，保存时间不超过________d。

答案：14

2. 根据《固体废物　苯系物的测定　顶空 / 气相色谱 - 质谱法》（HJ 976—2018），低含量试样制备，称取 2 g 样品置于顶空瓶中，迅速向顶空瓶中加入________饱和氯化钠溶液，2 μL 内标标准溶液和 20 μL 替代物使用液，立即密封，在往复式振荡器上以 150 次 /min 的频率振荡________min，待测。

答案：10.0 mL　　10

3. 根据《固体废物　苯系物的测定　顶空 / 气相色谱 - 质谱法》（HJ 976—2018），目标物含量大于________μg/kg 时应视为高含量试样。

答案：1 000

二、判断题

1. 根据《固体废物　苯系物的测定　顶空 / 气相色谱 - 质谱法》（HJ 976—2018），按照 HJ/T 300 方法制备固体废物醋酸浸出液试样。移取 10.0 mL 浸出液至顶空瓶中，加入 2 μL 内标标准溶液和 20 μl 替代物使用液 Ⅰ，立即密封，待测。（　　）

答案：正确

2. 根据《固体废物　苯系物的测定　顶空 / 气相色谱 - 质谱法》（HJ 976—2018），全程序空白试样，采样前在实验室将 10.0 mL 饱和氯化钠溶液和 2 g 石英砂放入顶空瓶中，加入 2 μl 内标标准溶液密封，将其带到采样现场后开封，再密封，之后随样品运回实验室。（　　）

答案： 正确

三、选择题

根据《固体废物　苯系物的测定　顶空 / 气相色谱－质谱法》(HJ 976—2018)，高含量试样用________，进行稀释。(　　)

A. 正己烷　　　　B. 甲醇　　　　C. 丙酮

答案： B

参考文献

生态环境部. 固体废物　苯系物的测定　顶空 / 气相色谱－质谱法：HJ 976—2018 [S]. 北京：中国环境出版集团，2018.

命题：赵佳文　米方卓
审核：康长安　夏　新

第九节　多环芳烃

分类号：SW12-8

主要内容
《固体废物　多环芳烃的测定　气相色谱－质谱法》(HJ 950—2018)

一、填空题

1. 根据《固体废物　多环芳烃的测定　气相色谱－质谱法》(HJ 950—2018)，样品采集后于洁净的棕色磨口玻璃瓶中保存。运输过程中应冷藏、避光、密封。如不能及时分析，应在4℃下冷藏、避光、密封保存，保存时间不超过________d。

答案： 10

2. 根据《固体废物　多环芳烃的测定　气相色谱－质谱法》(HJ 950—2018)，固体废物浸出液萃取，取________mL，固体废物浸出液转入合适体积的分液漏斗中，加入________替代物标准使用液，适量________，再加入 20 mL________，充分振荡、静置分层。

答案： 100　　8 μL　　氯化钠　　二氯甲烷

3. 根据《固体废物　多环芳烃的测定　气相色谱－质谱法》(HJ 950—2018)，固体废物浸出液浓缩使用氮吹浓缩仪时应在室温条件下，开启氮气至溶剂表面有气流波动，经多次洗涤氮吹过程中已露出的浓缩器壁，将萃取液浓缩到________mL 左右，无须净化时，全部转移，加入适量内标使用液，定容至________mL，混匀，待测。③

答案： 1　　1.0

二、判断题

1. 根据《固体废物　多环芳烃的测定　气相色谱－质谱法》(HJ 950—2018)，水性液态固体废物试样制备时，称取 10.0 g 样品，加入 90 mL 水，混匀后全部转入分液漏斗中，其余按照固体废物浸出液试样制备。(　　)

答案：正确

2. 根据《固体废物　多环芳烃的测定　气相色谱－质谱法》(HJ 950—2018)，空白试样的制备时，用石英砂替代实际样品，按照与固体废物浸出液样品制备和固体废物浸出液试样制备的相同步骤制备空白试样。(　　)

答案：正确

三、选择题

1. 根据《固体废物　多环芳烃的测定　气相色谱－质谱法》(HJ 950—2018)，采用索氏提取用的提取溶剂是________。(　　)

A. 正己烷　　　B. 甲醇　　　C. 正己烷－丙酮混合溶剂

答案：C

2. 根据《固体废物　多环芳烃的测定　气相色谱－质谱法》(HJ 950—2018)，当选用硅酸镁柱净化方法时，用________多次淋洗硅酸镁小柱。(　　)

A. 正己烷　　　B. 甲醇　　　C. 正己烷－丙酮混合溶剂

答案：A

参考文献

生态环境部. 固体废物　多环芳烃的测定　气相色谱－质谱法：HJ 950—2018 [S]. 北京：中国环境出版集团，2018.

命题：赵佳文

审核：康长安　夏　新

第十节　二噁英类

分类号：SW12-9

主要内容

《固体废物　二噁英类的测定　同位素稀释高分辨气相色谱－高分辨质谱法》(HJ 77.3—2008)

一、填空题

1. 根据《固体废物　二噁英类的测定　同位素稀释高分辨气相色谱－高分辨质谱法》(HJ 77.3—2008)，采集的样品加入内标后，需要经过________、________和________为最终分析式样。

答案：提取　　净化　　浓缩转化

2. 根据《固体废物　二噁英类的测定　同位素稀释高分辨气相色谱－高分辨质谱法》(HJ 77.3—2008)，在液态样品制样时，样品混匀后，需要采________法，每次减量________，最终样品量为检测分析用样品量的 10 倍左右。

答案：二分　一半

3. 根据《固体废物　二噁英类的测定　同位素稀释高分辨气相色谱－高分辨质谱法》（HJ 77.3—2008），当检测样品为半固态的样品时，制样时应该同时测定________。

答案：含水率

4. 根据《固体废物　二噁英类的测定　同位素稀释高分辨气相色谱－高分辨质谱法》（HJ 77.3—2008），提取固态样品时，需要加入一定量的________，使其与样品在搅拌时充分接触，并且没有________现象存在。

答案：盐酸　　发泡

二、选择题

1. 根据《固体废物　二噁英类的测定　同位素稀释高分辨气相色谱－高分辨质谱法》（HJ 77.3—2008），在萃取水溶性液态样品时，需要按照每 1 L 水加入 100 mL________或甲苯的比例加入萃取剂振荡萃取，萃取液用无水硫酸钠脱水后再进行净化处理。（　　）

A. 二氯甲烷　　B. 正己烷　　C. 苯　　D. 丙酮

答案：A

2. 在萃取油状液态样品时，需要在样品中加入一定量的________，使其溶解成分完全溶解，再经布氏漏斗及玻璃纤维滤膜过滤后分别萃取。（　　）

A. 苯　　B. 甲苯　　C. 二氯甲烷　　D. 正己烷

答案：B

参考文献

环境保护部 . 固体废物　二噁英类的测定　同位素稀释高分辨气相色谱－高分辨质谱法：HJ 77.3—2008 [S]. 北京：中国环境科学出版社，2008.

命题：胡正生

审核：陈蓓蓓　彭刚华

第十三章　液相色谱法

第一节　基础知识

分类号：SW13-0

试题同“上册 W15-0”。

第二节　百草枯和敌草快

分类号：SW13-1

主要内容
《危险废物鉴别标准　毒性物质含量鉴别》（GB 5085.6—2007）（附录 J　固体废物　百草枯和敌草快的测定　高效液相色谱紫外法）

填空题

1.《危险废物鉴别标准　毒性物质含量鉴别》（GB 5085.6—2007）（附录 J　固体废物　百草枯和敌草快的测定　高效液相色谱紫外法）中百草枯和敌草快的检出限分别为________和________。

答案：0.68 mg/L　　0.72 mg/L

2. 根据《危险废物鉴别标准　毒性物质含量鉴别》（GB 5085.6—2007）（附录 J　固体废物　百草枯和敌草快的测定　高效液相色谱紫外法），土壤中的目标物质提取可采用________或________方法进行；饮用水或水源中提取采用________或________技术进行。

答案：索氏提取　　超声提取　　固液提取　　液液萃取

参考文献

国家环境保护总局，国家质量监督检验检疫总局. 危险废物鉴别标准　毒性物质含量鉴别：GB 5085.6—2007 [S]. 北京：中国环境科学出版社，2007.

命题：胡正生　彭刚华

审核：陈蓓蓓　夏　新

第三节　苯基脲类化合物

分类号：SW13-2

主要内容
《危险废物鉴别标准　毒性物质含量鉴别》（GB 5085.6—2007）（附录 M　固体废物　苯基脲类化合物的测定　固相提取－高效液相色谱紫外分析法）

一、填空题

1.《危险废物鉴别标准　毒性物质含量鉴别》（GB 5085.6—2007）（附录 M　固体废物　苯基脲类化合物的测定　固相提取－高效液相色谱紫外分析法）适用于固体废物中苯基脲类农药包括________、________、氟草隆、利谷隆、敌稗、环草隆、丁噻隆和赛苯隆。

答案：除虫脲　　敌草隆

2. 根据《危险废物鉴别标准　毒性物质含量鉴别》（GB 5085.6—2007）（附录 M　固体废物　苯基脲类化合物的测定　固相提取－高效液相色谱紫外分析法），样品保护试剂为________，作用是________。

答案：硫酸铜　　用于杀菌剂

二、选择题

根据《危险废物鉴别标准　毒性物质含量鉴别》（GB 5085.6—2007）（附录 M　固体废物　苯基脲类化合物的测定　固相提取－高效液相色谱紫外分析法），赛苯隆（Thidiazuron）和除虫脲（Diflubenzuron）应该溶于________中。（　　）

A. 甲醇　　B. 甲酸　　C. 丙酮　　D. 乙醇

答案：C

参考文献

国家环境保护总局，国家质量监督检验检疫总局 . 危险废物鉴别标准　毒性物质含量鉴别：GB 5085.6—2007 [S]. 北京：中国环境科学出版社，2007.

命题：胡正生　彭刚华
审核：陈蓓蓓　夏　新

第四节　草甘膦

分类号：SW13-3

主要内容
《危险废物鉴别标准　毒性物质含量鉴别》（GB 5085.6—2007）（附录 L　固体废物　草甘膦的测定　高效液相色谱－柱后衍生荧光法）

填空题

1. 根据《危险废物鉴别标准 毒性物质含量鉴别》（GB 5085.6—2007）（附录L 固体废物 草甘膦的测定 高效液相色谱－柱后衍生荧光法），草甘膦在试剂水、地下水和脱氯处理过的自来水中的检出限分别为________、________和________。

答案：6 μg/L 8.99 μg/L 5.99 μg/L

2. 根据《危险废物鉴别标准 毒性物质含量鉴别》（GB 5085.6—2007）（附录L 固体废物 草甘膦的测定 高效液相色谱－柱后衍生荧光法），在65℃下，被测物用________氧化，其产物氨基乙酸（glycine）用含有2－巯基乙醇的________在38℃进行反应，得到有荧光相应的物质。

答案：次氯酸钙 邻苯二甲醛

3. 根据《危险废物鉴别标准 毒性物质含量鉴别》（GB 5085.6—2007）（附录L 固体废物 草甘膦的测定 高效液相色谱－柱后衍生荧光法），样品保护试剂为________。

答案：硫代硫酸钠

参考文献

国家环境保护总局，国家质量监督检验检疫总局．危险废物鉴别标准 毒性物质含量鉴别：GB 5085.6—2007 [S]. 北京：中国环境科学出版社，2007.

命题：胡正生 彭刚华

审核：陈蓓蓓 夏 新

第五节 多环芳烃类

分类号：SW13-4

主要内容
①《危险废物鉴别标准 毒性物质含量鉴别》（GB 5085.6—2007）（附录Q 固体废物 多环芳烃类的测定 高效液相色谱法）
②《固体废物 多环芳烃的测定 高效液相色谱法》（HJ 892—2017）

一、填空题

1. 根据《危险废物鉴别标准 毒性物质含量鉴别》（GB 5085.6—2007）（附录Q 固体废物 多环芳烃类的测定 高效液相色谱法），在HPLC分析之前，提取物的溶剂必须更换为________。①

答案：乙腈

2.《危险废物鉴别标准 毒性物质含量鉴别》（GB 5085.6—2007）（附录Q 固体废物 多环芳烃类的测定 高效液相色谱法）提供了用高效液相色谱检测1 μg/L含量的多环芳烃的HPLC条件。在使用这种方法之前，必须采用适当的样品提取技术。提取物5～25℃注入HPLC，经________分离后流出物用________和________检测器检测。①

答案：色谱　　紫外　　荧光

3. 根据《固体废物　多环芳烃的测定　高效液相色谱法》（HJ 892—2017）测定固体废物（污泥）中多环芳烃时，当取样量为 2.00 g，定容体积为 1.0 mL 时，用紫外检测器测定的方法检出限为________mg/kg。②

答案：0.02

4. 根据《固体废物　多环芳烃的测定　高效液相色谱法》（HJ 892—2017）测定固体废物中多环芳烃，萃取时应用适量________和________充分振摇。②

答案：氯化钠　　二氯甲烷

5. 根据《固体废物　多环芳烃的测定　高效液相色谱法》（HJ 892—2017）测定固体废物中多环芳烃，采用固相萃取柱净化时，填料为________或________。②

答案：硅胶　　硅酸镁

6. 根据《固体废物　多环芳烃的测定　高效液相色谱法》（HJ 892—2017）测定固体废物中多环芳烃，在固体废物试样制备时，油性液态固体废物应先称取 10 g 样品，加入________，混匀后全部转入分液漏斗，加 100 mL 水，再进行萃取、浓缩、净化。②

答案：30 mL 二氯甲烷

7. 根据《固体废物　多环芳烃的测定　高效液相色谱法》（HJ 892—2017）测定固体废物中多环芳烃，采用氮吹浓缩仪浓缩时，须在________调节氮气流量至溶剂表面有气流波动，避免形成气涡。②

答案：室温下

二、判断题

1. 根据《固体废物　多环芳烃的测定　高效液相色谱法》（HJ 892—2017）测定固体废物中多环芳烃，硅胶在使用前，应置于平底托盘中，130℃活化至少 16 h。(　　) ②

答案：错误

　　正确答案为：应置于平底托盘中并覆上锡纸，130℃活化至少 16 h。

2. 根据《固体废物　多环芳烃的测定　高效液相色谱法》（HJ 892—2017）测定固体废物中多环芳烃，制备硅胶柱时，应在玻璃层析柱的底部加入用正己烷浸洗的玻璃棉。(　　) ②

答案：错误

　　正确答案为：应加入用二氯甲烷浸洗的玻璃棉。

3. 根据《固体废物　多环芳烃的测定　高效液相色谱法》（HJ 892—2017）测定固体废物中多环芳烃，采用固相萃取柱净化时，若洗脱液颜色较深，可适当增加浓缩体积，也可将洗脱液用甲醇或乙腈适当稀释后待测。(　　) ②

答案：正确

4. 根据《固体废物　多环芳烃的测定　高效液相色谱法》（HJ 892—2017）测定固体废物中多环芳烃时，水性液态固体废物试样的制备应先将样品全部转入分液漏斗中，再进行萃取、浓缩、净化。(　　) ②

答案：错误

正确答案为：水性液态固体废物试样的制备应称取 10 g（精确到 0.01 g）样品，加入 90 mL 水，混匀后全部转入分液漏斗，再进行萃取、浓缩、净化。

5. 根据《固体废物　多环芳烃的测定　高效液相色谱法》（HJ 892—2017）测定固体废物中多环芳烃，固体和半固体废物在提取时，用丙酮－正己烷混合溶液以每小时不小于 4 次的回流速度提取 16 ～18 h。（　　）②

答案：正确

6. 根据《固体废物　多环芳烃的测定　高效液相色谱法》（HJ 892—2017）测定固体废物中多环芳烃，固体废物浸出液和固体废物的空白试样制备均可用石英砂代替。（　　）②

答案：正确

三、选择题

1. 根据《危险废物鉴别标准　毒性物质含量鉴别》（GB 5085.6—2007）（附录 Q　固体废物　多环芳烃类的测定　高效液相色谱法），校准标准溶液可利用添加乙腈稀释储备标准溶液的方法制备，至少要配制________种不同浓度的校准溶液。（　　）①

A. 3　　B. 4　　C. 5　　D. 6

答案：C

2. 根据《固体废物　多环芳烃的测定　高效液相色谱法》（HJ 892—2017）测定固体废物中多环芳烃时，氮气纯度应≥________%。（　　）②

A. 99　　B. 99.9　　C. 99.99　　D. 99.999

答案：D

3. 根据《固体废物　多环芳烃的测定　高效液相色谱法》（HJ 892—2017）测定固体废物中多环芳烃，制备硅胶柱时，从下到上的材料依次为________。（　　）②

A. 玻璃棉　无水硫酸钠　活性硅胶柱　无水硫酸钠

B. 玻璃棉　硅藻土　活性硅胶柱　无水硫酸钠

C. 玻璃棉　硅藻土　活性硅胶柱　硅藻土

D. 玻璃棉　无水硫酸钠　活性硅胶柱　硅藻土

答案：A

四、问答题

简述根据《固体废物　多环芳烃的测定　高效液相色谱法》（HJ 892—2017），采用加压流体提取时，固态和半固态固体废物应如何进行干燥脱水？②

答案：采用加压流体提取时，固态和半固态固体废物的干燥脱水应依据目标物的性质选择不同的方法。

方法一：非挥发性有机物（如多氯联苯）的新鲜样品在室温条件下避光、风干。

方法二：需要测定新鲜样品时，使用冻干法进行干燥脱水。

方法三：需要测定新鲜样品时，也可采用干燥剂脱水方法。称取适量含有少量水分的颗粒态固体废物样品，加入一定量的硅藻土充分混匀、脱水，在研钵中反复研磨呈散粒状（约 1 mm），全部转入萃取池中进行萃取。

参考文献

[1] 国家环境保护总局，国家质量监督检验检疫总局．危险废物鉴别标准　毒性物质含量鉴别：GB 5085.6—2007 [S]. 北京：中国环境科学出版社，2007.

[2] 环境保护部．固体废物　多环芳烃的测定　高效液相色谱法：HJ 892—2017 [S]. 北京：中国环境出版社，2017.

[3] 环境保护部．固体废物　有机物的提取　加压流体萃取法：HJ 782—2016 [S]. 北京：中国环境出版社，2016.

命题：张慧敏　胡正生

审核：康长安　陈蓓蓓　彭刚华

第六节　非挥发性化合物

分类号：SW13-5

主要内容
《危险废物鉴别标准　浸出毒性鉴别》（GB 5085.3—2007）（附录 L　固体废物　非挥发性化合物的测定　高效液相色谱）

一、填空题

1. 根据《危险废物鉴别标准　浸出毒性鉴别》（GB 5085.3—2007）（附录 L　固体废物　非挥发性化合物的测定　高效液相色谱），样品经过萃取等前处理之后，利用________和________及 / 或紫外（UV）测定目标分析物。

答案：反相高效液相色谱　　热喷雾 - 质谱

2. 根据《危险废物鉴别标准　浸出毒性鉴别》（GB 5085.3—2007）（附录 L　固体废物　非挥发性化合物的测定　高效液相色谱），用________把染料进行索式萃取________h，再将萃取液用旋转蒸发器蒸发至干。

答案：甲苯　24

二、选择题

根据《危险废物鉴别标准　浸出毒性鉴别》（GB 5085.3—2007）（附录 L　固体废物　非挥发性化合物的测定　高效液相色谱），由于含氯除草剂的反应性强，标准液必须在________中配制。（　　）

A. 甲酸　　B. 甲醇　　C. 乙醇　　D. 乙腈

答案：乙腈

参考文献

国家环境保护总局，国家质量监督检验检疫总局．危险废物鉴别标准　浸出毒性鉴别：GB 5085.3—2007 [S]. 北京：中国环境科学出版社，2007.

命题：胡正生　夏　新
审核：陈蓓蓓　彭刚华

第七节　硝基芳烃和硝基胺

分类号：SW13-6

主要内容
《危险废物鉴别标准　浸出毒性鉴别》（GB 5085.3—2007）（附录 J　固体废物　硝基芳烃和硝基胺的测定　高效液相色谱法）

一、填空题

根据《危险废物鉴别标准　浸出毒性鉴别》（GB 5085.3—2007）（附录 J　固体废物　硝基芳烃和硝基胺的测定　高效液相色谱法），液态样品用________和________盐析萃取操作法进行萃取和反萃取，用高效液相色谱检测，经 C_{18} 反相色谱柱分离，紫外检测器检测。

答案：乙腈　氯化钠

二、判断题

根据《危险废物鉴别标准　浸出毒性鉴别》（GB 5085.3—2007）（附录 J　固体废物　硝基芳烃和硝基胺的测定　高效液相色谱法），校正用标准液至少要配制 5 个不同的浓度，用 5 g/L 氯化钙溶液，按 50%（*v*/*v*）将标准溶液稀释，这些稀释液必须冷藏于阴暗处，并于校正的当天新鲜配制。（　　）

答案：正确

参考文献

国家环境保护总局，国家质量监督检验检疫总局．危险废物鉴别标准　浸出毒性鉴别：GB 5085.3—2007 [S]. 北京：中国环境科学出版社，2007.

命题：胡正生　夏　新
审核：陈蓓蓓　彭刚华

第十四章　液相色谱－质谱法

第一节　氨基甲酸酯类农药

分类号：SW14-1

主要内容
《固体废物　氨基甲酸酯类农药的测定　高效液相色谱－三重四极杆质谱法》（HJ 1026—2019）

一、填空题

1. 根据《固体废物　氨基甲酸酯类农药的测定　高效液相色谱－三重四极杆质谱法》（HJ 1026—2019），样品采集后应在4℃以下冷藏、避光、密封保存，杀线威样品保存时间不超过________d，其他目标物样品保存时间不超过________d。如 -30℃冷冻保存，所有目标物样品保存时间不超过________d。

答案：2　　7　　30

2. 根据《固体废物　氨基甲酸酯类农药的测定　高效液相色谱－三重四极杆质谱法》（HJ 1026—2019），对于固体废物浸出液样品，如需去除色素，须用________萃取柱净化。

答案：石墨化炭黑

二、判断题

1. 根据《固体废物　氨基甲酸酯类农药的测定　高效液相色谱－三重四极杆质谱法》（HJ 1026—2019），固体废物浸出液样品须用氨水或甲酸调节 pH 后密封保存。（　　）

答案：正确

2. 根据《固体废物　氨基甲酸酯类农药的测定　高效液相色谱－三重四极杆质谱法》（HJ 1026—2019），水性液态废物制备直接称取 10 g 样品，用水定容至 100 mL，用甲酸或氨水调节水样 pH 至 6～7。（　　）

答案：正确

3. 根据《固体废物　氨基甲酸酯类农药的测定　高效液相色谱－三重四极杆质谱法》（HJ 1026—2019），油性液态废物样品制备时，需将样品转移至分液漏斗中，加入 30 mL 的乙腈，充分振荡，重复萃取 3 次。（　　）

答案：正确

4. 根据《固体废物　氨基甲酸酯类农药的测定　高效液相色谱－三重四极杆质谱法》

（HJ 1026—2019），固相萃取柱在活化过程中应确保萃取柱填料表面在液面以上。（　　）

答案：错误

正确答案为：固相萃取柱在活化过程中应确保萃取柱填料表面不露出液面。

三、选择题

1. 根据《固体废物　氨基甲酸酯类农药的测定　高效液相色谱-三重四极杆质谱法》（HJ 1026—2019），杀线威、恶虫威、甲硫威浸出液样品于 pH 至________时，可保存 30 d。（　　）

A. 3～4　　B. 4～8　　C. 7～8

答案：A

2. 根据《固体废物　氨基甲酸酯类农药的测定　高效液相色谱-三重四极杆质谱法》（HJ 1026—2019），固态和半固态废物采用索氏提取法提取时，在圆底溶剂瓶中加入 200 mL 甲醇-二氯甲烷混合溶剂，回流速度控制在________次 /h，提取________h。（　　）

A. 3～6，6　　B. 4～6，8　　C. 3～5，6

答案：B

3. 根据《固体废物　氨基甲酸酯类农药的测定　高效液相色谱-三重四极杆质谱法》（HJ 1026—2019），油性液态废物浓缩时，加入适量的内标标准使用液，然后用体积比为________甲醇-乙酸铵混合溶液定容，经滤膜过滤后上机测定。（　　）

A. 2∶3　　B. 1∶1　　C. 1∶2

答案：A

参考文献

环境保护部 . 固体废物　氨基甲酸酯类农药的测定　高效液相色谱-三重四极杆质谱法：HJ 1026—2019 [S]. 北京：中国环境出版社，2017.

命题：张慧敏　彭刚华

审核：康长安　夏　新

第十五章　荧光分光光度法

第一节　砷、锑、铋、硒

分类号：SW15-1

主要内容
《危险废物鉴别标准　浸出毒性鉴别》（GB 5085.3—2007）（附录E　固体废物　砷、锑、铋、硒的测定　原子荧光法）

一、填空题

1.《危险废物鉴别标准　浸出毒性鉴别》（GB 5085.3—2007）（附录E　固体废物　砷、锑、铋、硒的测定　原子荧光法）对As、Sb、Bi的检出限为________；Se为________。

答案：0.000 1～0.000 2 mg/L　　0.000 2～0.000 5 mg/L

2. 根据《危险废物鉴别标准　浸出毒性鉴别》（GB 5085.3—2007）（附录E　固体废物　砷、锑、铋、硒的测定　原子荧光法），该方法存在的主要干扰元素是高含量的________、________、Co^{2+}、Ni^{2+}、Ag^{+}，以及形成氢化物元素之间的互相影响等，其他常见的阴阳离子无干扰。

答案：Cu^{2+}　　Hg^{2+}

3. 根据《危险废物鉴别标准　浸出毒性鉴别》（GB 5085.3—2007）（附录E　固体废物　砷、锑、铋、硒的测定　原子荧光法），在消解处理后的水样中加入硫脲，把As、Sb、Bi还原成________价，Se还原成________价。

答案：三　　四

二、选择题

根据《危险废物鉴别标准　浸出毒性鉴别》（GB 5085.3—2007）（附录E　固体废物　砷、锑、铋、硒的测定　原子荧光法），水样必须用硝酸酸化至pH小于________。

A. 2　　B. 3　　C. 4　　D. 5

答案：A

参考文献

国家环境保护总局，国家质量监督检验检疫总局．危险废物鉴别标准　浸出毒性鉴别：GB 5085.3—2007 [S]. 北京：中国环境科学出版社，2007.

命题：胡正生　陈蓓蓓
审核：彭刚华　夏　新

第十六章　冷原子吸收分光光度法测定汞

分类号：SW16

主要内容
《固体废物　总汞的测定　冷原子吸收分光光度法》（GB/T 15555.1—1995）

一、填空题

1. 根据《固体废物　总汞的测定　冷原子吸收分光光度法》（GB/T 15555.1—1995），样品消解所用的试剂依次为：1.5 mL________、4 mL________和 4 mL________。

答案：硫酸　　高锰酸钾溶液　　过硫酸钾溶液

2. 根据《固体废物　总汞的测定　冷原子吸收分光光度法》（GB/T 15555.1—1995），加入固定液的浸出液样品应在________℃下保存，最长不超过________d。

答案：40　　28

3. 制备无汞蒸馏水时，可将蒸馏水用________酸化至________，然后通过________除汞。

答案：优级纯盐酸　　pH=3　　巯基棉纤维管

二、判断题

1. 冷原子吸收分光光度法测定固体废物或其浸提液中的总汞时需要先对样品进行消解，其目的是氧化分解试样中各种形态的汞，使之转化成可溶态汞离子。（　　）

答案：正确

2. 二次重蒸水或电渗析去离子水可作为无汞蒸馏水使用。（　　）

答案：正确

3. 用于制备无汞蒸馏水的巯基棉纤维应于棕色广口磨口瓶中常温保存。（　　）

答案：错误

　　正确答案为：应避光、低温保存。

三、选择题

1. 根据《固体废物　总汞的测定　冷原子吸收分光光度法》（GB/T 15555.1—1995）测定固体废物浸出液中的总汞，是在酸性介质和加热条件下，在氧化剂作用下，使试液中各种汞化合物消解，转化为________。（　　）

　　A. Hg　　　　B. Hg（Ⅰ）　　　　C. Hg（Ⅱ）

答案：C

2. 根据《固体废物　总汞的测定　冷原子吸收分光光度法》（GB/T 15555.1—1995），用高锰酸钾－过硫酸钾消解处理固体废物样品时，应采用的加热方式为________。（　　）

A. 近沸保温法　　B. 煮沸法　　C. A 或 B

答案：C

3. 固体废物浸出液保存容器的材质应为________。(　　)

A. 硬质玻璃瓶　　B. 高密聚乙烯瓶　　C. A 或 B

答案：A

4. 根据《固体废物　总汞的测定　冷原子吸收分光光度法》(GB/T 15555.1—1995)，当采集的固体废物中干固体的含量小于________%(*m*/*m*)时，则不经过浸出可以直接取样分析。(　　)

A. 0.5　　B. 1.0　　C. 1.5

答案：A

四、问答题

1. 根据《固体废物　总汞的测定　冷原子吸收分光光度法》(GB/T 15555.1—1995)测定固体废物浸出液中的总汞，样品应如何保存?

答案：采用表面光洁的硬质玻璃容器，在接收浸出液的器皿中应预先加入适量的固定液。样品应在 40℃下保存，最长不超过 28 d。

2. 冷原子吸收分光光度法测定固体废物样品和城市生活垃圾样品中的总汞时，经高锰酸钾－过硫酸钾消解后的试样临测定前须滴加盐酸羟胺溶液，其作用是什么?

答案：滴加盐酸羟胺溶液使过剩的高锰酸钾褪色及生成的二氧化锰全部溶解。

3. 冷原子吸收分光光度法测定固体废物样品中的总汞时，经高锰酸钾－过硫酸钾消解后的试样临测定前须滴加盐酸羟胺溶液，此操作中应注意什么?

答案：(1)用盐酸羟胺还原高锰酸钾会产生氯气，必须放置数分钟使氯气逸失，以免干扰汞的测定。(2)该过程应在通风橱内或通风良好的地方完成。

4. 简述根据《固体废物　总汞的测定　冷原子吸收分光光度法》(GB/T 15555.1—1995)制备固体废物浸出液的方法及过程。

答案：(1)称取 100 g 试样(以干基计)，置于浸取用的混合容器中，加水 1 L(包括试样的含水量)。(2)将浸取用的混合容器垂直固定在振荡器上，调节振荡频率为(110±10)次 /min，振幅为 40 mm，在室温下振荡 8 h，静置 16 h。(3)过滤装置分离固液相，并立即测定滤液的 pH。(4)滤液应尽快分析，或者按规定分析方法的要求妥善保护贮存浸出液。

参考文献

国家环境保护局，国家技术监督局. 固体废物　总汞的测定　冷原子吸收分光光度法：GB/T 15555.1—1995 [S]. 北京：中国环境科学出版社，1995.

命题：曹　阳

审核：史　箴　夏　新

第十七章　浸出毒性

分类号：SW17

主要内容
①《固体废物　浸出毒性浸出方法　醋酸缓冲溶液法》（HJ/T 300—2007）
②《固体废物　浸出毒性浸出方法　翻转法》（GB 5086.1—1997）
③《固体废物　浸出毒性浸出方法　硫酸硝酸法》（HJ/T 299—2007）
④《固体废物　浸出毒性浸出方法　水平振荡法》（HJ 557—2010）

一、填空题

1. 固体废物遇水浸沥后，浸出的有害物质迁移转化，污染环境，这种危害特性称为________。①②③④

答案：浸出毒性

2. 测定固体废物浸出毒性的标准方法有________、________、________、和________。①②③④

答案：醋酸缓冲溶液法　　硫酸硝酸法　　水平振荡法　　翻转法

3. 样品中含有初始液相时，应该将样品进________，在测定样品的含水率，并根据总样品量（初始液相与滤渣重量之和）计算样品的含水率和干固体百分率。①②③④

答案：压力过滤

4.《固体废物　浸出毒性浸出方法　翻转法》（HJ 557—2010）中规定，做浸出试验的每批样品，按照浸取程序做平行双样率不得低于________。④

答案：20%

5. 根据《固体废物　浸出毒性浸出方法　翻转法》（HJ 557—2010），样品制备包括三个不同操作，分别是________、________和________。④

答案：粉碎　　混合　　缩分

6. 根据《固体废物　浸出毒性浸出方法　硫酸硝酸法》（HJ/T 299—2007），一般情况下，用于金属分析的浸出液应该按分析方法的要求进行________。③

答案：消解

二、判断题

1. 在固体废物的浸出毒性实验中，需要测定样品的含水率，进行含水率测定后的样品不得用于浸出毒性实验。①②③④

答案：正确

2. 在固体废物的浸出毒性实验中，所有样品均需要浸沥提取，对得到的浸出液进行分析。①②③④

答案：错误

正确答案为：固体废物浸出毒性方法（硫酸硝酸法 / 水平振荡法 / 翻转法）中规定，当样品干固体百分率小于或等于 9% 时，所得到的初始液相即为浸出液，可以直接进行分析；当样品干固体百分率大于 9% 时，需要滤渣进行浸出实验，初始液和全部浸出液混合后再进行分析。

参考文献

[1] 国家环境保护总局 . 固体废物　浸出毒性浸出方法　醋酸缓冲溶液法：HJ/T 300—2007 [S]. 北京：中国环境科学出版社，2007.

[2] 国家环境保护局 . 固体废物　浸出毒性浸出方法　翻转法：GB 5086.1—1997 [S]. 北京：中国环境科学出版社，1997.

[3] 国家环境保护总局 . 固体废物　浸出毒性浸出方法　硫酸硝酸法：HJ/T 299—2007 [S]. 北京：中国环境科学出版社，2007.

[4] 环境保护部 . 固体废物　浸出毒性浸出方法　水平振荡法：HJ 557—2010 [S]. 北京：中国环境出版社，2010.

命题：胡正生　夏　新

审核：陈蓓蓓　彭刚华

第六篇

煤　质

第一章　采样和制样

第一节　采样

分类号：CQ1-1

主要内容
《商品煤样人工采取方法》（GB 475—2008）

一、填空题

1. 根据《商品煤样人工采取方法》（GB 475—2008），为保证所得试样的试验结果的精密度符合要求，采样时应考虑以下因素（1）________、（2）________、（3）________、（4）________。

答案： 煤的变异性　　从该批煤中采取的总样数目　　每个总样的子样数目　　与标称最大粒度相应的试样质量

2. 根据《商品煤样人工采取方法》（GB 475—2008），采样精密度根据________、________和________确定，一般用________表示，也可用其他煤炭品质参数表示。

答案： 采样目的　　试样类型　　合同各方的要求　　灰分

3. 根据《商品煤样人工采取方法》（GB 475—2008），初级子样采取方法可分为________采样方法和________采样方法两大类。

答案： 移动煤流　　静止煤

4. 根据《商品煤样人工采取方法》（GB 475—2008），常见的采样工具有__________、__________、__________、探管、手工切割钻和人工切割斗。

答案： 采样斗　　采样铲　　停带采样框

5. 根据《商品煤样人工采取方法》（GB 475—2008），煤样应装在________、________的________容器中，并有永久性的唯一识别标识。

答案： 无吸附　　无腐蚀　　气密性

二、判断题

1. 以《商品煤样人工采取方法》（GB 475—2008）中规定的基本采样方案为基础，结合工作需要另行设计的专用采样方案，在取得有关方同意，并经过采样精密度核验和偏倚试验，确认符合要求后，可以实施。（　　）

答案： 正确

2. 根据《商品煤样人工采取方法》（GB 475—2008），总样就是从一批煤中取出的全部子样合并成的煤样。（　　）

答案：错误

正确答案为：总样是从一采样单元取出的全部子样合并成的煤样。

3.《商品煤样人工采取方法》（GB 475—2008）给出了子样个数和子样质量的计算公式，因此按照公式计算结果设计采样方案、实施采样过程即可。（　　）

答案：错误

正确答案为：《商品煤样人工采取方法》（GB 475—2008）不仅给出了子样个数和子样质量的计算公式，还规定了不同标称最大粒度下总样的最小质量。单纯按公式计算结果采样，可能会出现总样质量小于规定值的情况。此时应增加子样数或子样质量，直至总样质量符合要求，否则采样精密度很可能会下降。

4. 根据《商品煤样人工采取方法》（GB 475—2008），落流采样法不适用于煤流量在 400 t/h 以上的系统。（　　）

答案：正确

5. 根据《商品煤样人工采取方法》（GB 475—2008），落流采样法的系统采样过程中，如果预先计算的子样数已采够，但该采样单元煤尚未流完，应继续采样直至煤流结束。（　　）

答案：正确

6. 根据《商品煤样人工采取方法》（GB 475—2008），从静止的大煤堆上，可以采取仲裁煤样。（　　）

答案：错误

正确答案为：从静止的大煤堆上，不能采取仲裁煤样。其原因为大煤堆上采样的结果极可能存在较大偏倚，且精密度较差。

7. 根据《商品煤样人工采取方法》（GB 475—2008），采样时，采样器应不被试样充满或从中溢出，而且子样应一次采出，多不扔，少不补。（　　）

答案：正确

8. 根据《商品煤样人工采取方法》（GB 475—2008），采样人员可根据现场情况决定是否采用间断采样法，不需要征得其他有关方同意。（　　）

答案：错误

正确答案为：采用间断采样方法时，应事先征得其他有关方同意。

9. 根据《商品煤样人工采取方法》（GB 475—2008），用于全水分测定的样品，必须单独采取。（　　）

答案：错误

正确答案为：用于全水分测定的样品可以单独采取，也可以从公共用试样中抽取。

10. 根据《商品煤样人工采取方法》（GB 475—2008），任何一个人工采样程序及其所用采样工具都应进行偏倚实验，确保其无实质性偏倚。（　　）

答案：正确

11. 根据《商品煤样人工采取方法》（GB 475—2008），煤的粒度大小会影响煤的不均匀性，煤样的粒度越大，不均匀度越大。（　　）

答案：正确

12. 根据《商品煤样人工采取方法》（GB 475—2008），皮带间采样时可以直接跨越运行中的皮带。(　　)

答案： 错误

正确答案为： 必须将皮带停止后才能进行采样。

13. 根据《商品煤样人工采取方法》（GB 475—2008），采样时为保证样品均匀性，应避开大煤块。(　　)

答案： 错误

正确答案为： 应将采样点处的待采煤样全部装入容器。

14. 根据《商品煤样人工采取方法》（GB 475—2008），煤样的标称最大粒度可目视测定。(　　)

答案： 错误

正确答案为： 煤样的标称最大粒度可目视估计或参考发货单确定，最好用筛分实验测定。

15. 根据《商品煤样人工采取方法》（GB 475—2008），煤炭采样和制样的目的，是为了获得一个其试验结果能够代表部分被采煤样的试验煤样。(　　)

答案： 错误

正确答案为： 是为了获得一个其试验结果能够代表整批被采煤样的试验煤样。

16. 根据《商品煤样人工采取方法》（GB 475—2008）进行采样时，采样的基本要求是被采样批煤的、除大颗粒以外的煤都进入采样设备，这些颗粒都有相等概率被采入试样中。(　　)

答案： 错误

正确答案为： 采样的基本要求是：被采样批煤的所有颗粒都可能进入采样设备，每一个颗粒都有相等概率被采入试样中。

17. 根据《商品煤样人工采取方法》（GB 475—2008），系统采样指：按相同的时间、空间或质量间隔采取子样，所有子样均按选定的间隔采取。(　　)

答案： 错误

正确答案为： 系统采样指按相同的时间、空间或质量间隔采取子样，但第一个子样在第一间隔内随机采取，其余的子样按选定的间隔采取。

18. 根据《商品煤样人工采取方法》（GB 475—2008），“批”是需要进行整体性质测定的一个独立煤量。(　　)

答案： 正确

19. 根据《商品煤样人工采取方法》（GB 475—2008），常对同一煤源、品质不太稳定的大批量煤进行采样时，可用间断采样方法。(　　)

答案： 错误

正确答案为： 常对同一煤源、品质稳定的大批量煤进行采样时，可用间断采样方法。

三、选择题

1. 根据《商品煤样人工采取方法》（GB 475—2008），商品煤分品种以________t 为一

基本采样单元。(　　)

A. 10　　B. 100　　C. 1 000　　D. 10 000

答案：C

2. 根据《商品煤样人工采取方法》(GB 475—2008)，在用灰分表示精密度时，一般取干基灰分的________。(　　)

A. 1/5　　B. 1/10　　C. 1/15　　D. 1/20

答案：B

3. 根据《商品煤样人工采取方法》(GB 475—2008)，用落流采样法采集子样时，采样装置应尽可能以恒定的，小于________m/s 的速度横向切过煤流。(　　)

A. 0.3　　B. 0.4　　C. 0.5　　D. 0.6

答案：D

4. 根据《商品煤样人工采取方法》(GB 475—2008)，唯一能够确保所有颗粒都采到，从而不存在偏倚，能够作为参比方法使用的采样方法是________。(　　)

A. 落流采样　　B. 停皮带采样　　C. 静止煤采样　　D. 煤堆采样

答案：B

5. 根据《商品煤样人工采取方法》(GB 475—2008)，在________采取商品煤样的代表性最差。(　　)

A. 煤流中　　B. 火车上　　C. 大煤堆上　　D. 轮船上

答案：C

6. 根据《商品煤样人工采取方法》(GB 475—2008)，在没有采样单元方差资料的情况下，对于灰分，最初可假定采样单元方差为________，并在采样后进行核对。(　　)

A. 5　　B. 10　　C. 15　　D. 20

答案：A

7. 根据《商品煤样人工采取方法》(GB 475—2008)，采样过程中，煤的品质可能会发生周期性的变化，为避免变化周期与采样周期重合，从而带来不可接受的采样偏倚，应采用________方法。(　　)

A. 分层随机采样　　B. 系统采样　　C. 连续采样　　D. 间断采样

答案：A

8. 根据《商品煤样人工采取方法》(GB 475—2008)，在采样、制样、化验等环节中，对测定结果影响最大的是________环节。(　　)

A. 采样　　B. 制样　　C. 化验　　D. 保存

答案：A

9. 根据《商品煤样人工采取方法》(GB 475—2008)，子样的最小质量可以按公式 m_a=0.06 d 计算，但最少为________kg。(　　)

A. 0.2　　B. 0.5　　C. 1.0　　D. 1.5

答案：B

10. 根据《商品煤样人工采取方法》(GB 475—2008)，用于人工采样的采样器具（如探管、铲子、采样斗）的开口尺寸应当至少为煤的标称最大粒度的________倍且不

小于________mm。(　　)

A. 3，20　　B. 3，30　　C. 5，20　　D. 5，30

答案：B

四、问答题

1. 根据《商品煤样人工采取方法》(GB 475—2008)，建立煤采样方案有哪些基本程序？

答案：(1) 确定煤源、批量；

(2) 确定欲测定的参数和需要的试样类型；

(3) 确定煤的标称最大粒度、总样和子样的最小质量；

(4) 确定或假定要求的精密度；

(5) 测定或假定煤的变异性和制样化验方差；

(6) 确定采样单元数和采样单元的子样数；

(7) 决定所用的采样方法：连续采样或间断采样；

(8) 决定采样方式和采样基：系统采样、随机采样或分层随机采样；时间基采样或质量基采样；确定采样间隔；

(9) 决定采样的地点；

(10) 决定将子样合并成总样的方法和制样方法。

2. 根据《商品煤样人工采取方法》(GB 475—2008)，什么是连续采样？什么是间断采样？

答案：连续采样是指从每一个采样单元采取一个总样，采样时，子样点以均匀的间隔分布的采样方法。

间断采样是指仅从某几个采样单元采样。

3. 根据《商品煤样人工采取方法》(GB 475—2008)，怎样使用停皮带采样框进行采样？

答案：将采样框放在静止皮带的煤流上，并使两边板与皮带中心线垂直。将边板插入煤流底缘与皮带接触，然后将两边板间的煤样全部收集，阻挡左边板的煤样收集，阻挡右边板的煤样弃去，粘在采样框上的煤样也刮入试样中。

4. 根据《商品煤样人工采取方法》(GB 475—2008)，人工采样工具应满足哪些基本要求？

答案：(1) 采样器开口宽度应大于煤样标称最大粒度的 3 倍，且不小于 30 mm。

(2) 器具应至少能容纳 1 个子样，且不被试样充满，煤不会从器具中溢出或泄漏。

(3) 如果用于落流采样，器具开口长度应大于截取煤流的全宽度或全厚度。

(4) 子样抽取过程中，不会将大块煤或矸石等推到一边。

(5) 黏附在器具上的湿煤应尽量少且易除去。

5. 根据《商品煤样人工采取方法》(GB 475—2008)，什么情况下需要进行精密度核验？

答案：任何一种采样方法(包括标准给定的基本采样方案)都应进行精密度核验。当采样涉及的煤种和煤源较多时，应选取品质最不均匀（或灰分最高）的煤进行精密度核验。如采用的方案不止一个时，应对所有的方案进行核对。

参考文献

国家质量监督检验检疫总局，国家标准化管理委员会．商品煤样人工采取方法：GB 475—2008 [S]. 北京：中国标准出版社，2008.

命题：张海波　王　琳

审核：夏　新　冯　丹　王　琳

第二节　制样

分类号：CQ1-2

主要内容
《煤样的制备方法》（GB 474—2008）

一、填空题

1. 根据《煤样的制备方法》（GB 474—2008），煤质制样的人工缩分方法包括________、________、________、________和________五种。

答案：二分器法　棋盘法　条带截取法　堆锥四分法　九点取样法

2. 根据《煤样的制备方法》（GB 474—2008），制备有粒度范围要求的特殊试验煤样时应采用________法。

答案：逐级破碎

3.《煤样的制备方法》（GB 474—2008）中使用的二分器由两组相对交叉排列的格槽及接收器组成。两侧格槽数相等，每侧至少________个。格槽开口尺寸至少为试样标称最大颗粒的________倍，但不能小于________mm。格槽对水平面的倾斜度至少为________。

答案：8　3　5　60°

4.《煤样的制备方法》（GB 474—2008）中规定，对不易清扫的密封式破碎机和联合破碎缩分机，只用于处理________的大量煤样时，处理每个煤样之前，可用被采样的煤通过机器予以冲洗，弃去冲洗煤后再处理煤样。处理完之后，应反复________，以排净滞留煤样。

答案：单一品种　开、停机器几次

二、判断题

1. 根据《煤样的制备方法》（GB 474—2008），煤质制样过程中，合并试样时，各独立试样的质量应当正比于各被采煤的质量，使合并后试样的品质参数值为各合并前试样品质参数的平均值。（　　）

答案：错误

正确答案为：使合并后试样的品质参数值为各合并前试样品质参数的加权平均值。

2.《煤样的制备方法》（GB 474—2008）中，影响煤质制样精密度的最主要的因素是缩分前煤样的均匀性和缩分后的煤样留量。（　　）

答案：正确

3. 根据《煤样的制备方法》（GB 474—2008），煤质制备中定质量缩分是指以一定的缩分比、即保留的试样量和被缩分的试样量呈一定比例的缩分方法。（　　）

答案：错误

正确答案为：煤质制备中定比缩分是指以一定的缩分比、即保留的试样量和被缩分的试样量呈一定比例的缩分方法。

4. 根据《煤样的制备方法》（GB 474—2008），煤质制备中定比缩分是指保留的试样质量一定，并与被缩分试样质量无关的缩分方法。（　　）

答案：错误

正确答案为：煤质制备中定质量缩分是指保留的试样质量一定，并与被缩分试样质量无关的缩分方法。

5. 根据《煤样的制备方法》（GB 474—2008），煤质制样和化验误差几乎全产生于缩分和从分析煤样中抽取出少量煤样的过程中。（　　）

答案：正确

6.《煤样的制备方法》（GB 474—2008）中规定，当机械缩分使试样完整性破坏，如水分损失、粒度离析等时，或煤的粒度过大使得无法使用机械缩分时，应该用人工方法缩分。（　　）

答案：正确

7. 根据《煤样的制备方法》（GB 474—2008），煤质制样破碎的目的是减少试样颗粒数，减小缩分精密度。（　　）

答案：错误

正确答案为：煤质制样破碎的目的是增加试样颗粒数，减小缩分误差。

8. 根据《煤样的制备方法》（GB 474—2008），煤样破碎设备应经常用筛分法来检查其出料标称最小粒度。（　　）

答案：错误

正确答案为：煤样破碎设备应经常用筛分法来检查其出料标称最大粒度。

9. 根据《煤样的制备方法》（GB 474—2008），煤样混合的目的是使煤样尽可能均匀，缩分前进行充分混合会减小制样误差。（　　）

答案：错误

正确答案为：理论上缩分前进行充分混合会减小制样误差，但实际并非完全如此。

10. 根据《煤样的制备方法》（GB 474—2008），在煤样制备的最后阶段，用机械方法对试样进行混合能提高分样精密度。（　　）

答案：正确

11.《煤样的制备方法》（GB 474—2008）中规定，对于全水分煤样，当煤样过湿，水

分从煤中渗出来或粘到容器上时，应将容器和煤样一块进行空气干燥。(　　)

答案：正确

12.《煤样的制备方法》(GB 474—2008)中规定，全水分煤样可先破碎再进行空气干燥。(　　)

答案：错误

正确答案为：除非试验证明破碎不会产生水分实质性偏倚，否则试样在空气干燥前不能破碎。

13.《煤样的制备方法》(GB 474—2008)中规定，煤样在空气中连续干燥 1 h 后，煤样的质量变化不超过 0.5% 时，煤样达到空气干燥状态。(　　)

答案：错误

正确答案为：煤样的质量变化不超过 0.1% 时，煤样达到空气干燥状态。

14.《煤样的制备方法》(GB 474—2008)中规定，制样应在专门的制样室中进行，制样中应避免样品污染，每次制样后应将制样设备清扫干净，制样人员在制备煤样的过程中应穿专用鞋。(　　)

答案：正确

15. 根据《煤样的制备方法》(GB 474—2008)，全水分煤样缩分后总样最小质量，约为一般煤样的 20%，但不能少于 0.5 kg。(　　)

答案：错误

正确答案为：约为一般煤样的 20%，但不能少于 0.65 kg。

三、选择题

1.《煤样的制备方法》(GB 474—2008)中规定，商品煤存查煤样，从报出结果之日起一般应保存________个月，以备复查。(　　)

A. 1　　B. 2　　C. 3　　D. 6

答案：B

2. 根据《煤样的制备方法》(GB 474—2008)，九点取样法仅适用于________。(　　)

A. 全灰分煤样　　B. 粒度分析煤样　　C. 全水分煤样

答案：C

3.《煤样的制备方法》(GB 474—2008)中规定，煤样机械缩分设备的切割器开口尺寸至少应为切割煤标称最大粒度的________倍。(　　)

A. 3　　B. 6　　C. 9

答案：A

4.《煤样的制备方法》(GB 474—2008)中规定，煤质制样时，颗粒小于________mm 的试样应用二分器缩分。(　　)

A. 10　　B. 13　　C. 15

答案：B

5.《煤样的制备方法》(GB 474—2008)中规定，制备好的一般分析试验煤样应装入煤样瓶中，装入煤样的量应不超过煤样瓶容积的________，以便使用时混合。(　　)

A. 1/3　　B. 1/2　　C. 3/5　　D. 3/4

答案：D

6.《煤样的制备方法》（GB 474—2008）中规定，用于制备全水分、发热量和黏结性等煤样的破碎机，要求生热和空气流动程度尽可能小，不宜使用圆盘磨和转速大于________r/m 的锤碎机和高速球磨机（大于________ Hz）。（　　）

A. 850，20　　B. 950，10　　C. 850，10　　D. 950，20

答案：D

7. 根据《煤样的制备方法》（GB 474—2008），空气干燥是将煤样铺成均匀的薄层、在环境温度下使之与大气湿度达到平衡。煤层厚度不能超过煤样标称最大粒度的________倍或表面负荷为________g/cm^2。（　　）

A. 1.5，1　　B. 3，1　　C. 3，2　　D. 3，3

答案：A

8. 根据《煤样的制备方法》（GB 474—2008），煤样干燥可用温度不超过________℃、带空气循环装置的干燥室或干燥箱进行，但干燥后、称样前应将干燥煤样置于环境温度下冷却并使之与大气湿度达到平衡。冷却时间视干燥温度而定，如在 40℃下进行干燥，则一般冷却________h 即足够。（　　）

A. 40，3　　B. 40，2　　C. 50，3　　D. 50，2

答案：C

9.《煤样的制备方法》（GB 474—2008）中规定，粒度小于 3 mm 的煤样（质量符合 GB 474—2008 表 1 规定），如使之全部通过 3 mm 圆孔筛，则可用二分器直接缩分出不少于________g 用于制备一般分析试验煤样。（　　）

A. 10　　B. 50　　C. 100

答案：C

10. 根据《煤样的制备方法》（GB 474—2008），制备一般分析试验煤样时，在粉碎成粒度小于________ mm 的煤样之前，应用磁铁将煤样中铁屑吸去，再粉碎到全部通过孔径为________ mm 的筛子，在煤样达到空气干燥状态后，装入煤样瓶中。（　　）

A. 0.1，0.1　　B. 0.2，0.2　　C. 0.5，0.5

答案：B

11. 根据《煤样的制备方法》（GB 474—2008），存查煤样在原始煤样制备的同时，用相同的程序于一定的制样阶段分取，如无特殊要求，一般可以标称最大粒度为________mm 的煤样________ g 作为存查煤样。（　　）

A. 2，500　　B. 3，700　　C. 5，1 000

答案：B

四、问答题

1. 根据《煤样的制备方法》（GB 474—2008），煤样的种类有哪些？（至少写出 5 种）

答案：（1）全水分煤样；

（2）一般分析试验煤样；

（3）全水分和一般分析试验共用煤样；

（4）粒度分析煤样；

（5）其他试验如哈氏可磨指数测定、二氧化碳化学反应性测定等煤样。

2. 根据《煤样的制备方法》（GB 474—2008），简述煤质制样室的基本要求？

答案：制样室（包括制样、存样、干燥、浮选等房间）应宽大敞亮，不受风雨及外来灰尘的影响，要有除尘设备。制样室应为水泥地面。堆掺缩分区还需要在水泥地面上铺以厚度 6 mm 以上的钢板。存储煤样的房间不应有热源，不受强光照射，无任何化学药品。

3. 根据《煤样的制备方法》（GB 474—2008），煤质制样过程中，如果给定标称最大颗粒度下的缩分后试样最小质量用 $m_{s,0}$ 表示，制样缩分阶段要求精密度为 P_R，那么如何计算缩分后试样最小质量（m_s）。（写出计算公式）

答案：

$$m_s = m_{s,0}\left(\frac{0.2}{P_R}\right)^2$$

4. 根据《煤样的制备方法》（GB 474—2008），对于全水分煤样，空气干燥前后煤样的质量损失作为其外在水分，计入全水分中，写出计算公式，并说明符号含义？

答案：

$$M_t = X + M(1-\frac{X}{100})$$

式中：X——空气干燥时煤样的质量损失率，用质量分数表示，%；

M——按照 GB/T 211 测定的全水分，用质量分数表示，%；

M_t——校正后的全水分，用质量分数表示，%。

5. 根据《煤样的制备方法》（GB 474—2008），在哪几种情况下应对煤质制样程序和设备进行精密度核验和偏倚试验？

答案：（1）首次采用或改变制样程序时；

（2）新的缩分机和制样系统投入使用时；

（3）对制样精密度产生怀疑时；

（4）其他认为须检验制样精密度时。

6. 根据《煤样的制备方法》（GB 474—2008），简述煤质样品储存的基本要求。

答案：煤样在制备之前、制备之后以及制备过程中的任何中间阶段都应储存在不吸水、不透气的密封容器中并在阴凉处。当采样过程很长导致试样放置时间太久时，应增加采样单元数，以缩短试样放置时间。试样制完后应储存在不吸水、不透气的密封容器中，并准确称量，以便测定在后续储存和运输过程中的水分变化。

参考文献

国家质量监督检验检疫总局，国家标准化管理委员会．煤样的制备方法：GB 474—2008 [S]. 北京：中国标准出版社，2008.

命题：王　琳　郭鸿博

审核：张玉惠　冯　丹

第二章　组分和性质

第一节　水　分

分类号：CQ2-1

主要内容
①《煤中全水分的测定方法（方法 A 两步法）》（GB/T 211—2017）
②《煤中全水分的测定方法（方法 B 一步法）》（GB/T 211—2017）
③《煤中全水分的测定方法》（GB/T 211—2017）（附录 A　微波干燥法测定煤中全水分）
④《水分的测定　煤的工业分析方法（方法 A　通氮干燥法）》（GB/T 212—2008）
⑤《水分的测定　煤的工业分析方法（方法 B　空气干燥法）》（GB/T 212—2008）
⑥《煤的工业分析方法》（GB/T 212—2008）（附录 A　煤的水分测定　微波干燥法）

一、填空题

1. 根据《煤中全水分的测定方法》（GB/T 211—2017），煤样的干燥方式有________、________和________。①②③

答案：氮气干燥　　空气干燥　　微波干燥

2. 根据《煤中全水分的测定方法》（GB/T 211—2017）中一步法测定煤中全水分时，氮气流或空气流中干燥到质量恒定的干燥温度为________℃。②

答案：105～110

3. 根据《煤中全水分的测定方法》（GB/T 211—2017），采用通氮干燥法测定煤样中的全水分时，使用的氮气纯度应为________%。①②

答案：99.9

二、判断题

1.《煤中全水分的测定方法》（GB/T 211—2017）中规定，在氮气流中干燥一步法为仲裁方法。（　　）①②

答案：错误

正确答案为：在氮气流中干燥两步法为仲裁方法。

2. 根据《煤中全水分的测定方法》（GB/T 211—2017）中两步法测定煤样中全水分时，应该先测定内在水分再测定外在水分。（　　）①

答案：错误

正确答案为：应该先测定外在水分再测定内在水分。

3. 根据《煤中全水分的测定方法》（GB/T 211—2017），在称取煤样之前，应将密闭容器中的煤样充分混合至少 1 min。（　　）①②③

答案：正确

4. 根据《煤中全水分的测定方法》（GB/T 211—2017），一步法和两步法所使用的仪器设备是相同的。（　　）①②

答案：正确

5. 根据《煤中全水分的测定方法》（GB/T 211—2017）中两步法测定煤中水分时，如果内在水分在 5% 以下，不必进行检查性干燥。（　　）①

答案：错误

正确答案为：如果内在水分在 2% 以下，不必进行检查性干燥。

6.《煤的工业分析方法》（GB/T 212—2008）中，无论采用空气干燥法、通氮干燥法还是微波干燥法测定煤样中的水分时，使用煤样的粒度均应小于 6 mm。（　　）④⑤⑥

答案：错误

正确答案为：煤样的粒度均应小于 0.2 mm。

7. 根据《煤的工业分析方法》（GB/T 212—2008）中空气干燥法测定煤样水分时，称样后，在称量瓶放入干燥箱前 3～5 min 就开始鼓风，使温度均匀。（　　）⑤

答案：正确

8. 根据《煤的工业分析方法》（GB/T 212—2008）中通氮干燥法测定煤样水分时，称样后，在称量瓶放入干燥箱前 10 min 开始通氮气，氮气流量以每小时换气 5 次为准。（　　）④

答案：错误

正确答案为：氮气流量以每小时换气 15 次为准。

9. 采用《煤的工业分析方法》（GB/T 212—2008）中微波干燥法测定煤样水分时，烧杯中的盛水量与微波炉磁控管功率大小有关，以加热完毕后烧杯内仅余少量水为宜。（　　）⑥

答案：正确

三、选择题

1. 根据《煤中全水分的测定方法》（GB/T 211—2017）中两步法测定煤的外在水分时，煤样的取样量是________g。（　　）①

A. 550±10　　B. 500±10　　C. 600±10　　D. 650±10

答案：B

2.《煤中全水分的测定方法》（GB/T 211—2017）和《煤的工业分析方法》（GB/T 212—2008）中的微波干燥法适用于________水分的快速测定。（　　）③⑥

A. 所有煤种　　B. 烟煤和无烟煤　　C. 无烟煤　　D. 烟煤和褐煤

答案：D

3. 根据《煤中全水分的测定方法》（GB/T 211—2017）测定煤中水分时，对于粒度 6 mm 的全水分煤样，煤样不少于________kg。（　　）①②③

A. 1.00　　B. 1.25　　C. 1.30　　D. 1.35

答案：B

4. 根据《煤中全水分的测定方法》（GB/T 211—2017）中两步法测定煤中水分，在测定内在水分、进行检查性干燥时，应每次________min，直到连续两次干燥煤样的质量减少不超过________ g或质量增加时为止。（ ）①

A. 30 0.05　　B. 30 0.01　　C. 20 0.05　　D. 20 0.01

答案：B

5. 根据《煤的工业分析方法》（GB/T 212—2008）测定煤的水分时，一般分析试验煤样的称样量为________ g，称准至 0.000 2 g。（ ）④⑤⑥

A. 1±0.1　　B. 2±0.1　　C. 5±0.1　　D. 10±0.1

答案：A

6.《煤的工业分析方法》（GB/T 212—2008）中通氮干燥法和空气干燥法规定，在进行检查性干燥时，每次________ min，直到连续两次干燥煤样的质量减少不超过________ g或质量增加为止。（ ）④⑤

A. 20，0.005　　B. 20，0.001 0　　C. 30，0.005　　D. 30，0.001 0

答案：D

7. 根据《煤的工业分析方法》（GB/T 212—2008）中空气干燥法测定煤样水分时，烟煤干燥________h，无烟煤干燥________h。（ ）⑤

A. 1.5，2　　B. 2，1　　C. 1.5，1　　D. 1，1.5

答案：D

8. 根据《煤的工业分析方法》（GB/T 212—2008）中通氮干燥法测定煤样水分时，烟煤干燥________h，褐煤无烟煤干燥________h。（ ）④

A. 1.5，2　　B. 2，1　　C. 1.5，1　　D. 1，1.5

答案：A

9. 根据《煤的工业分析方法》（GB/T 212—2008）中微波干燥法测定煤样水分时，水分蒸发效果与微波电磁场分布有关，称量瓶须位于________场强区域内。（ ）⑥

A. 均匀　　B. 最大　　C. 最小

答案：A

四、问答题

1. 简述《煤中全水分的测定方法》（GB/T 211—2017）中，微波干燥法测定煤中全水分的工作原理。③

答案：称取一定量的 6 mm 的煤样，置于微波炉内。煤中水分子在微波发生器的交变电场作用下，高速振动产生摩擦热，使水分迅速蒸发。根据煤样干燥后的质量损失计算出全水分。

2. 根据《煤中全水分的测定方法》（GB/T 211—2017）中两步法测定煤中水分，写出煤中全水分百分含量的计算公式。已知某煤样的内在水分为 M_1（质量百分数），外在水分为 M_2（质量百分数）。①

答案：$M_2+[(100-M_2)/100]\times M_1$

3. 简述根据《煤中全水分的测定方法》（GB/T 211—2017）测定煤中全水分时，检查煤样容器密封情况中若发生质量损失，并且能确定煤样在运送和存储过程中没有损失，减少的质量应如何处理？①②③

答案： 如果发生质量损失，并且能确定煤样在运送和存储过程中没有损失时，应将减少的质量作为煤样的水分损失量，需要根据以下公式求出补正后的全水分值。

$$M_1'=M_2+[(100-M_2)/100]\times M_1$$

式中：M_1'——补正后的煤中全水分，%；

M_1——不考虑煤样水分损失时测得的全水分，%；

M_2——煤样的水分损失，%。

如果质量损失大于 1% 时，则不可进行水分损失补正，在报告结果时，应注明“未经水分损失补正”，并将容器标签和密封情况一并报告。

4. 简述《煤中全水分的测定方法》（GB/T 211—2017）中，用空气流中干燥两步法测定煤样中全水分的方法提要。①

答案： 称取一定量 13 mm 的煤样，在温度不高于 40℃的环境下干燥到质量恒定，再将干燥后的煤样破碎到标称最大粒度 3 mm，于 105～110℃下，在空气流中干燥到质量恒定。根据煤样经两步干燥后的质量损失计算出全水分。

五、计算题

采用《煤中全水分的测定方法》（GB/T 211—2017）中通氮干燥一步法测定煤样水分，按照标准操作步骤进行操作，称取符合粒度要求的煤样 10.020 g，采用通氮干燥箱干燥，室温称量，其重量为 9.688 g，试求该煤样的全水分含量。②

答案： $M_t=(10.020-9.688)/10.020\times100=3.3\%$

参考文献

[1] 国家质量监督检验检疫总局，国家标准化管理委员会 . 煤中全水分的测定方法：GB/T 211—2017 [S]. 北京：中国环境出版社，2017.

[2] 国家质量监督检验检疫总局，国家标准化管理委员会 . 煤的工业分析方法：GB/T 212—2008 [S]. 北京：中国环境出版社，2008.

命题：刘 跃 王 琳 王岚云

审核：杨 楠 冯 丹 马先锋 夏 新

第二节 硫 分

分类号：CQ2-2

主要内容

①《煤中全硫的测定方法（艾士卡法）》（GB/T 214—2007）

②《煤中全硫的测定方法（库仑滴定法）》（GB/T 214—2007）

③《煤中全硫的测定方法（高温燃烧中和法）》（GB/T 214—2007）

④《煤中全硫的测定 红外光谱法》（GB/T 25214—2010）

⑤《煤中全硫的测定 艾士卡 - 离子色谱法》（HJ 769—2015）

一、填空题

1. 根据《煤中全硫的测定方法》（GB/T 214—2007），库仑测硫仪主要由管式高温炉、电解池和搅拌器、________、送样程序控制器、空气供应及净化装置几部分组成。②

答案：库仑积分器

2.《煤中全硫的测定　红外光谱法》（GB/T 25214—2010）适用于________、________、________和________。④

答案：褐煤　　烟煤　　无烟煤　　焦炭

3.《煤中全硫的测定　红外光谱法》（GB/T 25214—2010）中规定，红外光谱仪的标定方法有________和________。如果选用________，应使用与被测样品硫含量相近的标准物质进行标定。④

答案：多点标定法　　单点标定法　　单点标定法

4. 根据《煤中全硫的测定　艾士卡－离子色谱法》（HJ 769—2015）测定煤中全硫时，对于未知浓度样品，在分析前先稀释________倍后进样，再根据所得结果选择适当的稀释倍数重新进样分析。⑤

答案：25～50

5. 根据《煤中全硫的测定　艾士卡－离子色谱法》（HJ 769—2015）测定煤中全硫时，每批样品至少测定 2 个实验室空白，空白值不得超过________%。否则应查明原因，重新分析直至合格之后才能测定样品。⑤

答案：0.15

6. 根据《煤中全硫的测定　艾士卡－离子色谱法》（HJ 769—2015）测定煤中全硫时，当煤中硫含量<0.45% 时，测试结果的相对偏差应≤________%。当煤中硫含量≥0.45% 时，测试结果的相对偏差应≤________%。⑤

答案：10　　5

二、判断题

1. 根据《煤中全硫的测定方法》（GB/T 214—2007），用艾士卡法测定煤中的全硫量时，煤样是在氧气中灼烧的。(　　)①

答案：错误

正确答案为：用艾士卡法测定煤中的全硫量时，煤样不是在氧气中灼烧的。

2. 根据《煤中全硫的测定方法》（GB/T 214—2007），用库仑滴定法测定煤中的全硫量时，煤样是在催化剂作用下于空气流中燃烧分解的。(　　)②

答案：正确

3. 根据《煤中全硫的测定方法》（GB/T 214—2007），用高温燃烧中和法测定煤中的全硫量时，煤样是在催化剂作用下在空气中燃烧的。(　　)③

答案：错误

正确答案为：煤样是在催化剂作用下于氧气流中燃烧的。

4. 根据《煤中全硫的测定方法》（GB/T 214—2007），用库仑滴定法和高温燃烧中和法测定煤中全硫量，均采用三氧化钨为催化剂。(　　)②

答案：正确

5. 煤燃烧中 SO_2 的产污系数主要取决于煤的含硫量、锅炉燃烧方式和煤在燃烧中硫的转化率。(　　) ①②③④⑤

答案： 正确

6. 煤燃烧中 SO_2 的排放系数与脱硫措施的脱硫效率有关。(　　) ①②③④⑤

答案： 正确

7. 根据《煤中全硫的测定方法（艾氏卡法）》（GB/T 214—2007），煤中硫在 800～850℃高温下灼烧，煤中的硫生成硫酸盐，根据硫酸钡的质量可以计算煤中的全硫量。(　　) ①

答案： 正确

8. 采用《煤中全硫的测定　红外光谱法》（GB/T 25214—2010）测定煤中全硫量时，红外光谱仪高温炉燃烧区的温度应保持在（1 300±10）℃。(　　) ④

答案： 正确

9. 采用《煤中全硫的测定　红外光谱法》（GB/T 25214—2010）测定煤样全硫时，要求煤样粒度小于 0.5 mm。(　　) ④

答案： 错误

正确答案为： 要求煤样粒度小于 0.2 mm。

10. 采用《煤中全硫的测定　红外光谱法》（GB/T 25214—2010）测定煤样全硫时，煤样在空气中燃烧分解。(　　) ④

答案： 错误

正确答案为： 煤样在氧气流中燃烧分解。

11. 采用《煤中全硫的测定　红外光谱法》（GB/T 25214—2010）测定煤样全硫时，仪器使用前须用标准物质标定。(　　) ④

答案： 正确

12. 采用《煤中全硫的测定　红外光谱法》（GB/T 25214—2010）测定煤样全硫时，使用的是非色散红外检测系统。(　　) ④

答案： 正确

13. 采用《煤中全硫的测定　红外光谱法》（GB/T 25214—2010）测定煤样全硫时，全硫含量大于 10% 时，应适当减少取样量。(　　) ④

答案： 错误

正确答案为： 全硫含量大于 4% 时，应适当减少取样量。

14. 采用《煤中全硫的测定　红外光谱法》（GB/T 25214—2010）测定煤样全硫时，使用有证煤标准物质标定仪器时，每一标准物质重复测定 2 次，以 2 次测定值的平均值为有证煤标准物质的全硫测定值。(　　) ④

答案： 错误

正确答案为： 每一标准物质重复测定 4 次，以 4 次测定值的平均值为有证煤标准物质的全硫测定值。

15.《煤中全硫的测定　红外光谱法》（GB/T 25214—2010）中规定，红外光谱仪的标定有效性核验是在样品测定期间进行，推荐在每批样品试验的开始和结束时进行，样品量大时在试验中间插入 1～2 次。(　　) ④

答案：错误

正确答案为：标定检查是在样品测定期间进行，推荐在每批样品试验的开始和结束时进行，样品量大时在试验中间插入 1～2 次。

16. 根据《煤中全硫的测定　艾士卡－离子色谱法》（HJ 769—2015），煤质样品应保存在不吸水、不透气的密封容器中并放在阴凉处。（　　）⑤

答案：正确

17. 根据《煤中全硫的测定　艾士卡－离子色谱法》（HJ 769—2015）测定煤中全硫时，每批样品分析均须绘制校准曲线，校准曲线的相关系数大于或等于 0.999。每分析 10 个样品需用一个校准曲线的中间浓度溶液进行校准核查，其测定结果的相对偏差应≤10%，否则需重新绘制校准曲线。（　　）⑤

答案：错误

正确答案为：每分析 10 个样品需用一个校准曲线的中间浓度溶液进行校准核查，其测定结果的相对偏差应≤5%，否则需重新绘制校准曲线。

18. 根据《煤中全硫的测定　艾士卡－离子色谱法》（HJ 769—2015）测定煤中全硫时，将煤样与艾士卡试剂混合灼烧后的残渣用热水淋洗时，一定要仔细将滤纸淋洗干净，以免硫酸根附着在滤纸上，造成测定结果偏低。（　　）⑤

答案：正确

19. 根据《煤中全硫的测定　艾士卡－离子色谱法》（HJ 769—2015）测定煤中全硫时，样品经灼烧后，将灼烧物搅松、捣碎后转移至 250 mL 烧杯中，用热水冲洗瓷坩埚内壁，洗液并入烧杯，再加入 100 mL 60℃以上的热水，充分搅拌。如此时仍有黑色煤粒漂浮，则本次测定作废。（　　）⑤

答案：错误

正确答案为：再加入 100 mL 刚煮沸的蒸馏水，充分搅拌。

三、选择题

1. 茶浴炉和大灶层燃炉炉膛温度低，煤炭中硫的转化率就低，二氧化硫排放量就________。（　　）①②③④⑤

A. 小　　B. 大

答案：A

2.《煤中全硫的测定方法》（GB/T 214—2007）只适用于对褐煤、无烟煤和________的测定。（　　）①②③

A. 烟煤　　B. 次烟煤

答案：A

3.《煤中全硫的测定方法》（GB/T 214—2007）中规定，在仲裁分析时，必须用________来测定煤中的全硫量。（　　）①

A. 艾士卡法　　B. 库仑滴定法　　C. 高温燃烧中和法

答案：A

4. 根据《煤中全硫的测定方法》（GB/T 214—2007），用高温燃烧中和法测定煤中全硫的含量：将煤样在催化剂作用下于________流中燃烧，煤中硫生成硫的氧化物，并捕

集、形成硫酸。用氢氧化钠溶液滴定，根据其耗量计算煤中全硫的含量。(　　) ③

A. 氧气　　B. 空气　　C. 氮气

答案：A

5. 根据《煤中全硫的测定方法》(GB/T 214—2007)，用库仑滴定法测定煤中的全硫含量时，煤样预分解位置的温度是________℃，高温分解位置的温度是 1 150℃。(　　) ②

A. 500　　B. 600　　C. 800　　D. 1 000

答案：A

6. 采用《煤中全硫的测定　红外光谱法》(GB/T 25214—2010) 测定煤样全硫时，气体净化系统由玻璃棉滤柱和________构成。(　　) ④

A. 高氯酸镁　　B. 氯化钙　　C. 变色硅胶

答案：A

7. 采用《煤中全硫的测定　红外光谱法》(GB/T 25214—2010) 测定煤样全硫时，红外光谱仪管式高温炉的燃烧管在工作温度下应气密，附有________热电偶测温及控温装置。(　　) ④

A. 镍铬－镍　　B. 铁－铜镍　　C. 铂铑－铂

答案：C

8. 采用《煤中全硫的测定　红外光谱法》(GB/T 25214—2010) 测定煤样全硫时，氧气流量为________L/min。(　　) ④

A. 1.0　　B. 2.0　　C. 3.0

答案：C

9. 采用《煤中全硫的测定　红外光谱法》(GB/T 25214—2010) 测定煤样全硫时，正式测定前至少测定________次，煤样测定使用仪器处于稳定状态。(　　) ④

A. 1　　B. 2　　C. 3

答案：B

10. 根据《煤中全硫的测定　艾士卡－离子色谱法》(HJ 769—2015) 测定煤中全硫时，每批样品需用国家标准煤样品进行校准，测定值应在保证值范围内，至少每测定________个样品校准一次。(　　) ⑤

A. 5　　B. 10　　C. 20

答案：B

11. 根据《煤中全硫的测定　艾士卡－离子色谱法》(HJ 769—2015) 测定煤中全硫时，将装有煤质样品的瓷坩埚移入通风良好的马弗炉中，在 1 ～2 h 内逐渐加热至________℃，并保持 1 h ～2 h 后取出坩埚，冷却至室温。(　　) ⑤

A. 700～750　　B. 750～800　　C. 800～850

答案：C

12. 根据《煤中全硫的测定　艾士卡－离子色谱法》(HJ 769—2015) 测定煤中全硫时，硫酸根标准贮备液 (1 000 μg/mL) 贮存于聚乙烯瓶中，________；硫酸根标准使用液 (100 μg/mL) 贮存于聚乙烯瓶，________。(　　) ⑤

A. 临用现配，临用现配

B. 0～4℃冷藏保存 6 个月，0～4℃冷藏保存 3 个月

C. 0～4℃冷藏保存 6 个月，临用现配

答案：C

四、问答题

1.《煤中全硫的测定方法》（GB/T 214—2007）中规定了哪几种测定全硫的方法？①②③

答案：标准中规定了艾士卡法、库仑滴定法和高温燃烧中和法三种测定全硫的方法。

2. 简述《煤中全硫的测定方法》（GB/T 214—2007）中库仑滴定法测定煤中全硫的原理。②

答案：煤样在催化剂作用下，于空气流中燃烧分解，煤中的硫生成硫氧化物，其中的二氧化硫被碘化钾溶液吸收，以电解碘化钾溶液所产生的碘进行滴定，根据电解所消耗的电量计算煤中全硫的含量。

3. 根据《煤中全硫的测定方法》（GB/T 214—2007），如何制备艾士卡试剂？①

答案：以 2 份质量的化学纯轻质氧化镁与 1 份质量的化学纯无水碳酸钠混匀并研细至粒度小于 0.2 mm。

4. 简述《煤中全硫的测定　红外光谱法》（GB/T 25214—2010）中测定煤中全硫的原理。④

答案：煤样在 1 300℃高温下，于氧气流中燃烧分解，气流中的颗粒和水蒸气分别被玻璃棉和高氯酸盐吸附滤除后通过红外检测池，其中的二氧化硫由红外检测系统测定。

5. 简述《煤中全硫的测定　艾士卡－离子色谱法》（HJ 769—2015）中测定煤中全硫的原理。⑤

答案：煤样与艾士卡试剂混合灼烧，煤中硫生成硫酸盐，硫酸盐随着碱性淋洗液进入阴离子色谱柱，以硫酸根（SO_4^{2-}）的形式被分离出来，用电导检测器检测。根据硫酸根的质量计算煤中全硫的含量。

五、计算题

1. 采用《煤中全硫的测定方法》（GB/T 214—2007）中库仑法测定煤中的全硫含量（$S_{t,ad}$）。称取空气干燥煤样 0.05 g，测定结束时，库仑仪积分器上显示值为 0.90 mg，试计算出该空气干燥煤样中的全硫含量。②

答案：煤的全硫含量为：$S_{t,ad}$=0.90 × 100%/（0.05 × 1 000）=1.8%。

2. 采用《煤中全硫的测定方法》（GB/T 214—2007）中艾士卡法测定干燥空气煤样中的全硫含量（$S_{t,ad}$）。称取空气干燥煤样 0.05 g，空白硫酸钡质量 0.008 5 g，硫酸钡质量 0.183 5 g，试计算出该空气干燥煤样中全硫含量。①

答案：煤的全硫含量为：$S_{t,ad}$=（0.183 5-0.008 5）× 0.137 4 × 100%/0.05=0.48%。

3. 采用《煤中全硫的测定方法》（GB/T 214—2007）中库仑法测定煤中的全硫含量。某煤中的全硫含量为 1.6%。某单位燃煤锅炉于 2016 年建成，试烧期间用定电解电位法测得锅炉燃煤排放的 SO_2 浓度为 425 ppm（标准状态下），排风量为 8 000 m^3/h（标准状态下干烟气）。（1）试计算该批燃煤在使用中排放的 SO_2 浓度是否会超过国

家允许排放标准［《锅炉大气污染物排放标准》（GB 13271—2014）中规定：SO_2 最高允许排放浓度为 300 mg/m^3］。（2）试烧期间燃煤中 SO_2 的排放速率是多少？②

答案：（1）试烧期间 SO_2 排放浓度：C（SO_2）=2.86 × 425（ppm）=1 215.5（mg/m^3）

1 215.5 mg/m^3 >300 mg/m^3 即超过《锅炉大气污染物排放标准》（GB 13271—2014）规定值。

（2）试烧期间 SO_2 排放速率：G（SO_2）=C（SO_2）× Q × 10^{-6}=1 215.5 × 8 000 × 10^{-6}=9.72（kg/h）

4. 采用《煤中全硫的测定　艾士卡－离子色谱法》（HJ 769—2015）测定空气干燥基煤样中的全硫含量（$S_{t,ad}$），煤样含水量为 0.55%，称取煤样 1.000 0 g，经灼烧后定容至 250 mL，样品中硫酸根含量为 45.253 μg/mL，空白试样中硫酸根含量为 0.435 μg/mL，试计算出该空气干燥煤样中全硫含量。⑤

答案：煤的全硫含量为

$S_{t,ad}$=（45.253−0.435）× 0.25 × 0.3337 × 10^{-3} × 100/1.000 0/（1−0.55%）=0.38%

参考文献

[1] 国家质量监督检验检疫总局，国家标准化管理委员会 . 煤中全硫的测定方法：GB/T 214—2007 [S]. 北京：中国标准出版社，2017.

[2] 国家质量监督检验检疫总局，国家标准化管理委员会 . 煤中全硫的测定　红外光谱法：GB/T 25214—2010 [S]. 北京：中国标准出版社，2010.

[3] 国家质量监督检验检疫总局，国家标准化管理委员会 . 锅炉大气污染物排放标准：GB 13271—2001 [S]. 北京：中国标准出版社，2001.

[4] 国家环境保护总局 . 燃煤锅炉烟尘及二氧化硫排放总量核定技术方法　物料衡算法（试行）：HJ/T 69—2001 [S]. 北京：中国环境科学出版社，2001.

[5] 国家环境保护总局科技标准司 . 工业污染物产生和排放系数手册 . 北京：中国环境科学出版社，1996.

[6] 环境保护部 . 煤中全硫的测定　艾士卡－离子色谱法：HJ 769—2015 [S]. 北京：中国环境出版社，2015.

命题：王记鲁　王　鑫　王岚云　赵　莉　马先锋

审核：李　静　崔连喜　杨　楠　夏　新

第三节　灰　分

分类号：CQ2-3

主要内容
①《灰分的测定　煤的工业分析方法（缓慢灰化法）》（GB/T 212—2008）
②《灰分的测定　煤的工业分析方法（快速灰化法）》（GB/T 212—2008）

一、填空题

1.《煤的工业分析方法》（GB/T 212—2008）中，缓慢灰化法所需用的一般分析试验煤样的取样量为________g。①

答案：1±0.1

2. 根据《煤的工业分析方法》（GB/T 212—2008），采用快速灰化法测定煤样中灰分时，煤样的粒度应________mm。②

答案：小于 0.2

3.《煤的工业分析方法》（GB/T 212—2008）中，使用快速灰化法的方法 A 测定煤样中的灰分时，须将煤样均匀地摊平在灰皿中，使其每平方厘米的质量不超过________g。②

答案：0.08

4. 燃煤中________含量和粉末煤量增加，烟尘的排放量就会增加。①②

答案：灰分

5.《煤的工业分析方法》（GB/T 212—2008）中，使用快速灰分测定仪时应将其预热至________。②

答案：815℃ ±10℃

二、判断题

1.《煤的工业分析方法》（GB/T 212—2008）中，规定了对煤的灰分的测定方法，其中的缓慢灰化法和快速灰化法都可以作为仲裁方法。(　　) ①②

答案：错误

正确答案为：缓慢灰化法才可以作为仲裁方法。

2.《煤的工业分析方法》（GB/T 212—2008）中，马弗炉的恒温区应在关闭炉门下测定，并至少每年测定一次。(　　) ①②

答案：正确

3.《煤的工业分析方法》（GB/T 212—2008）中，快速灰化法的方法 B 需要使用到快速灰分测定仪。(　　) ②

答案：错误

正确答案为：方法 A 中才会使用到快速灰分测定仪。

4.《煤的工业分析方法》（GB/T 212—2008）中，缓慢灰化法和快速灰化法中的方法 B 所使用的仪器设备是相同的。(　　) ①②

答案：正确

5.《煤的工业分析方法》（GB/T 212—2008）中，快速灰化法的方法 A 没有对检查性灼烧进行规定。(　　) ②

答案：正确

6. 烟尘的排放量主要受到燃烧方式等因素的影响，煤在煤粉锅炉上燃烧几乎是完全的，排放的烟尘里几乎全是灰粉。(　　) ①②

答案：正确

三、选择题

1.《煤的工业分析方法》（GB/T 212—2008）中的缓慢灰化法中，称取一定量的分析实验煤样，放入马弗炉中，以一定的速度加热到________，灰化并灼烧到质量恒定。(　　) ①

A. 810℃ ±10℃　　B. 815℃ ±10℃　　C. 820℃ ±10℃　　D. 825℃ ±10℃

答案：B

2.《煤的工业分析方法》（GB/T 212—2008）中的快速灰化法包括________种方法。（　　）②

A. 2　　B. 3　　C. 4　　D. 5

答案：A

3.《煤的工业分析方法》（GB/T 212—2008）中，灰皿是用________材质制成的。（　　）①②

A. 铁　　B. 铝　　C. 瓷　　D. 铂

答案：C

4.《煤的工业分析方法》（GB/T 212—2008）中，用缓慢灰化法测定煤样中灰分时，须将煤样均匀地摊平在灰皿中，使其每平方厘米的质量不超过________g。（　　）①

A. 0.20　　B. 0.05　　C. 0.10　　D. 0.15

答案：D

5.《煤的工业分析方法》（GB/T 212—2008）中，使用快速灰分测定仪测定煤样中灰分时，开动传送带并将其传送速度调节到________mm/min 左右或其他合适的速度。（　　）②

A. 15　　B. 16　　C. 17　　D. 18

答案：C

6.《煤的工业分析方法》（GB/T 212—2008）中规定，煤的收到基灰分含量是指，以所收到的煤的成分为基准，测定的灰分含量，其单位为________。（　　）①②

A. kJ/kg　　B. %　　C. g/kg

答案：B

四、问答题

1. 简述《煤的工业分析方法》（GB/T 212—2008）中用缓慢灰化法测定煤中灰分的工作原理。①

答案：称取一定量的一般分析试验煤样，放入马弗炉中，以一定的速度加热到 815℃ ±10℃，灰化并灼烧到质量恒定。以残留物的质量占煤样质量的质量分数作为煤样的灰分。

2. 简述《煤的工业分析方法》（GB/T 212—2008）中缓慢灰化法如何进行检查性灼烧。①

答案：温度为 815℃ ±10℃，每次 20 min，直到连续两次灼烧后的质量变化不超过 0.001 0 g 为止，以最后一次灼烧后的质量为计算依据。灰分小于 15.00% 时，不必进行检查性灼烧。

3. 简述《煤的工业分析方法》（GB/T 212—2008）中对于新的快速灰分测定仪，如何调节传送带的传送速度。②

答案：对于新的灰分快速测定仪，须对不同煤种与缓慢灰化法进行对比试验，根据对比试验结果及煤的灰化情况，调节传送带的传送速度。

4. 简述《煤的工业分析方法》（GB/T 212—2008）中，用快速灰化法的方法 A 测定煤中灰分的工作原理。②

答案：将装有煤样的灰皿放在预先加热至 815℃ ±10℃的灰分快速测定仪的传送带上，煤样自动送入仪器内完全灰化，然后送出。以残留物的质量占煤样质量的质量分数作为煤样的灰分。

参考文献

国家质量监督检验检疫总局，国家标准化管理委员会．煤的工业分析方法（灰分）：GB/T 212—2008[S]. 北京：中国标准出版社，2008.

命题：王　琳　郭晶晶

审核：马先锋　张　宁　夏　新

第四节　发热量

分类号：CQ2-4

主要内容
《煤的发热量测定方法》（GB/T 213—2008）

一、填空题

1.《煤的发热量测定方法》（GB/T 213—2008）适用于泥炭、褐煤、烟煤、无烟煤、焦炭、碳质页岩等固体矿物燃料及________。

答案：水煤浆

2.《煤的发热量测定方法》（GB/T 213—2008）中，发热量的测定结果以________或________表示。

答案：兆焦每千克（MJ/kg）　焦耳每克（J/g）

3.《煤的发热量测定方法》（GB/T 213—2008）中，热量计通常有______和______两种。

答案：恒温式　绝热式

4.《煤的发热量测定方法》（GB/T 213—2008）中，发热量的测定由两个独立试验组成________。

答案：在规定的条件下基准量热物质的燃烧试验（热容量标定）和试样的燃烧试验

5.《煤的发热量测定方法》（GB/T 213—2008）中规定，量热系统产生单位温升所需的热量称为________。

答案：热量计的有效热容量（简称热容量）

6. 煤的收到基低位发热量是指，以所收到的煤的________为基准，测定和计算的低位发热量，单位为 kJ/g。

答案：组成

二、判断题

1.《煤的发热量测定方法》（GB/T 213—2008）中介绍了两种热量计，它们的差别只

在于外筒的控温方式不同，其余部分无明显区别。(　　)

答案：正确

2.《煤的发热量测定方法》(GB/T 213—2008)中，恒容高位发热量即由弹筒发热量减去硝酸形成热后得到的发热量。(　　)

答案：错误

正确答案为：恒容高位发热量即由弹筒发热量减去硝酸形成热和硫酸校正热后得到的发热量。

3.《煤的发热量测定方法》(GB/T 213—2008)中，对于绝热式热量计，试验初期和末期是为了确定开始点火的温度和终点温度。(　　)

答案：正确

4.《煤的发热量测定方法》(GB/T 213—2008)中，在使用恒温式热量计法和绝热式热量计法测定发热量时，称取试样和准备氧弹的步骤是一样的。(　　)

答案：正确

5.《煤的发热量测定方法》(GB/T 213—2008)中，使用玻璃温度计时，应根据检定证书对点火温度和终点温度进行校正。(　　)

答案：正确

6.《煤中发热量的测定方法》(GB/T 213—2008)中对煤的高位发热量和低位发热量的测定方法不适用于对泥炭和碳质页岩的测定。(　　)

答案：错误

正确答案为：煤的高位发热量和低位发热量的测定方法适用于对泥炭和碳质页岩的测定。

三、选择题

1.《煤的发热量测定方法》(GB/T 213—2008)中，氧弹是由________金属制成的。(　　)

A. 铂镍合金　　B. 镍铬或镍铬钼合金

C. 铂铬合金　　D. 铂钼合金

答案：B

2.《煤的发热量测定方法》(GB/T 213—2008)中，热容量标定一般应进行________次重复试验。(　　)

A. 3　　B. 5　　C. 7　　D. 10

答案：B

3. 以下方法不是《煤的发热量测定方法》(GB/T 213—2008)中介绍的测定发热量的是________。(　　)

A. 恒温式热量计法　　B. 绝热式热量计法

C. 自动氧弹热量计法　　D. 手动氧弹热量计法

答案：D

4.《煤的发热量测定方法》(GB/T 213—2008)中使用热量计测定发热量时，在燃烧皿中称取粒度为________的空气干燥煤样或水煤浆干燥试样。(　　)

A. ＜0.1 mm B. ＜0.2 mm C. ＜0.4 mm D. ＜0.5 mm

答案：B

5. 以下不是《煤的发热量测定方法》（GB/T 213—2008）中规定的温度校正的内容是________。（ ）

A. 温度计校正 B. 冷却校正 C. 氧弹校正 D. 热交换校正

答案：C

四、问答题

1. 简述《煤的发热量测定方法》（GB/T 213—2008）中规定的进行发热量测定的实验室应满足的条件。

答案：进行发热量测定的实验室，应为单独房间，不应在同一房间内同时进行其他实验项目；室温应保持相对稳定，每次测定室温变化不应超过 1℃，室温以在 15～30℃范围为宜；室内应无强烈的空气对流，因此不应有强烈的热源、冷源和风扇等，试验过程中应避免开启门窗；实验室最好朝北，以避免阳光照射，否则热量计应放在不受阳光直射的地方。

2. 简述《煤的发热量测定方法》（GB/T 213—2008）中高位发热量的工作原理。

答案：煤的发热量在氧弹热量计中进行测定。一定量的分析试样在氧弹热量计中，在充有过量氧气的氧弹内燃烧，热量计的热容量通过在相近条件下燃烧一定量的基准量热物苯甲酸来确定，根据试样燃烧前后量热系统产生的温升，并对点火热等附加热进行校正后即可求得试样的弹筒发热量。从弹筒发热量中扣除硝酸形成热和硫酸校正热（氧弹反应中形成的水合硫酸与气态二氧化硫的形成热之差）即得高位发热量。

3. 简述《煤的发热量测定方法》（GB/T 213—2008）中，若使用恒温式热量计，试验初期和末期的作用是什么。

答案：确定热量计的热交换特性，以便在燃烧反应主期内对热量计内筒与外筒间的热交换进行正确的校正。

4. 简述《煤的发热量测定方法》（GB/T 213—2008）中，热容量标定值在有效期之内进行重新标定的前提条件。

答案：更换量热温度计；更换热量计大部件；标定热容量和测定发热量时的内筒温度相差超过 5K；热量计经过较大的搬动之后。

5. 简述《煤的发热量测定方法》（GB/T 213—2008）中规定的弹筒发热量的定义。

答案：单位质量的试样在充有过量氧气的氧弹内燃烧，其燃烧后的物质组成为氧气、氮气、二氧化碳、硝酸和硫酸、液态水以及固态灰时放出的热量。

参考文献

国家质量监督检验检疫总局，国家标准化管理委员会 . 煤的发热量测定方法：GB/T 213—2008 [S]. 北京：中国标准出版社，2008.

命题：张 宁 王岚云

审核：王 琳 夏 新 冯 丹

第五节 挥发分

分类号：CQ2-5

主要内容
《煤的工业分析方法》（5 挥发分的测定）（GB/T 212—2008）

一、填空题

1.《煤的工业分析方法》（GB/T 212—2008）测定煤样挥发分时，坩埚及坩埚架放入马弗炉后，要求温度在________min 内恢复至________，否则此次实验作废。

答案：3　900℃ ±10℃

2.《煤的工业分析方法》（GB/T 212—2008）测定煤样挥发分时，________和________应预先压饼，并切成宽度约________ mm 的小块。

答案：褐煤　长焰煤　3

二、判断题

1.《煤的工业分析方法》（GB/T 212—2008）测定煤样挥发分时要求煤样粒度小于 0.5 mm。（　）

答案：错误

正确答案为：要求煤样粒度小于 0.2 mm。

2.《煤的工业分析方法》（GB/T 212—2008）测定煤样挥发分时，要求轻轻转动坩埚，使煤样摊平。（　）

答案：正确

3.《煤的工业分析方法》（GB/T 212—2008）测定煤样挥发分时，马弗炉的恒温区应在关闭炉门下测定，且能保证温度在 900℃ ±10℃，有足够的 900℃ ±5℃的恒温区，并至少每年测定一次。（　）

答案：正确

4.《煤的工业分析方法》（GB/T 212—2008）测定煤样挥发分时，坩埚架的规格尺寸以能使所有的坩埚都在马弗炉恒温区内，并且坩埚底部紧邻热电偶热接点上方。（　）

答案：正确

5.《煤的工业分析方法》（GB/T 212—2008）测定煤样挥发分时，煤样应放于预先灼烧至质量恒定的无盖瓷坩埚中。（　）

答案：错误

正确答案为：坩埚应带有配合严密盖。

6.《煤的工业分析方法》（GB/T 212—2008）测定煤样挥发分时，所得强膨胀融黏结（8 型）焦渣，其高度不超过 15 mm。（　）

答案：错误

正确答案为：8 型焦渣其高度大于 15 mm。

三、选择题

1.《煤的工业分析方法》（GB/T 212—2008）测定煤样挥发分时，要求煤样隔绝空气加热________ min。（　　）

A. 5　　B. 7

C. 10

答案：B

2.《煤的工业分析方法》（GB/T 212—2008）测定煤样挥发分时，所得弱黏结（3 型）焦渣的特征为________。（　　）

A. 用手指轻压即成小块　　B. 用手指用力压才裂成小块

C. 形成扁平的块

答案：A

3.《煤的工业分析方法》（GB/T 212—2008）测定煤样挥发分时，所得微膨胀熔融黏结（6 型）焦渣的特征为________。（　　）

A. 用手指轻压即成小块　　B. 用手指用力压才裂成小块

C. 用手指压不碎

答案：C

4.《煤的工业分析方法》（GB/T 212—2008）中规定，测定挥发分使用的压饼机为螺旋式或杠杆式，并且能压制直径约________mm 的煤饼。（　　）

A. 5　　B. 7

C. 10

答案：C

四、问答题

1. 简述《煤的工业分析方法》（GB/T 212—2008）中煤样挥发分的测定步骤。

答案：称取一定量的一般分析实验煤样，放在带盖的瓷坩埚中，在 900℃ ±10℃下，隔绝空气加热 7 min，以减少的质量占煤样质量的质量分数，减去该煤样的水分含量即煤样的挥发分。

2.《煤的工业分析方法》（GB/T 212—2008）测定煤样挥发分时，所得的焦渣可分为哪几类？

答案：1 型：粉状；2 型：黏着；3 型：弱黏结；4 型：不熔融黏结；5 型：不膨胀熔融黏结；6 型：微膨胀熔融黏结；7 型：膨胀熔融黏结；8 型：强膨胀熔融黏结。

五、计算题

采用《煤的工业分析方法》（GB/T 212—2008）测定煤样挥发分，称取煤样 1.012 9 g，然后将煤样放于马弗炉中加热，冷却至室温后称的重量为 0.908 8 g，已知该煤样的水分含量为 5.09%，试求该煤样的挥发分质量分数。

答案：V_{ad}=［（1.012 9−0.908 8）/1.012 9］×100−5.09=5.19%

参考文献

国家质量监督检验检疫总局，国家标准委员会．煤的工业分析方法：GB/T 212—2008 [S]. 北京：中国标准出版社，2008.

命题：赵　莉　王　琳　张　宁
审核：冯　丹　马先锋　夏　新

第六节　碳和氢

分类号：CQ2-6

主要内容
《煤中碳和氢的测定方法　电量－重量法》GB/T 476—2008

一、填空题

1. 根据《煤中碳和氢的测定方法　电量－重量法》（GB/T 476—2008），电量－重量法碳氢测定仪由________、________、________、________和________等构成。

答案：氧气净化系统　燃烧装置　铂—五氧化二磷电解池　电量积分器　吸收系统

2. 根据《煤中碳和氢的测定方法　电量－重量法》（GB/T 476—2008），电量－重量法碳氢测定仪氧气净化系统的 3 个气体干燥管内按氧气流入方向依次充填________、________和________。

答案：变色硅胶　碱石棉　无水高氯酸镁。

3. 根据《煤中碳和氢的测定方法　电量－重量法》（GB/T 476—2008），电量－重量法碳氢测定仪的氧气净化炉可控温在________±10℃，燃烧炉可控温在________±10℃，催化炉可控温在________±10℃。

答案：800℃　850℃　300℃

二、判断题

1.《煤中碳和氢的测定方法　电量－重量法》（GB/T 476—2008）适用于对褐煤、烟煤、无烟煤和焦炭的测定。（　）

答案：错误

正确答案为：不适用于对焦炭的测定。

2. 采用《煤中碳和氢的测定方法　电量－重量法》（GB/T 476—2008）测定煤中碳和氢时，电量－重量法碳氢测定仪的燃烧舟为长 70～77 mm 瓷舟，新舟使用前应在 650℃下灼烧 2 h。（　）

答案：错误

正确答案为：850℃下灼烧 2 h

3. 根据《煤中碳和氢的测定方法　电量－重量法》（GB/T 476—2008），电量－重量法

碳氢测定仪的净化管内充填高锰酸银热解产物，两端堵以硅酸铝棉。(　　)

答案：错误

正确答案为：充填线状氧化铜。

4. 根据《煤中碳和氢的测定方法　电量－重量法》(GB/T 476—2008)，电量－重量法碳氢测定仪的吸收系统主要包括：除氮 U 形管、吸水 U 形管、吸收二氧化碳 U 形管和气泡计。(　　)

答案：正确

5. 根据《煤中碳和氢的测定方法　电量－重量法》(GB/T 476—2008)，电量－重量法碳氢测定仪吸收系统的吸收二氧化碳 U 形管直径约为 15 mm，3/5 装碱石棉，2/5 装无水高氯酸镁或无水氯化钙。(　　)

答案：错误

正确答案为：4/5 装碱石棉，1/5 装无水高氯酸镁或无水氯化钙。

6. 根据《煤中碳和氢的测定方法　电量－重量法》(GB/T 476—2008)，电量－重量法碳氢测定仪的电解池在涂液前，应先用外径约 5 mm 的软毛刷和洗涤剂清洗电解池内壁，然后依次用自来水、蒸馏水冲洗，最后用丙酮或无水乙醇清洗并用热风吹干。此时，电解池两铂极间电阻应为最小。(　　)

答案：错误

正确答案为：电解池两铂极间电阻应为无穷大。

7. 采用《煤中碳和氢的测定方法　电量－重量法》(GB/T 476—2008)测定煤中碳和氢时，某次试验后，如果吸收系统第 2 个吸收二氧化碳 U 形管的质量增加 50 mg 以上，应更换第 1 个 U 形管。(　　)

答案：正确

8. 根据《煤中碳和氢的测定方法　电量－重量法》(GB/T 476—2008)，电量－重量法碳氢测定仪的电解池使用 100 次左右或发现电解池有拖尾等现象时，应清洗电解池，重新涂膜。(　　)

答案：正确

9. 采用《煤中碳和氢的测定方法　电量－重量法》(GB/T 476—2008)测定煤中碳和氢，在称重时如果第 2 个吸收二氧化碳 U 形管质量变化小于 0.001 0 g 时，计算时忽略。(　　)

答案：错误

正确答案为：小于 0.000 5 g。

10. 根据《煤中碳和氢的测定方法　电量－重量法》(GB/T 476—2008)，电量－重量法碳氢测定仪吸收系统的吸水 U 形，内装无水硫酸钠或无水氯化钙。(　　)

答案：错误

正确答案为：内装无水高氯酸镁或无水氯化钙。

11. 根据《煤中碳和氢的测定方法　电量－重量法》(GB/T 476—2008)，电量－重量法碳氢测定仪燃烧管的填充顺序是先在细颈端充填硅酸铝棉，然后填入高锰酸银热解产物，最后再充填硅酸铝棉。(　　)

答案：正确

12. 采用《煤中碳和氢的测定方法 电量－重量法》（GB/T 476—2008）测定煤中碳和氢时，煤样燃烧后（一般 30 s），按电解键（或测定键），当煤样燃烧平稳，将全舟推入炉口，立即将燃烧舟推入高温带并立即拉回推棒（不要让推棒红热部分拉到近橡皮塞处，以免使橡皮塞过热分解）。（　　）

答案：错误

正确答案为：停留 2 min 左右后，将燃烧舟推入高温带并立即拉回推棒。

13. 采用《煤中碳和氢的测定方法 电量－重量法》（GB/T 476—2008）测定煤中碳和氢时，氢空白值的测定可与吸收二氧化碳 U 形管的恒重试验同时进行，也可在碳氢测定之后进行。相邻两次空白测定值相差不超过 0.050 mg，取这两次测定的最大值作为当天氢的空白值。（　　）

答案：错误

正确答案为：取这两次测定的平均值作为当天氢的空白值。

三、选择题

1. 根据《煤中碳和氢的测定方法 电量－重量法》（GB/T 476—2008），电量－重量法碳氢测定仪吸收系统的除氮 U 形管内装________，两端堵以硅酸铝棉。（　　）

A. 粒状二氧化锰　　B. 无水高氯酸镁　　C. 碱石棉

答案：A

2. 根据《煤中碳和氢的测定方法 电量－重量法》（GB/T 476—2008），电量－重量法碳氢测定仪吸收系统的气泡计内装________。（　　）

A. 盐酸　　B. 硫酸　　C. 磷酸

答案：B

3. 根据《煤中碳和氢的测定方法 电量－重量法》（GB/T 476—2008），电量－重量法碳氢测定仪吸收系统中的二氧化锰、无水高氯酸镁或无水氯化钙一般使用约________次应更换。（　　）

A. 50　　B. 100　　C. 500

答案：B

4. 采用《煤中碳和氢的测定方法 电量－重量法》（GB/T 476—2008）测定煤中碳和氢时，燃烧炉、净化炉和催化炉温度控制在指定温度后，将煤样以________混合均匀，在预先灼烧过的燃烧舟中称取粒度小于 0.2 mm 的空气干燥煤样（0.070～0.075 g），称准至 0.000 2 g，并均匀铺平，在煤样上盖一层三氧化钨。（　　）

A. 平铺法　　B. 四分法　　C. 转瓶法

答案：C

5. 根据《煤中碳和氢的测定方法 电量－重量法》（GB/T 476—2008），检查电量－重量法碳氢测定仪的气密性时，将所有 U 形管磨口塞旋开，与仪器相连，接通氧气，调节氧气流量约为________mL/min。然后关闭靠近气泡计处 U 形管磨口塞，此时若氧气流量降至________mL/min 以下，表明整个系统气密。（　　）

A. 60，20　　B. 80，20　　C. 60，40　　D. 80，40

答案：B

6. 根据《煤中碳和氢的测定方法 电量－重量法》（GB/T 476—2008），电量－重量法碳氢测定仪氧气净化系统的净化管为________管或素瓷管。（ ）

A. 玻璃 B. 聚四氟乙烯 C. 石英 D. 铜

答案：C

7.《煤中碳和氢的测定方法 电量－重量法》（GB/T 476—2008）中要求碳氢测定仪电量积分器的电解电流 50～700 mA 范围内积分线性误差小于________，配有四位数字显示器，数字显示精确到________mg 氢。（ ）

A. ±0.1%，0.001 B. ±1%，0.01 C. ±2%，0.000 1 D. ±5%，0.1

答案：A

四、问答题

1. 简述《煤中碳和氢的测定方法 电量－重量法》（GB/T 476—2008）的工作原理。

答案：一定量煤样在氧气流中燃烧，生成的水与五氧化二磷反应生成偏磷酸，电解偏磷酸，根据电解所消耗的电量，计算煤中氢含量；生成的二氧化碳用二氧化碳吸收剂吸收，由吸收剂的增量，计算煤中碳含量。

2. 简述《煤中碳和氢的测定方法 电量－重量法》（GB/T 476—2008）中煤样燃烧后的干扰如何去除。

答案：煤样燃烧后生成的硫氧化物和氯用高锰酸银热解产物除去，氮氧化物用粒状二氧化锰除去，以消除它们对碳测定的干扰。

3. 简述《煤中碳和氢的测定方法 电量－重量法》（GB/T 476—2008）中高锰酸银热解产物的制法。

答案：称取 100 g 化学纯高锰酸钾，溶于 2 L 水中，煮沸。另取 107.5 g 化学纯硝酸银溶于约 50 mL 水中，在不断搅拌下，缓慢注入沸腾的高锰酸钾溶液中。搅拌均匀后逐渐冷却并静置过夜。将生成的紫色晶体用水洗涤数次。在 60～80℃下干燥 4 h。然后将晶体一小部分一小部分地放在瓷皿中，在电炉上缓缓加热至骤然分解，得疏松状银灰色产物，装入磨口瓶中备用。

4. 根据《煤中碳和氢的测定方法 电量－重量法》（GB/T 476—2008），简述碳氢测定仪电解池涂液的组成。

答案：磷酸与丙酮以（3+7）比例混合。

5. 采用《煤中碳和氢的测定方法 电量－重量法》（GB/T 476—2008）测定煤中碳和氢时，如何进行碳氢测定仪可靠性检验。

答案：可称取 0.070～0.075 g 标准煤样，称准至 0.000 2 g，进行碳、氢测定。如果实测的碳、氢值与标准值的差值不超过标准煤样规定的不确定度，并且无明显系统偏差，表明测定仪可用，否则须查明原因并纠正后才能进行正式测定。

6. 采用《煤中碳和氢的测定方法 电量－重量法》（GB/T 476—2008）测定煤中碳和氢时，电量－重量法碳氢测定仪电解池涂液及五氧化二磷膜的生成过程是怎样的？

答案：将电解池前端向上竖起，从前端滴入涂液。涂液沿池内壁流下，当涂液流到池体 1/3 处时，立即倒转电解池，使多余的涂液流出，并用滤纸拭净池口。边转动电解池，边用冷风吹至无丙酮气味。以同样方法涂液 3 次，但第 2 次使涂液流到池体的 2/3 处时，倒出多余涂液；第 3 次使涂液流到距池体尾端约 10 mm 处时，倒出多余的涂液。接通氧气，调节氧气流量约为 80 mL/min。用硅橡胶管将涂液后的电解池与燃烧管细颈端口对口连接。装好电解池冷却水套，通入冷却水，将电解池两电极与电解电源引线相接。选择 10 V 电压，启动电解，每隔 3 min 改变电解电源极性 1 次，直至电解终点。选择 24 V 电压，启动电解，直至电解终点；改变电解电源极性，启动电解，至电解终点。如此重复 4～5 次，五氧化二磷膜形成完毕；或按涂膜键自动涂膜。

五、计算题

采用《煤中碳和氢的测定方法　电量－重量法》（GB/T 476—2008）测定煤中碳和氢，称取粒度小于 0.2 mm 的空气干燥煤样 0.070 9 g，吸收二氧化碳 U 形管的增量为 0.192 3 g，电量积分器显示的氢值为 11.515 mg，电量积分器显示的氢空白值为 0.168 mg，已知该空气干燥煤样的水分为 2.15%，计算该煤样的碳氢质量分数。

答案： 空气干燥煤样中碳的质量分数：0.272 9 × 0.192 3/0.070 9=74.0%

空气干燥煤样中氢的质量分数：

［（11.515−0.168）× 100］/（0.070 9 × 1 000）− 0.111 9 × 2.15%=15.8%

参考文献

国家质量监督检验检疫总局，国家标准委员会 . 煤中碳和氢的测定方法　电量－重量法：GB/T 476—2008 [S]. 北京：中国标准出版社，2008.

命题：赵　莉　　杨　虹

审核：王　琳　　冯　丹

第七篇

质量管理

分类号：Q

一、填空题

1. 国家生态环境标准包括国家生态环境质量标准、________________标准、__________标准、__________标准、生态环境基础标准和__________技术规范。

答案：生态环境风险管控　污染物排放　生态环境监测　生态环境管理

2. 我国化学试剂分为四级，优级纯试剂用 G.R 表示，标签颜色为________色；分析纯试剂用 A.R 表示，标签颜色为________色；化学纯试剂用 C.P 表示，标签颜色为________色。

答案：绿　红　蓝

3. 生物样品采集中，应特别注意防止________和样品的________。

答案：沾污　代表性

4. 气体标准的传递是指将国家一级标准气体的________传递到____________上的过程。标准传递的逆过程称为标准的溯源，当进行系统误差分析时，可逆向逐级检查各步骤对误差的贡献，追踪原因，从而保证监测数据质量。

答案：准确时值　例行工作所用的标准气体

5. 在空气和废气监测中，如果现场污染物浓度不清楚，采气量或采样时间应根据________和________来确定。

答案：标准规定的浓度　分析方法的测定下限

6. 在水污染物排放总量的实验室分析中，对有些斜率较为稳定的校准曲线，在实验条件没有改变的情况下，使用以前的校准曲线时，必须测定________个标准点，测定结果与原曲线相应点的相对偏差均应小于________%，否则应重新制备曲线。

答案：两　5

7. 在水污染源在线监测中，运行维护人员每月应对每个站点所有自动分析仪至少进行 1 次质控样试验，采用国家认可的两种浓度的质控样进行试验，质控样品浓度一种应接近________浓度，另一种应超过相应排放标准浓度，每种样品至少测定________次，质控样测定的相对误差应不大于标准值的 ±________%。

答案：废水实际　2　10

8.《环境空气质量手工监测技术规范》（HJ 194—2017）及修改单规定，二氧化硫、二氧化氮、一氧化碳、臭氧、氮氧化物等气态污染物浓度为________的浓度；颗粒物（粒径≤10 μm）、颗粒物（粒径≤2.5 μm）、总悬浮颗粒物及其组分铅、苯并 [*a*] 芘等浓度为________的浓度。

答案：参比状态　监测时大气温度和压力下

二、判断题

1. 环境监测质量保证是整个环境监测过程的全面质量管理。（　　）

答案：正确

2. 进行水样分析时，应按同批测试的样品数，至少随机抽取 10%～20% 的样品进行平

行双样测定。(　　)

答案：正确

3. 对拟修约的数字，在确定修约位数后必须连续修约到所确定的位数。(　　)

答案：错误

正确答案为：对拟修约的数字，在确定修约位数后应该一次修约获得结果，而不得多次连续修约。

4. 仪器校准、空白试验、标准物质对比分析和回收率测定，都是减少系统误差的方法。(　　)

答案：正确

5. 实验室内使用的化学试剂应有专人保管，定期检查使用及保管情况，但是少量酸碱试剂不用分开存放。(　　)

答案：错误

正确答案为：酸碱试剂必须分开存放。

6. 水样的pH、溶解氧、电导率和透明度应尽可能在现场测定。(　　)

答案：正确

7. 灵敏度是指某特定分析方法、在给定的置信度内、可从样品中检出待测物质的最小浓度或最小量。(　　)

答案：错误

正确答案为：灵敏度是指某方法对单位浓度或单位量待测物质变化所致的响应量变化程度。

8. 标准曲线包括校准曲线和工作曲线。(　　)

答案：错误

正确答案为：校准曲线包括工作曲线和标准曲线。

9. 实验室间质量控制的目的是检查各实验室是否存在系统误差，找出误差来源，提高实验室的监测分析水平。(　　)

答案：正确

10. 根据产生原因，误差可分为系统误差、环境误差和过失误差。(　　)

答案：错误

正确答案为：根据产生原因，误差可分为系统误差、随机误差和过失误差。

11. 使用天平称量物质前，应开启侧门平衡天平内和室内的温度和湿度。(　　)

答案：正确

12. 对于第一类水污染物，不分行业和污水排放方式，也不分受纳水体的功能类别，一律在车间或车间处理设施排放口采样。(　　)

答案：正确

13. 空白试验反映实验室的基本情况和分析人员的经验与技术水平。(　　)

答案：正确

14. 常规监测质量控制技术包括平行样分析、明码样分析、密码样分析、标准样品分析、加标回收率分析、室内互检、室间外检、方法比对分析和质量控制图等。(　　)

答案：正确

15. 系统误差又称恒定误差或可测误差、偏倚。(　　)

答案：正确

16. 实验室间质量控制是在各参加实验室处于受控的条件下，由有经验的实验室主持进行。(　　)

答案：正确

17. 环境监测人员持证上岗考核工作实行国家环境保护行政主管部门统一管理，不实行分级管理。(　　)

答案：错误

正确答案为：环境监测人员持证上岗考核工作实行分级管理，分为国家和省级两级管理。

18. 开展环境监测时，选择监测分析方法的原则是首选国家标准分析方法。(　　)

答案：正确

19. 剧毒试剂应由两个人负责管理，加双锁存放，共同称量，登记用量。(　　)

答案：正确

20. 根据《环境监测质量管理规定》，质量管理机构（或人员）的主要职责中不包括：组织开展对下级环境监测机构监测质量、质量管理的监督与检查。(　　)

答案：错误

正确答案为：根据《环境监测质量管理规定》，组织开展对下级环境监测机构监测质量、质量管理的监督与检查是质量管理机构（或人员）的主要职责。

21. 样品在采集、运输、保存、交接、制备和分析测试过程中，应严格遵守操作规程，确保样品质量。(　　)

答案：正确

22. 内部质量控制的方式不包括空白样分析。(　　)

答案：错误

正确答案为：采取密码样、明码样、空白样、加标回收和平行样测试等方式都是内部质量控制的有效措施。

23. 对环境监测人员实施持证上岗考核时，对没有考核样品的项目，可采取实际样品测试、加标实验、留样复测、现场操作演示等方式进行考核。(　)

答案：正确

24. 根据《环境监测人员持证上岗考核制度》，环境监测人员取得上岗合格证后，有编造数据、弄虚作假者立即取消持证资格，收回或注销合格证。(　　)

答案：正确

25. 影响空气中污染物浓度分布和存在形态的气象参数主要有风速、风向、湿度、温度、压力、降水以及太阳辐射等。(　　)

答案：正确

26. 湿沉降采样器的设置应保证采集到无偏向性的试样，应设置在离树林、土丘及其他障碍物足够远的地方。(　　)

答案：正确

27. 实验室内对玻璃量器进行容量校准，通常使用称量法。(　　)

答案：正确

28. 实验室间比对是按照预先规定的条件，由 2 个或多个实验室对相同的样品进行检测的组织、实施和评价。(　　)

答案：正确

29. 能力验证是确定的 2 个实验室间对同一个标准样品进行测试。(　　)

答案：错误

正确答案为：能力验证是利用实验室间比对确定实验室的检测能力，不限于几个实验室。

30. 量值溯源的目的是使所有测量结果或标准的量值都能最终溯源到国家基准或国际计量基准。(　　)

答案：正确

31. 采集到的水样应有唯一标识。(　　)

答案：正确

32. 平行双样测定的精密度用相对误差表示。(　　)

答案：错误

正确答案为：平行双样测定的精密度用相对偏差表示。

33. 相对偏差是恒定的正值。(　　)

答案：错误

正确答案为：相对偏差可以是正值，也可以是负值。

34. 最佳测定范围是校准曲线的直线范围。(　　)

答案：错误

正确答案为：最佳测定范围是指在限定误差能满足预定要求的前提下，特定方法的测定下限至测定上限之间的浓度范围。

35. 线性范围是方法检出限到曲线最高点之间的浓度范围。(　　)

答案：错误

正确答案为：线性范围是方法校准曲线的直线部分所对应的浓度范围。

36. 标准曲线是描述待测物质浓度（或量）与相应的测量仪器响应量（或其他指示量）之间的定量关系的曲线。(　　)

答案：正确

37. 为提高工作效率，玻璃器皿和量器可以在 110～120℃的烘箱中烘干。(　　)

答案：错误

正确答案为：玻璃量器不能烘干。

38. 化学试剂的提纯方法有蒸馏法、萃取法、重结晶法和醇析法等。(　　)

答案：正确

39. 直接称量法包括常规称量、固定量称量和减量称量。(　　)

答案：正确

40. 环境监测质量控制是通过配套实施各种质量控制技术和管理规程，而达到保证各个监测环节工作质量的目的。(　　)

答案： 正确

41. Grubbs 检验法可用于一组测量值的一致性和剔除一组测量值中的异常值，一次检验可以检出一个或多个异常值。(　　)

答案： 错误

正确答案为： Grubbs 检验法可用于一组测量值的一致性和剔除一组测量值中的异常值，一次只能检出一个异常值。

42. 20℃时，100 mL A 级滴定管的总容量允差为 ±0.10 mL。(　　)

答案： 正确

43. Dixon 检验法用于一组测定值的一致性检验和剔除一组测定值中的异常值，可用于检出一个异常值。(　　)

答案： 错误

正确答案为： Dixon 检验法用于一组测定值的一致性检验和剔除一组测定值中的异常值，可用于检出一个或多个异常值的情况。

44. 置信区间的大小与所取置信水平及显著性水平有关，置信水平取得大，置信区间也大，因此置信水平取得越大越好。(　　)

答案： 错误

正确答案为： 置信区间过大，估计的精度就差，所以不是置信水平越大越好。

45. 环境监测中用于质量控制的标准物质必须是有证标准物质。(　　)

答案： 正确

46. 我国的标准物质一般分为国家一级标准物质和二级标准物质。(　　)

答案： 正确

47. 实验室质量体系的管理评审每年不少于 2 次。(　　)

答案： 错误

正确答案为： 实验室质量体系管理评审每年至少组织一次。

48. 如果质量体系运行没有出现大的问题，当年不进行内部审核也可以。(　　)

答案： 错误

正确答案为： 实验室质量体系内部审核一般每年不少于一次。

49. 对于政府下达的指令性监测任务，也应编制工作计划和质量保证计划。(　　)

答案： 正确

50. 水样可以通过加入抑制剂、氧化剂、还原剂和控制 pH 进行保存。(　　)

答案： 正确

51. 根据《环境空气质量自动监测技术规范》（HJ/T 193—2005），对于空气自动监测中的气态污染物监测仪器，对于不具有自动校零 / 校跨的系统，一般每 5～7 d 进行 1 次零（跨）漂检查。(　　)

答案： 正确

52. 用基准试剂配制元素、离子、化合物和原子团的已知准确浓度的溶液称为标准溶液。(　　)

答案： 正确

53. 实验室分析过程中产生的“三废”应妥善处理，确保符合环保、健康和安全的

要求。(　　)

答案：正确

54. 用于校准采样仪器的流量校准装置，其精度应高于采样仪器流量计的精度。(　　)

答案：正确

55. 采用真空罐（瓶）、气袋、注射器等采集空气样品的方法属于直接采样法。(　　)

答案：正确

56. 吸附管采样法适用于汞、挥发性有机物等气态污染物的样品采集。(　　)

答案：正确

57. 由污染源排放出的污染物进入空气中，在物理、化学作用下，发生一系列化学反应，形成了另一种污染物质，称为二次污染物。(　　)

答案：正确

58. 河流水质监测时，若水深 5～10 m，采样垂线设上、中、下三层共三点。(　　)

答案：错误

正确答案为：河流水深 5～10 m 时，采样垂线设上、下层共两点。

59. 河流水质监测时，若水面宽小于 50 m，采样垂线设两条垂线。(　　)

答案：错误

正确答案为：河流水面宽小于 50 m 时，采样垂线设一条中泓线。

60. 瞬时水样是指从水中不连续地随机采集的单一样品。(　　)

答案：正确

61. 等比例混合水样是指在某时段内，在同一采样点位所采水样量随时间或流量成比例的混合水样。(　　)

答案：正确

62. 地表水和污水监测中，测定溶解氧、生化需氧量和有机污染物等项目时，水样必须注满容器，上部不留空间，并有水封口。(　　)

答案：正确

63. 平均风速大于 4.5 m/s 时，很有利于污染物的扩散和稀释，不适宜进行大气污染物无组织排放监测。(　　)

答案：正确

64. 按照《室内空气质量标准》（GB/T 18883—2002）进行室内环境空气质量检测时，采样点的高度原则上与人的呼吸带高度一致，一般相对高度在 0.5～1.5 m。(　　)

答案：正确

65.《室内空气质量标准》（GB/T 18883—2002）规定，室内环境空气监测应在装修完成 3 d 后进行。(　　)

答案：错误

正确答案为：室内环境空气监测应在装修完成 7 d 后进行。

66.《室内空气质量标准》（GB/T 18883—2002）规定，室内环境空气监测应在对外门窗关闭 24 h 后进行。(　　)

答案：错误

正确答案为：室内环境空气质量监测应在对外门窗关闭 12 h 后进行。

67. 使用溶液吸收采样、吸附管采样、滤膜采样等方式进行环境空气手工监测时，采样前、后用经检定合格的标准流量计效验采样系统的流量，流量误差应小于 8%。( )

答案：错误

正确答案为：流量误差应小于 5%。

68. 大气污染物无组织排放监测，一般在排放源上风向设 1 个参照点，在下风向最多设 4 个监控点。( )

答案：正确

69. 固定污染源废气中气态污染物监测采样时，为防止气体中水分在采样管内冷凝，造成待测污染物溶于水而产生测定误差，采样管须加热。( )

答案：正确

70. 一般情况下，固定污染源排气温度可在烟道内任一点测定。( )

答案：错误

正确答案为：固定污染源排气温度应在烟道中心点测定。

71. 根据《环境空气质量自动监测技术规范》(HJ/T 193—2005)，PM_{10} 采样头至少每 6 个月清洗 1 次。( )

答案：错误

正确答案为：PM_{10} 采样头至少每 2 个月清洗 1 次。

72. 废气采样装置的流量计和监测气态污染物的传感器应定期进行校准。( )

答案：正确

73. 采集土壤样品时均应填写 2 个标签，一个放在袋（或瓶）内，一个放在袋（或瓶）外或贴在袋（或瓶）外表面上。( )

答案：正确

74. 进行易挥发固体废物采样时，应在容器顶部留一定空间，常温方式保存。( )

答案：错误

正确答案为：进行易挥发固体废物采样时，应采取容器顶部无顶空存样，冷冻方式保存。

75. 进行污染事故土壤监测时，如果是固体污染物抛撒型，打扫后采集表层 0～5 cm 土壤，样品数不少于 3 个。( )

答案：正确

76. 采集水中底质样品时，船体或采泥器冲击搅动底质不影响继续采样。( )

答案：错误

正确答案为：若船体或采泥器冲击搅动了底质，应另选采样点位。

77. 采集用于监测细菌学指标水样的玻璃瓶，在洗涤干燥后，要在 160～170℃干热灭菌 2 h 或高压蒸汽 121℃灭菌 20 min。( )

答案：正确

78. 根据《环境空气质量自动监测技术规范》(HJ/T 193—2005)，在正常情况下，气态污染物至少有 18 h 的采样时间，可吸入颗粒物有不少于 12 h 的采样时间，才能代表环境空气质量日均值。( )

答案：正确

79. 在测量时间内，被测声源的声级起伏不大于 3 dB（A）的视为稳态噪声，否则为非稳态噪声。(　　)

答案：正确

80. 在进行噪声测量时，传声器加不加风罩均可。(　　)

答案：错误

正确答案为：在进行噪声测量时，传声器应加风罩。

81. 大气酸沉降监测中，应每 24 h 采样一次，一天有几次降水可合并为一个样，若遇连续几天下雨，上午 9：00 至次日上午 9：00 的降水视为一个样品。(　　)

答案：正确

82. 土壤重金属样品制备时，需要全量磨样、逐级过筛，并记录磨样前后的样品质量。(　　)

答案：正确

三、选择题

1. 平行样分析反映分析结果的________。(　　)

A. 精密度　　B. 准确度　　C. 灵敏度

答案：A

2. 加标回收率分析反映分析结果的________。(　　)

A. 精密度　　B. 正确度　　C. 灵敏度

答案：B

3. 正态分布的总体偏差 σ 越大，数据________，正态分布曲线越平宽。(　　)

A. 越分散　　B. 越集中　　C. 不变

答案：A

4. 随机误差又称________或不可测误差。(　　)

A. 偶然误差　　B. 粗差　　C. 可测误差　　D. 恒定误差

答案：A

5. 在水质监测采样中，用船只采样时，采样人员应在船________采样，采样船应位于________方向，________采样，避免搅动底部沉积物造成水样污染。(　　)

A. 后部，下游，逆流　　B. 前部，上游，逆流

C. 前部，下游，顺流　　D. 前部，下游，逆流

答案：D

6. 进行加标回收率测定时，下列注意事项中错误的是________。(　　)

A. 加标物的形态应该和待测物的形态相同

B. 在任何情况下加标量均不得小于待测物含量的 3 倍

C. 加标量应尽量与样品中待测物含量相等或相近

D. 加标后的测定值不应超出方法测定上限的 90%

答案：B

7. 近似数运算中，18.3+1.454 6+0.877 等于________。(　　)

A. 20.6　　B. 20.63　　C. 20.632　　D. 20.631 6

答案：A

8. 灵敏度与检出限密切相关，灵敏度越高，检出限________。(　　)

A. 越高　　B. 越低　　C. 不变

答案：B

9. 正确度常用绝对误差或________表示。(　　)

A. 相对误差　　B. 平均偏差　　C. 标准偏差　　D. 相对标准偏差

答案：A

10. 为减少随机误差，除必须严格控制实验条件、正确执行操作规程外，还可用增加________。(　　)

A. 样品用量　　B. 样品数量　　C. 测定次数　　D. 标准溶液浓度

答案：C

11. 测量结果的________由正确度和精密度两个指标进行表征。(　　)

A. 不确定度　　B. 准确度　　C. 灵敏度　　D. 检出限

答案：B

12. ________表示极差。(　　)

A. 绝对偏差的绝对值之和的平均值

B. 平均偏差与测量均值的比值

C. 一组测量值内最大值与最小值之差

D. 测量值与真值之差

答案：C

13. 根据《环境监测人员持证上岗考核制度》，环境监测人员持证上岗考核合格证有效期为________。(　　)

A. 长期　　B. 10 年　　C. 6 年　　D. 3 年

答案：C

14. 由管理层负责组织就质量方针和目标，对质量体系的现状和适应性进行的正式评价是________。(　　)

A. 质量评审　　B. 管理评审　　C. 质量审核　　D. 合同评审

答案：B

15. 质量的国际单位制名称是________。(　　)

A. 毫克　　B. 克　　C. 千克　　D. 斤

答案：C

16. 列入强检目录的环境监测仪器，应按计量法的规定定期进行检定，贴上三色标签，其中________标签代表准用。(　　)

A. 绿色　　B. 黄色　　C. 蓝色　　D. 红色

答案：B

17. 一般情况下，分析有机污染物的水样应冷藏或冷冻，并在________d 内萃取完毕。(　　)

A. 7　　B. 10　　C. 15　　D. 3

答案：A

18. 滴定管活塞密合性检查操作为：在活塞不涂凡士林的清洁滴定管中加蒸馏水至零标线处，放置________min，液面下降不超过 1 个最小分度者为合格。(　　)

A. 15　　B. 30　　C. 1　　D. 5

答案：A

19. 水质环境监测分析中，制作校准曲线时，包括零浓度点在内至少应有________个浓度点，各浓度点应较均匀地分布在该方法的线性范围内。(　　)

A. 3　　B. 4　　C. 5　　D. 6

答案：D

20. 对检定、校准的结果进行确认的内容不包括________。(　　)

A. 检定、校准机构是否是合格服务方

B. 检定、校准项目和范围是否在其授权证书和证书附表范围内

C. 检定、校准结果是否满足检验检测方法的要求

D. 检定、校准是否能够溯源的国家基准

答案：D

21. 遇到对监测影响较大的雨雪天气及风速大于________ m/s 的天气条件时，不宜进行空气质量手工监测。(　　)

A. 5　　B. 6　　C. 7　　D. 8

答案：D

22. 建设项目竣工环境保护验收监测时，一般企业和水泥厂生产工况应分别达到设计规模的________和________。(　　)

A. 90%，85%　　B. 85%，80%　　C. 70%，75%　　D. 75%，80%

答案：D

23. 面积较小、地势平坦、土壤组成和受污染程度相对比较均匀的地块，在采集土壤混合样时应采用________。(　　)

A. 对角线法　　B. 梅花点法　　C. 棋盘式法　　D. 蛇形法

答案：B

24. 用测烟望远镜法测定烟气黑度时，一般测定值可分为________级。(　　)

A. 1～6　　B. 1～5　　C. 0～6　　D. 0～5

答案：D

25.《固定污染源监测质量保证与质量控制技术规范（试行）》（HJ/T 373—2007）中规定，样品分析当天或仪器每运行 12 h，应用标准溶液对标准曲线进行核查，通常情况下若标准溶液的分析结果与标准值标准偏差不超过________，原曲线可继续使用。(　　)

A. 5%　　B. 10%　　C. 15%　　D. 20%

答案：D

26. 水质自动监测常规五参数是________。(　　)

A. pH、氨氮、电导率、高锰酸盐指数、浊度

B. 高锰酸盐指数、浊度、TOC、水温、化学需氧量

C. pH、电导率、浊度、水温、溶解氧

D. 氨氮、电导率、高锰酸盐指数、浊度、水温

答案：C

27. 废水采样前，不能荡洗采样器具和样品容器的项目是________。(　　)

A. 动植物油　　B. 氰化物　　C. 氨氮　　D. 生化需氧量

答案：A

28. 工业企业厂界噪声监测点位应选在法定厂界外 1 m，高度________m 以上，距任一反射面距离不小于 1 m 的位置。(　　)

A. 1.0　　B. 1.2　　C. 1.5　　D. 2.0

答案：B

29. 工业企业厂界噪声监测时，如是稳态噪声，则采取________min 的等效声级。(　　)

A. 1　　B. 2　　C. 3　　D. 5

答案：A

30. 噪声测量应在无雨雪、无雷电的天气条件下进行，风速超过________m/s 时停止测量。(　　)

A. 4.5　　B. 5.0　　C. 5.5　　D. 6.0

答案：B

31. 地下水质监测中，可以不在现场监测的项目是________。(　　)

A. 水位　　B. pH　　C. 电导率　　D. 氟化物

E. 浊度

答案：D

32. 依据《检验检测机构资质认定生态环境监测机构评审补充要求》，生态环境监测机构应保证人员数量及其专业技术背景、工作经历、监测能力等与所开展的监测活动相匹配，中级及以上专业技术职称或同等能力的人员数量应不少于生态环境监测人员总数的________。(　　)

A. 10%　　B. 12%　　C. 15%　　D. 20%

答案：C

33. 根据《检验检测机构资质认定生态环境监测机构评审补充要求》，生态环境监测机构应及时记录样品采集、现场测试、样品运输和保存、样品制备、分析测试等监测全过程的技术活动，保证记录信息的________，能够再现监测全过程。(　　)

A. 科学性、合理性、可行性　　B. 充分性、原始性、规范性

C. 科学性、原始性、规范性　　D. 充分性、合理性、可行性

答案：B

34. 生态环境监测机构应就分包结果向客户负责（客户或法律法规指定的分包除外），应对分包方监测________进行监督或验证。(　　)

A. 能力　　B. 质量　　C. 水平　　D. 态度

答案：B

四、问答题

1. 实验室内质量控制手段主要有哪些（至少回答出 5 种）?

答案：主要手段包括：实验室的基础工作（方法选择、试剂和实验用水的纯化、容器和量器的校准、仪器设备和检定等），空白值试验，检出限的测量，校准曲线的绘制和检验，平行双样、加标回收率，绘制质量控制图等。

2. 监测数据“五性”是什么？简述其含义。

答案：监测数据“五性”包括代表性、准确性、精密性、可比性和完整性。（1）代表性：指在具有代表性的时间、地点，并按规定的采样要求采集有效样品，使监测数据能真实代表污染物存在的状态和污染现状。（2）准确性：指测定值与真实值的符合程度，一般以监测数据的准确度来表征。（3）精密性：指测定值有无良好的重复性和再现性，一般以监测数据的精密度表征。（4）可比性：指用不同的测定方法测量同一样品时，所得出结果的一致程度。（5）完整性：强调工作总体规划的切实完成，即保证按预期计划取得有系统性和连续性的有效样品，而且无缺漏地获得监测结果及有关信息。

3.《环境监测人员持证上岗考核制度》的考核内容包括几个部分？简述各部分包含的知识点。

答案：共包括三部分。（1）基本理论考核：包括生态环境保护基本知识、生态环境保护法律法规、生态环境监测基础理论知识、标准规范、质量保证和质量控制知识、布点和常用数据统计知识、采样方法、样品保存和样品预处理方法、分析测试方法、自动监测系统运行维护、生存环境遥感监测与评价、数据处理、数据审换和结果评价等。（2）基本技能考核：包括布点和采样、样品保存和样品予处理、试剂配制、仪器操作、仪器校准、记录和结果计算、校准曲线制作等自动监测考核内容包括：自动监测系统的运行维护、仪器设备校准、数据传输和数据审换等。（3）样品分析：按照规定的操作程序对发放的考核样品或实际样品进行分析测试，给出分析结果。

4. 我国颁布实施的主要环境保护法律有哪些?（至少回答 4 个）

答案：（1）《中华人民共和国环境保护法》。（2）《中华人民共和国水污染防治法》。（3）《中华人民共和国大气污染防治法》。（4）《中华人民共和国环境噪声污染防治法》。（5）《中华人民共和国固体废物污染环境防治法》。（6）《中华人民共和国海洋污染防治法》。（7）《中华人民共和国放射性污染防治法》。（8）《中华人民共和国环境影响评价法》。（9）《中华人民共和国清洁生产促进法》。

五、计算题

1. 对同一样品作 10 次平行测定，获得的数据分别为 4.41、4.49、4.50、4.51、4.64、4.75、4.81、4.95、5.01 和 5.39，试检验最大值是否为异常值。取检验水平 α=5%。[$G_{0.95(10)}$=2.176]

答案：用 Grubbs 检验法，为单侧检验：

$\overline{X}=4.746$ $S=\sqrt{\frac{1}{n-1}(\sum_{i=1}^{n}X_i^2-n\overline{X}^2)}=0.305$ $n=10$ $X_{10}=5.39$

$G_{10}=\left(X_{10}-\overline{X}\right)/S=(5.39-4.746)/0.305=2.111$

当 $n=10$ 时，查表得 $G_{0.95(10)}=2.176$，因 $G_{10}<G_{0.95(10)}$，所以 5.39 为正常值。

2. 氟化物标样的保证值为 1.05 mg/L，6 次测定结果分别为 1.05、1.07、1.06、1.06、1.05 和 1.05 mg/L，试检验测定结果与保证值有无显著差异。[$t_{0.05(5)}=2.571$]

答案：双侧检验：

$\overline{X}=1.057$ $S=\sqrt{\frac{1}{(n-1)}\sum_{i=1}^{n}\left(X_i-\overline{X}\right)^2}=0.008\ 17$ $\mu_0=1.05$

$t=(\overline{X}-\mu_0)/(S/\sqrt{n})=(1.057-1.05)/(0.008\ 17/\sqrt{6})=2.100$

因为 $t=2.100<t_{0.05(5)}=2.571$，所以测定值与保证值无显著差异。

3. 为了确定某方法的检出限，每天测定两个空白，连续测定 5 d，测定值分别为：(0.019 0.017)，(0.019 0.019)，(0.018 0.019)，(0.018 0.018)，(0.018 0.019)，该方法的检出限是多少？($\alpha=0.05$ $t_f=2.014$)

答案：单侧检验：

$$S_{wb}=\sqrt{\frac{1}{m(n-1)}\sum_{i=1}^{m}\sum_{j=1}^{n}\left(X_{ij}-\overline{X_i}\right)^2}=0.000\ 775$$

$L=2\sqrt{2}\cdot t_f S_{wb}=2.828\times2.014\times0.000\ 775=0.005$

即方法检出限为 0.005。

4. 用两种不同的方法测定水样中的氨氮，依据方法 1 的测定结果分别为 2.04、2.06、2.03、2.05 和 2.04，依据方法 2 的测定结果分别为 2.04、2.04、2.03、2.02 和 2.01，检验两种方法测定结果有无显著差异 [$F_{0.025(4,4)}=9.60$，$t_{0.05(8)}=2.306$]。

答案：(1) ① H_0：$\sigma_1^2=\sigma_2^2$ 双侧检验

② $x_1=2.044$ $x_2=2.028$ $S_1^2=0.000\ 13$ $S_2^2=0.000\ 17$

③ $S_{\max}{}^2=S_2^2$，$S_{\min}{}^2=S_1^2$；$f_1=n_1-1=4$，$f_2=n_2-1=4$

④ $F=S_{\max}{}^2/S_{\min}{}^2=0.000\ 17/0.000\ 13=1.31$

⑤ 给定 $\alpha=0.025$，查 $F_{0.025(4,4)}=9.60$

⑥ $F=1.31<F_{0.025(4,4)}$，所以两种方法有相同的精密度

(2) ① H_0：$\mu_1-\mu_2=0$ 双侧检验

② $R=S_1^2+S_2^2=0.000\ 13+0.000\ 17=0.000\ 3$ $f=n_1+n_2-2=5+5-2=8$

③ $$t=\frac{\overline{x_1}-\overline{x_2}-d}{\sqrt{(n_1-1)s_1^2+(n_2-1)s_2^2}}\sqrt{\frac{n_1n_2(n_1n_2-2)}{n_1+n_2}}=\frac{\overline{x_1}-\overline{x_2}}{\sqrt{R}}\sqrt{n}$$

$$=\frac{2.044-2.028}{\sqrt{0.000\ 3}}\sqrt{5}=2.07 \quad (\text{当}n_1=n_2\text{时})$$

④ 给定 $\alpha=0.05$，查 $t_{0.05(8)}=2.306$；$t=2.07<t_{0.05(8)}$，所以两种方法测定结果无显著差异。

5. 对 A 样品测定结果分别为 8.21、8.47、8.56、8.38、8.42、8.29、8.64 和 8.53，推算在 0.95 置信水平下，总体值的置信区间 [$t_{0.05(7)}$=2.365]。

答案：$\overline{X}$=8.438　　$S=\sqrt{\frac{1}{n-1}\sum_{i=1}^{n}\left(X_i-\overline{X}\right)^2}$=0.142 8　　f=n-1=7　　双侧检验

δ= $t_{a(f)}S/\sqrt{n}$=2.365 × 0.142 8/ $\sqrt{8}$ =0.120

在 0.95 置信水平下，总体均值的区间为 [$\overline{X}-\delta$，$\overline{X}+\delta$]=[8.318，8.558]

参考文献

[1] 环境监测质量管理规定 .（环发〔2006〕114 号文件）.

[2] 生态环境监测技术人员持证上岗考核规定 . 环监测〔2021〕80 号文件 .

[3] 中国环境监测总站《环境水质监测质量保证手册》编写组 . 环境水质监测质量保证手册（第二版）[M]. 北京：化学工业出版社，1994.

[4] 检验检测机构资质认定能力评价　检验检测机构通用要求：RB/T 214—2017 [S]. 北京：中国标准出版社，2017.

[5] 检验检测机构资质认定生态环境监测机构评审补充要求 . 国市监检测〔2018〕245 号 .

[6] 国家环境保护总局《水和废水监测分析方法》编委会 . 水和废水监测分析方法（第四版）[M]. 北京：中国环境科学出版社，2002.

[7] 国家环境保护总局《空气和废气监测分析方法》编委会 . 空气和废气监测分析方法（第四版）[M]. 北京：中国环境科学出版社，2003.

[8] 生态环境部《土壤环境监测分析方法》编委会 . 土壤环境监测分析方法（第一版）[M]. 北京 . 中国环境出版集团 . 2019.

[9] 国家环境保护总局，国家质量监督检验检疫总局 . 地表水环境质量标准：GB 3838—2000 [S]. 北京：中国环境科学出版社，2000.

[10] 国家环境保护总局 . 污水综合排放标准：GB 8978—1996 [S]. 北京：中国环境科学出版社，1996.

[11] 环境保护部，国家质量监督检验检疫总局 . 环境空气质量标准：GB 3095—2012 [S]. 北京：中国环境出版社，2012.

[12] 环境保护部，国家质量监督检验检疫总局 . 声环境质量标准：GB 3096—2008 [S]. 北京：中国环境科学出版社，2008.

[13] 国家环境保护总局 . 地表水和污水监测技术规范：HJ/T 91—2000 [S]. 北京：中国环境科学出版社，2000.

[14] 生态环境部 . 污水监测技术规范：HJ/T91.1—2019 [S]. 北京：中国环境出版集团，2019.

[15] 国家环境保护总局 . 水质　河流采样技术指导：HJ/T 52—1999 [S]. 北京：中国环境科学出版社，1999.

[16] 环境保护部 . 环境空气质量手工监测技术规范：HJ 194—2017 [S]. 北京：中国环境出版集团，2017.

[17] 国家环境保护总局《环境空气质量监测规范》编写组 . 环境空气质量监测规范（试行）. 公告 2007 年第 4 号 .

[18] 国家质量监督检验检疫总局，卫生部，国家环境保护总局 . 室内空气质量标准：GB/T 18883—

2002 [S]. 北京：中国环境科学出版社，2002.
[19] 国家环境保护总局 . 环境空气质量自动监测技术规范：HJ/T 193—2005 [S]. 北京：中国环境科学出版社，2005.
[20] 国家环境保护局 . 固定污染源排气中颗粒物测定与气态污染物采样方法：GB/T 16157—1996 [S]. 北京：中国环境科学出版社，1996.
[21] 国家环境保护总局 . 大气污染物无组织排放监测技术导则：HJ/T 55—2000 [S]. 北京：中国环境科学出版社，2000.
[22] 国家环境保护总局 . 土壤环境监测技术规范：HJ/T 166—2004 [S]. 北京：中国环境科学出版社，2004.
[23] 国家环境保护局 . 工业固体废物采样制样技术规范：HJ/T 20—1998 [S]. 北京：中国环境科学出版社，1998.
[24] 环境保护部，国家质量监督检验检疫总局 . 工业企业厂界环境噪声排放标准：GB 12348—2008 [S]. 北京：中国环境科学出版社，2008.
[25] 环境保护部 . 室内环境空气质量监测技术规范：HJ/T 167—2004 [S]. 北京：中国环境科学出版社，2004.
[26] 国家环境保护局 . 城市区域环境振动测量方法：GB 10071—1988 [S]. 北京：中国环境科学出版社，1988.
[27] 国家技术监督局，中华人民共和国卫生部 . 生物监测质量保证规范：GB/T 16126—1995 [S]. 北京：中国环境科学出版社，1995.
[28] 国家环境保护总局 . 酸沉降监测技术规范：HJ/T 165—2004 [S]. 北京：中国环境科学出版社，2004.
[29] 生态环境部 . 水污染源在线监测系统（COD_{Cr}、NH_3-N 等）数据有效性判别技术规范：HJ 356—2019 [S]. 北京：中国环境出版集团，2019.
[30] 生态环境部 . 地下水环境监测技术规范：HJ 164—2020 [S]. 北京：中国环境出版集团，2020.
[31] 国家环境保护总局 . 建设项目竣工环境保护验收技术规范　水泥制造：HJ/T 256—2006 [S]. 北京：中国环境科学出版社，2006.
[32] 国家环境保护总局 . 固定污染源监测质量保证与质量控制技术规范（试行）：HJ/T 373—2007 [S]. 北京：中国环境科学出版社，2007.
[33] 建设项目环境保护设施竣工验收监测技术要求（试行）. 环发〔2000〕38 号（附件）.
[34] 生态环境标准管理办法，生态环境部令　第 17 号，2020.

命题：王　伟　史　箴　曹　阳　刘　丹
审核：张榆霞　米方卓　池　靖　夏　新

第八篇

生态环境遥感监测与评价

分类号：E

一、判断题

1. 在全国生态监测与评价中，土地分类采用全国二级分类系统：一级分为 6 类，主要根据土地的自然生态和利用属性；二级分为 26 个类型，主要根据土地经营特点、利用方式和覆盖特征；耕地根据地形特征进行了三级划分，即进一步划分为平原、丘陵、山区和坡度大于 25° 的耕地。(　　)

答案：正确

2. 有林地是指郁闭度大于 20% 的天然林和人工林。(　　)

答案：正确

3. 疏林地是指郁闭度为 10%～20% 的稀疏林地。(　　)

答案：正确

4. 旱地是指无灌溉水源及设施，靠天然降水生长作物的耕地；有水源和浇灌设施，在一般年景下能正常灌溉的旱作物耕地；以种菜为主的耕地；正常轮作的休闲地和轮歇地。(　　)

答案：正确

5. 植被指数 NDVI 的中文名称为归一化差值植被指数。(　　)

答案：正确

6. 遥感影像的主要的判读特征有形状、大小、色调、阴影和纹理等。(　　)

答案：正确

7. 一般来说，地物一旦确定，其判读标志是不变的。(　　)

答案：错误

正确答案为：遥感影像上地物判读标志与影像波段组合、获取时相、传感器等因素相关，不是固定不变的。

8. 生态系统是指在一定空间内生物的成分和非生物的成分通过物质循环和能量流动相互作用、互相依存而构成的一个生态学结构单位。(　　)

答案：错误

正确答案为：生态系统是指在一定空间内生物的成分和非生物的成分通过物质循环和能量流动相互作用、互相依存而构成的一个生态学功能单位。

9. 初级生产量也称为第一性生产量。(　　)

答案：正确

10. 初级生产量是指生态系统中植物所固定的太阳能或所制造的有机质。(　　)

答案：正确

11. 次级生产量也称为第二性生产量。(　　)

答案：正确

12. 次级生产量是指生态系统中的动物或其他异养生物通过消耗植物，而不是直接利用太阳能所制造的有机物质和固定的能量。(　　)

答案：正确

13. 自然保护区通常可分为核心区、缓冲区和旅游区三个区。(　　)

答案：错误

正确答案为：自然保护区通常可分为核心区、缓冲区和实验区三个区。

14. 两个或多个植物群落之间（或生态地带之间）的过渡区域称为生态交错区或生态过渡带。（ ）

答案：正确

15. 任何自然生态系统中，分解者都是必不可少的。（ ）

答案：正确

16. 一个功能完整的生态系统的最少生物组成成分应该包括植物和分解者。（ ）

答案：正确

17. 在全国生态功能区划中，生态系统服务功能的一级类型分为生态调节功能、产品提供功能与人居保障功能三大功能。（ ）

答案：正确

18. 遥感解译矢量图层质量检查主要是对一斑多码、邻斑同码、非用户代码进行检查。（ ）

答案：正确

19. 在全国生态监测与评价使用的土地利用 / 覆盖分类系统中，城乡、工矿和居民用地包括城镇用地、农村居民点用地、其他建设用地三类。（ ）

答案：正确

20. 在全国生态监测与评价工作中，高、中、低覆盖度草地分别以覆盖度大于 50%、介于 20%～50% 和小于 20% 作为划分标准。（ ）

答案：正确

21. 遥感信息提取主要有人机交互目视解译和计算机数字图像处理两个途径。（ ）

答案：正确

22. 遥感影像特征可用四个分辨率表征，具体包括光谱分辨率、时间分辨率、空间分辨率和辐射分辨率。（ ）

答案：正确

23. 遥感影像的空间分辨率是指遥感影像上能够详细区分的地面最小单元的尺寸或大小。（ ）

答案：正确

24. 遥感影像的时间分辨率是指同一地区遥感影像重复覆盖的最短时间间隔。（ ）

答案：正确

25. 生态系统是指在一定空间内生物的成分和非生物的成分通过物质循环和能量的流动相互作用、互相依存而构成的一个生态学功能单位。（ ）

答案：正确

26. 生态系统按组成要素可分为生产者、消费者、分解者及非生物环境四个部分。（ ）

答案：正确

27. 生态系统的基本功能包括能量流动、物质循环和信息传递。（ ）

答案：正确

28. 自然保护区包括自然生态系统自然保护区、野生生物类自然保护区和自然遗迹类自然保护区三类。(　　)

答案：正确

29. 生物多样性分为遗传多样性、物种多样性和生态系统与景观多样性三个层次。(　　)

答案：正确

30. 所谓生态监测以生态学原理为理论基础，运用可比的和较成熟的方法，对不同尺度的生态环境质量状况及其变化趋势进行连续观测和评价的综合技术。(　　)

答案：正确

31. 生态交错区或过渡区是指两个或多个群落之间（或生态地带之间）的过渡区域。(　　)

答案：正确

32. 在《全国主体功能区规划》中，国家层面的禁止开发区域主要是指国家级自然保护区、世界文化自然遗产、国家级风景名胜区、国家森林公园和国家地质公园。(　　)

答案：正确

33. 在国务院发布的《全国主体功能区规划》中，国家重点生态功能区主要包括水源涵养、水土保持、防风固沙和生物多样性维护四种类型。(　　)

答案：正确

34. 在国务院发布的《全国主体功能区规划》中，将主体功能区分为优化开发区、重点开发区、限制开发区和禁止开发区四类。(　　)

答案：正确

35. 2010 年环境保护部发布的《中国生物多样性保护战略与行动计划》（2011—2030）中划定了我国 40 个生物多样性保护优先区域。(　　)

答案：错误

正确答案为：2010 年环境保护部发布的《中国生物多样性保护战略与行动计划》（2011—2030）中划定了我国 35 个生物多样性保护优先区域。

36. 2010 年环境保护部发布的《中国生物多样性保护战略与行动计划》（2011—2030）中划定了我国 35 个生物多样性保护优先区域，其中 32 个属于内陆陆地及水域生物多样性保护优先区域。(　　)

答案：正确

37.《全国主体功能区规划》中划定了限制开发的重点生态功能区，按照生态功能可分为水土保持、水源涵养、防风固沙和生物多样性维护四种类型。(　　)

答案：正确

38. 按照《关于建立以国家公园为主体的自然保护地体系的指导意见》，自然保护地分为国家公园、自然保护区和自然公园三类。(　　)

答案：正确

39. 按照《关于划定并严守生态保护红线的若干意见》，生态保护红线管控要求是“三个不”，即“面积不减少、性质不改变、功能不降低”。(　　)

答案：正确

40. 陆地生态系统的三向地带性是指纬度地带性、经度地带性和垂直地带性。(　　)

答案：正确

41. 景观是指不同类型种群水平的集合体。(　　)

答案：错误

正确答案为：景观是指不同类型群落水平的集合体。

42. 生态位是指一个生物在物种和生态系统中的功能和地位。(　　)

答案：正确

43. 能量多向流动，物质循环是生态系统的基本功能。(　　)

答案：错误

正确答案为：能量单向流动，物质循环是生态系统的基本功能。

44. 大气中的 CO_2 浓度上升的直接后果是全球变暖。(　　)

答案：正确

45. 生态学的研究方法包括野外调查、实验研究和模拟。(　　)

答案：正确

46. 在植物群落监测中，盖度是指植物地上部分垂直投影面积占监测样地面积的比例。(　　)

答案：正确

47. 物候是指生物长期适应一个地区温度的寒暑节律性变化，形成与之相适应的生物发育节律。(　　)

答案：正确

48.2021 年 9 月 7 日，生态环境部作为主用户的高光谱遥感卫星成功发射，高光谱遥感具有很高的光谱分辨率，通常有上百个波段。(　　)

答案：正确

二、选择题

1. 大地控制点的英语缩写是________。(　　)

A. GCP　　B. GPC　　C. PCG　　D. CPG

答案：A

2. 在影像的重采样之后对影像的命名：如 PATH 号为 120、ROW 号为 25，接收时间由头文件读出，如某影像接收时间为 2006 年 6 月 25 日，则采样后影像命名为________432 img。(　　)

A. 20060625120025　　B. 12002520060625

C. 12020060625025　　D. 02520060625120

答案：B

3. 在影像的重采样过程中采样像元的大小一般与其空间分辨率保持一致，Landsat TM 影像的像元大小为________。(　　)

A. 15 m × 15 m　　B. 20 m × 20 m　　C. 30 m × 30 m　　D. 15 m × 30 m

答案：C

4. 中覆盖度草地的定义是________。(　　)

A. 指覆盖度＞ 50% 的天然草地、改良草地和割草地。此类草地一般水分条件较好，草被生长茂密

B. 指覆盖度在 20%～50% 的天然草地和改良草地，此类草地一般水分不足，草被较稀疏

C. 指覆盖度在 5%～20% 的天然草地，此类草地水分缺乏，草被稀疏，牧业利用条件差

D. 指覆盖度在 1%～5% 的天然草地，此类草地水分缺乏，草被稀疏，牧业利用条件差

答案：B

5. 遥感解译标志分可分为________解译标志和________解译标志。(　　)

A. 色调，形状　　B. 直接，间接　　C. 大小，形状　　D. 熟悉，陌生

答案：B

6. 标准假彩色合成（如 TM4、TM3、TM2 合成）的卫星影像上大多数植被的颜色是________。(　　)

A. 绿色　　B. 红色　　C. 蓝色　　D. 青色

答案：B

7. TM 数据计算归一化植被指数（NDVI）时，使用的波段是________。(　　)

A. 3 和 1　　B. 3 和 2　　C. 4 和 3　　D. 5 和 3

答案：C

8. 各种地物的物质成分、表面结构以及表面温度等的不同，造成的________特性也不同。这种光谱特性上的差异在图像上表现为色调的深浅或彩色的差异。(　　)

A. 光谱　　B. 亮度　　C. 灰度　　D. 温度

答案：A

9. 图像校正包括辐射校正与________。(　　)

A. 大气校正　　B. 光谱校正　　C. 几何校正　　D. 传感器校正

答案：C

10. “3S”指的是________。(　　)

A. GIS、RS、GPS　　B. GIS、DSS、GPS

C. GIS、GPS、OS　　D. GIS、DSS、RS

答案：A

11. 下列对各类生态系统特征的描述，正确的是________。(　　)

A. 森林生态系统植物种类繁多，但其调节能力差

B. 草原上生活着多种动物，其中主要是两栖类动物

C. 自然生态系统中的能量可以循环流动

D. 任何自然生态系统中，分解者都是必不可少的

答案：D

12. 生态系统的营养级一般不超过 5～6 级，原因是________。(　　)

A. 能量在营养级间的流动是逐级递减的

B. 能量是守恒的

C. 消费者数量不足
D. 生态系统遭到破坏

答案：A

13. 下列不属于生态系统组成要素的是________。(　　)

A. 生产者　　B. 消费者　　C. 分解者　　D. 汽车制造厂

答案：D

14. 下列不属于生物入侵阶段的是________。(　　)

A. 侵入　　B. 定居　　C. 繁殖　　D. 扩展

答案：C

15. 不属于生物多样性的层次是________。(　　)

A. 遗传多样性　　B. 物种多样性　　C. 生态系统多样性　　D. 种群多样性

答案：D

16. 下列叙述正确的是________。(　　)

A. 初级生产也称作第一性生产
B. 生态平衡是一种静态平衡
C. 食物链越简单，生态系统越稳定
D. 自然保护区通常分为核心区、缓冲区和旅游观光区

答案：A

17. 下列关于自然保护区的功能的描述，错误的是________。(　　)

A. 提供生态系统的天然“本底”
B. 动植物及微生物物种的天然储存库
C. 科学研究的天然实验室
D. 为人类提供生态产品的基地

答案：D

18. 地理信息系统由计算机硬件系统、软件系统、地理数据（或空间数据）以及________四个部分构成。(　　)

A. 系统管理操作人员　　B. 全球定位系统
C. 遥感影像　　D. 存储系统

答案：A

19. 生物入侵整个过程可分为侵入、定居、适应和________　四个阶段。(　　)

A. 扩展　　B. 繁殖　　C. 扩散　　D. 繁衍

答案：A

20. 自然保护区通常可分为________、缓冲区和实验区三个部分。(　　)

A. 生活区　　B. 开发区　　C. 核心区　　D. 开放区

答案：C

21. 在全国生态监测与评价使用的土地利用 / 覆盖分类系统中，灌木林地是指郁闭度大于 40%，高度在________m 以下的矮林地和灌丛林地。(　　)

A. 2　　B. 1　　C. 4　　D. 3

答案：A

22. 在全国生态监测与评价使用的土地利用 / 覆盖分类系统中，林地包括________、疏林地、灌木林地和其他林地四类。(　　)

A. 有林地　　B. 未成林造林地　　C. 裸地　　D. 盐碱地

答案：A

23. 在国务院发布的《全国主体功能区规划》中，重点生态功能区包括水源涵养、水土保持、防风固沙和________四类。(　　)

A. 农产品提供　　B. 人居保障　　C. 生物多样性维护　　D. 林产品提供

答案：C

24. 在国务院发布的《全国主体功能区规划》中，将主体功能区分为优化开发区、重点开发区、限制开发区和________四类。(　　)

A. 禁止开发区　　B. 经济开发区　　C. 产业集聚区　　D. 保税区

答案：A

25. 环境保护部 2010 年发布的《中国生物多样性保护战略与行动计划》(2011—2030) 中划定了我国________个生物多样性保护优先区域。(　　)

A. 35　　B. 32　　C. 30　　D. 40

答案：A

26. 第 27 届联合国大会决定把每年的 6 月 5 日定为________。(　　)

A. 地球日　　B. 节水日　　C. 爱鸟日　　D. 世界环境日

答案：D

27. 碳达峰的达峰目标包括________和________。(　　)

A. 达峰年份，高值　　B. 达峰月份，峰值

C. 达峰年份，峰值　　D. 达峰月份，高值

答案：C

28. 中国政府坚定不移地贯彻执行环境保护这项________。(　　)。

A. 基本国策　　B. 政策　　C. 方法　　D. 工作

答案：A

29. 根据生态因子的稳定性程度可把生态因子分为稳定因子和________。(　　)

A. 气候因子　　B. 地形因子　　C. 外来因子　　D. 变动因子

答案：D

30. 关于群落成员型的正确叙述________。(　　)

A. 森林群落下草木植物数量远多于树木所以草本是建群种

B. 对于森林群落，乔木层所有树木都是优势种

C. 森林群落只有乔木层有优势种

D. 森林生物群落的建群种是乔木

答案：D

31. 顶级群落的特征是________。(　　)

A. 净生产量低　　B. 生物与环境物质交换快

C. 熵高　　D. 总生产量 / 生物量高

答案：A

32. 季相最显著的群落是________。（　　）

A. 常绿阔叶林　　B. 落叶阔叶林　　C. 北方针叶林　　D. 热带雨林

答案：B

33. 地球上碳最大的储存库是________。（　　）

A. 大气层　　B. 海洋　　C. 岩石圈　　D. 化石燃料

答案：C

34.________属于间接生态因子。（　　）

A. 土壤　　B. 水　　C. 地形　　D. 温度

答案：C

35. 在一个生物群落中，________的存在决定了群落物种的多样性，并从而影响到了群落的稳定性。

A. 建群种　　B. 优势种　　C. 附属种　　D. 稀有种

答案：D

三、简答题

1. 简述生态质量监测的内涵。

答案：生态质量监测是指为客观反映生态保护成效，开展生态保护和修复监管，针对人类开发建设活动的生态影响、生物多样性及区域生态安全等开展的监测活动，监测内容包括生态格局、生物多样性、生态功能和生态胁迫四方面的内容。

2. 简述生物多样性监测与评价的主要内容。

答案：生物多样性是一个描述自然界多样性程度的生态学概念，通常包括遗传多样性、物种多样性和生态系统多样性三个部分。

3. 简述遥感分辨率及其地学意义。

答案：（1）遥感图像的空间分辨率：空间分辨率是指像素所代表的地面范围的大小。地面分辨率取决于胶片的分辨率和摄影镜头的分辨率所构成的系统分辨率，以及摄影机焦距和航高。（2）图像的光谱分辨率：波谱分辨率是指传感器在接受目标辐射的波谱时能分辨的最小波长间隔。间隔愈小，分辨率愈高。传感器的波段选择必须考虑目标的光谱特征值。（3）辐射分辨率：辐射分辨率是指传感器接受波谱信号时，能分辨的最小辐射度差。在遥感图像上表现为每一像元的辐射量化级。某个波段遥感图像的总信息量与空间分辨率、辐射分辨率有关。（4）图像的时间分辨率：时间分辨率指对同一地点进行采样的时间间隔，即采样的时间频率，也称重访周期。时间分辨率对动态监测很重要。

4. 什么是先锋植物？

答案：先锋植物是指群落演替中最先出现的植物。先锋植物具有生长快、种子产量大、较高的扩散能力等特点，但不适应相互遮荫和根际竞争，所以很容易被后来的种群排挤掉。先锋物种并不专指某一种生物，对于不同的生态群落，先锋物种往往不同且有多种。

5. 什么是生态系统结构？

答案：生态系统结构是指生态系统各种成分在空间上和时间上相对有序稳定状态。包括形态和营养关系两方面的内容。(1)生态系统的形态结构：生态系统的生物种类、种群数量、种群的空间配置(水平分布、垂直分布)、种的时间变化(发育)等，构成了生态系统的形态结构。如一个森林生态系统，其中动物、植物、微生物的种类，以及每一生物种类的生物数量在一定的时间内相对稳定。在空间(三维)结构上，自上而下有明显的层次现象，高层有乔木，中层有灌木，中下层有草本植物，地面有苔藓、地衣类，地下有根系。(2)生态系统的营养结构：生态系统各组成成分之间建立起来的营养关系，就构成了生态系统的营养结构，它是生态系统中能量和物质流动的基础。

参考文献

[1] 孙儒泳，李博．普通生态学 [M]. 北京：高等教育出版社，1997.

[2] 蔡晓明．生态系统生态学 [M]. 北京：科学出版社，2000.

[3] 中国环境监测总站．中国生态环境质量评价研究 [M]. 北京：中国环境科学出版社，2004.

[4] 环境保护部，中国科学院．全国生态功能区划 [OB/OL]. 2008(环境保护部网站).

[5] 赵英时．遥感应用分析原理与方法 [M]. 北京：科学出版社，2003.

[6] 李博．生态学 [M]. 北京：高等教育出版社，2000.

[7] 邬伦，刘瑜，张晶，等．地理信息系统——原理、方法和应用 [M]. 北京：科学出版社，2005.

[8] 国家环境保护总局．生态环境状况评价技术规范(试行)：HJ/T 192—2015 [S]. 北京：中国环境出版集团，2015.

[9] 中国环境监测总站．生态环境监测技术 [M]. 北京：中国环境出版社，2014.

[10] 中国环境监测总站．2008 年全国生态监测与评价实施方案．2008.

[11] 全国主体功能区规划．国发〔2010〕46 号．

[12] 中国生物多样性保护战略与行动计划(2011—2030)．环发〔2010〕106 号．

命题：于　洋　董贵华　张翠萍　史健康
审核：罗海江　刘海江　陈表娟

第九篇

加油站和储油库油气回收

第一章　液阻

分类号：GS 1

主要内容
加油站大气污染物排放标准（GB 20952—2020）（附录A　液阻检测方法）

一、判断题

1. 根据《加油站大气污染物排放标准》（GB 20952—2020）（附录A　液阻检测方法）进行液阻检测时，如果等待氮气流量稳定的时间少于60 s就开始检测，会产生错误的液阻测量值。(　　)

答案：错误

正确答案为：氮气流量稳定的时间少于30 s就开始检测，会产生错误的液阻测量值。

2. 根据《加油站大气污染物排放标准》（GB 20952—2020）（附录A　液阻检测方法）进行液阻检测时，从规定中最低氮气流量开始，分别检测3个流量对应的液阻，如果3个液阻检测值中最大的一个小于等于规定的最大压力限值，则加油站液阻检测合格。(　　)

答案：错误

正确答案为：如果3个液阻检测值均小于等于规定的最大压力限值，则加油站液阻检测合格。

3. 根据《加油站大气污染物排放标准》（GB 20952—2020）（附录A　液阻检测方法）进行液阻检测时，如果因压力表指针抖动无法确定检测数值时，则认定液阻检测不合格。(　　)

答案：正确

4. 根据《加油站大气污染物排放标准》（GB 20952—2020）（附录A　液阻检测方法）进行液阻检测时，用流量计检测气体通过油气回收管线的液体阻力，了解管线内各种原因对气体产生阻力的程度，用来判断是否影响油气回收。(　　)

答案：错误

正确答案为：进行液阻检测时，用压力表或同等装置检测气体通过油气回收管线的液体阻力，了解管线内各种原因对气体产生阻力的程度，用来判断是否影响油气回收。

5. 根据《加油站大气污染物排放标准》（GB 20952—2020）（附录A　液阻检测方法）进行油气回收系统检测时，应严格执行加油站有关安全生产的规定，禁止将手机、打火机等不安全物品带入检测工作现场。(　　)

答案：正确

二、选择题

1. 根据《加油站大气污染物排放标准》（GB 20952—2020）（附录 A　液阻检测方法）进行液阻检测时，相关油气管线的任何泄漏会导致液阻测量值________。（　　）

A. 偏高　　B. 偏低　　C. 没有影响　　D. 偏高或偏低均有可能

答案：B

2. 根据《加油站大气污染物排放标准》（GB 20952—2020）（附录 A　液阻检测方法）进行液阻检测时，当通入氮气流量为 18 L/min 时，加油站油气回收管线液阻检测的最大压力限值是________Pa。（　　）

A. 40　　B. 50　　C. 60　　D. 70

答案：A

3. 根据《加油站大气污染物排放标准》（GB 20952—2020）（附录 A　液阻检测方法）进行液阻检测时，当通入氮气流量为 28 L/min 时，加油站油气回收管线液阻检测的最大压力限值是________Pa。（　　）

A. 60　　B. 70　　C. 80　　D. 90

答案：D

4.《加油站大气污染物排放标准》（GB 20952—2020）（附录 A　液阻检测方法），本方法适用于________至埋地油罐的地下油气回收管线液阻检测。（　　）

A. 加油枪　　B. 储油库　　C. 加油机　　D. 加油站

答案：C

5. 根据《加油站大气污染物排放标准》（GB 20952—2020）（附录 A　液阻检测方法）进行液阻检测时，加油站油气回收管线液阻最大压力限值，通入氮气流量分别为 18.0 L/min、28.0 L/min 和 38.0 L/min，最大压力分别是________Pa。（　　）

A. 40、90、155　　B. 45、85、135

C. 35、90、155　　D. 40、85、155

答案：A

6. 加油站油气回收装置的液阻检测程序和条件为________。（　　）

①打开被检测加油机的底盆，找到预留在加油油气回收立管上的三通检测接头。

②打开对应有关的卸油油气回收系统油气接口阀门，关闭油气排放处置装置。

③如果检测新、改、扩建加油站，在油气管线覆土、地面硬化施工之前向管线内注入 10 L 汽油。

④开启氮气瓶，设置氮气输送压力为 35 kPa，使用流量计控制阀调节氮气流速，从最低氮气流速开始，分别检测 3 个氮气流速对应的液阻。在读取压力表读数之前，氮气流速稳定的时间大于 30 s。

A. ①②　　B. ①②③　　C. ②④　　D. ①②③④

答案：D

参考文献

[1] 生态环境部，国家市场监督管理总局 . 加油站大气污染物排放标准：GB 20952—2020 [S]. 北京：中国标准出版社，2020.

[2] 环境保护部 . 储油库、加油站大气污染治理项目验收检测技术规范：HJ/T 431—2008 [S]. 北京：中国环境科学出版社，2008.

命题：田秀华　路佳良　夏　新

审核：田秀华　武桂桃　冯　丹

第二章　密闭性

分类号：GS 2

主要内容
《加油站大气污染物排放标准》（GB 20952—2020）（附录 B　密闭性检测方法）

一、判断题

1. 根据《加油站大气污染物排放标准》（GB 20952—2020）（附录 B　密闭性检测方法）进行密闭性检测时，只允许使用气态氮气给系统加压。（　　）

答案： 正确

2. 根据《加油站大气污染物排放标准》（GB 20952—2020）（附录 B　密闭性检测方法），加油站油气密闭性检测的原理是：用氮气对油气回收系统加压至 550 Pa，允许系统压力衰减，检测 5 min 后的剩余压力值与规定的最小剩余压力限值进行比较。（　　）

答案： 错误

正确答案为： 用氮气对油气回收系统加压至 500 Pa。

3. 根据《加油站大气污染物排放标准》（GB 20952—2020）（附录 B　密闭性检测方法）进行密闭性检测时，充入系统的氮气流量超过 90 L/min 会引起检测结果的偏差。（　　）

答案： 错误

正确答案为： 充入系统的氮气流量超过 100 L/min 会引起检测结果的偏差。

4. 根据《加油站大气污染物排放标准》（GB 20952—2020）（附录 B　密闭性检测方法）进行密闭性检测时，系统充入至规定压力后，用秒表计时，每隔 2 min 记录 1 次系统压力。6 min 之后，记录最终的系统压力。（　　）

答案： 错误

正确答案为： 每隔 1 min 记录 1 次系统压力。5 min 之后，记录最终的系统压力。

5. 根据《加油站大气污染物排放标准》（GB 20952—2020）（附录 B　密闭性检测方法）进行密闭性检测时，如果油气回收系统由若干独立的油气回收子系统组成，则每个独立子系统都应进行密闭性检测。（　　）

答案： 正确

6. 根据《加油站大气污染物排放标准》（GB 20952—2020）（附录 B　密闭性检测方法）进行密闭性检测时，单体油罐的最小油气空间应为 3 800 L 或占油罐容积的 25%，二者取较小值。连通油罐的最大合计油气空间不应超过 95 000 L。（　　）

答案： 正确

7. 根据《加油站大气污染物排放标准》（GB 20952—2020）（附录 B　密闭性检测方法）进行密闭性检测时，密闭性检测最小剩余压力限值随储罐油气空间和受影响的加油枪数不同而不同。(　　)

答案：正确

8. 根据《加油站大气污染物排放标准》（GB 20952—2020）（附录 B　密闭性检测方法）进行密闭性检测时，加油站油气回收系统密闭性检测在加油站油气回收立管处进行。(　　)

答案：正确

9. 无论加油站的油气回收系统是由一个还是由若干独立的油气回收子系统组成，每个加油机都应做密闭性检测。(　　)

答案：错误

正确答案为：如果油气回收系统由若干独立的油气回收子系统组成，则每个独立子系统都应做密闭性检测。

10. 根据《加油站大气污染物排放标准》（GB 20952—2020）（附录 B　密闭性检测方法）进行密闭性检测前，检测人员应更换防静电服，在加油站工作人员指导下导除身上的静电，仪器设备及氮气瓶应接地线，确保检测过程安全。(　　)

答案：正确

11. 根据《加油站大气污染物排放标准》（GB 20952—2020）（附录 B　密闭性检测方法）进行密闭性检测时，要求所有压力测量装置在检测之前应使用标准压力表或倾斜式压力计进行校准，分别对满量程的 20%、50% 和 80% 进行校准，精度应在每个校准点的 2% 之内，校准频率不超过 90 d。(　　)

答案：正确

12. 根据《加油站大气污染物排放标准》（GB 20952—2020）（附录 B　密闭性检测方法）进行密闭性检测时，对于非连通埋地油罐，应对每个埋地油罐进行密闭性检测。(　　)

答案：正确

13.《加油站大气污染物排放标准》（GB 20952—2020）（附录 B　密闭性检测方法）规定，任何电子式压力计在使用前应先做预热和漂移检查。(　　)

答案：正确

二、选择题

1. 根据《加油站大气污染物排放标准》（GB 20952—2020）（附录 B　密闭性检测方法）进行密闭性检测时，检测密闭性之前的________内或检测过程中不得为汽车加油。(　　)

A. 24 h　　B. 3 h　　C. 30 min　　D. 1 h

答案：C

2. 根据《加油站大气污染物排放标准》（GB 20952—2020）（附录 B　密闭性检测方法）进行密闭性检测时，按操作规程充压过程中，如果到达 500 Pa 所需时间已超过计算值的 2 倍，应________。(　　)

A. 调节氮气流量　　B. 调节氮气压力
C. 重新计算时间　　D. 停止检测，系统不具备检测条件

答案：D

3. 根据《加油站大气污染物排放标准》（GB 20952—2020）（附录B　密闭性检测方法）进行密闭性检测，密封性检测完成后，将________的系统压力检测值与标准规定的最小剩余压力限值进行比较，判定加油站油气回收系统密闭性是否符合标准。（　　）

A. 1 min之后　　B. 任意1 min之后　　C. 5 min之后　　D. 5 min平均

答案：C

4. 根据《加油站大气污染物排放标准》（GB 20952—2020）（附录B　密闭性检测方法）进行密闭性检测时，加油站油气回收设备检测顺序是________。（　　）

A. 气液比—密闭性和液阻　　B. 密闭性和液阻—气液比
C. 液阻、密闭性—气液比　　D. 气液比—液阻、密闭性

答案：B

5. 根据《加油站大气污染物排放标准》（GB 20952—2020）（附录B　密闭性检测方法）进行密闭性检测时，充入系统的氮气流量范围是________。（　　）

A. 30～100 L/min　　B. 100 L/min以上　　C. 30 L/min以下　　D. 随意

答案：A

6. 根据《加油站大气污染物排放标准》（GB 20952—2020）（附录B　密闭性检测方法）进行密闭性检测时，检测前30 min计时，同时测量储油罐顶部空间的压力，如果压力超过________Pa，应根据加油站的安全规定释放压力。完成30 min计时后，在向系统充入氮气之前，如果有必要，应再次降低储油罐顶部空间压力，使其小于________Pa。（　　）

A. 550，125　　B. 550，500　　C. 550，550　　D. 125，125

答案：D

7. 根据《加油站大气污染物排放标准》（GB 20952—2020）（附录B　密闭性检测方法）进行密闭性检测时，在检测密闭性之前的________h内或检测过程中，不得有大批量油品进出储油罐。（　　）

A. 24　　B. 3　　C. 30　　D. 1

答案：B

8. 根据《加油站大气污染物排放标准》（GB 20952—2020）（附录B　密闭性检测方法）进行密闭性检测时，将系统油气空间的压力从0 Pa提高到500 Pa所需的最少时间的计算方法为________。（　　）

A. $t=F/(265V)$　　B. $t=V/(256F)$　　C. $t=F/(256V)$　　D. $t=V/(265F)$

答案：D

9. 根据《加油站大气污染物排放标准》（GB 20952—2020）（附录B　密闭性检测方法），电子式压力计存在热偏差，至少应有15 min的预热过程，接着还要做________min的漂移检查。如果漂移超过了________Pa，此仪器将不能使用。（　　）

A. 3，2　　B. 5，2.5　　C. 5，2　　D. 3，2.5

答案：B

10. 根据《加油站大气污染物排放标准》（GB 20952—2020）（附录 B 中密闭性检测方法）进行密闭性检测时，如果实际油气空间数值处于标准列表中所列两油气空间数值之间时，最小剩余压力限值的计算方法为________。（　　）

A. $P=[(V-V_{n-1})(P_{n+1}-P_n)/(V_{n+1}-V_n)]+P_n$

B. $P=[(V-V_n)(P_{n+1}-P_n)/(V_{n+1}-V_n)]+P_n$

C. $P=[(V_{n+1}-V_n)(P_{n+1}-P_n)/(V-V_{n-1})]+P_n$

D. $P=[(V-V_n)(P-P_{n-1})/(V-V_{n-1})]+P_n$

答案：B

11. 某加油站有 3 个连通汽油罐，6 座加油机，18 把汽油加油枪，每个汽油罐容积是 40 000 L，92# 汽油罐汽油有 30 000 L，95# 汽油罐汽油有 36 000 L，98# 汽油罐汽油有 35 000 L。加油站罐空________L；其密闭性最小限值是________Pa（加油站油气回收系统密闭性检测最小剩余压力限值见下表）。（　　）

储罐油气空间 /L	受影响的加油枪数 /Pa				
	1 ～ 6	7 ～ 12	13 ～ 18	19 ～ 24	＞24
15 140	438	436	433	428	426
17 033	446	443	441	436	433
18 925	451	448	446	443	441
22 710	458	456	453	451	448
26 495	463	461	461	458	456

A.18 000，446　　B. 19 000，446　　C. 19 000，453　　D. 19 000，441

答案：B

参考文献

[1] 生态环境部，国家市场监督管理总局 . 加油站大气污染物排放标准：GB 20952—2020 [S]. 北京：中国环境出版集团，2020.

[2] 环境保护部 . 储油库、加油站大气污染治理项目验收检测技术规范：HJ/T 431—2008 [S]. 北京：中国环境科学出版社，2008.

命题：路佳良　田秀华

审核：田秀华　夏　新　冯　丹

第三章　气液比

分类号：GS 3

主要内容
《加油站大气污染物排放标准》（GB 20952—2020）（附录 C　气液比检测方法）

一、判断题

1. 根据《加油站大气污染物排放标准》（GB 20952—2020）（附录 C　气液比检测方法）进行气液比检测时，气液比检测前，应排空加油软管气路和加油机油气管中的汽油，否则将使检测结果产生偏差。（　　）

答案：错误

正确答案为：进行气液比检测前，不要排空加油软管气路和加油机油气管中的汽油，否则将使检测结果产生偏差。

2. 根据《加油站大气污染物排放标准》（GB 20952—2020）（附录 C　气液比检测方法）进行气液比检测时，如果加油枪喷管与适配器因各种原因不能良好的匹配，则不能进行检测。（　　）

答案：正确

3. 根据《加油站大气污染物排放标准》（GB 20952—2020）（附录 C　气液比检测方法）进行气液比检测时，对于"一泵带多枪（＜4 把枪）"的油气回收系统，应在至少 2 把加油枪同时加油时进行检测；对于"一泵带多枪（≥4 把枪）"的油气回收系统，应至少在 4 条枪同时加油时分别进行检测，且被检测的加油枪比例应不少于 50%。（　　）

答案：正确

4. 根据《加油站大气污染物排放标准》（GB 20952—2020）（附录 C　气液比检测方法）进行气液比检测时，气液比检测前，装配好检测用油桶和汽液比检测装置之后，向油桶中加油 15～20 L，使油桶具备含有油气的初始条件。（　　）

答案：正确

5. 根据《加油站大气污染物排放标准》（GB 20952—2020）（附录 C　气液比检测方法）进行气液比检测时，气液比检测值的单位为 L/min。（　　）

答案：错误

正确答案为：气液比检测值量纲一。

6. 根据《加油站大气污染物排放标准》（GB 20952—2020）（附录 C　气液比检测方法）进行气液比检测时，如果气液比检测值不在标准限值范围内，而气液比检测值与限值的差小于或等于 0.1 时，应再进行一次气液比检测，但其间不要对加油管线

或油气回收管线进行任何调整。(　　)

答案：错误

正确答案为：应再进行两次气液比检测。

7. 根据《加油站大气污染物排放标准》(GB 20952—2020)(附录C　气液比检测方法)进行气液比检测，可以了解油气回收系统的回收效果。(　　)

答案：正确

8. 根据《加油站大气污染物排放标准》(GB 20952—2020)(附录C　气液比检测方法)进行气液比检测时，在加油枪的喷管处安装一个密合的适配器。该适配器与气体流量计连接，气流先通过气体流量计，然后进入加油枪喷管上的油气收集孔。加油机所计量的汽油体积与测试仪同时计量的气体体积的比值称为气液比。(　　)

答案：错误

正确答案为：所计量的气体体积与加油机同时计量的汽油体积的比值称为气液比。

9. 根据《加油站大气污染物排放标准》(GB 20952—2020)(附录C　气液比检测方法)进行气液比检测时，如果被检测的加油枪使汽油进入检测装置，则此加油枪的气液比检测值被认为无效。(　　)

答案：正确

10. 根据《加油站大气污染物排放标准》(GB 20952—2020)(附录C　气液比检测方法)进行气液比检测时，进行气液比检测前，应对气液比适配器进行一次检测前的泄漏检查。(　　)

答案：正确

11. 根据《加油站大气污染物排放标准》(GB 20952—2020)(附录C　气液比检测方法)，为保证监测结果的有效性，进行气液比检测前，须对检测仪器本身密闭性进行检查，适配器可不进行密闭性检查。(　　)

答案：错误

正确答案为：为保证监测结果的有效性，进行气液比检测前，须对检测仪器本身密闭性进行检查包括适配器密闭性检查。

12. 根据《加油站大气污染物排放标准》(GB 20952—2020)(附录C　气液比检测方法)进行气液比检测时，如果被检测的加油枪加油量没有达到10～30 L/min范围，则不能进行检测。(　　)

答案：错误

正确答案为：进行气液比检测时，如果被检测加油枪的加油量不能达到20 L/min以上，则不能进行检测。

13. 根据《加油站大气污染物排放标准》(GB 20952—2020)(附录C　气液比检测方法)进行气液比检测时，为保证安全，只需将气体流量计，正确连接接地装置即可。(　　)

答案：错误

正确答案为：进行气液比检测，检测用气体流量计和油桶部件，均要保证接地装置正确连接。

14. 根据《加油站大气污染物排放标准》（GB 20952—2020）（附录 C　气液比检测方法）进行气液比检测完成后，应对适配器进行一次检测后泄漏检查，如不能通过泄漏检查，则所测数据无效。（　　）

答案：正确

15. 根据《加油站大气污染物排放标准》（GB 20952—2020）（附录 C　气液比检测方法）进行气液比检测时，应确定检测时的加油流量。将加油枪开启至加油机允许的最大流量，每支加油枪获得 1 个气液比。（　　）

答案：正确

16. 根据《加油站大气污染物排放标准》（GB 20952—2020）（附录 C　气液比检测方法）要求，用于气液比检测的仪器中的气体流量计应使用容积式流量计测量回收气体体积。（　　）

答案：正确

二、选择题

1. 根据《加油站大气污染物排放标准》（GB 20952—2020）（附录 C　气液比检测方法）进行气液比检测时，如果被检测加油枪的加油量不能达到________L/min，则不能进行检测。（　　）

A. 10　　B. 20　　C. 30　　D. 40

答案：B

2. 根据《加油站大气污染物排放标准》（GB 20952—2020）（附录 C　气液比检测方法）进行气液比检测时，加油枪加油流量在________内可以进行检测。（　　）

A. 5～10 L/min　　B. 10～15 L/min　　C. 5～15 L/min　　D. 20～30 L/min

答案：D

3. 根据《加油站大气污染物排放标准》（GB 20952—2020）（附录 C　气液比检测方法）进行气液比检测时，如果气液比不在规定的限值范围内，而且气液比检测值与限值的差大于________，则被测加油枪气液比检测不达标。（　　）

A. 0.1　　B. 0.15　　C. 0.05　　D. 0.2

答案：A

4. 根据《加油站大气污染物排放标准》（GB 20952—2020）（附录 C　气液比检测方法）进行气液比检测时，各种加油油气回收系统的气液比均应在大于等于________和小于等于________范围内，依次检测每支加油枪的气液比。（　　）

A. 0.5，1.2　　B. 0.1，1.2　　C. 1.0，1.5　　D. 1.0，1.2

答案：D

5. 根据《加油站大气污染物排放标准》（GB 20952—2020）（附录 C　气液比检测方法）进行气液比检测时，可用一个替代喷管与气液比适配器连接，对气液比适配器进行检测前泄漏检查。产生________Pa 的真空压力后，开启秒表，________min 之后真空表压力应保持在________Pa 以上，视为适配器通过泄漏检查。没有通过泄漏检查的检测装置不能用于气液比检测。（　　）

A. 1 245，30，1 240　　B. 1 245，3，1 230

C. 1 245，30，1 230　　D. 1 235，3，1 230

答案：B

6. 根据《加油站大气污染物排放标准》（GB 20952—2020）（附录C　气液比检测方法）进行气液比检测时，加油枪喷管与适配器应有良好的匹配，有良好的匹配指________。(　　)

A. 根据加油枪选择适配器种类　　B. 适配器上的O形圈良好和润滑

C. 适配器不能存在泄漏　　D. A+B+C

答案：D

7. 根据《加油站大气污染物排放标准》（GB 20952—2020）（附录C　气液比检测方法）进行气液比检测时，关于气液比检测前准备条件，下列各种说法错误的是________。(　　)

A. 检测用油桶部件和气体流量计，保证接地装置正确连接

B. 检查气液比适配器上的O形圈是否良好和完全润滑

C. 检测前检查压力 / 真空阀是否良好，油气处理装置是否关闭

D. 与被检测加油枪共用一个真空泵的其他加油枪是否密封

答案：D

8. 根据《加油站大气污染物排放标准》（GB 20952—2020）（附录C　气液比检测方法）进行气液比检测时，属于气液比检测偏差和干扰的是________。(　　)

A. 加油枪喷管与适配器因各种原因不能良好的匹配，被检测加油枪的加油流量不能达到20 L/min以上

B. 与被检测加油枪共用一个真空泵的其他加油枪被密封

C. 被检测的加油枪使汽油进入检测装置

D. A+B+C

答案：D

9. 根据《加油站大气污染物排放标准》（GB 20952—2020）（附录C　气液比检测方法）进行气液比检测时，如果气液比不在规定的限值范围内，而且气液比检测值与限值的差大于________，则被测加油枪气液比检测不达标。(　　)

A. 0.1　　B. 0.2　　C. 0.3　　D. 0.5

答案：A

参考文献

[1] 生态环境部，国家市场监督管理总局. 加油站大气污染物排放标准：GB 20952—2020 [S]. 北京：中国环境出版集团，2020.

[2] 环境保护部. 储油库、加油站大气污染治理项目验收检测技术规范：HJ/T 431—2008 [S]. 北京：中国环境科学出版社，2008.

命题：路佳良　田秀华

审核：武桂桃　田秀华　冯　丹

第四章　油气排放浓度（非甲烷总烃、油气回收系统油气泄漏浓度、边界油气浓度）

分类号：GS 4

主要内容
《加油站大气污染物排放标准》（GB 20952—2020）（附录 D　油气处理装置检测方法）

一、判断题

1. 根据《加油站大气污染物排放标准》（GB 20952—2020）（附录 D　油气处理装置检测方法），每台油气处理装置都应进行检测，每台油气处理装置的采样时间不少于 30 min。(　　)

答案： 错误

正确答案为： 每台油气处理装置的采样时间不少于 1 h。

2. 根据《加油站大气污染物排放标准》（GB 20952—2020）（附录 D　油气处理装置检测方法），油气排放浓度（非甲烷总烃）的检测应在加油相对分散的时段进行。(　　)

答案： 错误

正确答案为： 加油相对集中的时段进行。

3. 根据《加油站大气污染物排放标准》（GB 20952—2020）（附录 D　油气处理装置检测方法），油气排放浓度的定义是标准状态下（温度 273 K，压力 101.3 kPa）排放每立方米干气中所含非甲烷总烃的质量，单位为 g/m^3。(　　)

答案： 正确

4. 根据《加油站大气污染物排放标准》（GB 20952—2020）（附录 D　油气处理装置检测方法）测量油气排放浓度（非甲烷总烃）时，可连续采样或等时间间隔采样，等时间间隔采集的样品数不少于 3 个，取最大值作为检测结果。(　　)

答案： 错误

正确答案为： 等时间间隔采集的样品数不少于 3 个，取平均值作为检测结果。

5. 根据《加油站大气污染物排放标准》（GB 20952—2020）（附录 D　油气处理装置检测方法），加油站企业边界油气浓度无组织排放 1 h 平均浓度值为 5.0 mg/m^3。(　　)

答案： 错误

正确答案为： 加油站企业边界油气浓度无组织排放 1 h 平均浓度值为 4.0 mg/m^3。

6. 根据《加油站大气污染物排放标准》（GB 20952—2020）（附录 D　油气处理装置检测方法），采用氢火焰离子化检测仪（以甲烷或丙烷为校准气体）检测油气回收

系统密闭点位，油气泄漏检测值应小于等于 500 μmol/mol。(　　)

答案：正确

二、选择题

根据《加油站大气污染物排放标准》（GB 20952—2020）（附录 D　油气处理装置检测方法）测量油气排放浓度（非甲烷总烃）时，检测设备应备有与油气处理装置出口采样孔连接的通用采样接头，采样接头与采样孔的连接方式可根据不同的采样方法自行设计，但采样接头上置入采样孔管内的采样管长度应在________mm 范围内。(　　)

A. 35～40　　B. 40～50　　C. 50～55　　D. ≥56

答案：D

参考文献

生态环境部，国家市场监督管理总局 . 加油站大气污染物排放标准：GB 20952—2020 [S]. 北京：中国环境出版集团，2020.

命题：田秀华　路佳良　李利荣

审核：田秀华　夏　新

第十篇

环境空气自动监测

第一章　环境空气自动监测系统

第一节　基础知识

分类号：AA1-0

主要内容
①《环境空气质量标准》（GB 3095—2012）
②《环境空气质量指数（AQI）技术规定（试行）》（HJ 633—2012）
③《环境空气质量监测点位布设技术规范（试行）》（HJ 664—2013）
④《环境空气气态污染物（SO_2、NO_2、O_3、CO）连续自动监测系统技术要求及检测方法》（HJ 654—2013）
⑤《环境空气颗粒物（PM_{10} 和 $PM_{2.5}$）连续自动监测系统安装和验收技术规范》（HJ 655—2013）
⑥《环境空气颗粒物（PM_{10} 和 $PM_{2.5}$）连续自动监测系统技术要求及检测方法》（HJ 653—2013）

一、填空题

1. 依据《环境空气质量标准》（GB 3095—2012）的要求，监测数据应采取措施保证监测数据的准确性、________和________，确保全面、客观地反映监测结果。①

答案：连续性　　完整性

2.《环境空气质量标准》（GB 3095—2012）中规定：日平均又称________，指 1 个自然日 24 h 平均浓度的算术平均值。①

答案：24 h 平均

3.《环境空气质量标准》（GB 3095—2012）中规定：我国标准状态指温度为________、压力为________时的状态。①

答案：273K（0℃）　　101.325 kPa（1 个标准大气压 /760 mmHg）

4.《环境空气气态污染物（SO_2、NO_2、O_3、CO）连续自动监测系统技术要求及检测方法》（HJ 654—2013）中对环境空气质量连续监测的定义是指：在监测点位采用连续监测仪器对环境空气质量进行连续的样品________、________、________的过程。④

答案：采集　　处理　　分析

5. 依据《环境空气质量指数（AQI）技术规定（试行）》（HJ 633—2012），空气质量指数（AQI）是指描述________。②

答案：空气质量状况的无量纲指数

6. 首要污染物指________时 IAQI 最大的空气污染物。②

答案：AQI 大于 50

7. 当日某城市空气质量指数为 50，其空气质量指数级别为________。②

答案：优

8. 依据《环境空气质量指数（AQI）技术规定（试行）》（HJ 633—2012），具有 1 h 平均浓度限值标准的污染物项目有________。②

答案：SO_2、NO_2、O_3、CO

9. 依据《环境空气质量监测点位布设技术规范（试行）》（HJ 664—2013），对于路边交通点，采样口距道路边缘距离不得超过________m，离地面的高度应在________m 范围内。③

答案：20　　2～5

10. 依据《环境空气质量监测点位布设技术规范（试行）》（HJ 664—2013）的要求，污染监控点为监测本地区主要固定污染源及工业园区等污染源聚集区对当地环境空气质量的影响而设置的监测点，代表范围一般为半径________m，如考虑较高的点源对地面浓度的影响时也可扩大到半径________m。③

答案：100～500　　500～4 000

11. 依据《环境空气质量监测点位布设技术规范（试行）》（HJ 664—2013），环境空气质量评价城市点简称城市点，点代表范围一般为半径________m，如对于空气污染物浓度较低，其空间变化较小的地区可扩大到半径________的范围。③

答案：500～4 000 m　　4 km 至几十千米

12. 依据《环境空气质量监测点位布设技术规范（试行）》（HJ 664—2013），环境空气质量评价区域点简称区域点，是以监测区域范围空气质量状况和污染物区域传输及影响范围为目的而设置的监测点，其代表范围一般为半径________。③

答案：几十千米

13. 依据《环境空气质量监测点位布设技术规范（试行）》（HJ 664—2013），环境空气质量背景点简称背景点，是以监测国家或大区域范围的环境空气质量本底水平为目的而设置的监测点。其代表性范围一般为半径________km 以上。③

答案：100

14. 依据《环境空气质量指数（AQI）技术规定（试行）》（HJ 633—2012），环境空气质量监测点位日报发布时间周期为________h，时段为当日零点前________h。②

答案：24　　24

15.《环境空气质量指数（AQI）技术规定（试行）》（HJ 633—2012）中规定，日报由________环境保护行政主管部门或其授权的环境监测站发布。②

答案：地级以上（含地级）

16.《环境空气质量指数（AQI）技术规定（试行）》（HJ 633—2012）中规定，环境空气质量监测点位实时报发布时间周期为________h，每一整点时刻后即可发布各监测点位实时报，滞后时间不应超过________h。②

答案：1　　1

17. 根据各省级人民政府对当地环境保护的需要，结合环境污染的特点，《环境空气质量标准》（GB 3095—2012）中除明确规定了“新六项”污染物外，还给出了镉、汞、砷、六价铬及________的参考浓度限值。①

答案：氟化物

18. 依据《环境空气颗粒物（PM_{10} 和 $PM_{2.5}$）连续自动监测系统安装和验收技术规范》（HJ 655—2013），$PM_{10}/PM_{2.5}$ 连续自动监测系统包括________、________、数据采集和传输单元以及其他辅助设备。⑤

答案：样品采集单元　样品测量单元

19.《环境空气颗粒物（PM_{10} 和 $PM_{2.5}$）连续自动监测系统技术要求及检测方法》（HJ 653—2013）中规定：PM_{10} 又称________，指环境空气中________小于等于 10 μm 的颗粒物。⑥

答案：可吸入颗粒物　空气动力学当量直径

20.《环境空气颗粒物（PM_{10} 和 $PM_{2.5}$）连续自动监测系统技术要求及检测方法》（HJ 653—2013）中规定：$PM_{2.5}$ 又称________，指环境空气中________小于等于 2.5 μm 的颗粒物。⑥

答案：细颗粒物　空气动力学当量直径

21. 根据《环境空气颗粒物（PM_{10} 和 $PM_{2.5}$）连续自动监测系统技术要求及检测方法》（HJ 653—2013），颗粒物监测仪的测量方法主要有________和________。⑥

答案：β 射线吸收法　微量振荡天平法

22. 根据《环境空气颗粒物（PM_{10} 和 $PM_{2.5}$）连续自动监测系统安装和验收技术规范》（HJ 655—2013），颗粒物监测仪采样口距地面的高度应为________m 范围内，若所选点位周围 300～500 m 半径范围内建筑物平均高度在 20 m 以上，则采样口高度可在________m 范围内选取。⑤

答案：3～15　15～25

23. 根据《环境空气颗粒物（PM_{10} 和 $PM_{2.5}$）连续自动监测系统技术要求及检测方法》（HJ 653—2013），在规定膜面流速下，PM_{10} 监测仪要求采样滤膜对 0.3 μm 颗粒物的截流效率≥________，$PM_{2.5}$ 监测仪要求采样滤膜对 0.3 μm 颗粒物的截流效率≥________。⑥

答案：99%　99.7%

二、选择题

1.《环境空气质量标准》（GB 3095—2012）中调整了环境空气功能区分类，将原有的________类区并入二类区。（　　）①

A. 一　B. 二　C. 三　D. 四

答案：C

2.《环境空气质量标准》（GB 3095—2012）中有 8 h 平均浓度限值的污染物为________。（　　）①

A. O_3　B. $PM_{2.5}$　C. CO　D. NO_2

答案：A

3.《环境空气质量标准》（GB 3095—2012）对环境空气的定义为：人群、植物、动物和________所暴露的室外空气。（　　）①

A. 海洋　B. 文物古迹　C. 建筑物　D. 花园

答案：C

4.《环境空气质量标准》（GB 3095—2012）中所指的铅是指存在于________中的铅及________。（　　）①

A. TSP，铅的化合物　　B. PM_{10}，铅的化合物

C. $PM_{2.5}$，铅的化合物　　D. $PM_{2.5}$，铅的单质

答案：A

5.《环境空气质量标准》（GB 3095—2012）中规定，用于评价环境空气质量的污染物基本项目为：SO_2、________、CO、O_3、$PM_{2.5}$和PM_{10}。（　　）①

A. NO_2　　B. NO_x　　C. NO　　D. NO_2+NO

答案：A

6.《环境空气质量指数（AQI）技术规定（试行）》（HJ 633—2012）适用于环境空气质量指数日报、________和预报工作。（　　）②

A. 月报　　B. 旬报　　C. 实时报　　D. 半月报

答案：C

7.《环境空气质量指数（AQI）技术规定（试行）》（HJ 633—2012）中规定，浓度超过国家环境空气质量二级标准的污染物，即IAQI＞________的污染物。（　　）②

A. 50　　B. 100　　C. 51　　D. 101

答案：B

8.《环境空气质量指数（AQI）技术规定（试行）》（HJ 633—2012）中规定，SO_2、NO_2、NO的1小时平均浓度限值仅用于实时报，在日报中需使用相应污染物的________h平均浓度限值。（　　）②

A. 8　　B. 12　　C. 16　　D. 24

答案：D

9. 依据《环境空气颗粒物（PM_{10}和$PM_{2.5}$）连续自动监测系统安装和验收技术规范》（HJ 655—2013），当设有多个采样口时，为防止其他采样口干扰颗粒物样品的采集，颗粒物采样口于其他采样口之间的距离应大于________m。（　　）⑤

A. 1　　B. 2　　C. 3　　D. 5

答案：A

10. 根据《环境空气颗粒物（PM_{10}和$PM_{2.5}$）连续自动监测系统技术要求及检测方法》（HJ 653—2013），颗粒物监测仪应具备显示和设置系统时间的功能及时间标签功能，同时应具备________时间数据的存储能力。（　　）⑥

A. 3 h以上　　B. 3 d以上　　C. 30 d以上　　D. 3个月以上

答案：D

11. 根据《环境空气颗粒物（PM_{10}和$PM_{2.5}$）连续自动监测系统技术要求及检测方法》（HJ 653—2013），颗粒物监测仪样品采集单元由采样入口、切割器和________等组成，将环境空气颗粒物进行切割分离，并将目标颗粒物输送到样品测量单元。（　　）⑥

A. 放射源　　B. 采样管　　C. 流量计　　D. 采样泵

答案：B

三、判断题

1.《环境空气质量标准》（GB 3095—2012）中规定，SO_2、NO_2、CO 及 O_3 等气态污染物获取 1 h 平均值时，每小时至少有 45 min 的采样时间。①

答案：正确

2.《环境空气质量标准》（GB 3095—2012）应由各级环境保护行政主管部门下属的监测系统或认可的监测单位负责监督实施。①

答案：错误

正确答案为：《环境空气质量标准》（GB 3095—2012）应由各级环境保护行政主管部门负责监督实施。

3. 依据《环境空气质量指数（AQI）技术规定（试行）》（HJ 633—2012），空气质量指数用于描述空气质量状况，其主要表征首要污染物浓度值，其单位为 $\mu g/m^3$。②

答案：错误

正确答案为：空气质量指数用于描述空气质量状况，为量纲一指数。

4. 某城市空气质量指数为 133，其当日空气质量指数级别为三级，达中度污染，建议儿童、老年人及心脏病、呼吸系统疾病患者应减少长时间、高强度户外锻炼。②

答案：错误

正确答案为：某城市空气质量指数为 133，其当日空气质量指数级别为三级，达轻度污染，建议儿童、老年人及心脏病、呼吸系统疾病患者应减少长时间、高强度户外锻炼。

四、简答题

1. 请简述《环境空气质量标准》（GB 3095—2012）中关于常规污染物（SO_2、NO_2、CO、O_3、PM_{10}、$PM_{2.5}$）浓度数据有效性的最低要求。①

答案：年平均（SO_2、NO_2、PM_{10}、$PM_{2.5}$）：每年至少有 324 个有效日平均浓度值，每月至少有 27 个（2 月为 25 个）有日平均浓度值；

24 h 平均（SO_2、NO_2、CO、PM_{10}、$PM_{2.5}$）：每日至少有 20 h 平均浓度值或采样时间；

8 h 平均（O_3）：每 8 h 至少有 6 h 平均浓度值；

1 h 平均（SO_2、NO_2、CO、O_3）：每小时至少有 45 min 采样时间。

2. 请解释《环境空气质量指数（AQI）技术规定（试行）》（HJ 633—2012）中规定的空气质量日报的时间周期、时段及评价指标。②

答案：空气质量日报时间周期为 24 h，时段为当日零点前 24 h。日报的指标包括 SO_2、NO_2、PM_{10}、$PM_{2.5}$ 及 CO 的 24 h 平均，以及 O_3 的日最大 1 h 平均、臭氧的日最大 8 h 滑动平均，共计 7 个指标。

3. 依据《环境空气质量监测点位布设技术规范（试行）》（HJ 664—2013），环境空气质量监测点位包括有哪几种类型？③

答案：包括环境空气质量评价城市点、环境空气质量评价区域点、环境空气质量背景点、污染监控点、路边交通点。

4. 请简述《环境空气质量监测点位布设技术规范（试行）》（HJ 664—2013）中规定的

关于变更环境空气质量评价城市点应遵守的要求。③

答案：（1）变更后的城市点与原城市点应位于同一类功能区；

（2）点位变更时应就近移动点位，点位移动的直线距离不应超过 1 000 m；

（3）变更后的城市点与原城市点位平均浓度偏差应小于 15%；

5. 用来监测可吸入颗粒物（PM_{10}）和细颗粒物（$PM_{2.5}$）的颗粒物监测仪有何不同？

答案：（1）采样装置不同，PM_{10} 监测仪使用撞击式 PM_{10} 采样器，$PM_{2.5}$ 监测仪需要在使用撞击式 PM_{10} 采样器的基础上加装 VSCC 旋风式 $PM_{2.5}$ 采样器；

（2）采样管路不同，用于 $PM_{2.5}$ 监测的 β 射线吸收法颗粒物监测仪采样管路需加装动态加热系统（DHS），微量振荡天平法颗粒物监测仪需加装膜动态补偿系统（FDMS），在消除空气中湿度对监测结果的影响的同时避免采集气样中可挥发性颗粒物组分的流失。

参考文献

[1] 环境保护部，国家质量监督检验检疫总局 . 环境空气质量标准：GB 3095—2012 [S]. 北京：中国环境科学出版社，2012.

[2] 环境保护部 . 环境空气质量指数（AQI）技术规定（试行）：HJ 633—2012 [S]. 北京：中国环境科学出版社，2012.

[3] 环境保护部 . 环境空气质量监测点位布设技术规范（试行）：HJ 664—2013 [S]. 北京：中国环境出版社，2013.

[4] 环境保护部 . 环境空气气态污染物（SO_2、NO_2、O_3、CO）连续自动监测系统技术要求及检测方法：HJ 654—2013 [S]. 北京：中国环境出版社，2013.

[5] 环境保护部 . 环境空气颗粒物（PM_{10} 和 $PM_{2.5}$）连续自动监测系统安装和验收技术规范：HJ 655—2013 [S]. 北京：中国环境出版社，2013.

[6] 环境保护部 . 环境空气颗粒物（PM_{10} 和 $PM_{2.5}$）连续自动监测系统技术要求及检测方法：HJ 653—2013 [S]. 北京：中国环境出版社，2013.

命题：秦　玮　郑乃源　周国强

审核：袁　鸾　米方卓

第二节　二氧化硫

分类号：AA1-1

（一）4208 型二氧化硫分析仪（北京中晟泰科公司）

一、判断题

1. 调节锌灯光强之后，必须对 4208 型二氧化硫分析仪重新进行一次校准。(　　)

答案：正确

2. 4208 型二氧化硫分析仪光电倍增管（PMT）性能与激励高压电源有关，高压越高，PMT 的灵敏度越高，噪声越小。(　　)

答案：错误

正确答案为：PMT 的灵敏度越高，噪声越大。

3. 较低的气压值，通常表明 4208 型二氧化硫分析仪气路泄漏，泵隔膜损坏。(　　)

答案：错误

正确答案为：较高的气压值通常表明气路泄漏，泵隔膜损坏。

4. 4208 型二氧化硫分析仪通过荧光强度与 SO_2 的浓度成正比的线性关系，计算得到 SO_2 的浓度。(　　)

答案：正确

5. 4208 型二氧化硫分析仪采用的监测方法为（非脉冲）紫外荧光法。(　　)

答案：正确

6. 4208 型二氧化硫分析仪的所有功能都在计算机控制之下完成。二氧化硫浓度值是计算机通过计算已储存数据的平均值得到的，此数据包括探测器暗电流、总荧光信号值、散射光值和锌灯光强度。(　　)

答案：正确

7. 4208 型二氧化硫分析仪校标时使用的标准气体浓度比较高，损害人体健康，污染环境，其处理方式包括排出室外或有回收吸收装置。(　　)

答案：正确

8. 4208 型二氧化硫分析仪一般以满量程的 80% 为跨度标度。(　　)

答案：正确

9. 4208 型二氧化硫分析仪校准过程中，应保持室内温度、湿度、气压和电压等无明显变化。(　　)

答案：正确

10. 4208 型二氧化硫分析仪的紫外锌灯光源对测量非常重要，正常工作时锌灯光强应是恒定的，光强应在 4 000～9 000 mV。(　　)

答案：错误

正确答案为：光强应在 3 000～8 000 mV。

11. 4208 型二氧化硫分析仪中所有与采样气体有接触的管路（除反应室内的管路外），其材质都必须是 Teflon 或不锈钢的。(　　)

答案：正确

二、选择题

1. 4208 型二氧化硫分析仪的光学系统中，前置光学元件只允许紫外光谱区________nm 的光线通过。(　　)

A. 324　　B. 354　　C. 214　　D. 254

答案：C

2. 4208 型二氧化硫分析仪内置采样泵正常工作时，显示器上读取的气压值应在________

mm Hg①。(　　)

A. 100～200　　B. 200～300　　C. 300～400　　D. 400～500

答案：B

3. 4208 型二氧化硫分析仪内流量传感器出气口部分内部安装的限流管，其作用是保证仪器流量在________L/min。(　　)

A. 0.2±0.1　　B. 0.5±0.1　　C. 0.8±0.1　　D. 1.0±0.1

答案：B

三、简答题

如何判断 4208 型二氧化硫分析仪是否应该更换锌灯？

答案：锌灯长时间使用后会因老化而导致光强信号降低，此时通常需要通过菜单：标定光强进行调节，即通过增大 DRIVER 值来使光强信号保持在正常范围（3 000～8 000 mV）；如锌灯老化程度超出仪器菜单调节范围（即 DRIVER 值 = 63 时仍未使光强信号回到正常范围），则需要更换锌灯。

参考文献

[1] 国家环境保护总局 . 环境空气质量自动监测技术规范：HJ/T 193—2005 [S]. 北京：中国环境科学出版社，2005.

[2] 国家环境保护总局《空气和废气监测分析方法》编委会 . 空气和废气监测分析方法（第四版）[M]. 北京：中国环境科学出版社，2003.

[3] 北京中晟泰科环境科技发展有限公司 . 紫外荧光法二氧化硫分析仪 4208 型操作及维护手册 [Z]. 北京：北京中晟泰科环境科技发展有限公司，2002.

命题：元　洁　郑乃源

审核：吴宇峰　姚雅伟　袁　鸾　冯　丹

（二）TH-2002 型二氧化硫分析仪（武汉天虹公司）

一、判断题

1. TH-2002 型二氧化硫分析仪不能进行自动零点校准。(　　)

答案：错误

正确答案为：可以进行自动零点校准。

2. TH-2002 型二氧化硫分析仪最多可自动存储 12 组停电和来电时间。(　　)

答案：正确

3. TH-2002 型二氧化硫分析仪应至少 1 周进行一次零点和跨度校准。(　　)

答案：正确

① 1 mm Hg=133 Pa。

二、选择题

1. TH-2002 型二氧化硫分析仪检出限为________μg/m³。(　　)

A. 0.1　　B. 0.5　　C. 1　　D. 2

答案：D

2. TH-2002 型二氧化硫分析仪一般量程为________mg/m³。(　　)

A. 0～0.5　　B. 0～1　　C. 0～5　　D. 0～10

答案：A

3. TH-2002 型二氧化硫分析仪样气流量为________L/min。(　　)

A. 0.1±0.05　　B. 0.5±0.05　　C. 0.6±0.05　　D. 1.0±0.05

答案：C

命题：孙　鹏

审核：郑皓皓

（三）43i 型二氧化硫分析仪（美国热电公司）

一、判断题

1. 43i 型二氧化硫分析仪最佳工作环境温度是 15～35℃。(　　)

答案：错误

正确答案为：最佳工作环境温度是 20～30℃。

2. 43i 型二氧化硫分析仪的最佳校准周期是两周一次。(　　)

答案：错误

正确答案为：最佳校准周期是一周一次。

3. 43i 型二氧化硫分析仪的最佳换膜周期是一个月一次。(　　)

答案：错误

正确答案为：最佳换膜周期是一周一次。

4. 43i 型二氧化硫分析仪在校准前需要提前 2 h 预热。(　　)

答案：错误

正确答案为：应在前一天晚上打开校准仪器预热。

5. 43i 型二氧化硫分析仪在校准前需要换膜。(　　)

答案：正确

6. 43i 型二氧化硫分析仪的测试原理是紫外荧光法。(　　)

答案：正确

二、选择题

1. 43i 型二氧化硫分析仪的零漂移（24 h）允许值是________。(　　)

A. ＜0.1 μg/m³　　B. ＜0.5 μg/m³　　C. ＜1 μg/m³　　D. ＜5 μg/m³

答案：C

2. 通常 43i 型二氧化硫分析仪的校准量程是________μg/m³。(　　)

A. 100　　B. 200　　C. 300　　D. 500

答案：D

3. 43i 型二氧化硫分析仪允许的斜率（COEF）范围是________。（　　）

A. 0.500～1.500　　B. 0.700～1.300　　C. 0.500～2.000　　D. 0.800～1.200

答案：C

4. 在进行 43i 型二氧化硫分析仪的串行口设置时，一般设定为波特率________，数据位________，校验位________，停止位________。（　　）

A. 9 600，8，none，1　　B. 10 600，6，none，1

C. 6 400，8，none，2　　D. 4 500，6，none，2

答案：A

5. 43i 型二氧化硫分析仪反应室温度直接影响监测的结果，一般情况下分析仪反应室温度上下限设置为________℃和________℃。（　　）

A.50，45　　B. 55，40　　C. 60，50　　D.51，47

答案：D

命题：解淑艳　秦　玮

审核：李　钢　袁　鸾　冯　丹

（四）API 100E 型二氧化硫分析仪（美国特利丹 -API 公司）

一、判断题

1. API 100E 型二氧化硫分析仪的工作环境温度是 5～40℃。（　　）

答案：正确

2. API 100E 型二氧化硫分析仪测量 SO_2 会遇到很多干扰，如 NO 和聚丙烯腈（PAN），但二甲苯和萘不干扰 SO_2 测定。（　　）

答案：错误

正确答案为：二甲苯和萘等碳氢化合物也干扰 SO_2 测定。

3. NO 和聚丙烯腈（PAN）干扰 API 100E 型 SO_2 分析仪测量 SO_2 的主要原因是：NO 和聚丙烯腈（PAN）等暴露在紫外光下会产生与 SO_2 相似的荧光。（　　）

答案：正确

4. API 100E 型二氧化硫分析仪经大修和更换重要部件后，必须进行零点和跨度校准，但可以不进行多点线性校准。（　　）

答案：错误

正确答案为：也需要进行多点线性校准。

5. API 100E 型二氧化硫分析仪用限流孔来控制流量，为了控制流量并保持流量的稳定，限流孔上气流压力和下气流压力之比必须大于 2∶1。（　　）

答案：正确

6. API 100E 型二氧化硫分析仪的样品流速要求为 650 cc/min[1]±10%。(　　)

答案：正确

7. API 100E 型二氧化硫分析仪通常需要 10 min 时间预热，才能可靠测定 SO_2。(　　)

答案：错误

正确答案为：API 100E 型二氧化硫分析仪通常需要 1 h 或者 1 h 以上时间预热，才能可靠测定 SO_2。

8. API 100E 型二氧化硫分析仪的光电倍增管（PMT）不需要制冷。(　　)

答案：正确

9. API 100E 型二氧化硫分析仪中紫外检测器是检测 SO_2 分子由激发态（SO_2*）返回基态时发出的光。(　　)

答案：正确

10. API 100E 型二氧化硫分析仪紫外灯发出的 190～230 nm 紫外光通过 214 nm 的滤光片，激发 SO_2 分子，使其处于激发态。(　　)

答案：正确

11. 对 API 100E 型二氧化硫分析仪进行校准时，需要的辅助设备和供应品包括零气气源、动态校准仪、SO_2 满度气源、气路管（要求所有气路都是 Teflon 或玻璃材质）和记录表格等。(　　)

答案：正确

二、选择题

1. API 100E 型二氧化硫分析仪的零漂移（24 h）允许值是________。(　　)

A. ＜0.1 μg/m³　　B. ＜0.5 μg/m³　　C. ＜1 μg/m³　　D. ＜5 μg/m³

答案：B

2. API 100E 型二氧化硫分析仪的微粒过滤器需根据环境颗粒物背景浓度来定期更换，通常情况下，需要________更换一次。(　　)

A. 每天　　B. 每周　　C. 每月　　D. 每年

答案：B

3. API 100E 型二氧化硫分析仪常规校准时，应选择满量程的________进行校准。(　　)

A. 20%～30%　　B. 40%～50%　　C. 60%～70%　　D. 80%～90%

答案：D

4. API 100E 型二氧化硫分析仪界面中的“STABIL”代表仪器的稳定性，它是每________秒记录一个浓度值，为最近________个 SO_2 浓度值的标准差。(　　)

A. 10，20　　B. 10，25　　C. 20，20　　D. 10，10

答案：B

5. 某子站一台 API 100E 型二氧化硫分析仪零点漂移一直正常，跨度漂移下降，工作人员对二氧化硫分析仪进行了调整，使跨度漂移合格，后来几周的情况重复如此过程，但仍未能使分析仪稳定。其可能的原因包括：________。(　　)

---

① 1 cc/min=1 mL/min。

（1）紫外灯老化。
（2）光电倍增管老化或故障，检测器的问题。
（3）气路泄漏或堵塞。
（4）标准气体压力不足。
（5）质量流量控制器发生漂移。

A.（1）～（3） B.（1）（3）（4） C.（2）～（5） D.（1）～（5）

答案：D

三、问答题

校准 API 100E 型二氧化硫分析仪的主要步骤。

答案：具体校准步骤包括：

（1）按照图 1 所示的线路，将各种辅助设备及仪器连接起来。

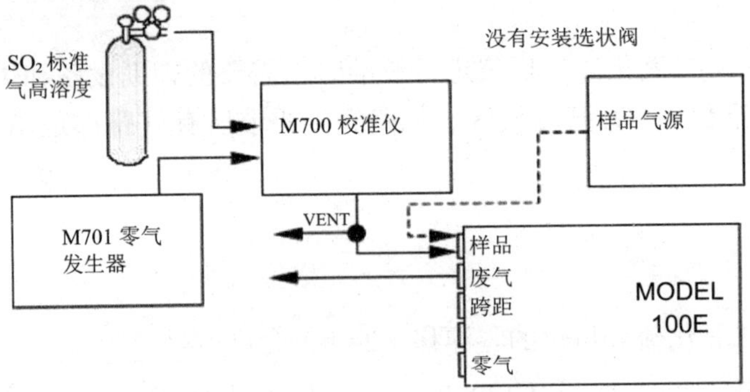

图 1 API 100E 型二氧化硫分析仪校准设备连接示意图

（2）对 SO_2 满度气体管路气密性进行检查，并将 SO_2 满度气体浓度在校准仪中进行设置。

（3）根据需要对 700E 校准仪设定不同浓度对 100E 进行校准。

命题：崔虎雄
审核：池 靖 居 力

（五）EC9850 型二氧化硫分析仪（ECOTECH 公司）

一、填空题

1. 在 EC9850 型二氧化硫分析仪启动升温期间，会进行约 30 min 的微机自动配置和自动调零过程，当发生断电情况时，如果断电时间小于________min 启动，分析仪不按照常规启动而是会按先前的设置启动。

答案：2

2. EC9850 型二氧化硫分析仪通过________来调节显示屏对比度。

答案：同时按 Up（Down）键 +Select 键

二、判断题

1. EC9850 型二氧化硫分析仪使用锌灯作为紫外光源，当更换锌灯 / 调节锌灯光强之后，必须对分析仪重新进行校准和多点线性校准。(　　)

答案：正确

2. EC9850 型二氧化硫分析仪 UV 灯电流可通过分析仪预处理器电位器菜单灯调整（LAMP ADJUST）选项进行调节。(　　)

答案：正确

3. EC9850 型二氧化硫分析仪光电倍增管（PMT）高压可通过分析仪预处理器电位器菜单中的高压调节（HIGH VOLTAGE ADJUST）选项进行调节。(　　)

答案：正确

三、选择题

1. EC9850 型二氧化硫分析仪最低检测限为________μg/m³。(　　)

A. 0.2　　B. 0.5　　C. 1.0　　D. 2.0

答案：B

2. EC9850 型二氧化硫分析仪的最佳工作环境温度为________℃。(　　)

A. 5～40　　B. 15～35　　C. 15～40　　D. 5～35

答案：B

四、简答题

如何判断 EC9850 型二氧化硫分析仪是否应该更换锌灯？

答案：锌灯长时间使用后会因老化而导致光强信号降低，此时通常需要打开仪器前面板，通过调节锌灯位置和角度来调节参比电压，如果调节锌灯位置和角度无法使分析仪参比电压通过系统测试，则需要更换新的锌灯。

参考文献

EC9850 型二氧化硫分析仪说明书 [Z].

命题：郑乃源

审核：袁　鸾　冯　丹

（六）XHS2000B 型二氧化硫分析仪（河北先河公司）

一、填空题

1. XHS2000B 型二氧化硫分析仪前面板中的黄色指示灯闪烁说明仪器处于______状态。

答案：校准

2. XHS2000B 型二氧化硫分析仪在进行零 / 跨点校准时，当测试项“稳定性”值______mg/m³ 后，可以按“回车”键确认，完成仪器零 / 跨点校准。

答案：＜0.000 6

3. XHS2000B 型二氧化硫分析仪测试项中的紫外灯斜率用于反映________，其数值为________与________mV 的比值。

答案：紫外灯的效率　　光电管输出　　3 500

二、判断题

1. XHS2000B 型二氧化硫分析仪前面板中的绿色指示灯闪烁说明仪器处于监测状态，但监测数据无效，不做记录。（　　）

答案：正确

2. XHS2000B 型二氧化硫分析仪光电倍增管（PMT）电压读数值一直保持在 4 900 mV 以上，则表明样气浓度超出测量范围或漏光。（　　）

答案：正确

三、选择题

XHS2000B 型二氧化硫分析仪测试项中仪器的斜率和截距的范围是：斜率值________，截距＜________ mV。（　　）

A. 1.0±0.3，300　　B. 1.0±0.5，250

C. 1.0±0.3，250　　D. 1.0±0.5，300

答案：C

四、简答题

有哪些原因可能会引起 XHS2000B 型二氧化硫分析仪反应室压力超限？

答案：采样泵故障；气路堵塞；大气压力改变。

参考文献

XHS2000B 型二氧化硫分析仪使用说明书 [Z].

命题：郑乃源

审核：袁　鸾　冯　丹

（七）AF22M 型二氧化硫分析仪（ESA 公司）

一、填空题

AF22M 型二氧化硫分析仪“参考零点”测试的目的是测量分析仪________。

答案：光电倍增管暗电流

二、判断题

1. AF22M 型二氧化硫分析仪在“零点”模式下，样气经过分析仪内置活性炭过滤器过滤后进入分析仪。（　　）

答案：正确

2. AF22M 型二氧化硫分析仪至少需要开机 6 h 才能进行仪器校准操作。（　　）

答案：正确

3. AF22M 型二氧化硫分析仪在运行“参考零点”周期时，为了测量光电倍增管（PMT）的暗电流，需要将紫外光挡住。(　　)

答案：正确

三、选择题

1. AF22M 型二氧化硫分析仪更换紫外灯后，需要通过调节紫外灯电源板将“I-UV 电源”信号调节到________mV。(　　)

A. 250～350　　B. 250～450　　C. 350～450　　D. 350～550

答案：C

2. AF22M 型二氧化硫分析仪更换紫外灯后，需要调整紫外灯的位置，将最大紫外电压信号调节到约________mV。(　　)

A. 3 000　　B. 4 000　　C. 4 300　　D. 4 500

答案：C

3. AF22M 型二氧化硫分析仪最低检测限为________ μg/m³。(　　)

A. 0.2　　B. 0.5　　C. 1.0　　D. 2.0

答案：C

4. AF22M 型二氧化硫（SO_2）分析仪工作环境温度为________℃。(　　)

A. 5～40　　B. 5～35　　C. 10～40　　D. 10～35

答案：D

四、简答题

AF22M 型二氧化硫分析仪开机后将进入预热（warm-up）周期，此周期何时结束？

答案：（1）所有的检测参数都达到正常范围内；

（2）分析仪获得 10 个 ±4 μg/m³ 之间的测量结果；

当满足以上两个条件后，分析仪预热周期结束。

参考文献

AF22M 型二氧化硫分析仪技术说明书 [Z].

命题：郑乃源

审核：袁　鸾　冯　丹

第三节　氮氧化物

分类号：AA1-2

（一）2208 型氮氧化物监测仪（北京中晟泰科公司）

一、判断题

1. 对于 2208 型氮氧化物监测仪来说，采样泵正常工作时，在显示器上读取的气压值应

该是 80～150 mmHg。(　　)

答案：正确

2. 反应室是 2208 型氮氧化物分析仪的主要部件，检查频次应为：至少 1 年检查一次。(　　)

答案：错误

正确答案为：至少 6 个月检查一次。

3. 2208 型氮氧化物分析仪的钼转换器的转换效率必须高于 90%。(　　)

答案：错误

正确答案为：2208 型氮氧化物分析仪的钼转换器的转换效率必须高于 96%。

4. 对 2208 型氮氧化物分析仪进行多点校准核查的周期为 3 个月进行一次。(　　)

答案：正确

5. 2208 型氮氧化物分析仪中最低可使用两个毛细玻璃限流器，一个是控制样气流速，另一个是控制臭氧流速。(　　)

答案：正确

6. 2208 型氮氧化物分析仪气路拆卸维修后的验漏步骤为：将分析仪设置返回正常采样运行状态，在采样入口处开始测试，简单地堵上样气输入口，按照气路走向，依次向前阻断每一个气路部件连接，观察流量计，直至发现进行到某一步观察流量读数为零，则停止验漏，并筛出漏气元件。(　　)

答案：正确

7. 2208 型氮氧化物分析仪的反应室经过一段时间可能被硝酸盐污染物污染（白色粉末），清洗反应室可用水或酒精的棉签清洗。(　　)

答案：正确

8. 为确保 2208 型氮氧化物分析仪臭氧发生器的最佳性能，应一年进行一次预防性维护检查。(　　)

答案：错误

正确答案为：应 6 个月检查一次。

二、选择题

2208 型氮氧化物分析仪的监测方法是________。(　　)

A. 紫外荧光法　　B. 紫外光度法

C. 化学发光法　　D. 气体过滤相关红外吸收法

答案：C

三、简答题

1. 2208 型氮氧化物分析仪光学检测室的主要功能是什么？

答案：主要功能有：（1）为光电倍增管创造一个 0～3℃的恒温环境；（2）减少光电倍增管暗电流，提高光电倍增管的灵敏度。

2. 2208 型氮氧化物分析仪光学检测室制冷失败的主要原因是什么？

答案：（1）空调系统停止运行或故障导致站房内部温度过高；

（2）机箱散热风扇故障导致分析仪内部温度过高；
（3）制冷器散热风扇过滤网堵塞或散热风扇故障；
（4）制冷器控制板停止工作或故障；
（5）制冷器故障。

参考文献

[1] 国家环境保护总局 . 环境空气质量自动监测技术规范：HJ/T 193—2005 [S]. 北京：中国环境科学出版社，2005.

[2] 国家环境保护总局《空气和废气监测分析方法》编委会 . 空气和废气监测分析方法（第四版）[M]. 北京：中国环境科学出版社，2003.

[3] 北京中晟泰科环境科技发展有限公司 . 化学发光法氮氧化物分析仪 2208 型操作及维护手册 [Z]. 北京：北京中晟泰科环境科技发展有限公司 .

命题：元　洁　郑乃源
审核：吴宇峰　夏　新　袁　鸾　冯　丹

（二）XHN2000B 型二氧化氮分析仪（河北先河公司）

一、判断题

1. XHN2000B 型二氧化氮分析仪取下过滤膜时的操作顺序依次为：取下固定圈、移开透明窗口、取下聚四氟环、O 形圈和滤膜。(　　)

答案：错误

正确答案为：操作顺序依次为：取下固定圈、移开透明窗口、取下 O 形圈、聚四氟环和滤膜。

2. XHN2000B 型二氧化氮分析仪放置聚四氟环时，切口应向下。(　　)

答案：错误

正确答案为：切口应向上。

3. XHN2000B 型二氧化氮分析仪在常规校准时，应选择满量程的 80% 进行校标，期望浓度为 100 μg/m^3。(　　)

答案：错误

正确答案为：期望浓度为 400 μg/m^3。

4. XHN2000B 型二氧化氮分析仪的工作原理是化学发光法。(　　)

答案：正确

5. XHN2000B 型二氧化氮分析仪直接测定的是 NO。(　　)

答案：正确

二、选择题

1. XHN2000B 型二氧化氮分析仪采样管路的长度通常不超过________m。(　　)

A. 8　　B. 5　　C. 3　　D. 1

答案：C

2. XHN2000B 型二氧化氮分析仪通常的校准周期为________d。(　　)

A. 7　　B. 14　　C. 30　　D. 45

答案：B

3. XHN2000B 型二氧化氮分析仪在校准后，需要运行一段时间以达到稳定，故校准后________以内的数据在统计分析中不做参考。(　　)

A. 1 h　　B. 30 min　　C. 15 min　　D. 5 min

答案：C

三、简答题

XHN2000B 型氮氧化物分析仪可以存储哪些记录信息？

答案：可以存储数据记录、报警记录、停电记录、校准记录共计 4 种记录信息。

命题：解淑艳　李　钢　郑乃源
审核：李　钢　袁　鸾　冯　丹

（三）TH-2001 型氮氧化物分析仪（武汉天虹公司）

一、判断题

1. TH-2001 型氮氧化物分析仪响应时间应小于 120 s。(　　)

答案：错误

正确答案为：响应时间为小于 300 s。

2. TH-2001 型氮氧化物分析仪更换粒子过滤器的滤膜时应拔掉采样管。(　　)

答案：正确

3. TH-2001 型氮氧化物分析仪在校准流量时应确保泵已经停止工作。(　　)

答案：正确

二、选择题

1. TH-2001 型氮氧化物分析仪检出限为________$\mu g/m^3$。(　　)

A. 0.1　　B. 0.5　　C. 1　　D. 2

答案：D

2. TH-2001 型氮氧化物分析仪量程一般为________$\mu g/m^3$。(　　)

A. 0～0.5　　B. 0～1　　C. 0～5　　D. 0～10

答案：A

3. TH-2001 型氮氧化物分析仪样气流量为________L/min。(　　)

A. 0.1±0.05　　B. 0.5±0.05　　C. 0.6±0.05　　D. 1.0±0.05

答案：B

三、简答题

造成 TH-2001 型氮氧化物分析仪背景零点电压过高的原因主要有哪些？

答案：分析仪内部气路系统漏气；分析仪前置板故障；分析仪反应室和光路系统脏污；分析仪光路系统漏光；校准错误。

命题：孙　鹏　郑乃源
审核：郑皓皓

（四）42i 型氮氧化物分析仪（美国热电公司）

一、判断题

1. 42i 型氮氧化物分析仪的检测下限是 1 μg/m^3（60 s 平均时间）。（　　）

答案：错误

正确答案为：检测下限是 0.50 μg/m^3（60 s 平均时间）。

2. 42i 型氮氧化物分析仪的零点漂移（24 h）允许值是小于 0.4 μg/m^3。（　　）

答案：正确

3. 42i 型氮氧化物分析仪的最佳工作环境温度是 15～35℃。（　　）

答案：正确

4. 42i 型氮氧化物分析仪的 NO 和 NO_x 的跨度系数一般接近 1.000；NO_2 的跨度系数一般在 0.95～1.050。（　　）

答案：正确

5. 42i 型氮氧化物分析仪的跨度偏移（24 h）应为满刻度的 ±1%。（　　）

答案：正确

6. 42i 型氮氧化物分析仪冷却器可接受的工作范围是从 -10～10℃。（　　）

答案：错误

正确答案为：-25～-1℃。

二、选择题

1. 42i 型氮氧化物分析仪中钼转化炉的正常工作温度是________℃（　　）

A. 275　　B. 300　　C. 325　　D. 350

答案：C

2. 42i 型氮氧化物分析仪中样品气体流量为________L/min，臭氧发生器流量应大于________L/min。（　　）

A. 0～1，0.05　　B. 0～1.5，0.5

C. 0～1，1　　D. 0～1.5，1

答案：A

3. 42i 型氮氧化物分析仪的反应室温度一般在________℃。（　　）

A. 30　　B. 40　　C. 50　　D. 60

答案：C

4. 42i 型氮氧化物分析仪调整光电倍增管电压前应该先做________维护工作。（　　）

A. 清洗毛细管　　B 清洗泵膜　　C. 清洗反应室

答案：C

5. 42i 型氮氧化物分析仪反应室压力允许设置的最大报警值为________mmHg。（　　）

A. 150　　B. 300　　C. 1 000　　D. 500

答案：B

6. 42i 型氮氧化物分析仪中臭氧洗涤器的主要功能是________。（　　）

A. 去除水气　　B. 去除 NO　　C. 去除 NO_2　　D. 去除 HC

答案：C

命题：闫　贺　秦　玮
审核：魏　强　池　靖

（五）API 200E 型氮氧化物分析仪（美国特利丹 -API 公司）

一、判断题

1. API 200E 型氮氧化物分析仪采样总管的内径选择范围为 1.5～15 cm，采样气体在总管内的滞留时间应小于 40 s。（　　）

答案：错误

正确答案为：采样气体在总管内的滞留时间应小于 20 s。

2. API 200E 型氮氧化物分析仪的测量原理为化学荧光法。（　　）

答案：正确

3. API 200E 型氮氧化物分析仪用气相滴定法检测 $NO-NO_2-NO_x$ 分析仪的钼转换炉 NO_2 转换效率。（　　）

答案：正确

4. API 200E 型氮氧化物分析仪的流量主要通过（临界）限流孔进行控制。（　　）

答案：正确

5. API 200E 型氮氧化物分析仪中滤光片的波长应在 685 nm 以上。（　　）

答案：错误

正确答案为：滤光片的波长应在 645 nm 以上。

6. API 200E 型 NO_x 分析仪中反应室的体积一般在 200～500 mL，反应气体在反应室内滞留时间应小于 5 min。（　　）

答案：错误

正确答案为：在反应室内滞留时间应小于 2 min。

7. 为了防止因室内外温差而使采样总管内部结露，从而对监测物质产生吸附，需在 API 200E 型氮氧化物分析仪的采样管路外壁加装保温套或加热器，加热温度一般控制在 20～30℃。（　　）

答案：错误

正确答案为：加热温度一般控制在 30～50℃。

8. API 200E 型氮氧化物分析仪测量 NO_x 时，会受到其他气体的干扰，如 CO_2、SO_2、H_2O 和 NH_3 等。（　　）

答案：正确

9. 使用 API 200E 型氮氧化物分析仪时，$NO-NO_2-NO_x$ 的钼转换炉转换效率降低，会使监测结果 NO_2 浓度降低。(　　)

答案：正确

10. PMT 作为 API 200E 型氮氧化物分析仪的重要部件之一，主要由真空玻璃管、窗口、光电阴极、聚焦电极和电子倍增管组成。(　　)

答案：正确

11. API 200E 型氮氧化物分析仪的界面上，“NO_x SLOPE”表示仪器当前 NO_x 的校正斜率，根据仪器最后一次零点 / 跨点（Z/S）校正的线性特征计算得到。(　　)

答案：正确

二、选择题

1. 为防止灰尘落入 API 200E 型氮氧化物分析仪中，应在仪器的采样入口与支管气路的结合部之间，安装孔径不大于________μm 的聚四氟乙烯过滤膜。(　　)

A. 0.5　　B. 1　　C. 5　　D. 10

答案：C

2. 通常情况下，API 200E 型氮氧化物分析仪刚开机时干燥效率低，因此，一般应在仪器启动________min 后，再启动 O_3 发生器。(　　)

A. 1　　B. 2　　C. 5　　D. 30

答案：D

3. API 200E 型氮氧化物分析仪在测量 NO_x 时，样品气需要通过________℃的钼转化炉。(　　)

A. 100　　B. 220　　C. 315　　D. 715

答案：C

三、问答题

简述 API 200E 型氮氧化物分析仪更换样品过滤器的步骤。

答案：（1）切断泵电源，防止杂质吸入样品管。

（2）打开仪器前面板，松开过滤器装置上凸边固定圈。

（3）小心移去固定圈、玻璃盖、O 形圈和过滤膜，建议至少每月清洗一次玻璃盖和 O 形圈，在污染严重的地方，须每星期清洗一次。

（4）安装新的过滤膜，小心摆放在支架底部中央。

（5）重新安装 O 形圈，凹边朝上，盖好玻璃盖，拧紧螺钉和固定装置。检查玻璃盖和 O 形圈的缝隙，确保不漏气。

（6）固定仪器前面板。

（7）更换样品过滤器后须重新启动仪器。

命题：崔虎雄

审核：池　靖　居　力　姚雅伟

（六）EC9841 型氮氧化物分析仪（ECOTECH 公司）

一、判断题

1. EC9841 型氮氧化物分析仪计算因子菜单中的各项参数可以根据需要进行编辑。（ ）

答案：错误

正确答案为：EC9841 型氮氧化物分析仪计算因子菜单中的各项参数不能进行编辑。

2. EC9841 型氮氧化物分析仪采样泵在接入仪器排气口前应连接活性炭洗涤瓶以除去额外的 O_3。（ ）

答案：正确

3. EC9841 型氮氧化物分析仪是依靠限流孔上游的压力测量值计算得出的。（ ）

答案：正确

二、选择题

1. EC9841 型氮氧化物分析仪接通电源启动后，钼转换炉达到________℃以上时，臭氧发生器开始启动。（ ）

A. 200　　B. 250　　C. 300　　D. 320

答案：B

2. EC9841 型氮氧化物分析仪最低检测限为________μg/m³。（ ）

A. 0.2　　B. 0.5　　C. 1.0　　D. 2.0

答案：B

3. EC9841 型氮氧化物分析仪的最佳工作环境温度为________℃。（ ）

A. 5～40　　B. 15～35　　C. 15～40　　D. 5～35

答案：B

参考文献

EC9841 型氮氧化物分析仪操作手册 [Z].

命题：郑乃源

审核：袁　鸾　冯　丹

（七）AC32M 型氮氧化物分析仪（ESA 公司）

一、填空题

1. AC32M 型氮氧化物分析仪为臭氧发生器提供干燥空气的干燥器应用了________干燥技术。

答案：渗透－蒸馏

2. AC32M 型氮氧化物分析仪测量模式设置中的________选项设置为“ON”状态时，

分析仪将关闭零点和跨度周期中的模拟量输出。

答案：DAC memo

二、选择题

1. AC32M 型氮氧化物分析仪大约每隔________年更换钼转换器钼粉。(　　)

A. 1 年　　B. 2 年　　C. 3 年　　D. 不需更换

答案：B

2. AC32M 型氮氧化物分析仪检出限为________ μg/m³。(　　)

A. 0.1　　B. 0.2　　C. 0.4　　D. 1.0

答案：C

3. AC32M 型氮氧化物分析仪钼转化炉的正常工作温度是________℃。(　　)

A. 275　　B. 300　　C. 350　　D. 380

答案：D

4. AC32M 型氮氧化物分析仪的反应室温度一般为________℃。(　　)

A. 30　　B. 40　　C. 50　　D. 60

答案：D

参考文献

AC32M 型氮氧化物分析仪技术说明书 [Z].

命题：郑乃源

审核：袁　鸾　冯　丹

第四节　臭氧

分类号：AA1-3

（一）1208 型臭氧分析仪（北京中晟泰科公司）

一、判断题

1. 1208 型臭氧分析仪利用紫外辐射源提供 245 nm 波长的放射光线，在此波长下臭氧对光强吸收量最大。(　　)

答案：错误

正确答案为：254 nm。

2. 1208 型臭氧分析仪的臭氧去除器的初始更换周期一般推荐为 6 个月。(　　)

答案：错误

正确答案为：推荐周期为 4 个月。

3. 根据比尔定律，使用 1208 型臭氧分析仪的单色紫外线吸收分光光度计测量时，获得的电信号与臭氧浓度成正比。(　　)

答案：正确

4. 调节紫外汞灯光强后，1208 型臭氧分析仪必须重新校准一次。(　　)

答案：正确

5. 1208 型臭氧分析仪中增加臭氧去除器的原因是：由于在大气样气中，苯等污染物对紫外光的吸收波长与臭氧相同，会干扰测定。(　　)

答案：正确

6. 1208 型臭氧分析仪中的臭氧去除器，能分解干扰臭氧测定的其他物质，保证测定准确。(　　)

答案：错误

正确答案为：臭氧去除器能分解臭氧，使臭氧之外的成分均保持了完整性且浓度不变。通过对样气和除去臭氧的样气分别进行测定，从而得到准确的臭氧浓度。

二、选择题

1. 1208 型臭氧分析仪的校标，一般是在满量程（1 mg/L）的________% 处进行，那么输入标气浓度近似值为________μg/L。(　　)

A. 50，0.5　　B. 80，800　　C. 90，400　　D. 100，1

答案：B

2. 1208 型臭氧分析仪的工作环境温度为________℃。(　　)

A. 5～40　　B. 10～30　　C. 20～30　　D. 0～45

答案：D

3. 1208 型臭氧分析仪的采样流量为________L/min。(　　)

A. 1.0～2.0　　B. 1.5～2.0　　C. 0.5～1.5　　D. 1.0～1.5

答案：B

4. 1208 型臭氧分析仪进行跨度校准时，一般使用的标准气浓度是分析仪满量程的________%。(　　)

A. 50　　B. 80　　C. 90　　D. 100

答案：B

三、简答题

1208 型臭氧分析仪如何调整紫外光强？

答案：清洁分析仪光学平台组件；

在分析仪主界面下进行菜单操作："校准"—"仪器调整"—"通零气"，将阀切换到零气位置，激活分析仪 IO 测量；

打开分析仪紫外灯固定螺丝，移动紫外灯位置，调整紫外灯光强；

光强调节完成，连续按"ESC"键退回主页面，仪器恢复自动运行模式。

参考文献

[1] 国家环境保护总局 . 环境空气质量自动监测技术规范：HJ/T 193—2005 [S]. 北京：中国环境科学出版社，2005.

[2] 国家环境保护总局《空气和废气监测分析方法》编委会.空气和废气监测分析方法（第四版）[M]. 北京：中国环境科学出版社，2003.

[3] 北京中晟泰科环境科技发展有限公司.臭氧分析仪 1208 型操作及维护手册 [Z]. 北京：北京中晟泰科环境科技发展有限公司.

命题：元　洁　郑乃源

审核：吴宇峰　袁　鸾　冯　丹

（二）49i 型臭氧分析仪（美国热电公司）

一、判断题

1. 49i 型臭氧分析仪启动后即可设置参数。（　　）

答案：错误

正确答案为：至少应该稳定 90 min 后才设置参数。

2. 在对 49i 型臭氧分析仪进行校准时，应先打开 1160 零气发生器再打开 49 i-ps；校准结束后应先关闭 49 i-ps 再关闭 1160 零气发生器。（　　）

答案：正确

3. 在对 49i 型臭氧分析仪进行校准时，打开 1160 零气发生器后随即打开 49 i-ps。（　　）

答案：错误

正确答案为：打开 1160 零气发生器，压力在 29 psi① 左右，待红灯变为绿灯时（即温度达到 450℃左右），再打开 49 i-ps 电源，预热 24 h 最稳定。

4. 49i 型臭氧分析仪的分析方法是紫外吸收法，其测量原理是基于臭氧分子内部电子的共振对波长 254 nm 紫外光的吸收。（　　）

答案：正确

5. 49i 型臭氧分析仪一般更换膜的周期最好是每周一次，也可以 10 d 更换一次，根据实际情况而定。（　　）

答案：正确

6. 49i 型臭氧分析仪的样气流速为 2～5 L/min。（　　）

答案：错误

正确答案为：1～3 L/min。

二、选择题

1. 49i 型臭氧分析仪一般校准周期最好为________，也可视实际情况进行适当调整。（　　）

A. 三天一次　　B. 每周一次　　C. 两周一次　　D. 一个月一次

答案：B

---

① 1 psi=6.895 kPa。

2. 49i 型臭氧分析仪采样头应高于监测站房顶________。（   ）

A. 1 m 以内　　B. 1～2 m　　C. 1～3 m　　D. 2～3 m

答案：B

3. 49i 型臭氧分析仪的检测下限是________μg/m³。（   ）

A. 0.1　　B. 1.0　　C. 2　　D. 5

答案：B

4. 通常 49i 型臭氧分析仪校准时应选择满量程的________% 进行校准，期望浓度是________μg/m³。（   ）

A. 100，200　　B. 80，400　　C. 100，500　　D. 60，300

答案：B

5. 49i 型臭氧分析仪的最佳操作温度为________℃。（   ）

A. 20～30　　B. 10～30　　C. 20～50　　D. 30～50

答案：A

6. 49i 型臭氧分析仪在下面________情况下会引起标点响应明显变化。（   ）

A. 调整仪器压力　　B. 交换两根吸收管

C. 交换两个检测器　　D. 调整紫外灯的强度

答案：A

命题：解淑艳

审核：李　钢　夏　新

（三）API 400E 型臭氧分析仪（美国特利丹 -API 公司）

一、判断题

1. 新购买的 API 400E 型臭氧分析仪，其零点漂移（24 h）应＜2.0 μg/m³，满度漂移（24 h）应＜1.0% 的偏差。（   ）

答案：错误

正确答案为：零点漂移（24 h）应＜1.0 μg/m³，满度漂移（24 h）应＜1.0% 的偏差。

2. API 400E 型臭氧分析仪显示浓度值为“××××”，说明仪器无法计算有效的浓度，通常原因是光强度不稳定或超过检测范围。（   ）

答案：正确

3. API 400E 型臭氧分析仪在计算 O_3 浓度时使用了朗伯－比尔定律，该定律与样品气的温度和压力无关。（   ）

答案：错误

正确答案为：该定律与样品气的温度和压力均有关。

4. API 400E 型臭氧分析仪的废气无须处理，可以直接排到站房内。（   ）

答案：错误

正确答案为：废气应经活性炭吸附处理后排出仪器机房，因为臭氧气体会损害人体健康。

5. API 400E 型臭氧分析仪需要预热约 30 min 以上，所有的零部件才能达到工作温度。( )

答案：正确

6. 臭氧的测定受到许多干扰，如 SO_2、NO_2、NO、H_2O、汞蒸气和碳氢化合物；API 400E 型臭氧分析仪已成功排除这些干扰。( )

答案：错误

正确答案为：API 400E 型臭氧分析仪已成功排除 SO_2、NO_2、NO、H_2O 和碳氢化合物气体的干扰，但不包括汞蒸气。

7. 不考虑温度和压力的影响，API 400E 型臭氧分析仪测量单位 ppb 与 $\mu g/m^3$ 之间的换算公式为：O_3（ppb）× 22.4/O_3 分子量 =O_3（$\mu g/m^3$）。( )

答案：错误

正确答案为：不考虑温度和压力的影响，API 400E 型臭氧分析仪测量单位与 $\mu g/m^3$ 之间的换算公式为：O_3（ppb）× O_3 分子量 /22.4=O_3（$\mu g/m^3$）。

8. API 400E 型臭氧分析仪的工作原理是朗伯－比尔定律：在一定的温度和压力下，臭氧气体分子会对特定波长的紫外光产生吸收，臭氧浓度越高，光的吸收越强，可根据检测的 UV 光的强度变化以相关计算确定臭氧的浓度。( )

答案：正确

9. API 400E 型臭氧分析仪进行真空泄漏检查的主要步骤包括：（1）启动仪器，等待流量稳定。（2）堵住样品入口。（3）2 min 后压力稳定。注意仪器前面板上流速和压力的显示值。（4）如果流速＜10 cc/min，表明无大的漏气。( )

答案：正确

10. 检查 API 400E 型臭氧分析仪中流量传感器的方法包括：（1）用伏特表检测流量传感器是否供电正常。（2）堵住气体进样口，检查仪器界面流量是否波动，若无波动，需更换流量传感器。（3）用流量计测量进样气体流量并与仪器界面显示流量进行比较，若差异较大，则判断为流量传感器的故障。( )

答案：正确

二、选择题

1. API 400E 型臭氧分析仪达到测定浓度 95% 时，响应时间要求小于________min。( )

A. 0.5　　B. 1　　C. 5　　D. 10

答案：C

2. API 400E 型臭氧分析仪正常运行时，其样品流速应在________cc/min 范围之内。( )

A. 600±60　　B. 700±70　　C. 800±80　　D. 1 000±100

答案：C

3. API 400E 型臭氧分析仪在常规校准时，应选择满量程的________进行校准。( )

A. 10%～20%　　B. 30%～40%　　C. 50%～60%　　D. 70%～90%

答案：D

4. 当API 400E型臭氧分析仪显示流量报警，判断故障的方法包括：（1）检查样品泵工作是否正常。（2）检查气体管路及主要部件是否堵塞与泄漏。（3）检查流量传感器工作是否正常。（　　）

A.（1）和（2）　　B.（2）和（3）

C.（1）和（3）　　D.（1）～（3）

答案：D

命题：崔虎雄

审核：池　靖　居　力

（四）EC9810型臭氧（O_3）分析仪（ECOTECH公司）

一、判断题

1. EC9810型臭氧（O_3）分析仪校准菜单（CALIBRATION MENU）中的跨度补偿（SPAN COMP）功能能够使分析仪对零/跨校准循环的结果进行自动补偿，此功能通常是关闭（DISABLED）的。（　　）

答案：正确

2. EC9810型臭氧（O_3）分析仪灯电流（LAMP CURRENT）过低时可通过分析仪预处理器电位器菜单（PREPROCESSOR POTS MENU）中的灯调整（LAMP ADJUST）选项进行调整。（　　）

答案：正确

3. EC9810型臭氧（O_3）分析仪有RS232. USB和50针I/O接口三种数字通信方式。（　　）

答案：正确

二、选择题

1. EC9810型臭氧（O_3）分析仪的最低检测限为________μg/m³。（　　）

A. 0.1　　B. 0.2　　C. 0.5　　D. 1.0

答案：C

2. EC9810型臭氧（O_3）分析仪的最佳工作环境温度为________℃。（　　）

A. 5～40　　B. 15～35　　C. 15～40　　D. 5～35

答案：B

3. EC9810型臭氧（O_3）分析仪测量菜单（MEASUREMENT MENU）中的零点截距（ZERO OFFSET）户可以手动设置的范围是________μg/m³。（　　）

A. 0±5.00　　B. 0±10.00

C. 0±15.00　　D. 0±20.00

答案：B

参考文献

EC9810 型臭氧（O_3）分析仪操作手册 [Z].

命题：郑乃源

审核：袁　鸾　冯　丹

（五）TH-2003 型臭氧（O_3）分析仪（武汉天虹公司）

一、判断题

1. TH-2003 型臭氧（O_3）分析仪进入流量校零界面后，分析仪内置泵将自动停止工作。（　　）

答案：正确

2. TH-2003 型臭氧（O_3）分析仪紫外灯光强过强会使分析仪前置放大器的输出超过 5V，此时分析仪显示浓度将不随样气浓度变化而变化，需要调整分析仪紫外灯光强或信号电压。（　　）

答案：正确

二、选择题

1. TH-2003 型臭氧（O_3）分析仪的最佳工作环境温度为________℃。（　　）

A. 5～40　　B. 10～30　　C. 20～30　　D. 0～40

答案：C

2. TH-2003 型臭氧（O_3）分析仪的最低检测限为________μg/m^3。（　　）

A. 0.2　　B. 0.5　　C. 1.0　　D. 2.0

答案：B

3. TH-2003 型臭氧（O_3）分析仪的采样流量为________L/min。（　　）

A. 0.50±0.05　　B. 0.80±0.08　　C. 0.90±0.09　　D. 1.0±0.1

答案：A

三、简答题

TH-2003 型臭氧（O_3）分析仪工作状态不稳定，监测数据波动较大，可能会有哪些原因？

答案：分析仪内部气路漏气；分析仪采样管路脏污；分析仪光学平台吸收室脏污；臭氧涤除器性能下降 / 失效；紫外灯性能下降 / 故障；分析仪光电管故障。

参考文献

TH-2003 型臭氧（O_3）分析仪用户手册 [Z].

命题：郑乃源

审核：袁　鸾　冯　丹

（六）XHOZ2000B 型臭氧（O_3）分析仪（河北先河公司）

一、判断题

XHOZ2000B 型臭氧（O_3）分析仪光学平台中使用石英玻璃管作为吸收管。（　　）

答案：正确

二、选择题

1. XHOZ2000B 型臭氧（O_3）分析仪的最低检测限为________μg/L。（　　）

A. 0.2　　B. 0.5　　C. 1.0　　D. 2.0

答案：C

2. XHOZ2000B 型臭氧（O_3）分析仪的采样流量为________L/min。（　　）

A. 0.50±0.05　　B. 0.80±0.08
C. 0.90±0.09　　D. 1.0±0.1

答案：B

3. XHOZ2000B 型臭氧（O_3）分析仪的工作环境温度为________℃。（　　）

A. 5～40　　B. 10～35　　C. 5～35　　D. 5～40

答案：C

三、简答题

XHOZ2000B 型臭氧（O_3）分析仪平台中石英玻璃吸收管脏污且不及时进行清洗会对分析仪产生哪些影响？

答案：臭氧参比电压超出正常范围；臭氧测量电压超出正常范围；分析仪工作时稳定度变差；进行零 / 跨校准时分析仪反映变慢且稳定性变差。

参考文献

XHOZ2000B 型臭氧（O_3）分析仪使用说明书 [Z].

命题：郑乃源
审核：袁　鸾　冯　丹

（七）$O_3$42M 型臭氧（O_3）分析仪（ESA 公司）

一、判断题

1. O_3 42M 型臭氧（O_3）分析仪开机后进入预热周期，当光具座温度达到设定值满足，且分析得到了 10 个在 ± 4 μg/m^3 范围内的测量结果时，预热周期结束。（　　）

答案：正确

2. O_3 42M 型臭氧（O_3）分析仪跨度（SPAN）菜单中的 E2Pot 选项可用于手动调节分析仪紫外灯电流。（　　）

答案：正确

二、选择题

1. $O_3$42M 型臭氧（O_3）分析仪的最低检测限为________μg/L。(　　)

A. 0.1　　B. 0.2　　C. 0.5　　D. 1.0

答案：D

2. O_3 42M 型臭氧（O_3）分析仪的工作环境温度为________℃。(　　)

A. 5～40　　B. 10～35　　C. 5～35　　D. 5～40

答案：B

3. O_3 42M 型臭氧（O_3）分析仪跨度（SPAN）菜单中系数（Coefficients）选项中的因子（Factors）为跨度系数因子，其调整范围为________。(　　)

A. 12 000 ±5%　　B. 13 000 ±5%　　C. 12 554 ±5%　　D. 12 500 ±5%

答案：C

4. O_3 42M 型臭氧（O_3）分析仪跨度（SPAN）菜单中系数（Coefficients）选项中的零点调整（zero adjust）为分析仪零点修正值，其调整范围是________μg/L。(　　)

A. ±1　　B. ±2　　C. ±3　　D. ±4

答案：B

三、简答题

O_3 42M 型臭氧（O_3）分析仪测量信号异常（MEASURE SIGNAL FAULT），有哪些可能的原因？

答案：可能原因有：光学平台脏污；紫外灯老化导致输出能量不够；紫外检测器故障。

参考文献

O_3 42M 型臭氧（O_3）分析仪技术说明书 [Z].

命题：郑乃源

审核：袁　鸾　冯　丹

第五节　一氧化碳和二氧化碳

分类号：AA1–4

（一）3208 型一氧化碳分析仪（北京中晟泰科公司）

一、判断题

1. 3208 型一氧化碳分析仪是采用了气体过滤相关轮（或 GFC）技术的非扩散红外吸收法分析仪。(　　)

答案：正确

2. 3208 型一氧化碳分析仪正常采样工作时，阀板上的 3208 电磁阀处于开启状态，则

样气连续进入仪器，经分析计算得到有效的 CO 测量数据。（ ）

答案：正确

3. 3208 型一氧化碳分析仪后面板的机箱风扇是控制仪器温度的，不仅起到仪器散热作用，更重要的是此风扇要保持光学平台上气体过滤相关轮（或 GFC）的温度恒定。（ ）

答案：正确

4. 若 3208 型一氧化碳分析仪后面的灰尘颗粒过滤器里滤膜使用时间过长，脏的滤膜会导致压力错误。（ ）

答案：正确

5. 3208 型一氧化碳分析仪前面板显示红外光源的正常参考电压（R）为 5～8 V，若提高电压，可降低仪器的噪声，但会缩短光源的寿命。（ ）

答案：正确

6. 若 3208 型一氧化碳分析仪显示监测数据为 2.2 mg/m^3，则样气中一氧化碳的质量浓度为 2.95 mg/m^3。（ ）

答案：错误

正确答案为：2.75 mg/m^3。

二、选择题

1. 3208 型一氧化碳分析仪控制菜单中的复位（Reset）选项能够使分析仪主板复位，选中后分析仪在________s 后重新启动。（ ）

A. 10　　B. 20　　C. 30　　D. 40

答案：C

2. 若 3208 型一氧化碳分析仪显示窗口中监测数据标记为“S”，表示意义为________。（ ）

A. 预热数据　　B. 校准数据

C. 出错数据　　D. 正常测量数据

答案：B

3. 3208 型一氧化碳分析仪的最低检测限为________mg/L。（ ）

A. 0.04　　B. 0.05　　C. 0.06　　D. 0.10

答案：D

4. 3208 型一氧化碳分析仪的采样流量为________L/min。（ ）

A. 1.0±0.3　　B. 0.5±0.3　　C. 1.0±0.2　　D. 0.5.±0.2

答案：A

三、简答题

3208 型一氧化碳分析仪显示“压力错误”或“流量错误”，可能的原因有哪些？

答案：可能的原因有：分析仪气路漏气 / 堵塞；采样过滤膜堵塞；流量压力模块故障；采样泵故障 / 泵膜片破裂；针阀位置错误。

参考文献

[1] 国家环境保护总局 . 环境空气质量自动监测技术规范：HJ/T 193—2005 [S]. 北京：中国环境科学出版社，2005.

[2] 国家环境保护总局《空气和废气监测分析方法》编委会 . 空气和废气监测分析方法（第四版）[M]. 北京：中国环境科学出版社，2003.

[3] 北京中晟泰科环境科技发展有限公司 . 3208 型一氧化碳分析仪操作手册 [Z].

命题：元　洁　郑乃源

审核：吴宇峰　袁　鸾　冯　丹

（二）48i 型一氧化碳分析仪（美国热电公司）

一、判断题

1. 48i 型一氧化碳分析仪最小量程为 0～1 mg/m^3，最大量程为 0～20 000 mg/m^3。(　　)

答案：错误

　　正确答案为：最大量程为 0～10 000 mg/m^3。

2. 48i 型一氧化碳分析仪校准周期是固定的，每两周一次。(　　)

答案：错误

　　正确答案为：最好每周一次，也可以 10 d 校准一次，根据实际情况而定。

3. 48i 型一氧化碳分析仪一般换膜周期为每周一次，也可以 10 d 更换一次，根据实际情况而定。(　　)

答案：正确

4. 48i 型一氧化碳分析仪的样气流速为 2.0 L/min。(　　)

答案：错误

　　正确答案为：1.0 L/min。

5. 48i 型一氧化碳分析仪的操作温度为 15～30℃。(　　)

答案：错误

　　正确答案为：20～30℃。

6. 48i 型一氧化碳分析仪更改数据单位的步骤为：（1）从主菜单选量程菜单 Range>Gas Units。（2）用上下键选择气体浓度单位。（3）按回车键确定。(　　)

答案：正确

7. 48i 型一氧化碳分析仪校准前应提前 1 d 打开校准仪（至少提前 90 min 打开 146 i 型动态校准仪）。(　　)

答案：正确

8. 48i 型一氧化碳分析仪进行量程范围选择的操作步骤为：（1）在主菜单中选 Range>Gas Units。（2）用上下键选择量程。（3）按回车键确认所选量程。(　　)

答案：错误

　　正确答案为：（1）在主菜单中选 Range>Range。

9. 48i 型一氧化碳分析仪是利用一氧化碳对波长为 4.6 μm 的红外辐射有吸收的特性而设计的。（   ）

答案： 正确

二、选择题

1. 48i 型一氧化碳分析仪的切割头应高于监测站房顶________。（   ）

A. 1 m 以内　　B. 1～2 m　　C. 1～3 m　　D. 2～3 m

答案： B

2. 48i 型一氧化碳分析仪的检测下限是________μg/m³。（   ）

A. 0.1　　B. 0.2　　C. 0.04　　D. 1

答案： C

3. 通常 48i 型一氧化碳分析仪校准时应选择满量程的________% 进行校准，期望浓度是________mg/m³。（   ）

A. 80，10　　B. 100，20　　C. 80，16　　D. 40，8

答案： C

命题：解淑艳

审核：李　钢

（三）API 300E 型一氧化碳分析仪（美国特利丹 -API 公司）

一、判断题

1. API 300E 型一氧化碳分析仪开机后，仪器预热 30 min 才能开始测定。（   ）

答案： 正确

2. API 300E 型一氧化碳分析仪提供校准和设置的口令，以防不正确的调整。当口令处于激活状态时，系统会随时提示用户要求口令进入，维护口令为 101，设置口令为 808。（   ）

答案： 正确

3. API 300E 型一氧化碳分析仪说明书推荐的内置泵隔膜更换频率为每两年更换一次。（   ）

答案： 正确

4. API 300E 型一氧化碳分析仪的红外（IR）源的寿命一般为 2～5 年。（   ）

答案： 错误

正确答案为： 红外（IR）源的寿命一般为 2～3 年。

5. API 300E 型一氧化碳分析仪的采样泵内置。（   ）

答案： 正确

6. API 300E 型一氧化碳分析仪的主要部件相关轮中一半充满了高浓度 CO 气体，还有一半充满了空气。（   ）

答案： 错误

正确答案为：一半充满了高浓度 CO 气体，还有一半充满了高纯氮气。

7. API 300E 型一氧化碳分析仪校准需要的零气应不含 CO，可使用压缩钢瓶零气或由一台零气发生器产生，不同厂商的零气发生器去除空气中 CO 的原理不尽相同，如 API M701 型零气发生器配置的 CO 去除器可在室温下操作，将 CO 催化氧化成 CO_2，而 TE 111 型零气发生器则采用的是高温催化，CO 去除器必须加热至高温（375℃）才能正常工作。(　　)

答案：正确

8. API 300E 型一氧化碳分析仪的模拟输出可设置满度输出为 0.1 V、1 V、5 V 和 10 V 四种。(　　)

答案：正确

9. API 300E 型一氧化碳分析仪测定原理为红外吸收法，但空气中存在的水蒸气和 CO_2 也吸收仪器设定的特定波长的光波，干扰 CO 的测定，使用相关轮可过滤这些气体的干扰。(　　)

答案：正确

二、选择题

1. ________，可激发 API 300E 型一氧化碳分析仪面板警报信息显示“SYNC”。(　　)
   A. 红外光源故障
   B. 分析仪没有准确跟踪相关轮的转动
   C. 采样流量超过范围
   D. 气体过滤器切割轮温度超过范围

答案：B

2. 使用 API 700E 型校准仪对 API 300E 型一氧化碳分析仪校准时，需往校准仪输入钢瓶标准气浓度值，该校准仪内有多个浓度单位可供选择，其中“PPT”是输入 CO 钢瓶标准气浓度常用的单位，其意义是指________。(　　)
   A. 百分之一　　B. 千分之一
   C. 万分之一　　D. 百万分之一

答案：B

3. API 300E 型一氧化碳分析仪正常采样流量应在 500～1 000 cc/min 范围内，如果超出范围则仪器面板显示“SAMPLE FLOW WARN”，下列故障不属于导致该报警的原因是________。(　　)
   A. 内置废气排风扇停止　　B. 采样泵故障
   C. 进样口 / 气路线阻塞　　D. 颗粒物过滤器滤膜脏了

答案：A

4. API 300E 型一氧化碳分析仪的状态参数“BOX TEMP”表征的是________。(　　)
   A. 样品室内的气体温度　　B. 光具座的温度
   C. 相关轮的温度　　D. 分析仪内部的温度

答案：D

5. 当 API 300E 型一氧化碳分析仪的状态参数“OFFSET”超过仪器设定范围上限时，

仪器会报警，下列故障原因与此无直接关系的是________。(　　)

A. 气路堵塞　　B. 零空气气源被污染

C. FC 轮 / 室被污染或者泄漏　　D. IR 光电检测器故障

答案：A

6. “M/R Ratio”是 API 300E 型一氧化碳分析仪的一个主要状态参数，如果每次实施零点检查时，该参数值不断变小，则出现该现象的原因为________。(　　)

（1）灯源老化　（2）检测器老化　（3）GFC 相关轮泄漏

（4）气路泄漏　（5）零气中含 CO

A.（1）～（3)，（5）　　B.（1）～（3)，（4）

C.（2）～（5）　　D.（1）～（5）

答案：D

7. T300 型一氧化碳分析仪的 CO 参比值是通过________测量的。(　　)

A. 纯 CO 气室　　B. 纯 N_2 室　　C. CO 与 N_2 的混合室

答案：A

8. T300 型一氧化碳分析仪颗粒物过滤器采用直径为________ mm 滤膜。(　　)

A. 47　　B. 56　　C. 34

答案：A

9. 当 T300 型一氧化碳分析仪参比值和测量值偏低时，可通过调整________的位置调节。(　　)

A. 紫外灯　　B. 红外光源　　C. 前置放大板

答案：B

命题：吴迓名　秦　玮

审核：池　靖　居　力

（四）EC9830 型一氧化碳（CO）分析仪（ECOTECH 公司）

一、填空题

1. EC9830 型一氧化碳（CO）分析仪产生的红外光在吸收室中反复反射以达到被样气中的 CO 分子充分吸收的目的，其反射路径总长度约为________m。

答案：5

2. EC9830 型一氧化碳（CO）分析仪的正常工作环境温度为________℃。

答案：15～35

二、判断题

EC9830 型一氧化碳（CO）分析仪状态菜单中显示的采样流量为标况采样流量。(　　)

答案：正确

三、选择题

EC9830 型一氧化碳（CO）分析仪的最低检测限为________mg/m^3。(　)

A. 0.04　　B. 0.05　　C. 0.06　　D. 0.10

答案：B

四、简答题

EC9830 型一氧化碳（CO）分析仪自动进行背景填充和背景测量的功能有何作用，如何关闭该项功能？

答案：如果开启自动进行背景填充和背景测量的功能，分析仪每天根据相关设定每天定时或者出现 4℃的温度偏移时会自动进行背景填充和背景测量；该功能能够使分析仪消除零点漂移的影响，保证测量准确。

在校准菜单（CALIBRATION MENU）中将背景（BACKGROUND）选项设为禁止（DISABLED）能够关闭该项功能。

参考文献

EC9830 型一氧化碳（CO）分析仪说明书 [Z].

命题：郑乃源

审核：袁　鸾　冯　丹

（五）TH-2004 型一氧化碳（CO）分析仪（武汉天虹公司）

一、填空题

1. TH-2004 型一氧化碳（CO）分析仪“校零时间”固定设置为________min，不能改变。

答案：6

2. TH-2004 型一氧化碳（CO）分析仪启动至少________h 以上，各项技术指标正常，分析仪正常工作后才能进行校准操作。

答案：4

二、判断题

1. TH-2004 型一氧化碳（CO）分析仪在进行“流量校零”时，要确认采样泵已经停止工作。(　　)

答案：正确

2. TH-2004 型一氧化碳（CO）分析仪后面板设有调零开关，按下该开关后分析仪自动进行调零操作。(　　)

答案：正确

三、选择题

1. TH-2004 型一氧化碳（CO）分析仪的最低检测限为________mg/m³。（　　）

A. 0.05　　B. 0.10　　C. 0.20　　D. 0.40

答案： D

2. TH-2004 型一氧化碳（CO）分析仪的最佳工作环境温度为________℃。（　　）

A. 20～30　　B. 0～40　　C. 10～40　　D. 10～30

答案： A

3. TH-2004 型一氧化碳（CO）分析仪的采样流量为________L/min。（　　）

A. 0.5±0.05　　B. 1.0±0.1

C. 0.5±0.1　　D. 1.0±0.05

答案： A

四、简答题

TH-2004 型一氧化碳（CO）分析仪设置菜单中的滤波时间设置的作用是什么？

答案： 由于分析仪光路信号、电路信号等的漂移会导致仪器系统出现信号噪声从而对监测结果造成干扰；为了消除这种干扰，TH-2004 型一氧化碳（CO）分析仪采取在一段时间内取平均值的方法，以减小仪器信号噪声对监测结果造成的干扰，从而保证监测结果的准确性。

分析仪“设置菜单”中的“滤波时间”就是设置取平均值的时间段长度的选项。

参考文献

TH-2004 型一氧化碳（CO）分析仪用户手册 [Z].

命题：郑乃源

审核：袁　鸾　冯　丹

（六）XHCO2000B 型一氧化碳（CO）分析仪（河北先河公司）

一、填空题

1. XHCO2000B 型一氧化碳（CO）分析仪相关轮内有两个气室，分别冲入高纯________和________，用是产生________和________。

答案： N_2　　纯 CO　　测量信号　　参比信号

2. XHCO2000B 型一氧化碳（CO）分析仪光室脏污会引起分析仪________偏高，应定期清洁分析仪光室。

答案： 噪声

3. XHCO2000B 型一氧化碳（CO）分析仪光室反光镜脏污后，应用蘸有乙醚或乙醇的脱脂棉擦拭干净，然后________或用________。

答案： 自然风干　　洁净的零气吹干

二、判断题

XHCO2000B 型一氧化碳（CO）分析仪内标零气源 CO 涤除器内装金属铂（Pt）为活性组分的 CO 催化剂，它在温度大于 100℃且 CO 浓度较低时，可使 CO 完全氧化为 CO_2。(　　)

答案：正确

三、选择题

1. XHCO2000B 型一氧化碳（CO）分析仪的最低检测限为________mg/m^3。(　　)

A. 0.04　　B. 0.05　　C. 0.10　　D 0.20

答案：D

2. XHCO2000B 型一氧化碳（CO）分析仪的采样流量为________L/min。(　　)

A. 1.0±0.1　　B. 1.0±0.2　　C. 1.0±0.3　　D. 1.0±0.4

答案：A

四、简答题

XHCO2000B 型一氧化碳（CO）分析仪出现无法校准的情况时，其原因主要有哪些?

答案：原因主要有：系统气路漏气；压力和温度传感器故障；分析仪气路脏污；相关轮漏气；数字电路故障。

参考文献

XHCO2000B 型一氧化碳（CO）分析仪使用说明书 [Z].

命题：郑乃源

审核：袁　鸾　冯　丹

（七）M360E 型二氧化碳分析仪（美国 API 公司）

一、判断题

1. M360E 型二氧化碳分析仪的正常采样流量为 500 cc/min±20%。(　　)

答案：错误

正确答案为：正常采样流量为 800 cc/min±10%。

2. M360E 型二氧化碳分析仪处于校准模式时，仪器校准（Cal）灯闪烁。(　　)

答案：正确

3. M360E 型二氧化碳分析仪的正常仪器斜率 SLOPE 范围为 1.0±0.3。(　　)

答案：正确

4. M360E 型二氧化碳分析仪，给气体过滤相关轮提供吹扫气体的压力不能小于 7.5 psi。(　　)

答案：正确

5. M360E 型二氧化碳分析仪校零时，仪器的稳定度应低于 2.0 mg/m^3。(　　)

答案：错误

正确答案为：仪器的稳定度应低于 0.15 mg/m³。

6. M360E 型二氧化碳分析仪在零气校准时，若仪器参数 CO_2 MEAS（测量室出射光强检测值）低于标准范围下限，仪器故障原因可能是灯源老化、检测器损坏或光路变脏或被污染。（ ）

答案：正确

二、选择题

1. M360E 型二氧化碳分析仪中气体过滤相关轮的正常温度范围为________。（ ）

A. 48℃ ±4℃　　B. 48℃ ±2℃　　C. 68℃ ±2℃　　D. 50℃ ±2℃

答案：C

2. M360E 型二氧化碳分析仪使用真空泵检漏时，若仪器显示采样压力小于_____inHg①、采样流量小于________cc/min，表明仪器气路无泄漏。（ ）

A. 10，10　　B. 10，15　　C. 15，15　　D. 20，20

答案：A

参考文献

[1] 国家环境保护总局 . 环境空气质量自动监测技术规范：HJ/T 193—2005 [S]. 北京：中国环境科学出版社，2005.

[2] 国家环境保护总局《空气和废气监测分析方法》编委会 . 空气和废气监测分析方法（第四版）[M]. 北京：中国环境科学出版社，2003.

[3] M360E 型二氧化碳分析仪操作手册 [Z].

命题：黄　强

审核：吴宇峰　米方卓

第六节　挥发性有机污染物和甲烷／非甲烷总烃

分类号：AA1-5

（一）GC955 型 VOCs 分析仪（荷兰 SYNTECH 公司）

一、判断题

1. GC955 型 VOCs 分析仪校准周期一般为一个月一次，3 个月以后，2～3 个月校准一次。（ ）

答案：正确

2. 使用 47 cm 的特氟龙滤膜时，GC955 型 VOCs 分析仪换膜周期是 2 个月换一次。

① 1 inHg=3.33 kPa。

（　　）

答案：错误

正确答案为：1 个月换一次。

3. 使用 25 cm 的特氟龙滤膜时，GC955 型 VOCs 分析仪换膜周期是 6 个月换一次。（　　）

答案：正确

4. GC955 型 VOCs 分析仪测试主要包括采样预浓缩、热脱附和注射、分离和检测。（　　）

答案：正确

5. GC955 型 VOCs 分析仪校准中，标准气体的压力控制在 20 psi，并保证标气流量的稳定性。（　　）

答案：正确

6. GC955 型 VOCs 分析仪主要包括：（1）一套分析系统（有 GC955-611 和 GC955-811 两台分析仪）；（2）内置的工业 PC 机；（3）氢气、氮气、空气一体发生器。（　　）

答案：正确

7. GC955 型 VOCs 分析仪通过环路或预浓缩管采集样品，样气或是被抽进去，或是在微压力下通入。（　　）

答案：正确

二、选择题

1. 为保证 GC955 型 VOCs 分析仪的准确性，监测过程需要每周通一次标准气体，如果测得的气体浓度值与标气浓度值的差异超过________%，则需要进行校准。（　　）

A. 2　　B. 5　　C. 10　　D. 15

答案：B

2. 荷兰 GC955 型 VOCs 分析仪工作环境要求的温度为_______℃，相对湿度为_______。（　　）

A. 5～35，20%～90%　　B. 20～50，20%～90%

C. 5～35，30%～50%　　D. 20～50，30%～50%

答案：A

3. 依据 GC955 型 VOCs 分析仪，气体发生器产生气体的压力要求为________。（　　）

A. N_2：4.0 bar[①]（3.5～4.5 bar），H_2：2.8 bar（2.5～3.5），空气：2.5 bar（2.5～3.0 bar）

B. N_2：3.0 bar（2.5～3.5 bar），H_2：2.0 bar（2.0～3.5），空气：2.5 bar（1.5～3.0 bar）

答案：A

命题：孟晓艳

审核：李　钢

① 1 bar=100 kPa。

（二）α-115 型甲烷 / 非甲烷总烃分析仪（荷兰 Synspec 公司）

一、判断题

1. α-115 型甲烷 / 非甲烷总烃分析仪的检测器为 FID。（ ）

答案：正确

2. α-115 型甲烷 / 非甲烷总烃分析仪所需氢气压力为 2.5～10 bar。（ ）

答案：错误

正确答案为：2.5～4 bar。

3. α-115 型甲烷 / 非甲烷总烃分析仪所需载气和助燃气为去除 HC（或碳氢）的洁净零气。（ ）

答案：正确

4. 标气甲烷 =3 mg/m^3，丙烷 =1 mg/m^3，则在 α-115 型甲烷 / 非甲烷总烃分析仪标气浓度输入 CH_4（甲烷）：3 000 mg/m^3；TNMHC（总烃）：1 000 mg/m^3。（ ）

答案：错误

正确答案为：CH_4：3 000 μg/m^3；TNMHC：3 000 μg/m^3。

二、选择题

1. α-115 型甲烷 / 非甲烷总烃分析仪色谱柱箱温度一般为________℃。（ ）

A. 50　　B. 70　　C. 100　　D. 150

答案：B

2. α-115 型甲烷 / 非甲烷总烃分析仪的色谱柱一般需每________更换。（ ）

A. 季度　　B. 半年　　C. 一年　　D. 两年

答案：D

参考文献

[1] 国家环境保护总局 . 环境空气质量自动监测技术规范：HJ/T 193—2005 [S]. 北京：中国环境科学出版社，2005.

[2] 国家环境保护总局《空气和废气监测分析方法》编委会 . 空气和废气监测分析方法（第四版）[M]. 北京：中国环境科学出版社，2003.

[3] α-115 型甲烷 / 非甲烷总烃分析仪操作手册 [Z].

命题：黄　强
审核：吴宇峰

第七节　颗粒物

分类号：AA1-6

（一）TH-25 型颗粒物监测仪（武汉天虹公司）

一、判断题

1. TH-25 型颗粒物监测仪原理为 β 射线法。（　　）

答案：正确

2. TH-25 型颗粒物监测仪可以监测 $PM_{2.5}$。（　　）

答案：错误

正确答案为：TH-25 型颗粒物监测仪不能监测 $PM_{2.5}$。

3. TH-25 型颗粒物监测仪颗粒物捕集效率可以达到 99.9%。（　　）

答案：正确

二、选择题

1. TH-25 型颗粒物监测仪采样流量为________L/min。（　　）

A. 1.7　　B. 6.7　　C. 16.7　　D. 20.7

答案：C

2. TH-25 型颗粒物监测仪一般测量范围为________mg/m^3。（　　）

A. 0～0.5　　B. 0～1　　C. 0～5　　D. 0～10

答案：B

3. TH-25 型颗粒物监测仪 24 h 最低检出限为________$\mu g/m^3$。（　　）

A. 0.5　　B. 1　　C. 2　　D. 5

答案：C

命题：孙　鹏
审核：郑皓皓

（二）XHPM2000D 型 PM_{10} 监测仪（河北先河公司）

一、判断题

1. XHPM2000D 型 PM_{10} 监测仪主要包括两台工作电机，即源电机和平台电机。（　　）

答案：错误

正确答案为：包括三台工作电机，即源电机、平台电机和走纸电机。

2. XHPM2000D 型 PM_{10} 监测仪的一个工作周期包括 30 min 的采样和 10 min 的测量。（　　）

答案：错误

正确答案为：一个工作周期包括 45 min 的采样和 15 min 的测量。

3. XHPM2000D 型 PM_{10} 监测仪正常工作状态下的采样流量为 18.5 L/min。(　　)

答案：错误

正确答案为：正常工作状态下的采样流量为 16.7 L/min。

4. XHPM2000D 型 PM_{10} 监测仪的工作原理是 β 射线法。(　　)

答案：正确

5. XHPM2000E 型颗粒物监测仪采用质量流量传感器测量采样流量，无须温度和压力修正，可直接得出标况下的采样体积。(　　)

答案：正确

6. XHPM2000E 型颗粒物监测仪具有自动校准功能。(　　)

答案：错误

正确答案为：XHPM2000E 型颗粒物分析仪不具有自动校准功能，需要定期手动使用标准膜片进行校准。

二、选择题

1. XHPM2000D 型 PM_{10} 监测仪切割头应高于监测站房房顶________m。(　　)

A. 0～0.5　　B. 0.5～1　　C. 1～2　　D. 2～3

答案：C

2. XHPM2000D 型 PM_{10} 监测仪更换纸带的周期通常为________d。(　　)

A. 7　　B. 14　　C. 21　　D. 45

答案：D

3. XHPM2000D 型 PM_{10} 监测仪采样管的温度通常为________℃。(　　)

A. 15　　B. 30　　C. 50　　D. 70

答案：C

4. XHPM2000E 型颗粒物监测仪盖革管计数报警，可能的原因和解决方法为(　　)

①检查盖革管信号线是否断开，与计数电路组件连接是否正确；

②盖革管电压不在使用区间内，需要更换计数电路组件；

③盖革管坏，更换盖革管。

A. ①③　　B. ①②　　C. ②③　　D. ①②③

答案：D

5. XHPM2000E 型颗粒物监测仪走纸运动报警，可能的原因有(　　)

①滤纸带用完或者断裂

②摩擦从动轮不能在滤纸带的带动下自由转动

③锁紧螺母未安装到位或 O 形圈老化

④光耦板未安装到位或损坏

A. ①②③　　B. ①②④　　C. ②③④　　D. ①②③④

答案：D

命题：解淑艳　李　钢　郑乃源

审核：李　钢　袁　鸾　冯　丹

（三）TEOM 颗粒物监测仪（含 1400a、1405 和 1405f 型）（美国热电公司）

一、判断题

1. 如果 TEOM 1400a 型颗粒物监测仪不安装环境温度传感器，设定平均的温度为“99”和平均的压力为“9”，质量流量控制器将会认为样品是在环境温度为绝对零度的环境中。（ ）

答案：正确

2. TEOM 1400a 型颗粒物监测仪流量至少应该每年校准一次，同时进行气密性检查。（ ）

答案：错误

正确答案为：至少每半年（6 个月）校准一次。

3. TEOM 1400a 型颗粒物监测仪的标态采样流量修正方法可设置为被动态或主动态，按相关国家标准的要求，在我国应使用主动态方法，即使用仪器附带的温度和大气压力计测量实际的温度和大气压，自动将采样流量折算到 0℃，1 个标准大气压的标态。（ ）

答案：正确

4. “T 状态”表示 TEOM 1400a 型颗粒物监测仪加热部件温度超出设置的范围，质量变送器的温度范围为 50℃ ±0.1℃。（ ）

答案：错误

正确答案为：质量变送器的温度范围为 50℃ ±0.5℃。

5. 在 TEOM 1400a 型 TSP 监测仪质量变送器的标签上有“K0”值（弹性系数），每台监测仪的传感器单元都有独自的“K0”值。（ ）

答案：正确

6. TEOM 1400a 型颗粒物监测仪采用 TEOM 法对颗粒物的质量浓度进行测量。其原理是：以石英谐振器作为测量颗粒物的敏感元件，将颗粒物采集在附着于测量元件顶端的滤膜表面，因增加了颗粒物的重量，其振荡频率发生变化，根据频率变化和采样时的温度和气压可计算出颗粒物的质量浓度。（ ）

答案：正确

7. 可能引起 TEOM 1400a 型颗粒物监测仪数值偏高的因素有：忘记或不正确安装采样头，导致采集总悬浮颗粒物；采样管路较长时间不清理，导致灰尘落下；空气潮湿，采样滤膜吸附大量水分；主流量高于设定值；加热温度低于设定值；K0 值设置错误。（ ）

答案：正确

8. 可能引起 TEOM 1400a 型颗粒物监测仪数值偏低的因素有：气路漏气；降水过后，附着在采样滤膜上的水分蒸发；采样头较长时间不清理，导致气路不畅；采样泵负压降低或流量控制器故障，导致主流量低于设定值；K0 值设置错误。（ ）

答案：正确

9. 空气样品经过 TEOM 颗粒物监测仪（含 1400a、1405 和 1405f 型）的 TEOM 切割头

和流量分配器，通过两个流量控制器把样品流量分为旁路流量和辅流量。(　　)

答案：错误

正确答案为：把样品流量分为主流量和旁路流量，旁路流量即为辅流量。

10. 图 2 各项指标表示 TEOM 1400a 型颗粒物监测仪状态正常，处于操作模式 4（开始正常操作，所有的质量数据开始计算）。负载率为 11%，时间为 9 点 51 分，实时质量浓度为 33.7 μg/m^3，30 min 平均质量浓度为 26.8 μg/m^3，1 h 平均质量浓度为 12.5 μg/m^3。(　　)

OK	4+	11%	NU	09:51
Mass Conc#				33.7
30-Min MC				26.8
01-Hr MC				12.5

图 2　TEOM 1400a 型颗粒物监测仪状态显示

答案：正确

11. TEOM 1405 型颗粒物监测仪质量浓度（MC）是一个每分钟更新的小时值，用户无法改变此数值。(　　)

答案：错误

正确答案为：是每 6 min 更新的小时值。

12. TEOM 1405 型颗粒物监测仪显示的总质量（Total Mass）是指自上次换膜或重启之后累积在滤膜上的总质量。(　　)

答案：正确

13. 在标定 TEOM 1405 型颗粒物监测仪采样流量过程之前需要先进行大气温度标定、压力标定和验漏。(　　)

答案：正确

14. TEOM 1405 型颗粒物监测仪 8 h 质量浓度（08-Hr MC）是指 8 h 质量浓度平均值，用户不可以自行设置。(　　)

答案：错误

正确答案为：可自行设置的小时质量浓度平均值，用户可以将其设置为任何大于 1 的整数。

15. TEOM 1405 型颗粒物监测仪 24 h 质量浓度（24-Hr MC），是指 24 h 质量浓度平均值，这是一个每一小时更新的数值。(　　)

答案：正确

16. 用户必须根据自身需要选择 TEOM 1405 型 PM_{10} 监测仪的流量控制方式：主动或被动。主动流量控制使用操作者输入的大气压力和温度来设定流速，被动流量控制使用仪器传感器实测的大气温度和压力来控制流量。(　　)

答案：错误

正确答案为：主动流量控制使用仪器传感器实测的大气压力和温度来设定流速，

被动流量控制使用操作者输入的大气温度和压力来控制流量。

17. TEOM 1405f 型颗粒物监测仪“Dryer dew point”这一项显示了干燥器内采样气流的温度。(　　)

答案：错误

正确答案为：这一项表示露点温度。

18. TEOM 1405f 型颗粒物监测仪护盖温度（Cap Temperature）是指当前质量传感器护盖的温度，默认设定为 30℃。(　　)

答案：正确

19. TEOM 1405f 型颗粒物监测仪噪声体现了质量传感器的性能，在模式 4 下，此数值应小于 0.150Hz，用户无法改变此数值。(　　)

答案：错误

正确答案为：此数值应小于 0.100 Hz。

20. TEOM 1405f 型颗粒物监测仪进行流量校准时需要按照流量校准向导在两个固定流量下对仪器进行校准。(　　)

答案：错误

正确答案为：3 个固定流量下。

21. TEOM 1405f 型颗粒物监测仪膜负载率（Filter Loading）是指滤膜的负载百分率，其表示所使用的 TEOM 滤膜的承载百分率。如果质量传感器上未安装滤膜，仪器将显示零值。(　　)

答案：错误

正确答案为：如果质量传感器上未安装滤膜，仪器仍将显示非零值。

22. TEOM 颗粒物监测仪（含 1400a、1405 和 1405f 型）是频率振荡法仪器，其将室外空气（加热后）抽入以恒定速度通过一张滤膜，持续称量滤膜的质量并实时换算成质量浓度。(　　)

答案：错误

正确答案为：TEOM 颗粒物监测仪（含 1400a、1405 和 1405f 型）是重量法仪器。

23. TEOM 1405f 型颗粒物监测仪用户把仪器改为主动流量控制方式，可以通过 Instrument Condition（仪器条件）菜单下选择 Flows（流量）菜单，再选择 Flow Control（流量控制）按钮显示流量控制屏幕，在 Volumetric Flow Control（体积流量控制）下选择 Active（主动）。(　　)

答案：正确

24. TEOM 1405f 型颗粒物监测仪通过选择 Active 流量控制键，来选择主动的流量控制模式。为了使用实际温度和压力来控制流量，必须安装环境温度 / 湿度传感器。(　　)

答案：正确

25. TEOM 颗粒物监测仪（含 1400a、1405 和 1405f 型）需定期使用标准大气压力计校准仪器内置大气压传感器，标准大气压力计测量值与仪器面板显示大气压的误差如果在 ±0.01 atm 误差范围内，则不需要对压力传感器进行校准。(　　)

答案：正确

26. 1405F、1405DF 型颗粒物监测仪主要由采样系统和带有膜动态补偿系统（FDMS）的传感单元（TEOM）两个部分组成。（　　）

答案：正确

27. 1405DF 型颗粒物监测仪传感器单元含有一个质量测量系统，该质量测量系统能连续检测富集在采样膜上的 $PM_{2.5}$ 粒子和 PM_{Coarse} 粒子。（　　）

答案：错误

正确答案为：含有两个质量测量系统。

28. Rp1400a、1405、1405F、1405DF 型颗粒物监测仪利用微量振荡天平元件（TEOM）作为质量传感器，并通过测量传感器振荡频率的变化计算出富集在采样膜上的颗粒物质量的变化。（　　）

答案：正确

29. Rp1400a、1405、1405F、1405DF 型颗粒物监测仪工作过程中，随着采样样品质量的增加，质量传感器的振荡频率也将升高。（　　）

答案：错误

正确答案为：随着采样样品质量的增加，质量传感器的振荡频率将降低。

30. Rp1400a、1405、1405F、1405DF 型颗粒物监测仪 24 h 平均值一定要在每日 23：00（24：00）启动或结束。（　　）

答案：错误

正确答案为：用户可以自定义这个时间段。

31. Rp1400a、1405、1405F、1405DF 型颗粒物监测仪显示的频率（Frequency）表示监测仪振荡微天平的振荡频率，一般介于 150～400 Hz，这个值不能更改。（　　）

答案：正确

32. Rp1400a、1405、1405F、1405DF 型颗粒物监测仪新的滤膜在主流速为 3 L/min 时，负载率一般在 15%～30%；而在主流速为 1 L/min 时，则负载率会更高些。（　　）

答案：错误

正确答案为：在主流速为 1 L/min 时，则负载率会低些。

33. 1405、1405F、1405DF 型颗粒物监测仪处于“Stabilizing”运作模式时，表明监测仪检测器的温度和流量已经稳定。（　　）

答案：错误

正确答案为：表明检测器的温度和流量正在趋于稳定。

34. 我国在使用 1405、1405F、1405DF 型颗粒物监测仪进行环境空气质量监测时，“Report to the Following Conditions”选项应选择“Standard”，并将“Standard Temperature”和“Standard Pressure”分别设置为 25℃和 1atm。（　　）

答案：错误

正确答案为：应将“Standard Temperature”和“Standard Pressure”分别设置为 0℃和 1atm。

35. 1405、1405F、1405DF 型颗粒物监测仪“高级滤膜更换向导”不会自动检查振荡频率稳定情况，使用该向导更换采样滤膜后，若监测仪的振荡频率波动大于

0.001 Hz，则需要重新安装 TEOM 滤膜。(　　)

答案：正确

36. 在对 Rp1400a、1405、1405F、1405DF 型颗粒物监测仪采样流量进行校验前，需先对监测仪环境温度传感器和环境压力传感器进行校验，并对监测仪采样系统进行检漏。(　　)

答案：正确

二、选择题

1. 通过 TEOM 颗粒物监测仪（含 1400a、1405 和 1405f 型）样品切割头的总流量为________L/min。(　　)

A. 1　　B. 3　　C. 4　　D. 16.67

答案：D

2. TEOM 颗粒物监测仪（含 1400a、1405 和 1405f 型）中“Case Temperature”代表的意思是________。(　　)

A. 护盖温度　　B. 箱体温度　　C. 气管体温度　　D. 测量气体实时温度

答案：B

3. TEOM 颗粒物监测仪（含 1400a、1405 和 1405f 型）是________法仪器，其将室外空气（加热后）抽入并以恒定速度通过一张滤膜，持续称量滤膜的质量并实时换算成质量浓度。(　　)

A. 振荡　　B. 重量　　C. 光度　　D. 频率

答案：B

4. TEOM 颗粒物监测仪（含 1400a、1405 和 1405f 型）检漏时，如果仪器抽真空时主流量变化小于________L/min、旁路流量变化小于________L/min，则验漏通过。(　　)

A. 0.15，0.60　　B. 0.25，0.50

C. 0.15，0.40　　D. 0.10，0.60

答案：A

5. TEOM 1400a 型颗粒物监测仪主要由两个部分组成：测量单元和________单元。(　　)

A. 传输　　B. 控制　　C. 传感器

答案：B

6. TEOM 1400a 型颗粒物监测仪频率错误的状态码是________。(　　)

A. M　　B. F　　C. V　　D. X

答案：A

7. TEOM 1400a 型颗粒物监测仪进行流量校准时，主流量和辅流量的修正系数应保持在________。(　　)

A. 0.2～0.8　　B. 0.4～1.0　　C. 0.8～1.2　　D. 1.0～1.4

答案：C

8. TEOM 1400a 型颗粒物监测仪样气加热棒温度（Air Temp）一般设置为________℃。（　　）

A. 30　　B. 25　　C. 45　　D. 50

答案：D

9. TEOM 1400a 型颗粒物监测仪开机后，需要经过________个模式以后开始正常操作，所有质量数据开始计算。（　　）

A. 5　　B. 6　　C. 3　　D. 4

答案：D

10. 以下情况会导致 TEOM 1400a 型颗粒物监测仪控制单元的软件丢失的是________。（　　）

A. 外温传感器失灵　　B. 主板电池电量不足

C. 与 PC 的通信异常　　D. 与测量单元连接异常

答案：B

11. TEOM 1400a 型颗粒物监测仪与监测子站工控机采用________端口连接。（　　）

A. 局域网口　　B. RS-485　　C. RS-232　　D. 工业总线

答案：C

12. 锥形原件振荡微平衡法（Tapered Element Oscillating Microbalance，TEOM），属于美国 EPA 的________。（　　）

A. 联邦参比方法　　B. 联邦等效方法

C. 区域批准方法　　D. 国家标准方法

答案：B

13. 校准 TEOM 颗粒物监测仪（含 1400a、1405 和 1405f 型）的温度传感器时，应将标准温度计放置在________进行测量，当测得温度值与仪器面板显示温度的误差大于________℃时，需进行校准。（　　）

A. 室内，2

B. 室内，3

C. 室外采样头附近并避开阳光照射或其他热源，2

D. 室外采样头附近并避开阳光照射或其他热源，3

答案：C

14. 对 TEOM 1400a 型颗粒物监测仪进行采样系统检漏的操作步骤正确的是________。（　　）

①接上采样泵，取下采样切割头，在采样管顶部安装上流量检查和检漏连接器，并确认阀门处在开启状态；

②断开采样泵，稳定后记录仪器面板的主 / 辅流量读数；

③仪器稳定后记录仪器面板主 / 辅流量读数；

④缓慢地关闭流量检查和检漏连接器上的阀门；

⑤缓慢地打开阀门，取下流量检查和检漏连接器，安装采样切割头恢复仪器正常采样状态。

A. ①→②→③→④→⑤　　B. ②→①→③→⑤→④

C. ②→①→④→⑤→③　　D. ②→①→④→③→⑤

答案：D

15. 已知 TEOM 1405 型颗粒物监测仪空载时的频率为 f_0，标准膜质量为 m，放置标准膜后振荡频率为 f_1，校准后的弹性系数（k 值）为________。(　　)

m	f_0	f_1
0.110 86	283.548 1	227.261 7

A. 16 011　　B. 16 175　　C. 15 654　　D. 17 652

答案：A

16. 安装 TEOM 1405 型颗粒物监测仪的分流器时，注意采样管顶部至分离器顶部的距离应为________cm 左右。

A. 5.5　　B. 10.5　　C. 15.5　　D. 25.5

答案：C

17. TEOM 1405f 型颗粒物监测仪流量校准向导（Flow Calibration Wizard）的操作步骤为________。(　　)

A. Service ⟹ Calibration ⟹ Flow Calibration ⟹ Flow Calibration Wizard

B. Setting ⟹ Calibration ⟹ Flow Calibration ⟹ Flow Calibration Wizard

C. Instrument control ⟹ Calibration ⟹ Flow Calibration ⟹ Flow Calibration Wizard

D. Service ⟹ setting ⟹ Flow Calibration ⟹ Flow Calibration Wizard

答案：A

18. TEOM 1405f 型颗粒物监测仪配有 FDMS 膜动态测量系统。FDMS 系统是由以下三部分组成________。(　　)

A. 样品干燥模块、切换阀、流量控制模块

B. 样品干燥模块、切换阀、参比膜模块

C. 温度控制模块、流量控制模块、参比膜模块

D. 温度控制模块、切换阀、参比膜模块

答案：B

19. TEOM 1405f 型颗粒物监测仪箱体温度（Case Temperature）是指当前质量传感器箱体的温度，默认设定为________℃（　　）。

A. 30　　B. 40　　C. 50　　D. 45

答案：A

20. TEOM 1405f 型颗粒物监测仪的 FDMS 膜动态测量系统在参考周期模式下，气流经冷冻过滤，以除去________。(　　)

A. 水　　B. 非挥发性颗粒

C. 挥发性颗粒　　D. 非挥发性和挥发性颗粒

答案：D

21. 样品中的水气给细颗粒物的监测带来干扰，带 FDMS 系统的 TEOM 1405f 型颗粒物监测仪是采用________来去除样品中的水气。(　　)

A. 加热采样管　　B. 提高整个测量系统的温度
C. Nafion 除水膜　　D. Nafion 除水管

答案：C

22. 1405DF 型颗粒物监测仪的 PM_{Coarse} 和 $PM_{2.5}$ 采样通道的流量一般分别设置为________L/min 和________L/min。(　　)

A. 1，3　　B. 3，1　　C. 1.67，3　　D. 3，1.67

答案：C

23. 1405F、1405DF 型颗粒物监测仪电子计数器以________s 为周期不断地监测监测仪振荡频率。(　　)

A. 2　　B. 4　　C. 6　　D. 10

答案：D

24. Rp1400a、1405、1405F、1405DF 型颗粒物监测仪的质量流量控制器的初始状态是在________下标定得到。(　　)

A. 0°C，1atm　　B. 20°C，1atm　　C. 25°C，1atm　　D. 30°C，1atm

答案：C

25. 1405DF 型颗粒物监测仪显示的 MC（ $\mu g/m^3$ ）项中包含 PM_{10}、PM_{Coarse}、$PM_{2.5}$ 质量浓度值，这些质量浓度是通过________减去________的值来计算得出的，每________min 更新一次。(　　)

A. Base MC，Ref MC，6　　B. Base MC，Ref MC，30
C. Ref MC，Base MC，6　　D. Ref MC，Base MC，30

答案：A

26. Rp1400a、1405、1405F、1405DF 型颗粒物监测仪噪声（Noise）项中显示了监测仪质量传感器的性能，在监测仪正常运行 30 min 后此值应小于________μg。(　　)

A. 0.30　　B. 0.20　　C. 0.15　　D. 0.10

答案：D

27. 1405F、1405DF 型颗粒物监测仪的 Base MC 和 Reference MC 均为变动的________h 平均值，每________min 更新一次。(　　)

A. 0.5，6　　B. 0.5，10　　C. 1，6　　D. 1，10

答案：C

28. 根据 1405F、1405DF 型颗粒物监测仪操作说明，维护周期少于一年的工作为________。(　　)

A. 清理冷堆　　B. 更换在线过滤筒滤芯
C. 清理转换阀　　D. 修复采样样泵

答案：B

29. Rp1400a、1405、1405F、1405DF 型颗粒物监测仪需定期对监测仪内置大气压传感器进行校验，当标准大气压力计测量值与监测仪测量的大气压误差如果在________atm 范围内，则不需要对监测仪大气压传感器进行校准。(　　)

A. 0.01　　B. ±0.05　　C. ±0.1　　D. ±0.15

答案：A

参考文献

[1] 国家环境保护总局 . 环境空气质量自动监测技术规范：HJ/T 193—2005 [S]. 北京：中国环境科学出版社，2005.

[2] 国家环境保护总局《空气和废气监测分析方法》编委会 . 空气和废气监测分析方法（第四版）[M]. 北京：中国环境科学出版社，2003.

[3] TEOM 1400a、1405、1405f 型监测仪操作手册 [Z].

命题：唐 邈 吴迓名 马腾飞 孙 鹏 周国强

审核：吴宇峰 池 靖 郑皓皓 居 力 魏 强 袁 鸾 冯 丹

（四）BAM-1020 型颗粒物监测仪（Met One 公司）

一、判断题

1. BAM-1020 型颗粒物监测仪根据采样头不同，可以监测 PM_{10} 和 $PM_{2.5}$，原理为 β 射线法。(　　)

答案：正确

2. BAM-1020 型颗粒物监测仪中的纸带大约 60 d 更换一次。(　　)

答案：正确

3. BAM-1020 型颗粒物监测仪在运行过程中每小时会自动进行一次跨度检查。(　　)

答案：正确

二、选择题

1. BAM-1020 型颗粒物监测仪 24 h 最低检出限为________$\mu g/m^3$。(　　)

A. 0.5　　B. 1　　C. 2　　D. 5

答案：B

2. BAM-1020 型 PM_{10} 或 $PM_{2.5}$ 监测仪可选最大量程为________mg/m^3。(　　)

A. 0～1　　B. 0～2　　C. 0～5　　D. 0～10

答案：D

3. BAM-1020 型 PM_{10} 或 $PM_{2.5}$ 监测仪清洗切割头周期为________个月一次。(　　)

A. 1　　B. 3　　C. 6　　D. 12

答案：A

命题：秦 玮 孙 鹏

审核：郑乃源 郑皓皓 姚雅伟

（五）FH62C14 型颗粒物（PM_{10} 和 $PM_{2.5}$）监测仪（美国赛默飞世尔科技公司）

一、判断题

1. FH62C14 型颗粒物（PM_{10} 和 $PM_{2.5}$）监测仪进行标准膜片校准时，仪器测得的标准膜片质量与膜片上刻有的质量值比较，两者误差应小于 10%。如果误差大于该值，必须重新校正。（ ）

答案：错误

正确答案为：两者误差应小于 5%。

2. FH62C14 型颗粒物（PM_{10} 和 $PM_{2.5}$）监测仪使用的 β 射线源是 C14。（ ）

答案：正确

3. FH62C14 型颗粒物（PM_{10} 和 $PM_{2.5}$）监测仪使用的细颗粒物采样头属于旋风式切割器类型。（ ）

答案：正确

4. FH62C14 型颗粒物（PM_{10} 和 $PM_{2.5}$）监测仪是用一个 PM_{10} 采样切割头再串接一个 $PM_{2.5}$ 切割器来完成 $PM_{2.5}$ 切割采样的。（ ）

答案：正确

5. FH62C14 型颗粒物（PM_{10} 和 $PM_{2.5}$）监测仪滤带纸是根据固定的工作时间消耗的，所以应按使用时间定期更换。（ ）

答案：错误

正确答案为：滤带纸消耗与样品颗粒物浓度有关，样品浓度高于设定限值时消耗速率会变大。

6. FH62C14 型颗粒物（PM_{10} 和 $PM_{2.5}$）监测仪标准滤膜是仪器内置的，所以零点和跨点校准只要进行面板操作就可以实施校准操作了。（ ）

答案：错误

正确答案为：该仪器标准滤膜不是内置于仪器中的，校准时需单独安装专用标准滤膜。

7. 环境空气样品中的水气给 β 射线颗粒物监测仪器的测量带来正误差，采样管加热部件是通过加热采样管来去除样品中过多的水分，降低干扰。FH62C14 型颗粒物（PM_{10} 和 $PM_{2.5}$）监测仪的动态加热部件是通过安装在采样管中的相对湿度计的测定值来动态调整加热套管的加热温度，将环境空气样品的相对湿度控制在一定范围内。（ ）

答案：正确

8. FH62C14 型颗粒物（PM_{10} 和 $PM_{2.5}$）监测仪进行流量校准的主要步骤包括：（1）在 OPERATION 菜单下选择 CALIBRATION，再选择 AIR FLOW。（2）按“Yes 键”进行空气流速校准，在采样管道上安装标准流量计。（3）检查标准流量计测得的实际采样流量与 C14BETA 测量并显示的流量是否一致。（4）如果标准流量计实际测量值与仪器设置和显示值相差超过设置值［16.67（L/min）×60=1 000（L/min）］的

2%，按［CAL］键改变流量校准系数。（5）输入由标准流量计测量的实际空气流速并按［NEXT］。允许显示流量校准的时间为 30 s。重复操作直至相应的流量计测量值与仪器显示流量值的差值在 2% 以内。（　　）

答案：正确

二、选择题

1. 不同地区的 β 射线本底值不同，会影响 β 射线颗粒物监测仪的测量，FH62C14 型颗粒物（PM_{10} 和 $PM_{2.5}$）监测仪通过实施________，来扣除本底影响。（　　）

A. 标准零点滤膜校准

B. 标准跨点滤膜校准

C. 测量部件清洁

D. 采样口安装高效过滤器，进行本底测定

答案：A

2. FH62C14 型颗粒物（PM_{10} 和 $PM_{2.5}$）监测仪使用的滤带材质为________。（　　）

A. 玻璃纤维　　B. 石英纤维

C. 特氟龙　　D. 聚酯

答案：A

3. FH62C14 型颗粒物（PM_{10} 和 $PM_{2.5}$）监测仪采样泵泵膜建议更换频率为________。（　　）

A. 1 月　　B. 1 季度　　C. 1 年　　D. 2 年

答案：C

4. FH62C14 型颗粒物监测仪实时监测值的最低检测限为________μg/m³。（　　）

A. 9　　B. 6　　C. 3　　D. 1

答案：A

5. FH62C14 型颗粒物监测仪的 24 h 测量精度为________μg/m³。（　　）

A. 1　　B. 2　　C. 5　　D. 8

答案：B

6. FH62C14 型颗粒物监测仪进行标准膜校准时，应提前________关闭采样管加热器。（　　）

A. 15 min　　B. 30 min　　C. 45 min　　D. 1 h

答案：D

7. FH62C14 型颗粒物监测仪的流量显示界面（如下图）中，当 REG>________‰ 时，表明监测仪出现泄漏或者泵的碳刷用旧需更换。

AIR	FLOW	l/h
REG‰	NOM	ACT
438	1000	1006
NOMIN	BACK	NEXT

A. 500　　B. 600　　C. 700　　D. 900

答案：D

命题：吴迓名　周国强
审核：郑乃源　池　靖　居　力

（六）7201 型颗粒物监测仪（北京中晟泰科公司）

一、填空题

1. 7201 型颗粒物监测仪主要由________、________、________和接口电路组成。

答案：滤纸传输机构　流量控制系统　测量元件

2. 7201 型颗粒物监测仪屏幕中的“步骤”表示________。

答案：仪器当前所处的工作状态

3. 7201 型颗粒物监测仪光电倍增管（PMT）组件由________和________组成。

答案：PMT 管　闪烁器

二、判断题

1. 7201 型颗粒物监测仪具有自动校准功能。（　）

答案：正确

2. 7201 型颗粒物监测仪光电倍增管（PMT）对光特别敏感，如果在比较明亮的房间内拆装光电倍增管安装座，光电倍增管将可能被损坏。（　）

答案：正确

三、选择题

7201 型颗粒物监测仪自动校准功能必须在分析仪处于________时才能实现。（　）

A. 悬挂模式　　B. 运行模式
C. 其他模式　　D. 以上都不是

答案：B

参考文献

7201 型颗粒物监测仪操作及维护手册 [Z].

命题：郑乃源
审核：袁　鸾　冯　丹

（七）MP101 型颗粒物监测仪（ESA 公司）

一、填空题

1. MP101 型颗粒物监测仪提供了三种流量校验方式，分别为：流量计校验、________和________。

答案：容量计校准　　质量流量计校准

2. MP101 型颗粒物监测仪提供了三种启动方式，分别为：立即测量方式、________、________。

答案：延时测量方式　　外部启动测量方式

二、判断题

1. MP101 型颗粒物监测仪的采样流量是由仪器内部流量传感器测得的。(　　)

答案：错误

正确答案为：是由仪器内部限流孔两端的压力计算得出的。

2. MP101 型颗粒物监测仪初次运行时应将“标准体积”选项中选择“标准体积”模式。(　　)

答案：错误

正确答案为：应选择常态体积模式，此种模式下的采样体积为国标标况（0℃，1 013 hPa）体积。

3. MP101 型颗粒物监测仪在进行标准膜片校准前必须进行空白测量。(　　)

答案：正确

三、选择题

1. MP101 型颗粒物监测仪初次运行时在“采样周期”选项中应选择________h。(　　)

A. 1/2　　B. 1　　C. 12　　D. 24

答案：B

2. MP101 型颗粒物监测仪进行空白测量时，当一次测量结束后，盖革计数管需要预热________s 进行下一次空白测量。(　　)

A. 5　　B. 10　　C. 15　　D. 20

答案：C

参考文献

MP101 型颗粒物监测仪技术说明书 [Z].

命题：郑乃源

审核：袁　鸾　冯　丹

（八）5030 型颗粒物监测仪（塞默飞世尔科技公司）

一、判断题

1. 5030 型颗粒物监测仪是基于重量法联用光散射法（光浊度计）的颗粒物监测仪，能提供实时连续监测数据。(　　)

答案：错误

正确答案为：基于 β 射线法联用光散射法（光浊度计）的颗粒物监测仪。

2. 5030 型颗粒物监测仪采用恒温加热系统保持样品气相对湿度稳定。(　　)

答案： 错误

正确答案为： 采用动态加热系统（DHS）保持样品气相对湿度稳定。

3. 5030 型颗粒物监测仪利用光散射法保证监测数据的准确性，利用 β 射线法保证监测数据的实时性。(　　)

答案： 错误

正确答案为： 利用光散射法保证监测数据的实时性，利用 β 射线法保证监测数据的准确性。

4. 5030 型颗粒物监测仪利用 β 射线的衰减原理可直接测出大气尘粒样品中的 α 尘粒污染，排除氡气衰变后子核素中的负质量人工产物，以达到对质量的准确测量。(　　)

答案： 正确

5. 5030 型颗粒物监测仪进行湿度传感器验证前，必须先完成温度传感器的验证。(　　)

答案： 正确

6. 5030 型颗粒物监测仪进行采样流量校验前，需要先完成监测仪温度和压力校验。(　　)

答案： 正确

7. 5030 型颗粒物监测仪进行零点测量时需要将 HEPA 过滤器安装在监测仪采样口，零点测量需要进行 24 h，连续 24 个测量数据的最小值是 24 h 仪器的绝对零点。(　　)

答案： 错误

正确答案为： 连续 24 个测量数据的平均值是 24 h 仪器的绝对零点。

8. 5030 型颗粒物监测仪的默认标准状态为“25℃，1 个标准大气压”，该标准状态为仪器缺省设置，不可修改。(　　)

答案： 错误

正确答案为： 标准状态中的标准温度在校准菜单中可以进行修改。

9. 5030 型颗粒物监测仪移动采样滤带的时间周期是固定的。(　　)

答案： 错误

正确答案为： 5030 型颗粒物监测仪根据“自动更换滤带时间”和“采样滤点质量限值”两项设置移动采样滤带。

10. 5030 型颗粒物监测仪在进行“标准膜校准”时，应先关闭加热系统。(　　)

答案： 正确

二、选择题

1. 5030 型颗粒物监测仪每隔________更新一次监测数据。(　　)

A. 4 s　　B. 30 s　　C. 1 min　　D. 5 min

答案： A

2. 5030 型颗粒物监测仪测量时间分辨率为________min（每 4 s 更新）。(　　)

A. 1　　B. 3　　C. 5　　D. 6

答案： A

3. 5030 型颗粒物监测仪的准确度为________%。(　　)

A. ±2　　B. ±5　　C. ±10　　D. ±15

答案： B

4. 5030 型颗粒物监测仪进行背景零测试时，浊度计读数应在________ μg/m^3 范围内。(　　)

A. 0.0±6.0　　B. 0.0±5.0　　C. 0.0±4.0　　D. 0.0±2.0

答案： D

参考文献

Model5030 SHARP 颗粒物监测仪操作手册 [Z].

命题：周国强
审核：袁　鸾　冯　丹

第二章　长光程连续监测系统

第一节　基础知识

分类号：AA2-0

主要内容
①《环境空气气态污染物（SO_2、NO_2、O_3、CO）连续自动监测系统安装验收技术规范》（HJ 193—2013） ②《环境空气气态污染物（SO_2、NO_2、O_3、CO）连续自动监测系统技术要求及检测方法》（HJ 654—2013）

一、填空题

1. 根据《环境空气气态污染物（SO_2、NO_2、O_3、CO）连续自动监测系统技术要求及检测方法》（HJ 654—2013），长光程连续监测系统又称开放光程连续监测系统，其分析方法为________。②

答案：差分吸收光谱法

2. 根据《环境空气气态污染物（SO_2、NO_2、O_3、CO）连续自动监测系统技术要求及检测方法》（HJ 654—2013），开放测量光路是指光源________到________之间的路径。②

答案：发射端　　接收端

3. 根据《环境空气气态污染物（SO_2、NO_2、O_3、CO）连续自动监测系统技术要求及检测方法》（HJ 654—2013），开放光程分析仪器处于校准状态下，从光源发射端到接收端之间的光程，远小于实际测量时的光程，称为________。②

答案：零光程

4. 根据《环境空气气态污染物（SO_2、NO_2、O_3、CO）连续自动监测系统安装验收技术规范》（HJ 193—2013），长光程（开放光程）连续监测系统监测光束离地面的高度应为________m，若点位周围 300～500 m 半径范围内建筑物平均高度在 20 m 以上，则监测光束离地面的高度可在________m 范围内选取。①

答案：3～15　　15～25

5. 根据《环境空气气态污染物（SO_2、NO_2、O_3、CO）连续自动监测系统技术要求及检测方法》（HJ 654—2013），等效浓度是指在仪器测量光路中放置校准池，通入标准气，根据________与________的比例将标准气体浓度值转化为________，该浓度值即为等效浓度。②

答案：测量光程　　校准池长度　　实际校准浓度值

二、判断题

1. 根据《环境空气气态污染物（SO_2、NO_2、O_3、CO）连续自动监测系统安装验收技术规范》（HJ 193—2013），在监测光束能完全通过的情况下，允许监测光束从道路、小污染源、树木或建筑物上空穿过。（　　）①

答案：错误

正确答案为：在监测光束能完全通过的情况下，允许监测光束从日均机动车流量少于 10 000 辆的道路、对监测结果影响不大的小污染源、少量未达到间隔距离要求的树木或建筑物上空穿过，且穿过的合计距离不能超过监测光束总光程的 10%。

2. 根据《环境空气气态污染物（SO_2、NO_2、O_3、CO）连续自动监测系统安装验收技术规范》（HJ 193—2013），长光程（开放光程）连续监测系统光源发射端和接收端应在同一直线上，与水平面之间仰角不超过 15°。（　　）①

答案：正确

3. 根据《环境空气气态污染物（SO_2、NO_2、O_3、CO）连续自动监测系统技术要求及检测方法》（HJ 654—2013），长光程（开放光程）连续监测系统运用等效浓度原理，通过在测量光路上架设不同长度的校准池来等效不同浓度的标准气体，以完成多点校准工作。（　　）②

答案：正确

三、问答题

1. 根据《环境空气气态污染物（SO_2、NO_2、O_3、CO）连续自动监测系统技术要求及检测方法》（HJ 654—2013），请简述长光程（开放光程）连续监测系统由哪几部分构成。②

答案：主要由开放测量光路、分析仪器、数据采集和传输设备、校准单元 4 部分组成。

2. 根据《环境空气气态污染物（SO_2、NO_2、O_3、CO）连续自动监测系统技术要求及检测方法》（HJ 654—2013），长光程（开放光程）连续监测系统适用于监测哪些常规污染因子？②

答案：长光程（开放光程）连续监测系统适用于监测二氧化硫（SO_2）、二氧化氮（NO_2）、臭氧（O_3）三种常规气态污染因子。

四、计算题

根据《环境空气气态污染物（SO_2、NO_2、O_3、CO）连续自动监测系统技术要求及检测方法》（HJ 654—2013），长光程（开放光程）连续监测系统的测量光程为 500 m，校准池长度为 1 m，标准气体浓度为 50 mg/m^3，请问在校准状态下该标准气体的等效浓度是多少？②

答案：等效浓度 =（50 × 1）/500=0.1 mg/m^3=100 μg/m^3

参考文献

[1] 环境保护部．环境空气气态污染物（SO_2、NO_2、O_3、CO）连续自动监测系统安装验收技术规范：

HJ 193—2013 [S]. 北京：中国环境出版社，2013.
[2] 环境保护部 . 环境空气气态污染物（SO_2、NO_2、O_3、CO）连续自动监测系统技术要求及检测方法：HJ 654—2013 [S]. 北京：中国环境出版社，2013.

命题：郑乃源
审核：袁 鸾 冯 丹

第二节 长光程系统

分类号：AA2-1

（一）AR500 型长光程系统（OPSIS 公司）

一、填空题

1. AR500 型长光程系统采用________作为光源，可在________nm 紫外波段内进行特征吸收光谱分析，用于监测不同的空气污染物浓度。

答案：氙灯 200～500

2. AR500 型长光程系统开放测量光路最长为________m，推荐使用的开放测量光路长度为________m。

答案：1 000 300～500

二、判断题

1. 作为开放光程连续监测系统，AR500 型长光程系统设有光源发射器和接收器，且两者均能放置于室外。（ ）

答案：正确

2. AR500 型长光程系统通过外置校准平台来模拟实际中的监测路径，从而对监测系统进行校准。（ ）

答案：正确

三、选择题

1. AR500 型长光程系统的系统检查程序能够检查光谱仪内部硬件的工作状态，确保光谱仪处于正常的工作状态，它主要包括________。（ ）

A. 差分轮的稳定性　　B. 光栅定位的准确性
C. 控制系统的准确性　　D. 以上都是

答案：D

2. AR500 型长光程系统的光谱仪波长精度检查是通过________实现的。（ ）

A. 使用校准平台进行校准　　B. 汞灯标定
C. 系统检查　　D. 以上都不是

答案：B

四、简答题

1. 为了得到准确的污染物浓度监测结果，AR500 型长光程系统主要采用哪种方式以排除干扰。

答案： 因为不同的气态污染物分子有不同的特征吸收光谱，所以 AR500 型长光程系统在监测不同的气态污染物时其光谱仪内的活动光栅会调整至该种气态污染物分子的特征吸收光谱位置，从而排除其他无关光谱区域对监测结果的影响。

2. AR500 型长光程系统如何对系统进行零 / 跨校准和多点校验？

答案： AR500 型长光程系统运用等效浓度原理，通过使用外置手动校准平台进行监测系统的校准。外置手动校准平台的一端连接有光源，另一端通过光纤将光信号送入待校准的光谱仪。在校准操作中校准平台用来模拟实际中的监测路径，在校准池中通入零气 / 标准气来进行监测系统的零 / 跨校准；通过组合不同长度的校准池，可实现不同等效浓度标准气的输入，从而完成监测系统的多点校验。

命题：郑乃源

审核：袁　鸾　冯　丹

（二）LGH-01 型长光程系统（安徽蓝盾光电子股份有限公司）

一、填空题

1. LGH-01 型长光程系统采用阵列探测器，可一次获取________nm 宽的光谱区间，不需要频繁切换光谱区间即可同时监测 SO_2、NO_2、O_3 等多种气态污染物浓度。

答案： 130

2. LGH-01 型长光程系统消除环境背景功能是系统在进行气体浓度计算时将扣除________________和____________等对监测结果造成的误差，从而达到对监测数据进行自动修正的目的。

答案： PDA 偏置电流　　PDA 暗电流

二、判断题

1. LGH-01 型长光程系统中的光程指光线从发射端到角反射镜的距离。(　　)

答案： 错误

正确答案为： 光程应为光源发射端到接收端之间的距离，LGH-01 型长光程系统中，由于采用同点发射和接收，故光程为从发射点到角反射镜距离的 2 倍。

2. LGH-01 型长光程系统中光谱仪波长精度校准是通过汞灯标定实现的。(　　)

答案： 正确

3. 启动 LGH-01 型长光程系统时应首先打开氙灯电源并检查氙灯是否点亮，应于氙灯正常点亮 3 s 后再启动系统中其他仪器设备。(　　)

答案： 正确

4. 关闭 LGH-01 型长光程系统时应首先关闭氙灯电源后再关闭系统中其他仪器设备。(　　)

答案：错误

正确答案为：应先关闭系统中其他仪器设备，最后关闭氙灯电源开关。

三、选择题

1. DOAS 气体监测仪光路调整主要分为________几部分。(　　)

A. 氙灯位置调整　　B. 望远镜及光纤位置调整

C. PDA 位置调整　　D. 以上三项都是

答案：D

2. LGH-01 型长光程系统更换氙灯并调整好光路后，需要重新测量并加载________。(　　)

A. 零光路灯谱文件　　B. 汞灯灯谱文件

C. 偏置灯谱文件　　D. 背景文件

答案：A

四、简答题

1. LGH-01 型长光程系统如何进行标准气校准和多点校验。

答案：LGH-01 型长光程系统运用等效浓度原理，通过使用检查样品池进行监测系统的校准。

将检查样品池插入监测光束中，在检查样品池中通入标准气，按照检查样品池长度及光程长度计算等效标准气浓度来进行标准气校准；通过改变检查样品池长度可实现不同等效浓度标准气的输入，从而完成监测系统的多点校验。

2. LGH-01 型长光程系统正常运行需要测量和加载哪几种灯谱文件？

答案：需要测量和加载：零光路灯谱文件、汞灯灯谱文件、偏置灯谱文件、背景文件共 4 种灯谱文件

参考文献

LGH-01 型空气质量连续自动监测系统操作说明书 [Z].

命题：郑乃源

审核：袁　鸾　冯　丹　米方卓

第十一篇

便携式仪器

第一章　水质监测

分类号：Por1

（一）PDV 6000 型便携式重金属分析仪（澳大利亚 MTI 公司）

一、判断题

1. PDV 6000 型便携式重金属分析仪的分析原理是阳极溶出伏安法。（　　）

答案： 正确

2. PDV 6000 型便携式重金属分析仪所使用的分析电极有参比电极、工作电极和对电极，其各自对应的颜色为白色、红色和蓝色。（　　）

答案： 错误

正确答案为： 参比电极、工作电极和对电极的颜色分别为白色、蓝色和红色。

3. 使用 PDV 6000 型便携式重金属分析仪测试水质样品时，应向水样中加入电解液，以确保分析过程中水样具有足够的电导率。（　　）

答案： 正确

4. PDV 6000 型便携式重金属分析仪单机分析的典型样品稀释比例是 1∶2，在分析杯中使用电解液精确稀释样品。（　　）

答案： 错误

正确答案为： 典型样品稀释比例是 1∶1。

5. PDV 6000 型便携式重金属分析仪分析水中铅含量时，应使用 CLAC 电解液。（　　）

答案： 正确

6. PDV 6000 型便携式重金属分析仪暂停使用 10 min，其主机将自动关闭，此时如立即重新启动仪器，则无须重新使用标准溶液进行校正即可进行新的分析测试。（　　）

答案： 错误

正确答案为： 仪器重新启动必须重新使用标准溶液进行校正，方可进行新的分析测试。

7. 分析人员可以根据实际情况对 PDV 6000 型便携式重金属分析仪提供菜单进行修改，以满足不同条件下的测试工作。（　　）

答案： 错误

正确答案为： 分析人员不可以对 PDV 6000 型便携式重金属分析仪所提供菜单进行任何改变。

8. PDV 6000 型便携式重金属分析仪开机时只连接工作电极而不连接参比电极，可能造成工作电极的损坏。（　　）

答案：正确

9. 若 PDV 6000 型便携式重金属分析仪闲置超过 1 个月，应将电解液从参比电极中倒出，并填充去离子水。（ ）

答案：正确

10. PDV 6000 型便携式重金属分析仪每次使用前，应确保工作电极尖端为光滑的亮黑色（碳电极）或金色（金电极），电极棒可有小的瑕疵、孔洞和灰尘。（ ）

答案：错误

正确答案为：电极棒应不存在任何瑕疵、孔洞和灰尘。

11. PDV 6000 型便携式重金属分析仪的玻碳电极维护和保养的操作过程包括：（1）先使用去离子水冲洗电极，然后在干净的清洁布或清洁的滤纸上擦拭电极尖端大约 30 s，再用去离子水冲洗电极尖端。（2）向抛光盘或清洁布上加几滴抛光液，将电极尖端在抛光盘上仔细摩擦清洗至少 60 s。（3）将电极尖端浸入 50% 的 HCl 溶液中 10 min，再次使用去离子水冲洗，检查电极尖端，保证其明亮而且没有可见污点。（ ）

答案：正确

12. PDV 6000 型便携式重金属分析仪的参比电极重新电镀时，应电镀至电极棒表面均匀覆膜变为亮黑色，然后取出电极棒，用去离子水冲洗。（ ）

答案：正确

13. 使用 PDV 6000 型便携式重金属分析仪进行标准样品测试完成后，仪器屏幕显示"Standard too LO"，表示分析人员配制的标准样浓度低于仪器期望标准样浓度的 50%。（ ）

答案：正确

14. 使用 PDV 6000 型便携式重金属分析仪进行标准样品测试完成后，仪器屏幕显示"Standard too LO"，此时，应检查的内容包括：（1）确认电极是否选择正确，是否经过标准的维护与清洁，是否使用了正确浓度的标样，以及标准样是否为新配制的。（2）确认分析杯中至少注入了 20 mL 标准溶液。（3）确认工作电极的镀膜过程标准有效。（4）检查分析池搅拌器工作是否正常，所有连接正确是否有效。（5）检查仪器菜单设置是否正确。（ ）

答案：正确

二、选择题

1. PDV 6000 型便携式重金属分析仪进行空白测试时，当屏幕显示"BLANKOK"时，表明________。（ ）

A. 电极无金属污染，可以进行下一步分析

B. 存在很少数量的污染物，可以进行下一步分析

C. 存在很少数量的污染物，不可以进行下一步分析

D. 存在显著污染，不可以进行下一步分析

答案：B

2. PDV 6000 型便携式重金属分析仪测定水中铅和铜时，应使用________工作电极。(　　)

A. 玻碳汞膜　　B. 金　　C. 裸玻碳　　D. 裸玻碳汞膜

答案：A

3. PDV 6000 型便携式重金属分析仪测定水中总砷时，应使用________工作电极。(　　)

A. 玻碳汞膜　　B. 金　　C. 裸玻碳　　D. 裸玻碳汞膜

答案：B

4. PDV 6000 型便携式重金属分析仪测定水中总铬时，应使用________工作电极。(　　)

A. 玻碳汞膜　　B. 金　　C. 裸玻碳　　D. 裸玻碳汞膜

答案：C

5. PDV 6000 型便携式重金属分析仪对电极所用金属棒为________棒。(　　)

A. 金　　B. 银　　C. 钛　　D. 铂

答案：D

6. 向待测水样中加入少量________，可消除存在三价铁离子的干扰。(　　)

A. 盐酸　　B. 氢氧化钠　　C. 盐酸羟胺　　D. 硫代硫酸钠

答案：C

7. 测定水中铜锌铅镉时，________应单独测定。(　　)

A. 铜　　B. 锌　　C. 铅　　D. 镉

答案：B

参考文献

[1] 国家环境保护总局《水和废水监测分析方法》编委会 . 水和废水监测分析方法（第四版）[M]. 北京：中国环境科学出版社 . 2002.

[2] PDV 6000 型便携式重金属分析仪操作手册 [Z].

命题：张　园

审核：关玉春　吴宇峰

（二）AVVOR 8000 型便携式水质重金属分析仪（加拿大 AVVOR 公司）

一、判断题

1. 使用 AVVOR 8000 型便携式水质重金属分析仪时，每次分析都要用去离子水或待测水样对电极探头彻底清洗，尤其是测试 As 的时候。(　　)

答案：正确

2. AVVOR 8000 型便携式水质重金属分析仪的工作电极 WE1 用于测试 Cd、Pb、Cu、Zn，工作电极 WE2 用于测试 Hg 和 As。(　　)

答案：正确

3. AVVOR 8000 型便携式水质重金属分析仪的工作电极需要磨光，表面平整光亮。（　　）

答案：正确

4. AVVOR 8000 型便携式水质重金属分析仪的参考电极保护帽要有去离子水，内、外管要有足够的填充液。（　　）

答案：正确

5. 使用 AVVOR 8000 型便携式水质重金属分析仪时，若分析的样品很多，早晨应镀膜一次。（　　）

答案：错误

正确答案为：早晨和下午应各镀膜一次。

6. 使用 AVVOR 8000 型便携式水质重金属分析仪时，添加标准液的浓度越靠近水样浓度，测试水样的准确度越高。（　　）

答案：正确

7. AVVOR 8000 型便携式水质重金属分析仪的参考电极应无物理损伤，尖端要保持干燥。（　　）

答案：错误

正确答案为：参考电极尖端要保持湿润。

8. 使用 AVVOR 8000 型便携式水质重金属分析仪时，在使用工作电极 WE1 时，工作电极 WE2 可以不磨光。（　　）

答案：错误

正确答案为：使用工作电极 WE1 时，需要把工作电极 WE2 磨光（将膜清除干净、露出黑色表面）。

9. AVVOR 8000 型便携式水质重金属分析仪的沉淀时间为默认时，适用所有低至 5 μg/L 金属元素的样品测试。（　　）

答案：错误

正确答案为：沉淀时间为默认时，适用所有低至 5 μg/L 金属元素和含 As 低至 10 μg/L 的样品测试。

10. 使用 AVVOR 8000 型便携式水质重金属分析仪时，实验用水为去离子水、超纯水或石英蒸馏器重蒸水，试剂最好为优级纯。（　　）

答案：正确

二、选择题

1. 使用 AVVOR 8000 型便携式水质重金属分析仪时，关于标准液的添加，默认 280 μL 时为________μg/L。（　　）

A. 5　　B. 10　　C. 15　　D. 20

答案：D

2. 使用 AVVOR 8000 型便携式水质重金属分析仪时，如果样品中的重金属浓度＜10 μg/L，沉淀时间应选择________s。（　　）

A. 30　　B. 60　　C. 90　　D. 120

答案：D

3. 使用 AVVOR 8000 型便携式水质重金属分析仪测定 Cd、Pb、Cu 和 Zn 时，调试工作电极顶端的镀层要为________，并保持湿润。(　　)

A. 灰色　　　　B. 黄色　　　　C. 金黄色

答案：A

参考文献

[1] 加拿大 AVVOR 8000 型便携式水质重金属分析仪操作手册 [Z].

[2] 云南省环境监测中心站 . 水质　重金属的测定　阳极溶出伏安法（YNEMS-ZDS- Ⅲ -31—2012）[Z].

命题：王立前

审核：张榆霞　夏　新

（三）PDV6000 plus 型便携式重金属分析仪（英国 Morden Water 公司）

分类号：Por3-3

一、判断题

1. 使用 PDV6000 plus 型便携式重金属分析仪测量水中 Cu、Cd、Pb 和 Zn 元素时，其电极的电解液为 CLAC 电解液，电镀液为镉电镀液，无须使用电极调节液，使用电解稀释液 A 进行稀释。(　　)

答案：错误

正确答案为：电镀液为汞电镀液。

2. 使用 PDV6000 plus 型便携式重金属分析仪测量水中 Cr 元素时，其电极的电解液为 Hg/Cr 电解液，无须使用电镀液，使用电解稀释液 A 进行稀释。(　　)

答案：正确

3. 使用 PDV6000 plus 型便携式重金属分析仪测量水中重金属离子时，所采用的方法是极谱法。(　　)

答案：错误

正确答案为：所采用的方法是阳极溶出伏安法。

4. 使用 PDV6000 plus 型便携式重金属分析仪测量水中重金属离子时，溶液中同时存在多种金属离子，应按照金属类型加入不同的掩蔽剂去除干扰。(　　)

答案：正确

5. PDV6000 plus 型便携式重金属分析仪可用于复杂样品基质包括土壤、食品、饮料、水、工业污水和药物等重金属离子的检测。(　　)

答案：正确

6. 使用 PDV6000 plus 型便携式重金属分析仪分析土壤样品时，样品前处理实验室所用的萃取方法都适用。(　)

答案：正确

7. PDV6000 plus 型便携式重金属分析仪可检测的重金属离子包括：镉、铅、铜、锌、

汞、镍、砷和铬。检出限：5 μg/L，测量范围：5～30 mg/L。（ ）

答案：正确

8. 使用 PDV6000 plus 型便携式重金属分析仪进行空白测试时，所需金属的监测窗口可以有微量的伏安图峰值显示。（ ）

答案：错误

正确答案为：使用 PDV6000 plus 型便携式重金属分析仪进行空白测试时，所需金属的监测窗口不应该有微量的伏安图峰值显示。

9. PDV6000 plus 型便携式重金属分析仪开机后，先连接工作电极再连接参比电极。（ ）

答案：错误

正确答案为：PDV6000 plus 型便携式重金属分析仪开机前，先连接工作电极再连接参比电极。

10. 使用 PDV6000 plus 型便携式重金属分析仪进行测试时，Blank Fail 说明电解液、分析杯或者电极被目标金属污染。（ ）

答案：正确

11. 使用 PDV6000 plus 型便携式重金属分析仪进行测试时，仪器自动关闭后，重新使用仪器时必须用新的标准液进行校正。（ ）

答案：正确

二、选择题

1. 使用 PDV6000 plus 型便携式重金属分析仪测量水中 Cu、Pb、Zn 和 Cd 时，使用的工作电极为________。（ ）

A. 碳镀汞膜　　B. 碳镀铬膜　　C. 裸玻碳电极　　D. 金电极

答案：A

2. 使用 PDV6000 plus 型便携式重金属分析仪测量水中 Cr（Ⅵ）时，使用的工作电极为________。（ ）

A. 碳镀汞膜　　B. 碳镀铬膜　　C. 裸玻碳电极　　D. 金电极

答案：C

3. 使用 PDV6000 plus 型便携式重金属分析仪测量水中总砷时，使用的工作电极为________。（ ）

A. 碳镀汞膜　　B. 碳镀铬膜　　C. 裸玻碳电极　　D. 金电极

答案：D

4. 使用 PDV6000 plus 型便携式重金属分析仪测量水中 Ni 时，使用的工作电极为________。（ ）

A. 碳镀汞膜　　B. 碳镀铬膜　　C. 裸玻碳电极　　D. 金电极

答案：B

5. 使用 PDV6000 plus 型便携式重金属分析仪测量水中 Hg 时，使用的工作电极为________。（ ）

A. 裸玻碳电极或碳镀铬膜　　B. 金电极或碳镀铬膜

C. 碳镀汞膜或裸玻碳电极 D. 金电极或裸玻碳电极

答案：D

6. 使用 PDV6000 plus 型便携式重金属分析仪时，裸玻碳电极在使用前应用________电极调节液进行调节。(　　)

A. 5 mol/L NaOH B. 5 mol/L HCl

C. 1 mol/L NaOH D. 1 mol/L HCl

答案：C

7. 使用 PDV6000 plus 型便携式重金属分析仪时，金电极在使用前应用________电极调节液进行调节。(　　)

A. 5 mol/L NaOH B. 5 mol/L HCl

C. 1 mol/L NaOH D. 1 mol/L HCl

答案：B

8. 以测量水中 Cu^{2+} 为例，PDV6000 plus 型便携式重金属分析仪操作测量步骤的顺序为________。(　　)

（1）样品测定 （2）数据处理及显示结果

（3）方法建立 （4）电极准备及样品配制

（5）仪器连接开机 （6）关机

A.（1）（3）（4）（2）（6）（5） B.（4）（5）（3）（1）（2）（6）

C.（4）（5）（3）（2）（1）（6） D.（1）（3）（4）（2）（6）（5）

答案：B

9. 使用 PDV6000 plus 型便携式重金属分析仪做加标分析时，所加入标准样品的量为样品浓度的________时可以获得较好的结果。(　　)

A. 10%～30% B. 25%～50%

C. 40%～60% D. 60%～80%

答案：B

10. 使用 PDV6000 plus 型便携式重金属分析仪时，清洗电极应该使用________。(　　)

A. 去离子水 B. 自来水 C. 清洗液 D. 蒸馏水

答案：A

11. 使用 PDV6000 plus 型便携式重金属分析仪时，参比电极中的参比电解液使用的是________。(　　)

A. 1 mol/L 氯化钾 B. 1 mol/L 氯化钠

C. 0.5 mol/L 氯化钾 D. 0.5 mol/L 氯化钠

答案：A

12. 首次使用 PDV6000 plus 型便携式重金属分析仪或闲置超过________时，需要准备参比电极，并对电池进行充电。(　　)

A. 一周 B. 两周 C. 三周 D. 四周

答案：B

参考文献

PDV6000 plus 型便携式重金属分析仪用户手册 [Z].

命题：王晋生　兰　杰
审核：梁富生　马桂萍

（四）SP-1 型多参数水质速测仪（北京华夏科创仪器有限公司）

判断题

1. SP-1 型多参数水质速测仪采用超高亮发光二极管做光源，待测物质与显色剂发生显色反应，通过集成光电传感器检测显色前后的光强变化，根据比色法确定溶液中待测物质的相应浓度。(　　)

答案： 正确

2. SP-1 型多参数水质速测仪，每周都应对仪器进行调零，以确立测量过程的零参照物，这样做还可以节约每次监测时的操作时间。(　　)

答案： 错误

正确答案为： 每次使用时都需要调零。

3. 使用 SP-1 型多参数水质速测仪测定氨氮时，如果水样较清洁且没有明显颜色，可以直接对水样进行测量。(　　)

答案： 正确

4. 使用 SP-1 型多参数水质速测仪测定总磷时，可直接测量不需要消解。(　　)

答案： 错误

正确答案为： 需消解样品，取消解后的溶液进行测定。

5. 采用 SP-1 型多参数水质速测仪分析样品时，使用遮光器可以得到更加准确的结果。(　　)

答案： 正确

6. 为得到最好的监测结果，每次使用 SP-1 型多参数水质速测仪时，样品池的放入方向都应一致。(　　)

答案： 正确

参考文献

SP-1 型多参数水质速测仪使用说明书 [Z].

命题：杨晓红
审核：张榆霞　夏　新

（五）Sention156 型便携式多参数测量仪（美国哈希公司）

一、判断题

1. 使用 Sention156 型便携式多参数测量仪测量溶解氧时，如果在读数过程中屏幕显示

SAL 图标，表示对以 mg/L 表达的溶解氧浓度进行了盐度修正计算。(　　)

答案：正确

2. Sention156 型便携式多参数测量仪在使用前必须进行校准，校准必须在水饱和气中进行。(　　)

答案：正确

3. 使用 Sention156 型便携式多参数测量仪测量 pH，仪器须始终连在供电线路上，并处于 pH 读数状态时，可以连续传输 pH 数据。(　　)

答案：正确

4. 使用 Sention156 型便携式多参数测量仪测量溶解氧时，结果只有 mg/L 一种表示方法。(　　)

答案：错误

正确答案为：结果可以用 mg/L 或百分比表示。

5. 使用 Sention156 型便携式多参数测量仪测量电导率，使用非线性转换时，不管当前温度因子设置是什么，应使用非线性温度修正功能并将 25℃作为参比温度。(　　)

答案：正确

6. 使用 Sention156 型便携式多参数测量仪测量电导率时，应使用已知电导率浓度的 NaCl 标准液进行校准。(　　)

答案：正确

7. 使用 Sention156 型便携式多参数测量仪进行操作时，仪器发出三声蜂鸣声表示校准过程中达到了测量稳定态或在读数模式下达到稳定态。(　　)

答案：正确

二、选择题

1. Sention156 型便携式多参数测量仪测量电导率时，应选用________模式。(　　)

A. pH　　B. 电导　　C. 溶解氧　　D. 毫伏

答案：B

2. Sention156 型便携式多参数测量仪毫伏模式的测量范围是________mV。(　　)

A. -1 000～2 000　　B. -1 000～1 000　　C. -2 000～2 000　　D. -2 000～1 000

答案：C

3. 使用 Sention156 型便携式多参数测量仪测量溶解氧时，将溶解氧电解质填充液注入到膜盖中，至________满度。(　　)

A. 1/3　　B. 2/3　　C. 3/4　　D. 1

答案：B

4. 使用 Sention156 型便携式多参数测量仪测量溶解氧时，为了得到最大精度，应每隔________h 重新校正 DO 探头。(　　)

A. 1　　B. 2　　C. 3　　D. 4

答案：B

5. 使用 Sention156 型便携式多参数测量仪测量 pH 时，可以进行________校准。(　　)

A. 1 点或 2 点　　B. 2 点或 3 点　　C. 3 点或 4 点　　D. 4 点或 5 点

答案：B

参考文献

Sention156 型便携式多参数测量仪使用说明书 [Z].

命题：王晋生　兰　杰

审核：梁富生　马桂萍

（六）HQ30D 型便携式溶解氧测定仪（美国哈希公司）

一、判断题

1. HQ30D 型便携式溶解氧测定仪采用溶解氧的荧光法测量技术。（　　）

答案：正确

2. HQ30D 型便携式溶解氧测定仪的探头，每次测量前都要用去离子水冲洗以减少干扰。（　　）

答案：正确

3. 使用 HQ30D 型便携式溶解氧测定仪进行测量时，要把探头竖直插入水样中，并不一定没过探头帽。（　　）

答案：错误

正确答案为：应没过探头帽。

4. HQ30D 型便携式溶解氧测定仪的电池室和 USB/DC 电源适配器不是防水的。在潮湿的环境中使用这些装置时，一定要非常小心。（　　）

答案：正确

5. 如果需要完全的可追溯能力，要在 HQ30D 型便携式溶解氧测定仪测量之前输入样品编号和操作人员编号。（　　）

答案：正确

6. 使用 HQ30D 型便携式溶解氧测定仪进行 LDO 电极校准时，可以使用以下两种标准中的任意一种手动完成：水饱和空气和已知溶解氧浓度的水样。（　　）

答案：正确

7. 在 HQ30D 型便携式溶解氧测定仪的选项菜单中，选择测量模式为按键读数时，数据不会自动存储。（　　）

答案：错误

正确答案为：当在 HQ30D 型便携式溶解氧测定仪的选项菜单中，选择测量模式为按键读数时，数据会自动存储下来。

8. HQ30D 型便携式溶解氧测定仪只有两种测量模式：按下即可读数的方式和定期测量。（　　）

答案：错误

正确答案为：HQ30D 型便携式溶解氧测定仪有三种测量模式：按下即可读数的

方式、定期测量和连续测量。

二、选择题

1. HQ30D 型便携式溶解氧测定仪的探头如果被油或脂等污染，可用________或 1% 的盐酸溶液浸泡，再用去离子水冲洗。(　　)

A. 水　　B. 强力洗涤液清洗　　C. 有机溶剂　　D. 去离子水

答案：B

2. 每次使用 HQ30D 型便携式溶解氧测定仪后，探头均应该经清洗晾干后存放在________处。(　　)

A. 潮湿　　B. 任何地方　　C. 清洁干燥　　D. 阴凉

答案：C

3. HQ30D 型便携式溶解氧测定仪电极校准成功后，显示屏的左上角会显示________。(　　)

A. ?　　B. OK　　C. +　　D. √

答案：B

参考文献

HQ 系列便携式测定仪用户手册（5 版）[Z].

命题：沙雪梅　成　群

审核：梁富生　马桂萍

（七）HYDROLAB 5 多功能水质监测仪（美国哈希公司）

判断题

1. HYDROLAB 5 多功能水质监测仪可测定水中蓝藻浓度，但不能测定叶绿素 a 浓度。(　　)

答案：错误

正确答案为：也可以测定叶绿素 a 浓度。

2. 使用 HYDROLAB 5 多功能水质监测仪测定水中叶绿素 a，叶绿素 a 分子被紫外光照射后可发射出特征红色荧光，其荧光强度与叶绿素 a 浓度成正比，据此可采用荧光法对叶绿素 a 进行定量分析。(　　)

答案：正确

3. 使用 HYDROLAB 5 多功能水质监测仪，蓝藻体内的藻清蛋白和藻红蛋白能够受特定光源刺激而发出荧光，该荧光强度与蓝藻浓度成正比，通过测量荧光强度来测量水中蓝藻的细胞浓度。(　　)

答案：正确

4. HYDROLAB 5 多功能水质监测仪配有利用荧光法测定水体中蓝藻浓度的探头，该探头能发出 460 nm 波长的激发光，同时能检测到 685 nm 的发射光。(　　)

答案：错误

正确答案为：测定水体中蓝藻浓度的探头能发出 590 nm 的激发光，同时能检测到 650 nm 的发射光。测定水生植物体内叶绿素 a 含量的探头能发出 460 nm 波长的激发光，同时能检测到 685 nm 的发射光。

5. 蓝藻的生长繁殖及水华的形成受到生物因素的影响。（　　）

答案：错误

正确答案为：蓝藻的生长繁殖及水华的形成受到物理因素（如温度、光照、水动力学等），化学因素（如 N、P、C、微量元素等）和生物因素（如其他藻类的竞争、牧食复杂）的影响。

6. HYDROLAB 5 多功能水质监测仪在每次测定时都需要多次重复，其主要原因是：在比较年际间蓝藻和叶绿素浓度变化时，为了判断是否存在显著差异，需要将测定过程中由随机因素产生的误差纳入考虑。所以每次测定需要重复多次，通过单因素方差分析，判断两组年际间数据是否存在显著性差异。（　　）

答案：正确

参考文献

[1] HYDROLAB 5 型多功能水质监测仪使用说明书 [Z].

[2] 谢平 . 当代杰出青年科学文库：论蓝藻水华的发生机制 [M]. 北京：科学出版社，2007.

命题：铁　程

审核：张榆霞　夏　新

（八）YSI 6600 型水质多参数测定仪（美国维赛仪器公司）

一、填空题

1. YSI 6600 型水质多参数测定仪是一款适用于________测量、________监测与________的多参数仪器。

答案：多点采样　　长期现场　　剖面分析

2. YSI 6600 型水质多参数测定仪可同时监测多达________个参数，同时安装有________个光学传感器。

答案：17　　2

3. YSI 6600 型水质多参数测定仪能同时测量的常规参数包括________、________、________、________、________和________。

答案：温度　　电导率　　盐度　　浊度　　深度或水位　　pH/ 氧化还原电位

4. YSI 6600 型水质多参数测定仪适用于________、________或________的监测。

答案：清洁水　　海水　　污水

5. YSI 6600 型水质多参数测定仪测量水深为 0～________m，测量清洁水中氨氮、________及________为 0～15 m，浊度、________及________标准光学传感器的工作深度为 0～61 m。

答案：200　　硝酸盐氮　　氯化物　　叶绿素　　罗丹明 WT

6. YSI 6600 型水质多参数测定仪探头安装时，应在探头接合处的圆环上涂抹一层薄薄的________。

答案：硅油

7. 使用 YSI 6600 型水质多参数测定仪测定清洁水电导时，校准其电导传感器应使用________mS/cm 校准液。

答案：1

8. 使用 YSI 6600 型水质多参数测定仪测定苦咸水［Brackish water/（或）Alkaline Water］电导时，校准其电导传感器应使用________mS/cm 校准液。

答案：10

9. 使用 YSI 6600 型水质多参数测定仪测定海水电导时，校准其电导传感器应使用________mS/cm 校准液。

答案：50

10. 使用 YSI 6600 型水质多参数测定仪校准浊度传感器时，应确保探头面距离校准杯至少________cm 以上。

答案：2.5

11. 为了得到更准确的结果，YSI 6600 型水质多参数测定仪可以用________冲洗校准杯，然后用少量________冲洗传感器。将清洗溶液倒出，加入新的________。

答案：水　　校准溶液　　校准溶液

二、判断题

1. YSI 6600 型水质多参数测定仪只适用于清洁水的监测。(　　)

答案：错误

　　正确答案为：适用于海水或污水的监测。

2. YSI 6600 型水质多参数测定仪的溶解氧探头新装的膜在校准前，应让其放置至少 1 h，以平复其内应力。(　　)

答案：错误

　　正确答案为：应让其放置至少 8 h。

3. 使用 YSI 6600 型水质多参数测定仪测定海水水体电导时，校准其电导传感器应使用 50 mS/cm 校准液。(　　)

答案：正确

4. 使用 YSI 6600 型水质多参数测定仪测定水中 pH 时，如果已知水体呈酸性或碱性，采用 2 点校准便足够了。(　　)

答案：正确

5. 使用 YSI 6600 型水质多参数测定仪校准酸度前应先把氨氮、硝酸盐氮、氯化物探头拿下。(　　)

答案：正确

6. YSI 6600 型水质多参数测定仪校准氨氮、硝酸盐氮、氯化物探头需要酸度及温度输入，氨氮、硝酸盐氮、氯化物探头、酸度探头、电导 / 温度探头必须同时浸入标

液内。（　　）

答案：正确

7. 使用 YSI 6600 型水质多参数测定仪测定水中 DO 时，测定范围若在 0～20 mg/L，其准确度为读数之 ±1% 或 ±0.1 mg/L，以较大者为准。（　　）

答案：错误

正确答案为：读数之 ±2% 或 ±0.2 mg/L，以较大者为准。

8. YSI 6600 型水质多参数测定仪校准浊度传感器时不得使用白色或半透明器皿作校准。（　　）

答案：正确

9. YSI 6600 型水质多参数测定仪 pH/ 氧化还原电位探头维护必须保存在 2 mol/L 氯化钾溶液中。（　　）

答案：正确

10. YSI 6600 型水质多参数测定仪若短期内不使用，只要保存湿润便可，注入大约 1 cm 的清洁水在校准杯内，也可使用湿润的海绵，须维持杯内湿度＞90%。（　　）

答案：错误

正确答案为：须维持杯内湿度在 100%。

11. YSI 6600 型水质多参数测定仪短期保存时，用水将所有探头冲洗干净，再注入清洁水在校准杯内，把仪器放置在杯内，无须卸下任何探头，把杯密封，探头应浸泡在液体中，定期检查以确保杯内经常含水。（　　）

答案：错误

正确答案为：探头不应浸泡在液体中。

12. YSI 6600 型水质多参数测定仪长期保存时，应卸下除电导、温度及溶解氧探头外的所有探头，溶解氧探头上的电解质溶液及薄膜，应原封不动，把仪器放入注有 400 mL 水的校准杯内，密封以减少水分蒸发。（　　）

答案：正确

三、选择题

1. YSI 6600 型水质多参数测定仪测量水深为 0～________m。（　　）

A. 15　　B. 61　　C. 100　　D. 200

答案：D

2. YSI 6600 型水质多参数测定仪测量叶绿素的标准光学传感器的工作深度为 0～________ m。（　　）

A. 15.2　　B. 61　　C. 100　　D. 200

答案：B

3. YSI 6600 型水质多参数测定仪浊度校准菜单下有三项选择，其中一项为决定探头的感度，为这一项必须做的一个校准点是________。（　　）

A. 0 NUT　　B. 10 NUT　　C. 50 NUT　　D. 100 NUT

答案：A

4. YSI 6600 型水质多参数测定仪的溶解氧探头安装新膜时，为达到最佳效果，使用前

应使新装的膜静置________h，以平复其内应力。(　　)

A. 4　　B. 8　　C. 24

答案：B

5. 使用YSI 6600型水质多参数测定仪校准浊度传感器时不得使用________器皿做校准。(　　)

A. 黑色或深灰色　　B. 玻璃　　C. 白色或半透明

答案：C

6. YSI 6600型水质多参数测定仪不同的参数所用的传感器不同，下列表述有误的是________。(　　)

A. 溶解氧（空气饱和度），传感器：热敏电阻，极谱法

B. 电导率，传感器：四电极流通式电导测量管

C. 深度，传感器：不锈钢应力传感器

D. 酸度，传感器：玻璃复合电极

答案：A

四、问答题

1. YSI 6600型水质多参数测定仪不能用于测量何种水质？

答案：（1）含有大量腐蚀性物质的水质。

（2）能对仪器所安装的任何探头造成污染的水质。

（3）能侵蚀PVC及不锈钢的水质。

2. YSI 6600型水质多参数测定仪溶解氧探头在什么条件下应更换薄膜及电解质溶液？

答案：（1）每次投放前（离线操作）。

（2）最少每隔30 d（采样应用）。

（3）薄膜下能看到气泡。

（4）薄膜或圆环上看到附着物。

（5）出现不稳定数据或其他电极相关问题。

参考文献

YSI Incorporated.6-Series Multiparameter Water Quality Sondes User Manual[Z].（Revision H.）

命题：张竹青　于　凯　武中波　李广柱

审核：池　靖　于　凯

（九）DREL 2800型通用水质实验室（美国哈希公司）

分类号：Por22

一、填空题

1. DREL 2800型通用水质实验室的标准配置包括________、________、________、实验室常用器材、电源、电源线及用户手册等。

答案：DR 2800型便携式分光光度计　HACH数字滴定器　配套试剂

2. DREL 2800 型通用水质实验室所用的 DR 2800 型便携式分光光度计具有优良的________性，其独特的条形码有自动识别功能，无须测定________便能获取实验结果。

答案：光学稳定　　试剂空白

3. DREL 2800 型通用水质实验室所用的 DR 2800 型便携式分光光度计内置有________多种测试方法的应用程序。

答案：240

4. 对 DREL 2800 型通用水质实验室中 DR 2800 型便携式分光光度计进行系统检查时"杂散光测试"用来测量仪器在________nm 的杂散光。

答案：340

5. 使用 DREL 2800 型通用水质实验室中 HACH 数字滴定器时，将清洁的导管装入滴定筒的尾端，插紧即可，不要将导管插得太深，不要超过________。

答案：颈部

二、判断题

1. 使用 DREL 2800 型通用水质实验室中 DR 2800 型便携式分光光度计可测定不包括硫化物、余氯、总氯和碘的项目。(　　)

答案：错误

　　正确答案为：可测定硫化物、余氯、总氯和碘的项目。

2. 使用 DREL 2800 型通用水质实验室中 DR 2800 型便携式分光光度计时，可以用圆珠笔、钢笔笔尖按触摸屏。(　　)

答案：错误

　　正确答案为：不可以用圆珠笔、钢笔笔尖或类似尖锐的物体接触屏幕。

3. DREL 2800 型通用水质实验室中 DR 2800 型便携式分光光度计可自动进行自检，如果仪器检测到任何与上次校准偏差的情况，会建议执行全系统检查。(　　)

答案：正确

4. 对 DREL 2800 型通用水质实验室中 DR 2800 型便携式分光光度计进行系统检查时"波长检查"用来检查 807 nm 的波长精密性。(　　)

答案：错误

　　正确答案为："波长检查"用来检查 807 nm 的波长准确性。

5. 使用 DREL 2800 型通用水质实验室中 HACH 数字滴定器可以测定酸度、碱度、色度、氨氮、亚硝酸盐、硝酸盐、硫酸盐、硫化物、氯化物、总磷、六价铬、总硬度、余氯、总氯和化学需氧量等项目。(　　)

答案：正确

6. 使用 DREL 2800 型通用水质实验室中 HACH 数字滴定器时，测试完毕后，应将活塞按钮向上推动，让活塞不再挤压滴定筒。(　　)

答案：正确

三、选择题

1. 使用 DREL 2800 型通用水质实验室中 DR 2800 型便携式分光光度计时，不要快速连续打开和关闭仪器。再次打开仪器电源前至少等待________s，否则可能损坏电子和机械系统。(　　)

A. 10　　B. 20　　C. 30　　D. 60

答案：B

2. 使用 DREL 2800 型通用水质实验室中 DR 2800 型便携式分光光度计时，曾用于有机溶剂的玻璃试管在清洁剂处理前及干燥前，必须使用________冲洗。(　　)

A. 丙酮　　B. 氯仿　　C. 甲苯　　D. 乙醇

答案：A

3. 对 DREL 2800 型通用水质实验室中 DR 2800 型便携式分光光度计进行系统检查时"吸光率检查"用来检查光度计的________。(　　)

A. 精密性和准确性　　B. 准确性和重复性

C. 精密性和重复性　　D. 准确性和再现性

答案：B

4. DREL 2800 型通用水质实验室中 HACH 数字滴定器所用的滴定筒应依据所要测试的________进行选择。(　　)

A. 参数　　B. 浓度　　C. 参数和浓度

答案：C

5. DREL 2800 型通用水质实验室测定 COD 时，需要采用数字式反应器（如 DRB 200 型）消解水样，为检查加热单元的温度，需要一个空的 HACH 管式瓶，________（约 5 mL）以及一个校准杆型温度计（95～170℃）。(　　)

A. 甘油　　B. 乙醇　　C. 丙酮

答案：A

四、问答题

简述采用 DREL 2800 型通用水质实验室中 HACH 数字滴定器测定氯化物的步骤。

答案：（1）根据仪器量程说明表中信息选择样品的体积和适合的滴定试剂。

（2）将洁净的输液管安装在滴定试剂管上，再将滴定试剂管安装在滴定器上。

（3）旋转滴定器旋钮排出空气和几滴试剂，将计数器归零，并擦去滴管上残余的液体。

（4）用量筒或移液管量取一定体积的样品，倒入 250 mL 锥形瓶中。如果样品的体积少于 100 mL，则用去离子水稀释到 100 mL。

（5）加入一包"氯化物 2"指示剂粉包，振荡混匀。

（6）将输液管置于溶液中，边振荡锥形瓶边旋转滴定器的旋钮，将滴定试剂加入溶液中，直至溶液从黄色变成棕红色。

（7）用仪器量程说明表中的系数来计算浓度。

参考文献

[1] DR 2800 用户手册（第 1 版）[Z].
[2] Digital Titrator Instrument Manual [Z].
[3] Digital Reactor Block 200（DRB200）（Instrument Manual）[Z].

命题：李广柱　张竹青　于　凯　武中波
审核：于　凯　池　靖

（十）DR2800 型便携式分光光度计（美国哈希公司）

一、判断题

1. 使用 DR2800 型便携式分光光度计过程中，清洁玻璃试管时，应先用刷子和清洁剂刷洗，再分别用清水和去离子水冲洗干净。（　　）

答案： 错误

正确答案为： 不能用刷子等尖锐清洁设备清洗，以免划伤光学仪器表面。

2. 对 DR2800 型便携式分光光度计进行任何清洁操作前，均应始终关闭电源并取下电池。（　　）

答案： 正确

3. DR2800 型便携式分光光度计应稳固地放置在平坦的桌面上，其顶部和侧面留出的间隙大小没有严格要求，可根据实验室条件而定。（　　）

答案： 错误

正确答案为： 应保持约 15 cm（或 6 in）的间隙，供空气流动，以防电气元器件过热。

4. DR2800 型便携式分光光度计具有数据存储功能，可存储 500 组数据及 50 个用户自定义程序。（　　）

答案： 正确

5. 使用 DR2800 型便携式分光光度计时，不要快速地连续打开和关闭仪器。再次打开仪器电源前至少等待 20 s，否则可能损坏电子和机械系统。（　　）

答案： 正确

6. DR2800 型分光光度计的操作模式有两种，即吸光度和浓度。（　　）

答案： 错误

正确答案为： DR2800 型分光光度计的操作模式有透射率、吸光度和浓度三种。

7. DR2800 型便携式分光光度计波长为 280～900 nm，可根据方法自动选择波长，具有波长自动校准功能。（　　）

答案： 错误

正确答案为： 波长为 340～900 nm。

8. DR2800 型分光光度计的定时器设置仅在仪器用电池作电源时才可使用。（　　）

答案： 正确

9. 如果 DR2800 型分光光度计内存已满，不会自动删除数据。(　　)

答案：错误

正确答案为：如果 DR2800 型分光光度计内存已满，则会自动删除最久的数据，以允许存储新的数据。

10. 可用溶剂（如石油馏出物、丙酮等）清洁 DR2800 型分光光度计、显示屏或附件。(　　)

答案：错误

正确答案为：任何情况下都不应用溶剂（例如，石油馏出物、丙酮等）清洁 DR2800 型分光光度计、显示屏或附件。

二、选择题

1. DR2800 型便携式分光光度计应在________℃环境内使用，相对湿度应小于________%，仪器上不能出现水汽冷凝现象。(　　)

A. 10～30，60　　B. 10～40，60

C. 10～40，80　　D. 10～50，80

答案：C

2. 使用 DR2800 型分光光度计时，曾用于装有机溶剂（例如，氯仿、苯和甲苯等）的玻璃试管必须用________冲洗。(　　)

A. 丙酮　　B. 酸　　C. 碱　　D. 水

答案：A

3. DR2800 型分光光度计的“波长检查”测试用来检查________nm 的波长准确性。(　　)

A. 280　　B. 420　　C. 510　　D. 807

答案：D

4. 将 DR2800 型分光光度计锂电池充电到 100% 的最佳环境温度是________。(　　)

A. 10℃以下　　B. 10～30℃

C. 30℃以上　　D. 任何温度下

答案：B

5. DR2800 型分光光度计测量显示吸光率________时，需要稀释样本后再测量。(　　)

A. 大于 2.5　　B. 小于 2.5　　C. 大于 3.5　　D. 小于 3.5

答案：C

参考文献

[1] DR2800 型便携式分光光度计用户手册（第一版）[Z].

[2] 哈希水质实用手册（第五版）[Z].

命题：张　园　沙雪梅　成　群　关玉春

审核：梁富生　关玉春　马桂萍

（十一）OTT ADC 便携式超声波流量计（德国奥特系统股份有限公司）

一、判断题

1. 使用 OTT ADC 便携式超声波流量计进行测量时，若横截面为规范的横截面，水利条件比较适合的站点可以在水域的垂直长度处找到，而且河床梯度要尽可能保持一致。（　　）

答案：正确

2. 使用 OTT ADC 便携式超声波流量计进行测量时，具有静止区以及涡流的测量横截面对测量无影响。（　　）

答案：错误

正确答案为：具有静止区以及涡流的测量横截面对测量有影响。

3. 使用 OTT ADC 便携式超声波流量计进行测量时，垂线的个数和位置取决于测量横截面的几何形状以及准备进行的测量和评估方法。（　　）

答案：正确

4. OTT ADC 便携式超声波流量计的传感器和手持控制器的密码必须是相互对应的。（　　）

答案：错误

正确答案为：序列号必须是相互对应。

5. 使用 OTT ADC 便携式超声波流量计进行测量时，水中的盐度对测量无影响。（　　）

答案：错误

正确答案为：水中的盐度对测量有影响。

6. 使用 OTT ADC 便携式超声波流量计进行测量时，速度测量的方法只有两点测量方法。（　　）

答案：错误

正确答案为：速度测量的方法有两点测量方法和多点测量方法。

7. OTT ADC 便携式超声波流量计不用的时候，手持控制器上的端口应用特殊的保护盖封闭起来。（　　）

答案：正确

8. 对 OTT ADC 便携式超声波流量计进行维护时，要使用湿布或强溶剂、清洗剂或腐蚀性制剂擦拭手持控制器。（　　）

答案：错误

正确答案为：应使用微湿的绒布擦拭手持控制器。

9. 对 OTT ADC 便携式超声波流量计进行维护时，需要定期检查超声波变频器是否被污染。必要的话，可以使用绒布或软刷清洗变频器。（　　）

答案：正确

10. 在校准期间，OTT ADC 便携式超声波流量计的传感器必须位于水体内。（　　）

答案：错误

正确答案为：在校准期间，传感器必须位于水体外。

11. 使用 OTT ADC 便携式超声波流量计进行测量时，传感器的理想安装位置是传感器的顶部所对应的方向要与水流方向一致，传感器的对称轴要与测量横截面垂直，传感器的周围无障碍物。(　　)

答案：错误

正确答案为：传感器的理想安装位置是传感器的顶部所对应的方向要与水流方向相反。

12. 使用 OTT ADC 便携式超声波流量计进行测量时，第一校准是在开始测量之前，在手持控制器的帮助下进行的，在测量期间，每隔 30 min，都需要通过手持控制器的用户界面重复进行校准。(　　)

答案：正确

二、选择题

1. 在 OTT ADC 便携式超声波流量计的传感器顶部安装有________个超声波发射器。(　　)

A. 1　　B. 2　　C. 3　　D. 4

答案：B

2. 使用 OTT ADC 便携式超声波流量计测量流速时，发射器发射________信号。(　　)

A. 声波　　B. 次声波　　C. 超声波

答案：C

3. 使用 OTT ADC 便携式超声波流量计测量流速时，发射器发出的信号被水路中________反射，以回波信号的形式返回。(　　)

A. 阳离子盐类　　B. 阴离子盐类　　C. 颗粒物　　D. 无机盐

答案：C

4. OTT ADC 便携式超声波流量计的传感器只能在流量测量开始的时候放入水中，传感器的深度至少为________cm。(　　)

A. 1　　B. 1.5　　C. 2　　D. 2.5

答案：C

5. 使用 OTT ADC 便携式超声波流量计进行测量时，当水域的宽度大于 1 m 且小于 3 m 的时候，垂线的个数应为________个。(　　)

A. 1～3　　B. 3～5　　C. 5～8　　D. 7～10

答案：C

6. 使用 OTT ADC 便携式超声波流量计进行测量时，近边和远边之间的距离至少要在________m 以上。(　　)

A. 0.5　　B. 0.8　　C. 1.0　　D. 1.5

答案：A

7. 使用 OTT ADC 便携式超声波流量计进行测量时，速度测量的方法共有________种可供选择。(　　)

A. 5　　B. 8　　C. 11　　D. 15

答案：C

8. 使用 OTT ADC 便携式超声波流量计进行测量时，深度的测量范围为________m。( )

A. 0～1　B. 0～3　C. 0～5　D. 0～7

答案：C

9. 使用 OTT ADC 便携式超声波流量计进行测量时，在某一个点的测量时间至少需要________s。( )

A. 10　B. 20　C. 30　D. 40

答案：C

10. 使用 OTT ADC 便携式超声波流量计进行测量时，角度流的角度低于________度时，速度的测量不受影响。( )

A. 5　B. 10　C. 20　D. 30

答案：B

参考文献

OTT ADC 便携式超声波流量计仪器说明书 [Z].

命题：孔令冬　杜晓玮　王晋生
审核：梁富生　马桂萍

（十二）ToxScreen-Ⅱ Test 型毒性分析仪（以色列 Check Light 公司）

分类号：Por5

一、判断题

1. ToxScreen-Ⅱ Test 型毒性分析仪是一种基于生物传感器技术的毒性检测系统。( )

答案：正确

2. ToxScreen-Ⅱ Test 型毒性分析仪测试结果的阳性对照光损失应大于 40%，否则应重新测试。( )

答案：错误

正确答案为：测试结果的阳性对照光损失应大于 50%。

3. 采用 ToxScreen-Ⅱ Test 型毒性分析仪时，应使用与待测水样类似的清水用于对照水。( )

答案：正确

4. 水中氯及其副产物的存在会导致细菌发光强度的下降。( )

答案：正确

5. 使用 ToxScreen-Ⅱ Test 型毒性分析仪时，测试前应用清洗剂、酸或溶剂清洗玻璃移液管或吸头。( )

答案：错误

正确答案为：测试前应用清水清洗玻璃移液管或吸头。

6. ToxScreen-Ⅱ Test 型毒性分析仪是根据发光细菌在新陈代谢时发光强度的变化进行

定性和定量检测。(　　)

答案：正确

7. 使用 ToxScreen-Ⅱ Test 型毒性分析仪进行测定时，冻干发光细菌应保存在 -8～0℃的低温冰箱中，保存期为 1 年。(　　)

答案：错误

正确答案为：冻干发光细菌应保存在 -20～-14℃的低温冰箱中。

8. 使用 ToxScreen-Ⅱ Test 型毒性分析仪进行测定时，要将活化后细菌保存在 2～4℃的水中，在向多个样品中加入细菌时速度要快，以防止细菌活化时间不同而造成的误差。(　　)

答案：正确

9. 可以使用 ToxScreen-Ⅱ Test 型毒性分析仪直接测定自来水样品。(　　)

答案：错误

正确答案为：自来水中的余氯及其副产物的存在会导致细菌发光强度的下降。因此，在对自来水进行测定时需要进行水样的脱氯处理。2 mg/m^3 以上的氯可以加入 100 mg/m^3 的硫代硫酸钠来消除。

10. ToxScreen-Ⅱ Test 型毒性分析仪检测管可以重复使用。(　　)

答案：错误

正确答案为：检测管不可以重复使用。

11. ToxScreen-Ⅱ Test 型毒性分析仪采用发光细菌作为高度灵敏和精确的生物传感器。(　　)

答案：正确

12. ToxScreen-Ⅱ Test 型毒性分析仪可以使用清洁剂、酸性液体或溶剂洗涤吸液管、吸管端或玻璃器皿。(　　)

答案：错误

正确答案为：只能用水洗涤吸液管、吸管端或玻璃器皿。

13. ToxScreen-Ⅱ Test 型毒性分析仪适用于检测地下水、饮用水、地表水、径流水中的重金属及有机污染物。(　　)

答案：正确

14. ToxScreen-Ⅱ Test 型毒性分析仪测定结果为 EC30 时，表示 70% 的抑制浓度。(　　)

答案：正确

二、选择题

1. ToxScreen-Ⅱ Test 型毒性分析仪的发光细菌冻干粉需在________条件下保存。(　　)

A. 低温冷冻　　B. 高温　　C. 常温　　D. 低温冷藏

答案：A

2. ToxScreen-Ⅱ Test 型毒性分析仪的试样配好后，需在________℃温度下培养 1 h 后开机测量发光强度。(　　)

A. 0～4　　B. 40～50　　C. 23～29　　D. 10～20

答案：C

3. ToxScreen-Ⅱ Test 型毒性分析仪的原理是：水体中的有毒成分会影响发光细菌改变其________（在大多数情况下是起抑制作用），以此来检测水中的生物毒性。（ ）

A. 光线发射强度　　B. 活性　　C. 形态　　D. 功能

答案：A

4. ToxScreen-Ⅱ Test 型毒性分析仪的发光细菌冻干粉在使用时应加入储存缓冲液，并在________℃的温度内放置________h。（ ）

A. 2～4，1　　B. 15～25，1　　C. 15～25，3　　D. 2～4，3

答案：D

5. 用 ToxScreen-Ⅱ Test 型毒性分析仪进行毒性检测，如果检测结果为阳性，即≥______光线抑制，则重复检测过程。（ ）

A. 20%　　B. 30%　　C. 50%　　D. 0

答案：C

参考文献

ToxScreen-Ⅱ Test 型毒性分析仪使用说明书 [Z].

命题：杨晓红　杜晓玮　王建兴

审核：张榆霞　梁富生　马桂萍

第二章　气体监测

分类号：Por2

（一）DX 4020 型便携式傅立叶变换红外多组分气体分析仪（芬兰 GASMET 公司）

一、判断题

1. DX 4020 型便携式傅立叶变换红外多组分气体分析仪可分析在中红外光波长范围从 900～4 200 cm^{-1} 有光谱吸收的全部气体。(　　)

答案：正确

2. 在 DX 4020 型便携式傅立叶变换红外多组分气体分析仪中，某一种光源可以发射任意强度和任意波段的辐射光。(　　)

答案：错误

正确答案为：某一种光源只能发射一定强度的某一波段的辐射光。

3. DX 4020 型便携式傅立叶变换红外多组分气体分析仪中电子线路系统包括：红外干涉光信号接收、转换和处理线路；激光干涉光信号接收、转换和处理线路；干涉仪自动调整线路。(　　)

答案：正确

4. DX 4020 型便携式傅立叶变换红外多组分气体分析仪具有扫描速度快、分辨率高、波数精度高、灵敏度高、光谱范围宽、时域和频域信息表示清晰的特点。(　　)

答案：正确

5. 当 DX 4020 型便携式傅立叶变换红外多组分气体分析仪使用后，用清洁空气来清洗气室。(　　)

答案：错误

正确答案为：必须用纯氮气来清洗气室。

6. DX 4020 型便携式傅立叶变换红外多组分气体分析仪配置了便携式电池，在电池长期闲置的情况下，应确保每半年充电一次。(　　)

答案：错误

正确答案为：在电池长期闲置的情况下，应确保每 1 个月充电一次。

7. 在使用 DX 4020 型便携式傅立叶变换红外多组分气体分析仪分析样品残差图时，要扣除 CO_2 和 H_2O 的吸收峰，这是因为 CO_2 和 H_2O 在某几个特殊波段的吸收峰比较高，不具备线性特征，所以要扣除。(　　)

答案：正确

8. DX 4020 型便携式傅立叶变换红外多组分气体分析仪的原理是基于不同原子组成的

气体分子对红外辐射有选择性吸收。采用光的干涉原理，通过傅立叶变换数字处理来获得红外光谱，并与标准图库相比较，对气体进行定性和定量分析。(　　)

答案：正确

9. 在使用仪器前，先将 DX 4020 型便携式傅立叶变换红外多组分气体分析仪与电脑连接，用氮气作背景（应急监测时可以用空气作背景），将氮气接入标有 ZEROIN 的管口，同时将阀箭头指向 ZEROIN。(　　)

答案：正确

10. 使用 DX 4020 型便携式傅立叶变换红外多组分气体分析仪进行测定，观察傅立叶样品光谱图时，正常情况下样品的光谱吸收峰的高度应比较稳定，且峰高应在 0.8（无量纲）以下。如果峰高太高，就需要抽取干净的空气进行稀释。(　　)

答案：正确

11. 对 DX 4020 型便携式傅立叶变换红外多组分气体分析仪进行背景标定前，应确保仪器在一个稳定的状态，即样品室和干涉仪的温度要保持恒定。(　　)

答案：正确

12. DX 4020 型便携式傅立叶变换红外多组分气体分析仪测试样品前实施背景标定时，包括如下步骤：先接通纯氮气（应急监测时可以用空气），检查仪器硬件状态，确保干涉图高度达到某一稳定值；然后选择测量时间，将泵关闭；再选择连续测量，此时光谱图中 CO_2 和 H_2O 的吸收峰会越来越小，直到达到一稳定高度；选择零点校准，此时光谱图为一直线。选择测量时间为 1 min，再次选择零点校准，待校准完成后，背景标定完成。(　　)

答案：正确

二、选择题

1. 在检查 DX 4020 型便携式傅立叶变换红外多组分气体分析仪状态时，气室温度应至少达到________℃，用手感觉在 OUT 出口有气体喷出即可，并观察干涉图高度值是否达到一个稳定值，如已经达到，表示气室内部已经充满氮气。(　　)

A. 40　　B. 50　　C. 60　　D. 70

答案：B

2. 在使用 DX 4020 型便携式傅立叶变换红外多组分气体分析仪进行应急监测时，样品测试的测量时间一般设为________，开泵时间设为________。(　　)

A. 1 s，连续　　B. 1 s，间歇

C. 1 min，连续　　D. 1 min，间歇

答案：A

3. 在应急监测过程中，当使用 DX 4020 型便携式傅立叶变换红外多组分气体分析仪进行样品分析时，在工具栏上点击“残差”，就会得到扣除________和________的残差图。(　　)

A. 水，氧气　　B. 水，氮气

C. 二氧化碳，氧气　　D. 水，二氧化碳

答案：D

4. 在使用 DX 4020 型便携式傅立叶变换红外多组分气体分析仪进行样品定性分析时，不必对残差图中的所有峰进行分析，一般选择峰高大于________的峰，对其进行分析即可。(　　)

A. 0.2　　B. 0.1　　C. 0.05　　D. 0.01

答案：D

5. 在使用 DX 4020 型便携式傅立叶变换红外多组分气体分析仪进行样品分析时，最终得到的分析结果会显示样品中各组分的浓度，在进行定性分析时，对于浓度较低的成分可以舍去，一般去除浓度在________mg/L 以下的成分。(　　)

A. 0.1　　B. 0.3　　C. 0.5　　D. 1

答案：C

6. 在使用 DX 4020 型便携式傅立叶变换红外多组分气体分析仪进行光谱图分析时，选择的分析范围（波数范围）不宜过窄，一般不小于________/cm。(　　)

A. 50　　B. 100　　C. 200　　D. 500

答案：C

参考文献

[1] 国家环境保护总局《空气和废气监测分析方法》编委会 . 空气和废气监测分析方法（第四版）[M]. 北京：中国环境科学出版社，2003.

[2] DX 4020 型便携式傅立叶变换红外多组分气体分析仪操作手册 [Z].

命题：徐　彬

审核：关玉春

（二）Gasmet DX 4010 型傅立叶变换红外光谱气体分析仪（芬兰 Tement 公司）

判断题

1. Gasmet DX 4010 型傅立叶变换红外光谱气体分析仪的样品气室需预热到 50℃才可开始工作。(　　)

答案：正确

2. Gasmet DX 4010 型傅立叶变换红外光谱气体分析仪需要用高纯氮气或清洁空气做背景光谱。(　　)

答案：正确

3. Gasmet DX 4010 型傅立叶变换红外光谱气体分析仪的红外光源，可以每天 24 h 连续工作 2 年以上。(　　)

答案：正确

4. Gasmet DX 4010 型傅立叶变换红外光谱气体分析仪能够分析在红外光谱中有特征吸收峰的气体，惰性气体及 O_2 和 N_2 等双原子共核分子除外。(　　)

答案：错误

正确答案为： Gasmet 对谱库之外的气体不能显示组分名称，但可以显示出吸收谱线，有经验的用户可以根据此谱线定性处理未知气体。

参考文献

Gasmet DX 4010 型傅立叶变换红外光谱仪使用说明书 [Z].

命题：黄　田
审核：张榆霞

（三）zNose 4300 型快速气相色谱仪（美国 EST 公司）

判断题

1. zNose 4300 型快速气相色谱仪采用快速气相色谱技术对样品进行分离，然后用表面声波检测器进行检测。(　　)

答案： 正确

2. 为了提高仪器的便携性，在加快测定速度但不影响分离效果的同时，zNose 4300 型快速气相色谱仪采用长度为 3 m 的色谱柱对样品进行分离。(　　)

答案： 错误

正确答案为： 采用长度为 1 m 的色谱柱对样品进行分离。

3. zNose 4300 型快速气相色谱仪可用于挥发性有机物的测定，但不适于半挥发性有机物的测定。(　　)

答案： 错误

正确答案为： 适用于挥发性有机物和半挥发性有机物的测定。

4. zNose 4300 型快速气相色谱仪采用保留指数定性分析，采用标准样品定量分析。(　　)

答案： 正确

5. zNose 4300 型快速气相色谱仪定性分析采用正构烷烃 C_6～C_{14}、正构烷烃 C_{11}～C_{22} 或正构烷烃 C_6～C_{22} 为标准进行校准，然后进行对比定性。(　　)

答案： 正确

6. zNose 4300 型快速气相色谱仪分离适用的载气为氦气。(　　)

答案： 正确

7. zNose 4300 型快速气相色谱仪分离检测系统包括六通阀、温控装置、预浓缩管、气相色谱柱和表面声波检测器（SAW）。(　　)

答案： 正确

8. 使用 zNose 4300 型快速气相色谱仪时需要检查载气压力，低于 400 psi 时需要充气，充气不要超过 1 000 psi。(　　)

答案： 正确

9. 使用 zNose 4300 型快速气相色谱仪时，C_{11}～C_{22} 正构烷烃和 C_6～C_{22} 正构烷烃只能在使用 DB624 色谱柱时进样。(　　)

答案： 错误

正确答案为：C_{11}～C_{22}正构烷烃和C_6～C_{22}正构烷烃只能在使用DB5色谱柱时进样。

命题：白海强
审核：陈 蓓 池 靖

（四）CMS200型便携式气相色谱仪（美国英富康公司）

一、判断题

1. CMS200型便携式气相色谱仪适用于环境空气、饮用水、地下水、工业废水、生活污水和地表水中的挥发性有机物分析。（ ）

答案：正确

2. CMS200型便携式气相色谱仪所使用的检测器是微氩离子检测器，它提供了电离电位在11.7 eV或以下的有机化合物的灵敏检测，相对于电离电位为10.6 eV的光离子化检测器（PID）来说，能够检测更多的物质。（ ）

答案：正确

3. CMS200型便携式气相色谱仪载气和校准气充气压力不得超过1 800 psi，为确保稳定运行，当载气压力低于300 psi时，需再次充满。（ ）

答案：错误

正确答案为：当载气压力低于500 psi时，需再次充满。

4. CMS200型便携式气相色谱仪常规柱工作压力为：毛细管柱6～15 psi，填充柱为18～30 psi。（ ）

答案：正确

5. CMS200型便携式气相色谱仪的两种工作模式为校准模式和样品分析模式。（ ）

答案：正确

6. CMS200型便携式气相色谱仪使用浓缩管进样分析时，样品可以使用二硫化碳作为溶剂。（ ）

答案：错误

正确答案为：不能使用二硫化碳作为溶剂，因为二硫化碳溶剂会残留在浓缩管中难以洗脱，从而影响仪器的正常使用。

7. CMS200型便携式气相色谱仪可实现无人值守在线分析。（ ）

答案：正确

8. CMS200型便携式气相色谱仪可选择单点校准或者多点校准模式进行分析校准。（ ）

答案：正确

二、选择题

1. CMS200型便携式气相色谱仪微氩离子检测器所使用的载气是高纯________。（ ）

A. 氦气　　B. 氢气　　C. 氮气　　D. 氩气

答案：D

2. CMS200 型便携式气相色谱仪专用色谱柱的最高使用温度为________℃。(　　)

A. 100　　B. 153　　C. 179　　D. 250

答案：C

3. CMS200 型便携式气相色谱仪的微氩离子检测器中包含有固态的________放射性同位素，按照美国原子能管理委员会（NRC）规程，此离子源无须擦拭测试，检测器单元无须维护。(　　)

A. 氕化钛　　B. 氘化钛　　C. 氚化钛　　D. 镍 -63

答案：C

三、问答题

如何为 CMS200 型便携式气相色谱仪内置载气贮存钢瓶进行充气？

答案：（1）首先用不锈钢管线将外置载气钢瓶分压阀与仪器载气接口连接。

（2）打开仪器内置钢瓶阀和外置载气钢瓶阀，分压阀压力调至 400 psi 左右，关闭外置载气钢瓶总阀，打开外置载气钢瓶分压阀泄压开关，将仪器内置钢瓶及不锈钢管线内残留的空气排出。重复以上排气操作两次。

（3）将分压阀压力调至 1 200 psi 左右，保持 5 min 后关闭外置载气钢瓶总阀。

（4）关闭仪器内置钢瓶阀，打开分压阀泄压开关，取下不锈钢管线，充气完毕。

四、计算题

1. 室温下将 1.0 μl 甲苯注入装有载气的 10.0 L 气袋中，计算气袋中甲苯的体积浓度（ppm）（室温为 25℃，大气压力为 101.3 kPa，室温下甲苯的密度为 0.867 g/cm^3，甲苯的摩尔质量为 92.1 g/mol）。

答案：$$C_p=\frac{22.4}{\mathrm{M}}\times C=\frac{22.4}{\mathrm{M}}\times\frac{m}{V_0}=\frac{22.4}{\mathrm{M}}\times\frac{\rho\times v\times p_0\times T_t}{V_t\times P_t\times T_0}$$

$$=\frac{22.4}{92.1}\times\frac{0.867\times1.0\times10^{-3}\times(273+25)}{10.0\times273}=23.0\ (\mathrm{mg/L})$$

式中：C_p——甲苯的体积浓度，mg/L；

22.4——标准状况下（273K，101.3 kPa）气体的摩尔体积，L/mol；

M——甲苯的摩尔质量，g/mol；

C——标准状况下甲苯的质量浓度，mg/m^3；

m——甲苯的质量，mg；

V_0——标准状况下气体的总体积，m^3；

ρ——室温下甲苯的密度，g/cm^3；

v——室温下甲苯的体积，μl；

P_0——标准状况下的大气压力，101.3 kPa；

T_t——室温下的绝对温度，K；

V_t——室温下气体的总体积，m^3；

P_t——室温下的大气压力，kPa；

T_0——标准状况下的绝对温度，273 K。

2. 室温下将 2.0 μL 三氯乙烯注入装有载气的 10.0 L 气袋中，计算气袋内三氯乙烯的体积浓度（mg/L）（室温为 25℃，大气压力为 101.3 kPa，室温下三氯乙烯的密度为 1.461 g/cm^3，三氯乙烯的摩尔质量为 131.4 g/mol）。

答案：$C_{\mathrm{p}}=\dfrac{22.4}{\mathrm{M}}\times C=\dfrac{22.4}{\mathrm{M}}\times\dfrac{m}{V_0}=\dfrac{22.4}{\mathrm{M}}\times\dfrac{\rho\times v\times p_0\times T_{\mathrm{t}}}{V_{\mathrm{t}}\times P_{\mathrm{t}}\times T_0}$

$$=\frac{22.4}{131.4}\times\frac{1.461\times 2.0\times 10^{-3}\times(273+25)}{10.0\times 273}=54.4\ (\mathrm{mg/L})$$

命题：蒋建宏

审核：李丽和　田　艳　池　靖

（五）HAPSITE smart 型便携式气相色谱－质谱仪（美国英富康公司）

一、判断题

1. HAPSITE smart 型便携式气相色谱－质谱仪一般有两种真空泵，分别是非蒸发吸气剂泵（NEG）和离子泵。（　　）

答案：正确

2. 采用 HAPSITE smart 型便携式气相色谱－质谱仪分析水中有机污染物时，目标组分的沸点一般不高于 300℃，水样 pH 为 2～11。（　　）

答案：错误

正确答案为：目标组分的沸点一般不高于 250℃。

3. 采用 HAPSITE smart 型便携式气相色谱－质谱仪分析高浓度样品时，在关机前需要运行至少 1 次样品空白。（　　）

答案：正确

4. HAPSITE smart 型便携式气相色谱－质谱仪每工作 8 h 或开机后会执行自动调谐，以保证仪器正常工作。（　　）

答案：正确

5. 采用 HAPSITE smart 型便携式气相色谱－质谱仪分析空气中有机污染物，在运行 Survey（速查）模式时，样品不经过气相色谱系统，而是直接进入质谱系统中进行检测，用于快速分析和取得试探性结果。（　　）

答案：正确

6. HAPSITE smart 型便携式气相色谱－质谱仪待机模式可以分为冷待机和扩展待机，前者需要使用服务模块，后者不需要附加服务模块。（　　）

答案：正确

7. HAPSITE smart 型便携式气相色谱－质谱仪在长期不使用的情况下可以长期关机。（　　）

答案：错误

正确答案为：需定期维护，每 3 周至少运行一次，建议仪器状态为长期待机。

8. HAPSITE smart 型便携式气相色谱－质谱仪与顶空进样系统的连接管线具有方向性，

方向不能接反。(　　)

答案：正确

9. HAPSITE smart 型便携式气相色谱－质谱仪的 Loop 和 Tri-Bed 浓缩器均没有方向性，可任意安装。(　　)

答案：错误

正确答案为：Loop 定量环没有方向性，但 Tri-Bed 浓缩器有方向性，安装时必须是光滑的金属套管向下，带槽的金属套管向上。

10. HAPSITE smart 型便携式气相色谱－质谱仪的 Tri-Bed 浓缩器和 Tenax 浓缩器主要用于分析浓度为 μg/L 级的样品。(　　)

答案：正确

11. HAPSITE smart 型便携式气相色谱－质谱仪的 Tenax 浓缩器不能有效地浓缩沸点低于 80℃的化合物。(　　)

答案：正确

12. HAPSITE smart 型便携式气相色谱－质谱仪采集的样品不能是强酸或强碱物质，而且不能选择二硫化碳作为溶剂。(　　)

答案：正确

13. HAPSITE smart 型便携式气相色谱－质谱仪不工作时，载气气瓶和内标气气瓶无须拔出，可长期放置在仪器上。(　　)

答案：错误

正确答案为：应将载气气瓶和内标气气瓶拔出，否则长期放置在仪器中会造成气瓶中气体的泄漏。

14. HAPSITE smart 型便携式气相色谱－质谱仪的 Survey（速查）模式是让样品直接进入质谱仪中，但是过量的样品进入系统会导致真空的压力升高，缩短仪器寿命。(　　)

答案：正确

15. 当 HAPSITE smart 型便携式气相色谱－质谱仪的分子涡轮泵运转时，可以移动服务模块。(　　)

答案：错误

正确答案为：当涡轮分子泵运转时，切勿移动服务模块，否则容易造成对仪器的损害。

16. 采用 HAPSITE smart 型便携式气相色谱－质谱仪分析气体样品中挥发性有机物时，在采样前运行样品空白，其主要作用是了解本底的清洁程度、了解仪器的工作状况。(　　)

答案：正确

17. 采用 HAPSITE smart 型便携式气相色谱－质谱仪进行样品测试过程中，质谱图中显示红色报警，说明采集到的或测试样品浓度过高。(　　)

答案：正确

18. 采用 HAPSITE smart 型便携式气相色谱－质谱仪进行污染源气体样品测试过程中，若质谱图中显示红色报警，要将探头远离污染源，或立刻结束采样，并且多次运行

空白样品。(　　)

答案： 正确

二、选择题

1. HAPSITE smart 型便携式气相色谱－质谱仪使用的载气是________。(　　)

A. 氦气　B. 氮气　C. 氩气　D. 氢气

答案： B

2. 使用 HAPSITE smart 型便携式气相色谱－质谱仪，当测定的物质浓度较高（达 mg/L 级以上）时，HAPSITE 应使用________进行定量。(　　)

A. Tri-bed 浓缩器　B. Tenax 浓缩器　C. Loop 定量环

答案： C

3. 采用 HAPSITE smart 型便携式气相色谱－质谱仪分析气体样品中的有机污染物，当采样时间为 30 s 时，对应的内标溴五氟苯（BPFB）的浓度为________μg/L。(　　)

A. 10　B. 20　C. 30　D. 40

答案： B

4. HAPSITE smart 型便携式气相色谱－质谱仪的 NEG 泵可以抽除________。(　　)

A. 氩气　B. 氖气　C. 氮气　D. 氦气

答案： C

5. HAPSITE smart 型便携式气相色谱－质谱仪的离子泵可以抽除________。(　　)

A. 氧气　B. 氦气　C. 氮气　D. 二氧化碳

答案： B

命题：邓敏军　兰　杰　王晋生
审核：田　艳　马桂萍

（六）HAPSITE 型便携式气相色谱－质谱分析仪（瑞士 INFICON 公司）

一、判断题

1. 若 HAPSITE 的探头和探头管线被污染，可将探头及管线取下，注入乙醇进行清洗。(　　)

答案： 错误

正确答案为： 注入甲醇进行清洗。

2. HAPSITE 型便携式气相色谱－质谱分析仪可测量的质量范围为 1～200 amu，柱温度范围为 60～180℃，样品的 pH 为 2～11，样品的化合物组成为 1～12 碳原子。(　　)

答案： 错误

正确答案为： 质量范围为 1～300 amu。

3. HAPSITE 型便携式气相色谱－质谱分析仪使用高纯氩气作为其工作时的载气。(　　)

答案： 错误

正确答案为：使用高纯氮气作为其工作时的载气。

4. 使用 HAPSITE 型便携式气相色谱－质谱分析仪进行测定时，若 HAPSITE 启用延续性待用模式，不需要卸下载气和内部标准气瓶。（ ）

答案：错误

正确答案为：需要卸下载气和内部标准气瓶。

5. 使用 HAPSITE 型便携式气相色谱－质谱分析仪进行测定时，NEG 泵的预期寿命约为 150 h。如 NEG 泵已用 70 h 或以下，可试着用烘烤扩展 NEG 泵的寿命。（ ）

答案：正确

6. 使用 HAPSITE 型便携式气相色谱－质谱分析仪进行测定时，为冲净 HSS，用 HSS 针头在清洁的、空的冲净样瓶中运行一次空白样品。某些情况下需运行一次以上的空白样品。（ ）

答案：正确

二、选择题

1. HAPSITE 型便携式气相色谱－质谱分析仪内部标准气体的作用有两个，一个是提供已知的滞留时间，另一个是________。（ ）

A. 标定仪器　　B. 可执行浓度估值

C. 作为参比气体

答案：B

2. HAPSITE 型便携式气相色谱－质谱分析仪中 MS 部分的真空高于________Pa 时，HAPSITEER 型便携式 GC/MS 分析仪不能运行。（ ）

A. 6×10^{-2}　　B. 6×10^{-3}　　C. 6×10^{-4}

答案：B

3. 为保证 HAPSITE 型便携式气相色谱－质谱分析仪中 MS 部分的性能要求，在启动时和连续运行________h 后，仪器开始进行自动调谐。（ ）

A. 6　　B. 8　　C. 12

答案：B

4. 使用 HAPSITE 型便携式气相色谱－质谱分析仪测定时，若载气压力低于________kPa，仪器设备调谐失败，或不能正常工作。（ ）

A. 200　　B. 300　　C. 400

答案：C

5. HAPSITE 型便携式气相色谱－质谱分析仪中的质谱仪必须工作于真空中，其原因包括________。（ ）

（1）从离子源通过四极杆场进入电子倍增器将近 1 ft① 的行程中，必须不与其他分子发生碰撞（因为碰撞将改变其行程或电荷量）。

（2）被分析的气体必须不受到其他未知气体的干扰。

（3）产生的电子的热灯丝不能经受存在氧的大气压环境。

① 1 ft（1 英尺）=0.304 8 m。

A.（1）和（2）　　B.（2）和（3）
C.（1）和（3）　　D.（1）～（3）

答案：D

三、问答题

1. 简述 HAPSITE 型便携式气相色谱－质谱分析仪使用中，速查方法的操作步骤。

答案：（1）从面板上的主菜单选 1. 运行方法和按“SEL”；
（2）点亮 Survey 和按“SEL”；
（3）等待加热器控制设定的温度；
（4）按面板或探头上的“RUN”，取样前等待 1 min；
（5）拿住探头对准样品 1 min；
（6）按“RUN”停止取样，并保存数据结果。

2. 简述 HAPSITE 型便携式气相色谱－质谱分析仪使用中，用样品环的 GC/MS 模式的操作步骤，即 Loop 法的操作步骤。

答案：（1）从面板上的主菜单选运行方法，并按“SEL”；
（2）选 GCMS，并按“SEL”；
（3）选 Loop，并按“SEL”；
（4）选空气 15 min 环方法，并按“SEL”；
（5）等待加热器达到控制的设定温度；
（6）当出现提示时，从面板或探头上按“RUN”；
（7）在整个 Loopfill 时间内拿住探头对准样品（1 min）；
（8）运行终了时查阅数据。

参考文献

HAPSITE 型气相色谱－质谱仪化学物质鉴别系统基本快速操作 [Z].

命题：谢海涛
审核：张榆霞

（七）HERACLES 超快速便携式气相色谱仪（法国阿尔法莫斯公司）

一、选择题

1. HERACLES 超快速便携式气相色谱仪具有________m 极性不同的双毛细管柱。（　　）

A. 1　　B. 1.5　　C. 2　　D. 5

答案：C

2. HERACLES 超快速便携式气相色谱仪具有________检测器。（　　）

A. FID　　B. TCD　　C. ECD　　D. PID

答案：A

3. HERACLES 超快速便携式气相色谱仪具有极性不同的双毛细管柱，名称分别为

________和________。(　　)

A. DB-8　　B. DB-5

C. DB-1801　　D. DB-1701

答案：B，　D

4. 针对 HERACLES 超快速便携式气相色谱仪，调节氢气压力阀到________bar 为该仪器最佳测试分析条件。(　　)

A. 2.0　　B. 2.2

C. 2.6　　D. 2.8

答案： D

5. HERACLES 超快速便携式气相色谱仪升温速率最高可达________℃/s。(　　)

A. 20　　B. 25

C. 30　　D. 35

答案：B

6. HERACLES 超快速便携式气相色谱仪的燃气为________，辅燃气为________，载气为________。(　　)

A. 氢气，氢气，氮气　　B. 空气，氢气，氮气

C. 氧气，空气，氮气　　D. 氢气，空气，氢气

答案：D

二、判断题

1. HERACLES 超快速便携式气相色谱仪分析液体样品，只采用顶空进样分析。(　　)

答案：错误

正确答案为：可采用顶空进样分析，也可直接进样分析。

2. HERACLES 超快速便携式气相色谱仪只能做气体样品分析。(　　)

答案：错误

正确答案为：也可在配有顶空装置下做液体样品。

3. HERACLES 超快速便携式气相色谱仪中，毛细管色谱柱的性能指标只有三种，分别为柱效能、分离数（TZ）、涂渍效率。(　　)

答案：错误

正确答案为：HERACLES 超快速便携式气相色谱仪中毛细管色谱柱的性能指标有柱效能、分离数（TZ）、涂渍效率、柱的吸附性和热稳定性。

4. HERACLES 超快速便携式气相色谱仪，柱温的选择主要考虑被测组分的沸点。(　　)

答案：错误

正确答案为：柱温的选择主要考虑被测组分的沸点、固定液的最高使用温度、检测器灵敏度和柱效。

5. HERACLES 超快速便携式气相色谱仪具有多种进样方式，如气体进样和液体直接进样等。(　　)

答案：正确

6. HERACLES 超快速便携式气相色谱仪的分析原理是：各种待测组分在色谱柱中的流

动相和固定相间的分配系数不同，在选定的温度程序条件下，由载气把气体试样或汽化后的试样带入色谱柱中进行分离，并通过相应的检测器对待测组分进行检测。( )

答案： 正确

7. HERACLES 超快速便携式气相色谱仪在分析过程中，应先选中“柱温”“FID 温度”“进样口温度”后，点击“应用”，设定各部位初试温度。( )

答案： 错误

正确答案为： 应先选中“柱压”，再选中“柱温”“FID 温度”“进样口温度”后，点击“应用”，设定各部位初试温度。

8. HERACLES 超快速便携式气相色谱仪在分析过程中，等待检测器压力达到设定值，开启空气，调节压力阀将开孔器流速调节到初试流速（约 30 mL/min），按住仪器背后红色点火按钮，点火，保持红色按钮按住状态，缓慢地将空气流速调节到正常值（80 mL/min）。( )

答案： 错误

正确答案为： HERACLES 超快速便携式气相色谱仪在分析过程中，等待检测器压力达到设定值，开启空气，调节压力阀将开孔器流速调节到初试流速（约 80 mL/min），按住仪器背后红色点火按钮，点火，保持红色按钮按住状态，缓慢地将空气流速调节到正常值（150 mL/min）。

命题：孔令冬

审核：梁富生　马桂萍

（八）FIRST CHECK 6000 型 TVOC 便携式测定仪（英国离子科学公司）

一、判断题

1. FIRST CHECK 6000 型 TVOC 便携式测定仪可以对挥发性有机气体进行全程监控，其中低量程监测范围从 1～999 μg/m³，高量程监测范围从 1～20 000 mg/L。( )

答案： 错误

正确答案为： 高量程监测范围从 1～10 000 mg/L。

2. FIRST CHECK 6000 型 TVOC 便携式测定仪的操作温度范围比较宽，从 -20～60℃，这是因为 FIRST CHECK 仪器内置高性能温度传感器，能在复杂的环境做出温度补偿。( )

答案： 正确

3. 在 FIRST CHECK 6000 型 TVOC 便携式测定仪的标准配制中，PID 检测灯内填充的是氩气。( )

答案： 错误

正确答案为： PID 检测灯内填充的是氪气。

4. FIRST CHECK 6000 型 TVOC 便携式测定仪中用于测定挥发性有机气体和其余项目的检测器都属于 PID 光离子化检测器。( )

答案：错误

正确答案为：测定挥发性有机气体的检测器属于 PID 光离子化检测器，用于检测其余项目的检测器均属于半导体检测器。

5. 在 FIRST CHECK 6000 型 TVOC 便携式测定仪的“健康和安全”模式下，可以修改 STEL（短时量平均浓度）和 TWA（时间加权平均值），以适应不同国家的法规。( )

答案：正确

6. 连接 FIRST CHECK 6000 型 TVOC 便携式测定仪时，一定要将探针滤芯有字的一面（正面）背向仪器，无字的一面（反面）正对仪器安装，避免内置泵将外界的尘和微粒物质吸入检测室。( )

答案：正确

7. FIRST CHECK 6000 型 TVOC 便携式测定仪应和仪器前端 1.0 μm 的聚四氟乙烯过滤器一起使用。( )

答案：错误

正确答案为：FIRST CHECK 仪器应和仪器前端的 0.5 μm 的聚四氟乙烯过滤器一起使用。

8. FIRST CHECK 6000 型 TVOC 便携式测定仪使用完毕后，仪器与前端的过滤器需拆开存放，过滤器每使用 200 h 需要更换，在灰霾或潮湿环境更换次数可减少。( )

答案：错误

正确答案为：过滤器每使用 100 h 需要更换，在灰霾或潮湿环境更换次数要增加。

9. FIRST CHECK 6000 型 TVOC 便携式测定仪中各传感器背景值调零的方法是：选择“区域测量模式”，在“绝对值”和“相对值”测量模式之间轮番按“ENTER”键调零。( )

答案：错误

正确答案为：选择“区域测量模式”，在“绝对值”和“相对值”测量模式之间轮番按“ZERO”键调零。

10. FIRST CHECK 6000 型 TVOC 便携式测定仪使用中，清洁检测器灯和更换过滤器的频率主要取决于所选择的气体类型和背景空气的质量。( )

答案：正确

11. FIRST CHECK 6000 型 TVOC 便携式测定仪碳过滤器保存时应注意防潮。( )

答案：正确

12. FIRST CHECK 6000 型 TVOC 便携式测定仪中光离子化检测器采用隔离电极技术，具有较高的稳定性和较快的响应速度。又由于其可以抵御相对湿度带来的影响，从而使得 FIRST CHECK 测定仪在潮湿的环境下也具有良好的稳定性和响应特征。( )

答案：正确

13. FIRST CHECK 6000 型 TVOC 便携式测定仪零点校准的主要步骤包括：(1) 选择“用户校准”程序，选择闪烁的“ZERO”键。(2) 拆除探针和过滤器，安装碳检

测器。(3)在一个已知的清洁气源里，按下“ENTER”键，当出现“对钩”符号时，表示零点校准完成。( )

答案：正确

14. 不能成功校正 FIRST CHECK 6000 型 TVOC 便携式测定仪的原因之一是碳检测器被污染，此时，应及时更换碳检测器。( )

答案：正确

二、选择题

1. FIRST CHECK 6000 型 TVOC 便携式测定仪中 O_2 电化学传感器、CO 电化学传感器和 H_2S 电化学传感器的平均寿命均为________年。( )

A. 1　　B. 2　　C. 3　　D. 4

答案：B

2. 连接 FIRST CHECK 6000 型 TVOC 便携式测定仪时，要用连接附件将 FIRST CHECK 仪器末端、探针和探针滤芯连接在一起，连接时只需要把连接附件旋转________圈即可，不要过紧。( )

A. 1/4　　B. 1/2　　C. 1　　D. 2

答案：A

3. FIRST CHECK 6000 型 TVOC 便携式测定仪中，10.6 eV、10.2 eV 和 8.4 eV 的 PID 检测灯寿命为________；11.7 eV 的 PID 检测灯寿命为________。( )

A. 3 年，1 年　　B. 3 年，6 个月

C. 2 年，3 个月　　D. 3 年，1 个月

答案：D

4. FIRST CHECK 6000 型 TVOC 便携式测定仪中 11.7 eV 的 PID 检测灯中填充的是________。( )

A. 氪气　　B. 氙气　　C. 氩气　　D. 氖气

答案：C

5. 将 FIRST CHECK 6000 型 TVOC 便携式测定仪从一个较冷的环境携带到一个较为温暖的环境时，仪器的检测室内部会形成水珠或浓度改变。仪器会出现示值误差，此时，补偿该错误的方法为________。( )

A. 持续按压“ZERO”键至少 2 s　　B. 持续按压“ENTER”键至少 2 s

C. 持续按压“ESC”键至少 2 s　　D. 重新启动仪器

答案：A

6. FIRST CHECK 6000 型 TVOC 便携式测定仪除可检测挥发性有机气体外，还可检测硫化氢、氧气、一氧化碳和可燃气体等，其中硫化氢的检测范围从________。( )

A. 0.1～1 000 mg/L　　B. 0.1～100 mg/L

C. 1～1 000 mg/L　　D. 1～100 mg/L

答案：B

7. FIRST CHECK 6000 型 TVOC 便携式测定仪应用领域包括________。( )

A. 室内空气、工业厂界环境、环境空气

B. 突发性污染事故应急监测、危险场所环境、工业厂界环境、环境空气

C. 环境空气、室内空气　　　　　　　　D. 上述全部内容

答案：D

参考文献

[1] 国家环境保护总局《空气和废气监测分析方法》编委会 . 空气和废气监测分析方法（第四版）[M]. 北京：中国环境科学出版社，2003.

[2] FIRST CHECK 6000 型 TVOC 便携式测定仪操作手册 [Z].

命题：徐　彬

审核：关玉春

（九）Sentry M-2 型便携式悬浮物分析仪（美国 Myratek 公司）

一、判断题

1. Sentry M-2 型便携式悬浮物分析仪采用红外单隙光吸收原理测定水中悬浮物。（　　）

答案：正确

2. Sentry M-2 型便携式悬浮物分析仪传感器利用红外单色光发射器来减少色度的影响，并具有温度补偿功能。（　　）

答案：正确

3. Sentry M-2 型便携式悬浮物分析仪传感器的校准须进行 3 个步骤：（1）将传感器浸入纯水中校零；（2）通过分析一个有代表性的水样获得瞬时读数，该瞬时值会自动存储于仪器内部，同时采用实验室方法对该水样进行分析；（3）调整分析仪的跨距使得存储的瞬时值与实验室测定值相同。（　　）

答案：正确

二、选择题

Sentry M-2 型便携式悬浮物分析仪一般每________个月对传感器进行一次全面校准。（　　）

A. 3　　　　B. 6　　　　C. 9　　　　D. 12

答案：B

命题：黄小佳

审核：田　艳　池　靖

（十）EX-MA3 型有毒有害气体检测箱（北京美安科仪科技股份有限公司）

判断题

1. 校准 EX-MA3 型有毒有害气体检测箱时，必须在洁净的无背景气体的周围中进行；

如果环境中存在有毒有害气体，此时进行校零程序，将使仪器不能正常工作。(　　)

答案：正确

2. 应根据 EX-MA3 型有毒有害气体检测箱的使用情况以及传感器对有毒物和污染物的暴露程度，每两年校准一次检测器。(　　)

答案：错误

正确答案为：每年至少校准一次。

3. EX-MA3 型有毒有害气体检测箱传感器滤网清洁后，滤网重新罩上传感器之前应处于干燥状况。(　　)

答案：正确

4. 在更改 EX-MA3 型有毒有害气体检测箱的告警设定点之前，不需校准传感器。(　　)

答案：错误

正确答案为：在更改告警设定点之前，必须校准传感器。

5. 可以用水清洁 EX-MA3 型有毒有害气体检测箱的传感器。(　　)

答案：错误

正确答案为：应该用柔软的湿布清洁传感器外表，切勿使用水、溶剂、肥皂或抛光剂。

6. 校准 EX-MA3 型有毒有害气体检测箱传感器时，先开启仪器，等待传感器稳定后才能校准。(　　)

答案：正确

7. EX-MA3 型有毒有害气体检测箱可以检测 O_2、H_2S、CO 和 VOC，但不能检测可燃气体（CH_4）。(　　)

答案：错误

正确答案为：能检测可燃气体（CH_4）。

8. EX-MA3 型有毒有害气体检测箱在检测过程中若不能精确地测量气体，可能的原因包括：需要校准仪器、仪器比周围气体热或冷、传感器滤网堵塞。此时应校准传感器、使用前让仪器达到周围温度、清洁传感器滤网。(　　)

答案：正确

参考文献

EX-MA3 型有毒气体检测箱操作说明书 [Z].

命题：杨晓红

审核：张榆霞

（十一）GASTEC 检测管（北京科思特气体技术有限公司）

一、判断题

1. GASTEC 检测管要与 GASTEC 的气体采集器配套使用。(　　)

答案：正确

2. GASTEC 检测管的使用温度范围为 0～40℃，相对湿度范围为 0%～90%。(　　)

答案：正确

3. GASTEC 检测管应储存在阴凉干燥处。(　　)

答案：正确

4. 使用 GASTEC 检测管时，若拆除手泵的头部、流量指示浮球以及抽气筒中的活塞，会使手泵漏气。(　　)

答案：正确

5. 使用 GASTEC 检测管时，非 GASTEC 生产的零部件可安装在 GASTEC 的检测管或采集器上。(　　)

答案：错误

正确答案为：非 GASTEC 生产的零部件不能安装在 GASTEC 的检测管或采集器上。

6. 使用 GASTEC 检测管时，若要折断检测管的两端，必须远离眼部。(　　)

答案：正确

7. 使用 GASTEC 检测管时，检测管必须位于要检测的区域直至这个检测过程结束。(　　)

答案：正确

8. 使用 GASTEC 检测管时，检测管应确保在包装盒底部标明的有效期之前使用。(　　)

答案：正确

9. 使用 GASTEC 检测管时，应对温度进行修正，修正系数如下：(　　)

温度 /℃	修正系数	温度 /℃	修正系数
0	1.8	10	1.1
5	1.3	15 ～ 40	1.0

答案：正确

10. 使用 GASTEC 检测管时，需要对湿度和气压进行修正。(　　)

答案：错误

正确答案为：湿度不需要修正。

二、问答题

使用 GASTEC 检测管时，配套使用 GASTEC 手泵和 GASTEC 检测管的安全操作注意事项有哪些？

答案：(1) 远离儿童；

(2) 检查手泵气密性时，一定要朝下；

(3) 在切断的管端放置一个橡皮套；

(4) 从手泵里拔出检测管时，从接近手泵插入口处用力拔出；

(5) 不要用手接触切断的检测管。

参考文献

[1] GASTEC 检测管说明书 [Z].
[2] GASTEC 使用手册 GV-100S 用于气体检测管的手动气体采样泵 [Z].

命题：张榆霞
审核：谢海涛

（十二）GV-100S 型气体应急检测箱（日本 Gastec 株式会社）

一、判断题

1. GV-100S 型气体应急检测箱的手泵在使用前可随机进行气密性检查。(　　)

答案：错误

正确答案为：GV-100S 型气体应急检测箱手泵在使用前均需进行气密性检查。

2. 使用 GV-100S 型气体应急检测箱时，一般情况不需冷藏保存，如果检测管包装盒上特别说明，则应冷藏保存。(　　)

答案：正确

3. GV-100S 型气体应急检测箱的手泵是用抽真空的方式进行取样，每一标准抽取体积是 10 mL。(　　)

答案：错误

正确答案为：每一标准抽取体积是 100 mL。

4. 检查 GV-100S 型气体应急检测箱的手泵气密性时，当手柄旋转 90°，手柄慢慢放回，如果能看到轴杆上的红色标线，说明气密性良好。(　　)

答案：错误

正确答案为：如果看不到轴杆上的红色标线，说明气密性良好。

5. GV-100S 型气体应急检测箱取样完成后，读数时变色界限是斜的，此时，应在斜线的最前端处，按标注数字读数。(　　)

答案：错误

正确答案为：应在斜线的中间处，按标注数字读数。

6. GV-100S 型气体应急检测箱取样完成后，读数时，若变色层颜色很浅，在深色末端和浅色末端的中间处读数。(　　)

答案：正确

7. GV-100S 型气体应急检测箱检测管都需要进行温度和压力修正。(　　)

答案：错误

正确答案为：GV-100S 型气体应急检测箱检测管不需要都进行温度和压力修正，应根据检测管使用说明要求，有针对性地进行温度和压力修正。

二、选择题

1. GV-100S 型气体应急检测箱的检测管必须保存于阴凉干燥处且避光的抽屉或格子里，温度应为________。(　　)

A. 5～15℃　　B. 15～25℃　　C. 25～35℃　　D. 35℃以上

答案：B

2. GV-100S 型气体应急检测箱的检测管，从储存处（尤其是冷藏存储处）取出后，应该放置在待测处________min 左右，以使检测管的温度与环境温度接近。（　　）

A. 15　　B. 25　　C. 35　　D. 10

答案：A

3. GV-100S 型气体应急检测箱的原理是：抽吸一定浓度的气体通过检测管与检测管中试剂发生化学反应，使试剂颜色发生变化，根据颜色是否发生变化及变化深度对气体进行________分析。（　　）

A. 定性　　B. 半定量　　C. 定性、半定量　　D. 定量

答案：C

4. GV-100S 型气体应急检测箱的手泵在使用前检查气密性，前段一定要朝________，不要对人，以避免伤人。（　　）

A. 上　　B. 下　　C. 左　　D. 右

答案：B

参考文献

GV-100S 型气体应急检测箱使用说明书 [Z].

命题：杜晓玮　王建兴
审核：梁富生　马桂萍

（十三）PhoCheck 型光离子检测器（英国离子科学公司）

判断题

1. 仪器从冷环境进入暖环境，其探测室会产生水珠。这样即使在干净空气里也会出现高的背景值，但仪器能自动消除这种误差。（　　）

答案：错误

正确答案为：仪器不能自动消除这种误差。为消除这种误差，应按住 ZERO 键 2 s。

2. PhoCheck 型光离子检测器为手持式光离子化探测器，在非危险性环境下使用，用作室内环境空气或土壤污染评估，探测量程为 0.1～6 000 mg/L。（　　）

答案：错误

正确答案为：探测量程为 0.1～4 000 mg/L。

3. PhoCheck 型光离子检测器有较大的挥发性有机混合物的测量量程，用 PID 计数（光电离探测）进行探测。（　　）

答案：正确

4. PhoCheck 型光离子检测器有两种主要操作模式：健康安全模式和测量模式。（　　）

答案：正确

5. PhoCheck 型光离子检测器的健康安全模式用于检查 15 min 短期暴露值（TWA）或 8 h 时间加权平均值（STEL）。该操作模式下 STEL’s 和 TWA’s 不断地计算，然后与仪器的内置的气体表做比较。(　　)

答案：错误

正确答案为：健康安全模式用于检查 15 min 短期暴露值（STEL）或 8 h 时间加权平均值（TWA）。该操作模式下 STEL’s 和 TWA’s 不断地计算，然后与仪器的内置的气体表做比较。

6. PhoCheck 型光离子检测器的测量模式应用于某些需要测量和记录读数的区域（或地方）。读数为实时测量数值，警报等级为手动设置。(　　)

答案：正确

7. 光离子检测器的 PhoCheck+2000、3000 和 5000 版本仪器每秒自动记录读数。数据储存在仪器内置内存中，并附上时间和日期。(　　)

答案：正确

8. PhoCheck 型光离子检测器的 PTFE 0.5 μm 过滤器必测安装在 PhoCheck+ 仪器前端，其原因为：内置泵以 200 mL/min 流速将空气吸入仪器，如果不使用过滤器，颗粒物和灰尘进入检测室，会影响仪器功能。(　　)

答案：正确

9. PhoCheck 型光离子检测器的校准适配器接上气体导管后，应确保适配器上的小透气孔不能被堵住，否则会造成仪器内置泵永久损坏，无法修复。(　　)

答案：正确

参考文献

PhoCheck+1，2，3 和 5000Ex 用户手册 V1.5 [Z].

命题：张榆霞
审核：谢海涛

（十四）Interscan 4170 型硫化氢分析仪（北京天跃环保科技有限公司）

判断题

1. Interscan 4170 型硫化氢分析仪的传感器是一种电化学气体检测器，它是在控制扩散的条件下运行的。(　　)

答案：正确

2. 由于 Interscan 4170 型硫化氢分析仪的传感器有一个密封的储气室，不但使传感器的寿命更长，而且消除了参比电极污染的可能性。(　　)

答案：正确

3. Interscan 4170 型硫化氢分析仪的传感器可用于厌氧环境。(　　)

答案：正确

4. 使用 Interscan 4170 型硫化氢分析仪时，在气体取样前必须加装采样管，但不需在现

场调零。( )

答案：错误

正确答案为：仪器在气体取样前必须加装采样管并在现场调零。

5. 使用 Interscan 4170 型硫化氢分析仪时，零点调节是在 SAMPLE（取样）模式下进行的。( )

答案：正确

6. Interscan 4170 型硫化氢分析仪的满度调节发生改变时，不需要标定仪器。( )

答案：错误

正确答案为：满度调节发生改变时必须重新标定仪器。

7. 使用 Interscan 4170 型硫化氢分析仪时，当功能开关旋到 BAT.TEST B 位置，显示值低于 1.00 时需要更换碱性电池。( )

答案：正确

8. 使用 Interscan 4170 型硫化氢分析仪时，更换电池后需将仪器放置 5～8 h 才能使用，其原因是要保证传感器有足够的时间重新稳定。( )

答案：错误

正确答案为：更换电池后需将仪器放置 12～24 h 才能使用。

9. 若预计 Interscan 4170 型硫化氢分析仪闲置 3 个月以上不用时，应将仪器功能开关转到"OFF"位置，断开充电器，从电路板上解开插件连接器，取下碱性电池，盖上仪器盖以防灰尘。( )

答案：正确

参考文献

Interscan 4170 型硫化氢分析仪使用说明书（中文）[Z].

命题：杨晓红
审核：张榆霞

（十五）TY2000-B 型便携式气体检测仪（青岛明华电子仪器有限公司）

一、判断题

1. TY2000-B 便携式气体检测仪应用电化学传感器检测丙烯腈和苯。

答案：错误

正确答案为：TY2000-B 便携式气体检测仪用光离子化检测器测定丙烯腈和苯。

2. TY2000-B 便携式气体检测仪可使用 USB 接口实现数据传输。

答案：正确

3. 用户可对 TY2000-B 便携式气体检测仪原始报警值进行更改或重新设定，并按修改后设定值实现报警功能。

答案：错误

正确答案为：用户可对 TY2000-B 便携式气体检测仪原始报警值进行更改或重

新设定，但报警设定值应不大于原始报警值，若大于原始报警值，报警浓度以原始报警值为准。

4. TY2000-B 便携式气体检测仪在各种气体浓度高于报警值时才会报警。

答案：错误

正确答案为：TY2000-B 便携式气体检测仪氧气浓度在低于报警值时会报警，其他测量气体只有在高于报警值时才会报警。

5. 在测试结束后，TY2000-B 便携式气体检测仪只用干净空气对传感器进行清洗即可。

答案：错误

正确答案为：在测试结束后，还需要对气泵、气路连接管和气体取样管进行清洗。

二、选择题

1. TY2000-B 型便携式气体检测仪自检完成后，自动进入界面，此界面需 3 min，完成后需将仪器继续保持开机状态预热________min，以便使仪器进入最佳状态。

A. 4　　B. 6　　C. 8　　D. 10

答案：A

2. TY2000-B 便携式气体检测仪传感器的清洗方式为：将取样管和仪器置于纯净空气中，仪器进入含有所测气体通道的界面，气泵开始工作，保持状态________min 左右，待各测浓度都已回零后，关闭仪器即可。

A. 5　　B. 4　　C. 3　　D. 2

答案：A

3. TY2000-B 便携式气体检测仪长时间不用时，应每________个月充放电一次。

A. 3　　B. 6　　C. 9　　D. 12

答案：A

参考文献

TY2000-B 型便携式气体检测仪使用说明书 [Z].

命题：王建兴　杜晓玮

审核：梁富生　马桂萍

（十六）现场嗅辨测量仪（NasaL Ranger® Field）

一、判断题

1. 现场嗅辨测量仪（NasaL Ranger® Field）可以准确地定量测试环境空气的臭味强度。

答案：正确

2. 现场嗅辨测量仪（NasaL Ranger® Field）的活性炭臭味过滤盒，只是用来驱除空气中臭味。

答案：错误

正确答案为： 活性炭臭味过滤盒是用来驱除空气中臭味，并产生用于稀释的纯净空气。

3. 现场嗅辨测量仪（NasaL Ranger® Field）的活性炭过滤盒不使用时，过滤盒应放在实验室内。

答案： 错误

正确答案为： 应放在远离臭味区域地方。

4. 打开现场嗅辨测量仪（NasaL Ranger® Field）的电源开关后，首先把稀释倍数转盘转至空白位置，并通过鼻罩以标准吸气速率吸气 1 min，然后调整转盘正常测量。

答案： 错误

正确答案为： 通过鼻罩以舒适吸气速率吸气 1 min。

5. 现场嗅辨测量仪（NasaL Ranger® Field）的过滤盒，不能用作呼吸器过滤盒来降低或排除空气中有毒物质。

答案： 正确

二、选择题

1. 现场嗅辨测量仪（NasaL Ranger® Field）的空气吸入率为________L/min。（　　）

A. 12～14　　B. 16～20

C. 18～20　　D. 20～24

答案： B

2. 现场嗅辨测量仪（NasaL Ranger® Field）不能在含氧量低于________% 的情况下使用。

A. 16.5　　B. 17.5　　C. 18.5　　D. 19.5

答案： D

3. 现场嗅辨测量仪（NasaL Ranger® Field）的测量方法是：把每个间断的________定义为 D/T 比率，这个比率也就是臭气强度。

A. 稀释量　　B. 稀释倍数

C. 稀释通道　　D. 稀释过程

答案： B

4. 现场嗅辨测量仪（NasaL Ranger® Field）在非使用状态超过________min 时，电源会自动切断。

A. 2　　B. 3　　C. 4　　D. 5

答案： D

5. 现场嗅辨测量仪（NasaL Ranger® Field）第________个 LED 灯亮时可以进行测量。

A. 2　　B. 3　　C. 4　　D. 5

答案： B

6. 现场嗅辨测量仪（NasaL Ranger® Field）在 1 h 之内，测量 2 个观测点之间间隔不得少于________min。

A. 10　　B. 15　　C. 50　　D. 60

答案： B

参考文献

现场嗅辨测量仪使用说明书 [Z].

命题：王建兴　杜晓玮
审核：梁富生　马桂萍

第三章　固体样品和物理监测

分类号：Por3

（一）Niton XL2600 型便携式 X 荧光光谱仪（美国 Niton 公司）

一、判断题

1. Niton XL2600 型便携式 X 荧光光谱仪在环境监测中主要用于土壤、沉积物、污泥和固体废物中重金属元素的快速分析，测定过程中，需要先进行样品前处理，然后再测定。(　　)

答案：错误

　　正确答案为：不需要进行样品前处理，可直接测定。

2. Niton XL2600 型便携式 X 荧光光谱仪使用中，在 TestAll Geo 模式下，在测试样品过程中，分析仪可以根据分析结果自动判断是调用土壤还是矿石模式来测试样品。(　　)

答案：正确

3. Niton XL2600 型便携式 X 荧光光谱仪使用中，当环境温度变化很大或测试数据比以前有较大偏差时，或仪器长时间未使用需要再次使用时，仪器使用前应先做系统自检。(　　)

答案：正确

4. Niton XL2600 型便携式 X 荧光光谱仪元素检出限的高低与单位含量计数率的大小、测量时间的长短和背景的计数率有关。(　　)

答案：正确

5. 由于 Cd 和 Hg 在土壤中的含量较低，Niton XL2600 型便携式 X 荧光光谱仪一般都不能检出。(　　)

答案：正确

6. 使用 Niton XL2600 型便携式 X 荧光光谱仪进行测定时，如果关注元素的含量足够高，而可接受误差值足够大，可选择使用较长的测试时间。(　　)

答案：错误

　　正确答案为：可选择使用较短的测试时间。

7. 使用 Niton XL2600 型便携式 X 荧光光谱仪进行测定，当基体中起增强作用的元素被吸收时，使其强度减弱（正吸收）。(　　)

答案：错误

　　正确答案为：当基体中起增强作用的元素被吸收时，使其强度减弱（负吸收）。

8. Niton XL2600 型便携式 X 荧光光谱仪发射窗口的辐射剂量率较低，对人体没有伤

害。(　　)

答案：错误

正确答案为：发射窗口的辐射剂量率较高，能对人体造成伤害。

9. 使用 Niton XL2600 型便携式 X 荧光光谱仪进行测定时，试样的粒度、不均匀性和表面结构都会对分析线测量强度造成影响。(　　)

答案：正确

10. 使用 Niton XL2600 型便携式 X 荧光光谱仪进行测定时，应保持仪器清洁，特别是测试窗口；若测试窗口膜片受到污染或破损，应立即更换，否则会导致测试数据不准确。(　　)

答案：正确

11. 使用 Niton XL2600 型便携式 X 荧光光谱仪在土壤现场快速筛测时，不能只测土壤表层，而应通过在操作界面设置“平均”功能键，再在样品剖面移动多点测量获取平均值，或将每个测点 200 mm 深的剖面样混匀后测定。(　　)

答案：正确

二、选择题

1. 使用 Niton XL2600 型便携式 X 荧光光谱仪进行测定时，若现场样品________，则测量结果会偏低。(　　)

A. 粒度大　　B. 过潮湿　　C. 测量时间短

答案：B

2. Niton XL2600 型便携式 X 荧光光谱仪的辐射剂量率不应超过________μGr/h。(　　)

A. 1.0　　B. 1.5　　C. 2.0　　D. 2.5

答案：D

3. 使用 Niton XL2600 型便携式 X 荧光光谱仪进行测定时，元素间的吸收－增强效应可通过________或经验系数法进行准确的计算处理后消除这种基体效应。(　　)

A. 标物刻度法　　B. 基本参数法　　C. 修正因子法

答案：B

参考文献

[1] XL3t 系列便携式 X 射线荧光光谱仪中文说明书 [Z].

[2] 中华人民共和国卫生部 . X 射线衍射仪和荧光分析仪卫生防护标准：GBZ 115—2002 [S]. 北京：中国标准出版社，2002.

命题：王立前

审核：张榆霞

（二）HazMat ID 型便携式化学物质检测仪（美国 SENSIR 公司）

一、判断题

1. HazMat ID 型便携式化学物质检测仪采用非破坏性的分析方法，用于固体、粉末、凝胶和液体的分析测定。（　　）

答案：正确

2. 使用 HazMat ID 型便携式化学物质检测仪时，为确定仪器处于正常使用状态，必须每个月进行一次 PERFORMANCE VALIDATION（验证测试）。（　　）

答案：正确

3. HazMat ID 型便携式化学物质检测仪是可用于对物质进行定量和定性分析的傅立叶变换红外（FT-IR）光谱仪。（　　）

答案：正确

4. 使用 HazMat ID 型便携式化学物质检测仪时，为使系统的检测效果稳定和准确，应在系统启动后至少预热 10 min。（　　）

答案：错误

正确答案为：在系统启动后至少预热 20 min。

5. 使用 HazMat ID 型便携式化学物质检测仪时，如果发现 ENERGY（能量）值偏低，可点击 Automatic Alignment（自动对焦）调整该值。（　　）

答案：正确

6. 使用 HazMat ID 型便携式化学物质检测仪时，若样品是挥发性液体，使用滴管将液体滴在窗口后，需要在液体上覆盖镜片。（　　）

答案：正确

二、问答题

简述使用 HazMat ID 型便携式化学物质检测仪测定时，检测样品中软件的操作步骤。

答案：（1）在主界面上点击“START”。

（2）确保金刚石窗口处于清洁的状态，点击“CONTINUE”，收集背景数据。

（3）输入档案名称以及样品名称。

（4）输入完成后，点击“CONTINUE”开始收集样品数据。

（5）放置样品。点击“VIEW CAMERA”可以查看窗口中样品的情况，点击“CONTINUE”开始检测。

（6）检测完成后会弹出结果窗口，并自动保存检测结果。

参考文献

HazMat ID 型便携式化学物质检测系统使用说明书 [Z].

命题：谢海涛
审核：张榆霞

（三）RAD7 测氡仪

选择题

1. 自然界中的氡是由镭衰变产生的，有 27 种同位素，环境辐射所关注的氡气主要指________。(　　)

A. Rn−219　　B. Rn−220　　C. Rn−222　　D. Rn−223

答案：C

2. 氡放射性气体的半衰期是 3.82 d，其衰变生成氡子体 Po−218 阳离子，同时释放出能量为 5.49 MeV 的________电离粒子，而 Po−218 阳离子会迅速再衰变成 Pb−214，同时释放出能量为 6.00 MeV 的相同电离粒子。(　　)

A. α　　B. β　　C. γ　　D. 中子

答案：A

3. RAD7 测氡仪探测氡气的方法是________。(　　)

A. 径迹蚀刻法　　B. 活性炭盒法

C. 双虑膜法　　D. 光电转换计数法

答案：D

4. RAD7 测氡仪探测氡气衰变释放电离离子的能量范围是________。(　　)

A. 6～9 MeV　　B. 0～10 MeV

C. 5～9 MeV　　D. 根据情况自动调整

答案：B

5. RAD7 测氡仪所得谱图中 C 窗口出现峰值代表________。(　　)

A. 探测到氡子体发生的第一次 α 衰变　　B. 探测到氡子体发生的第一次 γ 衰变

C. 探测到氡子体发生的第二次 α 衰变　　D. 探测到氡子体发生的第一次 β 衰变

答案：C

6. RAD7 测氡仪所得谱图中 A 窗口出现峰值代表________。(　　)

A. 探测到氡子体发生的第一次 α 衰变　　B. 探测到氡子体发生的第一次 γ 衰变

C. 探测到氡子体发生的第二次 α 衰变　　D. 探测到氡子体发生的第一次 β 衰变

答案：A

7. RAD7 测氡仪的氡气测量范围________。(　　)

A. 0～400 000 Bq/m^3　　B. 4～400 000 Bq/m^3

C. 40～400 000 Bq/m^3　　D. 根据情况自动调整

答案：B

8. 以下操作错误的是________。(　　)

A. 在测量前后采用干净气体对仪器气路及光电转换器进行清洗

B. 在测量前检查干燥剂的颜色，确保干燥剂有效

C. 测量结束后敞开仪器各气路出口，以保持仪器内部气路清洁

D. 测量前应该关闭待测房间门窗

答案：C

9.《室内空气质量标准》（GB/T 18883—2002）规定的室内氡气浓度年平均值为______ Bq/m^3。（　　）

A. 100　　B. 200　　C. 300　　D. 400

答案：D

参考文献

[1] RAD7 RADON DETECTOR OWNER'S MANUAL [Z]

[2] 国家质量监督检验检疫总局，卫生部，国家环境保护总局 . 室内空气质量标准：GB/T 18883—2002 [S]. 北京：中国标准出版社，2002.

命题：李宪同　张守斌

审核：刘砚华

（四）FJ-2000 型个人剂量仪（山西中辐科技有限公司）

分类号：Por18

一、判断题

1. FJ-2000 型个人剂量仪在测量前不必对仪器进行自检。（　　）

答案：错误

正确答案为：FJ-2000 型个人剂量仪测量前应对仪器进行自检。

2. FJ-2000 个人剂量仪显示"LOBAT"时，说明电池电压不足，应更换电池。（　　）

答案：正确

3. FJ-2000 型个人剂量仪设有固定报警阈值。（　　）

答案：正确

4. 当 FJ-2000 型个人剂量仪的剂量率≥25 μSv/h，声光连续报警约 6 s，有"ALARM"显示。（　　）

答案：正确

5. 当 FJ-2000 型个人剂量仪的累积剂量≥50 μSv，仪器不报警。（　　）

答案：错误

正确答案为：当累积剂量≥50 μSv，声光报警约 6 s，有"ALARM"显示。

6. FJ-2000 型个人剂量仪有上电复位功能。仪器需要复零时，重新安装电池即可。（　　）

答案：正确

7. FJ-2000 型个人剂量仪当显示"RATE"时测量剂量当量率，单位为 μSv 或 mSv。（　　）

答案：错误

正确答案为：单位为 μSv/h 或 mSv/h。

8. 当 FJ-2000 型个人剂量仪显示"DOSE"时测量累积剂量当量，单位为 μSv/h 或 mSv/h。（　　）

答案： 错误

正确答案为： 单位为 μSv 或 mSv。

9. 使用 FJ-2000 型个人剂量仪进行测量时，可直接读出个人剂量和个人剂量率。(　　)

答案： 正确

10. FJ-2000 型个人剂量仪可以显示监测场所水平剂量当量率 150 mSv/h。(　　)

答案： 错误

正确答案为： 当场所水平剂量当量率大于 99.99 mSv/h 时，FJ-2000 型个人剂量仪只显示 99.99 mSv/h。

二、选择题

1. FJ-2000 型个人剂量仪主要用于监测________。(　　)

A. χ 射线和 β 射线　B. β 射线和 γ 射线

C. χ 射线和 γ 射线　D. χ 射线、γ 射线和 β 射线

答案： C

2. 当 FJ-2000 型个人剂量仪的计数管阻塞时，报警器________，并有“ALARM”显示。(　　)

A. 响一短声　B. 声光报警 5 s　C. 声光报警 10 s　D. 连续报警不停

答案： D

参考文献

FJ-2000 个人剂量仪使用说明书 [Z].

命题：沙雪梅　成　群

审核：梁富生　马桂萍

第十二篇

环境监测仪器技术要求

第一章　水质分析仪器

分类号：EI1

（一）pH 水质自动监测仪

主要内容
《pH 水质自动分析仪技术要求》（HJ/T 96—2003）

一、判断题

1.《pH 水质自动分析仪技术要求》（HJ/T 96—2003）进行仪器检测时，25℃时，pH=4.008 的标准液由邻苯二甲酸氢盐配制。（　　）

答案：正确

2.《pH 水质自动分析仪技术要求》（HJ/T 96—2003）进行仪器检测时，温度补偿传感器是指铂镍热电耦等温度传感器。（　　）

答案：正确

二、选择题

1. 根据《pH 水质自动分析仪技术要求》（HJ/T 96—2003）进行仪器检测时，pH 在线监测仪响应时间测定方法中，将 pH 电极从 pH=6.865 的标准液移入 pH=4.008 的标准液中，显示值达到________时所需要的时间。（　　）

A. 4.1　　B. 4.2

C. 4.3　　D. 4.4

答案：C

2.《pH 水质自动分析仪技术要求》（HJ/T 96—2003）进行仪器检测时，25℃时，pH=9.180 的标准液由________配制。（　　）

A. 邻苯二甲酸氢钾　　B. 磷酸二氢钾

C. 四硼酸钠　　D. 硫酸亚铁铵

答案：C

三、问答题

简述《pH 水质自动分析仪技术要求》（HJ/T 96—2003）进行仪器检测时，pH 在线监测仪检测温度补偿精度的检测方法。

答案：将带有温度补偿传感器的玻璃电极浸入 pH=4.008 的标准液中，在 10～30℃以 5℃的变化方式改变液温，并测定 pH 值。根据测定结果求出个测量值与该温度下 pH=4.008 标准液标准 pH 之差。

参考文献

国家环境保护总局．pH 水质自动分析仪技术要求：HJ/T 96—2003 [S]. 北京：中国环境科学出版社，2003.

命题：贺　鹏

审核：梁　宵　夏　新

（二）电导率水质自动分析仪

主要内容
《电导率水质自动分析仪技术要求》（HJ/T 97—2003）

一、判断题

1. 根据《电导率水质自动分析仪技术要求》（HJ/T 97—2003）进行仪器检测时，电导率在线监测仪检测所需纯水的电导率应小于 0.1 mS/m。（　　）

答案：正确

2. 根据《电导率水质自动分析仪技术要求》（HJ/T 97—2003）进行仪器检测时，响应时间指：将电极系统从零点校正液移入 0.030 0 mol/L KCl 标准液中，测定指示值达到该溶液标准电导率值得 90% 时所需要的时间。（　　）

答案：正确

二、选择题

根据《电导率水质自动分析仪技术要求》（HJ/T 97—2003）进行仪器检测时，25℃时，0.010 0 mol/LKCl 溶液的电导率为________mS/m。（　　）

A. 101.5　　B. 113.4　　C. 127.4　　D. 141.3

答案：D

三、问答题

1. 根据《电导率水质自动分析仪技术要求》（HJ/T 97—2003）进行仪器检测时，简述 0.0100 mol/L 的 KCl 溶液的配制方法。

答案：称取 0.745 6 g 与 105℃干燥 2 h 并冷却后的氯化钾，溶解于纯水中，于 25℃下定容至 1 000 mL。此溶液（0.010 0 mol/L）在 25℃时电导率为 141.3 mS/m。

2. 根据《电导率水质自动分析仪技术要求》（HJ/T 97—2003）进行仪器检测时，简述电导率在线监测仪检测时电极的校正方法。

答案：（1）将电极浸入零点校正液，将指示值调整为零点值。

（2）将电极浸入量程校正液，将指示值调整为 0.030 0 mol/L KCl 标准液的电导率值。

（3）调节、交替进行 1 和 2 操作，调节分析仪直至标准液的测定值与标准值只差在 ±1% 以内为止。

参考文献

国家环境保护总局 . 电导率水质自动分析仪技术要求：HJ/T 97—2003 [S]. 北京：中国环境科学出版社，2003.

命题：贺　鹏
审核：梁　宵　夏　新

（三）浊度水质自动分析仪

主要内容
《浊度水质自动分析仪技术要求》（HJ/T 98—2003）

一、判断题

1. 根据《浊度水质自动分析仪技术要求》（HJ/T 98—2003）进行仪器检测时，浊度在线监测仪检测中零点漂移应不超过 ±5%。(　　)

答案：错误

正确答案为：浊度在线监测仪检测中零点漂移应不超过 ±3%。

2. 根据《浊度水质自动分析仪技术要求》（HJ/T 98—2003）进行仪器检测时，浊度是指：由于水中含有泥沙、黏土、有机物、浮游生物和微生物等悬浮物质所造成的，可使光散射或吸收。(　　)

答案：正确

二、选择题

根据《浊度水质自动分析仪技术要求》（HJ/T 98—2003）进行仪器检测时，浊度在线监测仪检测中线性误差的指标为________%。(　　)

A. ±3　　B. ±5　　C. ±8　　D. ±10

答案：B

三、问答题

根据《浊度水质自动分析仪技术要求》（HJ/T 98—2003）进行仪器检测时，简述浊度在线监测仪电压稳定性指标检测方法。

答案：用零点校正液校正零点后，导入量程校正液，在测量值稳定后，加上高于或低于规定 10% 的电源电压，读取测量值，计算测量值与规定电压下的测量值之差相对于规定电压下测量值的百分率。

参考文献

国家环境保护总局 . 浊度水质自动分析仪技术要求：HJ/T 98—2003 [S]. 北京：中国环境科学出版社，2003.

命题：贺　鹏
审核：梁　宵　邹家素

（四）溶解氧（DO）水质自动分析仪

主要内容
《溶解氧（DO）水质自动分析仪技术要求》（HJ/T 99—2003）

一、判断题

1. 根据《溶解氧（DO）水质自动分析仪技术要求》（HJ/T 99—2003）进行仪器检测时，不同温度下水中溶解氧饱和浓度不变。（　　）

答案： 错误

正确答案为： 不同温度下水中溶解氧饱和浓度不同。

2. 根据《溶解氧（DO）水质自动分析仪技术要求》（HJ/T 99—2003）进行仪器检测时，溶解氧是指溶解在水中的分子态氧。（　　）

答案： 正确

二、选择题

根据《溶解氧（DO）水质自动分析仪技术要求》（HJ/T 99—2003）进行仪器检测时，25℃时，氯离子浓度为 5 000 mg/L，水中溶解氧浓度为________mg/L O_2。（　　）

A. 2.55　　B. 5.67　　C. 10.36　　D. 15.12

答案： C

三、问答题

1. 根据《溶解氧（DO）水质自动分析仪技术要求》（HJ/T 99—2003）进行仪器检测时，简述电化学探头法溶解氧在线监测仪的测量原理及测定范围。

答案： 按测定原理，DO 自动分析仪可分为隔膜型极谱式和隔膜型伽伐尼电池式两种。测定范围：0～10 mg/L 或 0～20 mg/L。

2. 根据《溶解氧（DO）水质自动分析仪技术要求》（HJ/T 99—2003）进行仪器检测时，简述溶解氧在线监测仪检测中重复性指标的测定方法。

答案： 将电极浸入量程校正液，在用磁搅拌器搅拌的同时，连续测定 6 次。记录各次测定值，计算相对标准偏差。

参考文献

国家环境保护总局 . 溶解氧（DO）水质自动分析仪技术要求：HJ/T 99—2003 [S]. 北京：中国环境科学出版社，2003.

命题：贺　鹏

审核：梁　宵　夏　新

（五）高锰酸盐指数水质自动分析仪

主要内容
《高锰酸盐指数水质自动分析仪技术要求》（HJ/T 100—2003）

一、判断题

根据《高锰酸盐指数水质自动分析仪技术要求》（HJ/T 100—2003）进行仪器检测时，高锰酸盐在线监测仪测定的最小范围是 0～10 mg/L。(　　)

答案：错误

正确答案为：高锰酸盐在线监测仪测定的最小范围是 0～20 mg/L。

二、选择题

1. 根据《高锰酸盐指数水质自动分析仪技术要求》（HJ/T 100—2003）进行仪器检测时，1.676 g 葡萄糖用水溶解定容至 1 000 mL 容量瓶中，所得溶液的高锰酸盐指数为________mg/L。(　　)

A. 1　　B. 10　　C. 100　　D. 1 000

答案：D

2. 根据《高锰酸盐指数水质自动分析仪技术要求》（HJ/T 100—2003）进行仪器检测时，12.5 mmol/L 的草酸钠溶液高锰酸盐指数为________mg/L。(　　)

A. 100　　B. 200　　C. 300　　D. 400

答案：B

三、问答题

1. 高锰酸盐指数的含义是什么？

答案：指在酸性或碱性介质中，以高锰酸钾为氧化剂，处理水样时所消耗的量，以氧的 mg/L 表示。

2. 根据《高锰酸盐指数水质自动分析仪技术要求》（HJ/T 100—2003）进行仪器检测时，简述高锰酸盐在线监测仪的原理。

答案：试样中加入已知量的高锰酸钾和硫酸，在沸水浴中加热 30 min，高锰酸钾将试样中的某些有机物和无机还原性物质氧化，反应后加入过量草酸钠还原剩余的高锰酸钾，再用高锰酸钾标准溶液回滴过量的草酸钠。通过计算得到试样的高锰酸盐指数值。

参考文献

国家环境保护总局 . 高锰酸盐指数水质自动分析仪技术要求：HJ/T 100—2003 [S]. 北京：中国环境科学出版社，2003.

命题：贺　鹏

审核：梁　宵　邹家素

（六）氨氮自动分析仪

主要内容
《氨氮水质自动分析仪技术要求》（HJ/T 101—2003）

一、填空题

根据《氨氮水质自动分析仪技术要求》（HJ/T 101—2003）进行仪器检测时，氨氮水质自动分析仪技术要求的测量最小范围：（1）电极法为________mg/L（2）光度法为________ mg/L.

答案：0.05～100　0.05～50

二、判断题

1. 根据《氨氮水质自动分析仪技术要求》（HJ/T 101—2003）进行仪器检测时，氨氮水质自动分析仪的性能指标中温度补偿精度是在 ±0.1 mg/L 以内。(　　)

答案：正确

2. 根据《氨氮水质自动分析仪技术要求》（HJ/T 101—2003）进行仪器检测时，氨氮水质自动分析仪的响应时间（T_{90}）是将电极从零点校正液移入标准液中，测定指示值达到量程校正液 70% 所需要的时间。(　　)

答案：错误

正确答案为：测定指示值达到量程校正液 90% 所需要的时间。

三、问答题

1. 根据《氨氮水质自动分析仪技术要求》（HJ/T 101—2003）进行仪器检测时，氨氮水质自动分析仪中的温度补偿精度是指什么?

答案：将带有温度补偿传感器的氨电极浸入量程校正液中，在 10～30℃以 5℃的变化方式改变液温并测定自动分析仪的指示值。根据测定结果求出各测量值与该温度下量程校正液浓度值之差。

2. 根据《氨氮水质自动分析仪技术要求》（HJ/T 101—2003）进行仪器检测时，氨氮水质自动分析仪性能指标中的直线性是什么?

答案：将分析仪校正零点和量程后，导入光度法氨氮标准液（25.0 mg/L），读取稳定后的指示值。求出该指示值对应的氨氮浓度与氨氮标准液的氨氮浓度之差相对于量程值的百分率。

参考文献

国家环境保护总局. 氨氮水质自动分析仪技术要求：HJ/T 101—2003 [S]. 北京：中国环境科学出版社，2003.

命题：左　航

审核：梁　宵　夏　新

（七）总氮水质自动分析仪

主要内容
《总氮水质自动分析仪技术要求》（HJ/T 102—2003）

一、填空题

根据《总氮水质自动分析仪技术要求》（HJ/T 102—2003）检测仪器时，总氮自动分析仪的电压稳定性测量中，仪器的指示值的变动应在________以内。

答案：±10%

二、判断题

根据《总氮水质自动分析仪技术要求》（HJ/T 102—2003）检测仪器时，总氮水质自动分析仪重复性误差为 ±5%。(　　)

答案：错误

正确答案为：总氮 水质自动分析仪重复性误差为 ±10%。

三、问答题

1. 根据《总氮水质自动分析仪技术要求》（HJ/T 102—2003）检测仪器时，平均无故障运行时间是指什么？

答案：指自动分析仪在检验期间的总运行时间（ h ）与发生故障次数（次）的比值，以“MTBF”表示，单位为：h/ 次。

2. 根据《总氮水质自动分析仪技术要求》（HJ/T 102—2003）检测仪器，当试样或试剂不能导入反应器时，仪器如何工作？

答案：当试样或试剂不能导入反应器时，系统能通过蜂鸣器报警并显示故障内容。同时，停止运行直至系统被重新启动。

3. 根据《总氮水质自动分析仪技术要求》（HJ/T 102—2003）检测仪器时，何为零点漂移？

答案：指采用标准中规定的零点校正液为试样连续测试，自动分析仪的指示值在一定时间内变化的大小相对于量程的百分率。

参考文献

国家环境保护总局．总氮水质自动分析仪技术要求：HJ/T 102—2003 [S]. 北京：中国环境科学出版社，2003.

命题：左　航

审核：梁　宵　邹家素

（八）总磷水质自动分析仪

主要内容
《总磷水质自动分析仪技术要求》（HJ/T 103—2003）

一、填空题

根据《总磷水质自动分析仪技术要求》（HJ/T 103—2003）进行仪器检测时，总磷自动分析仪的绝缘阻抗应在________MΩ 以上。

答案：5

二、判断题

根据《总磷水质自动分析仪技术要求》（HJ/T 103—2003）进行仪器检测时，总磷自动分析仪 MTBF 应≥1 440 h/ 次。（　　）

答案：错误

正确答案为：总磷自动分析仪 MBTF 应≥720 h/ 次。

三、问答题

1. 根据《总磷水质自动分析仪技术要求》（HJ/T 103—2003）进行仪器检测时，总磷自动分析仪重复性误差如何测量？

答案：仪器先测定零点校正液 6 次，各次指示值作为零值。在相同条件下，测定电极法量程校正液 6 次，以各次测量值（扣除零值后）计算相对标准偏差。

2. 根据《总磷水质自动分析仪技术要求》（HJ/T 103—2003）进行仪器检测时，何为量程漂移？

答案：指采用标准中规定的量程校正液为试样连续测试，仪器指示值在一定时间内变化的大小相对于量程的百分率。

3. 根据《总磷水质自动分析仪技术要求》（HJ/T 103—2003）进行仪器检测，当总磷自动分析仪意外断电时且再度通电时，仪器如何动作？

答案：当仪器意外断电且再度上电时，仪器能自动排出断电前正在测定的试样和试剂、自动清洗各通道、自动复位到重新开始测定的状态。

参考文献

国家环境保护总局 . 总磷水质自动分析仪技术要求：HJ/T 103—2003 [S]. 北京：中国环境科学出版社，2003.

命题：贺　鹏

审核：梁　宵

（九）总有机碳（TOC）水质自动分析仪

主要内容
《总有机碳（TOC）水质自动分析仪技术要求》（HJ/T 104—2003）

一、判断题

根据《总有机碳（TOC）水质自动分析仪技术要求》（HJ/T 104—2003）进行仪器检测时，TOC 水质自动分析仪的重复性误差应为 ±10%。（　　）

答案：错误

正确答案为：TOC 水质自动分析仪的重复性误差应为 ±5%。

二、选择题

总有机碳（TOC）是以碳的含量表示水体中的________综合指标。（　　）

A. 有机物质总量　　　　B. 无机物质总量

C. 有机物和无机物质总量　　　　D. 物质总量

答案：A

三、问答题

1. 根据《总有机碳（TOC）水质自动分析仪技术要求》（HJ/T 104—2003）进行仪器检测时，如何测试 TOC 水质自动分析仪的响应时间？

答案：从试样导入口导入零点校正液，在指示值稳定后，导入量程校正液，计算从开始导入量程校正液至到达量程校正液最终指示值 90% 所需要的时间（min）。

2. 根据《总有机碳（TOC）水质自动分析仪技术要求》（HJ/T 104—2003）进行仪器检测时，简述 TOC 湿式氧化原理。

答案：指向试样中加入过硫酸钾等氧化剂，采用紫外线照射等方式施加外部能量将试样中的 TOC 氧化。

参考文献

国家环境保护总局 . 总有机碳（TOC）水质自动分析仪技术要求：HJ/T 104—2003 [S]. 北京：中国环境科学出版社，2003.

命题：左　航

审核：梁　宵　夏　新

（十）紫外（UV）吸收水质自动在线监测仪

主要内容
《紫外（UV）吸收水质自动在线监测仪技术要求》（HJ/T 191—2005）

一、填空题

1. 根据《紫外（UV）吸收水质自动在线监测仪技术要求》（HJ/T 191—2005）进行仪器检测时，FTU 是指________。

答案：利用硫酸肼配制标准液来测定的浊度单位，用 FTU 表示。

2. 根据《紫外（UV）吸收水质自动在线监测仪技术要求》（HJ/T 191—2005）进行仪器检测时，光吸收系数是指________。

答案：吸光度值 A（光程）与池厚 L（mm）之比用 SAC 表示，单位 m^{-1}。计算公式：$SAC=A\times 1\,000/L$

二、判断题

1. 根据《紫外（UV）吸收水质自动在线监测仪技术要求》（HJ/T 191—2005）进行仪

器检测时，单波长 UV 仪所采用的波长是 254 nm。(　　)

答案：正确

2. 根据《紫外（UV）吸收水质自动在线监测仪技术要求》（HJ/T 191—2005）进行仪器检测时，水样中的浊度和色度不会干扰 UV 仪的测定。(　　)

答案：正确

三、选择题

根据《紫外（UV）吸收水质自动在线监测仪技术要求》（HJ/T 191—2005）进行仪器检测时，25℃时，50 mg/L 的邻苯二甲酸氢钾校正液的光吸收系数为________。(　　)

A. 44　　B. 87　　C. 174　　D. 254

答案：A

四、问答题

根据《紫外（UV）吸收水质自动在线监测仪技术要求》（HJ/T 191—2005）进行仪器检测时，简述 UV 在线监测仪的种类。

答案：（1）按检测方式分类有单波长、多波长和扫描紫外吸收仪。

（2）按安装方式分类有采水型，采水型又分为吸收池和落水型。

参考文献

国家环境保护总局．紫外（UV）吸收水质自动在线监测仪技术要求：HJ/T 191—2005 [S]. 北京：中国环境科学出版社，2005.

命题：贺　鹏

审核：梁　宵

（十一）水质自动采样器

主要内容

《水质自动采样器技术要求及检测方法》（HJ/T 372—2007）

一、填空题

根据《水质自动采样器技术要求及检测方法》（HJ/T 372—2007）进行水质自动采样器检测时，水质自动采样器最小采样量不大于________mL。

答案：10。

二、判断题

1. 根据《水质自动采样器技术要求及检测方法》（HJ/T 372—2007）进行水质自动采样器检测时，水质自动采样器的最小采样间隔应小于 15 min。(　　)

答案：错误

正确答案为：水质采样器的最小采样间隔应小于 30 min。

2. 根据《水质自动采样器技术要求及检测方法》（HJ/T 372—2007）进行检测的水质自动采样器，应具备空气反吹、自动清洗功能。(　　)

答案：正确

三、选择题

根据《水质自动采样器技术要求及检测方法》（HJ/T 372—2007）进行水质自动采样器检测时，水质自动采样器的采样瓶容量为________。(　　)

A. 100 mL 以上　　B. 250 mL 以上　　C. 500 mL 以上　　D. 1 000 mL 以上

答案：C

四、问答题

根据《水质自动采样器技术要求及检测方法》（HJ/T 372—2007）进行水质自动采样器检测时，混合采样是指什么？

答案：指水质自动采样器将同一采样点不同时间采集的样品，注入同一个采样瓶中的采样方式。通常用于分析某些水质参数在某个时间段内的平均值。

参考文献

国家环境保护总局 . 水质自动采样器技术要求及检测方法：HJ/T 372—2007 [S]. 北京：中国环境科学出版社，2007.

命题：左　航
审核：梁　宵

（十二）化学需氧量（COD_{Cr}）水质在线自动监测仪

主要内容
《环境保护产品技术要求化学需氧量（COD_{Cr}）水质在线自动监测仪》（HJ/T 377—2007）

一、填空题

根据《环境保护产品技术要求化学需氧量（COD_{Cr}）水质在线自动监测仪》（HJ/T 377—2007）进行仪器检测时，化学需氧量在线自动分析仪性能验证指标包括________、________、________、________、________、平均无故障连续运行时间、相对于电压波动的稳定性、绝缘抗阻和耐电压性。

答案：重现性　零点漂移　量程漂移　邻苯二甲酸氢钾试验　实际废水样品比对实验

二、判断题

1. 根据《环境保护产品技术要求化学需氧量（COD_{Cr}）水质在线自动监测仪》（HJ/T 377—2007）进行仪器检测时，化学需氧量在线自动分析仪的重现性或精密度的偏差均应在 ±10% 之内。(　　)

答案：正确

2. 根据《环境保护产品技术要求化学需氧量（COD_{Cr}）水质在线自动监测仪》（HJ/T 377—2007）进行仪器检测时，化学需氧量在线自动分析仪进行实际废水样品对比实验相对误差绝对值的平均值应该≤20%。（　　）

答案：错误

三、问答题

1. 根据《环境保护产品技术要求化学需氧量（COD_{Cr}）水质在线自动监测仪》（HJ/T 377—2007）进行仪器检测时，对水质在线化学需氧量分析仪进行实际废水比对实验要求是什么？

答案：选择五种或五种以上实际废水样品，分别以自动监测仪与国标方法对每种废水的高、中、低三种浓度水平进行比对实验，每种废水在高、中、低三种浓度水平下的比对实验次数均应不少于 15 次，计算该种废水相对误差绝对值的平均值。比对实验过程中应保证自动监测仪与国标方法测试水样一致性。

2. 根据《环境保护产品技术要求化学需氧量（COD_{Cr}）水质在线自动监测仪》（HJ/T 377—2007）进行仪器检测时，试述化学需氧量在线自动分析仪平均无故障连续运行时间的测定方式。

答案：采用量程校正液，连续运行 2 个月，每 1 h 测定一次，记录总运行时间（h）和故障次数（次），计算平均无故障连续运行时间（MTBF）（h/ 次）。

参考文献

国家环境保护总局. 环境保护产品技术要求化学需氧量（COD_{Cr}）水质在线自动监测仪：HJ/T 377 2007 [S]. 北京：中国环境科学出版社，2007.

命题：左　航

审核：梁　宵　邹家素

（十三）六价铬水质自动在线监测仪

主要内容

《六价铬水质自动在线监测仪技术要求及检测方法》（HJ 609—2019）

一、填空题

1. 根据《六价铬水质自动在线监测仪技术要求及检测方法》（HJ 609—2019），六价铬水质自动在线监测仪按构造分为________单元、________单元和________单元三部分。

答案：进样 / 计量　分析　控制

2.《六价铬水质自动在线监测仪技术要求及检测方法》（HJ 609—2019）规定的检测范围为________mg/L。

答案：0.04～5.00

二、判断题

1. 根据《六价铬水质自动在线监测仪技术要求及检测方法》（HJ 609—2019），六价铬水质自动在线监测仪应具备内部管路自动清洗功能，防止不同样品之间的交叉污染。（　　）

答案：正确

2. 根据《六价铬水质自动在线监测仪技术要求及检测方法》（HJ 609—2019），六价铬水质自动在线监测仪应具备模拟量接口和数字量接口，并通过模拟量接口可接收远程控制指令。（　　）

答案：错误

正确答案为：通过数字量接口接收远程控制指令。

3. 根据《六价铬水质自动在线监测仪技术要求及检测方法》（HJ 609—2019），六价铬水质自动在线监测仪的数据处理系统应存储至少 36 个月的原始数据。（　　）

答案：错误

正确答案为：应存储 12 个月的原始数据。

三、问答题

请简述《六价铬水质自动在线监测仪技术要求及检测方法》（HJ 609—2019）中规定的平均无故障运行时间的检测方法。

答案：采用实际水样连续运行 2 个月，记录总运行时间（h）和故障次数（次），计算平均无故障连续运行时间（h/ 次）。

参考文献

生态环境部 . 六价铬水质自动在线监测仪技术要求及检测方法：HJ 609—2019 [S]. 北京：中国环境出版集团，2019.

命题：左　航
审核：梁　宵　夏　新

（十四）铅水质自动在线监测仪

主要内容
《铅水质自动在线监测仪技术要求及检测方法》（HJ 762—2015）

一、填空题

1. 根据《铅水质自动在线监测仪技术要求及检测方法》（HJ 762—2015）的要求，铅水质自动在线监测仪的数据单位为________或________。

答案：mg/L　μg/L

2. 根据《铅水质自动在线监测仪技术要求及检测方法》（HJ 762—2015），铅Ⅱ型仪器主要应用于________和________等的监测。

答案：生活污水　　工业废水

3. 根据《铅水质自动在线监测仪技术要求及检测方法》（HJ 762—2015），离子干扰选择的离子包括________。

答案：镉、锌、铜、砷、镍、总铬

二、判断题

1. 根据《铅水质自动在线监测仪技术要求及检测方法》（HJ 762—2015）的规定，铅水质自动在线监测仪最小维护周期内可更换试剂。（　　）

答案：错误

正确答案为：最小维护周期内不可对仪器进行任何形式的人工维护，包括更换试剂、校准仪器、维修仪器等。

2. 根据《铅水质自动在线监测仪技术要求及检测方法》（HJ 762—2015）的规定，铅水质自动在线监测仪的环境温度稳定性是指仪器在不同的环境温度下测量标准溶液，测定值与参考值的示值误差。（　　）

答案：正确

三、选择题

1. 根据《铅水质自动在线监测仪技术要求及检测方法》（HJ 762—2015）的规定，铅水质自动在线监测仪Ⅱ型仪器的检测范围为________。（　　）

A. 0.2～2 mg/L　　B. 0.02～2 mg/L　　C. 0.1～2 mg/L　　D. 0.2～1 mg/L

答案：A

2. 根据《铅水质自动在线监测仪技术要求及检测方法》（HJ 762—2015）的规定，铅水质自动在线监测仪Ⅰ型和Ⅱ型仪器的精密度应≤________。（　　）

A. 1.5%　　B. 2.5%　　C. 5%　　D. 15%

答案：C

四、问答题

根据《铅水质自动在线监测仪技术要求及检测方法》（HJ 762—2015）的规定，请简要描述定量下限的检测方法。

答案：仪器在相同的条件下连续测量浓度值为检测范围下限值的标准溶液 7 次，计算 7 次测定值的标准偏差 S，所得标准偏差的 10 倍为仪器的定量下限。

参考文献

环境保护部. 铅水质自动在线监测仪技术要求及检测方法：HJ 762—2015 [S]. 北京：中国环境出版社，2015.

命题：左　航
审核：梁　宵

（十五）镉水质自动在线监测仪

主要内容
《镉水质自动在线监测仪技术要求及检测方法》（HJ 763—2015）

一、填空题

1. 根据《镉水质自动在线监测仪技术要求及检测方法》（HJ 763—2015）的要求，镉水质自动在线监测仪电源引入线与机壳之间的绝缘电阻应不小于________MΩ。

答案：20

2. 根据《镉水质自动在线监测仪技术要求及检测方法》（HJ 763—2015）的要求，镉水质自动在线监测仪的数据处理系统应至少能存储________个月的原始数据和运行日志。

答案：12

二、判断题

1. 根据《镉水质自动在线监测仪技术要求及检测方法》（HJ 763—2015）的要求，镉水质自动在线监测仪Ⅰ型仪器的检测范围为0.2～2 mg/L。（　　）

答案：错误

正确答案为：0.001～0.02 mg/L。

2. 根据《镉水质自动在线监测仪技术要求及检测方法》（HJ 763—2015）的要求，镉水质自动在线监测仪在相同的条件下连续测量浓度值为检测范围下限的标准溶液7次，计算7次测定值的标准偏差（S），所得标准偏差的5倍为仪器的定量下限。（　　）

答案：错误

正确答案为：标准偏差的10倍为定量下限。

三、选择题

1. 根据《镉水质自动在线监测仪技术要求及检测方法》（HJ 763—2015）内规定铅水质自动在线监测仪示值误差应选用浓度值为检测范围上限值________和________的标准溶液进行检测。（　　）

A. 20%，50%　　B. 20%，100%

C. 10%，50%　　D. 10%，100%

答案：A

2. 根据《镉水质自动在线监测仪技术要求及检测方法》（HJ 763—2015）内规定铅水质自动在线监测仪Ⅱ型仪器的检测范围为________mg/L。（　　）

A. 0.02～0.2　　B. 0.02～1

C. 0.1～2　　D. 0.2～1

答案：A

3. 根据《镉水质自动在线监测仪技术要求及检测方法》（HJ 763—2015）内规定镉水质自动在线监测仪Ⅰ型和Ⅱ型仪器的示值误差分别为________。（　　）

A. ±10% 和 ±5%　　　B. ±10% 和 ±15%
C. ±2% 和 ±5%　　　D. ±15% 和 ±30%

答案：A

四、问答题

请简要描述根据《镉水质自动在线监测仪技术要求及检测方法》（HJ 763—2015）内规定零点漂移的检测方法。

答案：采用浓度值为检测范围下限值的标准溶液，以 1 h 为周期，连续测量 24 h，取前三次测定值的平均值为初始测定值，计算后续测定值与初始测定值的最大变化幅度相对于检测范围上限值的百分率。

参考文献

环境保护部. 镉水质自动在线监测仪技术要求及检测方法：HJ 763—2015 [S]. 北京：中国环境出版社，2015.

命题：左　航
审核：梁　宵

（十六）砷水质自动在线监测仪

主要内容
《砷水质自动在线监测仪技术要求及检测方法》（HJ 764—2015）

一、填空题

1. 根据《砷水质自动在线监测仪技术要求及检测方法》（HJ 764—2015）的要求，砷 I 型仪器主要应用于________、________和________等的监测。

答案：地表水　地下水　饮用水

2. 根据《砷水质自动在线监测仪技术要求及检测方法》（HJ 764—2015）的要求，示值误差项目测试采用的标准溶液是________。

答案：检测范围上限值 20%、50% 的标准溶液

二、判断题

1.《砷水质自动在线监测仪技术要求及检测方法》（HJ 764—2015）内规定仪器的一致性是指在相同测试条件下单台仪器多次测定值的平行程度。（　）

答案：错误

正确答案为：是指在相同测试条件下多台仪器测定值的平行程度。

2. 根据《砷水质自动在线监测仪技术要求及检测方法》（HJ 764—2015）规定，砷水质自动在线监测仪应具备对不同测试数据添加维护（M）、故障（D）、校验（C）和标样核查（SC）等标识的功能。（　）

答案：正确

三、选择题

《砷水质自动在线监测仪技术要求及检测方法》（HJ 764—2015）内规定实际水样的检测应选择三种实际水样，其浓度从低到高基本覆盖仪器的检测范围，分别用仪器和实验室国标方法进行测量，每种水样用仪器测量次数应不少于________次。（　　）

A. 5　　B. 10　　C. 15　　D. 20

答案：C

四、问答题

请简要描述《砷水质自动在线监测仪技术要求及检测方法》（HJ 764—2015）内规定仪器在意外断电且再度通电后仪器的动作。

答案：仪器在意外断电再度通电后应能自动排出断电前正在测定的待测物质和试剂，自动清洗各通道并复位到重新开始测定的状态。若在断电前处于加热消解状态，再度通电后能自动冷却，并复位到重新开始测定的状态。

参考文献

环境保护部 . 砷水质自动在线监测仪技术要求及检测方法：HJ 764—2015 [S]. 北京：中国环境出版社，2015.

命题：左　航
审核：梁　宵

（十七）降雨自动采样器

主要内容
《降雨自动采样器技术要求及检测方法》（HJ/T 174—2005）

一、判断题

1. 根据《降雨自动采样器技术要求及检测方法》（HJ/T 174—2005）进行仪器检测时，采样器应有采样桶用于保存雨水样品。采样桶在送到实验室前不需要保温。（　　）

答案：错误

正确答案为：采样桶在送到实验室前应在 3%～5% 冰箱内进行保存，并能显示采样桶温度。

2. 根据《降雨自动采样器技术要求及检测方法》（HJ/T 174—2005）进行仪器检测时，感雨器应有加热装置以防止雾、露水启动采样器和蒸发残留的湿沉降物。（　　）

答案：正确

3. 根据《降雨自动采样器技术要求及检测方法》（HJ/T 174—2005）进行仪器检测时，分段样是指将降雨过程中的雨水，或按时间，或按降水量，或按降雨的场次进行分割，分别装入不同容器中得到的样品。（　　）

答案：正确

二、选择题

根据《降雨自动采样器技术要求及检测方法》（HJ/T 174—2005）进行仪器检测时，感雨器的测试指标不包括：________。（　）

A. 感雨器灵敏度　　B. 开盖延迟时间

C. 关盖延迟时间　　D. 感雨器尺寸

答案：D

三、问答题

根据《降雨自动采样器技术要求及检测方法》（HJ/T 174—2005）进行仪器检测时，简述感雨器灵敏度测试过程。

答案：使采样器处于测量状态，用微量注射器吸取 2 μL 的水，在距感雨器 50 mm 的上方射向感雨器，在 30 s 的时间内重复 3 次，防尘盖能够开启。

参考文献

国家环境保护总局．降雨自动采样器技术要求及检测方法：HJ/T 174—2005 [S]. 北京：中国环境科学出版社，2005.

命题：张　扬

审核：梁　宵　夏　新

（十八）降雨自动监测仪

主要内容
《降雨自动监测仪技术要求及检测方法》（HJ/T 175—2005）

一、判断题

1. 根据《降雨自动监测仪技术要求及检测方法》（HJ/T 175—2005）进行仪器检测时，感雨器最低能感应到的降雨强度为直径 1 mm 的雨滴。（　）

答案：错误

正确答案为：感雨器最低能感应到的降雨强度为直径 0.05 mm/min 或 0.5 mm/min 的雨滴。

2. 根据《降雨自动监测仪技术要求及检测方法》（HJ/T 175—2005）进行仪器检测时，监测仪在环境温度 0～50℃范围内应能正常使用。（　）

答案：正确

3. 根据《降雨自动监测仪技术要求及检测方法》（HJ/T 175—2005）进行仪器检测时，降雨自动监测仪指：能够实时自动测量降雨中的物理指标（降水量等）和化学指标（pH、电导率等）的监测仪。（　）

答案：正确

二、选择题（多选）

根据《降雨自动监测仪技术要求及检测方法》（HJ/T 175—2005）进行仪器检测时，监测仪应能存储并查看的功能有：________。(　　)

A. 降雨场次　　B. 降水量　　C. 故障报警　　D. 气温

答案：ABCD

三、问答题

根据《降雨自动监测仪技术要求及检测方法》（HJ/T 175—2005）进行仪器检测时，简述电导率温度补偿精度测量过程。

答案：将带有温度补偿传感器的电极系统浸入 0.003 mol/L KCl 标准液中，在 10～30℃以 5℃的变化方式改变液温，并测定电导率值。根据测量结果求出测量值与 25℃下 0.003 mol/L KCl 标准电导率值之差相对于 25℃标准电导率值的百分率。

参考文献

国家环境保护总局．降雨自动监测仪技术要求及检测方法：HJ/T 175—2005 [S]. 北京：中国环境科学出版社，2005.

命题：张　扬

审核：梁　宵

第二章　环境空气分析仪器

分类号：EI 2

（一）PM_{10}、$PM_{2.5}$ 连续监测系统

主要内容
《环境空气颗粒物（PM_{10} 和 $PM_{2.5}$）连续自动监测系统技术要求及检测方法》（HJ 653—2021）

一、判断题

1. 根据《环境空气颗粒物（PM_{10} 和 $PM_{2.5}$）连续自动监测系统技术要求及检测方法》（HJ 653—2021）进行仪器检测时，PM_{10} 连续监测系统参比方法比对测试每批次比对测试样品个数为至少 10 组。（　　）

答案：正确

2. 根据《环境空气颗粒物（PM_{10} 和 $PM_{2.5}$）连续自动监测系统技术要求及检测方法》（HJ 653—2021）进行仪器检测时，PM_{10} 连续监测系统参比方法比对测试的手工采样器数量至少要两台。（　　）

答案：错误

正确答案为：参比方法使用的采样器至少 3 台。

3. 根据《环境空气颗粒物（PM_{10} 和 $PM_{2.5}$）连续自动监测系统技术要求及检测方法》（HJ 653—2021）进行仪器检测时，$PM_{2.5}$ 连续监测系统参比方法比对测试每批次比对测试样品个数为至少 10 组。（　　）

答案：错误

正确答案为：每批次比对测试样品个数为至少 23 组。

二、问答题

1. 根据《环境空气颗粒物（PM_{10} 和 $PM_{2.5}$）连续自动监测系统技术要求及检测方法》（HJ 653—2021）进行仪器检测时，试述什么是 50% 切割粒径。

答案：50% 切割粒径是切割器对颗粒物的捕集效率为 50% 时所对应的粒子空气动力学当量直径。

2. 根据《环境空气颗粒物（PM_{10} 和 $PM_{2.5}$）连续自动监测系统技术要求及检测方法》（HJ 653—2021）进行仪器检测时，试述什么是 $PM_{2.5}$。

答案：颗粒物（$PM_{2.5}$）指环境空气中空气动力学当量直径小于等于 2.5 μm 的颗粒物，也称细颗粒物。

参考文献

生态环境部．环境空气颗粒物（PM_{10} 和 $PM_{2.5}$）连续自动监测系统技术要求及检测方法：HJ 653—

2021 [S]. 北京：中国环境出版集团，2021.

命题：钟 琪
审核：梁 宵 夏 新

（二）环境空气自动监控系统

主要内容
《环境空气气态污染物（SO_2、NO_2、O_3、CO）连续自动监测系统技术要求及检测方法》（HJ 654—2013）

一、判断题

根据《环境空气气态污染物（SO_2、NO_2、O_3、CO）连续自动监测系统技术要求及检测方法》（HJ 654—2013）进行仪器检测时，环境空气气态污染物（SO_2、NO_2、O_3、CO）点式连续自动监测系统的采样总管内径范围为 1.5～15 cm，总管内的气流应保持层流状态，采样气体在总管内的滞留时间应小于 30 s，同时所采集气体样品的压力应接近大气压。支管接头应设置于采样总管的层流区域内，各支管接头之间间隔距离大于 5 cm。（ ）

答案：错误

正确答案为：采样气体在总管内的滞留时间应小于 20 s，各支管接头之间间隔距离大于 8 cm。

二、选择题

1. 根据《环境空气气态污染物（SO_2、NO_2、O_3、CO）连续自动监测系统技术要求及检测方法》（HJ 654—2013）进行仪器检测时，环境空气气态污染物（SO_2、NO_2、O_3、CO）开放光程连续监测系统 SO_2、NO_2、O_3 分析仪器 24 h 20% 量程漂移范围超过________，24 h 80% 量程漂移范围超过________，则监测数据无效，应对仪器进行维修和校准。（ ）

A. ±5 μg/m³，±10 μg/m³　　B. ±10 μg/m³，±20 μg/m³
C. ±2 μg/m³，±5 μg/m　　D. ±3 μg/m³，±5 μg/m³

答案：A

2. 根据《环境空气气态污染物（SO_2、NO_2、O_3、CO）连续自动监测系统技术要求及检测方法》（HJ 654—2013）进行仪器检测时，下列气体在检测干扰成分对环境空气气态污染物（SO_2、NO_2、O_3、CO）开放光程和点式连续监测系统 O_3 分析仪器的影响时，都作为干扰气体使用的是________。（ ）

A. 苯　　B. NO/NO_2　　C. H_2O　　D. SO_2
E. 甲苯

答案：B　D

三、问答题

1. 根据《环境空气气态污染物（SO_2、NO_2、O_3、CO）连续自动监测系统技术要求及检测方法》（HJ 654—2013）进行仪器检测时，试描述环境空气气态污染物（SO_2、NO_2、O_3、CO）开放光程连续监测系统检测中关于等效浓度（Equivalent Concentration）的定义。

答案：在仪器测量光路中放置校准池，通入标准气体，根据测量光程与校准池长度的比例将标准气体浓度值转化为实际校准浓度值，该浓度为等效浓度。

2. 根据《环境空气气态污染物（SO_2、NO_2、O_3、CO）连续自动监测系统技术要求及检测方法》（HJ 654—2013）进行仪器检测时，简述如何测定环境空气气态污染物（SO_2、NO_2、O_3、CO）点式连续监测系统中多气体动态校准仪的流量线性误差。

答案：待测监测系统运行稳定后，将标准流量测量装置串联到多气体动态校准仪气路中，使校准设备产生流量计（20%～80%）满量程流量，分别记录校准设备流量值和标准流量计测量流量值，计算两者的相对误差；重复测试 3 次，平均值应不超过 ±1%。

参考文献

环境保护部 . 环境空气气态污染物（SO_2、NO_2、O_3、CO）连续自动监测系统技术要求及检测方法：HJ 654—2013 [S]. 北京：中国环境出版社，2013.

命题：李铭煊

审核：梁 宵 夏 新

（三）PM_{10} 采样器

主要内容
《环境空气颗粒物（PM_{10} 和 $PM_{2.5}$）采样器技术要求及检测方法》（HJ 93—2013）

一、判断题

1. 根据《环境空气颗粒物（PM_{10} 和 $PM_{2.5}$）采样器技术要求及检测方法》（HJ 93—2013）进行仪器检测时，PM_{10} 指环境空气中空气动力学当量直径小于等于 10 μm 的颗粒物，也称可吸入颗粒物。（　　）

答案：正确

2. 根据《环境空气颗粒物（PM_{10} 和 $PM_{2.5}$）采样器技术要求及检测方法》（HJ 93—2013）进行仪器检测时，切割器是指具有将不同粒径粒子分离功能的装置。（　　）

答案：正确

3. 根据《环境空气颗粒物（PM_{10} 和 $PM_{2.5}$）采样器技术要求及检测方法》（HJ 93—2013）进行仪器检测时，空气动力学当量直径是指单位密度（ρ_0=1 g/cm^3）的球体，在静止空气中作低雷诺数运动时，达到与实际粒子相同的最终沉降速度时的直径。（　　）

答案：正确

二、选择题

根据《环境空气颗粒物（PM_{10} 和 $PM_{2.5}$）采样器技术要求及检测方法》（HJ 93—2013）进行仪器检测时，中流量采样器的工作点流量为________。（　　）

A. 100 L/min　　B. 1.05 m^3/min　　C. 16.67 L/min　　D. 38.3 L/min

答案： A

三、问答题

根据《环境空气颗粒物（PM_{10} 和 $PM_{2.5}$）采样器技术要求及检测方法》（HJ 93—2013）进行仪器检测时，试述切割性能测试中分流测试法的测试流程。

答案： 发生单一粒径、均匀、稳定的气溶胶粒子，分别测试待测切割器上游的气溶胶浓度和切割器下游的气溶胶浓度，不同粒径气溶胶的捕集效率；拟合捕集效率与粒径的关系得到该切割器的 50% 切割粒径和捕集效率的几何标准偏差。

参考文献

环境保护部．环境空气颗粒物（PM_{10} 和 $PM_{2.5}$）采样器技术要求及检测方法：HJ 93—2013 [S]. 北京：中国环境出版社，2013.

命题：钟　琪

审核：梁　宵　邹家素

（四）总悬浮颗粒物采样器

> **主要内容**
> 《总悬浮颗粒物采样器技术要求及检测方法》（HJ/T 374—2007）

一、判断题

1. 根据《总悬浮颗粒物采样器技术要求及检测方法》（HJ/T 374—2007）进行仪器检测时，大流量总悬浮颗粒物采样器的工作点流量为 1.05 m^3/min。（　　）

答案： 正确

2. 根据《总悬浮颗粒物采样器技术要求及检测方法》（HJ/T 374—2007）进行仪器检测时，中流量总悬浮颗粒物采样器的工作点流量为 0.01 m^3/min。（　　）

答案： 错误

正确答案为： 中流量总悬浮颗粒物采样器的工作点流量为 0.10 m^3/min。

3. 根据《总悬浮颗粒物采样器技术要求及检测方法》（HJ/T 374—2007）进行仪器检测时，采样器要求应该能够在 -20～50℃的环境中正常工作。（　　）

答案： 错误

正确答案为： 采样器要求能够在 -20～40℃的环境中正常工作。

4. 根据《总悬浮颗粒物采样器技术要求及检测方法》（HJ/T 374—2007）进行仪器检测时，大流量总悬浮颗粒物采样器的噪声应不高于 70 dB（A）。（　　）

答案：错误

正确答案为：大流量总悬浮颗粒物采样器的噪声应不高于 67 dB（A）。

二、问答题

根据《总悬浮颗粒物采样器技术要求及检测方法》（HJ/T 374—2007）进行仪器检测时，总悬浮颗粒物采样器平均无故障运行时间考核的测试方法的次数要求是什么？

答案：总悬浮颗粒物采样器平均无故障运行时间考核总时间应大于 800 h，检测次数方法为检测的前 500 h，每间隔 7 d 对采样器进行一次全面测试；检测后 300 h，每间隔 4 d 对采样器进行仪器全面测试。

参考文献

国家环境保护总局．总悬浮颗粒物采样器技术要求及检测方法：HJ/T 374—2007 [S]. 北京：中国环境科学出版社，2007.

命题：迟　郢

审核：梁　宵　夏　新

（五）24 h 恒温、自动连续大气采样器

主要内容
《24 小时恒温自动连续环境空气采样器技术要求及检测方法》（HJ/T 376—2007）

一、填空题

根据《24 小时恒温自动连续环境空气采样器技术要求及检测方法》（HJ/T 376—2007）进行仪器检测时，采样器的组成包括:________、________、________、________、________和________。（至少回答出 6 种）

答案：进气导管、吸收瓶、干燥器、流量控制系统、转子流量计、温度控制系统、时间控制系统、采样泵、真空压力表。

二、判断题

1. 根据《24 小时恒温自动连续环境空气采样器技术要求及检测方法》（HJ/T 376—2007）进行仪器检测时，24 h 恒温自动连续环境空气采样器检测中平均无故障测试时间应不少于 1 000 h。（　　）

答案：错误

正确答案为：24 h 恒温自动连续环境空气采样器检测中平均无故障测试时间应不少于 2 000 h。

2. 根据《24 小时恒温自动连续环境空气采样器技术要求及检测方法》（HJ/T 376—2007）进行仪器检测时，采样器流量计的测量范围是 0～0.5 L/min。（　　）

答案：正确

三、选择题（多选）

根据《24 小时恒温自动连续环境空气采样器技术要求及检测方法》（HJ/T 376—2007）进行仪器检测时，采样器铭牌上应标有仪器的参数有________。(　　)

A. 名称型号　　B. 制造厂及企业标准代号

C. 出厂编号、制造日期　　D. 主要技术指标

答案：ABCD

四、问答题

根据《24 小时恒温自动连续环境空气采样器技术要求及检测方法》（HJ/T 376—2007）进行仪器检测时，简述采样器时间控制系统应具有的功能。

答案：采样器应具有 24 h 定时采样功能，定时误差不超过 24 h±0.1%。当采样期间发生停电时，停电后采样器应能保证 24 h 以上有关采样数据不丢失，采样器应具有复电再启动功能，并能累计显示采样时间。

参考文献

国家环境保护总局. 24 小时恒温自动连续环境空气采样器技术要求及检测方法：HJ/T 376—2007 [S]. 北京：中国环境科学出版社，2007.

命题：李铭煊

审核：梁　宵　邹家素

第三章　污染源监测仪器

分类号：EI 3

（一）定电位电解法二氧化硫测定仪

主要内容
《定电位电解法二氧化硫测定仪技术条件》（HJ/T 46—1999）

一、判断题

1. 根据《定电位电解法二氧化硫测定仪技术条件》（HJ/T 46—1999）标准要求，测量范围应不低于 $0 \sim 2\ 000 \times 10^{-6}$/mol/mol，应能显示质量浓度 mg/m^3。（　　）

答案：正确

2. 根据《定电位电解法二氧化硫测定仪技术条件》（HJ/T 46—1999）标准要求，仪器的回复时间应回复到原稳定值 10% 时所需要的时间不大于 300 s。（　　）

答案：错误

正确答案为：仪器的回复时间应回复到原稳定值 10% 时所需要的时间不大于 60 s。

二、选择题

1. 根据《定电位电解法二氧化硫测定仪技术条件》（HJ/T 46—1999）标准要求，做重复性检测，当仪器稳定后调零，通入浓度为量程上限________的标准气体。（　　）

A. 50%～60%　　B. 10%～20%

C. 80%～90%　　D. 45%～55%

答案：A

2. 根据《定电位电解法二氧化硫测定仪技术条件》（HJ/T 46—1999）标准要求，导气管的加热温度应为________。（　　）

A. 100℃以上　　B. 20℃

C. 50℃　　D. 120℃以上

答案：D

三、问答题

根据《定电位电解法二氧化硫测定仪技术条件》（HJ/T 46—1999）标准要求，如何检测仪器的响应时间？

答案：仪器稳定后调零，通入浓度为量程上限 80%～90% 的标准气体。同时用秒表测定从瞬时变化至指示值达到稳定值 90% 的时间，连续重复测定 3 次，取平均值作为响应时间。

参考文献

国家环境保护总局 . 定电位电解法二氧化硫测定仪技术条件：HJ/T 46—1999 [S]. 北京：中国环境科学出版社，1999.

命题：王 强

审核：梁 宵 夏 新

（二）烟气采样器

主要内容
《烟气采样器技术条件》（HJ/T 47—1999）

一、判断题

1. 根据《烟气采样器技术条件》（HJ/T 47—1999）进行仪器检测时，吸收气路由两只串联的吸收瓶组成，吸收瓶要严密不漏气。（　　）

答案：正确

2. 根据《烟气采样器技术条件》（HJ/T 47—1999）进行仪器检测时，吸收装置离采样管出口较远的仪器，无须使用加热式导气管。（　　）

答案：错误

正确答案为：应采用加热式导气管连接采样管出口与吸收装置。

二、选择题

1. 根据《烟气采样器技术条件》（HJ/T 47—1999）进行仪器检测时，SO_2 标准分析方法碘量法所使用的吸收液是________。（　　）

A. 蒸馏水　　B. 氨基磺酸铵

C. 稀碘液　　D. 盐酸

答案：B

2. 根据《烟气采样器技术条件》（HJ/T 47—1999）进行仪器检测时，如烟气湿度较大，采样导管应使用________。（　　）

A. 不锈钢管　　B. 聚四氟管

C. 加热套管　　D. 橡胶软管

答案：C

三、问答题

根据《烟气采样器技术条件》（HJ/T 47—1999）进行仪器检测时，试述限流孔的作用。

答案：用来使系统保持恒定流量采样的临界状态。

参考文献

国家环境保护总局. 烟气采样器技术条件：HJ/T 47—1999 [S]. 北京：中国环境科学出版社，1999.

命题：王 强
审核：梁 宵 夏 新

（三）烟尘采样器

主要内容
《烟尘采样器技术条件》（HJ/T 48—1999）

一、判断题

1. 根据《烟尘采样器技术条件》（HJ/T 48—1999）进行仪器检测时，颗粒物 CEMS 相关校准测试中手工标准分析方法遵循的技术规范为 GB/T 16157—1996。（　　）

答案：正确

2. 根据《烟尘采样器技术条件》（HJ/T 48—1999）进行仪器检测时，S 形皮托管由两根相同的金属管并联组成，测量端有方向相反的两个开口，开口截面相互平行，一根管的开口正对气体流动方向测量动压，另一根管背向气流测量静压。（　　）

答案：错误

正确答案为：一根管的开口正对气体流动方向测量全压，另一根管背向气流测量静压。

二、选择题

1. 根据《烟尘采样器技术条件》（HJ/T 48—1999）进行仪器检测时，颗粒物的标准测量方法为________。（　　）

A. 光学法　　B. β 源法
C. 重量法　　D. 摩擦起电法

答案：C

2. 根据《烟尘采样器技术条件》（HJ/T 48—1999）进行仪器检测时，颗粒物质量浓度与仪器响应值之间的关系为________。（　　）

A. 确定关系　　B. 相关关系
C. 回归关系　　D. 最小二乘法关系

答案：B

三、问答题

根据《烟尘采样器技术条件》（HJ/T 48—1999）进行仪器检测时，什么叫等速采样？

答案：指采样嘴正对气流，使进入采样嘴的气流速度与测点的排气流速相等。

参考文献

国家环境保护总局. 烟尘采样器技术条件：HJ/T 48—1999 [S]. 北京：中国环境科学出版社，1999.

命题：王　强
审核：梁　宵　夏　新

（四）固定污染源排放烟气连续监测系统

主要内容
固定污染源烟气（SO_2、NO_x、颗粒物）排放连续检测系统技术要求及检测方法（HJ 76—2017）

一、判断题

1. 根据《固定污染源烟气（SO_2、NO_x、颗粒物）排放连续检测系统技术要求及检测方法》（HJ 76—2017），CEMS 的预处理设备主要包括样品过滤设备和除湿冷凝设备等，预处理设备的材料和安装应不影响仪器测量，且方便清理和更换。(　　)

答案：正确

2. 根据《固定污染源烟气（SO_2、NO_x、颗粒物）排放连续检测系统技术要求及检测方法》（HJ 76—2017），一套完整的颗粒物 CEMS 可以不测量烟气温度、烟气压力和烟气流速。(　　)

答案：错误

正确答案为：一套完整的颗粒物 CEMS，除了颗粒物测量仪本身，必须包含烟气温度、流速、压力、氧含量和湿度的测量仪。

3. 根据《固定污染源烟气（SO_2、NO_x、颗粒物）排放连续检测系统技术要求及检测方法》（HJ 76—2017），采用抽取测量方式的颗粒物 CEMS，可采用恒定流量抽取烟气并测量其中颗粒物，不用跟踪测定烟气流速。(　　)

答案：错误

正确答案为：采用抽取测量方式的颗粒物 CEMS，其抽取采样装置应具备自动跟踪烟气流速变化调节采样流量的等速跟踪采样功能，等速跟踪吸引误差应不超过 ±8%。

4. 根据《固定污染源烟气（SO_2、NO_x、颗粒物）排放连续检测系统技术要求及检测方法》（HJ 76—2017）进行仪器检测时，量程校准气体指浓度在（80%～100%）满量程范围内的标准气体。(　　)

答案：正确

5. 根据《固定污染源烟气（SO_2、NO_x、颗粒物）排放连续检测系统技术要求及检测方法》（HJ 76—2017），CEMS 测量氮氧化物时，可以直接测量 NO 和 NO_2 再相加得到 NO_x，也可通过转换器将 NO_2 转换为 NO 后与烟气中原 NO 一并测量，但不允许只监测烟气中的 NO 来代表 NO_x。(　　)

答案：正确

6. 根据《固定污染源烟气（SO_2、NO_x、颗粒物）排放连续检测系统技术要求及检测方法》

（HJ 76—2017）中的规定，CEMS 不用记录低于零点以下和量程以上的数据。（　　）

答案：错误

正确答案为：CEMS 的数据采集和传输设备应显示和记录超出其零点以下和量程以上至少 10% 的数据值。当测量结果超出零点以下和量程以上 10% 时，数据记录存储其最小或最大值。

7. 根据《固定污染源烟气（SO_2、NO_x、颗粒物）排放连续检测系统技术要求及检测方法》（HJ 76—2017），具备稀释采样系统的 CEMS，其稀释零空气必须配备完备的气体预处理系统，主要包括气体的过滤、除水、除油、除烃以及除二氧化硫和氮氧化物等环节。（

答案：正确

8. 根据《固定污染源烟气（SO_2、NO_x、颗粒物）排放连续检测系统技术要求及检测方法》（HJ 76—2017），CEMS 的实验室检测和现场检测可以同步进行。

答案：错误

正确答案为：实验室检测通过后才允许进行污染物排放现场检测。

二、选择题

1. 根据《固定污染源烟气（SO_2、NO_x、颗粒物）排放连续检测系统技术要求及检测方法》（HJ 76—2017），红外吸收技术不能够测量________分子，所以尽管烟气样品中含有大量的氮或氧，它们不会掩盖样品中其他气体的吸收。（　　）

A. 同原子　　B. 杂原子

答案：A

2. 根据《固定污染源烟气（SO_2、NO_x、颗粒物）排放连续检测系统技术要求及检测方法》（HJ 76—2017），稀释抽取式 CEMS 测量结果为________。（　　）

A. 干基浓度　　B. 湿基浓度　　C. 常态浓度　　D. 排放浓度

答案：B

3. 根据《固定污染源烟气（SO_2、NO_x、颗粒物）排放连续检测系统技术要求及检测方法》（HJ 76—2017），CEMS 小屋应控制室内环境温度为________。（　　）

A. 15～35℃　　B. -20～50℃

答案：A

4. 根据《固定污染源烟气（SO_2、NO_x、颗粒物）排放连续检测系统技术要求及检测方法》（HJ 76—2017），一套完整的 CEMS 必须包含烟气参数监测单元，________并非烟气参数监测单元。（　　）

A. 烟气温度　　B. 烟气湿度　　C. 烟气流速　　D. 烟气颗粒物

答案：D

5. 根据《固定污染源烟气（SO_2、NO_x、颗粒物）排放连续检测系统技术要求及检测方法》（HJ 76—2017），________CEMS 不具备样品传输管线。（　　）

A. 完全抽取冷干法　　B. 稀释抽取法

C. 直接测量法　　D. 完全抽取热湿法

答案：C

三、问答题

1. 根据《固定污染源烟气（SO_2、NO_x、颗粒物）排放连续检测系统技术要求及检测方法》（HJ 76—2017）稀释抽取式 CEMS 中采样管线通常为几根，简述其作用。

答案：稀释法采样管线由 4 根聚四氟乙烯管组成，其中两根分别用于往采样探头输送校准气和稀释空气，一根用于往分析仪器输送稀释后的烟气样品，另一根用于探头部分的真空度监测。

2. 根据《固定污染源烟气（SO_2、NO_x、颗粒物）排放连续检测系统技术要求及检测方法》（HJ 76—2017）简述颗粒物 CEMS 的校准操作。

答案：采用参比方法与 CEMS 同步测量烟气中颗粒物浓度，取同时间区间且相同状态的测量结果组成若干数据对，通过建立数据对之间的相关曲线，用参比方法校准颗粒物 CEMS 的过程。

参考文献

环境保护部 . 固定污染源烟气（SO_2、NO_x、颗粒物）排放连续检测系统技术要求及检测方法：HJ 76—2017 [S]. 北京：中国环境出版社，2017.

命题：周　刚　邹家素

审核：梁　宵　夏　新

（五）数据采集传输仪

主要内容
《污染源在线自动监控（监测）数据采集传输仪技术要求》（HJ 477—2009）

一、判断题

1. 根据《污染源在线自动监控（监测）数据采集传输仪技术要求》（HJ 477—2009），数据采集传输仪应自带备用电池或配装不间断电源（UPS），在外部供电切断的情况下能保证数据采集传输仪连续工作 5 h。（　　）

答案：错误

正确答案为：在外部供电切断的情况下能保证数据采集传输仪连续工作 6 h。

2. 根据《污染源在线自动监控（监测）数据采集传输仪技术要求》（HJ 477—2009）进行仪器检测时，数据采集传输仪数据采集误差应≤0.5‰。（　　）

答案：错误

正确答案为：数据采集传输仪数据采集误差应≤1‰。

二、选择题

1. 根据《污染源在线自动监控（监测）数据采集传输仪技术要求》（HJ 477—2009）进行仪器检测时，数据采集传输仪应具备至少________个模拟量输入通道。（　　）

A.6　　B. 8　　C. 10　　D. 12

答案：B

2. 据《污染源在线自动监控（监测）数据采集传输仪技术要求》（HJ 477—2009）进行仪器检测时，数据采集传输仪的阻抗应≥______ MΩ。（ ）

A.10 B. 15 C. 20 D. 25

答案：C

参考文献

环境保护部 . 污染源在线自动监控（监测）数据采集传输仪技术要求：HJ 477—2009 [S]. 北京：中国环境科学出版社，2009.

命题：周 刚

审核：梁 宵 夏 新

附录Ⅰ　索引

本索引共包含 12 个表格，分别对应本书的 12 篇。

在“方法名称及标准号”栏中列出了相关的监测方法，与持证上岗考核中申报的监测方法相对应。

分类号由两部分数字组成（即 XX-YY）时，XX-0 表示该分类中的基础知识，其他表示各监测项目的专项知识，两部分合在一起构成总的考核要求。例如，A5-0 表示容量法的基础知识，A5-1 表示用容量法测定二氧化碳的专项知识。考核容量法测定二氧化碳项目时，试卷由 A5-0 与 A5-1 两部分试题组成。

“通卷”表示在该分类中不按照单个监测方法进行申报和考核，而是所含方法同时申报并合在一起考核。

“试题同 XXXX”表示本书中不单独设立该监测方法的试题，而是使用相应试题。

“同时参考 XXXX”表示使用该分类号中试题的同时，可以参考类似的试题。

表 1　环境空气和废气

分类		方法名称及标准号	备注	篇	章	页
G1 环境空气采样		环境空气质量手工监测技术规范（HJ/T 194—2017）及修改单	通卷	一	一	3
		布点与采样《空气和废气监测分析方法》（第四版）				
		环境空气　半挥发性有机物采样技术导则（HJ 691—2014）				
		环境空气质量标准（GB 3095—2012）				
G2 废气采样		锅炉烟尘测试方法（GB/T 5468—91）	通卷	一	二	17
		固定污染源排气中颗粒物测定与气态污染物采样方法（GB/T 16157—1996）				
		固定源废气监测技术规范（HJ/T 397—2007）				
		大气污染物综合排放标准（GB 16297—1996）				
		工业窑炉大气污染物排放标准（GB 9078—1996）				
		固定污染源采样《空气和废气监测分析方法》（第四版）				
		大气污染物无组织排放监测技术导则（HJ/T 55—2000）				
		环境空气和废气　二噁英类的测定　同位素稀释高分辨气相色谱－高分辨质谱法物（HJ 77.2—2008）				
		固定源废气监测技术规范（HJ/T 397—2007）				
		固定污染源废气　挥发性有机物的采样　气袋法（HJ 732—2014）				
G3 现场监测	G3-1 烟气黑度	固定污染源排放　烟气黑度的测定　林格曼烟气黑度图法（HJ/T 398—2007）		一	三	31
		污染源废气　烟气黑度的测定　测烟望远镜法《空气和废气监测分析方法》（第四版）				
		污染源废气　烟气黑度的测定　光电测烟仪法《空气和废气监测分析方法》（第四版）				

续表

分类		方法名称及标准号	备注	篇	章	页
G3 现场监测	G3-2 二氧化硫	固定污染源废气　二氧化硫的测定　定电位电解法（HJ 57—2017）		一	三	33
		环境空气　二氧化硫的测定　定点位电解法《空气和废气监测分析方法》（第四版）				
		固定污染源废气　二氧化硫的测定　便携式紫外吸收法（HJ 1131—2020）				
	G3-3 氮氧化物	环境空气　二氧化氮的测定　定电位电解法《空气和废气监测分析方法》（第四版）				36
		固定污染源废气　氮氧化物的测定　定电位电解法（HJ 693—2014）				
	G3-4 一氧化碳	环境空气　一氧化碳的测定　定电位电解法《空气和废气监测分析方法》（第四版）				40
		固定污染源废气　一氧化碳的测定　定电位电解法（HJ 973—2018）				
G4 重量法	G4-0 基础知识		试题同 W3-0	一	四	42
	G4-1 硫酸盐化速率	环境空气　硫酸盐化速率的测定　碱片－重量法《空气和废气监测分析方法》（第四版）				42
	G4-2 总悬浮颗粒物	环境空气　总悬浮颗粒物的测定　重量法（GB/T 15432—1995）及修改单				44
	G4-3 PM_{10}	环境空气　PM_{10} 和 $PM_{2.5}$ 的测定　重量法（HJ 618—2011）及修改单				46
		环境空气　可吸入颗粒物（PM_{10}）大流量采样　重量法《空气和废气监测分析方法》（第四版）				
		环境空气　可吸入颗粒物（PM_{10}）中流量采样　重量法《空气和废气监测分析方法》（第四版）				

续表

分类		方法名称及标准号	备注	篇	章	页
G4 重量法	G4-4 $PM_{2.5}$	环境空气 PM_{10} 和 $PM_{2.5}$ 的测定 重量法（HJ 618—2011）及修改单		一	四	48
		环境空气颗粒物（$PM_{2.5}$）重量法 手工监测方法技术规范（HJ 656—2013）				
	G4-5 降尘	环境空气 降尘的测定 重量法（GB/T 15265—1994）				52
	G4-6 烟（粉）尘	固定污染源排气中颗粒物测定与气态污染物采样方法（GB/T 16157—1996）及修改单				53
		锅炉烟尘测试方法（GB/T 5468—1991）				
		固定源废气监测技术规范 颗粒物的测定（HJ/T 397—2007）				
	G4-7 沥青烟	固定污染源排气中沥青烟的测定 重量法（HJ/T 45—1999）				56
	G4-8 苯可溶物	固定污染源废气 苯可溶物的测定 索氏提取－重量法（HJ 690—2014）				57
G5 电化学法	G5-0 基础知识		试题同 W4-0	一	五	60
	G5-1 氟化物	环境空气 氟化物的测定 滤膜采样 / 氟离子选择电极法（HJ 955—2018）				60
		环境空气 氟化物的测定 石灰滤纸采样氟离子选择电极法（HJ 481—2009）				
		大气固定污染源 氟化物的测定 离子选择电极法（HJ/T 67—2001）				
	G5-2 氨	空气质量 氨的测定 离子选择电极法（GB/T 14669—1993）				67

续表

续表

分类		方法名称及标准号	备注	篇	章	页
G7 可见分光光度法	G7-1 二氧化硫	环境空气　二氧化硫的测定　甲醛吸收 - 副玫瑰苯胺分光光度法（HJ 482—2009）及修改单		一	七	88
		污染源废气　甲醛缓冲溶液吸收 - 盐酸副玫瑰苯胺分光光度法《空气和废气监测分析方法》（第四版）				
		环境空气　二氧化硫的测定　四氯汞盐吸收 - 副玫瑰苯胺分光光度法（HJ483—2009）及修改单				
	G7-2 硫酸盐化速率	环境空气　硫酸盐化速率的测定　碱片 - 铬酸钡分光光度法《空气和废气监测分析方法》（第四版）				91
	G7-3 氮氧化物	环境空气　氮氧化物（一氧化氮和二氧化氮）的测定　盐酸萘乙二胺分光光度法（HJ 479—2009）及修改单				93
		固定污染源排气中氮氧化物的测定　盐酸萘乙二胺分光光度法（HJ/T 43—1999）				
		环境空气　二氧化氮的测定　Saltzman 法（GB/T 15435—1995）				
	G7-4 臭氧	环境空气　臭氧的测定　靛蓝二磺酸钠分光光度法（HJ 504—2009）及修改单				97
		环境空气　臭氧　硼酸碘化钾分光光度法《空气和废气监测分析方法》（第四版）				
	G7-5 氟化物	污染源废气　氟化物的测定　氟试剂分光光度法《空气和废气监测分析方法》（第四版）				99

续表

分类		方法名称及标准号	备注	篇	章	页
G7 可见分光光度法	G7-6 氨	空气质量 氨的测定 次氯酸钠－水杨酸分光光度法（HJ 534—2009）		一	七	101
		污染源废气 氨的测定 次氯酸钠－水杨酸分光光度法《空气和废气监测分析方法》（第四版）				
		环境空气和废气 氨的测定 纳氏试剂分光光度法（HJ 533—2009）				
	G7-7 氰化氢	固定污染源排气中氰化氢的测定 异烟酸－吡唑啉酮分光光度法（HJ/T 28—1999）				103
		环境空气 氰化氢 异烟酸－吡唑啉酮分光光度法 《空气和废气监测分析方法》（第四版）				
	G7-8 五氧化二磷	环境空气 五氧化二磷的测定 钼蓝分光光度法（HJ 546—2015）				105
		车间空气中五氧化二磷的钼酸铵分光光度测定方法（GB/T 16036—1995）				
	G7-9 硫化氢	污染源废气 硫化氢 亚甲基蓝分光光度法《空气和废气监测分析方法》（第四版）				107
		环境空气 硫化氢 直接显色分光光度法《空气和废气监测分析方法》（第四版）				
		环境空气 硫化氢 亚甲基蓝分光光度法《空气和废气监测分析方法》（第四版）				
	G7-10 硫酸雾	硫酸浓缩尾气 硫酸雾的测定 铬酸钡比色法（GB/T 4920—1985）				109
		污染源废气 硫酸雾 铬酸钡分光光度法《空气和废气监测分析方法》（第四版）				
		环境空气 硫酸雾 二乙胺分光光度法《空气和废气监测分析方法》（第三版）				

续表

分类		方法名称及标准号	备注	篇	章	页
G7 可见分光光度法	G7-11 氯气	固定污染源排气中氯气的测定　甲基橙分光光度法（HJ/T 30—1999）		一	七	112
		环境空气　氯气　甲基橙分光光度法《空气和废气监测分析方法》（第四版）				
	G7-12 氯化氢	固定污染源排气中氯化氢的测定　硫氰酸汞分光光度法（HJ/T 27—1999）				114
		环境空气　氯化氢的测定　硫氰酸汞分光光度法《空气和废气监测分析方法》（第四版）				
	G7-13 汞	污染源废气　汞　双硫腙分光光度法《空气和废气监测分析方法》（第三版）				116
	G7-14 六价铬	环境空气　六价铬的测定　二苯碳酰二肼分光光度法《空气和废气监测分析方法》（第四版）				118
	G7-15 砷	固定污染源废气　砷的测定　二乙基二硫代氨基甲酸银分光光度法（HJ 540—2016）				120
		环境空气　砷的测定　新银盐分光光度法《空气和废气监测分析方法》（第四版）				
		污染源废气　砷的测定　新银盐分光光度法《空气和废气监测分析方法》（第四版）				
		黄磷生产废气　气态砷的测定　二乙基二硫代氨基甲酸银分光光度法（暂行）（HJ 541—2009）				
	G7-16 锑	环境空气　锑的测定　5-Br-PADAP　分光光度法《空气和废气监测分析方法》（第四版）				124

续表

分类		方法名称及标准号	备注	篇	章	页
G7 可见分光光度法	G7-17 铍	污染源废气 铍的测定 羊毛铬花菁R分光光度法《空气和废气监测分析方法》(第四版)		一	七	126
	G7-18 铁	环境空气 铁的测定 4,7-二苯基-1,10-菲啰啉分光光度法《空气和废气监测分析方法》(第四版)				128
	G7-19 镉	大气固定污染源 镉的测定 对-偶氮苯重氮氨基偶氮苯磺酸分光光度法(HJ/T 64.3—2001)				130
	G7-20 镍	大气固定污染源 镍的测定 丁二酮肟-正丁醇萃取分光光度法(HJ/T 63.3—2001)				132
	G7-21 甲醇	甲醇的测定 变色酸比色法《空气和废气监测分析方法》(第四版)				134
	G7-22 硝基苯类化合物	空气质量 硝基苯类(一硝基和二硝基化合物)的测定 锌还原-盐酸萘乙二胺分光光度法(GB/T 15501—1995)				136
	G7-23 苯酚类化合物	固定污染源排气中酚类化合物的测定 4-氨基安替比林分光光度法(HJ/T 32—1999)				138
	G7-24 苯胺类化合物	空气质量 苯胺类的测定 盐酸萘乙二胺分光光度法(GB/T 15502—1995)				140
	G7-25 甲醛	空气质量 甲醛的测定 乙酰丙酮分光光度法(GB/T 15516—1995)				143
		甲醛 酚试剂分光光度法《空气和废气监测分析方法》(第四版)				
	G7-26 甲基对硫磷	甲基对硫磷的测定 盐酸萘乙二氨分光光度法《空气和废气监测分析方法》(第四版)				145
	G7-27 敌百虫	敌百虫的测定 硫氰酸汞分光光度法《空气和废气监测分析方法》(第四版)				148

续表

分类		方法名称及标准号	备注	篇	章	页
G7 可见分光光度法	G7-28 丙烯醛	丙烯醛的测定　4-己基间苯二酚分光光度法《空气和废气监测分析方法》（第四版）		一	七	150
	G7-29 丙酮	丙酮的测定　糠醛比色法《空气和废气监测分析方法》（第四版）				152
	G7-30 环氧氯丙烷	环氧氯丙烷的测定　乙酰丙酮分光光度法《空气和废气监测分析方法》（第四版）				154
	G7-31 吡啶	吡啶的测定　巴比妥酸分光光度法《空气和废气监测分析方法》（第四版）				156
	G7-32 异氰酸甲酯	异氰酸甲酯的测定　2,4-二硝基氯苯分光光度法《空气和废气监测分析方法》（第四版）				157
	G7-33 肼和偏二甲基肼	肼的测定　分光光度法《空气和废气监测分析方法》（第四版）				159
		偏二甲基肼的测定　分光光度法《空气和废气监测分析方法》（第四版）				
	G7-34 二硫化碳	空气质量　二硫化碳的测定　二乙胺分光光度法（GB/T 14680—1993）				162
	G7-35 铬酸雾	固定污染源排气中铬酸雾的测定　二苯基碳酰二肼分光光度法（HJ/T 29—1999）				164
G8 紫外分光光度法	G8-1 臭氧	环境空气　臭氧的测定　紫外光度法（HJ 590—2010）及修改单		一	八	167
	G8-2 氮氧化物	固定污染源排气中氮氧化物的测定　紫外分光光度法（HJ/T 42—1999）				169
	G8-3 光气	固定污染源排气中光气的测定　苯胺紫外分光光度法（HJ/T 31—1999）				170

续表

分类		方法名称及标准号	备注	篇	章	页
G9 离子色谱法	G9-0 基础知识		试题同 W7-0	一	九	172
	G9-1 硫酸盐化速率	环境空气 硫酸盐化速率的测定 碱片-离子色谱法《空气和废气监测分析方法》(第四版)				172
	G9-2 氨和甲胺	环境空气 氨、甲胺、二甲胺和三甲胺的测定 离子色谱法(HJ 1076—2019)				173
		固定污染源废气 三甲胺的测定 抑制型离子色谱法(HJ 1041—2019)				
	G9-3 氯化氢	环境空气和废气 氯化氢的测定 离子色谱法(HJ 549—2016)				175
	G9-4 硫酸雾	固定污染源废气 硫酸雾的测定 离子色谱法(HJ 544—2016)				176
	G9-5 甲醛	甲醛的测定 离子色谱法《空气和废气监测分析方法》(第四版)				177
	G9-6 氟化氢	固定污染源废气 氟化氢的测定 离子色谱法(HJ 688—2019)				178
	G9-7 溴化氢	固定污染源废气 溴化氢的测定 离子色谱法(HJ 1040—2019)				181
	G9-8 六价铬	环境空气 六价铬的测定 柱后衍生离子色谱法(HJ 779—2015)及修改单				183
	G9-9 水溶性阳离子	环境空气 颗粒物中水溶性阳离子(Li^+、Na^+、NH_4^+、K^+、Ca^{2+}、Mg^{2+})的测定 离子色谱法(HJ 800—2016)				186
	G9-10 水溶性阴离子	环境空气 颗粒物中水溶性阴离子(F^-、Cl^-、Br^-、NO_2^-、NO_3^-、PO_4^{3-}、SO_3^{2-}、SO_4^{2-})的测定 离子色谱法(HJ 799—2016)				189

续表

分类		方法名称及标准号	备注	篇	章	页
G10 火焰原子吸收分光光度法	G10-0 基础知识		试题同 W9-0	一	十	192
	G10-1 铅	环境空气　铅的测定　火焰原子吸收分光光度法（GB/T 15264—1994）及修改单				192
		固定污染源废气　铅的测定　火焰原子吸收分光光度法（暂行）（HJ 538—2009）				
		固定污染源废气　铅的测定　火焰原子吸收分光光度法（HJ 685—2014）				
	G10-2 镍	大气固定污染源　镍的测定　火焰原子吸收分光光度法（HJ/T 63.1—2001）				194
	G10-3 镉	大气固定污染源　镉的测定　火焰原子吸收分光光度法（HJ/T 64.1—2001）				195
	G10-4 铁	环境空气　铁的测定　火焰原子吸收分光光度法《空气和废气监测分析方法》（第四版）				196
	G10-5 铜、锌、镉、铬、锰、镍	环境空气　铜、锌、镉、铬、锰和镍的测定　火焰原子吸收分光光度法《空气和废气监测分析方法》（第四版）				197
G11 石墨炉原子吸收分光光度法	G11-0 基础知识		试题同 W10-0	一	十一	199
	G11-1 镍	大气固定污染源　镍的测定　石墨炉原子吸收分光光度法（HJ/T 63.2—2001）				199
	G11-2 镉	大气固定污染源　镉的测定　石墨炉原子吸收分光光度法（HJ/T 64.2—2001）				200

续表

分类		方法名称及标准号	备注	篇	章	页
G11 石墨炉原子吸收分光光度法	G11-3 锡	大气固定污染源　锡的测定　石墨炉原子吸收分光光度法（HJ/T 65—2001）		一	十一	200
	G11-4 铅	环境空气　铅的测定　石墨炉原子吸收分光光度法（HJ 539—2015）及修改单				202
		污染源废气　铅　石墨炉原子吸收分光光度法《空气和废气监测分析方法》（第四版）				
	G11-5 砷	环境空气　砷的测定　石墨炉原子吸收分光光度法《空气和废气监测分析方法》（第四版）				203
	G11-6 铍	环境空气　铍的测定　石墨炉原子吸收分光光度法《空气和废气监测分析方法》（第四版）				205
		固定污染源废气　铍的测定　石墨炉原子吸收分光光度法（HJ 684—2014）				
	G11-7 铜、锌、镉、铬、锰、镍	环境空气　铜、锌、镉、铬、锰、镍的测定　石墨炉原子吸收分光光度法《空气和废气监测分析方法》（第四版）				207
	G11-8 硒	污染源废气　硒及其化合物的测定　石墨炉原子吸收分光光度法《空气和废气监测分析方法》（第四版）				208
	G11-9 汞	环境空气　汞　金膜富集－冷原子吸收分光光度法《空气和废气监测分析方法》（第四版）				209
		固定污染源废气　汞的测定　冷原子吸收分光光度法（暂行）（HJ 543—2009）				

续表

分类		方法名称及标准号	备注	篇	章	页
G12 原子荧光分光光度法	G12-0 基础知识		试题同 W8-0	一	十二	213
	G12-1 汞	污染源废气　汞及其化合物　原子荧光分光光度法《空气和废气监测分析方法》（第四版）				213
	G12-2 砷	环境空气　砷的测定　原子荧光法《空气和废气监测分析方法》（第四版）				215
		污染源废气　砷的测定　氢化物发生原子荧光分光光度法《空气和废气监测分析方法》（第四版）				
	G12-3 硒	环境空气　硒的测定　原子荧光法《空气和废气监测分析方法》（第四版）				218
		污染源废气　硒的测定　氢化物发生原子荧光分光光度法《空气和废气监测分析方法》（第四版）				
	G12-4 砷、硒、铋、锑	环境空气和废气　颗粒物中砷、硒、铋、锑的测定　原子荧光法（HJ 1133—2020）				221
	G12-5 汞（冷原子荧光法）	环境空气　汞的测定　巯基棉富集－冷原子荧光分光光度法（暂行）（HJ 542—2009）及修改单				225
G13 荧光光度法	G13-1 苯并[a]芘	空气质量　飘尘中苯并[a]芘的测定　乙酰化滤纸层析荧光光度法（GB/T 8971—1988）		一	十三	230
G14 电感耦合等离子发射光谱法	G14-0 基础知识		试题同 W11-0	一	十四	233

续表

分类		方法名称及标准号	备注	篇	章	页
G14 电感耦合等离子发射光谱法	G14-1 铅等多种元素	环境空气 铝、锑、砷、钡、铍、硼、镉、钙、铬、钴、铜、铁、铅、锂、镁、锰、钼、镍、钾、硒、硅、银、钠、锶、铊、钒、锌、硫和磷的测定 电感耦合等离子体原子发射光谱法（ICP-AES）《空气和废气监测分析方法》（第四版）		一	十四	233
	G14-2 碱雾	固定污染源废气碱雾的测定电感耦合等离子体发射光谱法（HJ 1007—2018）				234
	G14-3 颗粒物中金属元素	空气和废气 颗粒物中金属元素的测定 电感耦合等离子体发射光谱法（HJ 777—2015）				237
G15 电感耦合等离子体质谱法	G15-0 基础知识		试题同 W12-0	一	十五	242
	G15-1 颗粒物中铅等金属元素	空气和废气 颗粒物中铅等金属元素的测定 电感耦合等离子体质谱法（HJ 657—2013）及修改单				242
G16 液相色谱法	G16-0 基础知识		试题同 W15-0	一	十六	249
	G16-1 苯酚类化合物	苯酚类化合物的测定 氢氧化钠溶液吸收 - 高效液相色谱法 《空气和废气监测分析方法》（第四版）				249
		环境空气 酚类化合物的测定 高效液相色谱法（HJ 638—2012）				
	G16-2 苯胺类化合物	苯胺类化合物的测定 高效液相色谱法《空气和废气监测分析方法》（第四版）				253
	G16-3 酞酸酯类化合物	环境空气 酞酸酯类的测定 高效液相色谱法（HJ 868—2017）				255

续表

分类		方法名称及标准号	备注	篇	章	页
G16 液相色谱法	G16-4 多环芳烃类化合物	多环芳烃类化合物的测定　超声波萃取－高效液相色谱法《空气和废气监测分析方法》（第四版）		一	十六	258
		环境空气和废气　气相和颗粒物中多环芳烃的测定　高效液相色谱法（HJ 647—2013）				
	G16-5 苯并 [*a*] 芘	环境空气　苯并 [*a*] 芘的测定　高效液相色谱法（HJ 956—2018）				262
		固定污染源排气中苯并 [*a*] 芘的测定　高效液相色谱法（HJ/T 40—1999）				
	G16-6 醛酮类化合物	醛酮类化合物的测定　2,4-DNPH　吸附管吸附－高效液相色谱法《空气和废气监测分析方法》（第四版）				266
		环境空气　醛、酮类化合物的测定　高效液相色谱法（HJ 683—2014）				
		固定污染源废气　醛、酮类化合物的测定　溶液吸收－高效液相色谱法（HJ 1153—2020）				
		环境空气　醛、酮类化合物的测定　溶液吸收－高效液相色谱法（HJ 1154—2020）				
	G16-7 酰胺类化合物	环境空气和废气　酰胺类化合物的测定　液相色谱法（HJ 801—2016）				273
G17 气相色谱法	G17-0 基础知识		试题同 W13-0	一	十七	277
	G17-1 氯丁二烯	氯丁二烯的测定　气相色谱法《空气和废气监测分析方法》（第四版）				277
	G17-2 挥发性卤代烃	挥发性卤代烃　气相色谱法《空气和废气监测分析方法》（第四版）				279
		环境空气　挥发性卤代烃的测定　活性炭吸附－二硫化碳解吸／气相色谱法（HJ 645—2013）				
		固定污染源废气　挥发性卤代烃的测定　气袋采样－气相色谱法（HJ 1006—2018）				

续表

分类		方法名称及标准号	备注	篇	章	页
G17 气相色谱法	G17-3 总烃（非甲烷烃）	环境空气 总烃、甲烷和非甲烷总烃的测定 直接进样－气相色谱法（HJ 604—2017）		一	十七	284
		固定污染源废气 总烃、甲烷和非甲烷总烃的测定 气相色谱法（HJ 38—2017）				
		总烃和非甲烷总烃的测定 气相色谱法《空气和废气监测分析方法》（第四版）				
		非甲烷烃的测定 气相色谱法《空气和废气监测分析方法》（第四版）				
	G17-4 甲醇	固定污染源排气中甲醇的测定 气相色谱法（HJ/T 33—1999）				290
		甲醇的测定 气相色谱法《空气和废气监测分析方法》（第四版）				
	G17-5 苯系物	环境空气 苯系物的测定 固体吸附/热脱附－气相色谱法（HJ 583—2010）				294
		环境空气 苯系物的测定 活性炭吸附/二硫化碳解吸－气相色谱法（HJ 584—2010）				
	G17-6 苯酚类化合物	苯酚类化合物的测定 气相色谱法《空气和废气监测分析方法》（第四版）				297
	G17-7 氯苯类化合物	固定污染源废气 氯苯类化合物的测定 气相色谱法（HJ 1079—2019）				299
		氯苯类化合物的测定 气相色谱法《空气和废气监测分析方法》（第四版）				
	G17-8 硝基苯类化合物	硝基苯类化合物的测定 苯吸收填充柱气相色谱法《空气和废气监测分析方法》（第四版）				302
		硝基苯类化合物的测定 固体吸附气相色谱法《空气和废气监测分析方法》（第四版）				
		环境空气 硝基苯类化合物的测定 气相色谱法（HJ 738—2015）				

续表

分类		方法名称及标准号	备注	篇	章	页
G17 气相色谱法	G17-9 有机氯农药	环境空气　有机氯农药的测定　气相色谱法（HJ 901—2017）		一	十七	307
	G17-10 多氯联苯	环境空气　多氯联苯的测定　气相色谱法（HJ 903—2017）				309
	G17-11 有机磷农药	有机磷农药的测定　气相色谱法《空气和废气监测分析方法》（第四版）				311
		甲基对硫磷的测定　气相色谱法《空气和废气监测分析方法》（第四版）				
	G17-12 氯乙烯	固定污染源排气中氯乙烯的测定　气相色谱法（HJ/T 34—1999）				316
		氯乙烯的测定　气相色谱法《空气和废气监测分析方法》（第四版）				
	G17-13 二硫化碳	环境空气　二硫化碳的测定　气相色谱法《空气和废气监测分析方法》（第三版）				319
	G17-14 有机硫化物	空气质量　硫化氢、甲硫醇、甲硫醚、二甲二硫的测定　气相色谱法（GB/T 14678—1993）				321
	G17-15 乙醛	固定污染源排气中乙醛的测定　气相色谱法（HJ/T 35—1999）				324
	G17-16 丙烯醛	固定污染源排气中丙烯醛的测定　气相色谱法（HJ/T 36—1999）				326
	G17-17 低分子醛	低分子醛的测定　气相色谱法《空气和废气监测分析方法》（第四版）				329
	G17-18 丙酮	丙酮的测定　气相色谱法《空气和废气监测分析方法》（第四版）				332
	G17-19 环氧氯丙烷	环氧氯丙烷的测定　气相色谱法《空气和废气监测分析方法》（第四版）				333

续表

分类		方法名称及标准号	备注	篇	章	页
G17 气相色谱法	G17-20 丙烯腈	固定污染源排气中丙烯腈的测定 气相色谱法（HJ/T 37—1999）		一	十七	335
		丙烯腈的测定 气相色谱法《空气和废气监测分析方法》（第四版）				
	G17-21 三甲胺	空气质量 三甲胺的测定 气相色谱法（GB/T 14676—1993）				338
		环境空气和废气 三甲胺的测定 溶液吸收－顶空 / 气相色谱法（HJ 1042—2019）				
	G17-22 吡啶	吡啶的测定 气相色谱法《空气和废气监测分析方法》（第四版）				341
	G17-23 肼和偏二甲基肼	肼和偏二甲基肼的测定 气相色谱法《空气和废气监测分析方法》（第四版）				342
	G17-24 苯胺类化合物	大气固定污染源苯胺类的测定 气相色谱法（HJ/T 68—2001）				345
	G17-25 酞酸酯类化合物	固定污染源废气 酞酸酯类的测定 气相色谱法（HJ 869—2017）				348
	G17-26 指示性毒杀芬	环境空气 指示性毒杀芬的测定 气相色谱法（HJ 852—2017）				350
G18 气相色谱－质谱法	G18-0 基础知识		试题同 W14-0	一	十八	353
	G18-1 多环芳烃类化合物	多环芳烃类化合物的测定 气相色谱－质谱法《空气和废气监测分析方法》（第四版）				353
		环境空气和废气 气相和颗粒物中多环芳烃的测定 气相色谱－质谱法（HJ 646—2013）				

续表

分类		方法名称及标准号	备注	篇	章	页
G18 气相色谱-质谱法	G18-2 挥发性有机物	环境空气　挥发性有机物的测定　吸附管采样-热脱附/气相色谱-质谱法（HJ 644—2013）		一	十八	356
		固定污染源废气　挥发性有机物的测定　固相吸附-热脱附/气相色谱-质谱法（HJ 734—2014）				
		环境空气　挥发性有机物的测定　罐采样/气相色谱-质谱法（HJ 759—2015）				
	G18-3 硝基苯类化合物	环境空气　硝基苯类化合物的测定　气相色谱-质谱法（HJ 739—2015）				361
	G18-4 酞酸酯类化合物	环境空气　酞酸酯类的测定　气相色谱–质谱法（HJ 867—2017）				363
	G18-5 多氯联苯类化合物	环境空气　多氯联苯的测定　气相色谱-质谱法（HJ 902—2017）				365
		环境空气　多氯联苯混合物的测定　气相色谱法（HJ 904—2017）				
	G18-6 有机氯农药	环境空气　有机氯农药的测定　气相色谱-质谱法（HJ 900—2017）				368
	G18-7 有机硫化物	固定污染源废气　甲硫醇等8种含硫有机化合物的测定　气袋采样-预浓缩/气相色谱-质谱法（HJ 1078—2019）				371
	G18-8 二噁英类	环境空气和废气　二噁英类的测定　同位素稀释高分辨气相色谱-高分辨质谱法（HJ 77.2—2008）				373
G19 红外分光光度法	G19-1 油烟和油雾	饮食业油烟排放标准（试行）（附录A　饮食业油烟采样方法及分析方法）（GB 18483—2001）		一	十九	375
		固定污染源废气　油烟和油雾的测定　红外分光光度法（HJ 1077—2019）				

续表

分类		方法名称及标准号	备注	篇	章	页
G20 非分散红外吸收法	G20-0 基础知识			一	二十	378
	G20-1 一氧化碳	环境空气　一氧化碳的测定　非分散红外吸收法（GB 9801—88）				379
		固定污染源排气中一氧化碳的测定　非色散红外吸收法（HJ/T 44—1999）				
		环境空气　一氧化碳的自动测定　非分散红外法（HJ 965—2018）				
	G20-2 氮氧化物	固定污染源废气　氮氧化物的测定　非分散红外吸收法（HJ 692—2014）				384
	G20-3 二氧化硫	固定污染源废气　二氧化硫的测定　非分散红外吸收法（HJ 629—2011）				385
G21 X 射线荧光光谱法	G21-1 能量色散 X 射线荧光光谱法	环境空气　颗粒物中无机元素的测定　能量色散 X 射线荧光光谱法（HJ 829—2017）		一	二十一	387
	G21-2 波长色散 X 射线荧光光谱法	环境空气　颗粒物中无机元素的测定　波长色散 X 射线荧光光谱法（HJ 830—2017）				389
G22 镜检法测定石棉尘		固定污染源排气中石棉尘的测定　镜检法（HJ/T 41—1999）		一	二十二	392
G23 嗅辨法测定臭气浓度		空气质量　恶臭的测定　三点比较式臭袋法（GB/T 14675—1993）		一	二十三	396
G24 嗅辨员		空气质量　恶臭的测定　三点比较式臭袋法（GB/T 14675—1993）		一	二十四	399

表 2 室内空气

分类		方法名称及标准号	备注	篇	章	页
A1 布点与采样		室内空气质量标准（GB/T 18883—2002）	通卷	二	一	407
		室内环境空气质量监测技术规范（HJ/T 167—2004）				
		民用建筑工程室内环境污染控制规范（GB 50325—2010）				
A2 物理性参数	A2-1 温度	公共场所卫生检验方法 第 1 部分：物理因素（GB/T 18204.1—2013）（3.1 空气温度玻璃液体温度计法）			二	411
		公共场所卫生检验方法 第 1 部分：物理因素（GB/T 18204.1—2013）（3.2 空气温度数显式温度计法）				
		室内环境空气质量监测技术规范（HJ/T 167—2004）（附录 A.1 温度室内空气物理参数的测量）				
	A2-2 相对湿度	公共场所卫生检验方法 第 1 部分：物理因素（GB/T 18204.1—2013）（4.1 相对湿度干湿球法）				414
		公共场所卫生检验方法 第 1 部分：物理因素（GB/T 18204.1—2013）（4.2 相对湿度氯化锂露点法）				
		公共场所卫生检验方法 第 1 部分：物理因素（GB/T 18204.1—2013）（4.3 相对湿度电阻电容法）				
		室内环境空气质量监测技术规范（HJ/T 167—2004）（附录 A.2 相对湿度室内空气物理参数的测量）				
	A2-3 空气流速（风速）	公共场所卫生检验方法 第 1 部分：物理因素（GB/T 18204.1—2013）（5 室内风速电风速计法）				417
		室内环境空气质量监测技术规范（HJ/T 167—2004）（附录 A.3 空气流速室内空气物理参数的测量）				

续表

分类		方法名称及标准号	备注	篇	章	页
A2 物理性参数	A2-4 新风量	公共场所卫生检验方法　第 1 部分：物理因素（GB/T 18204.1—2013）（6.1　室内新风量示踪气体法）		二	二	419
		公共场所卫生检验方法　第 1 部分：物理因素（GB/T 18204.1—2013）（6.2　室内新风量风管法）				
		室内环境空气质量监测技术规范（HJ/T 167—2004）（附录 A.4　新风量室内空气物理参数的测量）				
	A2-5 氡	环境空气中氡的标准测量方法（GB/T 14582—1993）				424
A3 重量法	A3-0 基础知识		试题同 W3-0	二	三	427
	A3-1 可吸入颗粒物	室内空气中可吸入颗粒物卫生标准（GB/T 17095—1997）（附录 A　室内空气中可吸入颗粒物的测定方法撞击式称重法）	试题同 G4-3			
		室内环境空气质量监测技术规范（HJ/T 167—2004）（附录 J　室内空气中可吸入颗粒物的测定方法）				427
A4 电化学法	A4-0 基础知识		试题同 W4-0	二	四	428
	A4-1 氨	室内环境空气质量监测技术规范（HJ/T 167—2004）（附录 F.2　室内空气中氨的测定方法离子选择电极法）	试题同 G5-2			428
A5 容量法	A5-0 基础知识		试题同 W5-0	二	五	429
	A5-1 二氧化碳	公共场所卫生检验方法　第 2 部分：化学污染物（GB/T 18204.2—2014）（4.3　二氧化碳容量滴定法）				
		室内环境空气质量监测技术规范（HJ/T 167—2004）（附录 E.3　室内空气中二氧化碳的测定方法容量滴定法）				429

续表

分类		方法名称及标准号	备注	篇	章	页
A6 分光光度法	A6-0 基础知识		试题同 W6-0	二	六	432
	A6-1 氨	公共场所卫生检验方法　第 2 部分：化学污染物（GB/T 18204.2—2014）（8.1　氨靛酚蓝分光光度法）		二	六	432
		室内环境空气质量监测技术规范（HJ/T 167—2004）（附录 F.5　室内空气中氨的测定方法靛酚蓝分光光度法）				
		公共场所卫生检验方法　第 2 部分：化学污染物（GB/T 18204.2—2014）（8.2　氨纳氏试剂分光光度法）				
		室内环境空气质量监测技术规范（HJ/T 167—2004）（附录 F.3　室内空气中氨的测定方法纳氏试剂分光光度法）				
	A6-2 甲醛	居住区大气中甲醛卫生检验标准方法（分光光度法）（GB/T 16129—1995）				434
		室内环境空气质量监测技术规范（HJ/T 167—2004）（附录 H.1　室内空气中甲醛的测定方法　AHMT 分光光度法）				
		公共场所卫生检验方法　第 2 部分：化学污染物（GB/T 18204.2—2014）（7.2　甲醛酚试剂分光光度法）				
		室内环境空气质量监测技术规范（HJ/T 167—2004）（附录 H.2　室内空气中甲醛的测定方法酚试剂分光光度法）				
	A6-3 二氧化硫	居住区大气中二氧化硫卫生检验标准方法（GB/T 16128—1995）（甲醛溶液吸收－盐酸副玫瑰苯胺分光光度法）	试题同 G7-1 ①			436
		室内环境空气质量监测技术规范（HJ/T 167—2004）（附录 B.1　室内空气中二氧化硫的测定方法甲醛吸收－副玫瑰苯胺分光光度法）				

续表

分类		方法名称及标准号	备注	篇	章	页
A6 分光光度法	A6-4 臭氧	公共场所卫生检验方法 第2部分：化学污染物（GB/T 18204.2—2014）（12.2 臭氧靛蓝二磺酸钠分光光度法）	试题同 G7-4 ①	二	六	437
		室内环境空气质量监测技术规范（HJ/T 167—2004）（附录 G.1 室内空气中臭氧的测定方法靛蓝二磺酸钠分光光度法）				
		室内环境空气质量监测技术规范（HJ/T 167—2004）（附录 G.2 室内空气中臭氧的测定方法紫外光度法）	试题同 G8-1			
A7 液相色谱法	A7-0 基础知识		试题同 W15-0	二	七	438
	A7-1 苯并 [*a*] 芘	室内环境空气质量监测技术规范（HJ/T 167—2004）（附录 L 室内空气中苯并 [*a*] 芘的测定方法）	试题同 G16-5 ①			438
A8 气相色谱法	A8-0 基础知识		试题同 W13-0	二	八	439
	A8-1 苯系物	室内空气质量标准（GB/T 18883—2002）（附录 B 室内空气中苯的检验方法毛细管气相色谱法）	试题同 G17-5			439
		居住区大气中苯、甲苯和二甲苯卫生检验标准方法（GB/T 11737—1989）（气相色谱法）				
		室内环境空气质量监测技术规范（HJ/T 167—2004）（附录 I.1 室内空气中苯、甲苯、二甲苯的测定方法毛细管气相色谱法）				
	A8-2 总挥发性有机物	室内空气质量标准（GB/T 18883—2002）[附录 C 室内空气中总挥发性有机物（TVOC）的检验方法热解吸 / 毛细管气相色谱法]				439
		室内环境空气质量监测技术规范（HJ/T 167—2004）（附录 K.1 室内空气中总挥发性有机物的测定方法热解吸 / 毛细管气相色谱法）				

续表

分类		方法名称及标准号	备注	篇	章	页
A8 气相色谱法	A8-2 总挥发性有机物	民用建筑工程室内环境污染控制规范（GB 50325—2010）[附录G 室内空气中总挥发性有机物（TVOC）的测定]		二	八	439
		室内环境空气质量监测技术规范（HJ/T 167—2004）（附录K.2 室内空气中总挥发性有机物的测定方法气相色谱法）				
	A8-3 甲醛	公共场所卫生检验方法 第2部分：化学污染物（GB/T 18204.2—2014）（7.3 甲醛气相色谱法）				443
	A8-4 一氧化碳	公共场所卫生检验方法 第2部分：化学污染物（GB/T 18204.2—2014）（3.2 一氧化碳气相色谱法）				445
	A8-5 二氧化碳	公共场所卫生检验方法 第2部分：化学污染物（GB/T 18204.2—2014）（4.2 二氧化碳气相色谱法）				448
A9 非分散红外吸收法	A9-0 基础知识		试题同G20-0	二	九	451
	A9-1 一氧化碳	公共场所卫生检验方法 第2部分：化学污染物（GB/T 18204.2—2014）（3.1 一氧化碳不分光红外分析法）				451
		室内环境空气质量监测技术规范（HJ/T 167—2004）（附录D.1 室内空气中一氧化碳的测定方法非分散红外法）				
	A9-2 二氧化碳	公共场所卫生检验方法 第2部分：化学污染物（GB/T 18204.2—2014）（4.1 二氧化碳不分光红外分析法）				453
		室内环境空气质量监测技术规范（HJ/T 167—2004）（附录E.1 室内空气中二氧化碳的测定方法非分散红外法）				
A10 菌落总数		室内空气质量标准（GB/T 18883—2002）（附录D 室内空气中菌落总数检验方法）		二	十	456

表3 生物

分类		方法名称及标准号	备注	篇	章	页
B1 细菌学监测	B1-0 基础知识			三	一	463
	B1-1 水中细菌总数	水质 细菌总数的测定 平皿计数法（HJ 1000—2018）				466
	B1-2 水中总大肠菌群	总大肠菌群 多管发酵法《水和废水监测分析方法》（第四版）				469
		总大肠菌群 滤膜法《水和废水监测分析方法》（第四版）				
		总大肠菌群 延迟培养法《水和废水监测分析方法》（第四版）				
	B1-3 水中粪大肠菌群	水质 粪大肠菌群的测定 滤膜法（HJ 347.1—2018）				471
		水质 粪大肠菌群的测定 多管发酵法（HJ 347.2—2018）				
	B1-4 水中粪链球菌	粪链球菌 多管发酵法《水和废水监测分析方法》（第四版）				474
		粪链球菌 滤膜法《水和废水监测分析方法》（第四版）				
		粪链球菌 倾注平板培养法《水和废水监测分析方法》（第四版）				
	B1-5 水中沙门氏菌	沙门氏菌《水和废水监测分析方法》（第四版）				476
	B1-6 快速法	水质 总大肠菌群和粪大肠菌群的测定 纸片快速法（HJ 755—2015）				477
B2 水生生物群落监测	B2-0 基础知识			三	二	481

续表

分类		方法名称及标准号	备注	篇	章	页
B2 水生生物群落监测	B2-1 浮游生物	浮游生物《水和废水监测分析方法》（第四版）		三	二	482
	B2-2 着生生物	水质　微型生物群落监测　PFU 法（GB/T 12990—1991）				484
	B2-3 底栖动物	底栖动物《水和废水监测分析方法》（第四版）				487
B3 初级生产力		水质　叶绿素 a　分光光度法 《水和废水监测分析方法》（第四版）		三	三	490
		黑白瓶测氧法 《水和废水监测分析方法》（第四版）				
		水质　叶绿素 a 的测定　分光光度法（HJ 897—2017）				
B4 急性毒性试验	B4-1 发光细菌法	水质　急性毒性的测定　发光细菌法（GB/T 15441—1995）		三	四	495
	B4-2 鱼类法	水质　物质对淡水鱼（斑马鱼）急性毒性测定方法（GB/T 13267—1991）				498
	B4-3 蚤类法	水质　物质对蚤类（大型蚤）急性毒性测定方法（GB/T 13266—1991）				501
	B4-4 藻类法	藻类生长抑制试验《水和废水监测分析方法》（第四版）				504
B5 致突变性试验	B5-1 紫露草微核试验	紫露草微核试验《水和废水监测分析方法》（第四版）		三	五	507
	B5-2 蚕豆根尖微核试验	蚕豆根尖微核试验《水和废水监测分析方法》（第四版）				509
	B5-3 Ames 试验	细菌回复突变实验《水和废水监测分析方法》（第四版）				511

续表

分类		方法名称及标准号	备注	篇	章	页
B6 液相色谱法	B6-0 基础知识		试题同 W15-0	三	六	516
	B6-1 微囊藻毒素	《水和废水监测分析方法》（第四版）微囊藻毒素　高效液相色谱法				
		水中微囊藻毒素的测定　高效液相色谱法（GB/T 20466—2006）				516
B7 酶底物法	B7-1 总大肠菌群、粪大肠菌群和大肠埃希氏菌	《生活饮用水标准检验方法　微生物指标》（GB/T 5750.12—2006）总大肠菌群的测定　酶底物法		三	七	519
		《生活饮用水标准检验方法　微生物指标》（GB/T 5750.12—2006）大肠埃希氏菌的测定　酶底物法				
		水质　总大肠菌群、粪大肠菌群和大肠埃希氏菌的测定　酶底物法（HJ 1001—2018）				

表 4　土壤和沉积物

分类	方法名称及标准号	备注	篇	章	页
SO1 采样与制样	土壤环境监测技术规范（HJ/T 166—2004）	通卷	四	一	525
	土壤检测　第1部分：土壤样品的采集、处理和贮存（NY/T 1121.1—2006）				
	森林土壤样品的采集与制备（LY/T 1210—1999）				
	森林土壤水和天然水样品的采集与保存（LY/T 1212—1999）				
	土壤和沉积物　二噁英类的测定　同位素稀释高分辨气相色谱－高分辨质谱法（HJ 77.4—2008）				

续表

分类		方法名称及标准号	备注	篇	章	页
SO2 重量法	SO2-0 基础知识		试题同 W3-0	四	二	529
	SO2-1 容重	土壤检测　第 4 部分：土壤容重的测定（NY/T 1121.4—2006）				529
		容重　环刀法《全国土壤污染状况调查样品分析测试技术规定》				
	SO2-2 石油类	石油类　重量法《全国土壤污染状况调查样品分析测试技术规定》				531
	SO2-3 水分	土壤　水分测定法（NY/T 52—1987）				533
		土壤　干物质和水分的测定　重量法（HJ 613—2011）				
		森林土壤含水量的测定（LY/T 1213—1999）				
		森林土壤水分－物理性质的测定（LY/T 1215—1999）				
	SO2-4 水溶性和酸溶性硫酸盐	土壤　水溶性和酸溶性硫酸盐的测定　重量法（HJ 635—2012）				535
	SO2-5 水溶性盐（全盐量）	土壤中可溶性盐分的测定　重量法《农业环境监测实用手册》				536
		土壤检测　第 16 部分：土壤水溶性盐总量的测定（NY/T 1121.16—2006）				
SO3 电化学法	SO3-0 基础知识		试题同 W4-0	四	三	539
	SO3-1 pH	土壤检测　第 2 部分：土壤 pH 的测定（NY/T 1121.2—2006）				539
		土壤　pH 值的测定　电位法（HJ 962—2018）				
		土壤中 pH 的测定（NY/T 1377—2007）				
		森林土壤 pH 的测定（LY/T 1239—1999）				

续表

分类		方法名称及标准号	备注	篇	章	页
SO3 电化学法	SO3-2 氟化物	土壤质量 氟化物的测定 离子选择电极法（GB/T 22104—2008）		四	三	543
		土壤 水溶性氟化物和总氟化物的测定 离子选择电极法（HJ 873—2017）				
SO4 容量法	SO4-0 基础知识		试题同 W5-0	四	四	548
	SO4-1 有机质	土壤有机质测定法（NY/T 85—1988）				548
		土壤检测 第 6 部分：土壤有机质的测定（NY/T 1121.6—2006）				
		森林土壤有机质的测定及碳氮比的计算（LY/T 1237—1999）				
		有机质 油浴外加热－重铬酸钾容量法《土壤元素的近代分析方法》				
	SO4-2 全氮	土壤全氮测定法 半微量开氏法（NY/T 53—1987）				554
	SO4-3 阳离子交换量	森林土壤阳离子交换量的测定（LY/T 1243—1999）				557
SO5 分光光度法	SO5-0 基础知识		试题同 W6-0	四	五	559
	SO5-1 砷	土壤质量 总砷的测定 二乙基二硫代氨基甲酸银分光光度法（GB/T 17134—1997）				559
		土壤质量 总砷的测定 硼氢化钾－硝酸银分光光度法（GB/T 17135—1997）				
	SO5-2 总磷（全磷）	土壤 总磷的测定 碱熔－钼梯抗分光光度法（HJ 632—2011）				563
		土壤全磷测定法（NY/T 88—1988）				

续表

分类		方法名称及标准号	备注	篇	章	页
SO5 分光光度法	SO5-3 挥发酚	土壤和沉积物 挥发酚的测定 4-氨基安替比林分光光度法（HJ 998—2018）		四	五	566
	SO5-4 氰化物	土壤 氰化物和总氰化物的测定 分光光度法（异烟酸-巴比妥酸分光光度法）（HJ 745—2015）				569
		土壤 氰化物和总氰化物的测定 分光光度法（异烟酸-吡唑啉酮分光光度法）（HJ 745—2015）				
	SO5-5 有机碳	土壤 有机碳的测定 重铬酸钾氧化-分光光度法（HJ 615—2011）				571
	SO5-6 阳离子交换量	土壤 阳离子交换量的测定 三氯化六氨合钴浸提-分光光度法（HJ 889—2017）				574
SO6 火焰原子吸收分光光度法	SO6-0 基础知识		试题同 W9-0	四	六	576
	SO6-1 铜、锌、铅、镍和铬	土壤质量 铜、锌的测定 火焰原子吸收分光光度法（GB/T 17138—1997）				576
		土壤质量 镍的测定 火焰原子吸收分光光度法（GB/T 17139—1997）				
		土壤和沉积物 铜、锌、铅、镍、铬的测定 火焰原子吸收分光光度法（HJ 491—2019）				
		土壤和沉积物 六价铬的测定 碱溶液提取-火焰原子吸收分光光度法（HJ 1082—2019）				

续表

分类		方法名称及标准号	备注	篇	章	页
SO6 火焰原子吸收分光光度法	SO6-2 铅和镉	镉　火焰原子吸收法《土壤元素的近代分析方法》		四	六	580
		铅　火焰原子吸收法《土壤元素的近代分析方法》				
		土壤质量　铅、镉的测定　KI-MIBK 萃取火焰原子吸收分光光度法（GB/T 17140—1997）				
	SO6-3 砷	砷　氢化物发生原子吸收光度法《土壤元素的近代分析方法》				581
	SO6-4 铁	铁　原子吸收光度法《土壤元素的近代分析方法》				582
	SO6-5 钴	土壤和沉积物　钴的测定　火焰原子吸收分光光度法（HJ 1081—2019）				583
	SO6-6 锰	锰　原子吸收法《土壤元素的近代分析方法》				584
SO7 石墨炉原子吸收分光光度法	SO7-0 基础知识		试题同 W10-0	四	七	586
	SO7-1 铅和镉	土壤质量　铅、镉的测定　石墨炉原子吸收分光光度法（GB/T 17141—1997）				586
	SO7-2 铊	土壤和沉积物　铊的测定　石墨炉原子吸收分光光度法（HJ 1080—2019）				589
	SO7-3 钡	钡　石墨炉原子吸收分光光度法《全国土壤污染状况调查样品分析测试技术规定》				590
	SO7-4 铍	土壤和沉积物　铍的测定　石墨炉原子吸收分光光度法（HJ 737—2015）				591

续表

分类		方法名称及标准号	备注	篇	章	页
SO8 电感耦合等离子体发射光谱法	SO8-0 基础知识		试题同 W11-0	四	八	593
	SO8-1 金属元素	土壤和沉积物　11 种元素的测定　碱熔 - 电感耦合等离子体发射光谱法（HJ 974—2018）				593
SO9 电感耦合等离子体质谱法	SO9-0 基础知识		试题同 W12-0	四	九	597
	SO9-1 金属元素	土壤和沉积物　12 种金属元素的测定　王水提取 - 电感耦合等离子体质谱法（HJ 803—2016）				597
SO10 气相色谱法	SO10-0 基础知识		试题同 W13-0	四	十	600
	SO10-1 有机氯农药	土壤质量　六六六和滴滴涕的测定　气相色谱法（GB/T 14550—2003）				600
		土壤和沉积物　有机氯农药的测定　气相色谱法（HJ 921—2017）				
	SO10-2 有机磷农药	水、土中有机磷农药测定的气相色谱法（GB/T 14552—2003）				602
	SO10-3 毒鼠强	土壤　毒鼠强的测定　气相色谱法（HJ 614—2011）				603
	SO10-4 甲基汞	环境甲基汞的测定　气相色谱法（GB/T 17132—1997）				604
	SO10-5 丙烯醛、丙烯腈和乙腈	土壤和沉积物　丙烯醛、丙烯腈、乙腈的测定　顶空 - 气相色谱法（HJ 679—2013）				605

续表

分类		方法名称及标准号	备注	篇	章	页
SO10 气相色谱法	SO10-6 挥发性有机物	土壤和沉积物 挥发性有机物的测定 顶空/气相色谱法（HJ 741—2015）		四	十	607
	SO10-7 挥发性芳香烃	土壤和沉积物 挥发性芳香烃的测定 顶空/气相色谱法（HJ 742—2015）				610
	SO10-8 酚类化合物	土壤和沉积物 酚类化合物的测定 气相色谱法（HJ 703—2014）				611
	SO10-9 多氯联苯类化合物	土壤和沉积物 多氯联苯的测定 气相色谱法（HJ 922—2017）				614
		土壤和沉积物 多氯联苯混合物的测定 气相色谱法（HJ 890—2017）				
	SO10-10 二硫代氨基甲酸酯（盐）类农药	土壤和沉积物 二硫代氨基甲酸酯（盐）类农药总量的测定 顶空/气相色谱法（HJ 1054—2019）				615
	SO10-11 石油烃	土壤和沉积物 石油烃（C_6-C_9）的测定 吹扫捕集/气相色谱法（HJ 1020—2019）				617
		土壤和沉积物 石油烃（C_{10}-C_{40}）的测定 气相色谱法（HJ 1021—2019）				
SO11 气相色谱-质谱法	SO11-0 基础知识		试题同 W14-0	四	十一	620
	SO11-1 有机氯农药	土壤和沉积物 有机氯农药的测定 气相色谱-质谱法（HJ 835—2017）				620
	SO11-2 有机磷类和拟除虫菊酯类农药	土壤和沉积物 有机磷类和拟除虫菊酯类等 47 种农药的测定 气相色谱-质谱法（HJ 1023—2019）				622

续表

分类		方法名称及标准号	备注	篇	章	页
SO11 气相色谱－质谱法	SO11-3 半挥发性有机物	土壤和沉积物　半挥发性有机物的测定　气相色谱－质谱法（HJ 834—2017）		四	十一	623
	SO11-4 挥发性有机物	土壤和沉积物　挥发性有机物的测定　吹扫捕集／气相色谱－质谱法（HJ 605—2011）				626
		土壤和沉积物　挥发性有机物的测定　顶空／气相色谱－质谱法（HJ 642—2013）				
	SO11-5 多环芳烃	土壤和沉积物　多环芳烃的测定　气相色谱－质谱法（HJ 805—2016）				628
	SO11-6 挥发性卤代烃	土壤和沉积物　挥发性卤代烃的测定　吹扫捕集／气相色谱－质谱法（HJ 735—2015）				630
		土壤和沉积物　挥发性卤代烃的测定　顶空／气相色谱－质谱法（HJ 736—2015）				
	SO11-7 多氯联苯	土壤和沉积物　多氯联苯的测定　气相色谱－质谱法（HJ 743—2015）				633
	SO11-8 多溴二苯醚	土壤和沉积物　多溴二苯醚的测定　气相色谱－质谱法（HJ 952—2018）				634
	SO11-9 酰胺类农药	土壤和沉积物　8 种酰胺类农药的测定　气相色谱－质谱法（HJ 1053—2019）				636
	SO11-10 二噁英类	土壤和沉积物　二噁英类的测定　同位素稀释高分辨气相色谱－高分辨质谱法（HJ 77.4—2008）				638

续表

分类		方法名称及标准号	备注	篇	章	页
SO12 液相色谱法	SO12-0 基础知识		试题同 W15-0	四	十二	640
	SO12-1 2,4-滴	2,4-滴液相色谱法《全国土壤污染状况调查样品分析测试技术规定》				640
	SO12-2 多环芳烃	土壤和沉积物 多环芳烃的测定 高效液相色谱法（HJ 784—2016）				641
	SO12-3 醛和酮类化合物	土壤和沉积物 醛、酮类化合物的测定 高效液相色谱法（HJ 997—2018）				644
	SO12-4 苯氧羧酸类农药	土壤和沉积物 苯氧羧酸类农药的测定 高效液相色谱法（HJ 1022—2019）				646
	SO12-5 氨基甲酸酯类农药	土壤和沉积物 氨基甲酸酯类农药的测定 柱后衍生-高效液相色谱法（HJ 960—2018）				648
	SO12-6 三嗪类农药	土壤和沉积物 11种三嗪类农药的测定 高效液相色谱法（HJ 1052—2019）				650
	SO12-7 草甘膦	土壤和沉积物 草甘膦的测定 高效液相色谱法（HJ 1055—2019）				652
SO13 液相色谱-质谱法	SO13-1 氨基甲酸酯类农药	土壤和沉积物 氨基甲酸酯类农药的测定 高效液相色谱-三重四极杆质谱法（HJ 961—2018）		四	十三	654

续表

分类		方法名称及标准号	备注	篇	章	页
SO14 原子荧光分光光度法	SO14-0 基础知识		试题同 W8-0	四	十四	656
	SO14-1 汞	土壤质量　总汞、总砷、总铅的测定　原子荧光法　第 1 部分：土壤中总汞的测定（GB/T 22105.1—2008）				656
		土壤、底质中汞的测定　冷原子荧光法《土壤元素的近代分析方法》				
	SO14-2 砷	土壤质量　总汞、总砷、总铅的测定　原子荧光法　第 2 部分：土壤中总砷的测定（GB/T 22105.2—2008）				659
		土壤中砷的测定　氢化物－非色散原子荧光法《土壤元素的近代分析方法》				
	SO14-3 铅	土壤质量　总汞、总砷、总铅的测定　原子荧光法　第 3 部分：土壤中总铅的测定（GB/T 22105.3—2008）				661
	SO14-4 锑	锑　氢化物发生－原子荧光法《全国土壤污染状况调查样品分析测试技术规定》				662
	SO14-5 汞、砷、硒、铋、锑	土壤和沉积物　汞、砷、硒、锑和铋的测定　微波消解／原子荧光法（HJ 680—2013）				664
	SO14-6 硒	土壤中全硒的测定　原子荧光法（NY/T 1104—2006）				665
		硒的测定　原子荧光法《土壤元素的近代分析方法》				
SO15 冷原子吸收分光光度法测定汞		土壤质量　总汞的测定　冷原子吸收分光光度法（GB/T 17136—1997）		四	十五	668
SO16 红外分光光度法	SO16-1 石油类	石油类　红外分光光度法《全国土壤污染状况调查样品分析测试技术规定》		四	十六	671

续表

分类		方法名称及标准号	备注	篇	章	页
SO17 波长色散X射线荧光光谱法	SO17-1 无机元素	土壤和沉积物　无机元素的测定　波长色散X射线荧光光谱法（HJ 780—2015）		四	十七	675

表 5　固体废物

分类		方法名称及标准号	备注	篇	章	页
SW1 采样与制样		工业固体废物采样制样技术规范（HJ/T 20—1998）		五	一	681
		固体废物　浸出性毒性浸出方法　翻转法（GB/T 5086.1—1997）				
		固体废物　浸出性毒性浸出方法　水平振荡法（GB/T 5086.2—1997）				
SW2 电化学法	SW2-0 基础知识		试题同 W4-0	五	二	684
	SW2-1 腐蚀性	固体废物　腐蚀性测定　玻璃电极法（GB/T 15555.12—1995）				684
	SW2-2 氟化物	固体废物　氟化物的测定　离子选择电极法（GB/T 15555.11—1995）				685
SW3 容量法	SW3-0 基础知识		试题同 W5-0	五	三	687
	SW3-1 铬	固体废物　总铬的测定　硫酸亚铁铵滴定法（GB/T 15555.8—1995）				687
		固体废物　六价铬的测定　硫酸亚铁铵滴定法（GB/T 15555.7—1995）				

续表

分类		方法名称及标准号	备注	篇	章	页
SW4 分光光度法	SW4-0 基础知识		试题同 W6-0	五	四	691
	SW4-1 铬	固体废物　六价铬的测定　二苯碳酰二肼分光光度法（GB/T 15555.4—1995）				691
		固体废物　总铬的测定　二苯碳酰二肼分光光度法（GB/T 15555.5—1995）				
	SW4-2 砷	固体废物　砷的测定　二乙基二硫代氨基甲酸银分光光度法（GB/T 15555.3— 1995）				694
	SW4-3 镍	固体废物　镍的测定　丁二酮肟分光光度法（GB/T 15555.10—1995）				695
	SW4-4 磷	城市生活垃圾　全磷的测定　偏钼酸铵分光光度法（CJ/T 104—1999）				697
		固体废物　总磷的测定　偏钼酸铵分光光度法（HJ 712—2014）				
SW5 离子色谱法	SW5-0 基础知识		试题同 W7-0	五	五	700
	SW5-1 氟离子、溴酸根、氯离子、亚硝酸根、氰酸根、溴离子、硝酸根、磷酸根、硫酸根	危险废物鉴别标准　浸出毒性鉴别（附录 F　固体废物　氟离子、溴酸根、氯离子、亚硝酸根、氰酸根、溴离子、硝酸根、磷酸根、硫酸根的测定　离子色谱法）（GB 5085.3—2007）				700
	SW5-2 氰根离子和硫离子	危险废物鉴别标准　浸出毒性鉴别（附录 G　固体废物　氰根离子和硫离子的测定　离子色谱法）（GB 5085.3—2007）				701

续表

分类		方法名称及标准号	备注	篇	章	页
SW6 原子荧光法	SW6-0 基础知识		试题同 W8-0	五	六	702
	SW6-1 汞、砷、硒、铋和锑	固体废物 汞、砷、硒、铋、锑的测定 微波消解 / 原子荧光法（HJ 702—2014）				702
SW7 火焰原子吸收分光光度法	SW7-0 基础知识		试题同 W9-0	五	七	704
	SW7-1 铬	固体废物 总铬的测定 火焰原子吸收分光光度法（HJ 749—2015）				704
		固体废物 六价铬的测定 碱消解 / 火焰原子吸收分光光度法（HJ 687—2014）				
	SW7-2 镍和铜	固体废物 镍和铜的测定 火焰原子吸收分光光度法（HJ 751—2015）				705
	SW7-3 铅、锌、镉	固体废物 铅、锌和镉的测定 火焰原子吸收分光光度法（HJ 786—2016）				706
SW8 石墨炉原子吸收分光光度法	SW8-0 基础知识		试题同 W10-0	五	八	708
	SW8-1 钡	固体废物 钡的测定 石墨炉原子吸收分光光度法（HJ 767—2015）				708
	SW8-2 铬	固体废物 总铬的测定 石墨炉原子吸收分光光度法（HJ 750—2015）				709
	SW8-3 铍、镍、铜、钼	固体废物 铍 镍 铜和钼的测定 石墨炉原子吸收分光光度法（HJ 752—2015）				710
	SW8-4 铅和镉	固体废物 铅和镉的测定 石墨炉原子吸收分光光度法（HJ 787—2016）				711

续表

分类		方法名称及标准号	备注	篇	章	页
SW9 电感耦合等离子体发射光谱法	SW9-0 基础知识		试题同 W11-0	五	九	713
	SW9-1 固体样品	等离子发射光谱法测定固体样品《环境监测实用技术》				713
	SW9-2 金属元素	危险废物鉴别标准　浸出毒性鉴别（附录 A　固体废物　元素的测定　电感耦合等离子体原子发射光谱法）（GB 5085.3—2007）				714
		固体废物　22 种金属元素的测定　电感耦合等离子体发射光谱法（HJ 781—2016）				
SW10 电感耦合等离子体质谱	SW10-0 基础知识		试题同 W12-0	五	十	717
	SW10-1 金属元素	危险废物鉴别标准　浸出毒性鉴别（附录 B　固体废物　元素的测定　电感耦合等离子体质谱法）（GB 5085.3—2007）				717
		固体废物　金属元素的测定　电感耦合等离子体质谱法（HJ 766—2015）				
SW11 气相色谱法	SW11-0 基础知识		试题同 W13-0	五	十一	720
	SW11-1 多氯联苯	危险废物鉴别标准　浸出毒性鉴别（GB 5085.3—2007）［附录 N　固体废物　多氯联苯的测定（PCBs）气相色谱法］				720
	SW11-2 酚类化合物	固体废物　酚类化合物的测定　气相色谱法（HJ 711—2014）				721
	SW11-3 有机磷农药	固体废物　有机磷农药的测定　气相色谱法（HJ 768—2015）				722

续表

续表

分类		方法名称及标准号	备注	篇	章	页
SW12 气相色谱－质谱法	SW12-1 多氯联苯	固体废物　多氯联苯的测定　气相色谱－质谱法（HJ 891—2017）		五	十二	733
	SW12-2 有机氯农药	固体废物　有机氯农药的测定　气相色谱－质谱法（HJ 912—2017）				734
	SW12-3 有机磷农药	固体废物　有机磷类和拟除虫菊酯类等 47 种农药的测定　气相色谱－质谱法（HJ 963—2018）				735
	SW12-4 挥发性卤代烃	固体废物　挥发性卤代烃的测定　吹扫捕集/气相色谱－质谱法（HJ 713—2014）				737
		固体废物　挥发性卤代烃的测定　顶空/气相色谱－质谱法（HJ 714—2014）				
	SW12-5 半挥发性有机物	危险废物鉴别标准　浸出毒性鉴别（GB 5085.3—2007）（附录 K 固体废物　半挥发性有机化合物的测定　气相色谱/质谱法）				738
		危险废物鉴别标准　浸出毒性鉴别（GB 5085.3—2007）［附录 M 固体废物　半挥发性有机物（PAHS 和 PCBS）的测定　热提取气相色谱质谱法］				
		固体废物　半挥发性有机物的测定　气相色谱－质谱法（HJ 951—2018）				
	SW12-6 挥发性有机物	危险废物鉴别标准　浸出毒性鉴别（GB 5085.3—2007）（附录 O 固体废物　挥发性有机化合物的测定　气相色谱/质谱法）				741
		固体废物　挥发性有机物的测定　顶空/气相色谱－质谱法（HJ 643—2013）				

续表

分类		方法名称及标准号	备注	篇	章	页
SW12 气相色谱－质谱法	SW12-7 苯系物	固体废物 苯系物的测定 顶空 / 气相色谱－质谱法（HJ 976—2018）		五	十二	742
	SW12-8 多环芳烃	固体废物 多环芳烃的测定 气相色谱－质谱法（HJ 950—2018）				743
	SW12-9 二噁英类	固体废物 二噁英类的测定 同位素稀释高分辨气相色谱－高分辨质谱法（HJ 77.3—2008）				744
SW13 液相色谱法	SW13-0 基础知识		试题同 W15-0	五	十三	746
	SW13-1 百草枯和敌草快	危险废物鉴别标准 毒性物质含量鉴别（GB 5085.6—2007）（附录J 固体废物 百草枯和敌草快的测定 高效液相色谱紫外法）				746
	SW13-2 苯基脲类化合物	危险废物鉴别标准 毒性物质含量鉴别（GB 5085.6—2007）（附录M 固体废物 苯基脲类化合物的测定 固相提取－高效液相色谱紫外分析法）				747
	SW13-3 草甘膦	危险废物鉴别标准 毒性物质含量鉴别（GB 5085.6—2007）（附录L 固体废物 草甘膦的测定 高效液相色谱－柱后衍生荧光法）				747
	SW13-4 多环芳烃类	危险废物鉴别标准 毒性物质含量鉴别（GB 5085.6—2007）（附录Q 固体废物 多环芳烃类的测定 高效液相色谱法）				748
		固体废物 多环芳烃的测定 高效液相色谱法（HJ 892—2017）				
	SW13-5 非挥发性化合物	危险废物鉴别标准 浸出毒性鉴别（GB 5085.3—2007）（附录L 固体废物 非挥发性化合物的测定 高效液相色谱）				751

续表

分类		方法名称及标准号	备注	篇	章	页
SW13 液相色谱法	SW13-6 硝基芳烃和硝基胺	危险废物鉴别标准　浸出毒性鉴别（GB 5085.3—2007）（附录 J 固体废物　硝基芳烃和硝基胺的测定　高效液相色谱法）		五	十三	752
SW14 液相色谱 - 质谱法	SW14-1 氨基甲酸酯类农药	固体废物　氨基甲酸酯类农药的测定　高效液相色谱 - 三重四极杆质谱法（HJ 1026—2019）		五	十四	753
SW15 荧光分光光度法	SW15-1 砷、锑、铋和硒	危险废物鉴别标准　浸出毒性鉴别（GB 5085.3—2007）（附录 E 固体废物　砷、锑、铋、硒的测定　原子荧光法）		五	十五	755
SW16 冷原子吸收分光光度法测定汞		固体废物　总汞的测定　冷原子吸收分光光度法（GB/T 15555.1—1995）		五	十六	756
		城市生活垃圾　汞的测定　冷原子吸收分光光度法（CJ/T 98—1999）				
		生活垃圾采样和物理分析方法（CJ/T 313—2009）				
SW17 浸出毒性		固体废物　浸出毒性浸出方法　醋酸缓冲溶液法（HJ/T 300—2007）		五	十七	758
		固体废物　浸出毒性浸出方法　翻转法（GB 5086.1—1997）				
		固体废物　浸出毒性浸出方法　硫酸硝酸法（HJ/T 299—2007）				
		固体废物　浸出毒性浸出方法　水平振荡法（HJ 557—2010）				

表 6 煤质

分类		方法名称及标准号	备注	篇	章	页
CQ1 采样和制样	CQ1-1 采样	商品煤样人工采取方法（GB 475—2008）		六	一	763
	CQ1-2 制样	煤样的制备方法（GB 474—2008）				768
CQ2 组分和性质	CQ2-1 水分	煤中全水分的测定方法（方法 A　两步法）（GB/T 211—2017）		六	二	773
		煤中全水分的测定方法（方法 B　一步法）（GB/T 211—2017）				
		煤中全水分的测定方法（附录 A　微波干燥法测定煤中全水分）（GB/T 211—2017）				
		水分的测定　煤的工业分析方法（方法 A　通氮干燥法）（GB/T 212—2008）				
		水分的测定　煤的工业分析方法（方法 B　空气干燥法）（GB/T 212—2008）				
		煤的工业分析方法（附录 A　煤的水分测定　微波干燥法）（GB/T 212—2008）				
	CQ2-2 硫分	煤中全硫的测定方法（艾士卡法）（GB/T 214—2007）				776
		煤中全硫的测定方法（库仑滴定法）（GB/T 214—2007）				
		煤中全硫的测定方法（高温燃烧中和法）（GB/T 214—2007）				
		煤中全硫的测定　红外光谱法（GB/T 25214—2010）				
		煤中全硫的测定　艾士卡－离子色谱法（HJ 769—2015）				
	CQ2-3 灰分	灰分的测定　煤的工业分析方法（缓慢灰化法）（GB/T 212—2008）				782
		灰分的测定　煤的工业分析方法（快速灰化法）（GB/T 212—2008）				
	CQ2-4 发热量	煤的发热量测定方法（GB/T 213—2008）				785

续表

分类		方法名称及标准号	备注	篇	章	页
CQ2 组分和性质	CQ2-5 挥发分	挥发分　煤的工业分析方法（5　挥发分的测定）（GB/T 212—2008）		六	二	788
	CQ2-6 碳和氢	煤中碳和氢的测定方法　电量－重量法（GB/T 476—2008）				790

表 7　质量管理

分类	方法名称及标准号	备注	篇	章	页
Q 质量管理			七		795

表 8　生态环境遥感监测与评价

分类	方法名称及标准号	备注	篇	章	页
E 生态环境遥感监测与评价			八		813

表 9　加油站和储油库油气回收

分类	方法名称及标准号	备注	篇	章	页
GS 1 液阻	液阻　加油站大气污染物排放标准（附录 A　液阻检测方法）（GB 20952—2020）		九	一	827
GS 2 密闭性	密闭性　加油站大气污染物排放标准（附录 B　密闭性检测方法）（GB 20952—2020）		九	二	830

续表

分类	方法名称及标准号	备注	篇	章	页
GS 3 气液比	气液比　加油站大气污染物排放标准（附录C　气液比检测方法）（GB 20952—2020）		九	三	834
GS 4 油气排放浓度（非甲烷总烃、油气回收系统、油气泄漏浓度、边界油气浓度）	油气排放浓度（非甲烷总烃）加油站大气污染物排放标准（GB 20952—2020）（附录D　油气处理装置检测方法）		九	四	838

表 10　环境空气自动监测

分类		方法名称及标准号	备注	篇	章	页
AA1 环境空气自动监测系统	AA1-0 基础知识	环境空气质量标准（GB 3095—2012）		十	一	843
		环境空气质量指数（AQI）技术规定（试行）（HJ 633—2012）				
		环境空气质量监测点位布设技术规范（试行）（HJ 664—2013）				
		环境空气气态污染物（SO_2、NO_2、O_3、CO）连续自动监测系统技术要求及检测方法（HJ 654—2013）				
		环境空气颗粒物（PM_{10} 和 $PM_{2.5}$）连续自动监测系统安装和验收技术规范（HJ 655—2013）				
		环境空气颗粒物（PM_{10} 和 $PM_{2.5}$）连续自动监测系统技术要求及检测方法（HJ 653—2013）				
	AA1-1 二氧化硫	4208 型二氧化硫分析仪		十		848
		TH-2002 型二氧化硫分析仪				
		43 i 型二氧化硫分析仪				
		API 100E 型二氧化硫分析仪				
		EC980 型二氧化硫分析仪				
		XHS2000B 型二氧化硫分析仪				
		AF22M 型二氧化硫分析仪				

续表

分类		方法名称及标准号	备注	篇	章	页
AA1 环境空气自动监测系统	AA1-2 氮氧化物	2208 型氮氧化物监测仪		十	一	857
		XHN2000B 型二氧化氮分析仪				
		TH-2001 型氮氧化物分析仪				
		42i 型氮氧化物分析仪				
		API 200E 型氮氧化物分析仪				
		EC9841 型氮氧化物分析仪				
		AC32M 型氮氧化物分析仪				
	AA1-3 臭氧	1208 型臭氧分析仪				865
		49i 型臭氧分析仪				
		API400E 型臭氧分析仪				
		EC9810 型臭氧分析仪				
		TH-2003 型臭氧分析仪				
		XHOZ2000B 型臭氧分析仪				
		O_3 42M 型臭氧分析仪				
	AA1-4 一氧化碳和二氧化碳	3208 型一氧化碳分析仪				873
		48i 型一氧化碳分析仪				
		API 300E 型一氧化碳分析仪				
		EC9830 型一氧化碳分析仪				
		TH-2004 型一氧化碳分析仪				
		XHCO2000B 型一氧化碳分析仪				
		M360E 型二氧化碳分析仪				

续表

表 11 便携式仪器

分类	方法名称及标准号	备注	篇	章	页
Por1 水质监测	PDV 6000 型便携式重金属分析仪（澳大利亚 MTI 公司）		十一	一	909
	AVVOR 8000 型便携式水质重金属分析仪（加拿大 AVVOR 公司）				
	PDV6000 plus 型便携式重金属分析仪（英国 Morden Water 公司）				
	SP-1 型多参数水质速测仪（北京华夏科创仪器有限公司）				
	Sention156 型便携式多参数测量仪（美国哈希公司）				
	HQ30D 型便携式溶解氧测定仪（美国哈希公司）				
	HYDROLAB 5 多功能水质监测仪（美国哈希公司）				
	YSI 6600 型水质多参数测定仪（美国维赛仪器公司）				
	DREL 2800 型通用水质实验室（美国哈希公司）				
	DR2800 型便携式分光光度计（美国哈希公司）				
	OTT ADC 便携式超声波流量计（德国奥特系统股份有限公司）				
	ToxScreen- Ⅱ Test 型毒性分析仪（以色列 Check Light 公司）				
Por2 气体监测	DX 4020 型便携式傅立叶变换红外多组分气体分析仪（芬兰 GASMET 公司）		十一	二	933
	Gasmet DX 4010 型傅立叶变换红外光谱气体分析仪（芬兰 Tement 公司）				
	zNose 4300 型快速气相色谱仪（美国 EST 公司）				
	CMS200 型便携式气相色谱仪（美国英富康公司）				
	HAPSITE smart 型便携式气相色谱 - 质谱仪（美国英富康公司）				
	HAPSITE 型便携式气相色谱 - 质谱分析仪（瑞士 INFICON 公司）				
	HERACLES 超快速便携式气相色谱仪（法国阿尔法莫斯公司）				
	FIRST CHECK 6000 型 TVOC 便携式测定仪（英国离子科学公司）				

续表

分类	方法名称及标准号	备注	篇	章	页
Por3 固体样品和物理监测	Sentry M-2 型便携式悬浮物分析仪（美国 Myratek 公司）		十一	三	958
	EX-MA3 型有毒有害气体检测箱（北京美安科仪科技股份有限公司）				
	GASTEC 检测管（北京科思特气体技术有限公司）				
	GV-100S 型气体应急检测箱（日本 Gastec 株式会社）				
	PhoCheck 型光离子检测器（英国离子科学公司）				
	Interscan 4170 型硫化氢分析仪（北京天跃环保科技有限公司）				
	TY2000-B 型便携式气体检测仪（青岛明华电子仪器有限公司）				
	现场嗅辨测量仪（NasaL Ranger® Field）				
	Niton XL2 600 型便携式 X 荧光光谱仪（美国 Niton 公司）				
	HazMat ID 型便携式化学物质检测仪（美国 SENSIR 公司）				
	RAD7 测氡仪				
	FJ-2000 型个人剂量仪（山西中辐科技有限公司）				

表 12　环境监测仪器技术要求

分类	方法名称及标准号	备注	篇	章	页
EI 1 水质分析仪器	pH 水质自动分析仪技术要求（HJ/T 96—2003）		十二	一	967
	电导率水质自动分析仪技术要求（HJ/T 97—2003）				
	浊度水质自动分析仪技术要求（HJ/T 98—2003）				
	溶解氧（DO）水质自动分析仪技术要求（HJ/T 99—2003）				
	高锰酸盐指数水质自动分析仪技术要求（HJ/T 100—2003）				
	氨氮水质自动分析仪技术要求（HJ/T 101—2003）				

续表

分类	方法名称及标准号	备注	篇	章	页
EI 1 水质分析仪器	总氮水质自动分析仪技术要求（HJ/T 102—2003）		十二	一	967
	总磷水质自动分析仪技术要求（HJ/T 103—2003）				
	总有机碳（TOC）水质自动分析仪技术要求（HJ/T 104—2003）				
	紫外（UV）吸收水质自动在线监测仪技术要求（HJ/T 191—2005）				
	水质自动采样器技术要求及检测方法（HJ/T 372—2007）				
	环境保护产品技术要求化学需氧量（COD_{Cr}）水质在线自动监测仪（HJ/T 377—2007）				
	六价铬水质自动在线监测仪技术要求和检测方法（HJ 609—2011）				
	铅水质自动在线监测仪技术要求和检测方法（HJ 762—2015）				
	镉水质自动在线监测仪技术要求和检测方法（HJ 763—2015）				
	砷水质自动在线监测仪技术要求和检测方法（HJ 764—2015）				
	降雨自动采样器技术要求及检测方法（HJ/T 174—2005）				
	降雨自动监测仪技术要求及检测方法（HJ/T 175—2005）				
EI 2 环境空气分析仪器	环境空气颗粒物（PM_{10}和$PM_{2.5}$）连续自动监测系统技术要求及检测方法（HJ 653—2013）		十二	二	986
	环境空气气态污染物（SO_2、NO_2、O_3、CO）连续自动监测系统技术要求及检测方法（HJ 654—2013）				
	PM_{10}采样器技术要求及检测方法（HJ 93—2013）				
	总悬浮颗粒物采样器技术要求及检测方法（HJ/T 374—2007）				
	24小时恒温自动连续环境空气采样器技术要求及检测方法（HJ/T 376—2007）				

续表

附录Ⅱ　参加本书编写的单位及人员

参加编写单位（排名不分先后）	人员名单（按姓氏笔画排序）
中国环境监测总站	刀谞、于洋、王晓斐、王强、左航、田志仁、冯丹、吕天峰、刘京、刘砚华、刘海江、米方卓、池靖、许人骥、李名升、李宗超、李钢、李宪同、李铭煊、杨楠、肖建军、吴季友、迟郢、张扬、张守斌、张显、张颖、张霖琳、陆泗进、陈金融、陈善荣、罗海江、周刚、周笑白、郑皓皓、孟晓艳、封雪、赵晓军、赵淑莉、钟琪、姜晓旭、姚雅伟、贺鹏、袁懋、贾世琪、夏新、倪鹏程、梁宵、董广霞、董贵华、景立新、嵇晓燕、解淑艳
北京市生态环境监测中心	马腾飞、华岚英、华蕾、刘兆莹、刘保献、闫贺、李新中、杨懂艳、邹本东、陈圆圆、陈维、鹿海峰、梁云平、魏强
天津市生态环境监测中心	丁冬梅、于晓青、王记鲁、王岚云、王迎、王欣、王效国、王琳、王静、王鑫、元洁、尹彦勋、田秀华、冯建霞、刘伟、刘金冠、刘跃、关玉春、李旭冉、李利荣、李静、杨华、杨虹、时庭锐、吴宇峰、张玉惠、张亚尼、张园、张海波、张肇元、陈晨、林冬、郑乃源、赵一、赵志强、赵莉、党秀芳、徐彬、郭鸿博、郭晶晶、唐邈、黄强、崔连喜、崔桂贤、韩毓、路佳良
河北省生态环境监测中心	武桂桃
山西省生态环境监测和应急保障中心（山西省生态环境科学研究院）	马桂萍、王建兴、王晋生、王爱一、孔令冬、兰杰、成群、杜晓玮、沙雪梅、段再明、梁富生、魏敏
内蒙古自治区环境监测总站	孙鹏、李朝辉
辽宁省生态环境监测中心	丁振军、王允、吕晓洁、刘冰、李杨
辽宁省沈阳生态环境监测中心	王玉平、李欣
吉林省生态环境监测中心	于凯、张竹青、武中波
黑龙江省生态环境监测中心	李中宇
上海市环境监测中心	王向明、朱刚、朱梦杰、刘鸣、汤琳、李冰清、李备军、吴迓名、汪琴、陈蓓蓓、居力、崔虎雄、谢争
江苏省环境监测中心	厉以强、杨丽莉、张景明、陈素兰

续表

参加编写单位（排名不分先后）	人员名单（按姓氏笔画排序）
江苏省南京环境监测中心	任兰、胡恩宇、徐荣
江苏省苏州环境监测中心	秦玮
江苏省常州环境监测中心	陈桥
江苏省扬州环境监测中心	汪霄、姜燕、袁静、彭涛
浙江省生态环境监测中心	洪正昉
浙江省杭州生态环境监测中心	李波
江西省生态环境监测中心	乔支卫、刘国平、严静娴、李桂玲、肖满成、何敏鑫、余晓玲、邹文虎、张阳、张荣辉、张振欣、张慧敏、陈小军、陈谊、陈婷、陈新军、武云霞、赵佳文、胡正生、袁元、徐文灏、高明、黄鹤飞、康长安、彭刚华、谢国华、樊孝俊
上饶市横峰生态环境监测技术中心	罗鹏
河南省生态环境监测和安全中心	王伟、王玲玲、王宣、王琪、申剑、刘丹、李红亮、张军、赵新娜、高燕晡、彭华
河南省郑州生态环境监测中心	赵长民
河南省平顶山生态环境监测中心	马海花
河南省商丘生态环境监测中心	王洋
河南省济源生态环境监测中心	赵小学
湖北省生态环境监测中心站	马先锋、杜维、范俊楠、郭丽
湖南省生态环境监测中心	毕军平、刘沛、林海兰
广东省生态环境监测中心	周国强、袁鸾
广西壮族自治区生态环境监测中心	邓敏军、田艳、白海强、李丽和、陈蓓、黄小佳
广西壮族自治区百色生态环境监测中心	蒋建宏
海南省生态环境监测中心	史健康、何书海、张鸣珊、陈表娟
重庆市生态环境监测中心	李斗果、邹家素、蔡素婷
四川省生态环境监测总站	史箴、范玲南、曹阳
四川省成都生态环境监测中心站	刘蓉
云南省生态环境监测中心	王立前、杨晓红、张榆霞、铁程、黄云、黄田、谢海涛
甘肃省环境监测中心	牛毓、张宁、袁悦

续表

参加编写单位（排名不分先后）	人员名单（按姓氏笔画排序）
甘肃省酒泉生态环境监测中心	丁润梅
宁夏回族自治区生态环境监测中心	任学蓉
新疆维吾尔自治区生态环境监测总站	加那尔别克·西里甫汗、刘端阳
中日友好环境保护中心（生态环境部环境发展中心）	李国刚、李玲玲、张烃
生态环境部华南环境科学研究院	韩静磊、黎玉清
生态环境部核与辐射安全中心	袁之伦
北京市核与辐射安全中心	顾洪坤
辽宁省环境科学研究院	张丽华
山东省环境保护科学研究设计院有限公司	马芳
湖北省生态环境科学研究院	张佟佟
重庆市生态环境科学研究院	郭平
北京建筑大学	张丽
潍坊学院	马海斌